2018版安徽省建设工程计价依据

安徽省安装工程计价定额

（第八册）

工业管道工程

主编部门：安徽省建设工程造价管理总站

批准部门：安徽省住房和城乡建设厅

施行日期：2 0 1 8 年 1 月 1 日

中国建材工业出版社

图书在版编目（CIP）数据

安徽省安装工程计价定额．第八册，工业管道工程 / 安徽省建设工程造价管理总站编．—北京：中国建材工业出版社，2018.1

（2018 版安徽省建设工程计价依据）

ISBN 978－7－5160－2073－9

Ⅰ.①安… Ⅱ.①安… Ⅲ.①建筑安装—工程造价—安徽②管道工程—工程造价—安徽 Ⅳ.①TU723.34

中国版本图书馆 CIP 数据核字（2017）第 264864 号

安徽省安装工程计价定额（第八册）工业管道工程

安徽省建设工程造价管理总站 编

出版发行：中国建材工业出版社

地 址：北京市海淀区三里河路 1 号

邮 编：100044

经 销：全国各地新华书店

印 刷：北京雁林吉兆印刷有限公司

开 本：787mm×1092mm 1/16

印 张：59.25

字 数：460 千字

版 次：2018 年 1 月第 1 版

印 次：2018 年 1 月第 1 次

定 价：158.00 元

本社网址：www.jccbs.com 微信公众号：zgjcgycbs

本书如出现印装质量问题，由我社市场营销部负责调换。联系电话：(010)88386906

安徽省住房和城乡建设厅发布

建标〔2017〕191号

安徽省住房和城乡建设厅关于发布2018版安徽省建设工程计价依据的通知

各市住房城乡建设委（城乡建设委、城乡规划建设委），广德、宿松县住房城乡建设委（局），省直有关单位：

为适应安徽省建筑市场发展需要，规范建设工程造价计价行为，合理确定工程造价，根据国家有关规范、标准，结合我省实际，我厅组织编制了2018版安徽省建设工程计价依据（以下简称2018版计价依据），现予以发布，并将有关事项通知如下：

一、2018版计价依据包括：《安徽省建设工程工程量清单计价办法》《安徽省建设工程费用定额》《安徽省建设工程施工机械台班费用编制规则》《安徽省建设工程计价定额（共用册）》《安徽省建筑工程计价定额》《安徽省装饰装修工程计价定额》《安徽省安装工程计价定额》《安徽省市政工程计价定额》《安徽省园林绿化工程计价定额》《安徽省仿古建筑工程计价定额》。

二、2018版计价依据自2018年1月1日起施行。凡2018年1月1日前已签订施工合同的工程，其计价依据仍按原合同执行。

三、原省建设厅建定〔2005〕101号、建定〔2005〕102号、建定〔2008〕259号文件发布的计价依据，自2018年1月1日起同时废止。

四、2018版计价依据由安徽省建设工程造价管理总站负责管理与解释。在执行过程中，如有问题和意见，请及时向安徽省建设工程造价管理总站反馈。

安徽省住房和城乡建设厅

2017年9月26日

编制委员会

主　　任　宋直刚

成　　员　王晓魁　王胜波　王成球　杨　博

江　冰　李　萍　史劲松

主　　审　王成球

主　　编　姜　峰

副 主 编　陈昭言

参　　编（排名不分先后）

王宪莉　刘安俊　许道合　秦合川

李海洋　郑圣军　康永军　王金林

袁玉海　陆　戎　何　钢　荣豫宁

管必武　洪云生　赵兰利　苏鸿志

张国栋　石秋霞　王　林　卢　冲

严　艳

参　　审　朱　军　陆厚龙　宫　华　李志群

总 说 明

一、《安徽省安装工程计价定额》以下简称“本安装定额”，是依据国家现行有关工程建设标准、规范及相关定额，并结合近几年我省出现的新工艺、新技术、新材料的应用情况，及安装工程设计与施工特点编制的。

二、本安装定额共分为十一册，包括：

第一册　机械设备安装工程

第二册　热力设备安装工程

第三册　静置设备与工艺金属结构制作安装工程（上、下）

第四册　电气设备安装工程

第五册　建筑智能化工程

第六册　自动化控制仪表安装工程

第七册　通风空调工程

第八册　工业管道工程

第九册　消防工程

第十册　给排水、采暖、燃气工程

第十一册　刷油、防腐蚀、绝热工程

三、本安装定额适用于我省境内工业与民用建筑的新建、扩建、改建工程中的给排水、采暖、燃气、通风空调、消防、电气照明、通信、智能化系统等设备、管线的安装工程和一般机械设备工程。

四、本安装定额的作用

1．是编审设计概算、最高投标限价、施工图预算的依据；

2．是调解处理工程造价纠纷的依据；

3．是工程成本评审，工程造价鉴定的依据；

4．是施工企业编制企业定额、投标报价、拨付工程价款、竣工结算的参考依据。

五、本安装定额是按照正常的施工条件，大多数施工企业采用的施工方法、机械化装备程度、合理的施工工期、施工工艺、劳动组织编制的，反映当前社会平均消耗量水平。

六、本安装定额中人工工日以“综合工日”表示，不分工种、技术等级。内容包括：基本用工、辅助用工、超运距用工及人工幅度差。

七、本安装定额中的材料：

1．本安装定额中的材料包括主要材料、辅助材料和其他材料。

2．本安装定额中的材料消耗量包括净用量和损耗量。损耗量包括：从工地仓库、现场集中堆放地点或现场加工地点至操作或安装地点的现场运输损耗、施工操作损耗、施工现场堆放损耗。凡能计量的材料、成品、半成品均逐一列出消耗量，难以计量的材料以“其他材料费占材料费”百分比形式表示。

3. 本安装定额中消耗量用括号“( )”表示的为该子目的未计价材料用量，基价中不包括其价格。

八、本安装定额中的机械及仪器仪表：

1. 本安装定额的机械台班及仪器仪表消耗量是按正常合理的配备、施工工效测算确定的，已包括幅度差。

2. 本安装定额中仅列主要施工机械及仪器仪表消耗量。凡单位价值2000元以内，使用年限在一年以内，不构成固定资产的施工机械及仪器仪表，定额中未列消耗量，企业管理费中考虑其使用费，其燃料动力消耗在材料费中计取。难以计量的机械台班是以“其他机械费占机械费”百分比形式表示。

九、本安装定额关于水平和垂直运输：

1. 设备：包括自安装现场指定堆放地点运至安装地点的水平和垂直运输。

2. 材料、成品、半成品：包括自施工单位现场仓库或现场指定堆放地点运至安装地点的水平和垂直运输。

3. 垂直运输基准面：室内以室内地平面为基准面，室外以安装现场地平面为基准面。

十、本安装定额未考虑施工与生产同时进行、有害身体健康的环境中施工时降效增加费，实际发生时另行计算。

十一、本安装定额中凡注有“××以内”或“××以下”者，均包括“××”本身；凡注有“××以外”或“××以上”者，则不包括“××”本身。

十二、本安装定额授权安徽省建设工程造价总站负责解释和管理。

册说明

一、第八册《工业管道工程》以下简称"本册定额"，适用于厂区范围内的车间、装置、站、罐区及其相互之间各种生产用介质输送管道，厂区第一个连接点以内的生产用（包括生产与生活共用）给水、排水、蒸汽、燃气等输送管道的安装工程，其中给水以入口水表井为界；排水以厂区围墙外第一个污水井为界；蒸汽和燃气以入口第一个计量表（阀门）为界；锅炉房、水泵房以墙皮为界。

二、本册定额编制的主要技术依据有：

1.《通用安装工程工程量计算规范》GB 50856-2013；

2.《工业金属管道工程施工规范》GB 50235-2010；

3.《工业金属管道工程施工质量验收规范》GB 50184-2011；

4.《现场设备、工业管道焊接工程施工规范》GB 50236-2011；

5.《现场设备、工业管道焊接工程施工质量验收规范》GB 50683-2011；

6.《金属熔化焊焊接接头射线照相》GB/T 3323-2005；

7.《承压设备无损检测》JB/T 4730；

8.《气焊、焊条电弧焊、气体保护焊和高能束焊的推荐坡口》GB/T 985.1-2008；

9.《埋弧焊的推荐坡口》GB/T 985.2-2008；

10.《全国统一安装工程预算定额》第六册《工业管道工程》GYD-206-2000；

11.《全国统一安装工程基础定额》GJD-201～209-2006；

12.《施工机械台班费用编制规则》（2014 年）；

13. 相关标准图集和技术手册。

三、本册定额管道压力等级的划分：

低压：0＜P≤16MPa；中压：16＜P≤10MPa；高压：10MPa＜P≤42MPa，蒸汽管道 P≥9MPa、工作温度≥500℃时为高压。

四、本册定额不包括下列内容：

1. 单体试运转所需的水、电、蒸汽、气体、油（油脂）、燃气等。

2. 配合联动试车费。

3. 管道安装后的充氮、防冻保护。

五、下列费用可按系数分别计取：

1. 厂区外 1～10km 以内的管道安装项目，其人工、机械乘以系数 1.10，柴油发电机台班另计。

2. 整体封闭式（非盖板封闭）地沟的管道施工，其人工、机械乘以系数 1.20。

3. 超低碳不锈钢管执行不锈钢管项目，其人工、机械乘以系数 1.15，焊材可以替换，消耗量不变。

4. 本定额各种材质管道施工使用特殊焊材时，焊材可以替换，消耗量不变。

5. 低压螺旋卷管（管件）电弧焊项目执行中压相应项目，定额乘以系数 0.8。

6. 脚手架搭拆费按定额人工费的 10%计算，其费用中人工费占 35%，单独承担的埋地管道工程不计取脚手架搭拆费。

7. 操作高度增加费：以设计标高正负零平面为基准，安装高度超过20m时，超过部分工程量按定额人工、机械乘以下表系数。

系数表

操作物高度（m以内）	≤30	≤50	>50
系数	1.20	1.50	协商

六、有关说明：

1. 生产、生活共用的给水、排水、蒸汽、燃气等输送管道，执行本册定额；生活用的各种管道执行第十册《给排水、采暖、燃气工程》相应项目。

2. 随设备供应预制成型的设备本体管道，其安装费包括在设备安装定额内；按材料或半成品供应的执行本册定额。

3. 预应力混凝土管道、管件安装执行《市政工程消耗量定额》相应项目。

4. 市政管道中的金属管道、管件安装执行本册定额的相应项目。

5. 单件重100kg以上的管道支、吊架制作与安装，管道预制钢平台的搭拆执行第三册《静置设备与工艺金属结构制作安装工程》相应项目。

6. 地下管道的管沟、土石方及砌筑工程执行相关定额。

7. 刷油、绝热、防腐蚀、衬里，执行第十一册《刷油、防腐蚀、绝热工程》相应项目。

8. 管道安装按设计压力执行相应定额，管件、阀门、法兰按公称压力执行相应定额。

9. 方形补偿器安装，直管执行本册定额第一章相应项目，弯头执行第二章相应项目。

10. 本册定额已包括场内水平运输和垂直运输工作内容。

目　录

第一章　管道安装

第二章 管件连接

第三章 阀门安装

第四章 法兰安装

第五章 管道压力试验、吹扫与清洗

第六章 无损检测与焊口热处理

第七章 其他

第一章　管道安装

说　明

一、本章内容包括低压管道、中压管道、高压管道的安装。

二、本章不包括以下工作内容：

1.管件连接；

2.阀门安装；

3.法兰安装；

4.管道压力试验、吹扫与清洗；

5.焊口无损检测、预热及后热、热处理、硬度测定、光谱分析；

6.管道支吊架制作、安装。

三、有关说明：

1.管廊及地下管网主材用量，按施工图净用量加规定的损耗量计算。

2.法兰连接金属软管安装，包括两个垫片和两副法兰用螺栓的安装，螺栓材料量按施工图设计用量加规定的损耗量计算。

3.预制钢套管复合保温管管径为内管公称直径，定额中未包括外套管接口制作安装、接口绝热、防腐工作内容。外套管接口制作安装执行本册第二章相应项目。接口绝热、防腐执行定额相应项目。

4.管道铺设采用胶圈接口时，如管材为成套购置，即管材单价中已包括了胶圈价格，胶圈价值不再计取。

工程量计算规则

一、管道安装按不同压力、材质、连接形式，以“10m”为计量单位。

二、各种管道安装工程量，按设计管道中心线以“延长米”长度计算，不扣除阀门及各种管件所占长度。

三、加热套管安装按内、外管分别计算工程量，执行相应定额。

四、金属软管安装按不同连接形式，以“根”为计量单位。

一、低压管道

1.碳钢有缝钢管(螺纹连接)

工作内容：准备工作、管子切口、套丝、管口组对、管道连接。　　计量单位：10m

定额编号				A8-1-1	A8-1-2	A8-1-3	A8-1-4
项目名称				公称直径(mm以内)			
				15	20	25	32
基价（元）				**35.02**	**38.88**	**44.24**	**48.63**
其中	人工费（元）			34.16	37.80	42.98	47.04
	材料费（元）			0.45	0.67	0.82	1.08
	机械费（元）			0.41	0.41	0.44	0.51
名称		单位	单价(元)	消耗量			
人工	综合工日	工日	140.00	0.244	0.270	0.307	0.336
材料	碳钢管	m	—	(10.000)	(10.000)	(10.000)	(10.000)
	机油	kg	19.66	0.010	0.013	0.015	0.018
	聚四氟乙烯生料带	m	0.13	0.518	0.636	0.801	0.989
	棉纱头	kg	6.00	0.022	0.043	0.043	0.064
	尼龙砂轮片 φ500×25×4	片	12.82	0.004	0.005	0.006	0.008
	氧气	m³	3.63	—	—	0.009	0.014
	乙炔气	kg	10.45	—	—	0.004	0.005
	其他材料费占材料费	%	—	1.000	1.000	1.000	1.000
机械	管子切断套丝机 159mm	台班	21.31	0.018	0.018	0.018	0.020
	砂轮切割机 500mm	台班	29.08	0.001	0.001	0.002	0.003

工作内容：准备工作、管子切口、套丝、管口组对、管道连接。　　　　计量单位：10m

定额编号				A8-1-5	A8-1-6	A8-1-7	A8-1-8
项目名称				公称直径(mm以内)			
				40	50	65	80
基价（元）				**52.82**	**59.40**	**67.43**	**72.35**
其中	人工费（元）			51.10	57.40	64.82	69.30
	材料费（元）			1.21	1.49	1.76	1.98
	机械费（元）			0.51	0.51	0.85	1.07
名称		单位	单价(元)	消耗量			
人工	综合工日	工日	140.00	0.365	0.410	0.463	0.495
材料	碳钢管	m	—	(10.000)	(10.000)	(10.000)	(10.000)
	机油	kg	19.66	0.022	0.026	0.032	0.036
	聚四氟乙烯生料带	m	0.13	1.130	1.342	1.479	1.584
	棉纱头	kg	6.00	0.064	0.085	0.097	0.112
	尼龙砂轮片 φ500×25×4	片	12.82	0.009	0.011	0.012	0.013
	氧气	m^3	3.63	0.016	0.019	0.021	0.024
	乙炔气	kg	10.45	0.006	0.007	0.010	0.012
	其他材料费占材料费	%	—	1.000	1.000	1.000	1.000
机械	管子切断套丝机 159mm	台班	21.31	0.020	0.020	0.040	0.050
	砂轮切割机 500mm	台班	29.08	0.003	0.003	—	—

2. 碳钢伴热管(氧乙炔焊)

工作内容：准备工作、管子切口、煨弯、管子组对、焊接、绑扎、管道安装。　计量单位：10m

定额编号				A8-1-9	A8-1-10	A8-1-11
项目名称				用于装置内管道		
				公称直径(mm以内)		
				15	20	25
基价(元)				**150.29**	**182.43**	**215.48**
其中	人工费(元)			143.08	172.76	200.48
	材料费(元)			7.18	9.61	14.85
	机械费(元)			0.03	0.06	0.15
名称		单位	单价(元)	消耗量		
人工	综合工日	工日	140.00	1.022	1.234	1.432
材料	碳钢管	m	—	(10.200)	(10.200)	(10.200)
	电	kW·h	0.68	0.019	0.035	0.032
	镀锌钢带	kg	4.77	0.801	1.017	1.328
	棉纱头	kg	6.00	0.004	0.012	0.010
	磨头	个	2.75	0.003	0.056	0.050
	尼龙砂轮片 φ100×16×3	片	2.56	0.005	0.007	0.009
	尼龙砂轮片 φ500×25×4	片	12.82	0.012	0.016	0.020
	破布	kg	6.32	0.090	0.090	0.181
	碳钢气焊条	kg	9.06	0.033	0.041	0.060
	氧气	m^3	3.63	0.295	0.424	0.801
	乙炔气	kg	10.45	0.109	0.164	0.313
	其他材料费占材料费	%	—	1.000	1.000	1.000
机械	砂轮切割机 500mm	台班	29.08	0.001	0.002	0.005

工作内容：准备工作、管子切口、煨弯、管子组对、焊接、绑扎、管道安装。　　计量单位：10m

定额编号				A8-1-12	A8-1-13	A8-1-14
项目名称				用于外管廊管道		
				公称直径(mm以内)		
				15	20	25
基价（元）				79.21	88.42	99.86
其中	人工费（元）			73.50	81.06	89.88
	材料费（元）			5.68	7.30	9.89
	机械费（元）			0.03	0.06	0.09
名称		单位	单价(元)	消耗量		
人工	综合工日	工日	140.00	0.525	0.579	0.642
材料	碳钢管	m	—	(10.150)	(10.150)	(10.150)
	电	kW·h	0.68	0.013	0.016	0.021
	镀锌钢带	kg	4.77	0.801	1.017	1.328
	棉纱头	kg	6.00	0.003	0.006	0.007
	磨头	个	2.75	0.002	0.028	0.033
	尼龙砂轮片 φ100×16×3	片	2.56	0.003	0.004	0.005
	尼龙砂轮片 φ500×25×4	片	12.82	0.009	0.011	0.013
	破布	kg	6.32	0.090	0.090	0.090
	碳钢气焊条	kg	9.06	0.022	0.027	0.038
	氧气	m^3	3.63	0.112	0.166	0.296
	乙炔气	kg	10.45	0.045	0.066	0.109
	其他材料费占材料费	%	—	1.000	1.000	1.000
机械	砂轮切割机 500mm	台班	29.08	0.001	0.002	0.003

3. 碳钢伴热管(氩弧焊)

工作内容：准备工作、管子切口、煨弯、管口组对、焊接、绑扎、管道安装。　　计量单位：10m

定额编号				A8-1-15	A8-1-16	A8-1-17
项目名称				用于装置内管道		
				公称直径(mm以内)		
				15	20	25
基价(元)				**171.33**	**202.07**	**231.89**
其中	人工费(元)			161.28	189.14	212.80
	材料费(元)			7.61	9.72	14.69
	机械费(元)			2.44	3.21	4.40
名称		单位	单价(元)	消耗量		
人工	综合工日	工日	140.00	1.152	1.351	1.520
材料	碳钢管	m	—	(10.200)	(10.200)	(10.200)
	电	kW·h	0.68	0.019	0.035	0.042
	镀锌钢带	kg	4.77	0.801	1.017	1.328
	棉纱头	kg	6.00	0.004	0.008	0.010
	磨头	个	2.75	0.003	0.020	0.050
	尼龙砂轮片 φ100×16×3	片	2.56	0.005	0.007	0.008
	尼龙砂轮片 φ500×25×4	片	12.82	0.012	0.016	0.020
	破布	kg	6.32	0.090	0.090	0.181
	铈钨棒	g	0.38	0.125	0.159	0.255
	碳钢氩弧焊丝	kg	7.69	0.046	0.057	0.091
	氩气	m³	19.59	0.063	0.080	0.127
	氧气	m³	3.63	0.170	0.234	0.414
	乙炔气	kg	10.45	0.065	0.090	0.170
	其他材料费占材料费	%	—	1.000	1.000	1.000
机械	砂轮切割机 500mm	台班	29.08	0.001	0.002	0.005
	氩弧焊机 500A	台班	92.58	0.026	0.034	0.046

工作内容：准备工作、管子切口、煨弯、管口组对、焊接、绑扎、管道安装。　　　　　计量单位：10m

定额编号				A8-1-18	A8-1-19	A8-1-20
项目名称				用于外管廊管道		
				公称直径(mm以内)		
				15	20	25
基价（元）				84.21	98.34	108.31
其中	人工费（元）			76.44	88.06	94.08
	材料费（元）			6.26	7.91	11.37
	机械费（元）			1.51	2.37	2.86
名称		单位	单价(元)	消耗量		
人工	综合工日	工日	140.00	0.546	0.629	0.672
材料	碳钢管	m	—	(10.150)	(10.150)	(10.150)
	电	kW·h	0.68	0.013	0.016	0.021
	镀锌钢带	kg	4.77	0.801	1.017	1.328
	棉纱头	kg	6.00	0.003	0.006	0.007
	磨头	个	2.75	0.002	0.028	0.033
	尼龙砂轮片 φ100×16×3	片	2.56	0.003	0.004	0.005
	尼龙砂轮片 φ500×25×4	片	12.82	0.008	0.011	0.013
	破布	kg	6.32	0.090	0.090	0.181
	铈钨棒	g	0.38	0.085	0.106	0.170
	碳钢氩弧焊丝	kg	7.69	0.031	0.037	0.055
	氩气	m³	19.59	0.042	0.053	0.085
	氧气	m³	3.63	0.073	0.101	0.170
	乙炔气	kg	10.45	0.029	0.039	0.065
	其他材料费占材料费	%	—	1.000	1.000	1.000
机械	砂轮切割机 500mm	台班	29.08	0.001	0.002	0.003
	氩弧焊机 500A	台班	92.58	0.016	0.025	0.030

4. 不锈钢伴热管(电弧焊)

工作内容：准备工作、管子切口、煨弯、管口组对、焊接、焊缝钝化、绑扎、管道安装。 计量单位：10m

定额编号				A8-1-21	A8-1-22	A8-1-23
项目名称				用于装置内管道		
				公称直径(mm以内)		
				15	20	25
基价(元)				171.55	224.49	265.44
其中	人工费(元)			163.52	197.12	228.62
	材料费(元)			4.25	22.70	30.57
	机械费(元)			3.78	4.67	6.25
	名称	单位	单价(元)	消耗量		
人工	综合工日	工日	140.00	1.168	1.408	1.633
材料	不锈钢管	m	—	(10.200)	(10.200)	(10.200)
	丙酮	kg	7.51	0.020	0.023	0.032
	不锈钢带 δ15×1	kg	17.78	0.086	1.088	1.420
	不锈钢焊条	kg	38.46	0.035	0.043	0.068
	电	kW·h	0.68	0.039	0.049	0.065
	钢丝 φ4.0	kg	4.02	0.060	0.060	0.060
	棉纱头	kg	6.00	0.004	0.008	0.009
	尼龙砂轮片 φ100×16×3	片	2.56	0.052	0.066	0.091
	尼龙砂轮片 φ500×25×4	片	12.82	0.015	0.018	0.030
	破布	kg	6.32	0.080	0.080	0.172
	水	t	7.96	0.003	0.003	0.006
	酸洗膏	kg	6.56	0.006	0.008	0.011
	其他材料费占材料费	%	—	1.000	1.000	1.000
机械	电动空气压缩机 $6m^3/min$	台班	206.73	0.003	0.003	0.003
	电焊机(综合)	台班	118.28	0.025	0.032	0.044
	电焊条恒温箱	台班	21.41	0.003	0.003	0.004
	电焊条烘干箱 $60×50×75cm^3$	台班	26.46	0.003	0.003	0.004
	砂轮切割机 500mm	台班	29.08	0.002	0.004	0.008

工作内容：准备工作、管子切口、煨弯、管口组对、焊接、焊缝钝化、绑扎、管道安装。 计量单位：10m

定额编号				A8-1-24	A8-1-25	A8-1-26
项目名称				用于外管廊管道		
				公称直径(mm以内)		
				15	20	25
基价（元）				**89.73**	**117.26**	**136.12**
其中	人工费（元）			83.58	92.26	102.62
	材料费（元）			3.60	21.92	29.34
	机械费（元）			2.55	3.08	4.16
名称		单位	单价(元)	消耗量		
人工	综合工日	工日	140.00	0.597	0.659	0.733
材料	不锈钢管	m	—	(10.150)	(10.150)	(10.150)
	丙酮	kg	7.51	0.014	0.015	0.021
	不锈钢带 δ15×1	kg	17.78	0.086	1.088	1.420
	不锈钢焊条	kg	38.46	0.023	0.029	0.045
	电	kW·h	0.68	0.024	0.034	0.044
	钢丝 φ4.0	kg	4.02	0.060	0.060	0.060
	棉纱头	kg	6.00	0.003	0.006	0.007
	尼龙砂轮片 φ100×16×3	片	2.56	0.035	0.043	0.061
	尼龙砂轮片 φ500×25×4	片	12.82	0.010	0.012	0.020
	破布	kg	6.32	0.079	0.079	0.171
	水	t	7.96	0.002	0.002	0.004
	酸洗膏	kg	6.56	0.006	0.008	0.011
	其他材料费占材料费	%	—	1.000	1.000	1.000
机械	电动空气压缩机 6m³/min	台班	206.73	0.002	0.002	0.002
	电焊机(综合)	台班	118.28	0.017	0.021	0.029
	电焊条恒温箱	台班	21.41	0.002	0.002	0.003
	电焊条烘干箱 60×50×75cm³	台班	26.46	0.002	0.002	0.003
	砂轮切割机 500mm	台班	29.08	0.001	0.003	0.006

5. 不锈钢伴热管(氩弧焊)

工作内容：准备工作、管子切口、煨弯、管口组对、焊接、焊缝钝化、绑扎、管道安装。 计量单位：10m

定额编号				A8-1-27	A8-1-28	A8-1-29
项目名称				用于装置内管道		
				公称直径(mm以内)		
				15	20	25
基价（元）				189.55	239.61	275.64
其中	人工费（元）			179.62	210.28	236.60
	材料费（元）			7.37	26.07	34.64
	机械费（元）			2.56	3.26	4.40
名称		单位	单价(元)	消耗量		
人工	综合工日	工日	140.00	1.283	1.502	1.690
材料	不锈钢管	m	—	(10.200)	(10.200)	(10.200)
	丙酮	kg	7.51	0.020	0.023	0.032
	不锈钢带 δ15×1	kg	17.78	0.086	1.088	1.420
	不锈钢焊条	kg	38.46	0.041	0.052	0.083
	电	kW·h	0.68	0.039	0.048	0.065
	钢丝 φ4.0	kg	4.02	0.060	0.060	0.060
	棉纱头	kg	6.00	0.004	0.008	0.009
	尼龙砂轮片 φ100×16×3	片	2.56	0.063	0.079	0.110
	尼龙砂轮片 φ500×25×4	片	12.82	0.018	0.022	0.036
	破布	kg	6.32	0.080	0.080	0.172
	铈钨棒	g	0.38	0.108	0.135	0.193
	水	t	7.96	0.003	0.003	0.006
	酸洗膏	kg	6.56	0.006	0.008	0.011
	氩气	m^3	19.59	0.140	0.146	0.166
	其他材料费占材料费	%	—	1.000	1.000	1.000
机械	砂轮切割机 500mm	台班	29.08	0.002	0.004	0.008
	氩弧焊机 500A	台班	92.58	0.027	0.034	0.045

工作内容：准备工作、管子切口、煨弯、管口组对、焊接、焊缝钝化、绑扎、管道安装。 计量单位：10m

定额编号				A8-1-30	A8-1-31	A8-1-32
项目名称				用于外管廊管道		
				公称直径(mm以内)		
				15	20	25
基价（元）				**99.17**	**124.82**	**145.65**
其中	人工费（元）			90.86	97.02	109.06
	材料费（元）			6.61	25.21	33.36
	机械费（元）			1.70	2.59	3.23
名称		单位	单价(元)	消耗量		
人工	综合工日	工日	140.00	0.649	0.693	0.779
材料	不锈钢管	m	—	(10.150)	(10.150)	(10.150)
	丙酮	kg	7.51	0.013	0.015	0.021
	不锈钢带 δ15×1	kg	17.78	0.086	1.088	1.420
	不锈钢焊条	kg	38.46	0.028	0.034	0.054
	电	kW·h	0.68	0.024	0.034	0.044
	钢丝 φ4.0	kg	4.02	0.060	0.060	0.060
	棉纱头	kg	6.00	0.003	0.006	0.007
	尼龙砂轮片 φ100×16×3	片	2.56	0.057	0.080	0.113
	尼龙砂轮片 φ500×25×4	片	12.82	0.015	0.021	0.038
	破布	kg	6.32	0.079	0.079	0.171
	铈钨棒	g	0.38	0.073	0.092	0.150
	水	t	7.96	0.002	0.002	0.004
	酸洗膏	kg	6.56	0.006	0.008	0.011
	氩气	m³	19.59	0.135	0.144	0.164
	其他材料费占材料费	%	—	1.000	1.000	1.000
机械	砂轮切割机 500mm	台班	29.08	0.001	0.003	0.006
	氩弧焊机 500A	台班	92.58	0.018	0.027	0.033

6. 碳钢管(氧乙炔焊)

工作内容：准备工作、管子切口、坡口加工、坡口磨平、管口组对、焊接、管道安装。　计量单位：10m

定额编号				A8-1-33	A8-1-34	A8-1-35
项目名称				公称直径(mm以内)		
				15	20	25
基价（元）				**32.14**	**34.79**	**42.55**
其中	人工费（元）			30.66	33.18	39.76
	材料费（元）			1.45	1.58	2.73
	机械费（元）			0.03	0.03	0.06
名称		单位	单价(元)	消耗量		
人工	综合工日	工日	140.00	0.219	0.237	0.284
材料	碳钢管	m	—	(9.137)	(9.137)	(9.137)
	电	kW·h	0.68	0.011	0.013	0.110
	钢丝 φ4.0	kg	4.02	0.068	0.068	0.068
	棉纱头	kg	6.00	0.003	0.006	0.006
	磨头	个	2.75	0.002	0.002	0.028
	尼龙砂轮片 φ100×16×3	片	2.56	0.003	0.004	0.056
	尼龙砂轮片 φ500×25×4	片	12.82	0.004	0.005	0.006
	破布	kg	6.32	0.088	0.088	0.177
	碳钢气焊条	kg	9.06	0.019	0.022	0.032
	氧气	m³	3.63	0.044	0.054	0.080
	乙炔气	kg	10.45	0.018	0.021	0.031
	其他材料费占材料费	%	—	1.000	1.000	1.000
机械	砂轮切割机 500mm	台班	29.08	0.001	0.001	0.002

工作内容：准备工作、管子切口、坡口加工、坡口磨平、管口组对、焊接、管道安装。　计量单位：10m

定额编号				A8-1-36	A8-1-37	A8-1-38
项目名称				公称直径(mm以内)		
				32	40	50
基价（元）				**47.69**	**52.13**	**57.95**
其中	人工费（元）			44.38	48.58	53.48
	材料费（元）			3.22	3.46	4.38
	机械费（元）			0.09	0.09	0.09
名称		**单位**	**单价(元)**	**消耗量**		
人工	综合工日	工日	140.00	0.317	0.347	0.382
材料	碳钢管	m	—	(9.137)	(9.137)	(8.996)
	电	kW·h	0.68	0.118	0.125	0.136
	钢丝 φ4.0	kg	4.02	0.068	0.068	0.068
	棉纱头	kg	6.00	0.008	0.008	0.010
	磨头	个	2.75	0.034	0.040	0.047
	尼龙砂轮片 φ100×16×3	片	2.56	0.070	0.089	0.107
	尼龙砂轮片 φ500×25×4	片	12.82	0.008	0.009	0.011
	破布	kg	6.32	0.194	0.194	0.221
	碳钢气焊条	kg	9.06	0.041	0.046	0.068
	氧气	m³	3.63	0.106	0.121	0.177
	乙炔气	kg	10.45	0.041	0.046	0.068
	其他材料费占材料费	%	—	1.000	1.000	1.000
机械	砂轮切割机 500mm	台班	29.08	0.003	0.003	0.003

7. 碳钢管(电弧焊)

工作内容：准备工作、管子切口、坡口加工、坡口磨平、管口组对、焊接、管口封闭、管道安装。

计量单位：10m

定 额 编 号				A8-1-39	A8-1-40	A8-1-41	A8-1-42
项 目 名 称				公称直径(mm以内)			
				15	20	25	32
基 价（元）				**32.72**	**36.28**	**44.56**	**50.43**
其中	人 工 费（元）			28.14	30.52	36.68	41.02
	材 料 费（元）			1.50	1.68	2.50	2.81
	机 械 费（元）			3.08	4.08	5.38	6.60
名 称		单位	单价(元)	消 耗 量			
人工	综合工日	工日	140.00	0.201	0.218	0.262	0.293
材料	碳钢管	m	—	(9.137)	(9.137)	(9.137)	(9.137)
	低碳钢焊条	kg	6.84	0.022	0.028	0.039	0.049
	电	kW·h	0.68	0.082	0.089	0.119	0.127
	钢丝 φ4.0	kg	4.02	0.065	0.070	0.071	0.072
	棉纱头	kg	6.00	0.002	0.006	0.006	0.009
	磨头	个	2.75	0.013	0.016	0.020	0.024
	尼龙砂轮片 φ100×16×3	片	2.56	0.038	0.049	0.086	0.096
	尼龙砂轮片 φ500×25×4	片	12.82	0.002	0.002	0.004	0.005
	破布	kg	6.32	0.085	0.090	0.181	0.199
	塑料布	m²	1.97	0.149	0.158	0.165	0.175
	氧气	m³	3.63	0.001	0.001	0.001	0.006
	乙炔气	kg	10.45	0.001	0.001	0.001	0.002
	其他材料费占材料费	%	—	1.000	1.000	1.000	1.000
机械	电焊机(综合)	台班	118.28	0.025	0.033	0.043	0.053
	电焊条恒温箱	台班	21.41	0.002	0.003	0.005	0.005
	电焊条烘干箱 60×50×75cm³	台班	26.46	0.002	0.003	0.005	0.005
	砂轮切割机 500mm	台班	29.08	0.001	0.001	0.002	0.003

工作内容：准备工作、管子切口、坡口加工、坡口磨平、管口组对、焊接、管口封闭、管道安装。

计量单位：10m

定额编号				A8-1-43	A8-1-44	A8-1-45	A8-1-46
项目名称				公称直径(mm以内)			
				40	50	65	80
基价（元）				**55.85**	**63.47**	**85.36**	**101.05**
其中	人工费（元）			45.08	50.40	64.54	76.30
	材料费（元）			3.18	3.61	5.82	7.28
	机械费（元）			7.59	9.46	15.00	17.47
	名称	单位	单价(元)	消耗量			
人工	综合工日	工日	140.00	0.322	0.360	0.461	0.545
材料	碳钢管	m	—	(9.137)	(8.996)	(8.996)	(8.996)
	低碳钢焊条	kg	6.84	0.075	0.089	0.163	0.225
	电	kW·h	0.68	0.154	0.159	0.102	0.126
	钢丝 φ4.0	kg	4.02	0.073	0.074	0.075	0.076
	棉纱头	kg	6.00	0.009	0.011	0.015	0.018
	磨头	个	2.75	0.028	0.033	0.044	0.052
	尼龙砂轮片 φ100×16×3	片	2.56	0.134	0.155	0.200	0.323
	尼龙砂轮片 φ500×25×4	片	12.82	0.006	0.007	—	—
	破布	kg	6.32	0.199	0.226	0.226	0.271
	塑料布	m²	1.97	0.196	0.216	0.318	0.266
	氧气	m³	3.63	0.006	0.009	0.211	0.275
	乙炔气	kg	10.45	0.002	0.003	0.070	0.092
	其他材料费占材料费	%	—	1.000	1.000	1.000	1.000
机械	电焊机(综合)	台班	118.28	0.061	0.076	0.122	0.142
	电焊条恒温箱	台班	21.41	0.006	0.008	0.012	0.014
	电焊条烘干箱 60×50×75cm³	台班	26.46	0.006	0.008	0.012	0.014
	砂轮切割机 500mm	台班	29.08	0.003	0.003	—	—

工作内容：准备工作、管子切口、坡口加工、坡口磨平、管口组对、焊接、管口封闭、管道安装。

计量单位：10m

定额编号				A8-1-47	A8-1-48	A8-1-49	A8-1-50
项目名称				公称直径(mm以内)			
				100	125	150	200
基价（元）				166.15	199.76	230.79	290.81
其中	人工费（元）			85.26	100.52	118.30	135.52
	材料费（元）			8.95	10.46	13.25	19.38
	机械费（元）			71.94	88.78	99.24	135.91
名称		单位	单价(元)	消耗量			
人工	综合工日	工日	140.00	0.609	0.718	0.845	0.968
材料	碳钢管	m	—	(8.996)	(8.845)	(8.845)	(8.845)
	低碳钢焊条	kg	6.84	0.325	0.393	0.625	0.992
	电	kW·h	0.68	0.160	0.215	0.243	0.352
	钢丝 φ4.0	kg	4.02	0.077	0.077	0.078	0.079
	角钢(综合)	kg	3.61	—	—	—	0.137
	棉纱头	kg	6.00	0.021	0.024	0.032	0.041
	磨头	个	2.75	0.066	—	—	—
	尼龙砂轮片 φ100×16×3	片	2.56	0.360	0.489	0.611	0.936
	破布	kg	6.32	0.317	0.343	0.361	0.433
	塑料布	m^2	1.97	0.314	0.368	0.431	0.560
	氧气	m^3	3.63	0.333	0.410	0.490	0.684
	乙炔气	kg	10.45	0.111	0.137	0.163	0.228
	其他材料费占材料费	%	—	1.000	1.000	1.000	1.000
机械	电焊机(综合)	台班	118.28	0.206	0.232	0.291	0.412
	电焊条恒温箱	台班	21.41	0.021	0.023	0.030	0.041
	电焊条烘干箱 60×50×75cm³	台班	26.46	0.021	0.023	0.030	0.041
	吊装机械(综合)	台班	619.04	0.065	0.083	0.084	0.107
	汽车式起重机 8t	台班	763.67	0.005	0.007	0.009	0.015
	载重汽车 8t	台班	501.85	0.005	0.007	0.009	0.015

工作内容：准备工作、管子切口、坡口加工、坡口磨平、管口组对、焊接、管口封闭、管道安装。

计量单位：10m

定额编号				A8-1-51	A8-1-52	A8-1-53	A8-1-54
项目名称				公称直径(mm以内)			
				250	300	350	400
基价(元)				**394.19**	**430.64**	**485.03**	**560.26**
其中	人工费(元)			170.94	189.84	208.18	238.28
	材料费(元)			27.52	34.53	40.18	56.56
	机械费(元)			195.73	206.27	236.67	265.42
名称		单位	单价(元)	消耗量			
人工	综合工日	工日	140.00	1.221	1.356	1.487	1.702
材料	碳钢管	m	—	(8.798)	(8.798)	(8.798)	(8.798)
	低碳钢焊条	kg	6.84	1.625	2.205	2.625	4.125
	电	kW·h	0.68	0.457	0.561	0.663	0.783
	钢丝 Φ4.0	kg	4.02	0.080	0.081	0.082	0.083
	角钢(综合)	kg	3.61	0.137	0.138	0.138	0.138
	棉纱头	kg	6.00	0.051	0.051	0.061	0.068
	尼龙砂轮片 Φ100×16×3	片	2.56	1.370	1.954	2.163	3.185
	破布	kg	6.32	0.479	0.497	0.524	0.542
	塑料布	m²	1.97	0.713	0.878	1.061	1.196
	氧气	m³	3.63	0.951	1.085	1.300	1.698
	乙炔气	kg	10.45	0.317	0.362	0.433	0.566
	其他材料费占材料费	%	—	1.000	1.000	1.000	1.000
机械	电焊机(综合)	台班	118.28	0.584	0.618	0.651	0.737
	电焊条恒温箱	台班	21.41	0.058	0.062	0.065	0.074
	电焊条烘干箱 60×50×75cm³	台班	26.46	0.058	0.062	0.065	0.074
	吊装机械(综合)	台班	619.04	0.149	0.149	0.165	0.180
	汽车式起重机 8t	台班	763.67	0.025	0.030	0.043	0.050
	载重汽车 8t	台班	501.85	0.025	0.030	0.043	0.050

工作内容：准备工作、管子切口、坡口加工、坡口磨平、管口组对、焊接、管口封闭、管道安装。

计量单位：10m

定额编号				A8-1-55	A8-1-56	A8-1-57
项目名称				公称直径(mm以内)		
				450	500	600
基价（元）				**664.27**	**755.37**	**850.49**
其中	人工费（元）			290.36	348.74	406.84
	材料费（元）			67.40	80.72	102.21
	机械费（元）			306.51	325.91	341.44
名称		单位	单价(元)	消耗量		
人工	综合工日	工日	140.00	2.074	2.491	2.906
材料	碳钢管	m	—	(8.695)	(8.695)	(8.695)
	低碳钢焊条	kg	6.84	5.031	6.375	8.548
	电	kW·h	0.68	0.907	1.055	1.296
	钢丝 φ4.0	kg	4.02	0.084	0.085	0.086
	角钢(综合)	kg	3.61	0.138	0.138	0.138
	棉纱头	kg	6.00	0.075	0.084	0.092
	尼龙砂轮片 φ100×16×3	片	2.56	3.756	4.313	5.129
	破布	kg	6.32	0.614	0.696	0.778
	塑料布	m^2	1.97	1.473	1.698	1.923
	氧气	m^3	3.63	1.970	2.175	2.617
	乙炔气	kg	10.45	0.657	0.725	0.872
	其他材料费占材料费	%	—	1.000	1.000	1.000
机械	电焊机(综合)	台班	118.28	0.867	0.958	1.049
	电焊条恒温箱	台班	21.41	0.087	0.096	0.105
	电焊条烘干箱 60×50×75cm^3	台班	26.46	0.087	0.096	0.105
	吊装机械(综合)	台班	619.04	0.196	0.197	0.204
	汽车式起重机 8t	台班	763.67	0.062	0.068	0.068
	载重汽车 8t	台班	501.85	0.062	0.068	0.068

8.碳钢管(氩电联焊)

工作内容：准备工作、管子切口、坡口加工、坡口磨平、管口组对、焊接、管口封闭、管道安装。

计量单位：10m

定额编号				A8-1-58	A8-1-59	A8-1-60	A8-1-61
项目名称				公称直径(mm以内)			
				15	20	25	32
基价(元)				**36.50**	**40.26**	**49.94**	**56.61**
其中	人工费(元)			31.78	34.58	41.72	46.90
	材料费(元)			2.16	2.45	3.77	4.18
	机械费(元)			2.56	3.23	4.45	5.53
名称		单位	单价(元)	消耗量			
人工	综合工日	工日	140.00	0.227	0.247	0.298	0.335
材料	碳钢管	m	—	(9.137)	(9.137)	(9.137)	(9.137)
	低碳钢焊条	kg	6.84	0.001	0.001	0.001	0.002
	电	kW·h	0.68	0.083	0.090	0.121	0.130
	钢丝 φ4.0	kg	4.02	0.077	0.078	0.079	0.080
	棉纱头	kg	6.00	0.003	0.006	0.006	0.009
	磨头	个	2.75	0.013	0.016	0.020	0.024
	尼龙砂轮片 φ100×16×3	片	2.56	0.037	0.048	0.085	0.095
	尼龙砂轮片 φ500×25×4	片	12.82	0.002	0.002	0.004	0.005
	破布	kg	6.32	0.090	0.090	0.181	0.199
	铈钨棒	g	0.38	0.062	0.079	0.125	0.150
	塑料布	m²	1.97	0.150	0.157	0.165	0.174
	碳钢焊丝	kg	7.69	0.011	0.014	0.026	0.028
	氩气	m³	19.59	0.031	0.040	0.063	0.070
	氧气	m³	3.63	0.001	0.001	0.001	0.006
	乙炔气	kg	10.45	0.001	0.001	0.001	0.002
	其他材料费占材料费	%	—	1.000	1.000	1.000	1.000
机械	电焊机(综合)	台班	118.28	0.003	0.004	0.007	0.008
	电焊条恒温箱	台班	21.41	0.001	0.001	0.001	0.001
	电焊条烘干箱 60×50×75cm³	台班	26.46	0.001	0.001	0.001	0.001
	砂轮切割机 500mm	台班	29.08	0.001	0.001	0.002	0.003
	氩弧焊机 500A	台班	92.58	0.023	0.029	0.038	0.048

工作内容：准备工作、管子切口、坡口加工、坡口磨平、管口组对、焊接、管口封闭、管道安装。

计量单位：10m

定额编号				A8-1-62	A8-1-63	A8-1-64	A8-1-65
项目名称				公称直径(mm以内)			
				40	50	65	80
基价(元)				**62.92**	**76.26**	**95.76**	**112.91**
其中	人工费(元)			51.52	59.64	74.62	87.92
	材料费(元)			5.20	4.65	7.49	9.02
	机械费(元)			6.20	11.97	13.65	15.97
名称		单位	单价(元)	消耗量			
人工	综合工日	工日	140.00	0.368	0.426	0.533	0.628
材料	碳钢管	m	—	(9.137)	(8.996)	(8.996)	(8.996)
	低碳钢焊条	kg	6.84	0.002	0.044	0.113	0.163
	电	kW·h	0.68	0.155	0.161	0.108	0.137
	钢丝 φ4.0	kg	4.02	0.081	0.084	0.087	0.089
	棉纱头	kg	6.00	0.009	0.011	0.015	0.018
	磨头	个	2.75	0.028	0.033	0.044	0.052
	尼龙砂轮片 φ100×16×3	片	2.56	0.131	0.148	0.199	0.320
	尼龙砂轮片 φ500×25×4	片	12.82	0.006	0.007	0.012	0.016
	破布	kg	6.32	0.199	0.226	0.253	0.271
	铈钨棒	g	0.38	0.215	0.113	0.150	0.175
	塑料布	m²	1.97	0.197	0.216	0.318	0.267
	碳钢焊丝	kg	7.69	0.038	0.020	0.027	0.031
	氩气	m³	19.59	0.107	0.057	0.075	0.088
	氧气	m³	3.63	0.006	0.009	0.195	0.256
	乙炔气	kg	10.45	0.002	0.003	0.065	0.085
	其他材料费占材料费	%	—	1.000	1.000	1.000	1.000
机械	电焊机(综合)	台班	118.28	0.009	0.053	0.065	0.075
	电焊条恒温箱	台班	21.41	0.001	0.005	0.006	0.008
	电焊条烘干箱 60×50×75cm³	台班	26.46	0.001	0.005	0.006	0.008
	砂轮切割机 500mm	台班	29.08	0.003	0.003	0.004	0.005
	氩弧焊机 500A	台班	92.58	0.054	0.058	0.060	0.071

工作内容：准备工作、管子切口、坡口加工、坡口磨平、管口组对、焊接、管口封闭、管道安装。

计量单位：10m

定额编号				A8-1-66	A8-1-67	A8-1-68	A8-1-69
项目名称				公称直径(mm以内)			
				100	125	150	200
基价（元）				189.81	218.39	250.51	317.47
其中	人工费（元）			105.98	114.94	126.84	145.32
	材料费（元）			11.18	13.15	15.93	23.42
	机械费（元）			72.65	90.30	107.74	148.73
名称		单位	单价(元)	消耗量			
人工	综合工日	工日	140.00	0.757	0.821	0.906	1.038
材料	碳钢管	m	—	(8.996)	(8.845)	(8.845)	(8.845)
	低碳钢焊条	kg	6.84	0.246	0.313	0.488	0.837
	电	kW·h	0.68	0.176	0.233	0.268	0.393
	钢丝 φ4.0	kg	4.02	0.095	0.099	0.104	0.114
	角钢(综合)	kg	3.61	—	—	—	0.137
	棉纱头	kg	6.00	0.021	0.024	0.032	0.041
	磨头	个	2.75	0.066	—	—	—
	尼龙砂轮片 φ100×16×3	片	2.56	0.356	0.483	0.605	0.927
	尼龙砂轮片 φ500×25×4	片	12.82	0.020	0.027	—	—
	破布	kg	6.32	0.317	0.343	0.361	0.433
	铈钨棒	g	0.38	0.227	0.263	0.320	0.445
	塑料布	m²	1.97	0.314	0.369	0.431	0.560
	碳钢焊丝	kg	7.69	0.041	0.048	0.057	0.080
	氩气	m³	19.59	0.113	0.131	0.160	0.223
	氧气	m³	3.63	0.306	0.375	0.459	0.650
	乙炔气	kg	10.45	0.102	0.125	0.153	0.217
	其他材料费占材料费	%	—	1.000	1.000	1.000	1.000
机械	半自动切割机 100mm	台班	83.55	—	—	0.061	0.087
	电焊机(综合)	台班	118.28	0.143	0.147	0.203	0.309
	电焊条恒温箱	台班	21.41	0.014	0.015	0.020	0.031
	电焊条烘干箱 60×50×75cm³	台班	26.46	0.014	0.015	0.020	0.031
	吊装机械(综合)	台班	619.04	0.065	0.084	0.084	0.106
	汽车式起重机 8t	台班	763.67	0.005	0.008	0.011	0.017
	砂轮切割机 500mm	台班	29.08	0.009	0.009	—	—
	氩弧焊机 500A	台班	92.58	0.089	0.106	0.127	0.176
	载重汽车 8t	台班	501.85	0.005	0.008	0.011	0.017

工作内容：准备工作、管子切口、坡口加工、坡口磨平、管口组对、焊接、管口封闭、管道安装。

计量单位：10m

定额编号				A8-1-70	A8-1-71	A8-1-72	A8-1-73
项目名称				公称直径(mm以内)			
				250	300	350	400
基价（元）				**434.49**	**477.73**	**561.17**	**620.44**
其中	人工费（元）			183.40	205.10	247.24	257.60
	材料费（元）			32.48	39.29	46.13	63.87
	机械费（元）			218.61	233.34	267.80	298.97
名称		**单位**	**单价(元)**	**消耗量**			
人工	综合工日	工日	140.00	1.310	1.465	1.766	1.840
材料	碳钢管	m	—	(8.798)	(8.798)	(8.798)	(8.798)
	低碳钢焊条	kg	6.84	1.494	1.790	2.250	3.750
	电	kW·h	0.68	0.520	0.629	0.747	0.880
	钢丝 Φ4.0	kg	4.02	0.123	0.133	0.142	0.152
	角钢(综合)	kg	3.61	0.137	0.138	0.138	0.138
	棉纱头	kg	6.00	0.050	0.051	0.061	0.068
	尼龙砂轮片 Φ100×16×3	片	2.56	1.358	1.940	2.148	3.163
	破布	kg	6.32	0.479	0.497	0.524	0.542
	铈钨棒	g	0.38	0.550	0.665	0.763	0.869
	塑料布	m²	1.97	0.713	0.878	1.061	1.196
	碳钢焊丝	kg	7.69	0.098	0.119	0.138	0.156
	氩气	m³	19.59	0.275	0.333	0.388	0.435
	氧气	m³	3.63	0.848	1.035	1.193	1.623
	乙炔气	kg	10.45	0.283	0.345	0.398	0.541
	其他材料费占材料费	%	—	1.000	1.000	1.000	1.000
机械	半自动切割机 100mm	台班	83.55	0.123	0.128	0.132	0.143
	电焊机(综合)	台班	118.28	0.482	0.521	0.559	0.633
	电焊条恒温箱	台班	21.41	0.048	0.052	0.056	0.064
	电焊条烘干箱 60×50×75cm³	台班	26.46	0.048	0.052	0.056	0.064
	吊装机械(综合)	台班	619.04	0.149	0.149	0.165	0.180
	汽车式起重机 8t	台班	763.67	0.029	0.036	0.051	0.058
	氩弧焊机 500A	台班	92.58	0.217	0.224	0.230	0.262
	载重汽车 8t	台班	501.85	0.029	0.036	0.051	0.058

工作内容：准备工作、管子切口、坡口加工、坡口磨平、管口组对、焊接、管口封闭、管道安装。

计量单位：10m

定额编号				A8-1-74	A8-1-75	A8-1-76
项目名称				公称直径(mm以内)		
				450	500	600
基价（元）				736.10	835.43	955.25
其中	人工费（元）			313.32	374.64	445.48
	材料费（元）			75.24	89.75	113.39
	机械费（元）			347.54	371.04	396.38
名称		单位	单价(元)	消耗量		
人工	综合工日	工日	140.00	2.238	2.676	3.182
材料	碳钢管	m	—	(8.695)	(8.695)	(8.695)
	低碳钢焊条	kg	6.84	4.666	5.875	8.052
	电	kW·h	0.68	1.020	1.180	1.449
	钢丝 φ4.0	kg	4.02	0.161	0.170	0.179
	角钢(综合)	kg	3.61	0.138	0.138	0.138
	棉纱头	kg	6.00	0.075	0.084	0.092
	尼龙砂轮片 φ100×16×3	片	2.56	3.734	4.291	5.100
	破布	kg	6.32	0.614	0.696	0.778
	铈钨棒	g	0.38	0.983	1.088	1.298
	塑料布	m²	1.97	1.473	1.698	1.923
	碳钢焊丝	kg	7.69	0.176	0.194	0.232
	氩气	m³	19.59	0.491	0.544	0.649
	氧气	m³	3.63	1.772	2.095	2.486
	乙炔气	kg	10.45	0.591	0.698	0.829
	其他材料费占材料费	%	—	1.000	1.000	1.000
机械	半自动切割机 100mm	台班	83.55	0.164	0.186	0.207
	电焊机(综合)	台班	118.28	0.765	0.845	0.926
	电焊条恒温箱	台班	21.41	0.077	0.085	0.093
	电焊条烘干箱 60×50×75cm³	台班	26.46	0.077	0.085	0.093
	吊装机械(综合)	台班	619.04	0.196	0.196	0.197
	汽车式起重机 8t	台班	763.67	0.072	0.079	0.087
	氩弧焊机 500A	台班	92.58	0.294	0.326	0.357
	载重汽车 8t	台班	501.85	0.072	0.079	0.087

9. 碳钢板卷管(电弧焊)

工作内容：准备工作、管子切口、坡口加工、坡口磨平、管口组对、焊接、管道安装。　计量单位：10m

定　额　编　号				A8-1-77	A8-1-78	A8-1-79	A8-1-80
项　目　名　称				公称直径(mm以内)			
				200	250	300	350
基　价（元）				**232.10**	**272.05**	**312.85**	**379.71**
其中	人　工　费（元）			107.52	125.58	149.10	181.72
	材　料　费（元）			14.13	18.36	21.23	30.55
	机　械　费（元）			110.45	128.11	142.52	167.44
名　称		单位	单价(元)	消　耗　量			
人工	综合工日	工日	140.00	0.768	0.897	1.065	1.298
材料	碳钢板卷管	m	—	(9.287)	(9.287)	(9.287)	(9.287)
	低碳钢焊条	kg	6.84	0.787	0.984	1.173	2.145
	电	kW·h	0.68	0.303	0.347	0.413	0.489
	角钢(综合)	kg	3.61	0.162	0.162	0.162	0.162
	棉纱头	kg	6.00	0.042	0.051	0.063	0.070
	尼龙砂轮片 Φ100×16×3	片	2.56	0.962	1.401	1.445	1.847
	破布	kg	6.32	0.013	0.016	0.018	0.022
	氧气	m^3	3.63	0.706	0.918	1.116	1.318
	乙炔气	kg	10.45	0.235	0.316	0.372	0.439
	其他材料费占材料费	%	—	1.000	1.000	1.000	1.000
机械	电焊机(综合)	台班	118.28	0.210	0.262	0.313	0.429
	电焊条恒温箱	台班	21.41	0.021	0.026	0.031	0.043
	电焊条烘干箱 60×50×75cm³	台班	26.46	0.021	0.026	0.031	0.043
	吊装机械(综合)	台班	619.04	0.106	0.114	0.121	0.130
	汽车式起重机 8t	台班	763.67	0.015	0.020	0.023	0.027
	载重汽车 8t	台班	501.85	0.015	0.020	0.023	0.027

工作内容：准备工作、管子切口、坡口加工、坡口磨平、管口组对、焊接、管道安装。 计量单位：10m

定额编号				A8-1-81	A8-1-82	A8-1-83	A8-1-84
项目名称				公称直径(mm以内)			
				400	450	500	600
基价（元）				**429.85**	**514.79**	**588.76**	**712.57**
其中	人工费（元）			211.26	258.58	301.70	364.14
	材料费（元）			34.87	38.69	42.38	64.38
	机械费（元）			183.72	217.52	244.68	284.05
名称		**单位**	**单价(元)**	**消耗量**			
人工	综合工日	工日	140.00	1.509	1.847	2.155	2.601
材料	碳钢板卷管	m	—	(9.287)	(9.193)	(9.193)	(9.193)
	低碳钢焊条	kg	6.84	2.427	2.725	3.018	5.338
	电	kW·h	0.68	0.612	0.686	0.737	1.013
	角钢(综合)	kg	3.61	0.162	0.162	0.162	0.162
	六角螺栓(综合)	10套	11.30	—	—	—	0.039
	棉纱头	kg	6.00	0.080	0.089	0.097	0.119
	尼龙砂轮片 φ100×16×3	片	2.56	2.468	2.791	3.196	4.031
	破布	kg	6.32	0.024	0.028	0.031	0.037
	碳精棒	kg	12.82	—	—	—	0.079
	氧气	m^3	3.63	1.402	1.513	1.585	1.861
	乙炔气	kg	10.45	0.467	0.504	0.528	0.620
	其他材料费占材料费	%	—	1.000	1.000	1.000	1.000
机械	电焊机(综合)	台班	118.28	0.485	0.545	0.604	0.837
	电焊条恒温箱	台班	21.41	0.049	0.055	0.060	0.084
	电焊条烘干箱 60×50×75cm^3	台班	26.46	0.049	0.055	0.060	0.084
	吊装机械(综合)	台班	619.04	0.139	0.151	0.173	0.180
	汽车式起重机 8t	台班	763.67	0.030	0.045	0.050	0.055
	载重汽车 8t	台班	501.85	0.030	0.045	0.050	0.055

工作内容：准备工作、管子切口、坡口加工、坡口磨平、管口组对、焊接、管道安装。 计量单位：10m

定额编号				A8-1-85	A8-1-86	A8-1-87	A8-1-88
项目名称				公称直径(mm以内)			
				700	800	900	1000
基价（元）				**832.54**	**961.63**	**1074.65**	**1256.75**
其中	人工费（元）			427.42	489.16	548.66	613.90
	材料费（元）			76.31	93.37	104.64	128.07
	机械费（元）			328.81	379.10	421.35	514.78
名称		**单位**	**单价(元)**	**消耗量**			
人工	综合工日	工日	140.00	3.053	3.494	3.919	4.385
材料	碳钢板卷管	m	—	(9.090)	(9.090)	(9.090)	(8.996)
	低碳钢焊条	kg	6.84	6.110	7.798	8.758	10.846
	电	kW·h	0.68	1.288	1.485	1.648	1.897
	角钢(综合)	kg	3.61	0.179	0.179	0.179	0.179
	六角螺栓(综合)	10套	11.30	0.039	0.039	0.039	0.039
	棉纱头	kg	6.00	0.134	0.154	0.173	0.218
	尼龙砂轮片 φ100×16×3	片	2.56	4.808	5.663	6.344	7.714
	破布	kg	6.32	0.042	0.048	0.053	0.059
	碳精棒	kg	12.82	0.090	0.102	0.115	0.127
	氧气	m^3	3.63	2.427	2.809	3.150	3.821
	乙炔气	kg	10.45	0.809	0.936	1.050	1.274
	其他材料费占材料费	%	—	1.000	1.000	1.000	1.000
机械	电焊机(综合)	台班	118.28	1.003	1.146	1.287	1.442
	电焊条恒温箱	台班	21.41	0.100	0.115	0.139	0.144
	电焊条烘干箱 60×50×75cm³	台班	26.46	0.100	0.115	0.139	0.144
	吊装机械(综合)	台班	619.04	0.203	0.221	0.240	0.318
	汽车式起重机 8t	台班	763.67	0.063	0.080	0.090	0.111
	载重汽车 8t	台班	501.85	0.063	0.080	0.090	0.111

工作内容：准备工作、管子切口、坡口加工、坡口磨平、管口组对、焊接、管道安装。 计量单位：10m

定额编号				A8-1-89	A8-1-90	A8-1-91	A8-1-92
项目名称				公称直径(mm以内)			
				1200	1400	1600	1800
基价（元）				**1715.91**	**2092.16**	**2373.80**	**2851.42**
其中	人工费（元）			831.60	1014.16	1083.74	1274.70
	材料费（元）			199.28	277.42	316.60	356.61
	机械费（元）			685.03	800.58	973.46	1220.11
名称		单位	单价(元)	消耗量			
人工	综合工日	工日	140.00	5.940	7.244	7.741	9.105
材料	碳钢板卷管	m	—	(8.996)	(8.996)	(8.798)	(8.798)
	低碳钢焊条	kg	6.84	17.322	24.895	28.426	31.957
	电	kW·h	0.68	3.054	3.698	4.220	4.746
	角钢(综合)	kg	3.61	0.314	0.314	0.380	0.380
	六角螺栓(综合)	10套	11.30	0.051	0.051	0.101	0.101
	棉纱头	kg	6.00	0.302	0.349	0.400	0.447
	尼龙砂轮片 φ100×16×3	片	2.56	12.281	16.576	18.459	21.403
	破布	kg	6.32	0.065	0.074	0.083	0.091
	碳精棒	kg	12.82	0.203	0.237	0.270	0.303
	氧气	m^3	3.63	5.451	7.329	8.437	9.394
	乙炔气	kg	10.45	1.817	2.443	2.812	3.131
	其他材料费占材料费	%	—	1.000	1.000	1.000	1.000
机械	电焊机(综合)	台班	118.28	2.277	2.688	3.069	3.450
	电焊条恒温箱	台班	21.41	0.228	0.269	0.307	0.345
	电焊条烘干箱 60×50×75cm^3	台班	26.46	0.228	0.269	0.307	0.345
	吊装机械(综合)	台班	619.04	0.382	0.442	0.529	0.635
	汽车式起重机 8t	台班	763.67	0.133	0.155	0.212	0.318
	载重汽车 8t	台班	501.85	0.133	0.155	0.212	0.318

工作内容：准备工作、管子切口、坡口加工、坡口磨平、管口组对、焊接、管道安装。　计量单位：10m

定额编号				A8-1-93	A8-1-94	A8-1-95
项目名称				公称直径(mm以内)		
				2000	2200	2400
基价（元）				3709.47	4210.36	4678.74
其中	人工费（元）			1644.58	1890.70	2136.96
	材料费（元）			536.96	589.71	642.66
	机械费（元）			1527.93	1729.95	1899.12
名称		单位	单价(元)	消耗量		
人工	综合工日	工日	140.00	11.747	13.505	15.264
材料	碳钢板卷管	m	—	(8.798)	(8.798)	(8.798)
	低碳钢焊条	kg	6.84	47.432	52.151	56.870
	电	kW·h	0.68	7.043	7.743	8.443
	角钢(综合)	kg	3.61	0.505	0.617	0.617
	六角螺栓(综合)	10套	11.30	0.134	0.134	0.134
	棉纱头	kg	6.00	0.589	0.649	0.705
	尼龙砂轮片 φ100×16×3	片	2.56	31.761	34.915	38.069
	破布	kg	6.32	0.100	0.108	0.117
	碳精棒	kg	12.82	0.450	0.494	0.539
	氧气	m³	3.63	15.160	16.569	18.062
	乙炔气	kg	10.45	5.053	5.523	6.021
	其他材料费占材料费	%	—	1.000	1.000	1.000
机械	电焊机(综合)	台班	118.28	5.109	5.618	6.127
	电焊条恒温箱	台班	21.41	0.510	0.620	0.613
	电焊条烘干箱 60×50×75cm³	台班	26.46	0.510	0.620	0.613
	吊装机械(综合)	台班	619.04	0.733	0.880	0.985
	汽车式起重机 8t	台班	763.67	0.352	0.388	0.423
	载重汽车 8t	台班	501.85	0.352	0.388	0.423

工作内容：准备工作、管子切口、坡口加工、坡口磨平、管口组对、焊接、管道安装。　计量单位：10m

定额编号				A8-1-96	A8-1-97	A8-1-98
项目名称				公称直径(mm以内)		
				2600	2800	3000
基价（元）				**5588.50**	**6277.19**	**6865.66**
其中	人工费（元）			2544.22	2885.54	3206.00
	材料费（元）			817.31	879.40	959.14
	机械费（元）			2226.97	2512.25	2700.52
名称		**单位**	**单价(元)**	**消耗量**		
人工	综合工日	工日	140.00	18.173	20.611	22.900
材料	碳钢板卷管	m	—	(8.798)	(8.798)	(8.798)
	低碳钢焊条	kg	6.84	74.959	80.706	86.452
	电	kW·h	0.68	9.935	10.700	11.544
	角钢(综合)	kg	3.61	0.617	0.617	0.617
	六角螺栓(综合)	10套	11.30	0.134	0.134	0.134
	棉纱头	kg	6.00	0.765	0.821	0.881
	尼龙砂轮片 φ100×16×3	片	2.56	45.454	48.471	54.568
	破布	kg	6.32	0.126	0.134	0.151
	碳精棒	kg	12.82	0.584	0.628	0.672
	氧气	m³	3.63	22.038	23.861	27.015
	乙炔气	kg	10.45	7.346	7.954	9.005
	其他材料费占材料费	%	—	1.000	1.000	1.000
机械	电焊机(综合)	台班	118.28	7.591	8.188	8.768
	电焊条恒温箱	台班	21.41	0.759	0.819	0.877
	电焊条烘干箱 60×50×75cm³	台班	26.46	0.759	0.819	0.877
	吊装机械(综合)	台班	619.04	1.150	1.255	1.360
	汽车式起重机 8t	台班	763.67	0.459	0.575	0.616
	载重汽车 8t	台班	501.85	0.459	0.575	0.616

10. 碳钢板卷管(氩电联焊)

工作内容：准备工作、管子切口、坡口加工、坡口磨平、管口组对、焊接、管口封闭、管道安装。

计量单位：10m

定额编号				A8-1-99	A8-1-100	A8-1-101	A8-1-102
项目名称				公称直径(mm以内)			
				200	250	300	350
基价（元）				260.83	299.08	342.45	427.31
其中	人工费（元）			128.80	150.36	178.50	217.56
	材料费（元）			19.47	23.19	25.98	39.77
	机械费（元）			112.56	125.53	137.97	169.98
名称		单位	单价(元)	消耗量			
人工	综合工日	工日	140.00	0.920	1.074	1.275	1.554
材料	碳钢管	m	—	(9.287)	(9.287)	(9.287)	(9.287)
	低碳钢焊条	kg	6.84	0.597	0.740	0.882	1.810
	电	kW·h	0.68	0.414	0.434	0.478	0.708
	角钢(综合)	kg	3.61	0.162	0.162	0.162	0.162
	棉纱头	kg	6.00	0.042	0.051	0.063	0.070
	尼龙砂轮片 φ100×16×3	片	2.56	0.951	1.344	1.343	1.828
	破布	kg	6.32	0.013	0.016	0.018	0.022
	铈钨棒	g	0.38	0.566	0.566	0.566	0.980
	碳钢焊丝	kg	7.69	0.101	0.101	0.150	0.175
	氩气	m^3	19.59	0.283	0.283	0.283	0.490
	氧气	m^3	3.63	0.706	0.918	1.116	1.318
	乙炔气	kg	10.45	0.235	0.316	0.372	0.439
	其他材料费占材料费	%	—	1.000	1.000	1.000	1.000
机械	电焊机(综合)	台班	118.28	0.144	0.173	0.213	0.288
	电焊条恒温箱	台班	21.41	0.014	0.017	0.021	0.029
	电焊条烘干箱 60×50×75cm³	台班	26.46	0.014	0.017	0.021	0.029
	吊装机械(综合)	台班	619.04	0.098	0.105	0.111	0.120
	汽车式起重机 8t	台班	763.67	0.014	0.018	0.021	0.025
	氩弧焊机 500A	台班	92.58	0.178	0.178	0.178	0.309
	载重汽车 8t	台班	501.85	0.014	0.018	0.021	0.025

工作内容：准备工作、管子切口、坡口加工、坡口磨平、管口组对、焊接、管口封闭、管道安装。

计量单位：10m

定额编号				A8-1-103	A8-1-104	A8-1-105
项目名称				公称直径(mm以内)		
				400	450	500
基价（元）				504.30	602.93	689.06
其中	人工费（元）			271.18	332.08	387.38
	材料费（元）			45.34	50.63	53.01
	机械费（元）			187.78	220.22	248.67
名称		单位	单价(元)	消耗量		
人工	综合工日	工日	140.00	1.937	2.372	2.767
材料	碳钢管	m	—	(9.287)	(9.193)	(9.193)
	低碳钢焊条	kg	6.84	2.048	2.309	2.350
	电	kW·h	0.68	0.861	0.968	1.013
	角钢(综合)	kg	3.61	0.162	0.162	0.162
	棉纱头	kg	6.00	0.080	0.089	0.097
	尼龙砂轮片 φ100×16×3	片	2.56	2.446	2.769	3.132
	破布	kg	6.32	0.024	0.028	0.031
	铈钨棒	g	0.38	1.113	1.259	1.279
	碳钢焊丝	kg	7.69	0.199	0.225	0.228
	氩气	m³	19.59	0.556	0.629	0.655
	氧气	m³	3.63	1.402	1.513	1.585
	乙炔气	kg	10.45	0.467	0.504	0.528
	其他材料费占材料费	%	—	1.000	1.000	1.000
机械	电焊机(综合)	台班	118.28	0.330	0.370	0.410
	电焊条恒温箱	台班	21.41	0.033	0.037	0.041
	电焊条烘干箱 60×50×75cm³	台班	26.46	0.033	0.037	0.041
	吊装机械(综合)	台班	619.04	0.128	0.139	0.159
	汽车式起重机 8t	台班	763.67	0.028	0.041	0.046
	氩弧焊机 500A	台班	92.58	0.351	0.397	0.449
	载重汽车 8t	台班	501.85	0.028	0.041	0.046

11. 碳钢板卷管(埋弧自动焊)

工作内容：准备工作、管子切口、坡口加工、坡口磨平、管口组对、焊接、管道安装。　计量单位：10m

定额编号				A8-1-106	A8-1-107	A8-1-108	A8-1-109
项目名称				公称直径(mm以内)			
				600	700	800	900
基价（元）				**628.35**	**724.49**	**853.53**	**952.53**
其中	人工费（元）			320.32	373.66	430.78	483.00
	材料费（元）			111.39	127.52	163.76	183.47
	机械费（元）			196.64	223.31	258.99	286.06
名称		单位	单价(元)	消耗量			
人工	综合工日	工日	140.00	2.288	2.669	3.077	3.450
材料	碳钢板卷管	m	—	(9.193)	(9.090)	(9.090)	(9.090)
	电	kW·h	0.68	0.783	0.901	1.092	1.151
	角钢(综合)	kg	3.61	0.016	0.176	0.176	0.176
	六角螺栓(综合)	10套	11.30	0.038	0.038	0.038	0.038
	埋弧焊剂	kg	21.72	3.261	3.734	4.772	5.360
	棉纱头	kg	6.00	0.117	0.132	0.152	0.170
	尼龙砂轮片 φ100×16×3	片	2.56	0.881	1.009	1.445	1.623
	破布	kg	6.32	0.036	0.042	0.048	0.053
	碳钢埋弧焊丝	kg	7.69	2.174	2.489	3.181	3.573
	碳精棒	kg	12.82	0.081	0.092	0.105	0.118
	氧气	m³	3.63	2.459	2.743	3.648	4.059
	乙炔气	kg	10.45	0.820	0.915	1.217	1.354
	其他材料费占材料费	%	—	1.000	1.000	1.000	1.000
机械	吊装机械(综合)	台班	619.04	0.180	0.203	0.221	0.240
	汽车式起重机 8t	台班	763.67	0.055	0.063	0.080	0.090
	载重汽车 8t	台班	501.85	0.055	0.063	0.080	0.090
	自动埋弧焊机 1200A	台班	177.43	0.088	0.101	0.118	0.133

工作内容：准备工作、管子切口、坡口加工、坡口磨平、管口组对、焊接、管道安装。　计量单位：10m

定额编号				A8-1-110	A8-1-111	A8-1-112	A8-1-113
项目名称				公称直径(mm以内)			
				1000	1200	1400	1600
基价(元)				1103.54	1476.63	1860.61	2232.15
其中	人工费(元)			536.62	710.36	880.32	1051.12
	材料费(元)			203.51	320.50	455.69	522.46
	机械费(元)			363.41	445.77	524.60	658.57
名称		单位	单价(元)	消耗量			
人工	综合工日	工日	140.00	3.833	5.074	6.288	7.508
材料	碳钢板卷管	m	—	(8.996)	(8.996)	(8.996)	(8.798)
	电	kW·h	0.68	1.359	2.212	2.758	3.148
	角钢(综合)	kg	3.61	0.176	0.309	0.309	0.374
	六角螺栓(综合)	10套	11.30	0.038	0.050	0.050	0.099
	埋弧焊剂	kg	21.72	5.948	9.351	13.593	15.522
	棉纱头	kg	6.00	0.215	0.298	0.344	0.394
	尼龙砂轮片 φ100×16×3	片	2.56	1.802	2.908	4.111	4.695
	破布	kg	6.32	0.058	0.064	0.073	0.081
	碳钢埋弧焊丝	kg	7.69	3.965	6.234	9.062	10.348
	碳精棒	kg	12.82	0.131	0.205	0.239	0.273
	氧气	m^3	3.63	4.463	7.147	9.360	10.905
	乙炔气	kg	10.45	1.500	2.382	3.120	3.635
	其他材料费占材料费	%	—	1.000	1.000	1.000	1.000
机械	吊装机械(综合)	台班	619.04	0.318	0.382	0.442	0.529
	汽车式起重机 8t	台班	763.67	0.111	0.133	0.155	0.212
	载重汽车 8t	台班	501.85	0.111	0.133	0.155	0.212
	自动埋弧焊机 1200A	台班	177.43	0.147	0.231	0.309	0.354

工作内容：准备工作、管子切口、坡口加工、坡口磨平、管口组对、焊接、管道安装。 计量单位：10m

定额编号				A8-1-114	A8-1-115	A8-1-116	A8-1-117
项目名称				公称直径(mm以内)			
				1800	2000	2200	2400
基价（元）				**2696.96**	**3440.34**	**3921.10**	**4374.10**
其中	人工费（元）			1244.46	1572.62	1820.98	2069.06
	材料费（元）			586.36	864.17	949.55	1034.71
	机械费（元）			866.14	1003.55	1150.57	1270.33
名称		**单位**	**单价(元)**	**消耗量**			
人工	综合工日	工日	140.00	8.889	11.233	13.007	14.779
材料	碳钢板卷管	m	—	(8.798)	(8.798)	(8.798)	(8.798)
	电	kW·h	0.68	3.540	5.188	5.704	6.220
	角钢(综合)	kg	3.61	0.374	0.498	0.608	0.608
	六角螺栓(综合)	10套	11.30	0.099	0.132	0.132	0.132
	埋弧焊剂	kg	21.72	17.450	25.837	28.409	30.980
	棉纱头	kg	6.00	0.440	0.580	0.639	0.695
	尼龙砂轮片 φ100×16×3	片	2.56	5.279	7.700	8.467	9.234
	破布	kg	6.32	0.090	0.098	0.107	0.115
	碳钢埋弧焊丝	kg	7.69	11.633	17.225	18.939	20.650
	碳精棒	kg	12.82	0.306	0.453	0.498	0.534
	氧气	m³	3.63	12.170	17.647	19.306	21.015
	乙炔气	kg	10.45	4.056	5.883	6.435	7.005
	其他材料费占材料费	%	—	1.000	1.000	1.000	1.000
机械	吊装机械(综合)	台班	619.04	0.635	0.733	0.880	0.985
	汽车式起重机 8t	台班	763.67	0.318	0.352	0.388	0.423
	载重汽车 8t	台班	501.85	0.318	0.352	0.388	0.423
	自动埋弧焊机 1200A	台班	177.43	0.398	0.588	0.647	0.706

工作内容：准备工作、管子切口、坡口加工、坡口磨平、管口组对、焊接、管道安装。　计量单位：10m

定　额　编　号				A8-1-118	A8-1-119	A8-1-120
项　目　名　称				公称直径(mm以内)		
				2600	2800	3000
基　价（元）				5143.33	5810.76	6361.78
其中	人　工　费（元）			2435.30	2784.74	3110.66
	材　料　费（元）			1265.86	1360.70	1457.38
	机　械　费（元）			1442.17	1665.32	1793.74
名　称		单位	单价(元)	消　耗　量		
人工	综合工日	工日	140.00	17.395	19.891	22.219
材料	碳钢板卷管	m	—	(8.798)	(8.798)	(8.798)
	电	kW·h	0.68	7.128	7.729	8.265
	角钢(综合)	kg	3.61	0.608	0.608	0.608
	六角螺栓(综合)	10套	11.30	0.132	0.132	0.132
	埋弧焊剂	kg	21.72	38.014	40.929	43.839
	棉纱头	kg	6.00	0.754	0.809	0.868
	尼龙砂轮片 φ100×16×3	片	2.56	11.771	12.674	13.577
	破布	kg	6.32	0.124	0.132	0.141
	碳钢埋弧焊丝	kg	7.69	25.344	27.286	29.229
	碳精棒	kg	12.82	0.588	0.633	0.677
	氧气	m³	3.63	25.479	27.165	29.122
	乙炔气	kg	10.45	8.494	9.055	9.707
	其他材料费占材料费	%	—	1.000	1.000	1.000
机械	吊装机械(综合)	台班	619.04	1.150	1.255	1.360
	汽车式起重机 8t	台班	763.67	0.459	0.575	0.616
	载重汽车 8t	台班	501.85	0.459	0.575	0.616
	自动埋弧焊机 1200A	台班	177.43	0.842	0.906	0.971

12. 不锈钢管(螺纹连接)

工作内容：管道清理及外观检查、打洞堵眼、调直、切口、套丝、管口连接、管道安装。 计量单位：10m

定额编号				A8-1-121	A8-1-122	A8-1-123
项目名称				公称直径(mm以内)		
				15	20	25
基价（元）				**73.56**	**75.66**	**82.52**
其中	人工费（元）			57.26	59.36	64.12
	材料费（元）			0.14	0.14	0.15
	机械费（元）			16.16	16.16	18.25
名称		单位	单价(元)	消耗量		
人工	综合工日	工日	140.00	0.409	0.424	0.458
材料	低压不锈钢钢管	m	—	(10.050)	(10.050)	(10.050)
	聚四氟乙烯生料带	m	0.13	0.088	0.110	0.137
	尼龙砂轮片 φ500×25×4	片	12.82	0.010	0.010	0.010
	其他材料费占材料费	%	—	1.000	1.000	1.000
机械	管子车床	台班	208.84	0.076	0.076	0.086
	砂轮切割机 500mm	台班	29.08	0.010	0.010	0.010

工作内容：管道清理及外观检查、打洞堵眼、调直、切口、套丝、管口连接、管道安装。 计量单位：10m

定额编号				A8-1-124	A8-1-125	A8-1-126
项目名称				公称直径(mm以内)		
				32	40	50
基价（元）				93.96	101.23	107.86
其中	人工费（元）			67.62	74.76	77.42
	材料费（元）			0.15	0.28	0.29
	机械费（元）			26.19	26.19	30.15
名称		单位	单价(元)	消耗量		
人工	综合工日	工日	140.00	0.483	0.534	0.553
材料	低压不锈钢钢管	m	—	(10.050)	(10.050)	(10.050)
	聚四氟乙烯生料带	m	0.13	0.174	0.197	0.246
	尼龙砂轮片 φ500×25×4	片	12.82	0.010	0.020	0.020
	其他材料费占材料费	%	—	1.000	1.000	1.000
机械	管子车床	台班	208.84	0.124	0.124	0.143
	砂轮切割机 500mm	台班	29.08	0.010	0.010	0.010

13. 不锈钢管(电弧焊)

工作内容：准备工作、管子切口、坡口加工、坡口磨平、管口组对、焊接、焊缝钝化、管口封闭、管道安装。

计量单位：10m

定额编号				A8-1-127	A8-1-128	A8-1-129	A8-1-130
项目名称				公称直径(mm以内)			
				15	20	25	32
基价（元）				**44.21**	**49.41**	**56.80**	**63.93**
其中	人工费（元）			39.62	44.10	49.56	55.44
	材料费（元）			2.40	2.64	3.80	4.30
	机械费（元）			2.19	2.67	3.44	4.19
名称		单位	单价(元)	消耗量			
人工	综合工日	工日	140.00	0.283	0.315	0.354	0.396
材料	不锈钢管	m	—	(9.250)	(9.250)	(9.250)	(9.250)
	丙酮	kg	7.51	0.012	0.014	0.016	0.021
	不锈钢焊条	kg	38.46	0.022	0.025	0.035	0.043
	电	kW·h	0.68	0.148	0.158	0.175	0.190
	钢丝 Φ4.0	kg	4.02	0.066	0.067	0.068	0.069
	棉纱头	kg	6.00	0.003	0.005	0.006	0.008
	尼龙砂轮片 Φ100×16×3	片	2.56	0.068	0.085	0.107	0.134
	尼龙砂轮片 Φ500×25×4	片	12.82	0.005	0.006	0.010	0.012
	破布	kg	6.32	0.079	0.079	0.171	0.171
	水	t	7.96	0.002	0.002	0.003	0.003
	塑料布	m^2	1.97	0.136	0.143	0.149	0.158
	酸洗膏	kg	6.56	0.005	0.007	0.010	0.012
	其他材料费占材料费	%	—	1.000	1.000	1.000	1.000
机械	电动空气压缩机 $6m^3$/min	台班	206.73	0.002	0.002	0.002	0.002
	电焊机(综合)	台班	118.28	0.014	0.018	0.024	0.030
	电焊条恒温箱	台班	21.41	0.002	0.002	0.002	0.003
	电焊条烘干箱 60×50×75cm^3	台班	26.46	0.002	0.002	0.002	0.003
	砂轮切割机 500mm	台班	29.08	0.001	0.001	0.003	0.003

工作内容：准备工作、管子切口、坡口加工、坡口磨平、管口组对、焊接、焊缝钝化、管口封闭、管道安装。

计量单位：10m

定额编号				A8-1-131	A8-1-132	A8-1-133	A8-1-134
项目名称				公称直径(mm以内)			
				40	50	65	80
基价（元）				83.63	97.09	128.03	155.21
其中	人工费（元）			70.28	81.06	106.26	112.14
	材料费（元）			4.87	6.01	7.50	9.99
	机械费（元）			8.48	10.02	14.27	33.08
名称		单位	单价(元)	消耗量			
人工	综合工日	工日	140.00	0.502	0.579	0.759	0.801
材料	不锈钢管	m	—	(9.156)	(9.156)	(9.156)	(8.958)
	丙酮	kg	7.51	0.025	0.030	0.040	0.046
	不锈钢焊条	kg	38.46	0.049	0.069	0.088	0.138
	电	kW·h	0.68	0.204	0.247	0.275	0.159
	钢丝 φ4.0	kg	4.02	0.070	0.073	0.076	0.078
	棉纱头	kg	6.00	0.009	0.010	0.014	0.016
	尼龙砂轮片 φ100×16×3	片	2.56	0.155	0.230	0.307	0.365
	尼龙砂轮片 φ500×25×4	片	12.82	0.014	0.014	0.019	0.024
	破布	kg	6.32	0.195	0.196	0.234	0.275
	水	t	7.96	0.003	0.005	0.007	0.009
	塑料布	m²	1.97	0.178	0.196	0.221	0.242
	酸洗膏	kg	6.56	0.014	0.018	0.025	0.030
	其他材料费占材料费	%	—	1.000	1.000	1.000	1.000
机械	等离子切割机 400A	台班	219.59	—	—	—	0.061
	电动空气压缩机 1m³/min	台班	50.29	—	—	—	0.061
	电动空气压缩机 6m³/min	台班	206.73	0.002	0.002	0.002	0.002
	电焊机(综合)	台班	118.28	0.065	0.077	0.111	0.130
	电焊条恒温箱	台班	21.41	0.006	0.008	0.011	0.013
	电焊条烘干箱 60×50×75cm³	台班	26.46	0.006	0.008	0.011	0.013
	砂轮切割机 500mm	台班	29.08	0.003	0.004	0.007	0.007

工作内容：准备工作、管子切口、坡口加工、坡口磨平、管口组对、焊接、焊缝钝化、管口封闭、管道安装。

计量单位：10m

定额编号				A8-1-135	A8-1-136	A8-1-137	A8-1-138
项目名称				公称直径(mm以内)			
				100	125	150	200
基价（元）				246.08	272.16	316.21	450.08
其中	人工费（元）			135.52	141.40	163.94	236.88
	材料费（元）			12.04	18.17	21.52	35.72
	机械费（元）			98.52	112.59	130.75	177.48
名称		单位	单价(元)	消耗量			
人工	综合工日	工日	140.00	0.968	1.010	1.171	1.692
材料	不锈钢管	m	—	(8.958)	(8.958)	(8.817)	(8.817)
	丙酮	kg	7.51	0.059	0.068	0.082	0.113
	不锈钢焊条	kg	38.46	0.172	0.315	0.377	0.663
	电	kW·h	0.68	0.198	0.263	0.323	0.512
	钢丝 φ4.0	kg	4.02	0.083	0.087	0.092	0.100
	棉纱头	kg	6.00	0.018	0.022	0.028	0.040
	尼龙砂轮片 φ100×16×3	片	2.56	0.469	0.654	0.799	1.392
	尼龙砂轮片 φ500×25×4	片	12.82	0.036	—	—	—
	破布	kg	6.32	0.275	0.300	0.317	0.420
	水	t	7.96	0.010	0.012	0.014	0.019
	塑料布	m²	1.97	0.285	0.334	0.391	0.508
	酸洗膏	kg	6.56	0.038	0.058	0.077	0.101
	其他材料费占材料费	%	—	1.000	1.000	1.000	1.000
机械	等离子切割机 400A	台班	219.59	0.080	0.105	0.126	0.175
	电动空气压缩机 1m³/min	台班	50.29	0.080	0.105	0.126	0.175
	电动空气压缩机 6m³/min	台班	206.73	0.002	0.002	0.002	0.002
	电焊机(综合)	台班	118.28	0.190	0.222	0.303	0.418
	电焊条恒温箱	台班	21.41	0.019	0.022	0.030	0.042
	电焊条烘干箱 60×50×75cm³	台班	26.46	0.019	0.022	0.030	0.042
	吊装机械(综合)	台班	619.04	0.075	0.077	0.077	0.098
	汽车式起重机 8t	台班	763.67	0.005	0.007	0.009	0.014
	砂轮切割机 500mm	台班	29.08	0.013	—	—	—
	载重汽车 8t	台班	501.85	0.005	0.007	0.009	0.014

工作内容：准备工作、管子切口、坡口加工、坡口磨平、管口组对、焊接、焊缝钝化、管口封闭、管道安装。

计量单位：10m

定额编号				A8-1-139	A8-1-140	A8-1-141
项目名称				公称直径(mm以内)		
				250	300	350
基价（元）				**596.96**	**709.94**	**809.21**
其中	人工费（元）			288.12	336.70	382.34
	材料费（元）			54.18	74.65	86.41
	机械费（元）			254.66	298.59	340.46
名称		单位	单价(元)	消耗量		
人工	综合工日	工日	140.00	2.058	2.405	2.731
材料	不锈钢管	m	—	(8.817)	(8.817)	(8.817)
	丙酮	kg	7.51	0.141	0.167	0.194
	不锈钢焊条	kg	38.46	1.070	1.522	1.768
	电	kW·h	0.68	0.658	0.806	0.926
	钢丝 φ4.0	kg	4.02	0.109	0.118	0.126
	棉纱头	kg	6.00	0.047	0.056	0.064
	尼龙砂轮片 φ100×16×3	片	2.56	1.969	2.676	3.154
	破布	kg	6.32	0.438	0.463	0.482
	水	t	7.96	0.023	0.028	0.033
	塑料布	m²	1.97	0.646	0.796	0.962
	酸洗膏	kg	6.56	0.152	0.182	0.199
	其他材料费占材料费	%	—	1.000	1.000	1.000
机械	等离子切割机 400A	台班	219.59	0.228	0.278	0.322
	电动空气压缩机 1m³/min	台班	50.29	0.228	0.278	0.322
	电动空气压缩机 6m³/min	台班	206.73	0.002	0.002	0.002
	电焊机(综合)	台班	118.28	0.630	0.785	0.912
	电焊条恒温箱	台班	21.41	0.063	0.078	0.091
	电焊条烘干箱 60×50×75cm³	台班	26.46	0.063	0.078	0.091
	吊装机械(综合)	台班	619.04	0.137	0.137	0.152
	汽车式起重机 8t	台班	763.67	0.024	0.033	0.037
	载重汽车 8t	台班	501.85	0.024	0.033	0.037

工作内容：准备工作、管子切口、坡口加工、坡口磨平、管口组对、焊接、焊缝钝化、管口封闭、管道安装。

计量单位：10m

定额编号				A8-1-142	A8-1-143	A8-1-144
项目名称				公称直径(mm以内)		
				400	450	500
基价（元）				**905.86**	**1038.78**	**1188.39**
其中	人工费（元）			426.58	470.68	514.92
	材料费（元）			97.84	145.30	205.82
	机械费（元）			381.44	422.80	467.65
名称		单位	单价(元)	消耗量		
人工	综合工日	工日	140.00	3.047	3.362	3.678
材料	不锈钢管	m	—	(8.817)	(8.817)	(8.817)
	丙酮	kg	7.51	0.218	0.242	0.266
	不锈钢焊条	kg	38.46	2.000	3.091	4.493
	电	kW·h	0.68	1.046	1.260	1.523
	钢丝 φ4.0	kg	4.02	0.135	0.144	0.158
	棉纱头	kg	6.00	0.071	0.078	0.086
	尼龙砂轮片 φ100×16×3	片	2.56	3.568	4.984	6.642
	破布	kg	6.32	0.545	0.609	0.673
	水	t	7.96	0.038	0.043	0.085
	塑料布	m²	1.97	1.084	1.207	1.329
	酸洗膏	kg	6.56	0.247	0.294	0.342
	其他材料费占材料费	%	—	1.000	1.000	1.000
机械	等离子切割机 400A	台班	219.59	0.364	0.405	0.447
	电动空气压缩机 1m³/min	台班	50.29	0.364	0.405	0.447
	电动空气压缩机 6m³/min	台班	206.73	0.002	0.002	0.002
	电焊机(综合)	台班	118.28	1.031	1.150	1.269
	电焊条恒温箱	台班	21.41	0.103	0.115	0.127
	电焊条烘干箱 60×50×75cm³	台班	26.46	0.103	0.115	0.127
	吊装机械(综合)	台班	619.04	0.166	0.179	0.187
	汽车式起重机 8t	台班	763.67	0.042	0.048	0.059
	载重汽车 8t	台班	501.85	0.042	0.048	0.059

14. 不锈钢管(氩弧焊)

工作内容：准备工作、管子切口、坡口加工、管口组对、焊接、焊缝钝化、管口封闭、管道安装。

计量单位：10m

定额编号				A8-1-145	A8-1-146	A8-1-147	A8-1-148
项目名称				公称直径(mm以内)			
				15	20	25	32
基价（元）				**45.37**	**51.21**	**59.83**	**67.50**
其中	人工费（元）			39.76	44.24	50.96	56.98
	材料费（元）			2.30	2.82	3.93	4.56
	机械费（元）			3.31	4.15	4.94	5.96
名称		单位	单价(元)	消耗量			
人工	综合工日	工日	140.00	0.284	0.316	0.364	0.407
材料	不锈钢管	m	—	(9.250)	(9.250)	(9.250)	(9.250)
	丙酮	kg	7.51	0.012	0.014	0.016	0.021
	不锈钢焊条	kg	38.46	0.010	0.014	0.018	0.023
	电	kW·h	0.68	0.027	0.029	0.044	0.053
	钢丝 Φ4.0	kg	4.02	0.066	0.067	0.068	0.069
	棉纱头	kg	6.00	0.003	0.005	0.006	0.008
	尼龙砂轮片 Φ100×16×3	片	2.56	0.028	0.038	0.045	0.058
	尼龙砂轮片 Φ500×25×4	片	12.82	0.005	0.006	0.010	0.012
	破布	kg	6.32	0.079	0.079	0.171	0.171
	铈钨棒	g	0.38	0.051	0.074	0.097	0.120
	水	t	7.96	0.002	0.002	0.003	0.003
	塑料布	m²	1.97	0.136	0.143	0.149	0.158
	酸洗膏	kg	6.56	0.005	0.007	0.010	0.012
	氩气	m³	19.59	0.027	0.040	0.051	0.065
	其他材料费占材料费	%	—	1.000	1.000	1.000	1.000
机械	电动空气压缩机 6m³/min	台班	206.73	0.002	0.002	0.002	0.002
	砂轮切割机 500mm	台班	29.08	0.001	0.001	0.003	0.003
	氩弧焊机 500A	台班	92.58	0.031	0.040	0.048	0.059

工作内容：准备工作、管子切口、坡口加工、管口组对、焊接、焊缝钝化、管口封闭、管道安装。

计量单位：10m

定额编号				A8-1-149	A8-1-150	A8-1-151	A8-1-152
项目名称				公称直径(mm以内)			
				40	50	65	80
基价（元）				86.61	110.49	145.13	161.55
其中	人工费（元）			67.62	85.96	112.00	119.00
	材料费（元）			5.92	8.50	11.76	17.84
	机械费（元）			13.07	16.03	21.37	24.71
名称		单位	单价(元)	消耗量			
人工	综合工日	工日	140.00	0.483	0.614	0.800	0.850
材料	不锈钢管	m	—	(9.156)	(9.156)	(9.156)	(8.958)
	丙酮	kg	7.51	0.025	0.039	0.051	0.590
	不锈钢焊条	kg	38.46	0.034	0.053	0.081	0.098
	电	kW·h	0.68	0.063	0.095	0.123	0.151
	钢丝 φ4.0	kg	4.02	0.070	0.075	0.077	0.080
	棉纱头	kg	6.00	0.009	0.013	0.019	0.021
	尼龙砂轮片 φ100×16×3	片	2.56	0.070	0.109	0.149	0.202
	尼龙砂轮片 φ500×25×4	片	12.82	0.014	0.018	0.025	0.031
	破布	kg	6.32	0.195	0.254	0.258	0.260
	铈钨棒	g	0.38	0.181	0.280	0.437	0.512
	水	t	7.96	0.003	0.006	0.009	0.010
	塑料布	m^2	1.97	0.178	0.180	0.200	0.250
	酸洗膏	kg	6.56	0.014	0.018	0.025	0.030
	氩气	m^3	19.59	0.095	0.148	0.230	0.275
	其他材料费占材料费	%	—	1.000	1.000	1.000	1.000
机械	单速电动葫芦 3t	台班	32.95	—	—	0.034	0.037
	电动空气压缩机 $6m^3/min$	台班	206.73	0.002	0.002	0.002	0.002
	普通车床 630×2000mm	台班	247.10	0.025	0.029	0.034	0.037
	砂轮切割机 500mm	台班	29.08	0.003	0.004	0.008	0.008
	氩弧焊机 500A	台班	92.58	0.069	0.090	0.121	0.148

工作内容：准备工作、管子切口、坡口加工、管口组对、焊接、焊缝钝化、管口封闭、管道安装。

计量单位：10m

定额编号				A8-1-153	A8-1-154	A8-1-155	A8-1-156
项目名称				公称直径(mm以内)			
				100	125	150	200
基价（元）				**256.09**	**271.82**	**327.76**	**454.99**
其中	人工费（元）			143.92	148.82	175.42	250.60
	材料费（元）			17.17	19.62	29.73	45.07
	机械费（元）			95.00	103.38	122.61	159.32
名称		单位	单价(元)	消耗量			
人工	综合工日	工日	140.00	1.028	1.063	1.253	1.790
材料	不锈钢管	m	—	(8.958)	(8.958)	(8.817)	(8.817)
	丙酮	kg	7.51	0.059	0.068	0.082	0.113
	不锈钢焊条	kg	38.46	0.130	0.152	0.249	0.388
	电	kW·h	0.68	0.155	0.184	0.237	0.330
	钢丝 φ4.0	kg	4.02	0.083	0.087	0.092	0.100
	棉纱头	kg	6.00	0.022	0.022	0.028	0.040
	尼龙砂轮片 φ100×16×3	片	2.56	0.206	0.291	0.375	0.588
	尼龙砂轮片 φ500×25×4	片	12.82	0.036	—	—	—
	破布	kg	6.32	0.275	0.300	0.317	0.420
	铈钨棒	g	0.38	0.675	0.789	1.308	2.031
	水	t	7.96	0.010	0.012	0.014	0.019
	塑料布	m^2	1.97	0.285	0.334	0.391	0.508
	酸洗膏	kg	6.56	0.038	0.058	0.077	0.101
	氩气	m^3	19.59	0.363	0.428	0.699	1.084
	其他材料费占材料费	%	—	1.000	1.000	1.000	1.000
机械	单速电动葫芦 3t	台班	32.95	0.049	0.050	0.071	0.072
	等离子切割机 400A	台班	219.59	—	0.013	0.015	0.022
	电动空气压缩机 $1m^3/min$	台班	50.29	—	0.013	0.015	0.022
	电动空气压缩机 $6m^3/min$	台班	206.73	0.002	0.002	0.002	0.002
	吊装机械(综合)	台班	619.04	0.084	0.084	0.084	0.107
	普通车床 630×2000mm	台班	247.10	0.049	0.050	0.071	0.072
	汽车式起重机 8t	台班	763.67	0.006	0.008	0.010	0.015
	砂轮切割机 500mm	台班	29.08	0.015	—	—	—
	氩弧焊机 500A	台班	92.58	0.225	0.252	0.363	0.514
	载重汽车 8t	台班	501.85	0.006	0.008	0.010	0.015

15. 不锈钢管(氩电联焊)

工作内容：准备工作、管子切口、坡口加工、管口组对、焊接、焊缝钝化、管口封闭、管道安装。

计量单位：10m

定额编号				A8-1-157	A8-1-158	A8-1-159	A8-1-160
项目名称				公称直径(mm以内)			
				50	65	80	100
基价(元)				112.05	145.02	157.18	254.51
其中	人工费(元)			84.84	109.90	117.18	139.44
	材料费(元)			8.24	10.44	12.32	15.58
	机械费(元)			18.97	24.68	27.68	99.49
名称		单位	单价(元)	消耗量			
人工	综合工日	工日	140.00	0.606	0.785	0.837	0.996
材料	不锈钢管	m	—	(9.156)	(9.156)	(8.958)	(8.958)
	丙酮	kg	7.51	0.030	0.040	0.046	0.059
	不锈钢焊条	kg	38.46	0.095	0.122	0.143	0.188
	电	kW·h	0.68	0.063	0.080	0.099	0.121
	钢丝 φ4.0	kg	4.02	0.073	0.076	0.078	0.083
	棉纱头	kg	6.00	0.010	0.014	0.016	0.018
	尼龙砂轮片 φ100×16×3	片	2.56	0.093	0.120	0.162	0.208
	尼龙砂轮片 φ500×25×4	片	12.82	0.014	0.019	0.024	0.036
	破布	kg	6.32	0.196	0.234	0.275	0.275
	铈钨棒	g	0.38	0.154	0.199	0.235	0.304
	水	t	7.96	0.005	0.007	0.009	0.010
	塑料布	m²	1.97	0.196	0.221	0.242	0.285
	酸洗膏	kg	6.56	0.018	0.025	0.030	0.038
	氩气	m³	19.59	0.083	0.109	0.132	0.178
	其他材料费占材料费	%	—	1.000	1.000	1.000	1.000
机械	单速电动葫芦 3t	台班	32.95	—	0.031	0.032	0.047
	电动空气压缩机 6m³/min	台班	206.73	0.002	0.002	0.002	0.002
	电焊机(综合)	台班	118.28	0.051	0.065	0.077	0.109
	电焊条恒温箱	台班	21.41	0.005	0.006	0.008	0.011
	电焊条烘干箱 60×50×75cm³	台班	26.46	0.005	0.006	0.008	0.011
	吊装机械(综合)	台班	619.04	—	—	—	0.084
	普通车床 630×2000mm	台班	247.10	0.026	0.031	0.032	0.047
	汽车式起重机 8t	台班	763.67	—	—	—	0.006
	砂轮切割机 500mm	台班	29.08	0.004	0.007	0.007	0.014
	氩弧焊机 500A	台班	92.58	0.062	0.080	0.093	0.135
	载重汽车 8t	台班	501.85	—	—	—	0.006

工作内容：准备工作、管子切口、坡口加工、管口组对、焊接、焊缝钝化、管口封闭、管道安装。

计量单位：10m

定额编号				A8-1-161	A8-1-162	A8-1-163
项目名称				公称直径(mm以内)		
				125	150	200
基价（元）				**287.38**	**329.15**	**461.96**
其中	人工费（元）			158.20	169.82	244.86
	材料费（元）			17.87	26.13	39.23
	机械费（元）			111.31	133.20	177.87
名称		单位	单价(元)	消耗量		
人工	综合工日	工日	140.00	1.130	1.213	1.749
材料	不锈钢管	m	—	(8.958)	(8.817)	(8.817)
	丙酮	kg	7.51	0.068	0.082	0.113
	不锈钢焊条	kg	38.46	0.220	0.390	0.619
	电	kW·h	0.68	0.143	0.184	0.269
	钢丝 Φ4.0	kg	4.02	0.087	0.092	0.100
	棉纱头	kg	6.00	0.022	0.028	0.040
	尼龙砂轮片 Φ100×16×3	片	2.56	0.294	0.379	0.593
	破布	kg	6.32	0.300	0.317	0.420
	铈钨棒	g	0.38	0.357	0.428	0.591
	水	t	7.96	0.012	0.014	0.019
	塑料布	m²	1.97	0.360	0.391	0.508
	酸洗膏	kg	6.56	0.058	0.077	0.101
	氩气	m³	19.59	0.213	0.259	0.365
	其他材料费占材料费	%	—	1.000	1.000	1.000
机械	单速电动葫芦 3t	台班	32.95	0.051	0.072	0.073
	等离子切割机 400A	台班	219.59	0.013	0.015	0.022
	电动空气压缩机 1m³/min	台班	50.29	0.013	0.015	0.022
	电动空气压缩机 6m³/min	台班	206.73	0.002	0.002	0.002
	电焊机(综合)	台班	118.28	0.127	0.212	0.339
	电焊条恒温箱	台班	21.41	0.013	0.021	0.034
	电焊条烘干箱 60×50×75cm³	台班	26.46	0.013	0.021	0.034
	吊装机械(综合)	台班	619.04	0.085	0.085	0.108
	普通车床 630×2000mm	台班	247.10	0.051	0.072	0.073
	汽车式起重机 8t	台班	763.67	0.008	0.010	0.015
	氩弧焊机 500A	台班	92.58	0.159	0.186	0.254
	载重汽车 8t	台班	501.85	0.008	0.010	0.015

工作内容：准备工作、管子切口、坡口加工、管口组对、焊接、焊缝钝化、管口封闭、管道安装。

计量单位：10m

定额编号				A8-1-164	A8-1-165	A8-1-166
项目名称				公称直径(mm以内)		
				250	300	350
基价（元）				**619.35**	**734.64**	**833.09**
其中	人工费（元）			293.02	341.04	385.42
	材料费（元）			71.40	98.38	115.42
	机械费（元）			254.93	295.22	332.25
名称		单位	单价(元)	消耗量		
人工	综合工日	工日	140.00	2.093	2.436	2.753
材料	不锈钢管	m	—	(8.817)	(8.817)	(8.817)
	丙酮	kg	7.51	0.141	0.167	0.194
	不锈钢焊条	kg	38.46	1.334	1.925	2.246
	电	kW·h	0.68	0.407	0.497	0.519
	钢丝 φ4.0	kg	4.02	0.109	0.118	0.126
	棉纱头	kg	6.00	0.047	0.056	0.064
	尼龙砂轮片 φ100×16×3	片	2.56	1.086	1.376	1.807
	破布	kg	6.32	0.438	0.463	0.482
	铈钨棒	g	0.38	0.732	0.871	1.017
	水	t	7.96	0.023	0.028	0.033
	塑料布	m^2	1.97	0.646	0.796	0.962
	酸洗膏	kg	6.56	0.152	0.182	0.199
	氩气	m^3	19.59	0.462	0.572	0.698
	其他材料费占材料费	%	—	1.000	1.000	1.000
机械	单速电动葫芦 3t	台班	32.95	0.079	0.086	0.089
	等离子切割机 400A	台班	219.59	0.029	0.034	0.040
	电动空气压缩机 $1m^3/min$	台班	50.29	0.029	0.034	0.040
	电动空气压缩机 $6m^3/min$	台班	206.73	0.002	0.002	0.002
	电焊机(综合)	台班	118.28	0.544	0.712	0.826
	电焊条恒温箱	台班	21.41	0.054	0.071	0.082
	电焊条烘干箱 $60×50×75cm^3$	台班	26.46	0.054	0.071	0.082
	吊装机械(综合)	台班	619.04	0.151	0.151	0.168
	普通车床 630×2000mm	台班	247.10	0.079	0.086	0.089
	汽车式起重机 8t	台班	763.67	0.027	0.036	0.041
	氩弧焊机 500A	台班	92.58	0.324	0.377	0.417
	载重汽车 8t	台班	501.85	0.027	0.036	0.041

工作内容：准备工作、管子切口、坡口加工、管口组对、焊接、焊缝钝化、管口封闭、管道安装。

计量单位：10m

定额编号				A8-1-167	A8-1-168	A8-1-169
项目名称				公称直径(mm以内)		
				400	450	500
基价（元）				929.27	1047.53	1167.08
其中	人工费（元）			428.68	471.80	514.92
	材料费（元）			132.01	149.46	166.88
	机械费（元）			368.58	426.27	485.28
名称		单位	单价(元)	消耗量		
人工	综合工日	工日	140.00	3.062	3.370	3.678
材料	不锈钢管	m	—	(8.817)	(8.817)	(8.817)
	丙酮	kg	7.51	0.218	0.242	0.266
	不锈钢焊条	kg	38.46	2.555	2.863	3.172
	电	kW·h	0.68	0.584	0.649	0.714
	钢丝 Φ4.0	kg	4.02	0.135	0.144	0.151
	棉纱头	kg	6.00	0.071	0.079	0.086
	尼龙砂轮片 Φ100×16×3	片	2.56	2.058	2.309	2.561
	破布	kg	6.32	0.545	0.609	0.671
	铈钨棒	g	0.38	1.153	1.289	1.425
	水	t	7.96	0.038	0.042	0.049
	塑料布	m²	1.97	1.084	1.207	1.302
	酸洗膏	kg	6.56	0.247	0.314	0.382
	氩气	m³	19.59	0.828	0.997	1.165
	其他材料费占材料费	%	—	1.000	1.000	1.000
机械	单速电动葫芦 3t	台班	32.95	0.092	0.099	0.106
	等离子切割机 400A	台班	219.59	0.045	0.053	0.061
	电动空气压缩机 1m³/min	台班	50.29	0.045	0.052	0.060
	电动空气压缩机 6m³/min	台班	206.73	0.002	0.002	0.002
	电焊机(综合)	台班	118.28	0.934	1.095	1.255
	电焊条恒温箱	台班	21.41	0.094	0.110	0.126
	电焊条烘干箱 60×50×75cm³	台班	26.46	0.094	0.110	0.126
	吊装机械(综合)	台班	619.04	0.183	0.209	0.233
	普通车床 630×2000mm	台班	247.10	0.092	0.099	0.106
	汽车式起重机 8t	台班	763.67	0.046	0.054	0.064
	氩弧焊机 500A	台班	92.58	0.473	0.555	0.638
	载重汽车 8t	台班	501.85	0.046	0.054	0.064

16. 不锈钢板卷管(电弧焊)

工作内容：准备工作、管子切口、坡口加工、坡口磨平、管口组对、焊接、焊缝钝化、管道安装。

计量单位：10m

定额编号				A8-1-170	A8-1-171	A8-1-172	A8-1-173
项目名称				公称直径(mm以内)			
				200	250	300	350
基价(元)				381.57	451.04	525.66	602.53
其中	人工费(元)			195.30	230.02	271.60	312.48
	材料费(元)			26.11	32.77	39.03	45.06
	机械费(元)			160.16	188.25	215.03	244.99
名称		单位	单价(元)	消耗量			
人工	综合工日	工日	140.00	1.395	1.643	1.940	2.232
材料	不锈钢板卷管	m	—	(9.381)	(9.381)	(9.381)	(9.287)
	丙酮	kg	7.51	0.139	0.173	0.205	0.205
	不锈钢焊条	kg	38.46	0.570	0.712	0.848	0.985
	电	kW·h	0.68	0.478	0.597	0.724	0.845
	棉纱头	kg	6.00	0.047	0.057	0.068	0.087
	尼龙砂轮片 φ100×16×3	片	2.56	0.512	0.639	0.761	0.884
	破布	kg	6.32	0.014	0.018	0.020	0.024
	水	t	7.96	0.024	0.028	0.034	0.040
	酸洗膏	kg	6.56	0.105	0.159	0.190	0.208
	其他材料费占材料费	%	—	1.000	1.000	1.000	1.000
机械	等离子切割机 400A	台班	219.59	0.208	0.259	0.308	0.358
	电动空气压缩机 $1m^3/min$	台班	50.29	0.208	0.259	0.308	0.358
	电动空气压缩机 $6m^3/min$	台班	206.73	0.002	0.002	0.002	0.002
	电焊机(综合)	台班	118.28	0.246	0.307	0.366	0.424
	电焊条恒温箱	台班	21.41	0.025	0.030	0.037	0.042
	电焊条烘干箱 $60\times50\times75cm^3$	台班	26.46	0.025	0.030	0.037	0.042
	吊装机械(综合)	台班	619.04	0.098	0.105	0.111	0.120
	汽车式起重机 8t	台班	763.67	0.010	0.012	0.014	0.017
	载重汽车 8t	台班	501.85	0.010	0.012	0.014	0.017

工作内容：准备工作、管子切口、坡口加工、坡口磨平、管口组对、焊接、焊缝钝化、管道安装。

计量单位：10m

定额编号				A8-1-174	A8-1-175	A8-1-176	A8-1-177
项目名称				公称直径(mm以内)			
				400	450	500	600
基价（元）				682.36	834.25	937.70	1303.72
其中	人工费（元）			358.40	423.36	479.08	618.10
	材料费（元）			52.01	86.79	96.23	192.03
	机械费（元）			271.95	324.10	362.39	493.59
名称		单位	单价(元)	消耗量			
人工	综合工日	工日	140.00	2.560	3.024	3.422	4.415
材料	不锈钢板卷管	m	—	(9.287)	(9.287)	(9.193)	(9.193)
	丙酮	kg	7.51	0.270	0.302	0.352	0.398
	不锈钢焊条	kg	38.46	1.112	1.953	2.163	4.576
	电	kW·h	0.68	0.952	1.227	1.362	2.085
	角钢(综合)	kg	3.61	0.201	0.201	0.201	0.201
	棉纱头	kg	6.00	0.091	0.101	0.115	0.134
	尼龙砂轮片 φ100×16×3	片	2.56	1.000	1.514	1.677	2.624
	破布	kg	6.32	0.026	0.030	0.034	0.040
	水	t	7.96	0.046	0.052	0.056	0.068
	酸洗膏	kg	6.56	0.258	0.290	0.328	0.105
	其他材料费占材料费	%	—	1.000	1.000	1.000	1.000
机械	等离子切割机 400A	台班	219.59	0.405	0.462	0.512	0.620
	电动空气压缩机 $1m^3/min$	台班	50.29	0.405	0.462	0.512	0.620
	电动空气压缩机 $6m^3/min$	台班	206.73	0.002	0.004	0.004	0.004
	电焊机(综合)	台班	118.28	0.479	0.647	0.717	1.379
	电焊条恒温箱	台班	21.41	0.048	0.065	0.072	0.138
	电焊条烘干箱 $60×50×75cm^3$	台班	26.46	0.048	0.065	0.072	0.138
	吊装机械(综合)	台班	619.04	0.128	0.139	0.159	0.180
	汽车式起重机 8t	台班	763.67	0.019	0.026	0.029	0.035
	载重汽车 8t	台班	501.85	0.019	0.026	0.029	0.035

工作内容：准备工作、管子切口、坡口加工、坡口磨平、管口组对、焊接、焊缝钝化、管道安装。

计量单位：10m

定额编号				A8-1-178	A8-1-179	A8-1-180
项目名称				公称直径(mm以内)		
				700	800	900
基价（元）				1505.51	1842.10	2087.58
其中	人工费（元）			710.50	824.46	936.74
	材料费（元）			222.22	349.72	392.88
	机械费（元）			572.79	667.92	757.96
名称		单位	单价(元)	消耗量		
人工	综合工日	工日	140.00	5.075	5.889	6.691
材料	不锈钢板卷管	m	—	(9.193)	(9.193)	(9.193)
	丙酮	kg	7.51	0.455	0.519	0.581
	不锈钢焊条	kg	38.46	5.237	8.346	9.373
	电	kW·h	0.68	2.391	2.933	3.292
	角钢(综合)	kg	3.61	0.221	0.221	0.221
	棉纱头	kg	6.00	0.151	0.175	0.194
	尼龙砂轮片 φ100×16×3	片	2.56	3.002	4.813	5.405
	破布	kg	6.32	0.046	0.052	0.058
	水	t	7.96	0.076	0.089	0.099
	酸洗膏	kg	6.56	0.499	0.636	0.755
	其他材料费占材料费	%	—	1.000	1.000	1.000
机械	等离子切割机 400A	台班	219.59	0.709	0.848	0.952
	电动空气压缩机 1m³/min	台班	50.29	0.709	0.848	0.952
	电动空气压缩机 6m³/min	台班	206.73	0.004	0.006	0.006
	电焊机(综合)	台班	118.28	1.578	1.798	2.021
	电焊条恒温箱	台班	21.41	0.158	0.180	0.202
	电焊条烘干箱 60×50×75cm³	台班	26.46	0.158	0.180	0.202
	吊装机械(综合)	台班	619.04	0.203	0.221	0.240
	汽车式起重机 8t	台班	763.67	0.048	0.063	0.081
	载重汽车 8t	台班	501.85	0.048	0.063	0.081

工作内容：准备工作、管子切口、坡口加工、坡口磨平、管口组对、焊接、焊缝钝化、管道安装。

计量单位：10m

定额编号				A8-1-181	A8-1-182	A8-1-183
项目名称				公称直径(mm以内)		
				1000	1200	1400
基价（元）				2367.35	2875.30	3605.45
其中	人工费（元）			1058.40	1311.66	1577.10
	材料费（元）			436.33	521.96	754.56
	机械费（元）			872.62	1041.68	1273.79
名称		单位	单价(元)	消耗量		
人工	综合工日	工日	140.00	7.560	9.369	11.265
材料	不锈钢板卷管	m	—	(9.193)	(9.193)	(9.193)
	丙酮	kg	7.51	0.644	0.732	0.821
	不锈钢焊条	kg	38.46	10.401	12.456	18.132
	电	kW·h	0.68	3.649	4.413	5.431
	角钢(综合)	kg	3.61	0.221	0.296	0.296
	棉纱头	kg	6.00	0.243	0.292	0.337
	尼龙砂轮片 φ100×16×3	片	2.56	5.997	7.181	10.831
	破布	kg	6.32	0.064	0.070	0.081
	水	t	7.96	0.109	0.120	0.136
	酸洗膏	kg	6.56	0.883	1.011	1.138
	其他材料费占材料费	%	—	1.000	1.000	1.000
机械	等离子切割机 400A	台班	219.59	1.055	1.262	1.541
	电动空气压缩机 1m³/min	台班	50.29	1.055	1.262	1.541
	电动空气压缩机 6m³/min	台班	206.73	0.006	0.007	0.008
	电焊机(综合)	台班	118.28	2.242	2.684	3.161
	电焊条恒温箱	台班	21.41	0.224	0.268	0.316
	电焊条烘干箱 60×50×75cm³	台班	26.46	0.224	0.268	0.316
	吊装机械(综合)	台班	619.04	0.318	0.382	0.442
	汽车式起重机 8t	台班	763.67	0.090	0.105	0.153
	载重汽车 8t	台班	501.85	0.090	0.105	0.153

17. 不锈钢板卷管(氩电联焊)

工作内容：准备工作、管子切口、坡口加工、坡口磨平、管口组对、焊接、焊缝钝化、管道安装。

计量单位：10m

定额编号				A8-1-184	A8-1-185	A8-1-186	A8-1-187
项目名称				公称直径(mm以内)			
				200	250	300	350
基价(元)				413.22	490.15	572.48	657.18
其中	人工费(元)			211.96	250.32	295.54	340.48
	材料费(元)			33.25	41.73	49.85	57.59
	机械费(元)			168.01	198.10	227.09	259.11
名称		单位	单价(元)	消耗量			
人工	综合工日	工日	140.00	1.514	1.788	2.111	2.432
材料	不锈钢板卷管	m	—	(9.381)	(9.381)	(9.381)	(9.287)
	丙酮	kg	7.51	0.139	0.173	0.205	0.205
	不锈钢焊条	kg	38.46	0.481	0.600	0.718	0.833
	电	kW·h	0.68	0.418	0.524	0.635	0.742
	棉纱头	kg	6.00	0.047	0.057	0.068	0.087
	尼龙砂轮片 φ100×16×3	片	2.56	0.509	0.636	0.758	0.880
	破布	kg	6.32	0.014	0.018	0.020	0.024
	铈钨棒	g	0.38	0.734	0.920	1.097	1.276
	水	t	7.96	0.024	0.028	0.034	0.040
	酸洗膏	kg	6.56	0.105	0.159	0.190	0.208
	氩气	m³	19.59	0.524	0.658	0.784	0.911
	其他材料费占材料费	%	—	1.000	1.000	1.000	1.000
机械	等离子切割机 400A	台班	219.59	0.208	0.259	0.308	0.358
	电动空气压缩机 1m³/min	台班	50.29	0.208	0.259	0.308	0.358
	电动空气压缩机 6m³/min	台班	206.73	0.002	0.002	0.002	0.002
	电焊机(综合)	台班	118.28	0.127	0.158	0.188	0.218
	电焊条恒温箱	台班	21.41	0.013	0.016	0.019	0.022
	电焊条烘干箱 60×50×75cm³	台班	26.46	0.013	0.016	0.019	0.022
	吊装机械(综合)	台班	619.04	0.098	0.105	0.111	0.120
	汽车式起重机 8t	台班	763.67	0.010	0.012	0.014	0.017
	氩弧焊机 500A	台班	92.58	0.243	0.304	0.367	0.426
	载重汽车 8t	台班	501.85	0.010	0.012	0.014	0.017

工作内容：准备工作、管子切口、坡口加工、坡口磨平、管口组对、焊接、焊缝钝化、管道安装。

计量单位：10m

定额编号				A8-1-188	A8-1-189	A8-1-190	A8-1-191
项目名称				公称直径(mm以内)			
				400	450	500	600
基价（元）				**744.49**	**914.26**	**1029.36**	**1268.91**
其中	人工费（元）			390.18	464.10	525.28	621.74
	材料费（元）			66.19	101.57	112.54	170.59
	机械费（元）			288.12	348.59	391.54	476.58
名称		单位	单价(元)	消耗量			
人工	综合工日	工日	140.00	2.787	3.315	3.752	4.441
材料	不锈钢板卷管	m	—	(9.287)	(9.287)	(9.193)	(9.193)
	丙酮	kg	7.51	0.270	0.302	0.352	0.398
	不锈钢焊条	kg	38.46	0.940	1.730	1.915	3.015
	电	kW·h	0.68	0.833	1.121	1.245	1.622
	角钢(综合)	kg	3.61	0.201	0.201	0.201	0.201
	棉纱头	kg	6.00	0.091	0.101	0.115	0.134
	尼龙砂轮片 φ100×16×3	片	2.56	0.996	1.508	1.671	2.494
	破布	kg	6.32	0.026	0.030	0.034	0.040
	铈钨棒	g	0.38	1.444	1.616	1.791	2.131
	水	t	7.96	0.046	0.052	0.056	0.068
	酸洗膏	kg	6.56	0.258	0.290	0.328	0.406
	氩气	m^3	19.59	1.031	1.158	1.281	1.872
	其他材料费占材料费	%	—	1.000	1.000	1.000	1.000
机械	等离子切割机 400A	台班	219.59	0.405	0.462	0.520	0.620
	电动空气压缩机 $1m^3/min$	台班	50.29	0.405	0.462	0.520	0.620
	电动空气压缩机 $6m^3/min$	台班	206.73	0.002	0.004	0.004	0.004
	电焊机(综合)	台班	118.28	0.247	0.436	0.483	0.707
	电焊条恒温箱	台班	21.41	0.025	0.044	0.048	0.070
	电焊条烘干箱 60×50×75cm^3	台班	26.46	0.025	0.044	0.048	0.070
	吊装机械(综合)	台班	619.04	0.128	0.139	0.159	0.180
	汽车式起重机 8t	台班	763.67	0.019	0.026	0.029	0.035
	氩弧焊机 500A	台班	92.58	0.483	0.545	0.603	0.710
	载重汽车 8t	台班	501.85	0.019	0.026	0.029	0.035

工作内容：准备工作、管子切口、坡口加工、坡口磨平、管口组对、焊接、焊缝钝化、管道安装。

计量单位：10m

定额编号				A8-1-192	A8-1-193	A8-1-194
项目名称				公称直径(mm以内)		
				700	800	900
基价（元）				1463.56	1839.96	2085.23
其中	人工费（元）			714.84	849.24	965.02
	材料费（元）			195.24	316.07	354.93
	机械费（元）			553.48	674.65	765.28
名称		单位	单价(元)	消耗量		
人工	综合工日	工日	140.00	5.106	6.066	6.893
材料	不锈钢板卷管	m	—	(9.193)	(9.193)	(9.193)
	丙酮	kg	7.51	0.455	0.519	0.581
	不锈钢焊条	kg	38.46	3.447	6.236	6.999
	电	kW·h	0.68	1.863	2.447	2.748
	角钢(综合)	kg	3.61	0.221	0.221	0.221
	棉纱头	kg	6.00	0.151	0.175	0.194
	尼龙砂轮片 φ100×16×3	片	2.56	2.854	4.597	5.162
	破布	kg	6.32	0.046	0.052	0.058
	铈钨棒	g	0.38	2.440	2.769	3.112
	水	t	7.96	0.076	0.089	0.099
	酸洗膏	kg	6.56	0.499	0.636	0.755
	氩气	m^3	19.59	2.141	2.433	2.733
	其他材料费占材料费	%	—	1.000	1.000	1.000
机械	等离子切割机 400A	台班	219.59	0.709	0.848	0.952
	电动空气压缩机 $1m^3/min$	台班	50.29	0.709	0.848	0.952
	电动空气压缩机 $6m^3/min$	台班	206.73	0.004	0.006	0.006
	电焊机(综合)	台班	118.28	0.808	1.156	1.298
	电焊条恒温箱	台班	21.41	0.081	0.116	0.130
	电焊条烘干箱 60×50×75cm^3	台班	26.46	0.081	0.116	0.130
	吊装机械(综合)	台班	619.04	0.203	0.221	0.240
	汽车式起重机 8t	台班	763.67	0.048	0.063	0.081
	氩弧焊机 500A	台班	92.58	0.815	0.926	1.040
	载重汽车 8t	台班	501.85	0.048	0.063	0.081

工作内容：准备工作、管子切口、坡口加工、坡口磨平、管口组对、焊接、焊缝钝化、管道安装。

计量单位：10m

定额编号				A8-1-195	A8-1-196	A8-1-197
项目名称				公称直径(mm以内)		
				1000	1200	1400
基价（元）				2365.32	2876.08	3679.55
其中	人工费（元）			1090.60	1352.26	1647.94
	材料费（元）			394.07	471.09	712.62
	机械费（元）			880.65	1052.73	1318.99
名称		单位	单价(元)	消耗量		
人工	综合工日	工日	140.00	7.790	9.659	11.771
材料	不锈钢板卷管	m	—	(9.193)	(9.193)	(9.193)
	丙酮	kg	7.51	0.644	0.732	0.821
	不锈钢焊条	kg	38.46	7.762	9.290	14.897
	电	kW·h	0.68	3.044	3.687	4.715
	角钢(综合)	kg	3.61	0.221	0.296	0.296
	棉纱头	kg	6.00	0.243	0.292	0.337
	尼龙砂轮片 φ100×16×3	片	2.56	5.727	6.858	10.361
	破布	kg	6.32	0.064	0.070	0.081
	铈钨棒	g	0.38	3.455	4.142	4.814
	水	t	7.96	0.109	0.120	0.136
	酸洗膏	kg	6.56	0.883	1.011	1.138
	氩气	m^3	19.59	3.034	3.632	4.224
	其他材料费占材料费	%	—	1.000	1.000	1.000
机械	等离子切割机 400A	台班	219.59	1.055	1.262	1.541
	电动空气压缩机 $1m^3/min$	台班	50.29	1.055	1.262	1.541
	电动空气压缩机 $6m^3/min$	台班	206.73	0.006	0.007	0.008
	电焊机(综合)	台班	118.28	1.439	1.722	2.308
	电焊条恒温箱	台班	21.41	0.144	0.172	0.231
	电焊条烘干箱 $60\times50\times75cm^3$	台班	26.46	0.144	0.172	0.231
	吊装机械(综合)	台班	619.04	0.318	0.382	0.442
	汽车式起重机 8t	台班	763.67	0.090	0.105	0.153
	氩弧焊机 500A	台班	92.58	1.154	1.398	1.622
	载重汽车 8t	台班	501.85	0.090	0.105	0.153

18. 合金钢管(电弧焊)

工作内容：准备工作、管子切口、坡口加工、管口组对、焊接、管口封闭、管道安装。　计量单位：10m

定额编号				A8-1-198	A8-1-199	A8-1-200	A8-1-201
项目名称				公称直径(mm以内)			
				15	20	25	32
基价(元)				**46.22**	**52.16**	**69.86**	**77.24**
其中	人工费(元)			41.30	46.20	55.02	60.62
	材料费(元)			1.84	2.00	2.93	3.34
	机械费(元)			3.08	3.96	11.91	13.28
	名称	**单位**	**单价(元)**	**消耗量**			
人工	综合工日	工日	140.00	0.295	0.330	0.393	0.433
材料	合金钢管	m	—	(9.250)	(9.250)	(9.250)	(9.250)
	丙酮	kg	7.51	0.013	0.015	0.020	0.023
	电	kW·h	0.68	0.027	0.037	0.043	0.053
	钢丝 φ4.0	kg	4.02	0.077	0.078	0.079	0.080
	合金钢焊条	kg	11.11	0.027	0.034	0.053	0.067
	棉纱头	kg	6.00	0.003	0.006	0.006	0.009
	磨头	个	2.75	0.021	0.023	0.029	0.033
	尼龙砂轮片 φ100×16×3	片	2.56	0.030	0.035	0.043	0.050
	尼龙砂轮片 φ500×25×4	片	12.82	0.004	0.005	0.006	0.009
	破布	kg	6.32	0.090	0.090	0.181	0.199
	塑料布	m²	1.97	0.150	0.157	0.165	0.174
	氧气	m³	3.63	0.004	0.004	0.005	0.006
	乙炔气	kg	10.45	0.001	0.001	0.002	0.002
	其他材料费占材料费	%	—	1.000	1.000	1.000	1.000
机械	电焊机(综合)	台班	118.28	0.025	0.032	0.048	0.059
	电焊条恒温箱	台班	21.41	0.002	0.003	0.005	0.006
	电焊条烘干箱 60×50×75cm³	台班	26.46	0.002	0.003	0.005	0.006
	普通车床 630×2000mm	台班	247.10	—	—	0.024	0.024
	砂轮切割机 500mm	台班	29.08	0.001	0.001	0.002	0.003

工作内容：准备工作、管子切口、坡口加工、管口组对、焊接、管口封闭、管道安装。 计量单位：10m

定额编号				A8-1-202	A8-1-203	A8-1-204	A8-1-205
项目名称				公称直径(mm以内)			
				40	50	65	80
基价（元）				**84.99**	**99.67**	**135.10**	**146.94**
其中	人工费（元）			66.78	77.98	102.34	109.76
	材料费（元）			3.57	4.32	5.81	6.58
	机械费（元）			14.64	17.37	26.95	30.60
	名称	单位	单价(元)	消耗量			
人工	综合工日	工日	140.00	0.477	0.557	0.731	0.784
材料	合金钢管	m	—	(9.250)	(9.250)	(9.250)	(8.958)
	丙酮	kg	7.51	0.028	0.033	0.046	0.054
	电	kW·h	0.68	0.064	0.072	0.107	0.126
	钢丝 φ4.0	kg	4.02	0.081	0.084	0.087	0.089
	合金钢焊条	kg	11.11	0.075	0.105	0.187	0.220
	棉纱头	kg	6.00	0.009	0.012	0.015	0.018
	磨头	个	2.75	0.040	0.048	0.064	0.074
	尼龙砂轮片 φ100×16×3	片	2.56	0.056	0.066	0.087	0.101
	尼龙砂轮片 φ500×25×4	片	12.82	0.010	0.014	0.020	0.024
	破布	kg	6.32	0.199	0.226	0.253	0.271
	塑料布	m²	1.97	0.197	0.216	0.243	0.267
	氧气	m³	3.63	0.006	0.010	0.013	0.015
	乙炔气	kg	10.45	0.002	0.003	0.004	0.005
	其他材料费占材料费	%	—	1.000	1.000	1.000	1.000
机械	单速电动葫芦 3t	台班	32.95	—	—	0.036	0.038
	电焊机(综合)	台班	118.28	0.068	0.084	0.136	0.161
	电焊条恒温箱	台班	21.41	0.007	0.009	0.014	0.016
	电焊条烘干箱 60×50×75cm³	台班	26.46	0.007	0.009	0.014	0.016
	普通车床 630×2000mm	台班	247.10	0.025	0.028	0.036	0.038
	砂轮切割机 500mm	台班	29.08	0.003	0.003	0.004	0.005

工作内容：准备工作、管子切口、坡口加工、管口组对、焊接、管口封闭、管道安装。　计量单位：10m

定额编号				A8-1-206	A8-1-207	A8-1-208	A8-1-209
项目名称				公称直径(mm以内)			
				100	125	150	200
基价（元）				244.05	258.81	287.85	396.83
其中	人工费（元）			130.34	134.96	151.06	214.90
	材料费（元）			9.64	10.44	12.30	18.66
	机械费（元）			104.07	113.41	124.49	163.27
名称		单位	单价(元)	消耗量			
人工	综合工日	工日	140.00	0.931	0.964	1.079	1.535
材料	合金钢管	m	—	(8.958)	(8.958)	(8.817)	(8.817)
	丙酮	kg	7.51	0.065	0.075	0.090	0.124
	电	kW·h	0.68	0.190	0.208	0.235	0.321
	钢丝 Φ4.0	kg	4.02	0.095	0.099	0.104	0.114
	合金钢焊条	kg	11.11	0.412	0.458	0.580	0.995
	棉纱头	kg	6.00	0.021	0.024	0.033	0.041
	磨头	个	2.75	0.090	—	—	—
	尼龙砂轮片 Φ100×16×3	片	2.56	0.144	0.155	0.200	0.301
	尼龙砂轮片 Φ500×25×4	片	12.82	0.035	0.037	—	—
	破布	kg	6.32	0.317	0.343	0.361	0.433
	塑料布	m²	1.97	0.314	0.397	0.431	0.560
	氧气	m³	3.63	0.022	0.024	0.089	0.134
	乙炔气	kg	10.45	0.007	0.009	0.030	0.045
	其他材料费占材料费	%	—	1.000	1.000	1.000	1.000
机械	半自动切割机 100mm	台班	83.55	—	—	0.007	0.010
	单速电动葫芦 3t	台班	32.95	0.064	0.065	0.065	0.068
	电焊机(综合)	台班	118.28	0.239	0.267	0.323	0.457
	电焊条恒温箱	台班	21.41	0.024	0.026	0.033	0.046
	电焊条烘干箱 60×50×75cm³	台班	26.46	0.024	0.026	0.033	0.046
	吊装机械(综合)	台班	619.04	0.081	0.084	0.084	0.106
	普通车床 630×2000mm	台班	247.10	0.064	0.065	0.065	0.068
	汽车式起重机 8t	台班	763.67	0.005	0.008	0.011	0.017
	砂轮切割机 500mm	台班	29.08	0.009	0.009	—	—
	载重汽车 8t	台班	501.85	0.005	0.008	0.011	0.017

工作内容：准备工作、管子切口、坡口加工、管口组对、焊接、管口封闭、管道安装。　计量单位：10m

定额编号				A8-1-210	A8-1-211	A8-1-212	A8-1-213
项目名称				公称直径(mm以内)			
				250	300	350	400
基价（元）				521.09	563.94	632.69	729.78
其中	人工费（元）			260.54	283.92	313.46	375.34
	材料费（元）			31.37	37.13	42.89	48.15
	机械费（元）			229.18	242.89	276.34	306.29
名称		单位	单价(元)	消耗量			
人工	综合工日	工日	140.00	1.861	2.028	2.239	2.681
材料	合金钢管	m	—	(8.817)	(8.817)	(8.817)	(8.817)
	丙酮	kg	7.51	0.155	0.160	0.163	0.185
	电	kW·h	0.68	0.444	0.504	0.465	0.513
	钢丝 Φ4.0	kg	4.02	0.123	0.133	0.142	0.152
	合金钢焊条	kg	11.11	1.956	2.393	2.828	3.200
	棉纱头	kg	6.00	0.051	0.057	0.061	0.068
	尼龙砂轮片 Φ100×16×3	片	2.56	0.466	0.529	0.612	0.692
	破布	kg	6.32	0.479	0.497	0.524	0.542
	塑料布	m²	1.97	0.713	0.878	1.061	1.196
	氧气	m³	3.63	0.201	0.214	0.226	0.255
	乙炔气	kg	10.45	0.068	0.072	0.075	0.085
	其他材料费占材料费	%	—	1.000	1.000	1.000	1.000
机械	半自动切割机 100mm	台班	83.55	0.014	0.014	0.014	0.016
	单速电动葫芦 3t	台班	32.95	0.070	0.071	0.071	0.073
	电焊机(综合)	台班	118.28	0.646	0.683	0.720	0.810
	电焊条恒温箱	台班	21.41	0.064	0.068	0.072	0.081
	电焊条烘干箱 60×50×75cm³	台班	26.46	0.064	0.068	0.072	0.081
	吊装机械(综合)	台班	619.04	0.149	0.149	0.165	0.180
	普通车床 630×2000mm	台班	247.10	0.070	0.071	0.071	0.073
	汽车式起重机 8t	台班	763.67	0.029	0.036	0.051	0.058
	载重汽车 8t	台班	501.85	0.029	0.036	0.051	0.058

工作内容：准备工作、管子切口、坡口加工、管口组对、焊接、管口封闭、管道安装。　计量单位：10m

定额编号				A8-1-214	A8-1-215	A8-1-216
项目名称				公称直径(mm以内)		
				450	500	600
基价（元）				836.99	962.82	1089.77
其中	人工费（元）			412.86	508.34	603.68
	材料费（元）			67.54	74.87	82.18
	机械费（元）			356.59	379.61	403.91
名称		单位	单价(元)	消耗量		
人工	综合工日	工日	140.00	2.949	3.631	4.312
材料	合金钢管	m	—	(8.817)	(8.817)	(8.817)
	丙酮	kg	7.51	0.208	0.231	0.253
	电	kW·h	0.68	0.604	0.665	0.726
	钢丝 φ4.0	kg	4.02	0.161	0.170	0.179
	合金钢焊条	kg	11.11	4.736	5.235	5.733
	棉纱头	kg	6.00	0.075	0.084	0.092
	尼龙砂轮片 φ100×16×3	片	2.56	0.868	0.961	1.055
	破布	kg	6.32	0.614	0.696	0.778
	塑料布	m²	1.97	1.473	1.698	1.923
	氧气	m³	3.63	0.306	0.336	0.365
	乙炔气	kg	10.45	0.102	0.112	0.122
	其他材料费占材料费	%	—	1.000	1.000	1.000
机械	半自动切割机 100mm	台班	83.55	0.018	0.022	0.025
	单速电动葫芦 3t	台班	32.95	0.091	0.096	0.099
	电焊机(综合)	台班	118.28	0.952	1.053	1.154
	电焊条恒温箱	台班	21.41	0.095	0.105	0.116
	电焊条烘干箱 60×50×75cm³	台班	26.46	0.095	0.105	0.116
	吊装机械(综合)	台班	619.04	0.196	0.196	0.197
	普通车床 630×2000mm	台班	247.10	0.091	0.096	0.099
	汽车式起重机 8t	台班	763.67	0.072	0.079	0.087
	载重汽车 8t	台班	501.85	0.072	0.079	0.087

19. 合金钢管(氩弧焊)

工作内容：准备工作、管子切口、坡口加工、管口组对、焊接、管口封闭、管道安装。　计量单位：10m

定额编号				A8-1-217	A8-1-218	A8-1-219	A8-1-220
项目名称				公称直径(mm以内)			
				15	20	25	32
基价(元)				**52.32**	**58.94**	**77.13**	**85.47**
其中	人工费(元)			47.88	53.62	63.42	70.14
	材料费(元)			2.37	2.70	4.02	4.68
	机械费(元)			2.07	2.62	9.69	10.65
名称		单位	单价(元)	消耗量			
人工	综合工日	工日	140.00	0.342	0.383	0.453	0.501
材料	合金钢管	m	—	(9.250)	(9.250)	(9.250)	(9.250)
	丙酮	kg	7.51	0.013	0.015	0.020	0.023
	电	kW·h	0.68	0.027	0.037	0.043	0.053
	钢丝 Φ4.0	kg	4.02	0.077	0.078	0.079	0.080
	合金钢焊丝	kg	7.69	0.013	0.016	0.026	0.032
	棉纱头	kg	6.00	0.003	0.006	0.006	0.009
	磨头	个	2.75	0.021	0.023	0.029	0.033
	尼龙砂轮片 Φ100×16×3	片	2.56	0.038	0.045	0.054	0.065
	尼龙砂轮片 Φ500×25×4	片	12.82	0.004	0.005	0.006	0.009
	破布	kg	6.32	0.090	0.090	0.181	0.199
	铈钨棒	g	0.38	0.070	0.089	0.142	0.177
	塑料布	m²	1.97	0.150	0.157	0.165	0.174
	氩气	m³	19.59	0.035	0.045	0.071	0.088
	氧气	m³	3.63	0.004	0.004	0.005	0.006
	乙炔气	kg	10.45	0.001	0.001	0.002	0.002
	其他材料费占材料费	%	—	1.000	1.000	1.000	1.000
机械	普通车床 630×2000mm	台班	247.10	—	—	0.024	0.024
	砂轮切割机 500mm	台班	29.08	0.001	0.001	0.002	0.003
	氩弧焊机 500A	台班	92.58	0.022	0.028	0.040	0.050

工作内容：准备工作、管子切口、坡口加工、管口组对、焊接、管口封闭、管道安装。　计量单位：10m

定额编号				A8-1-221	A8-1-222	A8-1-223	A8-1-224
项目名称				公称直径(mm以内)			
				40	50	65	80
基价（元）				**93.77**	**112.32**	**151.72**	**164.80**
其中	人工费（元）			77.00	89.74	117.46	126.00
	材料费（元）			5.14	6.47	9.67	11.09
	机械费（元）			11.63	16.11	24.59	27.71
名称		单位	单价(元)	消耗量			
人工	综合工日	工日	140.00	0.550	0.641	0.839	0.900
材料	合金钢管	m	—	(9.250)	(9.250)	(9.250)	(8.958)
	丙酮	kg	7.51	0.028	0.033	0.046	0.054
	电	kW·h	0.68	0.064	0.072	0.104	0.120
	钢丝 Φ4.0	kg	4.02	0.081	0.084	0.087	0.089
	合金钢焊丝	kg	7.69	0.036	0.050	0.089	0.105
	棉纱头	kg	6.00	0.009	0.012	0.015	0.018
	磨头	个	2.75	0.040	0.048	0.064	0.074
	尼龙砂轮片 Φ100×16×3	片	2.56	0.077	0.090	0.129	0.149
	尼龙砂轮片 Φ500×25×4	片	12.82	0.010	0.014	0.020	0.024
	破布	kg	6.32	0.199	0.226	0.253	0.271
	铈钨棒	g	0.38	0.202	0.280	0.500	0.587
	塑料布	m²	1.97	0.197	0.216	0.243	0.267
	氩气	m³	19.59	0.101	0.140	0.251	0.294
	氧气	m³	3.63	0.006	0.010	0.013	0.015
	乙炔气	kg	10.45	0.002	0.003	0.004	0.005
	其他材料费占材料费	%	—	1.000	1.000	1.000	1.000
机械	单速电动葫芦 3t	台班	32.95	—	—	0.043	0.046
	普通车床 630×2000mm	台班	247.10	0.025	0.034	0.043	0.046
	砂轮切割机 500mm	台班	29.08	0.003	0.004	0.005	0.007
	氩弧焊机 500A	台班	92.58	0.058	0.082	0.134	0.158

工作内容：准备工作、管子切口、坡口加工、管口组对、焊接、管口封闭、管道安装。 计量单位：10m

定额编号				A8-1-225	A8-1-226	A8-1-227	A8-1-228
项目名称				公称直径(mm以内)			
				100	125	150	200
基价（元）				**286.31**	**305.78**	**333.98**	**363.59**
其中	人工费（元）			157.50	164.08	175.00	185.92
	材料费（元）			16.88	19.52	24.88	30.65
	机械费（元）			111.93	122.18	134.10	147.02
名称		单位	单价(元)	消耗量			
人工	综合工日	工日	140.00	1.125	1.172	1.250	1.328
材料	合金钢管	m	—	(8.958)	(8.958)	(8.817)	(8.817)
	丙酮	kg	7.51	0.065	0.075	0.090	0.095
	电	kW·h	0.68	0.184	0.208	0.238	0.266
	钢丝 Φ4.0	kg	4.02	0.095	0.099	0.104	0.110
	合金钢焊丝	kg	7.69	0.178	0.214	0.287	0.361
	棉纱头	kg	6.00	0.021	0.024	0.033	0.042
	磨头	个	2.75	0.090	—	—	—
	尼龙砂轮片 Φ100×16×3	片	2.56	0.218	0.266	0.329	0.393
	尼龙砂轮片 Φ500×25×4	片	12.82	0.035	0.037	—	—
	破布	kg	6.32	0.317	0.343	0.361	0.379
	铈钨棒	g	0.38	1.002	1.193	1.608	2.024
	塑料布	m²	1.97	0.314	0.397	0.431	0.465
	氩气	m³	19.59	0.501	0.597	0.804	1.011
	氧气	m³	3.63	0.022	0.024	0.089	0.154
	乙炔气	kg	10.45	0.007	0.009	0.030	0.051
	其他材料费占材料费	%	—	1.000	1.000	1.000	1.000
机械	半自动切割机 100mm	台班	83.55	—	—	0.008	0.011
	单速电动葫芦 3t	台班	32.95	0.077	0.078	0.078	0.079
	吊装机械(综合)	台班	619.04	0.095	0.100	0.100	0.103
	普通车床 630×2000mm	台班	247.10	0.077	0.078	0.078	0.080
	汽车式起重机 8t	台班	763.67	0.007	0.009	0.013	0.016
	砂轮切割机 500mm	台班	29.08	0.010	0.010	—	—
	氩弧焊机 500A	台班	92.58	0.242	0.289	0.359	0.429
	载重汽车 8t	台班	501.85	0.007	0.009	0.013	0.016

20. 合金钢管(氩电联焊)

工作内容：准备工作、管子切口、坡口加工、管口组对、焊接、管口封闭、管道安装。　计量单位：10m

定额编号				A8-1-229	A8-1-230	A8-1-231	A8-1-232
项目名称				公称直径(mm以内)			
				50	65	80	100
基价(元)				106.85	137.78	149.83	254.99
其中	人工费(元)			82.18	105.42	113.12	138.88
	材料费(元)			5.95	7.29	8.35	12.04
	机械费(元)			18.72	25.07	28.36	104.07
名称		单位	单价(元)	消耗量			
人工	综合工日	工日	140.00	0.587	0.753	0.808	0.992
材料	合金钢管	m	—	(9.250)	(9.250)	(8.958)	(8.958)
	丙酮	kg	7.51	0.033	0.046	0.054	0.065
	电	kW·h	0.68	0.067	0.078	0.091	0.155
	钢丝 φ4.0	kg	4.02	0.084	0.087	0.089	0.095
	合金钢焊丝	kg	7.69	0.031	0.039	0.047	0.060
	合金钢焊条	kg	11.11	0.073	0.092	0.108	0.281
	棉纱头	kg	6.00	0.012	0.015	0.018	0.021
	磨头	个	2.75	0.048	0.064	0.074	0.090
	尼龙砂轮片 φ100×16×3	片	2.56	0.070	0.086	0.099	0.142
	尼龙砂轮片 φ500×25×4	片	12.82	0.014	0.020	0.024	0.035
	破布	kg	6.32	0.226	0.253	0.271	0.317
	铈钨棒	g	0.38	0.171	0.221	0.262	0.334
	塑料布	m^2	1.97	0.216	0.243	0.267	0.314
	氩气	m^3	19.59	0.085	0.110	0.131	0.167
	氧气	m^3	3.63	0.010	0.013	0.015	0.022
	乙炔气	kg	10.45	0.003	0.004	0.005	0.007
	其他材料费占材料费	%	—	1.000	1.000	1.000	1.000
机械	单速电动葫芦 3t	台班	32.95	—	0.036	0.038	0.064
	电焊机(综合)	台班	118.28	0.059	0.074	0.087	0.169
	电焊条恒温箱	台班	21.41	0.006	0.008	0.009	0.017
	电焊条烘干箱 60×50×75cm^3	台班	26.46	0.006	0.008	0.009	0.017
	吊装机械(综合)	台班	619.04	—	—	—	0.081
	普通车床 630×2000mm	台班	247.10	0.028	0.036	0.038	0.064
	汽车式起重机 8t	台班	763.67	—	—	—	0.005
	砂轮切割机 500mm	台班	29.08	0.003	0.004	0.005	0.009
	氩弧焊机 500A	台班	92.58	0.048	0.062	0.074	0.093
	载重汽车 8t	台班	501.85	—	—	—	0.005

工作内容：准备工作、管子切口、坡口加工、管口组对、焊接、管口封闭、管道安装。　计量单位：10m

定额编号				A8-1-233	A8-1-234	A8-1-235	A8-1-236
项目名称				公称直径(mm以内)			
				125	150	200	250
基价（元）				**276.72**	**299.38**	**416.10**	**527.67**
其中	人工费（元）			150.78	158.48	226.66	280.00
	材料费（元）			13.71	15.72	23.29	29.13
	机械费（元）			112.23	125.18	166.15	218.54
名称		**单位**	**单价(元)**	**消耗量**			
人工	综合工日	工日	140.00	1.077	1.132	1.619	2.000
材料	合金钢管	m	—	(8.958)	(8.817)	(8.817)	(8.817)
	丙酮	kg	7.51	0.075	0.090	0.124	0.135
	电	kW·h	0.68	0.160	0.190	0.265	0.290
	钢丝 φ4.0	kg	4.02	0.099	0.104	0.114	0.123
	合金钢焊丝	kg	7.69	0.071	0.085	0.117	0.125
	合金钢焊条	kg	11.11	0.339	0.396	0.733	1.096
	棉纱头	kg	6.00	0.024	0.033	0.041	0.050
	尼龙砂轮片 φ100×16×3	片	2.56	0.152	0.195	0.294	0.413
	尼龙砂轮片 φ500×25×4	片	12.82	0.037	—	—	—
	破布	kg	6.32	0.343	0.361	0.433	0.479
	铈钨棒	g	0.38	0.396	0.474	0.655	0.700
	塑料布	m^2	1.97	0.397	0.431	0.560	0.713
	氩气	m^3	19.59	0.199	0.237	0.327	0.349
	氧气	m^3	3.63	0.024	0.089	0.134	0.156
	乙炔气	kg	10.45	0.009	0.030	0.045	0.052
	其他材料费占材料费	%	—	1.000	1.000	1.000	1.000
机械	半自动切割机 100mm	台班	83.55	—	0.007	0.010	0.011
	单速电动葫芦 3t	台班	32.95	0.065	0.065	0.068	0.070
	电焊机(综合)	台班	118.28	0.173	0.228	0.343	0.414
	电焊条恒温箱	台班	21.41	0.017	0.023	0.034	0.041
	电焊条烘干箱 60×50×75cm^3	台班	26.46	0.017	0.023	0.034	0.041
	吊装机械(综合)	台班	619.04	0.084	0.084	0.106	0.149
	普通车床 630×2000mm	台班	247.10	0.065	0.065	0.068	0.070
	汽车式起重机 8t	台班	763.67	0.008	0.011	0.017	0.029
	砂轮切割机 500mm	台班	29.08	0.009	—	—	—
	氩弧焊机 500A	台班	92.58	0.112	0.134	0.183	0.196
	载重汽车 8t	台班	501.85	0.008	0.011	0.017	0.029

工作内容：准备工作、管子切口、坡口加工、管口组对、焊接、管口封闭、管道安装。　计量单位：10m

定额编号				A8-1-237	A8-1-238	A8-1-239
项目名称				公称直径(mm以内)		
				300	350	400
基价（元）				559.40	668.05	770.59
其中	人工费（元）			287.28	333.62	398.72
	材料费（元）			34.73	48.20	54.22
	机械费（元）			237.39	286.23	317.65
名称		单位	单价(元)	消耗量		
人工	综合工日	工日	140.00	2.052	2.383	2.848
材料	合金钢管	m	—	(8.817)	(8.817)	(8.817)
	丙酮	kg	7.51	0.141	0.163	0.185
	电	kW·h	0.68	0.347	0.417	0.457
	钢丝 φ4.0	kg	4.02	0.133	0.142	0.152
	合金钢焊丝	kg	7.69	0.133	0.153	0.174
	合金钢焊条	kg	11.11	1.458	2.415	2.733
	棉纱头	kg	6.00	0.050	0.061	0.068
	尼龙砂轮片 φ100×16×3	片	2.56	0.517	0.598	0.678
	破布	kg	6.32	0.497	0.524	0.542
	铈钨棒	g	0.38	0.745	0.859	0.975
	塑料布	m^2	1.97	0.878	1.061	1.196
	氩气	m^3	19.59	0.372	0.429	0.488
	氧气	m^3	3.63	0.178	0.226	0.255
	乙炔气	kg	10.45	0.060	0.075	0.085
	其他材料费占材料费	%	—	1.000	1.000	1.000
机械	半自动切割机 100mm	台班	83.55	0.012	0.014	0.016
	单速电动葫芦 3t	台班	32.95	0.070	0.071	0.073
	电焊机(综合)	台班	118.28	0.484	0.619	0.696
	电焊条恒温箱	台班	21.41	0.048	0.062	0.070
	电焊条烘干箱 60×50×75cm³	台班	26.46	0.048	0.062	0.070
	吊装机械(综合)	台班	619.04	0.149	0.165	0.180
	普通车床 630×2000mm	台班	247.10	0.070	0.071	0.073
	汽车式起重机 8t	台班	763.67	0.036	0.051	0.058
	氩弧焊机 500A	台班	92.58	0.210	0.241	0.274
	载重汽车 8t	台班	501.85	0.036	0.051	0.058

工作内容：准备工作、管子切口、坡口加工、管口组对、焊接、管口封闭、管道安装。　计量单位：10m

定额编号				A8-1-240	A8-1-241	A8-1-242
项目名称				公称直径(mm以内)		
				450	500	600
基价（元）				885.28	1017.98	1154.31
其中	人工费（元）			440.30	540.26	639.94
	材料费（元）			73.74	81.79	89.80
	机械费（元）			371.24	395.93	424.57
名称		单位	单价(元)	消耗量		
人工	综合工日	工日	140.00	3.145	3.859	4.571
材料	合金钢管	m	—	(8.817)	(8.817)	(8.817)
	丙酮	kg	7.51	0.208	0.231	0.253
	电	kW·h	0.68	0.548	0.604	0.660
	钢丝 Φ4.0	kg	4.02	0.161	0.170	0.179
	合金钢焊丝	kg	7.69	0.195	0.217	0.239
	合金钢焊条	kg	11.11	4.158	4.596	5.035
	棉纱头	kg	6.00	0.075	0.084	0.092
	尼龙砂轮片 Φ100×16×3	片	2.56	0.850	0.940	1.030
	破布	kg	6.32	0.614	0.696	0.778
	铈钨棒	g	0.38	1.096	1.215	1.334
	塑料布	m²	1.97	1.473	1.698	1.923
	氩气	m³	19.59	0.548	0.608	0.667
	氧气	m³	3.63	0.306	0.336	0.365
	乙炔气	kg	10.45	0.102	0.112	0.122
	其他材料费占材料费	%	—	1.000	1.000	1.000
机械	半自动切割机 100mm	台班	83.55	0.018	0.022	0.025
	单速电动葫芦 3t	台班	32.95	0.091	0.096	0.099
	电焊机(综合)	台班	118.28	0.840	0.929	1.040
	电焊条恒温箱	台班	21.41	0.084	0.093	0.104
	电焊条烘干箱 60×50×75cm³	台班	26.46	0.084	0.093	0.104
	吊装机械(综合)	台班	619.04	0.196	0.196	0.197
	普通车床 630×2000mm	台班	247.10	0.091	0.096	0.099
	汽车式起重机 8t	台班	763.67	0.072	0.079	0.087
	氩弧焊机 500A	台班	92.58	0.307	0.341	0.375
	载重汽车 8t	台班	501.85	0.072	0.079	0.087

21. 铝及铝合金管(氩弧焊)

工作内容：准备工作、管子切口、坡口加工、坡口磨平、管口组对、焊前预热、焊接、焊缝酸洗、管道安装。

计量单位：10m

定额编号				A8-1-243	A8-1-244	A8-1-245	A8-1-246
项目名称				管外径(mm以内)			
				18	25	30	40
基价（元）				**26.67**	**30.68**	**33.58**	**40.70**
其中	人工费（元）			24.92	28.56	30.94	36.68
	材料费（元）			0.75	0.94	1.18	1.88
	机械费（元）			1.00	1.18	1.46	2.14
名称		单位	单价(元)	消耗量			
人工	综合工日	工日	140.00	0.178	0.204	0.221	0.262
材料	铝及铝合金管	m	—	(10.000)	(10.000)	(10.000)	(10.000)
	电	kW·h	0.68	—	—	0.008	0.010
	钢丝 Φ4.0	kg	4.02	0.027	0.027	0.027	0.027
	铝锰合金焊丝 HS321 Φ1～6	kg	51.28	0.003	0.004	0.005	0.010
	尼龙砂轮片 Φ100×16×3	片	2.56	0.001	0.001	0.010	0.014
	尼龙砂轮片 Φ500×25×4	片	12.82	0.002	0.002	0.002	0.005
	破布	kg	6.32	0.018	0.019	0.025	0.026
	氢氧化钠(烧碱)	kg	2.19	0.022	0.039	0.049	0.068
	铈钨棒	g	0.38	0.017	0.023	0.030	0.058
	水	t	7.96	0.002	0.003	0.003	0.003
	铁砂布	张	0.85	0.013	0.013	0.016	0.020
	硝酸	kg	2.19	0.009	0.011	0.014	0.020
	氩气	m^3	19.59	0.009	0.011	0.015	0.029
	氧气	m^3	3.63	0.001	0.001	0.001	0.002
	乙炔气	kg	10.45	0.001	0.001	0.001	0.001
	重铬酸钾 98%	kg	14.03	0.003	0.006	0.007	0.009
	其他材料费占材料费	%	—	1.000	1.000	1.000	1.000
机械	电动空气压缩机 6m^3/min	台班	206.73	0.002	0.002	0.002	0.002
	砂轮切割机 500mm	台班	29.08	0.001	0.001	0.001	0.002
	氩弧焊机 500A	台班	92.58	0.006	0.008	0.011	0.018

工作内容：准备工作、管子切口、坡口加工、坡口磨平、管口组对、焊前预热、焊接、焊缝酸洗、管道安装。

计量单位：10m

定额编号				A8-1-247	A8-1-248	A8-1-249	A8-1-250
项目名称				管外径(mm以内)			
				50	60	70	80
基价（元）				46.32	56.65	63.55	124.43
其中	人工费（元）			41.44	50.40	56.28	80.36
	材料费（元）			2.34	3.16	3.69	6.14
	机械费（元）			2.54	3.09	3.58	37.93
名称		单位	单价(元)	消耗量			
人工	综合工日	工日	140.00	0.296	0.360	0.402	0.574
材料	铝及铝合金管	m	—	(9.880)	(9.880)	(9.880)	(9.880)
	电	kW·h	0.68	0.013	0.020	0.023	0.060
	钢丝 φ4.0	kg	4.02	0.027	0.027	0.027	0.027
	铝锰合金焊丝 HS321 φ1～6	kg	51.28	0.013	0.017	0.020	0.034
	尼龙砂轮片 φ100×16×3	片	2.56	0.018	0.022	0.026	0.347
	尼龙砂轮片 φ500×25×4	片	12.82	0.005	0.005	0.006	—
	破布	kg	6.32	0.038	0.038	0.040	0.043
	氢氧化钠(烧碱)	kg	2.19	0.080	0.095	0.111	0.128
	铈钨棒	g	0.38	0.072	0.092	0.107	0.186
	水	t	7.96	0.005	0.005	0.007	0.007
	铁砂布	张	0.85	0.030	0.037	0.050	0.059
	硝酸	kg	2.19	0.024	0.029	0.034	0.037
	氩气	m³	19.59	0.036	0.046	0.054	0.093
	氧气	m³	3.63	0.002	0.038	0.047	0.053
	乙炔气	kg	10.45	0.001	0.018	0.022	0.025
	重铬酸钾 98%	kg	14.03	0.010	0.012	0.014	0.015
	其他材料费占材料费	%	—	1.000	1.000	1.000	1.000
机械	等离子切割机 400A	台班	219.59	—	—	—	0.127
	电动空气压缩机 1m³/min	台班	50.29	—	—	—	0.127
	电动空气压缩机 6m³/min	台班	206.73	0.002	0.002	0.002	0.002
	砂轮切割机 500mm	台班	29.08	0.003	0.003	0.004	—
	氩弧焊机 500A	台班	92.58	0.022	0.028	0.033	0.035

工作内容：准备工作、管子切口、坡口加工、坡口磨平、管口组对、焊前预热、焊接、焊缝酸洗、管道安装。

计量单位：10m

定额编号				A8-1-251	A8-1-252	A8-1-253
项目名称				管外径(mm以内)		
				100	125	150
基价（元）				151.83	188.14	265.13
其中	人工费（元）			97.72	120.54	134.54
	材料费（元）			6.99	8.67	13.73
	机械费（元）			47.12	58.93	116.86
名称		单位	单价(元)	消耗量		
人工	综合工日	工日	140.00	0.698	0.861	0.961
材料	铝及铝合金管	m	—	(9.880)	(9.880)	(9.880)
	电	kW·h	0.68	0.070	0.096	0.113
	钢丝 Φ4.0	kg	4.02	0.027	0.027	0.027
	铝锰合金焊丝 HS321 Φ1～6	kg	51.28	0.037	0.046	0.084
	尼龙砂轮片 Φ100×16×3	片	2.56	0.410	0.517	0.674
	破布	kg	6.32	0.057	0.060	0.062
	氢氧化钠(烧碱)	kg	2.19	0.160	0.187	0.258
	铈钨棒	g	0.38	0.199	0.250	0.454
	水	t	7.96	0.009	0.012	0.014
	铁砂布	张	0.85	0.075	0.096	0.106
	硝酸	kg	2.19	0.048	0.060	0.075
	氩气	m^3	19.59	0.099	0.125	0.227
	氧气	m^3	3.63	0.070	0.088	0.118
	乙炔气	kg	10.45	0.032	0.041	0.055
	重铬酸钾 98%	kg	14.03	0.019	0.024	0.031
	其他材料费占材料费	%	—	1.000	1.000	1.000
机械	等离子切割机 400A	台班	219.59	0.159	0.199	0.244
	电动空气压缩机 $1m^3/min$	台班	50.29	0.159	0.199	0.244
	电动空气压缩机 $6m^3/min$	台班	206.73	0.002	0.002	0.002
	吊装机械(综合)	台班	619.04	—	—	0.061
	汽车式起重机 8t	台班	763.67	—	—	0.004
	氩弧焊机 500A	台班	92.58	0.041	0.052	0.084
	载重汽车 8t	台班	501.85	—	—	0.004

工作内容：准备工作、管子切口、坡口加工、坡口磨平、管口组对、焊前预热、焊接、焊缝酸洗、管道安装。

计量单位：10m

定额编号				A8-1-254	A8-1-255	A8-1-256
项目名称				管外径(mm以内)		
				180	200	250
基价（元）				327.57	365.94	435.12
其中	人工费（元）			177.38	200.62	226.52
	材料费（元）			16.34	19.89	30.08
	机械费（元）			133.85	145.43	178.52
名称		单位	单价(元)	消耗量		
人工	综合工日	工日	140.00	1.267	1.433	1.618
材料	铝及铝合金管	m	—	(9.880)	(9.880)	(9.880)
	电	kW·h	0.68	0.146	0.166	0.219
	钢丝 φ4.0	kg	4.02	0.027	0.027	0.027
	铝锰合金焊丝 HS321 φ1～6	kg	51.28	0.098	0.124	0.164
	尼龙砂轮片 φ100×16×3	片	2.56	0.895	0.998	1.477
	破布	kg	6.32	0.064	0.066	0.082
	氢氧化钠(烧碱)	kg	2.19	0.335	0.357	0.417
	铈钨棒	g	0.38	0.527	0.664	0.871
	水	t	7.96	0.017	0.020	0.022
	铁砂布	张	0.85	0.114	0.114	0.283
	硝酸	kg	2.19	0.088	0.104	0.119
	氩气	m^3	19.59	0.264	0.332	0.436
	氧气	m^3	3.63	0.144	0.179	0.667
	乙炔气	kg	10.45	0.066	0.083	0.312
	重铬酸钾 98%	kg	14.03	0.036	0.043	0.048
	其他材料费占材料费	%	—	1.000	1.000	1.000
机械	等离子切割机 400A	台班	219.59	0.291	0.325	0.413
	电动空气压缩机 $1m^3/min$	台班	50.29	0.291	0.325	0.413
	电动空气压缩机 $6m^3/min$	台班	206.73	0.002	0.002	0.002
	吊装机械(综合)	台班	619.04	0.066	0.066	0.075
	汽车式起重机 8t	台班	763.67	0.004	0.004	0.005
	氩弧焊机 500A	台班	92.58	0.097	0.123	0.150
	载重汽车 8t	台班	501.85	0.004	0.004	0.005

工作内容：准备工作、管子切口、坡口加工、坡口磨平、管口组对、焊前预热、焊接、焊缝酸洗、管道安装。

计量单位：10m

定额编号				A8-1-257	A8-1-258	A8-1-259
项目名称				管外径(mm以内)		
				300	350	410
基价（元）				516.23	686.52	871.31
其中	人工费（元）			262.64	343.84	413.84
	材料费（元）			41.55	74.66	118.41
	机械费（元）			212.04	268.02	339.06
名称		单位	单价(元)	消耗量		
人工	综合工日	工日	140.00	1.876	2.456	2.956
材料	铝及铝合金管	m	—	(9.880)	(9.880)	(9.880)
	电	kW·h	0.68	0.284	0.430	0.533
	钢丝 Φ4.0	kg	4.02	0.027	0.027	0.027
	铝锰合金焊丝 HS321 Φ1～6	kg	51.28	0.236	0.473	0.765
	尼龙砂轮片 Φ100×16×3	片	2.56	1.935	2.913	4.275
	破布	kg	6.32	0.083	0.094	0.476
	氢氧化钠(烧碱)	kg	2.19	0.477	0.534	0.624
	铈钨棒	g	0.38	1.271	2.573	4.195
	水	t	7.96	0.029	0.032	0.037
	铁砂布	张	0.85	0.237	0.368	0.418
	硝酸	kg	2.19	0.155	0.167	0.196
	氩气	m^3	19.59	0.635	1.287	2.097
	氧气	m^3	3.63	0.897	1.406	2.038
	乙炔气	kg	10.45	0.419	0.657	0.954
	重铬酸钾 98%	kg	14.03	0.063	0.068	0.078
	其他材料费占材料费	%	—	1.000	1.000	1.000
机械	等离子切割机 400A	台班	219.59	0.495	0.607	0.746
	电动空气压缩机 $1m^3/min$	台班	50.29	0.495	0.607	0.746
	电动空气压缩机 $6m^3/min$	台班	206.73	0.002	0.002	0.002
	吊装机械(综合)	台班	619.04	0.079	0.085	0.091
	汽车式起重机 8t	台班	763.67	0.007	0.010	0.016
	氩弧焊机 500A	台班	92.58	0.219	0.416	0.656
	载重汽车 8t	台班	501.85	0.007	0.010	0.016

22.铝及铝合金板卷管(氩弧焊)

工作内容：准备工作、管子切口、坡口加工、坡口磨平、管口组对、焊接、焊缝酸洗、管道安装。

计量单位：10m

定额编号				A8-1-260	A8-1-261	A8-1-262	A8-1-263
项目名称				管外径(mm以内)			
				159	219	273	325
基价（元）				302.10	368.79	417.51	494.78
其中	人工费（元）			170.38	199.50	210.00	251.58
	材料费（元）			14.77	20.11	25.00	29.81
	机械费（元）			116.95	149.18	182.51	213.39
	名称	单位	单价(元)	消耗量			
人工	综合工日	工日	140.00	1.217	1.425	1.500	1.797
材料	铝及铝合金板卷管	m	—	(9.980)	(9.980)	(9.980)	(9.980)
	电	kW·h	0.68	0.133	0.179	0.216	0.252
	钢丝 Φ4.0	kg	4.02	0.039	0.039	0.039	0.039
	铝锰合金焊丝 HS321 Φ1～6	kg	51.28	0.097	0.134	0.167	0.200
	尼龙砂轮片 Φ100×16×3	片	2.56	0.746	1.037	1.298	1.550
	破布	kg	6.32	0.083	0.086	0.093	0.106
	氢氧化钠(烧碱)	kg	2.19	0.228	0.323	0.408	0.493
	钸钨棒	g	0.38	0.527	0.728	0.909	1.083
	水	t	7.96	0.014	0.020	0.026	0.029
	铁砂布	张	0.85	0.355	0.399	0.496	0.594
	硝酸	kg	2.19	0.075	0.104	0.134	0.155
	氩气	m³	19.59	0.264	0.364	0.455	0.542
	氧气	m³	3.63	0.011	0.016	0.019	0.030
	乙炔气	kg	10.45	0.004	0.006	0.007	0.011
	重铬酸钾 98%	kg	14.03	0.031	0.043	0.054	0.063
	其他材料费占材料费	%	—	1.000	1.000	1.000	1.000
机械	等离子切割机 400A	台班	219.59	0.257	0.355	0.435	0.527
	电动空气压缩机 1m³/min	台班	50.29	0.257	0.355	0.435	0.527
	电动空气压缩机 6m³/min	台班	206.73	0.002	0.002	0.002	0.002
	吊装机械(综合)	台班	619.04	0.065	0.070	0.075	0.079
	汽车式起重机 8t	台班	763.67	—	—	0.005	0.006
	氩弧焊机 500A	台班	92.58	0.075	0.104	0.129	0.154
	载重汽车 8t	台班	501.85	—	—	0.005	0.006

工作内容：准备工作、管子切口、坡口加工、坡口磨平、管口组对、焊接、焊缝酸洗、管道安装。

计量单位：10m

定额编号				A8-1-264	A8-1-265	A8-1-266
项目名称				管外径(mm以内)		
				377	426	478
基价（元）				594.69	672.76	768.26
其中	人工费（元）			301.84	343.70	401.10
	材料费（元）			42.20	47.62	53.67
	机械费（元）			250.65	281.44	313.49
名称		单位	单价(元)	消耗量		
人工	综合工日	工日	140.00	2.156	2.455	2.865
材料	铝及铝合金板卷管	m	—	(9.880)	(9.880)	(9.880)
	电	kW·h	0.68	0.332	0.375	0.423
	钢丝 Φ4.0	kg	4.02	0.039	0.039	0.039
	铝锰合金焊丝 HS321 Φ1～6	kg	51.28	0.295	0.333	0.374
	尼龙砂轮片 Φ100×16×3	片	2.56	2.156	2.441	2.743
	破布	kg	6.32	0.111	0.116	0.137
	氢氧化钠(烧碱)	kg	2.19	0.578	0.646	0.731
	铈钨棒	g	0.38	1.599	1.809	2.030
	水	t	7.96	0.032	0.037	0.044
	铁砂布	张	0.85	0.785	0.886	1.060
	硝酸	kg	2.19	0.167	0.196	0.228
	氩气	m^3	19.59	0.800	0.904	1.015
	氧气	m^3	3.63	0.034	0.039	0.044
	乙炔气	kg	10.45	0.013	0.015	0.016
	重铬酸钾 98%	kg	14.03	0.068	0.078	0.092
	其他材料费占材料费	%	—	1.000	1.000	1.000
机械	等离子切割机 400A	台班	219.59	0.622	0.703	0.788
	电动空气压缩机 $1m^3/min$	台班	50.29	0.622	0.703	0.788
	电动空气压缩机 $6m^3/min$	台班	206.73	0.002	0.002	0.003
	吊装机械(综合)	台班	619.04	0.085	0.091	0.099
	汽车式起重机 8t	台班	763.67	0.008	0.010	0.011
	氩弧焊机 500A	台班	92.58	0.212	0.241	0.270
	载重汽车 8t	台班	501.85	0.008	0.010	0.011

工作内容：准备工作、管子切口、坡口加工、坡口磨平、管口组对、焊接、焊缝酸洗、管道安装。

计量单位：10m

定额编号				A8-1-267	A8-1-268	A8-1-269
项目名称				管外径(mm以内)		
				529	630	720
基价（元）				916.60	1079.13	1261.03
其中	人工费（元）			474.74	562.94	665.56
	材料费（元）			75.83	89.22	103.33
	机械费（元）			366.03	426.97	492.14
名称		单位	单价(元)	消耗量		
人工	综合工日	工日	140.00	3.391	4.021	4.754
材料	铝及铝合金板卷管	m	—	(9.780)	(9.780)	(9.780)
	电	kW·h	0.68	0.486	0.569	0.662
	钢丝 Φ4.0	kg	4.02	0.039	0.039	0.039
	铝锰合金焊丝 HS321 Φ1～6	kg	51.28	0.556	0.654	0.759
	尼龙砂轮片 Φ100×16×3	片	2.56	3.539	4.156	4.834
	破布	kg	6.32	0.149	0.154	0.170
	氢氧化钠(烧碱)	kg	2.19	0.731	0.935	1.063
	铈钨棒	g	0.38	3.030	3.554	4.130
	水	t	7.96	0.048	0.058	0.065
	铁砂布	张	0.85	1.107	1.395	1.552
	硝酸	kg	2.19	0.252	0.299	0.342
	氩气	m^3	19.59	1.515	1.777	2.065
	氧气	m^3	3.63	0.044	0.057	0.060
	乙炔气	kg	10.45	0.017	0.022	0.023
	重铬酸钾 98%	kg	14.03	0.102	0.121	0.138
	其他材料费占材料费	%	—	1.000	1.000	1.000
机械	等离子切割机 400A	台班	219.59	0.895	1.049	1.219
	电动空气压缩机 $1m^3/min$	台班	50.29	0.895	1.049	1.219
	电动空气压缩机 $6m^3/min$	台班	206.73	0.003	0.003	0.003
	吊装机械(综合)	台班	619.04	0.113	0.128	0.144
	汽车式起重机 8t	台班	763.67	0.014	0.017	0.019
	氩弧焊机 500A	台班	92.58	0.391	0.459	0.533
	载重汽车 8t	台班	501.85	0.014	0.017	0.019

工作内容：准备工作、管子切口、坡口加工、坡口磨平、管口组对、焊接、焊缝酸洗、管道安装。

计量单位：10m

定额编号				A8-1-270	A8-1-271	A8-1-272
项目名称				管外径(mm以内)		
				820	920	1020
基价（元）				1541.55	1772.57	2042.71
其中	人工费（元）			810.18	955.64	1112.72
	材料费（元）			146.58	164.47	182.85
	机械费（元）			584.79	652.46	747.14
名称		单位	单价(元)	消耗量		
人工	综合工日	工日	140.00	5.787	6.826	7.948
材料	铝及铝合金板卷管	m	—	(9.780)	(9.780)	(9.780)
	电	kW·h	0.68	0.813	0.949	1.052
	钢丝 φ4.0	kg	4.02	0.039	0.039	0.039
	铝锰合金焊丝 HS321 φ1～6	kg	51.28	1.115	1.252	1.396
	尼龙砂轮片 φ100×16×3	片	2.56	6.292	7.067	7.841
	破布	kg	6.32	0.187	0.204	0.221
	氢氧化钠(烧碱)	kg	2.19	1.204	1.346	1.488
	铈钨棒	g	0.38	6.062	6.805	7.547
	水	t	7.96	0.075	0.083	0.092
	铁砂布	张	0.85	1.725	1.903	2.086
	硝酸	kg	2.19	0.391	0.437	0.485
	氩气	m^3	19.59	3.031	3.402	3.774
	氧气	m^3	3.63	0.065	0.072	0.097
	乙炔气	kg	10.45	0.025	0.028	0.037
	重铬酸钾 98%	kg	14.03	0.158	0.177	0.196
	其他材料费占材料费	%	—	1.000	1.000	1.000
机械	等离子切割机 400A	台班	219.59	1.422	1.595	1.769
	电动空气压缩机 $1m^3/min$	台班	50.29	1.422	1.595	1.769
	电动空气压缩机 $6m^3/min$	台班	206.73	0.005	0.005	0.005
	吊装机械(综合)	台班	619.04	0.157	0.171	0.226
	汽车式起重机 8t	台班	763.67	0.026	0.029	0.033
	氩弧焊机 500A	台班	92.58	0.755	0.847	0.940
	载重汽车 8t	台班	501.85	0.026	0.029	0.033

23. 铜及铜合金管(氧乙炔焊)

工作内容：准备工作、管子切口、坡口加工、坡口磨平、管口组对、焊前预热、焊接、管道安装。

计量单位：10m

定额编号				A8-1-273	A8-1-274	A8-1-275	A8-1-276
项目名称				管外径(mm以内)			
				20	30	40	50
基价(元)				40.57	53.85	66.79	82.92
其中	人工费(元)			38.36	50.96	62.30	77.84
	材料费(元)			2.18	2.83	4.40	4.96
	机械费(元)			0.03	0.06	0.09	0.12
名称		单位	单价(元)	消耗量			
人工	综合工日	工日	140.00	0.274	0.364	0.445	0.556
材料	铜及铜合金管	m	—	(10.000)	(10.000)	(10.000)	(10.000)
	电	kW·h	0.68	0.010	0.013	0.018	0.020
	钢丝 Φ4.0	kg	4.02	0.077	0.077	0.077	0.077
	棉纱头	kg	6.00	0.003	0.006	0.009	0.009
	尼龙砂轮片 Φ100×16×3	片	2.56	0.003	0.008	0.010	0.013
	尼龙砂轮片 Φ500×25×4	片	12.82	0.005	0.007	0.011	0.013
	硼砂	kg	2.68	0.004	0.007	0.009	0.011
	破布	kg	6.32	0.100	0.100	0.220	0.220
	铁砂布	张	0.85	0.012	0.015	0.026	0.032
	铜气焊丝	kg	37.61	0.013	0.021	0.029	0.036
	氧气	m^3	3.63	0.078	0.116	0.167	0.201
	乙炔气	kg	10.45	0.031	0.044	0.065	0.077
	其他材料费占材料费	%	—	1.000	1.000	1.000	1.000
机械	砂轮切割机 500mm	台班	29.08	0.001	0.002	0.003	0.004

工作内容：准备工作、管子切口、坡口加工、坡口磨平、管口组对、焊前预热、焊接、管道安装。

计量单位：10m

定额编号				A8-1-277	A8-1-278	A8-1-279
项目名称				管外径(mm以内)		
				65	75	85
基价（元）				**97.87**	**106.08**	**116.50**
其中	人工费（元）			89.74	96.32	100.80
	材料费（元）			7.98	9.59	11.38
	机械费（元）			0.15	0.17	4.32
名称		单位	单价(元)	消耗量		
人工	综合工日	工日	140.00	0.641	0.688	0.720
材料	铜及铜合金管	m	—	(10.000)	(9.880)	(9.880)
	电	kW·h	0.68	0.025	0.028	0.033
	钢丝 φ4.0	kg	4.02	0.077	0.077	0.077
	棉纱头	kg	6.00	0.012	0.015	0.015
	尼龙砂轮片 φ100×16×3	片	2.56	0.017	0.020	0.211
	尼龙砂轮片 φ500×25×4	片	12.82	0.014	0.016	—
	硼砂	kg	2.68	0.020	0.025	0.030
	破布	kg	6.32	0.250	0.280	0.280
	铁砂布	张	0.85	0.048	0.056	0.056
	铜气焊丝	kg	37.61	0.084	0.095	0.110
	氧气	m^3	3.63	0.320	0.439	0.558
	乙炔气	kg	10.45	0.123	0.169	0.215
	其他材料费占材料费	%	—	1.000	1.000	1.000
机械	等离子切割机 400A	台班	219.59	—	—	0.016
	电动空气压缩机 $1m^3/min$	台班	50.29	—	—	0.016
	砂轮切割机 500mm	台班	29.08	0.005	0.006	—

工作内容：准备工作、管子切口、坡口加工、坡口磨平、管口组对、焊前预热、焊接、管道安装。

计量单位：10m

定额编号				A8-1-280	A8-1-281	A8-1-282	A8-1-283
项目名称				管外径(mm以内)			
				100	120	150	185
基价（元）				226.67	244.33	281.39	353.03
其中	人工费（元）			112.56	115.50	133.56	168.84
	材料费（元）			15.67	18.71	22.95	27.85
	机械费（元）			98.44	110.12	124.88	156.34
名称		单位	单价(元)	消耗量			
人工	综合工日	工日	140.00	0.804	0.825	0.954	1.206
材料	铜及铜合金管	m	—	(9.880)	(9.880)	(9.880)	(9.880)
	电	kW·h	0.68	0.083	0.093	0.116	0.138
	钢丝 φ4.0	kg	4.02	0.077	0.077	0.077	0.077
	棉纱头	kg	6.00	0.018	0.023	0.026	0.034
	尼龙砂轮片 φ100×16×3	片	2.56	0.399	0.482	0.607	0.752
	硼砂	kg	2.68	0.034	0.041	0.051	0.063
	破布	kg	6.32	0.300	0.350	0.380	0.400
	铁砂布	张	0.85	0.071	0.082	0.109	0.145
	铜气焊丝	kg	37.61	0.175	0.210	0.263	0.325
	氧气	m³	3.63	0.677	0.814	1.019	1.257
	乙炔气	kg	10.45	0.281	0.338	0.421	0.520
	其他材料费占材料费	%	—	1.000	1.000	1.000	1.000
机械	等离子切割机 400A	台班	219.59	0.167	0.201	0.251	0.310
	电动空气压缩机 1m³/min	台班	50.29	0.167	0.201	0.251	0.310
	吊装机械(综合)	台班	619.04	0.076	0.078	0.078	0.099
	汽车式起重机 8t	台班	763.67	0.005	0.006	0.007	0.009
	载重汽车 8t	台班	501.85	0.005	0.006	0.007	0.009

工作内容：准备工作、管子切口、坡口加工、坡口磨平、管口组对、焊前预热、焊接、管道安装。

计量单位：10m

定额编号				A8-1-284	A8-1-285	A8-1-286
项目名称				管外径(mm以内)		
				200	250	300
基价（元）				378.56	471.77	549.88
其中	人工费（元）			184.38	220.50	261.52
	材料费（元）			29.83	37.23	44.32
	机械费（元）			164.35	214.04	244.04
名称		单位	单价(元)	消耗量		
人工	综合工日	工日	140.00	1.317	1.575	1.868
材料	铜及铜合金管	m	—	(9.880)	(9.880)	(9.880)
	电	kW·h	0.68	0.151	0.186	0.232
	钢丝 φ4.0	kg	4.02	0.077	0.077	0.077
	棉纱头	kg	6.00	0.036	0.045	0.054
	尼龙砂轮片 φ100×16×3	片	2.56	0.814	1.022	1.230
	硼砂	kg	2.68	0.068	0.085	0.102
	破布	kg	6.32	0.400	0.480	0.530
	铁砂布	张	0.85	0.160	0.226	0.292
	铜气焊丝	kg	37.61	0.350	0.440	0.527
	氧气	m³	3.63	1.359	1.702	2.043
	乙炔气	kg	10.45	0.563	0.704	0.845
	其他材料费占材料费	%	—	1.000	1.000	1.000
机械	等离子切割机 400A	台班	219.59	0.335	0.418	0.501
	电动空气压缩机 1m³/min	台班	50.29	0.335	0.418	0.501
	吊装机械(综合)	台班	619.04	0.099	0.139	0.139
	汽车式起重机 8t	台班	763.67	0.010	0.012	0.018
	载重汽车 8t	台班	501.85	0.010	0.012	0.018

24.铜及铜合金板卷管(氧乙炔焊)

工作内容：准备工作、管子切口、坡口加工、坡口磨平、管口组对、焊前预热、焊接、管道安装。

计量单位：10m

定额编号				A8-1-287	A8-1-288	A8-1-289	A8-1-290
项目名称				管外径(mm以内)			
				155	205	255	305
基价（元）				288.85	380.55	494.95	569.48
其中	人工费（元）			144.90	192.78	239.26	281.40
	材料费（元）			19.25	25.41	38.22	45.68
	机械费（元）			124.70	162.36	217.47	242.40
名称		单位	单价(元)	消耗量			
人工	综合工日	工日	140.00	1.035	1.377	1.709	2.010
材料	铜及铜合金板卷管	m	—	(9.980)	(9.980)	(9.980)	(9.980)
	电	kW·h	0.68	0.098	0.128	0.189	0.216
	钢丝 φ4.0	kg	4.02	0.041	0.041	0.041	0.041
	棉纱头	kg	6.00	0.017	0.022	0.027	0.032
	尼龙砂轮片 φ100×16×3	片	2.56	0.464	0.616	1.036	1.242
	硼砂	kg	2.68	0.041	0.053	0.087	0.104
	破布	kg	6.32	0.042	0.050	0.053	0.058
	铁砂布	张	0.85	0.243	0.357	0.505	0.604
	铜气焊丝	kg	37.61	0.296	0.392	0.563	0.674
	氧气	m³	3.63	0.761	1.005	1.642	1.966
	乙炔气	kg	10.45	0.293	0.387	0.632	0.756
	其他材料费占材料费	%	—	1.000	1.000	1.000	1.000
机械	等离子切割机 400A	台班	219.59	0.255	0.337	0.426	0.509
	电动空气压缩机 1m³/min	台班	50.29	0.255	0.337	0.426	0.509
	吊装机械(综合)	台班	619.04	0.078	0.099	0.139	0.139
	汽车式起重机 8t	台班	763.67	0.006	0.008	0.013	0.015
	载重汽车 8t	台班	501.85	0.006	0.008	0.013	0.015

工作内容：准备工作、管子切口、坡口加工、坡口磨平、管口组对、焊前预热、焊接、管道安装。

计量单位：10m

定额编号				A8-1-291	A8-1-292	A8-1-293
项目名称				管外径(mm以内)		
				355	405	505
基价（元）				**706.15**	**810.89**	**994.56**
其中	人工费（元）			361.48	423.08	526.54
	材料费（元）			60.58	69.05	86.33
	机械费（元）			284.09	318.76	381.69
名称		**单位**	**单价(元)**	**消耗量**		
人工	综合工日	工日	140.00	2.582	3.022	3.761
材料	铜及铜合金板卷管	m	—	(9.980)	(9.980)	(9.980)
	电	kW·h	0.68	0.320	0.365	0.455
	钢丝 Φ4.0	kg	4.02	0.041	0.041	0.041
	棉纱头	kg	6.00	0.037	0.043	0.054
	尼龙砂轮片 Φ100×16×3	片	2.56	2.116	2.419	3.025
	硼砂	kg	2.68	0.179	0.204	0.253
	破布	kg	6.32	0.061	0.063	0.081
	铁砂布	张	0.85	0.787	0.894	1.231
	铜气焊丝	kg	37.61	0.918	1.047	1.308
	氧气	m³	3.63	2.339	2.669	3.334
	乙炔气	kg	10.45	0.900	1.027	1.282
	其他材料费占材料费	%	—	1.000	1.000	1.000
机械	等离子切割机 400A	台班	219.59	0.615	0.702	0.875
	电动空气压缩机 1m³/min	台班	50.29	0.615	0.702	0.875
	吊装机械(综合)	台班	619.04	0.154	0.168	0.184
	汽车式起重机 8t	台班	763.67	0.018	0.020	0.025
	载重汽车 8t	台班	501.85	0.018	0.020	0.025

25. 成品衬里钢管安装(法兰连接)

工作内容：准备工作、管口组对、法兰连接、管道安装。　　　　计量单位：10m

定额编号				A8-1-294	A8-1-295	A8-1-296	A8-1-297
项目名称				公称直径(mm以内)			
				32	40	50	65
基价（元）				162.74	182.41	204.94	218.13
其中	人工费（元）			144.90	159.60	178.50	188.16
	材料费（元）			17.84	22.81	26.44	29.97
	机械费（元）			—	—	—	—
名称		单位	单价(元)	消耗量			
人工	综合工日	工日	140.00	1.035	1.140	1.275	1.344
材料	成品衬里管道	m	—	(10.000)	(10.000)	(10.000)	(10.000)
	白铅油	kg	6.45	0.587	0.587	0.783	0.876
	棉纱头	kg	6.00	0.040	0.040	0.050	0.055
	破布	kg	6.32	0.694	0.890	0.958	0.983
	清油	kg	9.70	0.195	0.195	0.195	0.275
	石棉橡胶板	kg	9.40	0.783	1.175	1.370	1.576
	其他材料费占材料费	%	—	1.000	1.000	1.000	1.000

工作内容：准备工作、管口组对、法兰连接、管道安装。　　　　计量单位：10m

定额编号				A8-1-298	A8-1-299	A8-1-300	A8-1-301
项目名称				公称直径(mm以内)			
				80	100	125	150
基价（元）				252.54	324.54	351.39	389.60
其中	人工费（元）			212.52	251.44	262.64	295.26
	材料费（元）			40.02	51.97	64.53	68.85
	机械费（元）			—	21.13	24.22	25.49
名称		单位	单价(元)	消耗量			
人工	综合工日	工日	140.00	1.518	1.796	1.876	2.109
材料	成品衬里管道	m	—	(10.000)	(10.000)	(10.000)	(10.000)
	白铅油	kg	6.45	1.226	1.750	2.101	2.140
	棉纱头	kg	6.00	0.067	0.078	0.094	0.178
	破布	kg	6.32	1.029	1.317	1.350	1.364
	清油	kg	9.70	0.351	0.351	0.351	0.459
	石棉橡胶板	kg	9.40	2.277	2.976	4.025	4.279
	其他材料费占材料费	%	—	1.000	1.000	1.000	1.000
机械	吊装机械(综合)	台班	619.04	—	0.028	0.033	0.033
	汽车式起重机 8t	台班	763.67	—	0.003	0.003	0.004
	载重汽车 8t	台班	501.85	—	0.003	0.003	0.004

工作内容：准备工作、管口组对、法兰连接、管道安装。　　　　　　　　　　　　　计量单位：10m

定额编号				A8-1-302	A8-1-303	A8-1-304	A8-1-305
项目名称				公称直径(mm以内)			
				200	250	300	350
基价（元）				**473.30**	**582.36**	**665.75**	**709.31**
其中	人工费（元）			368.06	457.66	535.78	564.48
	材料费（元）			69.76	72.37	75.11	78.66
	机械费（元）			35.48	52.33	54.86	66.17
名称		单位	单价(元)	消耗量			
人工	综合工日	工日	140.00	2.629	3.269	3.827	4.032
材料	成品衬里管道	m	—	(10.000)	(10.000)	(10.000)	(10.000)
	白铅油	kg	6.45	2.210	2.218	2.270	2.257
	棉纱头	kg	6.00	0.233	0.274	0.320	0.330
	破布	kg	6.32	1.475	1.643	1.700	1.763
	清油	kg	9.70	0.390	0.444	0.554	0.451
	石棉橡胶板	kg	9.40	4.289	4.363	4.435	4.875
	其他材料费占材料费	%	—	1.000	1.000	1.000	1.000
机械	吊装机械(综合)	台班	619.04	0.043	0.060	0.060	0.066
	汽车式起重机 8t	台班	763.67	0.007	0.012	0.014	0.020
	载重汽车 8t	台班	501.85	0.007	0.012	0.014	0.020

工作内容：准备工作、管口组对、法兰连接、管道安装。　　计量单位：10m

定额编号				A8-1-306	A8-1-307	A8-1-308
项目名称				公称直径(mm以内)		
				400	450	500
基价（元）				801.83	883.81	995.28
其中	人工费（元）			631.68	690.06	792.12
	材料费（元）			96.47	108.15	113.76
	机械费（元）			73.68	85.60	89.40
名称		单位	单价(元)	消耗量		
人工	综合工日	工日	140.00	4.512	4.929	5.658
材料	成品衬里管道	m	—	(10.000)	(10.000)	(10.000)
	白铅油	kg	6.45	2.708	2.708	2.979
	棉纱头	kg	6.00	0.372	0.414	0.456
	破布	kg	6.32	1.899	2.079	2.374
	清油	kg	9.70	0.542	0.542	0.542
	石棉橡胶板	kg	9.40	6.229	7.312	7.492
	其他材料费占材料费	%	—	1.000	1.000	1.000
机械	吊装机械(综合)	台班	619.04	0.072	0.079	0.079
	汽车式起重机 8t	台班	763.67	0.023	0.029	0.032
	载重汽车 8t	台班	501.85	0.023	0.029	0.032

26. 金属软管安装(螺纹连接)

工作内容：准备工作、软管清理检查、管口连接、管道安装。　　　　计量单位：根

定额编号				A8-1-309	A8-1-310	A8-1-311
项目名称				公称直径(mm以内)		
				15	20	25
基价（元）				19.20	20.64	22.42
其中	人工费（元）			18.48	19.88	21.00
	材料费（元）			0.72	0.76	1.42
	机械费（元）			—	—	—
名称		单位	单价(元)	消耗量		
人工	综合工日	工日	140.00	0.132	0.142	0.150
材料	金属软管	根	—	(1.000)	(1.000)	(1.000)
	机油	kg	19.66	0.010	0.012	0.014
	聚四氟乙烯生料带	m	0.13	0.004	0.006	0.008
	棉纱头	kg	6.00	0.001	0.002	0.003
	破布	kg	6.32	0.080	0.080	0.176
	其他材料费占材料费	%	—	1.000	1.000	1.000

工作内容：准备工作、软管清理检查、管口连接、管道安装。　　　　　　　　　　　　计量单位：根

定额编号				A8-1-312	A8-1-313	A8-1-314
项目名称				公称直径(mm以内)		
				32	40	50
基价（元）				23.86	26.34	30.46
其中	人工费（元）			22.40	24.64	28.70
	材料费（元）			1.46	1.70	1.76
	机械费（元）			—	—	—
名称		单位	单价(元)	消耗量		
人工	综合工日	工日	140.00	0.160	0.176	0.205
材料	金属软管	根	—	(1.000)	(1.000)	(1.000)
	机油	kg	19.66	0.016	0.020	0.023
	聚四氟乙烯生料带	m	0.13	0.012	0.016	0.024
	棉纱头	kg	6.00	0.003	0.004	0.004
	破布	kg	6.32	0.176	0.200	0.200
	其他材料费占材料费	%	—	1.000	1.000	1.000

27. 金属软管安装(法兰连接)

工作内容：准备工作、软管清理检查、管口连接、螺栓涂二硫化钼、管道安装。　　　计量单位：根

定额编号				A8-1-315	A8-1-316	A8-1-317	A8-1-318
项目名称				公称直径(mm以内)			
				15	20	25	32
基价（元）				22.15	23.28	25.31	29.64
其中	人工费（元）			20.58	21.42	22.54	26.46
	材料费（元）			1.57	1.86	2.77	3.18
	机械费（元）			—	—	—	—
名称		单位	单价(元)	消耗量			
人工	综合工日	工日	140.00	0.147	0.153	0.161	0.189
材料	金属软管	根	—	(1.000)	(1.000)	(1.000)	(1.000)
	二硫化钼	kg	87.61	0.002	0.002	0.002	0.002
	棉纱头	kg	6.00	0.001	0.002	0.003	0.003
	破布	kg	6.32	0.080	0.080	0.176	0.176
	石棉橡胶板	kg	9.40	0.092	0.122	0.153	0.196
	其他材料费占材料费	%	—	1.000	1.000	1.000	1.000

工作内容：准备工作、软管清理检查、管口连接、螺栓涂二硫化钼、管道安装。　　　　计量单位：根

定额编号				A8-1-319	A8-1-320	A8-1-321	A8-1-322
项目名称				公称直径(mm以内)			
				40	50	65	80
基价（元）				32.97	36.93	40.46	43.27
其中	人工费（元）			28.70	32.20	36.26	37.38
	材料费（元）			4.27	4.73	4.20	5.89
	机械费（元）			—	—	—	—
名称		单位	单价(元)	消耗量			
人工	综合工日	工日	140.00	0.205	0.230	0.259	0.267
材料	金属软管	根	—	(1.000)	(1.000)	(1.000)	(1.000)
	二硫化钼	kg	87.61	0.002	0.002	0.003	0.003
	棉纱头	kg	6.00	0.004	0.004	0.006	0.007
	破布	kg	6.32	0.200	0.200	0.024	0.028
	石棉橡胶板	kg	9.40	0.294	0.343	0.394	0.569
	其他材料费占材料费	%	—	1.000	1.000	1.000	1.000

工作内容：准备工作、软管清理检查、管口连接、螺栓涂二硫化钼、管道安装。　　　　计量单位：根

定额编号				A8-1-323	A8-1-324	A8-1-325
项目名称				公称直径(mm以内)		
				100	125	150
基价（元）				**59.22**	**68.97**	**79.21**
其中	人工费（元）			41.44	46.76	52.50
	材料费（元）			7.82	12.25	12.98
	机械费（元）			9.96	9.96	13.73
名称		**单位**	**单价(元)**	**消耗量**		
人工	综合工日	工日	140.00	0.296	0.334	0.375
材料	金属软管	根	—	(1.000)	(1.000)	(1.000)
	二硫化钼	kg	87.61	0.006	0.008	0.008
	棉纱头	kg	6.00	0.007	0.009	0.011
	破布	kg	6.32	0.028	0.304	0.320
	石棉橡胶板	kg	9.40	0.744	1.006	1.070
	其他材料费占材料费	%	—	1.000	1.000	1.000
机械	吊装机械(综合)	台班	619.04	0.012	0.012	0.014
	汽车式起重机 8t	台班	763.67	0.002	0.002	0.004
	载重汽车 8t	台班	501.85	0.002	0.002	0.004

工作内容：准备工作、软管清理检查、管口连接、螺栓涂二硫化钼、管道安装。　　计量单位：根

定额编号				A8-1-326	A8-1-327	A8-1-328
项目名称				公称直径(mm以内)		
				200	250	300
基价（元）				106.05	117.48	142.91
其中	人工费（元）			72.38	77.00	97.58
	材料费（元）			13.70	14.88	15.34
	机械费（元）			19.97	25.60	29.99
名称		单位	单价(元)	消耗量		
人工	综合工日	工日	140.00	0.517	0.550	0.697
材料	金属软管	根	—	(1.000)	(1.000)	(1.000)
	二硫化钼	kg	87.61	0.008	0.018	0.018
	棉纱头	kg	6.00	0.018	0.020	0.042
	破布	kg	6.32	0.424	0.440	0.464
	石棉橡胶板	kg	9.40	1.072	1.091	1.109
	其他材料费占材料费	%	—	1.000	1.000	1.000
机械	吊装机械(综合)	台班	619.04	0.020	0.025	0.028
	汽车式起重机 8t	台班	763.67	0.006	0.008	0.010
	载重汽车 8t	台班	501.85	0.006	0.008	0.010

28. 塑料管(热风焊)

工作内容：准备工作、管子切口、管子组对、焊接、管道安装。　　　　计量单位：10m

定额编号				A8-1-329	A8-1-330	A8-1-331	A8-1-332
项目名称				管外径(mm以内)			
				20	25	32	40
基价（元）				37.78	40.75	44.79	52.24
其中	人工费（元）			34.58	37.10	40.46	46.76
	材料费（元）			1.48	1.56	1.68	1.86
	机械费（元）			1.72	2.09	2.65	3.62
名称		单位	单价(元)	消耗量			
人工	综合工日	工日	140.00	0.247	0.265	0.289	0.334
材料	塑料管	m	—	(10.000)	(10.000)	(10.000)	(10.000)
	电	kW·h	0.68	0.176	0.215	0.273	0.374
	电阻丝	根	0.20	0.003	0.003	0.003	0.004
	锯条(各种规格)	根	0.62	0.012	0.015	0.019	0.024
	棉纱头	kg	6.00	0.048	0.053	0.062	0.073
	木柴	kg	0.18	0.129	0.129	0.129	0.129
	硬聚氯乙烯焊条	kg	20.77	0.002	0.003	0.004	0.006
	其他材料费	元	1.00	1.000	1.000	1.000	1.000
机械	电动空气压缩机 0.6m^3/min	台班	37.30	0.046	0.056	0.071	0.097

工作内容：准备工作、管子切口、管子组对、焊接、管道安装。　　计量单位：10m

定额编号				A8-1-333	A8-1-334	A8-1-335
项目名称				管外径(mm以内)		
				50	75	90
基价（元）				68.68	93.61	107.26
其中	人工费（元）			61.60	83.16	94.50
	材料费（元）			2.84	3.93	4.38
	机械费（元）			4.24	6.52	8.38
名称		单位	单价(元)	消耗量		
人工	综合工日	工日	140.00	0.440	0.594	0.675
材料	塑料管	m	—	(10.000)	(10.000)	(10.000)
	电	kW·h	0.68	0.433	0.666	0.863
	电阻丝	根	0.20	0.005	0.005	0.007
	棉纱头	kg	6.00	0.077	0.119	0.142
	木柴	kg	0.18	0.129	0.258	0.338
	铁砂布	张	0.85	1.000	1.500	1.500
	硬聚氯乙烯焊条	kg	20.77	0.010	0.021	0.029
	其他材料费	元	1.00	1.000	1.000	1.000
机械	电动空气压缩机 0.6m³/min	台班	37.30	0.113	0.174	0.224
	木工圆锯机 500mm	台班	25.33	0.001	0.001	0.001

工作内容：准备工作、管子切口、管子组对、焊接、管道安装。 计量单位：10m

定额编号				A8-1-336	A8-1-337	A8-1-338
项目名称				管外径(mm以内)		
				110	125	150
基价（元）				134.00	150.15	191.56
其中	人工费（元）			117.88	131.18	163.66
	材料费（元）			5.28	7.68	10.01
	机械费（元）			10.84	11.29	17.89
名称		单位	单价(元)	消耗量		
人工	综合工日	工日	140.00	0.842	0.937	1.169
材料	塑料管	m	—	(10.000)	(10.000)	(10.000)
	电	kW·h	0.68	1.114	1.160	1.713
	电阻丝	根	0.20	0.007	0.007	0.008
	棉纱头	kg	6.00	0.166	0.202	0.263
	木板	m³	1634.16	—	0.001	0.001
	木柴	kg	0.18	0.388	0.515	1.030
	铁砂布	张	0.85	1.500	2.000	2.000
	硬聚氯乙烯焊条	kg	20.77	0.057	0.060	0.132
	其他材料费	元	1.00	1.000	1.000	1.000
机械	电动空气压缩机 0.6m³/min	台班	37.30	0.290	0.302	0.445
	木工圆锯机 500mm	台班	25.33	0.001	0.001	0.001
	汽车式起重机 8t	台班	763.67	—	—	0.001
	载重汽车 8t	台班	501.85	—	—	0.001

工作内容：准备工作、管子切口、管子组对、焊接、管道安装。　　　　　　　　　　　计量单位：10m

定额编号				A8-1-339	A8-1-340	A8-1-341
项目名称				管外径(mm以内)		
				180	200	250
基价（元）				212.48	242.12	373.98
其中	人工费（元）			182.84	203.42	297.50
	材料费（元）			10.74	13.47	21.23
	机械费（元）			18.90	25.23	55.25
名称		单位	单价(元)	消耗量		
人工	综合工日	工日	140.00	1.306	1.453	2.125
材料	塑料管	m	—	(10.000)	(10.000)	(10.000)
	电	kW·h	0.68	1.815	2.465	5.558
	电阻丝	根	0.20	0.008	0.009	0.010
	棉纱头	kg	6.00	0.346	0.468	0.602
	木板	m³	1634.16	0.001	0.001	0.001
	木柴	kg	0.18	1.030	1.030	1.030
	铁砂布	张	0.85	2.000	2.000	2.500
	硬聚氯乙烯焊条	kg	20.77	0.140	0.215	0.428
	其他材料费	元	1.00	1.000	1.000	1.000
机械	电动空气压缩机 0.6m³/min	台班	37.30	0.472	0.641	1.446
	木工圆锯机 500mm	台班	25.33	0.001	0.002	0.002
	汽车式起重机 8t	台班	763.67	0.001	0.001	0.001
	载重汽车 8t	台班	501.85	0.001	0.001	0.001

29. 金属骨架复合管(热熔焊)

工作内容：准备工作、管子切口、管口组对、热熔连接、管道安装。　　　　计量单位：10m

定额编号				A8-1-342	A8-1-343	A8-1-344	A8-1-345
项目名称				管外径(mm以内)			
				20	25	32	40
基价(元)				51.86	55.92	62.32	71.65
其中	人工费(元)			49.00	52.50	58.10	66.08
	材料费(元)			0.64	0.67	0.77	0.89
	机械费(元)			2.22	2.75	3.45	4.68
名称		单位	单价(元)	消耗量			
人工	综合工日	工日	140.00	0.350	0.375	0.415	0.472
材料	金属骨架复合管	m	—	(10.000)	(10.000)	(10.000)	(10.000)
	锯条(各种规格)	根	0.62	0.012	0.015	0.019	0.024
	棉纱头	kg	6.00	0.048	0.053	0.062	0.073
	铁砂布	张	0.85	0.400	0.400	0.450	0.500
	其他材料费占材料费	%	—	1.000	1.000	1.000	1.000
机械	木工圆锯机 500mm	台班	25.33	0.001	0.001	0.001	0.001
	热熔对接焊机 630mm	台班	43.95	0.050	0.062	0.078	0.106

工作内容：准备工作、管子切口、管口组对、热熔连接、管道安装。　　　　计量单位：10m

定额编号				A8-1-346	A8-1-347	A8-1-348	A8-1-349
项目名称				管外径(mm以内)			
				50	75	90	110
基价（元）				109.33	148.84	170.82	214.93
其中	人工费（元）			101.64	137.34	156.10	194.60
	材料费（元）			1.34	2.03	2.17	2.82
	机械费（元）			6.35	9.47	12.55	17.51
名称		单位	单价(元)	消耗量			
人工	综合工日	工日	140.00	0.726	0.981	1.115	1.390
材料	金属骨架复合管	m	—	(10.000)	(10.000)	(10.000)	(10.000)
	锯条(各种规格)	根	0.62	0.024	0.027	0.030	0.033
	棉纱头	kg	6.00	0.077	0.119	0.142	0.174
	铁砂布	张	0.85	1.000	1.500	1.500	2.035
	其他材料费占材料费	%	—	1.000	1.000	1.000	1.000
机械	木工圆锯机 500mm	台班	25.33	0.001	0.001	0.001	0.001
	汽车式起重机 8t	台班	763.67	—	—	—	0.001
	热熔对接焊机 630mm	台班	43.95	0.144	0.215	0.285	0.369
	载重汽车 8t	台班	501.85	—	—	—	0.001

工作内容：准备工作、管子切口、管口组对、热熔连接、管道安装。　　计量单位：10m

定额编号				A8-1-350	A8-1-351	A8-1-352	A8-1-353
项目名称				管外径(mm以内)			
				125	150	180	200
基价（元）				**238.63**	**301.36**	**335.10**	**379.74**
其中	人工费（元）			216.72	270.34	301.84	336.14
	材料费（元）			3.74	4.81	5.55	6.40
	机械费（元）			18.17	26.21	27.71	37.20
名称		单位	单价(元)	消耗量			
人工	综合工日	工日	140.00	1.548	1.931	2.156	2.401
材料	金属骨架复合管	m	—	(10.000)	(10.000)	(10.000)	(10.000)
	锯条(各种规格)	根	0.62	0.038	0.044	0.050	0.058
	棉纱头	kg	6.00	0.234	0.285	0.325	0.387
	铁砂布	张	0.85	2.678	3.560	4.132	4.675
	其他材料费占材料费	%	—	1.000	1.000	1.000	1.000
机械	木工圆锯机 500mm	台班	25.33	0.001	0.001	0.003	0.003
	汽车式起重机 8t	台班	763.67	0.001	0.001	0.001	0.001
	热熔对接焊机 630mm	台班	43.95	0.384	0.567	0.600	0.816
	载重汽车 8t	台班	501.85	0.001	0.001	0.001	0.001

工作内容：准备工作、管子切口、管口组对、热熔连接、管道安装。　　　　计量单位：10m

定额编号				A8-1-354	A8-1-355	A8-1-356	A8-1-357
项目名称				管外径(mm以内)			
				250	300	400	500
基价（元）				580.87	627.61	814.13	1057.64
其中	人工费（元）			491.54	531.02	690.20	897.26
	材料费（元）			7.16	8.01	9.13	11.49
	机械费（元）			82.17	88.58	114.80	148.89
名称		单位	单价(元)	消耗量			
人工	综合工日	工日	140.00	3.511	3.793	4.930	6.409
材料	金属骨架复合管	m	—	(10.000)	(10.000)	(10.000)	(10.000)
	锯条(各种规格)	根	0.62	0.067	0.074	0.089	0.100
	棉纱头	kg	6.00	0.435	0.500	0.587	0.783
	铁砂布	张	0.85	5.223	5.748	6.432	7.778
	其他材料费占材料费	%	—	1.000	1.000	1.000	1.000
机械	木工圆锯机 500mm	台班	25.33	0.003	0.003	0.004	0.005
	汽车式起重机 8t	台班	763.67	0.001	0.001	0.001	0.001
	热熔对接焊机 630mm	台班	43.95	1.839	1.985	2.581	3.356
	载重汽车 8t	台班	501.85	0.001	0.001	0.001	0.001

30. 玻璃钢管(胶泥)

工作内容：准备工作、管子切口、坡口加工、管口连接、管道安装。　　　　计量单位：10m

定额编号				A8-1-358	A8-1-359	A8-1-360	A8-1-361
项目名称				公称直径(mm以内)			
				25	40	50	80
基价（元）				**38.19**	**56.87**	**71.59**	**102.23**
其中	人工费（元）			35.42	52.50	66.08	93.52
	材料费（元）			2.71	4.28	5.42	8.54
	机械费（元）			0.06	0.09	0.09	0.17
名称		单位	单价(元)	消耗量			
人工	综合工日	工日	140.00	0.253	0.375	0.472	0.668
材料	玻璃钢管	m	—	(10.000)	(10.000)	(10.000)	(10.000)
	玻璃布	m²	1.03	0.079	0.125	0.155	0.248
	胶泥	kg	4.80	0.455	0.726	0.908	1.452
	棉纱头	kg	6.00	0.034	0.039	0.056	0.078
	尼龙砂轮片 φ500×25×4	片	12.82	0.006	0.013	0.018	0.028
	万能胶环氧树脂	kg	13.80	0.007	0.013	0.017	0.026
	乙二胺	kg	15.00	0.003	0.003	0.003	0.003
	其他材料费占材料费	%	—	1.000	1.000	1.000	1.000
机械	砂轮切割机 500mm	台班	29.08	0.002	0.003	0.003	0.006

工作内容：准备工作、管子切口、坡口加工、管口连接、管道安装。 计量单位：10m

定额编号				A8-1-362	A8-1-363	A8-1-364
项目名称				公称直径(mm以内)		
				100	125	150
基价（元）				128.09	162.36	197.81
其中	人工费（元）			116.34	149.24	180.04
	材料费（元）			10.28	11.56	16.18
	机械费（元）			1.47	1.56	1.59
名称		单位	单价(元)	消耗量		
人工	综合工日	工日	140.00	0.831	1.066	1.286
材料	玻璃钢管	m	—	(10.000)	(10.000)	(10.000)
	玻璃布	m²	1.03	0.310	0.389	0.465
	胶泥	kg	4.80	1.726	1.924	2.779
	棉纱头	kg	6.00	0.092	0.100	0.130
	尼龙砂轮片 φ500×25×4	片	12.82	0.041	0.048	0.058
	万能胶环氧树脂	kg	13.80	0.033	0.040	0.046
	乙二胺	kg	15.00	0.003	0.003	0.003
	其他材料费占材料费	%	—	1.000	1.000	1.000
机械	汽车式起重机 8t	台班	763.67	0.001	0.001	0.001
	砂轮切割机 500mm	台班	29.08	0.007	0.010	0.011
	载重汽车 8t	台班	501.85	0.001	0.001	0.001

31. 螺旋卷管(氩电联焊)

工作内容：准备工作、管子切口、坡口加工、坡口磨平、管口组对、焊接、管口封闭、管道安装。

计量单位：10m

定额编号				A8-1-365	A8-1-366	A8-1-367	A8-1-368
项目名称				公称直径(mm以内)			
				200	250	300	350
基价（元）				189.99	221.51	250.37	308.17
其中	人工费（元）			100.10	117.46	137.62	161.56
	材料费（元）			9.99	11.96	13.30	20.60
	机械费（元）			79.90	92.09	99.45	126.01
名称		单位	单价(元)	消耗量			
人工	综合工日	工日	140.00	0.715	0.839	0.983	1.154
材料	低压螺旋卷管	m	—	(9.287)	(9.287)	(9.287)	(9.287)
	低碳钢焊条	kg	6.84	0.317	0.394	0.469	0.963
	电	kW·h	0.68	0.220	0.231	0.254	0.377
	角钢(综合)	kg	3.61	0.064	0.064	0.064	0.064
	棉纱头	kg	6.00	0.026	0.033	0.040	0.045
	尼龙砂轮片 φ100×16×3	片	2.56	0.507	0.716	0.716	0.974
	破布	kg	6.32	0.012	0.015	0.017	0.021
	铈钨棒	g	0.38	0.301	0.301	0.301	0.522
	碳钢氩弧焊丝	kg	7.69	0.054	0.054	0.080	0.093
	氩气	m^3	19.59	0.151	0.151	0.151	0.261
	氧气	m^3	3.63	0.327	0.434	0.518	0.618
	乙炔气	kg	10.45	0.109	0.150	0.173	0.206
	其他材料费占材料费	%	—	1.000	1.000	1.000	1.000
机械	电焊机(综合)	台班	118.28	0.087	0.089	0.093	0.191
	电焊条恒温箱	台班	21.41	0.009	0.009	0.009	0.019
	电焊条烘干箱 60×50×75cm^3	台班	26.46	0.009	0.009	0.009	0.019
	吊装机械(综合)	台班	619.04	0.076	0.081	0.086	0.093
	汽车式起重机 8t	台班	763.67	0.012	0.019	0.022	0.026
	氩弧焊机 500A	台班	92.58	0.075	0.075	0.075	0.130
	载重汽车 8t	台班	501.85	0.012	0.019	0.022	0.026

工作内容：准备工作、管子切口、坡口加工、坡口磨平、管口组对、焊接、管口封闭、管道安装。

计量单位：10m

定额编号				A8-1-369	A8-1-370	A8-1-371
项目名称				公称直径(mm以内)		
				400	450	500
基价（元）				351.32	419.63	491.20
其中	人工费（元）			189.70	236.18	279.86
	材料费（元）			23.47	26.30	29.28
	机械费（元）			138.15	157.15	182.06
名称		单位	单价(元)	消耗量		
人工	综合工日	工日	140.00	1.355	1.687	1.999
材料	低压螺旋卷管	m	—	(9.287)	(9.193)	(9.193)
	低碳钢焊条	kg	6.84	1.089	1.229	1.250
	电	kW·h	0.68	0.459	0.516	0.539
	角钢(综合)	kg	3.61	0.064	0.064	0.064
	棉纱头	kg	6.00	0.051	0.057	0.062
	尼龙砂轮片 Φ100×16×3	片	2.56	1.304	1.476	1.670
	破布	kg	6.32	0.021	0.022	0.026
	铈钨棒	g	0.38	0.592	0.670	0.681
	碳钢氩弧焊丝	kg	7.69	0.106	0.120	0.349
	氩气	m^3	19.59	0.296	0.335	0.349
	氧气	m^3	3.63	0.651	0.710	0.738
	乙炔气	kg	10.45	0.217	0.237	0.246
	其他材料费占材料费	%	—	1.000	1.000	1.000
机械	电焊机(综合)	台班	118.28	0.216	0.243	0.307
	电焊条恒温箱	台班	21.41	0.021	0.024	0.031
	电焊条烘干箱 60×50×75cm³	台班	26.46	0.021	0.024	0.031
	吊装机械(综合)	台班	619.04	0.099	0.107	0.123
	汽车式起重机 8t	台班	763.67	0.029	0.036	0.040
	氩弧焊机 500A	台班	92.58	0.147	0.167	0.189
	载重汽车 8t	台班	501.85	0.029	0.036	0.040

32.承插铸铁管(石棉水泥接口)

工作内容：准备工作、检查及清扫管材、切管、管道安装、调制接口材料、接口、养护。 计量单位：10m

定额编号				A8-1-372	A8-1-373	A8-1-374	A8-1-375
项目名称				公称直径(mm以内)			
				75	100	150	200
基价(元)				**64.87**	**121.01**	**138.67**	**185.44**
其中	人工费(元)			58.66	60.06	75.04	115.50
	材料费(元)			6.21	7.83	10.51	13.72
	机械费(元)			—	53.12	53.12	56.22
名称		单位	单价(元)	消耗量			
人工	综合工日	工日	140.00	0.419	0.429	0.536	0.825
材料	铸铁管	m	—	(10.000)	(10.000)	(10.000)	(10.000)
	白色硅酸盐水泥 32.5	kg	0.78	1.144	1.419	2.090	2.684
	钢丝 φ4.0	kg	4.02	0.077	0.077	0.077	0.077
	棉纱头	kg	6.00	0.006	0.009	0.014	0.018
	破布	kg	6.32	0.290	0.350	0.400	0.480
	填充绒	kg	2.14	0.500	0.611	0.899	1.166
	氧气	m³	3.63	0.055	0.099	0.132	0.231
	乙炔气	kg	10.45	0.022	0.044	0.055	0.099
	油麻	kg	6.84	0.231	0.284	0.420	0.536
	其他材料费占材料费	%	—	1.000	1.000	1.000	1.000
机械	吊装机械(综合)	台班	619.04	—	0.002	0.002	0.007
	汽车式起重机 8t	台班	763.67	—	0.041	0.041	0.041
	载重汽车 8t	台班	501.85	—	0.041	0.041	0.041

工作内容：准备工作、检查及清扫管材、切管、管道安装、调制接口材料、接口、养护。 计量单位：10m

定额编号				A8-1-376	A8-1-377	A8-1-378	A8-1-379
项目名称				公称直径(mm以内)			
				300	400	500	600
基价（元）				**206.59**	**240.11**	**299.57**	**353.77**
其中	人工费（元）			125.02	139.16	176.96	203.42
	材料费（元）			17.30	23.68	32.96	40.59
	机械费（元）			64.27	77.27	89.65	109.76
名称		单位	单价(元)	消耗量			
人工	综合工日	工日	140.00	0.893	0.994	1.264	1.453
材料	铸铁管	m	—	(10.000)	(10.000)	(10.000)	(10.000)
	白色硅酸盐水泥 32.5	kg	0.78	3.597	4.928	6.952	8.635
	钢丝 Φ4.0	kg	4.02	0.077	0.077	0.077	0.077
	棉纱头	kg	6.00	0.025	0.034	0.042	0.050
	破布	kg	6.32	0.550	0.600	0.770	0.950
	碳精棒	kg	12.82	—	—	0.059	0.071
	填充绒	kg	2.14	1.554	2.131	3.008	3.730
	氧气	m³	3.63	0.264	0.495	0.627	0.759
	乙炔气	kg	10.45	0.110	0.209	0.264	0.319
	油麻	kg	6.84	0.725	0.987	1.397	1.733
	其他材料费占材料费	%	—	1.000	1.000	1.000	1.000
机械	吊装机械(综合)	台班	619.04	0.020	0.041	0.061	0.071
	汽车式起重机 8t	台班	763.67	0.041	0.041	0.041	0.052
	载重汽车 8t	台班	501.85	0.041	0.041	0.041	0.052

工作内容：准备工作、检查及清扫管材、切管、管道安装、调制接口材料、接口、养护。 计量单位：10m

定额编号				A8-1-380	A8-1-381	A8-1-382	A8-1-383
项目名称				公称直径(mm以内)			
				700	800	900	1000
基价（元）				460.01	490.22	590.18	654.48
其中	人工费（元）			283.08	293.72	378.98	391.02
	材料费（元）			47.98	55.54	64.05	77.08
	机械费（元）			128.95	140.96	147.15	186.38
名称		单位	单价(元)	消耗量			
人工	综合工日	工日	140.00	2.022	2.098	2.707	2.793
材料	铸铁管	m	—	(10.000)	(10.000)	(10.000)	(10.000)
	白色硅酸盐水泥 32.5	kg	0.78	10.428	12.342	14.377	17.886
	钢丝 Φ4.0	kg	4.02	0.077	0.077	0.077	0.077
	棉纱头	kg	6.00	0.052	0.057	0.063	0.069
	破布	kg	6.32	1.004	1.104	1.215	1.336
	碳精棒	kg	12.82	0.103	0.118	0.159	0.177
	填充绒	kg	2.14	4.507	5.339	6.216	7.737
	氧气	m^3	3.63	0.891	0.990	1.100	1.232
	乙炔气	kg	10.45	0.374	0.407	0.462	0.517
	油麻	kg	6.84	2.090	2.478	2.877	3.581
	其他材料费占材料费	%	—	1.000	1.000	1.000	1.000
机械	吊装机械(综合)	台班	619.04	0.102	0.103	0.113	0.113
	汽车式起重机 8t	台班	763.67	0.052	0.061	0.061	0.092
	载重汽车 8t	台班	501.85	0.052	0.061	0.061	0.092

工作内容：准备工作、检查及清扫管材、切管、管道安装、调制接口材料、接口、养护。 计量单位：10m

定额编号				A8-1-384	A8-1-385	A8-1-386
项目名称				公称直径(mm以内)		
				1200	1400	1600
基价（元）				760.17	1083.59	1345.09
其中	人工费（元）			478.94	737.66	951.02
	材料费（元）			94.85	120.59	143.42
	机械费（元）			186.38	225.34	250.65
名称		单位	单价(元)	消耗量		
人工	综合工日	工日	140.00	3.421	5.269	6.793
材料	铸铁管	m	—	(10.000)	(10.000)	(10.000)
	白色硅酸盐水泥 32.5	kg	0.78	22.902	30.503	36.850
	钢丝 φ4.0	kg	4.02	0.077	0.077	0.077
	棉纱头	kg	6.00	0.075	0.081	0.087
	破布	kg	6.32	1.486	1.636	1.786
	碳精棒	kg	12.82	0.202	0.223	0.303
	填充绒	kg	2.14	9.901	13.187	15.940
	氧气	m^3	3.63	1.342	1.452	1.584
	乙炔气	kg	10.45	0.561	0.605	0.660
	油麻	kg	6.84	4.589	6.111	7.382
	其他材料费占材料费	%	—	1.000	1.000	1.000
机械	吊装机械(综合)	台班	619.04	0.113	0.133	0.133
	汽车式起重机 8t	台班	763.67	0.092	0.113	0.133
	载重汽车 8t	台班	501.85	0.092	0.113	0.133

33. 承插铸铁管(青铅接口)

工作内容：准备工作、检查及清扫管材、切管、管道安装、化铅、打麻、打铅口。　　　计量单位：10m

定额编号				A8-1-387	A8-1-388	A8-1-389	A8-1-390
项目名称				公称直径(mm以内)			
				75	100	150	200
基价(元)				**109.73**	**175.04**	**217.05**	**287.25**
其中	人工费(元)			64.68	65.94	82.74	126.42
	材料费(元)			45.05	55.98	81.19	104.61
	机械费(元)			—	53.12	53.12	56.22
	名称	单位	单价(元)	消耗量			
人工	综合工日	工日	140.00	0.462	0.471	0.591	0.903
材料	铸铁管	m	—	(10.000)	(10.000)	(10.000)	(10.000)
	钢丝 Φ4.0	kg	4.02	0.077	0.077	0.077	0.077
	焦炭	kg	1.42	2.625	3.098	4.442	5.702
	棉纱头	kg	6.00	0.006	0.009	0.014	0.018
	木柴	kg	0.18	0.210	0.263	0.525	0.525
	破布	kg	6.32	0.290	0.350	0.400	0.480
	青铅	kg	5.90	6.215	7.736	11.381	14.639
	氧气	m^3	3.63	0.055	0.099	0.132	0.231
	乙炔气	kg	10.45	0.022	0.044	0.055	0.099
	油麻	kg	6.84	0.229	0.284	0.418	0.539
	其他材料费占材料费	%	—	1.000	1.000	1.000	1.000
机械	吊装机械(综合)	台班	619.04	—	0.002	0.002	0.007
	汽车式起重机 8t	台班	763.67	—	0.041	0.041	0.041
	载重汽车 8t	台班	501.85	—	0.041	0.041	0.041

工作内容：准备工作、检查及清扫管材、切管、管道安装、化铅、打麻、打铅口。　　　计量单位：10m

定额编号				A8-1-391	A8-1-392	A8-1-393	A8-1-394
项目名称				公称直径(mm以内)			
				300	400	500	600
基价（元）				339.11	431.82	574.74	697.87
其中	人工费（元）			135.24	163.66	219.24	260.26
	材料费（元）			138.31	189.60	264.56	327.85
	机械费（元）			65.56	78.56	90.94	109.76
名称		单位	单价(元)	消耗量			
人工	综合工日	工日	140.00	0.966	1.169	1.566	1.859
材料	铸铁管	m	—	(10.000)	(10.000)	(10.000)	(10.000)
	钢丝 φ4.0	kg	4.02	0.077	0.077	0.077	0.077
	焦炭	kg	1.42	7.098	9.744	12.663	15.414
	棉纱头	kg	6.00	0.025	0.034	0.042	0.050
	木柴	kg	0.18	0.840	1.050	1.260	1.260
	破布	kg	6.32	0.550	0.600	0.770	0.950
	青铅	kg	5.90	19.617	26.892	37.923	47.110
	氧气	m³	3.63	0.264	0.495	0.627	0.759
	乙炔气	kg	10.45	0.110	0.209	0.264	0.319
	油麻	kg	6.84	0.720	0.987	1.392	1.730
	其他材料费占材料费	%	—	1.000	1.000	1.000	1.000
机械	吊装机械(综合)	台班	619.04	0.018	0.039	0.059	0.071
	汽车式起重机 8t	台班	763.67	0.043	0.043	0.043	0.052
	载重汽车 8t	台班	501.85	0.043	0.043	0.043	0.052

工作内容：准备工作、检查及清扫管材、切管、管道安装、化铅、打麻、打铅口。　　　计量单位：10m

定额编号				A8-1-395	A8-1-396	A8-1-397	A8-1-398
项目名称				公称直径(mm以内)			
				700	800	900	1000
基价（元）				**917.32**	**1017.43**	**1231.58**	**1418.04**
其中	人工费（元）			393.40	410.20	544.46	565.60
	材料费（元）			394.97	466.27	539.97	666.06
	机械费（元）			128.95	140.96	147.15	186.38
名称		单位	单价(元)	消耗量			
人工	综合工日	工日	140.00	2.810	2.930	3.889	4.040
材料	铸铁管	m	—	(10.000)	(10.000)	(10.000)	(10.000)
	钢丝 φ4.0	kg	4.02	0.077	0.077	0.077	0.077
	焦炭	kg	1.42	18.900	22.365	24.507	27.888
	棉纱头	kg	6.00	0.052	0.057	0.063	0.069
	木柴	kg	0.18	1.470	1.470	1.890	1.890
	破布	kg	6.32	1.004	1.104	1.215	1.336
	青铅	kg	5.90	56.873	67.327	78.408	97.621
	氧气	m^3	3.63	0.891	0.990	1.100	1.232
	乙炔气	kg	10.45	0.374	0.407	0.462	0.517
	油麻	kg	6.84	2.090	2.474	2.879	3.585
	其他材料费占材料费	%	—	1.000	1.000	1.000	1.000
机械	吊装机械(综合)	台班	619.04	0.102	0.103	0.113	0.113
	汽车式起重机 8t	台班	763.67	0.052	0.061	0.061	0.092
	载重汽车 8t	台班	501.85	0.052	0.061	0.061	0.092

工作内容：准备工作、检查及清扫管材、切管、管道安装、化铅、打麻、打铅口。　　　计量单位：10m

定额编号				A8-1-399	A8-1-400	A8-1-401
项目名称				公称直径(mm以内)		
				1200	1400	1600
基价（元）				1730.78	2342.35	2839.22
其中	人工费（元）			701.26	1008.14	1255.38
	材料费（元）			843.14	1108.87	1333.19
	机械费（元）			186.38	225.34	250.65
名称		单位	单价(元)	消耗量		
人工	综合工日	工日	140.00	5.009	7.201	8.967
材料	铸铁管	m	—	(10.000)	(10.000)	(10.000)
	钢丝 Φ4.0	kg	4.02	0.077	0.077	0.077
	焦炭	kg	1.42	31.731	36.120	41.097
	棉纱头	kg	6.00	0.075	0.081	0.087
	木柴	kg	0.18	2.436	2.436	3.129
	破布	kg	6.32	1.457	1.578	1.699
	青铅	kg	5.90	124.950	166.439	201.074
	氧气	m³	3.63	1.342	1.452	1.584
	乙炔气	kg	10.45	0.561	0.605	0.660
	油麻	kg	6.84	4.589	6.113	7.386
	其他材料费占材料费	%	—	1.000	1.000	1.000
机械	吊装机械(综合)	台班	619.04	0.113	0.133	0.133
	汽车式起重机 8t	台班	763.67	0.092	0.113	0.133
	载重汽车 8t	台班	501.85	0.092	0.113	0.133

34.承插铸铁管(膨胀水泥接口)

工作内容：准备工作、检查清扫管材、切管、管道安装、调制接口材料、接口、养护。　计量单位：10m

定额编号				A8-1-402	A8-1-403	A8-1-404	A8-1-405
项目名称				公称直径(mm以内)			
				75	100	150	200
基价(元)				57.09	113.07	129.30	176.80
其中	人工费(元)			51.66	53.06	67.06	107.38
	材料费(元)			5.43	6.89	9.12	11.91
	机械费(元)			—	53.12	53.12	57.51
名称		单位	单价(元)	消耗量			
人工	综合工日	工日	140.00	0.369	0.379	0.479	0.767
材料	铸铁管	m	—	(10.000)	(10.000)	(10.000)	(10.000)
	钢丝 φ4.0	kg	4.02	0.077	0.077	0.077	0.077
	棉纱头	kg	6.00	0.006	0.009	0.014	0.018
	膨胀水泥	kg	0.68	1.749	2.178	3.201	4.114
	破布	kg	6.32	0.290	0.350	0.400	0.480
	氧气	m^3	3.63	0.055	0.099	0.132	0.231
	乙炔气	kg	10.45	0.022	0.044	0.055	0.099
	油麻	kg	6.84	0.231	0.284	0.420	0.536
	其他材料费占材料费	%	—	1.000	1.000	1.000	1.000
机械	吊装机械(综合)	台班	619.04	—	0.002	0.002	0.005
	汽车式起重机 8t	台班	763.67	—	0.041	0.041	0.043
	载重汽车 8t	台班	501.85	—	0.041	0.041	0.043

工作内容：准备工作、检查清扫管材、切管、管道安装、调制接口材料、接口、养护。 计量单位：10m

定额编号				A8-1-406	A8-1-407	A8-1-408	A8-1-409
项目名称				公称直径(mm以内)			
				300	400	500	600
基价（元）				**201.41**	**230.05**	**277.96**	**329.61**
其中	人工费（元）			120.96	125.30	160.16	186.62
	材料费（元）			14.89	20.37	27.53	33.88
	机械费（元）			65.56	84.38	90.27	109.11
名称		单位	单价(元)	消耗量			
人工	综合工日	工日	140.00	0.864	0.895	1.144	1.333
材料	铸铁管	m	—	(10.000)	(10.000)	(10.000)	(10.000)
	钢丝 Φ4.0	kg	4.02	0.077	0.077	0.077	0.077
	棉纱头	kg	6.00	0.025	0.034	0.042	0.050
	膨胀水泥	kg	0.68	5.500	7.546	10.648	13.222
	破布	kg	6.32	0.550	0.600	0.770	0.950
	氧气	m³	3.63	0.264	0.495	0.627	0.759
	乙炔气	kg	10.45	0.110	0.209	0.264	0.319
	油麻	kg	6.84	0.725	0.987	1.397	1.733
	其他材料费占材料费	%	—	1.000	1.000	1.000	1.000
机械	吊装机械(综合)	台班	619.04	0.018	0.030	0.062	0.072
	汽车式起重机 8t	台班	763.67	0.043	0.052	0.041	0.051
	载重汽车 8t	台班	501.85	0.043	0.052	0.041	0.051

工作内容：准备工作、检查清扫管材、切管、管道安装、调制接口材料、接口、养护。　计量单位：10m

定额编号				A8-1-410	A8-1-411	A8-1-412	A8-1-413
项目名称				公称直径(mm以内)			
				700	800	900	1000
基价（元）				**424.99**	**454.51**	**543.34**	**604.07**
其中	人工费（元）			257.04	266.56	342.58	354.90
	材料费（元）			39.65	45.73	52.35	62.79
	机械费（元）			128.30	142.22	148.41	186.38
名称		单位	单价(元)	消耗量			
人工	综合工日	工日	140.00	1.836	1.904	2.447	2.535
材料	铸铁管	m	—	(10.000)	(10.000)	(10.000)	(10.000)
	钢丝 φ4.0	kg	4.02	0.077	0.077	0.077	0.077
	棉纱头	kg	6.00	0.052	0.057	0.063	0.069
	膨胀水泥	kg	0.68	15.961	18.898	22.011	27.401
	破布	kg	6.32	1.004	1.104	1.215	1.336
	氧气	m³	3.63	0.891	0.990	1.100	1.232
	乙炔气	kg	10.45	0.374	0.407	0.462	0.517
	油麻	kg	6.84	2.090	2.478	2.877	3.581
	其他材料费占材料费	%	—	1.000	1.000	1.000	1.000
机械	吊装机械(综合)	台班	619.04	0.103	0.103	0.113	0.113
	汽车式起重机 8t	台班	763.67	0.051	0.062	0.062	0.092
	载重汽车 8t	台班	501.85	0.051	0.062	0.062	0.092

工作内容：准备工作、检查清扫管材、切管、管道安装、调制接口材料、接口、养护。　计量单位：10m

定额编号				A8-1-414	A8-1-415	A8-1-416
项目名称				公称直径(mm以内)		
				1200	1400	1600
基价（元）				698.20	898.60	1091.33
其中	人工费（元）			435.12	576.38	726.46
	材料费（元）			76.70	96.88	114.22
	机械费（元）			186.38	225.34	250.65
名称		单位	单价(元)	消耗量		
人工	综合工日	工日	140.00	3.108	4.117	5.189
材料	铸铁管	m	—	(10.000)	(10.000)	(10.000)
	钢丝 φ4.0	kg	4.02	0.077	0.077	0.077
	棉纱头	kg	6.00	0.075	0.081	0.087
	膨胀水泥	kg	0.68	35.068	46.706	56.441
	破布	kg	6.32	1.457	1.578	1.699
	氧气	m³	3.63	1.342	1.452	1.584
	乙炔气	kg	10.45	0.561	0.605	0.660
	油麻	kg	6.84	4.589	6.111	7.382
	其他材料费占材料费	%	—	1.000	1.000	1.000
机械	吊装机械(综合)	台班	619.04	0.113	0.133	0.133
	汽车式起重机 8t	台班	763.67	0.092	0.113	0.133
	载重汽车 8t	台班	501.85	0.092	0.113	0.133

35. 法兰铸铁管(法兰连接)

工作内容：准备工作、管子切口、管口组对、法兰连接、管道安装。　　计量单位：10m

定额编号				A8-1-417	A8-1-418	A8-1-419	A8-1-420
项目名称				公称直径(mm以内)			
				75	100	125	150
基价(元)				**142.74**	**151.34**	**197.37**	**213.26**
其中	人工费(元)			81.48	86.38	103.18	117.46
	材料费(元)			49.87	51.04	71.41	73.02
	机械费(元)			11.39	13.92	22.78	22.78
名称		单位	单价(元)	消耗量			
人工	综合工日	工日	140.00	0.582	0.617	0.737	0.839
材料	法兰铸铁管	m	—	(10.000)	(10.000)	(10.000)	(10.000)
	白铅油	kg	6.45	0.239	0.341	0.409	0.595
	带帽螺栓 玛钢 M20×100	套	2.28	10.300	10.300	15.450	15.450
	镀锌铁丝 φ1.2～0.7	kg	3.57	0.020	0.024	0.028	0.028
	镀锌铁丝 φ4.0～2.8	kg	3.57	0.051	0.060	0.060	0.060
	胶圈 φ100	个	5.80	2.575	2.575	—	—
	胶圈 φ150	个	7.50	—	—	2.575	2.575
	破布	kg	6.32	0.309	0.380	0.420	0.483
	支撑圈 DN100	套	2.80	2.575	2.575	—	—
	支撑圈 DN150	套	4.10	—	—	2.575	2.575
	其他材料费占材料费	%	—	1.000	1.000	1.000	1.000
机械	汽车式起重机 8t	台班	763.67	0.009	0.011	0.018	0.018
	载重汽车 8t	台班	501.85	0.009	0.011	0.018	0.018

工作内容：准备工作、管子切口、管口组对、法兰连接、管道安装。　　计量单位：10m

定额编号				A8-1-421	A8-1-422	A8-1-423	A8-1-424
项目名称				公称直径(mm以内)			
				200	250	300	350
基价（元）				253.20	340.29	378.63	549.66
其中	人工费（元）			143.64	187.60	214.90	284.62
	材料费（元）			81.72	115.99	116.91	208.09
	机械费（元）			27.84	36.70	46.82	56.95
名称		单位	单价(元)	消耗量			
人工	综合工日	工日	140.00	1.026	1.340	1.535	2.033
材料	法兰铸铁管	m	—	(10.000)	(10.000)	(10.000)	(10.000)
	白铅油	kg	6.45	0.753	0.826	0.908	0.734
	带帽螺栓 玛钢 M20×100	套	2.28	15.450	20.600	20.600	25.750
	镀锌铁丝 φ1.2～0.7	kg	3.57	0.034	0.047	0.048	0.062
	镀锌铁丝 φ4.0～2.8	kg	3.57	0.060	0.060	0.060	0.077
	胶圈 φ200	个	9.08	2.575	—	—	—
	胶圈 φ300	个	15.68	—	2.575	2.575	—
	胶圈 φ400	个	44.80	—	—	—	2.575
	破布	kg	6.32	0.508	0.554	0.615	0.697
	支撑圈 DN200	套	5.40	2.575	—	—	—
	支撑圈 DN300	套	7.10	—	2.575	2.575	—
	支撑圈 DN400	套	8.67	—	—	—	2.575
	其他材料费占材料费	%	—	1.000	1.000	1.000	1.000
机械	汽车式起重机 8t	台班	763.67	0.022	0.029	0.037	0.045
	载重汽车 8t	台班	501.85	0.022	0.029	0.037	0.045

工作内容：准备工作、管子切口、管口组对、法兰连接、管道安装。　　计量单位：10m

定额编号				A8-1-425	A8-1-426	A8-1-427	A8-1-428
项目名称				公称直径(mm以内)			
				400	450	500	600
基价（元）				**603.02**	**776.15**	**832.18**	**1009.36**
其中	人工费（元）			320.60	404.32	446.74	566.58
	材料费（元）			210.19	284.75	285.70	311.74
	机械费（元）			72.23	87.08	99.74	131.04
名称		**单位**	**单价(元)**	**消耗量**			
人工	综合工日	工日	140.00	2.290	2.888	3.191	4.047
材料	法兰铸铁管	m	—	(10.000)	(10.000)	(10.000)	(10.000)
	白铅油	kg	6.45	0.891	0.891	0.980	—
	带帽螺栓 玛钢 M20×100	套	2.28	25.750	—	—	—
	带帽螺栓 玛钢 M22×120	套	2.56	—	36.050	36.050	41.200
	镀锌铁丝 φ1.2～0.7	kg	3.57	0.062	0.076	0.076	0.096
	镀锌铁丝 φ4.0～2.8	kg	3.57	0.077	0.077	0.077	0.077
	黑铅粉	kg	5.13	—	—	—	0.172
	胶圈 φ400	个	44.80	2.575	—	—	—
	胶圈 φ500	个	58.10	—	2.575	2.575	—
	胶圈 φ600	个	62.30	—	—	—	2.575
	破布	kg	6.32	0.714	0.748	0.806	0.921
	碳精棒	kg	12.82	0.075	0.094	0.094	0.113
	支撑圈 DN400	套	8.67	2.575	—	—	—
	支撑圈 DN500	套	10.80	—	2.575	2.575	—
	支撑圈 DN600	套	13.20	—	—	—	2.575
	其他材料费占材料费	%	—	1.000	1.000	1.000	1.000
机械	电动空气压缩机 0.6m³/min	台班	37.30	0.025	0.031	0.031	0.037
	电焊机(综合)	台班	118.28	0.025	0.031	0.031	0.037
	汽车式起重机 8t	台班	763.67	0.054	0.065	0.075	0.099
	载重汽车 8t	台班	501.85	0.054	0.065	0.075	0.099

36.铸铁管安装(胶圈接口)

工作内容：检查及清扫管材、切管、管道安装、上胶圈。 计量单位：10m

定额编号				A8-1-429	A8-1-430	A8-1-431	A8-1-432
项目名称				公称直径(mm以内)			
				100	150	200	300
基价(元)				52.51	66.49	96.37	168.83
其中	人工费(元)			43.26	56.98	85.96	99.54
	材料费(元)			9.25	9.51	10.41	10.75
	机械费(元)			—	—	—	58.54
名称		单位	单价(元)	消耗量			
人工	综合工日	工日	140.00	0.309	0.407	0.614	0.711
材料	铸铁管	m	—	(10.000)	(10.000)	(10.000)	(10.000)
	润滑油	kg	5.98	0.067	0.088	0.158	0.133
	橡胶圈	个	4.79	1.720	1.720	1.720	1.720
	氧气	m^3	3.63	0.066	0.085	0.151	0.220
	乙炔气	kg	10.45	0.022	0.028	0.050	0.073
	其他材料费占材料费	%	—	1.500	1.500	1.500	1.500
机械	汽车式起重机 8t	台班	763.67	—	—	—	0.053
	载重汽车 8t	台班	501.85	—	—	—	0.036

工作内容：检查及清扫管材、切管、管道安装、上胶圈。　　　　计量单位：10m

定额编号				A8-1-433	A8-1-434	A8-1-435	A8-1-436
项目名称				公称直径(mm以内)			
				400	500	600	700
基价（元）				**203.98**	**247.05**	**289.01**	**375.72**
其中	人工费（元）			119.42	148.54	171.22	236.32
	材料费（元）			12.27	13.24	14.26	15.25
	机械费（元）			72.29	85.27	103.53	124.15
名称		单位	单价(元)	消耗量			
人工	综合工日	工日	140.00	0.853	1.061	1.223	1.688
材料	铸铁管	m	—	(10.000)	(10.000)	(10.000)	(10.000)
	润滑油	kg	5.98	0.151	0.184	0.218	0.251
	橡胶圈	个	4.79	1.720	1.720	1.720	1.720
	氧气	m^3	3.63	0.414	0.521	0.633	0.743
	乙炔气	kg	10.45	0.138	0.174	0.211	0.248
	其他材料费占材料费	%	—	1.500	1.500	1.500	1.500
机械	汽车式起重机 8t	台班	763.67	0.071	0.088	0.106	0.133
	载重汽车 8t	台班	501.85	0.036	0.036	0.045	0.045

工作内容：检查及清扫管材、切管、管道安装、上胶圈。　　　　　　　　　　计量单位：10m

定额编号				A8-1-437	A8-1-438	A8-1-439
项目名称				公称直径(mm以内)		
				800	900	1000
基价（元）				**396.87**	**462.74**	**591.45**
其中	人工费（元）			245.28	304.08	330.26
	材料费（元）			16.05	17.01	17.92
	机械费（元）			135.54	141.65	243.27
名称		单位	单价(元)	消耗量		
人工	综合工日	工日	140.00	1.752	2.172	2.359
材料	铸铁管	m	—	(10.000)	(10.000)	(10.000)
	润滑油	kg	5.98	0.285	0.332	0.351
	橡胶圈	个	4.79	1.720	1.720	1.720
	氧气	m³	3.63	0.825	0.919	1.029
	乙炔气	kg	10.45	0.275	0.306	0.343
	其他材料费占材料费	%	—	1.500	1.500	1.500
机械	汽车式起重机 16t	台班	958.70	—	—	0.159
	汽车式起重机 8t	台班	763.67	0.142	0.150	—
	载重汽车 8t	台班	501.85	0.054	0.054	0.181

工作内容：检查及清扫管材、切管、管道安装、上胶圈。　　计量单位：10m

定额编号				A8-1-440	A8-1-441	A8-1-442
项目名称				公称直径(mm以内)		
				1200	1400	1600
基价（元）				622.93	765.34	909.09
其中	人工费（元）			402.22	503.86	628.60
	材料费（元）			19.00	20.16	21.36
	机械费（元）			201.71	241.32	259.13
名称		单位	单价(元)	消耗量		
人工	综合工日	工日	140.00	2.873	3.599	4.490
材料	铸铁管	m	—	(10.000)	(10.000)	(10.000)
	润滑油	kg	5.98	0.418	0.502	0.568
	橡胶圈	个	4.79	1.720	1.720	1.720
	氧气	m³	3.63	1.121	1.212	1.322
	乙炔气	kg	10.45	0.374	0.404	0.441
	其他材料费占材料费	%	—	1.500	1.500	1.500
机械	汽车式起重机 16t	台班	958.70	0.168	—	—
	汽车式起重机 20t	台班	1030.31	—	0.186	0.195
	载重汽车 8t	台班	501.85	0.081	0.099	0.116

37. 套管内铺设铸铁管(机械接口)

工作内容：铺设工具制作、焊口、直管安装、牵引推进等操作过程。　　　　计量单位：10m

定额编号				A8-1-443	A8-1-444	A8-1-445	A8-1-446
项目名称				公称直径(mm以内)			
				100	150	200	250
基价（元）				**448.44**	**303.10**	**362.69**	**401.43**
其中	人工费（元）			192.50	206.36	245.70	270.20
	材料费（元）			70.95	78.24	94.71	103.27
	机械费（元）			184.99	18.50	22.28	27.96
名称		单位	单价(元)	消耗量			
人工	综合工日	工日	140.00	1.375	1.474	1.755	1.930
材料	活动法兰	片	—	(2.000)	(2.000)	(2.000)	(2.000)
	活动法兰铸铁管	m	—	(10.000)	(10.000)	(10.000)	(10.000)
	扁钢	kg	3.40	5.080	5.080	9.610	11.875
	带帽螺栓 玛钢 M12×100	套	1.62	8.240	12.360	12.360	12.360
	镀锌铁丝 φ1.2～0.7	kg	3.57	0.020	0.030	0.030	0.040
	镀锌铁丝 φ2.5～4.0	kg	3.57	0.060	0.060	0.060	0.060
	滑杆	kg	1.86	12.600	12.600	12.600	12.600
	黄干油	kg	5.15	0.120	0.140	0.180	0.220
	六角螺栓带螺母 M18×50	kg	1.70	1.740	1.740	1.740	1.740
	破布	kg	6.32	0.260	0.290	0.360	0.400
	塑料布	m²	1.97	0.240	0.330	0.420	0.540
	橡胶圈	个	4.79	2.060	2.060	2.060	2.060
	其他材料费占材料费	%	—	1.500	1.500	1.500	1.500
机械	电动单筒慢速卷扬机 30kN	台班	210.22	0.880	0.088	0.106	0.133

工作内容：铺设工具制作、焊口、直管安装、牵引推进等操作过程。　　计量单位：10m

定额编号				A8-1-447	A8-1-448	A8-1-449
项目名称				公称直径(mm以内)		
				300	350	400
基价（元）				**527.54**	**603.80**	**712.90**
其中	人工费（元）			319.06	369.60	446.18
	材料费（元）			118.41	126.11	140.41
	机械费（元）			90.07	108.09	126.31
名称		单位	单价(元)	消耗量		
人工	综合工日	工日	140.00	2.279	2.640	3.187
材料	活动法兰	片	—	(2.000)	(2.000)	(2.000)
	活动法兰铸铁管	m	—	(10.000)	(10.000)	(10.000)
	扁钢	kg	3.40	14.140	16.150	18.160
	带帽螺栓 玛钢 M12×100	套	1.62	16.480	16.480	20.600
	镀锌铁丝 φ1.2～0.7	kg	3.57	0.050	0.050	0.062
	镀锌铁丝 φ2.5～4.0	kg	3.57	0.060	0.060	0.060
	滑杆	kg	1.86	12.600	12.600	12.600
	黄干油	kg	5.15	0.260	0.310	0.360
	六角螺栓带螺母 M18×50	kg	1.70	1.740	1.740	1.740
	破布	kg	6.32	0.410	0.445	0.445
	塑料布	m²	1.97	0.660	0.800	0.944
	橡胶圈	个	4.79	2.060	2.060	2.060
	其他材料费占材料费	%	—	1.500	1.500	1.500
机械	电动单筒慢速卷扬机 30kN	台班	210.22	0.150	0.203	0.257
	汽车式起重机 8t	台班	763.67	0.053	0.062	0.071
	载重汽车 8t	台班	501.85	0.036	0.036	0.036

工作内容：铺设工具制作、焊口、直管安装、牵引推进等操作过程。　　　　计量单位：10m

定额编号				A8-1-450	A8-1-451	A8-1-452
项目名称				公称直径(mm以内)		
				450	500	600
基价（元）				971.49	993.22	1151.70
其中	人工费（元）			517.72	661.08	762.16
	材料费（元）			148.73	169.83	193.09
	机械费（元）			305.04	162.31	196.45
名称		单位	单价(元)	消耗量		
人工	综合工日	工日	140.00	3.698	4.722	5.444
材料	活动法兰	片	—	(2.000)	(2.000)	(2.000)
	活动法兰铸铁管	m	—	(10.000)	(10.000)	(10.000)
	扁钢	kg	3.40	20.220	22.080	26.330
	带帽螺栓 玛钢 M12×100	套	1.62	20.600	28.840	32.960
	镀锌铁丝 φ1.2～0.7	kg	3.57	0.070	0.080	0.100
	镀锌铁丝 φ2.5～4.0	kg	3.57	0.060	0.060	0.060
	滑杆	kg	1.86	12.600	12.600	12.600
	黄干油	kg	5.15	0.430	0.500	0.620
	六角螺栓带螺母 M18×50	kg	1.70	1.740	1.740	1.740
	破布	kg	6.32	0.520	0.580	0.680
	塑料布	m²	1.97	1.110	1.280	1.520
	橡胶圈	个	4.79	2.060	2.060	2.060
	其他材料费占材料费	%	—	1.500	1.500	1.500
机械	电动单筒慢速卷扬机 30kN	台班	210.22	0.301	0.345	0.442
	汽车式起重机 8t	台班	763.67	0.080	0.088	0.106
	载重汽车 8t	台班	501.85	0.360	0.045	0.045

38. 套管内铺设钢板卷管

工作内容：铺设工具制作、安装、焊口、直管安装、牵引推进等操作过程。　　计量单位：10m

定额编号				A8-1-453	A8-1-454	A8-1-455	A8-1-456
项目名称				管外径(mm以内)			
				219	273	325	377
基价（元）				477.87	556.57	765.15	876.90
其中	人工费（元）			291.20	338.80	440.86	486.64
	材料费（元）			152.73	174.95	203.25	224.95
	机械费（元）			33.94	42.82	121.04	165.31
名称		单位	单价（元）	消耗量			
人工	综合工日	工日	140.00	2.080	2.420	3.149	3.476
材料	钢板卷管	m	—	(10.400)	(10.390)	(10.380)	(10.369)
	扁钢	kg	3.40	33.080	38.750	44.210	49.510
	低碳钢焊条	kg	6.84	0.861	1.092	2.020	2.346
	垫圈(综合)	kg	4.10	0.854	0.854	0.854	0.854
	滚轮	套	7.03	2.000	2.000	2.000	2.000
	角钢(综合)	kg	3.61	0.156	0.156	0.156	0.156
	六角螺栓带螺母 M16×90	套	1.71	4.000	4.000	4.000	4.000
	棉纱头	kg	6.00	0.044	0.054	0.066	0.075
	尼龙砂轮片 φ100	片	2.05	0.080	0.100	0.137	0.169
	氧气	m^3	3.63	0.943	1.075	1.472	1.615
	乙炔气	kg	10.45	0.315	0.359	0.491	0.538
	其他材料费占材料费	%	—	1.500	1.500	1.500	1.500
机械	电动单筒慢速卷扬机 30kN	台班	210.22	0.097	0.124	0.142	0.186
	电焊条烘干箱 60×50×75cm³	台班	26.46	0.018	0.023	0.032	0.037
	汽车式起重机 8t	台班	763.67	—	—	0.071	0.106
	载重汽车 8t	台班	501.85	—	—	0.027	0.036
	直流弧焊机 20kV·A	台班	71.43	0.183	0.226	0.316	0.367

工作内容：铺设工具制作、安装、焊口、直管安装、牵引推进等操作过程。　　　　计量单位：10m

定额编号				A8-1-457	A8-1-458	A8-1-459	A8-1-460
项目名称				管外径(mm以内)			
				426	529	630	720
基价（元）				973.45	1269.05	1570.35	2130.33
其中	人工费（元）			537.46	721.28	914.48	1388.24
	材料费（元）			246.48	301.78	354.23	395.76
	机械费（元）			189.51	245.99	301.64	346.33
	名称	单位	单价(元)	消耗量			
人工	综合工日	工日	140.00	3.839	5.152	6.532	9.916
材料	钢板卷管	m	—	(10.359)	(10.339)	(10.328)	(10.318)
	扁钢	kg	3.40	54.810	65.620	76.220	85.670
	低碳钢焊条	kg	6.84	2.654	4.525	6.186	7.080
	垫圈(综合)	kg	4.10	0.854	0.854	0.854	0.854
	滚轮	套	7.03	2.000	2.000	2.000	2.000
	角钢(综合)	kg	3.61	0.156	0.156	0.156	0.172
	六角螺栓(综合)	10套	11.30	—	—	0.038	0.038
	六角螺栓带螺母 M16×90	套	1.71	4.000	4.000	4.000	4.000
	棉纱头	kg	6.00	0.084	0.103	0.125	0.140
	尼龙砂轮片 Φ100	片	2.05	0.191	0.297	0.370	0.424
	氧气	m^3	3.63	1.753	2.400	2.901	3.240
	乙炔气	kg	10.45	0.584	0.800	0.967	1.080
	其他材料费占材料费	%	—	1.500	1.500	1.500	1.500
机械	电动单筒慢速卷扬机 30kN	台班	210.22	0.230	0.318	0.416	0.495
	电焊条烘干箱 60×50×75cm³	台班	26.46	0.042	0.057	0.076	0.087
	汽车式起重机 8t	台班	763.67	0.115	0.150	0.177	0.203
	载重汽车 8t	台班	501.85	0.045	0.045	0.045	0.045
	直流弧焊机 20kV·A	台班	71.43	0.415	0.567	0.762	0.873

工作内容：铺设工具制作、安装、焊口、直管安装、牵引推进等操作过程。　　　　　　计量单位：10m

定额编号				A8-1-461	A8-1-462	A8-1-463	A8-1-464
项目名称				管外径(mm以内)			
				820	920	1020	1220
基价（元）				2094.18	2364.31	2521.44	3252.29
其中	人工费（元）			1231.58	1384.74	1453.62	1844.50
	材料费（元）			442.68	487.84	535.81	708.18
	机械费（元）			419.92	491.73	532.01	699.61
名称		单位	单价(元)	消耗量			
人工	综合工日	工日	140.00	8.797	9.891	10.383	13.175
材料	钢板卷管	m	—	(10.308)	(10.298)	(10.287)	(10.277)
	扁钢	kg	3.40	96.160	106.670	117.160	138.150
	低碳钢焊条	kg	6.84	8.138	9.139	10.140	20.469
	垫圈(综合)	kg	4.10	0.854	0.854	0.854	0.854
	滚轮	套	7.03	2.000	2.000	2.000	2.000
	角钢(综合)	kg	3.61	0.172	0.172	0.172	0.306
	六角螺栓(综合)	10套	11.30	0.038	0.038	0.038	0.050
	六角螺栓带螺母 M16×90	套	1.71	4.000	4.000	4.000	4.000
	棉纱头	kg	6.00	0.162	0.181	0.233	0.320
	尼龙砂轮片 φ100	片	2.05	0.522	0.587	0.651	1.105
	氧气	m^3	3.63	3.660	3.722	4.482	8.117
	乙炔气	kg	10.45	1.220	1.358	1.506	2.706
	其他材料费占材料费	%	—	1.500	1.500	1.500	1.500
机械	电动单筒慢速卷扬机 30kN	台班	210.22	0.584	0.734	0.734	0.947
	电焊条烘干箱 60×50×75cm³	台班	26.46	0.100	0.112	0.124	0.211
	汽车式起重机 8t	台班	763.67	0.257	0.292	0.327	0.398
	载重汽车 8t	台班	501.85	0.054	0.063	0.072	0.081
	直流弧焊机 20kV·A	台班	71.43	0.996	1.118	1.240	2.105

39. 预制钢套钢复合保温管安装

(1)预制钢套钢复合保温管安装(电弧焊)

工作内容：管子切口、坡口加工、坡口及磨平、管口组对、焊接、找坡、找正、直管安装等操作过程。

计量单位：10m

定额编号				A8-1-465	A8-1-466	A8-1-467	A8-1-468
项目名称				公称直径(mm以内)			
				65	80	100	120
基价(元)				**80.68**	**84.29**	**151.50**	**177.33**
其中	人工费(元)			68.32	70.14	86.24	98.14
	材料费(元)			5.17	5.79	6.97	8.95
	机械费(元)			7.19	8.36	58.29	70.24
	名称	单位	单价(元)	消耗量			
人工	综合工日	工日	140.00	0.488	0.501	0.616	0.701
材料	预制钢套钢复合保温管	m	—	(10.140)	(10.130)	(10.120)	(10.110)
	低碳钢焊条	kg	6.84	0.173	0.205	0.264	0.423
	镀锌铁丝 Φ4.0	kg	3.57	0.066	0.066	0.066	0.066
	棉纱头	kg	6.00	0.014	0.018	0.021	0.025
	尼龙砂轮片 Φ100	片	2.05	0.021	0.025	0.034	0.043
	破布	kg	6.32	0.280	0.300	0.350	0.380
	氧气	m^3	3.63	0.250	0.283	0.340	0.429
	乙炔气	kg	10.45	0.083	0.094	0.113	0.143
	其他材料费占材料费	%	—	1.500	1.500	1.500	1.500
机械	电焊条烘干箱 60×50×75cm^3	台班	26.46	0.010	0.011	0.114	0.019
	汽车式起重机 8t	台班	763.67	—	—	0.053	0.062
	载重汽车 8t	台班	501.85	—	—	0.009	0.018
	直流弧焊机 20kV·A	台班	71.43	0.097	0.113	0.144	0.187

工作内容：管子切口、坡口加工、坡口及磨平、管口组对、焊接、找坡、找正、直管安装等操作过程。

计量单位：10m

定额编号				A8-1-469	A8-1-470	A8-1-471	A8-1-472
项目名称				公称直径(mm以内)			
				150	200	250	300
基价（元）				198.72	269.80	339.91	441.73
其中	人工费（元）			113.82	141.26	186.06	231.84
	材料费（元）			11.27	16.47	21.08	25.69
	机械费（元）			73.63	112.07	132.77	184.20
	名称	单位	单价(元)	消耗量			
人工	综合工日	工日	140.00	0.813	1.009	1.329	1.656
材料	预制钢套钢复合保温管	m	—	(10.100)	(10.090)	(10.080)	(10.070)
	低碳钢焊条	kg	6.84	0.608	0.919	1.305	1.847
	镀锌铁丝 φ4.0	kg	3.57	0.066	0.081	0.081	0.084
	角钢(综合)	kg	3.61	—	0.127	0.135	0.143
	棉纱头	kg	6.00	0.031	0.041	0.043	0.050
	尼龙砂轮片 φ100	片	2.05	0.056	0.091	0.117	0.140
	破布	kg	6.32	0.400	0.480	0.454	0.471
	氧气	m^3	3.63	0.545	0.805	1.030	1.167
	乙炔气	kg	10.45	0.182	0.268	0.379	0.389
	其他材料费占材料费	%	—	1.500	1.500	1.500	1.500
机械	电焊条烘干箱 60×50×75cm³	台班	26.46	0.023	0.033	0.036	0.039
	汽车式起重机 12t	台班	857.15	—	—	—	0.150
	汽车式起重机 8t	台班	763.67	0.062	0.097	0.115	—
	载重汽车 8t	台班	501.85	0.018	0.027	0.036	0.054
	直流弧焊机 20kV·A	台班	71.43	0.233	0.330	0.363	0.385

工作内容：管子切口、坡口加工、坡口及磨平、管口组对、焊接、找坡、找正、直管安装等操作过程。

计量单位：10m

定额编号				A8-1-473	A8-1-474	A8-1-475	A8-1-476
项目名称				公称直径(mm以内)			
				350	400	450	500
基价（元）				513.22	607.13	654.64	788.98
其中	人工费（元）			277.48	322.42	357.98	453.18
	材料费（元）			28.87	37.45	42.73	47.82
	机械费（元）			206.87	247.26	253.93	287.98
名称		单位	单价(元)	消耗量			
人工	综合工日	工日	140.00	1.982	2.303	2.557	3.237
材料	预制钢套钢复合保温管	m	—	(10.060)	(10.050)	(10.050)	(10.040)
	低碳钢焊条	kg	6.84	2.186	3.300	3.751	4.138
	镀锌铁丝 Φ4.0	kg	3.57	0.084	0.105	0.105	0.126
	角钢(综合)	kg	3.61	0.143	0.143	0.143	0.143
	棉纱头	kg	6.00	0.059	0.068	0.075	0.083
	尼龙砂轮片 Φ100	片	2.05	0.189	0.237	0.256	0.303
	破布	kg	6.32	0.497	0.514	0.583	0.660
	氧气	m³	3.63	1.237	1.306	1.531	1.765
	乙炔气	kg	10.45	0.412	0.435	0.510	0.588
	其他材料费占材料费	%	—	1.500	1.500	1.500	1.500
机械	电焊条烘干箱 60×50×75cm³	台班	26.46	0.042	0.050	0.059	0.066
	汽车式起重机 12t	台班	857.15	0.168	—	—	—
	汽车式起重机 16t	台班	958.70	—	0.186	0.186	0.212
	载重汽车 8t	台班	501.85	0.063	0.063	0.063	0.072
	直流弧焊机 20kV·A	台班	71.43	0.422	0.504	0.594	0.656

工作内容：管子切口、坡口加工、坡口及磨平、管口组对、焊接、找坡、找正、直管安装等操作过程。

计量单位：10m

定额编号				A8-1-477	A8-1-478	A8-1-479	A8-1-480
项目名称				公称直径(mm以内)			
				600	700	800	900
基价（元）				845.60	1028.23	1141.22	1276.69
其中	人工费（元）			488.88	626.36	699.72	777.28
	材料费（元）			65.77	74.40	101.82	113.83
	机械费（元）			290.95	327.47	339.68	385.58
名称		单位	单价(元)	消耗量			
人工	综合工日	工日	140.00	3.492	4.474	4.998	5.552
材料	预制钢套钢复合保温管	m	—	(10.030)	(10.030)	(10.020)	(10.020)
	低碳钢焊条	kg	6.84	5.656	6.473	9.418	10.578
	镀锌铁丝 φ4.0	kg	3.57	0.126	0.157	0.157	0.196
	角钢(综合)	kg	3.61	0.143	0.157	0.157	0.157
	六角螺栓(综合)	10套	11.30	0.035	0.035	0.035	0.035
	棉纱头	kg	6.00	0.114	0.128	0.148	0.166
	尼龙砂轮片 φ100	片	2.05	0.338	0.388	0.507	0.570
	破布	kg	6.32	0.714	0.771	0.833	0.899
	氧气	m³	3.63	2.652	2.962	3.821	4.259
	乙炔气	kg	10.45	0.884	0.987	1.274	1.419
	其他材料费占材料费	%	—	1.500	1.500	1.500	1.500
机械	电焊条烘干箱 60×50×75cm³	台班	26.46	0.070	0.080	0.096	0.108
	汽车式起重机 16t	台班	958.70	0.212	—	—	—
	汽车式起重机 20t	台班	1030.31	—	0.221	0.221	0.257
	载重汽车 8t	台班	501.85	0.072	0.081	0.081	0.081
	直流弧焊机 20kV·A	台班	71.43	0.696	0.798	0.963	1.082

(2)预制钢套钢复合保温管安装(氩电联焊)

工作内容：管子切口、坡口加工、坡口及磨平、管口组对、焊接、找坡、找正、直管安装等操作过程。

计量单位：10m

定额编号				A8-1-481	A8-1-482	A8-1-483	A8-1-484
项目名称				公称直径(mm以内)			
				65	80	100	125
基价（元）				**91.32**	**96.69**	**170.71**	**194.67**
其中	人工费（元）			75.88	78.82	101.78	108.92
	材料费（元）			7.13	8.13	10.30	12.71
	机械费（元）			8.31	9.74	58.63	73.04
名称		单位	单价(元)	消耗量			
人工	综合工日	工日	140.00	0.542	0.563	0.727	0.778
材料	预制钢套钢复合保温管	m	—	(10.140)	(10.130)	(10.120)	(10.110)
	低碳钢焊条	kg	6.84	0.088	0.106	0.205	0.322
	镀锌铁丝 φ4.0	kg	3.57	0.066	0.066	0.066	0.066
	棉纱头	kg	6.00	0.014	0.018	0.021	0.025
	尼龙砂轮片 φ100	片	2.05	0.021	0.025	0.034	0.043
	破布	kg	6.32	0.280	0.300	0.350	0.380
	铈钨棒	g	0.38	0.208	0.247	0.314	0.373
	碳钢氩弧焊丝	kg	7.69	0.037	0.045	0.056	0.069
	氩气	m^3	19.59	0.110	0.130	0.160	0.190
	氧气	m^3	3.63	0.250	0.283	0.340	0.429
	乙炔气	kg	10.45	0.083	0.094	0.113	0.143
	其他材料费占材料费	%	—	1.500	1.500	1.500	1.500
机械	电焊条烘干箱 60×50×75cm^3	台班	26.46	0.005	0.006	0.009	0.012
	汽车式起重机 8t	台班	763.67	—	—	0.053	0.062
	氩弧焊机 500A	台班	92.58	0.049	0.058	0.073	0.087
	载重汽车 8t	台班	501.85	—	—	0.009	0.018
	直流弧焊机 20kV·A	台班	71.43	0.051	0.059	0.093	0.116

工作内容：管子切口、坡口加工、坡口及磨平、管口组对、焊接、找坡、找正、直管安装等操作过程。

计量单位：10m

定额编号				A8-1-485	A8-1-486	A8-1-487	A8-1-488
项目名称				公称直径(mm以内)			
				150	200	250	300
基价（元）				**213.20**	**289.83**	**364.30**	**466.80**
其中	人工费（元）			120.12	148.54	194.04	241.50
	材料费（元）			15.08	22.19	28.67	31.70
	机械费（元）			78.00	119.10	141.59	193.60
名称		单位	单价(元)	消耗量			
人工	综合工日	工日	140.00	0.858	1.061	1.386	1.725
材料	预制钢套钢复合保温管	m	—	(10.100)	(10.090)	(10.080)	(10.070)
	低碳钢焊条	kg	6.84	0.379	0.694	1.295	1.583
	镀锌铁丝 φ4.0	kg	3.57	0.066	0.081	0.081	0.084
	角钢(综合)	kg	3.61	—	0.127	0.135	0.143
	棉纱头	kg	6.00	0.031	0.041	0.043	0.050
	尼龙砂轮片 φ100	片	2.05	0.056	0.091	0.117	0.140
	破布	kg	6.32	0.400	0.480	0.454	0.471
	铈钨棒	g	0.38	0.446	0.617	0.655	0.676
	碳钢氩弧焊丝	kg	7.69	0.084	0.113	0.118	0.120
	氩气	m³	19.59	0.230	0.310	0.326	0.334
	氧气	m³	3.63	0.545	0.805	1.030	1.167
	乙炔气	kg	10.45	0.182	0.268	0.379	0.389
	其他材料费占材料费	%	—	1.500	1.500	1.500	1.500
机械	电焊条烘干箱 60×50×75cm³	台班	26.46	0.016	0.025	0.029	0.032
	汽车式起重机 12t	台班	857.15	—	—	—	0.150
	汽车式起重机 8t	台班	763.67	0.062	0.097	0.115	—
	氩弧焊机 500A	台班	92.58	0.104	0.143	0.152	0.156
	载重汽车 8t	台班	501.85	0.018	0.027	0.036	0.054
	直流弧焊机 20kV·A	台班	71.43	0.162	0.246	0.292	0.317

工作内容：管子切口、坡口加工、坡口及磨平、管口组对、焊接、找坡、找正、直管安装等操作过程。

计量单位：10m

定额编号				A8-1-489	A8-1-490	A8-1-491	A8-1-492
项目名称				公称直径(mm以内)			
				350	400	450	500
基价（元）				554.49	632.62	690.88	833.12
其中	人工费（元）			302.54	334.74	372.68	469.84
	材料费（元）			34.97	39.08	50.46	59.18
	机械费（元）			216.98	258.80	267.74	304.10
名称		单位	单价(元)	消耗量			
人工	综合工日	工日	140.00	2.161	2.391	2.662	3.356
材料	预制钢套钢复合保温管	m	—	(10.060)	(10.050)	(10.100)	(10.040)
	低碳钢焊条	kg	6.84	1.905	2.205	3.361	3.710
	镀锌铁丝 φ4.0	kg	3.57	0.084	0.105	0.105	0.126
	角钢(综合)	kg	3.61	0.143	0.143	0.143	0.143
	棉纱头	kg	6.00	0.059	0.068	0.075	0.083
	尼龙砂轮片 φ100	片	2.05	0.189	0.237	0.256	0.303
	破布	kg	6.32	0.497	0.514	0.583	0.660
	铈钨棒	g	0.38	0.693	0.787	0.885	0.981
	碳钢氩弧焊丝	kg	7.69	0.123	0.141	0.158	0.175
	氩气	m³	19.59	0.343	0.394	0.446	0.633
	氧气	m³	3.63	1.237	1.306	1.531	1.765
	乙炔气	kg	10.45	0.412	0.435	0.510	0.588
	其他材料费占材料费	%	—	1.500	1.500	1.500	1.500
机械	电焊条烘干箱 60×50×75cm³	台班	26.46	0.036	0.043	0.052	0.059
	汽车式起重机 12t	台班	857.15	0.168	—	—	—
	汽车式起重机 16t	台班	958.70	—	0.186	0.186	0.212
	氩弧焊机 500A	台班	92.58	0.161	0.183	0.206	0.227
	载重汽车 8t	台班	501.85	0.063	0.063	0.063	0.072
	直流弧焊机 20kV·A	台班	71.43	0.357	0.431	0.523	0.590

工作内容：管子切口、坡口加工、坡口及磨平、管口组对、焊接、找坡、找正、直管安装等操作过程。

计量单位：10m

定额编号				A8-1-493	A8-1-494	A8-1-495	A8-1-496
项目名称				公称直径(mm以内)			
				600	700	800	900
基价（元）				**907.70**	**1099.04**	**1225.13**	**1373.65**
其中	人工费（元）			507.50	646.66	722.26	801.50
	材料费（元）			74.27	84.81	113.31	126.77
	机械费（元）			325.93	367.57	389.56	445.38
名称		单位	单价(元)	消耗量			
人工	综合工日	工日	140.00	3.625	4.619	5.159	5.725
材料	预制钢套钢复合保温管	m	—	(10.030)	(10.030)	(10.020)	(10.020)
	低碳钢焊条	kg	6.84	4.195	4.934	7.622	8.558
	镀锌铁丝 φ4.0	kg	3.57	0.126	0.157	0.157	0.196
	角钢(综合)	kg	3.61	0.143	0.157	0.157	0.157
	六角螺栓(综合)	10套	11.30	0.035	0.035	0.035	0.035
	棉纱头	kg	6.00	0.114	0.128	0.148	0.166
	尼龙砂轮片 φ100	片	2.05	0.338	0.388	0.507	0.570
	破布	kg	6.32	0.714	0.771	0.833	0.899
	铈钨棒	g	0.38	1.589	1.799	2.045	2.300
	碳钢氩弧焊丝	kg	7.69	0.284	0.321	0.365	0.411
	氩气	m^3	19.59	0.795	0.900	1.022	1.150
	氧气	m^3	3.63	2.652	2.962	3.821	4.259
	乙炔气	kg	10.45	0.884	0.987	1.274	1.419
	其他材料费占材料费	%	—	1.500	1.500	1.500	1.500
机械	电焊条烘干箱 60×50×75cm^3	台班	26.46	0.066	0.076	0.097	0.109
	汽车式起重机 16t	台班	958.70	0.212	—	—	—
	汽车式起重机 20t	台班	1030.31	—	0.221	0.221	0.257
	氩弧焊机 500A	台班	92.58	0.406	0.466	0.530	0.596
	载重汽车 10t	台班	547.99	—	—	—	0.081
	载重汽车 8t	台班	501.85	0.072	0.081	0.081	—
	直流弧焊机 20kV·A	台班	71.43	0.661	0.757	0.974	1.094

40. 直埋式预制保温管安装

(1)直埋式预制保温管安装(电弧焊)

工作内容：收缩带下料、制塑料焊条、坡口及磨平、组对、安装、焊接、套管连接、找正、就位、固定、塑料焊、人工发泡、做收缩带等操作过程。　　　　计量单位：10m

定额编号				A8-1-497	A8-1-498	A8-1-499	A8-1-500
项目名称				公称直径(mm以内)			
				50	65	80	100
基价(元)				**55.74**	**84.88**	**100.17**	**111.82**
其中	人工费(元)			40.04	52.08	60.62	63.42
	材料费(元)			13.48	22.05	25.68	30.92
	机械费(元)			2.22	10.75	13.87	17.48
名称		单位	单价(元)	消耗量			
人工	综合工日	工日	140.00	0.286	0.372	0.433	0.453
材料	聚氨酯硬质泡沫预制管	m	—	(9.812)	(9.802)	(9.792)	(9.783)
	低碳钢焊条	kg	6.84	0.049	0.087	0.102	0.125
	镀锌铁丝 φ4.0	kg	3.57	0.081	0.081	0.081	0.081
	高密度聚乙烯连接套管 DN100	m	16.29	—	—	—	0.595
	高密度聚乙烯连接套管 DN50	m	5.14	0.595	—	—	—
	高密度聚乙烯连接套管 DN65	m	9.43	—	0.595	—	—
	高密度聚乙烯连接套管 DN80	m	13.72	—	—	0.595	—
	聚氨酯硬质泡沫 A、B料	m^3	36.00	0.006	0.006	0.008	0.012
	棉纱头	kg	6.00	0.008	0.010	0.013	0.015
	尼龙砂轮片 φ100	片	2.05	0.021	0.034	0.004	0.049
	破布	kg	6.32	0.263	0.294	0.315	0.368
	汽油	kg	6.77	0.998	1.757	1.849	2.245
	收缩带	m^2	0.56	0.158	0.171	0.184	0.223
	塑料钻头 φ26	个	1.71	0.005	0.005	0.005	0.005
	氧气	m^3	3.63	0.080	0.114	0.129	0.148
	乙炔气	kg	10.45	0.027	0.038	0.043	0.049
	硬聚氯乙烯焊条 φ4	m	0.24	0.825	0.900	1.008	1.217
	其他材料费占材料费	%	—	1.500	1.500	1.500	1.500
机械	电焊条烘干箱 60×50×75cm³	台班	26.46	0.003	0.005	0.006	0.007
	汽车式起重机 8t	台班	763.67	—	0.008	0.010	0.013
	载重汽车 8t	台班	501.85	—	0.002	0.004	0.005
	直流弧焊机 20kV·A	台班	71.43	0.030	0.049	0.057	0.068

工作内容：收缩带下料、制塑料焊条、坡口及磨平、组对、安装、焊接、套管连接、找正、就位、固定、塑料焊、人工发泡、做收缩带等操作过程。 计量单位：10m

定额编号				A8-1-501	A8-1-502	A8-1-503	A8-1-504
项目名称				公称直径(mm以内)			
				125	150	200	250
基价（元）				**136.24**	**155.25**	**195.08**	**279.83**
其中	人工费（元）			79.24	89.04	102.06	133.14
	材料费（元）			34.13	40.13	55.63	98.12
	机械费（元）			22.87	26.08	37.39	48.57
	名称	单位	单价(元)	消耗量			
人工	综合工日	工日	140.00	0.566	0.636	0.729	0.951
材料	聚氨酯硬质泡沫预制管	m	—	(9.773)	(9.763)	(9.754)	(9.744)
	低碳钢焊条	kg	6.84	0.211	0.332	0.459	0.903
	镀锌铁丝 φ4.0	kg	3.57	0.081	0.081	0.084	0.084
	高密度聚乙烯连接套管 DN125	m	17.14	0.595	—	—	—
	高密度聚乙烯连接套管 DN150	m	21.43	—	0.595	—	—
	高密度聚乙烯连接套管 DN200	m	34.29	—	—	0.595	—
	高密度聚乙烯连接套管 DN250	m	65.15	—	—	—	0.595
	角钢(综合)	kg	3.61	—	—	0.083	0.083
	聚氨酯硬质泡沫 A、B料	m³	36.00	0.013	0.015	0.021	0.035
	棉纱头	kg	6.00	0.018	0.023	0.034	0.041
	尼龙砂轮片 φ100	片	2.05	0.072	0.119	0.167	0.284
	破布	kg	6.32	0.399	0.453	0.504	0.549
	汽油	kg	6.77	2.451	2.641	3.302	5.943
	收缩带	m²	0.56	0.244	0.263	0.328	0.591
	塑料钻头 φ26	个	1.71	0.005	0.005	0.005	0.005
	氧气	m³	3.63	0.195	0.289	0.449	0.633
	乙炔气	kg	10.45	0.065	0.096	0.150	0.211
	硬聚氯乙烯焊条 φ4	m	0.24	1.342	1.484	1.817	2.084
	其他材料费占材料费	%	—	1.500	1.500	1.500	1.500
机械	电焊条烘干箱 60×50×75cm³	台班	26.46	0.009	0.012	0.016	0.023
	汽车式起重机 8t	台班	763.67	0.017	0.018	0.028	0.035
	载重汽车 8t	台班	501.85	0.006	0.007	0.008	0.010
	直流弧焊机 20kV·A	台班	71.43	0.093	0.119	0.162	0.227

工作内容：收缩带下料、制塑料焊条、坡口及磨平、组对、安装、焊接、套管连接、找正、就位、固定、塑料焊、人工发泡、做收缩带等操作过程。 计量单位：10m

定额编号				A8-1-505	A8-1-506	A8-1-507	A8-1-508
项目名称				公称直径(mm以内)			
				300	350	400	500
基价（元）				358.35	454.74	549.16	772.69
其中	人工费（元）			152.32	192.08	216.86	349.58
	材料费（元）			127.58	160.60	194.61	247.56
	机械费（元）			78.45	102.06	137.69	175.55
名称		单位	单价(元)	消耗量			
人工	综合工日	工日	140.00	1.088	1.372	1.549	2.497
材料	聚氨酯硬质泡沫预制管	m	—	(9.734)	(9.725)	(9.715)	(9.705)
	低碳钢焊条	kg	6.84	1.077	1.467	1.925	2.418
	镀锌铁丝 φ4.0	kg	3.57	0.105	0.105	0.105	0.126
	高密度聚乙烯连接套管 DN300	m	102.86	0.595	—	—	—
	高密度聚乙烯连接套管 DN350	m	145.72	—	0.595	—	—
	高密度聚乙烯连接套管 DN400	m	180.01	—	—	0.595	—
	高密度聚乙烯连接套管 DN500	m	240.01	—	—	—	0.595
	角钢(综合)	kg	3.61	0.083	0.083	0.083	0.083
	聚氨酯硬质泡沫 A、B料	m^3	36.00	0.040	0.046	0.056	0.067
	棉纱头	kg	6.00	0.051	0.057	0.065	0.079
	尼龙砂轮片 φ100	片	2.05	0.339	0.455	0.573	0.727
	破布	kg	6.32	0.578	0.609	0.630	0.653
	汽油	kg	6.77	6.537	6.933	8.121	9.706
	收缩带	m^2	0.56	0.650	0.689	0.807	0.965
	塑料钻头 φ26	个	1.71	0.005	0.005	0.005	0.005
	氧气	m^3	3.63	0.741	0.845	0.985	1.144
	乙炔气	kg	10.45	0.235	0.282	0.329	0.381
	硬聚氯乙烯焊条 φ4	m	0.24	2.417	2.884	3.225	3.784
	其他材料费占材料费	%	—	1.500	1.500	1.500	1.500
机械	电焊条烘干箱 60×50×75cm^3	台班	26.46	0.027	0.033	0.038	0.048
	汽车式起重机 12t	台班	857.15	0.061	0.078	—	—
	汽车式起重机 16t	台班	958.70	—	—	0.099	0.120
	载重汽车 8t	台班	501.85	0.012	0.022	0.029	0.050
	直流弧焊机 20kV·A	台班	71.43	0.272	0.326	0.381	0.478

工作内容：收缩带下料、制塑料焊条、坡口及磨平、组对、安装、焊接、套管连接、找正、就位、固定、塑料焊、人工发泡、做收缩带等操作过程。 计量单位：10m

定额编号				A8-1-509	A8-1-510	A8-1-511
项目名称				公称直径(mm以内)		
				600	700	800
基价（元）				903.20	1041.42	1218.40
其中	人工费（元）			379.40	409.22	484.82
	材料费（元）			303.70	371.13	418.61
	机械费（元）			220.10	261.07	314.97
名称		单位	单价(元)	消耗量		
人工	综合工日	工日	140.00	2.710	2.923	3.463
材料	聚氨酯硬质泡沫预制管	m	—	(9.696)	(9.696)	(9.696)
	低碳钢焊条	kg	6.84	2.890	3.776	4.339
	镀锌铁丝 φ4.0	kg	3.57	0.126	0.157	0.157
	高密度聚乙烯连接套管 DN600	m	308.59	0.595	—	—
	高密度聚乙烯连接套管 DN700	m	394.31	—	0.595	—
	高密度聚乙烯连接套管 DN800	m	445.74	—	—	0.595
	角钢(综合)	kg	3.61	0.084	0.092	0.092
	聚氨酯硬质泡沫 A、B料	m^3	36.00	0.076	0.080	0.091
	六角螺栓(综合)	10套	11.30	0.020	0.020	0.020
	棉纱头	kg	6.00	0.095	0.109	0.124
	尼龙砂轮片 φ100	片	2.05	0.876	0.935	1.065
	破布	kg	6.32	0.714	0.771	0.833
	汽油	kg	6.77	10.894	11.768	13.154
	收缩带	m^2	0.56	1.083	1.138	1.262
	塑料钻头 φ26	个	1.71	0.005	0.008	0.008
	氧气	m^3	3.63	1.383	1.727	1.952
	乙炔气	kg	10.45	0.461	0.576	0.651
	硬聚氯乙烯焊条 φ4	m	0.24	4.317	4.808	5.358
	其他材料费占材料费	%	—	1.500	1.500	1.500
机械	电焊条烘干箱 60×50×75cm^3	台班	26.46	0.057	0.067	0.080
	汽车式起重机 16t	台班	958.70	0.156	—	—
	汽车式起重机 20t	台班	1030.31	—	0.173	0.212
	载重汽车 8t	台班	501.85	0.057	0.066	0.075
	直流弧焊机 20kV·A	台班	71.43	0.566	0.671	0.795

工作内容：收缩带下料、制塑料焊条、坡口及磨平、组对、安装、焊接、套管连接、找正、就位、固定、塑料焊、人工发泡、做收缩带等操作过程。

计量单位：10m

定额编号				A8-1-512	A8-1-513	A8-1-514
项目名称				公称直径(mm以内)		
				900	1000	1200
基价（元）				1431.14	1691.91	2128.57
其中	人工费（元）			574.56	680.96	807.10
	材料费（元）			506.82	598.12	850.45
	机械费（元）			349.76	412.83	471.02
名称		单位	单价(元)	消耗量		
人工	综合工日	工日	140.00	4.104	4.864	5.765
材料	聚氨酯硬质泡沫预制管	m	—	(9.696)	(9.696)	(9.696)
	低碳钢焊条	kg	6.84	4.872	6.845	8.189
	镀锌铁丝 φ4.0	kg	3.57	0.196	0.196	0.245
	高密度聚乙烯连接套管 DN1000	m	668.61	—	0.595	—
	高密度聚乙烯连接套管 DN1200	m	1028.63	—	—	0.595
	高密度聚乙烯连接套管 DN900	m	565.75	0.595	—	—
	角钢(综合)	kg	3.61	0.092	0.092	0.092
	聚氨酯硬质泡沫 A、B料	m^3	36.00	0.101	0.111	0.132
	六角螺栓(综合)	10套	11.30	0.020	0.020	0.040
	棉纱头	kg	6.00	0.139	0.154	0.185
	尼龙砂轮片 φ100	片	2.05	1.195	1.325	1.585
	破布	kg	6.32	0.899	0.970	1.047
	汽油	kg	6.77	14.540	15.918	18.691
	收缩带	m^2	0.56	1.386	1.509	1.756
	塑料钻头 φ26	个	1.71	0.010	0.010	0.012
	氧气	m^3	3.63	2.092	2.733	3.247
	乙炔气	kg	10.45	0.697	0.911	1.082
	硬聚氯乙烯焊条 φ4	m	0.24	5.908	6.458	7.550
	其他材料费占材料费	%	—	1.500	1.500	1.500
机械	电焊条烘干箱 60×50×75cm^3	台班	26.46	0.094	0.112	0.132
	汽车式起重机 20t	台班	1030.31	0.227	—	—
	汽车式起重机 25t	台班	1084.16	—	0.262	0.297
	载重汽车 10t	台班	547.99	0.084	0.084	0.093
	直流弧焊机 20kV·A	台班	71.43	0.943	1.117	1.324

(2)直埋式预制保温管安装(氩电联焊)

工作内容：收缩带下料、制塑料焊条、坡口及磨平、组对、安装、焊接、套管连接、找正、就位、固定、塑料焊、人工发泡、做收缩带等操作过程。 计量单位：10m

定额编号				A8-1-515	A8-1-516	A8-1-517	A8-1-518
项目名称				公称直径(mm以内)			
				50	65	80	100
基价(元)				58.81	87.14	103.24	115.85
其中	人工费(元)			40.74	52.36	61.18	64.12
	材料费(元)			14.41	23.07	27.00	32.54
	机械费(元)			3.66	11.71	15.06	19.19
名称		单位	单价(元)	消耗量			
人工	综合工日	工日	140.00	0.291	0.374	0.437	0.458
材料	聚氨酯硬质泡沫预制管	m	—	(9.812)	(9.802)	(9.792)	(9.783)
	低碳钢焊条	kg	6.84	0.035	0.046	0.055	0.068
	镀锌铁丝 φ4.0	kg	3.57	0.081	0.081	0.081	0.081
	高密度聚乙烯连接套管 DN100	m	16.29	—	—	—	0.595
	高密度聚乙烯连接套管 DN50	m	5.14	0.595	—	—	—
	高密度聚乙烯连接套管 DN65	m	9.43	—	0.595	—	—
	高密度聚乙烯连接套管 DN80	m	13.72	—	—	0.595	—
	聚氨酯硬质泡沫 A、B料	m^3	36.00	0.006	0.006	0.008	0.012
	棉纱头	kg	6.00	0.008	0.010	0.013	0.015
	尼龙砂轮片 φ100	片	2.05	0.019	0.032	0.038	0.049
	破布	kg	6.32	0.263	0.294	0.315	0.368
	汽油	kg	6.77	0.998	1.757	1.849	2.245
	铈钨棒	g	0.38	0.099	0.112	0.133	0.173
	收缩带	m^2	0.56	0.158	0.171	0.184	0.223
	塑料钻头 φ26	个	1.71	0.005	0.005	0.005	0.005
	碳钢氩弧焊丝	kg	7.69	0.016	0.020	0.024	0.031
	氩气	m^3	19.59	0.044	0.056	0.067	0.086
	氧气	m^3	3.63	0.080	0.114	0.129	0.148
	乙炔气	kg	10.45	0.027	0.038	0.043	0.049
	硬聚氯乙烯焊条 φ4	m	0.24	0.825	0.900	1.008	1.217
	其他材料费占材料费	%	—	1.500	1.500	1.500	1.500
机械	电焊条烘干箱 60×50×75cm³	台班	26.46	0.002	0.003	0.003	0.004
	汽车式起重机 8t	台班	763.67	—	0.008	0.010	0.013
	砂轮切割机 400mm	台班	24.71	0.002	0.002	0.002	0.004
	氩弧焊机 500A	台班	92.58	0.023	0.029	0.034	0.043
	载重汽车 8t	台班	501.85	—	0.002	0.004	0.005
	直流弧焊机 20kV·A	台班	71.43	0.020	0.025	0.030	0.036

工作内容：收缩带下料、制塑料焊条、坡口及磨平、组对、安装、焊接、套管连接、找正、就位、固定、塑料焊、人工发泡、做收缩带等操作过程。 计量单位：10m

定额编号				A8-1-519	A8-1-520	A8-1-521	A8-1-522
项目名称				公称直径(mm以内)			
				125	150	200	250
基价（元）				**140.95**	**164.73**	**208.20**	**298.41**
其中	人工费（元）			80.08	91.00	104.72	137.34
	材料费（元）			35.94	42.35	58.74	101.95
	机械费（元）			24.93	31.38	44.74	59.12
名称		单位	单价(元)	消耗量			
人工	综合工日	工日	140.00	0.572	0.650	0.748	0.981
材料	聚氨酯硬质泡沫预制管	m	—	(9.773)	(9.763)	(9.754)	(9.744)
	低碳钢焊条	kg	6.84	0.131	0.251	0.347	0.761
	镀锌铁丝 φ4.0	kg	3.57	0.081	0.081	0.084	0.084
	高密度聚乙烯连接套管 DN125	m	17.14	0.595	—	—	—
	高密度聚乙烯连接套管 DN150	m	21.43	—	0.595	—	—
	高密度聚乙烯连接套管 DN200	m	34.29	—	—	0.595	—
	高密度聚乙烯连接套管 DN250	m	65.15	—	—	—	0.595
	角钢(综合)	kg	3.61	—	—	0.083	0.083
	聚氨酯硬质泡沫 A、B料	m^3	36.00	0.013	0.015	0.021	0.035
	棉纱头	kg	6.00	0.018	0.023	0.034	0.041
	尼龙砂轮片 φ100	片	2.05	0.072	0.115	0.167	0.276
	破布	kg	6.32	0.399	0.453	0.504	0.549
	汽油	kg	6.77	2.451	2.641	3.302	5.943
	钍钨棒	g	0.38	0.201	0.238	0.333	0.412
	收缩带	m^2	0.56	0.244	0.263	0.328	0.591
	塑料钻头 φ26	个	1.71	0.005	0.005	0.005	0.005
	碳钢氩弧焊丝	kg	7.69	0.036	0.042	0.059	0.074
	氩气	m^3	19.59	0.101	0.119	0.166	0.206
	氧气	m^3	3.63	0.195	0.289	0.449	0.633
	乙炔气	kg	10.45	0.065	0.096	0.150	0.211
	硬聚氯乙烯焊条 φ4	m	0.24	1.342	1.484	1.817	2.084
	其他材料费占材料费	%	—	1.500	1.500	1.500	1.500
机械	半自动切割机 100mm	台班	83.55	—	0.025	0.035	0.050
	电焊条烘干箱 60×50×75cm^3	台班	26.46	0.006	0.009	0.012	0.019
	汽车式起重机 8t	台班	763.67	0.017	0.018	0.028	0.035
	砂轮切割机 400mm	台班	24.71	0.004	—	—	—
	氩弧焊机 500A	台班	92.58	0.049	0.058	0.079	0.097
	载重汽车 8t	台班	501.85	0.006	0.007	0.008	0.010
	直流弧焊机 20kV·A	台班	71.43	0.058	0.090	0.123	0.192

工作内容：收缩带下料、制塑料焊条、坡口及磨平、组对、安装、焊接、套管连接、找正、就位、固定、塑料焊、人工发泡、做收缩带等操作过程。 计量单位：10m

定额编号				A8-1-523	A8-1-524	A8-1-525	A8-1-526
项目名称				公称直径(mm以内)			
				300	350	400	500
基价（元）				**379.70**	**479.66**	**578.06**	**751.02**
其中	人工费（元）			157.08	197.82	224.00	300.30
	材料费（元）			132.17	165.99	200.61	255.11
	机械费（元）			90.45	115.85	153.45	195.61
名称		单位	单价(元)	消耗量			
人工	综合工日	工日	140.00	1.122	1.413	1.600	2.145
材料	聚氨酯硬质泡沫预制管	m	—	(9.734)	(9.725)	(9.715)	(9.705)
	低碳钢焊条	kg	6.84	0.908	1.270	1.699	2.135
	镀锌铁丝 φ4.0	kg	3.57	0.105	0.105	0.105	0.126
	高密度聚乙烯连接套管 DN300	m	102.86	0.595	—	—	—
	高密度聚乙烯连接套管 DN350	m	145.72	—	0.595	—	—
	高密度聚乙烯连接套管 DN400	m	180.01	—	—	0.595	—
	高密度聚乙烯连接套管 DN500	m	240.01	—	—	—	0.595
	角钢(综合)	kg	3.61	0.083	0.083	0.083	0.083
	聚氨酯硬质泡沫 A、B料	m^3	36.00	0.040	0.046	0.056	0.067
	棉纱头	kg	6.00	0.051	0.057	0.065	0.079
	尼龙砂轮片 φ100	片	2.05	0.330	0.455	0.559	0.727
	破布	kg	6.32	0.578	0.609	0.630	0.653
	汽油	kg	6.77	6.537	6.933	8.121	9.706
	钍钨棒	g	0.38	0.494	0.576	0.647	0.812
	收缩带	m^2	0.56	0.650	0.689	0.807	0.965
	塑料钻头 φ26	个	1.71	0.005	0.005	0.005	0.005
	碳钢氩弧焊丝	kg	7.69	0.088	0.103	0.116	0.145
	氩气	m^3	19.59	0.247	0.288	0.324	0.406
	氧气	m^3	3.63	0.741	0.845	0.985	1.144
	乙炔气	kg	10.45	0.235	0.282	0.329	0.381
	硬聚氯乙烯焊条 φ4	m	0.24	2.417	2.884	3.225	3.784
	其他材料费占材料费	%	—	1.500	1.500	1.500	1.500
机械	半自动切割机 100mm	台班	83.55	0.052	0.054	0.058	0.076
	电焊条烘干箱 60×50×75cm³	台班	26.46	0.023	0.028	0.034	0.042
	汽车式起重机 12t	台班	857.15	0.061	0.078	—	—
	汽车式起重机 16t	台班	958.70	—	—	0.099	0.120
	氩弧焊机 500A	台班	92.58	0.117	0.141	0.153	0.193
	载重汽车 8t	台班	501.85	0.012	0.022	0.029	0.050
	直流弧焊机 20kV·A	台班	71.43	0.229	0.275	0.337	0.422

工作内容：收缩带下料、制塑料焊条、坡口及磨平、组对、安装、焊接、套管连接、找正、就位、固定、塑料焊、人工发泡、做收缩带等操作过程。 计量单位：10m

定额编号				A8-1-527	A8-1-528	A8-1-529
项目名称				公称直径(mm以内)		
				600	700	800
基价（元）				946.85	1094.28	1286.60
其中	人工费（元）			390.04	421.96	500.22
	材料费（元）			312.71	382.91	432.15
	机械费（元）			244.10	289.41	354.23
名称		单位	单价(元)	消耗量		
人工	综合工日	工日	140.00	2.786	3.014	3.573
材料	聚氨酯硬质泡沫预制管	m	—	(9.696)	(9.696)	(9.696)
	低碳钢焊条	kg	6.84	2.553	3.338	3.835
	镀锌铁丝 φ4.0	kg	3.57	0.126	0.157	0.157
	高密度聚乙烯连接套管 DN600	m	308.59	0.595	—	—
	高密度聚乙烯连接套管 DN700	m	394.31	—	0.595	—
	高密度聚乙烯连接套管 DN800	m	445.74	—	—	0.595
	角钢(综合)	kg	3.61	0.084	0.092	0.092
	聚氨酯硬质泡沫 A、B料	m^3	36.00	0.076	0.080	0.091
	六角螺栓(综合)	10套	11.30	0.020	0.020	0.020
	棉纱头	kg	6.00	0.095	0.109	0.124
	尼龙砂轮片 φ100	片	2.05	0.857	0.935	1.065
	破布	kg	6.32	0.714	0.771	0.833
	汽油	kg	6.77	10.894	11.768	13.154
	铈钨棒	g	0.38	0.971	1.265	1.453
	收缩带	m^2	0.56	1.083	1.138	1.262
	塑料钻头 φ26	个	1.71	0.005	0.008	0.008
	碳钢氩弧焊丝	kg	7.69	0.173	0.226	0.259
	氩气	m^3	19.59	0.486	0.632	0.727
	氧气	m^3	3.63	1.383	1.727	1.952
	乙炔气	kg	10.45	0.461	0.576	0.651
	硬聚氯乙烯焊条 φ4	m	0.24	4.317	4.808	5.358
	其他材料费占材料费	%	—	1.500	1.500	1.500
机械	半自动切割机 100mm	台班	83.55	0.091	0.107	0.121
	电焊条烘干箱 60×50×75cm³	台班	26.46	0.050	0.059	0.070
	汽车式起重机 16t	台班	958.70	0.156	—	—
	汽车式起重机 20t	台班	1030.31	—	0.173	0.218
	氩弧焊机 500A	台班	92.58	0.230	0.272	0.322
	载重汽车 8t	台班	501.85	0.057	0.066	0.075
	直流弧焊机 20kV·A	台班	71.43	0.500	0.593	0.703

工作内容：收缩带下料、制塑料焊条、坡口及磨平、组对、安装、焊接、套管连接、找正、就位、固定、塑料焊、人工发泡、做收缩带等操作过程。　　计量单位：10m

定额编号				A8-1-530	A8-1-531	A8-1-532
项目名称				公称直径(mm以内)		
				900	1000	1200
基价（元）				1487.35	1779.80	2232.12
其中	人工费（元）			592.76	702.66	832.58
	材料费（元）			522.02	619.48	881.35
	机械费（元）			372.57	457.66	518.19
	名称	单位	单价(元)	消耗量		
人工	综合工日	工日	140.00	4.234	5.019	5.947
材料	聚氨酯硬质泡沫预制管	m	—	(9.696)	(9.696)	(9.696)
	低碳钢焊条	kg	6.84	4.307	6.051	7.239
	镀锌铁丝 φ4.0	kg	3.57	0.196	0.196	0.245
	高密度聚乙烯连接套管 DN1000	m	668.61	—	0.595	—
	高密度聚乙烯连接套管 DN1200	m	1028.63	—	—	0.595
	高密度聚乙烯连接套管 DN900	m	565.75	0.595	—	—
	角钢(综合)	kg	3.61	0.092	0.092	0.092
	聚氨酯硬质泡沫 A、B料	m³	36.00	0.101	0.111	0.132
	六角螺栓(综合)	10套	11.30	0.020	0.020	0.040
	棉纱头	kg	6.00	0.139	0.154	0.185
	尼龙砂轮片 φ100	片	2.05	1.195	1.325	1.529
	破布	kg	6.32	0.899	0.970	1.047
	汽油	kg	6.77	14.540	15.918	18.691
	铈钨棒	g	0.38	1.632	2.292	2.743
	收缩带	m²	0.56	1.386	1.509	1.756
	塑料钻头 φ26	个	1.71	0.010	0.010	0.012
	碳钢氩弧焊丝	kg	7.69	0.291	0.409	0.490
	氩气	m³	19.59	0.816	1.146	1.646
	氧气	m³	3.63	2.092	2.733	3.247
	乙炔气	kg	10.45	0.697	0.911	1.082
	硬聚氯乙烯焊条 φ4	m	0.24	5.908	6.458	7.550
	其他材料费占材料费	%	—	1.500	1.500	1.500
机械	半自动切割机 100mm	台班	83.55	0.143	0.151	0.107
	电焊条烘干箱 60×50×75cm³	台班	26.46	0.083	0.099	0.117
	汽车式起重机 16t	台班	958.70	0.227	—	—
	汽车式起重机 25t	台班	1084.16	—	0.262	0.297
	氩弧焊机 500A	台班	92.58	0.381	0.452	0.536
	载重汽车 10t	台班	547.99	0.084	0.084	0.093
	直流弧焊机 20kV·A	台班	71.43	0.833	0.987	1.170

二、中压管道

1.碳钢管(电弧焊)

工作内容：准备工作、管子切口、坡口加工、坡口磨平、管口组对、焊接、管道安装。　计量单位：10m

定额编号				A8-1-533	A8-1-534	A8-1-535	A8-1-536
项目名称				公称直径(mm以内)			
				15	20	25	32
基价（元）				**45.93**	**53.39**	**60.28**	**68.79**
其中	人工费（元）			40.74	45.78	50.54	56.98
	材料费（元）			1.71	1.87	2.79	3.34
	机械费（元）			3.48	5.74	6.95	8.47
	名称	**单位**	**单价(元)**	**消耗量**			
人工	综合工日	工日	140.00	0.291	0.327	0.361	0.407
材料	碳钢管	m	—	(9.137)	(9.137)	(9.137)	(9.137)
	低碳钢焊条	kg	6.84	0.034	0.043	0.063	0.094
	电	kW·h	0.68	0.105	0.115	0.148	0.162
	钢丝 φ4.0	kg	4.02	0.069	0.069	0.070	0.070
	棉纱头	kg	6.00	0.003	0.006	0.006	0.009
	磨头	个	2.75	0.013	0.016	0.020	0.024
	尼龙砂轮片 φ100×16×3	片	2.56	0.057	0.073	0.123	0.159
	尼龙砂轮片 φ500×25×4	片	12.82	0.003	0.003	0.005	0.006
	破布	kg	6.32	0.090	0.090	0.181	0.199
	塑料布	m^2	1.97	0.149	0.158	0.165	0.175
	氧气	m^3	3.63	0.001	0.001	0.001	0.010
	乙炔气	kg	10.45	0.001	0.001	0.001	0.003
	其他材料费占材料费	%	—	1.000	1.000	1.000	1.000
机械	电焊机(综合)	台班	118.28	0.028	0.046	0.056	0.068
	电焊条恒温箱	台班	21.41	0.003	0.005	0.005	0.007
	电焊条烘干箱 60×50×75cm³	台班	26.46	0.003	0.005	0.005	0.007
	砂轮切割机 500mm	台班	29.08	0.001	0.002	0.003	0.003

工作内容：准备工作、管子切口、坡口加工、坡口磨平、管口组对、焊接、管道安装。　计量单位：10m

定额编号				A8-1-537	A8-1-538	A8-1-539	A8-1-540
项目名称				公称直径(mm以内)			
				40	50	65	80
基价（元）				77.55	87.74	111.20	135.89
其中	人工费（元）			63.56	70.42	85.96	106.26
	材料费（元）			3.63	4.14	7.66	9.06
	机械费（元）			10.36	13.18	17.58	20.57
名称		单位	单价(元)	消耗量			
人工	综合工日	工日	140.00	0.454	0.503	0.614	0.759
材料	碳钢管	m	—	(9.137)	(8.996)	(8.996)	(8.996)
	低碳钢焊条	kg	6.84	0.100	0.125	0.275	0.393
	电	kW·h	0.68	0.193	0.199	0.121	0.147
	钢丝 φ4.0	kg	4.02	0.070	0.071	0.071	0.072
	棉纱头	kg	6.00	0.009	0.011	0.015	0.018
	磨头	个	2.75	0.028	0.033	0.044	0.052
	尼龙砂轮片 φ100×16×3	片	2.56	0.219	0.227	0.272	0.358
	尼龙砂轮片 φ500×25×4	片	12.82	0.007	0.011	—	—
	破布	kg	6.32	0.199	0.226	0.253	0.271
	塑料布	m²	1.97	0.196	0.216	0.318	0.266
	氧气	m³	3.63	0.011	0.014	0.309	0.350
	乙炔气	kg	10.45	0.003	0.004	0.103	0.117
	其他材料费占材料费	%	—	1.000	1.000	1.000	1.000
机械	电焊机(综合)	台班	118.28	0.083	0.106	0.143	0.167
	电焊条恒温箱	台班	21.41	0.009	0.011	0.014	0.017
	电焊条烘干箱 60×50×75cm³	台班	26.46	0.009	0.011	0.014	0.017
	砂轮切割机 500mm	台班	29.08	0.004	0.004	—	—

工作内容：准备工作、管子切口、坡口加工、坡口磨平、管口组对、焊接、管道安装。 计量单位：10m

定额编号				A8-1-541	A8-1-542	A8-1-543	A8-1-544
项目名称				公称直径(mm以内)			
				100	125	150	200
基价（元）				**218.16**	**248.59**	**272.44**	**385.76**
其中	人工费（元）			121.66	122.78	131.60	182.56
	材料费（元）			11.35	15.02	19.38	30.79
	机械费（元）			85.15	110.79	121.46	172.41
名称		**单位**	**单价(元)**	**消耗量**			
人工	综合工日	工日	140.00	0.869	0.877	0.940	1.304
材料	碳钢管	m	—	(8.996)	(8.845)	(8.845)	(8.845)
	低碳钢焊条	kg	6.84	0.521	0.810	1.125	2.125
	电	kW·h	0.68	0.191	0.240	0.292	0.418
	钢丝 Φ4.0	kg	4.02	0.072	0.073	0.073	0.075
	角钢(综合)	kg	3.61	—	—	—	0.137
	棉纱头	kg	6.00	0.021	0.024	0.032	0.041
	磨头	个	2.75	0.066	—	—	—
	尼龙砂轮片 Φ100×16×3	片	2.56	0.479	0.688	0.959	1.478
	破布	kg	6.32	0.317	0.343	0.361	0.433
	塑料布	m²	1.97	0.306	0.369	0.431	0.560
	氧气	m³	3.63	0.438	0.573	0.734	0.983
	乙炔气	kg	10.45	0.146	0.191	0.245	0.328
	其他材料费占材料费	%	—	1.000	1.000	1.000	1.000
机械	电焊机(综合)	台班	118.28	0.227	0.274	0.340	0.500
	电焊条恒温箱	台班	21.41	0.023	0.027	0.034	0.050
	电焊条烘干箱 60×50×75cm³	台班	26.46	0.023	0.027	0.034	0.050
	吊装机械(综合)	台班	619.04	0.074	0.100	0.100	0.128
	汽车式起重机 8t	台班	763.67	0.009	0.012	0.014	0.025
	载重汽车 8t	台班	501.85	0.009	0.012	0.014	0.025

工作内容：准备工作、管子切口、坡口加工、坡口磨平、管口组对、焊接、管道安装。　计量单位：10m

定额编号				A8-1-545	A8-1-546	A8-1-547	A8-1-548
项目名称				公称直径(mm以内)			
				250	300	350	400
基价(元)				513.67	574.72	674.54	809.33
其中	人工费(元)			223.86	238.56	282.80	336.28
	材料费(元)			44.62	59.64	77.92	96.53
	机械费(元)			245.19	276.52	313.82	376.52
名称		单位	单价(元)	消耗量			
人工	综合工日	工日	140.00	1.599	1.704	2.020	2.402
材料	碳钢管	m	—	(8.798)	(8.798)	(8.798)	(8.798)
	低碳钢焊条	kg	6.84	3.375	4.750	6.750	8.750
	电	kW·h	0.68	0.561	0.695	0.878	1.095
	钢丝 φ4.0	kg	4.02	0.075	0.076	0.077	0.078
	角钢(综合)	kg	3.61	0.137	0.138	0.138	0.138
	棉纱头	kg	6.00	0.051	0.050	0.061	0.068
	尼龙砂轮片 φ100×16×3	片	2.56	2.127	2.874	3.655	4.550
	破布	kg	6.32	0.479	0.497	0.524	0.542
	塑料布	m²	1.97	0.713	0.878	1.062	1.197
	氧气	m³	3.63	1.368	1.793	2.030	2.296
	乙炔气	kg	10.45	0.456	0.598	0.677	0.765
	其他材料费占材料费	%	—	1.000	1.000	1.000	1.000
机械	电焊机(综合)	台班	118.28	0.655	0.745	0.834	1.068
	电焊条恒温箱	台班	21.41	0.065	0.074	0.084	0.107
	电焊条烘干箱 60×50×75cm³	台班	26.46	0.065	0.074	0.084	0.107
	吊装机械(综合)	台班	619.04	0.178	0.178	0.198	0.216
	汽车式起重机 8t	台班	763.67	0.043	0.059	0.070	0.088
	载重汽车 8t	台班	501.85	0.043	0.059	0.070	0.088

工作内容：准备工作、管子切口、坡口加工、坡口磨平、管口组对、焊接、管道安装。　计量单位：10m

定额编号				A8-1-549	A8-1-550	A8-1-551
项目名称				公称直径(mm以内)		
				450	500	600
基价（元）				978.07	1135.53	1309.75
其中	人工费（元）			425.18	497.70	570.36
	材料费（元）			111.06	140.66	182.40
	机械费（元）			441.83	497.17	556.99
名称		单位	单价(元)	消耗量		
人工	综合工日	工日	140.00	3.037	3.555	4.074
材料	碳钢管	m	—	(8.695)	(8.695)	(8.695)
	低碳钢焊条	kg	6.84	9.750	13.286	17.042
	电	kW·h	0.68	1.207	1.500	2.030
	钢丝 φ4.0	kg	4.02	0.080	0.081	0.082
	角钢(综合)	kg	3.61	0.138	0.138	0.138
	棉纱头	kg	6.00	0.075	0.084	0.092
	尼龙砂轮片 φ100×16×3	片	2.56	5.124	5.821	8.561
	破布	kg	6.32	0.614	0.696	0.778
	塑料布	m²	1.97	1.476	1.701	1.980
	氧气	m³	3.63	2.990	3.289	4.292
	乙炔气	kg	10.45	0.997	1.096	1.431
	其他材料费占材料费	%	—	1.000	1.000	1.000
机械	电焊机(综合)	台班	118.28	1.272	1.475	1.679
	电焊条恒温箱	台班	21.41	0.127	0.147	0.168
	电焊条烘干箱 60×50×75cm³	台班	26.46	0.127	0.147	0.168
	吊装机械(综合)	台班	619.04	0.236	0.236	0.245
	汽车式起重机 8t	台班	763.67	0.110	0.134	0.157
	载重汽车 8t	台班	501.85	0.110	0.134	0.157

2. 碳钢管(氩电联焊)

工作内容：准备工作、管子切口、坡口加工、坡口磨平、管口组对、焊接、管口封闭、管道安装。

计量单位：10m

定额编号				A8-1-552	A8-1-553	A8-1-554	A8-1-555
项目名称				公称直径(mm以内)			
				15	20	25	32
基价（元）				50.65	56.34	65.24	74.31
其中	人工费（元）			44.66	49.42	55.72	63.00
	材料费（元）			2.64	3.05	4.77	5.98
	机械费（元）			3.35	3.87	4.75	5.33
名称		单位	单价(元)	消耗量			
人工	综合工日	工日	140.00	0.319	0.353	0.398	0.450
材料	碳钢管	m	—	(9.137)	(9.137)	(9.137)	(9.137)
	低碳钢焊条	kg	6.84	0.001	0.001	0.003	0.004
	电	kW·h	0.68	0.105	0.115	0.150	0.165
	钢丝 Φ4.0	kg	4.02	0.077	0.078	0.079	0.080
	棉纱头	kg	6.00	0.003	0.006	0.006	0.009
	磨头	个	2.75	0.013	0.016	0.020	0.024
	尼龙砂轮片 Φ100×16×3	片	2.56	0.056	0.072	0.123	0.160
	尼龙砂轮片 Φ500×25×4	片	12.82	0.003	0.003	0.005	0.006
	破布	kg	6.32	0.090	0.090	0.181	0.199
	钍钨棒	g	0.38	0.097	0.123	0.200	0.269
	塑料布	m²	1.97	0.150	0.157	0.165	0.174
	碳钢焊丝	kg	7.69	0.017	0.022	0.038	0.050
	氩气	m³	19.59	0.048	0.062	0.100	0.138
	氧气	m³	3.63	0.001	0.001	0.001	0.009
	乙炔气	kg	10.45	0.001	0.001	0.001	0.003
	其他材料费占材料费	%	—	1.000	1.000	1.000	1.000
机械	电焊机(综合)	台班	118.28	0.005	0.005	0.009	0.010
	电焊条恒温箱	台班	21.41	0.001	0.001	0.001	0.001
	电焊条烘干箱 60×50×75cm³	台班	26.46	0.001	0.001	0.001	0.001
	砂轮切割机 500mm	台班	29.08	0.001	0.003	0.004	0.004
	氩弧焊机 500A	台班	92.58	0.029	0.034	0.038	0.043

工作内容：准备工作、管子切口、坡口加工、坡口磨平、管口组对、焊接、管口封闭、管道安装。

计量单位：10m

定额编号				A8-1-556	A8-1-557	A8-1-558	A8-1-559
项目名称				公称直径(mm以内)			
				40	50	65	80
基价（元）				84.31	100.86	125.73	149.49
其中	人工费（元）			70.70	80.36	97.86	116.90
	材料费（元）			6.85	5.51	9.06	10.68
	机械费（元）			6.76	14.99	18.81	21.91
名称		单位	单价(元)	消耗量			
人工	综合工日	工日	140.00	0.505	0.574	0.699	0.835
材料	碳钢管	m	—	(9.137)	(8.996)	(8.996)	(8.996)
	低碳钢焊条	kg	6.84	0.004	0.059	0.225	0.331
	电	kW·h	0.68	0.199	0.208	0.132	0.160
	钢丝 φ4.0	kg	4.02	0.081	0.084	0.087	0.089
	棉纱头	kg	6.00	0.009	0.011	0.015	0.018
	磨头	个	2.75	0.028	0.033	0.044	0.052
	尼龙砂轮片 φ100×16×3	片	2.56	0.218	0.223	0.269	0.355
	尼龙砂轮片 φ500×25×4	片	12.82	0.007	0.011	0.016	0.021
	破布	kg	6.32	0.199	0.226	0.253	0.271
	铈钨棒	g	0.38	0.313	0.151	0.151	0.163
	塑料布	m²	1.97	0.197	0.216	0.243	0.267
	碳钢焊丝	kg	7.69	0.063	0.027	0.028	0.029
	氩气	m³	19.59	0.163	0.076	0.076	0.081
	氧气	m³	3.63	0.011	0.014	0.288	0.323
	乙炔气	kg	10.45	0.003	0.004	0.096	0.108
	其他材料费占材料费	%	—	1.000	1.000	1.000	1.000
机械	电焊机(综合)	台班	118.28	0.016	0.080	0.109	0.126
	电焊条恒温箱	台班	21.41	0.002	0.008	0.011	0.012
	电焊条烘干箱 60×50×75cm³	台班	26.46	0.002	0.008	0.011	0.012
	砂轮切割机 500mm	台班	29.08	0.005	0.005	0.007	0.008
	氩弧焊机 500A	台班	92.58	0.050	0.054	0.056	0.067

工作内容：准备工作、管子切口、坡口加工、坡口磨平、管口组对、焊接、管口封闭、管道安装。

计量单位：10m

定额编号				A8-1-560	A8-1-561	A8-1-562	A8-1-563
项目名称				公称直径(mm以内)			
				100	125	150	200
基价(元)				238.84	274.54	305.54	431.37
其中	人工费(元)			135.66	140.56	146.86	203.28
	材料费(元)			13.35	17.52	21.95	32.94
	机械费(元)			89.83	116.46	136.73	195.15
名称		单位	单价(元)	消耗量			
人工	综合工日	工日	140.00	0.969	1.004	1.049	1.452
材料	碳钢管	m	—	(8.996)	(8.845)	(8.845)	(8.845)
	低碳钢焊条	kg	6.84	0.438	0.716	1.000	1.750
	电	kW·h	0.68	0.211	0.265	0.326	0.474
	钢丝 φ4.0	kg	4.02	0.095	0.099	0.104	0.114
	角钢(综合)	kg	3.61	—	—	—	0.137
	棉纱头	kg	6.00	0.021	0.024	0.032	0.041
	尼龙砂轮片 φ100×16×3	片	2.56	0.474	0.682	0.950	1.466
	尼龙砂轮片 φ500×25×4	片	12.82	0.029	0.038	—	—
	破布	kg	6.32	0.317	0.343	0.361	0.433
	铈钨棒	g	0.38	0.218	0.250	0.300	0.425
	塑料布	m²	1.97	0.314	0.369	0.431	0.560
	碳钢焊丝	kg	7.69	0.039	0.044	0.054	0.075
	氩气	m³	19.59	0.109	0.125	0.150	0.213
	氧气	m³	3.63	0.400	0.523	0.707	0.930
	乙炔气	kg	10.45	0.133	0.174	0.236	0.310
	其他材料费占材料费	%	—	1.000	1.000	1.000	1.000
机械	半自动切割机 100mm	台班	83.55	—	—	0.088	0.126
	电焊机(综合)	台班	118.28	0.182	0.220	0.281	0.431
	电焊条恒温箱	台班	21.41	0.019	0.022	0.028	0.043
	电焊条烘干箱 60×50×75cm³	台班	26.46	0.019	0.022	0.028	0.043
	吊装机械(综合)	台班	619.04	0.073	0.100	0.100	0.128
	汽车式起重机 8t	台班	763.67	0.011	0.014	0.017	0.029
	砂轮切割机 500mm	台班	29.08	0.011	0.011	—	—
	氩弧焊机 500A	台班	92.58	0.086	0.102	0.123	0.169
	载重汽车 8t	台班	501.85	0.011	0.014	0.017	0.029

工作内容：准备工作、管子切口、坡口加工、坡口磨平、管口组对、焊接、管口封闭、管道安装。

计量单位：10m

定额编号				A8-1-564	A8-1-565	A8-1-566	A8-1-567
项目名称				公称直径(mm以内)			
				250	300	350	400
基价（元）				574.77	648.67	753.15	903.03
其中	人工费（元）			249.34	266.56	315.00	373.66
	材料费（元）			46.25	66.59	85.29	105.26
	机械费（元）			279.18	315.52	352.86	424.11
名称		单位	单价(元)	消耗量			
人工	综合工日	工日	140.00	1.781	1.904	2.250	2.669
材料	碳钢管	m	—	(8.798)	(8.798)	(8.798)	(8.798)
	低碳钢焊条	kg	6.84	2.750	4.875	6.625	8.625
	电	kW·h	0.68	0.628	0.783	0.978	1.150
	钢丝 φ4.0	kg	4.02	0.123	0.133	0.142	0.152
	角钢(综合)	kg	3.61	0.137	0.138	0.138	0.138
	棉纱头	kg	6.00	0.050	0.050	0.061	0.068
	尼龙砂轮片 φ100×16×3	片	2.56	2.114	2.853	3.633	4.483
	破布	kg	6.32	0.479	0.497	0.524	0.542
	铈钨棒	g	0.38	0.525	0.638	0.738	0.869
	塑料布	m²	1.97	0.713	0.878	1.061	1.196
	碳钢焊丝	kg	7.69	0.095	0.113	0.133	0.163
	氩气	m³	19.59	0.263	0.316	0.375	0.435
	氧气	m³	3.63	1.313	1.580	1.923	2.188
	乙炔气	kg	10.45	0.438	0.527	0.641	0.729
	其他材料费占材料费	%	—	1.000	1.000	1.000	1.000
机械	半自动切割机 100mm	台班	83.55	0.162	0.170	0.178	0.206
	电焊机(综合)	台班	118.28	0.580	0.670	0.760	0.981
	电焊条恒温箱	台班	21.41	0.058	0.067	0.076	0.099
	电焊条烘干箱 60×50×75cm³	台班	26.46	0.058	0.067	0.076	0.099
	吊装机械(综合)	台班	619.04	0.178	0.178	0.198	0.216
	汽车式起重机 8t	台班	763.67	0.051	0.070	0.080	0.102
	氩弧焊机 500A	台班	92.58	0.211	0.217	0.223	0.252
	载重汽车 8t	台班	501.85	0.051	0.070	0.080	0.102

工作内容：准备工作、管子切口、坡口加工、坡口磨平、管口组对、焊接、管口封闭、管道安装。

计量单位：10m

定额编号				A8-1-568	A8-1-569	A8-1-570
项目名称				公称直径(mm以内)		
				450	500	600
基价（元）				1027.19	1263.95	1517.58
其中	人工费（元）			402.22	549.36	696.78
	材料费（元）			118.91	152.66	196.76
	机械费（元）			506.06	561.93	624.04
名称		单位	单价(元)	消耗量		
人工	综合工日	工日	140.00	2.873	3.924	4.977
材料	碳钢管	m	—	(8.695)	(8.695)	(8.695)
	低碳钢焊条	kg	6.84	9.500	12.718	16.313
	电	kW·h	0.68	1.320	1.662	2.240
	钢丝 φ4.0	kg	4.02	0.161	0.170	0.179
	角钢(综合)	kg	3.61	0.138	0.138	0.138
	棉纱头	kg	6.00	0.075	0.084	0.092
	尼龙砂轮片 φ100×16×3	片	2.56	5.099	5.788	8.519
	破布	kg	6.32	0.614	0.696	0.778
	铈钨棒	g	0.38	0.950	1.368	1.769
	塑料布	m²	1.97	1.473	1.698	1.923
	碳钢焊丝	kg	7.69	0.188	0.244	0.316
	氩气	m³	19.59	0.475	0.684	0.884
	氧气	m³	3.63	2.715	3.231	4.077
	乙炔气	kg	10.45	0.905	1.077	1.359
	其他材料费占材料费	%	—	1.000	1.000	1.000
机械	半自动切割机 100mm	台班	83.55	0.240	0.256	0.272
	电焊机(综合)	台班	118.28	1.233	1.363	1.493
	电焊条恒温箱	台班	21.41	0.123	0.137	0.150
	电焊条烘干箱 60×50×75cm³	台班	26.46	0.123	0.137	0.150
	吊装机械(综合)	台班	619.04	0.236	0.236	0.245
	汽车式起重机 8t	台班	763.67	0.128	0.156	0.185
	氩弧焊机 500A	台班	92.58	0.283	0.316	0.343
	载重汽车 8t	台班	501.85	0.128	0.156	0.185

3.螺旋卷管(电弧焊)

工作内容：准备工作、管子切口、坡口加工、坡口磨平、管口组对、焊接、管道安装。　计量单位：10m

定额编号				A8-1-571	A8-1-572	A8-1-573	A8-1-574
项目名称				公称直径(mm以内)			
				200	250	300	350
基价（元）				209.22	246.44	279.78	327.54
其中	人工费（元）			105.42	123.62	144.62	170.10
	材料费（元）			11.48	14.10	15.30	20.76
	机械费（元）			92.32	108.72	119.86	136.68
名称		单位	单价(元)	消耗量			
人工	综合工日	工日	140.00	0.753	0.883	1.033	1.215
材料	螺旋卷管	m	—	(9.287)	(9.287)	(9.287)	(9.287)
	低碳钢焊条	kg	6.84	0.830	1.038	1.046	1.563
	电	kW·h	0.68	0.192	0.235	0.279	0.332
	角钢(综合)	kg	3.61	0.080	0.080	0.080	0.080
	棉纱头	kg	6.00	0.033	0.041	0.050	0.056
	尼龙砂轮片 φ100×16×3	片	2.56	0.693	0.830	1.097	1.382
	破布	kg	6.32	0.015	0.019	0.021	0.026
	氧气	m^3	3.63	0.451	0.551	0.601	0.746
	乙炔气	kg	10.45	0.150	0.184	0.200	0.249
	其他材料费占材料费	%	—	1.000	1.000	1.000	1.000
机械	电焊机(综合)	台班	118.28	0.118	0.134	0.158	0.198
	电焊条恒温箱	台班	21.41	0.012	0.013	0.016	0.020
	电焊条烘干箱 60×50×75cm^3	台班	26.46	0.012	0.013	0.016	0.020
	吊装机械(综合)	台班	619.04	0.095	0.102	0.107	0.116
	汽车式起重机 8t	台班	763.67	0.015	0.023	0.027	0.032
	载重汽车 8t	台班	501.85	0.015	0.023	0.027	0.032

工作内容：准备工作、管子切口、坡口加工、坡口磨平、管口组对、焊接、管道安装。　计量单位：10m

定额编号				A8-1-575	A8-1-576	A8-1-577	A8-1-578
项目名称				公称直径(mm以内)			
				400	450	500	600
基价(元)				**372.03**	**461.55**	**530.24**	**615.68**
其中	人工费(元)			199.50	248.36	294.42	354.06
	材料费(元)			23.23	33.55	37.10	48.43
	机械费(元)			149.30	179.64	198.72	213.19
名称		单位	单价(元)	消耗量			
人工	综合工日	工日	140.00	1.425	1.774	2.103	2.529
材料	螺旋卷管	m	—	(9.287)	(9.193)	(9.193)	(9.193)
	低碳钢焊条	kg	6.84	1.769	2.849	3.158	4.233
	电	kW·h	0.68	0.375	0.477	0.499	0.660
	角钢(综合)	kg	3.61	0.080	0.080	0.080	0.080
	六角螺栓(综合)	10套	11.30	—	—	—	0.019
	棉纱头	kg	6.00	0.064	0.071	0.077	0.094
	尼龙砂轮片 φ100×16×3	片	2.56	1.564	2.043	2.339	2.935
	破布	kg	6.32	0.028	0.032	0.036	0.043
	碳精棒	kg	12.82	—	—	—	0.042
	氧气	m^3	3.63	0.814	1.021	1.100	1.288
	乙炔气	kg	10.45	0.271	0.340	0.367	0.429
	其他材料费占材料费	%	—	1.000	1.000	1.000	1.000
机械	电焊机(综合)	台班	118.28	0.224	0.323	0.331	0.488
	电焊条恒温箱	台班	21.41	0.023	0.032	0.033	0.049
	电焊条烘干箱 60×50×75cm^3	台班	26.46	0.023	0.032	0.033	0.049
	吊装机械(综合)	台班	619.04	0.123	0.134	0.153	0.139
	汽车式起重机 8t	台班	763.67	0.036	0.045	0.050	0.053
	载重汽车 8t	台班	501.85	0.036	0.045	0.050	0.053

工作内容：准备工作、管子切口、坡口加工、坡口磨平、管口组对、焊接、管道安装。　计量单位：10m

定额编号				A8-1-579	A8-1-580	A8-1-581	A8-1-582
项目名称				公称直径(mm以内)			
				700	800	900	1000
基价（元）				712.01	832.39	943.39	1071.43
其中	人工费（元）			413.70	470.54	530.04	587.86
	材料费（元）			56.39	74.43	84.64	94.63
	机械费（元）			241.92	287.42	328.71	388.94
名称		单位	单价(元)	消耗量			
人工	综合工日	工日	140.00	2.955	3.361	3.786	4.199
材料	螺旋卷管	m	—	(9.090)	(9.090)	(9.090)	(8.996)
	低碳钢焊条	kg	6.84	5.001	6.939	7.797	8.655
	电	kW·h	0.68	0.775	0.918	1.045	1.157
	角钢(综合)	kg	3.61	0.088	0.088	0.088	0.088
	六角螺栓(综合)	10套	11.30	0.019	0.019	0.019	0.019
	棉纱头	kg	6.00	0.106	0.123	0.136	0.184
	尼龙砂轮片 φ100×16×3	片	2.56	3.336	3.988	4.607	5.060
	破布	kg	6.32	0.049	0.056	0.062	0.068
	碳精棒	kg	12.82	0.048	0.055	0.061	0.068
	氧气	m³	3.63	1.471	1.837	2.171	2.505
	乙炔气	kg	10.45	0.490	0.612	0.724	0.835
	其他材料费占材料费	%	—	1.000	1.000	1.000	1.000
机械	电焊机(综合)	台班	118.28	0.559	0.694	0.779	0.864
	电焊条恒温箱	台班	21.41	0.056	0.069	0.078	0.086
	电焊条烘干箱 60×50×75cm³	台班	26.46	0.056	0.069	0.078	0.086
	吊装机械(综合)	台班	619.04	0.157	0.171	0.186	0.246
	汽车式起重机 8t	台班	763.67	0.060	0.076	0.093	0.103
	载重汽车 8t	台班	501.85	0.060	0.076	0.093	0.103

4.螺旋卷管(氩电联焊)

工作内容：准备工作、管子切口、坡口加工、坡口磨平、管口组对、焊接、管口封闭、管道安装。

计量单位：10m

定额编号				A8-1-583	A8-1-584	A8-1-585	A8-1-586
项目名称				公称直径(mm以内)			
				200	250	300	350
基价(元)				245.28	287.61	332.57	388.12
其中	人工费(元)			131.74	154.56	180.88	212.52
	材料费(元)			14.12	17.01	20.53	25.65
	机械费(元)			99.42	116.04	131.16	149.95
名称		单位	单价(元)	消耗量			
人工	综合工日	工日	140.00	0.941	1.104	1.292	1.518
材料	螺旋卷管	m	—	(9.287)	(9.287)	(9.287)	(9.287)
	低碳钢焊条	kg	6.84	0.700	0.830	1.046	1.382
	电	kW·h	0.68	0.265	0.321	0.379	0.455
	角钢(综合)	kg	3.61	0.080	0.080	0.080	0.080
	棉纱头	kg	6.00	0.033	0.041	0.050	0.056
	尼龙砂轮片 φ100×16×3	片	2.56	0.680	0.817	1.088	1.372
	破布	kg	6.32	0.015	0.019	0.021	0.026
	铈钨棒	g	0.38	0.301	0.370	0.445	0.522
	碳钢氩弧焊丝	kg	7.69	0.054	0.066	0.080	0.093
	氩气	m^3	19.59	0.151	0.185	0.222	0.261
	氧气	m^3	3.63	0.451	0.551	0.601	0.746
	乙炔气	kg	10.45	0.150	0.184	0.200	0.249
	其他材料费占材料费	%	—	1.000	1.000	1.000	1.000
机械	电焊机(综合)	台班	118.28	0.109	0.141	0.167	0.208
	电焊条恒温箱	台班	21.41	0.011	0.011	0.017	0.021
	电焊条烘干箱 60×50×75cm^3	台班	26.46	0.011	0.014	0.017	0.021
	吊装机械(综合)	台班	619.04	0.095	0.102	0.107	0.116
	汽车式起重机 8t	台班	763.67	0.016	0.023	0.027	0.032
	氩弧焊机 500A	台班	92.58	0.075	0.092	0.110	0.130
	载重汽车 8t	台班	501.85	0.016	0.019	0.027	0.032

工作内容：准备工作、管子切口、坡口加工、坡口磨平、管口组对、焊接、管口封闭、管道安装。

计量单位：10m

定额编号				A8-1-587	A8-1-588	A8-1-589
项目名称				公称直径(mm以内)		
				400	450	500
基价（元）				443.28	539.19	624.99
其中	人工费（元）			249.48	310.52	368.06
	材料费（元）			28.76	38.21	42.08
	机械费（元）			165.04	190.46	214.85
名称		单位	单价(元)	消耗量		
人工	综合工日	工日	140.00	1.782	2.218	2.629
材料	螺旋卷管	m	—	(9.287)	(9.193)	(9.193)
	低碳钢焊条	kg	6.84	1.563	2.388	2.640
	电	kW·h	0.68	0.515	0.636	0.684
	角钢(综合)	kg	3.61	0.080	0.080	0.080
	棉纱头	kg	6.00	0.064	0.071	0.077
	尼龙砂轮片 φ100×16×3	片	2.56	1.552	2.022	2.317
	破布	kg	6.32	0.026	0.028	0.032
	铈钨棒	g	0.38	0.592	0.670	0.730
	碳钢氩弧焊丝	kg	7.69	0.106	0.120	0.130
	氩气	m³	19.59	0.296	0.335	0.365
	氧气	m³	3.63	0.814	1.021	1.100
	乙炔气	kg	10.45	0.271	0.340	0.367
	其他材料费占材料费	%	—	1.000	1.000	1.000
机械	电焊机(综合)	台班	118.28	0.236	0.285	0.315
	电焊条恒温箱	台班	21.41	0.023	0.029	0.031
	电焊条烘干箱 60×50×75cm³	台班	26.46	0.023	0.029	0.031
	吊装机械(综合)	台班	619.04	0.124	0.134	0.154
	汽车式起重机 8t	台班	763.67	0.036	0.045	0.050
	氩弧焊机 500A	台班	92.58	0.148	0.167	0.189
	载重汽车 8t	台班	501.85	0.036	0.045	0.050

5. 不锈钢管(电弧焊)

工作内容：准备工作、管子切口、坡口加工、坡口磨平、管口组对、焊接、焊缝钝化、管口封闭、管道安装。

计量单位：10m

定额编号				A8-1-590	A8-1-591	A8-1-592	A8-1-593
项目名称				公称直径(mm以内)			
				15	20	25	32
基价(元)				**58.10**	**60.68**	**65.69**	**73.47**
其中	人工费(元)			51.66	53.06	54.88	60.76
	材料费(元)			2.42	2.78	4.25	4.80
	机械费(元)			4.02	4.84	6.56	7.91
名称		单位	单价(元)	消耗量			
人工	综合工日	工日	140.00	0.369	0.379	0.392	0.434
材料	不锈钢管	m	—	(9.250)	(9.250)	(9.250)	(9.250)
	丙酮	kg	7.51	0.012	0.014	0.019	0.022
	不锈钢焊条	kg	38.46	0.022	0.027	0.041	0.050
	电	kW·h	0.68	0.150	0.161	0.199	0.216
	钢丝 φ4.0	kg	4.02	0.069	0.070	0.071	0.072
	棉纱头	kg	6.00	0.003	0.005	0.006	0.008
	尼龙砂轮片 φ100×16×3	片	2.56	0.069	0.085	0.134	0.167
	尼龙砂轮片 φ500×25×4	片	12.82	0.005	0.006	0.012	0.014
	破布	kg	6.32	0.082	0.082	0.178	0.178
	水	t	7.96	0.002	0.002	0.002	0.003
	塑料布	m²	1.97	0.121	0.148	0.155	0.164
	酸洗膏	kg	6.56	0.007	0.010	0.013	0.016
	其他材料费占材料费	%	—	1.000	1.000	1.000	1.000
机械	电动空气压缩机 6m³/min	台班	206.73	0.002	0.002	0.002	0.002
	电焊机(综合)	台班	118.28	0.029	0.036	0.049	0.060
	电焊条恒温箱	台班	21.41	0.003	0.003	0.005	0.006
	电焊条烘干箱 60×50×75cm³	台班	26.46	0.003	0.003	0.005	0.006
	砂轮切割机 500mm	台班	29.08	0.001	0.001	0.004	0.004

工作内容：准备工作、管子切口、坡口加工、坡口磨平、管口组对、焊接、焊缝钝化、管口封闭、管道安装。

计量单位：10m

定额编号				A8-1-594	A8-1-595	A8-1-596	A8-1-597
项目名称				公称直径(mm以内)			
				40	50	65	80
基价（元）				**85.39**	**116.69**	**159.60**	**190.57**
其中	人工费（元）			68.74	94.78	127.12	134.82
	材料费（元）			6.36	8.26	13.17	15.74
	机械费（元）			10.29	13.65	19.31	40.01
名称		单位	单价(元)	消耗量			
人工	综合工日	工日	140.00	0.491	0.677	0.908	0.963
材料	不锈钢管	m	—	(9.156)	(9.156)	(9.156)	(8.958)
	丙酮	kg	7.51	0.026	0.031	0.041	0.048
	不锈钢焊条	kg	38.46	0.077	0.113	0.200	0.259
	电	kW·h	0.68	0.259	0.312	0.404	0.194
	钢丝 φ4.0	kg	4.02	0.073	0.076	0.079	0.081
	棉纱头	kg	6.00	0.009	0.010	0.015	0.017
	尼龙砂轮片 φ100×16×3	片	2.56	0.239	0.350	0.647	0.606
	尼龙砂轮片 φ500×25×4	片	12.82	0.017	0.019	0.034	0.041
	破布	kg	6.32	0.202	0.203	0.243	0.285
	水	t	7.96	0.003	0.005	0.007	0.009
	塑料布	m^2	1.97	0.185	0.203	0.229	0.251
	酸洗膏	kg	6.56	0.019	0.024	0.034	0.040
	其他材料费占材料费	%	—	1.000	1.000	1.000	1.000
机械	等离子切割机 400A	台班	219.59	—	—	—	0.064
	电动空气压缩机 $1m^3/min$	台班	50.29	—	—	—	0.064
	电动空气压缩机 $6m^3/min$	台班	206.73	0.002	0.002	0.002	0.002
	电焊机(综合)	台班	118.28	0.079	0.106	0.151	0.178
	电焊条恒温箱	台班	21.41	0.008	0.011	0.015	0.018
	电焊条烘干箱 $60×50×75cm^3$	台班	26.46	0.008	0.011	0.015	0.018
	砂轮切割机 500mm	台班	29.08	0.005	0.006	0.011	0.014

工作内容：准备工作、管子切口、坡口加工、坡口磨平、管口组对、焊接、焊缝钝化、管口封闭、管道安装。

计量单位：10m

定额编号				A8-1-598	A8-1-599	A8-1-600	A8-1-601
项目名称				公称直径(mm以内)			
				100	125	150	200
基价（元）				303.16	327.79	379.48	565.90
其中	人工费（元）			157.50	160.16	180.88	269.22
	材料费（元）			21.74	26.73	37.52	66.65
	机械费（元）			123.92	140.90	161.08	230.03
名称		单位	单价(元)	消耗量			
人工	综合工日	工日	140.00	1.125	1.144	1.292	1.923
材料	不锈钢管	m	—	(8.958)	(8.958)	(8.817)	(8.817)
	丙酮	kg	7.51	0.061	0.071	0.085	0.117
	不锈钢焊条	kg	38.46	0.388	0.513	0.736	1.393
	电	kW·h	0.68	0.271	0.304	0.407	0.605
	钢丝 φ4.0	kg	4.02	0.086	0.090	0.095	0.104
	棉纱头	kg	6.00	0.019	0.023	0.029	0.042
	尼龙砂轮片 φ100×16×3	片	2.56	0.747	0.879	1.445	2.198
	尼龙砂轮片 φ500×25×4	片	12.82	0.062	—	—	—
	破布	kg	6.32	0.285	0.311	0.329	0.436
	水	t	7.96	0.010	0.012	0.015	0.020
	塑料布	m²	1.97	0.296	0.347	0.406	0.527
	酸洗膏	kg	6.56	0.050	0.077	0.103	0.134
	其他材料费占材料费	%	—	1.000	1.000	1.000	1.000
机械	等离子切割机 400A	台班	219.59	0.084	0.110	0.136	0.196
	电动空气压缩机 1m³/min	台班	50.29	0.084	0.110	0.136	0.196
	电动空气压缩机 6m³/min	台班	206.73	0.002	0.002	0.002	0.002
	电焊机(综合)	台班	118.28	0.260	0.304	0.380	0.565
	电焊条恒温箱	台班	21.41	0.026	0.030	0.038	0.056
	电焊条烘干箱 60×50×75cm³	台班	26.46	0.026	0.030	0.038	0.056
	吊装机械(综合)	台班	619.04	0.092	0.092	0.092	0.118
	汽车式起重机 8t	台班	763.67	0.009	0.013	0.016	0.027
	砂轮切割机 500mm	台班	29.08	0.017	—	—	—
	载重汽车 8t	台班	501.85	0.009	0.013	0.016	0.027

工作内容：准备工作、管子切口、坡口加工、坡口磨平、管口组对、焊接、焊缝钝化、管口封闭、管道安装。

计量单位：10m

定额编号				A8-1-602	A8-1-603	A8-1-604
项目名称				公称直径(mm以内)		
				250	300	350
基价（元）				747.58	926.50	1170.53
其中	人工费（元）			323.12	384.30	456.96
	材料费（元）			105.81	155.94	227.88
	机械费（元）			318.65	386.26	485.69
名称		单位	单价(元)	消耗量		
人工	综合工日	工日	140.00	2.308	2.745	3.264
材料	不锈钢管	m	—	(8.817)	(8.817)	(8.817)
	丙酮	kg	7.51	0.146	0.173	0.201
	不锈钢焊条	kg	38.46	2.289	3.476	5.213
	电	kW·h	0.68	0.820	1.026	1.285
	钢丝 φ4.0	kg	4.02	0.113	0.122	0.131
	棉纱头	kg	6.00	0.049	0.058	0.066
	尼龙砂轮片 φ100×16×3	片	2.56	3.363	4.447	5.736
	破布	kg	6.32	0.455	0.481	0.500
	水	t	7.96	0.024	0.029	0.034
	塑料布	m^2	1.97	0.671	0.827	0.999
	酸洗膏	kg	6.56	0.203	0.242	0.265
	其他材料费占材料费	%	—	1.000	1.000	1.000
机械	等离子切割机 400A	台班	219.59	0.257	0.323	0.391
	电动空气压缩机 $1m^3/min$	台班	50.29	0.257	0.323	0.391
	电动空气压缩机 $6m^3/min$	台班	206.73	0.002	0.002	0.002
	电焊机(综合)	台班	118.28	0.776	1.026	1.399
	电焊条恒温箱	台班	21.41	0.077	0.103	0.140
	电焊条烘干箱 $60\times50\times75cm^3$	台班	26.46	0.077	0.103	0.140
	吊装机械(综合)	台班	619.04	0.164	0.164	0.182
	汽车式起重机 8t	台班	763.67	0.041	0.056	0.075
	载重汽车 8t	台班	501.85	0.041	0.056	0.075

工作内容：准备工作、管子切口、坡口加工、坡口磨平、管口组对、焊接、焊缝钝化、管口封闭、管道安装。

计量单位：10m

定额编号				A8-1-605	A8-1-606	A8-1-607
项目名称				公称直径(mm以内)		
				400	450	500
基价（元）				1419.92	1690.73	1903.59
其中	人工费（元）			520.52	584.22	647.92
	材料费（元）			308.44	410.40	454.36
	机械费（元）			590.96	696.11	801.31
名称		单位	单价(元)	消耗量		
人工	综合工日	工日	140.00	3.718	4.173	4.628
材料	不锈钢管	m	—	(8.817)	(8.817)	(8.817)
	丙酮	kg	7.51	0.226	0.251	0.276
	不锈钢焊条	kg	38.46	7.146	9.610	10.635
	电	kW·h	0.68	1.556	1.879	2.081
	钢丝 φ4.0	kg	4.02	0.140	0.149	0.158
	棉纱头	kg	6.00	0.074	0.082	0.090
	尼龙砂轮片 φ100×16×3	片	2.56	7.236	9.019	10.022
	破布	kg	6.32	0.566	0.632	0.698
	水	t	7.96	0.039	0.044	0.049
	塑料布	m²	1.97	1.126	1.253	1.380
	酸洗膏	kg	6.56	0.329	0.393	0.457
	其他材料费占材料费	%	—	1.000	1.000	1.000
机械	等离子切割机 400A	台班	219.59	0.465	0.539	0.613
	电动空气压缩机 1m³/min	台班	50.29	0.465	0.539	0.613
	电动空气压缩机 6m³/min	台班	206.73	0.002	0.002	0.002
	电焊机(综合)	台班	118.28	1.801	2.202	2.603
	电焊条恒温箱	台班	21.41	0.180	0.220	0.261
	电焊条烘干箱 60×50×75cm³	台班	26.46	0.180	0.220	0.261
	吊装机械(综合)	台班	619.04	0.199	0.216	0.233
	汽车式起重机 8t	台班	763.67	0.095	0.115	0.135
	载重汽车 8t	台班	501.85	0.095	0.115	0.135

6. 不锈钢管(氩电联焊)

工作内容：准备工作、管子切口、坡口加工、管口组对、焊接、焊缝钝化、管口封闭、管道安装。

计量单位：10m

定额编号				A8-1-608	A8-1-609	A8-1-610	A8-1-611
项目名称				公称直径(mm以内)			
				50	65	80	100
基价（元）				135.54	192.04	217.05	327.19
其中	人工费（元）			99.26	134.26	152.04	171.22
	材料费（元）			10.58	17.05	20.32	31.37
	机械费（元）			25.70	40.73	44.69	124.60
名称		单位	单价(元)	消耗量			
人工	综合工日	工日	140.00	0.709	0.959	1.086	1.223
材料	不锈钢管	m	—	(9.156)	(9.156)	(8.958)	(8.958)
	丙酮	kg	7.51	0.031	0.041	0.048	0.061
	不锈钢焊条	kg	38.46	0.148	0.277	0.329	0.571
	电	kW·h	0.68	0.086	0.123	0.141	0.201
	钢丝 Φ4.0	kg	4.02	0.076	0.079	0.081	0.086
	棉纱头	kg	6.00	0.010	0.015	0.017	0.019
	尼龙砂轮片 Φ100×16×3	片	2.56	0.059	0.088	0.104	0.150
	尼龙砂轮片 Φ500×25×4	片	12.82	0.019	0.034	0.041	0.062
	破布	kg	6.32	0.203	0.243	0.285	0.285
	铈钨棒	g	0.38	0.156	0.194	0.231	0.299
	水	t	7.96	0.005	0.007	0.009	0.010
	塑料布	m^2	1.97	0.203	0.229	0.251	0.296
	酸洗膏	kg	6.56	0.020	0.034	0.040	0.050
	氩气	m^3	19.59	0.093	0.124	0.157	0.202
	其他材料费占材料费	%	—	1.000	1.000	1.000	1.000
机械	单速电动葫芦 3t	台班	32.95	0.037	0.065	0.065	0.067
	电动空气压缩机 $6m^3/min$	台班	206.73	0.002	0.002	0.002	0.002
	电焊机(综合)	台班	118.28	0.071	0.116	0.137	0.203
	电焊条恒温箱	台班	21.41	0.007	0.012	0.014	0.021
	电焊条烘干箱 $60×50×75cm^3$	台班	26.46	0.007	0.012	0.014	0.021
	吊装机械(综合)	台班	619.04	—	—	—	0.092
	普通车床 630×2000mm	台班	247.10	0.037	0.065	0.065	0.067
	汽车式起重机 8t	台班	763.67	—	—	—	0.009
	砂轮切割机 500mm	台班	29.08	0.006	0.011	0.014	0.017
	氩弧焊机 500A	台班	92.58	0.065	0.081	0.095	0.125
	载重汽车 8t	台班	501.85	—	—	—	0.009

工作内容：准备工作、管子切口、坡口加工、管口组对、焊接、焊缝钝化、管口封闭、管道安装。

计量单位：10m

定额编号				A8-1-612	A8-1-613	A8-1-614
项目名称				公称直径(mm以内)		
				125	150	200
基价(元)				**357.26**	**401.40**	**591.32**
其中	人工费(元)			181.86	195.72	285.04
	材料费(元)			36.42	49.82	89.22
	机械费(元)			138.98	155.86	217.06
名称		单位	单价(元)	消耗量		
人工	综合工日	工日	140.00	1.299	1.398	2.036
材料	不锈钢管	m	—	(8.958)	(8.817)	(8.817)
	丙酮	kg	7.51	0.071	0.085	0.117
	不锈钢焊条	kg	38.46	0.676	0.974	1.868
	电	kW·h	0.68	0.237	0.282	0.405
	钢丝 ϕ4.0	kg	4.02	0.090	0.095	0.104
	棉纱头	kg	6.00	0.023	0.029	0.042
	尼龙砂轮片 ϕ100×16×3	片	2.56	0.176	0.239	0.410
	破布	kg	6.32	0.311	0.329	0.436
	铈钨棒	g	0.38	0.354	0.424	0.585
	水	t	7.96	0.012	0.015	0.020
	塑料布	m²	1.97	0.347	0.406	0.527
	酸洗膏	kg	6.56	0.077	0.103	0.134
	氩气	m³	19.59	0.257	0.308	0.437
	其他材料费占材料费	%	—	1.000	1.000	1.000
机械	单速电动葫芦 3t	台班	32.95	0.068	0.071	0.080
	等离子切割机 400A	台班	219.59	0.012	0.015	0.022
	电动空气压缩机 1m³/min	台班	50.29	0.012	0.015	0.022
	电动空气压缩机 6m³/min	台班	206.73	0.002	0.002	0.002
	电焊机(综合)	台班	118.28	0.237	0.312	0.483
	电焊条恒温箱	台班	21.41	0.024	0.031	0.048
	电焊条烘干箱 60×50×75cm³	台班	26.46	0.024	0.031	0.048
	吊装机械(综合)	台班	619.04	0.092	0.092	0.118
	普通车床 630×2000mm	台班	247.10	0.068	0.071	0.080
	汽车式起重机 8t	台班	763.67	0.013	0.016	0.027
	氩弧焊机 500A	台班	92.58	0.148	0.172	0.234
	载重汽车 8t	台班	501.85	0.013	0.016	0.027

工作内容：准备工作、管子切口、坡口加工、管口组对、焊接、焊缝钝化、管口封闭、管道安装。

计量单位：10m

定额编号				A8-1-615	A8-1-616	A8-1-617
项目名称				公称直径(mm以内)		
				250	300	350
基价（元）				771.50	949.86	1204.19
其中	人工费（元）			335.16	391.72	461.72
	材料费（元）			140.65	208.07	304.42
	机械费（元）			295.69	350.07	438.05
名称		单位	单价(元)	消耗量		
人工	综合工日	工日	140.00	2.394	2.798	3.298
材料	不锈钢管	m	—	(8.817)	(8.817)	(8.817)
	丙酮	kg	7.51	0.146	0.173	0.201
	不锈钢焊条	kg	38.46	3.091	4.722	7.104
	电	kW·h	0.68	0.551	0.669	0.790
	钢丝 φ4.0	kg	4.02	0.113	0.122	0.131
	棉纱头	kg	6.00	0.049	0.058	0.066
	尼龙砂轮片 φ100×16×3	片	2.56	0.573	0.758	0.991
	破布	kg	6.32	0.455	0.481	0.500
	钍钨棒	g	0.38	0.731	0.870	1.009
	水	t	7.96	0.024	0.029	0.034
	塑料布	m²	1.97	0.671	0.827	0.999
	酸洗膏	kg	6.56	0.203	0.242	0.265
	氩气	m³	19.59	0.546	0.666	0.774
	其他材料费占材料费	%	—	1.000	1.000	1.000
机械	单速电动葫芦 3t	台班	32.95	0.095	0.117	0.148
	等离子切割机 400A	台班	219.59	0.029	0.036	0.044
	电动空气压缩机 1m³/min	台班	50.29	0.029	0.036	0.044
	电动空气压缩机 6m³/min	台班	206.73	0.002	0.002	0.002
	电焊机(综合)	台班	118.28	0.648	0.832	1.151
	电焊条恒温箱	台班	21.41	0.065	0.083	0.115
	电焊条烘干箱 60×50×75cm³	台班	26.46	0.065	0.083	0.115
	吊装机械(综合)	台班	619.04	0.164	0.164	0.182
	普通车床 630×2000mm	台班	247.10	0.095	0.117	0.148
	汽车式起重机 8t	台班	763.67	0.041	0.056	0.075
	氩弧焊机 500A	台班	92.58	0.299	0.350	0.379
	载重汽车 8t	台班	501.85	0.041	0.056	0.075

工作内容：准备工作、管子切口、坡口加工、管口组对、焊接、焊缝钝化、管口封闭、管道安装。

计量单位：10m

定额编号				A8-1-618	A8-1-619	A8-1-620
项目名称				公称直径(mm以内)		
				400	450	500
基价（元）				**1477.96**	**1703.02**	**1926.90**
其中	人工费（元）			534.38	607.04	679.42
	材料费（元）			415.17	526.17	637.16
	机械费（元）			528.41	569.81	610.32
名称		单位	单价(元)	消耗量		
人工	综合工日	工日	140.00	3.817	4.336	4.853
材料	不锈钢管	m	—	(8.817)	(8.817)	(8.817)
	丙酮	kg	7.51	0.226	0.251	0.276
	不锈钢焊条	kg	38.46	9.793	12.482	15.171
	电	kW·h	0.68	0.991	1.192	1.393
	钢丝 Φ4.0	kg	4.02	0.140	0.149	0.158
	棉纱头	kg	6.00	0.074	0.082	0.090
	尼龙砂轮片 Φ100×16×3	片	2.56	1.321	1.651	1.981
	破布	kg	6.32	0.566	0.632	0.698
	铈钨棒	g	0.38	1.140	1.271	1.402
	水	t	7.96	0.039	0.044	0.049
	塑料布	m^2	1.97	1.126	1.253	1.380
	酸洗膏	kg	6.56	0.323	0.419	0.515
	氩气	m^3	19.59	0.970	1.166	1.362
	其他材料费占材料费	%	—	1.000	1.000	1.000
机械	单速电动葫芦 3t	台班	32.95	0.187	0.205	0.224
	等离子切割机 400A	台班	219.59	0.052	0.055	0.056
	电动空气压缩机 $1m^3/min$	台班	50.29	0.052	0.055	0.056
	电动空气压缩机 $6m^3/min$	台班	206.73	0.002	0.002	0.002
	电焊机(综合)	台班	118.28	1.496	1.673	1.850
	电焊条恒温箱	台班	21.41	0.150	0.167	0.185
	电焊条烘干箱 $60×50×75cm^3$	台班	26.46	0.150	0.167	0.185
	吊装机械(综合)	台班	619.04	0.190	0.193	0.193
	普通车床 630×2000mm	台班	247.10	0.187	0.205	0.224
	汽车式起重机 8t	台班	763.67	0.095	0.104	0.114
	氩弧焊机 500A	台班	92.58	0.428	0.434	0.439
	载重汽车 8t	台班	501.85	0.095	0.104	0.114

7. 不锈钢管(氩弧焊)

工作内容：准备工作、管子切口、坡口加工、管口组对、焊接、焊缝钝化、管口封闭、垂直运输、管道安装。

计量单位：10m

定额编号				A8-1-621	A8-1-622	A8-1-623	A8-1-624
项目名称				公称直径(mm以内)			
				15	20	25	32
基价(元)				**67.05**	**70.57**	**74.60**	**83.89**
其中	人工费(元)			55.02	56.98	57.68	64.68
	材料费(元)			2.94	3.42	5.15	5.99
	机械费(元)			9.09	10.17	11.77	13.22
名称		单位	单价(元)	消耗量			
人工	综合工日	工日	140.00	0.393	0.407	0.412	0.462
材料	不锈钢管	m	—	(9.250)	(9.250)	(9.250)	(9.250)
	丙酮	kg	7.51	0.012	0.014	0.019	0.022
	不锈钢焊条	kg	38.46	0.016	0.020	0.029	0.037
	电	kW·h	0.68	0.033	0.043	0.053	0.065
	钢丝 Φ4.0	kg	4.02	0.069	0.070	0.071	0.072
	棉纱头	kg	6.00	0.003	0.005	0.006	0.008
	尼龙砂轮片 Φ100×16×3	片	2.56	0.027	0.033	0.042	0.053
	尼龙砂轮片 Φ500×25×4	片	12.82	0.005	0.006	0.012	0.014
	破布	kg	6.32	0.082	0.082	0.178	0.178
	铈钨棒	g	0.38	0.085	0.105	0.153	0.190
	水	t	7.96	0.002	0.002	0.003	0.003
	塑料布	m^2	1.97	0.141	0.148	0.155	0.164
	酸洗膏	kg	6.56	0.007	0.010	0.013	0.016
	氩气	m^3	19.59	0.044	0.055	0.083	0.102
	其他材料费占材料费	%	—	1.000	1.000	1.000	1.000
机械	电动空气压缩机 6m^3/min	台班	206.73	0.002	0.002	0.002	0.002
	普通车床 630×2000mm	台班	247.10	0.023	0.024	0.026	0.027
	砂轮切割机 500mm	台班	29.08	0.001	0.001	0.004	0.004
	氩弧焊机 500A	台班	92.58	0.032	0.041	0.052	0.065

工作内容：准备工作、管子切口、坡口加工、管口组对、焊接、焊缝钝化、管口封闭、垂直运输、管道安装。

计量单位：10m

定额编号				A8-1-625	A8-1-626	A8-1-627	A8-1-628
项目名称				公称直径(mm以内)			
				40	50	65	80
基价（元）				97.46	137.01	197.09	221.10
其中	人工费（元）			73.22	103.04	140.42	157.50
	材料费（元）			8.21	11.73	20.14	23.93
	机械费（元）			16.03	22.24	36.53	39.67
名称		单位	单价(元)	消耗量			
人工	综合工日	工日	140.00	0.523	0.736	1.003	1.125
材料	不锈钢管	m	—	(9.156)	(9.156)	(9.156)	(8.958)
	丙酮	kg	7.51	0.026	0.031	0.041	0.048
	不锈钢焊条	kg	38.46	0.056	0.090	0.169	0.202
	电	kW·h	0.68	0.081	0.103	0.151	0.174
	钢丝 Φ4.0	kg	4.02	0.073	0.076	0.079	0.081
	棉纱头	kg	6.00	0.009	0.010	0.015	0.017
	尼龙砂轮片 Φ100×16×3	片	2.56	0.062	0.078	0.124	0.147
	尼龙砂轮片 Φ500×25×4	片	12.82	0.017	0.019	0.034	0.041
	破布	kg	6.32	0.202	0.203	0.243	0.285
	铈钨棒	g	0.38	0.292	0.478	0.891	1.049
	水	t	7.96	0.003	0.005	0.007	0.009
	塑料布	m²	1.97	0.185	0.203	0.229	0.251
	酸洗膏	kg	6.56	0.019	0.024	0.034	0.040
	氩气	m³	19.59	0.158	0.254	0.473	0.566
	其他材料费占材料费	%	—	1.000	1.000	1.000	1.000
机械	单速电动葫芦 3t	台班	32.95	—	0.037	0.065	0.065
	电动空气压缩机 6m³/min	台班	206.73	0.002	0.002	0.002	0.002
	普通车床 630×2000mm	台班	247.10	0.030	0.037	0.065	0.065
	砂轮切割机 500mm	台班	29.08	0.005	0.006	0.011	0.014
	氩弧焊机 500A	台班	92.58	0.087	0.122	0.190	0.223

工作内容：准备工作、管子切口、坡口加工、管口组对、焊接、焊缝钝化、管口封闭、垂直运输、管道安装。

计量单位：10m

定额编号				A8-1-629	A8-1-630	A8-1-631	A8-1-632
项目名称				公称直径(mm以内)			
				100	125	150	200
基价（元）				340.47	367.78	425.49	644.50
其中	人工费（元）			181.86	189.28	211.54	306.04
	材料费（元）			37.73	43.89	60.56	110.28
	机械费（元）			120.88	134.61	153.39	228.18
名称		单位	单价(元)	消耗量			
人工	综合工日	工日	140.00	1.299	1.352	1.511	2.186
材料	不锈钢管	m	—	(8.958)	(8.958)	(8.817)	(8.817)
	丙酮	kg	7.51	0.061	0.071	0.085	0.117
	不锈钢焊条	kg	38.46	0.337	0.402	0.566	1.058
	电	kW·h	0.68	0.259	0.307	0.385	0.634
	钢丝 φ4.0	kg	4.02	0.086	0.090	0.095	0.104
	棉纱头	kg	6.00	0.019	0.023	0.029	0.042
	尼龙砂轮片 φ100×16×3	片	2.56	0.211	0.248	0.336	0.578
	尼龙砂轮片 φ500×25×4	片	12.82	0.062	—	—	—
	破布	kg	6.32	0.285	0.311	0.329	0.436
	钍钨棒	g	0.38	1.783	2.088	2.980	5.640
	水	t	7.96	0.010	0.012	0.015	0.020
	塑料布	m²	1.97	0.296	0.374	0.406	0.527
	酸洗膏	kg	6.56	0.050	0.077	0.103	0.134
	氩气	m³	19.59	0.944	1.124	1.586	2.964
	其他材料费占材料费	%	—	1.000	1.000	1.000	1.000
机械	单速电动葫芦 3t	台班	32.95	0.067	0.068	0.071	0.080
	等离子切割机 400A	台班	219.59	—	0.012	0.015	0.022
	电动空气压缩机 1m³/min	台班	50.29	—	0.012	0.015	0.022
	电动空气压缩机 6m³/min	台班	206.73	0.002	0.002	0.002	0.002
	吊装机械(综合)	台班	619.04	0.092	0.092	0.092	0.118
	普通车床 630×2000mm	台班	247.10	0.067	0.068	0.071	0.080
	汽车式起重机 8t	台班	763.67	0.009	0.013	0.016	0.027
	砂轮切割机 500mm	台班	29.08	0.017	—	—	—
	氩弧焊机 500A	台班	92.58	0.355	0.416	0.560	0.996
	载重汽车 8t	台班	501.85	0.009	0.013	0.016	0.027

8. 合金钢管(电弧焊)

工作内容：准备工作、管子切口、坡口加工、管口组对、焊接、管口封闭、管道安装。　计量单位：10m

定额编号				A8-1-633	A8-1-634	A8-1-635	A8-1-636
项目名称				公称直径(mm以内)			
				15	20	25	32
基价（元）				**68.41**	**80.06**	**88.08**	**99.03**
其中	人工费（元）			56.84	64.82	70.28	78.40
	材料费（元）			1.93	2.40	3.30	3.77
	机械费（元）			9.64	12.84	14.50	16.86
名称		单位	单价(元)	消耗量			
人工	综合工日	工日	140.00	0.406	0.463	0.502	0.560
材料	合金钢管	m	—	(9.250)	(9.250)	(9.250)	(9.250)
	丙酮	kg	7.51	0.013	0.015	0.020	0.023
	电	kW·h	0.68	0.035	0.051	0.059	0.070
	钢丝 φ4.0	kg	4.02	0.077	0.078	0.079	0.080
	合金钢焊条	kg	11.11	0.033	0.066	0.081	0.100
	棉纱头	kg	6.00	0.003	0.006	0.006	0.009
	磨头	个	2.75	0.021	0.023	0.029	0.033
	尼龙砂轮片 φ100×16×3	片	2.56	0.032	0.038	0.044	0.052
	尼龙砂轮片 φ500×25×4	片	12.82	0.004	0.005	0.009	0.011
	破布	kg	6.32	0.090	0.090	0.181	0.199
	塑料布	m²	1.97	0.150	0.157	0.165	0.174
	氧气	m³	3.63	0.005	0.006	0.007	0.009
	乙炔气	kg	10.45	0.002	0.002	0.002	0.003
	其他材料费占材料费	%	—	1.000	1.000	1.000	1.000
机械	电焊机(综合)	台班	118.28	0.032	0.052	0.063	0.078
	电焊条恒温箱	台班	21.41	0.003	0.005	0.006	0.008
	电焊条烘干箱 60×50×75cm³	台班	26.46	0.003	0.005	0.006	0.008
	普通车床 630×2000mm	台班	247.10	0.023	0.026	0.027	0.029
	砂轮切割机 500mm	台班	29.08	0.001	0.001	0.003	0.003

工作内容：准备工作、管子切口、坡口加工、管口组对、焊接、管口封闭、管道安装。　计量单位：10m

定　额　编　号				A8-1-637	A8-1-638	A8-1-639	A8-1-640
项　目　名　称				公称直径(mm以内)			
				40	50	65	80
基　价（元）				**109.31**	**133.98**	**181.82**	**197.45**
其中	人　工　费（元）			86.52	102.34	135.94	146.86
	材　料　费（元）			4.18	5.51	7.66	8.77
	机　械　费（元）			18.61	26.13	38.22	41.82
名　称		**单位**	**单价(元)**	**消　耗　量**			
人工	综合工日	工日	140.00	0.618	0.731	0.971	1.049
材料	合金钢管	m	—	(9.250)	(9.250)	(9.250)	(8.958)
	丙酮	kg	7.51	0.036	0.036	0.046	0.056
	电	kW·h	0.68	0.080	0.099	0.131	0.155
	钢丝 φ4.0	kg	4.02	0.081	0.084	0.087	0.089
	合金钢焊条	kg	11.11	0.115	0.198	0.328	0.387
	棉纱头	kg	6.00	0.009	0.012	0.015	0.018
	磨头	个	2.75	0.040	0.048	0.064	0.074
	尼龙砂轮片 φ100×16×3	片	2.56	0.058	0.075	0.106	0.123
	尼龙砂轮片 φ500×25×4	片	12.82	0.013	0.019	0.030	0.035
	破布	kg	6.32	0.199	0.226	0.253	0.271
	塑料布	m^2	1.97	0.197	0.216	0.243	0.267
	氧气	m^3	3.63	0.012	0.013	0.022	0.024
	乙炔气	kg	10.45	0.004	0.004	0.007	0.009
	其他材料费占材料费	%	—	1.000	1.000	1.000	1.000
机械	单速电动葫芦 3t	台班	32.95	—	0.041	0.065	0.065
	电焊机(综合)	台班	118.28	0.090	0.118	0.161	0.190
	电焊条恒温箱	台班	21.41	0.009	0.012	0.016	0.019
	电焊条烘干箱 60×50×75cm^3	台班	26.46	0.009	0.012	0.016	0.019
	普通车床 630×2000mm	台班	247.10	0.030	0.041	0.065	0.065
	砂轮切割机 500mm	台班	29.08	0.004	0.004	0.007	0.008

工作内容：准备工作、管子切口、坡口加工、管口组对、焊接、管口封闭、管道安装。 计量单位：10m

定额编号				A8-1-641	A8-1-642	A8-1-643	A8-1-644
项目名称				公称直径(mm以内)			
				100	125	150	200
基价（元）				313.58	334.25	358.30	513.74
其中	人工费（元）			173.46	183.96	189.56	274.54
	材料费（元）			12.78	14.41	18.74	31.90
	机械费（元）			127.34	135.88	150.00	207.30
名称		单位	单价(元)	消耗量			
人工	综合工日	工日	140.00	1.239	1.314	1.354	1.961
材料	合金钢管	m	—	(8.958)	(8.958)	(8.958)	(8.817)
	丙酮	kg	7.51	0.067	0.078	0.094	0.129
	电	kW·h	0.68	0.224	0.249	0.286	0.401
	钢丝 φ4.0	kg	4.02	0.095	0.099	0.104	0.114
	合金钢焊条	kg	11.11	0.657	0.770	1.099	2.079
	棉纱头	kg	6.00	0.021	0.024	0.033	0.041
	磨头	个	2.75	0.096	—	—	—
	尼龙砂轮片 φ100×16×3	片	2.56	0.172	0.202	0.269	0.455
	尼龙砂轮片 φ500×25×4	片	12.82	0.049	0.057	—	—
	破布	kg	6.32	0.317	0.343	0.361	0.433
	塑料布	m²	1.97	0.314	0.369	0.431	0.560
	氧气	m³	3.63	0.033	0.037	0.141	0.216
	乙炔气	kg	10.45	0.011	0.013	0.048	0.072
	其他材料费占材料费	%	—	1.000	1.000	1.000	1.000
机械	半自动切割机 100mm	台班	83.55	—	—	0.010	0.015
	单速电动葫芦 3t	台班	32.95	0.066	0.067	0.070	0.080
	电焊机(综合)	台班	118.28	0.266	0.307	0.380	0.555
	电焊条恒温箱	台班	21.41	0.026	0.031	0.038	0.056
	电焊条烘干箱 60×50×75cm³	台班	26.46	0.026	0.031	0.038	0.056
	吊装机械(综合)	台班	619.04	0.100	0.099	0.099	0.127
	普通车床 630×2000mm	台班	247.10	0.066	0.067	0.070	0.080
	汽车式起重机 8t	台班	763.67	0.011	0.014	0.017	0.029
	砂轮切割机 500mm	台班	29.08	0.011	0.011	—	—
	载重汽车 8t	台班	501.85	0.011	0.014	0.017	0.029

工作内容：准备工作、管子切口、坡口加工、管口组对、焊接、管口封闭、管道安装。　计量单位：10m

定额编号				A8-1-645	A8-1-646	A8-1-647	A8-1-648
项目名称				公称直径(mm以内)			
				250	300	350	400
基价（元）				**668.94**	**795.66**	**965.38**	**1194.21**
其中	人工费（元）			329.00	382.62	448.98	553.00
	材料费（元）			48.84	70.68	101.81	136.68
	机械费（元）			291.10	342.36	414.59	504.53
	名称	单位	单价(元)	消耗量			
人工	综合工日	工日	140.00	2.350	2.733	3.207	3.950
材料	合金钢管	m	—	(8.817)	(8.817)	(8.817)	(8.817)
	丙酮	kg	7.51	0.160	0.190	0.220	0.250
	电	kW·h	0.68	0.524	0.631	0.783	0.951
	钢丝 Φ4.0	kg	4.02	0.123	0.133	0.142	0.152
	合金钢焊条	kg	11.11	3.415	5.189	7.780	10.666
	棉纱头	kg	6.00	0.051	0.058	0.071	0.082
	尼龙砂轮片 Φ100×16×3	片	2.56	0.567	0.747	0.973	1.295
	破布	kg	6.32	0.479	0.497	0.524	0.542
	塑料布	m²	1.97	0.713	0.878	1.061	1.196
	氧气	m³	3.63	0.306	0.394	0.464	0.577
	乙炔气	kg	10.45	0.102	0.132	0.154	0.192
	其他材料费占材料费	%	—	1.000	1.000	1.000	1.000
机械	半自动切割机 100mm	台班	83.55	0.017	0.019	0.022	0.025
	单速电动葫芦 3t	台班	32.95	0.094	0.117	0.147	0.185
	电焊机(综合)	台班	118.28	0.725	0.903	1.206	1.531
	电焊条恒温箱	台班	21.41	0.073	0.090	0.120	0.154
	电焊条烘干箱 60×50×75cm³	台班	26.46	0.073	0.090	0.120	0.154
	吊装机械(综合)	台班	619.04	0.177	0.177	0.197	0.215
	普通车床 630×2000mm	台班	247.10	0.094	0.117	0.147	0.185
	汽车式起重机 8t	台班	763.67	0.051	0.069	0.080	0.102
	载重汽车 8t	台班	501.85	0.051	0.069	0.080	0.102

工作内容：准备工作、管子切口、坡口加工、管口组对、焊接、管口封闭、管道安装。　计量单位：10m

定额编号				A8-1-649	A8-1-650	A8-1-651
项目名称				公称直径(mm以内)		
				450	500	600
基价（元）				1458.88	1685.39	1910.37
其中	人工费（元）			624.12	759.64	895.44
	材料费（元）			180.66	200.12	219.55
	机械费（元）			654.10	725.63	795.38
名称		单位	单价(元)	消耗量		
人工	综合工日	工日	140.00	4.458	5.426	6.396
材料	合金钢管	m	—	(8.817)	(8.817)	(8.817)
	丙酮	kg	7.51	0.281	0.310	0.339
	电	kW·h	0.68	1.173	1.299	1.425
	钢丝 φ4.0	kg	4.02	0.161	0.170	0.179
	合金钢焊条	kg	11.11	14.343	15.874	17.403
	棉纱头	kg	6.00	0.090	0.100	0.110
	尼龙砂轮片 φ100×16×3	片	2.56	1.569	1.743	1.916
	破布	kg	6.32	0.614	0.696	0.778
	塑料布	m²	1.97	1.473	1.698	1.923
	氧气	m³	3.63	0.649	0.714	0.779
	乙炔气	kg	10.45	0.217	0.238	0.258
	其他材料费占材料费	%	—	1.000	1.000	1.000
机械	半自动切割机 100mm	台班	83.55	0.031	0.035	0.038
	电动单梁起重机 5t	台班	223.20	0.235	0.255	0.274
	电焊机(综合)	台班	118.28	1.913	2.117	2.321
	电焊条恒温箱	台班	21.41	0.191	0.211	0.232
	电焊条烘干箱 60×50×75cm³	台班	26.46	0.191	0.211	0.232
	吊装机械(综合)	台班	619.04	0.234	0.234	0.234
	普通车床 630×2000mm	台班	247.10	0.235	0.255	0.274
	汽车式起重机 8t	台班	763.67	0.127	0.156	0.184
	载重汽车 8t	台班	501.85	0.127	0.156	0.184

9. 合金钢管(氩电联焊)

工作内容：准备工作、管子切口、坡口加工、管口组对、焊接、管口封闭、管道安装。 计量单位：10m

定额编号				A8-1-652	A8-1-653	A8-1-654	A8-1-655
项目名称				公称直径(mm以内)			
				50	65	80	100
基价(元)				136.96	185.32	202.11	321.00
其中	人工费(元)			103.60	137.34	148.82	176.54
	材料费(元)			6.55	9.08	10.50	14.90
	机械费(元)			26.81	38.90	42.79	129.56
	名称	单位	单价(元)	消耗量			
人工	综合工日	工日	140.00	0.740	0.981	1.063	1.261
材料	合金钢管	m	—	(9.250)	(9.250)	(8.958)	(8.958)
	丙酮	kg	7.51	0.003	0.046	0.056	0.067
	电	kW·h	0.68	0.086	0.112	0.131	0.198
	钢丝 Φ4.0	kg	4.02	0.084	0.087	0.089	0.095
	合金钢焊丝	kg	7.69	0.030	0.037	0.045	0.057
	合金钢焊条	kg	11.11	0.140	0.240	0.283	0.516
	棉纱头	kg	6.00	0.012	0.015	0.018	0.021
	磨头	个	2.75	0.048	0.064	0.074	0.096
	尼龙砂轮片 Φ100×16×3	片	2.56	0.078	0.104	0.121	0.169
	尼龙砂轮片 Φ500×25×4	片	12.82	0.019	0.030	0.035	0.049
	破布	kg	6.32	0.226	0.253	0.271	0.317
	钍钨棒	g	0.38	0.165	0.208	0.250	0.321
	塑料布	m²	1.97	0.216	0.243	0.267	0.314
	氩气	m³	19.59	0.083	0.104	0.125	0.160
	氧气	m³	3.63	0.013	0.022	0.024	0.033
	乙炔气	kg	10.45	0.004	0.007	0.009	0.011
	其他材料费占材料费	%	—	1.000	1.000	1.000	1.000
机械	单速电动葫芦 3t	台班	32.95	0.041	0.065	0.065	0.066
	电焊机(综合)	台班	118.28	0.089	0.123	0.145	0.216
	电焊条恒温箱	台班	21.41	0.009	0.012	0.015	0.022
	电焊条烘干箱 60×50×75cm³	台班	26.46	0.009	0.012	0.015	0.022
	吊装机械(综合)	台班	619.04	—	—	—	0.100
	普通车床 630×2000mm	台班	247.10	0.041	0.065	0.065	0.066
	汽车式起重机 8t	台班	763.67	—	—	—	0.011
	砂轮切割机 500mm	台班	29.08	0.004	0.007	0.008	0.011
	氩弧焊机 500A	台班	92.58	0.046	0.058	0.070	0.090
	载重汽车 8t	台班	501.85	—	—	—	0.011

工作内容：准备工作、管子切口、坡口加工、管口组对、焊接、管口封闭、管道安装。　计量单位：10m

定额编号				A8-1-656	A8-1-657	A8-1-658	A8-1-659
项目名称				公称直径(mm以内)			
				125	150	200	250
基价（元）				**343.71**	**370.18**	**532.27**	**712.81**
其中	人工费（元）			187.88	194.60	282.24	339.64
	材料费（元）			17.16	21.68	35.69	71.92
	机械费（元）			138.67	153.90	214.34	301.25
名称		单位	单价(元)	消耗量			
人工	综合工日	工日	140.00	1.342	1.390	2.016	2.426
材料	合金钢管	m	—	(8.958)	(8.958)	(8.817)	(8.817)
	丙酮	kg	7.51	0.078	0.094	0.129	0.217
	电	kW·h	0.68	0.219	0.254	0.363	0.653
	钢丝 φ4.0	kg	4.02	0.099	0.104	0.114	0.166
	合金钢焊丝	kg	7.69	0.068	0.082	0.113	0.189
	合金钢焊条	kg	11.11	0.603	0.892	1.768	4.037
	棉纱头	kg	6.00	0.024	0.033	0.041	0.050
	尼龙砂轮片 φ100×16×3	片	2.56	0.264	0.306	0.445	0.832
	尼龙砂轮片 φ500×25×4	片	12.82	0.057	—	—	—
	破布	kg	6.32	0.343	0.361	0.433	0.647
	铈钨棒	g	0.38	0.380	0.456	0.630	1.061
	塑料布	m^2	1.97	0.397	0.431	0.560	0.962
	氩气	m^3	19.59	0.190	0.228	0.314	0.531
	氧气	m^3	3.63	0.037	0.124	0.216	0.413
	乙炔气	kg	10.45	0.013	0.041	0.072	0.138
	其他材料费占材料费	%	—	1.000	1.000	1.000	1.000
机械	半自动切割机 100mm	台班	83.55	—	0.010	0.015	0.017
	单速电动葫芦 3t	台班	32.95	0.067	0.070	0.080	0.094
	电焊机(综合)	台班	118.28	0.250	0.316	0.480	0.643
	电焊条恒温箱	台班	21.41	0.025	0.032	0.048	0.064
	电焊条烘干箱 60×50×75cm³	台班	26.46	0.025	0.032	0.048	0.064
	吊装机械(综合)	台班	619.04	0.099	0.099	0.127	0.177
	普通车床 630×2000mm	台班	247.10	0.067	0.070	0.080	0.094
	汽车式起重机 8t	台班	763.67	0.014	0.017	0.029	0.051
	砂轮切割机 500mm	台班	29.08	0.011	—	—	—
	氩弧焊机 500A	台班	92.58	0.106	0.127	0.176	0.219
	载重汽车 8t	台班	501.85	0.014	0.017	0.029	0.051

工作内容：准备工作、管子切口、坡口加工、管口组对、焊接、管口封闭、管道安装。 计量单位：10m

定额编号				A8-1-660	A8-1-661	A8-1-662
项目名称				公称直径(mm以内)		
				300	350	400
基价（元）				**781.09**	**913.13**	**1125.71**
其中	人工费（元）			359.94	420.56	518.28
	材料费（元）			81.76	112.02	147.81
	机械费（元）			339.39	380.55	459.62
	名称	单位	单价(元)	消耗量		
人工	综合工日	工日	140.00	2.571	3.004	3.702
材料	合金钢管	m	—	(8.817)	(8.817)	(8.817)
	丙酮	kg	7.51	0.200	0.228	0.257
	电	kW·h	0.68	0.671	0.758	0.920
	钢丝 Φ4.0	kg	4.02	0.179	0.192	0.205
	合金钢焊丝	kg	7.69	0.195	0.201	0.227
	合金钢焊条	kg	11.11	4.780	7.279	10.072
	棉纱头	kg	6.00	0.067	0.082	0.093
	尼龙砂轮片 Φ100×16×3	片	2.56	1.008	1.095	1.457
	破布	kg	6.32	0.671	0.707	0.731
	铈钨棒	g	0.38	1.091	1.121	1.266
	塑料布	m²	1.97	1.186	1.432	1.614
	氩气	m³	19.59	0.546	0.561	0.632
	氧气	m³	3.63	0.420	0.493	0.615
	乙炔气	kg	10.45	0.141	0.163	0.205
	其他材料费占材料费	%	—	1.000	1.000	1.000
机械	半自动切割机 100mm	台班	83.55	0.017	0.017	0.019
	单速电动葫芦 3t	台班	32.95	0.103	0.111	0.140
	电焊机(综合)	台班	118.28	0.742	0.840	1.076
	电焊条恒温箱	台班	21.41	0.074	0.084	0.107
	电焊条烘干箱 60×50×75cm³	台班	26.46	0.074	0.084	0.107
	吊装机械(综合)	台班	619.04	0.177	0.197	0.215
	普通车床 630×2000mm	台班	247.10	0.103	0.111	0.140
	汽车式起重机 8t	台班	763.67	0.069	0.080	0.102
	氩弧焊机 500A	台班	92.58	0.226	0.232	0.262
	载重汽车 8t	台班	501.85	0.069	0.080	0.102

工作内容：准备工作、管子切口、坡口加工、管口组对、焊接、管口封闭、管道安装。　计量单位：10m

定额编号				A8-1-663	A8-1-664	A8-1-665
项目名称				公称直径(mm以内)		
				450	500	600
基价（元）				1358.50	1574.87	1790.49
其中	人工费（元）			579.88	711.06	842.24
	材料费（元）			192.96	213.90	234.86
	机械费（元）			585.66	649.91	713.39
名称		单位	单价(元)	消耗量		
人工	综合工日	工日	140.00	4.142	5.079	6.016
材料	合金钢管	m	—	(8.817)	(8.817)	(8.817)
	丙酮	kg	7.51	0.291	0.321	0.352
	电	kW·h	0.68	1.140	1.259	1.378
	钢丝 φ4.0	kg	4.02	0.218	0.229	0.241
	合金钢焊丝	kg	7.69	0.255	0.284	0.311
	合金钢焊条	kg	11.11	13.637	15.093	16.548
	棉纱头	kg	6.00	0.103	0.115	0.125
	尼龙砂轮片 φ100×16×3	片	2.56	1.764	1.960	2.157
	破布	kg	6.32	0.829	0.939	1.049
	铈钨棒	g	0.38	1.427	1.587	1.747
	塑料布	m²	1.97	1.989	2.293	2.597
	氩气	m³	19.59	0.714	0.794	0.876
	氧气	m³	3.63	0.691	0.760	0.828
	乙炔气	kg	10.45	0.231	0.254	0.277
	其他材料费占材料费	%	—	1.000	1.000	1.000
机械	半自动切割机 100mm	台班	83.55	0.025	0.027	0.029
	电动单梁起重机 5t	台班	223.20	0.179	0.193	0.208
	电焊机(综合)	台班	118.28	1.353	1.497	1.640
	电焊条恒温箱	台班	21.41	0.135	0.150	0.164
	电焊条烘干箱 60×50×75cm³	台班	26.46	0.135	0.150	0.164
	吊装机械(综合)	台班	619.04	0.234	0.234	0.234
	普通车床 630×2000mm	台班	247.10	0.179	0.193	0.208
	汽车式起重机 8t	台班	763.67	0.127	0.156	0.184
	氩弧焊机 500A	台班	92.58	0.295	0.328	0.363
	载重汽车 8t	台班	501.85	0.127	0.156	0.184

10. 合金钢管(氩弧焊)

工作内容：准备工作、管子切口、坡口加工、管口组对、焊接、管口封闭、管道安装。　计量单位：10m

定　额　编　号				A8-1-666	A8-1-667	A8-1-668	A8-1-669
项　目　名　称				公称直径(mm以内)			
				15	20	25	32
基　价（元）				**73.30**	**85.03**	**93.48**	**104.56**
其中	人　工　费（元）			62.58	71.12	77.14	85.82
	材　料　费（元）			2.63	3.75	4.95	5.84
	机　械　费（元）			8.09	10.16	11.39	12.90
名　称		单位	单价(元)	消　耗　量			
人工	综合工日	工日	140.00	0.447	0.508	0.551	0.613
材料	合金钢管	m	—	(9.250)	(9.250)	(9.250)	(9.250)
	丙酮	kg	7.51	0.013	0.015	0.020	0.023
	电	kW·h	0.68	0.035	0.048	0.056	0.067
	钢丝 φ4.0	kg	4.02	0.077	0.078	0.079	0.080
	合金钢焊丝	kg	7.69	0.016	0.032	0.039	0.049
	棉纱头	kg	6.00	0.003	0.006	0.006	0.009
	磨头	个	2.75	0.021	0.023	0.029	0.033
	尼龙砂轮片 φ100×16×3	片	2.56	0.031	0.036	0.043	0.051
	尼龙砂轮片 φ500×25×4	片	12.82	0.004	0.005	0.009	0.011
	破布	kg	6.32	0.090	0.090	0.181	0.199
	铈钨棒	g	0.38	0.091	0.181	0.221	0.274
	塑料布	m²	1.97	0.150	0.157	0.165	0.174
	氩气	m³	19.59	0.046	0.090	0.110	0.137
	氧气	m³	3.63	0.005	0.006	0.007	0.009
	乙炔气	kg	10.45	0.002	0.002	0.002	0.003
	其他材料费占材料费	%	—	1.000	1.000	1.000	1.000
机械	普通车床 630×2000mm	台班	247.10	0.023	0.026	0.027	0.029
	砂轮切割机 500mm	台班	29.08	—	0.001	0.003	0.003
	氩弧焊机 500A	台班	92.58	0.026	0.040	0.050	0.061

工作内容：准备工作、管子切口、坡口加工、管口组对、焊接、管口封闭、管道安装。　计量单位：10m

定额编号				A8-1-670	A8-1-671	A8-1-672	A8-1-673
项目名称				公称直径(mm以内)			
				40	50	65	80
基价（元）				**115.20**	**146.66**	**202.12**	**220.00**
其中	人工费（元）			94.64	112.98	151.62	164.08
	材料费（元）			6.55	10.01	15.15	17.58
	机械费（元）			14.01	23.67	35.35	38.34
名称		单位	单价(元)	消耗量			
人工	综合工日	工日	140.00	0.676	0.807	1.083	1.172
材料	合金钢管	m	—	(9.250)	(9.250)	(9.250)	(8.958)
	丙酮	kg	7.51	0.036	0.036	0.046	0.056
	电	kW·h	0.68	0.078	0.102	0.144	0.168
	钢丝 φ4.0	kg	4.02	0.081	0.084	0.087	0.089
	合金钢焊丝	kg	7.69	0.056	0.103	0.171	0.202
	棉纱头	kg	6.00	0.009	0.012	0.015	0.018
	磨头	个	2.75	0.040	0.048	0.064	0.074
	尼龙砂轮片 φ100×16×3	片	2.56	0.057	0.073	0.102	0.119
	尼龙砂轮片 φ500×25×4	片	12.82	0.013	0.019	0.030	0.035
	破布	kg	6.32	0.199	0.226	0.253	0.271
	铈钨棒	g	0.38	0.314	0.577	0.958	1.129
	塑料布	m²	1.97	0.197	0.216	0.243	0.267
	氩气	m³	19.59	0.157	0.288	0.479	0.564
	氧气	m³	3.63	0.012	0.013	0.022	0.024
	乙炔气	kg	10.45	0.004	0.004	0.007	0.009
	其他材料费占材料费	%	—	1.000	1.000	1.000	1.000
机械	单速电动葫芦 3t	台班	32.95	—	0.045	0.065	0.065
	普通车床 630×2000mm	台班	247.10	0.030	0.045	0.065	0.065
	砂轮切割机 500mm	台班	29.08	0.004	0.005	0.007	0.008
	氩弧焊机 500A	台班	92.58	0.070	0.118	0.183	0.215

工作内容：准备工作、管子切口、坡口加工、管口组对、焊接、管口封闭、管道安装。　计量单位：10m

定额编号				A8-1-674	A8-1-675	A8-1-676	A8-1-677
项目名称				公称直径(mm以内)			
				100	125	150	200
基价（元）				346.40	377.44	412.59	448.35
其中	人工费（元）			196.98	214.48	221.06	227.64
	材料费（元）			26.83	31.55	42.93	55.08
	机械费（元）			122.59	131.41	148.60	165.63
名称		单位	单价(元)	消耗量			
人工	综合工日	工日	140.00	1.407	1.532	1.579	1.626
材料	合金钢管	m	—	(8.958)	(8.958)	(8.958)	(8.958)
	丙酮	kg	7.51	0.067	0.078	0.094	0.110
	电	kW·h	0.68	0.259	0.294	0.361	0.428
	钢丝 φ4.0	kg	4.02	0.095	0.099	0.104	0.110
	合金钢焊丝	kg	7.69	0.328	0.391	0.555	0.720
	棉纱头	kg	6.00	0.021	0.024	0.033	0.042
	磨头	个	2.75	0.096	—	—	—
	尼龙砂轮片 φ100×16×3	片	2.56	0.158	0.291	0.335	0.379
	尼龙砂轮片 φ500×25×4	片	12.82	0.049	0.057	—	—
	破布	kg	6.32	0.317	0.343	0.361	0.379
	铈钨棒	g	0.38	1.837	2.188	3.112	4.035
	塑料布	m²	1.97	0.314	0.369	0.431	0.494
	氩气	m³	19.59	0.919	1.094	1.556	2.019
	氧气	m³	3.63	0.033	0.037	0.141	0.246
	乙炔气	kg	10.45	0.011	0.013	0.048	0.083
	其他材料费占材料费	%	—	1.000	1.000	1.000	1.000
机械	半自动切割机 100mm	台班	83.55	—	—	0.010	0.012
	单速电动葫芦 3t	台班	32.95	0.066	0.067	0.070	0.073
	吊装机械(综合)	台班	619.04	0.100	0.099	0.099	0.099
	普通车床 630×2000mm	台班	247.10	0.066	0.067	0.070	0.073
	汽车式起重机 8t	台班	763.67	0.011	0.014	0.017	0.020
	砂轮切割机 500mm	台班	29.08	0.011	0.011	—	—
	氩弧焊机 500A	台班	92.58	0.302	0.360	0.490	0.622
	载重汽车 8t	台班	501.85	0.011	0.014	0.017	0.020

11. 铜及铜合金管(氧乙炔焊)

工作内容：准备工作、管子切口、坡口加工、坡口磨平、管口组对、焊前预热、焊接、管道安装。

计量单位：10m

定额编号				A8-1-678	A8-1-679	A8-1-680	A8-1-681
项目名称				管外径(mm以内)			
				20	30	40	50
基价(元)				46.10	64.05	82.11	97.67
其中	人工费(元)			42.56	59.08	74.90	89.04
	材料费(元)			3.51	4.91	7.09	8.48
	机械费(元)			0.03	0.06	0.12	0.15
名称		单位	单价(元)	消耗量			
人工	综合工日	工日	140.00	0.304	0.422	0.535	0.636
材料	铜管	m	—	(10.000)	(10.000)	(10.000)	(10.000)
	电	kW·h	0.68	0.096	0.118	0.131	0.143
	钢丝 φ4.0	kg	4.02	0.077	0.078	0.079	0.080
	棉纱头	kg	6.00	0.003	0.006	0.009	0.009
	尼龙砂轮片 φ100×16×3	片	2.56	0.042	0.079	0.107	0.135
	尼龙砂轮片 φ500×25×4	片	12.82	0.005	0.007	0.012	0.016
	硼砂	kg	2.68	0.007	0.010	0.014	0.017
	破布	kg	6.32	0.100	0.100	0.220	0.220
	铁砂布	张	0.85	0.020	0.026	0.031	0.036
	铜气焊丝	kg	37.61	0.033	0.051	0.068	0.086
	氧气	m^3	3.63	0.126	0.195	0.267	0.335
	乙炔气	kg	10.45	0.052	0.080	0.110	0.139
	其他材料费占材料费	%	—	1.000	1.000	1.000	1.000
机械	砂轮切割机 500mm	台班	29.08	0.001	0.002	0.004	0.005

工作内容：准备工作、管子切口、坡口加工、坡口磨平、管口组对、焊前预热、焊接、管道安装。

计量单位：10m

定额编号				A8-1-682	A8-1-683	A8-1-684	A8-1-685
项目名称				管外径(mm以内)			
				65	75	85	100
基价（元）				108.93	118.35	186.02	262.56
其中	人工费（元）			98.00	105.70	127.54	131.46
	材料费（元）			10.73	12.42	19.35	22.21
	机械费（元）			0.20	0.23	39.13	108.89
名称		单位	单价(元)	消耗量			
人工	综合工日	工日	140.00	0.700	0.755	0.911	0.939
材料	铜管	m	—	(10.000)	(9.880)	(9.880)	(9.880)
	电	kW·h	0.68	0.156	0.164	0.173	0.182
	钢丝 Φ4.0	kg	4.02	0.081	0.082	0.083	0.077
	棉纱头	kg	6.00	0.012	0.015	0.016	0.019
	尼龙砂轮片 Φ100×16×3	片	2.56	0.190	0.224	0.533	0.606
	尼龙砂轮片 Φ500×25×4	片	12.82	0.018	0.021	—	—
	硼砂	kg	2.68	0.022	0.026	0.044	0.049
	破布	kg	6.32	0.250	0.280	0.280	0.350
	铁砂布	张	0.85	0.049	0.058	0.058	0.088
	铜气焊丝	kg	37.61	0.113	0.132	0.223	0.256
	氧气	m³	3.63	0.435	0.510	0.871	0.988
	乙炔气	kg	10.45	0.181	0.212	0.360	0.408
	其他材料费占材料费	%	—	1.000	1.000	1.000	1.000
机械	等离子切割机 400A	台班	219.59	—	—	0.145	0.169
	电动空气压缩机 1m³/min	台班	50.29	—	—	0.145	0.169
	吊装机械(综合)	台班	619.04	—	—	—	0.092
	汽车式起重机 8t	台班	763.67	—	—	—	0.005
	砂轮切割机 500mm	台班	29.08	0.007	0.008	—	—
	载重汽车 8t	台班	501.85	—	—	—	0.005

工作内容：准备工作、管子切口、坡口加工、坡口磨平、管口组对、焊前预热、焊接、管道安装。

计量单位：10m

定额编号				A8-1-686	A8-1-687	A8-1-688
项目名称				管外径(mm以内)		
				120	150	185
基价（元）				**294.44**	**339.09**	**426.61**
其中	人工费（元）			148.26	171.64	217.00
	材料费（元）			26.58	32.82	40.16
	机械费（元）			119.60	134.63	169.45
名称		单位	单价(元)	消耗量		
人工	综合工日	工日	140.00	1.059	1.226	1.550
材料	铜管	m	—	(9.880)	(9.880)	(9.880)
	电	kW·h	0.68	0.193	0.199	0.213
	钢丝 φ4.0	kg	4.02	0.085	0.086	0.087
	棉纱头	kg	6.00	0.023	0.026	0.034
	尼龙砂轮片 φ100×16×3	片	2.56	0.791	0.998	1.240
	硼砂	kg	2.68	0.060	0.075	0.092
	破布	kg	6.32	0.350	0.380	0.400
	铁砂布	张	0.85	0.117	0.163	0.214
	铜气焊丝	kg	37.61	0.312	0.390	0.483
	氧气	m^3	3.63	1.191	1.495	1.858
	乙炔气	kg	10.45	0.493	0.619	0.768
	其他材料费占材料费	%	—	1.000	1.000	1.000
机械	等离子切割机 400A	台班	219.59	0.204	0.255	0.315
	电动空气压缩机 $1m^3/min$	台班	50.29	0.204	0.255	0.315
	吊装机械(综合)	台班	619.04	0.092	0.092	0.118
	汽车式起重机 8t	台班	763.67	0.006	0.007	0.009
	载重汽车 8t	台班	501.85	0.006	0.007	0.009

工作内容：准备工作、管子切口、坡口加工、坡口磨平、管口组对、焊前预热、焊接、管道安装。

计量单位：10m

定额编号				A8-1-689	A8-1-690	A8-1-691
项目名称				管外径(mm以内)		
				200	250	300
基价（元）				**503.61**	**627.92**	**740.23**
其中	人工费（元）			259.14	313.32	375.20
	材料费（元）			62.42	78.14	96.69
	机械费（元）			182.05	236.46	268.34
名称		单位	单价(元)	消耗量		
人工	综合工日	工日	140.00	1.851	2.238	2.680
材料	铜管	m	—	(9.880)	(9.880)	(9.880)
	电	kW·h	0.68	0.243	0.262	0.327
	钢丝 φ4.0	kg	4.02	0.088	0.089	0.090
	棉纱头	kg	6.00	0.036	0.045	0.084
	尼龙砂轮片 φ100×16×3	片	2.56	1.705	2.147	2.588
	硼砂	kg	2.68	0.156	0.196	0.235
	破布	kg	6.32	0.400	0.485	1.004
	铁砂布	张	0.85	0.238	0.313	0.388
	铜气焊丝	kg	37.61	0.802	1.007	1.210
	氧气	m^3	3.63	2.949	3.702	4.439
	乙炔气	kg	10.45	1.214	1.521	1.827
	其他材料费占材料费	%	—	1.000	1.000	1.000
机械	等离子切割机 400A	台班	219.59	0.357	0.446	0.536
	电动空气压缩机 $1m^3/min$	台班	50.29	0.357	0.446	0.536
	吊装机械(综合)	台班	619.04	0.118	0.163	0.163
	汽车式起重机 8t	台班	763.67	0.010	0.012	0.018
	载重汽车 8t	台班	501.85	0.010	0.012	0.018

12. 金属软管安装(螺纹连接)

工作内容：准备工作、软管清理检查、管口连接、管道安装。 计量单位：根

定额编号				A8-1-692	A8-1-693	A8-1-694
项目名称				公称直径(mm以内)		
				15	20	25
基价(元)				**30.76**	**33.05**	**35.67**
其中	人工费(元)			29.82	32.06	33.88
	材料费(元)			0.94	0.99	1.79
	机械费(元)			—	—	—
名称		单位	单价(元)	消耗量		
人工	综合工日	工日	140.00	0.213	0.229	0.242
材料	金属软管	根	—	(1.000)	(1.000)	(1.000)
	机油	kg	19.66	0.013	0.014	0.016
	聚四氟乙烯生料带	m	0.13	0.518	0.636	0.801
	棉纱头	kg	6.00	0.001	0.003	0.004
	破布	kg	6.32	0.096	0.096	0.211
	其他材料费占材料费	%	—	1.000	1.000	1.000

工作内容：准备工作、软管清理检查、管口连接、管道安装。　　计量单位：根

定额编号				A8-1-695	A8-1-696	A8-1-697
项目名称				公称直径(mm以内)		
				32	40	50
基价（元）				**38.00**	**42.23**	**48.63**
其中	人工费（元）			36.12	40.04	46.34
	材料费（元）			1.88	2.19	2.29
	机械费（元）			—	—	—
名称		单位	单价(元)	消耗量		
人工	综合工日	工日	140.00	0.258	0.286	0.331
材料	金属软管	根	—	(1.000)	(1.000)	(1.000)
	机油	kg	19.66	0.019	0.024	0.028
	聚四氟乙烯生料带	m	0.13	0.989	1.130	1.342
	棉纱头	kg	6.00	0.004	0.005	0.005
	破布	kg	6.32	0.211	0.240	0.240
	其他材料费占材料费	%	—	1.000	1.000	1.000

13. 金属软管安装(法兰连接)

工作内容：准备工作、软管清理检查、管口连接、螺栓涂二硫化钼、管道安装。　　　　计量单位：根

定额编号				A8-1-698	A8-1-699	A8-1-700	A8-1-701
项目名称				公称直径(mm以内)			
				15	20	25	32
基价（元）				**34.94**	**36.63**	**39.49**	**46.20**
其中	人工费（元）			33.18	34.58	36.40	42.70
	材料费（元）			1.76	2.05	3.09	3.50
	机械费（元）			—	—	—	—
名称		**单位**	**单价(元)**	**消耗量**			
人工	综合工日	工日	140.00	0.237	0.247	0.260	0.305
材料	金属软管	根	—	(1.000)	(1.000)	(1.000)	(1.000)
	二硫化钼	kg	87.61	0.003	0.003	0.003	0.003
	棉纱头	kg	6.00	0.001	0.003	0.004	0.004
	破布	kg	6.32	0.096	0.096	0.211	0.211
	石棉橡胶板	kg	9.40	0.092	0.122	0.153	0.196
	其他材料费占材料费	%	—	1.000	1.000	1.000	1.000

工作内容：准备工作、软管清理检查、管口连接、螺栓涂二硫化钼、管道安装。　　　　计量单位：根

定额编号				A8-1-702	A8-1-703	A8-1-704	A8-1-705
项目名称				公称直径(mm以内)			
				40	50	65	80
基价（元）				**50.82**	**57.02**	**62.99**	**66.51**
其中	人工费（元）			46.20	51.94	58.66	60.48
	材料费（元）			4.62	5.08	4.33	6.03
	机械费（元）			—	—	—	—
名称		单位	单价(元)	消耗量			
人工	综合工日	工日	140.00	0.330	0.371	0.419	0.432
材料	金属软管	根	—	(1.000)	(1.000)	(1.000)	(1.000)
	二硫化钼	kg	87.61	0.003	0.003	0.004	0.004
	棉纱头	kg	6.00	0.005	0.005	0.008	0.009
	破布	kg	6.32	0.240	0.240	0.029	0.034
	石棉橡胶板	kg	9.40	0.294	0.343	0.394	0.569
	其他材料费占材料费	%	—	1.000	1.000	1.000	1.000

工作内容：准备工作、软管清理检查、管口连接、螺栓涂二硫化钼、管道安装。 计量单位：根

定额编号				A8-1-706	A8-1-707	A8-1-708
项目名称				公称直径(mm以内)		
				100	125	150
基价（元）				88.29	102.61	115.85
其中	人工费（元）			67.20	75.46	84.84
	材料费（元）			8.04	12.83	13.57
	机械费（元）			13.05	14.32	17.44
名称		单位	单价(元)	消耗量		
人工	综合工日	工日	140.00	0.480	0.539	0.606
材料	金属软管	根	—	(1.000)	(1.000)	(1.000)
	二硫化钼	kg	87.61	0.008	0.010	0.010
	棉纱头	kg	6.00	0.009	0.011	0.013
	破布	kg	6.32	0.034	0.365	0.384
	石棉橡胶板	kg	9.40	0.744	1.006	1.070
	其他材料费占材料费	%	—	1.000	1.000	1.000
机械	吊装机械(综合)	台班	619.04	0.017	0.017	0.020
	汽车式起重机 8t	台班	763.67	0.002	0.003	0.004
	载重汽车 8t	台班	501.85	0.002	0.003	0.004

工作内容：准备工作、软管清理检查、管口连接、螺栓涂二硫化钼、管道安装。　　计量单位：根

定额编号				A8-1-709	A8-1-710	A8-1-711
项目名称				公称直径(mm以内)		
				200	250	300
基价（元）				**156.27**	**172.26**	**213.30**
其中	人工费（元）			116.90	124.74	157.78
	材料费（元）			14.44	15.73	16.25
	机械费（元）			24.93	31.79	39.27
名称		单位	单价(元)	消耗量		
人工	综合工日	工日	140.00	0.835	0.891	1.127
材料	金属软管	根	—	(1.000)	(1.000)	(1.000)
	二硫化钼	kg	87.61	0.010	0.021	0.021
	棉纱头	kg	6.00	0.021	0.024	0.051
	破布	kg	6.32	0.509	0.528	0.557
	石棉橡胶板	kg	9.40	1.072	1.091	1.109
	其他材料费占材料费	%	—	1.000	1.000	1.000
机械	吊装机械(综合)	台班	619.04	0.028	0.035	0.043
	汽车式起重机 8t	台班	763.67	0.006	0.008	0.010
	载重汽车 8t	台班	501.85	0.006	0.008	0.010

三、高压管道

1.碳钢管(电弧焊)

工作内容：准备工作、管子切口、坡口加工、管口组对、焊接、管口封闭、管道安装。　计量单位：10m

定额编号				A8-1-712	A8-1-713	A8-1-714	A8-1-715
项目名称				公称直径(mm以内)			
				15	20	25	32
基价(元)				164.51	183.23	209.18	262.30
其中	人工费(元)			150.08	163.80	179.34	228.48
	材料费(元)			2.28	2.84	4.35	5.39
	机械费(元)			12.15	16.59	25.49	28.43
	名称	单位	单价(元)	消耗量			
人工	综合工日	工日	140.00	1.072	1.170	1.281	1.632
材料	碳钢管	m	—	(9.109)	(9.109)	(9.109)	(9.109)
	丙酮	kg	7.51	0.017	0.019	0.020	0.021
	低碳钢焊条	kg	6.84	0.085	0.139	0.231	0.336
	电	kW·h	0.68	0.029	0.044	0.054	0.068
	钢丝 φ4.0	kg	4.02	0.096	0.097	0.098	0.099
	棉纱头	kg	6.00	0.003	0.007	0.007	0.010
	磨头	个	2.75	0.002	0.021	0.026	0.032
	尼龙砂轮片 φ100×16×3	片	2.56	0.015	0.020	0.030	0.041
	尼龙砂轮片 φ500×25×4	片	12.82	0.006	0.010	0.015	0.020
	破布	kg	6.32	0.116	0.116	0.232	0.255
	塑料布	m²	1.97	0.136	0.143	0.150	0.159
	其他材料费占材料费	%	—	1.000	1.000	1.000	1.000
机械	单速电动葫芦 3t	台班	32.95	—	—	0.059	0.060
	电焊机(综合)	台班	118.28	0.040	0.056	0.072	0.093
	电焊条恒温箱	台班	21.41	0.004	0.005	0.007	0.010
	电焊条烘干箱 60×50×75cm³	台班	26.46	0.004	0.005	0.007	0.010
	普通车床 630×2000mm	台班	247.10	0.029	0.039	0.059	0.060
	砂轮切割机 500mm	台班	29.08	0.002	0.003	0.004	0.005

工作内容：准备工作、管子切口、坡口加工、管口组对、焊接、管口封闭、管道安装。 计量单位：10m

定额编号				A8-1-716	A8-1-717	A8-1-718	A8-1-719
项目名称				公称直径(mm以内)			
				40	50	65	80
基价（元）				281.59	306.38	341.56	437.52
其中	人工费（元）			245.00	264.04	288.12	308.98
	材料费（元）			5.94	7.97	11.78	15.48
	机械费（元）			30.65	34.37	41.66	113.06
名称		单位	单价(元)	消耗量			
人工	综合工日	工日	140.00	1.750	1.886	2.058	2.207
材料	碳钢管	m	—	(9.109)	(8.958)	(8.958)	(8.958)
	丙酮	kg	7.51	0.024	0.029	0.039	0.046
	低碳钢焊条	kg	6.84	0.390	0.606	1.046	1.491
	电	kW·h	0.68	0.083	0.100	0.122	0.146
	钢丝 φ4.0	kg	4.02	0.100	0.103	0.106	0.107
	棉纱头	kg	6.00	0.010	0.012	0.016	0.019
	磨头	个	2.75	0.037	0.044	0.058	0.068
	尼龙砂轮片 φ100×16×3	片	2.56	0.049	0.064	0.099	0.122
	尼龙砂轮片 φ500×25×4	片	12.82	0.025	0.037	0.055	0.075
	破布	kg	6.32	0.255	0.290	0.325	0.348
	塑料布	m²	1.97	0.179	0.196	0.222	0.243
	其他材料费占材料费	%	—	1.000	1.000	1.000	1.000
机械	单速电动葫芦 3t	台班	32.95	0.061	0.063	0.068	0.074
	电焊机(综合)	台班	118.28	0.109	0.134	0.182	0.232
	电焊条恒温箱	台班	21.41	0.011	0.014	0.018	0.023
	电焊条烘干箱 60×50×75cm³	台班	26.46	0.011	0.014	0.018	0.023
	吊装机械(综合)	台班	619.04	—	—	—	0.076
	普通车床 630×2000mm	台班	247.10	0.061	0.063	0.068	0.074
	汽车式起重机 8t	台班	763.67	—	—	—	0.013
	砂轮切割机 500mm	台班	29.08	0.005	0.007	0.008	0.010
	载重汽车 8t	台班	501.85	—	—	—	0.013

工作内容：准备工作、管子切口、坡口加工、管口组对、焊接、管口封闭、管道安装。　计量单位：10m

定额编号				A8-1-720	A8-1-721	A8-1-722	A8-1-723
项目名称				公称直径(mm以内)			
				100	125	150	200
基价（元）				**582.52**	**724.29**	**940.37**	**1243.37**
其中	人工费（元）			406.70	482.44	613.76	773.08
	材料费（元）			22.09	34.35	51.44	79.50
	机械费（元）			153.73	207.50	275.17	390.79
名称		单位	单价(元)	消耗量			
人工	综合工日	工日	140.00	2.905	3.446	4.384	5.522
材料	碳钢管	m	—	(8.958)	(8.817)	(8.817)	(8.817)
	丙酮	kg	7.51	0.059	0.069	0.082	0.113
	低碳钢焊条	kg	6.84	2.332	4.024	6.328	9.847
	电	kW·h	0.68	0.251	0.334	0.458	0.704
	钢丝 φ4.0	kg	4.02	0.112	0.116	0.121	0.130
	角钢(综合)	kg	3.61	—	—	—	0.125
	棉纱头	kg	6.00	0.022	0.026	0.034	0.045
	磨头	个	2.75	0.087	—	—	—
	尼龙砂轮片 φ100×16×3	片	2.56	0.128	0.160	0.190	0.658
	破布	kg	6.32	0.406	0.441	0.464	0.557
	塑料布	m^2	1.97	0.286	0.336	0.393	0.510
	氧气	m^3	3.63	0.146	0.177	0.258	0.363
	乙炔气	kg	10.45	0.048	0.059	0.086	0.121
	其他材料费占材料费	%	—	1.000	1.000	1.000	1.000
机械	半自动切割机 100mm	台班	83.55	—	—	0.013	0.021
	单速电动葫芦 3t	台班	32.95	0.086	0.180	0.196	0.293
	电焊机(综合)	台班	118.28	0.355	0.516	0.752	1.153
	电焊条恒温箱	台班	21.41	0.035	0.052	0.075	0.115
	电焊条烘干箱 60×50×75cm³	台班	26.46	0.035	0.052	0.075	0.115
	吊装机械(综合)	台班	619.04	0.098	0.098	0.131	0.142
	普通车床 630×2000mm	台班	247.10	0.086	0.180	0.196	0.293
	汽车式起重机 8t	台班	763.67	0.020	0.026	0.036	0.061
	载重汽车 8t	台班	501.85	0.020	0.026	0.036	0.061

工作内容：准备工作、管子切口、坡口加工、管口组对、焊接、管口封闭、管道安装。 计量单位：10m

定额编号				A8-1-724	A8-1-725	A8-1-726	A8-1-727
项目名称				公称直径(mm以内)			
				250	300	350	400
基价（元）				**1610.96**	**1781.19**	**2175.61**	**2560.00**
其中	人工费（元）			895.86	974.54	1139.04	1304.66
	材料费（元）			114.03	128.60	171.15	225.32
	机械费（元）			601.07	678.05	865.42	1030.02
名称		**单位**	**单价(元)**	**消耗量**			
人工	综合工日	工日	140.00	6.399	6.961	8.136	9.319
材料	碳钢管	m	—	(8.761)	(8.761)	(8.761)	(8.761)
	丙酮	kg	7.51	0.128	0.141	0.148	0.167
	低碳钢焊条	kg	6.84	14.437	16.393	22.254	29.748
	电	kW·h	0.68	1.020	1.100	1.444	1.860
	钢丝 Φ4.0	kg	4.02	0.138	0.147	0.156	0.165
	角钢(综合)	kg	3.61	0.125	0.126	0.126	0.126
	棉纱头	kg	6.00	0.053	0.054	0.065	0.074
	尼龙砂轮片 Φ100×16×3	片	2.56	0.971	0.984	1.286	1.612
	破布	kg	6.32	0.615	0.639	0.673	0.697
	塑料布	m^2	1.97	0.649	0.800	0.967	1.089
	氧气	m^3	3.63	0.496	0.546	0.594	0.683
	乙炔气	kg	10.45	0.165	0.182	0.198	0.227
	其他材料费占材料费	%	—	1.000	1.000	1.000	1.000
机械	半自动切割机 100mm	台班	83.55	0.046	0.048	0.059	0.067
	电动单梁起重机 5t	台班	223.20	0.354	0.397	0.439	0.481
	电焊机(综合)	台班	118.28	1.675	1.826	2.394	3.113
	电焊条恒温箱	台班	21.41	0.167	0.183	0.239	0.311
	电焊条烘干箱 60×50×75cm³	台班	26.46	0.167	0.183	0.239	0.311
	吊装机械(综合)	台班	619.04	0.185	0.185	0.229	0.229
	普通车床 630×2000mm	台班	247.10	0.354	0.397	0.439	0.481
	汽车式起重机 8t	台班	763.67	0.087	0.117	0.172	0.216
	载重汽车 8t	台班	501.85	0.087	0.117	0.172	0.216

工作内容：准备工作、管子切口、坡口加工、管口组对、焊接、管口封闭、管道安装。　计量单位：10m

定额编号				A8-1-728	A8-1-729	A8-1-730
项目名称				公称直径(mm以内)		
				450	500	600
基价（元）				3139.90	3571.23	4002.36
其中	人工费（元）			1504.86	1693.86	1882.72
	材料费（元）			293.21	355.41	418.11
	机械费（元）			1341.83	1521.96	1701.53
名称		单位	单价(元)	消耗量		
人工	综合工日	工日	140.00	10.749	12.099	13.448
材料	碳钢管	m	—	(8.667)	(8.667)	(8.667)
	丙酮	kg	7.51	0.189	0.208	0.227
	低碳钢焊条	kg	6.84	38.982	47.437	55.891
	电	kW·h	0.68	2.352	2.860	3.369
	钢丝 φ4.0	kg	4.02	0.173	0.181	0.189
	角钢(综合)	kg	3.61	0.126	0.126	0.126
	棉纱头	kg	6.00	0.082	0.090	0.098
	尼龙砂轮片 φ100×16×3	片	2.56	1.901	2.369	2.839
	破布	kg	6.32	0.790	0.894	0.998
	塑料布	m²	1.97	1.342	1.547	1.752
	氧气	m³	3.63	0.915	1.046	1.310
	乙炔气	kg	10.45	0.305	0.348	0.392
	其他材料费占材料费	%	—	1.000	1.000	1.000
机械	半自动切割机 100mm	台班	83.55	0.081	0.108	0.134
	电动单梁起重机 5t	台班	223.20	0.597	0.651	0.704
	电焊机(综合)	台班	118.28	4.048	4.927	5.806
	电焊条恒温箱	台班	21.41	0.405	0.493	0.581
	电焊条烘干箱 60×50×75cm³	台班	26.46	0.405	0.493	0.581
	吊装机械(综合)	台班	619.04	0.283	0.283	0.283
	普通车床 630×2000mm	台班	247.10	0.597	0.651	0.704
	汽车式起重机 8t	台班	763.67	0.301	0.336	0.371
	载重汽车 8t	台班	501.85	0.301	0.336	0.371

2.碳钢管(氩电联焊)

工作内容：准备工作、管子切口、坡口加工、管口组对、焊接、管口封闭、管道安装。　计量单位：10m

定额编号				A8-1-731	A8-1-732	A8-1-733	A8-1-734
项目名称				公称直径(mm以内)			
				15	20	25	32
基价(元)				**170.32**	**191.10**	**212.59**	**266.72**
其中	人工费(元)			154.84	170.38	187.60	238.84
	材料费(元)			3.55	4.64	6.54	7.79
	机械费(元)			11.93	16.08	18.45	20.09
名称		单位	单价(元)	消耗量			
人工	综合工日	工日	140.00	1.106	1.217	1.340	1.706
材料	碳钢管	m	—	(9.109)	(9.109)	(9.109)	(9.109)
	丙酮	kg	7.51	0.017	0.019	0.020	0.021
	低碳钢焊条	kg	6.84	0.117	0.216	0.308	0.418
	电	kW·h	0.68	0.032	0.054	0.071	0.085
	钢丝 φ4.0	kg	4.02	0.096	0.097	0.098	0.099
	棉纱头	kg	6.00	0.003	0.007	0.007	0.010
	磨头	个	2.75	0.002	0.021	0.026	0.032
	尼龙砂轮片 φ100×16×3	片	2.56	0.015	0.019	0.027	0.036
	尼龙砂轮片 φ500×25×4	片	12.82	0.006	0.010	0.015	0.020
	破布	kg	6.32	0.116	0.116	0.232	0.255
	铈钨棒	g	0.38	0.072	0.092	0.144	0.179
	塑料布	m^2	1.97	0.136	0.143	0.150	0.159
	碳钢焊丝	kg	7.69	0.020	0.024	0.028	0.031
	氩气	m^3	19.59	0.044	0.053	0.070	0.077
	其他材料费占材料费	%	—	1.000	1.000	1.000	1.000
机械	单速电动葫芦 3t	台班	32.95	—	—	0.051	0.053
	电焊机(综合)	台班	118.28	0.007	0.010	0.013	0.016
	电焊条恒温箱	台班	21.41	0.001	0.001	0.001	0.002
	电焊条烘干箱 60×50×75cm³	台班	26.46	0.001	0.001	0.001	0.002
	普通车床 630×2000mm	台班	247.10	0.038	0.051	0.051	0.053
	砂轮切割机 500mm	台班	29.08	0.003	0.004	0.006	0.007
	氩弧焊机 500A	台班	92.58	0.017	0.023	0.026	0.033

工作内容：准备工作、管子切口、坡口加工、管口组对、焊接、管口封闭、管道安装。　计量单位：10m

定额编号				A8-1-735	A8-1-736	A8-1-737	A8-1-738
项目名称				公称直径(mm以内)			
				40	50	65	80
基价（元）				288.07	321.22	357.82	454.28
其中	人工费（元）			256.20	274.12	299.18	320.74
	材料费（元）			8.98	10.79	15.10	18.73
	机械费（元）			22.89	36.31	43.54	114.81
名称		单位	单价(元)	消耗量			
人工	综合工日	工日	140.00	1.830	1.958	2.137	2.291
材料	碳钢管	m	—	(9.109)	(8.958)	(8.958)	(8.958)
	丙酮	kg	7.51	0.024	0.029	0.039	0.046
	低碳钢焊条	kg	6.84	0.482	0.562	0.937	1.178
	电	kW·h	0.68	0.105	0.105	0.114	0.134
	钢丝 φ4.0	kg	4.02	0.100	0.103	0.106	0.107
	棉纱头	kg	6.00	0.010	0.012	0.016	0.019
	磨头	个	2.75	0.037	0.044	0.058	0.068
	尼龙砂轮片 φ100×16×3	片	2.56	0.043	0.067	0.096	0.127
	尼龙砂轮片 φ500×25×4	片	12.82	0.025	0.037	0.055	0.075
	破布	kg	6.32	0.255	0.290	0.325	0.348
	铈钨棒	g	0.38	0.215	0.243	0.319	0.424
	塑料布	m²	1.97	0.179	0.196	0.222	0.243
	碳钢焊丝	kg	7.69	0.035	0.037	0.050	0.064
	氩气	m³	19.59	0.104	0.138	0.181	0.240
	其他材料费占材料费	%	—	1.000	1.000	1.000	1.000
机械	单速电动葫芦 3t	台班	32.95	0.059	0.063	0.068	0.074
	电焊机(综合)	台班	118.28	0.020	0.125	0.165	0.203
	电焊条恒温箱	台班	21.41	0.002	0.013	0.016	0.021
	电焊条烘干箱 60×50×75cm³	台班	26.46	0.002	0.013	0.016	0.021
	吊装机械(综合)	台班	619.04	—	—	—	0.076
	普通车床 630×2000mm	台班	247.10	0.059	0.063	0.068	0.074
	汽车式起重机 8t	台班	763.67	—	—	—	0.013
	砂轮切割机 500mm	台班	29.08	0.007	0.007	0.008	0.010
	氩弧焊机 500A	台班	92.58	0.040	0.033	0.043	0.057
	载重汽车 8t	台班	501.85	—	—	—	0.013

工作内容：准备工作、管子切口、坡口加工、管口组对、焊接、管口封闭、管道安装。　计量单位：10m

定额编号				A8-1-739	A8-1-740	A8-1-741	A8-1-742
项目名称				公称直径(mm以内)			
				100	125	150	200
基价（元）				615.11	765.57	990.97	1316.65
其中	人工费（元）			422.94	501.48	636.72	803.60
	材料费（元）			35.03	52.75	75.60	116.59
	机械费（元）			157.14	211.34	278.65	396.46
名称		单位	单价(元)	消耗量			
人工	综合工日	工日	140.00	3.021	3.582	4.548	5.740
材料	碳钢管	m	—	(8.958)	(8.817)	(8.817)	(8.817)
	丙酮	kg	7.51	0.077	0.089	0.107	0.147
	低碳钢焊条	kg	6.84	2.587	4.839	7.669	11.956
	电	kW·h	0.68	0.307	0.411	0.570	0.877
	钢丝 Φ4.0	kg	4.02	0.146	0.151	0.157	0.169
	角钢(综合)	kg	3.61	—	—	—	0.162
	棉纱头	kg	6.00	0.029	0.034	0.044	0.058
	磨头	个	2.75	0.113	—	—	—
	尼龙砂轮片 Φ100×16×3	片	2.56	0.174	0.199	0.248	0.838
	破布	kg	6.32	0.528	0.574	0.604	0.725
	铈钨棒	g	0.38	0.731	0.847	0.977	1.491
	塑料布	m²	1.97	0.372	0.436	0.511	0.663
	碳钢焊丝	kg	7.69	0.112	0.129	0.153	0.229
	氩气	m³	19.59	0.415	0.481	0.557	0.849
	氧气	m³	3.63	0.190	0.230	0.336	0.472
	乙炔气	kg	10.45	0.063	0.077	0.112	0.157
	其他材料费占材料费	%	—	1.000	1.000	1.000	1.000
机械	半自动切割机 100mm	台班	83.55	—	—	0.013	0.021
	单速电动葫芦 3t	台班	32.95	0.086	0.180	0.196	0.293
	电焊机(综合)	台班	118.28	0.326	0.482	0.704	1.082
	电焊条恒温箱	台班	21.41	0.033	0.048	0.071	0.109
	电焊条烘干箱 60×50×75cm³	台班	26.46	0.033	0.048	0.071	0.109
	吊装机械(综合)	台班	619.04	0.098	0.098	0.131	0.142
	普通车床 630×2000mm	台班	247.10	0.086	0.180	0.196	0.293
	汽车式起重机 8t	台班	763.67	0.020	0.026	0.036	0.061
	氩弧焊机 500A	台班	92.58	0.075	0.087	0.101	0.155
	载重汽车 8t	台班	501.85	0.020	0.026	0.036	0.061

工作内容：准备工作、管子切口、坡口加工、管口组对、焊接、管口封闭、管道安装。 计量单位：10m

定额编号				A8-1-743	A8-1-744	A8-1-745	A8-1-746
项目名称				公称直径(mm以内)			
				250	300	350	400
基价（元）				**1681.37**	**1845.54**	**2286.34**	**2690.27**
其中	人工费（元）			932.54	1010.66	1180.34	1350.58
	材料费（元）			159.81	179.85	236.99	307.52
	机械费（元）			589.02	655.03	869.01	1032.17
	名称	单位	单价(元)	消耗量			
人工	综合工日	工日	140.00	6.661	7.219	8.431	9.647
材料	碳钢管	m	—	(8.761)	(8.761)	(8.761)	(8.761)
	丙酮	kg	7.51	0.167	0.184	0.192	0.218
	低碳钢焊条	kg	6.84	17.556	20.032	27.250	36.496
	电	kW·h	0.68	1.269	1.370	1.801	2.323
	钢丝 φ4.0	kg	4.02	0.180	0.191	0.203	0.214
	角钢(综合)	kg	3.61	0.162	0.164	0.164	0.164
	棉纱头	kg	6.00	0.069	0.070	0.084	0.096
	尼龙砂轮片 φ100×16×3	片	2.56	1.236	1.253	1.635	2.050
	破布	kg	6.32	0.800	0.830	0.875	0.906
	铈钨棒	g	0.38	1.622	1.752	2.050	2.324
	塑料布	m²	1.97	0.844	1.040	1.257	1.416
	碳钢焊丝	kg	7.69	0.251	0.270	0.315	0.359
	氩气	m³	19.59	0.924	0.997	1.163	1.321
	氧气	m³	3.63	0.531	0.589	0.772	0.888
	乙炔气	kg	10.45	0.177	0.196	0.258	0.296
	其他材料费占材料费	%	—	1.000	1.000	1.000	1.000
机械	半自动切割机 100mm	台班	83.55	0.046	0.048	0.059	0.067
	电动单梁起重机 5t	台班	223.20	0.328	0.339	0.439	0.481
	电焊机(综合)	台班	118.28	1.573	1.724	2.264	2.949
	电焊条恒温箱	台班	21.41	0.158	0.172	0.227	0.295
	电焊条烘干箱 60×50×75cm³	台班	26.46	0.158	0.172	0.227	0.295
	吊装机械(综合)	台班	619.04	0.185	0.185	0.229	0.229
	普通车床 630×2000mm	台班	247.10	0.316	0.339	0.439	0.481
	汽车式起重机 8t	台班	763.67	0.087	0.117	0.172	0.216
	氩弧焊机 500A	台班	92.58	0.169	0.182	0.211	0.241
	载重汽车 8t	台班	501.85	0.087	0.117	0.172	0.216

工作内容：准备工作、管子切口、坡口加工、管口组对、焊接、管口封闭、管道安装。　计量单位：10m

定额编号				A8-1-747	A8-1-748	A8-1-749
项目名称				公称直径(mm以内)		
				450	500	600
基价（元）				3284.19	3743.90	4203.01
其中	人工费（元）			1553.02	1748.88	1944.88
	材料费（元）			392.24	476.11	559.81
	机械费（元）			1338.93	1518.91	1698.32
名称		单位	单价(元)	消耗量		
人工	综合工日	工日	140.00	11.093	12.492	13.892
材料	碳钢管	m	—	(8.667)	(8.667)	(8.667)
	丙酮	kg	7.51	0.245	0.270	0.276
	低碳钢焊条	kg	6.84	47.935	58.331	68.726
	电	kW·h	0.68	2.937	3.573	4.209
	钢丝 φ4.0	kg	4.02	0.225	0.235	0.245
	角钢(综合)	kg	3.61	0.164	0.164	0.164
	棉纱头	kg	6.00	0.107	0.117	0.127
	尼龙砂轮片 φ100×16×3	片	2.56	2.417	3.014	3.609
	破布	kg	6.32	1.026	1.162	1.298
	铈钨棒	g	0.38	2.358	2.919	3.479
	塑料布	m²	1.97	1.745	2.011	2.279
	碳钢焊丝	kg	7.69	0.363	0.449	0.537
	氩气	m³	19.59	1.340	1.657	1.973
	氧气	m³	3.63	1.190	1.360	1.530
	乙炔气	kg	10.45	0.396	0.453	0.509
	其他材料费占材料费	%	—	1.000	1.000	1.000
机械	半自动切割机 100mm	台班	83.55	0.081	0.108	0.134
	电动单梁起重机 5t	台班	223.20	0.597	0.651	0.704
	电焊机(综合)	台班	118.28	3.841	4.675	5.510
	电焊条恒温箱	台班	21.41	0.384	0.468	0.551
	电焊条烘干箱 60×50×75cm³	台班	26.46	0.384	0.468	0.551
	吊装机械(综合)	台班	619.04	0.283	0.283	0.283
	普通车床 630×2000mm	台班	247.10	0.597	0.651	0.704
	汽车式起重机 8t	台班	763.67	0.301	0.336	0.371
	氩弧焊机 500A	台班	92.58	0.244	0.302	0.359
	载重汽车 8t	台班	501.85	0.301	0.336	0.371

3. 不锈钢管(电弧焊)

工作内容：准备工作、管子切口、坡口加工、管口组对、焊接、焊缝钝化、管口封闭、管道安装。

计量单位：10m

定额编号				A8-1-750	A8-1-751	A8-1-752	A8-1-753
项目名称				公称直径(mm以内)			
				15	20	25	32
基价（元）				**177.03**	**194.24**	**221.00**	**282.09**
其中	人工费（元）			159.04	171.50	187.88	240.66
	材料费（元）			4.33	5.83	9.62	11.54
	机械费（元）			13.66	16.91	23.50	29.89
名称		**单位**	**单价(元)**	**消耗量**			
人工	综合工日	工日	140.00	1.136	1.225	1.342	1.719
材料	不锈钢管	m	—	(9.250)	(9.250)	(9.250)	(9.250)
	丙酮	kg	7.51	0.012	0.014	0.018	0.021
	不锈钢焊条	kg	38.46	0.068	0.103	0.173	0.218
	电	kW·h	0.68	0.020	0.024	0.037	0.044
	钢丝 φ4.0	kg	4.02	0.089	0.090	0.091	0.092
	棉纱头	kg	6.00	0.003	0.006	0.007	0.009
	尼龙砂轮片 φ100×16×3	片	2.56	0.029	0.038	0.052	0.068
	尼龙砂轮片 φ500×25×4	片	12.82	0.008	0.011	0.020	0.024
	破布	kg	6.32	0.108	0.108	0.236	0.236
	水	t	7.96	0.002	0.002	0.003	0.003
	塑料布	m²	1.97	0.136	0.143	0.150	0.159
	酸洗膏	kg	6.56	0.008	0.011	0.015	0.018
	其他材料费占材料费	%	—	1.000	1.000	1.000	1.000
机械	单速电动葫芦 3t	台班	32.95	—	—	—	0.049
	电动空气压缩机 6m³/min	台班	206.73	0.002	0.002	0.002	0.002
	电焊机(综合)	台班	118.28	0.043	0.055	0.080	0.100
	电焊条恒温箱	台班	21.41	0.004	0.005	0.008	0.010
	电焊条烘干箱 60×50×75cm³	台班	26.46	0.004	0.005	0.008	0.010
	普通车床 630×2000mm	台班	247.10	0.032	0.039	0.053	0.062
	砂轮切割机 500mm	台班	29.08	0.002	0.004	0.005	0.008

工作内容：准备工作、管子切口、坡口加工、管口组对、焊接、焊缝钝化、管口封闭、管道安装。

计量单位：10m

定额编号				A8-1-754	A8-1-755	A8-1-756	A8-1-757
项目名称				公称直径(mm以内)			
				40	50	65	80
基价（元）				**311.32**	**339.93**	**437.79**	**669.28**
其中	人工费（元）			261.10	281.12	361.06	499.52
	材料费（元）			14.98	19.85	28.40	46.87
	机械费（元）			35.24	38.96	48.33	122.89
名称		单位	单价(元)	消耗量			
人工	综合工日	工日	140.00	1.865	2.008	2.579	3.568
材料	不锈钢管	m	—	(9.156)	(9.156)	(9.156)	(8.958)
	丙酮	kg	7.51	0.025	0.030	0.048	0.057
	不锈钢焊条	kg	38.46	0.295	0.413	0.594	1.052
	电	kW·h	0.68	0.054	0.066	0.093	0.124
	钢丝 Φ4.0	kg	4.02	0.093	0.096	0.105	0.109
	棉纱头	kg	6.00	0.011	0.012	0.021	0.024
	尼龙砂轮片 Φ100×16×3	片	2.56	0.086	0.118	0.178	0.238
	尼龙砂轮片 Φ500×25×4	片	12.82	0.030	0.034	0.056	0.075
	破布	kg	6.32	0.268	0.269	0.377	0.386
	水	t	7.96	0.003	0.005	0.007	0.009
	塑料布	m²	1.97	0.179	0.196	0.222	0.243
	酸洗膏	kg	6.56	0.022	0.027	0.038	0.045
	其他材料费占材料费	%	—	1.000	1.000	1.000	1.000
机械	单速电动葫芦 3t	台班	32.95	0.071	0.073	0.078	0.084
	电动空气压缩机 6m³/min	台班	206.73	0.002	0.002	0.002	0.002
	电焊机(综合)	台班	118.28	0.119	0.144	0.208	0.278
	电焊条恒温箱	台班	21.41	0.012	0.015	0.021	0.028
	电焊条烘干箱 60×50×75cm³	台班	26.46	0.012	0.015	0.021	0.028
	吊装机械(综合)	台班	619.04	—	—	—	0.077
	普通车床 630×2000mm	台班	247.10	0.071	0.073	0.078	0.084
	汽车式起重机 8t	台班	763.67	—	—	—	0.013
	砂轮切割机 500mm	台班	29.08	0.010	0.012	0.016	0.021
	载重汽车 8t	台班	501.85	—	—	—	0.013

工作内容：准备工作、管子切口、坡口加工、管口组对、焊接、焊缝钝化、管口封闭、管道安装。

计量单位：10m

定额编号				A8-1-758	A8-1-759	A8-1-760	A8-1-761
项目名称				公称直径(mm以内)			
				100	125	150	200
基价（元）				**743.56**	**864.80**	**1058.55**	**1747.57**
其中	人工费（元）			513.38	554.12	621.74	966.28
	材料费（元）			68.91	114.70	172.28	352.31
	机械费（元）			161.27	195.98	264.53	428.98
	名称	单位	单价(元)	消耗量			
人工	综合工日	工日	140.00	3.667	3.958	4.441	6.902
材料	不锈钢管	m	—	(8.958)	(8.958)	(8.817)	(8.817)
	丙酮	kg	7.51	0.059	0.069	0.082	0.134
	不锈钢焊条	kg	38.46	1.630	2.785	4.238	8.757
	电	kW·h	0.68	0.168	0.243	0.346	0.648
	钢丝 φ4.0	kg	4.02	0.115	0.119	0.128	0.139
	棉纱头	kg	6.00	0.024	0.025	0.032	0.055
	尼龙砂轮片 φ100×16×3	片	2.56	0.325	0.457	0.635	1.248
	破布	kg	6.32	0.399	0.411	0.434	0.689
	水	t	7.96	0.010	0.012	0.015	0.019
	塑料布	m²	1.97	0.286	0.362	0.393	0.510
	酸洗膏	kg	6.56	0.057	0.086	0.116	0.151
	其他材料费占材料费	%	—	1.000	1.000	1.000	1.000
机械	单速电动葫芦 3t	台班	32.95	0.089	0.108	0.129	0.266
	等离子切割机 400A	台班	219.59	0.014	0.017	0.022	0.039
	电动空气压缩机 1m³/min	台班	50.29	0.014	0.017	0.022	0.039
	电动空气压缩机 6m³/min	台班	206.73	0.002	0.002	0.002	0.002
	电焊机(综合)	台班	118.28	0.375	0.546	0.775	1.450
	电焊条恒温箱	台班	21.41	0.038	0.054	0.078	0.145
	电焊条烘干箱 60×50×75cm³	台班	26.46	0.038	0.054	0.078	0.145
	吊装机械(综合)	台班	619.04	0.098	0.098	0.131	0.142
	普通车床 630×2000mm	台班	247.10	0.089	0.108	0.129	0.266
	汽车式起重机 8t	台班	763.67	0.020	0.026	0.036	0.061
	载重汽车 8t	台班	501.85	0.020	0.026	0.036	0.061

工作内容：准备工作、管子切口、坡口加工、管口组对、焊接、焊缝钝化、管口封闭、管道安装。

计量单位：10m

定额编号				A8-1-762	A8-1-763	A8-1-764
项目名称				公称直径(mm以内)		
				250	300	350
基价（元）				2315.50	3088.30	3824.41
其中	人工费（元）			1165.64	1402.66	1582.28
	材料费（元）			528.55	778.90	1060.03
	机械费（元）			621.31	906.74	1182.10
	名称	单位	单价(元)	消耗量		
人工	综合工日	工日	140.00	8.326	10.019	11.302
材料	不锈钢管	m	—	(8.817)	(8.817)	(8.817)
	丙酮	kg	7.51	0.166	0.197	0.228
	不锈钢焊条	kg	38.46	13.247	19.561	26.721
	电	kW·h	0.68	0.937	1.383	1.814
	钢丝 φ4.0	kg	4.02	0.148	0.157	0.165
	棉纱头	kg	6.00	0.065	0.077	0.088
	尼龙砂轮片 φ100×16×3	片	2.56	1.806	2.727	3.362
	破布	kg	6.32	0.717	0.758	0.786
	水	t	7.96	0.023	0.028	0.033
	塑料布	m²	1.97	0.065	0.800	0.967
	酸洗膏	kg	6.56	0.229	0.273	0.299
	其他材料费占材料费	%	—	1.000	1.000	1.000
机械	单速电动葫芦 3t	台班	32.95	0.437	—	—
	等离子切割机 400A	台班	219.59	0.053	0.063	0.086
	电动单梁起重机 5t	台班	223.20	—	0.530	0.643
	电动空气压缩机 1m³/min	台班	50.29	0.053	0.063	0.086
	电动空气压缩机 6m³/min	台班	206.73	0.002	0.002	0.002
	电焊机(综合)	台班	118.28	2.099	3.098	4.056
	电焊条恒温箱	台班	21.41	0.210	0.310	0.406
	电焊条烘干箱 60×50×75cm³	台班	26.46	0.210	0.310	0.406
	吊装机械(综合)	台班	619.04	0.185	0.185	0.229
	普通车床 630×2000mm	台班	247.10	0.437	0.530	0.643
	汽车式起重机 8t	台班	763.67	0.088	0.114	0.170
	载重汽车 8t	台班	501.85	0.088	0.114	0.170

工作内容：准备工作、管子切口、坡口加工、管口组对、焊接、焊缝钝化、管口封闭、管道安装。

计量单位：10m

定额编号				A8-1-765	A8-1-766	A8-1-767
项目名称				公称直径(mm以内)		
				400	450	500
基价（元）				4513.70	5235.36	5925.66
其中	人工费（元）			1886.78	2191.14	2495.50
	材料费（元）			1220.31	1380.59	1540.87
	机械费（元）			1406.61	1663.63	1889.29
名称		单位	单价(元)	消耗量		
人工	综合工日	工日	140.00	13.477	15.651	17.825
材料	不锈钢管	m	—	(8.817)	(8.817)	(8.817)
	丙酮	kg	7.51	0.257	0.286	0.315
	不锈钢焊条	kg	38.46	30.735	34.749	38.763
	电	kW·h	0.68	2.120	2.427	2.734
	钢丝 Φ4.0	kg	4.02	0.182	0.198	0.214
	棉纱头	kg	6.00	0.103	0.117	0.131
	尼龙砂轮片 Φ100×16×3	片	2.56	4.096	4.831	5.566
	破布	kg	6.32	0.962	1.139	1.315
	水	t	7.96	0.038	0.042	0.047
	塑料布	m^2	1.97	1.089	1.211	1.334
	酸洗膏	kg	6.56	0.370	0.441	0.512
	其他材料费占材料费	%	—	1.000	1.000	1.000
机械	等离子切割机 400A	台班	219.59	0.097	0.109	0.120
	电动单梁起重机 5t	台班	223.20	0.739	0.836	0.932
	电动空气压缩机 1m^3/min	台班	50.29	0.097	0.109	0.120
	电动空气压缩机 6m^3/min	台班	206.73	0.002	0.003	0.003
	电焊机(综合)	台班	118.28	4.749	5.442	6.134
	电焊条恒温箱	台班	21.41	0.475	0.544	0.613
	电焊条烘干箱 60×50×75cm^3	台班	26.46	0.475	0.544	0.613
	吊装机械(综合)	台班	619.04	0.229	0.280	0.280
	普通车床 630×2000mm	台班	247.10	0.739	0.836	0.932
	汽车式起重机 8t	台班	763.67	0.242	0.314	0.387
	载重汽车 8t	台班	501.85	0.242	0.314	0.387

4. 不锈钢管(氩电联焊)

工作内容：准备工作、管子切口、坡口加工、管口组对、焊接、焊缝钝化、管口封闭、管道安装。

计量单位：10m

定额编号				A8-1-768	A8-1-769	A8-1-770	A8-1-771
项目名称				公称直径(mm以内)			
				15	20	25	32
基价（元）				**178.05**	**193.72**	**217.30**	**275.27**
其中	人工费（元）			159.32	172.06	189.56	242.76
	材料费（元）			4.98	5.29	6.83	7.18
	机械费（元）			13.75	16.37	20.91	25.33
名称		**单位**	**单价(元)**	**消耗量**			
人工	综合工日	工日	140.00	1.138	1.229	1.354	1.734
材料	不锈钢管	m	—	(9.250)	(9.250)	(9.250)	(9.250)
	丙酮	kg	7.51	0.014	0.016	0.022	0.025
	不锈钢焊条	kg	38.46	0.030	0.032	0.035	0.037
	电	kW·h	0.68	0.023	0.032	0.052	0.067
	钢丝 φ4.0	kg	4.02	0.106	0.107	0.108	0.109
	棉纱头	kg	6.00	0.004	0.007	0.008	0.010
	尼龙砂轮片 φ100×16×3	片	2.56	0.033	0.043	0.060	0.077
	尼龙砂轮片 φ500×25×4	片	12.82	0.009	0.013	0.024	0.029
	破布	kg	6.32	0.129	0.129	0.281	0.281
	铈钨棒	g	0.38	0.147	0.151	0.157	0.164
	水	t	7.96	0.002	0.002	0.004	0.004
	塑料布	m^2	1.97	0.162	0.170	0.179	0.189
	酸洗膏	kg	6.56	0.006	0.008	0.011	0.013
	氩气	m^3	19.59	0.090	0.094	0.101	0.105
	其他材料费占材料费	%	—	1.000	1.000	1.000	1.000
机械	单速电动葫芦 3t	台班	32.95	—	—	—	0.065
	电动空气压缩机 6m³/min	台班	206.73	0.002	0.002	0.002	0.002
	普通车床 630×2000mm	台班	247.10	0.035	0.043	0.059	0.065
	砂轮切割机 500mm	台班	29.08	0.002	0.005	0.006	0.008
	氩弧焊机 500A	台班	92.58	0.050	0.056	0.062	0.070

工作内容：准备工作、管子切口、坡口加工、管口组对、焊接、焊缝钝化、管口封闭、管道安装。

计量单位：10m

定额编号				A8-1-772	A8-1-773	A8-1-774	A8-1-775
项目名称				公称直径(mm以内)			
				40	50	65	80
基价（元）				**302.18**	**341.92**	**452.64**	**665.15**
其中	人工费（元）			264.88	286.58	363.86	500.64
	材料费（元）			7.87	14.46	35.05	46.27
	机械费（元）			29.43	40.88	53.73	118.24
名称		单位	单价(元)	消耗量			
人工	综合工日	工日	140.00	1.892	2.047	2.599	3.576
材料	不锈钢管	m	—	(9.156)	(9.156)	(9.156)	(8.958)
	丙酮	kg	7.51	0.030	0.036	0.058	0.058
	不锈钢焊条	kg	38.46	0.039	0.198	0.651	0.895
	电	kW·h	0.68	0.087	0.088	0.093	0.116
	钢丝 φ4.0	kg	4.02	0.111	0.114	0.137	0.139
	棉纱头	kg	6.00	0.013	0.014	0.025	0.026
	尼龙砂轮片 φ100×16×3	片	2.56	0.099	0.104	0.207	0.261
	尼龙砂轮片 φ500×25×4	片	12.82	0.036	0.040	0.067	0.089
	破布	kg	6.32	0.319	0.320	0.459	0.538
	铈钨棒	g	0.38	0.170	0.176	0.214	0.225
	水	t	7.96	0.004	0.006	0.008	0.009
	塑料布	m²	1.97	0.213	0.234	0.264	0.270
	酸洗膏	kg	6.56	0.015	0.019	0.027	0.032
	氩气	m³	19.59	0.109	0.119	0.170	0.207
	其他材料费占材料费	%	—	1.000	1.000	1.000	1.000
机械	单速电动葫芦 3t	台班	32.95	0.078	0.078	0.078	0.084
	电动空气压缩机 6m³/min	台班	206.73	0.002	0.002	0.002	0.002
	电焊机(综合)	台班	118.28	—	0.089	0.177	0.219
	电焊条恒温箱	台班	21.41	—	0.009	0.017	0.022
	电焊条烘干箱 60×50×75cm³	台班	26.46	—	0.009	0.017	0.022
	吊装机械(综合)	台班	619.04	—	—	—	0.090
	普通车床 630×2000mm	台班	247.10	0.078	0.078	0.078	0.084
	砂轮切割机 500mm	台班	29.08	0.011	0.012	0.016	0.021
	氩弧焊机 500A	台班	92.58	0.074	0.079	0.100	0.119

工作内容：准备工作、管子切口、坡口加工、管口组对、焊接、焊缝钝化、管口封闭、管道安装。

计量单位：10m

定额编号				A8-1-776	A8-1-777	A8-1-778	A8-1-779
项目名称				公称直径(mm以内)			
				100	125	150	200
基价（元）				**774.82**	**929.61**	**1109.33**	**1802.83**
其中	人工费（元）			536.62	602.28	652.26	1008.00
	材料费（元）			71.36	126.87	188.62	366.16
	机械费（元）			166.84	200.46	268.45	428.67
名称		单位	单价(元)	消耗量			
人工	综合工日	工日	140.00	3.833	4.302	4.659	7.200
材料	不锈钢管	m	—	(8.958)	(8.958)	(8.817)	(8.817)
	丙酮	kg	7.51	0.059	0.076	0.091	0.147
	不锈钢焊条	kg	38.46	1.541	2.907	4.425	8.771
	电	kW·h	0.68	0.136	0.225	0.319	0.578
	钢丝 φ4.0	kg	4.02	0.140	0.142	0.144	0.153
	棉纱头	kg	6.00	0.029	0.033	0.035	0.061
	尼龙砂轮片 φ100×16×3	片	2.56	0.318	0.492	0.683	1.289
	破布	kg	6.32	0.540	0.585	0.630	0.758
	铈钨棒	g	0.38	0.250	0.291	0.377	0.646
	水	t	7.96	0.010	0.013	0.016	0.021
	塑料布	m²	1.97	0.286	0.369	0.432	0.561
	酸洗膏	kg	6.56	0.057	0.086	0.116	0.151
	氩气	m³	19.59	0.244	0.299	0.371	0.619
	其他材料费占材料费	%	—	1.000	1.000	1.000	1.000
机械	单速电动葫芦 3t	台班	32.95	0.089	0.108	0.129	0.266
	等离子切割机 400A	台班	219.59	0.014	0.017	0.022	0.039
	电动空气压缩机 1m³/min	台班	50.29	0.014	0.017	0.022	0.039
	电动空气压缩机 6m³/min	台班	206.73	0.002	0.002	0.002	0.002
	电焊机(综合)	台班	118.28	0.304	0.454	0.649	1.173
	电焊条恒温箱	台班	21.41	0.030	0.046	0.065	0.117
	电焊条烘干箱 60×50×75cm³	台班	26.46	0.030	0.046	0.065	0.117
	吊装机械(综合)	台班	619.04	0.098	0.098	0.131	0.142
	普通车床 630×2000mm	台班	247.10	0.089	0.108	0.129	0.266
	汽车式起重机 8t	台班	763.67	0.020	0.026	0.036	0.061
	氩弧焊机 500A	台班	92.58	0.155	0.170	0.210	0.365
	载重汽车 8t	台班	501.85	0.020	0.026	0.036	0.061

工作内容：准备工作、管子切口、坡口加工、管口组对、焊接、焊缝钝化、管口封闭、管道安装。

计量单位：10m

定额编号				A8-1-780	A8-1-781	A8-1-782
项目名称				公称直径(mm以内)		
				250	300	350
基价（元）				2338.10	3096.67	3900.43
其中	人工费（元）			1176.98	1410.92	1596.98
	材料费（元）			546.02	796.75	1133.24
	机械费（元）			615.10	889.00	1170.21
名称		单位	单价(元)	消耗量		
人工	综合工日	工日	140.00	8.407	10.078	11.407
材料	不锈钢管	m	—	(8.817)	(8.817)	(8.817)
	丙酮	kg	7.51	0.038	0.217	0.251
	不锈钢焊条	kg	38.46	13.267	19.446	27.969
	电	kW·h	0.68	0.835	1.229	1.700
	钢丝 φ4.0	kg	4.02	0.163	0.172	0.182
	棉纱头	kg	6.00	0.071	0.085	0.097
	尼龙砂轮片 φ100×16×3	片	2.56	1.865	2.787	3.619
	破布	kg	6.32	0.789	0.833	0.864
	铈钨棒	g	0.38	0.816	1.230	1.269
	水	t	7.96	0.026	0.031	0.036
	塑料布	m²	1.97	0.714	0.880	1.063
	酸洗膏	kg	6.56	0.229	0.273	0.299
	氩气	m³	19.59	0.778	1.055	1.145
	其他材料费占材料费	%	—	1.000	1.000	1.000
机械	单速电动葫芦 3t	台班	32.95	0.437	—	—
	等离子切割机 400A	台班	219.59	0.053	0.063	0.086
	电动单梁起重机 5t	台班	223.20	—	0.519	0.643
	电动空气压缩机 1m³/min	台班	50.29	0.053	0.063	0.086
	电动空气压缩机 6m³/min	台班	206.73	0.002	0.002	0.002
	电焊机(综合)	台班	118.28	1.703	2.501	3.460
	电焊条恒温箱	台班	21.41	0.171	0.250	0.346
	电焊条烘干箱 60×50×75cm³	台班	26.46	0.171	0.250	0.346
	吊装机械(综合)	台班	619.04	0.185	0.185	0.229
	普通车床 630×2000mm	台班	247.10	0.437	0.519	0.643
	汽车式起重机 8t	台班	763.67	0.088	0.114	0.170
	氩弧焊机 500A	台班	92.58	0.459	0.658	0.664
	载重汽车 8t	台班	501.85	0.088	0.114	0.170

工作内容：准备工作、管子切口、坡口加工、管口组对、焊接、焊缝钝化、管口封闭、管道安装。

计量单位：10m

定额编号				A8-1-783	A8-1-784	A8-1-785
项目名称				公称直径(mm以内)		
				400	450	500
基价（元）				**4694.27**	**5577.34**	**6428.61**
其中	人工费（元）			1942.92	2243.92	2544.92
	材料费（元）			1288.82	1547.32	1805.98
	机械费（元）			1462.53	1786.10	2077.71
名称		单位	单价(元)	消耗量		
人工	综合工日	工日	140.00	13.878	16.028	18.178
材料	不锈钢管	m	—	(8.817)	(8.817)	(8.817)
	丙酮	kg	7.51	0.257	0.286	0.333
	不锈钢焊条	kg	38.46	31.840	38.253	44.667
	电	kW·h	0.68	1.938	2.330	2.723
	钢丝 φ4.0	kg	4.02	0.190	0.198	0.206
	棉纱头	kg	6.00	0.103	0.117	0.131
	尼龙砂轮片 φ100×16×3	片	2.56	4.174	5.058	5.942
	破布	kg	6.32	0.962	1.138	1.313
	铈钨棒	g	0.38	1.468	1.782	2.096
	水	t	7.96	0.038	0.043	0.047
	塑料布	m²	1.97	1.089	1.212	1.336
	酸洗膏	kg	6.56	0.370	0.472	0.573
	氩气	m³	19.59	1.259	1.476	1.693
	其他材料费占材料费	%	—	1.000	1.000	1.000
机械	等离子切割机 400A	台班	219.59	0.097	0.108	0.118
	电动单梁起重机 5t	台班	223.20	0.798	0.952	1.108
	电动空气压缩机 1m³/min	台班	50.29	0.097	0.108	0.118
	电动空气压缩机 6m³/min	台班	206.73	0.002	0.002	0.003
	电焊机(综合)	台班	118.28	4.335	5.210	6.085
	电焊条恒温箱	台班	21.41	0.433	0.521	0.609
	电焊条烘干箱 60×50×75cm³	台班	26.46	0.433	0.521	0.609
	吊装机械(综合)	台班	619.04	0.229	0.280	0.280
	普通车床 630×2000mm	台班	247.10	0.798	0.952	1.108
	汽车式起重机 8t	台班	763.67	0.242	0.314	0.385
	氩弧焊机 500A	台班	92.58	0.855	1.047	1.239
	载重汽车 8t	台班	501.85	0.242	0.314	0.385

5. 合金钢管(电弧焊)

工作内容：准备工作、管子切口、坡口加工、管口组对、焊接、管口封闭、管道安装。　计量单位：10m

定额编号				A8-1-786	A8-1-787	A8-1-788	A8-1-789
项目名称				公称直径(mm以内)			
				15	20	25	32
基价(元)				**100.08**	**186.88**	**206.07**	**263.30**
其中	人工费(元)			84.84	167.30	179.76	230.16
	材料费(元)			2.41	2.97	4.60	5.39
	机械费(元)			12.83	16.61	21.71	27.75
名称		单位	单价(元)	消耗量			
人工	综合工日	工日	140.00	0.606	1.195	1.284	1.644
材料	合金钢管	m	—	(9.250)	(9.250)	(9.250)	(9.250)
	丙酮	kg	7.51	0.011	0.015	0.025	0.028
	电	kW·h	0.68	0.039	0.054	0.063	0.080
	钢丝 φ4.0	kg	4.02	0.089	0.090	0.091	0.092
	合金钢焊条	kg	11.11	0.068	0.106	0.173	0.218
	棉纱头	kg	6.00	0.003	0.006	0.006	0.009
	磨头	个	2.75	0.019	0.021	0.026	0.030
	尼龙砂轮片 φ100×16×3	片	2.56	0.030	0.037	0.046	0.057
	尼龙砂轮片 φ500×25×4	片	12.82	0.006	0.009	0.013	0.016
	破布	kg	6.32	0.106	0.106	0.213	0.234
	塑料布	m²	1.97	0.136	0.143	0.150	0.159
	其他材料费占材料费	%	—	1.000	1.000	1.000	1.000
机械	单速电动葫芦 3t	台班	32.95	—	—	—	0.056
	电焊机(综合)	台班	118.28	0.046	0.060	0.077	0.097
	电焊条恒温箱	台班	21.41	0.004	0.006	0.008	0.010
	电焊条烘干箱 60×50×75cm³	台班	26.46	0.004	0.006	0.008	0.010
	普通车床 630×2000mm	台班	247.10	0.029	0.037	0.049	0.056
	砂轮切割机 500mm	台班	29.08	0.001	0.003	0.004	0.004

工作内容：准备工作、管子切口、坡口加工、管口组对、焊接、管口封闭、管道安装。　计量单位：10m

定额编号				A8-1-790	A8-1-791	A8-1-792	A8-1-793
项目名称				公称直径(mm以内)			
				40	50	65	80
基价（元）				286.00	310.63	354.73	442.73
其中	人工费（元）			246.96	265.44	295.54	308.98
	材料费（元）			6.44	8.41	13.94	19.14
	机械费（元）			32.60	36.78	45.25	114.61
名称		单位	单价(元)	消耗量			
人工	综合工日	工日	140.00	1.764	1.896	2.111	2.207
材料	合金钢管	m	—	(9.250)	(9.250)	(9.250)	(8.958)
	丙酮	kg	7.51	0.032	0.040	0.052	0.066
	电	kW·h	0.68	0.093	0.112	0.153	0.180
	钢丝 φ4.0	kg	4.02	0.093	0.096	0.099	0.101
	合金钢焊条	kg	11.11	0.294	0.422	0.842	1.244
	棉纱头	kg	6.00	0.009	0.013	0.016	0.018
	磨头	个	2.75	0.037	0.044	0.058	0.068
	尼龙砂轮片 φ100×16×3	片	2.56	0.070	0.092	0.138	0.175
	尼龙砂轮片 φ500×25×4	片	12.82	0.021	0.029	0.049	0.068
	破布	kg	6.32	0.234	0.266	0.298	0.319
	塑料布	m²	1.97	0.179	0.196	0.222	0.243
	其他材料费占材料费	%	—	1.000	1.000	1.000	1.000
机械	单速电动葫芦 3t	台班	32.95	0.065	0.067	0.072	0.074
	电焊机(综合)	台班	118.28	0.116	0.145	0.202	0.245
	电焊条恒温箱	台班	21.41	0.011	0.015	0.020	0.024
	电焊条烘干箱 60×50×75cm³	台班	26.46	0.011	0.015	0.020	0.024
	吊装机械(综合)	台班	619.04	—	—	—	0.076
	普通车床 630×2000mm	台班	247.10	0.065	0.067	0.072	0.074
	汽车式起重机 8t	台班	763.67	—	—	—	0.013
	砂轮切割机 500mm	台班	29.08	0.005	0.005	0.008	0.009
	载重汽车 8t	台班	501.85	—	—	—	0.013

工作内容：准备工作、管子切口、坡口加工、管口组对、焊接、管口封闭、管道安装。　计量单位：10m

定额编号				A8-1-794	A8-1-795	A8-1-796	A8-1-797
项目名称				公称直径(mm以内)			
				100	125	150	200
基价（元）				**590.15**	**684.96**	**901.88**	**1294.20**
其中	人工费（元）			414.96	467.04	604.38	787.50
	材料费（元）			24.24	37.79	54.62	112.90
	机械费（元）			150.95	180.13	242.88	393.80
名称		单位	单价(元)	消耗量			
人工	综合工日	工日	140.00	2.964	3.336	4.317	5.625
材料	合金钢管	m	—	(8.958)	(8.958)	(8.958)	(8.817)
	丙酮	kg	7.51	0.077	0.092	0.108	0.150
	电	kW·h	0.68	0.287	0.372	0.489	0.837
	钢丝 φ4.0	kg	4.02	0.106	0.109	0.114	0.123
	合金钢焊条	kg	11.11	1.626	2.755	4.180	9.132
	棉纱头	kg	6.00	0.021	0.025	0.033	0.045
	磨头	个	2.75	0.087	—	—	—
	尼龙砂轮片 φ100×16×3	片	2.56	0.236	0.328	0.387	0.447
	破布	kg	6.32	0.373	0.404	0.426	0.564
	塑料布	m²	1.97	0.286	0.336	0.393	0.510
	氧气	m³	3.63	0.119	0.171	0.194	0.302
	乙炔气	kg	10.45	0.040	0.057	0.065	0.101
	其他材料费占材料费	%	—	1.000	1.000	1.000	1.000
机械	半自动切割机 100mm	台班	83.55	—	—	0.013	0.021
	单速电动葫芦 3t	台班	32.95	0.082	0.099	0.119	0.269
	电焊机(综合)	台班	118.28	0.341	0.478	0.665	1.232
	电焊条恒温箱	台班	21.41	0.035	0.048	0.066	0.123
	电焊条烘干箱 60×50×75cm³	台班	26.46	0.035	0.048	0.066	0.123
	吊装机械(综合)	台班	619.04	0.098	0.098	0.131	0.142
	普通车床 630×2000mm	台班	247.10	0.082	0.099	0.119	0.269
	汽车式起重机 8t	台班	763.67	0.020	0.026	0.036	0.061
	载重汽车 8t	台班	501.85	0.020	0.026	0.036	0.061

工作内容：准备工作、管子切口、坡口加工、管口组对、焊接、管口封闭、管道安装。 计量单位：10m

定额编号				A8-1-798	A8-1-799	A8-1-800	A8-1-801
项目名称				公称直径(mm以内)			
				250	300	350	400
基价（元）				1666.89	1850.91	2202.33	2739.01
其中	人工费（元）			929.46	997.08	1115.10	1357.44
	材料费（元）			163.69	181.27	233.97	326.11
	机械费（元）			573.74	672.56	853.26	1055.46
名称		单位	单价(元)	消耗量			
人工	综合工日	工日	140.00	6.639	7.122	7.965	9.696
材料	合金钢管	m	—	(8.817)	(8.817)	(8.817)	(8.817)
	丙酮	kg	7.51	0.158	0.170	0.196	0.196
	电	kW·h	0.68	1.176	1.212	1.453	1.901
	钢丝 φ4.0	kg	4.02	0.132	0.140	0.149	0.158
	合金钢焊条	kg	11.11	13.550	15.015	19.331	27.263
	棉纱头	kg	6.00	0.053	0.053	0.064	0.073
	尼龙砂轮片 φ100×16×3	片	2.56	0.455	0.461	1.618	1.998
	破布	kg	6.32	0.564	0.585	0.617	0.639
	塑料布	m²	1.97	0.649	0.800	0.967	1.089
	氧气	m³	3.63	0.377	0.453	0.490	0.683
	乙炔气	kg	10.45	0.126	0.151	0.164	0.227
	其他材料费占材料费	%	—	1.000	1.000	1.000	1.000
机械	半自动切割机 100mm	台班	83.55	0.041	0.048	0.052	0.067
	单速电动葫芦 3t	台班	32.95	0.279	—	—	—
	电动单梁起重机 5t	台班	223.20	0.126	0.372	0.418	0.527
	电焊机(综合)	台班	118.28	1.773	1.877	2.380	3.144
	电焊条恒温箱	台班	21.41	0.177	0.188	0.238	0.314
	电焊条烘干箱 60×50×75cm³	台班	26.46	0.177	0.188	0.238	0.314
	吊装机械(综合)	台班	619.04	0.185	0.185	0.229	0.229
	普通车床 630×2000mm	台班	247.10	0.365	0.372	0.418	0.527
	汽车式起重机 8t	台班	763.67	0.087	0.117	0.172	0.216
	载重汽车 8t	台班	501.85	0.087	0.117	0.172	0.216

工作内容：准备工作、管子切口、坡口加工、管口组对、焊接、管口封闭、管道安装。　计量单位：10m

定额编号				A8-1-802	A8-1-803	A8-1-804
项目名称				公称直径(mm以内)		
				450	500	600
基价(元)				3163.80	3832.69	4501.53
其中	人工费(元)			1517.04	1760.22	2003.26
	材料费(元)			371.92	515.41	658.91
	机械费(元)			1274.84	1557.06	1839.36
名称		单位	单价(元)	消耗量		
人工	综合工日	工日	140.00	10.836	12.573	14.309
材料	合金钢管	m	—	(8.817)	(8.817)	(8.817)
	丙酮	kg	7.51	0.196	0.225	0.254
	电	kW·h	0.68	2.174	2.916	3.659
	钢丝 Φ4.0	kg	4.02	0.166	0.174	0.183
	合金钢焊条	kg	11.11	31.092	43.516	55.940
	棉纱头	kg	6.00	0.079	0.089	0.099
	尼龙砂轮片 Φ100×16×3	片	2.56	2.322	2.934	3.544
	破布	kg	6.32	0.724	0.820	0.916
	塑料布	m²	1.97	1.342	1.547	1.752
	氧气	m³	3.63	0.781	0.872	0.963
	乙炔气	kg	10.45	0.260	0.290	0.321
	其他材料费占材料费	%	—	1.000	1.000	1.000
机械	半自动切割机 100mm	台班	83.55	0.075	0.090	0.106
	电动单梁起重机 5t	台班	223.20	0.576	0.715	0.854
	电焊机(综合)	台班	118.28	3.588	4.980	6.372
	电焊条恒温箱	台班	21.41	0.359	0.498	0.637
	电焊条烘干箱 60×50×75cm³	台班	26.46	0.359	0.498	0.637
	吊装机械(综合)	台班	619.04	0.283	0.283	0.283
	普通车床 630×2000mm	台班	247.10	0.576	0.715	0.854
	汽车式起重机 8t	台班	763.67	0.301	0.336	0.371
	载重汽车 8t	台班	501.85	0.301	0.336	0.371

6. 合金钢管(氩电联焊)

工作内容：准备工作、管子切口、坡口加工、管口组对、焊接、管口封闭、管道安装。　计量单位：10m

定额编号				A8-1-805	A8-1-806	A8-1-807	A8-1-808
项目名称				公称直径(mm以内)			
				15	20	25	32
基价（元）				**104.43**	**190.68**	**209.58**	**265.05**
其中	人工费（元）			84.98	168.14	181.86	232.82
	材料费（元）			6.40	6.66	7.71	8.18
	机械费（元）			13.05	15.88	20.01	24.05
名称		单位	单价(元)	消耗量			
人工	综合工日	工日	140.00	0.607	1.201	1.299	1.663
材料	合金钢管	m	—	(9.250)	(9.250)	(9.250)	(9.250)
	丙酮	kg	7.51	0.011	0.015	0.025	0.025
	电	kW·h	0.68	0.039	0.058	0.073	0.095
	钢丝 Φ4.0	kg	4.02	0.089	0.090	0.091	0.092
	合金钢焊丝	kg	7.69	0.014	0.016	0.017	0.019
	合金钢焊条	kg	11.11	0.326	0.331	0.337	0.349
	棉纱头	kg	6.00	0.003	0.006	0.006	0.009
	磨头	个	2.75	0.019	0.021	0.026	0.030
	尼龙砂轮片 Φ100×16×3	片	2.56	0.029	0.036	0.045	0.055
	尼龙砂轮片 Φ500×25×4	片	12.82	0.006	0.009	0.013	0.016
	破布	kg	6.32	0.106	0.106	0.213	0.234
	钸钨棒	g	0.38	0.114	0.116	0.119	0.123
	塑料布	m²	1.97	0.136	0.143	0.150	0.159
	氩气	m³	19.59	0.048	0.050	0.055	0.058
	其他材料费占材料费	%	—	1.000	1.000	1.000	1.000
机械	单速电动葫芦 3t	台班	32.95	—	—	—	0.066
	电焊机(综合)	台班	118.28	0.005	0.007	0.008	0.011
	电焊条恒温箱	台班	21.41	0.001	0.001	0.001	0.001
	电焊条烘干箱 60×50×75cm³	台班	26.46	0.001	0.001	0.001	0.001
	普通车床 630×2000mm	台班	247.10	0.037	0.046	0.061	0.066
	砂轮切割机 500mm	台班	29.08	0.001	0.004	0.005	0.005
	氩弧焊机 500A	台班	92.58	0.035	0.038	0.041	0.044

工作内容：准备工作、管子切口、坡口加工、管口组对、焊接、管口封闭、管道安装。　计量单位：10m

定额编号				A8-1-809	A8-1-810	A8-1-811	A8-1-812
项目名称				公称直径(mm以内)			
				40	50	65	80
基价（元）				**285.46**	**317.85**	**356.00**	**446.69**
其中	人工费（元）			251.16	267.68	294.42	308.98
	材料费（元）			8.48	9.37	14.59	19.80
	机械费（元）			25.82	40.80	46.99	117.91
名称		单位	单价(元)	消耗量			
人工	综合工日	工日	140.00	1.794	1.912	2.103	2.207
材料	合金钢管	m	—	(9.250)	(9.250)	(9.250)	(8.958)
	丙酮	kg	7.51	0.025	0.040	0.052	0.066
	电	kW·h	0.68	0.107	0.114	0.144	0.170
	钢丝 φ4.0	kg	4.02	0.093	0.096	0.099	0.101
	合金钢焊丝	kg	7.69	0.021	0.023	0.028	0.032
	合金钢焊条	kg	11.11	0.353	0.374	0.740	1.115
	棉纱头	kg	6.00	0.009	0.013	0.016	0.018
	磨头	个	2.75	0.037	0.044	0.058	0.068
	尼龙砂轮片 φ100×16×3	片	2.56	0.068	0.096	0.136	0.171
	尼龙砂轮片 φ500×25×4	片	12.82	0.021	0.029	0.049	0.068
	破布	kg	6.32	0.234	0.266	0.298	0.319
	铈钨棒	g	0.38	0.126	0.128	0.156	0.182
	塑料布	m²	1.97	0.179	0.196	0.222	0.243
	氩气	m³	19.59	0.061	0.064	0.077	0.091
	其他材料费占材料费	%	—	1.000	1.000	1.000	1.000
机械	单速电动葫芦 3t	台班	32.95	0.070	0.071	0.072	0.077
	电焊机(综合)	台班	118.28	0.014	0.131	0.180	0.222
	电焊条恒温箱	台班	21.41	0.002	0.013	0.018	0.022
	电焊条烘干箱 60×50×75cm³	台班	26.46	0.002	0.013	0.018	0.022
	吊装机械(综合)	台班	619.04	—	—	—	0.076
	普通车床 630×2000mm	台班	247.10	0.070	0.072	0.072	0.077
	汽车式起重机 8t	台班	763.67	—	—	—	0.013
	砂轮切割机 500mm	台班	29.08	0.007	0.007	0.008	0.009
	氩弧焊机 500A	台班	92.58	0.046	0.047	0.048	0.057
	载重汽车 8t	台班	501.85	—	—	—	0.013

工作内容：准备工作、管子切口、坡口加工、管口组对、焊接、管口封闭、管道安装。　计量单位：10m

定额编号				A8-1-813	A8-1-814	A8-1-815	A8-1-816
项目名称				公称直径(mm以内)			
				100	125	150	200
基价（元）				601.38	696.85	906.81	1340.58
其中	人工费（元）			419.16	471.24	606.62	829.92
	材料费（元）			27.79	42.13	57.52	117.57
	机械费（元）			154.43	183.48	242.67	393.09
名称		单位	单价(元)	消耗量			
人工	综合工日	工日	140.00	2.994	3.366	4.333	5.928
材料	合金钢管	m	—	(8.958)	(8.958)	(8.958)	(8.817)
	丙酮	kg	7.51	0.085	0.101	0.119	0.165
	电	kW·h	0.68	0.300	0.394	0.501	0.860
	钢丝 Φ4.0	kg	4.02	0.116	0.120	0.126	0.135
	合金钢焊丝	kg	7.69	0.050	0.052	0.064	0.100
	合金钢焊条	kg	11.11	1.602	2.778	3.993	8.922
	棉纱头	kg	6.00	0.023	0.028	0.036	0.049
	磨头	个	2.75	0.096	—	—	—
	尼龙砂轮片 Φ100×16×3	片	2.56	0.254	0.353	0.459	0.460
	破布	kg	6.32	0.410	0.445	0.468	0.562
	铈钨棒	g	0.38	0.279	0.294	0.359	0.557
	塑料布	m²	1.97	0.315	0.369	0.432	0.561
	氩气	m³	19.59	0.139	0.147	0.179	0.278
	氧气	m³	3.63	0.131	0.188	0.213	0.332
	乙炔气	kg	10.45	0.044	0.063	0.071	0.111
	其他材料费占材料费	%	—	1.000	1.000	1.000	1.000
机械	半自动切割机 100mm	台班	83.55	—	—	0.013	0.021
	单速电动葫芦 3t	台班	32.95	0.082	0.099	0.119	0.269
	电焊机(综合)	台班	118.28	0.311	0.443	0.587	1.108
	电焊条恒温箱	台班	21.41	0.031	0.044	0.059	0.111
	电焊条烘干箱 60×50×75cm³	台班	26.46	0.031	0.044	0.059	0.111
	吊装机械(综合)	台班	619.04	0.098	0.098	0.131	0.142
	普通车床 630×2000mm	台班	247.10	0.082	0.099	0.119	0.269
	汽车式起重机 8t	台班	763.67	0.020	0.026	0.036	0.061
	氩弧焊机 500A	台班	92.58	0.078	0.083	0.101	0.157
	载重汽车 8t	台班	501.85	0.020	0.026	0.036	0.061

工作内容：准备工作、管子切口、坡口加工、管口组对、焊接、管口封闭、管道安装。 计量单位：10m

定额编号				A8-1-817	A8-1-818	A8-1-819	A8-1-820
项目名称				公称直径(mm以内)			
				250	300	350	400
基价（元）				1740.13	1924.84	2290.12	2838.67
其中	人工费（元）			985.46	1053.36	1179.50	1432.90
	材料费（元）			176.31	195.61	252.42	349.20
	机械费（元）			578.36	675.87	858.20	1056.57
名称		单位	单价(元)	消耗量			
人工	综合工日	工日	140.00	7.039	7.524	8.425	10.235
材料	合金钢管	m	—	(8.817)	(8.817)	(8.817)	(8.817)
	丙酮	kg	7.51	0.207	0.208	0.216	0.216
	电	kW·h	0.68	1.245	1.283	1.534	2.011
	钢丝 φ4.0	kg	4.02	0.145	0.154	0.164	0.174
	合金钢焊丝	kg	7.69	0.105	0.111	0.146	0.147
	合金钢焊条	kg	11.11	13.942	15.525	19.988	28.302
	棉纱头	kg	6.00	0.059	0.059	0.070	0.080
	尼龙砂轮片 φ100×16×3	片	2.56	0.494	0.500	1.741	2.151
	破布	kg	6.32	0.621	0.644	0.679	0.702
	铈钨棒	g	0.38	0.589	0.619	0.815	0.822
	塑料布	m²	1.97	0.714	0.880	1.063	1.198
	氩气	m³	19.59	0.294	0.310	0.408	0.411
	氧气	m³	3.63	0.415	0.498	0.539	0.751
	乙炔气	kg	10.45	0.138	0.166	0.180	0.250
	其他材料费占材料费	%	—	1.000	1.000	1.000	1.000
机械	半自动切割机 100mm	台班	83.55	0.041	0.048	0.052	0.067
	单速电动葫芦 3t	台班	32.95	0.348	—	—	—
	电动单梁起重机 5t	台班	223.20	0.126	0.372	0.418	0.527
	电焊机(综合)	台班	118.28	1.667	1.774	2.247	2.979
	电焊条恒温箱	台班	21.41	0.167	0.177	0.225	0.298
	电焊条烘干箱 60×50×75cm³	台班	26.46	0.167	0.177	0.225	0.298
	吊装机械(综合)	台班	619.04	0.185	0.185	0.229	0.229
	普通车床 630×2000mm	台班	247.10	0.365	0.372	0.418	0.527
	汽车式起重机 8t	台班	763.67	0.087	0.117	0.172	0.216
	氩弧焊机 500A	台班	92.58	0.166	0.173	0.230	0.231
	载重汽车 8t	台班	501.85	0.087	0.117	0.172	0.216

工作内容：准备工作、管子切口、坡口加工、管口组对、焊接、管口封闭、管道安装。　计量单位：10m

定　额　编　号				A8-1-821	A8-1-822	A8-1-823
项　目　名　称				公称直径(mm以内)		
				450	500	600
基　　价（元）				3371.13	3953.91	4536.97
其中	人　工　费（元）			1627.92	1851.50	2075.08
	材　料　费（元）			431.80	549.65	667.50
	机　械　费（元）			1311.41	1552.76	1794.39
名　　称		单位	单价(元)	消　耗　量		
人工	综合工日	工日	140.00	11.628	13.225	14.822
材料	合金钢管	m	—	(8.817)	(8.817)	(8.817)
	丙酮	kg	7.51	0.216	0.248	0.281
	电	kW·h	0.68	2.442	3.082	3.722
	钢丝 φ4.0	kg	4.02	0.183	0.192	0.201
	合金钢焊丝	kg	7.69	0.166	0.184	0.203
	合金钢焊条	kg	11.11	35.214	45.279	55.342
	棉纱头	kg	6.00	0.087	0.098	0.109
	尼龙砂轮片 φ100×16×3	片	2.56	2.739	3.157	3.573
	破布	kg	6.32	0.796	0.901	1.007
	铈钨棒	g	0.38	0.927	1.031	1.136
	塑料布	m²	1.97	1.476	1.702	1.928
	氩气	m³	19.59	0.463	0.515	0.567
	氧气	m³	3.63	0.859	0.959	1.058
	乙炔气	kg	10.45	0.286	0.319	0.353
	其他材料费占材料费	%	—	1.000	1.000	1.000
机械	半自动切割机 100mm	台班	83.55	0.075	0.090	0.106
	电动单梁起重机 5t	台班	223.20	0.576	0.715	0.854
	电焊机(综合)	台班	118.28	3.688	4.726	5.766
	电焊条恒温箱	台班	21.41	0.369	0.473	0.576
	电焊条烘干箱 60×50×75cm³	台班	26.46	0.369	0.473	0.576
	吊装机械(综合)	台班	619.04	0.283	0.283	0.283
	普通车床 630×2000mm	台班	247.10	0.576	0.715	0.854
	汽车式起重机 8t	台班	763.67	0.301	0.336	0.371
	氩弧焊机 500A	台班	92.58	0.262	0.291	0.320
	载重汽车 8t	台班	501.85	0.301	0.336	0.371

第二章 管件连接

说　明

一、本章与第一章直管安装配套使用。

二、关于下列各项费用的规定：

1. 在管道上安装的仪表一次部件，执行本章管件连接相应项目定额乘以系数 0.7。

2. 仪表的温度计扩大管制作与安装，执行本章管件连接相应项目定额乘以系数 1.5。

3. 焊接盲板执行本章管件连接相应项目定额乘以系数 0.6。

工程量计算规则

一、各种管件连接均按不同压力、材质、连接形式，不分种类，以“10 个”为计量单位。

二、各种管道（在现场加工）在主管上挖眼接管三通、摔制异径管，应按不同压力、材质、规格执行管径连接相应项目，不另计制作费和主材费。

三、挖眼接管三通支线管径小于主管径 1/2 时，不计算管件工程量，在主管上挖眼焊接管接头、凸台等配件，按配件管径计算管件工程量。

四、定额中已综合考虑了弯头、三通、异径管、管帽、管接头等管口含量的差异，使用定额时按设计图纸用量，不分种类，执行同一定额。

五、全加热套管的外套管件安装，定额按两半管件考虑的，包括两道纵缝和两个环缝。两半封闭短管执行两半管件项目。

六、半加热外套管摔口后焊在内套管上，每个焊口按一个管件计算。外套碳钢管如焊在不锈钢管内套管上时，焊口间需加不锈钢短管衬垫，每处焊口按两个管件计算，衬垫短管按设计长度计算。如设计无规定时，按 50mm 长度计算其价值。

七、预制钢套管复合保温管管件管径为内管公称直径，外套管接口制作安装为外套管公称直径，定额中未包括接口绝热、防腐工作内容，接口绝热、防腐执行定额相应项目。

八、马鞍卡子安装直径是指主管直径。

一、低压管件

1.碳钢管件(螺纹连接)

工作内容：准备工作、管子切口、套丝、管件安装。　　　　计量单位：10个

定额编号				A8-2-1	A8-2-2	A8-2-3	A8-2-4
项目名称				公称直径(mm以内)			
				15	20	25	32
基价（元）				99.23	122.74	156.87	183.13
其中	人工费（元）			87.78	109.90	140.70	163.38
	材料费（元）			4.89	5.99	8.68	10.91
	机械费（元）			6.56	6.85	7.49	8.84
名称		单位	单价(元)	消耗量			
人工	综合工日	工日	140.00	0.627	0.785	1.005	1.167
材料	低压碳钢螺纹连接管件	个	—	(10.100)	(10.100)	(10.100)	(10.100)
	机油	kg	19.66	0.153	0.177	0.203	0.238
	聚四氟乙烯生料带	m	0.13	4.145	5.087	6.406	7.913
	棉纱头	kg	6.00	0.021	0.043	0.043	0.064
	尼龙砂轮片 φ500×25×4	片	12.82	0.090	0.118	0.146	0.184
	氧气	m³	3.63	0.001	0.001	0.212	0.307
	乙炔气	kg	10.45	0.001	0.001	0.083	0.118
	其他材料费占材料费	%	—	1.000	1.000	1.000	1.000
机械	管子切断套丝机 159mm	台班	21.31	0.297	0.297	0.297	0.330
	砂轮切割机 500mm	台班	29.08	0.008	0.018	0.040	0.062

工作内容：准备工作、管子切口、套丝、管件安装。　　计量单位：10个

定额编号				A8-2-5	A8-2-6	A8-2-7	A8-2-8
项目名称				公称直径(mm以内)			
				40	50	65	80
基价（元）				222.43	278.30	121.81	134.08
其中	人工费（元）			200.48	252.98	103.04	111.72
	材料费（元）			13.00	15.93	11.10	12.98
	机械费（元）			8.95	9.39	7.67	9.38
名称		单位	单价(元)	消耗量			
人工	综合工日	工日	140.00	1.432	1.807	0.736	0.798
材料	低压碳钢螺纹连接管件	个	—	(10.100)	(10.100)	(10.100)	(10.100)
	机油	kg	19.66	0.297	0.342	—	—
	聚四氟乙烯生料带	m	0.13	9.043	10.739	—	—
	棉纱头	kg	6.00	0.064	0.079	—	—
	尼龙砂轮片 φ500×25×4	片	12.82	0.215	0.307	0.338	0.408
	氧气	m^3	3.63	0.354	0.425	0.416	0.471
	乙炔气	kg	10.45	0.137	0.163	0.184	0.230
	其他材料费占材料费	%	—	1.000	1.000	—	—
	其他材料费	元	1.00	—	—	3.330	3.640
机械	管子切断套丝机 159mm	台班	21.31	0.330	0.330	0.360	0.440
	砂轮切割机 500mm	台班	29.08	0.066	0.081	—	—

2.碳钢管件(氧乙炔焊)

工作内容：准备工作、管子切口、坡口加工、坡口磨平、管口组对、焊接。　　　　计量单位：10个

定额编号				A8-2-9	A8-2-10	A8-2-11
项目名称				公称直径(mm以内)		
				15	20	25
基价(元)				**115.59**	**151.74**	**173.56**
其中	人工费(元)			106.82	139.86	155.54
	材料费(元)			8.54	11.36	16.86
	机械费(元)			0.23	0.52	1.16
名称		单位	单价(元)	消耗量		
人工	综合工日	工日	140.00	0.763	0.999	1.111
材料	碳钢对焊管件	个	—	(10.000)	(10.000)	(10.000)
	电	kW·h	0.68	0.143	0.190	0.861
	棉纱头	kg	6.00	0.021	0.043	0.043
	磨头	个	2.75	0.024	0.307	0.371
	尼龙砂轮片 φ100×16×3	片	2.56	0.020	0.024	0.175
	尼龙砂轮片 φ500×25×4	片	12.82	0.090	0.118	0.146
	破布	kg	6.32	0.021	0.021	0.021
	碳钢气焊条	kg	9.06	0.245	0.297	0.441
	氧气	m^3	3.63	0.590	0.732	1.086
	乙炔气	kg	10.45	0.236	0.283	0.425
	其他材料费占材料费	%	—	1.000	1.000	1.000
机械	砂轮切割机 500mm	台班	29.08	0.008	0.018	0.040

工作内容：准备工作、管子切口、坡口加工、坡口磨平、管口组对、焊接。　　计量单位：10个

定额编号				A8-2-12	A8-2-13	A8-2-14
项目名称				公称直径(mm以内)		
				32	40	50
基价（元）				**194.38**	**213.12**	**240.76**
其中	人工费（元）			171.22	186.90	202.72
	材料费（元）			21.36	24.30	35.68
	机械费（元）			1.80	1.92	2.36
名称		单位	单价(元)	消耗量		
人工	综合工日	工日	140.00	1.223	1.335	1.448
材料	碳钢对焊管件	个	—	(10.000)	(10.000)	(10.000)
	电	kW·h	0.68	0.938	1.033	1.235
	棉纱头	kg	6.00	0.064	0.064	0.079
	磨头	个	2.75	0.458	0.524	0.623
	尼龙砂轮片 φ100×16×3	片	2.56	0.218	0.250	0.405
	尼龙砂轮片 φ500×25×4	片	12.82	0.184	0.215	0.307
	破布	kg	6.32	0.021	0.021	0.043
	碳钢气焊条	kg	9.06	0.540	0.618	0.932
	氧气	m³	3.63	1.433	1.628	2.445
	乙炔气	kg	10.45	0.548	0.621	0.932
	其他材料费占材料费	%	—	1.000	1.000	1.000
机械	砂轮切割机 500mm	台班	29.08	0.062	0.066	0.081

3.碳钢管件(电弧焊)

工作内容：准备工作、管子切口、坡口加工、坡口磨平、管口组对、焊接。　　　　计量单位：10个

定额编号				A8-2-15	A8-2-16	A8-2-17	A8-2-18
项目名称				公称直径(mm以内)			
				15	20	25	32
基价（元）				**107.11**	**139.11**	**201.84**	**244.94**
其中	人工费（元）			59.92	78.54	121.24	145.18
	材料费（元）			5.94	7.48	10.52	13.40
	机械费（元）			41.25	53.09	70.08	86.36
名称		**单位**	**单价(元)**	**消耗量**			
人工	综合工日	工日	140.00	0.428	0.561	0.866	1.037
材料	碳钢对焊管件	个	—	(10.000)	(10.000)	(10.000)	(10.000)
	低碳钢焊条	kg	6.84	0.346	0.442	0.626	0.780
	电	kW·h	0.68	0.796	0.880	1.160	1.274
	棉纱头	kg	6.00	0.021	0.043	0.043	0.064
	磨头	个	2.75	0.200	0.260	0.314	0.388
	尼龙砂轮片 φ100×16×3	片	2.56	0.430	0.546	0.878	1.002
	尼龙砂轮片 φ500×25×4	片	12.82	0.082	0.099	0.143	0.180
	破布	kg	6.32	0.021	0.021	0.021	0.021
	氧气	m³	3.63	0.001	0.001	0.001	0.087
	乙炔气	kg	10.45	0.001	0.001	0.001	0.028
	其他材料费占材料费	%	—	1.000	1.000	1.000	1.000
机械	电焊机(综合)	台班	118.28	0.333	0.427	0.560	0.687
	电焊条恒温箱	台班	21.41	0.034	0.043	0.056	0.069
	电焊条烘干箱 60×50×75cm³	台班	26.46	0.034	0.043	0.056	0.069
	砂轮切割机 500mm	台班	29.08	0.008	0.018	0.040	0.062

工作内容：准备工作、管子切口、坡口加工、坡口磨平、管口组对、焊接。 计量单位：10个

定额编号				A8-2-19	A8-2-20	A8-2-21	A8-2-22
项目名称				公称直径(mm以内)			
				40	50	65	80
基价（元）				290.54	350.82	500.77	586.60
其中	人工费（元）			172.20	205.24	259.42	295.26
	材料费（元）			18.49	21.86	46.03	63.43
	机械费（元）			99.85	123.72	195.32	227.91
名称		单位	单价(元)	消耗量			
人工	综合工日	工日	140.00	1.230	1.466	1.853	2.109
材料	碳钢对焊管件	个	—	(10.000)	(10.000)	(10.000)	(10.000)
	低碳钢焊条	kg	6.84	1.196	1.422	2.600	3.600
	电	kW·h	0.68	1.644	1.678	1.628	2.016
	棉纱头	kg	6.00	0.064	0.079	0.107	0.128
	磨头	个	2.75	0.444	0.528	0.704	0.824
	尼龙砂轮片 φ100×16×3	片	2.56	1.392	1.582	3.206	5.168
	尼龙砂轮片 φ500×25×4	片	12.82	0.237	0.294	—	—
	破布	kg	6.32	0.021	0.043	0.043	0.064
	氧气	m^3	3.63	0.094	0.109	2.197	2.831
	乙炔气	kg	10.45	0.031	0.035	0.732	0.944
	其他材料费占材料费	%	—	1.000	1.000	1.000	1.000
机械	电焊机(综合)	台班	118.28	0.796	0.986	1.587	1.852
	电焊条恒温箱	台班	21.41	0.079	0.099	0.159	0.185
	电焊条烘干箱 60×50×75cm^3	台班	26.46	0.079	0.099	0.159	0.185
	砂轮切割机 500mm	台班	29.08	0.066	0.081	—	—

工作内容：准备工作、管子切口、坡口加工、坡口磨平、管口组对、焊接。　　　　计量单位：10个

定额编号				A8-2-23	A8-2-24	A8-2-25	A8-2-26
项目名称				公称直径(mm以内)			
				100	125	150	200
基价（元）				803.05	908.40	1210.86	1646.30
其中	人工费（元）			374.64	419.02	584.36	754.46
	材料费（元）			82.06	99.08	136.39	213.32
	机械费（元）			346.35	390.30	490.11	678.52
名称		单位	单价(元)	消耗量			
人工	综合工日	工日	140.00	2.676	2.993	4.174	5.389
材料	碳钢对焊管件	个	—	(10.000)	(10.000)	(10.000)	(10.000)
	低碳钢焊条	kg	6.84	5.196	6.280	10.000	15.872
	电	kW·h	0.68	2.554	3.436	3.888	5.624
	角钢(综合)	kg	3.61	—	—	—	1.794
	棉纱头	kg	6.00	0.150	0.180	0.223	0.300
	磨头	个	2.75	1.056	—	—	—
	尼龙砂轮片 φ100×16×3	片	2.56	5.762	7.824	9.774	14.982
	破布	kg	6.32	0.064	0.086	0.107	0.150
	氧气	m^3	3.63	3.516	4.380	5.196	7.203
	乙炔气	kg	10.45	1.172	1.460	1.732	2.401
	其他材料费占材料费	%	—	1.000	1.000	1.000	1.000
机械	电焊机(综合)	台班	118.28	2.691	3.048	3.859	5.390
	电焊条恒温箱	台班	21.41	0.269	0.305	0.386	0.539
	电焊条烘干箱 60×50×75cm³	台班	26.46	0.269	0.305	0.386	0.539
	汽车式起重机 8t	台班	763.67	0.012	0.012	0.012	0.012
	载重汽车 8t	台班	501.85	0.012	0.012	0.012	0.012

工作内容：准备工作、管子切口、坡口加工、坡口磨平、管口组对、焊接。　　　　　计量单位：10个

定额编号				A8-2-27	A8-2-28	A8-2-29	A8-2-30
项目名称				公称直径(mm以内)			
				250	300	350	400
基价（元）				2343.56	2765.06	3341.22	3957.44
其中	人工费（元）			1053.50	1196.16	1414.14	1595.86
	材料费（元）			323.45	405.43	497.86	735.76
	机械费（元）			966.61	1163.47	1429.22	1625.82
名称		单位	单价(元)	消耗量			
人工	综合工日	工日	140.00	7.525	8.544	10.101	11.399
材料	碳钢对焊管件	个	—	(10.000)	(10.000)	(10.000)	(10.000)
	低碳钢焊条	kg	6.84	26.000	32.402	42.000	66.000
	电	kW·h	0.68	7.312	8.970	10.606	12.520
	角钢(综合)	kg	3.61	1.794	2.360	2.360	2.360
	棉纱头	kg	6.00	0.364	0.428	0.492	0.552
	尼龙砂轮片 φ100×16×3	片	2.56	21.920	31.270	34.610	50.960
	破布	kg	6.32	0.193	0.214	0.257	0.278
	氧气	m^3	3.63	10.043	11.415	13.600	17.500
	乙炔气	kg	10.45	3.348	3.805	4.533	5.833
	其他材料费占材料费	%	—	1.000	1.000	1.000	1.000
机械	电焊机(综合)	台班	118.28	7.628	9.135	11.130	12.594
	电焊条恒温箱	台班	21.41	0.763	0.914	1.113	1.259
	电焊条烘干箱 60×50×75cm³	台班	26.46	0.763	0.914	1.113	1.259
	汽车式起重机 8t	台班	763.67	0.022	0.031	0.047	0.060
	载重汽车 8t	台班	501.85	0.022	0.031	0.047	0.060

工作内容：准备工作、管子切口、坡口加工、坡口磨平、管口组对、焊接。　　计量单位：10个

定额编号				A8-2-31	A8-2-32	A8-2-33
项目名称				公称直径(mm以内)		
				450	500	600
基价（元）				**4696.39**	**5366.84**	**7191.06**
其中	人工费（元）			1874.32	2086.42	2712.36
	材料费（元）			882.43	1075.16	1386.45
	机械费（元）			1939.64	2205.26	3092.25
名称		**单位**	**单价(元)**	**消耗量**		
人工	综合工日	工日	140.00	13.388	14.903	19.374
材料	碳钢对焊管件	个	—	(10.000)	(10.000)	(10.000)
	低碳钢焊条	kg	6.84	80.494	102.000	136.764
	电	kW·h	0.68	14.506	16.880	20.742
	角钢(综合)	kg	3.61	2.360	2.360	2.360
	棉纱头	kg	6.00	0.629	0.717	0.789
	尼龙砂轮片 Φ100×16×3	片	2.56	60.096	69.000	82.062
	破布	kg	6.32	0.317	0.361	0.397
	氧气	m^3	3.63	20.400	23.000	27.739
	乙炔气	kg	10.45	6.800	7.667	9.246
	其他材料费占材料费	%	—	1.000	1.000	1.000
机械	电焊机(综合)	台班	118.28	14.815	16.377	21.291
	电焊条恒温箱	台班	21.41	1.481	1.637	2.129
	电焊条烘干箱 60×50×75cm³	台班	26.46	1.481	1.637	2.129
	汽车式起重机 8t	台班	763.67	0.092	0.150	0.373
	载重汽车 8t	台班	501.85	0.092	0.150	0.373

4. 碳钢管件(氩电联焊)

工作内容：准备工作、管子切口、坡口加工、坡口磨平、管口组对、焊接。　　　　计量单位：10个

定额编号				A8-2-34	A8-2-35	A8-2-36	A8-2-37
项目名称				公称直径(mm以内)			
				15	20	25	32
基价（元）				**113.39**	**147.27**	**215.67**	**259.71**
其中	人工费（元）			64.12	84.00	128.52	154.28
	材料费（元）			15.16	19.27	29.94	34.63
	机械费（元）			34.11	44.00	57.21	70.80
名称		单位	单价(元)	消耗量			
人工	综合工日	工日	140.00	0.458	0.600	0.918	1.102
材料	碳钢对焊管件	个	—	(10.000)	(10.000)	(10.000)	(10.000)
	低碳钢焊条	kg	6.84	0.009	0.014	0.017	0.021
	电	kW·h	0.68	0.808	0.896	1.194	1.312
	棉纱头	kg	6.00	0.021	0.043	0.043	0.064
	磨头	个	2.75	0.200	0.260	0.314	0.388
	尼龙砂轮片 φ100×16×3	片	2.56	0.414	0.526	0.854	0.982
	尼龙砂轮片 φ500×25×4	片	12.82	0.082	0.099	0.143	0.180
	破布	kg	6.32	0.021	0.021	0.021	0.021
	铈钨棒	g	0.38	0.992	1.268	2.000	2.400
	碳钢焊丝	kg	7.69	0.178	0.226	0.400	0.440
	氩气	m^3	19.59	0.496	0.634	1.000	1.120
	氧气	m^3	3.63	0.001	0.001	0.001	0.087
	乙炔气	kg	10.45	0.001	0.001	0.001	0.028
	其他材料费占材料费	%	—	1.000	1.000	1.000	1.000
机械	电焊机(综合)	台班	118.28	0.048	0.063	0.080	0.094
	电焊条恒温箱	台班	21.41	0.005	0.006	0.008	0.010
	电焊条烘干箱 60×50×75cm³	台班	26.46	0.005	0.006	0.008	0.010
	砂轮切割机 500mm	台班	29.08	0.008	0.018	0.040	0.062
	氩弧焊机 500A	台班	92.58	0.302	0.386	0.499	0.620

工作内容：准备工作、管子切口、坡口加工、坡口磨平、管口组对、焊接。　　　　计量单位：10个

定额编号				A8-2-38	A8-2-39	A8-2-40	A8-2-41
项目名称				公称直径(mm以内)			
				40	50	65	80
基价（元）				315.27	412.78	530.37	623.65
其中	人工费（元）			182.84	214.62	281.26	322.28
	材料费（元）			50.34	37.76	69.98	91.93
	机械费（元）			82.09	160.40	179.13	209.44
名称		单位	单价(元)	消耗量			
人工	综合工日	工日	140.00	1.306	1.533	2.009	2.302
材料	碳钢对焊管件	个	—	(10.000)	(10.000)	(10.000)	(10.000)
	低碳钢焊条	kg	6.84	0.028	0.709	1.800	2.600
	电	kW·h	0.68	1.650	1.713	1.732	2.196
	棉纱头	kg	6.00	0.064	0.079	0.107	0.128
	磨头	个	2.75	0.444	0.528	0.704	0.824
	尼龙砂轮片 Φ100×16×3	片	2.56	1.352	1.469	3.186	5.118
	尼龙砂轮片 Φ500×25×4	片	12.82	0.237	0.294	0.468	0.650
	破布	kg	6.32	0.021	0.043	0.043	0.064
	铈钨棒	g	0.38	3.432	1.809	2.400	2.800
	碳钢焊丝	kg	7.69	0.612	0.323	0.426	0.500
	氩气	m^3	19.59	1.716	0.904	1.200	1.400
	氧气	m^3	3.63	0.094	0.109	1.560	2.044
	乙炔气	kg	10.45	0.031	0.035	0.520	0.681
	其他材料费占材料费	%	—	1.000	1.000	1.000	1.000
机械	电焊机(综合)	台班	118.28	0.118	0.738	0.847	0.982
	电焊条恒温箱	台班	21.41	0.012	0.074	0.084	0.098
	电焊条烘干箱 60×50×75cm³	台班	26.46	0.012	0.074	0.084	0.098
	砂轮切割机 500mm	台班	29.08	0.066	0.081	0.103	0.121
	氩弧焊机 500A	台班	92.58	0.709	0.726	0.777	0.919

工作内容：准备工作、管子切口、坡口加工、坡口磨平、管口组对、焊接。　　计量单位：10个

定额编号				A8-2-42	A8-2-43	A8-2-44	A8-2-45
项目名称				公称直径(mm以内)			
				100	125	150	200
基价（元）				894.33	982.98	1337.74	1873.08
其中	人工费（元）			416.08	453.88	612.64	809.76
	材料费（元）			118.27	143.26	177.83	276.85
	机械费（元）			359.98	385.84	547.27	786.47
名称		单位	单价(元)	消耗量			
人工	综合工日	工日	140.00	2.972	3.242	4.376	5.784
材料	碳钢对焊管件	个	—	(10.000)	(10.000)	(10.000)	(10.000)
	低碳钢焊条	kg	6.84	3.940	5.000	7.800	13.392
	电	kW·h	0.68	2.816	3.726	4.288	6.280
	角钢(综合)	kg	3.61	—	—	—	1.794
	棉纱头	kg	6.00	0.150	0.180	0.223	0.300
	磨头	个	2.75	1.056	—	—	—
	尼龙砂轮片 φ100×16×3	片	2.56	5.690	7.724	9.674	14.836
	尼龙砂轮片 φ500×25×4	片	12.82	0.790	1.076	—	—
	破布	kg	6.32	0.064	0.086	0.107	0.150
	铈钨棒	g	0.38	3.628	4.200	5.120	7.124
	碳钢焊丝	kg	7.69	0.648	0.760	0.916	1.272
	氩气	m³	19.59	1.814	2.100	2.560	3.562
	氧气	m³	3.63	2.450	3.000	4.763	6.855
	乙炔气	kg	10.45	0.817	1.000	1.588	2.285
	其他材料费占材料费	%	—	1.000	1.000	1.000	1.000
机械	半自动切割机 100mm	台班	83.55	—	—	0.521	0.728
	电焊机(综合)	台班	118.28	1.876	1.917	2.718	4.044
	电焊条恒温箱	台班	21.41	0.188	0.192	0.272	0.405
	电焊条烘干箱 60×50×75cm³	台班	26.46	0.188	0.192	0.272	0.405
	汽车式起重机 8t	台班	763.67	0.012	0.012	0.012	0.012
	砂轮切割机 500mm	台班	29.08	0.192	0.201	—	—
	氩弧焊机 500A	台班	92.58	1.170	1.392	1.664	2.298
	载重汽车 8t	台班	501.85	0.012	0.012	0.012	0.012

工作内容：准备工作、管子切口、坡口加工、坡口磨平、管口组对、焊接。　　　　计量单位：10个

定额编号				A8-2-46	A8-2-47	A8-2-48	A8-2-49
项目名称				公称直径(mm以内)			
				250	300	350	400
基价（元）				2701.85	3187.20	3873.21	4565.41
其中	人工费（元）			1143.66	1307.04	1558.62	1761.34
	材料费（元）			404.88	500.00	593.25	851.41
	机械费（元）			1153.31	1380.16	1721.34	1952.66
名称		单位	单价(元)	消耗量			
人工	综合工日	工日	140.00	8.169	9.336	11.133	12.581
材料	碳钢对焊管件	个	—	(10.000)	(10.000)	(10.000)	(10.000)
	低碳钢焊条	kg	6.84	23.900	28.642	36.000	60.000
	电	kW·h	0.68	8.312	10.062	11.946	14.080
	角钢(综合)	kg	3.61	1.794	2.360	2.360	2.360
	棉纱头	kg	6.00	0.364	0.428	0.492	0.552
	尼龙砂轮片 φ100×16×3	片	2.56	21.720	31.044	34.370	50.600
	破布	kg	6.32	0.193	0.214	0.257	0.278
	铈钨棒	g	0.38	8.800	10.640	12.200	13.900
	碳钢焊丝	kg	7.69	1.560	1.900	2.200	2.488
	氩气	m^3	19.59	4.400	5.320	6.200	6.960
	氧气	m^3	3.63	9.100	10.896	12.500	16.746
	乙炔气	kg	10.45	3.033	3.632	4.167	5.582
	其他材料费占材料费	%	—	1.000	1.000	1.000	1.000
机械	半自动切割机 100mm	台班	83.55	1.042	1.143	1.442	1.572
	电焊机(综合)	台班	118.28	6.299	7.551	9.560	10.819
	电焊条恒温箱	台班	21.41	0.630	0.755	0.956	1.082
	电焊条烘干箱 60×50×75cm^3	台班	26.46	0.630	0.755	0.956	1.082
	汽车式起重机 8t	台班	763.67	0.022	0.031	0.047	0.060
	氩弧焊机 500A	台班	92.58	2.843	3.415	3.941	4.471
	载重汽车 8t	台班	501.85	0.022	0.031	0.047	0.060

工作内容：准备工作、管子切口、坡口加工、坡口磨平、管口组对、焊接。　　计量单位：10个

定额编号				A8-2-50	A8-2-51	A8-2-52
项目名称				公称直径(mm以内)		
				450	500	600
基价（元）				5434.23	6185.43	8322.11
其中	人工费（元）			2079.84	2311.54	3004.96
	材料费（元）			1012.76	1217.53	1564.65
	机械费（元）			2341.63	2656.36	3752.50
名称		单位	单价(元)	消耗量		
人工	综合工日	工日	140.00	14.856	16.511	21.464
材料	碳钢对焊管件	个	—	(10.000)	(10.000)	(10.000)
	低碳钢焊条	kg	6.84	74.660	94.000	128.826
	电	kW·h	0.68	16.324	18.880	23.180
	角钢(综合)	kg	3.61	2.360	2.360	2.360
	棉纱头	kg	6.00	0.629	0.717	0.789
	尼龙砂轮片 φ100×16×3	片	2.56	59.750	68.660	81.598
	破布	kg	6.32	0.317	0.361	0.397
	铈钨棒	g	0.38	15.724	17.400	20.764
	碳钢焊丝	kg	7.69	2.808	3.100	3.708
	氩气	m^3	19.59	7.862	8.700	10.382
	氧气	m^3	3.63	18.574	22.200	26.399
	乙炔气	kg	10.45	6.191	7.400	8.800
	其他材料费占材料费	%	—	1.000	1.000	1.000
机械	半自动切割机 100mm	台班	83.55	1.806	2.057	2.736
	电焊机(综合)	台班	118.28	13.074	14.455	19.225
	电焊条恒温箱	台班	21.41	1.308	1.445	1.922
	电焊条烘干箱 60×50×75cm³	台班	26.46	1.308	1.445	1.922
	汽车式起重机 8t	台班	763.67	0.092	0.150	0.373
	氩弧焊机 500A	台班	92.58	5.026	5.571	7.409
	载重汽车 8t	台班	501.85	0.092	0.150	0.373

5. 碳钢板卷管件(电弧焊)

工作内容：准备工作、管子切口、坡口加工、坡口磨平、管口组对、焊接。　　　　计量单位：10个

定额编号				A8-2-53	A8-2-54	A8-2-55	A8-2-56
项目名称				公称直径(mm以内)			
				200	250	300	350
基价（元）				921.89	1155.66	1401.44	1879.23
其中	人工费（元）			463.12	574.56	712.60	908.46
	材料费（元）			153.79	198.08	229.15	340.35
	机械费（元）			304.98	383.02	459.69	630.42
名称		单位	单价(元)	消耗量			
人工	综合工日	工日	140.00	3.308	4.104	5.090	6.489
材料	碳钢板卷管件	个	—	(10.000)	(10.000)	(10.000)	(10.000)
	低碳钢焊条	kg	6.84	10.092	12.610	15.034	27.506
	电	kW·h	0.68	3.874	4.438	5.286	6.256
	角钢(综合)	kg	3.61	2.001	2.001	2.001	2.001
	棉纱头	kg	6.00	0.254	0.309	0.363	0.417
	尼龙砂轮片 φ100×16×3	片	2.56	12.304	17.916	18.482	23.624
	破布	kg	6.32	0.127	0.164	0.181	0.218
	氧气	m^3	3.63	5.560	7.054	8.800	10.262
	乙炔气	kg	10.45	1.854	2.418	2.933	3.421
	其他材料费占材料费	%	—	1.000	1.000	1.000	1.000
机械	电焊机(综合)	台班	118.28	2.427	3.030	3.612	4.958
	电焊条恒温箱	台班	21.41	0.242	0.303	0.361	0.496
	电焊条烘干箱 60×50×75cm^3	台班	26.46	0.242	0.303	0.361	0.496
	汽车式起重机 8t	台班	763.67	0.005	0.008	0.012	0.016
	载重汽车 8t	台班	501.85	0.005	0.008	0.012	0.016

工作内容：准备工作、管子切口、坡口加工、坡口磨平、管口组对、焊接。　　计量单位：10个

定额编号				A8-2-57	A8-2-58	A8-2-59	A8-2-60
项目名称				公称直径(mm以内)			
				400	450	500	600
基价（元）				2143.75	2427.44	2692.53	3709.78
其中	人工费（元）			1025.50	1171.80	1297.80	1373.96
	材料费（元）			392.88	436.50	481.90	739.30
	机械费（元）			725.37	819.14	912.83	1596.52
名称		单位	单价(元)	消耗量			
人工	综合工日	工日	140.00	7.325	8.370	9.270	9.814
材料	碳钢板卷管件	个	—	(10.000)	(10.000)	(10.000)	(10.000)
	低碳钢焊条	kg	6.84	31.110	34.940	38.698	68.436
	电	kW·h	0.68	7.837	8.785	9.440	12.977
	角钢(综合)	kg	3.61	2.001	2.001	2.001	2.001
	六角螺栓(综合)	10套	11.30	—	—	—	0.480
	棉纱头	kg	6.00	0.468	0.533	0.608	0.669
	尼龙砂轮片 φ100×16×3	片	2.56	31.563	35.702	40.885	51.567
	破布	kg	6.32	0.236	0.269	0.306	0.337
	氧气	m^3	3.63	11.042	11.767	12.448	14.656
	乙炔气	kg	10.45	3.681	3.922	4.149	4.885
	其他材料费占材料费	%	—	1.000	1.000	1.000	1.000
机械	电焊机(综合)	台班	118.28	5.606	6.296	6.975	12.335
	电焊条恒温箱	台班	21.41	0.561	0.630	0.698	1.234
	电焊条烘干箱 60×50×75cm^3	台班	26.46	0.561	0.630	0.698	1.234
	汽车式起重机 8t	台班	763.67	0.028	0.035	0.043	0.062
	载重汽车 8t	台班	501.85	0.028	0.035	0.043	0.062

工作内容：准备工作、管子切口、坡口加工、坡口磨平、管口组对、焊接。　　　　　计量单位：10个

定额编号				A8-2-61	A8-2-62	A8-2-63	A8-2-64
项目名称				公称直径(mm以内)			
				700	800	900	1000
基价（元）				4277.20	4995.40	5664.72	6507.81
其中	人工费（元）			1570.52	1805.44	2023.70	2274.72
	材料费（元）			865.32	1068.89	1196.82	1467.64
	机械费（元）			1841.36	2121.07	2444.20	2765.45
名称		单位	单价(元)	消耗量			
人工	综合工日	工日	140.00	11.218	12.896	14.455	16.248
材料	碳钢板卷管件	个	—	(10.000)	(10.000)	(10.000)	(10.000)
	低碳钢焊条	kg	6.84	78.330	99.970	112.282	139.054
	电	kW·h	0.68	16.488	19.010	21.096	24.280
	角钢(综合)	kg	3.61	2.201	2.201	2.201	2.201
	六角螺栓(综合)	10套	11.30	0.480	0.480	0.480	0.480
	棉纱头	kg	6.00	0.750	0.839	0.940	1.053
	尼龙砂轮片 Φ100×16×3	片	2.56	61.498	72.436	81.158	98.670
	破布	kg	6.32	0.377	0.422	0.473	0.530
	氧气	m^3	3.63	18.568	21.800	24.300	29.499
	乙炔气	kg	10.45	6.189	7.267	8.100	9.833
	其他材料费占材料费	%	—	1.000	1.000	1.000	1.000
机械	电焊机(综合)	台班	118.28	14.119	16.135	18.123	20.322
	电焊条恒温箱	台班	21.41	1.412	1.613	1.812	2.032
	电焊条烘干箱 60×50×75cm³	台班	26.46	1.412	1.613	1.812	2.032
	汽车式起重机 8t	台班	763.67	0.082	0.107	0.169	0.209
	载重汽车 8t	台班	501.85	0.082	0.107	0.169	0.209

工作内容：准备工作、管子切口、坡口加工、坡口磨平、管口组对、焊接。　　　　计量单位：10个

定额编号				A8-2-65	A8-2-66	A8-2-67	A8-2-68
项目名称				公称直径(mm以内)			
				1200	1400	1600	1800
基价（元）				7918.19	9920.29	11460.32	12981.60
其中	人工费（元）			2781.10	3303.02	3774.82	4254.60
	材料费（元）			1762.10	2460.00	2804.59	3163.12
	机械费（元）			3374.99	4157.27	4880.91	5563.88
名称		单位	单价(元)	消耗量			
人工	综合工日	工日	140.00	19.865	23.593	26.963	30.390
材料	碳钢板卷管件	个	—	(10.000)	(10.000)	(10.000)	(10.000)
	低碳钢焊条	kg	6.84	166.554	239.372	273.324	307.282
	电	kW·h	0.68	29.368	35.556	40.574	45.638
	角钢(综合)	kg	3.61	2.942	2.942	3.562	3.562
	六角螺栓(综合)	10套	11.30	0.480	0.480	0.941	0.941
	棉纱头	kg	6.00	1.179	1.320	1.479	1.657
	尼龙砂轮片 φ100×16×3	片	2.56	118.084	159.380	177.486	205.796
	破布	kg	6.32	0.594	0.665	0.744	0.834
	氧气	m^3	3.63	36.029	47.513	54.583	60.930
	乙炔气	kg	10.45	12.010	15.838	18.194	20.310
	其他材料费占材料费	%	—	1.000	1.000	1.000	1.000
机械	电焊机(综合)	台班	118.28	24.339	28.762	32.843	36.922
	电焊条恒温箱	台班	21.41	2.434	2.877	3.284	3.692
	电焊条烘干箱 60×50×75cm³	台班	26.46	2.434	2.877	3.284	3.692
	汽车式起重机 8t	台班	763.67	0.300	0.488	0.663	0.806
	载重汽车 8t	台班	501.85	0.300	0.488	0.663	0.806

工作内容：准备工作、管子切口、坡口加工、坡口磨平、管口组对、焊接。　　　　计量单位：10个

定额编号				A8-2-69	A8-2-70	A8-2-71
项目名称				公称直径(mm以内)		
				2000	2200	2400
基价（元）				14556.32	16146.64	17765.28
其中	人工费（元）			4741.24	5223.68	5705.42
	材料费（元）			3509.86	3851.01	4197.43
	机械费（元）			6305.22	7071.95	7862.43
名称		单位	单价(元)	消耗量		
人工	综合工日	工日	140.00	33.866	37.312	40.753
材料	碳钢板卷管件	个	—	(10.000)	(10.000)	(10.000)
	低碳钢焊条	kg	6.84	341.236	375.188	409.140
	电	kW·h	0.68	50.672	55.706	60.744
	角钢(综合)	kg	3.61	3.562	4.343	4.343
	六角螺栓(综合)	10套	11.30	0.941	0.941	0.941
	棉纱头	kg	6.00	1.855	2.078	2.328
	尼龙砂轮片 Φ100×16×3	片	2.56	228.494	251.184	273.878
	破布	kg	6.32	0.934	1.046	1.171
	氧气	m³	3.63	67.637	73.143	79.742
	乙炔气	kg	10.45	22.546	24.381	26.581
	其他材料费占材料费	%	—	1.000	1.000	1.000
机械	电焊机(综合)	台班	118.28	41.002	45.083	49.162
	电焊条恒温箱	台班	21.41	4.101	4.509	4.916
	电焊条烘干箱 60×50×75cm³	台班	26.46	4.101	4.509	4.916
	汽车式起重机 8t	台班	763.67	0.995	1.204	1.432
	载重汽车 8t	台班	501.85	0.995	1.204	1.432

工作内容：准备工作、管子切口、坡口加工、坡口磨平、管口组对、焊接。　　计量单位：10个

定额编号				A8-2-72	A8-2-73	A8-2-74
项目名称				公称直径(mm以内)		
				2600	2800	3000
基价（元）				21855.92	23721.80	25757.25
其中	人工费（元）			6800.50	7407.12	7937.02
	材料费（元）			5374.38	5780.18	6278.41
	机械费（元）			9681.04	10534.50	11541.82
名称		单位	单价(元)	消耗量		
人工	综合工日	工日	140.00	48.575	52.908	56.693
材料	碳钢板卷管件	个	—	(10.000)	(10.000)	(10.000)
	低碳钢焊条	kg	6.84	539.274	580.616	621.958
	电	kW·h	0.68	71.476	76.978	83.050
	角钢(综合)	kg	3.61	4.343	4.343	4.343
	六角螺栓(综合)	10套	11.30	0.941	0.941	0.941
	棉纱头	kg	6.00	2.607	2.920	3.271
	尼龙砂轮片 φ100×16×3	片	2.56	327.008	348.710	392.576
	破布	kg	6.32	1.312	1.469	1.645
	氧气	m³	3.63	97.921	105.911	118.686
	乙炔气	kg	10.45	32.640	35.304	39.562
	其他材料费占材料费	%	—	1.000	1.000	1.000
机械	电焊机(综合)	台班	118.28	61.389	65.568	70.802
	电焊条恒温箱	台班	21.41	6.139	6.557	7.080
	电焊条烘干箱 60×50×75cm³	台班	26.46	6.139	6.557	7.080
	汽车式起重机 8t	台班	763.67	1.680	1.948	2.235
	载重汽车 8t	台班	501.85	1.680	1.948	2.235

6. 碳钢板卷管件(氩电联焊)

工作内容：准备工作、管子切口、坡口加工、坡口磨平、管口组对、焊接。　　　　计量单位：10个

定额编号				A8-2-75	A8-2-76	A8-2-77	A8-2-78
项目名称				公称直径(mm以内)			
				200	250	300	350
基价（元）				1348.21	1588.29	1892.00	2563.18
其中	人工费（元）			655.48	819.42	989.52	1199.94
	材料费（元）			222.39	260.27	290.37	458.77
	机械费（元）			470.34	508.60	612.11	904.47
	名称	单位	单价(元)	消耗量			
人工	综合工日	工日	140.00	4.682	5.853	7.068	8.571
材料	碳钢板卷管件	个	—	(10.000)	(10.000)	(10.000)	(10.000)
	低碳钢焊条	kg	6.84	7.650	9.491	11.306	23.210
	电	kW·h	0.68	5.296	5.558	6.116	9.068
	角钢(综合)	kg	3.61	2.061	2.061	2.061	2.061
	棉纱头	kg	6.00	0.254	0.309	0.363	0.417
	尼龙砂轮片 φ100×16×3	片	2.56	12.166	17.186	17.186	23.378
	破布	kg	6.32	0.127	0.164	0.182	0.218
	铈钨棒	g	0.38	7.256	7.256	7.256	12.568
	碳钢氩弧焊丝	kg	7.69	1.296	1.296	1.926	2.244
	氩气	m^3	19.59	3.628	3.628	3.628	6.284
	氧气	m^3	3.63	5.560	7.054	8.800	10.262
	乙炔气	kg	10.45	1.854	2.418	2.933	3.421
	其他材料费占材料费	%	—	1.000	1.000	1.000	1.000
机械	电焊机(综合)	台班	118.28	2.220	2.500	3.300	4.500
	电焊条恒温箱	台班	21.41	0.222	0.250	0.330	0.450
	电焊条烘干箱 60×50×75cm³	台班	26.46	0.222	0.250	0.330	0.450
	汽车式起重机 8t	台班	763.67	0.005	0.008	0.012	0.016
	氩弧焊机 500A	台班	92.58	2.061	2.061	2.061	3.569
	载重汽车 8t	台班	501.85	0.005	0.008	0.012	0.016

工作内容：准备工作、管子切口、坡口加工、坡口磨平、管口组对、焊接。　　　　计量单位：10个

定额编号				A8-2-79	A8-2-80	A8-2-81
项目名称				公称直径(mm以内)		
				400	450	500
基价（元）				**2891.07**	**3275.09**	**3612.43**
其中	人工费（元）			1325.24	1484.28	1671.46
	材料费（元）			527.43	589.88	618.34
	机械费（元）			1038.40	1200.93	1322.63
名称		单位	单价(元)	消耗量		
人工	综合工日	工日	140.00	9.466	10.602	11.939
材料	碳钢板卷管件	个	—	(10.000)	(10.000)	(10.000)
	低碳钢焊条	kg	6.84	26.252	29.608	30.122
	电	kW·h	0.68	11.027	12.403	12.970
	角钢(综合)	kg	3.61	2.061	2.061	2.061
	棉纱头	kg	6.00	0.468	0.533	0.608
	尼龙砂轮片 φ100×16×3	片	2.56	31.285	35.414	40.061
	破布	kg	6.32	0.236	0.269	0.306
	铈钨棒	g	0.38	14.268	16.140	16.400
	碳钢氩弧焊丝	kg	7.69	2.548	2.882	2.920
	氩气	m^3	19.59	7.134	8.070	8.400
	氧气	m^3	3.63	11.042	11.767	12.448
	乙炔气	kg	10.45	3.681	3.922	4.149
	其他材料费占材料费	%	—	1.000	1.000	1.000
机械	电焊机(综合)	台班	118.28	5.100	5.950	6.400
	电焊条恒温箱	台班	21.41	0.510	0.595	0.640
	电焊条烘干箱 60×50×75cm³	台班	26.46	0.510	0.595	0.640
	汽车式起重机 8t	台班	763.67	0.028	0.035	0.043
	氩弧焊机 500A	台班	92.58	4.054	4.584	5.191
	载重汽车 8t	台班	501.85	0.028	0.035	0.043

7. 碳钢板卷管件(埋弧自动焊)

工作内容：准备工作、管子切口、坡口加工、坡口磨平、管口组对、焊接。　　　　计量单位：10个

定额编号				A8-2-82	A8-2-83	A8-2-84	A8-2-85
项目名称				公称直径(mm以内)			
				600	700	800	900
基价(元)				**2753.57**	**3159.55**	**3653.17**	**4153.66**
其中	人工费(元)			1046.64	1198.54	1380.54	1545.04
	材料费(元)			1319.21	1500.07	1730.02	1938.40
	机械费(元)			387.72	460.94	542.61	670.22
名称		单位	单价(元)	消耗量			
人工	综合工日	工日	140.00	7.476	8.561	9.861	11.036
材料	碳钢板卷管件	个	—	(10.000)	(10.000)	(10.000)	(10.000)
	电	kW·h	0.68	7.115	8.197	9.552	10.674
	角钢(综合)	kg	3.61	2.201	2.201	2.201	2.201
	六角螺栓(综合)	10套	11.30	0.480	0.480	0.480	0.480
	埋弧焊剂	kg	21.72	40.790	46.700	53.263	59.830
	棉纱头	kg	6.00	0.669	0.750	0.840	0.940
	尼龙砂轮片 φ100×16×3	片	2.56	7.557	8.651	10.861	12.200
	破布	kg	6.32	0.337	0.377	0.422	0.473
	碳钢埋弧焊丝	kg	7.69	28.994	33.191	38.571	43.329
	氧气	m^3	3.63	21.581	23.573	28.683	31.770
	乙炔气	kg	10.45	7.195	7.858	9.561	10.592
	其他材料费占材料费	%	—	1.000	1.000	1.000	1.000
机械	汽车式起重机 8t	台班	763.67	0.062	0.082	0.107	0.169
	载重汽车 8t	台班	501.85	0.062	0.082	0.107	0.169
	自动埋弧焊机 1200A	台班	177.43	1.743	2.013	2.295	2.572

工作内容：准备工作、管子切口、坡口加工、坡口磨平、管口组对、焊接。　　　　计量单位：10个

定额编号				A8-2-86	A8-2-87	A8-2-88	A8-2-89
项目名称				公称直径(mm以内)			
				1000	1200	1400	1600
基价(元)				**4906.05**	**6037.95**	**8155.73**	**9469.26**
其中	人工费(元)			1740.90	2165.10	2659.44	3039.82
	材料费(元)			2388.24	2861.19	4077.44	4676.10
	机械费(元)			776.91	1011.66	1418.85	1753.34
名称		单位	单价(元)	消耗量			
人工	综合工日	工日	140.00	12.435	15.465	18.996	21.713
材料	碳钢板卷管件	个	—	(10.000)	(10.000)	(10.000)	(10.000)
	电	kW·h	0.68	12.170	14.929	18.580	21.203
	角钢(综合)	kg	3.61	2.201	2.942	2.942	3.562
	六角螺栓(综合)	10套	11.30	0.480	0.480	0.480	0.941
	埋弧焊剂	kg	21.72	74.391	89.108	129.547	147.924
	棉纱头	kg	6.00	1.053	1.179	1.320	1.504
	尼龙砂轮片 Φ100×16×3	片	2.56	15.086	18.074	25.261	28.852
	破布	kg	6.32	0.530	0.594	0.665	0.745
	碳钢埋弧焊丝	kg	7.69	53.411	63.971	91.677	104.677
	氧气	m³	3.63	37.462	45.294	58.039	68.382
	乙炔气	kg	10.45	12.648	15.099	19.346	22.794
	其他材料费占材料费	%	—	1.000	1.000	1.000	1.000
机械	汽车式起重机 8t	台班	763.67	0.209	0.300	0.488	0.663
	载重汽车 8t	台班	501.85	0.209	0.300	0.488	0.663
	自动埋弧焊机 1200A	台班	177.43	2.888	3.562	4.516	5.153

工作内容：准备工作、管子切口、坡口加工、坡口磨平、管口组对、焊接。　　　　计量单位：10个

定额编号				A8-2-90	A8-2-91	A8-2-92	A8-2-93
项目名称				公称直径(mm以内)			
				1800	2000	2200	2400
基价（元）				**10728.70**	**12051.38**	**13398.45**	**14767.84**
其中	人工费（元）			3430.98	3828.86	4221.84	4613.84
	材料费（元）			5247.73	5819.79	6394.95	6970.06
	机械费（元）			2049.99	2402.73	2781.66	3183.94
名称		单位	单价(元)	消耗量			
人工	综合工日	工日	140.00	24.507	27.349	30.156	32.956
材料	碳钢板卷管件	个	—	(10.000)	(10.000)	(10.000)	(10.000)
	电	kW·h	0.68	23.862	26.495	29.134	31.772
	角钢(综合)	kg	3.61	3.562	3.562	4.343	4.343
	六角螺栓(综合)	10套	11.30	0.941	0.941	0.941	0.941
	埋弧焊剂	kg	21.72	166.295	184.672	203.049	221.426
	棉纱头	kg	6.00	1.657	1.855	2.079	2.328
	尼龙砂轮片 Φ100×16×3	片	2.56	32.441	36.031	39.620	43.210
	破布	kg	6.32	0.834	0.934	1.046	1.171
	碳钢埋弧焊丝	kg	7.69	117.675	130.675	143.674	156.672
	氧气	m³	3.63	76.046	83.705	91.365	99.389
	乙炔气	kg	10.45	25.349	27.902	30.456	33.128
	其他材料费占材料费	%	—	1.000	1.000	1.000	1.000
机械	汽车式起重机 8t	台班	763.67	0.806	0.995	1.204	1.432
	载重汽车 8t	台班	501.85	0.806	0.995	1.204	1.432
	自动埋弧焊机 1200A	台班	177.43	5.805	6.445	7.090	7.731

工作内容：准备工作、管子切口、坡口加工、坡口磨平、管口组对、焊接。　　　　计量单位：10个

定额编号				A8-2-94	A8-2-95	A8-2-96
项目名称				公称直径(mm以内)		
				2600	2800	3000
基价（元）				**17492.41**	**19138.60**	**20682.07**
其中	人工费（元）			5257.28	5774.16	6184.50
	材料费（元）			8521.06	9169.80	9819.93
	机械费（元）			3714.07	4194.64	4677.64
名称		**单位**	**单价(元)**	**消耗量**		
人工	综合工日	工日	140.00	37.552	41.244	44.175
材料	碳钢板卷管件	个	—	(10.000)	(10.000)	(10.000)
	电	kW·h	0.68	36.364	39.542	42.256
	角钢(综合)	kg	3.61	4.343	4.343	4.343
	六角螺栓(综合)	10套	11.30	0.941	0.941	0.941
	埋弧焊剂	kg	21.72	271.713	292.539	313.366
	棉纱头	kg	6.00	2.608	2.920	3.271
	尼龙砂轮片 φ100×16×3	片	2.56	54.673	58.870	63.068
	破布	kg	6.32	1.312	1.469	1.645
	碳钢埋弧焊丝	kg	7.69	190.942	205.580	220.213
	氧气	m^3	3.63	119.747	128.413	137.272
	乙炔气	kg	10.45	39.916	42.804	45.755
	其他材料费占材料费	%	—	1.000	1.000	1.000
机械	汽车式起重机 8t	台班	763.67	1.680	1.948	2.236
	载重汽车 8t	台班	501.85	1.680	1.948	2.236
	自动埋弧焊机 1200A	台班	177.43	8.950	9.747	10.415

8. 不锈钢管件(螺纹连接)

工作内容：管道清理及外观检查、切口、套丝、管件连接、调直。 计量单位：10个

定额编号				A8-2-97	A8-2-98	A8-2-99
项目名称				公称直径(mm以内)		
				15	20	25
基价(元)				195.28	217.04	239.60
其中	人工费(元)			69.02	82.32	88.62
	材料费(元)			1.04	1.57	1.96
	机械费(元)			125.22	133.15	149.02
名称		单位	单价(元)	消耗量		
人工	综合工日	工日	140.00	0.493	0.588	0.633
材料	不锈钢管件	个	—	(10.100)	(10.100)	(10.100)
	尼龙砂轮片 φ500×25×4	片	12.82	0.080	0.120	0.150
	其他材料费占材料费	%	—	1.800	1.800	1.800
机械	管子车床	台班	208.84	0.589	0.627	0.703
	砂轮切割机 500mm	台班	29.08	0.076	0.076	0.076

工作内容：管道清理及外观检查、切口、套丝、管件连接、调直。　　计量单位：10个

定额编号				A8-2-100	A8-2-101	A8-2-102
项目名称				公称直径(mm以内)		
				32	40	50
基价（元）				322.84	380.24	380.50
其中	人工费（元）			104.72	143.64	143.64
	材料费（元）			3.52	3.92	4.18
	机械费（元）			214.60	232.68	232.68
名称		单位	单价(元)	消耗量		
人工	综合工日	工日	140.00	0.748	1.026	1.026
材料	不锈钢管件	个	—	(10.100)	(10.100)	(10.100)
	尼龙砂轮片 φ500×25×4	片	12.82	0.270	0.300	0.320
	其他材料费占材料费	%	—	1.800	1.800	1.800
机械	管子车床	台班	208.84	1.017	1.093	1.093
	砂轮切割机 500mm	台班	29.08	0.076	0.152	0.152

9. 不锈钢管件(电弧焊)

工作内容：准备工作、管子切口、坡口加工、坡口磨平、管口组对、焊接、焊缝钝化。 计量单位：10个

定额编号				A8-2-103	A8-2-104	A8-2-105	A8-2-106
项目名称				公称直径(mm以内)			
				15	20	25	32
基价(元)				**120.32**	**155.50**	**206.35**	**249.91**
其中	人工费(元)			72.80	98.70	129.36	156.10
	材料费(元)			20.26	23.13	31.88	39.05
	机械费(元)			27.26	33.67	45.11	54.76
名称		单位	单价(元)	消耗量			
人工	综合工日	工日	140.00	0.520	0.705	0.924	1.115
材料	不锈钢对焊管件	个	—	(10.000)	(10.000)	(10.000)	(10.000)
	丙酮	kg	7.51	0.150	0.171	0.235	0.278
	不锈钢焊条	kg	38.46	0.356	0.400	0.558	0.688
	电	kW·h	0.68	1.352	1.466	1.660	1.840
	棉纱头	kg	6.00	0.021	0.043	0.043	0.064
	尼龙砂轮片 φ100×16×3	片	2.56	0.724	0.892	1.128	1.398
	尼龙砂轮片 φ500×25×4	片	12.82	0.115	0.133	0.208	0.257
	破布	kg	6.32	0.021	0.021	0.021	0.021
	水	t	7.96	0.021	0.021	0.043	0.043
	酸洗膏	kg	6.56	0.086	0.105	0.140	0.173
	其他材料费占材料费	%	—	1.000	1.000	1.000	1.000
机械	电动空气压缩机 6m³/min	台班	206.73	0.022	0.022	0.022	0.022
	电焊机(综合)	台班	118.28	0.182	0.230	0.315	0.392
	电焊条恒温箱	台班	21.41	0.018	0.023	0.032	0.039
	电焊条烘干箱 60×50×75cm³	台班	26.46	0.018	0.023	0.032	0.039
	砂轮切割机 500mm	台班	29.08	0.011	0.028	0.061	0.068

工作内容：准备工作、管子切口、坡口加工、坡口磨平、管口组对、焊接、焊缝钝化。 计量单位：10个

定额编号				A8-2-107	A8-2-108	A8-2-109	A8-2-110
项目名称				公称直径(mm以内)			
				40	50	65	80
基价（元）				343.29	411.74	622.20	846.06
其中	人工费（元）			189.14	222.60	359.94	402.50
	材料费（元）			44.78	60.10	78.30	119.09
	机械费（元）			109.37	129.04	183.96	324.47
名称		单位	单价(元)	消耗量			
人工	综合工日	工日	140.00	1.351	1.590	2.571	2.875
材料	不锈钢对焊管件	个	—	(10.000)	(10.000)	(10.000)	(10.000)
	丙酮	kg	7.51	0.321	0.385	0.514	0.599
	不锈钢焊条	kg	38.46	0.788	1.096	1.414	2.212
	电	kW·h	0.68	2.012	2.444	2.760	2.544
	棉纱头	kg	6.00	0.064	0.079	0.107	0.128
	尼龙砂轮片 φ100×16×3	片	2.56	1.634	2.306	3.064	5.844
	尼龙砂轮片 φ500×25×4	片	12.82	0.296	0.302	0.433	0.531
	破布	kg	6.32	0.021	0.043	0.043	0.064
	水	t	7.96	0.043	0.064	0.086	0.107
	酸洗膏	kg	6.56	0.215	0.269	0.367	0.430
	其他材料费占材料费	%	—	1.000	1.000	1.000	1.000
机械	等离子切割机 400A	台班	219.59	—	—	—	0.407
	电动空气压缩机 $1m^3/min$	台班	50.29	—	—	—	0.407
	电动空气压缩机 $6m^3/min$	台班	206.73	0.022	0.022	0.022	0.022
	电焊机(综合)	台班	118.28	0.834	0.993	1.422	1.669
	电焊条恒温箱	台班	21.41	0.084	0.099	0.142	0.167
	电焊条烘干箱 $60\times50\times75cm^3$	台班	26.46	0.084	0.099	0.142	0.167
	砂轮切割机 500mm	台班	29.08	0.074	0.079	0.152	0.161

工作内容：准备工作、管子切口、坡口加工、坡口磨平、管口组对、焊接、焊缝钝化。 计量单位：10个

定额编号				A8-2-111	A8-2-112	A8-2-113	A8-2-114
项目名称				公称直径(mm以内)			
				100	125	150	200
基价（元）				1033.08	1336.83	1675.47	2404.42
其中	人工费（元）			443.80	494.90	611.94	828.80
	材料费（元）			150.49	240.83	290.22	500.82
	机械费（元）			438.79	601.10	773.31	1074.80
名称		单位	单价(元)	消耗量			
人工	综合工日	工日	140.00	3.170	3.535	4.371	5.920
材料	不锈钢对焊管件	个	—	(10.000)	(10.000)	(10.000)	(10.000)
	丙酮	kg	7.51	0.770	0.895	1.070	1.477
	不锈钢焊条	kg	38.46	2.754	5.036	6.034	10.600
	电	kW·h	0.68	3.160	4.210	5.162	8.184
	棉纱头	kg	6.00	0.150	0.180	0.223	0.300
	尼龙砂轮片 φ100×16×3	片	2.56	7.500	10.470	12.784	22.272
	尼龙砂轮片 φ500×25×4	片	12.82	0.781	—	—	—
	破布	kg	6.32	0.064	0.086	0.107	0.150
	水	t	7.96	0.128	0.150	0.193	0.257
	酸洗膏	kg	6.56	0.551	0.847	1.137	1.482
	其他材料费占材料费	%	—	1.000	1.000	1.000	1.000
机械	等离子切割机 400A	台班	219.59	0.527	0.871	1.050	1.459
	电动空气压缩机 $1m^3/min$	台班	50.29	0.527	0.871	1.050	1.459
	电动空气压缩机 $6m^3/min$	台班	206.73	0.022	0.022	0.022	0.022
	电焊机(综合)	台班	118.28	2.194	2.824	3.831	5.384
	电焊条恒温箱	台班	21.41	0.220	0.283	0.383	0.538
	电焊条烘干箱 60×50×75cm^3	台班	26.46	0.220	0.283	0.383	0.538
	汽车式起重机 8t	台班	763.67	0.011	0.011	0.011	0.011
	砂轮切割机 500mm	台班	29.08	0.277	—	—	—
	载重汽车 8t	台班	501.85	0.011	0.011	0.011	0.011

工作内容：准备工作、管子切口、坡口加工、坡口磨平、管口组对、焊接、焊缝钝化。 计量单位：10个

定额编号				A8-2-115	A8-2-116	A8-2-117
项目名称				公称直径(mm以内)		
				250	300	350
基价（元）				**3404.87**	**4357.21**	**5037.87**
其中	人工费（元）			1128.96	1368.50	1575.14
	材料费（元）			788.34	1106.43	1285.89
	机械费（元）			1487.57	1882.28	2176.84
名称		**单位**	**单价(元)**	**消耗量**		
人工	综合工日	工日	140.00	8.064	9.775	11.251
材料	不锈钢对焊管件	个	—	(10.000)	(10.000)	(10.000)
	丙酮	kg	7.51	1.840	2.183	2.525
	不锈钢焊条	kg	38.46	17.120	24.348	28.284
	电	kW·h	0.68	10.534	12.890	14.812
	棉纱头	kg	6.00	0.364	0.428	0.492
	尼龙砂轮片 φ100×16×3	片	2.56	31.508	42.816	50.470
	破布	kg	6.32	0.193	0.214	0.257
	水	t	7.96	0.300	0.364	0.428
	酸洗膏	kg	6.56	2.236	2.662	2.917
	其他材料费占材料费	%	—	1.000	1.000	1.000
机械	等离子切割机 400A	台班	219.59	1.897	2.316	2.632
	电动空气压缩机 1m³/min	台班	50.29	1.897	2.316	2.687
	电动空气压缩机 6m³/min	台班	206.73	0.022	0.022	0.022
	电焊机(综合)	台班	118.28	7.685	9.891	11.415
	电焊条恒温箱	台班	21.41	0.768	0.989	1.141
	电焊条烘干箱 60×50×75cm³	台班	26.46	0.768	0.989	1.141
	汽车式起重机 8t	台班	763.67	0.020	0.028	0.043
	载重汽车 8t	台班	501.85	0.020	0.028	0.043

工作内容：准备工作、管子切口、坡口加工、坡口磨平、管口组对、焊接、焊缝钝化。 计量单位：10个

定额编号				A8-2-118	A8-2-119	A8-2-120
项目名称				公称直径(mm以内)		
				400	450	500
基价（元）				5758.71	7208.00	8980.62
其中	人工费（元）			1773.52	2021.74	2304.82
	材料费（元）			1456.61	2203.10	3154.95
	机械费（元）			2528.58	2983.16	3520.85
名称		单位	单价(元)	消耗量		
人工	综合工日	工日	140.00	12.668	14.441	16.463
材料	不锈钢对焊管件	个	—	(10.000)	(10.000)	(10.000)
	丙酮	kg	7.51	2.846	3.244	3.699
	不锈钢焊条	kg	38.46	31.996	49.448	71.888
	电	kW·h	0.68	16.742	20.164	24.362
	棉纱头	kg	6.00	0.552	0.629	0.717
	尼龙砂轮片 Φ100×16×3	片	2.56	57.092	79.748	106.272
	破布	kg	6.32	0.278	0.317	0.361
	水	t	7.96	0.492	0.561	0.639
	酸洗膏	kg	6.56	3.616	4.122	4.699
	其他材料费占材料费	%	—	1.000	1.000	1.000
机械	等离子切割机 400A	台班	219.59	3.037	3.584	4.229
	电动空气压缩机 1m³/min	台班	50.29	3.037	3.584	4.229
	电动空气压缩机 6m³/min	台班	206.73	0.022	0.022	0.022
	电焊机(综合)	台班	118.28	13.284	15.675	18.496
	电焊条恒温箱	台班	21.41	1.328	1.568	1.850
	电焊条烘干箱 60×50×75cm³	台班	26.46	1.328	1.568	1.850
	汽车式起重机 8t	台班	763.67	0.055	0.065	0.078
	载重汽车 8t	台班	501.85	0.055	0.065	0.078

10.不锈钢管件(氩电联焊)

工作内容：准备工作、管子切口、坡口加工、坡口磨平、管口组对、焊接、焊缝钝化。 计量单位：10个

定额编号				A8-2-121	A8-2-122	A8-2-123	A8-2-124
项目名称				公称直径(mm以内)			
				50	65	80	100
基价(元)				558.01	708.54	837.74	1159.33
其中	人工费(元)			284.62	363.02	406.14	581.00
	材料费(元)			74.78	103.96	129.53	170.84
	机械费(元)			198.61	241.56	302.07	407.49
名称		单位	单价(元)	消耗量			
人工	综合工日	工日	140.00	2.033	2.593	2.901	4.150
材料	不锈钢对焊管件	个	—	(10.000)	(10.000)	(10.000)	(10.000)
	丙酮	kg	7.51	0.385	0.514	0.599	0.770
	不锈钢焊条	kg	38.46	1.018	1.479	1.881	2.452
	电	kW·h	0.68	0.818	1.039	1.319	1.578
	棉纱头	kg	6.00	0.079	0.107	0.128	0.150
	尼龙砂轮片 φ100×16×3	片	2.56	1.004	1.211	1.507	1.939
	尼龙砂轮片 φ500×25×4	片	12.82	0.302	0.433	0.531	0.781
	破布	kg	6.32	0.043	0.043	0.064	0.064
	钍钨棒	g	0.38	2.012	2.602	3.069	3.980
	水	t	7.96	0.064	0.086	0.107	0.128
	酸洗膏	kg	6.56	0.269	0.367	0.430	0.551
	氩气	m³	19.59	1.083	1.421	1.727	2.326
	其他材料费占材料费	%	—	1.000	1.000	1.000	1.000
机械	单速电动葫芦 3t	台班	32.95	—	0.204	0.214	0.282
	电动空气压缩机 6m³/min	台班	206.73	0.022	0.022	0.022	0.022
	电焊机(综合)	台班	118.28	0.637	0.733	0.989	1.269
	电焊条恒温箱	台班	21.41	0.064	0.073	0.099	0.127
	电焊条烘干箱 60×50×75cm³	台班	26.46	0.064	0.073	0.099	0.127
	普通车床 630×2000mm	台班	247.10	0.171	0.204	0.214	0.282
	汽车式起重机 8t	台班	763.67	—	—	—	0.011
	砂轮切割机 500mm	台班	29.08	0.079	0.152	0.161	0.277
	氩弧焊机 500A	台班	92.58	0.768	0.921	1.201	1.575
	载重汽车 8t	台班	501.85	—	—	—	0.011

工作内容：准备工作、管子切口、坡口加工、坡口磨平、管口组对、焊接、焊缝钝化。计量单位：10个

定额编号				A8-2-125	A8-2-126	A8-2-127
项目名称				公称直径(mm以内)		
				125	150	200
基价（元）				**1406.83**	**1844.29**	**2619.47**
其中	人工费（元）			655.90	807.66	1077.02
	材料费（元）			191.04	309.95	495.95
	机械费（元）			559.89	726.68	1046.50
名称		单位	单价(元)	消耗量		
人工	综合工日	工日	140.00	4.685	5.769	7.693
材料	不锈钢对焊管件	个	—	(10.000)	(10.000)	(10.000)
	丙酮	kg	7.51	0.895	1.070	1.477
	不锈钢焊条	kg	38.46	2.883	5.473	9.228
	电	kW·h	0.68	1.879	2.428	3.737
	棉纱头	kg	6.00	0.180	0.223	0.300
	尼龙砂轮片 φ100×16×3	片	2.56	2.266	2.880	4.817
	破布	kg	6.32	0.086	0.107	0.150
	铈钨棒	g	0.38	4.674	5.585	7.657
	水	t	7.96	0.150	0.193	0.257
	酸洗膏	kg	6.56	0.847	1.137	1.482
	氩气	m³	19.59	2.773	3.379	4.734
	其他材料费占材料费	%	—	1.000	1.000	1.000
机械	单速电动葫芦 3t	台班	32.95	0.306	0.431	0.453
	等离子切割机 400A	台班	219.59	0.256	0.309	0.436
	电动空气压缩机 1m³/min	台班	50.29	0.256	0.308	0.436
	电动空气压缩机 6m³/min	台班	206.73	0.022	0.022	0.022
	电焊机(综合)	台班	118.28	1.741	2.466	4.400
	电焊条恒温箱	台班	21.41	0.174	0.246	0.440
	电焊条烘干箱 60×50×75cm³	台班	26.46	0.174	0.246	0.440
	普通车床 630×2000mm	台班	247.10	0.306	0.431	0.453
	汽车式起重机 8t	台班	763.67	0.011	0.011	0.011
	氩弧焊机 500A	台班	92.58	1.862	2.168	2.614
	载重汽车 8t	台班	501.85	0.011	0.011	0.011

工作内容：准备工作、管子切口、坡口加工、坡口磨平、管口组对、焊接、焊缝钝化。计量单位：10个

定额编号				A8-2-128	A8-2-129	A8-2-130
项目名称				公称直径(mm以内)		
				250	300	350
基价（元）				**3708.67**	**4695.89**	**5421.93**
其中	人工费（元）			1407.28	1686.16	1918.00
	材料费（元）			855.71	1198.17	1404.91
	机械费（元）			1445.68	1811.56	2099.02
名称		单位	单价(元)	消耗量		
人工	综合工日	工日	140.00	10.052	12.044	13.700
材料	不锈钢对焊管件	个	—	(10.000)	(10.000)	(10.000)
	丙酮	kg	7.51	1.840	2.183	2.525
	不锈钢焊条	kg	38.46	17.426	25.147	29.369
	电	kW·h	0.68	5.293	6.499	6.768
	棉纱头	kg	6.00	0.364	0.428	0.492
	尼龙砂轮片 φ100×16×3	片	2.56	6.726	9.084	10.584
	破布	kg	6.32	0.193	0.214	0.257
	铈钨棒	g	0.38	9.562	11.385	13.289
	水	t	7.96	0.300	0.364	0.428
	酸洗膏	kg	6.56	2.236	2.662	2.917
	氩气	m^3	19.59	6.039	7.477	9.119
	其他材料费占材料费	%	—	1.000	1.000	1.000
机械	单速电动葫芦 3t	台班	32.95	0.479	0.519	0.534
	等离子切割机 400A	台班	219.59	0.558	0.682	0.790
	电动空气压缩机 $1m^3/min$	台班	50.29	0.558	0.682	0.790
	电动空气压缩机 $6m^3/min$	台班	206.73	0.022	0.022	0.022
	电焊机(综合)	台班	118.28	6.342	8.407	9.967
	电焊条恒温箱	台班	21.41	0.634	0.841	0.997
	电焊条烘干箱 $60×50×75cm^3$	台班	26.46	0.634	0.841	0.997
	普通车床 630×2000mm	台班	247.10	0.479	0.519	0.534
	汽车式起重机 8t	台班	763.67	0.020	0.028	0.043
	氩弧焊机 500A	台班	92.58	3.787	4.402	4.868
	载重汽车 8t	台班	501.85	0.020	0.028	0.043

工作内容：准备工作、管子切口、坡口加工、坡口磨平、管口组对、焊接、焊缝钝化。 计量单位：10个

定额编号				A8-2-131	A8-2-132	A8-2-133
项目名称				公称直径(mm以内)		
				400	450	500
基价（元）				6230.22	7238.08	8416.19
其中	人工费（元）			2145.22	2445.52	2787.96
	材料费（元）			1608.42	1893.54	2230.76
	机械费（元）			2476.58	2899.02	3397.47
名称		单位	单价(元)	消耗量		
人工	综合工日	工日	140.00	15.323	17.468	19.914
材料	不锈钢对焊管件	个	—	(10.000)	(10.000)	(10.000)
	丙酮	kg	7.51	2.846	3.244	3.699
	不锈钢焊条	kg	38.46	33.403	39.415	46.510
	电	kW·h	0.68	7.656	7.656	8.361
	棉纱头	kg	6.00	0.552	0.629	0.717
	尼龙砂轮片 φ100×16×3	片	2.56	11.999	13.679	15.594
	破布	kg	6.32	0.278	0.317	0.478
	铈钨棒	g	0.38	15.074	17.787	20.989
	水	t	7.96	0.492	0.561	0.639
	酸洗膏	kg	6.56	3.616	4.122	4.699
	氩气	m³	19.59	10.826	12.775	15.074
	其他材料费占材料费	%	—	1.000	1.000	1.000
机械	单速电动葫芦 3t	台班	32.95	0.549	0.566	0.583
	等离子切割机 400A	台班	219.59	0.893	1.053	1.243
	电动空气压缩机 1m³/min	台班	50.29	0.893	1.053	1.243
	电动空气压缩机 6m³/min	台班	206.73	0.022	0.022	0.022
	电焊机(综合)	台班	118.28	11.997	14.156	16.705
	电焊条恒温箱	台班	21.41	1.200	1.416	1.671
	电焊条烘干箱 60×50×75cm³	台班	26.46	1.200	1.416	1.671
	普通车床 630×2000mm	台班	247.10	0.549	0.566	0.583
	汽车式起重机 8t	台班	763.67	0.055	0.065	0.078
	氩弧焊机 500A	台班	92.58	5.738	6.771	7.989
	载重汽车 8t	台班	501.85	0.055	0.066	0.078

11. 不锈钢管件(氩弧焊)

工作内容：准备工作、管子切口、坡口加工、坡口磨平、管口组对、焊接、焊缝钝化。 计量单位：10个

定额编号				A8-2-134	A8-2-135	A8-2-136	A8-2-137
项目名称				公称直径(mm以内)			
				15	20	25	32
基价（元）				**146.86**	**179.85**	**248.32**	**301.63**
其中	人工费（元）			88.76	106.96	152.46	184.24
	材料费（元）			16.76	24.20	31.77	39.95
	机械费（元）			41.34	48.69	64.09	77.44
名称		单位	单价(元)	消耗量			
人工	综合工日	工日	140.00	0.634	0.764	1.089	1.316
材料	不锈钢对焊管件	个	—	(10.000)	(10.000)	(10.000)	(10.000)
	丙酮	kg	7.51	0.150	0.171	0.235	0.278
	不锈钢焊条	kg	38.46	0.124	0.197	0.244	0.334
	电	kW·h	0.68	0.350	0.393	0.571	0.695
	棉纱头	kg	6.00	0.021	0.043	0.043	0.064
	尼龙砂轮片 φ100×16×3	片	2.56	0.375	0.488	0.604	0.668
	尼龙砂轮片 φ500×25×4	片	12.82	0.111	0.133	0.223	0.257
	破布	kg	6.32	0.021	0.021	0.021	0.021
	铈钨棒	g	0.38	0.672	0.873	1.271	1.571
	水	t	7.96	0.021	0.021	0.043	0.043
	酸洗膏	kg	6.56	0.086	0.105	0.140	0.173
	氩气	m^3	19.59	0.349	0.526	0.683	0.845
	其他材料费占材料费	%	—	1.000	1.000	1.000	1.000
机械	电动空气压缩机 $6m^3/min$	台班	206.73	0.022	0.022	0.022	0.022
	砂轮切割机 500mm	台班	29.08	0.011	0.028	0.061	0.068
	氩弧焊机 500A	台班	92.58	0.394	0.468	0.624	0.766

工作内容：准备工作、管子切口、坡口加工、坡口磨平、管口组对、焊接、焊缝钝化。计量单位：10个

定额编号				A8-2-138	A8-2-139	A8-2-140	A8-2-141
项目名称				公称直径(mm以内)			
				40	50	65	80
基价（元）				421.32	533.19	689.74	818.42
其中	人工费（元）			237.30	293.72	379.40	430.08
	材料费（元）			53.91	72.52	105.37	128.69
	机械费（元）			130.11	166.95	204.97	259.65
名称		单位	单价(元)	消耗量			
人工	综合工日	工日	140.00	1.695	2.098	2.710	3.072
材料	不锈钢对焊管件	个	—	(10.000)	(10.000)	(10.000)	(10.000)
	丙酮	kg	7.51	0.321	0.385	0.514	0.599
	不锈钢焊条	kg	38.46	0.445	0.745	1.040	1.310
	电	kW·h	0.68	0.797	0.931	1.222	1.535
	棉纱头	kg	6.00	0.064	0.079	0.107	0.128
	尼龙砂轮片 φ100×16×3	片	2.56	0.743	1.004	1.211	1.421
	尼龙砂轮片 φ500×25×4	片	12.82	0.296	0.302	0.433	0.531
	破布	kg	6.32	0.021	0.043	0.043	0.064
	铈钨棒	g	0.38	2.363	2.816	4.387	5.153
	水	t	7.96	0.043	0.064	0.086	0.107
	酸洗膏	kg	6.56	0.215	0.269	0.367	0.430
	氩气	m^3	19.59	1.248	1.485	2.313	2.769
	其他材料费占材料费	%	—	1.000	1.000	1.000	1.000
机械	单速电动葫芦 3t	台班	32.95	—	—	0.203	0.236
	电动空气压缩机 $6m^3/min$	台班	206.73	0.022	0.022	0.022	0.022
	普通车床 630×2000mm	台班	247.10	0.166	0.171	0.203	0.236
	砂轮切割机 500mm	台班	29.08	0.074	0.079	0.152	0.161
	氩弧焊机 500A	台班	92.58	0.890	1.273	1.503	1.991

工作内容：准备工作、管子切口、坡口加工、坡口磨平、管口组对、焊接、焊缝钝化。 计量单位：10个

定额编号				A8-2-142	A8-2-143	A8-2-144	A8-2-145
项目名称				公称直径(mm以内)			
				100	125	150	200
基价（元）				1123.28	1359.16	1774.55	2481.50
其中	人工费（元）			582.12	655.76	814.80	1135.68
	材料费（元）			191.44	214.82	342.61	527.32
	机械费（元）			349.72	488.58	617.14	818.50
名称		单位	单价(元)	消耗量			
人工	综合工日	工日	140.00	4.158	4.684	5.820	8.112
材料	不锈钢对焊管件	个	—	(10.000)	(10.000)	(10.000)	(10.000)
	丙酮	kg	7.51	0.770	0.895	1.070	1.477
	不锈钢焊条	kg	38.46	1.695	1.997	3.261	5.063
	电	kW·h	0.68	2.041	2.423	3.112	4.281
	棉纱头	kg	6.00	0.150	0.180	0.223	0.300
	尼龙砂轮片 φ100×16×3	片	2.56	1.911	2.234	2.838	4.304
	尼龙砂轮片 φ500×25×4	片	12.82	0.781	—	—	—
	破布	kg	6.32	0.064	0.086	0.107	0.150
	铈钨棒	g	0.38	8.821	10.306	17.090	26.545
	水	t	7.96	0.128	0.150	0.193	0.257
	酸洗膏	kg	6.56	0.551	0.847	1.137	1.482
	氩气	m³	19.59	4.747	5.590	9.131	14.178
	其他材料费占材料费	%	—	1.000	1.000	1.000	1.000
机械	单速电动葫芦 3t	台班	32.95	0.282	0.306	0.431	0.440
	等离子切割机 400A	台班	219.59	—	0.256	0.309	0.429
	电动空气压缩机 1m³/min	台班	50.29	—	0.256	0.309	0.429
	电动空气压缩机 6m³/min	台班	206.73	0.022	0.022	0.022	0.022
	普通车床 630×2000mm	台班	247.10	0.282	0.306	0.431	0.440
	汽车式起重机 8t	台班	763.67	0.011	0.011	0.011	0.011
	砂轮切割机 500mm	台班	29.08	0.277	—	—	—
	氩弧焊机 500A	台班	92.58	2.638	3.406	4.262	6.060
	载重汽车 8t	台班	501.85	0.011	0.011	0.011	0.011

12. 不锈钢板卷管件(电弧焊)

工作内容：准备工作、管子切口、坡口加工、坡口磨平、管口组对、焊接、焊缝钝化。 计量单位：10个

定额编号				A8-2-146	A8-2-147	A8-2-148	A8-2-149
项目名称				公称直径(mm以内)			
				200	250	300	350
基价(元)				**1532.40**	**1914.00**	**2322.95**	**2695.91**
其中	人工费(元)			610.96	761.32	947.52	1099.00
	材料费(元)			254.96	320.40	381.56	442.14
	机械费(元)			666.48	832.28	993.87	1154.77
名称		**单位**	**单价(元)**	**消耗量**			
人工	综合工日	工日	140.00	4.364	5.438	6.768	7.850
材料	不锈钢板卷管件	个	—	(10.000)	(10.000)	(10.000)	(10.000)
	丙酮	kg	7.51	1.381	1.721	2.041	2.361
	不锈钢焊条	kg	38.46	5.677	7.085	8.438	9.790
	电	kW·h	0.68	3.433	4.279	5.256	6.097
	棉纱头	kg	6.00	0.280	0.340	0.400	0.540
	尼龙砂轮片 Φ100×16×3	片	2.56	3.057	3.820	4.554	5.287
	破布	kg	6.32	0.140	0.180	0.200	0.240
	水	t	7.96	0.240	0.280	0.340	0.400
	酸洗膏	kg	6.56	1.386	2.091	2.489	2.727
	其他材料费占材料费	%	—	1.000	1.000	1.000	1.000
机械	等离子切割机 400A	台班	219.59	1.309	1.632	1.944	2.255
	电动空气压缩机 1m³/min	台班	50.29	1.309	1.632	1.944	2.255
	电动空气压缩机 6m³/min	台班	206.73	0.020	0.020	0.020	0.020
	电焊机(综合)	台班	118.28	2.460	3.068	3.656	4.240
	电焊条恒温箱	台班	21.41	0.246	0.307	0.365	0.424
	电焊条烘干箱 60×50×75cm³	台班	26.46	0.246	0.307	0.365	0.424
	汽车式起重机 8t	台班	763.67	0.005	0.008	0.012	0.016
	载重汽车 8t	台班	501.85	0.005	0.008	0.012	0.016

工作内容：准备工作、管子切口、坡口加工、坡口磨平、管口组对、焊接、焊缝钝化。 计量单位：10个

定额编号				A8-2-150	A8-2-151	A8-2-152	A8-2-153
项目名称				公称直径(mm以内)			
				400	450	500	600
基价（元）				3069.90	4012.27	4454.38	7088.44
其中	人工费（元）			1244.18	1528.80	1699.18	2349.90
	材料费（元）			508.75	848.84	941.08	1901.22
	机械费（元）			1316.97	1634.63	1814.12	2837.32
名称		单位	单价(元)	消耗量			
人工	综合工日	工日	140.00	8.887	10.920	12.137	16.785
材料	不锈钢板卷管件	个	—	(10.000)	(10.000)	(10.000)	(10.000)
	丙酮	kg	7.51	2.681	3.001	3.502	3.962
	不锈钢焊条	kg	38.46	11.067	19.433	21.514	45.525
	电	kW·h	0.68	6.887	8.865	9.822	15.813
	角钢(综合)	kg	3.61	2.001	2.001	2.001	2.001
	棉纱头	kg	6.00	0.540	0.600	0.700	0.800
	尼龙砂轮片 φ100×16×3	片	2.56	5.980	8.850	9.801	14.382
	破布	kg	6.32	0.260	0.300	0.340	0.400
	水	t	7.96	0.460	0.520	0.560	0.680
	酸洗膏	kg	6.56	3.381	3.805	4.304	5.215
	其他材料费占材料费	%	—	1.000	1.000	1.000	1.000
机械	等离子切割机 400A	台班	219.59	2.547	2.910	3.221	3.904
	电动空气压缩机 1m³/min	台班	50.29	2.547	2.910	3.221	3.904
	电动空气压缩机 6m³/min	台班	206.73	0.020	0.040	0.040	0.040
	电焊机(综合)	台班	118.28	4.794	6.474	7.168	13.789
	电焊条恒温箱	台班	21.41	0.480	0.647	0.717	1.379
	电焊条烘干箱 60×50×75cm³	台班	26.46	0.480	0.647	0.717	1.379
	汽车式起重机 8t	台班	763.67	0.028	0.035	0.043	0.062
	载重汽车 8t	台班	501.85	0.028	0.035	0.043	0.062

工作内容：准备工作、管子切口、坡口加工、坡口磨平、管口组对、焊接、焊缝钝化。计量单位：10个

定额编号				A8-2-154	A8-2-155	A8-2-156
项目名称				公称直径(mm以内)		
				700	800	900
基价（元）				8137.63	10352.78	11672.78
其中	人工费（元）			2701.16	3123.82	3496.36
	材料费（元）			2178.88	3426.55	3847.09
	机械费（元）			3257.59	3802.41	4329.33
名称		单位	单价(元)	消耗量		
人工	综合工日	工日	140.00	19.294	22.313	24.974
材料	不锈钢板卷管件	个	—	(10.000)	(10.000)	(10.000)
	丙酮	kg	7.51	4.522	5.162	5.783
	不锈钢焊条	kg	38.46	52.096	83.017	93.234
	电	kW·h	0.68	18.164	21.733	24.376
	角钢(综合)	kg	3.61	2.201	2.201	2.201
	棉纱头	kg	6.00	0.900	1.041	1.161
	尼龙砂轮片 φ100×16×3	片	2.56	16.452	26.141	29.351
	破布	kg	6.32	0.460	0.520	0.580
	水	t	7.96	0.760	0.880	0.980
	酸洗膏	kg	6.56	6.549	8.360	9.405
	其他材料费占材料费	%	—	1.000	1.000	1.000
机械	等离子切割机 400A	台班	219.59	4.460	5.343	5.995
	电动空气压缩机 1m³/min	台班	50.29	4.460	5.343	5.995
	电动空气压缩机 6m³/min	台班	206.73	0.040	0.060	0.060
	电焊机(综合)	台班	118.28	15.779	17.979	20.193
	电焊条恒温箱	台班	21.41	1.578	1.798	2.020
	电焊条烘干箱 60×50×75cm³	台班	26.46	1.578	1.798	2.020
	汽车式起重机 8t	台班	763.67	0.082	0.107	0.169
	载重汽车 8t	台班	501.85	0.082	0.107	0.169

工作内容：准备工作、管子切口、坡口加工、坡口磨平、管口组对、焊接、焊缝钝化。 计量单位：10个

定 额 编 号				A8-2-157	A8-2-158	A8-2-159
项 目 名 称				公称直径(mm以内)		
				1000	1200	1400
基 价（元）				12975.30	15692.90	20143.35
其中	人 工 费（元）			3879.54	4743.48	5620.72
	材 料 费（元）			4267.80	5108.31	7380.48
	机 械 费（元）			4827.96	5841.11	7142.15
名 称		单位	单价(元)	消 耗 量		
人工	综合工日	工日	140.00	27.711	33.882	40.148
材料	不锈钢板卷管件	个	—	(10.000)	(10.000)	(10.000)
	丙酮	kg	7.51	6.403	7.283	8.164
	不锈钢焊条	kg	38.46	103.455	123.891	180.351
	电	kW·h	0.68	27.024	32.793	39.705
	角钢(综合)	kg	3.61	2.201	2.941	2.941
	棉纱头	kg	6.00	1.281	1.521	1.761
	尼龙砂轮片 φ100×16×3	片	2.56	32.567	39.001	58.627
	破布	kg	6.32	0.640	0.710	0.787
	水	t	7.96	1.081	1.200	1.329
	酸洗膏	kg	6.56	10.450	12.540	14.630
	其他材料费占材料费	%	—	1.000	1.000	1.000
机械	等离子切割机 400A	台班	219.59	6.647	7.950	9.707
	电动空气压缩机 1m³/min	台班	50.29	6.647	7.950	9.707
	电动空气压缩机 6m³/min	台班	206.73	0.060	0.067	0.074
	电焊机(综合)	台班	118.28	22.404	26.831	31.605
	电焊条恒温箱	台班	21.41	2.240	2.684	3.161
	电焊条烘干箱 60×50×75cm³	台班	26.46	2.240	2.684	3.161
	汽车式起重机 8t	台班	763.67	0.209	0.300	0.488
	载重汽车 8t	台班	501.85	0.209	0.300	0.488

13. 不锈钢板卷管件(氩电联焊)

工作内容：准备工作、管子切口、坡口加工、坡口磨平、管口组对、焊接、焊缝钝化。 计量单位：10个

定额编号				A8-2-160	A8-2-161	A8-2-162	A8-2-163
项目名称				公称直径(mm以内)			
				200	250	300	350
基价(元)				1693.22	2117.11	2567.13	2982.27
其中	人工费(元)			623.42	777.28	963.34	1118.32
	材料费(元)			325.83	409.89	488.50	567.10
	机械费(元)			743.97	929.94	1115.29	1296.85
名称		单位	单价(元)	消耗量			
人工	综合工日	工日	140.00	4.453	5.552	6.881	7.988
材料	不锈钢板卷管件	个	—	(10.000)	(10.000)	(10.000)	(10.000)
	丙酮	kg	7.51	1.381	1.721	2.041	2.361
	不锈钢焊条	kg	38.46	4.786	5.981	7.127	8.280
	电	kW·h	0.68	2.834	3.529	4.360	5.059
	棉纱头	kg	6.00	0.280	0.340	0.400	0.540
	尼龙砂轮片 φ100×16×3	片	2.56	3.057	3.820	4.554	5.287
	破布	kg	6.32	0.140	0.180	0.200	0.240
	铈钨棒	g	0.38	7.307	9.156	10.913	12.694
	水	t	7.96	0.240	0.280	0.340	0.400
	酸洗膏	kg	6.56	1.386	2.091	2.489	2.727
	氩气	m^3	19.59	5.210	6.539	7.798	9.070
	其他材料费占材料费	%	—	1.000	1.000	1.000	1.000
机械	等离子切割机 400A	台班	219.59	1.309	1.632	1.944	2.255
	电动空气压缩机 $1m^3/min$	台班	50.29	1.309	1.632	1.944	2.255
	电动空气压缩机 $6m^3/min$	台班	206.73	0.020	0.020	0.020	0.020
	电焊机(综合)	台班	118.28	1.266	1.578	1.880	2.184
	电焊条恒温箱	台班	21.41	0.127	0.157	0.188	0.218
	电焊条烘干箱 $60×50×75cm^3$	台班	26.46	0.127	0.157	0.188	0.218
	汽车式起重机 8t	台班	763.67	0.005	0.008	0.012	0.016
	氩弧焊机 500A	台班	92.58	2.424	3.036	3.672	4.268
	载重汽车 8t	台班	501.85	0.005	0.008	0.012	0.016

工作内容：准备工作、管子切口、坡口加工、坡口磨平、管口组对、焊接、焊缝钝化。 计量单位：10个

定额编号				A8-2-164	A8-2-165	A8-2-166	A8-2-167
项目名称				公称直径(mm以内)			
				400	450	500	600
基价（元）				3394.04	4450.79	4940.19	6904.53
其中	人工费（元）			1265.88	1576.12	1751.26	2565.64
	材料费（元）			650.17	995.57	1103.55	1670.96
	机械费（元）			1477.99	1879.10	2085.38	2667.93
名称		单位	单价(元)	消耗量			
人工	综合工日	工日	140.00	9.042	11.258	12.509	18.326
材料	不锈钢板卷管件	个	—	(10.000)	(10.000)	(10.000)	(10.000)
	丙酮	kg	7.51	2.681	3.001	3.502	3.962
	不锈钢焊条	kg	38.46	9.361	17.206	19.049	29.986
	电	kW·h	0.68	5.719	7.803	8.644	11.206
	角钢(综合)	kg	3.61	2.001	2.001	2.001	2.001
	棉纱头	kg	6.00	0.540	0.600	0.700	0.800
	尼龙砂轮片 φ100×16×3	片	2.56	5.980	8.850	9.801	14.382
	破布	kg	6.32	0.260	0.300	0.340	0.400
	铈钨棒	g	0.38	14.367	16.079	17.816	21.202
	水	t	7.96	0.460	0.520	0.560	0.680
	酸洗膏	kg	6.56	3.381	3.805	4.304	5.215
	氩气	m^3	19.59	10.259	11.513	12.746	18.618
	其他材料费占材料费	%	—	1.000	1.000	1.000	1.000
机械	等离子切割机 400A	台班	219.59	2.547	2.910	3.221	3.904
	电动空气压缩机 $1m^3/min$	台班	50.29	2.547	2.910	3.221	3.904
	电动空气压缩机 $6m^3/min$	台班	206.73	0.020	0.040	0.040	0.040
	电焊机(综合)	台班	118.28	2.468	4.362	4.830	7.070
	电焊条恒温箱	台班	21.41	0.246	0.436	0.483	0.707
	电焊条烘干箱 $60×50×75cm^3$	台班	26.46	0.246	0.436	0.483	0.707
	汽车式起重机 8t	台班	763.67	0.028	0.035	0.043	0.062
	氩弧焊机 500A	台班	92.58	4.832	5.448	6.038	7.102
	载重汽车 8t	台班	501.85	0.028	0.035	0.043	0.062

工作内容：准备工作、管子切口、坡口加工、坡口磨平、管口组对、焊接、焊缝钝化。计量单位：10个

定额编号				A8-2-168	A8-2-169	A8-2-170
项目名称				公称直径(mm以内)		
				700	800	900
基价（元）				7929.13	10583.45	11926.52
其中	人工费（元）			2949.80	3616.34	4046.98
	材料费（元）			1914.34	3096.96	3475.56
	机械费（元）			3064.99	3870.15	4403.98
名称		单位	单价(元)	消耗量		
人工	综合工日	工日	140.00	21.070	25.831	28.907
材料	不锈钢板卷管件	个	—	(10.000)	(10.000)	(10.000)
	丙酮	kg	7.51	4.522	5.162	5.783
	不锈钢焊条	kg	38.46	34.289	62.016	69.611
	电	kW·h	0.68	12.888	16.905	18.949
	角钢(综合)	kg	3.61	2.201	2.201	2.201
	棉纱头	kg	6.00	0.900	1.040	1.161
	尼龙砂轮片 φ100×16×3	片	2.56	16.452	26.135	29.351
	破布	kg	6.32	0.460	0.520	0.580
	铈钨棒	g	0.38	24.271	27.540	30.958
	水	t	7.96	0.760	0.880	0.980
	酸洗膏	kg	6.56	6.549	8.360	9.405
	氩气	m^3	19.59	21.302	24.207	27.188
	其他材料费占材料费	%	—	1.000	1.000	1.000
机械	等离子切割机 400A	台班	219.59	4.460	5.343	5.995
	电动空气压缩机 $1m^3/min$	台班	50.29	4.460	5.343	5.995
	电动空气压缩机 $6m^3/min$	台班	206.73	0.040	0.060	0.060
	电焊机(综合)	台班	118.28	8.080	11.562	12.976
	电焊条恒温箱	台班	21.41	0.808	1.156	1.298
	电焊条烘干箱 $60×50×75cm^3$	台班	26.46	0.808	1.156	1.298
	汽车式起重机 8t	台班	763.67	0.082	0.107	0.169
	氩弧焊机 500A	台班	92.58	8.154	9.262	10.400
	载重汽车 8t	台班	501.85	0.082	0.107	0.169

工作内容：准备工作、管子切口、坡口加工、坡口磨平、管口组对、焊接、焊缝钝化。 计量单位：10个

定额编号				A8-2-171	A8-2-172	A8-2-173
项目名称				公称直径(mm以内)		
				1000	1200	1400
基价（元）				13254.64	16058.28	21305.78
其中	人工费（元）			4490.50	5494.58	6736.24
	材料费（元）			3854.28	4611.35	6975.53
	机械费（元）			4909.86	5952.35	7594.01
名称		单位	单价(元)	消耗量		
人工	综合工日	工日	140.00	32.075	39.247	48.116
材料	不锈钢板卷管件	个	—	(10.000)	(10.000)	(10.000)
	丙酮	kg	7.51	6.403	7.283	8.164
	不锈钢焊条	kg	38.46	77.211	92.414	148.179
	电	kW·h	0.68	20.998	25.569	32.602
	角钢(综合)	kg	3.61	2.201	2.941	2.941
	棉纱头	kg	6.00	1.281	1.521	1.761
	尼龙砂轮片 φ100×16×3	片	2.56	32.567	39.001	58.627
	破布	kg	6.32	0.640	0.710	0.787
	铈钨棒	g	0.38	34.368	41.203	47.878
	水	t	7.96	1.081	1.200	1.329
	酸洗膏	kg	6.56	10.450	12.540	14.630
	氩气	m^3	19.59	30.166	36.132	42.013
	其他材料费占材料费	%	—	1.000	1.000	1.000
机械	等离子切割机 400A	台班	219.59	6.647	7.950	9.707
	电动空气压缩机 $1m^3/min$	台班	50.29	6.647	7.950	9.707
	电动空气压缩机 $6m^3/min$	台班	206.73	0.060	0.067	0.074
	电焊机(综合)	台班	118.28	14.388	17.220	23.072
	电焊条恒温箱	台班	21.41	1.439	1.722	2.307
	电焊条烘干箱 60×50×75cm^3	台班	26.46	1.439	1.722	2.307
	汽车式起重机 8t	台班	763.67	0.209	0.300	0.488
	氩弧焊机 500A	台班	92.58	11.540	13.978	16.224
	载重汽车 8t	台班	501.85	0.209	0.300	0.488

14. 合金钢管件(电弧焊)

工作内容：准备工作、管子切口、坡口加工、管口组对、焊接。　　　　计量单位：10个

定额编号				A8-2-174	A8-2-175	A8-2-176	A8-2-177
项目名称				公称直径(mm以内)			
				15	20	25	32
基价(元)				**113.61**	**191.76**	**267.50**	**314.55**
其中	人工费(元)			72.80	100.80	146.44	173.46
	材料费(元)			8.46	10.54	14.88	18.25
	机械费(元)			32.35	80.42	106.18	122.84
名称		单位	单价(元)	消耗量			
人工	综合工日	工日	140.00	0.520	0.720	1.046	1.239
材料	合金钢对焊管件	个	—	(10.000)	(10.000)	(10.000)	(10.000)
	丙酮	kg	7.51	0.165	0.189	0.260	0.307
	电	kW·h	0.68	0.324	0.431	0.555	0.668
	合金钢焊条	kg	11.11	0.335	0.427	0.680	0.840
	棉纱头	kg	6.00	0.021	0.043	0.043	0.064
	磨头	个	2.75	0.274	0.307	0.371	0.434
	尼龙砂轮片 φ100×16×3	片	2.56	0.262	0.328	0.432	0.529
	尼龙砂轮片 φ500×25×4	片	12.82	0.090	0.118	0.146	0.184
	破布	kg	6.32	0.021	0.021	0.021	0.021
	氧气	m³	3.63	0.050	0.054	0.066	0.078
	乙炔气	kg	10.45	0.017	0.019	0.021	0.026
	其他材料费占材料费	%	—	1.000	1.000	1.000	1.000
机械	电焊机(综合)	台班	118.28	0.261	0.330	0.528	0.654
	电焊条恒温箱	台班	21.41	0.026	0.033	0.053	0.066
	电焊条烘干箱 60×50×75cm³	台班	26.46	0.026	0.033	0.053	0.066
	普通车床 630×2000mm	台班	247.10	—	0.159	0.162	0.164
	砂轮切割机 500mm	台班	29.08	0.008	0.018	0.040	0.062

工作内容：准备工作、管子切口、坡口加工、管口组对、焊接。　　计量单位：10个

定额编号				A8-2-178	A8-2-179	A8-2-180	A8-2-181
项目名称				公称直径(mm以内)			
				40	50	65	80
基价（元）				353.54	423.51	624.29	723.29
其中	人工费（元）			197.96	230.72	314.86	367.08
	材料费（元）			20.93	28.03	45.09	53.09
	机械费（元）			134.65	164.76	264.34	303.12
名称		单位	单价(元)	消耗量			
人工	综合工日	工日	140.00	1.414	1.648	2.249	2.622
材料	合金钢对焊管件	个	—	(10.000)	(10.000)	(10.000)	(10.000)
	丙酮	kg	7.51	0.354	0.425	0.590	0.708
	电	kW·h	0.68	0.778	0.935	1.363	1.600
	合金钢焊条	kg	11.11	0.961	1.333	2.388	2.799
	棉纱头	kg	6.00	0.064	0.079	0.107	0.128
	磨头	个	2.75	0.524	0.623	0.831	0.972
	尼龙砂轮片 φ100×16×3	片	2.56	0.604	0.732	1.017	1.194
	尼龙砂轮片 φ500×25×4	片	12.82	0.215	0.307	0.448	0.531
	破布	kg	6.32	0.021	0.043	0.043	0.064
	氧气	m³	3.63	0.085	0.118	0.170	0.189
	乙炔气	kg	10.45	0.028	0.040	0.057	0.064
	其他材料费占材料费	%	—	1.000	1.000	1.000	1.000
机械	单速电动葫芦 3t	台班	32.95	—	—	0.239	0.256
	电焊机(综合)	台班	118.28	0.745	0.936	1.580	1.852
	电焊条恒温箱	台班	21.41	0.075	0.094	0.158	0.185
	电焊条烘干箱 60×50×75cm³	台班	26.46	0.075	0.094	0.158	0.185
	普通车床 630×2000mm	台班	247.10	0.166	0.191	0.239	0.256
	砂轮切割机 500mm	台班	29.08	0.066	0.081	0.102	0.121

工作内容：准备工作、管子切口、坡口加工、管口组对、焊接。　　　　　　　　计量单位：10个

定额编号				A8-2-182	A8-2-183	A8-2-184	A8-2-185
项目名称				公称直径(mm以内)			
				100	125	150	200
基价（元）				1008.25	1114.56	1290.95	1900.31
其中	人工费（元）			473.06	504.84	552.30	877.52
	材料费（元）			88.41	99.13	114.20	188.45
	机械费（元）			446.78	510.59	624.45	834.34
名称		单位	单价(元)	消耗量			
人工	综合工日	工日	140.00	3.379	3.606	3.945	6.268
材料	合金钢对焊管件	个	—	(10.000)	(10.000)	(10.000)	(10.000)
	丙酮	kg	7.51	0.850	0.991	1.180	1.628
	电	kW·h	0.68	2.432	2.675	3.043	4.177
	合金钢焊条	kg	11.11	5.251	5.813	7.356	12.654
	棉纱头	kg	6.00	0.150	0.180	0.223	0.300
	磨头	个	2.75	1.180	—	—	—
	尼龙砂轮片 φ100×16×3	片	2.56	1.768	1.897	2.485	3.795
	尼龙砂轮片 φ500×25×4	片	12.82	0.785	0.832	—	—
	破布	kg	6.32	0.064	0.860	0.107	0.150
	氧气	m³	3.63	0.286	0.319	1.695	2.597
	乙炔气	kg	10.45	0.094	0.106	0.563	0.865
	其他材料费占材料费	%	—	1.000	1.000	1.000	1.000
机械	半自动切割机 100mm	台班	83.55	—	—	0.154	0.212
	单速电动葫芦 3t	台班	32.95	0.314	0.381	0.439	0.458
	电焊机(综合)	台班	118.28	2.747	3.111	3.847	5.470
	电焊条恒温箱	台班	21.41	0.275	0.311	0.385	0.547
	电焊条烘干箱 60×50×75cm³	台班	26.46	0.275	0.311	0.385	0.547
	普通车床 630×2000mm	台班	247.10	0.314	0.381	0.439	0.458
	汽车式起重机 8t	台班	763.67	0.012	0.012	0.012	0.012
	砂轮切割机 500mm	台班	29.08	0.192	0.201	—	—
	载重汽车 8t	台班	501.85	0.012	0.012	0.012	0.012

工作内容：准备工作、管子切口、坡口加工、管口组对、焊接。　　　　　　计量单位：10个

定额编号				A8-2-186	A8-2-187	A8-2-188	A8-2-189
项目名称				公称直径(mm以内)			
				250	300	350	400
基价（元）				**2689.58**	**3130.56**	**3889.24**	**4324.48**
其中	人工费（元）			1191.68	1366.96	1575.00	1713.18
	材料费（元）			345.47	409.90	627.05	710.22
	机械费（元）			1152.43	1353.70	1687.19	1901.08
名称		单位	单价(元)	消耗量			
人工	综合工日	工日	140.00	8.512	9.764	11.250	12.237
材料	合金钢对焊管件	个	—	(10.000)	(10.000)	(10.000)	(10.000)
	丙酮	kg	7.51	2.030	2.407	2.785	3.162
	电	kW·h	0.68	5.792	6.754	7.930	8.731
	合金钢焊条	kg	11.11	24.886	29.689	47.231	53.447
	棉纱头	kg	6.00	0.364	0.428	0.492	0.552
	尼龙砂轮片 φ100×16×3	片	2.56	5.971	7.148	9.917	11.663
	破布	kg	6.32	0.193	0.214	0.257	0.278
	氧气	m^3	3.63	3.893	4.374	5.599	6.297
	乙炔气	kg	10.45	1.298	1.457	1.867	2.098
	其他材料费占材料费	%	—	1.000	1.000	1.000	1.000
机械	半自动切割机 100mm	台班	83.55	0.309	0.328	0.396	0.444
	单速电动葫芦 3t	台班	32.95	0.509	0.523	0.622	0.646
	电焊机(综合)	台班	118.28	7.770	9.268	11.542	13.059
	电焊条恒温箱	台班	21.41	0.777	0.927	1.154	1.306
	电焊条烘干箱 60×50×75cm^3	台班	26.46	0.777	0.927	1.154	1.306
	普通车床 630×2000mm	台班	247.10	0.509	0.523	0.622	0.646
	汽车式起重机 8t	台班	763.67	0.022	0.031	0.047	0.060
	载重汽车 8t	台班	501.85	0.022	0.031	0.047	0.060

工作内容：准备工作、管子切口、坡口加工、管口组对、焊接。　　计量单位：10个

定额编号				A8-2-190	A8-2-191	A8-2-192
项目名称				公称直径(mm以内)		
				450	500	600
基价（元）				5319.39	5934.27	8453.88
其中	人工费（元）			2020.90	2236.92	2940.28
	材料费（元）			1021.90	1129.73	1867.97
	机械费（元）			2276.59	2567.62	3645.63
名称		单位	单价(元)	消耗量		
人工	综合工日	工日	140.00	14.435	15.978	21.002
材料	合金钢对焊管件	个	—	(10.000)	(10.000)	(10.000)
	丙酮	kg	7.51	3.564	3.941	4.926
	电	kW·h	0.68	10.258	11.338	15.080
	合金钢焊条	kg	11.11	79.289	87.655	149.014
	棉纱头	kg	6.00	0.629	0.717	0.789
	尼龙砂轮片 φ100×16×3	片	2.56	14.667	16.253	24.380
	破布	kg	6.32	0.317	0.361	0.397
	氧气	m^3	3.63	7.564	8.323	11.236
	乙炔气	kg	10.45	2.522	2.774	3.468
	其他材料费占材料费	%	—	1.000	1.000	1.000
机械	半自动切割机 100mm	台班	83.55	0.511	0.598	0.795
	单速电动葫芦 3t	台班	32.95	0.808	0.847	1.126
	电焊机(综合)	台班	118.28	15.367	16.988	22.593
	电焊条恒温箱	台班	21.41	1.537	1.698	2.259
	电焊条烘干箱 60×50×75cm³	台班	26.46	1.537	1.698	2.259
	普通车床 630×2000mm	台班	247.10	0.808	0.847	1.126
	汽车式起重机 8t	台班	763.67	0.092	0.150	0.382
	载重汽车 8t	台班	501.85	0.092	0.150	0.382

15. 合金钢管件(氩电联焊)

工作内容：准备工作、管子切口、坡口加工、管口组对、焊接。 计量单位：10个

定额编号				A8-2-193	A8-2-194	A8-2-195	A8-2-196
项目名称				公称直径(mm以内)			
				50	65	80	100
基价(元)				**492.60**	**644.39**	**750.93**	**1153.73**
其中	人工费(元)			261.66	340.34	400.12	585.48
	材料费(元)			49.15	64.69	76.37	118.46
	机械费(元)			181.79	239.36	274.44	449.79
名称		单位	单价(元)	消耗量			
人工	综合工日	工日	140.00	1.869	2.431	2.858	4.182
材料	合金钢对焊管件	个	—	(10.000)	(10.000)	(10.000)	(10.000)
	丙酮	kg	7.51	0.425	0.590	0.708	0.850
	电	kW·h	0.68	0.769	0.959	1.125	1.986
	合金钢焊丝	kg	7.69	0.399	0.517	0.611	0.779
	合金钢焊条	kg	11.11	0.911	1.156	1.352	3.431
	棉纱头	kg	6.00	0.079	0.107	0.128	0.150
	磨头	个	2.75	0.623	0.831	0.972	1.180
	尼龙砂轮片 φ100×16×3	片	2.56	0.706	0.996	1.168	1.728
	尼龙砂轮片 φ500×25×4	片	12.82	0.307	0.448	0.531	0.785
	破布	kg	6.32	0.043	0.043	0.064	0.064
	铈钨棒	g	0.38	2.233	2.893	3.422	4.361
	氩气	m^3	19.59	1.116	1.447	1.711	2.181
	氧气	m^3	3.63	0.118	0.170	0.189	0.286
	乙炔气	kg	10.45	0.040	0.057	0.064	0.094
	其他材料费占材料费	%	—	1.000	1.000	1.000	1.000
机械	单速电动葫芦 3t	台班	32.95	—	0.239	0.256	0.314
	电焊机(综合)	台班	118.28	0.603	0.765	0.895	1.850
	电焊条恒温箱	台班	21.41	0.060	0.077	0.090	0.185
	电焊条烘干箱 60×50×75cm^3	台班	26.46	0.060	0.077	0.090	0.185
	普通车床 630×2000mm	台班	247.10	0.191	0.239	0.256	0.314
	汽车式起重机 8t	台班	763.67	—	—	—	0.012
	砂轮切割机 500mm	台班	29.08	0.081	0.103	0.121	0.192
	氩弧焊机 500A	台班	92.58	0.627	0.813	0.962	1.225
	载重汽车 8t	台班	501.85	—	—	—	0.012

工作内容：准备工作、管子切口、坡口加工、管口组对、焊接。 计量单位：10个

定额编号				A8-2-197	A8-2-198	A8-2-199	A8-2-200
项目名称				公称直径(mm以内)			
				125	150	200	250
基价（元）				1251.95	1552.31	2119.36	3035.17
其中	人工费（元）			631.82	761.74	995.54	1371.30
	材料费（元）			128.01	159.06	249.18	415.76
	机械费（元）			492.12	631.51	874.64	1248.11
名称		单位	单价(元)	消耗量			
人工	综合工日	工日	140.00	4.513	5.441	7.111	9.795
材料	合金钢对焊管件	个	—	(10.000)	(10.000)	(10.000)	(10.000)
	丙酮	kg	7.51	0.991	1.180	1.628	2.030
	电	kW·h	0.68	2.063	2.426	3.447	5.074
	合金钢焊丝	kg	7.69	0.925	1.107	1.529	1.893
	合金钢焊条	kg	11.11	3.488	4.956	9.230	20.204
	棉纱头	kg	6.00	0.180	0.233	0.300	0.364
	尼龙砂轮片 φ100×16×3	片	2.56	1.857	2.431	3.715	5.841
	尼龙砂轮片 φ500×25×4	片	12.82	0.832	—	—	—
	破布	kg	6.32	0.086	0.107	0.150	0.193
	铈钨棒	g	0.38	5.183	6.197	8.562	10.601
	氩气	m³	19.59	2.591	3.099	4.281	5.301
	氧气	m³	3.63	0.319	1.695	2.597	3.893
	乙炔气	kg	10.45	0.106	0.563	0.865	1.298
	其他材料费占材料费	%	—	1.000	1.000	1.000	1.000
机械	半自动切割机 100mm	台班	83.55	—	0.154	0.212	0.309
	单速电动葫芦 3t	台班	32.95	0.381	0.439	0.458	0.509
	电焊机(综合)	台班	118.28	1.867	2.595	3.989	6.309
	电焊条恒温箱	台班	21.41	0.187	0.259	0.399	0.630
	电焊条烘干箱 60×50×75cm³	台班	26.46	0.187	0.259	0.399	0.630
	普通车床 630×2000mm	台班	247.10	0.381	0.439	0.458	0.509
	汽车式起重机 8t	台班	763.67	0.012	0.012	0.012	0.022
	砂轮切割机 500mm	台班	29.08	0.201	—	—	—
	氩弧焊机 500A	台班	92.58	1.454	1.741	2.404	2.976
	载重汽车 8t	台班	501.85	0.012	0.012	0.012	0.022

工作内容：准备工作、管子切口、坡口加工、管口组对、焊接。　　　　　　　　　　计量单位：10个

定额编号				A8-2-201	A8-2-202	A8-2-203
项目名称				公称直径(mm以内)		
				300	350	400
基价（元）				**3545.37**	**4416.64**	**4921.41**
其中	人工费（元）			1580.18	1842.54	2013.62
	材料费（元）			494.63	717.89	813.63
	机械费（元）			1470.56	1856.21	2094.16
名称		单位	单价(元)	消耗量		
人工	综合工日	工日	140.00	11.287	13.161	14.383
材料	合金钢对焊管件	个	—	(10.000)	(10.000)	(10.000)
	丙酮	kg	7.51	2.407	2.785	3.162
	电	kW·h	0.68	5.893	7.081	7.770
	合金钢焊丝	kg	7.69	2.273	2.622	2.976
	合金钢焊条	kg	11.11	24.100	40.167	45.456
	棉纱头	kg	6.00	0.428	0.492	0.552
	尼龙砂轮片 φ100×16×3	片	2.56	6.995	9.693	11.411
	破布	kg	6.32	0.214	0.257	0.278
	铈钨棒	g	0.38	12.725	14.684	16.666
	氩气	m³	19.59	6.363	7.342	8.333
	氧气	m³	3.63	4.374	5.599	6.297
	乙炔气	kg	10.45	1.457	1.867	2.098
	其他材料费占材料费	%	—	1.000	1.000	1.000
机械	半自动切割机 100mm	台班	83.55	0.328	0.396	0.444
	单速电动葫芦 3t	台班	32.95	0.523	0.622	0.646
	电焊机(综合)	台班	118.28	7.529	9.815	11.108
	电焊条恒温箱	台班	21.41	0.753	0.982	1.111
	电焊条烘干箱 60×50×75cm³	台班	26.46	0.753	0.982	1.111
	普通车床 630×2000mm	台班	247.10	0.523	0.622	0.646
	汽车式起重机 8t	台班	763.67	0.031	0.047	0.060
	氩弧焊机 500A	台班	92.58	3.574	4.121	4.679
	载重汽车 8t	台班	501.85	0.031	0.047	0.060

工作内容：准备工作、管子切口、坡口加工、管口组对、焊接。　　　　计量单位：10个

定额编号				A8-2-204	A8-2-205	A8-2-206
项目名称				公称直径(mm以内)		
				450	500	600
基价（元）				**6040.29**	**6735.53**	**9413.07**
其中	人工费（元）			2384.62	2640.40	3432.38
	材料费（元）			1128.09	1247.84	1963.11
	机械费（元）			2527.58	2847.29	4017.58
名称		单位	单价(元)	消耗量		
人工	综合工日	工日	140.00	17.033	18.860	24.517
材料	合金钢对焊管件	个	—	(10.000)	(10.000)	(10.000)
	丙酮	kg	7.51	3.564	3.941	4.927
	电	kW·h	0.68	9.319	10.299	13.698
	合金钢焊丝	kg	7.69	3.344	3.708	5.006
	合金钢焊条	kg	11.11	69.415	76.742	130.461
	棉纱头	kg	6.00	0.629	0.717	0.789
	尼龙砂轮片 φ100×16×3	片	2.56	14.351	15.902	23.853
	破布	kg	6.32	0.317	0.361	0.397
	铈钨棒	g	0.38	18.729	20.763	25.954
	氩气	m³	19.59	9.365	10.382	12.978
	氧气	m³	3.63	7.564	8.323	11.236
	乙炔气	kg	10.45	2.522	2.774	3.468
	其他材料费占材料费	%	—	1.000	1.000	1.000
机械	半自动切割机 100mm	台班	83.55	0.511	0.598	0.795
	单速电动葫芦 3t	台班	32.95	0.808	0.847	1.126
	电焊机(综合)	台班	118.28	13.452	14.875	19.783
	电焊条恒温箱	台班	21.41	1.345	1.488	1.978
	电焊条烘干箱 60×50×75cm³	台班	26.46	1.345	1.488	1.978
	普通车床 630×2000mm	台班	247.10	0.808	0.847	1.126
	汽车式起重机 8t	台班	763.67	0.092	0.150	0.382
	氩弧焊机 500A	台班	92.58	5.257	5.829	7.753
	载重汽车 8t	台班	501.85	0.092	0.150	0.382

16. 合金钢管件(氩弧焊)

工作内容：准备工作、管子切口、坡口加工、管口组对、焊接。　　计量单位：10个

定额编号				A8-2-207	A8-2-208	A8-2-209	A8-2-210
项目名称				公称直径(mm以内)			
				15	20	25	32
基价(元)				114.06	174.79	263.61	310.19
其中	人工费(元)			71.68	120.68	144.90	171.64
	材料费(元)			15.58	19.61	29.10	35.95
	机械费(元)			26.80	34.50	89.61	102.60
名称		单位	单价(元)	消耗量			
人工	综合工日	工日	140.00	0.512	0.862	1.035	1.226
材料	合金钢对焊管件	个	—	(10.000)	(10.000)	(10.000)	(10.000)
	丙酮	kg	7.51	0.165	0.189	0.260	0.307
	电	kW·h	0.68	0.336	0.448	0.549	0.668
	合金钢焊丝	kg	7.69	0.195	0.249	0.353	0.439
	棉纱头	kg	6.00	0.021	0.043	0.043	0.064
	磨头	个	2.75	0.274	0.307	0.371	0.434
	尼龙砂轮片 φ100×16×3	片	2.56	0.255	0.316	0.415	0.512
	尼龙砂轮片 φ500×25×4	片	12.82	0.090	0.118	0.146	0.184
	破布	kg	6.32	0.021	0.021	0.021	0.021
	铈钨棒	g	0.38	0.911	1.161	1.864	2.313
	氩气	m^3	19.59	0.456	0.581	0.932	1.156
	氧气	m^3	3.63	0.050	0.054	0.066	0.078
	乙炔气	kg	10.45	0.017	0.019	0.021	0.026
	其他材料费占材料费	%	—	1.000	1.000	1.000	1.000
机械	普通车床 630×2000mm	台班	247.10	—	—	0.162	0.164
	砂轮切割机 500mm	台班	29.08	0.008	0.018	0.040	0.062
	氩弧焊机 500A	台班	92.58	0.287	0.367	0.523	0.651

工作内容：准备工作、管子切口、坡口加工、管口组对、焊接。　　　　　　　　　　　　计量单位：10个

定额编号				A8-2-211	A8-2-212	A8-2-213	A8-2-214
项目名称				公称直径(mm以内)			
				40	50	65	80
基价（元）				**349.98**	**465.17**	**670.09**	**778.25**
其中	人工费（元）			195.58	268.80	372.12	433.44
	材料费（元）			42.49	64.42	92.97	111.10
	机械费（元）			111.91	131.95	205.00	233.71
名称		单位	单价(元)	消耗量			
人工	综合工日	工日	140.00	1.397	1.920	2.658	3.096
材料	合金钢对焊管件	个	—	(10.000)	(10.000)	(10.000)	(10.000)
	丙酮	kg	7.51	0.354	0.425	0.590	0.708
	电	kW·h	0.68	0.775	0.911	1.303	1.529
	合金钢焊丝	kg	7.69	0.673	0.875	0.975	1.371
	棉纱头	kg	6.00	0.064	0.079	0.107	0.128
	磨头	个	2.75	0.524	0.623	0.831	0.972
	尼龙砂轮片 φ100×16×3	片	2.56	0.583	0.706	0.982	1.152
	尼龙砂轮片 φ500×25×4	片	12.82	0.215	0.307	0.448	0.531
	破布	kg	6.32	0.021	0.043	0.043	0.064
	铈钨棒	g	0.38	2.643	3.663	6.542	7.679
	氩气	m³	19.59	1.322	2.185	3.271	3.840
	氧气	m³	3.63	0.085	0.118	0.170	0.189
	乙炔气	kg	10.45	0.028	0.040	0.057	0.064
	其他材料费占材料费	%	—	1.000	1.000	1.000	1.000
机械	单速电动葫芦 3t	台班	32.95	—	—	0.239	0.256
	普通车床 630×2000mm	台班	247.10	0.166	0.191	0.239	0.256
	砂轮切割机 500mm	台班	29.08	0.066	0.081	0.103	0.121
	氩弧焊机 500A	台班	92.58	0.745	0.890	1.459	1.712

工作内容：准备工作、管子切口、坡口加工、管口组对、焊接。　　计量单位：10个

定额编号				A8-2-215	A8-2-216	A8-2-217	A8-2-218
项目名称				公称直径(mm以内)			
				100	125	150	200
基价（元）				**1184.85**	**1303.55**	**1612.70**	**2108.73**
其中	人工费（元）			635.74	666.82	815.78	1060.36
	材料费（元）			187.20	213.48	279.40	365.07
	机械费（元）			361.91	423.25	517.52	683.30
名称		**单位**	**单价(元)**	**消耗量**			
人工	综合工日	工日	140.00	4.541	4.763	5.827	7.574
材料	合金钢对焊管件	个	—	(10.000)	(10.000)	(10.000)	(10.000)
	丙酮	kg	7.51	0.850	0.991	1.180	1.475
	电	kW·h	0.68	2.423	2.714	3.100	4.123
	合金钢焊丝	kg	7.69	2.423	2.827	3.797	6.455
	棉纱头	kg	6.00	0.150	0.180	0.223	0.300
	磨头	个	2.75	1.180	—	—	—
	尼龙砂轮片 φ100×16×3	片	2.56	1.553	1.810	2.347	3.521
	尼龙砂轮片 φ500×25×4	片	12.82	0.785	0.832	—	—
	破布	kg	6.32	0.064	0.086	0.107	0.150
	铈钨棒	g	0.38	13.570	15.838	21.268	26.585
	氩气	m³	19.59	6.785	7.919	10.634	13.293
	氧气	m³	3.63	0.286	0.319	1.695	2.287
	乙炔气	kg	10.45	0.094	0.106	0.563	0.704
	其他材料费占材料费	%	—	1.000	1.000	1.000	1.000
机械	半自动切割机 100mm	台班	83.55	—	—	0.154	0.205
	单速电动葫芦 3t	台班	32.95	0.314	0.381	0.439	0.584
	普通车床 630×2000mm	台班	247.10	0.314	0.381	0.439	0.584
	汽车式起重机 8t	台班	763.67	0.012	0.012	0.012	0.012
	砂轮切割机 500mm	台班	29.08	0.192	0.201	—	—
	氩弧焊机 500A	台班	92.58	2.735	3.192	3.959	5.265
	载重汽车 8t	台班	501.85	0.012	0.012	0.012	0.012

17. 铝及铝合金管件(氩弧焊)

工作内容：准备工作、管子切口、坡口加工、坡口磨平、管口组对、焊前预热、焊接、焊缝酸洗。

计量单位：10个

定额编号				A8-2-219	A8-2-220	A8-2-221	A8-2-222
项目名称				管外径(mm以内)			
				18	25	30	40
基价(元)				**63.82**	**83.36**	**98.74**	**142.30**
其中	人工费(元)			45.22	59.50	68.60	95.06
	材料费(元)			6.53	9.23	12.03	19.86
	机械费(元)			12.07	14.63	18.11	27.38
	名称	**单位**	**单价(元)**	**消耗量**			
人工	综合工日	工日	140.00	0.323	0.425	0.490	0.679
材料	低压铝及铝合金管件	个	—	(10.000)	(10.000)	(10.000)	(10.000)
	电	kW·h	0.68	—	—	0.106	0.141
	铝焊 丝301	kg	29.91	0.040	0.054	0.069	0.136
	尼龙砂轮片 φ100×16×3	片	2.56	—	—	0.322	0.402
	尼龙砂轮片 φ500×25×4	片	12.82	0.029	0.034	0.048	0.085
	破布	kg	6.32	0.134	0.134	0.134	0.156
	氢氧化钠(烧碱)	kg	2.19	0.290	0.513	0.647	0.892
	铈钨棒	g	0.38	0.223	0.299	0.388	0.763
	水	t	7.96	0.022	0.045	0.045	0.045
	硝酸	kg	2.19	0.112	0.178	0.178	0.268
	氩气	m³	19.59	0.112	0.149	0.194	0.381
	氧气	m³	3.63	0.011	0.013	0.016	0.020
	乙炔气	kg	10.45	0.004	0.004	0.007	0.009
	重铬酸钾 98%	kg	14.03	0.045	0.089	0.089	0.112
	其他材料费占材料费	%	—	1.000	1.000	1.000	1.000
机械	电动空气压缩机 6m³/min	台班	206.73	0.022	0.022	0.022	0.022
	砂轮切割机 500mm	台班	29.08	0.004	0.006	0.024	0.037
	氩弧焊机 500A	台班	92.58	0.080	0.107	0.139	0.235

工作内容：准备工作、管子切口、坡口加工、坡口磨平、管口组对、焊前预热、焊接、焊缝酸洗。

计量单位：10个

定额编号				A8-2-223	A8-2-224	A8-2-225	A8-2-226
项目名称				管外径(mm以内)			
				50	60	70	80
基价（元）				174.82	256.09	293.44	695.11
其中	人工费（元）			116.90	181.58	201.32	322.98
	材料费（元）			24.79	34.41	46.44	56.51
	机械费（元）			33.13	40.10	45.68	315.62
名称		单位	单价(元)	消耗量			
人工	综合工日	工日	140.00	0.835	1.297	1.438	2.307
材料	低压铝及铝合金管件	个	—	(10.000)	(10.000)	(10.000)	(10.000)
	电	kW·h	0.68	0.169	0.264	0.287	0.538
	铝焊 丝301	kg	29.91	0.169	0.216	0.252	0.431
	尼龙砂轮片 φ100×16×3	片	2.56	0.503	0.628	0.786	0.982
	尼龙砂轮片 φ500×25×4	片	12.82	0.090	0.109	0.125	—
	破布	kg	6.32	0.268	0.268	0.268	0.290
	氢氧化钠(烧碱)	kg	2.19	1.048	1.293	1.450	1.673
	铈钨棒	g	0.38	0.950	1.213	1.409	2.413
	水	t	7.96	0.067	0.067	0.890	0.100
	硝酸	kg	2.19	0.312	0.379	0.446	0.491
	氩气	m³	19.59	0.475	0.607	0.705	1.207
	氧气	m³	3.63	0.025	0.473	0.573	0.641
	乙炔气	kg	10.45	0.009	0.218	0.266	0.297
	重铬酸钾 98%	kg	14.03	0.134	0.156	0.178	0.201
	其他材料费占材料费	%	—	1.000	1.000	1.000	1.000
机械	等离子切割机 400A	台班	219.59	—	—	—	1.001
	电动空气压缩机 1m³/min	台班	50.29	—	—	—	1.001
	电动空气压缩机 6m³/min	台班	206.73	0.022	0.022	0.022	0.022
	砂轮切割机 500mm	台班	29.08	0.050	0.067	0.074	—
	氩弧焊机 500A	台班	92.58	0.293	0.363	0.421	0.442

工作内容：准备工作、管子切口、坡口加工、坡口磨平、管口组对、焊前预热、焊接、焊缝酸洗。

计量单位：10个

定额编号				A8-2-227	A8-2-228	A8-2-229
项目名称				管外径(mm以内)		
				100	125	150
基价（元）				863.51	1117.60	1451.96
其中	人工费（元）			380.80	518.84	661.92
	材料费（元）			65.59	81.43	134.54
	机械费（元）			417.12	517.33	655.50
名称		单位	单价(元)	消耗量		
人工	综合工日	工日	140.00	2.720	3.706	4.728
材料	低压铝及铝合金管件	个	—	(10.000)	(10.000)	(10.000)
	电	kW·h	0.68	0.626	0.903	1.064
	铝焊 丝301	kg	29.91	0.466	0.584	1.084
	尼龙砂轮片 φ100×16×3	片	2.56	1.257	1.585	2.136
	破布	kg	6.32	0.424	0.424	0.447
	氢氧化钠(烧碱)	kg	2.19	2.096	2.453	3.390
	铈钨棒	g	0.38	2.609	3.274	6.069
	水	t	7.96	0.112	0.156	0.178
	硝酸	kg	2.19	0.624	0.781	0.981
	氩气	m³	19.59	1.305	1.637	3.035
	氧气	m³	3.63	0.928	1.158	1.585
	乙炔气	kg	10.45	0.428	0.535	0.731
	重铬酸钾 98%	kg	14.03	0.245	0.312	0.401
	其他材料费占材料费	%	—	1.000	1.000	1.000
机械	等离子切割机 400A	台班	219.59	1.299	1.624	1.984
	电动空气压缩机 1m³/min	台班	50.29	1.299	1.624	1.984
	电动空气压缩机 6m³/min	台班	206.73	0.022	0.022	0.022
	汽车式起重机 8t	台班	763.67	0.010	0.010	0.010
	氩弧焊机 500A	台班	92.58	0.533	0.668	1.111
	载重汽车 8t	台班	501.85	0.010	0.010	0.010

工作内容：准备工作、管子切口、坡口加工、坡口磨平、管口组对、焊前预热、焊接、焊缝酸洗。

计量单位：10个

定额编号				A8-2-230	A8-2-231	A8-2-232
项目名称				管外径(mm以内)		
				180	200	250
基价（元）				**1741.99**	**2024.39**	**2628.07**
其中	人工费（元）			804.02	952.84	1223.46
	材料费（元）			158.30	192.58	283.13
	机械费（元）			779.67	878.97	1121.48
名称		单位	单价(元)	消耗量		
人工	综合工日	工日	140.00	5.743	6.806	8.739
材料	低压铝及铝合金管件	个	—	(10.000)	(10.000)	(10.000)
	电	kW·h	0.68	1.328	1.600	2.010
	铝焊 丝301	kg	29.91	1.260	1.557	2.106
	尼龙砂轮片 φ100×16×3	片	2.56	2.577	3.191	4.312
	破布	kg	6.32	0.461	0.491	0.557
	氢氧化钠(烧碱)	kg	2.19	4.393	4.683	5.464
	铈钨棒	g	0.38	7.057	8.715	11.797
	水	t	7.96	0.223	0.268	0.290
	硝酸	kg	2.19	1.160	1.360	1.561
	氩气	m³	19.59	3.528	4.357	5.898
	氧气	m³	3.63	1.932	2.352	6.458
	乙炔气	kg	10.45	0.892	1.086	3.014
	重铬酸钾 98%	kg	14.03	0.468	0.558	0.624
	其他材料费占材料费	%	—	1.000	1.000	1.000
机械	等离子切割机 400A	台班	219.59	2.382	2.646	3.363
	电动空气压缩机 1m³/min	台班	50.29	2.382	2.646	3.363
	电动空气压缩机 6m³/min	台班	206.73	0.022	0.022	0.022
	汽车式起重机 8t	台班	763.67	0.010	0.010	0.018
	氩弧焊机 500A	台班	92.58	1.292	1.595	2.015
	载重汽车 8t	台班	501.85	0.010	0.010	0.018

工作内容：准备工作、管子切口、坡口加工、坡口磨平、管口组对、焊前预热、焊接、焊缝酸洗。

计量单位：10个

定额编号				A8-2-233	A8-2-234	A8-2-235
项目名称				管外径(mm以内)		
				300	350	410
基价（元）				**3379.91**	**5110.13**	**6926.20**
其中	人工费（元）			1612.24	2544.92	3381.70
	材料费（元）			377.14	673.93	1046.25
	机械费（元）			1390.53	1891.28	2498.25
	名称	单位	单价(元)	消耗量		
人工	综合工日	工日	140.00	11.516	18.178	24.155
材料	低压铝及铝合金管件	个	—	(10.000)	(10.000)	(10.000)
	电	kW·h	0.68	2.614	4.124	5.040
	铝焊 丝301	kg	29.91	2.977	6.028	9.825
	尼龙砂轮片 φ100×16×3	片	2.56	5.774	8.954	13.090
	破布	kg	6.32	0.602	0.691	0.736
	氢氧化钠(烧碱)	kg	2.19	6.262	7.002	8.184
	钍钨棒	g	0.38	16.671	33.753	55.023
	水	t	7.96	0.379	0.424	0.491
	硝酸	kg	2.19	2.029	2.185	2.565
	氩气	m³	19.59	8.336	16.877	27.512
	氧气	m³	3.63	7.242	9.100	11.606
	乙炔气	kg	10.45	3.380	4.247	5.416
	重铬酸钾 98%	kg	14.03	0.825	0.892	1.026
	其他材料费占材料费	%	—	1.000	1.000	1.000
机械	等离子切割机 400A	台班	219.59	4.037	4.954	6.087
	电动空气压缩机 1m³/min	台班	50.29	4.037	4.954	6.087
	电动空气压缩机 6m³/min	台班	206.73	0.022	0.022	0.022
	汽车式起重机 8t	台班	763.67	0.026	0.039	0.050
	氩弧焊机 500A	台班	92.58	2.847	5.405	8.508
	载重汽车 8t	台班	501.85	0.026	0.039	0.050

18. 铝及铝合金板卷管件(氩弧焊)

工作内容：准备工作、管子切口、坡口加工、坡口磨平、管口组对、焊前预热、焊接、焊缝酸洗。

计量单位：10个

定额编号				A8-2-236	A8-2-237	A8-2-238	A8-2-239
项目名称				管外径(mm以内)			
				159	219	273	325
基价(元)				1463.46	1991.41	2235.25	2901.23
其中	人工费(元)			643.72	865.90	985.88	1225.56
	材料费(元)			139.98	193.05	238.73	287.57
	机械费(元)			679.76	932.46	1010.64	1388.10
名称		单位	单价(元)	消耗量			
人工	综合工日	工日	140.00	4.598	6.185	7.042	8.754
材料	低压铝及铝合金板卷管件	个	—	(10.000)	(10.000)	(10.000)	(10.000)
	电	kW·h	0.68	1.233	1.640	1.978	2.272
	铝焊 丝301	kg	29.91	1.263	1.744	2.177	2.595
	尼龙砂轮片 φ100×16×3	片	2.56	2.577	3.581	4.484	5.354
	破布	kg	6.32	0.456	0.502	0.524	0.684
	氢氧化钠(烧碱)	kg	2.19	3.055	4.332	5.472	6.612
	铈钨棒	g	0.38	7.073	9.768	12.193	14.528
	水	t	7.96	0.182	0.274	0.296	0.388
	铁砂布	张	0.85	1.550	2.143	2.668	3.192
	硝酸	kg	2.19	1.003	1.391	1.596	2.075
	氩气	m³	19.59	3.536	4.884	6.097	7.264
	氧气	m³	3.63	0.150	0.210	0.260	0.397
	乙炔气	kg	10.45	0.057	0.080	0.100	0.153
	重铬酸钾 98%	kg	14.03	0.410	0.570	0.638	0.844
	其他材料费占材料费	%	—	1.000	1.000	1.000	1.000
机械	等离子切割机 400A	台班	219.59	2.136	2.942	3.101	4.368
	电动空气压缩机 1m³/min	台班	50.29	2.136	2.942	3.101	4.368
	电动空气压缩机 6m³/min	台班	206.73	0.023	0.023	0.023	0.023
	汽车式起重机 8t	台班	763.67	0.005	0.005	0.008	0.012
	氩弧焊机 500A	台班	92.58	0.996	1.376	1.716	2.045
	载重汽车 8t	台班	501.85	0.005	0.005	0.008	0.012

工作内容：准备工作、管子切口、坡口加工、坡口磨平、管口组对、焊前预热、焊接、焊缝酸洗。

计量单位：10个

定额编号				A8-2-240	A8-2-241	A8-2-242
项目名称				管外径(mm以内)		
				377	426	478
基价（元）				3650.02	4143.84	4667.04
其中	人工费（元）			1564.50	1775.06	1998.78
	材料费（元）			407.67	461.12	519.36
	机械费（元）			1677.85	1907.66	2148.90
名称		单位	单价(元)	消耗量		
人工	综合工日	工日	140.00	11.175	12.679	14.277
材料	低压铝及铝合金板卷管件	个	—	(10.000)	(10.000)	(10.000)
	电	kW·h	0.68	3.029	3.424	3.849
	铝焊 丝301	kg	29.91	3.830	4.332	4.863
	尼龙砂轮片 φ100×16×3	片	2.56	7.449	8.432	9.476
	破布	kg	6.32	0.707	0.752	0.912
	氢氧化钠(烧碱)	kg	2.19	7.752	8.664	9.804
	铈钨棒	g	0.38	21.450	24.259	27.232
	水	t	7.96	0.433	0.502	0.593
	铁砂布	张	0.85	4.218	4.765	5.358
	硝酸	kg	2.19	2.234	2.622	3.055
	氩气	m³	19.59	10.725	12.130	13.616
	氧气	m³	3.63	0.461	0.520	0.584
	乙炔气	kg	10.45	0.178	0.201	0.212
	重铬酸钾 98%	kg	14.03	0.912	1.049	1.231
	其他材料费占材料费	%	—	1.000	1.000	1.000
机械	等离子切割机 400A	台班	219.59	5.157	5.826	6.536
	电动空气压缩机 1m³/min	台班	50.29	5.157	5.826	6.536
	电动空气压缩机 6m³/min	台班	206.73	0.023	0.023	0.046
	汽车式起重机 8t	台班	763.67	0.016	0.028	0.035
	氩弧焊机 500A	台班	92.58	2.820	3.188	3.577
	载重汽车 8t	台班	501.85	0.016	0.028	0.035

工作内容：准备工作、管子切口、坡口加工、坡口磨平、管口组对、焊前预热、焊接、焊缝酸洗。

计量单位：10个

定额编号					A8-2-243	A8-2-244	A8-2-245
项目名称					管外径(mm以内)		
					529	630	720
基价（元）					5622.79	6603.91	7673.71
其中	人工费（元）				2334.50	2732.94	3167.92
	材料费（元）				740.91	872.05	1011.35
	机械费（元）				2547.38	2998.92	3494.44
名称		单位	单价(元)		消耗量		
人工	综合工日	工日	140.00		16.675	19.521	22.628
材料	低压铝及铝合金板卷管件	个	—		(10.000)	(10.000)	(10.000)
	电	kW·h	0.68		4.333	5.082	5.903
	铝焊 丝301	kg	29.91		7.257	8.511	9.891
	尼龙砂轮片 φ100×16×3	片	2.56		12.227	14.357	16.700
	破布	kg	6.32		0.958	1.000	1.140
	氢氧化钠(烧碱)	kg	2.19		9.804	12.540	14.250
	铈钨棒	g	0.38		40.639	47.661	55.386
	水	t	7.96		0.638	0.775	0.866
	铁砂布	张	0.85		5.928	7.501	8.710
	硝酸	kg	2.19		3.374	4.013	4.583
	氩气	m³	19.59		20.319	23.831	27.693
	氧气	m³	3.63		0.591	0.766	0.869
	乙炔气	kg	10.45		0.230	0.294	0.322
	重铬酸钾 98%	kg	14.03		1.368	1.619	1.847
	其他材料费占材料费	%	—		1.000	1.000	1.000
机械	等离子切割机 400A	台班	219.59		7.421	8.698	10.101
	电动空气压缩机 1m³/min	台班	50.29		7.421	8.698	10.101
	电动空气压缩机 6m³/min	台班	206.73		0.046	0.046	0.046
	汽车式起重机 8t	台班	763.67		0.043	0.062	0.082
	氩弧焊机 500A	台班	92.58		5.192	6.087	7.076
	载重汽车 8t	台班	501.85		0.043	0.062	0.082

工作内容：准备工作、管子切口、坡口加工、坡口磨平、管口组对、焊前预热、焊接、焊缝酸洗。

计量单位：10个

定额编号				A8-2-246	A8-2-247	A8-2-248
项目名称				管外径(mm以内)		
				820	920	1020
基价（元）				9680.94	11085.40	12323.07
其中	人工费（元）			3975.86	4623.22	5130.72
	材料费（元）			1444.28	1621.05	1799.19
	机械费（元）			4260.80	4841.13	5393.16
	名称	单位	单价(元)	消耗量		
人工	综合工日	工日	140.00	28.399	33.023	36.648
材料	低压铝及铝合金板卷管件	个	—	(10.000)	(10.000)	(10.000)
	电	kW·h	0.68	7.296	8.673	9.614
	铝焊 丝301	kg	29.91	14.519	16.297	18.076
	尼龙砂轮片 φ100×16×3	片	2.56	21.735	24.412	27.089
	破布	kg	6.32	1.277	1.414	1.528
	氢氧化钠(烧碱)	kg	2.19	16.142	18.058	19.950
	铈钨棒	g	0.38	81.305	91.264	101.223
	水	t	7.96	1.003	1.117	1.231
	铁砂布	张	0.85	10.055	11.400	12.722
	硝酸	kg	2.19	5.244	5.860	6.498
	氩气	m^3	19.59	40.652	45.632	50.611
	氧气	m^3	3.63	0.871	0.964	1.297
	乙炔气	kg	10.45	0.335	0.372	0.499
	重铬酸钾 98%	kg	14.03	2.120	2.371	2.622
	其他材料费占材料费	%	—	1.000	1.000	1.000
机械	等离子切割机 400A	台班	219.59	11.793	13.232	14.669
	电动空气压缩机 $1m^3/min$	台班	50.29	11.793	13.232	14.669
	电动空气压缩机 $6m^3/min$	台班	206.73	0.068	0.068	0.068
	汽车式起重机 8t	台班	763.67	0.108	0.170	0.210
	氩弧焊机 500A	台班	92.58	10.017	11.243	12.470
	载重汽车 8t	台班	501.85	0.108	0.170	0.210

19. 铜及铜合金管件(氧乙炔焊)

工作内容：准备工作、管子切口、坡口加工、坡口磨平、管口组对、焊前预热、焊接。 计量单位：10个

定额编号				A8-2-249	A8-2-250	A8-2-251	A8-2-252
项目名称				管外径(mm以内)			
				20	30	40	50
基价（元）				**158.77**	**237.52**	**302.50**	**337.27**
其中	人工费（元）			143.36	213.64	267.12	294.14
	材料费（元）			15.15	22.60	33.43	40.77
	机械费（元）			0.26	1.28	1.95	2.36
名称		单位	单价(元)	消耗量			
人工	综合工日	工日	140.00	1.024	1.526	1.908	2.101
材料	低压铜及铜合金管件	个	—	(10.000)	(10.000)	(10.000)	(10.000)
	电	kW·h	0.68	0.118	0.169	0.226	0.272
	棉纱头	kg	6.00	0.022	0.045	0.067	0.067
	尼龙砂轮片 φ500×25×4	片	12.82	0.093	0.135	0.216	0.250
	硼砂	kg	2.68	0.040	0.081	0.110	0.133
	铁砂布	张	0.85	0.157	0.202	0.336	0.426
	铜气焊丝	kg	37.61	0.162	0.243	0.353	0.423
	氧气	m³	3.63	0.950	1.403	2.081	2.607
	乙炔气	kg	10.45	0.365	0.540	0.800	1.003
	其他材料费占材料费	%	—	1.000	1.000	1.000	1.000
机械	砂轮切割机 500mm	台班	29.08	0.009	0.044	0.067	0.081

工作内容：准备工作、管子切口、坡口加工、坡口磨平、管口组对、焊前预热、焊接。 计量单位：10个

定额编号				A8-2-253	A8-2-254	A8-2-255	A8-2-256
项目名称				管外径(mm以内)			
				65	75	85	100
基价(元)				425.77	459.53	620.82	1035.28
其中	人工费(元)			356.16	377.44	445.34	517.44
	材料费(元)			66.47	78.60	86.15	135.99
	机械费(元)			3.14	3.49	89.33	381.85
名称		单位	单价(元)	消耗量			
人工	综合工日	工日	140.00	2.544	2.696	3.181	3.696
材料	低压铜及铜合金管件	个	—	(10.000)	(10.000)	(10.000)	(10.000)
	电	kW·h	0.68	0.328	0.367	0.440	0.813
	棉纱头	kg	6.00	0.090	0.112	0.112	0.134
	尼龙砂轮片 φ100×16×3	片	2.56	—	—	—	1.262
	尼龙砂轮片 φ500×25×4	片	12.82	0.280	0.315	—	—
	硼砂	kg	2.68	0.283	0.344	0.385	0.448
	铁砂布	张	0.85	0.650	0.739	0.739	0.941
	铜气焊丝	kg	37.61	0.951	1.113	1.295	2.317
	氧气	m³	3.63	3.188	3.851	4.440	5.348
	乙炔气	kg	10.45	1.226	1.481	1.708	2.057
	其他材料费占材料费	%	—	1.000	1.000	1.000	1.000
机械	等离子切割机 400A	台班	219.59	—	—	0.331	1.368
	电动空气压缩机 1m³/min	台班	50.29	—	—	0.331	1.368
	汽车式起重机 8t	台班	763.67	—	—	—	0.010
	砂轮切割机 500mm	台班	29.08	0.108	0.120	—	—
	载重汽车 8t	台班	501.85	—	—	—	0.010

工作内容：准备工作、管子切口、坡口加工、坡口磨平、管口组对、焊前预热、焊接。 计量单位：10个

定额编号				A8-2-257	A8-2-258	A8-2-259
项目名称				管外径(mm以内)		
				120	150	185
基价（元）				**1271.96**	**1501.24**	**1831.32**
其中	人工费（元）			628.60	703.92	847.14
	材料费（元）			187.56	230.60	288.19
	机械费（元）			455.80	566.72	695.99
名称		**单位**	**单价(元)**	**消耗量**		
人工	综合工日	工日	140.00	4.490	5.028	6.051
材料	低压铜及铜合金管件	个	—	(10.000)	(10.000)	(10.000)
	电	kW·h	0.68	0.913	1.092	1.308
	棉纱头	kg	6.00	0.179	0.202	0.269
	尼龙砂轮片 φ100×16×3	片	2.56	1.526	1.920	2.380
	硼砂	kg	2.68	0.538	0.672	0.829
	铁砂布	张	0.85	1.075	1.434	1.904
	铜气焊丝	kg	37.61	3.336	4.170	5.143
	氧气	m^3	3.63	6.834	8.051	10.389
	乙炔气	kg	10.45	2.629	3.097	3.996
	其他材料费占材料费	%	—	1.000	1.000	1.000
机械	等离子切割机 400A	台班	219.59	1.642	2.053	2.532
	电动空气压缩机 $1m^3/min$	台班	50.29	1.642	2.053	2.532
	汽车式起重机 8t	台班	763.67	0.010	0.010	0.010
	载重汽车 8t	台班	501.85	0.010	0.010	0.010

工作内容：准备工作、管子切口、坡口加工、坡口磨平、管口组对、焊前预热、焊接。 计量单位：10个

定额编号				A8-2-260	A8-2-261	A8-2-262
项目名称				管外径(mm以内)		
				200	250	300
基价（元）				1995.76	2390.63	2955.94
其中	人工费（元）			914.90	1031.52	1321.60
	材料费（元）			329.27	413.07	493.58
	机械费（元）			751.59	946.04	1140.76
名称		单位	单价(元)	消耗量		
人工	综合工日	工日	140.00	6.535	7.368	9.440
材料	低压铜及铜合金管件	个	—	(10.000)	(10.000)	(10.000)
	电	kW·h	0.68	1.414	1.713	2.176
	棉纱头	kg	6.00	0.291	0.358	0.426
	尼龙砂轮片 Φ100×16×3	片	2.56	2.577	3.235	3.892
	硼砂	kg	2.68	0.896	1.120	1.344
	铁砂布	张	0.85	2.106	2.979	3.853
	铜气焊丝	kg	37.61	5.560	6.977	8.367
	氧气	m³	3.63	13.518	16.923	20.018
	乙炔气	kg	10.45	5.199	6.509	7.700
	其他材料费占材料费	%	—	1.000	1.000	1.000
机械	等离子切割机 400A	台班	219.59	2.738	3.421	4.105
	电动空气压缩机 1m³/min	台班	50.29	2.738	3.421	4.105
	汽车式起重机 8t	台班	763.67	0.010	0.018	0.026
	载重汽车 8t	台班	501.85	0.010	0.018	0.026

20. 铜及铜合金板卷管件(氧乙炔焊)

工作内容：准备工作、管子切口、坡口加工、坡口磨平、管口组对、焊前预热、焊接。 计量单位：10个

定额编号				A8-2-263	A8-2-264	A8-2-265	A8-2-266
项目名称				管外径(mm以内)			
				155	205	255	305
基价(元)				1443.71	1889.10	2407.67	3004.90
其中	人工费(元)			660.52	860.72	1036.98	1357.44
	材料费(元)			210.92	273.41	412.21	498.24
	机械费(元)			572.27	754.97	958.48	1149.22
名称		单位	单价(元)	消耗量			
人工	综合工日	工日	140.00	4.718	6.148	7.407	9.696
材料	铜及铜合金板卷管件	个	—	(10.000)	(10.000)	(10.000)	(10.000)
	电	kW·h	0.68	0.961	1.228	1.741	2.008
	棉纱头	kg	6.00	0.226	0.294	0.362	0.429
	尼龙砂轮片 φ100×16×3	片	2.56	1.814	2.413	3.996	4.792
	硼砂	kg	2.68	0.542	0.701	1.153	1.379
	铁砂布	张	0.85	1.446	2.124	3.006	3.593
	铜气焊丝	kg	37.61	3.729	4.930	7.168	8.568
	氧气	m³	3.63	7.745	9.521	15.594	19.362
	乙炔气	kg	10.45	2.979	3.662	6.000	7.447
	其他材料费占材料费	%	—	1.000	1.000	1.000	1.000
机械	等离子切割机 400A	台班	219.59	2.097	2.774	3.514	4.202
	电动空气压缩机 1m³/min	台班	50.29	2.097	2.774	3.514	4.202
	汽车式起重机 8t	台班	763.67	0.005	0.005	0.008	0.012
	载重汽车 8t	台班	501.85	0.005	0.005	0.008	0.012

工作内容：准备工作、管子切口、坡口加工、坡口磨平、管口组对、焊前预热、焊接。 计量单位：10个

定额编号				A8-2-267	A8-2-268	A8-2-269
项目名称				管外径(mm以内)		
				355	405	505
基价（元）				3547.44	4173.28	5065.51
其中	人工费（元）			1570.38	1904.28	2239.86
	材料费（元）			590.14	673.66	826.75
	机械费（元）			1386.92	1595.34	1998.90
名称		单位	单价(元)	消耗量		
人工	综合工日	工日	140.00	11.217	13.602	15.999
材料	铜及铜合金板卷管件	个	—	(10.000)	(10.000)	(10.000)
	电	kW·h	0.68	2.911	3.326	4.146
	棉纱头	kg	6.00	0.497	0.565	0.723
	尼龙砂轮片 φ100×16×3	片	2.56	8.334	9.529	11.917
	硼砂	kg	2.68	2.373	2.712	3.367
	铁砂布	张	0.85	4.678	5.311	7.322
	铜气焊丝	kg	37.61	9.977	11.388	14.202
	氧气	m³	3.63	22.542	25.736	30.265
	乙炔气	kg	10.45	8.670	9.898	11.641
	其他材料费占材料费	%	—	1.000	1.000	1.000
机械	等离子切割机 400A	台班	219.59	5.064	5.780	7.205
	电动空气压缩机 1m³/min	台班	50.29	5.064	5.780	7.205
	汽车式起重机 8t	台班	763.67	0.016	0.028	0.043
	载重汽车 8t	台班	501.85	0.016	0.028	0.043

21. 加热外套碳钢管件(两半)(电弧焊)

工作内容：准备工作、管子切口、坡口加工、坡口磨平、管口组对、焊接。　　计量单位：10个

定额编号				A8-2-270	A8-2-271	A8-2-272	A8-2-273
项目名称				公称直径(mm以内)			
				32	40	50	65
基价(元)				**442.46**	**519.75**	**632.03**	**890.30**
其中	人工费(元)			270.34	320.46	382.06	483.00
	材料费(元)			22.23	25.90	35.11	65.58
	机械费(元)			149.89	173.39	214.86	341.72
名称		单位	单价(元)	消耗量			
人工	综合工日	工日	140.00	1.931	2.289	2.729	3.450
材料	碳钢两半管件	片	—	(20.000)	(20.000)	(20.000)	(20.000)
	低碳钢焊条	kg	6.84	1.508	1.731	2.395	4.287
	电	kW·h	0.68	2.152	2.390	2.901	2.901
	棉纱头	kg	6.00	0.128	0.128	0.158	0.214
	磨头	个	2.75	0.801	0.917	1.090	1.454
	尼龙砂轮片 φ100×16×3	片	2.56	1.574	2.032	2.821	4.361
	尼龙砂轮片 φ500×25×4	片	12.82	0.184	0.215	0.307	—
	破布	kg	6.32	0.042	0.042	0.086	0.086
	氧气	m^3	3.63	0.087	0.094	0.109	2.341
	乙炔气	kg	10.45	0.028	0.031	0.035	0.780
	其他材料费占材料费	%	—	1.000	1.000	1.000	1.000
机械	电焊机(综合)	台班	118.28	1.203	1.393	1.727	2.777
	电焊条恒温箱	台班	21.41	0.121	0.140	0.172	0.277
	电焊条烘干箱 60×50×75cm^3	台班	26.46	0.121	0.140	0.172	0.277
	砂轮切割机 500mm	台班	29.08	0.062	0.066	0.081	—

工作内容：准备工作、管子切口、坡口加工、坡口磨平、管口组对、焊接。　　　　　　计量单位：10个

定额编号				A8-2-274	A8-2-275	A8-2-276	A8-2-277
项目名称				公称直径(mm以内)			
				80	100	125	150
基价（元）				**1025.38**	**1419.82**	**1583.82**	**2112.59**
其中	人工费（元）			549.78	697.62	780.22	1087.94
	材料费（元）			76.74	127.37	131.88	178.41
	机械费（元）			398.86	594.83	671.72	846.24
名称		**单位**	**单价(元)**	**消耗量**			
人工	综合工日	工日	140.00	3.927	4.983	5.573	7.771
材料	碳钢两半管件	片	—	(20.000)	(20.000)	(20.000)	(20.000)
	低碳钢焊条	kg	6.84	5.072	9.441	10.465	13.815
	电	kW·h	0.68	2.901	3.990	4.480	6.039
	棉纱头	kg	6.00	0.256	0.300	0.360	0.446
	磨头	个	2.75	1.702	2.181	—	—
	尼龙砂轮片 φ100×16×3	片	2.56	5.233	8.562	9.218	13.811
	破布	kg	6.32	0.128	0.128	0.172	0.214
	氧气	m^3	3.63	2.653	3.977	4.092	5.435
	乙炔气	kg	10.45	0.886	1.326	1.363	1.811
	其他材料费占材料费	%	—	1.000	1.000	1.000	1.000
机械	电焊机(综合)	台班	118.28	3.241	4.710	5.335	6.753
	电焊条恒温箱	台班	21.41	0.324	0.471	0.533	0.675
	电焊条烘干箱 60×50×75cm³	台班	26.46	0.324	0.471	0.533	0.675
	汽车式起重机 8t	台班	763.67	—	0.012	0.012	0.012
	载重汽车 8t	台班	501.85	—	0.012	0.012	0.012

工作内容：准备工作、管子切口、坡口加工、坡口磨平、管口组对、焊接。　　　　计量单位：10个

定额编号				A8-2-278	A8-2-279	A8-2-280	A8-2-281
项目名称				公称直径(mm以内)			
				200	250	300	350
基价（元）				**2864.63**	**4135.09**	**4829.57**	**5990.20**
其中	人工费（元）			1404.48	1961.26	2226.98	2632.56
	材料费（元）			284.09	503.04	595.87	901.10
	机械费（元）			1176.06	1670.79	2006.72	2456.54
名称		**单位**	**单价(元)**	**消耗量**			
人工	综合工日	工日	140.00	10.032	14.009	15.907	18.804
材料	碳钢两半管件	片	—	(20.000)	(20.000)	(20.000)	(20.000)
	低碳钢焊条	kg	6.84	22.753	44.744	53.381	84.604
	电	kW·h	0.68	8.209	11.576	13.978	16.252
	角钢(综合)	kg	3.61	1.794	1.794	2.360	2.360
	棉纱头	kg	6.00	0.600	0.728	0.856	0.984
	尼龙砂轮片 φ100×16×3	片	2.56	21.266	35.543	42.489	65.081
	破布	kg	6.32	0.300	0.386	0.428	0.514
	氧气	m^3	3.63	7.539	11.225	12.679	16.609
	乙炔气	kg	10.45	2.515	3.743	4.228	5.537
	其他材料费占材料费	%	—	1.000	1.000	1.000	1.000
机械	电焊机(综合)	台班	118.28	9.433	13.350	15.987	19.478
	电焊条恒温箱	台班	21.41	0.943	1.335	1.599	1.947
	电焊条烘干箱 60×50×75cm³	台班	26.46	0.943	1.335	1.599	1.947
	汽车式起重机 8t	台班	763.67	0.012	0.022	0.031	0.047
	载重汽车 8t	台班	501.85	0.012	0.022	0.031	0.047

工作内容：准备工作、管子切口、坡口加工、坡口磨平、管口组对、焊接。　　　　计量单位：10个

定额编号				A8-2-282	A8-2-283	A8-2-284	A8-2-285
项目名称				公称直径(mm以内)			
				400	450	500	600
基价（元）				6771.13	8207.34	9169.02	12732.90
其中	人工费（元）			2970.94	3489.36	3884.16	5049.38
	材料费（元）			1011.98	1410.90	1567.81	2520.29
	机械费（元）			2788.21	3307.08	3717.05	5163.23
名称		单位	单价(元)	消耗量			
人工	综合工日	工日	140.00	21.221	24.924	27.744	36.067
材料	碳钢两半管件	片	—	(20.000)	(20.000)	(20.000)	(20.000)
	低碳钢焊条	kg	6.84	95.738	141.651	156.598	266.211
	电	kW·h	0.68	18.392	21.792	24.078	32.023
	角钢(综合)	kg	3.61	2.360	2.360	2.360	2.360
	棉纱头	kg	6.00	1.104	1.258	1.434	1.578
	尼龙砂轮片 φ100×16×3	片	2.56	72.528	94.350	104.419	156.628
	破布	kg	6.32	0.556	0.634	0.722	0.794
	氧气	m³	3.63	18.314	21.313	24.710	33.359
	乙炔气	kg	10.45	6.105	7.105	8.238	10.298
	其他材料费占材料费	%	—	1.000	1.000	1.000	1.000
机械	电焊机(综合)	台班	118.28	22.039	25.926	28.661	38.119
	电焊条恒温箱	台班	21.41	2.204	2.593	2.866	3.812
	电焊条烘干箱 60×50×75cm³	台班	26.46	2.204	2.593	2.866	3.812
	汽车式起重机 8t	台班	763.67	0.060	0.092	0.150	0.373
	载重汽车 8t	台班	501.85	0.060	0.092	0.150	0.373

22.加热外套不锈钢管件(两半)(电弧焊)

工作内容：准备工作、管子切口、坡口加工、坡口磨平、管口组对、焊接、焊缝钝化。 计量单位：10个

定额编号				A8-2-286	A8-2-287	A8-2-288	A8-2-289
项目名称				公称直径(mm以内)			
				32	40	50	65
基价(元)				**423.00**	**707.18**	**776.68**	**1106.26**
其中	人工费(元)			273.42	433.58	452.90	635.18
	材料费(元)			55.30	84.03	99.73	152.49
	机械费(元)			94.28	189.57	224.05	318.59
名称		单位	单价(元)	消耗量			
人工	综合工日	工日	140.00	1.953	3.097	3.235	4.537
材料	不锈钢两半管件	片	—	(20.000)	(20.000)	(20.000)	(20.000)
	丙酮	kg	7.51	0.487	0.562	0.674	0.899
	不锈钢焊条	kg	38.46	1.045	1.570	1.869	2.921
	电	kW·h	0.68	1.010	3.648	3.995	5.182
	棉纱头	kg	6.00	0.112	0.112	0.139	0.187
	尼龙砂轮片 φ100×16×3	片	2.56	1.338	3.255	3.877	6.176
	尼龙砂轮片 φ500×25×4	片	12.82	0.257	0.296	0.302	0.433
	破布	kg	6.32	0.037	0.038	0.075	0.075
	水	t	7.96	0.075	0.075	0.112	0.150
	酸洗膏	kg	6.56	0.304	0.377	0.470	0.642
	其他材料费占材料费	%	—	1.000	1.000	1.000	1.000
机械	电动空气压缩机 6m³/min	台班	206.73	0.038	0.038	0.038	0.038
	电焊机(综合)	台班	118.28	0.686	1.459	1.738	2.489
	电焊条恒温箱	台班	21.41	0.069	0.146	0.174	0.249
	电焊条烘干箱 60×50×75cm³	台班	26.46	0.069	0.146	0.174	0.249
	砂轮切割机 500mm	台班	29.08	0.068	0.074	0.079	0.152

工作内容：准备工作、管子切口、坡口加工、坡口磨平、管口组对、焊接、焊缝钝化。 计量单位：10个

定额编号				A8-2-290	A8-2-291	A8-2-292	A8-2-293
项目名称				公称直径(mm以内)			
				80	100	125	150
基价（元）				1381.80	1786.64	2104.90	2811.85
其中	人工费（元）			704.48	776.72	865.90	1070.86
	材料费（元）			180.01	291.22	333.98	557.01
	机械费（元）			497.31	718.70	905.02	1183.98
名称		单位	单价(元)	消耗量			
人工	综合工日	工日	140.00	5.032	5.548	6.185	7.649
材料	不锈钢两半管件	片	—	(20.000)	(20.000)	(20.000)	(20.000)
	丙酮	kg	7.51	1.049	1.348	1.565	1.873
	不锈钢焊条	kg	38.46	3.430	5.861	6.850	12.007
	电	kW·h	0.68	5.182	5.182	5.985	7.444
	棉纱头	kg	6.00	0.225	0.262	0.315	0.390
	尼龙砂轮片 Φ100×16×3	片	2.56	7.662	11.277	14.355	20.048
	尼龙砂轮片 Φ500×25×4	片	12.82	0.531	0.781	—	—
	破布	kg	6.32	0.112	0.112	0.150	0.187
	水	t	7.96	0.187	0.225	0.262	0.337
	酸洗膏	kg	6.56	0.753	0.964	1.483	1.990
	其他材料费占材料费	%	—	1.000	1.000	1.000	1.000
机械	等离子切割机 400A	台班	219.59	0.407	0.527	0.871	1.050
	电动空气压缩机 1m³/min	台班	50.29	0.712	0.923	1.524	1.838
	电动空气压缩机 6m³/min	台班	206.73	0.038	0.038	0.038	0.038
	电焊机(综合)	台班	118.28	2.922	4.280	5.000	6.819
	电焊条恒温箱	台班	21.41	0.292	0.428	0.500	0.682
	电焊条烘干箱 60×50×75cm³	台班	26.46	0.292	0.428	0.500	0.682
	汽车式起重机 8t	台班	763.67	—	0.011	0.011	0.011
	砂轮切割机 500mm	台班	29.08	0.161	0.277	—	—
	载重汽车 8t	台班	501.85	—	0.011	0.011	0.011

工作内容：准备工作、管子切口、坡口加工、坡口磨平、管口组对、焊接、焊缝钝化。 计量单位：10个

定 额 编 号				A8-2-294	A8-2-295	A8-2-296	A8-2-297
项 目 名 称				公称直径(mm以内)			
				200	250	300	350
基 价（元）				**3874.17**	**5889.20**	**7500.34**	**8707.51**
其中	人 工 费（元）			1450.40	1975.82	2394.70	2756.32
	材 料 费（元）			777.17	1547.20	2172.66	2533.32
	机 械 费（元）			1646.60	2366.18	2932.98	3417.87
名 称		单位	单价(元)	消 耗 量			
人工	综合工日	工日	140.00	10.360	14.113	17.105	19.688
材料	不锈钢两半管件	片	—	(20.000)	(20.000)	(20.000)	(20.000)
	丙酮	kg	7.51	2.584	3.221	3.820	4.419
	不锈钢焊条	kg	38.46	16.587	34.069	48.453	56.284
	电	kW·h	0.68	10.270	15.143	18.460	20.081
	棉纱头	kg	6.00	0.524	0.637	0.749	0.861
	尼龙砂轮片 φ100×16×3	片	2.56	31.155	59.104	79.653	97.367
	破布	kg	6.32	0.262	0.337	0.375	0.449
	水	t	7.96	0.449	0.524	0.637	0.749
	酸洗膏	kg	6.56	2.594	3.914	4.659	5.105
	其他材料费占材料费	%	—	1.000	1.000	1.000	1.000
机械	等离子切割机 400A	台班	219.59	1.459	1.897	2.316	2.687
	电动空气压缩机 1m³/min	台班	50.29	2.554	3.320	4.053	4.701
	电动空气压缩机 6m³/min	台班	206.73	0.038	0.038	0.038	0.038
	电焊机(综合)	台班	118.28	9.556	14.216	17.692	20.551
	电焊条恒温箱	台班	21.41	0.955	1.421	1.769	2.055
	电焊条烘干箱 60×50×75cm³	台班	26.46	0.955	1.421	1.769	2.055
	汽车式起重机 8t	台班	763.67	0.011	0.020	0.028	0.043
	载重汽车 8t	台班	501.85	0.011	0.020	0.028	0.043

工作内容：准备工作、管子切口、坡口加工、坡口磨平、管口组对、焊接、焊缝钝化。 计量单位：10个

定额编号				A8-2-298	A8-2-299	A8-2-300
项目名称				公称直径(mm以内)		
				400	450	500
基价（元）				**9831.37**	**11461.25**	**13363.31**
其中	人工费（元）			3103.66	3538.22	4033.54
	材料费（元）			2870.20	3371.18	3959.82
	机械费（元）			3857.51	4551.85	5369.95
名称		单位	单价(元)	消耗量		
人工	综合工日	工日	140.00	22.169	25.273	28.811
材料	不锈钢两半管件	片	—	(20.000)	(20.000)	(20.000)
	丙酮	kg	7.51	4.981	5.678	6.473
	不锈钢焊条	kg	38.46	63.669	75.129	88.653
	电	kW·h	0.68	22.689	25.865	29.487
	棉纱头	kg	6.00	0.966	1.140	1.299
	尼龙砂轮片 φ100×16×3	片	2.56	110.549	126.026	143.666
	破布	kg	6.32	0.487	0.555	0.633
	水	t	7.96	0.861	0.982	1.119
	酸洗膏	kg	6.56	6.327	7.213	8.212
	其他材料费占材料费	%	—	1.000	1.000	1.000
机械	等离子切割机 400A	台班	219.59	3.037	3.584	4.229
	电动空气压缩机 $1m^3/min$	台班	50.29	5.015	5.918	6.983
	电动空气压缩机 $6m^3/min$	台班	206.73	0.038	0.038	0.038
	电焊机(综合)	台班	118.28	23.247	27.431	32.369
	电焊条恒温箱	台班	21.41	2.325	2.743	3.237
	电焊条烘干箱 $60×50×75cm^3$	台班	26.46	2.325	2.743	3.237
	汽车式起重机 8t	台班	763.67	0.055	0.066	0.078
	载重汽车 8t	台班	501.85	0.055	0.066	0.078

23. 塑料管件(热风焊)

工作内容：准备工作、管子切口、坡口加工、管口组对、焊接。　　计量单位：10个

定额编号				A8-2-301	A8-2-302	A8-2-303
项目名称				管外径(mm以内)		
				20	25	32
基价(元)				**69.20**	**83.48**	**104.58**
其中	人工费(元)			53.90	64.82	80.92
	材料费(元)			1.80	2.17	2.70
	机械费(元)			13.50	16.49	20.96
名称		**单位**	**单价(元)**	**消耗量**		
人工	综合工日	工日	140.00	0.385	0.463	0.578
材料	塑料管件	个	—	(10.000)	(10.000)	(10.000)
	电	kW·h	0.68	1.404	1.716	2.184
	电阻丝	根	0.20	0.022	0.026	0.026
	锯条(各种规格)	根	0.62	0.149	0.187	0.238
	聚氯乙烯焊条	kg	20.77	0.018	0.022	0.028
	棉纱头	kg	6.00	0.028	0.036	0.044
	木柴	kg	0.18	1.030	1.030	1.030
	其他材料费占材料费	%	—	1.000	1.000	1.000
机械	电动空气压缩机 0.6m³/min	台班	37.30	0.362	0.442	0.562

工作内容：准备工作、管子切口、坡口加工、管口组对、焊接。　　计量单位：10个

定额编号				A8-2-304	A8-2-305	A8-2-306
项目名称				管外径(mm以内)		
				40	50	75
基价（元）				141.76	183.75	268.41
其中	人工费（元）			109.34	145.60	203.70
	材料费（元）			3.74	4.88	13.28
	机械费（元）			28.68	33.27	51.43
名称		单位	单价(元)	消耗量		
人工	综合工日	工日	140.00	0.781	1.040	1.455
材料	塑料管件	个	—	(10.000)	(10.000)	(10.000)
	电	kW·h	0.68	2.988	3.464	5.328
	电阻丝	根	0.20	0.032	0.042	0.042
	锯条(各种规格)	根	0.62	0.303	0.305	—
	聚氯乙烯焊条	kg	20.77	0.046	0.080	0.164
	棉纱头	kg	6.00	0.056	0.072	0.106
	木柴	kg	0.18	1.030	1.030	2.060
	铁砂布	张	0.85	—	—	6.000
	其他材料费占材料费	%	—	1.000	1.000	1.000
机械	电动空气压缩机 0.6m³/min	台班	37.30	0.769	0.892	1.372
	木工圆锯机 500mm	台班	25.33	—	—	0.010

工作内容：准备工作、管子切口、坡口加工、管口组对、焊接。　　　　　　　　计量单位：10个

定额编号				A8-2-307	A8-2-308	A8-2-309	A8-2-310
项目名称				管外径(mm以内)			
				90	110	125	150
基价（元）				**349.29**	**462.52**	**474.47**	**678.23**
其中	人工费（元）			266.70	340.06	350.00	499.66
	材料费（元）			16.02	22.90	24.91	40.14
	机械费（元）			66.57	99.56	99.56	138.43
名称		**单位**	**单价(元)**	**消耗量**			
人工	综合工日	工日	140.00	1.905	2.429	2.500	3.569
材料	塑料管件	个	—	(10.000)	(10.000)	(10.000)	(10.000)
	电	kW·h	0.68	6.904	9.282	9.282	13.330
	电阻丝	根	0.20	0.056	0.056	0.056	0.066
	聚氯乙烯焊条	kg	20.77	0.230	0.476	0.476	1.025
	棉纱头	kg	6.00	0.120	0.134	0.152	0.182
	木柴	kg	0.18	3.100	3.100	4.120	8.240
	铁砂布	张	0.85	6.000	6.000	8.000	8.000
	其他材料费占材料费	%	—	1.000	1.000	1.000	1.000
机械	电动空气压缩机 0.6m³/min	台班	37.30	1.778	2.391	2.391	3.433
	木工圆锯机 500mm	台班	25.33	0.010	0.010	0.010	0.010
	汽车式起重机 8t	台班	763.67	—	0.008	0.008	0.008
	载重汽车 8t	台班	501.85	—	0.008	0.008	0.008

工作内容：准备工作、管子切口、坡口加工、管口组对、焊接。　　　　　　　　计量单位：10个

定额编号				A8-2-311	A8-2-312	A8-2-313
项目名称				管外径(mm以内)		
				180	200	250
基价（元）				733.25	950.52	1862.20
其中	人工费（元）			536.76	684.74	1307.60
	材料费（元）			43.95	65.93	114.15
	机械费（元）			152.54	199.85	440.45
	名称	单位	单价(元)	消耗量		
人工	综合工日	工日	140.00	3.834	4.891	9.340
材料	塑料管件	个	—	(10.000)	(10.000)	(10.000)
	电	kW·h	0.68	14.520	19.434	43.421
	电阻丝	根	0.20	0.066	0.068	0.076
	聚氯乙烯焊条	kg	20.77	1.117	1.997	3.340
	棉纱头	kg	6.00	0.220	0.244	0.304
	木柴	kg	0.18	8.240	8.240	8.240
	铁砂布	张	0.85	8.968	8.968	12.700
	其他材料费占材料费	%	—	1.000	1.000	1.000
机械	电动空气压缩机 0.6m³/min	台班	37.30	3.740	5.005	11.184
	木工圆锯机 500mm	台班	25.33	0.015	0.020	0.020
	汽车式起重机 8t	台班	763.67	0.010	0.010	0.018
	载重汽车 8t	台班	501.85	0.010	0.010	0.018

24.金属骨架复合管件(热熔焊)

工作内容：准备工作、管子切口、坡口加工、管口组对、热熔连接。　　　　计量单位：10个

定额编号				A8-2-314	A8-2-315	A8-2-316	A8-2-317
项目名称				管外径(mm以内)			
				20	25	32	40
基价（元）				**93.35**	**111.64**	**139.11**	**210.34**
其中	人工费（元）			57.26	68.88	86.10	140.00
	材料费（元）			4.56	4.62	4.69	4.79
	机械费（元）			31.53	38.14	48.32	65.55
名称		**单位**	**单价(元)**	**消耗量**			
人工	综合工日	工日	140.00	0.409	0.492	0.615	1.000
材料	低压金属骨架复合管件	个	—	(10.000)	(10.000)	(10.000)	(10.000)
	锯条(各种规格)	根	0.62	0.149	0.179	0.215	0.257
	棉纱头	kg	6.00	0.028	0.036	0.044	0.056
	铁砂布	张	0.85	5.000	5.000	5.000	5.000
	其他材料费占材料费	%	—	1.000	1.000	1.000	1.000
机械	木工圆锯机 500mm	台班	25.33	0.004	0.005	0.006	0.006
	热熔对接焊机 630mm	台班	43.95	0.715	0.865	1.096	1.488

工作内容：准备工作、管子切口、坡口加工、管口组对、热熔连接。　　　　计量单位：10个

定额编号				A8-2-318	A8-2-319	A8-2-320	A8-2-321
项目名称				管外径(mm以内)			
				50	75	90	110
基价（元）				**251.82**	**323.81**	**371.68**	**486.92**
其中	人工费（元）			157.50	196.14	229.46	304.92
	材料费（元）			4.92	5.05	5.20	5.38
	机械费（元）			89.40	122.62	137.02	176.62
名称		单位	单价(元)	消耗量			
人工	综合工日	工日	140.00	1.125	1.401	1.639	2.178
材料	低压金属骨架复合管件	个	—	(10.000)	(10.000)	(10.000)	(10.000)
	锯条(各种规格)	根	0.62	0.309	0.371	0.445	0.534
	棉纱头	kg	6.00	0.072	0.086	0.104	0.124
	铁砂布	张	0.85	5.000	5.000	5.000	5.000
	其他材料费占材料费	%	—	1.000	1.000	1.000	1.000
机械	木工圆锯机 500mm	台班	25.33	0.007	0.007	0.008	0.008
	热熔对接焊机 630mm	台班	43.95	2.030	2.786	3.113	4.014

工作内容：准备工作、管子切口、坡口加工、管口组对、热熔连接。　　　　计量单位：10个

定额编号				A8-2-322	A8-2-323	A8-2-324	A8-2-325
项目名称				管外径(mm以内)			
				125	150	180	200
基价(元)				627.50	724.72	900.73	1251.29
其中	人工费(元)			381.22	467.04	529.76	855.82
	材料费(元)			6.46	7.75	9.30	11.16
	机械费(元)			239.82	249.93	361.67	384.31
名称		单位	单价(元)	消耗量			
人工	综合工日	工日	140.00	2.723	3.336	3.784	6.113
材料	低压金属骨架复合管件	个	—	(10.000)	(10.000)	(10.000)	(10.000)
	锯条(各种规格)	根	0.62	0.641	0.769	0.923	1.107
	棉纱头	kg	6.00	0.149	0.179	0.215	0.258
	铁砂布	张	0.85	6.000	7.200	8.640	10.368
	其他材料费占材料费	%	—	1.000	1.000	1.000	1.000
机械	木工圆锯机 500mm	台班	25.33	0.008	0.008	0.012	0.016
	汽车式起重机 8t	台班	763.67	0.009	0.009	0.009	0.010
	热熔对接焊机 630mm	台班	43.95	5.193	5.423	7.963	8.447
	载重汽车 8t	台班	501.85	0.009	0.009	0.009	0.010

工作内容：准备工作、管子切口、坡口加工、管口组对、热熔连接。　　　　　　　　　计量单位：10个

定额编号				A8-2-326	A8-2-327	A8-2-328	A8-2-329
项目名称				管外径(mm以内)			
				250	300	400	500
基价（元）				**2508.49**	**2898.63**	**3769.90**	**4738.34**
其中	人工费（元）			1355.76	1559.32	2026.92	2533.72
	材料费（元）			13.39	16.06	19.28	23.14
	机械费（元）			1139.34	1323.25	1723.70	2181.48
名称		单位	单价(元)	消耗量			
人工	综合工日	工日	140.00	9.684	11.138	14.478	18.098
材料	低压金属骨架复合管件	个	—	(10.000)	(10.000)	(10.000)	(10.000)
	锯条(各种规格)	根	0.62	1.328	1.594	1.913	2.296
	棉纱头	kg	6.00	0.310	0.371	0.446	0.535
	铁砂布	张	0.85	12.442	14.930	17.916	21.499
	其他材料费占材料费	%	—	1.000	1.000	1.000	1.000
机械	木工圆锯机 500mm	台班	25.33	0.016	0.018	0.025	0.031
	汽车式起重机 8t	台班	763.67	0.018	0.031	0.043	0.075
	热熔对接焊机 630mm	台班	43.95	25.396	29.205	37.967	47.458
	载重汽车 8t	台班	501.85	0.018	0.031	0.043	0.075

25. 玻璃钢管件(胶泥)

工作内容：准备工作、管子切口、坡口加工、坡口磨平、管口组对、管口连接。　　计量单位：10个

定额编号				A8-2-330	A8-2-331	A8-2-332	A8-2-333
项目名称				公称直径(mm以内)			
				25	40	50	80
基价（元）				**136.81**	**221.79**	**278.19**	**415.55**
其中	人工费（元）			119.84	194.04	243.46	360.22
	材料费（元）			16.27	26.64	33.48	53.32
	机械费（元）			0.70	1.11	1.25	2.01
名称		**单位**	**单价(元)**	**消耗量**			
人工	综合工日	工日	140.00	0.856	1.386	1.739	2.573
材料	玻璃钢管件	个	—	(10.000)	(10.000)	(10.000)	(10.000)
	玻璃布	m²	1.03	0.480	0.760	0.940	1.500
	环氧树脂	kg	32.08	0.040	0.080	0.100	0.160
	胶泥	kg	4.80	2.760	4.400	5.500	8.800
	尼龙砂轮片 φ500×25×4	片	12.82	0.061	0.125	0.177	0.279
	乙二胺	kg	15.00	0.020	0.020	0.020	0.020
	其他材料费占材料费	%	—	1.000	1.000	1.000	1.000
机械	砂轮切割机 500mm	台班	29.08	0.024	0.038	0.043	0.069

工作内容：准备工作、管子切口、坡口加工、坡口磨平、管口组对、管口连接。　　　计量单位：10个

定额编号				A8-2-334	A8-2-335	A8-2-336
项目名称				公称直径(mm以内)		
				100	125	150
基价（元）				**529.82**	**698.38**	**850.32**
其中	人工费（元）			451.22	610.40	733.60
	材料费（元）			64.71	73.30	101.46
	机械费（元）			13.89	14.68	15.26
名称		**单位**	**单价(元)**	**消耗量**		
人工	综合工日	工日	140.00	3.223	4.360	5.240
材料	玻璃钢管件	个	—	(10.000)	(10.000)	(10.000)
	玻璃布	m²	1.03	1.880	2.360	2.820
	环氧树脂	kg	32.08	0.200	0.240	0.280
	胶泥	kg	4.80	10.460	11.660	16.840
	尼龙砂轮片 φ500×25×4	片	12.82	0.406	0.482	0.580
	乙二胺	kg	15.00	0.020	0.020	0.020
	其他材料费占材料费	%	—	1.000	1.000	1.000
机械	汽车式起重机 8t	台班	763.67	0.009	0.009	0.009
	砂轮切割机 500mm	台班	29.08	0.086	0.113	0.133
	载重汽车 8t	台班	501.85	0.009	0.009	0.009

26. 承插铸铁管件(石棉水泥接口)

工作内容：准备工作、管子切口、管口组对、管口连接。　　　　计量单位：10个

定额编号				A8-2-337	A8-2-338	A8-2-339	A8-2-340
项目名称				公称直径(mm以内)			
				75	100	150	200
基价(元)				**412.18**	**450.15**	**607.62**	**763.10**
其中	人工费(元)			380.94	393.12	536.20	670.60
	材料费(元)			31.24	44.37	58.76	79.84
	机械费(元)			—	12.66	12.66	12.66
名称		单位	单价(元)	消耗量			
人工	综合工日	工日	140.00	2.721	2.808	3.830	4.790
材料	铸铁管件	个	—	(10.000)	(10.000)	(10.000)	(10.000)
	白色硅酸盐水泥 32.5	kg	0.78	9.130	11.350	16.700	21.470
	填充绒	kg	2.14	3.650	4.530	6.660	8.570
	氧气	m³	3.63	0.440	0.750	1.010	1.830
	乙炔气	kg	10.45	0.180	0.310	0.420	0.750
	油麻	kg	6.84	1.830	2.840	3.340	4.310
	其他材料费占材料费	%	—	1.000	1.000	1.000	1.000
机械	汽车式起重机 8t	台班	763.67	—	0.010	0.010	0.010
	载重汽车 8t	台班	501.85	—	0.010	0.010	0.010

工作内容：准备工作、管子切口、管口组对、管口连接。　　　　　　　　计量单位：10个

定额编号				A8-2-341	A8-2-342	A8-2-343	A8-2-344
项目名称				公称直径(mm以内)			
				300	400	500	600
基价（元）				**1018.39**	**1335.87**	**1796.41**	**2251.33**
其中	人工费（元）			860.30	1097.46	1463.28	1828.40
	材料费（元）			142.90	201.71	277.45	341.94
	机械费（元）			15.19	36.70	55.68	80.99
名称		单位	单价(元)	消耗量			
人工	综合工日	工日	140.00	6.145	7.839	10.452	13.060
材料	铸铁管件	个	—	(10.000)	(10.000)	(10.000)	(10.000)
	白色硅酸盐水泥 32.5	kg	0.78	35.970	49.280	69.520	86.350
	碳精棒	kg	12.82	0.940	0.940	1.180	1.410
	填充绒	kg	2.14	14.350	19.680	27.780	34.440
	氧气	m³	3.63	2.640	4.950	6.270	7.590
	乙炔气	kg	10.45	1.100	2.070	2.640	3.190
	油麻	kg	6.84	7.250	9.870	13.970	17.330
	其他材料费占材料费	%	—	1.000	1.000	1.000	1.000
机械	汽车式起重机 8t	台班	763.67	0.012	0.029	0.044	0.064
	载重汽车 8t	台班	501.85	0.012	0.029	0.044	0.064

工作内容：准备工作、管子切口、管口组对、管口连接。 计量单位：10个

定额编号				A8-2-345	A8-2-346	A8-2-347	A8-2-348
项目名称				公称直径(mm以内)			
				700	800	900	1000
基价（元）				**3200.93**	**3404.68**	**4667.06**	**4995.31**
其中	人工费（元）			2679.32	2780.68	3881.78	4036.34
	材料费（元）			415.31	484.79	566.35	688.15
	机械费（元）			106.30	139.21	218.93	270.82
名称		单位	单价(元)	消耗量			
人工	综合工日	工日	140.00	19.138	19.862	27.727	28.831
材料	铸铁管件	个	—	(10.000)	(10.000)	(10.000)	(10.000)
	白色硅酸盐水泥 32.5	kg	0.78	104.280	123.420	143.770	178.860
	碳精棒	kg	12.82	2.060	2.360	3.180	3.530
	填充绒	kg	2.14	41.620	49.300	57.400	71.440
	氧气	m³	3.63	8.910	9.900	11.000	12.320
	乙炔气	kg	10.45	3.740	4.070	4.620	5.170
	油麻	kg	6.84	20.900	24.780	28.770	35.810
	其他材料费占材料费	%	—	1.000	1.000	1.000	1.000
机械	汽车式起重机 8t	台班	763.67	0.084	0.110	0.173	0.214
	载重汽车 8t	台班	501.85	0.084	0.110	0.173	0.214

工作内容：准备工作、管子切口、管口组对、管口连接。　　　　计量单位：10个

定额编号				A8-2-349	A8-2-350	A8-2-351
项目名称				公称直径(mm以内)		
				1200	1400	1600
基价（元）				7004.78	9970.55	13634.67
其中	人工费（元）			5761.28	8240.26	11468.66
	材料费（元）			853.72	1097.53	1305.46
	机械费（元）			389.78	632.76	860.55
名称		单位	单价(元)	消耗量		
人工	综合工日	工日	140.00	41.152	58.859	81.919
材料	铸铁管件	个	—	(10.000)	(10.000)	(10.000)
	白色硅酸盐水泥 32.5	kg	0.78	229.020	305.030	368.500
	碳精棒	kg	12.82	3.880	4.230	4.580
	填充绒	kg	2.14	91.430	121.770	147.190
	氧气	m³	3.63	13.420	14.520	15.840
	乙炔气	kg	10.45	5.610	6.050	6.600
	油麻	kg	6.84	45.890	61.110	73.820
	其他材料费占材料费	%	—	1.000	1.000	1.000
机械	汽车式起重机 8t	台班	763.67	0.308	0.500	0.680
	载重汽车 8t	台班	501.85	0.308	0.500	0.680

27. 承插铸铁管件(青铅接口)

工作内容：准备工作、管子切口、管口处理、管件安装、化铅、接口。 计量单位：10个

定额编号				A8-2-352	A8-2-353	A8-2-354	A8-2-355
项目名称				公称直径(mm以内)			
				75	100	150	200
基价(元)				775.48	886.07	1236.72	1594.49
其中	人工费(元)			432.60	447.02	598.64	773.36
	材料费(元)			342.88	426.39	625.42	808.47
	机械费(元)			—	12.66	12.66	12.66
名称		单位	单价(元)	消耗量			
人工	综合工日	工日	140.00	3.090	3.193	4.276	5.524
材料	铸铁管件	个	—	(10.000)	(10.000)	(10.000)	(10.000)
	焦炭	kg	1.42	21.000	24.780	35.490	45.570
	木柴	kg	0.18	1.760	2.200	4.400	4.400
	青铅	kg	5.90	49.720	61.880	91.040	117.120
	氧气	m³	3.63	0.440	0.750	1.010	1.830
	乙炔气	kg	10.45	0.180	0.310	0.420	0.750
	油麻	kg	6.84	1.830	2.270	3.340	4.310
	其他材料费占材料费	%	—	1.000	1.000	1.000	1.000
机械	汽车式起重机 8t	台班	763.67	—	0.010	0.010	0.010
	载重汽车 8t	台班	501.85	—	0.010	0.010	0.010

工作内容：准备工作、管子切口、管口处理、管件安装、化铅、接口。 计量单位：10个

定额编号				A8-2-356	A8-2-357	A8-2-358	A8-2-359
项目名称				公称直径(mm以内)			
				300	400	500	600
基价（元）				2254.88	3224.44	4575.76	5704.45
其中	人工费（元）			896.28	1323.14	1913.94	2393.44
	材料费（元）			1343.41	1864.60	2606.14	3230.02
	机械费（元）			15.19	36.70	55.68	80.99
名称		单位	单价(元)	消耗量			
人工	综合工日	工日	140.00	6.402	9.451	13.671	17.096
材料	铸铁管件	个	—	(10.000)	(10.000)	(10.000)	(10.000)
	焦炭	kg	1.42	70.980	97.440	126.630	154.140
	木柴	kg	0.18	8.800	11.000	13.200	13.200
	青铅	kg	5.90	196.170	268.920	379.230	471.100
	碳精棒	kg	12.82	—	0.940	1.180	1.410
	氧气	m³	3.63	2.640	4.950	6.270	7.590
	乙炔气	kg	10.45	1.100	2.070	2.640	3.190
	油麻	kg	6.84	7.200	9.870	13.920	17.300
	其他材料费占材料费	%	—	1.000	1.000	1.000	1.000
机械	汽车式起重机 8t	台班	763.67	0.012	0.029	0.044	0.064
	载重汽车 8t	台班	501.85	0.012	0.029	0.044	0.064

工作内容：准备工作、管子切口、管口处理、管件安装、化铅、接口。　　计量单位：10个

定额编号				A8-2-360	A8-2-361	A8-2-362	A8-2-363
项目名称				公称直径(mm以内)			
				700	800	900	1000
基价（元）				7847.68	8763.01	11182.22	12646.01
其中	人工费（元）			3835.02	4007.50	5606.72	5761.28
	材料费（元）			3906.36	4616.30	5356.57	6613.91
	机械费（元）			106.30	139.21	218.93	270.82
名称		单位	单价(元)	消耗量			
人工	综合工日	工日	140.00	27.393	28.625	40.048	41.152
材料	铸铁管件	个	—	(10.000)	(10.000)	(10.000)	(10.000)
	焦炭	kg	1.42	189.000	223.650	245.070	278.880
	木柴	kg	0.18	15.400	15.400	19.800	19.800
	青铅	kg	5.90	568.770	673.270	784.080	976.210
	碳精棒	kg	12.82	2.060	2.360	3.180	3.530
	氧气	m³	3.63	8.910	9.900	11.000	12.320
	乙炔气	kg	10.45	3.740	4.070	4.620	5.170
	油麻	kg	6.84	20.900	24.740	28.790	35.850
	其他材料费占材料费	%	—	1.000	1.000	1.000	1.000
机械	汽车式起重机 8t	台班	763.67	0.084	0.110	0.173	0.214
	载重汽车 8t	台班	501.85	0.084	0.110	0.173	0.214

工作内容：准备工作、管子切口、管口处理、管件安装、化铅、接口。　　计量单位：10个

定额编号				A8-2-364	A8-2-365	A8-2-366
项目名称				公称直径(mm以内)		
				1200	1400	1600
基价（元）				**16544.16**	**22507.62**	**29339.77**
其中	人工费（元）			7774.48	10839.92	15204.56
	材料费（元）			8381.17	11034.94	13274.66
	机械费（元）			388.51	632.76	860.55
名称		**单位**	**单价(元)**	**消耗量**		
人工	综合工日	工日	140.00	55.532	77.428	108.604
材料	铸铁管件	个	—	(10.000)	(10.000)	(10.000)
	焦炭	kg	1.42	317.310	361.200	410.970
	木柴	kg	0.18	25.520	25.520	32.780
	青铅	kg	5.90	1249.500	1664.390	2010.740
	碳精棒	kg	12.82	3.880	4.230	4.580
	氧气	m^3	3.63	13.420	14.520	15.840
	乙炔气	kg	10.45	5.610	6.050	6.600
	油麻	kg	6.84	45.890	61.130	73.860
	其他材料费占材料费	%	—	1.000	1.000	1.000
机械	汽车式起重机 8t	台班	763.67	0.307	0.500	0.680
	载重汽车 8t	台班	501.85	0.307	0.500	0.680

28.承插铸铁管件(膨胀水泥接口)

工作内容：准备工作、管子切口、管口处理、管件安装、调制接口材料、接口、养护。 计量单位：10个

定额编号				A8-2-367	A8-2-368	A8-2-369	A8-2-370
项目名称				公称直径(mm以内)			
				75	100	150	200
基价(元)				351.40	380.49	528.63	685.42
其中	人工费(元)			325.64	334.18	467.18	605.78
	材料费(元)			25.76	33.65	48.79	66.98
	机械费(元)			—	12.66	12.66	12.66
名称		单位	单价(元)	消耗量			
人工	综合工日	工日	140.00	2.326	2.387	3.337	4.327
材料	铸铁管件	个	—	(10.000)	(10.000)	(10.000)	(10.000)
	膨胀水泥	kg	0.68	13.990	17.400	25.590	32.870
	氧气	m³	3.63	0.440	0.750	1.010	1.830
	乙炔气	kg	10.45	0.180	0.310	0.420	0.750
	油麻	kg	6.84	1.830	2.270	3.340	4.310
	其他材料费占材料费	%	—	1.000	1.000	1.000	1.000
机械	汽车式起重机 8t	台班	763.67	—	0.010	0.010	0.010
	载重汽车 8t	台班	501.85	—	0.010	0.010	0.010

工作内容：准备工作、管子切口、管口处理、管件安装、调制接口材料、接口、养护。 计量单位：10个

定额编号				A8-2-371	A8-2-372	A8-2-373	A8-2-374
项目名称				公称直径(mm以内)			
				300	400	500	600
基价（元）				**796.34**	**1149.68**	**1582.95**	**2073.25**
其中	人工费（元）			672.00	940.80	1291.50	1701.98
	材料费（元）			109.15	172.18	235.77	290.28
	机械费（元）			15.19	36.70	55.68	80.99
名称		**单位**	**单价(元)**	**消耗量**			
人工	综合工日	工日	140.00	4.800	6.720	9.225	12.157
材料	铸铁管件	个	—	(10.000)	(10.000)	(10.000)	(10.000)
	膨胀水泥	kg	0.68	55.000	75.460	106.480	132.220
	碳精棒	kg	12.82	—	0.940	1.180	1.410
	氧气	m³	3.63	2.640	4.950	6.270	7.590
	乙炔气	kg	10.45	1.100	2.070	2.640	3.190
	油麻	kg	6.84	7.250	9.870	13.970	17.330
	其他材料费占材料费	%	—	1.000	1.000	1.000	1.000
机械	汽车式起重机 8t	台班	763.67	0.012	0.029	0.044	0.064
	载重汽车 8t	台班	501.85	0.012	0.029	0.044	0.064

工作内容：准备工作、管子切口、管口处理、管件安装、调制接口材料、接口、养护。 计量单位：10个

定额编号				A8-2-375	A8-2-376	A8-2-377	A8-2-378
项目名称				公称直径(mm以内)			
				700	800	900	1000
基价（元）				**2923.68**	**3127.96**	**4104.34**	**4627.22**
其中	人工费（元）			2464.56	2577.96	3405.22	3775.38
	材料费（元）			352.82	410.79	480.19	581.02
	机械费（元）			106.30	139.21	218.93	270.82
	名称	单位	单价(元)	消耗量			
人工	综合工日	工日	140.00	17.604	18.414	24.323	26.967
材料	铸铁管件	个	—	(10.000)	(10.000)	(10.000)	(10.000)
	膨胀水泥	kg	0.68	159.610	188.980	220.110	274.010
	碳精棒	kg	12.82	2.060	2.360	3.180	3.530
	氧气	m³	3.63	8.910	9.900	11.000	12.320
	乙炔气	kg	10.45	3.740	4.070	4.620	5.170
	油麻	kg	6.84	20.900	24.780	28.770	35.810
	其他材料费占材料费	%	—	1.000	1.000	1.000	1.000
机械	汽车式起重机 8t	台班	763.67	0.084	0.110	0.173	0.214
	载重汽车 8t	台班	501.85	0.084	0.110	0.173	0.214

工作内容：准备工作、管子切口、管口处理、管件安装、调制接口材料、接口、养护。 计量单位：10个

定额编号				A8-2-379	A8-2-380	A8-2-381
项目名称				公称直径(mm以内)		
				1200	1400	1600
基价（元）				**6245.15**	**8686.03**	**12668.64**
其中	人工费（元）			5138.84	7138.46	10723.44
	材料费（元）			716.53	914.81	1084.65
	机械费（元）			389.78	632.76	860.55
名称		**单位**	**单价(元)**	**消耗量**		
人工	综合工日	工日	140.00	36.706	50.989	76.596
材料	铸铁管件	个	—	(10.000)	(10.000)	(10.000)
	膨胀水泥	kg	0.68	350.680	467.060	564.410
	碳精棒	kg	12.82	3.880	4.230	4.580
	氧气	m³	3.63	13.420	14.520	15.840
	乙炔气	kg	10.45	5.610	6.050	6.600
	油麻	kg	6.84	45.890	61.110	73.820
	其他材料费占材料费	%	—	1.000	1.000	1.000
机械	汽车式起重机 8t	台班	763.67	0.308	0.500	0.680
	载重汽车 8t	台班	501.85	0.308	0.500	0.680

29.法兰铸铁管件(法兰连接)

工作内容：准备工作、管口组对、管件连接。　　　　计量单位：10个

定　额　编　号				A8-2-382	A8-2-383	A8-2-384	A8-2-385
项　目　名　称				公称直径(mm以内)			
				75	100	125	150
基　价（元）				**28.53**	**46.39**	**55.21**	**61.51**
其中	人　工　费（元）			24.50	28.42	35.84	40.74
	材　料　费（元）			4.03	5.31	6.71	8.11
	机　械　费（元）			—	12.66	12.66	12.66
名　称		单位	单价(元)	消　耗　量			
人工	综合工日	工日	140.00	0.175	0.203	0.256	0.291
材料	法兰铸铁管件	个	—	(10.000)	(10.000)	(10.000)	(10.000)
	白铅油	kg	6.45	0.140	0.200	0.240	0.280
	破布	kg	6.32	0.040	0.060	0.060	0.060
	清油	kg	9.70	0.040	0.040	0.040	0.060
	石棉橡胶板	kg	9.40	0.260	0.340	0.460	0.560
	其他材料费占材料费	%	—	1.000	1.000	1.000	1.000
机械	汽车式起重机 8t	台班	763.67	—	0.010	0.010	0.010
	载重汽车 8t	台班	501.85	—	0.010	0.010	0.010

工作内容：准备工作、管口组对、管件连接。　　　　计量单位：10个

定额编号				A8-2-386	A8-2-387	A8-2-388	A8-2-389
项目名称				公称直径(mm以内)			
				200	250	300	350
基价（元）				66.07	91.25	114.67	145.55
其中	人工费（元）			43.96	57.54	69.30	81.06
	材料费（元）			9.45	10.93	12.47	15.13
	机械费（元）			12.66	22.78	32.90	49.36
	名称	单位	单价(元)	消耗量			
人工	综合工日	工日	140.00	0.314	0.411	0.495	0.579
材料	法兰铸铁管件	个	—	(10.000)	(10.000)	(10.000)	(10.000)
	白铅油	kg	6.45	0.340	0.400	0.500	0.500
	破布	kg	6.32	0.060	0.080	0.100	0.100
	清油	kg	9.70	0.060	0.080	0.100	0.100
	石棉橡胶板	kg	9.40	0.660	0.740	0.800	1.080
	其他材料费占材料费	%	—	1.000	1.000	1.000	1.000
机械	汽车式起重机 8t	台班	763.67	0.010	0.018	0.026	0.039
	载重汽车 8t	台班	501.85	0.010	0.018	0.026	0.039

工作内容：准备工作、管口组对、管件连接。　　　　计量单位：10个

定额编号				A8-2-390	A8-2-391	A8-2-392	A8-2-393
项目名称				公称直径(mm以内)			
				400	450	500	600
基价（元）				242.31	287.85	396.85	479.65
其中	人工费（元）			101.08	111.44	141.82	163.80
	材料费（元）			31.12	33.40	37.41	39.25
	机械费（元）			110.11	143.01	217.62	276.60
名称		单位	单价(元)	消耗量			
人工	综合工日	工日	140.00	0.722	0.796	1.013	1.170
材料	法兰铸铁管件	个	—	(10.000)	(10.000)	(10.000)	(10.000)
	白铅油	kg	6.45	0.600	0.600	0.660	—
	黑铅粉	kg	5.13	—	—	—	0.120
	破布	kg	6.32	0.120	0.120	0.140	0.140
	清油	kg	9.70	0.120	0.120	0.120	0.360
	石棉橡胶板	kg	9.40	1.380	1.620	1.660	1.680
	碳精棒	kg	12.82	0.940	0.940	1.180	1.410
	其他材料费占材料费	%	—	1.000	1.000	1.000	1.000
机械	电动空气压缩机 0.6m³/min	台班	37.30	0.301	0.301	0.382	0.452
	电焊机(综合)	台班	118.28	0.301	0.301	0.382	0.452
	汽车式起重机 8t	台班	763.67	0.050	0.076	0.125	0.163
	载重汽车 8t	台班	501.85	0.050	0.076	0.125	0.163

30. 承插球墨铸铁管件安装(胶圈接口)

工作内容：选胶圈、清洗管口、上胶圈。　　　　计量单位：10个

定额编号				A8-2-394	A8-2-395	A8-2-396	A8-2-397
项目名称				公称直径(mm以内)			
				100	150	200	300
基价（元）				**541.80**	**604.69**	**684.30**	**928.04**
其中	人工费（元）			432.46	491.96	564.48	696.64
	材料费（元）			109.34	112.73	119.82	127.54
	机械费（元）			—	—	—	103.86
名称		**单位**	**单价(元)**	**消耗量**			
人工	综合工日	工日	140.00	3.089	3.514	4.032	4.976
材料	铸铁管件	个	—	(10.000)	(10.000)	(10.000)	(10.000)
	润滑油	kg	5.98	0.800	1.050	1.260	1.580
	橡胶圈	个	4.79	20.600	20.600	20.600	20.600
	氧气	m^3	3.63	0.750	1.010	1.830	2.640
	乙炔气	kg	10.45	0.250	0.340	0.610	0.880
	其他材料费占材料费	%	—	0.500	0.500	0.500	0.500
机械	汽车式起重机 8t	台班	763.67	—	—	—	0.090
	载重汽车 8t	台班	501.85	—	—	—	0.070

工作内容：选胶圈、清洗管口、上胶圈。　　　　计量单位：10个

定额编号				A8-2-398	A8-2-399	A8-2-400	A8-2-401
项目名称				公称直径(mm以内)			
				400	500	600	700
基价（元）				1377.14	1766.67	2257.29	3080.27
其中	人工费（元）			1059.24	1368.08	1706.88	2517.90
	材料费（元）			145.31	157.27	169.23	181.19
	机械费（元）			172.59	241.32	381.18	381.18
名称		单位	单价(元)	消耗量			
人工	综合工日	工日	140.00	7.566	9.772	12.192	17.985
材料	铸铁管件	个	—	(10.000)	(10.000)	(10.000)	(10.000)
	润滑油	kg	5.98	1.790	2.210	2.630	3.050
	橡胶圈	个	4.79	20.600	20.600	20.600	20.600
	氧气	m^3	3.63	4.950	6.270	7.590	8.910
	乙炔气	kg	10.45	1.650	2.090	2.530	2.970
	其他材料费占材料费	%	—	0.500	0.500	0.500	0.500
机械	汽车式起重机 8t	台班	763.67	0.180	0.270	0.440	0.440
	载重汽车 8t	台班	501.85	0.070	0.070	0.090	0.090

工作内容：选胶圈、清洗管口、上胶圈。　　　　计量单位：10个

定额编号				A8-2-402	A8-2-403	A8-2-404
项目名称				公称直径(mm以内)		
				800	900	1000
基价（元）				3134.39	4115.55	4802.21
其中	人工费（元）			2553.04	3316.32	3828.72
	材料费（元）			190.13	201.82	212.52
	机械费（元）			391.22	597.41	760.97
名称		单位	单价(元)	消耗量		
人工	综合工日	工日	140.00	18.236	23.688	27.348
材料	铸铁管件	个	—	(10.000)	(10.000)	(10.000)
	润滑油	kg	5.98	3.360	3.990	4.200
	橡胶圈	个	4.79	20.600	20.600	20.600
	氧气	m^3	3.63	9.900	11.000	12.320
	乙炔气	kg	10.45	3.300	3.670	4.110
	其他材料费占材料费	%	—	0.500	0.500	0.500
机械	汽车式起重机 16t	台班	958.70	—	—	0.710
	汽车式起重机 8t	台班	763.67	0.440	0.710	—
	载重汽车 8t	台班	501.85	0.110	0.110	0.160

工作内容：选胶圈、清洗管口、上胶圈。 计量单位：10个

定额编号				A8-2-405	A8-2-406	A8-2-407
项目名称				公称直径(mm以内)		
				1200	1400	1600
基价（元）				**6382.93**	**8464.41**	**11768.92**
其中	人工费（元）			5233.62	7218.40	10307.92
	材料费（元）			225.36	238.97	253.45
	机械费（元）			923.95	1007.04	1207.55
名称		**单位**	**单价(元)**	**消耗量**		
人工	综合工日	工日	140.00	37.383	51.560	73.628
材料	铸铁管件	个	—	(10.000)	(10.000)	(10.000)
	润滑油	kg	5.98	5.040	5.990	6.830
	橡胶圈	个	4.79	20.600	20.600	20.600
	氧气	m³	3.63	13.420	14.520	15.840
	乙炔气	kg	10.45	4.470	4.840	5.280
	其他材料费占材料费	%	—	0.500	0.500	0.500
机械	汽车式起重机 16t	台班	958.70	0.880	—	—
	汽车式起重机 20t	台班	1030.31	—	0.880	1.060
	载重汽车 8t	台班	501.85	0.160	0.200	0.230

31.铸铁管件安装(机械接口)

工作内容：管口处理，找正、找平，上胶圈、法兰，紧螺栓等操作过程。　　　　计量单位：10个

定额编号				A8-2-408	A8-2-409	A8-2-410	A8-2-411
项目名称				公称直径(mm以内)			
				75	100	150	200
基价(元)				**2888.02**	**3153.56**	**4063.79**	**4900.25**
其中	人工费(元)			408.10	428.40	438.20	448.84
	材料费(元)			2479.92	2725.16	3625.59	4451.41
	机械费(元)			—	—	—	—
名称		单位	单价(元)	消耗量			
人工	综合工日	工日	140.00	2.915	3.060	3.130	3.206
材料	铸铁管件	个	—	(10.000)	(10.000)	(10.000)	(10.000)
	带帽螺栓 玛钢 M12×100	套	1.62	94.760	94.760	142.100	142.100
	镀锌铁丝 φ1.2～0.7	kg	3.57	0.240	0.280	0.320	0.390
	镀锌铁丝 φ2.5～4.0	kg	3.57	0.690	0.690	0.690	0.690
	黄干油	kg	5.15	0.920	1.290	1.660	2.120
	活动法兰 DN100	片	102.86	—	23.000	—	—
	活动法兰 DN150	片	138.01	—	—	23.000	—
	活动法兰 DN200	片	173.15	—	—	—	23.000
	活动法兰 DN75	片	92.58	23.000	—	—	—
	胶圈(机接)	个	2.56	23.690	23.690	23.690	23.690
	破布	kg	6.32	2.760	3.130	3.500	4.230
	塑料布	m²	1.97	1.750	2.760	3.770	4.880
	支撑圈	套	3.50	23.690	23.690	23.690	23.690
	其他材料费占材料费	%	—	1.000	1.000	1.000	1.000

工作内容：管口处理，找正、找平，上胶圈、法兰，紧螺栓等操作过程。　　　　　　计量单位：10个

定额编号				A8-2-412	A8-2-413	A8-2-414	A8-2-415
项目名称				公称直径(mm以内)			
				250	300	350	400
基价（元）				6175.22	7444.91	9048.49	10892.22
其中	人工费（元）			543.34	639.38	812.28	986.72
	材料费（元）			5631.88	6701.67	8132.35	9732.91
	机械费（元）			—	103.86	103.86	172.59
名称		单位	单价(元)	消耗量			
人工	综合工日	工日	140.00	3.881	4.567	5.802	7.048
材料	铸铁管件	个	—	(10.000)	(10.000)	(10.000)	(10.000)
	带帽螺栓 玛钢 M12×100	套	1.62	189.520	—	—	—
	带帽螺栓 玛钢 M20×100	套	2.28	—	189.520	236.900	236.900
	镀锌铁丝 Φ1.2～0.7	kg	3.57	0.470	0.550	0.630	0.710
	镀锌铁丝 Φ2.5～4.0	kg	3.57	0.690	0.690	0.690	0.690
	黄干油	kg	5.15	2.590	3.060	3.600	4.140
	活动法兰 DN250	片	220.30	23.000	—	—	—
	活动法兰 DN300	片	260.59	—	23.000	—	—
	活动法兰 DN350	片	317.16	—	—	23.000	—
	活动法兰 DN400	片	385.74	—	—	—	23.000
	胶圈(机接)	个	2.56	23.690	23.690	23.690	23.690
	破布	kg	6.32	4.560	4.880	5.060	5.240
	塑料布	m²	1.97	6.260	7.640	9.250	10.860
	支撑圈	套	3.50	23.690	23.690	23.690	23.690
	其他材料费占材料费	%	—	1.000	1.000	1.000	1.000
机械	汽车式起重机 8t	台班	763.67	—	0.090	0.090	0.180
	载重汽车 8t	台班	501.85	—	0.070	0.070	0.070

工作内容：管口处理，找正、找平，上胶圈、法兰，紧螺栓等操作过程。　　　　　　计量单位：10个

定额编号				A8-2-416	A8-2-417	A8-2-418
项目名称				公称直径(mm以内)		
				450	500	600
基价（元）				12690.10	15027.76	23151.90
其中	人工费（元）			1154.44	1320.20	1603.00
	材料费（元）			11358.05	13456.20	21167.72
	机械费（元）			177.61	251.36	381.18
名称		单位	单价(元)	消耗量		
人工	综合工日	工日	140.00	8.246	9.430	11.450
材料	铸铁管件	个	—	(10.000)	(10.000)	(10.000)
	带帽螺栓 玛钢 M20×100	套	2.28	331.660	—	—
	带帽螺栓 玛钢 M22×120	套	2.56	—	331.660	379.040
	镀锌铁丝 φ1.2～0.7	kg	3.57	0.790	0.870	1.100
	镀锌铁丝 φ2.5～4.0	kg	3.57	0.690	0.690	0.690
	黄干油	kg	5.15	4.950	5.750	7.130
	活动法兰 DN450	片	445.74	23.000	—	—
	活动法兰 DN500	片	531.46	—	23.000	—
	活动法兰 DN600	片	857.19	—	—	23.000
	胶圈(机接)	个	2.56	23.690	23.690	23.690
	破布	kg	6.32	5.990	6.740	8.120
	塑料布	m²	1.97	12.790	14.720	17.480
	支撑圈	套	3.50	23.690	23.690	23.690
	其他材料费占材料费	%	—	1.000	1.000	1.000
机械	汽车式起重机 8t	台班	763.67	0.180	0.270	0.440
	载重汽车 8t	台班	501.85	0.080	0.090	0.090

32. 预制钢套钢复合保温管管件安装

(1) 电弧焊

工作内容：坡口加工、磨平，管口组对、焊接、安装等操作过程。　　计量单位：10个

定额编号				A8-2-419	A8-2-420	A8-2-421	A8-2-422
项目名称				公称直径(mm以内)			
				65	80	100	125
基价（元）				**687.22**	**803.41**	**1016.71**	**1286.66**
其中	人工费（元）			531.16	622.86	697.90	858.90
	材料费（元）			69.31	79.70	93.57	127.53
	机械费（元）			86.75	100.85	225.24	300.23
	名称	**单位**	**单价(元)**	**消耗量**			
人工	综合工日	工日	140.00	3.794	4.449	4.985	6.135
材料	预制钢套钢复合保温管管件	个	—	(10.000)	(10.000)	(10.000)	(10.000)
	低碳钢焊条	kg	6.84	2.070	2.460	3.020	5.070
	棉纱头	kg	6.00	0.110	0.140	0.160	0.190
	尼龙砂轮片 φ100	片	2.05	0.810	0.970	1.180	1.720
	氧气	m³	3.63	7.340	8.320	9.660	12.230
	乙炔气	kg	10.45	2.440	2.780	3.210	4.070
	其他材料费占材料费	%	—	1.000	1.000	1.000	1.000
机械	电焊条烘干箱 60×50×75cm³	台班	26.46	0.120	0.140	0.160	0.220
	汽车式起重机 8t	台班	763.67	—	—	0.090	0.130
	载重汽车 8t	台班	501.85	—	—	0.070	0.070
	直流弧焊机 20kV·A	台班	71.43	1.170	1.360	1.640	2.240

工作内容：坡口加工、磨平，管口组对、焊接、安装等操作过程。　　计量单位：10个

定额编号				A8-2-423	A8-2-424	A8-2-425	A8-2-426
项目名称				公称直径(mm以内)			
				150	200	250	300
基价（元）				**1601.16**	**2019.60**	**2734.06**	**3390.44**
其中	人工费（元）			1050.14	1290.52	1741.60	2080.82
	材料费（元）			166.47	239.19	346.58	404.38
	机械费（元）			384.55	489.89	645.88	905.24
名称		单位	单价(元)	消耗量			
人工	综合工日	工日	140.00	7.501	9.218	12.440	14.863
材料	预制钢套钢复合保温管管件	个	—	(10.000)	(10.000)	(10.000)	(10.000)
	低碳钢焊条	kg	6.84	7.960	11.020	21.670	25.850
	角钢(综合)	kg	3.61	—	2.000	2.000	2.000
	棉纱头	kg	6.00	0.240	0.330	0.400	0.490
	尼龙砂轮片 φ100	片	2.05	2.860	4.000	6.820	8.140
	氧气	m^3	3.63	14.490	20.250	24.110	27.650
	乙炔气	kg	10.45	4.830	6.750	8.020	9.220
	其他材料费占材料费	%	—	1.000	1.000	1.000	1.000
机械	电焊条烘干箱 60×50×75cm³	台班	26.46	0.290	0.390	0.550	0.650
	汽车式起重机 12t	台班	857.15	—	—	—	0.440
	汽车式起重机 8t	台班	763.67	0.180	0.220	0.270	—
	载重汽车 8t	台班	501.85	0.070	0.070	0.070	0.090
	直流弧焊机 20kV·A	台班	71.43	2.860	3.870	5.460	6.520

工作内容：坡口加工、磨平，管口组对、焊接、安装等操作过程。　　　　　　　　　　计量单位：10个

定额编号				A8-2-427	A8-2-428	A8-2-429	A8-2-430
项目名称				公称直径(mm以内)			
				350	400	450	500
基价（元）				**3968.98**	**4702.27**	**5175.43**	**6259.58**
其中	人工费（元）			2450.42	2895.06	3223.50	3889.90
	材料费（元）			517.74	651.54	711.20	784.07
	机械费（元）			1000.82	1155.67	1240.73	1585.61
名称		单位	单价(元)	消耗量			
人工	综合工日	工日	140.00	17.503	20.679	23.025	27.785
材料	预制钢套钢复合保温管管件	个	—	(10.000)	(10.000)	(10.000)	(10.000)
	低碳钢焊条	kg	6.84	35.210	46.200	51.910	58.020
	角钢(综合)	kg	3.61	2.000	2.000	2.000	2.000
	棉纱头	kg	6.00	0.560	0.620	0.640	0.760
	尼龙砂轮片 φ100	片	2.05	10.910	13.740	15.600	17.460
	氧气	m³	3.63	33.580	40.760	43.030	46.660
	乙炔气	kg	10.45	11.190	13.590	14.340	15.550
	其他材料费占材料费	%	—	1.000	1.000	1.000	1.000
机械	电焊条烘干箱 60×50×75cm³	台班	26.46	0.780	0.920	1.030	1.150
	汽车式起重机 12t	台班	857.15	0.440	—	—	—
	汽车式起重机 16t	台班	958.70	—	0.440	0.440	0.710
	载重汽车 8t	台班	501.85	0.090	0.110	0.110	0.110
	直流弧焊机 20kV·A	台班	71.43	7.810	9.160	10.310	11.470

工作内容：坡口加工、磨平，管口组对、焊接、安装等操作过程。 计量单位：10个

定额编号				A8-2-431	A8-2-432	A8-2-433	A8-2-434
项目名称				公称直径(mm以内)			
				600	700	800	900
基价（元）				7385.58	8276.86	9393.51	10561.29
其中	人工费（元）			4612.72	4964.82	5630.80	6440.28
	材料费（元）			1004.45	1164.94	1548.22	1736.87
	机械费（元）			1768.41	2147.10	2214.49	2384.14
名称		单位	单价(元)	消耗量			
人工	综合工日	工日	140.00	32.948	35.463	40.220	46.002
材料	预制钢套钢复合保温管管件	个	—	(10.000)	(10.000)	(10.000)	(10.000)
	低碳钢焊条	kg	6.84	79.350	90.620	131.850	148.100
	角钢(综合)	kg	3.61	2.020	2.200	2.200	2.200
	六角螺栓(综合)	10套	11.30	0.480	0.480	0.480	0.480
	棉纱头	kg	6.00	0.930	0.980	1.040	1.160
	尼龙砂轮片 φ100	片	2.05	21.030	25.430	28.680	31.510
	氧气	m^3	3.63	54.880	64.970	77.680	87.420
	乙炔气	kg	10.45	18.290	21.660	25.900	29.130
	其他材料费占材料费	%	—	1.000	1.000	1.000	1.000
机械	电焊条烘干箱 60×50×75cm^3	台班	26.46	1.360	1.570	1.660	1.860
	汽车式起重机 16t	台班	958.70	0.710	—	—	—
	汽车式起重机 20t	台班	1030.31	—	0.880	0.880	0.880
	载重汽车 8t	台班	501.85	0.160	0.160	0.160	0.200
	直流弧焊机 20kV·A	台班	71.43	13.600	15.660	16.570	18.590

(2)氩电联焊

工作内容：坡口加工、磨平，管口组对、焊接、安装等操作过程。　　　　计量单位：10个

定额编号				A8-2-435	A8-2-436	A8-2-437	A8-2-438
项目名称				公称直径(mm以内)			
				65	80	100	125
基价（元）				739.10	862.53	1110.84	1415.96
其中	人工费（元）			549.64	642.18	721.70	882.84
	材料费（元）			90.82	105.04	126.03	165.20
	机械费（元）			98.64	115.31	263.11	367.92
名称		单位	单价(元)	消耗量			
人工	综合工日	工日	140.00	3.926	4.587	5.155	6.306
材料	预制钢套钢复合保温管管件	个	—	(10.000)	(10.000)	(10.000)	(10.000)
	低碳钢焊条	kg	6.84	1.030	1.230	1.430	3.100
	棉纱头	kg	6.00	0.110	0.140	0.160	0.190
	尼龙砂轮片 φ100	片	2.05	0.810	0.970	1.180	1.720
	铈钨棒	g	0.38	2.450	2.900	3.730	4.390
	碳钢氩弧焊丝	kg	7.69	0.440	0.520	0.670	0.780
	氩气	m^3	19.59	1.230	1.450	1.860	2.200
	氧气	m^3	3.63	7.340	8.320	9.660	12.230
	乙炔气	kg	10.45	2.440	2.780	3.210	4.070
	其他材料费占材料费	%	—	1.000	1.000	1.000	1.000
机械	电焊条烘干箱 60×50×75cm³	台班	26.46	0.060	0.070	0.070	0.140
	汽车式起重机 20t	台班	1030.31	—	—	0.090	0.130
	氩弧焊机 500A	台班	92.58	0.570	0.670	0.870	1.020
	载重汽车 8t	台班	501.85	—	—	0.070	0.070
	直流弧焊机 20kV·A	台班	71.43	0.620	0.720	0.740	1.410

工作内容：坡口加工、磨平，管口组对、焊接、安装等操作过程。　　　　　　计量单位：10个

定额编号				A8-2-439	A8-2-440	A8-2-441	A8-2-442
项目名称				公称直径(mm以内)			
				150	200	250	300
基价（元）				1766.73	2275.13	3004.62	3722.63
其中	人工费（元）			1067.50	1333.64	1803.76	2161.18
	材料费（元）			215.06	303.86	423.87	497.41
	机械费（元）			484.17	637.63	776.99	1064.04
名称		单位	单价(元)	消耗量			
人工	综合工日	工日	140.00	7.625	9.526	12.884	15.437
材料	预制钢套钢复合保温管管件	个	—	(10.000)	(10.000)	(10.000)	(10.000)
	低碳钢焊条	kg	6.84	5.810	8.120	17.700	21.110
	角钢(综合)	kg	3.61	—	2.000	2.000	2.000
	棉纱头	kg	6.00	0.240	0.330	0.400	0.490
	尼龙砂轮片 φ100	片	2.05	2.860	4.000	6.820	8.140
	铈钨棒	g	0.38	5.440	7.260	8.980	10.780
	碳钢氩弧焊丝	kg	7.69	0.970	1.300	1.600	1.930
	氩气	m^3	19.59	2.720	3.630	4.490	5.390
	氧气	m^3	3.63	14.490	20.250	24.110	27.650
	乙炔气	kg	10.45	4.830	6.750	8.020	9.220
	其他材料费占材料费	%	—	1.000	1.000	1.000	1.000
机械	电焊条烘干箱 60×50×75cm³	台班	26.46	0.200	0.300	0.460	0.550
	汽车式起重机 12t	台班	857.15	—	—	—	0.440
	汽车式起重机 20t	台班	1030.31	0.180	0.220	—	—
	汽车式起重机 8t	台班	763.67	—	—	0.270	—
	氩弧焊机 500A	台班	92.58	1.270	1.690	2.090	2.500
	载重汽车 8t	台班	501.85	0.070	0.070	0.070	0.090
	直流弧焊机 20kV·A	台班	71.43	1.970	2.960	4.620	5.540

工作内容：坡口加工、磨平，管口组对、焊接、安装等操作过程。　　计量单位：10个

定额编号				A8-2-443	A8-2-444	A8-2-445	A8-2-446
项目名称				公称直径(mm以内)			
				350	400	450	500
基价（元）				4303.50	5152.25	5702.11	6829.22
其中	人工费（元）			2556.40	3012.94	3371.62	4050.20
	材料费（元）			596.83	770.56	856.77	940.90
	机械费（元）			1150.27	1368.75	1473.72	1838.12
名称		单位	单价(元)	消耗量			
人工	综合工日	工日	140.00	18.260	21.521	24.083	28.930
材料	预制钢套钢复合保温管管件	个	—	(10.000)	(10.000)	(10.000)	(10.000)
	低碳钢焊条	kg	6.84	24.370	39.590	44.630	49.320
	角钢(综合)	kg	3.61	2.000	2.000	2.000	2.000
	棉纱头	kg	6.00	0.560	0.620	0.640	0.760
	尼龙砂轮片 φ100	片	2.05	10.910	13.740	15.600	17.460
	铈钨棒	g	0.38	13.200	14.120	16.790	18.610
	碳钢氩弧焊丝	kg	7.69	2.360	2.520	2.990	3.320
	氩气	m³	19.59	6.600	7.060	8.400	9.300
	氧气	m³	3.63	33.580	40.760	43.030	46.660
	乙炔气	kg	10.45	11.190	13.590	14.340	15.550
	其他材料费占材料费	%	—	1.000	1.000	1.000	1.000
机械	电焊条烘干箱 60×50×75cm³	台班	26.46	0.600	0.790	0.860	0.950
	汽车式起重机 12t	台班	857.15	0.440	—	—	—
	汽车式起重机 16t	台班	958.70	—	0.440	0.440	0.710
	氩弧焊机 500A	台班	92.58	3.070	3.280	3.900	4.320
	载重汽车 8t	台班	501.85	0.090	0.110	0.110	0.110
	直流弧焊机 20kV·A	台班	71.43	5.990	7.940	8.580	9.480

工作内容：坡口加工、磨平，管口组对、焊接、安装等操作过程。　　计量单位：10个

定额编号				A8-2-447	A8-2-448	A8-2-449	A8-2-450
项目名称				公称直径(mm以内)			
				600	700	800	900
基价（元）				7936.96	9241.16	10540.64	11765.71
其中	人工费（元）			4771.90	5211.78	5920.88	6779.78
	材料费（元）			1121.59	1309.98	1708.28	1917.13
	机械费（元）			2043.47	2719.40	2911.48	3068.80
名称		单位	单价(元)	消耗量			
人工	综合工日	工日	140.00	34.085	37.227	42.292	48.427
材料	预制钢套钢复合保温管管件	个	—	(10.000)	(10.000)	(10.000)	(10.000)
	低碳钢焊条	kg	6.84	58.730	69.080	106.700	119.800
	角钢(综合)	kg	3.61	2.020	2.200	2.200	2.200
	六角螺栓(综合)	10套	11.30	0.480	0.480	0.480	0.480
	棉纱头	kg	6.00	0.930	0.980	1.040	1.160
	尼龙砂轮片 φ100	片	2.05	21.030	25.430	28.680	31.510
	铈钨棒	g	0.38	22.250	25.190	28.620	32.130
	碳钢氩弧焊丝	kg	7.69	3.970	4.490	5.110	5.780
	氩气	m³	19.59	11.130	12.600	14.310	16.100
	氧气	m³	3.63	54.880	64.970	77.680	87.420
	乙炔气	kg	10.45	18.290	21.660	25.900	29.130
	其他材料费占材料费	%	—	1.000	1.000	1.000	1.000
机械	电焊条烘干箱 60×50×75cm³	台班	26.46	1.090	1.520	1.670	1.740
	汽车式起重机 16t	台班	958.70	0.710	—	—	—
	汽车式起重机 20t	台班	1030.31	—	0.880	0.880	0.880
	氩弧焊机 500A	台班	92.58	5.170	6.520	7.410	8.340
	载重汽车 8t	台班	501.85	0.160	0.160	0.160	0.200
	直流弧焊机 20kV·A	台班	71.43	10.850	15.240	16.720	17.410

(3)外套管接口制作安装

工作内容：下料、切管，坡口加工、磨平，组对、焊接等操作过程。　　计量单位：10个

定额编号				A8-2-451	A8-2-452	A8-2-453	A8-2-454
项目名称				公称直径(mm以内)			
				200	250	300	350
基价（元）				1302.58	1661.94	2009.16	2236.21
其中	人工费（元）			642.18	852.60	1056.44	1155.28
	材料费（元）			294.57	369.43	441.60	523.93
	机械费（元）			365.83	439.91	511.12	557.00
名称		单位	单价(元)	消耗量			
人工	综合工日	工日	140.00	4.587	6.090	7.546	8.252
材料	钢板卷管	m	—	(5.330)	(5.330)	(5.530)	(5.330)
	低碳钢焊条	kg	6.84	19.690	28.250	36.490	44.920
	角钢(综合)	kg	3.61	2.000	2.000	2.000	2.000
	棉纱头	kg	6.00	0.690	0.760	0.830	0.890
	尼龙砂轮片 φ100	片	2.05	4.790	4.930	5.060	5.470
	氧气	m^3	3.63	19.100	21.180	23.190	26.380
	乙炔气	kg	10.45	6.360	7.060	7.740	8.800
	其他材料费占材料费	%	—	1.000	1.000	1.000	1.000
机械	电焊条烘干箱 60×50×75cm^3	台班	26.46	0.490	0.590	0.690	0.750
	直流弧焊机 20kV·A	台班	71.43	4.940	5.940	6.900	7.520

工作内容：下料、切管，坡口加工、磨平，组对、焊接等操作过程。　　计量单位：10个

定额编号				A8-2-455	A8-2-456	A8-2-457	A8-2-458
项目名称				公称直径(mm以内)			
				400	450	500	600
基价（元）				2449.09	2649.03	2974.53	3762.97
其中	人工费（元）			1247.68	1370.88	1494.64	1833.86
	材料费（元）			601.39	678.13	753.23	1028.24
	机械费（元）			600.02	600.02	726.66	900.87
名称		单位	单价(元)	消耗量			
人工	综合工日	工日	140.00	8.912	9.792	10.676	13.099
材料	钢板卷管	m	—	(5.330)	(5.330)	(5.330)	(5.330)
	低碳钢焊条	kg	6.84	52.870	60.520	68.020	97.610
	角钢(综合)	kg	3.61	2.000	2.000	2.000	2.020
	棉纱头	kg	6.00	0.940	1.000	1.060	1.210
	尼龙砂轮片 Φ100	片	2.05	5.850	6.820	7.760	8.360
	氧气	m^3	3.63	29.380	32.370	35.300	44.820
	乙炔气	kg	10.45	9.790	10.790	11.760	14.930
	其他材料费占材料费	%	—	1.000	1.000	1.000	1.000
机械	电焊条烘干箱 60×50×75cm³	台班	26.46	0.810	0.810	0.980	1.220
	直流弧焊机 20kV·A	台班	71.43	8.100	8.100	9.810	12.160

工作内容：下料、切管，坡口加工、磨平，组对、焊接等操作过程。　　　　计量单位：10个

定额编号				A8-2-459	A8-2-460	A8-2-461
项目名称				公称直径(mm以内)		
				700	800	900
基价(元)				4190.81	4724.76	5258.33
其中	人工费(元)			2055.34	2383.78	2605.68
	材料费(元)			1145.71	1282.41	1414.87
	机械费(元)			989.76	1058.57	1237.78
名称		单位	单价(元)	消耗量		
人工	综合工日	工日	140.00	14.681	17.027	18.612
材料	钢板卷管	m	—	(5.330)	(5.330)	(5.330)
	低碳钢焊条	kg	6.84	109.210	122.670	135.480
	角钢(综合)	kg	3.61	2.200	2.200	2.200
	六角螺栓(综合)	10套	11.30	0.480	0.480	0.480
	棉纱头	kg	6.00	1.300	1.160	1.560
	尼龙砂轮片 φ100	片	2.05	8.750	9.730	10.570
	氧气	m^3	3.63	48.960	54.890	60.420
	乙炔气	kg	10.45	16.320	18.290	20.140
	其他材料费占材料费	%	—	1.000	1.000	1.000
机械	电焊条烘干箱 60×50×75cm³	台班	26.46	1.340	1.430	1.670
	直流弧焊机 20kV·A	台班	71.43	13.360	14.290	16.710

工作内容：下料、切管，坡口加工、磨平，组对、焊接等操作过程。　　　　计量单位：10个

定额编号				A8-2-462	A8-2-463	A8-2-464
项目名称				公称直径(mm以内)		
				1000	1200	1400
基价（元）				6035.39	7096.26	8338.81
其中	人工费（元）			3099.60	3642.94	4198.46
	材料费（元）			1564.67	1854.71	2246.15
	机械费（元）			1371.12	1598.61	1894.20
名称		单位	单价(元)	消耗量		
人工	综合工日	工日	140.00	22.140	26.021	29.989
材料	钢板卷管	m	—	(5.330)	(5.330)	(5.330)
	低碳钢焊条	kg	6.84	150.320	178.620	223.400
	角钢(综合)	kg	3.61	2.200	2.940	2.940
	六角螺栓(综合)	10套	11.30	0.480	0.480	0.480
	棉纱头	kg	6.00	1.750	1.940	2.180
	尼龙砂轮片 φ100	片	2.05	11.800	13.440	15.600
	氧气	m^3	3.63	66.260	78.640	89.220
	乙炔气	kg	10.45	22.240	26.210	29.750
	其他材料费占材料费	%	—	1.000	1.000	1.000
机械	电焊条烘干箱 60×50×75cm³	台班	26.46	1.850	2.160	2.560
	直流弧焊机 20kV·A	台班	71.43	18.510	21.580	25.570

33. 直埋式预制保温管管件安装

(1) 电弧焊

工作内容：收缩带下料、制塑料焊条，切、坡口及打磨、组对、安装、焊接，连接套管、找正、就位、固定、塑料焊、人工发泡，做收缩带、防毒等操作过程。　　计量单位：10个

定额编号				A8-2-465	A8-2-466	A8-2-467	A8-2-468
项目名称				公称直径(mm)			
				50	65	80	100
基价（元）				**823.53**	**1187.09**	**1374.94**	**1597.96**
其中	人工费（元）			487.62	622.86	704.48	790.30
	材料费（元）			281.91	477.48	569.61	686.28
	机械费（元）			54.00	86.75	100.85	121.38
名称		单位	单价(元)	消耗量			
人工	综合工日	工日	140.00	3.483	4.449	5.032	5.645
材料	聚氨酯硬质泡沫预制管件	个	—	(10.000)	(10.000)	(10.000)	(10.000)
	低碳钢焊条	kg	6.84	1.160	2.070	2.460	3.020
	镀锌铁丝 Φ4.0	kg	3.57	0.230	0.240	0.240	0.240
	高密度聚乙烯连接套管 DN100	m	16.29	—	—	—	14.280
	高密度聚乙烯连接套管 DN50	m	5.14	14.280	—	—	—
	高密度聚乙烯连接套管 DN65	m	9.43	—	14.280	—	—
	高密度聚乙烯连接套管 DN80	m	13.72	—	—	14.280	—
	聚氨酯硬质泡沫 A、B料	m^3	36.00	0.140	0.150	0.180	0.280
	棉纱头	kg	6.00	0.090	0.110	0.140	0.160
	尼龙砂轮片 Φ100	片	2.05	0.510	0.810	0.970	1.180
	破布	kg	6.32	0.750	0.840	0.900	1.050
	汽油	kg	6.77	23.970	41.200	44.370	53.870
	收缩带	m^2	0.56	3.780	4.100	4.420	5.360
	塑料钻头 Φ26	个	1.71	0.100	0.100	0.100	0.100
	氧气	m^3	3.63	2.270	3.300	3.710	4.280
	乙炔气	kg	10.45	0.770	1.100	1.250	1.420
	硬聚氯乙烯焊条 Φ4	m	0.24	19.800	21.600	24.200	29.200
	其他材料费占材料费	%	—	1.000	1.000	1.000	1.000
机械	电焊条烘干箱 60×50×75cm^3	台班	26.46	0.070	0.120	0.140	0.160
	直流弧焊机 20kV·A	台班	71.43	0.730	1.170	1.360	1.640

工作内容：收缩带下料、制塑料焊条，切、坡口及打磨、组对、安装、焊接，连接套管、找正、就位、固定、塑料焊、人工发泡，做收缩带、防毒等操作过程。 计量单位：10个

定额编号				A8-2-469	A8-2-470	A8-2-471	A8-2-472
项目名称				公称直径(mm)			
				125	150	200	250
基价（元）				1871.52	2241.40	2911.32	4600.94
其中	人工费（元）			944.72	1129.80	1359.12	1803.76
	材料费（元）			760.98	899.64	1265.45	2280.90
	机械费（元）			165.82	211.96	286.75	516.28
名称		单位	单价(元)	消耗量			
人工	综合工日	工日	140.00	6.748	8.070	9.708	12.884
材料	聚氨酯硬质泡沫预制管件	个	—	(10.000)	(10.000)	(10.000)	(10.000)
	低碳钢焊条	kg	6.84	5.070	7.960	11.020	21.670
	镀锌铁丝 φ4.0	kg	3.57	0.240	0.240	0.240	0.240
	高密度聚乙烯连接套管 DN125	m	17.14	14.280	—	—	—
	高密度聚乙烯连接套管 DN150	m	21.43	—	14.280	—	—
	高密度聚乙烯连接套管 DN200	m	34.29	—	—	14.280	—
	高密度聚乙烯连接套管 DN250	m	65.15	—	—	—	14.280
	角钢(综合)	kg	3.61	—	—	2.000	2.000
	聚氨酯硬质泡沫 A、B料	m^3	36.00	0.320	0.360	0.500	0.840
	棉纱头	kg	6.00	0.190	0.240	0.330	0.400
	尼龙砂轮片 φ100	片	2.05	1.720	2.860	4.000	6.820
	破布	kg	6.32	1.140	1.200	1.440	1.560
	汽油	kg	6.77	58.820	63.380	79.220	142.600
	收缩带	m^2	0.56	5.860	7.300	7.880	14.180
	塑料钻头 φ26	个	1.71	0.100	0.100	0.100	0.100
	氧气	m^3	3.63	5.680	8.380	12.820	18.050
	乙炔气	kg	10.45	1.890	2.800	4.270	6.020
	硬聚氯乙烯焊条 φ4	m	0.24	32.200	35.600	43.600	55.200
	其他材料费占材料费	%	—	1.000	1.000	1.000	1.000
机械	电焊条烘干箱 60×50×75cm³	台班	26.46	0.220	0.290	0.390	0.550
	汽车式起重机 8t	台班	763.67	—	—	—	0.120
	载重汽车 8t	台班	501.85	—	—	—	0.040
	直流弧焊机 20kV·A	台班	71.43	2.240	2.860	3.870	5.460

工作内容：收缩带下料、制塑料焊条，切、坡口及打磨、组对、安装、焊接，连接套管、找正、就位、固定、塑料焊、人工发泡，做收缩带、防毒等操作过程。 计量单位：10个

定额编号					A8-2-473	A8-2-474	A8-2-475	A8-2-476
项目名称					公称直径(mm)			
					300	350	400	500
基价（元）					**5687.51**	**6995.83**	**8329.22**	**10675.17**
其中	人工费（元）				2143.12	2475.90	2852.64	3730.02
	材料费（元）				2907.80	3765.60	4580.66	5844.36
	机械费（元）				636.59	754.33	895.92	1100.79
名称			单位	单价(元)	消耗量			
人工	综合工日		工日	140.00	15.308	17.685	20.376	26.643
材料	聚氨酯硬质泡沫预制管件		个	—	(10.000)	(10.000)	(10.000)	(10.000)
	低碳钢焊条		kg	6.84	25.850	35.210	46.200	58.020
	镀锌铁丝 φ4.0		kg	3.57	0.300	0.300	0.300	0.360
	高密度聚乙烯连接套管 DN300		m	102.86	14.280	—	—	—
	高密度聚乙烯连接套管 DN350		m	145.72	—	14.280	—	—
	高密度聚乙烯连接套管 DN400		m	180.01	—	—	14.280	—
	高密度聚乙烯连接套管 DN500		m	240.01	—	—	—	14.280
	角钢(综合)		kg	3.61	2.000	2.000	2.000	2.000
	聚氨酯硬质泡沫 A、B料		m^3	36.00	0.960	1.100	1.340	1.600
	棉纱头		kg	6.00	0.490	0.560	0.620	0.760
	尼龙砂轮片 φ100		片	2.05	8.140	10.910	13.740	17.460
	破布		kg	6.32	1.650	1.740	1.800	1.950
	汽油		kg	6.77	146.960	166.370	194.890	232.920
	收缩带		m^2	0.56	15.600	16.540	19.380	23.160
	塑料钻头 φ26		个	1.71	0.100	0.100	0.100	0.100
	氧气		m^3	3.63	19.920	23.840	28.110	32.570
	乙炔气		kg	10.45	6.640	7.950	9.370	10.860
	硬聚氯乙烯焊条 φ4		m	0.24	62.200	69.200	77.400	90.800
	其他材料费占材料费		%	—	1.000	1.000	1.000	1.000
机械	电焊条烘干箱 60×50×75cm³		台班	26.46	0.650	0.780	0.920	1.150
	汽车式起重机 12t		台班	857.15	0.150	0.170	—	—
	汽车式起重机 16t		台班	958.70	—	—	0.190	0.220
	载重汽车 8t		台班	501.85	0.050	0.060	0.070	0.080
	直流弧焊机 20kV·A		台班	71.43	6.520	7.810	9.160	11.470

工作内容：收缩带下料、制塑料焊条，切、坡口及打磨、组对、安装、焊接，连接套管、找正、就位、固定、塑料焊、人工发泡，做收缩带、防毒等操作过程。 计量单位：10个

定额编号				A8-2-477	A8-2-478	A8-2-479
项目名称				公称直径(mm)		
				600	700	800
基价（元）				13086.10	15495.94	17616.93
其中	人工费（元）			4532.08	5162.36	5853.82
	材料费（元）			7247.59	8749.79	9876.09
	机械费（元）			1306.43	1583.79	1887.02
名称		单位	单价(元)	消耗量		
人工	综合工日	工日	140.00	32.372	36.874	41.813
材料	聚氨酯硬质泡沫预制管件	个	—	(10.000)	(10.000)	(10.000)
	粗制六角螺栓带螺母	10套	2.00	0.480	0.480	0.480
	低碳钢焊条	kg	6.84	79.350	90.620	104.130
	镀锌铁丝 φ4.0	kg	3.57	0.360	0.450	0.450
	高密度聚乙烯连接套管 DN600	m	308.59	14.280	—	—
	高密度聚乙烯连接套管 DN700	m	394.31	—	14.280	—
	高密度聚乙烯连接套管 DN800	m	445.74	—	—	14.280
	角钢(综合)	kg	3.61	2.020	2.200	2.200
	聚氨酯硬质泡沫 A、B料	m³	36.00	1.820	1.910	2.180
	棉纱头	kg	6.00	0.930	1.130	1.370
	尼龙砂轮片 φ100	片	2.05	21.030	22.440	25.560
	破布	kg	6.32	2.040	2.210	2.390
	汽油	kg	6.77	261.440	282.430	315.700
	收缩带	m²	0.56	26.000	27.310	30.290
	塑料钻头 φ26	个	1.71	0.100	0.200	0.200
	氧气	m³	3.63	39.370	43.750	49.320
	乙炔气	kg	10.45	13.140	14.580	16.430
	硬聚氯乙烯焊条 φ4	m	0.24	103.600	115.400	128.600
	其他材料费占材料费	%	—	1.000	1.000	1.000
机械	电焊条烘干箱 60×50×75cm³	台班	26.46	1.360	1.610	1.910
	汽车式起重机 16t	台班	958.70	0.270	—	—
	汽车式起重机 20t	台班	1030.31	—	0.340	0.420
	载重汽车 8t	台班	501.85	0.080	0.080	0.080
	直流弧焊机 20kV·A	台班	71.43	13.600	16.110	19.090

工作内容：收缩带下料、制塑料焊条，切、坡口及打磨、组对、安装、焊接，连接套管、找正、就位、固定、塑料焊、人工发泡，做收缩带、防毒等操作过程。　　计量单位：10个

定额编号				A8-2-480	A8-2-481	A8-2-482
项目名称				公称直径(mm)		
				900	1000	1200
基价（元）				20740.76	24432.93	34208.46
其中	人工费（元）			6507.76	7557.06	9206.26
	材料费（元）			11986.83	14151.60	20176.28
	机械费（元）			2246.17	2724.27	4825.92
	名称	单位	单价(元)	消耗量		
人工	综合工日	工日	140.00	46.484	53.979	65.759
材料	聚氨酯硬质泡沫预制管件	个	—	(10.000)	(10.000)	(10.000)
	粗制六角螺栓带螺母	10套	2.00	0.480	0.480	0.480
	低碳钢焊条	kg	6.84	116.940	164.280	196.530
	镀锌铁丝 φ4.0	kg	3.57	0.560	0.560	0.700
	高密度聚乙烯连接套管 DN1000	m	668.61	—	14.280	—
	高密度聚乙烯连接套管 DN1200	m	1028.63	—	—	14.280
	高密度聚乙烯连接套管 DN900	m	565.75	14.280	—	—
	角钢(综合)	kg	3.61	2.200	2.200	2.940
	聚氨酯硬质泡沫 A、B料	m^3	36.00	2.420	2.660	3.160
	棉纱头	kg	6.00	1.660	2.010	2.440
	尼龙砂轮片 φ100	片	2.05	28.670	31.790	38.030
	破布	kg	6.32	2.580	2.790	3.020
	汽油	kg	6.77	348.980	382.050	448.600
	收缩带	m^2	0.56	33.220	36.220	42.150
	塑料钻头 φ26	个	1.71	0.200	0.200	0.310
	氧气	m^3	3.63	54.930	69.250	83.470
	乙炔气	kg	10.45	18.310	23.240	28.350
	硬聚氯乙烯焊条 φ4	m	0.24	141.800	155.000	181.200
	其他材料费占材料费	%	—	1.000	1.000	1.000
机械	电焊条烘干箱 60×50×75cm³	台班	26.46	2.260	2.680	3.180
	汽车式起重机 20t	台班	1030.31	0.510	—	—
	汽车式起重机 25t	台班	1084.16	—	0.640	0.790
	载重汽车 8t	台班	501.85	0.090	0.090	3.220
	直流弧焊机 20kV·A	台班	71.43	22.620	26.800	31.770

(2)氩电联焊

工作内容：收缩带下料、制塑料焊条，切、坡口及打磨、组对、安装、焊接，连接套管、找正、就位、固定、塑料焊、人工发泡，做收缩带、防毒等操作过程。 计量单位：10个

定额编号				A8-2-483	A8-2-484	A8-2-485	A8-2-486
项目名称				公称直径(mm)			
				50	65	80	100
基价（元）				**899.23**	**1243.17**	**1445.67**	**1697.49**
其中	人工费（元）			506.80	630.00	716.94	809.48
	材料费（元）			304.20	502.22	599.01	725.19
	机械费（元）			88.23	110.95	129.72	162.82
名称		**单位**	**单价(元)**	**消耗量**			
人工	综合工日	工日	140.00	3.620	4.500	5.121	5.782
材料	聚氨酯硬质泡沫预制管件	个	—	(10.000)	(10.000)	(10.000)	(10.000)
	低碳钢焊条	kg	6.84	0.820	1.110	1.330	1.650
	镀锌铁丝 Φ4.0	kg	3.57	0.230	0.240	0.240	0.240
	高密度聚乙烯连接套管 DN100	m	16.29	—	—	—	14.280
	高密度聚乙烯连接套管 DN50	m	5.14	14.280	—	—	—
	高密度聚乙烯连接套管 DN65	m	9.43	—	14.280	—	—
	高密度聚乙烯连接套管 DN80	m	13.72	—	—	14.280	—
	聚氨酯硬质泡沫 A、B料	m³	36.00	0.140	0.150	0.180	0.280
	棉纱头	kg	6.00	0.090	0.110	0.140	0.160
	尼龙砂轮片 Φ100	片	2.05	0.460	0.760	0.920	1.220
	破布	kg	6.32	0.750	0.840	0.900	1.050
	汽油	kg	6.77	23.970	41.200	44.370	53.870
	钸钨棒	g	0.38	2.110	2.700	3.190	4.140
	收缩带	m²	0.56	3.780	4.100	4.420	5.360
	塑料钻头 Φ26	个	1.71	0.100	0.100	0.100	0.100
	碳钢氩弧焊丝	kg	7.69	0.380	0.480	0.570	0.740
	氩气	m³	19.59	1.060	1.350	1.600	2.070
	氧气	m³	3.63	2.270	3.300	3.710	4.280
	乙炔气	kg	10.45	0.770	1.100	1.250	1.420
	硬聚氯乙烯焊条 Φ4	m	0.24	19.800	21.600	24.200	29.200
	其他材料费占材料费	%	—	1.000	1.000	1.000	1.000
机械	电焊条烘干箱 60×50×75cm³	台班	26.46	0.050	0.060	0.070	0.090
	砂轮切割机 400mm	台班	24.71	0.040	0.040	0.050	0.090
	氩弧焊机 500A	台班	92.58	0.550	0.700	0.820	1.030
	直流弧焊机 20kV·A	台班	71.43	0.490	0.610	0.710	0.880

工作内容：收缩带下料、制塑料焊条，切、坡口及打磨、组对、安装、焊接，连接套管、找正、就位、固定、塑料焊、人工发泡，做收缩带、防毒等操作过程。　　计量单位：10个

定额编号				A8-2-487	A8-2-488	A8-2-489	A8-2-490
项目名称				公称直径(mm)			
				125	150	200	250
基价（元）				1986.88	2471.23	3230.45	5044.67
其中	人工费（元）			968.66	1179.08	1426.18	1902.46
	材料费（元）			803.97	952.51	1339.67	2372.13
	机械费（元）			214.25	339.64	464.60	770.08
	名称	单位	单价(元)	消耗量			
人工	综合工日	工日	140.00	6.919	8.422	10.187	13.589
材料	聚氨酯硬质泡沫预制管件	个	—	(10.000)	(10.000)	(10.000)	(10.000)
	低碳钢焊条	kg	6.84	3.150	6.020	8.330	18.260
	镀锌铁丝 φ4.0	kg	3.57	0.240	0.240	0.240	0.240
	高密度聚乙烯连接套管 DN125	m	17.14	14.280	—	—	—
	高密度聚乙烯连接套管 DN150	m	21.43	—	14.280	—	—
	高密度聚乙烯连接套管 DN200	m	34.29	—	—	14.280	—
	高密度聚乙烯连接套管 DN250	m	65.15	—	—	—	14.280
	角钢(综合)	kg	3.61	—	—	2.000	2.000
	聚氨酯硬质泡沫 A、B料	m^3	36.00	0.320	0.360	0.500	0.840
	棉纱头	kg	6.00	0.190	0.240	0.330	0.400
	尼龙砂轮片 φ100	片	2.05	1.640	2.750	3.850	6.620
	破布	kg	6.32	1.140	1.200	1.440	1.560
	汽油	kg	6.77	58.820	63.380	79.220	142.600
	铈钨棒	g	0.38	4.830	5.700	7.980	9.880
	收缩带	m^2	0.56	5.860	7.300	7.880	14.180
	塑料钻头 φ26	个	1.71	0.100	0.100	0.100	0.100
	碳钢氩弧焊丝	kg	7.69	0.860	1.020	1.430	1.760
	氩气	m^3	19.59	2.420	2.850	3.990	4.940
	氧气	m^3	3.63	5.680	8.380	12.820	18.050
	乙炔气	kg	10.45	1.890	2.800	4.270	6.020
	硬聚氯乙烯焊条 φ4	m	0.24	32.200	35.600	43.600	55.200
	其他材料费占材料费	%	—	1.000	1.000	1.000	1.000
机械	半自动切割机 100mm	台班	83.55	—	0.600	0.850	1.200
	电焊条烘干箱 60×50×75cm³	台班	26.46	0.140	0.220	0.290	0.460
	汽车式起重机 8t	台班	763.67	—	—	—	0.120
	砂轮切割机 400mm	台班	24.71	0.090	—	—	—
	氩弧焊机 500A	台班	92.58	1.170	1.390	1.900	2.340
	载重汽车 8t	台班	501.85	—	—	—	0.040
	直流弧焊机 20kV·A	台班	71.43	1.400	2.170	2.940	4.610

工作内容：收缩带下料、制塑料焊条，切、坡口及打磨、组对、安装、焊接，连接套管、找正、就位、固定、塑料焊、人工发泡，做收缩带、防毒等操作过程。 计量单位：10个

定额编号				A8-2-491	A8-2-492	A8-2-493	A8-2-494
项目名称				公称直径(mm)			
				300	350	400	500
基价（元）				6208.88	7595.78	9029.07	11564.64
其中	人工费（元）			2265.76	2617.86	3032.12	3957.80
	材料费（元）			3017.54	3894.13	4723.63	6024.05
	机械费（元）			925.58	1083.79	1273.32	1582.79
名称		单位	单价(元)	消耗量			
人工	综合工日	工日	140.00	16.184	18.699	21.658	28.270
材料	聚氨酯硬质泡沫预制管件	个	—	(10.000)	(10.000)	(10.000)	(10.000)
	低碳钢焊条	kg	6.84	21.780	30.480	40.760	51.230
	镀锌铁丝 φ4.0	kg	3.57	0.300	0.300	0.300	0.360
	高密度聚乙烯连接套管 DN300	m	102.86	14.280	—	—	—
	高密度聚乙烯连接套管 DN350	m	145.72	—	14.280	—	—
	高密度聚乙烯连接套管 DN400	m	180.01	—	—	14.280	—
	高密度聚乙烯连接套管 DN500	m	240.01	—	—	—	14.280
	角钢(综合)	kg	3.61	2.000	2.000	2.000	2.000
	聚氨酯硬质泡沫 A、B料	m^3	36.00	0.960	1.100	1.340	1.600
	棉纱头	kg	6.00	0.490	0.560	0.620	0.760
	尼龙砂轮片 φ100	片	2.05	7.900	10.910	13.420	17.060
	破布	kg	6.32	1.650	1.740	1.800	1.950
	汽油	kg	6.77	146.960	166.370	194.890	232.920
	钍钨棒	g	0.38	11.860	13.820	15.540	19.490
	收缩带	m^2	0.56	15.600	16.540	19.380	23.160
	塑料钻头 φ26	个	1.71	0.100	0.100	0.100	0.100
	碳钢氩弧焊丝	kg	7.69	2.120	2.470	2.770	3.480
	氩气	m^3	19.59	5.930	6.910	7.770	9.750
	氧气	m^3	3.63	19.920	23.840	28.110	32.570
	乙炔气	kg	10.45	6.640	7.950	9.370	10.860
	硬聚氯乙烯焊条 φ4	m	0.24	62.200	69.200	77.400	90.800
	其他材料费占材料费	%	—	1.000	1.000	1.000	1.000
机械	半自动切割机 100mm	台班	83.55	1.260	1.290	1.400	1.820
	电焊条烘干箱 60×50×75cm³	台班	26.46	0.550	0.660	0.810	1.010
	汽车式起重机 12t	台班	857.15	0.150	0.170	—	—
	汽车式起重机 16t	台班	958.70	—	—	0.190	0.220
	氩弧焊机 500A	台班	92.58	2.800	3.370	3.670	4.630
	载重汽车 8t	台班	501.85	0.050	0.060	0.070	0.080
	直流弧焊机 20kV·A	台班	71.43	5.500	6.590	8.090	10.140

工作内容：收缩带下料、制塑料焊条，切、坡口及打磨、组对、安装、焊接，连接套管、找正、就位、固定、塑料焊、人工发泡，做收缩带、防毒等操作过程。　计量单位：10个

定　额　编　号				A8-2-495	A8-2-496	A8-2-497
项　目　名　称				公称直径(mm)		
				600	700	800
基　　价（元）				**14148.78**	**16783.79**	**19121.12**
其中	人　工　费（元）			4804.10	5488.98	6242.74
	材　料　费（元）			7463.80	9031.28	10198.03
	机　械　费（元）			1880.88	2263.53	2680.35
名　　称		单位	单价(元)	消	耗	量
人工	综合工日	工日	140.00	34.315	39.207	44.591
材料	聚氨酯硬质泡沫预制管件	个	—	(10.000)	(10.000)	(10.000)
	粗制六角螺栓带螺母	10套	2.00	0.480	0.480	0.480
	低碳钢焊条	kg	6.84	71.280	80.110	92.050
	镀锌铁丝 φ4.0	kg	3.57	0.360	0.450	0.450
	高密度聚乙烯连接套管 DN600	m	308.59	14.280	—	—
	高密度聚乙烯连接套管 DN700	m	394.31	—	14.280	—
	高密度聚乙烯连接套管 DN800	m	445.74	—	—	14.280
	角钢(综合)	kg	3.61	2.020	2.200	2.200
	聚氨酯硬质泡沫 A、B料	m³	36.00	1.820	1.910	2.180
	棉纱头	kg	6.00	0.930	1.130	1.370
	尼龙砂轮片 φ100	片	2.05	21.030	22.440	24.860
	破布	kg	6.32	2.040	2.210	2.390
	汽油	kg	6.77	261.440	282.430	315.700
	铈钨棒	g	0.38	23.310	30.350	34.870
	收缩带	m²	0.56	26.000	27.310	30.290
	塑料钻头 φ26	个	1.71	0.100	0.200	0.200
	碳钢氩弧焊丝	kg	7.69	4.160	5.420	6.230
	氩气	m³	19.59	11.660	15.180	17.440
	氧气	m³	3.63	39.370	43.750	49.320
	乙炔气	kg	10.45	13.140	14.580	16.430
	硬聚氯乙烯焊条 φ4	m	0.24	103.600	115.400	128.600
	其他材料费占材料费	%	—	1.000	1.000	1.000
机械	半自动切割机 100mm	台班	83.55	2.180	2.570	2.900
	电焊条烘干箱 60×50×75cm³	台班	26.46	1.200	1.420	1.690
	汽车式起重机 16t	台班	958.70	0.270	—	—
	汽车式起重机 20t	台班	1030.31	—	0.340	0.420
	氩弧焊机 500A	台班	92.58	5.510	6.520	7.720
	载重汽车 8t	台班	501.85	0.080	0.080	0.080
	直流弧焊机 20kV·A	台班	71.43	12.010	14.240	16.880

工作内容：收缩带下料、制塑料焊条，切、坡口及打磨、组对、安装、焊接，连接套管、找正、就位、固定、塑料焊、人工发泡，做收缩带、防毒等操作过程。 计量单位：10个

定额编号				A8-2-498	A8-2-499	A8-2-500
项目名称				公称直径(mm)		
				900	1000	1200
基价（元）				22507.55	26567.79	35183.34
其中	人工费（元）			6970.74	8106.70	9859.50
	材料费（元）			12351.70	14659.39	20783.97
	机械费（元）			3185.11	3801.70	4539.87
名称		单位	单价(元)	消耗量		
人工	综合工日	工日	140.00	49.791	57.905	70.425
材料	聚氨酯硬质泡沫预制管件	个	—	(10.000)	(10.000)	(10.000)
	粗制六角螺栓带螺母	10套	2.00	0.480	0.480	0.480
	低碳钢焊条	kg	6.84	103.880	145.230	173.740
	镀锌铁丝 Φ4.0	kg	3.57	0.560	0.560	0.700
	高密度聚乙烯连接套管 DN1000	m	668.61	—	14.280	—
	高密度聚乙烯连接套管 DN1200	m	1028.63	—	—	14.280
	高密度聚乙烯连接套管 DN900	m	565.75	14.280	—	—
	角钢(综合)	kg	3.61	2.200	2.200	2.940
	聚氨酯硬质泡沫 A、B料	m^3	36.00	2.420	2.660	3.160
	棉纱头	kg	6.00	1.660	2.010	2.440
	尼龙砂轮片 Φ100	片	2.05	27.880	30.680	36.700
	破布	kg	6.32	2.580	2.790	3.020
	汽油	kg	6.77	348.980	382.050	448.600
	铈钨棒	g	0.38	39.160	55.010	65.830
	收缩带	m^2	0.56	33.220	36.220	42.150
	塑料钻头 Φ26	个	1.71	0.200	0.200	0.310
	碳钢氩弧焊丝	kg	7.69	6.990	9.820	11.750
	氩气	m^3	19.59	19.580	27.510	32.920
	氧气	m^3	3.63	54.930	69.250	83.470
	乙炔气	kg	10.45	18.310	23.240	28.350
	硬聚氯乙烯焊条 Φ4	m	0.24	141.800	155.000	181.200
	其他材料费占材料费	%	—	1.000	1.000	1.000
机械	半自动切割机 100mm	台班	83.55	3.430	3.630	4.350
	电焊条烘干箱 60×50×75cm³	台班	26.46	2.000	2.370	2.810
	汽车式起重机 20t	台班	1030.31	0.510	—	—
	汽车式起重机 25t	台班	1084.16	—	0.640	0.790
	氩弧焊机 500A	台班	92.58	9.150	10.850	12.850
	载重汽车 8t	台班	501.85	0.090	0.090	0.100
	直流弧焊机 20kV·A	台班	71.43	19.990	23.690	28.080

34. 马鞍卡子安装

工作内容：定位、安装、钻孔、通水试验。　　　　计量单位：个

定额编号				A8-2-501	A8-2-502	A8-2-503	A8-2-504
项目名称				公称直径(mm以内)			
				100	150	200	300
基价（元）				146.25	159.72	187.72	225.64
其中	人工费（元）			102.90	112.00	136.64	160.44
	材料费（元）			16.50	18.13	21.49	31.00
	机械费（元）			26.85	29.59	29.59	34.20
名称		单位	单价(元)	消耗量			
人工	综合工日	工日	140.00	0.735	0.800	0.976	1.146
材料	铸铁马鞍卡子DN100	个	—	(1.000)	—	—	—
	铸铁马鞍卡子DN150	个	—	—	(1.000)	—	—
	铸铁马鞍卡子DN200	个	—	—	—	(1.000)	—
	铸铁马鞍卡子DN300	个	—	—	—	—	(1.000)
	六角螺栓带螺母、垫圈(综合)	kg	7.14	1.802	1.844	2.007	2.742
	膨胀水泥	kg	0.68	2.439	3.587	4.826	7.723
	橡胶板	kg	2.91	0.145	0.145	0.189	0.223
	油麻丝	kg	4.10	0.340	0.469	0.759	1.273
	其他材料费占材料费	%	—	1.000	1.000	1.000	1.000
机械	开孔机 200mm	台班	305.09	0.088	0.097	0.097	—
	开孔机 400mm	台班	308.08	—	—	—	0.111

工作内容：定位、安装、钻孔、通水试验。　　　　　　　　　　　　　　　　　　计量单位：个

定额编号				A8-2-505	A8-2-506	A8-2-507	A8-2-508
项目名称				公称直径(mm以内)			
				400	500	600	700
基价（元）				320.05	357.73	437.80	563.79
其中	人工费（元）			250.32	273.98	342.30	410.76
	材料费（元）			35.53	42.55	47.48	60.08
	机械费（元）			34.20	41.20	48.02	92.95
名称		单位	单价(元)	消耗量			
人工	综合工日	工日	140.00	1.788	1.957	2.445	2.934
材料	铸铁马鞍卡子DN400	个	—	(1.000)	—	—	—
	铸铁马鞍卡子DN500	个	—	—	(1.000)	—	—
	铸铁马鞍卡子DN600	个	—	—	—	(1.000)	—
	铸铁马鞍卡子DN700	个	—	—	—	—	(1.000)
	六角螺栓带螺母、垫圈(综合)	kg	7.14	2.823	2.956	3.868	3.868
	膨胀水泥	kg	0.68	10.592	14.937	8.554	22.402
	橡胶板	kg	2.91	0.233	0.273	0.365	0.522
	油麻丝	kg	4.10	1.742	2.457	3.052	3.686
	其他材料费占材料费	%	—	1.000	1.000	1.000	1.000
机械	开孔机 400mm	台班	308.08	0.111	—	—	—
	开孔机 600mm	台班	309.79	—	0.133	0.155	0.177
	汽车式起重机 8t	台班	763.67	—	—	—	0.044
	载重汽车 8t	台班	501.85	—	—	—	0.009

工作内容：定位、安装、钻孔、通水试验。　　　　计量单位：个

定额编号				A8-2-509	A8-2-510	A8-2-511
项目名称				公称直径(mm以内)		
				800	900	1000
基价（元）				662.51	800.92	932.85
其中	人工费（元）			493.92	591.78	689.78
	材料费（元）			69.06	83.72	96.86
	机械费（元）			99.53	125.42	146.21
名称		单位	单价(元)	消耗量		
人工	综合工日	工日	140.00	3.528	4.227	4.927
材料	铸铁马鞍卡子DN1000	个	—	—	—	(1.000)
	铸铁马鞍卡子DN800	个	—	(1.000)	—	—
	铸铁马鞍卡子DN900	个	—	—	(1.000)	—
	六角螺栓带螺母、垫圈(综合)	kg	7.14	4.276	5.386	5.630
	膨胀水泥	kg	0.68	26.518	30.883	38.441
	橡胶板	kg	2.91	0.662	0.895	1.242
	油麻丝	kg	4.10	4.363	5.081	6.328
	其他材料费占材料费	%	—	1.000	1.000	1.000
机械	开孔机 600mm	台班	309.79	0.195	0.212	0.230
	汽车式起重机 16t	台班	958.70	—	—	0.071
	汽车式起重机 8t	台班	763.67	0.044	0.071	—
	载重汽车 5t	台班	430.70	—	—	0.016
	载重汽车 8t	台班	501.85	0.011	0.011	—

35.二合三通安装

(1)青铅接口

工作内容：管口处理、定位、安装、钻孔、接口、通水试验。　　计量单位：10个

定额编号				A8-2-512	A8-2-513	A8-2-514	A8-2-515
项目名称				公称直径(mm以内)			
				100	150	200	300
基价（元）				**2730.47**	**3457.20**	**4427.97**	**6276.59**
其中	人工费（元）			1444.24	1799.00	2355.50	3046.68
	材料费（元）			981.14	1322.60	1736.87	2733.99
	机械费（元）			305.09	335.60	335.60	495.92
名称		单位	单价(元)	消耗量			
人工	综合工日	工日	140.00	10.316	12.850	16.825	21.762
材料	二合三通DN100	个	—	(10.000)	—	—	—
	二合三通DN150	个	—	—	(10.000)	—	—
	二合三通DN200	个	—	—	—	(10.000)	—
	二合三通DN300	个	—	—	—	—	(10.000)
	带帽带垫螺栓	kg	6.11	22.750	22.750	34.560	34.560
	厚漆白色	kg	7.70	1.000	1.000	1.500	2.000
	焦炭	kg	1.42	47.250	67.520	86.840	135.240
	木柴	kg	0.18	4.180	8.360	8.360	16.720
	青铅	kg	5.90	114.800	164.380	211.250	355.640
	石棉橡胶板	kg	9.40	4.600	4.600	5.900	7.250
	氧气	m³	3.63	1.120	1.520	2.710	3.960
	乙炔气	kg	10.45	0.370	0.510	0.900	1.320
	油麻	kg	6.84	5.570	7.980	9.980	17.220
机械	开孔机 200mm	台班	305.09	1.000	1.100	1.100	—
	开孔机 400mm	台班	308.08	—	—	—	1.250
	汽车式起重机 8t	台班	763.67	—	—	—	0.100
	载重汽车 5t	台班	430.70	—	—	—	0.080

工作内容：管口处理、定位、安装、钻孔、接口、通水试验。 计量单位：10个

定额编号				A8-2-516	A8-2-517	A8-2-518	A8-2-519
项目名称				公称直径(mm以内)			
				400	500	600	800
基价（元）				9499.21	12890.42	15035.91	21633.21
其中	人工费（元）			5245.24	6927.62	7726.32	11369.68
	材料费（元）			3681.68	5234.56	6342.55	9148.47
	机械费（元）			572.29	728.24	967.04	1115.06
名称		单位	单价(元)	消耗量			
人工	综合工日	工日	140.00	37.466	49.483	55.188	81.212
材料	二合三通DN400	个	—	(10.000)	—	—	—
	二合三通DN500	个	—	—	(10.000)	—	—
	二合三通DN600	个	—	—	—	(10.000)	—
	二合三通DN800	个	—	—	—	—	(10.000)
	带帽带垫螺栓	kg	6.11	34.560	55.240	55.240	55.240
	厚漆白色	kg	7.70	2.500	3.000	4.000	5.000
	焦炭	kg	1.42	185.640	241.190	293.580	488.990
	木柴	kg	0.18	20.900	25.190	25.190	29.370
	青铅	kg	5.90	489.240	698.760	863.570	1252.800
	石棉橡胶板	kg	9.40	8.510	8.970	9.550	17.020
	氧气	m³	3.63	7.430	12.670	11.350	14.820
	乙炔气	kg	10.45	2.480	4.220	3.780	4.940
	油麻	kg	6.84	24.050	33.600	42.000	60.800
机械	开孔机 400mm	台班	308.08	1.250	—	—	—
	开孔机 600mm	台班	309.79	—	1.500	1.750	2.200
	汽车式起重机 8t	台班	763.67	0.200	0.300	0.500	0.500
	载重汽车 5t	台班	430.70	0.080	0.080	0.100	0.120

(2)石棉水泥接口

工作内容：管口处理、定位、安装、钻孔、接口、通水试验。　　　　计量单位：10个

定额编号				A8-2-520	A8-2-521	A8-2-522	A8-2-523
项目名称				公称直径(mm以内)			
				100	150	200	300
基价（元）				**1923.37**	**2570.86**	**2946.61**	**3841.59**
其中	人工费（元）			1364.16	1958.74	2215.64	2861.32
	材料费（元）			254.12	276.52	395.37	484.35
	机械费（元）			305.09	335.60	335.60	495.92
名称		单位	单价(元)	消耗量			
人工	综合工日	工日	140.00	9.744	13.991	15.826	20.438
材料	二合三通DN100	个	—	(10.000)	—	—	—
	二合三通DN150	个	—	—	(10.000)	—	—
	二合三通DN200	个	—	—	—	(10.000)	—
	二合三通DN300	个	—	—	—	—	(10.000)
	带帽带垫螺栓	kg	6.11	22.750	22.750	34.560	34.560
	厚漆白色	kg	7.70	1.000	1.000	1.500	2.000
	氯化钙98%干燥	kg	5.98	1.600	1.600	2.100	3.500
	石棉绒	kg	0.85	9.330	12.710	16.810	28.290
	石棉橡胶板	kg	9.40	4.600	4.600	5.900	7.250
	水泥 32.5级	kg	0.29	22.770	32.010	41.580	70.400
	氧气	m³	3.63	0.990	1.430	2.530	3.630
	乙炔气	kg	10.45	0.330	0.480	0.840	1.210
	油麻	kg	6.84	4.830	6.830	8.820	14.390
机械	开孔机 200mm	台班	305.09	1.000	1.100	1.100	—
	开孔机 400mm	台班	308.08	—	—	—	1.250
	汽车式起重机 8t	台班	763.67	—	—	—	0.100
	载重汽车 5t	台班	430.70	—	—	—	0.080

工作内容：管口处理、定位、安装、钻孔、接口、通水试验。　　　　计量单位：10个

定额编号				A8-2-524	A8-2-525	A8-2-526	A8-2-527
项目名称				公称直径(mm以内)			
				400	500	600	800
基价（元）				**6045.18**	**6680.09**	**8790.08**	**11821.51**
其中	人工费（元）			4876.90	5105.38	6877.64	9461.06
	材料费（元）			599.73	846.47	945.40	1245.39
	机械费（元）			568.55	728.24	967.04	1115.06
名称		**单位**	**单价(元)**	**消耗量**			
人工	综合工日	工日	140.00	34.835	36.467	49.126	67.579
材料	二合三通DN400	个	—	(10.000)	—	—	—
	二合三通DN500	个	—	—	(10.000)	—	—
	二合三通DN600	个	—	—	—	(10.000)	—
	二合三通DN800	个	—	—	—	—	(10.000)
	带帽带垫螺栓	kg	6.11	34.560	55.240	55.240	55.240
	厚漆白色	kg	7.70	2.500	3.000	4.000	5.000
	氯化钙98%干燥	kg	5.98	4.900	6.900	8.500	12.300
	石棉绒	kg	0.85	38.750	55.150	67.140	97.990
	石棉橡胶板	kg	9.40	8.510	8.970	9.550	17.020
	水泥 32.5级	kg	0.29	98.450	138.820	169.950	246.840
	氧气	m³	3.63	9.020	11.440	12.980	18.040
	乙炔气	kg	10.45	3.010	3.810	4.330	6.010
	油麻	kg	6.84	19.640	28.040	34.760	51.560
机械	开孔机 200mm	台班	305.09	1.250	—	—	—
	开孔机 600mm	台班	309.79	—	1.500	1.750	2.200
	汽车式起重机 8t	台班	763.67	0.200	0.300	0.500	0.500
	载重汽车 5t	台班	430.70	0.080	0.080	0.100	0.120

二、中压管件

1. 碳钢管件(电弧焊)

工作内容：准备工作、管子切口、坡口加工、坡口磨平、管口组对、焊接。　　计量单位：10个

定额编号				A8-2-528	A8-2-529	A8-2-530	A8-2-531
项目名称				公称直径(mm以内)			
				15	20	25	32
基价(元)				142.79	198.78	255.97	311.99
其中	人工费(元)			90.72	124.04	162.12	192.50
	材料费(元)			8.12	10.25	14.60	21.17
	机械费(元)			43.95	64.49	79.25	98.32
名称		单位	单价(元)	消耗量			
人工	综合工日	工日	140.00	0.648	0.886	1.158	1.375
材料	碳钢对焊管件	个	—	(10.000)	(10.000)	(10.000)	(10.000)
	低碳钢焊条	kg	6.84	0.538	0.686	1.000	1.498
	电	kW·h	0.68	1.000	1.132	1.452	1.636
	棉纱头	kg	6.00	0.021	0.043	0.043	0.064
	磨头	个	2.75	0.200	0.260	0.314	0.388
	尼龙砂轮片 φ100×16×3	片	2.56	0.596	0.758	1.194	1.546
	尼龙砂轮片 φ500×25×4	片	12.82	0.104	0.127	0.180	0.247
	破布	kg	6.32	0.021	0.021	0.021	0.021
	氧气	m³	3.63	0.001	0.001	0.001	0.125
	乙炔气	kg	10.45	0.001	0.001	0.001	0.042
	其他材料费占材料费	%	—	1.000	1.000	1.000	1.000
机械	电焊机(综合)	台班	118.28	0.355	0.514	0.629	0.780
	电焊条恒温箱	台班	21.41	0.036	0.051	0.063	0.078
	电焊条烘干箱 60×50×75cm³	台班	26.46	0.036	0.051	0.063	0.078
	砂轮切割机 500mm	台班	29.08	0.008	0.043	0.063	0.080

工作内容：准备工作、管子切口、坡口加工、坡口磨平、管口组对、焊接。　　计量单位：10个

定额编号				A8-2-532	A8-2-533	A8-2-534	A8-2-535
项目名称				公称直径(mm以内)			
				40	50	65	80
基价（元）				**383.44**	**464.21**	**605.41**	**707.68**
其中	人工费（元）			246.40	281.68	330.68	375.34
	材料费（元）			24.34	30.03	68.62	89.78
	机械费（元）			112.70	152.50	206.11	242.56
名称		单位	单价(元)	消耗量			
人工	综合工日	工日	140.00	1.760	2.012	2.362	2.681
材料	碳钢对焊管件	个	—	(10.000)	(10.000)	(10.000)	(10.000)
	低碳钢焊条	kg	6.84	1.600	2.000	4.400	6.280
	电	kW·h	0.68	1.972	2.056	1.934	2.344
	棉纱头	kg	6.00	0.064	0.079	0.107	0.128
	磨头	个	2.75	0.444	0.528	0.704	0.824
	尼龙砂轮片 φ100×16×3	片	2.56	2.104	2.226	4.356	5.722
	尼龙砂轮片 φ500×25×4	片	12.82	0.290	0.425	—	—
	破布	kg	6.32	0.021	0.043	0.043	0.064
	氧气	m³	3.63	0.137	0.184	3.167	3.691
	乙炔气	kg	10.45	0.045	0.061	1.056	1.230
	其他材料费占材料费	%	—	1.000	1.000	1.000	1.000
机械	电焊机(综合)	台班	118.28	0.895	1.215	1.675	1.971
	电焊条恒温箱	台班	21.41	0.090	0.121	0.167	0.197
	电焊条烘干箱 60×50×75cm³	台班	26.46	0.090	0.121	0.167	0.197
	砂轮切割机 500mm	台班	29.08	0.087	0.103	—	—

工作内容：准备工作、管子切口、坡口加工、坡口磨平、管口组对、焊接。　　计量单位：10个

定额编号				A8-2-536	A8-2-537	A8-2-538	A8-2-539
项目名称				公称直径(mm以内)			
				100	125	150	200
基价（元）				946.82	1193.14	1457.35	2164.11
其中	人工费（元）			479.08	618.66	719.46	1026.62
	材料费（元）			117.53	166.83	224.92	385.37
	机械费（元）			350.21	407.65	512.97	752.12
名称		单位	单价(元)	消耗量			
人工	综合工日	工日	140.00	3.422	4.419	5.139	7.333
材料	碳钢对焊管件	个	—	(10.000)	(10.000)	(10.000)	(10.000)
	低碳钢焊条	kg	6.84	8.340	12.960	18.000	34.000
	电	kW·h	0.68	3.056	3.836	4.668	6.680
	角钢(综合)	kg	3.61	—	—	—	1.794
	棉纱头	kg	6.00	0.150	0.180	0.223	0.300
	磨头	个	2.75	1.056	—	—	—
	尼龙砂轮片 φ100×16×3	片	2.56	7.656	11.004	15.336	23.648
	破布	kg	6.32	0.064	0.086	0.107	0.150
	氧气	m³	3.63	4.700	6.204	7.750	10.500
	乙炔气	kg	10.45	1.567	2.068	2.583	3.500
	其他材料费占材料费	%	—	1.000	1.000	1.000	1.000
机械	电焊机(综合)	台班	118.28	2.722	3.189	4.045	5.988
	电焊条恒温箱	台班	21.41	0.273	0.319	0.404	0.599
	电焊条烘干箱 60×50×75cm³	台班	26.46	0.273	0.319	0.404	0.599
	汽车式起重机 8t	台班	763.67	0.012	0.012	0.012	0.012
	载重汽车 8t	台班	501.85	0.012	0.012	0.012	0.012

工作内容：准备工作、管子切口、坡口加工、坡口磨平、管口组对、焊接。　　计量单位：10个

定额编号				A8-2-540	A8-2-541	A8-2-542	A8-2-543
项目名称				公称直径(mm以内)			
				250	300	350	400
基价（元）				**2926.78**	**3745.42**	**4740.04**	**5950.65**
其中	人工费（元）			1355.76	1697.36	1960.42	2395.26
	材料费（元）			582.78	799.91	1072.51	1358.19
	机械费（元）			988.24	1248.15	1707.11	2197.20
名称		单位	单价(元)	消耗量			
人工	综合工日	工日	140.00	9.684	12.124	14.003	17.109
材料	碳钢对焊管件	个	—	(10.000)	(10.000)	(10.000)	(10.000)
	低碳钢焊条	kg	6.84	54.000	76.000	108.000	140.000
	电	kW·h	0.68	8.974	11.120	14.050	17.518
	角钢(综合)	kg	3.61	1.794	2.360	2.360	2.360
	棉纱头	kg	6.00	0.364	0.428	0.492	0.552
	尼龙砂轮片 φ100×16×3	片	2.56	34.024	45.980	58.484	72.800
	破布	kg	6.32	0.193	0.214	0.257	0.278
	氧气	m³	3.63	14.700	18.900	21.200	24.640
	乙炔气	kg	10.45	4.900	6.300	7.067	8.213
	其他材料费占材料费	%	—	1.000	1.000	1.000	1.000
机械	电焊机(综合)	台班	118.28	7.804	9.823	13.388	17.237
	电焊条恒温箱	台班	21.41	0.780	0.983	1.339	1.723
	电焊条烘干箱 60×50×75cm³	台班	26.46	0.780	0.983	1.339	1.723
	汽车式起重机 8t	台班	763.67	0.022	0.031	0.047	0.060
	载重汽车 8t	台班	501.85	0.022	0.031	0.047	0.060

工作内容：准备工作、管子切口、坡口加工、坡口磨平、管口组对、焊接。　　计量单位：10个

定额编号				A8-2-544	A8-2-545	A8-2-546
项目名称				公称直径(mm以内)		
				450	500	600
基价（元）				7238.96	8356.43	11200.49
其中	人工费（元）			2921.38	3231.06	4200.28
	材料费（元）			1544.41	1996.54	2608.28
	机械费（元）			2773.17	3128.83	4391.93
名称		单位	单价(元)	消耗量		
人工	综合工日	工日	140.00	20.867	23.079	30.002
材料	碳钢对焊管件	个	—	(10.000)	(10.000)	(10.000)
	低碳钢焊条	kg	6.84	156.000	212.573	272.675
	电	kW·h	0.68	19.312	23.992	32.482
	角钢(综合)	kg	3.61	2.360	2.360	2.360
	棉纱头	kg	6.00	0.629	0.717	0.789
	尼龙砂轮片 Φ100×16×3	片	2.56	81.980	93.130	136.975
	破布	kg	6.32	0.317	0.361	0.397
	氧气	m^3	3.63	31.600	35.558	46.231
	乙炔气	kg	10.45	10.533	11.853	15.410
	其他材料费占材料费	%	—	1.000	1.000	1.000
机械	电焊机(综合)	台班	118.28	21.598	23.902	31.790
	电焊条恒温箱	台班	21.41	2.160	2.390	3.179
	电焊条烘干箱 60×50×75cm^3	台班	26.46	2.160	2.390	3.179
	汽车式起重机 8t	台班	763.67	0.091	0.148	0.379
	载重汽车 8t	台班	501.85	0.091	0.148	0.379

2. 碳钢管件(氩电联焊)

工作内容：准备工作、管子切口、坡口加工、坡口磨平、管口组对、焊接。　　　　计量单位：10个

定额编号				A8-2-547	A8-2-548	A8-2-549	A8-2-550
项目名称				公称直径(mm以内)			
				15	20	25	32
基价(元)				147.06	203.07	270.31	331.94
其中	人工费(元)			95.20	127.26	166.74	197.54
	材料费(元)			22.37	28.45	45.26	62.27
	机械费(元)			29.49	47.36	58.31	72.13
名称		单位	单价(元)	消耗量			
人工	综合工日	工日	140.00	0.680	0.909	1.191	1.411
材料	碳钢对焊管件	个	—	(10.000)	(10.000)	(10.000)	(10.000)
	电	kW·h	0.68	1.002	1.134	1.472	1.682
	棉纱头	kg	6.00	0.021	0.043	0.043	0.064
	磨头	个	2.75	0.200	0.260	0.314	0.388
	尼龙砂轮片 φ100×16×3	片	2.56	0.576	0.734	1.194	1.552
	尼龙砂轮片 φ500×25×4	片	12.82	0.104	0.127	0.180	0.247
	破布	kg	6.32	0.021	0.021	0.021	0.021
	铈钨棒	g	0.38	1.544	1.974	3.200	4.300
	碳钢焊丝	kg	7.69	0.276	0.352	0.600	0.800
	氩气	m³	19.59	0.772	0.986	1.600	2.200
	氧气	m³	3.63	0.001	0.001	0.001	0.125
	乙炔气	kg	10.45	0.001	0.001	0.001	0.043
	其他材料费占材料费	%	—	1.000	1.000	1.000	1.000
机械	砂轮切割机 500mm	台班	29.08	0.008	0.043	0.063	0.080
	氩弧焊机 500A	台班	92.58	0.316	0.498	0.610	0.754

工作内容：准备工作、管子切口、坡口加工、坡口磨平、管口组对、焊接。　　　　　计量单位：10个

定额编号				A8-2-551	A8-2-552	A8-2-553	A8-2-554
项目名称				公称直径(mm以内)			
				40	50	65	80
基价（元）				**410.24**	**517.38**	**688.88**	**808.49**
其中	人工费（元）			253.12	303.80	373.80	430.08
	材料费（元）			74.42	50.90	93.57	116.48
	机械费（元）			82.70	162.68	221.51	261.93
名称		**单位**	**单价(元)**	**消耗量**			
人工	综合工日	工日	140.00	1.808	2.170	2.670	3.072
材料	碳钢对焊管件	个	—	(10.000)	(10.000)	(10.000)	(10.000)
	低碳钢焊条	kg	6.84	—	0.947	3.600	5.300
	电	kW·h	0.68	2.062	2.204	2.114	2.564
	棉纱头	kg	6.00	0.064	0.079	0.107	0.128
	磨头	个	2.75	0.444	0.528	0.704	0.824
	尼龙砂轮片 φ100×16×3	片	2.56	2.084	2.175	4.296	5.682
	尼龙砂轮片 φ500×25×4	片	12.82	0.290	0.425	0.637	0.858
	破布	kg	6.32	0.021	0.043	0.043	0.064
	铈钨棒	g	0.38	5.000	2.416	2.420	2.600
	碳钢焊丝	kg	7.69	1.000	0.432	0.440	0.460
	氩气	m³	19.59	2.600	1.208	1.220	1.300
	氧气	m³	3.63	0.137	0.184	2.300	2.580
	乙炔气	kg	10.45	0.045	0.061	0.767	0.860
	其他材料费占材料费	%	—	1.000	1.000	1.000	1.000
机械	电焊机(综合)	台班	118.28	—	0.866	1.223	1.438
	电焊条恒温箱	台班	21.41	—	0.086	0.122	0.144
	电焊条烘干箱 60×50×75cm³	台班	26.46	—	0.086	0.122	0.144
	砂轮切割机 500mm	台班	29.08	0.087	0.103	0.134	0.158
	氩弧焊机 500A	台班	92.58	0.866	0.574	0.725	0.868

工作内容：准备工作、管子切口、坡口加工、坡口磨平、管口组对、焊接。 计量单位：10个

定额编号				A8-2-555	A8-2-556	A8-2-557	A8-2-558
项目名称				公称直径(mm以内)			
				100	125	150	200
基价（元）				**1052.65**	**1312.50**	**1620.35**	**2401.64**
其中	人工费（元）			511.56	651.98	727.02	1047.06
	材料费（元）			153.01	207.91	265.07	419.63
	机械费（元）			388.08	452.61	628.26	934.95
名称		**单位**	**单价(元)**	**消耗量**			
人工	综合工日	工日	140.00	3.654	4.657	5.193	7.479
材料	碳钢对焊管件	个	—	(10.000)	(10.000)	(10.000)	(10.000)
	低碳钢焊条	kg	6.84	7.000	11.460	16.000	28.000
	电	kW·h	0.68	3.376	4.236	5.208	7.580
	角钢(综合)	kg	3.61	—	—	—	1.794
	棉纱头	kg	6.00	0.150	0.180	0.223	0.300
	磨头	个	2.75	1.056	—	—	—
	尼龙砂轮片 φ100×16×3	片	2.56	7.576	10.904	15.206	23.448
	尼龙砂轮片 φ500×25×4	片	12.82	1.152	1.500	—	—
	破布	kg	6.32	0.064	0.086	0.107	0.150
	铈钨棒	g	0.38	3.480	4.000	4.800	6.800
	碳钢焊丝	kg	7.69	0.620	0.700	0.860	1.200
	氩气	m³	19.59	1.740	2.000	2.400	3.400
	氧气	m³	3.63	3.200	4.180	7.460	10.000
	乙炔气	kg	10.45	1.067	1.393	2.487	3.333
	其他材料费占材料费	%	—	1.000	1.000	1.000	1.000
机械	半自动切割机 100mm	台班	83.55	—	—	0.742	1.079
	电焊机(综合)	台班	118.28	2.136	2.500	3.285	5.093
	电焊条恒温箱	台班	21.41	0.214	0.250	0.328	0.509
	电焊条烘干箱 60×50×75cm³	台班	26.46	0.214	0.250	0.328	0.509
	汽车式起重机 8t	台班	763.67	0.012	0.012	0.012	0.012
	砂轮切割机 500mm	台班	29.08	0.233	0.250	—	—
	氩弧焊机 500A	台班	92.58	1.115	1.323	1.586	2.191
	载重汽车 8t	台班	501.85	0.012	0.012	0.012	0.012

工作内容：准备工作、管子切口、坡口加工、坡口磨平、管口组对、焊接。　　　　计量单位：10个

定额编号				A8-2-559	A8-2-560	A8-2-561	A8-2-562
项目名称				公称直径(mm以内)			
				250	300	350	400
基价（元）				3228.64	4208.67	5255.62	6520.78
其中	人工费（元）			1386.70	1736.56	2004.10	2429.14
	材料费（元）			607.74	916.74	1190.67	1497.27
	机械费（元）			1234.20	1555.37	2060.85	2594.37
名称		单位	单价(元)	消耗量			
人工	综合工日	工日	140.00	9.905	12.404	14.315	17.351
材料	碳钢对焊管件	个	—	(10.000)	(10.000)	(10.000)	(10.000)
	低碳钢焊条	kg	6.84	44.000	78.000	106.000	138.000
	电	kW·h	0.68	10.054	12.520	15.650	18.398
	角钢(综合)	kg	3.61	1.794	2.360	2.360	2.360
	棉纱头	kg	6.00	0.364	0.428	0.492	0.552
	尼龙砂轮片 φ100×16×3	片	2.56	33.824	45.640	58.124	71.720
	破布	kg	6.32	0.193	0.214	0.257	0.278
	铈钨棒	g	0.38	8.400	10.200	11.800	13.900
	碳钢焊丝	kg	7.69	1.520	1.800	2.120	2.600
	氩气	m^3	19.59	4.200	5.060	6.000	6.960
	氧气	m^3	3.63	14.100	16.800	20.100	23.506
	乙炔气	kg	10.45	4.700	5.600	6.700	7.835
	其他材料费占材料费	%	—	1.000	1.000	1.000	1.000
机械	半自动切割机 100mm	台班	83.55	1.344	1.624	1.895	2.191
	电焊机(综合)	台班	118.28	6.833	8.766	12.134	15.766
	电焊条恒温箱	台班	21.41	0.684	0.877	1.213	1.576
	电焊条烘干箱 60×50×75cm³	台班	26.46	0.684	0.877	1.213	1.576
	汽车式起重机 8t	台班	763.67	0.022	0.031	0.047	0.060
	氩弧焊机 500A	台班	92.58	2.734	3.258	3.778	4.268
	载重汽车 8t	台班	501.85	0.022	0.031	0.047	0.060

工作内容：准备工作、管子切口、坡口加工、坡口磨平、管口组对、焊接。　　　　计量单位：10个

定额编号				A8-2-563	A8-2-564	A8-2-565
项目名称				公称直径(mm以内)		
				450	500	600
基价（元）				7840.39	9063.57	12114.88
其中	人工费（元）			2941.40	3256.96	4234.16
	材料费（元）			1674.93	2183.25	2842.38
	机械费（元）			3224.06	3623.36	5038.34
名称		单位	单价(元)	消耗量		
人工	综合工日	工日	140.00	21.010	23.264	30.244
材料	碳钢对焊管件	个	—	(10.000)	(10.000)	(10.000)
	低碳钢焊条	kg	6.84	152.000	203.485	261.011
	电	kW·h	0.68	21.112	26.590	35.845
	角钢(综合)	kg	3.61	2.360	2.360	2.360
	棉纱头	kg	6.00	0.629	0.717	0.789
	尼龙砂轮片 φ100×16×3	片	2.56	81.580	92.601	136.303
	破布	kg	6.32	0.317	0.361	0.397
	铈钨棒	g	0.38	15.200	21.886	28.302
	碳钢焊丝	kg	7.69	3.000	3.908	5.054
	氩气	m³	19.59	7.600	10.943	14.151
	氧气	m³	3.63	28.600	34.697	44.004
	乙炔气	kg	10.45	9.533	11.566	14.668
	其他材料费占材料费	%	—	1.000	1.000	1.000
机械	半自动切割机 100mm	台班	83.55	2.581	2.769	3.683
	电焊机(综合)	台班	118.28	19.892	22.014	29.280
	电焊条恒温箱	台班	21.41	1.989	2.202	2.928
	电焊条烘干箱 60×50×75cm³	台班	26.46	1.989	2.202	2.928
	汽车式起重机 8t	台班	763.67	0.091	0.148	0.370
	氩弧焊机 500A	台班	92.58	4.809	5.352	7.118
	载重汽车 8t	台班	501.85	0.091	0.148	0.370

3. 螺旋卷管件(电弧焊)

工作内容：准备工作、管子切口、坡口加工、坡口磨平、管口组对、焊接。　　　　计量单位：10个

定额编号				A8-2-566	A8-2-567	A8-2-568	A8-2-569
项目名称				公称直径(mm以内)			
				200	250	300	350
基价(元)				1313.40	1603.68	1901.00	2369.02
其中	人工费(元)			576.38	740.88	913.22	1090.32
	材料费(元)			249.97	307.45	331.38	452.41
	机械费(元)			487.05	555.35	656.40	826.29
名称		单位	单价(元)	消耗量			
人工	综合工日	工日	140.00	4.117	5.292	6.523	7.788
材料	螺旋卷管件	个	—	(10.000)	(10.000)	(10.000)	(10.000)
	低碳钢焊条	kg	6.84	19.993	25.023	25.200	37.664
	电	kW·h	0.68	4.620	5.650	6.700	7.966
	角钢(综合)	kg	3.61	2.006	2.006	2.006	2.006
	棉纱头	kg	6.00	0.255	0.309	0.364	0.418
	尼龙砂轮片 φ100×16×3	片	2.56	16.616	19.916	26.302	33.158
	破布	kg	6.32	0.128	0.164	0.182	0.218
	氧气	m³	3.63	7.800	9.600	10.300	12.496
	乙炔气	kg	10.45	2.600	3.200	3.433	4.165
	其他材料费占材料费	%	—	1.000	1.000	1.000	1.000
机械	电焊机(综合)	台班	118.28	3.900	4.420	5.200	6.529
	电焊条恒温箱	台班	21.41	0.390	0.442	0.520	0.653
	电焊条烘干箱 60×50×75cm³	台班	26.46	0.390	0.442	0.520	0.653
	汽车式起重机 8t	台班	763.67	0.006	0.009	0.013	0.018
	载重汽车 8t	台班	501.85	0.005	0.009	0.013	0.018

工作内容：准备工作、管子切口、坡口加工、坡口磨平、管口组对、焊接。　　　　计量单位：10个

定额编号				A8-2-570	A8-2-571	A8-2-572	A8-2-573
项目名称				公称直径(mm以内)			
				400	450	500	600
基价（元）				2686.70	3508.90	3782.98	5075.92
其中	人工费（元）			1229.76	1405.04	1554.42	1918.70
	材料费（元）			508.36	743.88	825.19	1087.32
	机械费（元）			948.58	1359.98	1403.37	2069.90
名称		单位	单价(元)	消耗量			
人工	综合工日	工日	140.00	8.784	10.036	11.103	13.705
材料	螺旋卷管件	个	—	(10.000)	(10.000)	(10.000)	(10.000)
	低碳钢焊条	kg	6.84	42.622	68.658	76.086	102.000
	电	kW·h	0.68	9.004	11.466	11.998	15.848
	角钢(综合)	kg	3.61	2.006	2.006	2.006	2.207
	六角螺栓(综合)	10套	11.30	—	—	—	0.481
	棉纱头	kg	6.00	0.469	0.535	0.609	0.671
	尼龙砂轮片 φ100×16×3	片	2.56	37.520	48.989	56.096	70.394
	破布	kg	6.32	0.236	0.269	0.307	0.338
	碳精棒	kg	12.82	—	—	—	1.010
	氧气	m^3	3.63	13.787	17.086	18.556	21.844
	乙炔气	kg	10.45	4.596	5.695	6.185	7.281
	其他材料费占材料费	%	—	1.000	1.000	1.000	1.000
机械	电焊机(综合)	台班	118.28	7.389	10.660	10.920	16.120
	电焊条恒温箱	台班	21.41	0.739	1.066	1.092	1.612
	电焊条烘干箱 60×50×75cm³	台班	26.46	0.739	1.066	1.092	1.612
	汽车式起重机 8t	台班	763.67	0.031	0.038	0.047	0.068
	载重汽车 8t	台班	501.85	0.031	0.038	0.047	0.068

工作内容：准备工作、管子切口、坡口加工、坡口磨平、管口组对、焊接。　　　　计量单位：10个

定额编号				A8-2-574	A8-2-575	A8-2-576	A8-2-577
项目名称				公称直径(mm以内)			
				700	800	900	1000
基价（元）				**5849.91**	**7142.45**	**8097.69**	**9021.84**
其中	人工费（元）			2198.98	2499.98	2798.74	3100.02
	材料费（元）			1265.22	1678.63	1900.89	2119.92
	机械费（元）			2385.71	2963.84	3398.06	3801.90
名称		单位	单价(元)	消耗量			
人工	综合工日	工日	140.00	15.707	17.857	19.991	22.143
材料	螺旋卷管件	个	—	(10.000)	(10.000)	(10.000)	(10.000)
	低碳钢焊条	kg	6.84	120.495	167.196	187.870	208.544
	电	kW·h	0.68	18.624	22.050	25.120	27.804
	角钢(综合)	kg	3.61	2.207	2.207	2.207	2.207
	六角螺栓(综合)	10套	11.30	0.481	0.481	0.481	0.481
	棉纱头	kg	6.00	0.751	0.842	0.942	1.056
	尼龙砂轮片 φ100×16×3	片	2.56	80.018	95.668	110.518	121.374
	破布	kg	6.32	0.378	0.423	0.474	0.531
	碳精棒	kg	12.82	1.154	1.314	1.474	1.639
	氧气	m^3	3.63	24.729	31.000	36.000	42.000
	乙炔气	kg	10.45	8.243	10.333	12.000	14.000
	其他材料费占材料费	%	—	1.000	1.000	1.000	1.000
机械	电焊机(综合)	台班	118.28	18.460	22.880	25.709	28.538
	电焊条恒温箱	台班	21.41	1.846	2.288	2.571	2.854
	电焊条烘干箱 60×50×75cm³	台班	26.46	1.846	2.288	2.571	2.854
	汽车式起重机 8t	台班	763.67	0.090	0.117	0.185	0.229
	载重汽车 8t	台班	501.85	0.090	0.117	0.185	0.229

4.螺旋卷管件(氩电联焊)

工作内容：准备工作、管子切口、坡口加工、坡口磨平、管口组对、焊接。　　计量单位：10个

定额编号				A8-2-578	A8-2-579	A8-2-580	A8-2-581
项目名称				公称直径(mm以内)			
				200	250	300	350
基价(元)				**1955.74**	**2450.93**	**2943.46**	**3607.03**
其中	人工费(元)			796.74	995.96	1202.60	1458.38
	材料费(元)			314.04	378.02	458.23	570.76
	机械费(元)			844.96	1076.95	1282.63	1577.89
名称		单位	单价(元)	消耗量			
人工	综合工日	工日	140.00	5.691	7.114	8.590	10.417
材料	螺旋卷管件	个	—	(10.000)	(10.000)	(10.000)	(10.000)
	低碳钢焊条	kg	6.84	16.869	20.000	25.200	33.290
	电	kW·h	0.68	6.360	7.710	9.100	10.950
	角钢(综合)	kg	3.61	2.169	2.169	2.169	2.169
	棉纱头	kg	6.00	0.255	0.309	0.364	0.418
	尼龙砂轮片 φ100×16×3	片	2.56	16.316	19.596	26.102	32.896
	破布	kg	6.32	0.128	0.164	0.182	0.219
	铈钨棒	g	0.38	7.256	8.920	10.720	12.568
	碳钢氩弧焊丝	kg	7.69	1.296	1.600	1.926	2.244
	氩气	m³	19.59	3.628	4.460	5.360	6.284
	氧气	m³	3.63	7.800	9.600	10.300	12.496
	乙炔气	kg	10.45	2.600	3.200	3.433	4.165
	其他材料费占材料费	%	—	1.000	1.000	1.000	1.000
机械	电焊机(综合)	台班	118.28	4.940	6.370	7.540	9.409
	电焊条恒温箱	台班	21.41	0.494	0.637	0.754	0.941
	电焊条烘干箱 60×50×75cm³	台班	26.46	0.494	0.637	0.754	0.941
	汽车式起重机 8t	台班	763.67	0.006	0.009	0.014	0.018
	氩弧焊机 500A	台班	92.58	2.478	3.042	3.640	4.290
	载重汽车 8t	台班	501.85	0.006	0.009	0.014	0.018

工作内容：准备工作、管子切口、坡口加工、坡口磨平、管口组对、焊接。　　　　　计量单位：10个

定额编号				A8-2-582	A8-2-583	A8-2-584
项目名称				公称直径(mm以内)		
				400	450	500
基价（元）				4055.32	4808.42	5373.52
其中	人工费（元）			1610.70	1803.90	2031.40
	材料费（元）			642.76	857.19	946.45
	机械费（元）			1801.86	2147.33	2395.67
名称		单位	单价(元)	消耗量		
人工	综合工日	工日	140.00	11.505	12.885	14.510
材料	螺旋卷管件	个	—	(10.000)	(10.000)	(10.000)
	低碳钢焊条	kg	6.84	37.674	57.532	63.604
	电	kW·h	0.68	12.386	15.290	16.434
	角钢(综合)	kg	3.61	2.169	2.169	2.169
	棉纱头	kg	6.00	0.469	0.535	0.609
	尼龙砂轮片 Φ100×16×3	片	2.56	37.226	48.485	55.560
	破布	kg	6.32	0.236	0.269	0.307
	钍钨棒	g	0.38	14.268	16.140	17.596
	碳钢氩弧焊丝	kg	7.69	2.548	2.882	3.142
	氩气	m^3	19.59	7.134	8.070	8.798
	氧气	m^3	3.63	13.787	17.086	18.556
	乙炔气	kg	10.45	4.596	5.695	6.185
	其他材料费占材料费	%	—	1.000	1.000	1.000
机械	电焊机(综合)	台班	118.28	10.647	12.893	14.258
	电焊条恒温箱	台班	21.41	1.065	1.289	1.426
	电焊条烘干箱 60×50×75cm^3	台班	26.46	1.065	1.289	1.426
	汽车式起重机 8t	台班	763.67	0.032	0.040	0.050
	氩弧焊机 500A	台班	92.58	4.872	5.509	6.240
	载重汽车 8t	台班	501.85	0.032	0.040	0.050

5. 不锈钢管件(电弧焊)

工作内容：准备工作、管子切口、坡口加工、坡口磨平、管口组对、焊接、焊缝钝化。 计量单位：10个

定额编号				A8-2-585	A8-2-586	A8-2-587	A8-2-588
项目名称				公称直径(mm以内)			
				15	20	25	32
基价（元）				188.05	218.09	302.39	365.94
其中	人工费（元）			117.74	132.30	183.40	220.64
	材料费（元）			20.35	24.78	36.88	45.07
	机械费（元）			49.96	61.01	82.11	100.23
名称		单位	单价(元)	消耗量			
人工	综合工日	工日	140.00	0.841	0.945	1.310	1.576
材料	不锈钢对焊管件	个	—	(10.000)	(10.000)	(10.000)	(10.000)
	丙酮	kg	7.51	0.150	0.171	0.235	0.278
	不锈钢焊条	kg	38.46	0.356	0.438	0.648	0.802
	电	kW·h	0.68	1.384	1.496	1.862	2.056
	棉纱头	kg	6.00	0.021	0.043	0.043	0.064
	尼龙砂轮片 φ100×16×3	片	2.56	0.730	0.896	1.346	1.670
	尼龙砂轮片 φ500×25×4	片	12.82	0.111	0.133	0.256	0.296
	破布	kg	6.32	0.021	0.021	0.021	0.021
	水	t	7.96	0.021	0.021	0.043	0.043
	酸洗膏	kg	6.56	0.103	0.126	0.168	0.208
	其他材料费占材料费	%	—	1.000	1.000	1.000	1.000
机械	电动空气压缩机 6m³/min	台班	206.73	0.021	0.021	0.021	0.021
	电焊机(综合)	台班	118.28	0.368	0.454	0.614	0.760
	电焊条恒温箱	台班	21.41	0.037	0.045	0.062	0.076
	电焊条烘干箱 60×50×75cm³	台班	26.46	0.037	0.045	0.062	0.076
	砂轮切割机 500mm	台班	29.08	0.011	0.028	0.075	0.081

工作内容：准备工作、管子切口、坡口加工、坡口磨平、管口组对、焊接、焊缝钝化。 计量单位：10个

定额编号				A8-2-589	A8-2-590	A8-2-591	A8-2-592
项目名称				公称直径(mm以内)			
				40	50	65	80
基价（元）				461.19	607.60	772.39	1041.14
其中	人工费（元）			266.00	342.44	366.66	429.66
	材料费（元）			65.16	92.25	160.16	209.61
	机械费（元）			130.03	172.91	245.57	401.87
名称		单位	单价(元)	消耗量			
人工	综合工日	工日	140.00	1.900	2.446	2.619	3.069
材料	不锈钢对焊管件	个	—	(10.000)	(10.000)	(10.000)	(10.000)
	丙酮	kg	7.51	0.321	0.385	0.514	0.599
	不锈钢焊条	kg	38.46	1.228	1.800	3.200	4.144
	电	kW·h	0.68	2.496	3.056	3.968	3.100
	棉纱头	kg	6.00	0.064	0.079	0.107	0.128
	尼龙砂轮片 φ100×16×3	片	2.56	2.340	3.362	5.956	9.690
	尼龙砂轮片 φ500×25×4	片	12.82	0.362	0.403	0.718	0.884
	破布	kg	6.32	0.021	0.043	0.043	0.064
	水	t	7.96	0.043	0.064	0.086	0.107
	酸洗膏	kg	6.56	0.258	0.322	0.441	0.516
	其他材料费占材料费	%	—	1.000	1.000	1.000	1.000
机械	等离子切割机 400A	台班	219.59	—	—	—	0.417
	电动空气压缩机 1m³/min	台班	50.29	—	—	—	0.417
	电动空气压缩机 6m³/min	台班	206.73	0.021	0.021	0.021	0.021
	电焊机(综合)	台班	118.28	0.997	1.338	1.907	2.245
	电焊条恒温箱	台班	21.41	0.099	0.134	0.190	0.224
	电焊条烘干箱 60×50×75cm³	台班	26.46	0.099	0.134	0.190	0.224
	砂轮切割机 500mm	台班	29.08	0.104	0.134	0.226	0.300

工作内容：准备工作、管子切口、坡口加工、坡口磨平、管口组对、焊接、焊缝钝化。 计量单位：10个

定额编号				A8-2-593	A8-2-594	A8-2-595	A8-2-596
项目名称				公称直径(mm以内)			
				100	125	150	200
基价(元)				1441.15	1765.05	2177.96	3953.55
其中	人工费(元)			557.06	656.74	728.56	1031.10
	材料费(元)			304.48	374.61	542.67	1598.45
	机械费(元)			579.61	733.70	906.73	1324.00
名称		单位	单价(元)	消耗量			
人工	综合工日	工日	140.00	3.979	4.691	5.204	7.365
材料	不锈钢对焊管件	个	—	(10.000)	(10.000)	(10.000)	(10.000)
	丙酮	kg	7.51	0.770	0.895	1.072	1.477
	不锈钢焊条	kg	38.46	6.200	8.200	11.782	36.620
	电	kW·h	0.68	4.340	4.864	6.514	13.126
	棉纱头	kg	6.00	0.150	0.180	0.223	0.300
	尼龙砂轮片 φ100×16×3	片	2.56	11.946	14.068	23.116	53.806
	尼龙砂轮片 φ500×25×4	片	12.82	1.329	—	—	—
	破布	kg	6.32	0.064	0.086	0.107	0.150
	水	t	7.96	0.128	0.150	0.193	0.257
	酸洗膏	kg	6.56	0.661	1.017	1.365	1.778
	其他材料费占材料费	%	—	1.000	1.000	1.000	1.000
机械	等离子切割机 400A	台班	219.59	0.548	0.904	1.110	1.601
	电动空气压缩机 $1m^3/min$	台班	50.29	0.548	0.904	1.110	1.601
	电动空气压缩机 $6m^3/min$	台班	206.73	0.021	0.021	0.021	0.021
	电焊机(综合)	台班	118.28	3.272	3.831	4.785	7.099
	电焊条恒温箱	台班	21.41	0.327	0.383	0.479	0.710
	电焊条烘干箱 $60×50×75cm^3$	台班	26.46	0.327	0.383	0.479	0.710
	汽车式起重机 8t	台班	763.67	0.011	0.011	0.011	0.011
	砂轮切割机 500mm	台班	29.08	0.371	—	—	—
	载重汽车 8t	台班	501.85	0.011	0.011	0.011	0.011

工作内容：准备工作、管子切口、坡口加工、坡口磨平、管口组对、焊接、焊缝钝化。 计量单位：10个

定额编号				A8-2-597	A8-2-598	A8-2-599
项目名称				公称直径(mm以内)		
				250	300	350
基价（元）				4729.93	6412.98	8710.51
其中	人工费（元）			1328.88	1672.44	2137.94
	材料费（元）			1686.82	2400.38	3541.61
	机械费（元）			1714.23	2340.16	3030.96
名称		单位	单价(元)	消耗量		
人工	综合工日	工日	140.00	9.492	11.946	15.271
材料	不锈钢对焊管件	个	—	(10.000)	(10.000)	(10.000)
	丙酮	kg	7.51	1.840	2.183	2.525
	不锈钢焊条	kg	38.46	41.640	55.620	83.404
	电	kW·h	0.68	10.892	16.410	20.556
	棉纱头	kg	6.00	0.364	0.428	0.492
	尼龙砂轮片 φ100×16×3	片	2.56	9.383	71.148	91.776
	破布	kg	6.32	0.193	0.214	0.257
	水	t	7.96	0.300	0.364	0.428
	酸洗膏	kg	6.56	2.684	3.195	3.500
	其他材料费占材料费	%	—	1.000	1.000	1.000
机械	等离子切割机 400A	台班	219.59	2.092	2.638	3.189
	电动空气压缩机 $1m^3/min$	台班	50.29	2.092	2.638	3.189
	电动空气压缩机 $6m^3/min$	台班	206.73	0.021	0.021	0.021
	电焊机(综合)	台班	118.28	9.111	12.907	17.168
	电焊条恒温箱	台班	21.41	0.911	1.291	1.717
	电焊条烘干箱 $60×50×75cm^3$	台班	26.46	0.911	1.291	1.717
	汽车式起重机 8t	台班	763.67	0.019	0.028	0.042
	载重汽车 8t	台班	501.85	0.019	0.028	0.042

工作内容：准备工作、管子切口、坡口加工、坡口磨平、管口组对、焊接、焊缝钝化。 计量单位：10个

定额编号				A8-2-600	A8-2-601	A8-2-602
项目名称				公称直径(mm以内)		
				400	450	500
基价（元）				11340.61	14029.32	15969.84
其中	人工费（元）			2637.74	3007.20	3428.04
	材料费（元）			4817.33	6437.57	7132.20
	机械费（元）			3885.54	4584.55	5409.60
名称		单位	单价(元)	消耗量		
人工	综合工日	工日	140.00	18.841	21.480	24.486
材料	不锈钢对焊管件	个	—	(10.000)	(10.000)	(10.000)
	丙酮	kg	7.51	2.846	3.244	3.699
	不锈钢焊条	kg	38.46	114.340	153.764	170.164
	电	kW·h	0.68	24.898	30.068	33.298
	棉纱头	kg	6.00	0.552	0.629	0.717
	尼龙砂轮片 φ100×16×3	片	2.56	115.768	144.310	160.356
	破布	kg	6.32	0.278	0.317	0.361
	水	t	7.96	0.492	0.561	0.639
	酸洗膏	kg	6.56	4.339	5.424	6.780
	其他材料费占材料费	%	—	1.000	1.000	1.000
机械	等离子切割机 400A	台班	219.59	3.799	4.483	5.290
	电动空气压缩机 1m³/min	台班	50.29	3.799	4.483	5.290
	电动空气压缩机 6m³/min	台班	206.73	0.021	0.021	0.021
	电焊机(综合)	台班	118.28	22.651	26.728	31.539
	电焊条恒温箱	台班	21.41	2.265	2.673	3.154
	电焊条烘干箱 60×50×75cm³	台班	26.46	2.265	2.673	3.154
	汽车式起重机 8t	台班	763.67	0.054	0.064	0.076
	载重汽车 8t	台班	501.85	0.054	0.064	0.076

6. 不锈钢管件(氩电联焊)

工作内容：准备工作、管子切口、坡口加工、坡口磨平、管口组对、焊接、焊缝钝化。 计量单位：10个

定额编号				A8-2-603	A8-2-604	A8-2-605	A8-2-606
项目名称				公称直径(mm以内)			
				50	65	80	100
基价（元）				**716.44**	**1079.27**	**1237.40**	**1644.66**
其中	人工费（元）			343.42	485.52	554.54	664.72
	材料费（元）			112.45	190.03	228.77	369.91
	机械费（元）			260.57	403.72	454.09	610.03
名称		单位	单价(元)	消耗量			
人工	综合工日	工日	140.00	2.453	3.468	3.961	4.748
材料	不锈钢对焊管件	个	—	(10.000)	(10.000)	(10.000)	(10.000)
	丙酮	kg	7.51	0.385	0.514	0.599	0.770
	不锈钢焊条	kg	38.46	1.894	3.482	4.145	7.195
	电	kW·h	0.68	1.088	1.551	1.771	2.531
	棉纱头	kg	6.00	0.079	0.107	0.128	0.150
	尼龙砂轮片 φ100×16×3	片	2.56	1.053	1.584	1.877	2.690
	尼龙砂轮片 φ500×25×4	片	12.82	0.403	0.718	0.884	1.329
	破布	kg	6.32	0.043	0.043	0.064	0.064
	铈钨棒	g	0.38	1.965	2.444	2.910	3.762
	水	t	7.96	0.064	0.086	0.107	0.128
	酸洗膏	kg	6.56	0.322	0.441	0.516	0.661
	氩气	m³	19.59	1.168	1.564	1.977	2.553
	其他材料费占材料费	%	—	1.000	1.000	1.000	1.000
机械	单速电动葫芦 3t	台班	32.95	0.238	0.422	0.424	0.434
	电动空气压缩机 6m³/min	台班	206.73	0.021	0.021	0.021	0.021
	电焊机(综合)	台班	118.28	0.892	1.462	1.719	2.553
	电焊条恒温箱	台班	21.41	0.089	0.146	0.172	0.255
	电焊条烘干箱 60×50×75cm³	台班	26.46	0.089	0.146	0.172	0.255
	普通车床 630×2000mm	台班	247.10	0.238	0.422	0.424	0.434
	汽车式起重机 8t	台班	763.67	—	—	—	0.011
	砂轮切割机 500mm	台班	29.08	0.134	0.226	0.300	0.371
	氩弧焊机 500A	台班	92.58	0.820	1.023	1.196	1.569
	载重汽车 8t	台班	501.85	—	—	—	0.011

工作内容：准备工作、管子切口、坡口加工、坡口磨平、管口组对、焊接、焊缝钝化。 计量单位：10个

定额编号				A8-2-607	A8-2-608	A8-2-609
项目名称				公称直径(mm以内)		
				125	150	200
基价（元）				**2016.04**	**2457.38**	**3693.53**
其中	人工费（元）			839.30	949.48	1304.52
	材料费（元）			423.07	589.33	1075.53
	机械费（元）			753.67	918.57	1313.48
名称		单位	单价(元)	消耗量		
人工	综合工日	工日	140.00	5.995	6.782	9.318
材料	不锈钢对焊管件	个	—	(10.000)	(10.000)	(10.000)
	丙酮	kg	7.51	0.895	1.072	1.477
	不锈钢焊条	kg	38.46	8.513	12.260	23.518
	电	kW·h	0.68	3.004	3.559	5.104
	棉纱头	kg	6.00	0.180	0.223	0.300
	尼龙砂轮片 ф100×16×3	片	2.56	3.174	4.297	7.379
	破布	kg	6.32	0.086	0.107	0.150
	铈钨棒	g	0.38	4.460	5.333	7.370
	水	t	7.96	0.150	0.193	0.257
	酸洗膏	kg	6.56	1.017	1.365	1.778
	氩气	m^3	19.59	3.236	3.878	5.496
	其他材料费占材料费	%	—	1.000	1.000	1.000
机械	单速电动葫芦 3t	台班	32.95	0.439	0.458	0.520
	等离子切割机 400A	台班	219.59	0.266	0.326	0.471
	电动空气压缩机 $1m^3/min$	台班	50.29	0.266	0.326	0.471
	电动空气压缩机 $6m^3/min$	台班	206.73	0.021	0.021	0.021
	电焊机(综合)	台班	118.28	2.988	3.929	6.093
	电焊条恒温箱	台班	21.41	0.299	0.393	0.609
	电焊条烘干箱 $60\times50\times75cm^3$	台班	26.46	0.299	0.393	0.609
	普通车床 630×2000mm	台班	247.10	0.439	0.458	0.520
	汽车式起重机 8t	台班	763.67	0.011	0.011	0.011
	氩弧焊机 500A	台班	92.58	1.868	2.166	2.945
	载重汽车 8t	台班	501.85	0.011	0.011	0.011

工作内容：准备工作、管子切口、坡口加工、坡口磨平、管口组对、焊接、焊缝钝化。 计量单位：10个

定额编号				A8-2-610	A8-2-611	A8-2-612
项目名称				公称直径(mm以内)		
				250	300	350
基价（元）				5026.28	6888.67	9221.48
其中	人工费（元）			1589.98	1906.38	2367.26
	材料费（元）			1714.26	2557.67	3848.57
	机械费（元）			1722.04	2424.62	3005.65
名称		单位	单价(元)	消耗量		
人工	综合工日	工日	140.00	11.357	13.617	16.909
材料	不锈钢对焊管件	个	—	(10.000)	(10.000)	(10.000)
	丙酮	kg	7.51	1.840	2.183	2.525
	不锈钢焊条	kg	38.46	38.905	59.439	91.569
	电	kW·h	0.68	6.930	8.416	9.929
	棉纱头	kg	6.00	0.364	0.428	0.492
	尼龙砂轮片 φ100×16×3	片	2.56	8.237	10.908	14.255
	破布	kg	6.32	0.193	0.214	0.257
	铈钨棒	g	0.38	9.202	10.953	12.703
	水	t	7.96	0.300	0.364	0.428
	酸洗膏	kg	6.56	2.684	3.195	3.500
	氩气	m³	19.59	6.865	8.389	9.737
	其他材料费占材料费	%	—	1.000	1.000	1.000
机械	单速电动葫芦 3t	台班	32.95	0.619	0.762	0.959
	等离子切割机 400A	台班	219.59	0.615	0.776	1.117
	电动空气压缩机 1m³/min	台班	50.29	0.615	0.776	0.937
	电动空气压缩机 6m³/min	台班	206.73	0.021	0.021	0.021
	电焊机(综合)	台班	118.28	8.171	12.623	15.582
	电焊条恒温箱	台班	21.41	0.817	1.262	1.558
	电焊条烘干箱 60×50×75cm³	台班	26.46	0.817	1.262	1.558
	普通车床 630×2000mm	台班	247.10	0.619	0.762	0.959
	汽车式起重机 8t	台班	763.67	0.019	0.028	0.042
	氩弧焊机 500A	台班	92.58	3.767	4.413	5.072
	载重汽车 8t	台班	501.85	0.019	0.028	0.042

工作内容：准备工作、管子切口、坡口加工、坡口磨平、管口组对、焊接、焊缝钝化。 计量单位：10个

定额编号				A8-2-613	A8-2-614	A8-2-615
项目名称				公称直径(mm以内)		
				400	450	500
基价（元）				**12163.67**	**15866.07**	**20754.80**
其中	人工费（元）			2864.68	3580.78	4476.08
	材料费（元）			5360.84	7328.32	10026.92
	机械费（元）			3938.15	4956.97	6251.80
名称		单位	单价(元)	消耗量		
人工	综合工日	工日	140.00	20.462	25.577	31.972
材料	不锈钢对焊管件	个	—	(10.000)	(10.000)	(10.000)
	丙酮	kg	7.51	2.846	3.131	3.444
	不锈钢焊条	kg	38.46	128.633	176.947	243.478
	电	kW·h	0.68	12.465	15.581	19.477
	棉纱头	kg	6.00	0.552	0.629	0.717
	尼龙砂轮片 φ100×16×3	片	2.56	19.005	25.277	33.618
	破布	kg	6.32	0.278	0.317	0.361
	铈钨棒	g	0.38	14.347	17.934	22.417
	水	t	7.96	0.492	0.561	0.639
	酸洗膏	kg	6.56	4.339	5.424	6.780
	氩气	m^3	19.59	12.207	15.259	19.073
	其他材料费占材料费	%	—	1.000	1.000	1.000
机械	单速电动葫芦 3t	台班	32.95	1.211	1.430	1.687
	等离子切割机 400A	台班	219.59	1.758	2.075	2.448
	电动空气压缩机 $1m^3/min$	台班	50.29	1.117	1.318	1.555
	电动空气压缩机 $6m^3/min$	台班	206.73	0.021	0.021	0.021
	电焊机(综合)	台班	118.28	20.995	27.293	35.480
	电焊条恒温箱	台班	21.41	2.100	2.729	3.548
	电焊条烘干箱 60×50×75cm^3	台班	26.46	2.100	2.729	3.548
	普通车床 630×2000mm	台班	247.10	1.211	1.430	1.687
	汽车式起重机 8t	台班	763.67	0.054	0.064	0.076
	氩弧焊机 500A	台班	92.58	5.404	6.377	7.525
	载重汽车 8t	台班	501.85	0.054	0.064	0.076

7.不锈钢管件(氩弧焊)

工作内容：准备工作、管子切口、坡口加工、坡口磨平、管口组对、焊接、焊缝钝化。 计量单位：10个

定额编号				A8-2-616	A8-2-617	A8-2-618	A8-2-619
项目名称				公称直径(mm以内)			
				15	20	25	32
基价（元）				**224.33**	**252.46**	**349.13**	**411.15**
其中	人工费（元）			120.54	133.98	195.72	231.70
	材料费（元）			24.20	29.72	44.61	54.74
	机械费（元）			79.59	88.76	108.80	124.71
名称		单位	单价(元)	消耗量			
人工	综合工日	工日	140.00	0.861	0.957	1.398	1.655
材料	不锈钢对焊管件	个	—	(10.000)	(10.000)	(10.000)	(10.000)
	丙酮	kg	7.51	0.150	0.171	0.257	0.278
	不锈钢焊条	kg	38.46	0.201	0.248	0.370	0.460
	电	kW·h	0.68	0.409	0.463	0.678	0.829
	棉纱头	kg	6.00	0.021	0.043	0.043	0.064
	尼龙砂轮片 φ100×16×3	片	2.56	0.340	0.417	0.533	0.661
	尼龙砂轮片 φ500×25×4	片	12.82	0.111	0.133	0.256	0.296
	破布	kg	6.32	0.021	0.021	0.021	0.021
	铈钨棒	g	0.38	1.066	1.318	1.930	2.397
	水	t	7.96	0.021	0.021	0.043	0.043
	酸洗膏	kg	6.56	0.103	0.126	0.168	0.208
	氩气	m³	19.59	0.563	0.696	1.038	1.288
	其他材料费占材料费	%	—	1.000	1.000	1.000	1.000
机械	电动空气压缩机 6m³/min	台班	206.73	0.021	0.021	0.021	0.021
	普通车床 630×2000mm	台班	247.10	0.150	0.154	0.167	0.173
	砂轮切割机 500mm	台班	29.08	0.011	0.028	0.075	0.081
	氩弧焊机 500A	台班	92.58	0.409	0.492	0.659	0.813

工作内容：准备工作、管子切口、坡口加工、坡口磨平、管口组对、焊接、焊缝钝化。 计量单位：10个

定额编号				A8-2-620	A8-2-621	A8-2-622	A8-2-623
项目名称				公称直径(mm以内)			
				40	50	65	80
基价（元）				514.04	689.44	1082.20	1238.23
其中	人工费（元）			276.50	347.06	503.16	573.86
	材料费（元）			81.05	124.82	227.66	272.60
	机械费（元）			156.49	217.56	351.38	391.77
名称		单位	单价(元)	消耗量			
人工	综合工日	工日	140.00	1.975	2.479	3.594	4.099
材料	不锈钢对焊管件	个	—	(10.000)	(10.000)	(10.000)	(10.000)
	丙酮	kg	7.51	0.321	0.385	0.514	0.599
	不锈钢焊条	kg	38.46	0.713	1.141	2.125	2.544
	电	kW·h	0.68	1.012	1.308	1.884	2.165
	棉纱头	kg	6.00	0.064	0.079	0.107	0.128
	尼龙砂轮片 φ100×16×3	片	2.56	0.785	0.982	1.560	1.849
	尼龙砂轮片 φ500×25×4	片	12.82	0.362	0.403	0.718	0.884
	破布	kg	6.32	0.021	0.043	0.043	0.064
	铈钨棒	g	0.38	3.681	6.018	11.218	13.208
	水	t	7.96	0.043	0.064	0.086	0.107
	酸洗膏	kg	6.56	0.258	0.322	0.441	0.516
	氩气	m³	19.59	1.997	3.195	5.951	7.126
	其他材料费占材料费	%	—	1.000	1.000	1.000	1.000
机械	单速电动葫芦 3t	台班	32.95	—	0.238	0.422	0.424
	电动空气压缩机 6m³/min	台班	206.73	0.021	0.021	0.021	0.021
	普通车床 630×2000mm	台班	247.10	0.197	0.238	0.422	0.424
	砂轮切割机 500mm	台班	29.08	0.104	0.134	0.226	0.300
	氩弧焊机 500A	台班	92.58	1.085	1.541	2.401	2.808

工作内容：准备工作、管子切口、坡口加工、坡口磨平、管口组对、焊接、焊缝钝化。 计量单位：10个

定额编号				A8-2-624	A8-2-625	A8-2-626	A8-2-627
项目名称				公称直径(mm以内)			
				100	125	150	200
基价（元）				**1813.54**	**2105.24**	**2677.61**	**4432.10**
其中	人工费（元）			802.20	894.04	1071.00	1646.54
	材料费（元）			447.84	513.37	721.45	1335.09
	机械费（元）			563.50	697.83	885.16	1450.47
名称		单位	单价(元)	消耗量			
人工	综合工日	工日	140.00	5.730	6.386	7.650	11.761
材料	不锈钢对焊管件	个	—	(10.000)	(10.000)	(10.000)	(10.000)
	丙酮	kg	7.51	0.770	0.895	1.072	1.477
	不锈钢焊条	kg	38.46	4.248	5.053	7.130	13.324
	电	kW·h	0.68	3.279	3.887	4.857	8.001
	棉纱头	kg	6.00	0.150	0.180	0.223	0.300
	尼龙砂轮片 φ100×16×3	片	2.56	2.652	3.127	4.235	7.272
	尼龙砂轮片 φ500×25×4	片	12.82	1.329	—	—	—
	破布	kg	6.32	0.064	0.086	0.107	0.150
	铈钨棒	g	0.38	22.444	26.279	37.510	70.992
	水	t	7.96	0.128	0.150	0.193	0.257
	酸洗膏	kg	6.56	0.661	1.017	1.365	1.778
	氩气	m^3	19.59	11.894	14.145	19.966	37.307
	其他材料费占材料费	%	—	1.000	1.000	1.000	1.000
机械	单速电动葫芦 3t	台班	32.95	0.434	0.439	0.458	0.520
	等离子切割机 400A	台班	219.59	—	0.266	0.326	0.471
	电动空气压缩机 $1m^3/min$	台班	50.29	—	0.266	0.326	0.471
	电动空气压缩机 $6m^3/min$	台班	206.73	0.021	0.021	0.021	0.021
	普通车床 630×2000mm	台班	247.10	0.434	0.439	0.458	0.520
	汽车式起重机 8t	台班	763.67	0.011	0.011	0.011	0.011
	砂轮切割机 500mm	台班	29.08	0.371	—	—	—
	氩弧焊机 500A	台班	92.58	4.460	5.237	7.028	12.524
	载重汽车 8t	台班	501.85	0.011	0.011	0.011	0.011

8. 合金钢管件(电弧焊)

工作内容：准备工作、管子切口、坡口加工、管口组对、焊接。　　　　计量单位：10个

定额编号				A8-2-628	A8-2-629	A8-2-630	A8-2-631
项目名称				公称直径(mm以内)			
				15	20	25	32
基价(元)				**202.33**	**268.18**	**334.20**	**395.77**
其中	人工费(元)			112.56	137.20	181.86	214.62
	材料费(元)			9.79	16.25	20.01	24.67
	机械费(元)			79.98	114.73	132.33	156.48
名称		单位	单价(元)	消耗量			
人工	综合工日	工日	140.00	0.804	0.980	1.299	1.533
材料	合金钢对焊管件	个	—	(10.000)	(10.000)	(10.000)	(10.000)
	丙酮	kg	7.51	0.165	0.189	0.260	0.307
	电	kW·h	0.68	0.419	0.632	0.727	0.876
	合金钢焊条	kg	11.11	0.434	0.861	1.055	1.307
	棉纱头	kg	6.00	0.021	0.043	0.043	0.064
	磨头	个	2.75	0.274	0.307	0.371	0.434
	尼龙砂轮片 φ100×16×3	片	2.56	0.283	0.366	0.446	0.555
	尼龙砂轮片 φ500×25×4	片	12.82	0.090	0.151	0.189	0.240
	破布	kg	6.32	0.021	0.021	0.021	0.021
	氧气	m^3	3.63	0.066	0.080	0.094	0.111
	乙炔气	kg	10.45	0.021	0.026	0.031	0.038
	其他材料费占材料费	%	—	1.000	1.000	1.000	1.000
机械	电焊机(综合)	台班	118.28	0.335	0.567	0.691	0.859
	电焊条恒温箱	台班	21.41	0.033	0.056	0.069	0.086
	电焊条烘干箱 60×50×75cm^3	台班	26.46	0.033	0.056	0.069	0.086
	普通车床 630×2000mm	台班	247.10	0.156	0.177	0.184	0.196
	砂轮切割机 500mm	台班	29.08	0.008	0.043	0.063	0.080

工作内容：准备工作、管子切口、坡口加工、管口组对、焊接。　　　　　　　　计量单位：10个

定额编号				A8-2-632	A8-2-633	A8-2-634	A8-2-635
项目名称				公称直径(mm以内)			
				40	50	65	80
基价（元）				452.01	602.53	838.89	962.92
其中	人工费（元）			248.92	311.92	416.22	485.94
	材料费（元）			29.44	45.21	70.78	83.74
	机械费（元）			173.65	245.40	351.89	393.24
名称		单位	单价(元)	消耗量			
人工	综合工日	工日	140.00	1.778	2.228	2.973	3.471
材料	合金钢对焊管件	个	—	(10.000)	(10.000)	(10.000)	(10.000)
	丙酮	kg	7.51	0.472	0.519	0.590	0.732
	电	kW·h	0.68	1.030	1.274	1.672	1.992
	合金钢焊条	kg	11.11	1.499	2.580	4.293	5.055
	棉纱头	kg	6.00	0.064	0.079	0.107	0.128
	磨头	个	2.75	0.524	0.623	0.831	0.972
	尼龙砂轮片 φ100×16×3	片	2.56	0.637	0.857	1.256	1.487
	尼龙砂轮片 φ500×25×4	片	12.82	0.280	0.426	0.654	0.778
	破布	kg	6.32	0.021	0.043	0.043	0.064
	氧气	m^3	3.63	0.151	0.172	0.286	0.321
	乙炔气	kg	10.45	0.050	0.057	0.094	0.106
	其他材料费占材料费	%	—	1.000	1.000	1.000	1.000
机械	单速电动葫芦 3t	台班	32.95	—	0.278	0.433	0.435
	电焊机(综合)	台班	118.28	0.983	1.337	1.842	2.168
	电焊条恒温箱	台班	21.41	0.098	0.134	0.185	0.217
	电焊条烘干箱 60×50×75cm³	台班	26.46	0.098	0.134	0.185	0.217
	普通车床 630×2000mm	台班	247.10	0.203	0.278	0.433	0.435
	砂轮切割机 500mm	台班	29.08	0.087	0.103	0.134	0.158

工作内容：准备工作、管子切口、坡口加工、管口组对、焊接。　　计量单位：10个

定额编号				A8-2-636	A8-2-637	A8-2-638	A8-2-639
项目名称				公称直径(mm以内)			
				100	125	150	200
基价（元）				1331.74	1480.44	1720.69	2463.80
其中	人工费（元）			684.18	748.86	805.00	1091.16
	材料费（元）			132.37	151.54	203.13	369.21
	机械费（元）			515.19	580.04	712.56	1003.43
名称		单位	单价(元)	消耗量			
人工	综合工日	工日	140.00	4.887	5.349	5.750	7.794
材料	合金钢对焊管件	个	—	(10.000)	(10.000)	(10.000)	(10.000)
	丙酮	kg	7.51	0.873	1.015	1.227	1.676
	电	kW·h	0.68	2.883	3.221	3.702	5.199
	合金钢焊条	kg	11.11	8.595	10.065	14.363	27.178
	棉纱头	kg	6.00	0.150	0.180	0.223	0.300
	磨头	个	2.75	1.246	—	—	—
	尼龙砂轮片 φ100×16×3	片	2.56	2.126	2.758	3.389	5.808
	尼龙砂轮片 φ500×25×4	片	12.82	1.077	1.270	—	—
	破布	kg	6.32	0.064	0.086	0.107	0.150
	氧气	m^3	3.63	0.432	0.484	2.688	4.197
	乙炔气	kg	10.45	0.144	0.161	0.896	1.400
	其他材料费占材料费	%	—	1.000	1.000	1.000	1.000
机械	半自动切割机 100mm	台班	83.55	—	—	0.220	0.337
	单速电动葫芦 3t	台班	32.95	0.445	0.450	0.469	0.534
	电焊机(综合)	台班	118.28	2.995	3.507	4.450	6.586
	电焊条恒温箱	台班	21.41	0.300	0.350	0.445	0.659
	电焊条烘干箱 60×50×75cm³	台班	26.46	0.300	0.350	0.445	0.659
	普通车床 630×2000mm	台班	247.10	0.445	0.450	0.469	0.534
	汽车式起重机 8t	台班	763.67	0.012	0.012	0.012	0.012
	砂轮切割机 500mm	台班	29.08	0.233	0.250	—	—
	载重汽车 8t	台班	501.85	0.012	0.012	0.012	0.012

工作内容：准备工作、管子切口、坡口加工、管口组对、焊接。　　计量单位：10个

定额编号				A8-2-640	A8-2-641	A8-2-642	A8-2-643
项目名称				公称直径(mm以内)			
				250	300	350	400
基价（元）				3303.74	4186.53	5502.72	6958.79
其中	人工费（元）			1421.70	1690.50	2040.22	2424.10
	材料费（元）			588.21	871.72	1275.29	1731.73
	机械费（元）			1293.83	1624.31	2187.21	2802.96
名称		单位	单价(元)	消耗量			
人工	综合工日	工日	140.00	10.155	12.075	14.573	17.315
材料	合金钢对焊管件	个	—	(10.000)	(10.000)	(10.000)	(10.000)
	丙酮	kg	7.51	2.100	2.478	2.879	3.257
	电	kW·h	0.68	6.820	8.209	10.228	12.401
	合金钢焊条	kg	11.11	44.651	67.824	101.700	139.426
	棉纱头	kg	6.00	0.364	0.428	0.492	0.552
	尼龙砂轮片 φ100×16×3	片	2.56	8.102	10.722	14.009	18.675
	破布	kg	6.32	0.193	0.214	0.257	0.278
	氧气	m^3	3.63	5.861	7.595	8.962	11.217
	乙炔气	kg	10.45	1.960	2.530	2.988	3.739
	其他材料费占材料费	%	—	1.000	1.000	1.000	1.000
机械	半自动切割机 100mm	台班	83.55	0.383	0.440	0.479	0.546
	单速电动葫芦 3t	台班	32.95	0.634	0.780	0.983	1.242
	电焊机(综合)	台班	118.28	8.584	10.806	14.727	18.962
	电焊条恒温箱	台班	21.41	0.859	1.081	1.473	1.896
	电焊条烘干箱 60×50×75cm³	台班	26.46	0.859	1.081	1.473	1.896
	普通车床 630×2000mm	台班	247.10	0.634	0.780	0.983	1.242
	汽车式起重机 8t	台班	763.67	0.022	0.031	0.047	0.060
	载重汽车 8t	台班	501.85	0.022	0.031	0.047	0.060

工作内容：准备工作、管子切口、坡口加工、管口组对、焊接。　　计量单位：10个

定额编号				A8-2-644	A8-2-645	A8-2-646
项目名称				公称直径(mm以内)		
				450	500	600
基价（元）				**9120.17**	**10130.00**	**14361.70**
其中	人工费（元）			2981.02	3297.84	4287.08
	材料费（元）			2297.80	2542.84	4247.63
	机械费（元）			3841.35	4289.32	5826.99
名称		**单位**	**单价(元)**	**消耗量**		
人工	综合工日	工日	140.00	21.293	23.556	30.622
材料	合金钢对焊管件	个	—	(10.000)	(10.000)	(10.000)
	丙酮	kg	7.51	3.682	4.059	5.074
	电	kW·h	0.68	15.293	16.920	22.504
	合金钢焊条	kg	11.11	187.497	207.494	352.740
	棉纱头	kg	6.00	0.629	0.717	0.789
	尼龙砂轮片 φ100×16×3	片	2.56	22.649	25.186	37.779
	破布	kg	6.32	0.317	0.361	0.397
	氧气	m^3	3.63	12.674	13.968	18.857
	乙炔气	kg	10.45	4.224	4.656	5.820
	其他材料费占材料费	%	—	1.000	1.000	1.000
机械	半自动切割机 100mm	台班	83.55	0.687	0.755	1.003
	电动单梁起重机 5t	台班	223.20	1.584	1.708	2.272
	电焊机(综合)	台班	118.28	23.758	26.292	34.180
	电焊条恒温箱	台班	21.41	2.376	2.629	3.418
	电焊条烘干箱 60×50×75cm³	台班	26.46	2.376	2.629	3.418
	普通车床 630×2000mm	台班	247.10	1.584	1.708	2.272
	汽车式起重机 8t	台班	763.67	0.091	0.148	0.370
	载重汽车 8t	台班	501.85	0.091	0.148	0.370

9. 合金钢管件(氩电联焊)

工作内容：准备工作、管子切口、坡口加工、管口组对、焊接。　　　　计量单位：10个

定额编号				A8-2-647	A8-2-648	A8-2-649	A8-2-650
项目名称				公称直径(mm以内)			
				15	20	25	32
基价（元）				**203.12**	**266.19**	**333.00**	**393.26**
其中	人工费（元）			112.84	140.42	184.94	217.70
	材料费（元）			20.67	33.18	41.42	51.48
	机械费（元）			69.61	92.59	106.64	124.08
名称		**单位**	**单价(元)**	**消耗量**			
人工	综合工日	工日	140.00	0.806	1.003	1.321	1.555
材料	合金钢对焊管件	个	—	(10.000)	(10.000)	(10.000)	(10.000)
	丙酮	kg	7.51	0.165	0.198	0.260	0.307
	电	kW·h	0.68	0.419	0.531	0.704	0.840
	合金钢焊丝	kg	7.69	0.212	0.422	0.517	0.640
	棉纱头	kg	6.00	0.021	0.043	0.043	0.064
	磨头	个	2.75	0.274	0.307	0.371	0.434
	尼龙砂轮片 φ100×16×3	片	2.56	0.165	0.189	0.257	0.444
	尼龙砂轮片 φ500×25×4	片	12.82	0.090	0.118	0.189	0.240
	破布	kg	6.32	0.021	0.021	0.021	0.021
	铈钨棒	g	0.38	1.189	2.365	2.893	3.583
	氩气	m³	19.59	0.595	1.182	1.447	1.791
	氧气	m³	3.63	0.661	0.054	0.094	0.111
	乙炔气	kg	10.45	0.021	0.026	0.031	0.038
	其他材料费占材料费	%	—	1.000	1.000	1.000	1.000
机械	普通车床 630×2000mm	台班	247.10	0.156	0.177	0.184	0.196
	砂轮切割机 500mm	台班	29.08	0.008	0.018	0.063	0.080
	氩弧焊机 500A	台班	92.58	0.333	0.522	0.641	0.792

工作内容：准备工作、管子切口、坡口加工、管口组对、焊接。　　计量单位：10个

定　额　编　号				A8-2-651	A8-2-652	A8-2-653	A8-2-654
项　目　名　称				公称直径(mm以内)			
				40	50	65	80
基　价（元）				449.33	631.53	885.97	1021.63
其中	人　工　费（元）			252.14	315.98	435.82	510.30
	材　料　费（元）			60.34	61.91	89.31	106.19
	机　械　费（元）			136.85	253.64	360.84	405.14
名　称		单位	单价(元)	消　耗　量			
人工	综合工日	工日	140.00	1.801	2.257	3.113	3.645
材料	合金钢对焊管件	个	—	(10.000)	(10.000)	(10.000)	(10.000)
	丙酮	kg	7.51	0.472	0.519	0.590	0.732
	电	kW·h	0.68	0.995	1.084	1.422	1.701
	合金钢焊丝	kg	7.69	0.734	0.385	0.486	0.583
	合金钢焊条	kg	11.11	—	1.836	3.134	3.686
	棉纱头	kg	6.00	0.064	0.079	0.107	0.128
	磨头	个	2.75	0.524	0.623	0.831	0.972
	尼龙砂轮片 φ100×16×3	片	2.56	0.555	0.885	1.230	1.454
	尼龙砂轮片 φ500×25×4	片	12.82	0.280	0.426	0.654	0.778
	破布	kg	6.32	0.021	0.043	0.043	0.064
	铈钨棒	g	0.38	4.111	2.152	2.723	3.266
	氩气	m^3	19.59	2.056	1.076	1.362	1.633
	氧气	m^3	3.63	0.151	0.172	0.286	0.321
	乙炔气	kg	10.45	0.050	0.057	0.094	0.106
	其他材料费占材料费	%	—	1.000	1.000	1.000	1.000
机械	单速电动葫芦 3t	台班	32.95	—	0.278	0.433	0.435
	电焊机(综合)	台班	118.28	—	0.952	1.345	1.581
	电焊条恒温箱	台班	21.41	—	0.095	0.134	0.158
	电焊条烘干箱 60×50×75cm³	台班	26.46	—	0.095	0.134	0.158
	普通车床 630×2000mm	台班	247.10	0.203	0.278	0.433	0.435
	砂轮切割机 500mm	台班	29.08	0.087	0.103	0.134	0.158
	氩弧焊机 500A	台班	92.58	0.909	0.601	0.758	0.909

工作内容：准备工作、管子切口、坡口加工、管口组对、焊接。　　计量单位：10个

定额编号				A8-2-655	A8-2-656	A8-2-657	A8-2-658
项目名称				公称直径(mm以内)			
				100	125	150	200
基价（元）				**1427.29**	**1596.14**	**1873.95**	**2703.69**
其中	人工费（元）			723.38	796.18	868.98	1189.86
	材料费（元）			160.10	184.71	241.87	418.98
	机械费（元）			543.81	615.25	763.10	1094.85
名称		单位	单价(元)	消耗量			
人工	综合工日	工日	140.00	5.167	5.687	6.207	8.499
材料	合金钢对焊管件	个	—	(10.000)	(10.000)	(10.000)	(10.000)
	丙酮	kg	7.51	0.873	1.015	1.227	1.676
	电	kW·h	0.68	2.562	2.847	3.287	4.706
	合金钢焊丝	kg	7.69	0.748	0.887	1.064	1.470
	合金钢焊条	kg	11.11	6.740	7.892	11.661	23.116
	棉纱头	kg	6.00	0.150	0.180	0.223	0.300
	磨头	个	2.75	1.246	—	—	—
	尼龙砂轮片 φ100×16×3	片	2.56	2.079	2.698	3.316	5.683
	尼龙砂轮片 φ500×25×4	片	12.82	1.077	1.270	—	—
	破布	kg	6.32	0.064	0.086	0.107	0.150
	铈钨棒	g	0.38	4.191	4.970	5.961	8.232
	氩气	m^3	19.59	2.096	2.485	2.981	4.116
	氧气	m^3	3.63	0.432	0.484	2.688	4.197
	乙炔气	kg	10.45	0.144	0.161	0.896	1.400
	其他材料费占材料费	%	—	1.000	1.000	1.000	1.000
机械	半自动切割机 100mm	台班	83.55	—	—	0.220	0.337
	单速电动葫芦 3t	台班	32.95	0.445	0.450	0.469	0.534
	电焊机(综合)	台班	118.28	2.349	2.751	3.612	5.603
	电焊条恒温箱	台班	21.41	0.235	0.275	0.361	0.561
	电焊条烘干箱 60×50×75cm³	台班	26.46	0.235	0.275	0.361	0.561
	普通车床 630×2000mm	台班	247.10	0.445	0.450	0.469	0.534
	汽车式起重机 8t	台班	763.67	0.012	0.012	0.012	0.012
	砂轮切割机 500mm	台班	29.08	0.233	0.250	—	—
	氩弧焊机 500A	台班	92.58	1.168	1.385	1.660	2.294
	载重汽车 8t	台班	501.85	0.012	0.012	0.012	0.012

工作内容：准备工作、管子切口、坡口加工、管口组对、焊接。　　　　计量单位：10个

定额编号				A8-2-659	A8-2-660	A8-2-661	A8-2-662
项目名称				公称直径(mm以内)			
				250	300	350	400
基价（元）				3628.75	4588.30	5950.46	7482.40
其中	人工费（元）			1556.80	1859.76	2234.12	2638.58
	材料费（元）			644.76	932.02	1333.09	1826.91
	机械费（元）			1427.19	1796.52	2383.25	3016.91
	名称	单位	单价(元)	消耗量			
人工	综合工日	工日	140.00	11.120	13.284	15.958	18.847
材料	合金钢对焊管件	个	—	(10.000)	(10.000)	(10.000)	(10.000)
	丙酮	kg	7.51	2.100	2.478	2.879	3.257
	电	kW·h	0.68	6.285	8.209	10.228	12.401
	合金钢焊丝	kg	7.69	1.834	2.185	2.535	2.863
	合金钢焊条	kg	11.11	39.089	60.529	92.167	131.067
	棉纱头	kg	6.00	0.364	0.428	0.492	0.552
	尼龙砂轮片 φ100×16×3	片	2.56	7.925	10.490	13.707	19.451
	破布	kg	6.32	0.193	0.214	0.257	0.278
	铈钨棒	g	0.38	10.271	12.239	14.193	16.029
	氩气	m³	19.59	5.135	6.120	7.097	8.015
	氧气	m³	3.63	5.861	7.595	8.962	11.217
	乙炔气	kg	10.45	1.960	2.530	2.988	3.739
	其他材料费占材料费	%	—	1.000	1.000	1.000	1.000
机械	半自动切割机 100mm	台班	83.55	0.383	0.440	0.479	0.546
	单速电动葫芦 3t	台班	32.95	0.634	0.780	0.983	1.242
	电焊机(综合)	台班	118.28	7.517	9.641	13.347	17.342
	电焊条恒温箱	台班	21.41	0.752	0.964	1.335	1.735
	电焊条烘干箱 60×50×75cm³	台班	26.46	0.752	0.964	1.335	1.735
	普通车床 630×2000mm	台班	247.10	0.634	0.780	0.983	1.242
	汽车式起重机 8t	台班	763.67	0.022	0.031	0.047	0.060
	氩弧焊机 500A	台班	92.58	2.859	3.409	3.952	4.464
	载重汽车 8t	台班	501.85	0.022	0.031	0.047	0.060

工作内容：准备工作、管子切口、坡口加工、管口组对、焊接。 计量单位：10个

定额编号				A8-2-663	A8-2-664	A8-2-665
项目名称				公称直径(mm以内)		
				450	500	600
基价（元）				9636.60	10707.39	15144.30
其中	人工费（元）			3219.16	3563.42	4632.32
	材料费（元）			2341.09	2592.01	4238.52
	机械费（元）			4076.35	4551.96	6273.46
名称		单位	单价(元)	消耗量		
人工	综合工日	工日	140.00	22.994	25.453	33.088
材料	合金钢对焊管件	个	—	(10.000)	(10.000)	(10.000)
	丙酮	kg	7.51	3.682	4.059	5.074
	电	kW·h	0.68	15.293	16.920	22.504
	合金钢焊丝	kg	7.69	3.226	3.590	6.103
	合金钢焊条	kg	11.11	172.688	191.106	324.880
	棉纱头	kg	6.00	0.629	0.717	0.789
	尼龙砂轮片 Φ100×16×3	片	2.56	22.158	24.641	36.962
	破布	kg	6.32	0.317	0.361	0.397
	铈钨棒	g	0.38	18.068	20.103	25.128
	氩气	m³	19.59	9.034	10.051	12.563
	氧气	m³	3.63	12.674	13.968	18.857
	乙炔气	kg	10.45	4.224	4.656	5.820
	其他材料费占材料费	%	—	1.000	1.000	1.000
机械	半自动切割机 100mm	台班	83.55	0.687	0.755	1.003
	电动单梁起重机 5t	台班	223.20	1.584	1.708	2.272
	电焊机(综合)	台班	118.28	21.883	24.215	32.207
	电焊条恒温箱	台班	21.41	2.188	2.421	3.221
	电焊条烘干箱 60×50×75cm³	台班	26.46	2.188	2.421	3.221
	普通车床 630×2000mm	台班	247.10	1.584	1.708	2.272
	汽车式起重机 8t	台班	763.67	0.091	0.148	0.370
	氩弧焊机 500A	台班	92.58	5.031	5.598	7.445
	载重汽车 8t	台班	501.85	0.091	0.148	0.370

10. 合金钢管件(氩弧焊)

工作内容：准备工作、管子切口、坡口加工、管口组对、焊接。　　　　计量单位：10个

定额编号				A8-2-666	A8-2-667	A8-2-668	A8-2-669
项目名称				公称直径(mm以内)			
				15	20	25	32
基价(元)				**204.02**	**291.03**	**334.15**	**395.46**
其中	人工费(元)			115.64	164.78	185.64	219.66
	材料费(元)			18.77	33.66	41.87	51.72
	机械费(元)			69.61	92.59	106.64	124.08
名称		单位	单价(元)	消耗量			
人工	综合工日	工日	140.00	0.826	1.177	1.326	1.569
材料	合金钢对焊管件	个	—	(10.000)	(10.000)	(10.000)	(10.000)
	丙酮	kg	7.51	0.165	0.189	0.260	0.307
	电	kW·h	0.68	0.419	0.531	0.704	0.840
	合金钢焊丝	kg	7.69	0.212	0.422	0.517	0.640
	棉纱头	kg	6.00	0.021	0.043	0.043	0.064
	磨头	个	2.75	0.274	0.307	0.371	0.434
	尼龙砂轮片 φ100×16×3	片	2.56	0.274	0.387	0.432	0.536
	尼龙砂轮片 φ500×25×4	片	12.82	0.090	0.118	0.189	0.240
	破布	kg	6.32	0.021	0.021	0.021	0.021
	钍钨棒	g	0.38	1.189	2.365	2.893	3.583
	氩气	m³	19.59	0.595	1.182	1.447	1.791
	氧气	m³	3.63	0.066	0.078	0.094	0.111
	乙炔气	kg	10.45	0.021	0.022	0.031	0.038
	其他材料费占材料费	%	—	1.000	1.000	1.000	1.000
机械	普通车床 630×2000mm	台班	247.10	0.156	0.177	0.184	0.196
	砂轮切割机 500mm	台班	29.08	0.008	0.018	0.063	0.080
	氩弧焊机 500A	台班	92.58	0.333	0.522	0.641	0.792

工作内容：准备工作、管子切口、坡口加工、管口组对、焊接。　　　　　　　　　　计量单位：10个

定额编号				A8-2-670	A8-2-671	A8-2-672	A8-2-673
项目名称				公称直径(mm以内)			
				40	50	65	80
基价（元）				**451.87**	**641.75**	**934.88**	**1076.33**
其中	人工费（元）			254.52	328.16	440.58	514.78
	材料费（元）			60.50	104.05	168.71	199.05
	机械费（元）			136.85	209.54	325.59	362.50
名称		**单位**	**单价(元)**	**消耗量**			
人工	综合工日	工日	140.00	1.818	2.344	3.147	3.677
材料	合金钢对焊管件	个	—	(10.000)	(10.000)	(10.000)	(10.000)
	丙酮	kg	7.51	0.472	0.517	0.590	0.732
	电	kW·h	0.68	0.995	1.297	1.832	2.182
	合金钢焊丝	kg	7.69	0.734	1.345	2.237	2.634
	棉纱头	kg	6.00	0.064	0.079	0.107	0.128
	磨头	个	2.75	0.524	0.623	0.831	0.972
	尼龙砂轮片 φ100×16×3	片	2.56	0.616	0.826	1.211	1.433
	尼龙砂轮片 φ500×25×4	片	12.82	0.280	0.426	0.654	0.778
	破布	kg	6.32	0.021	0.043	0.043	0.064
	铈钨棒	g	0.38	4.111	7.533	12.527	14.750
	氩气	m³	19.59	2.056	3.767	6.263	7.375
	氧气	m³	3.63	0.151	0.172	0.286	0.321
	乙炔气	kg	10.45	0.050	0.057	0.094	0.106
	其他材料费占材料费	%	—	1.000	1.000	1.000	1.000
机械	单速电动葫芦 3t	台班	32.95	—	0.278	0.433	0.435
	普通车床 630×2000mm	台班	247.10	0.203	0.278	0.433	0.435
	砂轮切割机 500mm	台班	29.08	0.087	0.103	0.134	0.158
	氩弧焊机 500A	台班	92.58	0.909	1.390	2.165	2.550

工作内容：准备工作、管子切口、坡口加工、管口组对、焊接。　　计量单位：10个

定额编号				A8-2-674	A8-2-675	A8-2-676	A8-2-677
项目名称				公称直径(mm以内)			
				100	125	150	200
基价（元）				1615.62	1809.36	2244.08	2591.71
其中	人工费（元）			765.52	843.22	958.72	1092.98
	材料费（元）			326.25	377.26	522.01	597.94
	机械费（元）			523.85	588.88	763.35	900.79
名称		单位	单价(元)	消耗量			
人工	综合工日	工日	140.00	5.468	6.023	6.848	7.807
材料	合金钢对焊管件	个	—	(10.000)	(10.000)	(10.000)	(10.000)
	丙酮	kg	7.51	0.873	1.015	1.227	1.399
	电	kW·h	0.68	3.420	3.842	4.706	5.553
	合金钢焊丝	kg	7.69	4.444	5.186	7.351	8.673
	棉纱头	kg	6.00	0.150	0.180	0.223	0.300
	磨头	个	2.75	1.246	—	—	—
	尼龙砂轮片 φ100×16×3	片	2.56	2.006	2.549	3.093	3.526
	尼龙砂轮片 φ500×25×4	片	12.82	1.077	1.270	—	—
	破布	kg	6.32	0.064	0.086	0.107	0.150
	铈钨棒	g	0.38	24.885	29.046	41.163	46.926
	氩气	m³	19.59	12.443	14.523	20.582	23.463
	氧气	m³	3.63	0.432	0.484	2.688	3.064
	乙炔气	kg	10.45	0.144	0.161	0.896	1.021
	其他材料费占材料费	%	—	1.000	1.000	1.000	1.000
机械	半自动切割机 100mm	台班	83.55	—	—	0.220	0.260
	单速电动葫芦 3t	台班	32.95	0.445	0.450	0.469	0.554
	普通车床 630×2000mm	台班	247.10	0.445	0.450	0.469	0.554
	汽车式起重机 8t	台班	763.67	0.012	0.012	0.012	0.014
	砂轮切割机 500mm	台班	29.08	0.233	0.250	—	—
	氩弧焊机 500A	台班	92.58	4.075	4.757	6.464	7.628
	载重汽车 8t	台班	501.85	0.012	0.012	0.012	0.014

11.铜及铜合金管件(氧乙炔焊)

工作内容：准备工作、管子切口、坡口加工、坡口磨平、管口组对、焊前预热、焊接。 计量单位：10个

定额编号				A8-2-678	A8-2-679	A8-2-680	A8-2-681
项目名称				管外径(mm以内)			
				20	30	40	50
基价(元)				**197.33**	**306.13**	**389.76**	**447.02**
其中	人工费(元)			176.12	269.78	337.12	371.28
	材料费(元)			20.95	35.07	50.34	72.63
	机械费(元)			0.26	1.28	2.30	3.11
	名称	**单位**	**单价(元)**	**消耗量**			
人工	综合工日	工日	140.00	1.258	1.927	2.408	2.652
材料	中压铜及铜合金管件	个	—	(10.000)	(10.000)	(10.000)	(10.000)
	电	kW·h	0.68	0.151	0.901	1.029	1.132
	棉纱头	kg	6.00	0.022	0.045	0.067	0.067
	尼龙砂轮片 Φ100×16×3	片	2.56	0.200	0.300	0.309	0.391
	尼龙砂轮片 Φ500×25×4	片	12.82	0.093	0.135	0.249	0.325
	硼砂	kg	2.68	0.044	0.089	0.121	0.146
	铁砂布	张	0.85	0.269	0.336	0.403	0.470
	铜气焊丝	kg	37.61	0.220	0.420	0.580	0.980
	氧气	m³	3.63	1.330	1.964	2.913	3.650
	乙炔气	kg	10.45	0.512	0.755	1.120	1.404
	其他材料费占材料费	%	—	1.000	1.000	1.000	1.000
机械	砂轮切割机 500mm	台班	29.08	0.009	0.044	0.079	0.107

工作内容：准备工作、管子切口、坡口加工、坡口磨平、管口组对、焊前预热、焊接。 计量单位：10个

定额编号				A8-2-682	A8-2-683	A8-2-684	A8-2-685
项目名称				管外径(mm以内)			
				65	75	85	100
基价（元）				545.55	589.52	1027.69	1102.59
其中	人工费（元）			449.40	476.14	561.82	556.92
	材料费（元）			92.02	108.84	137.97	151.94
	机械费（元）			4.13	4.54	327.90	393.73
名称		单位	单价(元)	消耗量			
人工	综合工日	工日	140.00	3.210	3.401	4.013	3.978
材料	中压铜及铜合金管件	个	—	(10.000)	(10.000)	(10.000)	(10.000)
	电	kW·h	0.68	1.268	1.356	1.356	1.356
	棉纱头	kg	6.00	0.090	0.112	0.134	0.134
	尼龙砂轮片 φ100×16×3	片	2.56	0.515	0.606	1.638	1.854
	尼龙砂轮片 φ500×25×4	片	12.82	0.368	0.414	—	—
	硼砂	kg	2.68	0.311	0.378	0.424	0.650
	铁砂布	张	0.85	0.650	0.762	0.900	1.165
	铜气焊丝	kg	37.61	1.280	1.500	2.160	2.450
	氧气	m^3	3.63	4.463	5.391	6.216	6.417
	乙炔气	kg	10.45	1.717	2.073	2.391	2.468
	其他材料费占材料费	%	—	1.000	1.000	1.000	1.000
机械	等离子切割机 400A	台班	219.59	—	—	1.215	1.412
	电动空气压缩机 $1m^3/min$	台班	50.29	—	—	1.215	1.412
	汽车式起重机 8t	台班	763.67	—	—	—	0.010
	砂轮切割机 500mm	台班	29.08	0.142	0.156	—	—
	载重汽车 8t	台班	501.85	—	—	—	0.010

工作内容：准备工作、管子切口、坡口加工、坡口磨平、管口组对、焊前预热、焊接。 计量单位：10个

定额编号				A8-2-686	A8-2-687	A8-2-688
项目名称				管外径(mm以内)		
				120	150	185
基价（元）				1369.28	1695.71	2067.36
其中	人工费（元）			691.60	856.10	1029.42
	材料费（元）			207.58	255.08	319.82
	机械费（元）			470.10	584.53	718.12
名称		单位	单价(元)	消耗量		
人工	综合工日	工日	140.00	4.940	6.115	7.353
材料	中压铜及铜合金管件	个	—	(10.000)	(10.000)	(10.000)
	电	kW·h	0.68	1.356	1.419	1.701
	棉纱头	kg	6.00	0.179	0.202	0.269
	尼龙砂轮片 Φ100×16×3	片	2.56	2.249	2.841	3.530
	硼砂	kg	2.68	0.784	0.986	1.210
	铁砂布	张	0.85	1.546	2.150	2.822
	铜气焊丝	kg	37.61	3.500	4.380	5.420
	氧气	m^3	3.63	8.200	9.661	12.467
	乙炔气	kg	10.45	3.154	3.716	4.795
	其他材料费占材料费	%	—	1.000	1.000	1.000
机械	等离子切割机 400A	台班	219.59	1.695	2.119	2.614
	电动空气压缩机 $1m^3/min$	台班	50.29	1.695	2.119	2.614
	汽车式起重机 8t	台班	763.67	0.010	0.010	0.010
	载重汽车 8t	台班	501.85	0.010	0.010	0.010

工作内容：准备工作、管子切口、坡口加工、坡口磨平、管口组对、焊前预热、焊接。 计量单位：10个

定额编号				A8-2-689	A8-2-690	A8-2-691
项目名称				管外径(mm以内)		
				200	250	300
基价（元）				**2466.90**	**2950.92**	**3651.11**
其中	人工费（元）			1154.44	1301.58	1667.54
	材料费（元）			497.72	624.50	747.81
	机械费（元）			814.74	1024.84	1235.76
名称		**单位**	**单价(元)**	**消耗量**		
人工	综合工日	工日	140.00	8.246	9.297	11.911
材料	中压铜及铜合金管件	个	—	(10.000)	(10.000)	(10.000)
	电	kW·h	0.68	1.968	2.380	3.012
	棉纱头	kg	6.00	0.291	0.358	0.426
	尼龙砂轮片 φ100×16×3	片	2.56	5.049	6.364	7.679
	硼砂	kg	2.68	2.061	2.576	3.091
	铁砂布	张	0.85	3.136	4.122	5.107
	铜气焊丝	kg	37.61	9.160	11.500	13.820
	氧气	m³	3.63	16.222	20.308	24.022
	乙炔气	kg	10.45	6.239	7.810	9.239
	其他材料费占材料费	%	—	1.000	1.000	1.000
机械	等离子切割机 400A	台班	219.59	2.972	3.713	4.457
	电动空气压缩机 1m³/min	台班	50.29	2.972	3.713	4.457
	汽车式起重机 8t	台班	763.67	0.010	0.018	0.026
	载重汽车 8t	台班	501.85	0.010	0.018	0.026

三、高压管件

1.碳钢管件(电弧焊)

工作内容：准备工作、管子切口、坡口加工、坡口磨平、管口组对、焊接。　　　　计量单位：10个

定额编号				A8-2-692	A8-2-693	A8-2-694	A8-2-695
项目名称				公称直径(mm以内)			
				15	20	25	32
基价(元)				228.23	322.52	450.36	531.64
其中	人工费(元)			125.02	176.68	232.96	275.80
	材料费(元)			9.77	17.81	27.44	38.56
	机械费(元)			93.44	128.03	189.96	217.28
名称		单位	单价(元)	消耗量			
人工	综合工日	工日	140.00	0.893	1.262	1.664	1.970
材料	碳钢对焊管件	个	—	(10.000)	(10.000)	(10.000)	(10.000)
	丙酮	kg	7.51	0.216	0.230	0.242	0.260
	低碳钢焊条	kg	6.84	0.800	1.652	2.758	3.996
	电	kW·h	0.68	0.367	0.518	0.654	0.830
	棉纱头	kg	6.00	0.021	0.043	0.043	0.064
	磨头	个	2.75	0.020	0.260	0.314	0.388
	尼龙砂轮片 φ100×16×3	片	2.56	0.180	0.250	0.362	0.496
	尼龙砂轮片 φ500×25×4	片	12.82	0.121	0.196	0.301	0.427
	破布	kg	6.32	0.021	0.021	0.021	0.021
	其他材料费占材料费	%	—	1.000	1.000	1.000	1.000
机械	单速电动葫芦 3t	台班	32.95	—	—	0.353	0.357
	电焊机(综合)	台班	118.28	0.398	0.552	0.719	0.929
	电焊条恒温箱	台班	21.41	0.040	0.055	0.072	0.093
	电焊条烘干箱 60×50×75cm^3	台班	26.46	0.040	0.055	0.072	0.093
	普通车床 630×2000mm	台班	247.10	0.176	0.235	0.353	0.357
	砂轮切割机 500mm	台班	29.08	0.033	0.070	0.090	0.102

工作内容：准备工作、管子切口、坡口加工、坡口磨平、管口组对、焊接。　　　　计量单位：10个

定额编号				A8-2-696	A8-2-697	A8-2-698	A8-2-699
项目名称				公称直径(mm以内)			
				40	50	65	80
基价（元）				**609.20**	**718.62**	**883.09**	**1088.84**
其中	人工费（元）			326.62	378.56	421.40	495.04
	材料费（元）			44.94	67.23	111.01	153.78
	机械费（元）			237.64	272.83	350.68	440.02
名称		单位	单价(元)	消耗量			
人工	综合工日	工日	140.00	2.333	2.704	3.010	3.536
材料	碳钢对焊管件	个	—	(10.000)	(10.000)	(10.000)	(10.000)
	丙酮	kg	7.51	0.292	0.350	0.474	0.558
	低碳钢焊条	kg	6.84	4.644	7.210	12.390	17.525
	电	kW·h	0.68	1.022	1.213	1.490	1.756
	棉纱头	kg	6.00	0.064	0.079	0.107	0.128
	磨头	个	2.75	0.444	0.528	0.704	0.824
	尼龙砂轮片 φ100×16×3	片	2.56	0.602	0.774	1.196	1.464
	尼龙砂轮片 φ500×25×4	片	12.82	0.512	0.750	1.145	1.546
	破布	kg	6.32	0.021	0.043	0.043	0.064
	其他材料费占材料费	%	—	1.000	1.000	1.000	1.000
机械	单速电动葫芦 3t	台班	32.95	0.362	0.375	0.404	0.441
	电焊机(综合)	台班	118.28	1.081	1.331	1.894	2.436
	电焊条恒温箱	台班	21.41	0.108	0.133	0.190	0.244
	电焊条烘干箱 60×50×75cm³	台班	26.46	0.108	0.133	0.190	0.244
	普通车床 630×2000mm	台班	247.10	0.362	0.375	0.404	0.441
	汽车式起重机 8t	台班	763.67	—	—	—	0.009
	砂轮切割机 500mm	台班	29.08	0.111	0.138	0.152	0.183
	载重汽车 8t	台班	501.85	—	—	—	0.009

工作内容：准备工作、管子切口、坡口加工、坡口磨平、管口组对、焊接。　　计量单位：10个

定额编号				A8-2-700	A8-2-701	A8-2-702	A8-2-703
项目名称				公称直径(mm以内)			
				100	125	150	200
基价（元）				1650.31	2505.05	3434.99	5260.14
其中	人工费（元）			810.46	1113.56	1447.18	2213.12
	材料费（元）			230.44	379.67	590.85	918.82
	机械费（元）			609.41	1011.82	1396.96	2128.20
名称		单位	单价(元)	消耗量			
人工	综合工日	工日	140.00	5.789	7.954	10.337	15.808
材料	碳钢对焊管件	个	—	(10.000)	(10.000)	(10.000)	(10.000)
	丙酮	kg	7.51	0.716	0.838	1.000	1.380
	低碳钢焊条	kg	6.84	27.811	48.551	76.533	119.214
	电	kW·h	0.68	3.037	4.063	5.601	8.585
	角钢(综合)	kg	3.61	—	—	—	1.520
	棉纱头	kg	6.00	0.150	0.180	0.223	0.300
	磨头	个	2.75	1.056	—	—	—
	尼龙砂轮片 φ100×16×3	片	2.56	1.865	2.795	3.984	6.427
	破布	kg	6.32	0.064	0.086	0.107	0.150
	氧气	m^3	3.63	3.024	3.653	5.339	7.508
	乙炔气	kg	10.45	1.008	1.218	1.780	2.503
	其他材料费占材料费	%	—	1.000	1.000	1.000	1.000
机械	半自动切割机 100mm	台班	83.55	—	—	0.263	0.416
	单速电动葫芦 3t	台班	32.95	0.509	1.070	1.170	1.744
	电焊机(综合)	台班	118.28	3.629	5.468	8.068	12.384
	电焊条恒温箱	台班	21.41	0.363	0.547	0.807	1.238
	电焊条烘干箱 60×50×75cm^3	台班	26.46	0.363	0.547	0.807	1.238
	普通车床 630×2000mm	台班	247.10	0.509	1.070	1.170	1.744
	汽车式起重机 8t	台班	763.67	0.016	0.031	0.043	0.064
	载重汽车 8t	台班	501.85	0.016	0.031	0.043	0.064

工作内容：准备工作、管子切口、坡口加工、坡口磨平、管口组对、焊接。　　　　计量单位：10个

定额编号				A8-2-704	A8-2-705	A8-2-706	A8-2-707
项目名称				公称直径(mm以内)			
				250	300	350	400
基价(元)				**7906.90**	**11275.65**	**15200.30**	**19286.25**
其中	人工费(元)			3152.24	4440.24	5924.80	7495.60
	材料费(元)			1338.47	2015.23	2825.08	3746.80
	机械费(元)			3416.19	4820.18	6450.42	8043.85
名称		**单位**	**单价(元)**	**消耗量**			
人工	综合工日	工日	140.00	22.516	31.716	42.320	53.540
材料	碳钢对焊管件	个	—	(10.000)	(10.000)	(10.000)	(10.000)
	丙酮	kg	7.51	1.720	2.040	2.360	2.660
	低碳钢焊条	kg	6.84	175.111	269.048	379.674	507.933
	电	kW·h	0.68	12.434	17.947	24.174	31.224
	角钢(综合)	kg	3.61	1.520	2.000	2.000	2.000
	棉纱头	kg	6.00	0.364	0.428	0.492	0.552
	尼龙砂轮片 φ100×16×3	片	2.56	9.483	12.966	17.595	22.056
	破布	kg	6.32	0.193	0.214	0.257	0.278
	氧气	m^3	3.63	10.252	11.699	15.342	17.641
	乙炔气	kg	10.45	3.417	3.891	5.114	5.880
	其他材料费占材料费	%	—	1.000	1.000	1.000	1.000
机械	半自动切割机 100mm	台班	83.55	0.888	1.179	1.452	1.638
	电动单梁起重机 5t	台班	223.20	2.104	2.661	3.444	3.776
	电焊机(综合)	台班	118.28	18.015	26.655	36.272	47.259
	电焊条恒温箱	台班	21.41	1.802	2.666	3.627	4.726
	电焊条烘干箱 60×50×75cm^3	台班	26.46	1.802	2.666	3.627	4.726
	普通车床 630×2000mm	台班	247.10	2.104	2.661	3.444	3.776
	汽车式起重机 8t	台班	763.67	0.107	0.150	0.194	0.249
	载重汽车 8t	台班	501.85	0.107	0.150	0.194	0.249

工作内容：准备工作、管子切口、坡口加工、坡口磨平、管口组对、焊接。　　计量单位：10个

定额编号				A8-2-708	A8-2-709	A8-2-710
项目名称				公称直径(mm以内)		
				450	500	600
基价（元）				**24003.04**	**29418.96**	**40822.06**
其中	人工费（元）			9150.96	11216.94	14581.84
	材料费（元）			4736.97	5900.41	9879.61
	机械费（元）			10115.11	12301.61	16360.61
名称		**单位**	**单价(元)**	**消耗量**		
人工	综合工日	工日	140.00	65.364	80.121	104.156
材料	碳钢对焊管件	个	—	(10.000)	(10.000)	(10.000)
	丙酮	kg	7.51	3.000	3.300	3.630
	低碳钢焊条	kg	6.84	642.628	803.579	1366.084
	电	kW·h	0.68	38.475	47.731	63.482
	角钢(综合)	kg	3.61	2.000	2.000	2.000
	棉纱头	kg	6.00	0.629	0.717	0.789
	尼龙砂轮片 φ100×16×3	片	2.56	25.232	32.120	40.150
	破布	kg	6.32	0.317	0.361	0.397
	氧气	m³	3.63	23.647	27.025	36.484
	乙炔气	kg	10.45	7.882	9.008	11.260
	其他材料费占材料费	%	—	1.000	1.000	1.000
机械	半自动切割机 100mm	台班	83.55	1.989	2.658	3.535
	电动单梁起重机 5t	台班	223.20	4.688	5.106	6.791
	电焊机(综合)	台班	118.28	59.790	74.765	99.437
	电焊条恒温箱	台班	21.41	5.979	7.476	9.944
	电焊条烘干箱 60×50×75cm³	台班	26.46	5.979	7.476	9.944
	普通车床 630×2000mm	台班	247.10	4.688	5.106	6.791
	汽车式起重机 8t	台班	763.67	0.305	0.377	0.501
	载重汽车 8t	台班	501.85	0.305	0.377	0.501

2.碳钢管件(氩电联焊)

工作内容：准备工作、管子切口、坡口加工、坡口磨平、管口组对、焊接。　　　　计量单位：10个

定额编号				A8-2-711	A8-2-712	A8-2-713	A8-2-714
项目名称				公称直径(mm以内)			
				15	20	25	32
基价(元)				**243.78**	**393.82**	**558.59**	**660.22**
其中	人工费(元)			127.96	197.26	265.30	314.86
	材料费(元)			31.38	62.76	89.79	113.64
	机械费(元)			84.44	133.80	203.50	231.72
	名称	单位	单价(元)	消耗量			
人工	综合工日	工日	140.00	0.914	1.409	1.895	2.249
材料	碳钢对焊管件	个	—	(10.000)	(10.000)	(10.000)	(10.000)
	丙酮	kg	7.51	0.216	0.230	0.242	0.260
	电	kW·h	0.68	0.382	0.629	0.835	1.047
	棉纱头	kg	6.00	0.021	0.043	0.043	0.064
	磨头	个	2.75	0.020	0.260	0.314	0.388
	尼龙砂轮片 φ100×16×3	片	2.56	0.170	0.240	0.330	0.440
	尼龙砂轮片 φ500×25×4	片	12.82	0.121	0.196	0.301	0.427
	破布	kg	6.32	0.021	0.021	0.021	0.021
	铈钨棒	g	0.38	2.328	4.828	6.976	8.804
	碳钢焊丝	kg	7.69	0.416	0.862	1.246	1.572
	氩气	m³	19.59	1.164	2.414	3.488	4.402
	其他材料费占材料费	%	—	1.000	1.000	1.000	1.000
机械	单速电动葫芦 3t	台班	32.95	—	—	0.353	0.357
	普通车床 630×2000mm	台班	247.10	0.176	0.235	0.353	0.357
	砂轮切割机 500mm	台班	29.08	0.033	0.070	0.090	0.102
	氩弧焊机 500A	台班	92.58	0.432	0.796	1.102	1.391

工作内容：准备工作、管子切口、坡口加工、坡口磨平、管口组对、焊接。　　　计量单位：10个

定额编号				A8-2-715	A8-2-716	A8-2-717	A8-2-718
项目名称				公称直径(mm以内)			
				40	50	65	80
基价（元）				755.47	777.47	940.15	1145.45
其中	人工费（元）			370.86	402.22	446.18	525.00
	材料费（元）			131.41	79.40	122.30	156.59
	机械费（元）			253.20	295.85	371.67	463.86
名称		单位	单价(元)	消耗量			
人工	综合工日	工日	140.00	2.649	2.873	3.187	3.750
材料	碳钢对焊管件	个	—	(10.000)	(10.000)	(10.000)	(10.000)
	丙酮	kg	7.51	0.292	0.350	0.474	0.558
	低碳钢焊条	kg	6.84	—	6.680	11.058	13.963
	电	kW·h	0.68	1.268	1.268	1.394	1.613
	棉纱头	kg	6.00	0.064	0.079	0.107	0.128
	磨头	个	2.75	0.444	0.528	0.704	0.824
	尼龙砂轮片 φ100×16×3	片	2.56	0.520	0.820	1.170	1.540
	尼龙砂轮片 φ500×25×4	片	12.82	0.512	0.750	1.145	1.546
	破布	kg	6.32	0.021	0.043	0.043	0.064
	铈钨棒	g	0.38	10.168	1.344	1.768	2.343
	碳钢焊丝	kg	7.69	1.816	0.240	0.316	0.418
	氩气	m³	19.59	5.084	0.672	0.884	1.171
	其他材料费占材料费	%	—	1.000	1.000	1.000	1.000
机械	单速电动葫芦 3t	台班	32.95	0.362	0.375	0.404	0.441
	电焊机(综合)	台班	118.28	—	1.233	1.691	2.135
	电焊条恒温箱	台班	21.41	—	0.123	0.169	0.213
	电焊条烘干箱 60×50×75cm³	台班	26.46	—	0.123	0.169	0.213
	普通车床 630×2000mm	台班	247.10	0.362	0.375	0.404	0.441
	汽车式起重机 8t	台班	763.67	—	—	—	0.009
	砂轮切割机 500mm	台班	29.08	0.111	0.138	0.152	0.183
	氩弧焊机 500A	台班	92.58	1.605	0.379	0.497	0.658
	载重汽车 8t	台班	501.85	—	—	—	0.009

工作内容：准备工作、管子切口、坡口加工、坡口磨平、管口组对、焊接。　　　　计量单位：10个

定额编号				A8-2-719	A8-2-720	A8-2-721	A8-2-722
项目名称				公称直径(mm以内)			
				100	125	150	200
基价（元）				**1737.69**	**2620.21**	**3539.36**	**5423.41**
其中	人工费（元）			852.46	1164.10	1499.26	2294.04
	材料费（元）			241.04	401.72	602.81	937.40
	机械费（元）			644.19	1054.39	1437.29	2191.97
	名称	单位	单价(元)	消耗量			
人工	综合工日	工日	140.00	6.089	8.315	10.709	16.386
材料	碳钢对焊管件	个	—	(10.000)	(10.000)	(10.000)	(10.000)
	丙酮	kg	7.51	0.716	0.838	1.000	1.380
	低碳钢焊条	kg	6.84	23.472	44.861	71.297	111.272
	电	kW·h	0.68	2.866	3.865	5.342	8.200
	角钢(综合)	kg	3.61	—	—	—	1.520
	棉纱头	kg	6.00	0.150	0.180	0.223	0.300
	磨头	个	2.75	1.056	—	—	—
	尼龙砂轮片 φ100×16×3	片	2.56	1.808	2.744	3.904	6.291
	破布	kg	6.32	0.064	0.086	0.107	0.150
	铈钨棒	g	0.38	3.080	3.608	4.160	6.349
	碳钢焊丝	kg	7.69	0.550	0.645	0.743	1.134
	氩气	m³	19.59	1.540	1.804	2.080	3.175
	氧气	m³	3.63	3.707	4.450	5.339	7.508
	乙炔气	kg	10.45	1.236	1.483	1.780	2.503
	其他材料费占材料费	%	—	1.000	1.000	1.000	1.000
机械	半自动切割机 100mm	台班	83.55	—	—	0.263	0.416
	单速电动葫芦 3t	台班	32.95	0.509	1.070	1.170	1.744
	电焊机(综合)	台班	118.28	3.261	5.052	7.517	11.560
	电焊条恒温箱	台班	21.41	0.326	0.505	0.752	1.156
	电焊条烘干箱 60×50×75cm³	台班	26.46	0.326	0.505	0.752	1.156
	普通车床 630×2000mm	台班	247.10	0.509	1.070	1.170	1.744
	汽车式起重机 8t	台班	763.67	0.016	0.031	0.043	0.064
	氩弧焊机 500A	台班	92.58	0.865	1.013	1.168	1.784
	载重汽车 8t	台班	501.85	0.016	0.031	0.043	0.064

工作内容：准备工作、管子切口、坡口加工、坡口磨平、管口组对、焊接。 计量单位：10个

定额编号				A8-2-723	A8-2-724	A8-2-725	A8-2-726
项目名称				公称直径(mm以内)			
				250	300	350	400
基价（元）				7802.22	11611.15	15276.41	19114.02
其中	人工费（元）			3161.06	4594.38	6011.74	7517.72
	材料费（元）			1283.00	2060.32	2791.92	3637.14
	机械费（元）			3358.16	4956.45	6472.75	7959.16
名称		单位	单价（元）	消耗量			
人工	综合工日	工日	140.00	22.579	32.817	42.941	53.698
材料	碳钢对焊管件	个	—	(10.000)	(10.000)	(10.000)	(10.000)
	丙酮	kg	7.51	1.720	2.040	2.360	2.660
	低碳钢焊条	kg	6.84	153.454	258.171	354.590	469.502
	电	kW·h	0.68	11.385	17.436	23.047	29.538
	角钢(综合)	kg	3.61	1.520	2.000	2.000	2.000
	棉纱头	kg	6.00	0.364	0.428	0.492	0.552
	尼龙砂轮片 φ100×16×3	片	2.56	8.691	12.958	17.075	21.144
	破布	kg	6.32	0.193	0.214	0.257	0.278
	铈钨棒	g	0.38	8.308	10.341	12.197	13.662
	碳钢焊丝	kg	7.69	1.484	1.847	2.178	2.440
	氩气	m^3	19.59	4.154	5.170	6.098	6.831
	氧气	m^3	3.63	10.252	11.699	15.342	17.641
	乙炔气	kg	10.45	3.417	3.891	5.114	5.880
	其他材料费占材料费	%	—	1.000	1.000	1.000	1.000
机械	半自动切割机 100mm	台班	83.55	0.888	1.179	1.452	1.638
	电动单梁起重机 5t	台班	223.20	2.104	2.661	3.444	3.776
	电焊机(综合)	台班	118.28	15.787	25.577	33.876	43.683
	电焊条恒温箱	台班	21.41	1.579	2.558	3.388	4.368
	电焊条烘干箱 60×50×75cm³	台班	26.46	1.579	2.558	3.388	4.368
	普通车床 630×2000mm	台班	247.10	2.104	2.661	3.444	3.776
	汽车式起重机 8t	台班	763.67	0.107	0.150	0.194	0.249
	氩弧焊机 500A	台班	92.58	2.335	2.905	3.426	3.839
	载重汽车 8t	台班	501.85	0.107	0.150	0.194	0.249

工作内容：准备工作、管子切口、坡口加工、坡口磨平、管口组对、焊接。　　　　计量单位：10个

定额编号				A8-2-727	A8-2-728	A8-2-729
项目名称				公称直径(mm以内)		
				450	500	600
基价（元）				23976.69	29182.17	40379.45
其中	人工费（元）			9216.20	11236.96	14607.88
	材料费（元）			4667.05	5755.81	9560.18
	机械费（元）			10093.44	12189.40	16211.39
名称		单位	单价(元)	消耗量		
人工	综合工日	工日	140.00	65.830	80.264	104.342
材料	碳钢对焊管件	个	—	(10.000)	(10.000)	(10.000)
	丙酮	kg	7.51	3.000	3.300	3.630
	低碳钢焊条	kg	6.84	609.684	755.731	1284.743
	电	kW·h	0.68	37.031	45.640	60.701
	角钢(综合)	kg	3.61	2.000	2.000	2.000
	棉纱头	kg	6.00	0.629	0.717	0.789
	尼龙砂轮片 φ100×16×3	片	2.56	24.760	31.248	39.060
	破布	kg	6.32	0.317	0.361	0.397
	铈钨棒	g	0.38	13.667	17.257	21.571
	碳钢焊丝	kg	7.69	2.488	3.082	5.239
	氩气	m^3	19.59	6.839	8.629	10.786
	氧气	m^3	3.63	23.647	25.404	34.295
	乙炔气	kg	10.45	7.882	8.468	10.585
	其他材料费占材料费	%	—	1.000	1.000	1.000
机械	半自动切割机 100mm	台班	83.55	1.989	2.498	3.323
	电动单梁起重机 5t	台班	223.20	4.688	5.106	6.791
	电焊机(综合)	台班	118.28	56.725	70.314	93.517
	电焊条恒温箱	台班	21.41	5.673	7.031	9.352
	电焊条烘干箱 60×50×75cm³	台班	26.46	5.673	7.031	9.352
	普通车床 630×2000mm	台班	247.10	4.688	5.106	6.791
	汽车式起重机 8t	台班	763.67	0.305	0.377	0.501
	氩弧焊机 500A	台班	92.58	3.840	4.849	6.449
	载重汽车 8t	台班	501.85	0.305	0.377	0.501

3.不锈钢管件(电弧焊)

工作内容：准备工作、管子切口、坡口加工、坡口磨平、管口组对、焊接、焊缝钝化。 计量单位：10个

定额编号				A8-2-730	A8-2-731	A8-2-732	A8-2-733
项目名称				公称直径(mm以内)			
				15	20	25	32
基价(元)				**326.64**	**426.37**	**593.51**	**754.87**
其中	人工费(元)			176.68	227.64	301.14	385.98
	材料费(元)			37.36	55.41	92.82	116.07
	机械费(元)			112.60	143.32	199.55	252.82
名称		单位	单价(元)	消耗量			
人工	综合工日	工日	140.00	1.262	1.626	2.151	2.757
材料	不锈钢对焊管件	个	—	(10.000)	(10.000)	(10.000)	(10.000)
	丙酮	kg	7.51	0.140	0.160	0.220	0.260
	不锈钢焊条	kg	38.46	0.824	1.248	2.104	2.642
	电	kW·h	0.68	0.232	0.297	0.433	0.544
	棉纱头	kg	6.00	0.021	0.043	0.043	0.064
	尼龙砂轮片 φ100×16×3	片	2.56	0.350	0.454	0.630	0.824
	尼龙砂轮片 φ500×25×4	片	12.82	0.155	0.217	0.423	0.503
	破布	kg	6.32	0.021	0.021	0.021	0.021
	水	t	7.96	0.020	0.020	0.040	0.040
	酸洗膏	kg	6.56	0.120	0.147	0.197	0.243
	其他材料费占材料费	%	—	1.000	1.000	1.000	1.000
机械	单速电动葫芦 3t	台班	32.95	—	—	—	0.366
	电动空气压缩机 6m³/min	台班	206.73	0.021	0.021	0.021	0.021
	电焊机(综合)	台班	118.28	0.490	0.636	0.918	1.153
	电焊条恒温箱	台班	21.41	0.050	0.064	0.092	0.115
	电焊条烘干箱 60×50×75cm³	台班	26.46	0.050	0.064	0.092	0.115
	普通车床 630×2000mm	台班	247.10	0.188	0.235	0.319	0.366
	砂轮切割机 500mm	台班	29.08	0.050	0.090	0.117	0.141

工作内容：准备工作、管子切口、坡口加工、坡口磨平、管口组对、焊接、焊缝钝化。 计量单位：10个

定额编号				A8-2-734	A8-2-735	A8-2-736	A8-2-737
项目名称				公称直径(mm以内)			
				40	50	65	80
基价(元)				902.02	1073.32	1496.07	2017.37
其中	人工费(元)			449.40	521.64	756.56	931.98
	材料费(元)			155.47	214.58	306.87	531.30
	机械费(元)			297.15	337.10	432.64	554.09
名称		单位	单价(元)	消耗量			
人工	综合工日	工日	140.00	3.210	3.726	5.404	6.657
材料	不锈钢对焊管件	个	—	(10.000)	(10.000)	(10.000)	(10.000)
	丙酮	kg	7.51	0.300	0.360	0.595	0.717
	不锈钢焊条	kg	38.46	3.584	5.018	7.129	12.646
	电	kW·h	0.68	0.644	0.785	1.115	1.492
	棉纱头	kg	6.00	0.064	0.079	0.107	0.128
	尼龙砂轮片 φ100×16×3	片	2.56	1.046	1.438	2.138	2.867
	尼龙砂轮片 φ500×25×4	片	12.82	0.617	0.690	1.094	1.561
	破布	kg	6.32	0.021	0.043	0.043	0.064
	水	t	7.96	0.040	0.060	0.080	0.100
	酸洗膏	kg	6.56	0.302	0.377	0.515	0.603
	其他材料费占材料费	%	—	1.000	1.000	1.000	1.000
机械	单速电动葫芦 3t	台班	32.95	0.424	0.432	0.458	0.488
	电动空气压缩机 6m³/min	台班	206.73	0.021	0.021	0.021	0.021
	电焊机(综合)	台班	118.28	1.370	1.667	2.368	3.168
	电焊条恒温箱	台班	21.41	0.137	0.166	0.237	0.317
	电焊条烘干箱 60×50×75cm³	台班	26.46	0.137	0.166	0.237	0.317
	普通车床 630×2000mm	台班	247.10	0.424	0.432	0.458	0.488
	汽车式起重机 8t	台班	763.67	—	—	—	0.009
	砂轮切割机 500mm	台班	29.08	0.188	0.229	0.296	0.406
	载重汽车 8t	台班	501.85	—	—	—	0.009

工作内容：准备工作、管子切口、坡口加工、坡口磨平、管口组对、焊接、焊缝钝化。 计量单位：10个

定额编号				A8-2-738	A8-2-739	A8-2-740	A8-2-741
项目名称				公称直径(mm以内)			
				100	125	150	200
基价（元）				2807.99	3979.90	5487.84	10282.60
其中	人工费（元）			1234.94	1542.66	1949.22	3305.40
	材料费（元）			794.38	1346.93	2046.31	4184.67
	机械费（元）			778.67	1090.31	1492.31	2792.53
名称		单位	单价(元)	消耗量			
人工	综合工日	工日	140.00	8.821	11.019	13.923	23.610
材料	不锈钢对焊管件	个	—	(10.000)	(10.000)	(10.000)	(10.000)
	丙酮	kg	7.51	0.720	0.836	1.002	1.380
	不锈钢焊条	kg	38.46	19.820	33.816	51.534	106.039
	电	kW·h	0.68	2.033	2.966	4.212	7.847
	棉纱头	kg	6.00	0.150	0.180	0.223	0.300
	尼龙砂轮片 φ100×16×3	片	2.56	3.954	5.548	7.714	12.106
	破布	kg	6.32	0.064	0.086	0.107	0.150
	水	t	7.96	0.120	0.140	0.180	0.240
	酸洗膏	kg	6.56	0.773	1.188	1.595	2.078
	其他材料费占材料费	%	—	1.000	1.000	1.000	1.000
机械	单速电动葫芦 3t	台班	32.95	0.529	0.635	0.768	1.713
	等离子切割机 400A	台班	219.59	0.272	0.345	0.433	0.645
	电动空气压缩机 1m³/min	台班	50.29	0.272	0.345	0.433	0.645
	电动空气压缩机 6m³/min	台班	206.73	0.021	0.021	0.021	0.021
	电焊机(综合)	台班	118.28	4.327	6.304	8.951	16.685
	电焊条恒温箱	台班	21.41	0.433	0.630	0.896	1.669
	电焊条烘干箱 60×50×75cm³	台班	26.46	0.433	0.630	0.896	1.669
	普通车床 630×2000mm	台班	247.10	0.529	0.635	0.768	1.713
	汽车式起重机 8t	台班	763.67	0.016	0.031	0.043	0.064
	载重汽车 8t	台班	501.85	0.016	0.031	0.043	0.064

工作内容：准备工作、管子切口、坡口加工、坡口磨平、管口组对、焊接、焊缝钝化。 计量单位：10个

定额编号				A8-2-742	A8-2-743	A8-2-744
项目名称				公称直径(mm以内)		
				250	300	350
基价（元）				14831.06	21381.18	27841.91
其中	人工费（元）			4313.40	5912.06	6989.08
	材料费（元）			6408.56	9218.34	12699.06
	机械费（元）			4109.10	6250.78	8153.77
名称		单位	单价(元)	消耗量		
人工	综合工日	工日	140.00	30.810	42.229	49.922
材料	不锈钢对焊管件	个	—	(10.000)	(10.000)	(10.000)
	丙酮	kg	7.51	1.720	2.040	2.360
	不锈钢焊条	kg	38.46	162.583	234.078	323.009
	电	kW·h	0.68	11.508	16.563	21.904
	棉纱头	kg	6.00	0.340	0.428	0.492
	尼龙砂轮片 φ100×16×3	片	2.56	17.755	26.070	32.498
	破布	kg	6.32	0.180	0.214	0.257
	水	t	7.96	0.280	0.340	0.400
	酸洗膏	kg	6.56	3.135	3.732	4.089
	其他材料费占材料费	%	—	1.000	1.000	1.000
机械	单速电动葫芦 3t	台班	32.95	2.486	—	—
	等离子切割机 400A	台班	219.59	0.971	1.199	1.570
	电动单梁起重机 5t	台班	223.20	—	2.972	3.717
	电动空气压缩机 1m³/min	台班	50.29	0.971	1.199	1.570
	电动空气压缩机 6m³/min	台班	206.73	0.021	0.021	0.021
	电焊机(综合)	台班	118.28	24.467	35.227	46.577
	电焊条恒温箱	台班	21.41	2.447	3.523	4.658
	电焊条烘干箱 60×50×75cm³	台班	26.46	2.447	3.523	4.658
	普通车床 630×2000mm	台班	247.10	2.486	2.972	3.717
	汽车式起重机 8t	台班	763.67	0.107	0.150	0.194
	载重汽车 8t	台班	501.85	0.107	0.150	0.194

工作内容：准备工作、管子切口、坡口加工、坡口磨平、管口组对、焊接、焊缝钝化。 计量单位：10个

定额编号				A8-2-745	A8-2-746	A8-2-747
项目名称				公称直径(mm以内)		
				400	450	500
基价（元）				32818.09	43372.41	57422.17
其中	人工费（元）			8532.16	10665.34	13331.64
	材料费（元）			14608.09	20127.17	27737.99
	机械费（元）			9677.84	12579.90	16352.54
名称		单位	单价(元)	消耗量		
人工	综合工日	工日	140.00	60.944	76.181	95.226
材料	不锈钢对焊管件	个	—	(10.000)	(10.000)	(10.000)
	丙酮	kg	7.51	2.660	2.926	3.219
	不锈钢焊条	kg	38.46	371.374	512.496	707.245
	电	kW·h	0.68	25.633	33.323	43.320
	棉纱头	kg	6.00	0.552	0.629	0.717
	尼龙砂轮片 φ100×16×3	片	2.56	39.461	49.326	61.658
	破布	kg	6.32	0.278	0.317	0.361
	水	t	7.96	0.460	0.506	0.556
	酸洗膏	kg	6.56	5.069	5.576	6.133
	其他材料费占材料费	%	—	1.000	1.000	1.000
机械	等离子切割机 400A	台班	219.59	1.961	2.549	3.314
	电动单梁起重机 5t	台班	223.20	4.512	5.865	7.625
	电动空气压缩机 1m³/min	台班	50.29	1.961	2.549	3.314
	电动空气压缩机 6m³/min	台班	206.73	0.021	0.021	0.021
	电焊机(综合)	台班	118.28	54.500	70.850	92.104
	电焊条恒温箱	台班	21.41	5.450	7.085	9.211
	电焊条烘干箱 60×50×75cm³	台班	26.46	5.450	7.085	9.211
	普通车床 630×2000mm	台班	247.10	4.512	5.865	7.625
	汽车式起重机 8t	台班	763.67	0.249	0.324	0.421
	载重汽车 8t	台班	501.85	0.249	0.324	0.421

4. 不锈钢管件(氩电联焊)

工作内容：准备工作、管子切口、坡口加工、坡口磨平、管口组对、焊接、焊缝钝化。 计量单位：10个

定额编号				A8-2-748	A8-2-749	A8-2-750	A8-2-751
项目名称				公称直径(mm以内)			
				15	20	25	32
基价（元）				**331.93**	**446.33**	**642.38**	**818.95**
其中	人工费（元）			177.66	234.36	320.46	410.48
	材料费（元）			46.93	70.10	116.29	146.16
	机械费（元）			107.34	141.87	205.63	262.31
名称		**单位**	**单价(元)**	**消耗量**			
人工	综合工日	工日	140.00	1.269	1.674	2.289	2.932
材料	不锈钢对焊管件	个	—	(10.000)	(10.000)	(10.000)	(10.000)
	丙酮	kg	7.51	0.140	0.160	0.220	0.260
	不锈钢焊条	kg	38.46	0.432	0.656	1.092	1.378
	电	kW·h	0.68	0.237	0.332	0.533	0.674
	棉纱头	kg	6.00	0.021	0.043	0.043	0.064
	尼龙砂轮片 φ100×16×3	片	2.56	0.336	0.438	0.608	0.794
	尼龙砂轮片 φ500×25×4	片	12.82	0.155	0.217	0.423	0.503
	破布	kg	6.32	0.021	0.021	0.021	0.021
	铈钨棒	g	0.38	2.308	3.496	5.892	7.404
	水	t	7.96	0.020	0.020	0.040	0.040
	酸洗膏	kg	6.56	0.120	0.147	0.197	0.243
	氩气	m³	19.59	1.210	1.838	3.058	3.858
	其他材料费占材料费	%	—	1.000	1.000	1.000	1.000
机械	单速电动葫芦 3t	台班	32.95	—	—	—	0.366
	电动空气压缩机 6m³/min	台班	206.73	0.021	0.021	0.021	0.021
	普通车床 630×2000mm	台班	247.10	0.188	0.235	0.319	0.366
	砂轮切割机 500mm	台班	29.08	0.050	0.090	0.117	0.141
	氩弧焊机 500A	台班	92.58	0.595	0.830	1.286	1.635

工作内容：准备工作、管子切口、坡口加工、坡口磨平、管口组对、焊接、焊缝钝化。计量单位：10个

定额编号				A8-2-752	A8-2-753	A8-2-754	A8-2-755
项目名称				公称直径(mm以内)			
				40	50	65	80
基价（元）				**997.53**	**1598.62**	**1635.47**	**2108.33**
其中	人工费（元）			480.48	580.72	797.58	958.86
	材料费（元）			195.73	407.36	330.13	535.60
	机械费（元）			321.32	610.54	507.76	613.87
名称		单位	单价(元)	消耗量			
人工	综合工日	工日	140.00	3.432	4.148	5.697	6.849
材料	不锈钢对焊管件	个	—	(10.000)	(10.000)	(10.000)	(10.000)
	丙酮	kg	7.51	0.300	0.360	0.595	0.717
	不锈钢焊条	kg	38.46	1.878	6.164	6.798	11.633
	电	kW·h	0.68	0.876	1.183	1.183	1.223
	棉纱头	kg	6.00	0.064	0.079	0.107	0.128
	尼龙砂轮片 φ100×16×3	片	2.56	1.010	1.386	2.170	2.734
	尼龙砂轮片 φ500×25×4	片	12.82	0.503	0.503	1.094	1.561
	破布	kg	6.32	0.021	0.043	0.043	0.064
	铈钨棒	g	0.38	10.048	14.056	2.246	2.658
	水	t	7.96	0.040	0.060	0.080	0.100
	酸洗膏	kg	6.56	0.302	0.377	0.515	0.603
	氩气	m^3	19.59	5.260	7.336	1.775	2.181
	其他材料费占材料费	%	—	1.000	1.000	1.000	1.000
机械	单速电动葫芦 3t	台班	32.95	0.424	0.432	0.458	0.488
	电动空气压缩机 $6m^3/min$	台班	206.73	0.021	0.021	0.021	0.021
	电焊机(综合)	台班	118.28	—	1.818	2.090	2.596
	电焊条恒温箱	台班	21.41	—	0.182	0.209	0.260
	电焊条烘干箱 $60×50×75cm^3$	台班	26.46	—	0.182	0.209	0.260
	普通车床 630×2000mm	台班	247.10	0.424	0.432	0.458	0.488
	汽车式起重机 8t	台班	763.67	—	—	—	0.009
	砂轮切割机 500mm	台班	29.08	0.141	0.141	0.296	0.406
	氩弧焊机 500A	台班	92.58	2.097	2.780	1.181	1.406
	载重汽车 8t	台班	501.85	—	—	—	0.009

工作内容：准备工作、管子切口、坡口加工、坡口磨平、管口组对、焊接、焊缝钝化。 计量单位：10个

定额编号				A8-2-756	A8-2-757	A8-2-758	A8-2-759
项目名称				公称直径(mm以内)			
				100	125	150	200
基价（元）				**2908.28**	**4058.61**	**5685.30**	**10404.58**
其中	人工费（元）			1251.32	1548.68	2068.78	3363.50
	材料费（元）			812.15	1359.94	2077.59	4220.73
	机械费（元）			844.81	1149.99	1538.93	2820.35
名称		单位	单价(元)	消耗量			
人工	综合工日	工日	140.00	8.938	11.062	14.777	24.025
材料	不锈钢对焊管件	个	—	(10.000)	(10.000)	(10.000)	(10.000)
	丙酮	kg	7.51	0.720	0.836	1.002	1.380
	不锈钢焊条	kg	38.46	18.748	32.443	50.230	103.755
	电	kW·h	0.68	1.651	2.496	3.527	6.537
	棉纱头	kg	6.00	0.150	0.180	0.223	0.300
	尼龙砂轮片 φ100×16×3	片	2.56	3.868	5.485	7.548	10.222
	破布	kg	6.32	0.064	0.086	0.107	0.150
	铈钨棒	g	0.38	3.036	3.245	4.168	7.335
	水	t	7.96	0.120	0.140	0.180	0.240
	酸洗膏	kg	6.56	0.773	1.188	1.595	2.078
	氩气	m^3	19.59	2.968	3.315	4.106	6.456
	其他材料费占材料费	%	—	1.000	1.000	1.000	1.000
机械	单速电动葫芦 3t	台班	32.95	0.529	0.635	0.768	1.713
	等离子切割机 400A	台班	219.59	0.272	0.345	0.433	0.645
	电动空气压缩机 $1m^3/min$	台班	50.29	0.272	0.345	0.433	0.645
	电动空气压缩机 $6m^3/min$	台班	206.73	0.021	0.021	0.021	0.021
	电焊机(综合)	台班	118.28	3.514	5.302	7.503	13.903
	电焊条恒温箱	台班	21.41	0.352	0.531	0.750	1.390
	电焊条烘干箱 60×50×75cm³	台班	26.46	0.352	0.531	0.750	1.390
	普通车床 630×2000mm	台班	247.10	0.529	0.635	0.768	1.713
	汽车式起重机 8t	台班	763.67	0.016	0.031	0.043	0.064
	氩弧焊机 500A	台班	92.58	1.795	1.976	2.429	3.999
	载重汽车 8t	台班	501.85	0.016	0.031	0.043	0.064

工作内容：准备工作、管子切口、坡口加工、坡口磨平、管口组对、焊接、焊缝钝化。计量单位：10个

	定额编号			A8-2-760	A8-2-761	A8-2-762
	项目名称			公称直径(mm以内)		
				250	300	350
	基价（元）			14685.73	20870.38	27187.48
其中	人工费（元）			4446.40	6047.44	7078.68
	材料费（元）			6156.46	8685.89	12115.02
	机械费（元）			4082.87	6137.05	7993.78
	名称	单位	单价(元)	消耗量		
人工	综合工日	工日	140.00	31.760	43.196	50.562
材料	不锈钢对焊管件	个	—	(10.000)	(10.000)	(10.000)
	丙酮	kg	7.51	1.720	2.040	2.360
	不锈钢焊条	kg	38.46	152.051	215.012	302.298
	电	kW·h	0.68	9.609	13.604	18.397
	棉纱头	kg	6.00	0.364	0.428	0.492
	尼龙砂轮片 φ100×16×3	片	2.56	14.967	21.609	27.390
	破布	kg	6.32	0.193	0.214	0.257
	铈钨棒	g	0.38	9.400	13.619	13.731
	水	t	7.96	0.280	0.340	0.400
	酸洗膏	kg	6.56	3.135	3.732	4.089
	氩气	m³	19.59	8.172	10.942	11.666
	其他材料费占材料费	%	—	1.000	1.000	1.000
机械	单速电动葫芦 3t	台班	32.95	2.486	—	—
	等离子切割机 400A	台班	219.59	0.971	1.199	1.570
	电动单梁起重机 5t	台班	223.20	—	2.972	3.717
	电动空气压缩机 1m³/min	台班	50.29	0.971	1.199	1.570
	电动空气压缩机 6m³/min	台班	206.73	0.021	0.021	0.021
	电焊机(综合)	台班	118.28	20.436	28.931	39.122
	电焊条恒温箱	台班	21.41	2.044	2.893	3.912
	电焊条烘干箱 60×50×75cm³	台班	26.46	2.044	2.893	3.912
	普通车床 630×2000mm	台班	247.10	2.486	2.972	3.717
	汽车式起重机 8t	台班	763.67	0.107	0.150	0.194
	氩弧焊机 500A	台班	92.58	5.075	7.141	8.182
	载重汽车 8t	台班	501.85	0.107	0.150	0.194

工作内容：准备工作、管子切口、坡口加工、坡口磨平、管口组对、焊接、焊缝钝化。 计量单位：10个

定额编号				A8-2-763	A8-2-764	A8-2-765
项目名称				公称直径(mm以内)		
				400	450	500
基价（元）				34893.33	46137.51	61113.66
其中	人工费（元）			9148.16	11435.20	14294.00
	材料费（元）			15670.53	21606.69	29796.50
	机械费（元）			10074.64	13095.62	17023.16
名称		单位	单价(元)	消耗量		
人工	综合工日	工日	140.00	65.344	81.680	102.100
材料	不锈钢对焊管件	个	—	(10.000)	(10.000)	(10.000)
	丙酮	kg	7.51	2.660	2.926	3.219
	不锈钢焊条	kg	38.46	391.451	540.202	745.480
	电	kW·h	0.68	23.839	30.991	40.288
	棉纱头	kg	6.00	0.552	0.629	0.717
	尼龙砂轮片 φ100×16×3	片	2.56	35.963	49.629	68.488
	破布	kg	6.32	0.278	0.317	0.361
	铈钨棒	g	0.38	18.060	24.923	34.394
	水	t	7.96	0.460	0.506	0.557
	酸洗膏	kg	6.56	5.069	5.576	6.134
	氩气	m^3	19.59	14.450	19.941	27.519
	其他材料费占材料费	%	—	1.000	1.000	1.000
机械	等离子切割机 400A	台班	219.59	1.961	2.549	3.314
	电动单梁起重机 5t	台班	223.20	4.512	5.865	7.625
	电动空气压缩机 $1m^3$/min	台班	50.29	1.961	2.549	3.314
	电动空气压缩机 $6m^3$/min	台班	206.73	0.021	0.021	0.021
	电焊机(综合)	台班	118.28	50.689	65.895	85.664
	电焊条恒温箱	台班	21.41	5.069	6.590	8.566
	电焊条烘干箱 60×50×75cm^3	台班	26.46	5.069	6.590	8.566
	普通车床 630×2000mm	台班	247.10	4.512	5.865	7.625
	汽车式起重机 8t	台班	763.67	0.249	0.324	0.421
	氩弧焊机 500A	台班	92.58	9.352	12.157	15.805
	载重汽车 8t	台班	501.85	0.249	0.324	0.421

5. 合金钢管件(电弧焊)

工作内容：准备工作、管子切口、坡口加工、管口组对、焊接。　　计量单位：10个

定额编号				A8-2-766	A8-2-767	A8-2-768	A8-2-769
项目名称				公称直径(mm以内)			
				15	20	25	32
基价(元)				**262.71**	**364.83**	**456.52**	**569.78**
其中	人工费(元)			150.92	218.12	258.02	317.80
	材料费(元)			14.23	20.98	31.45	39.35
	机械费(元)			97.56	125.73	167.05	212.63
名称		单位	单价(元)	消耗量			
人工	综合工日	工日	140.00	1.078	1.558	1.843	2.270
材料	合金钢对焊管件	个	—	(10.000)	(10.000)	(10.000)	(10.000)
	丙酮	kg	7.51	0.252	0.280	0.300	0.340
	电	kW·h	0.68	0.445	0.637	0.742	0.944
	合金钢焊条	kg	11.11	0.800	1.260	2.046	2.570
	棉纱头	kg	6.00	0.021	0.043	0.043	0.064
	磨头	个	2.75	0.232	0.260	0.314	0.368
	尼龙砂轮片 φ100×16×3	片	2.56	0.254	0.342	0.450	0.584
	尼龙砂轮片 φ500×25×4	片	12.82	0.114	0.176	0.253	0.327
	破布	kg	6.32	0.021	0.021	0.021	0.021
	其他材料费占材料费	%	—	1.000	1.000	1.000	1.000
机械	单速电动葫芦 3t	台班	32.95	—	—	—	0.334
	电焊机(综合)	台班	118.28	0.439	0.569	0.753	0.946
	电焊条恒温箱	台班	21.41	0.044	0.057	0.076	0.094
	电焊条烘干箱 60×50×75cm³	台班	26.46	0.044	0.057	0.076	0.094
	普通车床 630×2000mm	台班	247.10	0.173	0.218	0.291	0.334
	砂轮切割机 500mm	台班	29.08	0.027	0.063	0.084	0.093

工作内容：准备工作、管子切口、坡口加工、管口组对、焊接。　　计量单位：10个

定额编号				A8-2-770	A8-2-771	A8-2-772	A8-2-773
项目名称				公称直径(mm以内)			
				40	50	65	80
基价（元）				675.15	791.19	1071.52	1283.26
其中	人工费（元）			370.72	432.60	563.36	642.60
	材料费（元）			52.07	71.93	137.28	196.28
	机械费（元）			252.36	286.66	370.88	444.38
名称		单位	单价(元)	消耗量			
人工	综合工日	工日	140.00	2.648	3.090	4.024	4.590
材料	合金钢对焊管件	个	—	(10.000)	(10.000)	(10.000)	(10.000)
	丙酮	kg	7.51	0.388	0.480	0.640	0.800
	电	kW·h	0.68	1.110	1.346	1.834	2.144
	合金钢焊条	kg	11.11	3.484	4.880	9.902	14.451
	棉纱头	kg	6.00	0.064	0.079	0.107	0.128
	磨头	个	2.75	0.444	0.528	0.704	0.824
	尼龙砂轮片 φ100×16×3	片	2.56	0.744	1.012	1.570	1.978
	尼龙砂轮片 φ500×25×4	片	12.82	0.432	0.600	1.013	1.390
	破布	kg	6.32	0.021	0.043	0.043	0.064
	其他材料费占材料费	%	—	1.000	1.000	1.000	1.000
机械	单速电动葫芦 3t	台班	32.95	0.390	0.396	0.426	0.460
	电焊机(综合)	台班	118.28	1.138	1.402	2.009	2.429
	电焊条恒温箱	台班	21.41	0.114	0.140	0.201	0.243
	电焊条烘干箱 60×50×75cm³	台班	26.46	0.114	0.140	0.201	0.243
	普通车床 630×2000mm	台班	247.10	0.390	0.396	0.426	0.460
	汽车式起重机 8t	台班	763.67	—	—	—	0.009
	砂轮切割机 500mm	台班	29.08	0.106	0.111	0.149	0.180
	载重汽车 8t	台班	501.85	—	—	—	0.009

工作内容：准备工作、管子切口、坡口加工、管口组对、焊接。　　计量单位：10个

定额编号				A8-2-774	A8-2-775	A8-2-776	A8-2-777
项目名称				公称直径(mm以内)			
				100	125	150	200
基价（元）				**1812.40**	**2467.06**	**3339.95**	**6117.99**
其中	人工费（元）			1002.82	1263.36	1621.62	2733.36
	材料费（元）			254.77	417.64	620.67	1291.70
	机械费（元）			554.81	786.06	1097.66	2092.93
名称		单位	单价(元)	消耗量			
人工	综合工日	工日	140.00	7.163	9.024	11.583	19.524
材料	合金钢对焊管件	个	—	(10.000)	(10.000)	(10.000)	(10.000)
	丙酮	kg	7.51	0.940	1.120	1.320	1.820
	电	kW·h	0.68	3.465	4.491	5.789	9.619
	合金钢焊条	kg	11.11	19.272	32.881	50.112	107.184
	棉纱头	kg	6.00	0.150	0.180	0.223	0.300
	磨头	个	2.75	1.056	—	—	—
	尼龙砂轮片 φ100×16×3	片	2.56	2.766	3.877	5.270	8.123
	破布	kg	6.32	0.064	0.086	0.107	0.150
	氧气	m³	3.63	2.450	3.540	3.997	6.235
	乙炔气	kg	10.45	0.817	1.180	1.332	2.078
	其他材料费占材料费	%	—	1.000	1.000	1.000	1.000
机械	半自动切割机 100mm	台班	83.55	—	—	0.255	0.408
	单速电动葫芦 3t	台班	32.95	0.484	0.593	0.704	1.601
	电焊机(综合)	台班	118.28	3.242	4.719	6.702	12.428
	电焊条恒温箱	台班	21.41	0.325	0.472	0.670	1.243
	电焊条烘干箱 60×50×75cm³	台班	26.46	0.325	0.472	0.670	1.243
	普通车床 630×2000mm	台班	247.10	0.484	0.593	0.704	1.601
	汽车式起重机 8t	台班	763.67	0.016	0.031	0.043	0.064
	载重汽车 8t	台班	501.85	0.016	0.031	0.043	0.064

工作内容：准备工作、管子切口、坡口加工、管口组对、焊接。　　　　计量单位：10个

定额编号				A8-2-778	A8-2-779	A8-2-780	A8-2-781
项目名称				公称直径(mm以内)			
				250	300	350	400
基价（元）				8899.97	12802.58	15905.32	20632.81
其中	人工费（元）			3679.06	4974.20	5882.52	7529.48
	材料费（元）			1971.50	2915.87	3786.58	5127.59
	机械费（元）			3249.41	4912.51	6236.22	7975.74
名称		单位	单价(元)	消耗量			
人工	综合工日	工日	140.00	26.279	35.530	42.018	53.782
材料	合金钢对焊管件	个	—	(10.000)	(10.000)	(10.000)	(10.000)
	丙酮	kg	7.51	2.280	2.700	2.860	3.120
	电	kW·h	0.68	14.288	19.650	23.832	30.894
	合金钢焊条	kg	11.11	164.125	245.305	319.751	434.805
	棉纱头	kg	6.00	0.364	0.428	0.492	0.552
	尼龙砂轮片 φ100×16×3	片	2.56	12.027	16.006	21.355	27.792
	破布	kg	6.32	0.193	0.214	0.257	0.278
	氧气	m³	3.63	9.491	11.699	14.019	17.641
	乙炔气	kg	10.45	3.164	3.891	4.673	5.880
	其他材料费占材料费	%	—	1.000	1.000	1.000	1.000
机械	半自动切割机 100mm	台班	83.55	0.814	1.179	1.381	1.638
	单速电动葫芦 3t	台班	32.95	1.620	—	—	—
	电动单梁起重机 5t	台班	223.20	0.764	2.837	3.374	4.041
	电焊机(综合)	台班	118.28	18.574	26.733	34.847	45.693
	电焊条恒温箱	台班	21.41	1.858	2.673	3.485	4.569
	电焊条烘干箱 60×50×75cm³	台班	26.46	1.858	2.673	3.485	4.569
	普通车床 630×2000mm	台班	247.10	2.170	2.837	3.374	4.041
	汽车式起重机 8t	台班	763.67	0.107	0.150	0.194	0.249
	载重汽车 8t	台班	501.85	0.107	0.150	0.194	0.249

工作内容：准备工作、管子切口、坡口加工、管口组对、焊接。　　计量单位：10个

定额编号				A8-2-782	A8-2-783	A8-2-784
项目名称				公称直径(mm以内)		
				450	500	600
基价（元）				25602.90	32445.03	45824.88
其中	人工费（元）			9113.58	11429.32	14858.06
	材料费（元）			6634.34	8554.97	14393.67
	机械费（元）			9854.98	12460.74	16573.15
名称		单位	单价(元)	消耗量		
人工	综合工日	工日	140.00	65.097	81.638	106.129
材料	合金钢对焊管件	个	—	(10.000)	(10.000)	(10.000)
	丙酮	kg	7.51	3.120	3.580	4.475
	电	kW·h	0.68	38.034	48.310	64.252
	合金钢焊条	kg	11.11	565.365	730.645	1242.097
	棉纱头	kg	6.00	0.629	0.717	0.789
	尼龙砂轮片 φ100×16×3	片	2.56	33.872	44.384	55.480
	破布	kg	6.32	0.317	0.361	0.397
	氧气	m^3	3.63	20.478	24.300	32.805
	乙炔气	kg	10.45	6.826	8.100	10.125
	其他材料费占材料费	%	—	1.000	1.000	1.000
机械	半自动切割机 100mm	台班	83.55	1.881	2.397	3.188
	电动单梁起重机 5t	台班	223.20	4.658	5.487	7.297
	电焊机(综合)	台班	118.28	57.864	74.779	99.456
	电焊条恒温箱	台班	21.41	5.787	7.478	9.945
	电焊条烘干箱 60×50×75cm^3	台班	26.46	5.787	7.478	9.945
	普通车床 630×2000mm	台班	247.10	4.658	5.487	7.297
	汽车式起重机 8t	台班	763.67	0.305	0.377	0.502
	载重汽车 8t	台班	501.85	0.305	0.377	0.502

6. 合金钢管件(氩电联焊)

工作内容：准备工作、管子切口、坡口加工、管口组对、焊接。　　　　　　计量单位：10个

定额编号				A8-2-785	A8-2-786	A8-2-787	A8-2-788
项目名称				公称直径(mm以内)			
				15	20	25	32
基价(元)				270.27	394.94	530.84	664.60
其中	人工费(元)			152.32	227.22	282.80	350.00
	材料费(元)			32.39	49.81	78.15	98.10
	机械费(元)			85.56	117.91	169.89	216.50
名称		单位	单价(元)	消耗量			
人工	综合工日	工日	140.00	1.088	1.623	2.020	2.500
材料	合金钢对焊管件	个	—	(10.000)	(10.000)	(10.000)	(10.000)
	丙酮	kg	7.51	0.252	0.280	0.300	0.340
	电	kW·h	0.68	0.450	0.687	0.873	1.110
	合金钢焊丝	kg	7.69	0.416	0.658	1.066	1.340
	棉纱头	kg	6.00	0.021	0.043	0.043	0.064
	磨头	个	2.75	0.232	0.260	0.314	0.368
	尼龙砂轮片 φ100×16×3	片	2.56	0.244	0.330	0.434	0.564
	尼龙砂轮片 φ500×25×4	片	12.82	0.114	0.176	0.253	0.327
	破布	kg	6.32	0.021	0.021	0.021	0.021
	铈钨棒	g	0.38	2.328	3.684	5.968	7.504
	氩气	m³	19.59	1.164	1.842	2.984	3.752
	其他材料费占材料费	%	—	1.000	1.000	1.000	1.000
机械	单速电动葫芦 3t	台班	32.95	—	—	—	0.334
	普通车床 630×2000mm	台班	247.10	0.173	0.218	0.291	0.334
	砂轮切割机 500mm	台班	29.08	0.027	0.063	0.084	0.093
	氩弧焊机 500A	台班	92.58	0.454	0.672	1.032	1.299

工作内容：准备工作、管子切口、坡口加工、管口组对、焊接。 计量单位：10个

定额编号				A8-2-789	A8-2-790	A8-2-791	A8-2-792
项目名称				公称直径(mm以内)			
				40	50	65	80
基价（元）				**819.38**	**949.39**	**1130.70**	**1369.22**
其中	人工费（元）			419.30	487.90	590.38	680.96
	材料费（元）			131.69	159.70	148.73	210.49
	机械费（元）			268.39	301.79	391.59	477.77
名称		**单位**	**单价(元)**	**消耗量**			
人工	综合工日	工日	140.00	2.995	3.485	4.217	4.864
材料	合金钢对焊管件	个	—	(10.000)	(10.000)	(10.000)	(10.000)
	丙酮	kg	7.51	0.388	0.480	0.640	0.800
	电	kW·h	0.68	1.371	1.638	1.713	2.041
	合金钢焊丝	kg	7.69	1.816	2.184	0.338	0.494
	合金钢焊条	kg	11.11	—	—	8.971	13.360
	棉纱头	kg	6.00	0.064	0.079	0.107	0.128
	磨头	个	2.75	0.444	0.528	0.704	0.824
	尼龙砂轮片 φ100×16×3	片	2.56	0.718	0.880	1.536	1.974
	尼龙砂轮片 φ500×25×4	片	12.82	0.432	0.600	1.013	1.390
	破布	kg	6.32	0.021	0.043	0.043	0.064
	铈钨棒	g	0.38	10.168	12.232	1.892	2.208
	氩气	m^3	19.59	5.084	6.116	0.946	1.104
	其他材料费占材料费	%	—	1.000	1.000	1.000	1.000
机械	单速电动葫芦 3t	台班	32.95	0.390	0.396	0.426	0.460
	电焊机(综合)	台班	118.28	—	—	1.759	2.213
	电焊条恒温箱	台班	21.41	—	—	0.176	0.221
	电焊条烘干箱 60×50×75cm^3	台班	26.46	—	—	0.176	0.221
	普通车床 630×2000mm	台班	247.10	0.390	0.396	0.426	0.460
	汽车式起重机 8t	台班	763.67	—	—	—	0.009
	砂轮切割机 500mm	台班	29.08	0.106	0.111	0.149	0.180
	氩弧焊机 500A	台班	92.58	1.686	2.027	0.556	0.648
	载重汽车 8t	台班	501.85	—	—	—	0.009

工作内容：准备工作、管子切口、坡口加工、管口组对、焊接。　　　　计量单位：10个

定额编号				A8-2-793	A8-2-794	A8-2-795	A8-2-796
项目名称				公称直径(mm以内)			
				100	125	150	200
基价（元）				1922.03	2590.47	3478.09	6323.63
其中	人工费（元）			1052.10	1319.22	1683.22	2828.84
	材料费（元）			274.29	437.15	647.73	1333.19
	机械费（元）			595.64	834.10	1147.14	2161.60
名称		单位	单价(元)	消耗量			
人工	综合工日	工日	140.00	7.515	9.423	12.023	20.206
材料	合金钢对焊管件	个	—	(10.000)	(10.000)	(10.000)	(10.000)
	丙酮	kg	7.51	0.940	1.120	1.320	1.820
	电	kW·h	0.68	3.465	4.333	5.689	9.619
	合金钢焊丝	kg	7.69	0.851	1.588	1.752	2.132
	合金钢焊条	kg	11.11	17.602	30.524	46.754	103.396
	棉纱头	kg	6.00	0.150	0.180	0.223	0.300
	磨头	个	2.75	1.056	—	—	—
	尼龙砂轮片 φ100×16×3	片	2.56	2.766	3.849	5.270	8.995
	破布	kg	6.32	0.064	0.086	0.107	0.150
	铈钨棒	g	0.38	3.080	3.289	4.212	6.342
	氩气	m³	19.59	1.540	1.645	2.506	3.171
	氧气	m³	3.63	2.450	3.540	3.997	6.235
	乙炔气	kg	10.45	0.817	1.180	1.332	2.078
	其他材料费占材料费	%	—	1.000	1.000	1.000	1.000
机械	半自动切割机 100mm	台班	83.55	—	—	0.255	0.408
	单速电动葫芦 3t	台班	32.95	0.484	0.593	0.704	1.387
	电焊机(综合)	台班	118.28	2.893	4.382	6.172	11.642
	电焊条恒温箱	台班	21.41	0.290	0.438	0.617	1.164
	电焊条烘干箱 60×50×75cm³	台班	26.46	0.290	0.438	0.617	1.164
	普通车床 630×2000mm	台班	247.10	0.484	0.593	0.704	1.601
	汽车式起重机 8t	台班	763.67	0.016	0.031	0.043	0.064
	氩弧焊机 500A	台班	92.58	0.905	0.967	1.239	1.863
	载重汽车 8t	台班	501.85	0.016	0.031	0.043	0.064

工作内容：准备工作、管子切口、坡口加工、管口组对、焊接。　　　　计量单位：10个

定额编号				A8-2-797	A8-2-798	A8-2-799	A8-2-800
项目名称				公称直径(mm以内)			
				250	300	350	400
基价（元）				9314.00	14223.97	16404.98	21249.29
其中	人工费（元）			3972.50	5630.10	6278.72	8015.70
	材料费（元）			2021.69	3210.22	3858.07	5215.64
	机械费（元）			3319.81	5383.65	6268.19	8017.95
名称		单位	单价(元)	消耗量			
人工	综合工日	工日	140.00	28.375	40.215	44.848	57.255
材料	合金钢对焊管件	个	—	(10.000)	(10.000)	(10.000)	(10.000)
	丙酮	kg	7.51	2.280	2.700	2.860	3.120
	电	kW·h	0.68	13.722	20.360	22.682	29.772
	合金钢焊丝	kg	7.69	2.284	2.580	2.883	3.199
	合金钢焊条	kg	11.11	158.454	259.080	311.327	427.185
	棉纱头	kg	6.00	0.364	0.428	0.492	0.552
	尼龙砂轮片 φ100×16×3	片	2.56	13.243	20.266	23.269	29.007
	破布	kg	6.32	0.193	0.214	0.257	0.278
	铈钨棒	g	0.38	8.408	10.532	12.224	12.315
	氩气	m³	19.59	4.554	5.266	6.812	7.157
	氧气	m³	3.63	9.491	11.699	14.019	17.641
	乙炔气	kg	10.45	3.164	3.891	4.673	5.880
	其他材料费占材料费	%	—	1.000	1.000	1.000	1.000
机械	半自动切割机 100mm	台班	83.55	0.814	1.179	1.381	1.638
	单速电动葫芦 3t	台班	32.95	1.406	—	—	—
	电动单梁起重机 5t	台班	223.20	0.764	2.837	3.374	4.041
	电焊机(综合)	台班	118.28	17.366	28.233	32.403	43.312
	电焊条恒温箱	台班	21.41	1.736	2.823	3.241	4.331
	电焊条烘干箱 60×50×75cm³	台班	26.46	1.736	2.823	3.241	4.331
	普通车床 630×2000mm	台班	247.10	2.170	2.837	3.374	4.041
	汽车式起重机 8t	台班	763.67	0.107	0.150	0.194	0.249
	氩弧焊机 500A	台班	92.58	2.443	3.095	3.594	3.621
	载重汽车 8t	台班	501.85	0.107	0.150	0.194	0.249

工作内容：准备工作、管子切口、坡口加工、管口组对、焊接。　　计量单位：10个

定额编号				A8-2-801	A8-2-802	A8-2-803
项目名称				公称直径(mm以内)		
				450	500	600
基价（元）				26219.57	32888.55	46387.47
其中	人工费（元）			9645.86	11963.42	15552.46
	材料费（元）			6753.39	8646.17	14504.88
	机械费（元）			9820.32	12278.96	16330.13
	名称	单位	单价(元)	消耗量		
人工	综合工日	工日	140.00	68.899	85.453	111.089
材料	合金钢对焊管件	个	—	(10.000)	(10.000)	(10.000)
	丙酮	kg	7.51	3.120	3.580	4.475
	电	kW·h	0.68	36.268	45.957	61.123
	合金钢焊丝	kg	7.69	3.327	3.537	6.013
	合金钢焊条	kg	11.11	558.676	722.818	1228.791
	棉纱头	kg	6.00	0.629	0.717	0.789
	尼龙砂轮片 ф100×16×3	片	2.56	36.945	37.894	56.841
	破布	kg	6.32	0.317	0.361	0.397
	铈钨棒	g	0.38	15.718	15.769	19.711
	氩气	m^3	19.59	7.859	8.284	10.355
	氧气	m^3	3.63	20.478	24.300	32.805
	乙炔气	kg	10.45	6.826	8.100	10.125
	其他材料费占材料费	%	—	1.000	1.000	1.000
机械	半自动切割机 100mm	台班	83.55	1.881	2.397	3.187
	电动单梁起重机 5t	台班	223.20	4.658	5.487	7.297
	电焊机(综合)	台班	118.28	54.107	69.779	92.806
	电焊条恒温箱	台班	21.41	5.411	6.978	9.281
	电焊条烘干箱 60×50×75cm^3	台班	26.46	5.411	6.978	9.281
	普通车床 630×2000mm	台班	247.10	4.658	5.487	7.297
	汽车式起重机 8t	台班	763.67	0.305	0.377	0.501
	氩弧焊机 500A	台班	92.58	4.620	4.683	6.229
	载重汽车 8t	台班	501.85	0.305	0.377	0.501

第三章 阀门安装

说　明

一、本章内容包括低压阀门、中压阀门、高压阀门等安装及安全阀调试。

二、本章各种阀门安装（调节阀门除外）均包括壳体压力试验和密封试验工作内容。

三、本章各种阀门安装不包括阀体磁粉检测和阀杆密封填料更换工作内容。

四、关于下列各项费用的规定：

1. 阀门安装不做壳体压力试验和密封试验时，定额乘以系数 0.6。

2. 仪表流量计安装，执行阀门安装相应项目定额乘以系数 0.6。

3. 限流孔板、八字盲板执行阀门安装相应项目定额乘以系数 0.4。

五、有关说明：

1. 法兰阀门安装包括一个垫片和一副法兰用螺栓的安装。

2. 焊接阀门是按碳钢焊接编制的，设计为其他材质，焊材可替换，消耗量不变。

3. 阀门壳体压力试验和密封试验是按水考虑的，如设计要求其他介质，可按实计算。

4. 法兰阀门安装使用垫片是按石棉橡胶板考虑的，实际施工与定额不同时，可替换。

5. 齿轮、液压传动、电动阀门安装已包括齿轮、液压传动、电动机安装，检查接线执行其他相应册定额。

工程量计算规则

一、各种阀门按不同压力、连接形式，以“个”为计量单位。

二、各种法兰阀门安装与配套法兰的安装，分别计算工程量。

三、阀门安装中螺栓材料量按施工图设计用量加规定的损耗量。

四、减压阀安装按高压侧直径执行相应项目。

一、低压阀门

1.螺纹阀门

工作内容：准备工作、阀门壳体压力试验和密封试验、管子切口、套丝、阀门安装。　　计量单位：个

定额编号				A8-3-1	A8-3-2	A8-3-3
项目名称				公称直径(mm以内)		
				15	20	25
基价（元）				**26.13**	**27.78**	**31.30**
其中	人工费（元）			16.94	18.34	21.42
	材料费（元）			3.94	4.17	4.58
	机械费（元）			5.25	5.27	5.30
名称		单位	单价（元）	消耗量		
人工	综合工日	工日	140.00	0.121	0.131	0.153
材料	螺纹阀门	个	—	(1.020)	(1.020)	(1.010)
	低碳钢焊条	kg	6.84	0.165	0.165	0.165
	机油	kg	19.66	0.007	0.009	0.011
	聚四氟乙烯生料带	m	0.13	0.415	0.509	0.641
	六角螺栓带螺母 M12×55	套	0.67	0.160	0.160	0.160
	螺纹截止阀 J11T-16 DN15	个	7.12	0.020	0.020	0.020
	尼龙砂轮片 φ500×25×4	片	12.82	0.008	0.010	0.012
	热轧厚钢板 δ20	kg	3.20	0.007	0.009	0.010
	石棉橡胶板	kg	9.40	0.034	0.050	0.084
	输水软管 φ25	m	8.55	0.020	0.020	0.020
	水	kg	0.01	0.004	0.008	0.017
	无缝钢管 φ22×2.5	m	3.42	0.010	0.010	0.010
	压力表 Y-100 0～6MPa	块	32.31	0.020	0.020	0.020
	压力表补芯	个	1.54	0.020	0.020	0.020
	氧气	m³	3.63	0.141	0.141	0.141
	乙炔气	kg	10.45	0.047	0.047	0.047
	其他材料费占材料费	%	—	1.000	1.000	1.000
机械	电焊机(综合)	台班	118.28	0.034	0.034	0.034
	电焊条恒温箱	台班	21.41	0.004	0.004	0.004
	电焊条烘干箱 60×50×75cm³	台班	26.46	0.004	0.004	0.004
	管子切断套丝机 159mm	台班	21.31	0.029	0.029	0.029
	砂轮切割机 500mm	台班	29.08	0.001	0.002	0.003
	试压泵 60MPa	台班	24.08	0.016	0.016	0.016

工作内容：准备工作、阀门壳体压力试验和密封试验、管子切口、套丝、阀门安装。　　计量单位：个

定额编号				A8-3-4	A8-3-5	A8-3-6
项目名称				公称直径(mm以内)		
				32	40	50
基价（元）				**37.63**	**41.18**	**45.34**
其中	人工费（元）			27.16	29.82	33.46
	材料费（元）			5.02	5.49	5.98
	机械费（元）			5.45	5.87	5.90
名称		单位	单价(元)	消耗量		
人工	综合工日	工日	140.00	0.194	0.213	0.239
材料	螺纹阀门	个	—	(1.010)	(1.010)	(1.010)
	低碳钢焊条	kg	6.84	0.165	0.165	0.165
	机油	kg	19.66	0.014	0.017	0.021
	聚四氟乙烯生料带	m	0.13	0.791	0.904	1.074
	六角螺栓带螺母 M16×65	套	1.45	0.160	0.160	—
	六角螺栓带螺母 M16×70	套	1.45	—	—	0.160
	螺纹截止阀 J11T-16 DN15	个	7.12	0.020	0.020	0.020
	尼龙砂轮片 φ500×25×4	片	12.82	0.016	0.018	0.026
	热轧厚钢板 δ20	kg	3.20	0.014	0.016	0.020
	石棉橡胶板	kg	9.40	0.101	0.140	0.168
	输水软管 φ25	m	8.55	0.020	0.020	0.020
	水	kg	0.01	0.036	0.070	0.140
	无缝钢管 φ22×2.5	m	3.42	0.010	0.010	0.010
	压力表 Y-100 0～6MPa	块	32.31	0.020	0.020	0.020
	压力表补芯	个	1.54	0.020	0.020	0.020
	氧气	m^3	3.63	0.141	0.141	0.141
	乙炔气	kg	10.45	0.047	0.047	0.047
	其他材料费占材料费	%	—	1.000	1.000	1.000
机械	电焊机(综合)	台班	118.28	0.034	0.034	0.034
	电焊条恒温箱	台班	21.41	0.004	0.004	0.004
	电焊条烘干箱 60×50×75cm³	台班	26.46	0.004	0.004	0.004
	管子切断套丝机 159mm	台班	21.31	0.032	0.032	0.032
	砂轮切割机 500mm	台班	29.08	0.006	0.007	0.008
	试压泵 60MPa	台班	24.08	0.016	0.032	0.032

2. 承插焊阀门

工作内容：准备工作、阀门壳体压力试验和密封试验、管子切口、管口组对、焊接、阀门安装。

计量单位：个

定额编号				A8-3-7	A8-3-8	A8-3-9
项目名称				公称直径(mm以内)		
				15	20	25
基价（元）				27.59	29.62	33.70
其中	人工费（元）			15.12	16.52	18.62
	材料费（元）			4.03	4.28	4.76
	机械费（元）			8.44	8.82	10.32
	名称	单位	单价(元)	消耗量		
人工	综合工日	工日	140.00	0.108	0.118	0.133
材料	焊接阀门	个	—	(1.000)	(1.000)	(1.000)
	低碳钢焊条	kg	6.84	0.209	0.214	0.228
	电	kW·h	0.68	0.025	0.028	0.038
	螺纹截止阀 J11T-16 DN15	个	7.12	0.020	0.020	0.020
	棉纱头	kg	6.00	0.002	0.003	0.004
	磨头	个	2.75	0.020	0.026	0.031
	尼龙砂轮片 φ100×16×3	片	2.56	0.003	0.004	0.005
	尼龙砂轮片 φ500×25×4	片	12.82	0.008	0.010	0.012
	热轧厚钢板 δ20	kg	3.20	0.007	0.009	0.010
	石棉橡胶板	kg	9.40	0.034	0.050	0.084
	输水软管 φ25	m	8.55	0.020	0.020	0.020
	水	kg	0.01	0.004	0.008	0.017
	无缝钢管 φ22×2.5	m	3.42	0.010	0.010	0.010
	压力表 Y-100 0～6MPa	块	32.31	0.020	0.020	0.020
	压力表补芯	个	1.54	0.020	0.020	0.020
	氧气	m^3	3.63	0.141	0.141	0.141
	乙炔气	kg	10.45	0.047	0.047	0.047
	其他材料费占材料费	%	—	1.000	1.000	1.000
机械	电焊机(综合)	台班	118.28	0.065	0.068	0.080
	电焊条恒温箱	台班	21.41	0.007	0.007	0.008
	电焊条烘干箱 60×50×75cm^3	台班	26.46	0.007	0.007	0.008
	砂轮切割机 500mm	台班	29.08	0.001	0.002	0.003
	试压泵 60MPa	台班	24.08	0.016	0.016	0.016

工作内容：准备工作、阀门壳体压力试验和密封试验、管子切口、管口组对、焊接、阀门安装。

计量单位：个

定额编号				A8-3-10	A8-3-11	A8-3-12
项目名称				公称直径(mm以内)		
				32	40	50
基价（元）				39.36	43.91	50.05
其中	人工费（元）			22.12	24.64	28.28
	材料费（元）			5.44	5.99	6.59
	机械费（元）			11.80	13.28	15.18
名称		单位	单价(元)	消耗量		
人工	综合工日	工日	140.00	0.158	0.176	0.202
材料	焊接阀门	个	—	(1.000)	(1.000)	(1.000)
	低碳钢焊条	kg	6.84	0.247	0.259	0.282
	电	kW·h	0.68	0.043	0.055	0.065
	六角螺栓带螺母 M16×65	套	1.45	0.160	0.160	—
	六角螺栓带螺母 M16×70	套	1.45	—	—	0.160
	螺纹截止阀 J11T-16 DN15	个	7.12	0.020	0.020	0.020
	棉纱头	kg	6.00	0.006	0.006	0.007
	磨头	个	2.75	0.039	0.044	0.053
	尼龙砂轮片 φ100×16×3	片	2.56	0.007	0.019	0.023
	尼龙砂轮片 φ500×25×4	片	12.82	0.016	0.018	0.026
	热轧厚钢板 δ20	kg	3.20	0.014	0.016	0.020
	石棉橡胶板	kg	9.40	0.101	0.140	0.168
	输水软管 φ25	m	8.55	0.020	0.020	0.020
	水	kg	0.01	0.036	0.070	0.140
	无缝钢管 φ22×2.5	m	3.42	0.010	0.010	0.010
	压力表 Y-100 0～6MPa	块	32.31	0.020	0.020	0.020
	压力表补芯	个	1.54	0.020	0.020	0.020
	氧气	m³	3.63	0.148	0.149	0.150
	乙炔气	kg	10.45	0.049	0.050	0.050
	其他材料费占材料费	%	—	1.000	1.000	1.000
机械	电焊机(综合)	台班	118.28	0.091	0.100	0.115
	电焊条恒温箱	台班	21.41	0.010	0.010	0.012
	电焊条烘干箱 60×50×75cm³	台班	26.46	0.010	0.010	0.012
	砂轮切割机 500mm	台班	29.08	0.006	0.007	0.008
	试压泵 60MPa	台班	24.08	0.016	0.032	0.032

3. 法兰阀门

工作内容：准备工作、阀门壳体压力试验和密封试验、阀门安装。　　　　计量单位：个

定额编号				A8-3-13	A8-3-14	A8-3-15	A8-3-16
项目名称				公称直径(mm以内)			
				15	20	25	32
基价（元）				29.05	29.15	29.35	30.92
其中	人工费（元）			20.86	20.86	20.86	22.12
	材料费（元）			3.59	3.69	3.89	4.20
	机械费（元）			4.60	4.60	4.60	4.60
名称		单位	单价(元)	消耗量			
人工	综合工日	工日	140.00	0.149	0.149	0.149	0.158
材料	法兰阀门	个	—	(1.000)	(1.000)	(1.000)	(1.000)
	低碳钢焊条	kg	6.84	0.165	0.165	0.165	0.165
	二硫化钼	kg	87.61	0.002	0.002	0.002	0.004
	六角螺栓带螺母 M12×55	套	0.67	0.160	0.160	0.160	—
	六角螺栓带螺母 M16×65	套	1.45	—	—	—	0.160
	螺纹截止阀 J11T-16 DN15	个	7.12	0.020	0.020	0.020	0.020
	热轧厚钢板 δ20	kg	3.20	0.007	0.009	0.010	0.014
	石棉橡胶板	kg	9.40	0.010	0.020	0.040	0.040
	输水软管 φ25	m	8.55	0.020	0.020	0.020	0.020
	水	kg	0.01	0.004	0.008	0.017	0.036
	无缝钢管 φ22×2.5	m	3.42	0.010	0.010	0.010	0.010
	压力表 Y-100 0～6MPa	块	32.31	0.020	0.020	0.020	0.020
	压力表补芯	个	1.54	0.020	0.020	0.020	0.020
	氧气	m^3	3.63	0.141	0.141	0.141	0.141
	乙炔气	kg	10.45	0.047	0.047	0.047	0.047
	其他材料费占材料费	%	—	1.000	1.000	1.000	1.000
机械	电焊机(综合)	台班	118.28	0.034	0.034	0.034	0.034
	电焊条恒温箱	台班	21.41	0.004	0.004	0.004	0.004
	电焊条烘干箱 60×50×75cm^3	台班	26.46	0.004	0.004	0.004	0.004
	试压泵 60MPa	台班	24.08	0.016	0.016	0.016	0.016

工作内容：准备工作、阀门壳体压力试验和密封试验、阀门安装。　　　　计量单位：个

定额编号				A8-3-17	A8-3-18	A8-3-19	A8-3-20
项目名称				公称直径(mm以内)			
				40	50	65	80
基价（元）				31.50	32.87	43.95	47.95
其中	人工费（元）			22.12	23.38	34.16	37.10
	材料费（元）			4.40	4.51	4.71	5.65
	机械费（元）			4.98	4.98	5.08	5.20
名称		单位	单价(元)	消耗量			
人工	综合工日	工日	140.00	0.158	0.167	0.244	0.265
材料	法兰阀门	个	—	(1.000)	(1.000)	(1.000)	(1.000)
	低碳钢焊条	kg	6.84	0.165	0.165	0.165	0.165
	二硫化钼	kg	87.61	0.004	0.004	0.004	0.006
	六角螺栓带螺母 M16×65	套	1.45	0.160	—	—	—
	六角螺栓带螺母 M16×70	套	1.45	—	0.160	0.160	0.320
	螺纹截止阀 J11T-16 DN15	个	7.12	0.020	0.020	0.020	0.020
	热轧厚钢板 δ20	kg	3.20	0.016	0.020	0.025	0.030
	石棉橡胶板	kg	9.40	0.060	0.070	0.090	0.130
	输水软管 φ25	m	8.55	0.020	0.020	0.020	0.020
	水	kg	0.01	0.070	0.140	0.302	0.563
	无缝钢管 φ22×2.5	m	3.42	0.010	0.010	0.010	0.010
	压力表 Y-100 0～6MPa	块	32.31	0.020	0.020	0.020	0.020
	压力表补芯	个	1.54	0.020	0.020	0.020	0.020
	氧气	m^3	3.63	0.141	0.141	0.141	0.159
	乙炔气	kg	10.45	0.047	0.047	0.047	0.053
	其他材料费占材料费	%	—	1.000	1.000	1.000	1.000
机械	电焊机(综合)	台班	118.28	0.034	0.034	0.034	0.034
	电焊条恒温箱	台班	21.41	0.004	0.004	0.004	0.004
	电焊条烘干箱 60×50×75cm^3	台班	26.46	0.004	0.004	0.004	0.004
	试压泵 60MPa	台班	24.08	0.032	0.032	0.036	0.041

工作内容：准备工作、阀门壳体压力试验和密封试验、阀门安装。　　计量单位：个

定额编号				A8-3-21	A8-3-22	A8-3-23	A8-3-24
项目名称				公称直径(mm以内)			
				100	125	150	200
基价（元）				117.26	131.74	138.50	211.61
其中	人工费（元）			49.28	60.48	65.38	134.40
	材料费（元）			6.60	8.91	9.81	13.90
	机械费（元）			61.38	62.35	63.31	63.31
名称		单位	单价(元)	消耗量			
人工	综合工日	工日	140.00	0.352	0.432	0.467	0.960
材料	法兰阀门	个	—	(1.000)	(1.000)	(1.000)	(1.000)
	低碳钢焊条	kg	6.84	0.165	0.165	0.165	0.165
	二硫化钼	kg	87.61	0.006	0.013	0.013	0.013
	六角螺栓带螺母 M20×80	套	2.14	0.320	—	—	—
	六角螺栓带螺母 M22×85	套	3.93	—	0.320	—	—
	六角螺栓带螺母 M22×90	套	4.19	—	—	0.320	—
	六角螺栓带螺母 M27×95	套	7.95	—	—	—	0.480
	螺纹截止阀 J11T-16 DN15	个	7.12	0.020	0.020	0.020	0.020
	热轧厚钢板 δ20	kg	3.20	0.036	0.047	0.061	0.088
	石棉橡胶板	kg	9.40	0.170	0.230	0.280	0.330
	输水软管 φ25	m	8.55	0.020	0.020	0.020	0.020
	水	kg	0.01	1.099	2.148	3.711	8.796
	无缝钢管 φ22×2.5	m	3.42	0.010	0.010	0.010	0.010
	压力表 Y-100 0～6MPa	块	32.31	0.020	0.020	0.020	0.020
	压力表补芯	个	1.54	0.020	0.020	0.020	0.020
	氧气	m^3	3.63	0.204	0.273	0.312	0.447
	乙炔气	kg	10.45	0.068	0.091	0.104	0.149
	其他材料费占材料费	%	—	1.000	1.000	1.000	1.000
机械	电焊机(综合)	台班	118.28	0.034	0.034	0.034	0.034
	电焊条恒温箱	台班	21.41	0.004	0.004	0.004	0.004
	电焊条烘干箱 60×50×75cm³	台班	26.46	0.004	0.004	0.004	0.004
	吊装机械(综合)	台班	619.04	0.068	0.068	0.068	0.068
	汽车式起重机 8t	台班	763.67	0.011	0.011	0.011	0.011
	试压泵 60MPa	台班	24.08	0.048	0.088	0.128	0.128
	载重汽车 8t	台班	501.85	0.011	0.011	0.011	0.011

工作内容：准备工作、阀门壳体压力试验和密封试验、阀门安装。　　　　计量单位：个

定额编号				A8-3-25	A8-3-26	A8-3-27	A8-3-28
项目名称				公称直径(mm以内)			
				250	300	350	400
基价（元）				**292.94**	**330.03**	**394.34**	**441.40**
其中	人工费（元）			205.80	238.56	252.98	285.46
	材料费（元）			16.40	20.73	23.40	28.76
	机械费（元）			70.74	70.74	117.96	127.18
名称		单位	单价(元)	消耗量			
人工	综合工日	工日	140.00	1.470	1.704	1.807	2.039
材料	法兰阀门	个	—	(1.000)	(1.000)	(1.000)	(1.000)
	低碳钢焊条	kg	6.84	0.165	0.165	0.165	0.165
	二硫化钼	kg	87.61	0.019	0.029	0.029	0.038
	六角螺栓带螺母 M27×105	套	8.12	0.480	—	—	—
	六角螺栓带螺母 M27×115	套	9.23	—	0.640	—	—
	六角螺栓带螺母 M27×120	套	10.09	—	—	0.640	—
	六角螺栓带螺母 M30×130	套	13.33	—	—	—	0.640
	螺纹截止阀 J11T-16 DN15	个	7.12	0.020	0.020	0.020	0.020
	热轧厚钢板 δ20	kg	3.20	0.128	0.165	0.211	0.262
	石棉橡胶板	kg	9.40	0.370	0.400	0.540	0.690
	输水软管 φ25	m	8.55	0.020	0.020	0.020	0.020
	水	kg	0.01	17.181	29.687	47.144	70.371
	无缝钢管 φ22×2.5	m	3.42	0.010	0.010	0.010	0.010
	压力表 Y-100 0～6MPa	块	32.31	0.020	0.020	0.020	0.020
	压力表补芯	个	1.54	0.020	0.020	0.020	0.020
	氧气	m^3	3.63	0.627	0.750	0.820	0.910
	乙炔气	kg	10.45	0.209	0.250	0.270	0.300
	其他材料费占材料费	%	—	1.000	1.000	1.000	1.000
机械	电焊机(综合)	台班	118.28	0.034	0.034	0.034	0.034
	电焊条恒温箱	台班	21.41	0.004	0.004	0.004	0.004
	电焊条烘干箱 60×50×75cm^3	台班	26.46	0.004	0.004	0.004	0.004
	吊装机械(综合)	台班	619.04	0.080	0.080	0.125	0.125
	汽车式起重机 8t	台班	763.67	0.011	0.011	0.026	0.033
	试压泵 60MPa	台班	24.08	0.128	0.128	0.144	0.159
	载重汽车 8t	台班	501.85	0.011	0.011	0.026	0.033

工作内容：准备工作、阀门壳体压力试验和密封试验、阀门安装。　　　　计量单位：个

定额编号				A8-3-29	A8-3-30	A8-3-31	A8-3-32
项目名称				公称直径(mm以内)			
				450	500	600	700
基价（元）				**523.41**	**580.13**	**772.13**	**992.49**
其中	人工费（元）			338.66	383.04	466.20	620.20
	材料费（元）			34.87	45.56	54.88	69.12
	机械费（元）			149.88	151.53	251.05	303.17
名称		单位	单价(元)	消耗量			
人工	综合工日	工日	140.00	2.419	2.736	3.330	4.430
材料	法兰阀门	个	—	(1.000)	(1.000)	(1.000)	(1.000)
	低碳钢焊条	kg	6.84	0.165	0.165	0.165	0.165
	二硫化钼	kg	87.61	0.038	0.038	0.056	0.067
	六角螺栓带螺母 M30×140	套	14.02	0.800	—	—	—
	六角螺栓带螺母 M36×150	套	25.64	—	0.800	—	—
	六角螺栓带螺母 M36×160	套	31.62	—	—	0.800	—
	六角螺栓带螺母 M42×170	套	35.90	—	—	—	0.960
	螺纹截止阀 J11T-16 DN15	个	7.12	0.020	0.020	0.020	0.020
	热轧厚钢板 δ30	kg	3.20	0.479	0.582	0.826	0.969
	石棉橡胶板	kg	9.40	0.810	0.830	0.840	1.030
	输水软管 φ25	m	8.55	0.020	0.020	0.020	0.020
	水	kg	0.01	100.197	137.445	237.510	281.484
	无缝钢管 φ22×2.5	m	3.42	0.010	0.010	0.010	0.010
	压力表 Y-100 0～6MPa	块	32.31	0.020	0.020	0.020	0.020
	压力表补芯	个	1.54	0.020	0.020	0.020	0.020
	氧气	m³	3.63	1.078	1.130	1.275	1.455
	乙炔气	kg	10.45	0.360	0.380	0.425	0.485
	其他材料费占材料费	%	—	1.000	1.000	1.000	1.000
机械	电焊机(综合)	台班	118.28	0.034	0.034	0.034	0.034
	电焊条恒温箱	台班	21.41	0.004	0.004	0.004	0.004
	电焊条烘干箱 60×50×75cm³	台班	26.46	0.004	0.004	0.004	0.004
	吊装机械(综合)	台班	619.04	0.159	0.159	0.285	0.342
	汽车式起重机 8t	台班	763.67	0.034	0.035	0.052	0.065
	试压泵 60MPa	台班	24.08	0.175	0.191	0.191	0.207
	载重汽车 8t	台班	501.85	0.034	0.035	0.052	0.065

工作内容：准备工作、阀门壳体压力试验和密封试验、阀门安装。　　　　计量单位：个

定额编号				A8-3-33	A8-3-34	A8-3-35	A8-3-36
项目名称				公称直径(mm以内)			
				800	900	1000	1200
基价（元）				**1223.76**	**1390.28**	**1682.69**	**2270.46**
其中	人工费（元）			756.98	865.90	1001.14	1381.52
	材料费（元）			78.59	83.18	89.56	102.44
	机械费（元）			388.19	441.20	591.99	786.50
	名称	单位	单价(元)	消耗量			
人工	综合工日	工日	140.00	5.407	6.185	7.151	9.868
材料	法兰阀门	个	—	(1.000)	(1.000)	(1.000)	(1.000)
	低碳钢焊条	kg	6.84	0.165	0.165	0.165	0.292
	二硫化钼	kg	87.61	0.101	0.101	0.118	0.134
	六角螺栓带螺母 M42×180	套	38.46	0.960	0.960	0.960	0.960
	螺纹截止阀 J11T-16 DN15	个	7.12	0.020	0.020	0.020	0.020
	热轧厚钢板 δ30	kg	3.20	1.217	1.468	1.843	2.025
	石棉橡胶板	kg	9.40	1.160	1.300	1.310	1.460
	输水软管 φ25	m	8.55	0.020	0.040	0.040	0.040
	水	kg	0.01	377.510	463.316	549.780	950.012
	无缝钢管 φ22×2.5	m	3.42	0.010	0.015	0.015	0.015
	压力表 Y-100 0～6MPa	块	32.31	0.020	0.020	0.020	0.020
	压力表补芯	个	1.54	0.020	0.020	0.020	0.020
	氧气	m^3	3.63	1.590	1.785	2.160	2.790
	乙炔气	kg	10.45	0.530	0.595	0.720	0.930
	其他材料费占材料费	%	—	1.000	1.000	1.000	1.000
机械	电焊机(综合)	台班	118.28	0.034	0.034	0.034	0.604
	电焊条恒温箱	台班	21.41	0.004	0.004	0.004	0.060
	电焊条烘干箱 60×50×75cm^3	台班	26.46	0.004	0.004	0.004	0.060
	吊装机械(综合)	台班	619.04	0.399	0.456	0.626	0.718
	汽车式起重机 8t	台班	763.67	0.104	0.118	0.154	0.207
	试压泵 60MPa	台班	24.08	0.223	0.223	0.223	0.239
	载重汽车 8t	台班	501.85	0.104	0.118	0.154	0.207

工作内容：准备工作、阀门壳体压力试验和密封试验、阀门安装。　　计量单位：个

定额编号				A8-3-37	A8-3-38	A8-3-39	A8-3-40
项目名称				公称直径(mm以内)			
				1400	1600	1800	2000
基价（元）				2556.55	2854.50	3306.81	3635.57
其中	人工费（元）			1546.02	1723.26	1960.14	2141.02
	材料费（元）			122.92	140.96	162.74	186.59
	机械费（元）			887.61	990.28	1183.93	1307.96
名称		单位	单价(元)	消耗量			
人工	综合工日	工日	140.00	11.043	12.309	14.001	15.293
材料	法兰阀门	个	—	(1.000)	(1.000)	(1.000)	(1.000)
	低碳钢焊条	kg	6.84	0.292	0.292	0.567	0.567
	二硫化钼	kg	87.61	0.151	0.175	0.208	0.240
	六角螺栓带螺母 M42×180	套	38.46	0.960	0.960	0.960	0.960
	螺纹截止阀 J11T-16 DN15	个	7.12	0.020	0.020	0.020	0.020
	热轧厚钢板 δ30	kg	3.20	2.562	3.212	3.936	4.733
	石棉橡胶板	kg	9.40	2.160	2.450	2.600	2.900
	输水软管 φ25	m	8.55	0.040	0.040	0.040	0.040
	水	kg	0.01	1508.598	2251.900	3206.308	4398.226
	无缝钢管 φ22×2.5	m	3.42	0.015	0.015	0.015	0.015
	压力表 Y-100 0～6MPa	块	32.31	0.020	0.020	0.020	0.020
	压力表补芯	个	1.54	0.020	0.020	0.020	0.020
	氧气	m^3	3.63	3.480	3.975	4.470	4.965
	乙炔气	kg	10.45	1.160	1.325	1.490	1.655
	其他材料费占材料费	%	—	1.000	1.000	1.000	1.000
机械	电焊机(综合)	台班	118.28	0.604	0.604	1.173	1.173
	电焊条恒温箱	台班	21.41	0.060	0.060	0.118	0.118
	电焊条烘干箱 60×50×75cm^3	台班	26.46	0.060	0.060	0.118	0.118
	吊装机械(综合)	台班	619.04	0.820	0.900	0.979	1.071
	汽车式起重机 8t	台班	763.67	0.237	0.279	0.338	0.391
	试压泵 60MPa	台班	24.08	0.239	0.239	0.239	0.239
	载重汽车 8t	台班	501.85	0.237	0.279	0.338	0.391

4.齿轮、液压传动、电动阀门

工作内容：准备工作、阀门壳体压力试验和密封试验、阀门调试、阀门安装。　　计量单位：个

定额编号				A8-3-41	A8-3-42	A8-3-43	A8-3-44
项目名称				公称直径(mm以内)			
				100	125	150	200
基价（元）				158.76	180.03	187.21	239.11
其中	人工费（元）			78.96	97.58	102.62	150.08
	材料费（元）			6.60	8.29	9.46	13.90
	机械费（元）			73.20	74.16	75.13	75.13
名称		单位	单价(元)	消耗量			
人工	综合工日	工日	140.00	0.564	0.697	0.733	1.072
材料	齿轮、液压传动、电动阀门	个	—	(1.000)	(1.000)	(1.000)	(1.000)
	低碳钢焊条	kg	6.84	0.165	0.165	0.165	0.165
	二硫化钼	kg	87.61	0.006	0.006	0.009	0.013
	六角螺栓带螺母 M20×80	套	2.14	0.320	—	—	—
	六角螺栓带螺母 M22×85	套	3.93	—	0.320	—	—
	六角螺栓带螺母 M22×90	套	4.19	—	—	0.320	—
	六角螺栓带螺母 M27×95	套	7.95	—	—	—	0.480
	螺纹截止阀 J11T-16 DN15	个	7.12	0.020	0.020	0.020	0.020
	热轧厚钢板 δ20	kg	3.20	0.036	0.047	0.061	0.088
	石棉橡胶板	kg	9.40	0.170	0.230	0.280	0.330
	输水软管 φ25	m	8.55	0.020	0.020	0.020	0.020
	水	kg	0.01	1.099	2.148	3.711	8.796
	无缝钢管 φ22×2.5	m	3.42	0.010	0.010	0.010	0.010
	压力表 Y-100 0～6MPa	块	32.31	0.020	0.020	0.020	0.020
	压力表补芯	个	1.54	0.020	0.020	0.020	0.020
	氧气	m^3	3.63	0.204	0.273	0.312	0.447
	乙炔气	kg	10.45	0.068	0.091	0.104	0.149
	其他材料费占材料费	%	—	1.000	1.000	1.000	1.000
机械	电焊机(综合)	台班	118.28	0.034	0.034	0.034	0.034
	电焊条恒温箱	台班	21.41	0.004	0.004	0.004	0.004
	电焊条烘干箱 60×50×75cm³	台班	26.46	0.004	0.004	0.004	0.004
	吊装机械(综合)	台班	619.04	0.083	0.083	0.083	0.083
	汽车式起重机 8t	台班	763.67	0.013	0.013	0.013	0.013
	试压泵 60MPa	台班	24.08	0.048	0.088	0.128	0.128
	载重汽车 8t	台班	501.85	0.013	0.013	0.013	0.013

工作内容：准备工作、阀门壳体压力试验和密封试验、阀门调试、阀门安装。　　计量单位：个

定额编号				A8-3-45	A8-3-46	A8-3-47	A8-3-48
项目名称				公称直径(mm以内)			
				250	300	350	400
基价（元）				313.07	357.30	459.26	543.82
其中	人工费（元）			213.50	253.40	303.10	372.40
	材料费（元）			16.40	20.73	22.72	28.76
	机械费（元）			83.17	83.17	133.44	142.66
名称		单位	单价(元)	消耗量			
人工	综合工日	工日	140.00	1.525	1.810	2.165	2.660
材料	齿轮、液压传动、电动阀门	个	—	(1.000)	(1.000)	(1.000)	(1.000)
	低碳钢焊条	kg	6.84	0.165	0.165	0.165	0.165
	二硫化钼	kg	87.61	0.019	0.029	0.029	0.038
	六角螺栓带螺母 M27×105	套	8.12	0.480	—	—	—
	六角螺栓带螺母 M27×115	套	9.23	—	0.640	—	—
	六角螺栓带螺母 M27×120	套	10.09	—	—	0.640	—
	六角螺栓带螺母 M30×130	套	13.33	—	—	—	0.640
	螺纹截止阀 J11T-16 DN15	个	7.12	0.020	0.020	0.020	0.020
	热轧厚钢板 δ20	kg	3.20	0.128	0.165	—	0.262
	石棉橡胶板	kg	9.40	0.370	0.400	0.540	0.690
	输水软管 φ25	m	8.55	0.020	0.020	0.020	0.020
	水	kg	0.01	17.181	29.687	47.144	70.371
	无缝钢管 φ22×2.5	m	3.42	0.010	0.010	0.010	0.010
	压力表 Y-100 0～6MPa	块	32.31	0.020	0.020	0.020	0.020
	压力表补芯	个	1.54	0.020	0.020	0.020	0.020
	氧气	m^3	3.63	0.627	0.750	0.820	0.910
	乙炔气	kg	10.45	0.209	0.250	0.270	0.300
	其他材料费占材料费	%	—	1.000	1.000	1.000	1.000
机械	电焊机(综合)	台班	118.28	0.034	0.034	0.034	0.034
	电焊条恒温箱	台班	21.41	0.004	0.004	0.004	0.004
	电焊条烘干箱 60×50×75cm³	台班	26.46	0.004	0.004	0.004	0.004
	吊装机械(综合)	台班	619.04	0.096	0.096	0.150	0.150
	汽车式起重机 8t	台班	763.67	0.013	0.013	0.026	0.033
	试压泵 60MPa	台班	24.08	0.128	0.128	0.144	0.159
	载重汽车 8t	台班	501.85	0.013	0.013	0.026	0.033

工作内容：准备工作、阀门壳体压力试验和密封试验、阀门调试、阀门安装。　　　　计量单位：个

定额编号				A8-3-49	A8-3-50	A8-3-51	A8-3-52
项目名称				公称直径(mm以内)			
				450	500	600	700
基价（元）				637.16	695.56	907.79	1141.26
其中	人工费（元）			432.60	478.66	566.58	726.88
	材料费（元）			34.87	45.56	54.88	69.12
	机械费（元）			169.69	171.34	286.33	345.26
名称		单位	单价(元)	消耗量			
人工	综合工日	工日	140.00	3.090	3.419	4.047	5.192
材料	齿轮、液压传动、电动阀门	个	—	(1.000)	(1.000)	(1.000)	(1.000)
	低碳钢焊条	kg	6.84	0.165	0.165	0.165	0.165
	二硫化钼	kg	87.61	0.038	0.038	0.056	0.067
	六角螺栓带螺母 M30×140	套	14.02	0.800	—	—	—
	六角螺栓带螺母 M36×150	套	25.64	—	0.800	—	—
	六角螺栓带螺母 M36×160	套	31.62	—	—	0.800	—
	六角螺栓带螺母 M42×170	套	35.90	—	—	—	0.960
	螺纹截止阀 J11T-16 DN15	个	7.12	0.020	0.020	0.020	0.020
	热轧厚钢板 δ30	kg	3.20	0.479	0.582	0.826	0.969
	石棉橡胶板	kg	9.40	0.810	0.830	0.840	1.030
	输水软管 Φ25	m	8.55	0.020	0.020	0.020	0.020
	水	kg	0.01	100.197	137.445	237.510	281.484
	无缝钢管 Φ22×2.5	m	3.42	0.010	0.010	0.010	0.010
	压力表 Y-100 0～6MPa	块	32.31	0.020	0.020	0.020	0.020
	压力表补芯	个	1.54	0.020	0.020	0.020	0.020
	氧气	m³	3.63	1.078	1.130	1.275	1.455
	乙炔气	kg	10.45	0.360	0.380	0.425	0.485
	其他材料费占材料费	%	—	1.000	1.000	1.000	1.000
机械	电焊机(综合)	台班	118.28	0.034	0.034	0.034	0.034
	电焊条恒温箱	台班	21.41	0.004	0.004	0.004	0.004
	电焊条烘干箱 60×50×75cm³	台班	26.46	0.004	0.004	0.004	0.004
	吊装机械(综合)	台班	619.04	0.191	0.191	0.342	0.410
	汽车式起重机 8t	台班	763.67	0.034	0.035	0.052	0.065
	试压泵 60MPa	台班	24.08	0.175	0.191	0.191	0.207
	载重汽车 8t	台班	501.85	0.034	0.035	0.052	0.065

工作内容：准备工作、阀门壳体压力试验和密封试验、阀门调试、阀门安装。　　　　计量单位：个

定额编号				A8-3-53	A8-3-54	A8-3-55	A8-3-56
项目名称				公称直径(mm以内)			
				800	900	1000	1200
基价（元）				1432.83	1665.52	1943.56	2636.32
其中	人工费（元）			917.14	1085.00	1268.82	1658.86
	材料费（元）			78.59	82.99	89.56	102.44
	机械费（元）			437.10	497.53	585.18	875.02
名称		单位	单价(元)	消耗量			
人工	综合工日	工日	140.00	6.551	7.750	9.063	11.849
材料	齿轮、液压传动、电动阀门	个	—	(1.000)	(1.000)	(1.000)	(1.000)
	低碳钢焊条	kg	6.84	0.165	0.165	0.165	0.292
	二硫化钼	kg	87.61	0.101	0.101	0.118	0.134
	六角螺栓带螺母 M42×180	套	38.46	0.960	0.960	0.960	0.960
	螺纹截止阀 J11T-16 DN15	个	7.12	0.020	0.020	0.020	0.020
	热轧厚钢板 δ30	kg	3.20	1.217	1.468	1.843	2.025
	石棉橡胶板	kg	9.40	1.160	1.300	1.310	1.460
	输水软管 φ25	m	8.55	0.020	0.020	0.040	0.040
	水	kg	0.01	377.510	463.316	549.780	950.012
	无缝钢管 φ22×2.5	m	3.42	0.010	0.010	0.015	0.015
	压力表 Y-100 0～6MPa	块	32.31	0.020	0.020	0.020	0.020
	压力表补芯	个	1.54	0.020	0.020	0.020	0.020
	氧气	m^3	3.63	1.590	1.785	2.160	2.790
	乙炔气	kg	10.45	0.530	0.595	0.720	0.930
	其他材料费占材料费	%	—	1.000	1.000	1.000	1.000
机械	电焊机(综合)	台班	118.28	0.034	0.034	0.034	0.604
	电焊条恒温箱	台班	21.41	0.004	0.004	0.004	0.060
	电焊条烘干箱 60×50×75cm³	台班	26.46	0.004	0.004	0.004	0.060
	吊装机械(综合)	台班	619.04	0.478	0.547	0.615	0.861
	汽车式起重机 8t	台班	763.67	0.104	0.118	0.154	0.207
	试压泵 60MPa	台班	24.08	0.223	0.223	0.223	0.239
	载重汽车 8t	台班	501.85	0.104	0.118	0.154	0.207

工作内容：准备工作、阀门壳体压力试验和密封试验、阀门调试、阀门安装。　　　　计量单位：个

定额编号				A8-3-57	A8-3-58	A8-3-59	A8-3-60
项目名称				公称直径(mm以内)			
				1400	1600	1800	2000
基价（元）				**2944.93**	**3339.73**	**3865.50**	**4378.30**
其中	人工费（元）			1832.88	2097.06	2397.50	2751.28
	材料费（元）			122.92	140.96	162.74	186.59
	机械费（元）			989.13	1101.71	1305.26	1440.43
名称		单位	单价(元)	消耗量			
人工	综合工日	工日	140.00	13.092	14.979	17.125	19.652
材料	齿轮、液压传动、电动阀门	个	—	(1.000)	(1.000)	(1.000)	(1.000)
	低碳钢焊条	kg	6.84	0.292	0.292	0.567	0.567
	二硫化钼	kg	87.61	0.151	0.175	0.208	0.240
	六角螺栓带螺母 M42×180	套	38.46	0.960	0.960	0.960	0.960
	螺纹截止阀 J11T-16 DN15	个	7.12	0.020	0.020	0.020	0.020
	热轧厚钢板 δ30	kg	3.20	2.562	3.212	3.936	4.733
	石棉橡胶板	kg	9.40	2.160	2.450	2.600	2.900
	输水软管 φ25	m	8.55	0.040	0.040	0.040	0.040
	水	kg	0.01	1508.598	2251.900	3206.308	4398.226
	无缝钢管 φ22×2.5	m	3.42	0.015	0.015	0.015	0.015
	压力表 Y-100 0～6MPa	块	32.31	0.020	0.020	0.020	0.020
	压力表补芯	个	1.54	0.020	0.020	0.020	0.020
	氧气	m^3	3.63	3.480	3.975	4.470	4.965
	乙炔气	kg	10.45	1.160	1.325	1.490	1.655
	其他材料费占材料费	%	—	1.000	1.000	1.000	1.000
机械	电焊机(综合)	台班	118.28	0.604	0.604	1.173	1.173
	电焊条恒温箱	台班	21.41	0.060	0.060	0.118	0.118
	电焊条烘干箱 60×50×75cm³	台班	26.46	0.060	0.060	0.118	0.118
	吊装机械(综合)	台班	619.04	0.984	1.080	1.175	1.285
	汽车式起重机 8t	台班	763.67	0.237	0.279	0.338	0.391
	试压泵 60MPa	台班	24.08	0.239	0.239	0.239	0.239
	载重汽车 8t	台班	501.85	0.237	0.279	0.338	0.391

5. 调节阀门

工作内容：准备工作、阀门安装。 计量单位：个

定额编号				A8-3-61	A8-3-62	A8-3-63	A8-3-64
项目名称				公称直径(mm以内)			
				20	25	32	40
基价（元）				**27.53**	**27.72**	**27.89**	**28.08**
其中	人工费（元）			27.16	27.16	27.16	27.16
	材料费（元）			0.37	0.56	0.73	0.92
	机械费（元）			—	—	—	—
名称		单位	单价(元)	消耗量			
人工	综合工日	工日	140.00	0.194	0.194	0.194	0.194
材料	调节阀门	个	—	(1.000)	(1.000)	(1.000)	(1.000)
	二硫化钼	kg	87.61	0.002	0.002	0.004	0.004
	石棉橡胶板	kg	9.40	0.020	0.040	0.040	0.060
	其他材料费占材料费	%	—	1.000	1.000	1.000	1.000

工作内容：准备工作、阀门安装。　　　　计量单位：个

定额编号				A8-3-65	A8-3-66	A8-3-67	A8-3-68
项目名称				公称直径(mm以内)			
				50	65	80	100
基价（元）				56.82	77.91	79.83	130.54
其中	人工费（元）			27.16	47.88	49.42	72.38
	材料费（元）			1.02	1.39	1.77	2.14
	机械费（元）			28.64	28.64	28.64	56.02
名称		单位	单价(元)	消耗量			
人工	综合工日	工日	140.00	0.194	0.342	0.353	0.517
材料	调节阀门	个	—	(1.000)	(1.000)	(1.000)	(1.000)
	二硫化钼	kg	87.61	0.004	0.006	0.006	0.006
	石棉橡胶板	kg	9.40	0.070	0.090	0.130	0.170
	其他材料费占材料费	%	—	1.000	1.000	1.000	1.000
机械	吊装机械(综合)	台班	619.04	0.034	0.034	0.034	0.068
	汽车式起重机 8t	台班	763.67	0.006	0.006	0.006	0.011
	载重汽车 8t	台班	501.85	0.006	0.006	0.006	0.011

工作内容：准备工作、阀门安装。

计量单位：个

定额编号				A8-3-69	A8-3-70	A8-3-71
项目名称				公称直径(mm以内)		
				125	150	200
基价（元）				148.25	151.39	183.50
其中	人工费（元）			88.90	91.56	123.20
	材料费（元）			3.33	3.81	4.28
	机械费（元）			56.02	56.02	56.02
名称		单位	单价(元)	消耗量		
人工	综合工日	工日	140.00	0.635	0.654	0.880
材料	调节阀门	个	—	(1.000)	(1.000)	(1.000)
	二硫化钼	kg	87.61	0.013	0.013	0.013
	石棉橡胶板	kg	9.40	0.230	0.280	0.330
	其他材料费占材料费	%	—	1.000	1.000	1.000
机械	吊装机械(综合)	台班	619.04	0.068	0.068	0.068
	汽车式起重机 8t	台班	763.67	0.011	0.011	0.011
	载重汽车 8t	台班	501.85	0.011	0.011	0.011

工作内容：准备工作、阀门安装。　　　　计量单位：个

定额编号				A8-3-72	A8-3-73	A8-3-74
项目名称				公称直径(mm以内)		
				250	300	350
基价（元）				251.75	275.74	327.27
其中	人工费（元）			183.12	205.94	209.30
	材料费（元）			5.19	6.36	7.69
	机械费（元）			63.44	63.44	110.28
名称		单位	单价(元)	消耗量		
人工	综合工日	工日	140.00	1.308	1.471	1.495
材料	调节阀门	个	—	(1.000)	(1.000)	(1.000)
	二硫化钼	kg	87.61	0.019	0.029	0.029
	石棉橡胶板	kg	9.40	0.370	0.400	0.540
	其他材料费占材料费	%	—	1.000	1.000	1.000
机械	吊装机械(综合)	台班	619.04	0.080	0.080	0.125
	汽车式起重机 8t	台班	763.67	0.011	0.011	0.026
	载重汽车 8t	台班	501.85	0.011	0.011	0.026

工作内容：准备工作、阀门安装。　　　　　　　　　　　　　　　　　　　　计量单位：个

定额编号				A8-3-75	A8-3-76	A8-3-77
项目名称				公称直径(mm以内)		
				400	450	500
基价（元）				368.45	425.23	450.20
其中	人工费（元）			239.40	272.72	296.24
	材料费（元）			9.91	11.05	11.24
	机械费（元）			119.14	141.46	142.72
名称		单位	单价(元)	消耗量		
人工	综合工日	工日	140.00	1.710	1.948	2.116
材料	调节阀门	个	—	(1.000)	(1.000)	(1.000)
	二硫化钼	kg	87.61	0.038	0.038	0.038
	石棉橡胶板	kg	9.40	0.690	0.810	0.830
	其他材料费占材料费	%	—	1.000	1.000	1.000
机械	吊装机械(综合)	台班	619.04	0.125	0.159	0.159
	汽车式起重机 8t	台班	763.67	0.033	0.034	0.035
	载重汽车 8t	台班	501.85	0.033	0.034	0.035

6.安全阀门(螺纹连接)

工作内容：准备工作、阀门壳体压力试验和密封试验、管子切口、套丝、阀门安装。　　计量单位：个

定额编号				A8-3-78	A8-3-79	A8-3-80	A8-3-81
项目名称				公称直径(mm以内)			
				15	20	25	32
基价(元)				39.77	42.81	49.29	62.93
其中	人工费(元)			28.56	31.22	36.96	49.98
	材料费(元)			6.20	6.55	7.17	7.69
	机械费(元)			5.01	5.04	5.16	5.26
名称		单位	单价(元)	消耗量			
人工	综合工日	工日	140.00	0.204	0.223	0.264	0.357
材料	安全阀门	个	—	(1.000)	(1.000)	(1.000)	(1.000)
	低碳钢焊条	kg	6.84	0.165	0.165	0.165	0.165
	镀锌铁丝 φ1.6～1.2	kg	3.57	0.500	0.500	0.500	0.500
	机油	kg	19.66	0.007	0.009	0.011	0.014
	聚四氟乙烯生料带	m	0.13	0.142	0.188	0.236	0.302
	六角螺栓带螺母 M12×55	套	0.67	0.160	0.160	0.160	—
	六角螺栓带螺母 M16×65	套	1.45	—	—	—	0.160
	螺纹截止阀 J11T-16 DN15	个	7.12	0.020	0.020	0.020	0.020
	尼龙砂轮片 φ500×25×4	片	12.82	0.008	0.010	0.014	0.018
	青铅	kg	5.90	0.050	0.050	0.050	0.050
	热轧厚钢板 δ20	kg	3.20	0.007	0.009	0.010	0.014
	石棉橡胶板	kg	9.40	0.055	0.083	0.138	0.165
	输水软管 φ25	m	8.55	0.020	0.020	0.020	0.020
	水	kg	0.01	0.004	0.008	0.017	0.036
	无缝钢管 φ22×2.5	m	3.42	0.010	0.010	0.010	0.010
	压力表 Y-100 0～6MPa	块	32.31	0.020	0.020	0.020	0.020
	压力表补芯	个	1.54	0.020	0.020	0.020	0.020
	氧气	m³	3.63	0.141	0.141	0.141	0.141
	乙炔气	kg	10.45	0.047	0.047	0.047	0.047
	其他材料费占材料费	%	—	1.000	1.000	1.000	1.000
机械	电焊机(综合)	台班	118.28	0.034	0.034	0.034	0.034
	电焊条恒温箱	台班	21.41	0.004	0.004	0.004	0.004
	电焊条烘干箱 60×50×75cm³	台班	26.46	0.004	0.004	0.004	0.004
	砂轮切割机 500mm	台班	29.08	0.001	0.002	0.006	0.007
	试压泵 60MPa	台班	24.08	0.032	0.032	0.032	0.035

工作内容：准备工作、阀门壳体压力试验和密封试验、管子切口、套丝、阀门安装。　　计量单位：个

定额编号				A8-3-82	A8-3-83	A8-3-84	A8-3-85
项目名称				公称直径(mm以内)			
				40	50	65	80
基价（元）				**69.75**	**107.92**	**112.77**	**133.70**
其中	人工费（元）			55.44	63.56	71.12	91.14
	材料费（元）			8.44	9.08	6.59	7.23
	机械费（元）			5.87	35.28	35.06	35.33
	名称	单位	单价(元)	消耗量			
人工	综合工日	工日	140.00	0.396	0.454	0.508	0.651
材料	安全阀门	个	—	(1.000)	(1.000)	(1.000)	(1.000)
	低碳钢焊条	kg	6.84	0.165	0.165	0.165	0.165
	镀锌铁丝 φ1.6～1.2	kg	3.57	0.500	0.500	0.500	0.500
	机油	kg	19.66	0.017	0.021	—	—
	聚四氟乙烯生料带	m	0.13	0.376	0.472	—	—
	六角螺栓带螺母 M16×65	套	1.45	0.160	—	—	—
	六角螺栓带螺母 M16×70	套	1.45	—	0.160	0.320	0.320
	螺纹截止阀 J11T-16 DN15	个	7.12	0.020	0.020	0.020	0.020
	尼龙砂轮片 φ500×25×4	片	12.82	0.024	0.030	—	—
	青铅	kg	5.90	0.050	0.050	0.050	0.050
	热轧厚钢板 δ20	kg	3.20	0.016	0.020	0.018	0.030
	石棉橡胶板	kg	9.40	0.228	0.276	0.100	0.130
	输水软管 φ25	m	8.55	0.020	0.020	0.020	0.020
	水	kg	0.01	0.070	0.140	0.717	1.608
	无缝钢管 φ22×2.5	m	3.42	0.010	0.010	0.010	0.010
	压力表 Y-100 0～6MPa	块	32.31	0.020	0.020	0.020	0.020
	压力表补芯	个	1.54	0.020	0.020	0.020	0.020
	氧气	m³	3.63	0.141	0.141	0.099	0.159
	乙炔气	kg	10.45	0.047	0.047	0.044	0.053
	其他材料费占材料费	%	—	1.000	1.000	1.000	1.000
机械	电焊机(综合)	台班	118.28	0.034	0.034	0.034	0.034
	电焊条恒温箱	台班	21.41	0.004	0.004	0.004	0.004
	电焊条烘干箱 60×50×75cm³	台班	26.46	0.004	0.004	0.004	0.004
	吊装机械(综合)	台班	619.04	—	0.035	0.035	0.035
	汽车式起重机 8t	台班	763.67	—	0.006	0.006	0.006
	砂轮切割机 500mm	台班	29.08	0.008	0.009	—	—
	试压泵 60MPa	台班	24.08	0.059	0.064	0.066	0.077
	载重汽车 8t	台班	501.85	—	0.006	0.006	0.006

工作内容：准备工作、阀门壳体压力试验和密封试验、管子切口、套丝、阀门安装。　　计量单位：个

定额编号				A8-3-86	A8-3-87	A8-3-88	A8-3-89
项目名称				公称直径(mm以内)			
				100	125	150	200
基价（元）				**200.65**	**232.74**	**239.36**	**305.70**
其中	人工费（元）			126.56	156.10	161.14	223.30
	材料费（元）			10.00	11.44	12.34	16.52
	机械费（元）			64.09	65.20	65.88	65.88
名称		单位	单价(元)	消耗量			
人工	综合工日	工日	140.00	0.904	1.115	1.151	1.595
材料	安全阀门	个	—	(1.000)	(1.000)	(1.000)	(1.000)
	低碳钢焊条	kg	6.84	0.165	0.165	0.165	0.165
	镀锌铁丝 φ1.6～1.2	kg	3.57	1.000	1.000	1.000	1.000
	六角螺栓带螺母 M20×80	套	2.14	0.320	—	—	—
	六角螺栓带螺母 M22×85	套	3.93	—	0.320	—	—
	六角螺栓带螺母 M22×90	套	4.19	—	—	0.320	—
	六角螺栓带螺母 M27×95	套	7.95	—	—	—	0.480
	螺纹截止阀 J11T-16 DN15	个	7.12	0.020	0.020	0.020	0.020
	青铅	kg	5.90	0.050	—	—	—
	热轧厚钢板 δ20	kg	3.20	0.036	0.047	0.061	0.088
	石棉橡胶板	kg	9.40	0.170	0.230	0.280	0.330
	输水软管 φ25	m	8.55	0.020	0.020	0.020	0.020
	水	kg	0.01	3.140	9.487	10.604	25.132
	无缝钢管 φ22×2.5	m	3.42	0.010	0.010	0.010	0.010
	压力表 Y-100 0～6MPa	块	32.31	0.020	0.020	0.020	0.020
	压力表补芯	个	1.54	0.020	0.020	0.020	0.020
	氧气	m³	3.63	0.204	0.273	0.312	0.447
	乙炔气	kg	10.45	0.068	0.091	0.104	0.149
	其他材料费占材料费	%	—	1.000	1.000	1.000	1.000
机械	电焊机(综合)	台班	118.28	0.034	0.034	0.034	0.034
	电焊条恒温箱	台班	21.41	0.004	0.004	0.004	0.004
	电焊条烘干箱 60×50×75cm³	台班	26.46	0.004	0.004	0.004	0.004
	吊装机械(综合)	台班	619.04	0.068	0.068	0.068	0.068
	汽车式起重机 8t	台班	763.67	0.012	0.012	0.012	0.012
	试压泵 60MPa	台班	24.08	0.108	0.154	0.182	0.182
	载重汽车 8t	台班	501.85	0.012	0.012	0.012	0.012

7. 安全阀门(法兰连接)

工作内容：准备工作、阀门壳体压力试验和密封试验、阀门安装。　　　　　　　　计量单位：个

定额编号				A8-3-90	A8-3-91	A8-3-92	A8-3-93
项目名称				公称直径(mm以内)			
				15	20	25	32
基价(元)				60.96	61.05	61.33	63.96
其中	人工费(元)			50.40	50.40	50.40	52.64
	材料费(元)			5.79	5.88	6.16	6.48
	机械费(元)			4.77	4.77	4.77	4.84
名称		单位	单价(元)	消耗量			
人工	综合工日	工日	140.00	0.360	0.360	0.360	0.376
材料	安全阀门	个	—	(1.000)	(1.000)	(1.000)	(1.000)
	低碳钢焊条	kg	6.84	0.165	0.165	0.165	0.165
	镀锌铁丝 φ1.6～1.2	kg	3.57	0.500	0.500	0.500	0.500
	二硫化钼	kg	87.61	0.002	0.003	0.004	0.006
	六角螺栓带螺母 M12×55	套	0.67	0.160	0.160	0.160	—
	六角螺栓带螺母 M16×65	套	1.45	—	—	—	0.160
	螺纹截止阀 J11T-16 DN15	个	7.12	0.020	0.020	0.020	0.020
	青铅	kg	5.90	0.050	0.050	0.050	0.050
	热轧厚钢板 δ20	kg	3.20	0.008	0.009	0.010	0.014
	石棉橡胶板	kg	9.40	0.020	0.020	0.040	0.040
	输水软管 φ25	m	8.55	0.020	0.020	0.020	0.020
	水	kg	0.01	0.024	0.024	0.048	0.104
	无缝钢管 φ22×2.5	m	3.42	0.010	0.010	0.010	0.010
	压力表 Y-100 0～6MPa	块	32.31	0.020	0.020	0.020	0.020
	压力表补芯	个	1.54	0.020	0.020	0.020	0.020
	氧气	m^3	3.63	0.141	0.141	0.141	0.141
	乙炔气	kg	10.45	0.047	0.047	0.047	0.047
	其他材料费占材料费	%	—	1.000	1.000	1.000	1.000
机械	电焊机(综合)	台班	118.28	0.034	0.034	0.034	0.034
	电焊条恒温箱	台班	21.41	0.004	0.004	0.004	0.004
	电焊条烘干箱 60×50×75cm^3	台班	26.46	0.004	0.004	0.004	0.004
	试压泵 60MPa	台班	24.08	0.023	0.023	0.023	0.026

工作内容：准备工作、阀门壳体压力试验和密封试验、阀门安装。　　计量单位：个

定额编号				A8-3-94	A8-3-95	A8-3-96	A8-3-97
项目名称				公称直径(mm以内)			
				40	50	65	80
基价（元）				64.52	96.53	129.03	134.41
其中	人工费（元）			52.64	55.16	87.08	91.14
	材料费（元）			6.68	6.79	7.23	8.38
	机械费（元）			5.20	34.58	34.72	34.89
名称		单位	单价(元)	消耗量			
人工	综合工日	工日	140.00	0.376	0.394	0.622	0.651
材料	安全阀门	个	—	(1.000)	(1.000)	(1.000)	(1.000)
	低碳钢焊条	kg	6.84	0.165	0.165	0.165	0.165
	镀锌铁丝 Φ1.6～1.2	kg	3.57	0.500	0.500	0.500	0.500
	二硫化钼	kg	87.61	0.006	0.006	0.006	0.013
	六角螺栓带螺母 M16×65	套	1.45	0.160	—	—	—
	六角螺栓带螺母 M16×70	套	1.45	—	0.160	0.320	0.320
	螺纹截止阀 J11T-16 DN15	个	7.12	0.020	0.020	0.020	0.020
	青铅	kg	5.90	0.050	0.050	0.050	0.050
	热轧厚钢板 δ20	kg	3.20	0.016	0.020	0.025	0.030
	石棉橡胶板	kg	9.40	0.060	0.070	0.090	0.130
	输水软管 Φ25	m	8.55	0.020	0.020	0.020	0.020
	水	kg	0.01	0.200	0.400	0.864	1.608
	无缝钢管 Φ22×2.5	m	3.42	0.010	0.010	0.010	0.010
	压力表 Y-100 0～6MPa	块	32.31	0.020	0.020	0.020	0.020
	压力表补芯	个	1.54	0.020	0.020	0.020	0.020
	氧气	m^3	3.63	0.141	0.141	0.141	0.159
	乙炔气	kg	10.45	0.047	0.047	0.047	0.053
	其他材料费占材料费	%	—	1.000	1.000	1.000	1.000
机械	电焊机(综合)	台班	118.28	0.034	0.034	0.034	0.034
	电焊条恒温箱	台班	21.41	0.004	0.004	0.004	0.004
	电焊条烘干箱 60×50×75cm^3	台班	26.46	0.004	0.004	0.004	0.004
	吊装机械(综合)	台班	619.04	—	0.035	0.035	0.035
	汽车式起重机 8t	台班	763.67	—	0.006	0.006	0.006
	试压泵 60MPa	台班	24.08	0.041	0.046	0.052	0.059
	载重汽车 8t	台班	501.85	—	0.006	0.006	0.006

工作内容：准备工作、阀门壳体压力试验和密封试验、阀门安装。　　　　计量单位：个

定额编号				A8-3-98	A8-3-99	A8-3-100	A8-3-101
项目名称				公称直径(mm以内)			
				100	125	150	200
基价（元）				**200.84**	**234.46**	**241.34**	**308.56**
其中	人工费（元）			126.56	156.10	161.14	223.30
	材料费（元）			11.15	13.16	14.32	19.38
	机械费（元）			63.13	65.20	65.88	65.88
名称		单位	单价(元)	消耗量			
人工	综合工日	工日	140.00	0.904	1.115	1.151	1.595
材料	安全阀门	个	—	(1.000)	(1.000)	(1.000)	(1.000)
	低碳钢焊条	kg	6.84	0.165	0.165	0.165	0.165
	镀锌铁丝 φ1.6～1.2	kg	3.57	1.000	1.000	1.000	1.000
	二硫化钼	kg	87.61	0.013	0.016	0.019	0.029
	六角螺栓带螺母 M20×80	套	2.14	0.320	—	—	—
	六角螺栓带螺母 M22×85	套	3.93	—	0.320	—	—
	六角螺栓带螺母 M22×90	套	4.19	—	—	0.320	—
	六角螺栓带螺母 M27×95	套	7.95	—	—	—	0.480
	螺纹截止阀 J11T-16 DN15	个	7.12	0.020	0.020	0.020	0.020
	青铅	kg	5.90	0.050	0.050	0.050	0.050
	热轧厚钢板 δ20	kg	3.20	0.036	0.047	0.061	0.088
	石棉橡胶板	kg	9.40	0.170	0.230	0.280	0.330
	输水软管 φ25	m	8.55	0.020	0.020	0.020	0.020
	水	kg	0.01	3.140	9.487	10.604	25.132
	无缝钢管 φ22×2.5	m	3.42	0.010	0.010	0.010	0.010
	压力表 Y-100 0～6MPa	块	32.31	0.020	0.020	0.020	0.020
	压力表补芯	个	1.54	0.020	0.020	0.020	0.020
	氧气	m^3	3.63	0.204	0.273	0.312	0.447
	乙炔气	kg	10.45	0.068	0.091	0.104	0.149
	其他材料费占材料费	%	—	1.000	1.000	1.000	1.000
机械	电焊机(综合)	台班	118.28	0.034	0.034	0.034	0.034
	电焊条恒温箱	台班	21.41	0.004	0.004	0.004	0.004
	电焊条烘干箱 60×50×75cm³	台班	26.46	0.004	0.004	0.004	0.004
	吊装机械(综合)	台班	619.04	0.068	0.068	0.068	0.068
	汽车式起重机 8t	台班	763.67	0.012	0.012	0.012	0.012
	试压泵 60MPa	台班	24.08	0.068	0.154	0.182	0.182
	载重汽车 8t	台班	501.85	0.012	0.012	0.012	0.012

工作内容：准备工作、阀门壳体压力试验和密封试验、阀门安装。　　计量单位：个

定额编号				A8-3-102	A8-3-103	A8-3-104	A8-3-105
项目名称				公称直径(mm以内)			
				250	300	350	400
基价(元)				400.81	465.12	576.04	658.52
其中	人工费(元)			306.32	366.52	427.56	488.74
	材料费(元)			21.25	25.36	28.49	34.10
	机械费(元)			73.24	73.24	119.99	135.68
名称		单位	单价(元)	消耗量			
人工	综合工日	工日	140.00	2.188	2.618	3.054	3.491
材料	安全阀门	个	—	(1.000)	(1.000)	(1.000)	(1.000)
	低碳钢焊条	kg	6.84	0.165	0.165	0.165	0.165
	镀锌铁丝 φ1.6～1.2	kg	3.57	1.000	1.000	1.000	1.000
	二硫化钼	kg	87.61	0.033	0.035	0.035	0.038
	六角螺栓带螺母 M27×105	套	8.12	0.480	—	—	—
	六角螺栓带螺母 M27×115	套	9.23	—	0.640	—	—
	六角螺栓带螺母 M27×120	套	10.09	—	—	0.640	—
	六角螺栓带螺母 M30×130	套	13.33	—	—	—	0.640
	螺纹截止阀 J11T-16 DN15	个	7.12	0.020	0.020	0.020	0.020
	青铅	kg	5.90	0.050	0.050	0.075	0.075
	热轧厚钢板 δ20	kg	3.20	0.114	0.148	0.192	0.250
	石棉橡胶板	kg	9.40	0.396	0.475	0.570	0.684
	输水软管 φ25	m	8.55	0.020	0.020	0.020	0.020
	水	kg	0.01	32.783	59.010	106.218	191.193
	无缝钢管 φ22×2.5	m	3.42	0.010	0.010	0.010	0.010
	压力表 Y-100 0～6MPa	块	32.31	0.020	0.020	0.020	0.020
	压力表补芯	个	1.54	0.020	0.020	0.020	0.020
	氧气	m³	3.63	0.536	0.644	0.772	0.927
	乙炔气	kg	10.45	0.179	0.215	0.257	0.309
	其他材料费占材料费	%	—	1.000	1.000	1.000	1.000
机械	电焊机(综合)	台班	118.28	0.034	0.034	0.034	0.034
	电焊条恒温箱	台班	21.41	0.004	0.004	0.004	0.004
	电焊条烘干箱 60×50×75cm³	台班	26.46	0.004	0.004	0.004	0.004
	吊装机械(综合)	台班	619.04	0.079	0.079	0.125	0.134
	汽车式起重机 8t	台班	763.67	0.012	0.012	0.026	0.034
	试压泵 60MPa	台班	24.08	0.205	0.205	0.228	0.228
	载重汽车 8t	台班	501.85	0.012	0.012	0.026	0.034

工作内容：准备工作、阀门壳体压力试验和密封试验、阀门安装。　　　　　　　　计量单位：个

定　额　编　号				A8-3-106
项　目　名　称				公称直径(mm以内)
				450
基　　价（元）				743.01
其中	人　工　费（元）			549.36
	材　料　费（元）			41.23
	机　械　费（元）			152.42
	名　　称	单位	单价(元)	消　耗　量
人工	综合工日	工日	140.00	3.924
材料	安全阀门	个	—	(1.000)
	低碳钢焊条	kg	6.84	0.165
	镀锌铁丝 Φ1.6～1.2	kg	3.57	1.000
	二硫化钼	kg	87.61	0.038
	六角螺栓带螺母 M30×140	套	14.02	0.800
	螺纹截止阀 J11T-16 DN15	个	7.12	0.020
	青铅	kg	5.90	0.075
	热轧厚钢板 δ20	kg	3.20	0.325
	石棉橡胶板	kg	9.40	0.821
	输水软管 Φ25	m	8.55	0.020
	水	kg	0.01	344.147
	无缝钢管 Φ22×2.5	m	3.42	0.010
	压力表 Y-100 0～6MPa	块	32.31	0.020
	压力表补芯	个	1.54	0.020
	氧气	m^3	3.63	1.112
	乙炔气	kg	10.45	0.371
	其他材料费占材料费	%	—	1.000
机械	电焊机(综合)	台班	118.28	0.034
	电焊条恒温箱	台班	21.41	0.004
	电焊条烘干箱 60×50×75cm³	台班	26.46	0.004
	吊装机械(综合)	台班	619.04	0.159
	汽车式起重机 8t	台班	763.67	0.035
	试压泵 60MPa	台班	24.08	0.228
	载重汽车 8t	台班	501.85	0.035

8. 安全阀调试定压

工作内容：准备工作、整定压力测试、打铅封、挂合格证。　　　　　　　　　　　　　　　　　　　　计量单位：个

定额编号				A8-3-107	A8-3-108	A8-3-109	A8-3-110
项目名称				公称直径(mm以内)			
				15	20	25	32
基价（元）				65.41	75.85	85.11	92.66
其中	人工费（元）			35.14	40.60	46.20	49.84
	材料费（元）			5.36	5.36	5.46	5.46
	机械费（元）			24.91	29.89	33.45	37.36
名称		单位	单价(元)	消耗量			
人工	综合工日	工日	140.00	0.251	0.290	0.330	0.356
材料	二硫化钼	kg	87.61	0.002	0.002	0.003	0.003
	内外环缠绕垫(综合)	个	33.33	0.150	0.150	0.150	0.150
	破布	kg	6.32	0.021	0.021	0.023	0.023
	其他材料费占材料费	%	—	1.000	1.000	1.000	1.000
机械	安全阀试压机 YFC-A	台班	355.94	0.059	0.071	0.080	0.088
	电动空气压缩机 10m³/min	台班	355.21	0.011	0.013	0.014	0.017

工作内容：准备工作、整定压力测试、打铅封、挂合格证。　　　　　　　　　　　　　计量单位：个

定额编号				A8-3-111	A8-3-112	A8-3-113	A8-3-114
项目名称				公称直径(mm以内)			
				40	50	65	80
基价（元）				101.53	108.56	118.87	126.73
其中	人工费（元）			55.02	58.10	65.66	70.84
	材料费（元）			5.59	5.63	5.89	6.07
	机械费（元）			40.92	44.83	47.32	49.82
名称		单位	单价(元)	消耗量			
人工	综合工日	工日	140.00	0.393	0.415	0.469	0.506
材料	二硫化钼	kg	87.61	0.004	0.004	0.006	0.007
	内外环缠绕垫(综合)	个	33.33	0.150	0.150	0.150	0.150
	破布	kg	6.32	0.030	0.035	0.049	0.063
	其他材料费占材料费	%	—	1.000	1.000	1.000	1.000
机械	安全阀试压机 YFC-A	台班	355.94	0.097	0.106	0.112	0.118
	电动空气压缩机 10m³/min	台班	355.21	0.018	0.020	0.021	0.022

工作内容：准备工作、整定压力测试、打铅封、挂合格证。　　　　计量单位：个

定额编号				A8-3-115	A8-3-116	A8-3-117
项目名称				公称直径(mm以内)		
				100	125	150
基价（元）				144.92	161.17	161.17
其中	人工费（元）			76.02	88.62	88.62
	材料费（元）			6.38	7.00	7.00
	机械费（元）			62.52	65.55	65.55
名称		单位	单价(元)	消耗量		
人工	综合工日	工日	140.00	0.543	0.633	0.633
材料	二硫化钼	kg	87.61	0.010	0.014	0.014
	内外环缠绕垫(综合)	个	33.33	0.150	0.150	0.150
	破布	kg	6.32	0.070	0.112	0.112
	其他材料费占材料费	%	—	1.000	1.000	1.000
机械	安全阀试压机 YFC-A	台班	355.94	0.124	0.129	0.129
	叉式起重机 3t	台班	495.91	0.008	0.008	0.008
	电动单梁起重机 5t	台班	223.20	0.028	0.032	0.032
	电动空气压缩机 $10m^3/min$	台班	355.21	0.023	0.024	0.024

工作内容：准备工作、整定压力测试、打铅封、挂合格证。　　　　　　　　　　计量单位：个

定额编号				A8-3-118	A8-3-119	A8-3-120
项目名称				公称直径(mm以内)		
				200	250	300
基价（元）				174.66	188.24	203.35
其中	人工费（元）			98.14	108.08	119.00
	材料费（元）			7.45	7.80	8.20
	机械费（元）			69.07	72.36	76.15
名称		单位	单价(元)	消耗量		
人工	综合工日	工日	140.00	0.701	0.772	0.850
材料	二硫化钼	kg	87.61	0.017	0.020	0.023
	内外环缠绕垫(综合)	个	33.33	0.150	0.150	0.150
	破布	kg	6.32	0.140	0.154	0.175
	其他材料费占材料费	%	—	1.000	1.000	1.000
机械	安全阀试压机 YFC-A	台班	355.94	0.136	0.141	0.147
	叉式起重机 3t	台班	495.91	0.008	0.008	0.009
	电动单梁起重机 5t	台班	223.20	0.035	0.037	0.039
	电动空气压缩机 10m³/min	台班	355.21	0.025	0.028	0.030

工作内容：准备工作、整定压力测试、打铅封、挂合格证。 计量单位：个

定额编号				A8-3-121	A8-3-122	A8-3-123
项目名称				公称直径(mm以内)		
				350	400	450
基价（元）				219.02	235.87	254.79
其中	人工费（元）			130.76	143.92	158.34
	材料费（元）			8.69	9.09	9.58
	机械费（元）			79.57	82.86	86.87
名称		单位	单价(元)	消耗量		
人工	综合工日	工日	140.00	0.934	1.028	1.131
材料	二硫化钼	kg	87.61	0.027	0.030	0.034
	内外环缠绕垫(综合)	个	33.33	0.150	0.150	0.150
	破布	kg	6.32	0.196	0.217	0.238
	其他材料费占材料费	%	—	1.000	1.000	1.000
机械	安全阀试压机 YFC-A	台班	355.94	0.154	0.159	0.166
	叉式起重机 3t	台班	495.91	0.009	0.009	0.009
	电动单梁起重机 5t	台班	223.20	0.040	0.042	0.044
	电动空气压缩机 $10m^3/min$	台班	355.21	0.032	0.035	0.038

9. 自动双口排气阀安装

工作内容：场内搬运、外观检查、消除污物、切管、焊接、制加垫、固定、紧螺栓、水压试验。

计量单位：个

定额编号				A8-3-124	A8-3-125	A8-3-126
项目名称				公称直径(mm以内)		
				125	150	200
基价（元）				23.91	35.09	43.76
其中	人工费（元）			17.22	25.90	32.34
	材料费（元）			1.50	2.52	3.27
	机械费（元）			5.19	6.67	8.15
名称		单位	单价(元)	消耗量		
人工	综合工日	工日	140.00	0.123	0.185	0.231
材料	自动双口排气阀 DN100	个	—	—	—	(1.000)
	自动双口排气阀 DN50	个	—	(1.000)	—	—
	自动双口排气阀 DN80	个	—	—	(1.000)	—
	电焊条	kg	5.98	0.110	0.180	0.220
	石棉橡胶板	kg	9.40	0.070	0.130	0.180
	氧气	m^3	3.63	0.020	0.030	0.040
	乙炔气	kg	10.45	0.010	0.010	0.010
	其他材料费占材料费	%	—	0.500	0.500	0.500
机械	电焊条烘干箱 60×50×75cm^3	台班	26.46	0.007	0.009	0.011
	直流弧焊机 20kV·A	台班	71.43	0.070	0.090	0.110

二、中压阀门

1.螺纹阀门

工作内容：准备工作、阀门壳体压力试验和密封试验、管子切口、套丝、阀门安装。　　计量单位：个

定额编号				A8-3-127	A8-3-128	A8-3-129
项目名称				公称直径(mm以内)		
				15	20	25
基价（元）				30.61	32.82	36.78
其中	人工费（元）			19.18	21.00	24.50
	材料费（元）			6.05	6.32	6.75
	机械费（元）			5.38	5.50	5.53
名称		单位	单价(元)	消耗量		
人工	综合工日	工日	140.00	0.137	0.150	0.175
材料	螺纹阀门	个	—	(1.020)	(1.020)	(1.010)
	低碳钢焊条	kg	6.84	0.165	0.165	0.165
	机油	kg	19.66	0.007	0.009	0.011
	聚四氟乙烯生料带	m	0.13	0.415	0.509	0.641
	六角螺栓带螺母 M12×55	套	0.67	0.160	0.160	0.160
	螺纹截止阀 J11T-16 DN15	个	7.12	0.020	0.020	0.020
	尼龙砂轮片 φ500×25×4	片	12.82	0.008	0.013	0.016
	热轧厚钢板 δ20	kg	3.20	0.007	0.009	0.010
	石棉橡胶板	kg	9.40	0.034	0.050	0.084
	输水软管 φ25	m	8.55	0.020	0.020	0.020
	水	kg	0.01	0.004	0.008	0.017
	无缝钢管 φ22×2.5	m	3.42	0.010	0.010	0.010
	压力表补芯	个	1.54	0.020	0.020	0.020
	压力表中压	块	136.75	0.020	0.020	0.020
	氧气	m^3	3.63	0.141	0.141	0.141
	乙炔气	kg	10.45	0.047	0.047	0.047
	其他材料费占材料费	%	—	1.000	1.000	1.000
机械	电焊机(综合)	台班	118.28	0.034	0.034	0.034
	电焊条恒温箱	台班	21.41	0.004	0.004	0.004
	电焊条烘干箱 60×50×75cm³	台班	26.46	0.004	0.004	0.004
	管子切断套丝机 159mm	台班	21.31	0.032	0.032	0.032
	砂轮切割机 500mm	台班	29.08	0.001	0.005	0.006
	试压泵 60MPa	台班	24.08	0.019	0.019	0.019

工作内容：准备工作、阀门壳体压力试验和密封试验、管子切口、套丝、阀门安装。　　计量单位：个

定额编号				A8-3-130	A8-3-131	A8-3-132
项目名称				公称直径(mm以内)		
				32	40	50
基价（元）				44.05	47.81	52.63
其中	人工费（元）			31.08	34.16	38.22
	材料费（元）			7.18	7.68	8.22
	机械费（元）			5.79	5.97	6.19
名称		单位	单价(元)	消耗量		
人工	综合工日	工日	140.00	0.222	0.244	0.273
材料	螺纹阀门	个	—	(1.010)	(1.010)	(1.010)
	低碳钢焊条	kg	6.84	0.165	0.165	0.165
	机油	kg	19.66	0.014	0.017	0.021
	聚四氟乙烯生料带	m	0.13	0.791	0.904	1.074
	六角螺栓带螺母 M16×65	套	1.45	—	—	0.160
	六角螺栓带螺母 M16×70	套	1.45	0.160	0.160	—
	螺纹截止阀 J11T-16 DN15	个	7.12	0.020	0.020	0.020
	尼龙砂轮片 φ500×25×4	片	12.82	0.020	0.024	0.036
	热轧厚钢板 δ20	kg	3.20	0.014	0.016	0.020
	石棉橡胶板	kg	9.40	0.101	0.140	0.168
	输水软管 φ25	m	8.55	0.020	0.020	0.020
	水	kg	0.01	0.036	0.070	0.140
	无缝钢管 φ22×2.5	m	3.42	0.010	0.010	0.010
	压力表补芯	个	1.54	0.020	0.020	0.020
	压力表中压	块	136.75	0.020	0.020	0.020
	氧气	m^3	3.63	0.141	0.141	0.141
	乙炔气	kg	10.45	0.047	0.047	0.047
	其他材料费占材料费	%	—	1.000	1.000	1.000
机械	电焊机(综合)	台班	118.28	0.034	0.034	0.034
	电焊条恒温箱	台班	21.41	0.004	0.004	0.004
	电焊条烘干箱 60×50×75cm³	台班	26.46	0.004	0.004	0.004
	管子切断套丝机 159mm	台班	21.31	0.035	0.035	0.035
	砂轮切割机 500mm	台班	29.08	0.008	0.009	0.010
	试压泵 60MPa	台班	24.08	0.025	0.031	0.039

2. 承插焊阀门

工作内容：准备工作、阀门壳体压力试验和密封试验、管子切口、管口组对、焊接、阀门安装。

计量单位：个

定额编号				A8-3-133	A8-3-134	A8-3-135
项目名称				公称直径(mm以内)		
				15	20	25
基价（元）				32.51	39.30	44.38
其中	人工费（元）			17.50	21.00	23.66
	材料费（元）			6.15	6.62	7.26
	机械费（元）			8.86	11.68	13.46
名称		单位	单价(元)	消耗量		
人工	综合工日	工日	140.00	0.125	0.150	0.169
材料	焊接阀门	个	—	(1.000)	(1.000)	(1.000)
	低碳钢焊条	kg	6.84	0.209	0.241	0.258
	电	kW·h	0.68	0.028	0.043	0.050
	螺纹截止阀 J11T-16 DN15	个	7.12	0.020	0.020	0.020
	棉纱头	kg	6.00	0.002	0.003	0.004
	磨头	个	2.75	0.020	0.026	0.031
	尼龙砂轮片 φ100×16×3	片	2.56	0.004	0.004	0.005
	尼龙砂轮片 φ500×25×4	片	12.82	0.008	0.013	0.026
	热轧厚钢板 δ20	kg	3.20	0.007	0.009	0.010
	石棉橡胶板	kg	9.40	0.034	0.050	0.084
	输水软管 φ25	m	8.55	0.020	0.020	0.020
	水	kg	0.01	0.004	0.008	0.017
	无缝钢管 φ22×2.5	m	3.42	0.010	0.010	0.010
	压力表补芯	个	1.54	0.020	0.020	0.020
	压力表中压	块	136.75	0.020	0.020	0.020
	氧气	m^3	3.63	0.141	0.141	0.141
	乙炔气	kg	10.45	0.047	0.047	0.047
	其他材料费占材料费	%	—	1.000	1.000	1.000
机械	电焊机(综合)	台班	118.28	0.068	0.090	0.104
	电焊条恒温箱	台班	21.41	0.007	0.009	0.011
	电焊条烘干箱 60×50×75cm^3	台班	26.46	0.007	0.009	0.011
	砂轮切割机 500mm	台班	29.08	0.001	0.005	0.006
	试压泵 60MPa	台班	24.08	0.019	0.019	0.019

工作内容：准备工作、阀门壳体压力试验和密封试验、管子切口、管口组对、焊接、阀门安装。

计量单位：个

定额编号				A8-3-136	A8-3-137	A8-3-138
项目名称				公称直径(mm以内)		
				32	40	50
基价（元）				51.30	59.59	68.83
其中	人工费（元）			27.86	32.90	37.24
	材料费（元）			8.07	9.00	9.96
	机械费（元）			15.37	17.69	21.63
名称		单位	单价(元)	消耗量		
人工	综合工日	工日	140.00	0.199	0.235	0.266
材料	焊接阀门	个	—	(1.000)	(1.000)	(1.000)
	低碳钢焊条	kg	6.84	0.280	0.342	0.390
	电	kW·h	0.68	0.060	0.078	0.091
	六角螺栓带螺母 M16×65	套	1.45	0.160	0.160	—
	六角螺栓带螺母 M16×70	套	1.45	—	—	0.160
	螺纹截止阀 J11T-16 DN15	个	7.12	0.020	0.020	0.020
	棉纱头	kg	6.00	0.006	0.006	0.007
	磨头	个	2.75	0.039	0.044	0.053
	尼龙砂轮片 φ100×16×3	片	2.56	0.023	0.027	0.038
	尼龙砂轮片 φ500×25×4	片	12.82	0.032	0.038	0.058
	热轧厚钢板 δ20	kg	3.20	0.014	0.016	0.020
	石棉橡胶板	kg	9.40	0.101	0.140	0.168
	输水软管 φ25	m	8.55	0.020	0.020	0.020
	水	kg	0.01	0.036	0.070	0.140
	无缝钢管 φ22×2.5	m	3.42	0.010	0.010	0.010
	压力表补芯	个	1.54	0.020	0.020	0.020
	压力表中压	块	136.75	0.020	0.020	0.020
	氧气	m^3	3.63	0.152	0.153	0.157
	乙炔气	kg	10.45	0.051	0.051	0.052
	其他材料费占材料费	%	—	1.000	1.000	1.000
机械	电焊机(综合)	台班	118.28	0.118	0.136	0.166
	电焊条恒温箱	台班	21.41	0.012	0.013	0.016
	电焊条烘干箱 60×50×75cm³	台班	26.46	0.012	0.013	0.016
	砂轮切割机 500mm	台班	29.08	0.008	0.008	0.010
	试压泵 60MPa	台班	24.08	0.025	0.031	0.039

3. 对焊阀门(氩电联焊)

工作内容：准备工作、阀门壳体压力试验和密封试验、管子切口、坡口加工、管口组对、焊接、阀门安装。

计量单位：个

定额编号				A8-3-139	A8-3-140	A8-3-141	A8-3-142
项目名称				公称直径(mm以内)			
				15	20	25	32
基价（元）				109.40	110.01	122.98	137.67
其中	人工费（元）			60.20	60.20	66.78	74.34
	材料费（元）			10.00	10.61	12.77	15.06
	机械费（元）			39.20	39.20	43.43	48.27
名称		单位	单价(元)	消耗量			
人工	综合工日	工日	140.00	0.430	0.430	0.477	0.531
材料	焊接阀门	个	—	(1.000)	(1.000)	(1.000)	(1.000)
	丙酮	kg	7.51	0.255	0.255	0.284	0.315
	低碳钢焊条	kg	6.84	0.130	0.130	0.144	0.160
	电	kW·h	0.68	0.129	0.129	0.147	0.168
	钢丝 φ4.0	kg	4.02	0.013	0.013	0.014	0.016
	六角螺栓带螺母 M12×55	套	0.67	0.160	0.160	0.160	—
	六角螺栓带螺母 M16×65	套	1.45	—	—	—	0.160
	螺纹截止阀 J11T-16 DN15	个	7.12	0.020	0.020	0.020	0.020
	棉纱头	kg	6.00	0.007	0.007	0.007	0.008
	磨头	个	2.75	0.020	0.026	0.031	0.039
	尼龙砂轮片 φ100×16×3	片	2.56	0.058	0.073	0.119	0.155
	尼龙砂轮片 φ500×25×4	片	12.82	0.010	0.013	0.018	0.025
	破布	kg	6.32	0.017	0.017	0.019	0.021
	热轧厚钢板 δ20	kg	3.20	0.007	0.009	0.010	0.014
	石棉橡胶板	kg	9.40	0.145	0.145	0.161	0.178
	铈钨棒	g	0.38	0.154	0.197	0.320	0.430

续表

定额编号				A8-3-139	A8-3-140	A8-3-141	A8-3-142
项目名称				公称直径(mm以内)			
				15	20	25	32
名称		单位	单价(元)	消耗量			
材料	输水软管 φ25	m	8.55	0.020	0.020	0.020	0.020
	水	kg	0.01	0.120	0.120	0.134	0.149
	碳钢焊丝	kg	7.69	0.028	0.035	0.060	0.080
	无缝钢管 φ22×2.5	m	3.42	0.010	0.010	0.010	0.010
	压力表补芯	个	1.54	0.020	0.020	0.020	0.020
	压力表中压	块	136.75	0.020	0.020	0.020	0.020
	氩气	m^3	19.59	0.077	0.099	0.160	0.220
	氧气	m^3	3.63	0.013	0.013	0.015	0.016
	乙炔气	kg	10.45	0.004	0.004	0.005	0.005
	其他材料费占材料费	%	—	1.000	1.000	1.000	1.000
机械	电焊机(综合)	台班	118.28	0.137	0.137	0.152	0.169
	电焊条恒温箱	台班	21.41	0.013	0.013	0.015	0.017
	电焊条烘干箱 $60\times50\times75cm^3$	台班	26.46	0.013	0.013	0.015	0.017
	普通车床 630×2000mm	台班	247.10	0.049	0.049	0.054	0.060
	砂轮切割机 500mm	台班	29.08	0.016	0.016	0.018	0.020
	试压泵 60MPa	台班	24.08	0.057	0.057	0.063	0.070
	氩弧焊机 500A	台班	92.58	0.091	0.091	0.101	0.112

工作内容：准备工作、阀门壳体压力试验和密封试验、管子切口、坡口加工、管口组对、焊接、阀门安装。

计量单位：个

定额编号				A8-3-143	A8-3-144	A8-3-145	A8-3-146
项目名称				公称直径(mm以内)			
				40	50	65	80
基价（元）				138.88	150.08	198.27	234.29
其中	人工费（元）			74.34	82.46	111.02	128.10
	材料费（元）			16.27	13.85	18.84	27.39
	机械费（元）			48.27	53.77	68.41	78.80
名称		单位	单价(元)	消耗量			
人工	综合工日	工日	140.00	0.531	0.589	0.793	0.915
材料	焊接阀门	个	—	(1.000)	(1.000)	(1.000)	(1.000)
	丙酮	kg	7.51	0.315	0.350	0.474	0.558
	低碳钢焊条	kg	6.84	0.160	0.178	0.360	0.530
	电	kW·h	0.68	0.206	0.220	0.220	0.256
	钢丝 Φ4.0	kg	4.02	0.016	0.018	—	—
	六角螺栓带螺母 M16×65	套	1.45	0.160	—	—	—
	六角螺栓带螺母 M16×70	套	1.45	—	0.160	0.160	3.200
	螺纹截止阀 J11T-16 DN15	个	7.12	0.020	0.020	0.020	0.020
	棉纱头	kg	6.00	0.008	0.009	0.011	0.014
	磨头	个	2.75	0.044	0.053	0.070	0.094
	尼龙砂轮片 Φ100×16×3	片	2.56	0.208	0.217	0.430	0.568
	尼龙砂轮片 Φ500×25×4	片	12.82	0.029	0.043	0.064	0.086
	破布	kg	6.32	0.021	0.023	—	—
	热轧厚钢板 δ20	kg	3.20	0.016	0.020	0.025	0.030
	石棉橡胶板	kg	9.40	0.178	0.198	0.257	0.376
	铈钨棒	g	0.38	0.500	0.242	0.242	0.260

续表

定额编号				A8-3-143	A8-3-144	A8-3-145	A8-3-146
项目名称				公称直径(mm以内)			
				40	50	65	80
名称		单位	单价(元)	消耗量			
材料	输水软管 φ25	m	8.55	0.020	0.020	0.020	0.020
	水	kg	0.01	0.149	0.165	0.356	0.664
	碳钢焊丝	kg	7.69	0.100	0.043	0.044	0.046
	无缝钢管 φ22×2.5	m	3.42	0.010	0.010	0.010	0.010
	压力表补芯	个	1.54	0.020	0.020	0.020	0.020
	压力表中压	块	136.75	0.020	0.020	0.020	0.020
	氩气	m³	19.59	0.260	0.121	0.122	0.130
	氧气	m³	3.63	0.016	0.018	0.230	0.258
	乙炔气	kg	10.45	0.005	0.006	0.077	0.086
	其他材料费占材料费	%	—	1.000	1.000	1.000	1.000
机械	电焊机(综合)	台班	118.28	0.169	0.188	0.266	0.312
	电焊条恒温箱	台班	21.41	0.017	0.019	0.027	0.032
	电焊条烘干箱 60×50×75cm³	台班	26.46	0.017	0.019	0.027	0.032
	普通车床 630×2000mm	台班	247.10	0.060	0.067	0.073	0.079
	砂轮切割机 500mm	台班	29.08	0.020	0.022	0.029	0.034
	试压泵 60MPa	台班	24.08	0.070	0.077	0.089	0.098
	氩弧焊机 500A	台班	92.58	0.112	0.125	0.158	0.189

工作内容：准备工作、阀门壳体压力试验和密封试验、管子切口、坡口加工、管口组对、焊接、阀门安装。

计量单位：个

定额编号				A8-3-147	A8-3-148	A8-3-149	A8-3-150
项目名称				公称直径(mm以内)			
				100	125	150	200
基价（元）				**350.44**	**445.90**	**524.36**	**763.38**
其中	人工费（元）			151.06	191.94	216.30	318.36
	材料费（元）			35.60	49.33	58.50	103.43
	机械费（元）			163.78	204.63	249.56	341.59
名称		单位	单价(元)	消耗量			
人工	综合工日	工日	140.00	1.079	1.371	1.545	2.274
材料	焊接阀门	个	—	(1.000)	(1.000)	(1.000)	(1.000)
	丙酮	kg	7.51	0.716	0.838	1.000	1.380
	低碳钢焊条	kg	6.84	0.700	1.146	1.600	2.800
	电	kW·h	0.68	0.338	0.424	0.521	0.758
	角钢(综合)	kg	3.61	—	—	—	0.174
	六角螺栓带螺母 M20×80	套	2.14	3.200	—	—	—
	六角螺栓带螺母 M22×85	套	3.93	—	3.200	—	—
	六角螺栓带螺母 M22×90	套	4.19	—	—	3.200	—
	六角螺栓带螺母 M27×95	套	7.95	—	—	—	4.800
	螺纹截止阀 J11T-16 DN15	个	7.12	0.020	0.020	0.020	0.020
	棉纱头	kg	6.00	0.016	0.019	0.024	0.032
	磨头	个	2.75	0.106	—	—	—
	尼龙砂轮片 φ100×16×3	片	2.56	0.758	1.090	1.521	2.345
	尼龙砂轮片 φ500×25×4	片	12.82	0.115	0.150	—	—
	热轧厚钢板 δ20	kg	3.20	0.036	0.047	0.061	0.088
	石棉橡胶板	kg	9.40	0.496	0.654	0.793	0.951
	铈钨棒	g	0.38	0.348	0.400	0.480	0.680
	输水软管 φ25	m	8.55	0.020	0.020	0.020	0.020
	水	kg	0.01	1.297	2.535	4.379	10.379

续表

定额编号				A8-3-147	A8-3-148	A8-3-149	A8-3-150
项目名称				公称直径(mm以内)			
				100	125	150	200
名称		单位	单价(元)	消耗量			
材料	碳钢焊丝	kg	7.69	0.062	0.070	0.086	0.120
	无缝钢管 φ22×2.5	m	3.42	0.010	0.010	0.010	0.010
	压力表补芯	个	1.54	0.020	0.020	0.020	0.020
	压力表中压	块	136.75	0.020	0.020	0.020	0.020
	氩气	m^3	19.59	0.174	0.200	0.240	0.340
	氧气	m^3	3.63	0.320	0.418	0.746	1.000
	乙炔气	kg	10.45	0.107	0.139	0.249	0.333
	其他材料费占材料费	%	—	1.000	1.000	1.000	1.000
机械	半自动切割机 100mm	台班	83.55	—	—	0.161	0.234
	电焊机(综合)	台班	118.28	0.464	0.543	0.714	1.107
	电焊条恒温箱	台班	21.41	0.047	0.055	0.072	0.111
	电焊条烘干箱 60×50×75cm³	台班	26.46	0.047	0.055	0.072	0.111
	吊装机械(综合)	台班	619.04	0.068	0.068	0.068	0.068
	普通车床 630×2000mm	台班	247.10	0.092	0.191	0.209	0.312
	汽车式起重机 8t	台班	763.67	0.012	0.012	0.012	0.012
	砂轮切割机 500mm	台班	29.08	0.051	0.054	—	—
	试压泵 60MPa	台班	24.08	0.114	0.210	0.305	0.305
	氩弧焊机 500A	台班	92.58	0.242	0.288	0.345	0.476
	载重汽车 8t	台班	501.85	0.012	0.012	0.012	0.012

工作内容：准备工作、阀门壳体压力试验和密封试验、管子切口、坡口加工、管口组对、焊接、阀门安装。

计量单位：个

定额编号				A8-3-151	A8-3-152	A8-3-153	A8-3-154
项目名称				公称直径(mm以内)			
				250	300	350	400
基价（元）				1001.36	1204.57	1528.41	1863.62
其中	人工费（元）			447.86	557.90	670.46	813.12
	材料费（元）			126.79	127.91	163.07	204.12
	机械费（元）			426.71	518.76	694.88	846.38
名称		单位	单价(元)	消耗量			
人工	综合工日	工日	140.00	3.199	3.985	4.789	5.808
材料	焊接阀门	个	—	(1.000)	(1.000)	(1.000)	(1.000)
	丙酮	kg	7.51	1.720	2.040	2.448	2.938
	低碳钢焊条	kg	6.84	4.400	7.800	10.600	13.800
	电	kW·h	0.68	1.005	1.252	1.565	1.840
	角钢(综合)	kg	3.61	0.174	0.229	0.229	0.229
	六角螺栓带螺母 M27×105	套	8.12	4.800	—	—	—
	六角螺栓带螺母 M27×115	套	9.23	—	0.640	—	—
	六角螺栓带螺母 M27×120	套	10.09	—	—	0.640	—
	六角螺栓带螺母 M30×130	套	13.33	—	—	—	0.640
	螺纹截止阀 J11T-16 DN15	个	7.12	0.020	0.020	0.020	0.020
	棉纱头	kg	6.00	0.039	0.046	0.055	0.062
	尼龙砂轮片 φ100×16×3	片	2.56	3.382	4.564	5.812	7.172
	热轧厚钢板 δ20	kg	3.20	0.128	0.165	0.211	0.262
	石棉橡胶板	kg	9.40	1.050	1.149	1.546	1.982
	铈钨棒	g	0.38	0.840	1.020	1.180	1.390
	输水软管 φ25	m	8.55	0.020	0.020	0.020	0.020
	水	kg	0.01	20.274	35.031	55.630	83.038

续表

定 额 编 号				A8-3-151	A8-3-152	A8-3-153	A8-3-154
项 目 名 称				公称直径(mm以内)			
				250	300	350	400
名 称		单位	单价(元)	消 耗 量			
材料	碳钢焊丝	kg	7.69	0.152	0.180	0.212	0.260
	无缝钢管 φ22×2.5	m	3.42	0.010	0.010	0.010	0.010
	压力表补芯	个	1.54	0.020	0.020	0.020	0.020
	压力表中压	块	136.75	0.020	0.020	0.020	0.020
	氩气	m^3	19.59	0.420	0.506	0.600	0.696
	氧气	m^3	3.63	1.410	1.680	2.010	2.351
	乙炔气	kg	10.45	0.470	0.560	0.670	0.784
	其他材料费占材料费	%	—	1.000	1.000	1.000	1.000
机械	半自动切割机 100mm	台班	83.55	0.292	0.353	0.412	0.476
	电焊机(综合)	台班	118.28	1.485	1.905	2.637	3.426
	电焊条恒温箱	台班	21.41	0.148	0.190	0.264	0.343
	电焊条烘干箱 60×50×75cm^3	台班	26.46	0.148	0.190	0.264	0.343
	吊装机械(综合)	台班	619.04	0.079	0.079	0.125	0.125
	普通车床 630×2000mm	台班	247.10	0.377	0.477	0.572	0.686
	汽车式起重机 8t	台班	763.67	0.012	0.012	0.026	0.034
	试压泵 60MPa	台班	24.08	0.305	0.305	0.344	0.383
	氩弧焊机 500A	台班	92.58	0.594	0.708	0.821	0.927
	载重汽车 8t	台班	501.85	0.012	0.012	0.026	0.034

工作内容：准备工作、阀门壳体压力试验和密封试验、管子切口、坡口加工、管口组对、焊接、阀门安装。

计量单位：个

定额编号				A8-3-155	A8-3-156	A8-3-157
项目名称				公称直径(mm以内)		
				450	500	600
基价（元）				**2263.52**	**2574.76**	**2950.39**
其中	人工费（元）			997.92	1129.94	1276.94
	材料费（元）			233.46	300.14	379.09
	机械费（元）			1032.14	1144.68	1294.36
	名称	**单位**	**单价(元)**	**消耗量**		
人工	综合工日	工日	140.00	7.128	8.071	9.121
材料	焊接阀门	个	—	(1.000)	(1.000)	(1.000)
	丙酮	kg	7.51	3.525	4.230	4.780
	低碳钢焊条	kg	6.84	15.200	20.348	26.101
	电	kW·h	0.68	2.111	2.659	3.585
	角钢(综合)	kg	3.61	0.229	0.229	0.259
	六角螺栓带螺母 M30×140	套	14.02	0.800	—	—
	六角螺栓带螺母 M36×150	套	25.64	—	0.800	—
	六角螺栓带螺母 M36×160	套	31.62	—	—	0.800
	螺纹截止阀 J11T-16 DN15	个	7.12	0.020	0.020	0.020
	棉纱头	kg	6.00	0.069	0.076	0.085
	尼龙砂轮片 φ100×16×3	片	2.56	8.158	9.260	13.630
	热轧厚钢板 δ30	kg	3.20	0.479	0.582	0.826
	石棉橡胶板	kg	9.40	2.339	2.379	2.688
	铈钨棒	g	0.38	1.520	2.189	2.830
	输水软管 φ25	m	8.55	0.020	0.020	0.020
	水	kg	0.01	118.233	162.185	183.269
	碳钢焊丝	kg	7.69	0.300	0.391	0.505

续表

定额编号				A8-3-155	A8-3-156	A8-3-157
项目名称				公称直径(mm以内)		
				450	500	600
名称		单位	单价(元)	消耗量		
材料	无缝钢管 φ22×2.5	m	3.42	0.010	0.010	0.010
	压力表补芯	个	1.54	0.020	0.020	0.020
	压力表中压	块	136.75	0.020	0.020	0.020
	氩气	m^3	19.59	0.760	1.094	1.415
	氧气	m^3	3.63	2.860	3.470	4.400
	乙炔气	kg	10.45	0.953	1.157	1.467
	其他材料费占材料费	%	—	1.000	1.000	1.000
机械	半自动切割机 100mm	台班	83.55	0.561	0.602	0.680
	电焊机(综合)	台班	118.28	4.323	4.784	5.406
	电焊条恒温箱	台班	21.41	0.433	0.479	0.541
	电焊条烘干箱 60×50×75cm³	台班	26.46	0.433	0.479	0.541
	吊装机械(综合)	台班	619.04	0.159	0.159	0.180
	普通车床 630×2000mm	台班	247.10	0.824	0.988	1.117
	汽车式起重机 8t	台班	763.67	0.035	0.035	0.040
	试压泵 60MPa	台班	24.08	0.421	0.460	0.520
	氩弧焊机 500A	台班	92.58	1.045	1.163	1.314
	载重汽车 8t	台班	501.85	0.035	0.035	0.040

4.法兰阀门

工作内容：准备工作、阀门壳体压力试验和密封试验、阀门安装。 计量单位：个

定额编号				A8-3-158	A8-3-159	A8-3-160	A8-3-161
项目名称				公称直径(mm以内)			
				15	20	25	32
基价（元）				**35.98**	**35.99**	**36.18**	**38.05**
其中	人工费（元）			25.34	25.34	25.34	26.74
	材料费（元）			5.97	5.98	6.17	6.49
	机械费（元）			4.67	4.67	4.67	4.82
名称		**单位**	**单价(元)**	**消耗量**			
人工	综合工日	工日	140.00	0.181	0.181	0.181	0.191
材料	法兰阀门	个	—	(1.000)	(1.000)	(1.000)	(1.000)
	低碳钢焊条	kg	6.84	0.165	0.165	0.165	0.165
	二硫化钼	kg	87.61	0.004	0.004	0.004	0.006
	六角螺栓带螺母 M12×55	套	0.67	0.160	0.160	0.160	—
	六角螺栓带螺母 M16×65	套	1.45	—	—	—	0.160
	螺纹截止阀 J11T-16 DN15	个	7.12	0.020	0.020	0.020	0.020
	热轧厚钢板 δ20	kg	3.20	0.007	0.009	0.010	0.014
	石棉橡胶板	kg	9.40	0.020	0.020	0.040	0.040
	输水软管 φ25	m	8.55	0.020	0.020	0.020	0.020
	水	kg	0.01	0.004	0.008	0.017	0.036
	无缝钢管 φ22×2.5	m	3.42	0.010	0.010	0.010	0.010
	压力表补芯	个	1.54	0.020	0.020	0.020	0.020
	压力表中压	块	136.75	0.020	0.020	0.020	0.020
	氧气	m³	3.63	0.141	0.141	0.141	0.141
	乙炔气	kg	10.45	0.047	0.047	0.047	0.047
	其他材料费占材料费	%	—	1.000	1.000	1.000	1.000
机械	电焊机(综合)	台班	118.28	0.034	0.034	0.034	0.034
	电焊条恒温箱	台班	21.41	0.004	0.004	0.004	0.004
	电焊条烘干箱 60×50×75cm³	台班	26.46	0.004	0.004	0.004	0.004
	试压泵 60MPa	台班	24.08	0.019	0.019	0.019	0.025

工作内容：准备工作、阀门壳体压力试验和密封试验、阀门安装。　　计量单位：个

定额编号				A8-3-162	A8-3-163	A8-3-164	A8-3-165
项目名称				公称直径(mm以内)			
				40	50	65	80
基价（元）				**38.45**	**40.36**	**53.99**	**58.85**
其中	人工费（元）			26.74	28.42	41.72	45.08
	材料费（元）			6.68	6.79	7.00	8.38
	机械费（元）			5.03	5.15	5.27	5.39
名称		单位	单价(元)	消耗量			
人工	综合工日	工日	140.00	0.191	0.203	0.298	0.322
材料	法兰阀门	个	—	(1.000)	(1.000)	(1.000)	(1.000)
	低碳钢焊条	kg	6.84	0.165	0.165	0.165	0.165
	二硫化钼	kg	87.61	0.006	0.006	0.006	0.013
	六角螺栓带螺母 M16×65	套	1.45	0.160	—	—	—
	六角螺栓带螺母 M16×70	套	1.45	—	0.160	0.160	0.320
	螺纹截止阀 J11T-16 DN15	个	7.12	0.020	0.020	0.020	0.020
	热轧厚钢板 δ20	kg	3.20	0.016	0.020	0.025	0.030
	石棉橡胶板	kg	9.40	0.060	0.070	0.090	0.130
	输水软管 φ25	m	8.55	0.020	0.020	0.020	0.020
	水	kg	0.01	0.070	0.140	0.302	0.563
	无缝钢管 φ22×2.5	m	3.42	0.010	0.010	0.010	0.010
	压力表补芯	个	1.54	0.020	0.020	0.020	0.020
	压力表中压	块	136.75	0.020	0.020	0.020	0.020
	氧气	m³	3.63	0.141	0.141	0.141	0.159
	乙炔气	kg	10.45	0.047	0.047	0.047	0.053
	其他材料费占材料费	%	—	1.000	1.000	1.000	1.000
机械	电焊机(综合)	台班	118.28	0.034	0.034	0.034	0.034
	电焊条恒温箱	台班	21.41	0.004	0.004	0.004	0.004
	电焊条烘干箱 60×50×75cm³	台班	26.46	0.004	0.004	0.004	0.004
	试压泵 60MPa	台班	24.08	0.034	0.039	0.044	0.049

工作内容：准备工作、阀门壳体压力试验和密封试验、阀门安装。 计量单位：个

定额编号				A8-3-166	A8-3-167	A8-3-168	A8-3-169
项目名称				公称直径(mm以内)			
				100	125	150	200
基价（元）				**130.71**	**146.72**	**188.64**	**240.93**
其中	人工费（元）			59.78	72.94	112.28	159.60
	材料费（元）			9.33	11.02	12.45	17.42
	机械费（元）			61.60	62.76	63.91	63.91
名称		单位	单价(元)	消耗量			
人工	综合工日	工日	140.00	0.427	0.521	0.802	1.140
材料	法兰阀门	个	—	(1.000)	(1.000)	(1.000)	(1.000)
	低碳钢焊条	kg	6.84	0.165	0.165	0.165	0.165
	二硫化钼	kg	87.61	0.013	0.013	0.019	0.029
	六角螺栓带螺母 M20×80	套	2.14	0.320	—	—	—
	六角螺栓带螺母 M22×85	套	3.93	—	0.320	—	—
	六角螺栓带螺母 M22×90	套	4.19	—	—	0.320	—
	六角螺栓带螺母 M27×95	套	7.95	—	—	—	0.480
	螺纹截止阀 J11T-16 DN15	个	7.12	0.020	0.020	0.020	0.020
	热轧厚钢板 δ20	kg	3.20	0.036	0.047	0.061	0.088
	石棉橡胶板	kg	9.40	0.170	0.230	0.280	0.330
	输水软管 φ25	m	8.55	0.020	0.020	0.020	0.020
	水	kg	0.01	1.099	2.148	3.711	8.796
	无缝钢管 φ22×2.5	m	3.42	0.010	0.010	0.010	0.010
	压力表补芯	个	1.54	0.020	0.020	0.020	0.020
	压力表中压	块	136.75	0.020	0.020	0.020	0.020
	氧气	m³	3.63	0.204	0.273	0.312	0.447
	乙炔气	kg	10.45	0.068	0.091	0.104	0.149
	其他材料费占材料费	%	—	1.000	1.000	1.000	1.000
机械	电焊机(综合)	台班	118.28	0.034	0.034	0.034	0.034
	电焊条恒温箱	台班	21.41	0.004	0.004	0.004	0.004
	电焊条烘干箱 60×50×75cm³	台班	26.46	0.004	0.004	0.004	0.004
	吊装机械(综合)	台班	619.04	0.068	0.068	0.068	0.068
	汽车式起重机 8t	台班	763.67	0.011	0.011	0.011	0.011
	试压泵 60MPa	台班	24.08	0.057	0.105	0.153	0.153
	载重汽车 8t	台班	501.85	0.011	0.011	0.011	0.011

工作内容：准备工作、阀门壳体压力试验和密封试验、阀门安装。　　计量单位：个

定额编号				A8-3-170	A8-3-171	A8-3-172
项目名称				公称直径(mm以内)		
				250	300	350
基价（元）				**328.05**	**363.00**	**446.29**
其中	人工费（元）			236.88	268.38	300.72
	材料费（元）			19.83	23.28	26.93
	机械费（元）			71.34	71.34	118.64
名称		单位	单价(元)	消耗量		
人工	综合工日	工日	140.00	1.692	1.917	2.148
材料	法兰阀门	个	—	(1.000)	(1.000)	(1.000)
	低碳钢焊条	kg	6.84	0.165	0.165	0.165
	二硫化钼	kg	87.61	0.034	0.034	0.045
	六角螺栓带螺母 M27×105	套	8.12	0.480	—	—
	六角螺栓带螺母 M27×115	套	9.23	—	0.640	—
	六角螺栓带螺母 M27×120	套	10.09	—	—	0.640
	螺纹截止阀 J11T-16 DN15	个	7.12	0.020	0.020	0.020
	热轧厚钢板 δ20	kg	3.20	0.128	0.165	0.211
	石棉橡胶板	kg	9.40	0.370	0.400	0.540
	输水软管 φ25	m	8.55	0.020	0.020	0.020
	水	kg	0.01	17.181	29.687	47.144
	无缝钢管 φ22×2.5	m	3.42	0.010	0.010	0.010
	压力表补芯	个	1.54	0.020	0.020	0.020
	压力表中压	块	136.75	0.020	0.020	0.020
	氧气	m³	3.63	0.627	0.750	0.820
	乙炔气	kg	10.45	0.209	0.250	0.270
	其他材料费占材料费	%	—	1.000	1.000	1.000
机械	电焊机(综合)	台班	118.28	0.034	0.034	0.034
	电焊条恒温箱	台班	21.41	0.004	0.004	0.004
	电焊条烘干箱 60×50×75cm³	台班	26.46	0.004	0.004	0.004
	吊装机械(综合)	台班	619.04	0.080	0.080	0.125
	汽车式起重机 8t	台班	763.67	0.011	0.011	0.026
	试压泵 60MPa	台班	24.08	0.153	0.153	0.172
	载重汽车 8t	台班	501.85	0.011	0.011	0.026

工作内容：准备工作、阀门壳体压力试验和密封试验、阀门安装。　　　　计量单位：个

定额编号				A8-3-173	A8-3-174	A8-3-175
项目名称				公称直径(mm以内)		
				400	450	500
基价（元）				**499.63**	**594.58**	**662.86**
其中	人工费（元）			338.24	402.78	457.24
	材料费（元）			33.44	41.05	53.15
	机械费（元）			127.95	150.75	152.47
	名称	单位	单价(元)	消耗量		
人工	综合工日	工日	140.00	2.416	2.877	3.266
材料	法兰阀门	个	—	(1.000)	(1.000)	(1.000)
	低碳钢焊条	kg	6.84	0.165	0.165	0.165
	二硫化钼	kg	87.61	0.067	0.084	0.100
	六角螺栓带螺母 M30×130	套	13.33	0.640	—	—
	六角螺栓带螺母 M30×140	套	14.02	—	0.800	—
	六角螺栓带螺母 M36×150	套	25.64	—	—	0.800
	螺纹截止阀 J11T-16 DN15	个	7.12	0.020	0.020	0.020
	热轧厚钢板 δ20	kg	3.20	0.262	—	—
	热轧厚钢板 δ30	kg	3.20	—	0.479	0.582
	石棉橡胶板	kg	9.40	0.690	0.810	0.830
	输水软管 φ25	m	8.55	0.020	0.020	0.020
	水	kg	0.01	70.371	100.197	137.445
	无缝钢管 φ22×2.5	m	3.42	0.010	0.010	0.010
	压力表补芯	个	1.54	0.020	0.020	0.020
	压力表中压	块	136.75	0.020	0.020	0.020
	氧气	m³	3.63	0.910	1.078	1.130
	乙炔气	kg	10.45	0.300	0.360	0.380
	其他材料费占材料费	%	—	1.000	1.000	1.000
机械	电焊机(综合)	台班	118.28	0.034	0.034	0.034
	电焊条恒温箱	台班	21.41	0.004	0.004	0.004
	电焊条烘干箱 60×50×75cm³	台班	26.46	0.004	0.004	0.004
	吊装机械(综合)	台班	619.04	0.125	0.159	0.159
	汽车式起重机 8t	台班	763.67	0.033	0.034	0.035
	试压泵 60MPa	台班	24.08	0.191	0.211	0.230
	载重汽车 8t	台班	501.85	0.033	0.034	0.035

5. 齿轮、液压传动、电动阀门

工作内容：准备工作、阀门壳体压力试验和密封试验、阀门调试、阀门安装。　　　　计量单位：个

定额编号				A8-3-176	A8-3-177	A8-3-178	A8-3-179
项目名称				公称直径(mm以内)			
				100	125	150	200
基价（元）				192.12	219.32	229.15	298.15
其中	人工费（元）			103.32	127.68	135.10	199.22
	材料费（元）			9.16	10.85	12.10	16.98
	机械费（元）			79.64	80.79	81.95	81.95
名称		单位	单价(元)	消耗量			
人工	综合工日	工日	140.00	0.738	0.912	0.965	1.423
材料	齿轮、液压传动、电动阀门	个	—	(1.000)	(1.000)	(1.000)	(1.000)
	低碳钢焊条	kg	6.84	0.165	0.165	0.165	0.165
	二硫化钼	kg	87.61	0.011	0.011	0.015	0.024
	六角螺栓带螺母 M20×80	套	2.14	0.320	—	—	—
	六角螺栓带螺母 M22×85	套	3.93	—	0.320	—	—
	六角螺栓带螺母 M22×90	套	4.19	—	—	0.320	—
	六角螺栓带螺母 M27×95	套	7.95	—	—	—	0.480
	螺纹截止阀 J11T-16 DN15	个	7.12	0.020	0.020	0.020	0.020
	热轧厚钢板 δ20	kg	3.20	0.036	0.047	0.061	0.088
	石棉橡胶板	kg	9.40	0.170	0.230	0.280	0.330
	输水软管 φ25	m	8.55	0.020	0.020	0.020	0.020
	水	kg	0.01	1.099	2.148	3.711	8.796
	无缝钢管 φ22×2.5	m	3.42	0.010	0.010	0.010	0.010
	压力表补芯	个	1.54	0.020	0.020	0.020	0.020
	压力表中压	块	136.75	0.020	0.020	0.020	0.020
	氧气	m^3	3.63	0.204	0.273	0.312	0.447
	乙炔气	kg	10.45	0.068	0.091	0.104	0.149
	其他材料费占材料费	%	—	1.000	1.000	1.000	1.000
机械	电焊机(综合)	台班	118.28	0.034	0.034	0.034	0.034
	电焊条恒温箱	台班	21.41	0.004	0.004	0.004	0.004
	电焊条烘干箱 60×50×75cm³	台班	26.46	0.004	0.004	0.004	0.004
	吊装机械(综合)	台班	619.04	0.091	0.091	0.091	0.091
	汽车式起重机 8t	台班	763.67	0.014	0.014	0.014	0.014
	试压泵 60MPa	台班	24.08	0.057	0.105	0.153	0.153
	载重汽车 8t	台班	501.85	0.014	0.014	0.014	0.014

工作内容：准备工作、阀门壳体压力试验和密封试验、阀门调试、阀门安装。　　　　计量单位：个

定额编号				A8-3-180	A8-3-181	A8-3-182	A8-3-183
项目名称				公称直径(mm以内)			
				250	300	350	400
基价（元）				389.04	440.23	569.63	678.41
其中	人工费（元）			278.60	326.34	395.50	488.46
	材料费（元）			19.83	23.28	26.93	33.44
	机械费（元）			90.61	90.61	147.20	156.51
名称		单位	单价(元)	消耗量			
人工	综合工日	工日	140.00	1.990	2.331	2.825	3.489
材料	齿轮、液压传动、电动阀门	个	—	(1.000)	(1.000)	(1.000)	(1.000)
	低碳钢焊条	kg	6.84	0.165	0.165	0.165	0.165
	二硫化钼	kg	87.61	0.034	0.034	0.045	0.067
	六角螺栓带螺母 M27×105	套	8.12	0.480	—	—	—
	六角螺栓带螺母 M27×115	套	9.23	—	0.640	—	—
	六角螺栓带螺母 M27×120	套	10.09	—	—	0.640	—
	六角螺栓带螺母 M30×130	套	13.33	—	—	—	0.640
	螺纹截止阀 J11T-16 DN15	个	7.12	0.020	0.020	0.020	0.020
	热轧厚钢板 δ20	kg	3.20	0.128	0.165	0.211	0.262
	石棉橡胶板	kg	9.40	0.370	0.400	0.540	0.690
	输水软管 φ25	m	8.55	0.020	0.020	0.020	0.020
	水	kg	0.01	17.181	29.687	47.144	70.371
	无缝钢管 φ22×2.5	m	3.42	0.010	0.010	0.010	0.010
	压力表补芯	个	1.54	0.020	0.020	0.020	0.020
	压力表中压	块	136.75	0.020	0.020	0.020	0.020
	氧气	m^3	3.63	0.627	0.750	0.820	0.910
	乙炔气	kg	10.45	0.209	0.250	0.270	0.300
	其他材料费占材料费	%	—	1.000	1.000	1.000	1.000
机械	电焊机(综合)	台班	118.28	0.034	0.034	0.034	0.034
	电焊条恒温箱	台班	21.41	0.004	0.004	0.004	0.004
	电焊条烘干箱 60×50×75cm³	台班	26.46	0.004	0.004	0.004	0.004
	吊装机械(综合)	台班	619.04	0.105	0.105	0.165	0.165
	汽车式起重机 8t	台班	763.67	0.014	0.014	0.029	0.036
	试压泵 60MPa	台班	24.08	0.153	0.153	0.172	0.191
	载重汽车 8t	台班	501.85	0.014	0.014	0.029	0.036

工作内容：准备工作、阀门壳体压力试验和密封试验、阀门调试、阀门安装。　　　　计量单位：个

定额编号				A8-3-184	A8-3-185	A8-3-186	A8-3-187
项目名称				公称直径(mm以内)			
				450	500	600	700
基价（元）				**797.87**	**874.55**	**1140.19**	**1369.19**
其中	人工费（元）			568.82	631.68	759.50	910.14
	材料费（元）			41.05	53.15	64.78	79.27
	机械费（元）			188.00	189.72	315.91	379.78
	名称	**单位**	**单价(元)**	**消耗量**			
人工	综合工日	工日	140.00	4.063	4.512	5.425	6.501
材料	齿轮、液压传动、电动阀门	个	—	(1.000)	(1.000)	(1.000)	(1.000)
	低碳钢焊条	kg	6.84	0.165	0.165	0.165	0.165
	二硫化钼	kg	87.61	0.084	0.100	0.144	0.158
	六角螺栓带螺母 M30×140	套	14.02	0.800	—	—	—
	六角螺栓带螺母 M36×150	套	25.64	—	0.800	—	—
	六角螺栓带螺母 M36×160	套	31.62	—	—	0.800	—
	六角螺栓带螺母 M42×170	套	35.90	—	—	—	0.960
	螺纹截止阀 J11T-16 DN15	个	7.12	0.020	0.020	0.020	0.020
	热轧厚钢板 δ30	kg	3.20	0.479	0.582	0.826	0.969
	石棉橡胶板	kg	9.40	0.810	0.830	0.840	1.030
	输水软管 φ25	m	8.55	0.020	0.020	0.020	0.020
	水	kg	0.01	100.197	137.445	237.510	279.923
	无缝钢管 φ22×2.5	m	3.42	0.010	0.010	0.010	0.010
	压力表补芯	个	1.54	0.020	0.020	0.020	0.020
	压力表中压	块	136.75	0.020	0.020	0.020	0.020
	氧气	m³	3.63	1.078	1.130	1.275	1.455
	乙炔气	kg	10.45	0.360	0.380	0.425	0.485
	其他材料费占材料费	%	—	1.000	1.000	1.000	1.000
机械	电焊机(综合)	台班	118.28	0.034	0.034	0.034	0.034
	电焊条恒温箱	台班	21.41	0.004	0.004	0.004	0.004
	电焊条烘干箱 60×50×75cm³	台班	26.46	0.004	0.004	0.004	0.004
	吊装机械(综合)	台班	619.04	0.211	0.211	0.376	0.451
	汽车式起重机 8t	台班	763.67	0.038	0.039	0.058	0.071
	试压泵 60MPa	台班	24.08	0.211	0.230	0.230	0.271
	载重汽车 8t	台班	501.85	0.038	0.039	0.058	0.071

工作内容：准备工作、阀门壳体压力试验和密封试验、阀门调试、阀门安装。　　　　　计量单位：个

定额编号				A8-3-188	A8-3-189	A8-3-190	A8-3-191
项目名称				公称直径(mm以内)			
				800	900	1000	1200
基价（元）				**1704.86**	**2009.65**	**2375.09**	**3098.66**
其中	人工费（元）			1134.70	1367.10	1627.08	2025.80
	材料费（元）			88.36	92.70	100.14	111.14
	机械费（元）			481.80	549.85	647.87	961.72
名称		单位	单价(元)	消耗量			
人工	综合工日	工日	140.00	8.105	9.765	11.622	14.470
材料	齿轮、液压传动、电动阀门	个	—	(1.000)	(1.000)	(1.000)	(1.000)
	低碳钢焊条	kg	6.84	0.165	0.165	0.165	0.292
	二硫化钼	kg	87.61	0.193	0.193	0.224	0.255
	六角螺栓带螺母 M42×180	套	38.46	0.960	0.960	0.960	0.960
	螺纹截止阀 J11T-16 DN15	个	7.12	0.020	0.020	0.020	0.020
	热轧厚钢板 δ30	kg	3.20	1.217	1.468	1.843	2.025
	石棉橡胶板	kg	9.40	1.160	1.300	1.310	1.460
	输水软管 φ25	m	8.55	0.020	0.040	0.040	0.040
	水	kg	0.01	330.818	390.195	459.752	542.880
	无缝钢管 φ22×2.5	m	3.42	0.010	0.015	0.015	0.015
	压力表补芯	个	1.54	0.020	0.020	0.020	0.020
	压力表中压	块	136.75	0.020	0.020	0.020	0.020
	氧气	m³	3.63	1.590	1.785	2.160	2.790
	乙炔气	kg	10.45	0.530	0.595	0.720	0.930
	其他材料费占材料费	%	—	1.000	1.000	1.000	1.000
机械	电焊机(综合)	台班	118.28	0.034	0.034	0.034	0.604
	电焊条恒温箱	台班	21.41	0.004	0.004	0.004	0.060
	电焊条烘干箱 60×50×75cm³	台班	26.46	0.004	0.004	0.004	0.060
	吊装机械(综合)	台班	619.04	0.526	0.601	0.677	0.947
	汽车式起重机 8t	台班	763.67	0.114	0.130	0.169	0.228
	试压泵 60MPa	台班	24.08	0.320	0.377	0.444	0.525
	载重汽车 8t	台班	501.85	0.114	0.130	0.169	0.228

工作内容：准备工作、阀门壳体压力试验和密封试验、阀门调试、阀门安装。　　计量单位：个

定额编号				A8-3-192	A8-3-193	A8-3-194	A8-3-195
项目名称				公称直径(mm以内)			
				1400	1600	1800	2000
基价（元）				3529.18	4102.50	4862.95	5673.41
其中	人工费（元）			2311.54	2744.70	3268.58	3911.60
	材料费（元）			128.30	141.95	158.03	174.03
	机械费（元）			1089.34	1215.85	1436.34	1587.78
名称		单位	单价(元)	消耗量			
人工	综合工日	工日	140.00	16.511	19.605	23.347	27.940
材料	齿轮、液压传动、电动阀门	个	—	(1.000)	(1.000)	(1.000)	(1.000)
	低碳钢焊条	kg	6.84	0.292	0.292	0.567	0.567
	二硫化钼	kg	87.61	0.287	0.333	0.395	0.456
	六角螺栓带螺母 M42×180	套	38.46	0.960	0.960	0.960	0.960
	螺纹截止阀 J11T-16 DN15	个	7.12	0.020	0.020	0.020	0.020
	热轧厚钢板 δ30	kg	3.20	2.562	3.212	3.936	4.733
	石棉橡胶板	kg	9.40	2.160	2.450	2.600	2.900
	输水软管 φ25	m	8.55	0.040	0.040	0.040	0.040
	水	kg	0.01	641.277	756.639	892.359	1053.527
	无缝钢管 φ22×2.5	m	3.42	0.015	0.015	0.015	0.015
	压力表补芯	个	1.54	0.020	0.020	0.020	0.020
	压力表中压	块	136.75	0.020	0.020	0.020	0.020
	氧气	m³	3.63	3.480	3.975	4.470	4.965
	乙炔气	kg	10.45	1.160	1.325	1.490	1.655
	其他材料费占材料费	%	—	1.000	1.000	1.000	1.000
机械	电焊机(综合)	台班	118.28	0.604	0.604	1.173	1.173
	电焊条恒温箱	台班	21.41	0.060	0.060	0.118	0.118
	电焊条烘干箱 60×50×75cm³	台班	26.46	0.060	0.060	0.118	0.118
	吊装机械(综合)	台班	619.04	1.082	1.188	1.293	1.413
	汽车式起重机 8t	台班	763.67	0.261	0.307	0.372	0.430
	试压泵 60MPa	台班	24.08	0.620	0.731	0.862	1.018
	载重汽车 8t	台班	501.85	0.261	0.307	0.372	0.430

6. 调节阀门

工作内容：准备工作、阀门安装。　　　　计量单位：个

定额编号				A8-3-196	A8-3-197	A8-3-198	A8-3-199
项目名称				公称直径(mm以内)			
				20	25	32	40
基价（元）				35.26	35.45	35.63	35.82
其中	人工费（元）			34.72	34.72	34.72	34.72
	材料费（元）			0.54	0.73	0.91	1.10
	机械费（元）			—	—	—	—
名称		单位	单价(元)	消耗量			
人工	综合工日	工日	140.00	0.248	0.248	0.248	0.248
材料	调节阀门	个	—	(1.000)	(1.000)	(1.000)	(1.000)
	二硫化钼	kg	87.61	0.004	0.004	0.006	0.006
	石棉橡胶板	kg	9.40	0.020	0.040	0.040	0.060
	其他材料费占材料费	%	—	1.000	1.000	1.000	1.000

工作内容：准备工作、阀门安装。　　　　计量单位：个

定额编号				A8-3-200	A8-3-201	A8-3-202	A8-3-203
项目名称				公称直径(mm以内)			
				50	65	80	100
基价（元）				**70.16**	**96.11**	**98.03**	**161.68**
其中	人工费（元）			34.72	60.48	62.02	90.44
	材料费（元）			1.20	1.39	1.77	2.76
	机械费（元）			34.24	34.24	34.24	68.48
名称		单位	单价(元)	消耗量			
人工	综合工日	工日	140.00	0.248	0.432	0.443	0.646
材料	调节阀门	个	—	(1.000)	(1.000)	(1.000)	(1.000)
	二硫化钼	kg	87.61	0.006	0.006	0.006	0.013
	石棉橡胶板	kg	9.40	0.070	0.090	0.130	0.170
	其他材料费占材料费	%	—	1.000	1.000	1.000	1.000
机械	吊装机械(综合)	台班	619.04	0.041	0.041	0.041	0.082
	汽车式起重机 8t	台班	763.67	0.007	0.007	0.007	0.014
	载重汽车 8t	台班	501.85	0.007	0.007	0.007	0.014

工作内容：准备工作、阀门安装。 计量单位：个

定额编号				A8-3-204	A8-3-205	A8-3-206
项目名称				公称直径(mm以内)		
				125	150	200
基价（元）				**181.57**	**185.38**	**226.22**
其中	人工费（元）			109.76	112.56	152.04
	材料费（元）			3.33	4.34	5.70
	机械费（元）			68.48	68.48	68.48
名称		单位	单价(元)	消耗量		
人工	综合工日	工日	140.00	0.784	0.804	1.086
材料	调节阀门	个	—	(1.000)	(1.000)	(1.000)
	二硫化钼	kg	87.61	0.013	0.019	0.029
	石棉橡胶板	kg	9.40	0.230	0.280	0.330
	其他材料费占材料费	%	—	1.000	1.000	1.000
机械	吊装机械(综合)	台班	619.04	0.082	0.082	0.082
	汽车式起重机 8t	台班	763.67	0.014	0.014	0.014
	载重汽车 8t	台班	501.85	0.014	0.014	0.014

工作内容：准备工作、阀门安装。　　　　计量单位：个

定额编号				A8-3-207	A8-3-208	A8-3-209
项目名称				公称直径(mm以内)		
				250	300	350
基价（元）				**300.67**	**323.22**	**396.56**
其中	人工费（元）			217.00	239.26	255.36
	材料费（元）			6.52	6.81	9.11
	机械费（元）			77.15	77.15	132.09
名称		单位	单价(元)	消耗量		
人工	综合工日	工日	140.00	1.550	1.709	1.824
材料	调节阀门	个	—	(1.000)	(1.000)	(1.000)
	二硫化钼	kg	87.61	0.034	0.034	0.045
	石棉橡胶板	kg	9.40	0.370	0.400	0.540
	其他材料费占材料费	%	—	1.000	1.000	1.000
机械	吊装机械(综合)	台班	619.04	0.096	0.096	0.150
	汽车式起重机 8t	台班	763.67	0.014	0.014	0.031
	载重汽车 8t	台班	501.85	0.014	0.014	0.031

工作内容：准备工作、阀门安装。　　　　　　　　　　　　　　　　　　　　计量单位：个

定　额　编　号				A8-3-210	A8-3-211	A8-3-212
项　目　名　称				公称直径(mm以内)		
				400	450	500
基　价（元）				451.92	523.06	555.34
其中	人　工　费（元）			295.96	337.82	367.22
	材　料　费（元）			12.48	15.12	16.73
	机　械　费（元）			143.48	170.12	171.39
名　称		单位	单价(元)	消　耗　量		
人工	综合工日	工日	140.00	2.114	2.413	2.623
材料	调节阀门	个	—	(1.000)	(1.000)	(1.000)
	二硫化钼	kg	87.61	0.067	0.084	0.100
	石棉橡胶板	kg	9.40	0.690	0.810	0.830
	其他材料费占材料费	%	—	1.000	1.000	1.000
机械	吊装机械(综合)	台班	619.04	0.150	0.191	0.191
	汽车式起重机 8t	台班	763.67	0.040	0.041	0.042
	载重汽车 8t	台班	501.85	0.040	0.041	0.042

7. 安全阀门(螺纹连接)

工作内容：准备工作、阀门壳体压力试验和密封试验、管子切口、套丝、阀门安装。　　计量单位：个

定额编号				A8-3-213	A8-3-214	A8-3-215
项目名称				公称直径(mm以内)		
				15	20	25
基价（元）				**49.34**	**53.31**	**61.46**
其中	人工费（元）			35.84	39.34	46.76
	材料费（元）			8.34	8.70	9.34
	机械费（元）			5.16	5.27	5.36
名称		**单位**	**单价(元)**	**消耗量**		
人工	综合工日	工日	140.00	0.256	0.281	0.334
材料	安全阀门	个	—	(1.000)	(1.000)	(1.000)
	低碳钢焊条	kg	6.84	0.165	0.165	0.165
	镀锌铁丝 φ1.6～1.2	kg	3.57	0.500	0.500	0.500
	机油	kg	19.66	0.007	0.009	0.011
	聚四氟乙烯生料带	m	0.13	0.142	0.188	0.236
	六角螺栓带螺母 M12×55	套	0.67	0.160	0.160	0.160
	螺纹截止阀 J11T-16 DN15	个	7.12	0.020	0.020	0.020
	尼龙砂轮片 φ500×25×4	片	12.82	0.010	0.013	0.019
	青铅	kg	5.90	0.050	0.050	0.050
	热轧厚钢板 δ20	kg	3.20	0.007	0.009	0.010
	石棉橡胶板	kg	9.40	0.055	0.083	0.138
	输水软管 φ25	m	8.55	0.020	0.020	0.020
	水	kg	0.01	0.004	0.008	0.017
	无缝钢管 φ22×2.5	m	3.42	0.010	0.010	0.010
	压力表补芯	个	1.54	0.020	0.020	0.020
	压力表中压	块	136.75	0.020	0.020	0.020
	氧气	m^3	3.63	0.141	0.141	0.141
	乙炔气	kg	10.45	0.047	0.047	0.047
	其他材料费占材料费	%	—	1.000	1.000	1.000
机械	电焊机(综合)	台班	118.28	0.034	0.034	0.034
	电焊条恒温箱	台班	21.41	0.004	0.004	0.004
	电焊条烘干箱 60×50×75cm³	台班	26.46	0.004	0.004	0.004
	砂轮切割机 500mm	台班	29.08	0.001	0.005	0.008
	试压泵 60MPa	台班	24.08	0.038	0.038	0.038

工作内容：准备工作、阀门壳体压力试验和密封试验、管子切口、套丝、阀门安装。　　计量单位：个

定额编号				A8-3-216	A8-3-217	A8-3-218
项目名称				公称直径(mm以内)		
				32	40	50
基价（元）				**69.17**	**80.93**	**121.50**
其中	人工费（元）			53.62	63.56	71.54
	材料费（元）			9.92	10.77	11.57
	机械费（元）			5.63	6.60	38.39
名称		单位	单价(元)	消耗量		
人工	综合工日	工日	140.00	0.383	0.454	0.511
材料	安全阀门	个	—	(1.000)	(1.000)	(1.000)
	低碳钢焊条	kg	6.84	0.165	0.165	0.165
	镀锌铁丝 φ1.6～1.2	kg	3.57	0.500	0.500	0.500
	机油	kg	19.66	0.014	0.017	0.021
	聚四氟乙烯生料带	m	0.13	0.302	0.376	0.472
	六角螺栓带螺母 M16×65	套	1.45	0.160	0.160	—
	六角螺栓带螺母 M16×70	套	1.45	—	—	0.160
	螺纹截止阀 J11T-16 DN15	个	7.12	0.020	0.020	0.020
	尼龙砂轮片 φ500×25×4	片	12.82	0.028	0.041	0.060
	青铅	kg	5.90	0.050	0.050	0.050
	热轧厚钢板 δ20	kg	3.20	0.014	0.016	0.020
	石棉橡胶板	kg	9.40	0.165	0.228	0.276
	输水软管 φ25	m	8.55	0.020	0.020	0.020
	水	kg	0.01	0.036	0.070	0.140
	无缝钢管 φ22×2.5	m	3.42	0.010	0.010	0.010
	压力表补芯	个	1.54	0.020	0.020	0.020
	压力表中压	块	136.75	0.020	0.020	0.020
	氧气	m^3	3.63	0.141	0.141	0.141
	乙炔气	kg	10.45	0.047	0.047	0.047
	其他材料费占材料费	%	—	1.000	1.000	1.000
机械	电焊机(综合)	台班	118.28	0.034	0.034	0.034
	电焊条恒温箱	台班	21.41	0.004	0.004	0.004
	电焊条烘干箱 60×50×75cm³	台班	26.46	0.004	0.004	0.004
	吊装机械(综合)	台班	619.04	—	—	0.038
	汽车式起重机 8t	台班	763.67	—	—	0.006
	砂轮切割机 500mm	台班	29.08	0.014	0.024	0.043
	试压泵 60MPa	台班	24.08	0.042	0.070	0.075
	载重汽车 8t	台班	501.85	—	—	0.006

8. 安全阀门(法兰连接)

工作内容：准备工作、阀门壳体压力试验和密封试验、阀门安装。　　计量单位：个

定额编号				A8-3-219	A8-3-220	A8-3-221	A8-3-222
项目名称				公称直径(mm以内)			
				15	20	25	32
基价(元)				73.28	73.28	73.47	76.81
其中	人工费(元)			60.34	60.34	60.34	63.14
	材料费(元)			8.08	8.08	8.27	8.59
	机械费(元)			4.86	4.86	4.86	5.08
名称		单位	单价(元)	消耗量			
人工	综合工日	工日	140.00	0.431	0.431	0.431	0.451
材料	安全阀门	个	—	(1.000)	(1.000)	(1.000)	(1.000)
	低碳钢焊条	kg	6.84	0.165	0.165	0.165	0.165
	镀锌铁丝 φ1.6～1.2	kg	3.57	0.500	0.500	0.500	0.500
	二硫化钼	kg	87.61	0.004	0.004	0.004	0.006
	六角螺栓带螺母 M12×55	套	0.67	0.160	0.160	0.160	—
	六角螺栓带螺母 M16×65	套	1.45	—	—	—	0.160
	螺纹截止阀 J11T-16 DN15	个	7.12	0.020	0.020	0.020	0.020
	青铅	kg	5.90	0.050	0.050	0.050	0.050
	热轧厚钢板 δ20	kg	3.20	0.008	0.009	0.010	0.014
	石棉橡胶板	kg	9.40	0.020	0.020	0.040	0.040
	输水软管 φ25	m	8.55	0.020	0.020	0.020	0.020
	水	kg	0.01	0.024	0.024	0.048	0.104
	无缝钢管 φ22×2.5	m	3.42	0.010	0.010	0.010	0.010
	压力表补芯	个	1.54	0.020	0.020	0.020	0.020
	压力表中压	块	136.75	0.020	0.020	0.020	0.020
	氧气	m³	3.63	0.141	0.141	0.141	0.141
	乙炔气	kg	10.45	0.047	0.047	0.047	0.047
	其他材料费占材料费	%	—	1.000	1.000	1.000	1.000
机械	电焊机(综合)	台班	118.28	0.034	0.034	0.034	0.034
	电焊条恒温箱	台班	21.41	0.004	0.004	0.004	0.004
	电焊条烘干箱 60×50×75cm³	台班	26.46	0.004	0.004	0.004	0.004
	试压泵 60MPa	台班	24.08	0.027	0.027	0.027	0.036

工作内容：准备工作、阀门壳体压力试验和密封试验、阀门安装。　　　　　　　　　计量单位：个

定额编号				A8-3-223	A8-3-224	A8-3-225	A8-3-226
项目名称				公称直径(mm以内)			
				40	50	65	80
基价（元）				**77.18**	**111.77**	**150.65**	**156.31**
其中	人工费（元）			63.14	66.22	104.44	108.78
	材料费（元）			8.79	8.90	9.34	10.49
	机械费（元）			5.25	36.65	36.87	37.04
名称		单位	单价(元)	消耗量			
人工	综合工日	工日	140.00	0.451	0.473	0.746	0.777
材料	安全阀门	个	—	(1.000)	(1.000)	(1.000)	(1.000)
	低碳钢焊条	kg	6.84	0.165	0.165	0.165	0.165
	镀锌铁丝 φ1.6～1.2	kg	3.57	0.500	0.500	0.500	0.500
	二硫化钼	kg	87.61	0.006	0.006	0.006	0.013
	六角螺栓带螺母 M16×65	套	1.45	0.160	—	—	—
	六角螺栓带螺母 M16×70	套	1.45	—	0.160	0.320	0.320
	螺纹截止阀 J11T-16 DN15	个	7.12	0.020	0.020	0.020	0.020
	青铅	kg	5.90	0.050	0.050	0.050	0.050
	热轧厚钢板 δ20	kg	3.20	0.016	0.020	0.025	0.030
	石棉橡胶板	kg	9.40	0.060	0.070	0.090	0.130
	输水软管 φ25	m	8.55	0.020	0.020	0.020	0.020
	水	kg	0.01	0.200	0.400	0.864	1.608
	无缝钢管 φ22×2.5	m	3.42	0.010	0.010	0.010	0.010
	压力表补芯	个	1.54	0.020	0.020	0.020	0.020
	压力表中压	块	136.75	0.020	0.020	0.020	0.020
	氧气	m^3	3.63	0.141	0.141	0.141	0.159
	乙炔气	kg	10.45	0.047	0.047	0.047	0.053
	其他材料费占材料费	%	—	1.000	1.000	1.000	1.000
机械	电焊机(综合)	台班	118.28	0.034	0.034	0.034	0.034
	电焊条恒温箱	台班	21.41	0.004	0.004	0.004	0.004
	电焊条烘干箱 60×50×75cm³	台班	26.46	0.004	0.004	0.004	0.004
	吊装机械(综合)	台班	619.04	—	0.038	0.038	0.038
	汽车式起重机 8t	台班	763.67	—	0.006	0.006	0.006
	试压泵 60MPa	台班	24.08	0.043	0.055	0.064	0.071
	载重汽车 8t	台班	501.85	—	0.006	0.006	0.006

工作内容：准备工作、阀门壳体压力试验和密封试验、阀门安装。　　　　计量单位：个

定额编号				A8-3-227	A8-3-228	A8-3-229
项目名称				公称直径(mm以内)		
				100	125	150
基价（元）				232.83	270.93	278.36
其中	人工费（元）			150.50	184.38	189.56
	材料费（元）			13.26	15.00	16.43
	机械费（元）			69.07	71.55	72.37
名称		单位	单价(元)	消耗量		
人工	综合工日	工日	140.00	1.075	1.317	1.354
材料	安全阀门	个	—	(1.000)	(1.000)	(1.000)
	低碳钢焊条	kg	6.84	0.165	0.165	0.165
	镀锌铁丝 Φ1.6～1.2	kg	3.57	1.000	1.000	1.000
	二硫化钼	kg	87.61	0.013	0.013	0.019
	六角螺栓带螺母 M20×80	套	2.14	0.320	—	—
	六角螺栓带螺母 M22×85	套	3.93	—	0.320	—
	六角螺栓带螺母 M22×90	套	4.19	—	—	0.320
	螺纹截止阀 J11T-16 DN15	个	7.12	0.020	0.020	0.020
	青铅	kg	5.90	0.050	0.050	0.050
	热轧厚钢板 δ20	kg	3.20	0.036	0.047	0.061
	石棉橡胶板	kg	9.40	0.170	0.230	0.280
	输水软管 Φ25	m	8.55	0.020	0.020	0.020
	水	kg	0.01	3.140	9.487	10.604
	无缝钢管 Φ22×2.5	m	3.42	0.010	0.010	0.010
	压力表补芯	个	1.54	0.020	0.020	0.020
	压力表中压	块	136.75	0.020	0.020	0.020
	氧气	m³	3.63	0.204	0.273	0.312
	乙炔气	kg	10.45	0.068	0.091	0.104
	其他材料费占材料费	%	—	1.000	1.000	1.000
机械	电焊机(综合)	台班	118.28	0.034	0.034	0.034
	电焊条恒温箱	台班	21.41	0.004	0.004	0.004
	电焊条烘干箱 60×50×75cm³	台班	26.46	0.004	0.004	0.004
	吊装机械(综合)	台班	619.04	0.075	0.075	0.075
	汽车式起重机 8t	台班	763.67	0.013	0.013	0.013
	试压泵 60MPa	台班	24.08	0.082	0.185	0.219
	载重汽车 8t	台班	501.85	0.013	0.013	0.013

工作内容：准备工作、阀门壳体压力试验和密封试验、阀门安装。　　　　　　　　　　计量单位：个

定额编号				A8-3-230	A8-3-231	A8-3-232
项目名称				公称直径(mm以内)		
				200	250	300
基价（元）				**355.78**	**453.56**	**528.83**
其中	人工费（元）			260.54	347.20	416.50
	材料费（元）			21.57	23.60	27.53
	机械费（元）			73.67	82.76	84.80
名称		单位	单价(元)	消耗量		
人工	综合工日	工日	140.00	1.861	2.480	2.975
材料	安全阀门	个	—	(1.000)	(1.000)	(1.000)
	低碳钢焊条	kg	6.84	0.165	0.165	0.165
	镀锌铁丝 Φ1.6～1.2	kg	3.57	1.000	1.000	1.000
	二硫化钼	kg	87.61	0.029	0.034	0.034
	六角螺栓带螺母 M27×105	套	8.12	—	0.480	—
	六角螺栓带螺母 M27×115	套	9.23	—	—	0.640
	六角螺栓带螺母 M27×95	套	7.95	0.480	—	—
	螺纹截止阀 J11T-16 DN15	个	7.12	0.020	0.020	0.020
	青铅	kg	5.90	0.075	0.075	0.075
	热轧厚钢板 δ20	kg	3.20	0.088	0.114	0.148
	石棉橡胶板	kg	9.40	0.330	0.396	0.475
	输水软管 Φ25	m	8.55	0.020	0.020	0.020
	水	kg	0.01	18.213	32.783	59.010
	无缝钢管 Φ22×2.5	m	3.42	0.010	0.010	0.010
	压力表补芯	个	1.54	0.020	0.020	0.020
	压力表中压	块	136.75	0.020	0.020	0.020
	氧气	m^3	3.63	0.447	0.536	0.644
	乙炔气	kg	10.45	0.149	0.179	0.215
	其他材料费占材料费	%	—	1.000	1.000	1.000
机械	电焊机(综合)	台班	118.28	0.034	0.034	0.034
	电焊条恒温箱	台班	21.41	0.004	0.004	0.004
	电焊条烘干箱 60×50×75cm^3	台班	26.46	0.004	0.004	0.004
	吊装机械(综合)	台班	619.04	0.075	0.087	0.087
	汽车式起重机 8t	台班	763.67	0.013	0.013	0.013
	试压泵 60MPa	台班	24.08	0.273	0.342	0.427
	载重汽车 8t	台班	501.85	0.013	0.013	0.013

工作内容：准备工作、阀门壳体压力试验和密封试验、阀门安装。　　　　计量单位：个

定额编号				A8-3-233	A8-3-234	A8-3-235
项目名称				公称直径(mm以内)		
				350	400	450
基价（元）				**669.38**	**803.11**	**948.02**
其中	人工费（元）			499.80	599.90	719.74
	材料费（元）			31.65	38.92	47.56
	机械费（元）			137.93	164.29	180.72
名称		单位	单价(元)	消耗量		
人工	综合工日	工日	140.00	3.570	4.285	5.141
材料	安全阀门	个	—	(1.000)	(1.000)	(1.000)
	低碳钢焊条	kg	6.84	0.165	0.165	0.165
	镀锌铁丝 φ1.6～1.2	kg	3.57	1.000	1.000	1.000
	二硫化钼	kg	87.61	0.045	0.067	0.084
	六角螺栓带螺母 M27×120	套	10.09	0.640	—	—
	六角螺栓带螺母 M30×130	套	13.33	—	0.640	—
	六角螺栓带螺母 M30×140	套	14.02	—	—	0.800
	螺纹截止阀 J11T-16 DN15	个	7.12	0.020	0.020	0.020
	青铅	kg	5.90	0.100	0.100	0.100
	热轧厚钢板 δ20	kg	3.20	0.192	0.250	0.325
	石棉橡胶板	kg	9.40	0.570	0.684	0.821
	输水软管 φ25	m	8.55	0.020	0.020	0.020
	水	kg	0.01	106.218	191.193	344.147
	无缝钢管 φ22×2.5	m	3.42	0.010	0.010	0.010
	压力表补芯	个	1.54	0.020	0.020	0.020
	压力表中压	块	136.75	0.020	0.020	0.020
	氧气	m^3	3.63	0.772	0.927	1.112
	乙炔气	kg	10.45	0.258	0.309	0.371
	其他材料费占材料费	%	—	1.000	1.000	1.000
机械	电焊机(综合)	台班	118.28	0.034	0.034	0.034
	电焊条恒温箱	台班	21.41	0.004	0.004	0.004
	电焊条烘干箱 60×50×75cm^3	台班	26.46	0.004	0.004	0.004
	吊装机械(综合)	台班	619.04	0.138	0.157	0.175
	汽车式起重机 8t	台班	763.67	0.028	0.037	0.038
	试压泵 60MPa	台班	24.08	0.534	0.667	0.834
	载重汽车 8t	台班	501.85	0.028	0.037	0.038

9.安全阀调试定压

工作内容：准备工作、场内搬运、整定压力测试、打铅封、挂合格证。　　　　　　计量单位：个

定额编号				A8-3-236	A8-3-237	A8-3-238	A8-3-239
项目名称				公称直径(mm以内)			
				15	20	25	32
基价（元）				**78.47**	**91.09**	**102.31**	**111.64**
其中	人工费（元）			46.06	53.34	60.90	65.52
	材料费（元）			5.37	5.37	5.47	5.56
	机械费（元）			27.04	32.38	35.94	40.56
名称		单位	单价(元)	消耗量			
人工	综合工日	工日	140.00	0.329	0.381	0.435	0.468
材料	二硫化钼	kg	87.61	0.002	0.002	0.003	0.004
	内外环缠绕垫(综合)	个	33.33	0.150	0.150	0.150	0.150
	破布	kg	6.32	0.023	0.023	0.025	0.025
	其他材料费占材料费	%	—	1.000	1.000	1.000	1.000
机械	安全阀试压机 YFC-A	台班	355.94	0.065	0.078	0.087	0.097
	电动空气压缩机 $10m^3/min$	台班	355.21	0.011	0.013	0.014	0.017

工作内容：准备工作、场内搬运、整定压力测试、打铅封、挂合格证。　　计量单位：个

定额编号				A8-3-240	A8-3-241	A8-3-242	A8-3-243
项目名称				公称直径(mm以内)			
				40	50	65	80
基价（元）				122.49	130.92	143.91	153.08
其中	人工费（元）			72.38	76.44	86.38	93.24
	材料费（元）			5.63	5.73	5.93	6.11
	机械费（元）			44.48	48.75	51.60	53.73
名称		单位	单价(元)	消耗量			
人工	综合工日	工日	140.00	0.517	0.546	0.617	0.666
材料	二硫化钼	kg	87.61	0.004	0.005	0.006	0.007
	内外环缠绕垫(综合)	个	33.33	0.150	0.150	0.150	0.150
	破布	kg	6.32	0.035	0.038	0.054	0.069
	其他材料费占材料费	%	—	1.000	1.000	1.000	1.000
机械	安全阀试压机 YFC-A	台班	355.94	0.107	0.117	0.124	0.129
	电动空气压缩机 10m³/min	台班	355.21	0.018	0.020	0.021	0.022

工作内容：准备工作、场内搬运、整定压力测试、打铅封、挂合格证。　　　　计量单位：个

定额编号				A8-3-244	A8-3-245	A8-3-246
项目名称				公称直径(mm以内)		
				100	125	150
基价（元）				**194.05**	**207.35**	**218.51**
其中	人工费（元）			120.12	130.76	139.86
	材料费（元）			6.47	6.90	7.09
	机械费（元）			67.46	69.69	71.56
名称		单位	单价(元)	消耗量		
人工	综合工日	工日	140.00	0.858	0.934	0.999
材料	二硫化钼	kg	87.61	0.011	0.013	0.015
	内外环缠绕垫(综合)	个	33.33	0.150	0.150	0.150
	破布	kg	6.32	0.070	0.110	0.112
	其他材料费占材料费	%	—	1.000	1.000	1.000
机械	安全阀试压机 YFC-A	台班	355.94	0.136	0.140	0.144
	叉式起重机 3t	台班	495.91	0.008	0.008	0.008
	电动单梁起重机 5t	台班	223.20	0.031	0.033	0.035
	电动空气压缩机 10m³/min	台班	355.21	0.023	0.024	0.024

工作内容：准备工作、场内搬运、整定压力测试、打铅封、挂合格证。　　计量单位：个

定额编号				A8-3-247	A8-3-248	A8-3-249
项目名称				公称直径(mm以内)		
				200	250	300
基价（元）				237.28	259.31	283.51
其中	人工费（元）			154.98	170.52	191.10
	材料费（元）			7.71	8.07	8.53
	机械费（元）			74.59	80.72	83.88
名称		单位	单价(元)	消耗量		
人工	综合工日	工日	140.00	1.107	1.218	1.365
材料	二硫化钼	kg	87.61	0.019	0.022	0.026
	内外环缠绕垫(综合)	个	33.33	0.150	0.150	0.150
	破布	kg	6.32	0.154	0.169	0.185
	其他材料费占材料费	%	—	1.000	1.000	1.000
机械	安全阀试压机 YFC-A	台班	355.94	0.149	0.156	0.162
	叉式起重机 3t	台班	495.91	0.008	0.008	0.008
	电动单梁起重机 5t	台班	223.20	0.039	0.041	0.044
	电动空气压缩机 $10m^3/min$	台班	355.21	0.025	0.034	0.035

工作内容：准备工作、场内搬运、整定压力测试、打铅封、挂合格证。　　计量单位：个

定额编号				A8-3-250	A8-3-251	A8-3-252
项目名称				公称直径(mm以内)		
				350	400	450
基价（元）				309.86	340.45	376.45
其中	人工费（元）			214.06	239.82	268.38
	材料费（元）			8.89	9.35	9.71
	机械费（元）			86.91	91.28	98.36
名称		单位	单价(元)	消耗量		
人工	综合工日	工日	140.00	1.529	1.713	1.917
材料	二硫化钼	kg	87.61	0.029	0.033	0.036
	内外环缠绕垫(综合)	个	33.33	0.150	0.150	0.150
	破布	kg	6.32	0.200	0.216	0.231
	其他材料费占材料费	%	—	1.000	1.000	1.000
机械	安全阀试压机 YFC-A	台班	355.94	0.168	0.175	0.188
	叉式起重机 3t	台班	495.91	0.008	0.009	0.010
	电动单梁起重机 5t	台班	223.20	0.048	0.051	0.055
	电动空气压缩机 $10m^3/min$	台班	355.21	0.035	0.037	0.040

三、高压阀门

1.螺纹阀门

工作内容：准备工作、阀门壳体压力试验和密封试验、管子切口、套丝、阀门安装。　　计量单位：个

定额编号				A8-3-253	A8-3-254	A8-3-255
项目名称				公称直径(mm以内)		
				15	20	25
基价（元）				62.38	81.52	89.26
其中	人工费（元）			35.00	44.52	51.66
	材料费（元）			7.28	7.74	8.21
	机械费（元）			20.10	29.26	29.39
名称		单位	单价(元)	消耗量		
人工	综合工日	工日	140.00	0.250	0.318	0.369
材料	螺纹阀门	个	—	(1.000)	(1.000)	(1.000)
	低碳钢焊条	kg	6.84	0.165	0.165	0.165
	聚四氟乙烯生料带	m	0.13	0.415	0.509	0.641
	六角螺栓带螺母 M12×55	套	0.67	0.160	0.160	0.160
	螺纹截止阀 J11T-16 DN15	个	7.12	0.020	0.020	0.020
	尼龙砂轮片 φ500×25×4	片	12.82	0.012	0.020	0.030
	热轧厚钢板 δ20	kg	3.20	0.007	0.009	0.010
	石棉橡胶板	kg	9.40	0.034	0.050	0.084
	输水软管 φ25	m	8.55	0.020	0.020	0.020
	水	kg	0.01	0.004	0.008	0.017
	铁砂布	张	0.85	0.038	0.065	0.065
	无缝钢管 φ22×2.5	m	3.42	0.010	0.010	0.010
	压力表补芯	个	1.54	0.020	0.020	0.020
	压力表高压	块	188.03	0.020	0.020	0.020
	氧气	m³	3.63	0.141	0.141	0.141
	乙炔气	kg	10.45	0.047	0.047	0.047
	皂化冷却液	kg	9.40	0.026	0.043	0.043
	其他材料费占材料费	%	—	1.000	1.000	1.000
机械	电焊机(综合)	台班	118.28	0.033	0.033	0.033
	电焊条恒温箱	台班	21.41	0.003	0.003	0.003
	电焊条烘干箱 60×50×75cm³	台班	26.46	0.003	0.003	0.003
	管子切断套丝机 159mm	台班	21.31	0.083	0.083	0.083
	普通车床 630×2000mm	台班	247.10	0.056	0.092	0.092
	砂轮切割机 500mm	台班	29.08	0.003	0.008	0.009
	试压泵 60MPa	台班	24.08	0.015	0.020	0.024

工作内容：准备工作、阀门壳体压力试验和密封试验、管子切口、套丝、阀门安装。　　计量单位：个

定额编号				A8-3-256	A8-3-257	A8-3-258
项目名称				公称直径(mm以内)		
				32	40	50
基价（元）				**111.29**	**131.50**	**170.53**
其中	人工费（元）			66.22	78.68	96.18
	材料费（元）			8.81	9.45	10.24
	机械费（元）			36.26	43.37	64.11
名称		单位	单价(元)	消耗量		
人工	综合工日	工日	140.00	0.473	0.562	0.687
材料	螺纹阀门	个	—	(1.000)	(1.000)	(1.000)
	低碳钢焊条	kg	6.84	0.165	0.165	0.165
	聚四氟乙烯生料带	m	0.13	0.791	0.904	1.074
	六角螺栓带螺母 M16×65	套	1.45	0.160	0.160	—
	六角螺栓带螺母 M16×70	套	1.45	—	—	0.160
	螺纹截止阀 J11T-16 DN15	个	7.12	0.020	0.020	0.020
	尼龙砂轮片 φ500×25×4	片	12.82	0.043	0.051	0.075
	热轧厚钢板 δ20	kg	3.20	0.014	0.016	0.020
	石棉橡胶板	kg	9.40	0.101	0.140	0.168
	输水软管 φ25	m	8.55	0.020	0.020	0.020
	水	kg	0.01	0.036	0.070	0.140
	铁砂布	张	0.85	0.080	0.100	0.125
	无缝钢管 φ22×2.5	m	3.42	0.010	0.010	0.010
	压力表补芯	个	1.54	0.020	0.020	0.020
	压力表高压	块	188.03	0.020	0.020	0.020
	氧气	m³	3.63	0.141	0.141	0.141
	乙炔气	kg	10.45	0.047	0.047	0.047
	皂化冷却液	kg	9.40	0.054	0.067	0.083
	其他材料费占材料费	%	—	1.000	1.000	1.000
机械	电焊机(综合)	台班	118.28	0.033	0.033	0.033
	电焊条恒温箱	台班	21.41	0.003	0.003	0.003
	电焊条烘干箱 60×50×75cm³	台班	26.46	0.003	0.003	0.003
	管子切断套丝机 159mm	台班	21.31	0.092	0.092	0.092
	普通车床 630×2000mm	台班	247.10	0.118	0.146	0.229
	砂轮切割机 500mm	台班	29.08	0.011	0.011	0.014
	试压泵 60MPa	台班	24.08	0.032	0.040	0.046

2. 承插焊阀门

工作内容：准备工作、阀门壳体压力试验和密封试验、管子切口、管口组对、焊接、阀门安装。

计量单位：个

定额编号				A8-3-259	A8-3-260	A8-3-261	A8-3-262
项目名称				公称直径(mm以内)			
				15	20	25	32
基价（元）				46.88	57.89	67.33	80.79
其中	人工费（元）			28.14	35.42	42.28	52.36
	材料费（元）			8.02	8.46	9.07	10.00
	机械费（元）			10.72	14.01	15.98	18.43
名称		单位	单价(元)	消耗量			
人工	综合工日	工日	140.00	0.201	0.253	0.302	0.374
材料	碳钢焊接阀门	个	—	(1.000)	(1.000)	(1.000)	(1.000)
	丙酮	kg	7.51	0.022	0.023	0.024	0.026
	低碳钢焊条	kg	6.84	0.298	0.318	0.336	0.365
	电	kW·h	0.68	0.030	0.040	0.050	0.063
	六角螺栓带螺母 M16×65	套	1.45	—	—	—	0.160
	螺纹截止阀 J11T-16 DN15	个	7.12	0.020	0.020	0.020	0.020
	棉纱头	kg	6.00	0.002	0.003	0.004	0.006
	磨头	个	2.75	0.020	0.026	0.031	0.039
	尼龙砂轮片 φ100×16×3	片	2.56	0.004	0.004	0.005	0.007
	尼龙砂轮片 φ500×25×4	片	12.82	0.012	0.020	0.030	0.043
	热轧厚钢板 δ20	kg	3.20	0.007	0.009	0.010	0.014
	石棉橡胶板	kg	9.40	0.034	0.050	0.084	0.101
	输水软管 φ25	m	8.55	0.020	0.020	0.020	0.020
	水	kg	0.01	0.004	0.008	0.017	0.036
	无缝钢管 φ22×2.5	m	3.42	0.010	0.010	0.010	0.010
	压力表补芯	个	1.54	0.020	0.020	0.020	0.020
	压力表高压	块	188.03	0.020	0.020	0.020	0.020
	氧气	m³	3.63	0.141	0.141	0.141	0.153
	乙炔气	kg	10.45	0.047	0.047	0.047	0.051
	其他材料费占材料费	%	—	1.000	1.000	1.000	1.000
机械	电焊机(综合)	台班	118.28	0.082	0.108	0.124	0.142
	电焊条恒温箱	台班	21.41	0.009	0.011	0.012	0.014
	电焊条烘干箱 60×50×75cm³	台班	26.46	0.009	0.011	0.012	0.014
	砂轮切割机 500mm	台班	29.08	0.003	0.007	0.008	0.010
	试压泵 60MPa	台班	24.08	0.021	0.021	0.021	0.028

工作内容：准备工作、阀门壳体压力试验和密封试验、管子切口、管口组对、焊接、阀门安装。

计量单位：个

定额编号				A8-3-263	A8-3-264
项目名称				公称直径(mm以内)	
				40	50
基价（元）				**95.41**	**111.98**
其中	人工费（元）			63.56	74.34
	材料费（元）			10.67	11.71
	机械费（元）			21.18	25.93
名称		单位	单价(元)	消耗量	
人工	综合工日	工日	140.00	0.454	0.531
材料	碳钢焊接阀门	个	—	(1.000)	(1.000)
	丙酮	kg	7.51	0.029	0.035
	低碳钢焊条	kg	6.84	0.385	0.434
	电	kW·h	0.68	0.078	0.093
	六角螺栓带螺母 M16×65	套	1.45	0.160	—
	六角螺栓带螺母 M16×70	套	1.45	—	0.160
	螺纹截止阀 J11T-16 DN15	个	7.12	0.020	0.020
	棉纱头	kg	6.00	0.006	0.007
	磨头	个	2.75	0.044	0.053
	尼龙砂轮片 φ100×16×3	片	2.56	0.007	0.009
	尼龙砂轮片 φ500×25×4	片	12.82	0.051	0.075
	热轧厚钢板 δ20	kg	3.20	0.016	0.020
	石棉橡胶板	kg	9.40	0.140	0.168
	输水软管 φ25	m	8.55	0.020	0.020
	水	kg	0.01	0.070	0.140
	无缝钢管 φ22×2.5	m	3.42	0.010	0.010
	压力表补芯	个	1.54	0.020	0.020
	压力表高压	块	188.03	0.020	0.020
	氧气	m^3	3.63	0.153	0.157
	乙炔气	kg	10.45	0.051	0.052
	其他材料费占材料费	%	—	1.000	1.000
机械	电焊机(综合)	台班	118.28	0.163	0.200
	电焊条恒温箱	台班	21.41	0.016	0.020
	电焊条烘干箱 60×50×75cm^3	台班	26.46	0.016	0.020
	砂轮切割机 500mm	台班	29.08	0.010	0.012
	试压泵 60MPa	台班	24.08	0.035	0.040

3. 对焊阀门(氩电联焊)

工作内容：准备工作、阀门壳体压力试验和密封试验、管子切口、坡口加工、管口组对、焊接、阀门安装。

计量单位：个

定额编号				A8-3-265	A8-3-266	A8-3-267	A8-3-268
项目名称				公称直径(mm以内)			
				15	20	25	32
基价（元）				**230.94**	**231.65**	**256.32**	**284.40**
其中	人工费（元）			134.26	134.26	149.24	165.76
	材料费（元）			18.18	18.89	19.80	21.68
	机械费（元）			78.50	78.50	87.28	96.96
名称		单位	单价(元)	消耗量			
人工	综合工日	工日	140.00	0.959	0.959	1.066	1.184
材料	碳钢焊接阀门	个	—	(1.000)	(1.000)	(1.000)	(1.000)
	丙酮	kg	7.51	0.510	0.538	0.567	0.630
	低碳钢焊条	kg	6.84	0.260	0.273	0.289	0.321
	电	kW·h	0.68	0.258	0.270	0.286	0.318
	钢丝 φ4.0	kg	4.02	0.026	0.027	0.029	0.032
	六角螺栓带螺母 M12×55	套	0.67	0.160	0.160	0.160	—
	六角螺栓带螺母 M16×65	套	1.45	—	—	—	0.160
	螺纹截止阀 J11T-16 DN15	个	7.12	0.020	0.020	0.020	0.020
	棉纱头	kg	6.00	0.013	0.014	0.015	0.017
	磨头	个	2.75	0.040	0.052	0.062	0.078
	尼龙砂轮片 φ100×16×3	片	2.56	0.103	0.107	0.114	0.127
	尼龙砂轮片 φ500×25×4	片	12.82	0.060	0.063	0.067	0.074
	破布	kg	6.32	0.033	0.034	0.037	0.041
	热轧厚钢板 δ20	kg	3.20	0.007	0.009	0.010	0.014
	石棉橡胶板	kg	9.40	0.289	0.308	0.321	0.357
	铈钨棒	g	0.38	0.304	0.320	0.338	0.376

续表

定额编号				A8-3-265	A8-3-266	A8-3-267	A8-3-268
项目名称				公称直径(mm以内)			
				15	20	25	32
名称		单位	单价(元)	消耗量			
材料	输水软管 φ25	m	8.55	0.020	0.020	0.020	0.020
	水	kg	0.01	0.241	0.254	0.268	0.297
	碳钢焊丝	kg	7.69	0.054	0.057	0.060	0.067
	无缝钢管 φ22×2.5	m	3.42	0.010	0.010	0.010	0.010
	压力表补芯	个	1.54	0.020	0.020	0.020	0.020
	压力表高压	块	188.03	0.020	0.020	0.020	0.020
	氩气	m^3	19.59	0.152	0.156	0.169	0.188
	氧气	m^3	3.63	0.026	0.027	0.029	0.032
	乙炔气	kg	10.45	0.009	0.009	0.010	0.011
	其他材料费占材料费	%	—	1.000	1.000	1.000	1.000
机械	电焊机(综合)	台班	118.28	0.274	0.274	0.305	0.339
	电焊条恒温箱	台班	21.41	0.028	0.028	0.031	0.034
	电焊条烘干箱 60×50×75cm^3	台班	26.46	0.028	0.028	0.031	0.034
	普通车床 630×2000mm	台班	247.10	0.098	0.098	0.109	0.121
	砂轮切割机 500mm	台班	29.08	0.033	0.033	0.036	0.040
	试压泵 60MPa	台班	24.08	0.113	0.113	0.126	0.139
	氩弧焊机 500A	台班	92.58	0.182	0.182	0.202	0.225

工作内容：准备工作、阀门壳体压力试验和密封试验、管子切口、坡口加工、管口组对、焊接、阀门安装。

计量单位：个

定额编号				A8-3-269	A8-3-270	A8-3-271	A8-3-272
项目名称				公称直径(mm以内)			
				40	50	65	80
基价（元）				**284.44**	**393.47**	**521.41**	**632.31**
其中	人工费（元）			165.76	230.30	309.68	357.14
	材料费（元）			21.72	28.51	41.12	49.22
	机械费（元）			96.96	134.66	170.61	225.95
	名称	**单位**	**单价（元）**	**消耗量**			
人工	综合工日	工日	140.00	1.184	1.645	2.212	2.551
材料	碳钢焊接阀门	个	—	(1.000)	(1.000)	(1.000)	(1.000)
	丙酮	kg	7.51	0.630	0.875	1.185	1.395
	低碳钢焊条	kg	6.84	0.321	0.445	0.760	0.894
	电	kW·h	0.68	0.318	0.442	0.442	0.418
	钢丝 Φ4.0	kg	4.02	0.032	0.044	—	—
	六角螺栓带螺母 M16×65	套	1.45	0.160	—	—	—
	六角螺栓带螺母 M16×70	套	1.45	—	0.160	0.320	0.320
	螺纹截止阀 J11T-16 DN15	个	7.12	0.020	0.020	0.020	0.020
	棉纱头	kg	6.00	0.017	0.023	0.029	0.034
	磨头	个	2.75	0.088	0.153	0.201	0.236
	尼龙砂轮片 Φ100×16×3	片	2.56	0.127	0.176	0.315	0.372
	尼龙砂轮片 Φ500×25×4	片	12.82	0.074	0.103	0.159	0.189
	破布	kg	6.32	0.041	0.057	—	—
	热轧厚钢板 δ20	kg	3.20	0.016	0.020	0.025	0.030
	石棉橡胶板	kg	9.40	0.357	0.496	0.643	0.941
	铈钨棒	g	0.38	0.376	0.522	0.660	0.792
	输水软管 Φ25	m	8.55	0.020	0.020	0.020	0.020
	水	kg	0.01	0.297	0.413	0.891	1.661

续表

定额编号				A8-3-269	A8-3-270	A8-3-271	A8-3-272
项目名称				公称直径(mm以内)			
				40	50	65	80
名称		单位	单价(元)	消耗量			
材料	碳钢焊丝	kg	7.69	0.067	0.093	0.118	0.141
	无缝钢管 φ22×2.5	m	3.42	0.010	0.010	0.010	0.010
	压力表补芯	个	1.54	0.020	0.020	0.020	0.020
	压力表高压	块	188.03	0.020	0.020	0.020	0.020
	氩气	m³	19.59	0.188	0.261	0.330	0.396
	氧气	m³	3.63	0.032	0.045	0.616	0.693
	乙炔气	kg	10.45	0.011	0.015	0.206	0.231
	其他材料费占材料费	%	—	1.000	1.000	1.000	1.000
机械	电焊机(综合)	台班	118.28	0.339	0.471	0.664	0.781
	电焊条恒温箱	台班	21.41	0.034	0.047	0.066	0.079
	电焊条烘干箱 60×50×75cm³	台班	26.46	0.034	0.047	0.066	0.079
	吊装机械(综合)	台班	619.04	—	—	—	0.035
	普通车床 630×2000mm	台班	247.10	0.121	0.168	0.182	0.196
	汽车式起重机 8t	台班	763.67	—	—	—	0.006
	砂轮切割机 500mm	台班	29.08	0.040	0.056	0.073	0.086
	试压泵 60MPa	台班	24.08	0.139	0.194	0.222	0.245
	氩弧焊机 500A	台班	92.58	0.225	0.312	0.394	0.472
	载重汽车 8t	台班	501.85	—	—	—	0.006

工作内容：准备工作、阀门壳体压力试验和密封试验、管子切口、坡口加工、管口组对、焊接、阀门安装。

计量单位：个

定额编号				A8-3-273	A8-3-274	A8-3-275	A8-3-276
项目名称				公称直径(mm以内)			
				100	125	150	200
基价（元）				811.30	1039.67	1236.93	1801.19
其中	人工费（元）			421.40	535.64	603.26	888.30
	材料费（元）			66.25	78.12	96.02	144.83
	机械费（元）			323.65	425.91	537.65	768.06
名称		单位	单价(元)	消耗量			
人工	综合工日	工日	140.00	3.010	3.826	4.309	6.345
材料	碳钢焊接阀门	个	—	(1.000)	(1.000)	(1.000)	(1.000)
	丙酮	kg	7.51	1.790	2.095	2.500	3.450
	低碳钢焊条	kg	6.84	1.635	1.914	2.828	5.606
	电	kW·h	0.68	0.563	0.713	0.863	1.287
	角钢(综合)	kg	3.61	—	—	—	0.435
	六角螺栓带螺母 M20×80	套	2.14	0.320	—	—	—
	六角螺栓带螺母 M22×85	套	3.93	—	0.320	—	—
	六角螺栓带螺母 M22×90	套	4.19	—	—	0.320	—
	六角螺栓带螺母 M27×95	套	7.95	—	—	—	0.480
	螺纹截止阀 J11T-16 DN15	个	7.12	0.020	0.020	0.020	0.020
	棉纱头	kg	6.00	0.040	0.048	0.059	0.080
	磨头	个	2.75	0.302	—	—	—
	尼龙砂轮片 φ100×16×3	片	2.56	0.427	0.503	0.703	0.835
	尼龙砂轮片 φ500×25×4	片	12.82	0.261	0.308	—	—
	热轧厚钢板 δ20	kg	3.20	0.036	0.047	0.061	0.088
	石棉橡胶板	kg	9.40	1.239	1.634	1.982	2.378
	铈钨棒	g	0.38	1.016	1.205	1.446	1.996
	输水软管 φ25	m	8.55	0.020	0.020	0.020	0.020
	水	kg	0.01	3.242	6.337	10.948	25.948

续表

定额编号				A8-3-273	A8-3-274	A8-3-275	A8-3-276
项目名称				公称直径(mm以内)			
				100	125	150	200
名称		单位	单价(元)	消耗量			
材料	碳钢焊丝	kg	7.69	0.181	0.215	0.258	0.357
	无缝钢管 φ22×2.5	m	3.42	0.010	0.010	0.010	0.010
	压力表补芯	个	1.54	0.020	0.020	0.020	0.020
	压力表高压	块	188.03	0.020	0.020	0.020	0.020
	氩气	m^3	19.59	0.508	0.603	0.723	0.998
	氧气	m^3	3.63	0.947	1.071	1.841	2.836
	乙炔气	kg	10.45	0.315	0.357	0.614	0.945
	其他材料费占材料费	%	—	1.000	1.000	1.000	1.000
机械	半自动切割机 100mm	台班	83.55	—	—	0.403	0.586
	电焊机(综合)	台班	118.28	1.161	1.358	1.784	2.767
	电焊条恒温箱	台班	21.41	0.116	0.136	0.178	0.277
	电焊条烘干箱 60×50×75cm^3	台班	26.46	0.116	0.136	0.178	0.277
	吊装机械(综合)	台班	619.04	0.068	0.068	0.068	0.068
	普通车床 630×2000mm	台班	247.10	0.230	0.479	0.522	0.780
	汽车式起重机 8t	台班	763.67	0.012	0.012	0.012	0.012
	砂轮切割机 500mm	台班	29.08	0.127	0.136	—	—
	试压泵 60MPa	台班	24.08	0.285	0.524	0.763	0.763
	氩弧焊机 500A	台班	92.58	0.606	0.719	0.862	1.190
	载重汽车 8t	台班	501.85	0.012	0.012	0.012	0.012

工作内容：准备工作、阀门壳体压力试验和密封试验、管子切口、坡口加工、管口组对、焊接、阀门安装。

计量单位：个

定额编号				A8-3-277	A8-3-278	A8-3-279	A8-3-280
项目名称				公称直径(mm以内)			
				250	300	350	400
基价（元）				**2415.80**	**3014.70**	**3786.20**	**4646.70**
其中	人工费（元）			1249.64	1556.52	1870.54	2268.70
	材料费（元）			195.30	257.53	344.12	442.43
	机械费（元）			970.86	1200.65	1571.54	1935.57
名称		单位	单价(元)	消耗量			
人工	综合工日	工日	140.00	8.926	11.118	13.361	16.205
材料	碳钢焊接阀门	个	—	(1.000)	(1.000)	(1.000)	(1.000)
	丙酮	kg	7.51	4.300	5.100	6.120	7.344
	低碳钢焊条	kg	6.84	9.479	14.678	22.351	30.925
	电	kW·h	0.68	1.732	2.200	2.662	3.289
	角钢(综合)	kg	3.61	0.435	0.572	0.572	0.572
	六角螺栓带螺母 M27×105	套	8.12	0.480	—	—	—
	六角螺栓带螺母 M27×115	套	9.23	—	0.640	—	—
	六角螺栓带螺母 M27×120	套	10.09	—	—	0.640	—
	六角螺栓带螺母 M30×130	套	13.33	—	—	—	0.640
	螺纹截止阀 J11T-16 DN15	个	7.12	0.020	0.020	0.020	0.020
	棉纱头	kg	6.00	0.097	0.115	0.137	0.155
	尼龙砂轮片 φ100×16×3	片	2.56	1.257	1.755	2.347	3.040
	热轧厚钢板 δ20	kg	3.20	0.128	0.165	0.211	0.262
	石棉橡胶板	kg	9.40	2.626	2.873	3.865	4.956
	铈钨棒	g	0.38	2.491	2.968	3.442	3.887
	输水软管 φ25	m	8.55	0.020	0.020	0.020	0.020
	水	kg	0.01	50.684	87.577	139.075	207.595

续表

定额编号				A8-3-277	A8-3-278	A8-3-279	A8-3-280
项目名称				公称直径(mm以内)			
				250	300	350	400
名称		单位	单价(元)	消耗量			
材料	碳钢焊丝	kg	7.69	0.445	0.530	0.615	0.694
	无缝钢管 φ22×2.5	m	3.42	0.010	0.010	0.010	0.010
	压力表补芯	个	1.54	0.020	0.020	0.020	0.020
	压力表高压	块	188.03	0.020	0.020	0.020	0.020
	氩气	m³	19.59	1.245	1.484	1.721	1.944
	氧气	m³	3.63	3.837	4.892	5.963	7.210
	乙炔气	kg	10.45	1.279	1.631	1.988	2.403
	其他材料费占材料费	%	—	1.000	1.000	1.000	1.000
机械	半自动切割机 100mm	台班	83.55	0.730	0.882	1.029	1.190
	电焊机(综合)	台班	118.28	3.712	4.762	6.592	8.564
	电焊条恒温箱	台班	21.41	0.371	0.477	0.659	0.857
	电焊条烘干箱 60×50×75cm³	台班	26.46	0.371	0.477	0.659	0.857
	吊装机械(综合)	台班	619.04	0.079	0.079	0.125	0.125
	普通车床 630×2000mm	台班	247.10	0.943	1.192	1.430	1.716
	汽车式起重机 8t	台班	763.67	0.012	0.012	0.026	0.034
	试压泵 60MPa	台班	24.08	0.763	0.763	0.860	0.957
	氩弧焊机 500A	台班	92.58	1.486	1.770	2.052	2.319
	载重汽车 8t	台班	501.85	0.012	0.012	0.026	0.034

工作内容：准备工作、阀门壳体压力试验和密封试验、管子切口、坡口加工、管口组对、焊接、阀门安装。

计量单位：个

定额编号				A8-3-281	A8-3-282
项目名称				公称直径(mm以内)	
				450	500
基价（元）				5708.87	6427.24
其中	人工费（元）			2784.46	3152.66
	材料费（元）			558.72	627.03
	机械费（元）			2365.69	2647.55
名称		单位	单价(元)	消耗量	
人工	综合工日	工日	140.00	19.889	22.519
材料	碳钢焊接阀门	个	—	(1.000)	(1.000)
	丙酮	kg	7.51	8.813	10.575
	低碳钢焊条	kg	6.84	41.877	46.343
	电	kW·h	0.68	4.019	4.445
	角钢(综合)	kg	3.61	0.572	0.572
	六角螺栓带螺母 M30×140	套	14.02	0.800	—
	六角螺栓带螺母 M36×150	套	25.64	—	0.800
	螺纹截止阀 J11T-16 DN15	个	7.12	0.020	0.020
	棉纱头	kg	6.00	0.172	0.189
	尼龙砂轮片 φ100×16×3	片	2.56	3.808	4.224
	热轧厚钢板 δ30	kg	3.20	0.479	0.582
	石棉橡胶板	kg	9.40	5.847	5.947
	铈钨棒	g	0.38	4.382	4.875
	输水软管 φ25	m	8.55	0.020	0.020
	水	kg	0.01	295.581	405.463
	碳钢焊丝	kg	7.69	0.782	0.871

续表

定额编号				A8-3-281	A8-3-282
项目名称				公称直径(mm以内)	
				450	500
名称		单位	单价(元)	消耗量	
材料	无缝钢管 φ22×2.5	m	3.42	0.010	0.010
	压力表补芯	个	1.54	0.020	0.020
	压力表高压	块	188.03	0.020	0.020
	氩气	m³	19.59	2.191	2.437
	氧气	m³	3.63	8.375	9.084
	乙炔气	kg	10.45	2.792	3.028
	其他材料费占材料费	%	—	1.000	1.000
机械	半自动切割机 100mm	台班	83.55	1.402	1.504
	电焊机(综合)	台班	118.28	10.806	11.959
	电焊条恒温箱	台班	21.41	1.081	1.196
	电焊条烘干箱 60×50×75cm³	台班	26.46	1.081	1.196
	吊装机械(综合)	台班	619.04	0.159	0.159
	普通车床 630×2000mm	台班	247.10	2.059	2.471
	汽车式起重机 8t	台班	763.67	0.035	0.035
	试压泵 60MPa	台班	24.08	1.053	1.150
	氩弧焊机 500A	台班	92.58	2.612	2.907
	载重汽车 8t	台班	501.85	0.035	0.035

4. 法兰阀门

工作内容：准备工作、阀门壳体压力试验和密封试验、阀门安装、螺栓涂二硫化钼。　　计量单位：个

定额编号				A8-3-283	A8-3-284	A8-3-285	A8-3-286
项目名称				公称直径(mm以内)			
				15	20	25	32
基价（元）				**44.64**	**45.21**	**50.86**	**67.29**
其中	人工费（元）			32.34	32.34	37.66	53.48
	材料费（元）			7.37	7.94	8.27	8.66
	机械费（元）			4.93	4.93	4.93	5.15
名称		单位	单价(元)	消耗量			
人工	综合工日	工日	140.00	0.231	0.231	0.269	0.382
材料	法兰阀门	个	—	(1.000)	(1.000)	(1.000)	(1.000)
	碳钢透镜垫	个	—	(1.000)	(1.000)	(1.000)	(1.000)
	低碳钢焊条	kg	6.84	0.165	0.165	0.165	0.165
	二硫化钼	kg	87.61	0.006	0.010	0.010	0.011
	六角螺栓带螺母 M12×55	套	0.67	0.160	0.160	0.160	—
	六角螺栓带螺母 M16×65	套	1.45	—	—	—	0.160
	螺纹截止阀 J11T-16 DN15	个	7.12	0.020	0.020	0.020	0.020
	破布	kg	6.32	0.008	0.016	0.016	0.016
	热轧厚钢板 δ20	kg	3.20	0.007	0.009	0.010	0.014
	砂纸	张	0.47	0.008	0.016	0.016	0.016
	石棉橡胶板	kg	9.40	0.034	0.050	0.084	0.101
	输水软管 Φ25	m	8.55	0.020	0.020	0.020	0.020
	水	kg	0.01	0.004	0.008	0.017	0.036
	无缝钢管 Φ22×2.5	m	3.42	0.010	0.010	0.010	0.010
	压力表补芯	个	1.54	0.020	0.020	0.020	0.020
	压力表高压	块	188.03	0.020	0.020	0.020	0.020
	氧气	m³	3.63	0.141	0.141	0.141	0.141
	乙炔气	kg	10.45	0.047	0.047	0.047	0.047
	其他材料费占材料费	%	—	1.000	1.000	1.000	1.000
机械	电焊机(综合)	台班	118.28	0.035	0.035	0.035	0.035
	电焊条恒温箱	台班	21.41	0.004	0.004	0.004	0.004
	电焊条烘干箱 60×50×75cm³	台班	26.46	0.004	0.004	0.004	0.004
	试压泵 60MPa	台班	24.08	0.025	0.025	0.025	0.034

工作内容：准备工作、阀门壳体压力试验和密封试验、阀门安装、螺栓涂二硫化钼。　　计量单位：个

定额编号				A8-3-287	A8-3-288	A8-3-289	A8-3-290
项目名称				公称直径(mm以内)			
				40	50	65	80
基价（元）				73.57	87.98	144.33	202.94
其中	人工费（元）			59.22	72.10	97.02	132.30
	材料费（元）			9.03	10.39	12.18	13.29
	机械费（元）			5.32	5.49	35.13	57.35
	名称	单位	单价(元)	消耗量			
人工	综合工日	工日	140.00	0.423	0.515	0.693	0.945
材料	法兰阀门	个	—	(1.000)	(1.000)	(1.000)	(1.000)
	碳钢透镜垫	个	—	(1.000)	(1.000)	(1.000)	(1.000)
	低碳钢焊条	kg	6.84	0.165	0.165	0.165	0.165
	二硫化钼	kg	87.61	0.011	0.022	0.034	0.034
	六角螺栓带螺母 M16×65	套	1.45	0.160	—	—	—
	六角螺栓带螺母 M16×70	套	1.45	—	0.160	0.320	0.320
	螺纹截止阀 J11T-16 DN15	个	7.12	0.020	0.020	0.020	0.020
	破布	kg	6.32	0.016	0.032	0.032	0.032
	热轧厚钢板 δ20	kg	3.20	0.016	0.020	0.025	0.030
	砂纸	张	0.47	0.016	0.032	0.032	0.032
	石棉橡胶板	kg	9.40	0.140	0.168	0.218	0.319
	输水软管 φ25	m	8.55	0.020	0.020	0.020	0.020
	水	kg	0.01	0.070	0.140	0.302	0.563
	无缝钢管 φ22×2.5	m	3.42	0.010	0.010	0.010	0.010
	压力表补芯	个	1.54	0.020	0.020	0.020	0.020
	压力表高压	块	188.03	0.020	0.020	0.020	0.020
	氧气	m³	3.63	0.141	0.141	0.141	0.159
	乙炔气	kg	10.45	0.047	0.047	0.047	0.053
	其他材料费占材料费	%	—	1.000	1.000	1.000	1.000
机械	电焊机(综合)	台班	118.28	0.035	0.035	0.035	0.035
	电焊条恒温箱	台班	21.41	0.004	0.004	0.004	0.004
	电焊条烘干箱 60×50×75cm³	台班	26.46	0.004	0.004	0.004	0.004
	吊装机械(综合)	台班	619.04	—	—	0.035	0.058
	汽车式起重机 8t	台班	763.67	—	—	0.006	0.012
	试压泵 60MPa	台班	24.08	0.041	0.048	0.064	0.080
	载重汽车 8t	台班	501.85	—	—	0.006	0.012

工作内容：准备工作、阀门壳体压力试验和密封试验、阀门安装、螺栓涂二硫化钼。　　　计量单位：个

定额编号				A8-3-291	A8-3-292	A8-3-293	A8-3-294
项目名称				公称直径(mm以内)			
				100	125	150	200
基价（元）				268.73	431.60	463.81	564.50
其中	人工费（元）			173.74	331.38	358.26	451.78
	材料费（元）			15.35	19.45	23.63	30.80
	机械费（元）			79.64	80.77	81.92	81.92
	名称	单位	单价(元)	消耗量			
人工	综合工日	工日	140.00	1.241	2.367	2.559	3.227
材料	法兰阀门	个	—	(1.000)	(1.000)	(1.000)	(1.000)
	碳钢透镜垫	个	—	(1.000)	(1.000)	(1.000)	(1.000)
	低碳钢焊条	kg	6.84	0.165	0.165	0.165	0.165
	二硫化钼	kg	87.61	0.040	0.058	0.086	0.110
	六角螺栓带螺母 M20×80	套	2.14	0.320	—	—	—
	六角螺栓带螺母 M22×85	套	3.93	—	0.320	—	—
	六角螺栓带螺母 M22×90	套	4.19	—	—	0.320	—
	六角螺栓带螺母 M27×95	套	7.95	—	—	—	0.480
	螺纹截止阀 J11T-16 DN15	个	7.12	0.020	0.020	0.020	0.020
	破布	kg	6.32	0.032	0.048	0.072	0.096
	热轧厚钢板 δ20	kg	3.20	0.036	0.047	0.061	0.088
	砂纸	张	0.47	0.032	0.048	0.072	0.096
	石棉橡胶板	kg	9.40	0.420	0.554	0.672	0.806
	输水软管 φ25	m	8.55	0.020	0.020	0.020	0.020
	水	kg	0.01	1.099	2.148	3.711	8.796
	无缝钢管 φ22×2.5	m	3.42	0.010	0.010	0.010	0.010
	压力表补芯	个	1.54	0.020	0.020	0.020	0.020
	压力表高压	块	188.03	0.020	0.020	0.020	0.020
	氧气	m³	3.63	0.204	0.273	0.312	0.447
	乙炔气	kg	10.45	0.068	0.091	0.104	0.149
	其他材料费占材料费	%	—	1.000	1.000	1.000	1.000
机械	电焊机(综合)	台班	118.28	0.035	0.035	0.035	0.035
	电焊条恒温箱	台班	21.41	0.004	0.004	0.004	0.004
	电焊条烘干箱 60×50×75cm³	台班	26.46	0.004	0.004	0.004	0.004
	吊装机械(综合)	台班	619.04	0.067	0.067	0.067	0.067
	汽车式起重机 8t	台班	763.67	0.025	0.025	0.025	0.025
	试压泵 60MPa	台班	24.08	0.091	0.138	0.186	0.186
	载重汽车 8t	台班	501.85	0.025	0.025	0.025	0.025

工作内容：准备工作、阀门壳体压力试验和密封试验、阀门安装、螺栓涂二硫化钼。　　计量单位：个

定额编号				A8-3-295	A8-3-296	A8-3-297
项目名称				公称直径(mm以内)		
				250	300	350
基价（元）				**632.73**	**693.33**	**803.95**
其中	人工费（元）			489.58	538.02	595.98
	材料费（元）			35.92	39.88	46.24
	机械费（元）			107.23	115.43	161.73
名称		单位	单价(元)	消耗量		
人工	综合工日	工日	140.00	3.497	3.843	4.257
材料	法兰阀门	个	—	(1.000)	(1.000)	(1.000)
	碳钢透镜垫	个	—	(1.000)	(1.000)	(1.000)
	低碳钢焊条	kg	6.84	0.165	0.165	0.165
	二硫化钼	kg	87.61	0.139	0.139	0.186
	六角螺栓带螺母 M27×105	套	8.12	0.480	—	—
	六角螺栓带螺母 M27×115	套	9.23	—	0.640	—
	六角螺栓带螺母 M27×120	套	10.09	—	—	0.640
	螺纹截止阀 J11T-16 DN15	个	7.12	0.020	0.020	0.020
	破布	kg	6.32	0.120	0.120	0.160
	热轧厚钢板 δ20	kg	3.20	0.128	0.165	0.211
	砂纸	张	0.47	0.120	0.120	0.160
	石棉橡胶板	kg	9.40	0.890	0.974	1.051
	输水软管 φ25	m	8.55	0.020	0.020	0.020
	水	kg	0.01	17.181	29.687	32.020
	无缝钢管 φ22×2.5	m	3.42	0.010	0.010	0.010
	压力表补芯	个	1.54	0.020	0.020	0.020
	压力表高压	块	188.03	0.020	0.020	0.020
	氧气	m^3	3.63	0.627	0.750	0.820
	乙炔气	kg	10.45	0.209	0.250	0.270
	其他材料费占材料费	%	—	1.000	1.000	1.000
机械	电焊机(综合)	台班	118.28	0.035	0.035	0.035
	电焊条恒温箱	台班	21.41	0.004	0.004	0.004
	电焊条烘干箱 60×50×75cm^3	台班	26.46	0.004	0.004	0.004
	吊装机械(综合)	台班	619.04	0.067	0.067	0.105
	汽车式起重机 8t	台班	763.67	0.045	0.051	0.069
	试压泵 60MPa	台班	24.08	0.186	0.211	0.211
	载重汽车 8t	台班	501.85	0.045	0.051	0.069

工作内容：准备工作、阀门壳体压力试验和密封试验、阀门安装、螺栓涂二硫化钼。　　　计量单位：个

定额编号				A8-3-298	A8-3-299	A8-3-300
项目名称				公称直径(mm以内)		
				400	450	500
基价（元）				875.57	993.26	1090.81
其中	人工费（元）			652.26	721.56	794.78
	材料费（元）			53.26	63.97	75.04
	机械费（元）			170.05	207.73	220.99
名称		单位	单价(元)	消耗量		
人工	综合工日	工日	140.00	4.659	5.154	5.677
材料	法兰阀门	个	—	(1.000)	(1.000)	(1.000)
	碳钢透镜垫	个	—	(1.000)	(1.000)	(1.000)
	低碳钢焊条	kg	6.84	0.165	0.165	0.165
	二硫化钼	kg	87.61	0.224	0.280	0.280
	六角螺栓带螺母 M30×130	套	13.33	0.640	—	—
	六角螺栓带螺母 M30×140	套	14.02	—	0.800	—
	六角螺栓带螺母 M36×150	套	25.64	—	—	0.800
	螺纹截止阀 J11T-16 DN15	个	7.12	0.020	0.020	0.020
	破布	kg	6.32	0.160	0.200	0.200
	热轧厚钢板 δ20	kg	3.20	0.262	—	—
	热轧厚钢板 δ30	kg	3.20	—	0.479	0.582
	砂纸	张	0.47	0.160	0.200	0.200
	石棉橡胶板	kg	9.40	1.128	1.211	1.308
	输水软管 φ25	m	8.55	0.020	0.020	0.020
	水	kg	0.01	34.352	36.897	39.865
	无缝钢管 φ22×2.5	m	3.42	0.010	0.010	0.010
	压力表补芯	个	1.54	0.020	0.020	0.020
	压力表高压	块	188.03	0.020	0.020	0.020
	氧气	m³	3.63	0.910	1.078	1.130
	乙炔气	kg	10.45	0.300	0.360	0.380
	其他材料费占材料费	%	—	1.000	1.000	1.000
机械	电焊机(综合)	台班	118.28	0.035	0.035	0.035
	电焊条恒温箱	台班	21.41	0.004	0.004	0.004
	电焊条烘干箱 60×50×75cm³	台班	26.46	0.004	0.004	0.004
	吊装机械(综合)	台班	619.04	0.105	0.134	0.134
	汽车式起重机 8t	台班	763.67	0.075	0.090	0.100
	试压泵 60MPa	台班	24.08	0.241	0.272	0.297
	载重汽车 8t	台班	501.85	0.075	0.090	0.100

5. 安全阀门(法兰连接)

工作内容：准备工作、阀门壳体压力试验和密封试验、阀门安装。　　　　计量单位：个

定额编号				A8-3-301	A8-3-302	A8-3-303	A8-3-304
项目名称				公称直径(mm以内)			
				15	20	25	32
基价（元）				124.94	125.03	125.23	127.35
其中	人工费（元）			109.62	109.62	109.62	111.16
	材料费（元）			9.63	9.72	9.92	10.23
	机械费（元）			5.69	5.69	5.69	5.96
名称		单位	单价(元)	消耗量			
人工	综合工日	工日	140.00	0.783	0.783	0.783	0.794
材料	安全阀门	个	—	(1.000)	(1.000)	(1.000)	(1.000)
	低碳钢焊条	kg	6.84	0.165	0.165	0.165	0.165
	垫片	个	0.17	2.000	2.000	2.000	2.000
	镀锌铁丝 φ1.6～1.2	kg	3.57	0.500	0.500	0.500	0.500
	二硫化钼	kg	87.61	0.007	0.007	0.007	0.009
	六角螺栓带螺母 M12×55	套	0.67	0.160	0.160	0.160	—
	六角螺栓带螺母 M16×65	套	1.45	—	—	—	0.160
	螺纹截止阀 J11T-16 DN15	个	7.12	0.020	0.020	0.020	0.020
	青铅	kg	5.90	0.050	0.050	0.050	0.050
	热轧厚钢板 δ20	kg	3.20	0.008	0.009	0.010	0.014
	石棉橡胶板	kg	9.40	0.010	0.020	0.040	0.040
	输水软管 φ25	m	8.55	0.020	0.020	0.020	0.020
	水	kg	0.01	0.024	0.024	0.048	0.104
	无缝钢管 φ22×2.5	m	3.42	0.010	0.010	0.010	0.010
	压力表补芯	个	1.54	0.020	0.020	0.020	0.020
	压力表高压	块	188.03	0.020	0.020	0.020	0.020
	氧气	m³	3.63	0.141	0.141	0.141	0.141
	乙炔气	kg	10.45	0.047	0.047	0.047	0.047
	其他材料费占材料费	%	—	1.000	1.000	1.000	1.000
机械	电焊机(综合)	台班	118.28	0.040	0.040	0.040	0.040
	电焊条恒温箱	台班	21.41	0.004	0.004	0.004	0.004
	电焊条烘干箱 60×50×75cm³	台班	26.46	0.004	0.004	0.004	0.004
	试压泵 60MPa	台班	24.08	0.032	0.032	0.032	0.043

工作内容：准备工作、阀门壳体压力试验和密封试验、阀门安装。　　　　计量单位：个

定额编号				A8-3-305	A8-3-306	A8-3-307	A8-3-308
项目名称				公称直径(mm以内)			
				40	50	65	80
基价（元）				140.06	204.03	259.11	335.85
其中	人工费（元）			123.48	151.90	205.38	281.40
	材料费（元）			10.43	11.43	12.76	13.29
	机械费（元）			6.15	40.70	40.97	41.16
名称		单位	单价(元)	消耗量			
人工	综合工日	工日	140.00	0.882	1.085	1.467	2.010
材料	安全阀门	个	—	(1.000)	(1.000)	(1.000)	(1.000)
	低碳钢焊条	kg	6.84	0.165	0.165	0.165	0.165
	垫片	个	0.17	2.000	2.000	2.000	2.000
	镀锌铁丝 Φ1.6～1.2	kg	3.57	0.500	0.500	0.500	0.500
	二硫化钼	kg	87.61	0.009	0.019	0.029	0.029
	六角螺栓带螺母 M16×65	套	1.45	0.160	—	—	—
	六角螺栓带螺母 M16×70	套	1.45	—	0.160	0.320	0.320
	螺纹截止阀 J11T-16 DN15	个	7.12	0.020	0.020	0.020	0.020
	青铅	kg	5.90	0.050	0.050	0.050	0.050
	热轧厚钢板 δ20	kg	3.20	0.016	0.020	0.025	0.030
	石棉橡胶板	kg	9.40	0.060	0.070	0.090	0.130
	输水软管 Φ25	m	8.55	0.020	0.020	0.020	0.020
	水	kg	0.01	0.200	0.400	0.864	1.608
	无缝钢管 Φ22×2.5	m	3.42	0.010	0.010	0.010	0.010
	压力表补芯	个	1.54	0.020	0.020	0.020	0.020
	压力表高压	块	188.03	0.020	0.020	0.020	0.020
	氧气	m³	3.63	0.141	0.141	0.141	0.159
	乙炔气	kg	10.45	0.047	0.047	0.047	0.053
	其他材料费占材料费	%	—	1.000	1.000	1.000	1.000
机械	电焊机(综合)	台班	118.28	0.040	0.040	0.040	0.040
	电焊条恒温箱	台班	21.41	0.004	0.004	0.004	0.004
	电焊条烘干箱 60×50×75cm³	台班	26.46	0.004	0.004	0.004	0.004
	吊装机械(综合)	台班	619.04	—	0.041	0.041	0.041
	汽车式起重机 8t	台班	763.67	—	0.007	0.007	0.007
	试压泵 60MPa	台班	24.08	0.051	0.064	0.075	0.083
	载重汽车 8t	台班	501.85	—	0.007	0.007	0.007

工作内容：准备工作、阀门壳体压力试验和密封试验、阀门安装。　　计量单位：个

定额编号				A8-3-309	A8-3-310	A8-3-311
项目名称				公称直径(mm以内)		
				100	125	150
基价（元）				**464.98**	**590.10**	**821.65**
其中	人工费（元）			371.42	490.84	719.74
	材料费（元）			17.82	20.63	22.32
	机械费（元）			75.74	78.63	79.59
名称		单位	单价(元)	消耗量		
人工	综合工日	工日	140.00	2.653	3.506	5.141
材料	安全阀门	个	—	(1.000)	(1.000)	(1.000)
	低碳钢焊条	kg	6.84	0.165	0.165	0.165
	垫片	个	0.17	2.000	2.000	2.000
	镀锌铁丝 φ1.6～1.2	kg	3.57	1.000	1.000	1.000
	二硫化钼	kg	87.61	0.049	0.061	0.070
	六角螺栓带螺母 M20×80	套	2.14	0.320	—	—
	六角螺栓带螺母 M22×85	套	3.93	—	0.320	—
	六角螺栓带螺母 M22×90	套	4.19	—	—	0.320
	螺纹截止阀 J11T-16 DN15	个	7.12	0.020	0.020	0.020
	青铅	kg	5.90	0.050	0.050	0.050
	热轧厚钢板 δ20	kg	3.20	0.036	0.047	0.061
	石棉橡胶板	kg	9.40	0.170	0.230	0.280
	输水软管 φ25	m	8.55	0.020	0.020	0.020
	水	kg	0.01	3.140	9.487	10.604
	无缝钢管 φ22×2.5	m	3.42	0.010	0.010	0.010
	压力表补芯	个	1.54	0.020	0.020	0.020
	压力表高压	块	188.03	0.020	0.020	0.020
	氧气	m^3	3.63	0.204	0.273	0.312
	乙炔气	kg	10.45	0.068	0.091	0.104
	其他材料费占材料费	%	—	1.000	1.000	1.000
机械	电焊机(综合)	台班	118.28	0.040	0.040	0.040
	电焊条恒温箱	台班	21.41	0.004	0.004	0.004
	电焊条烘干箱 60×50×75cm³	台班	26.46	0.004	0.004	0.004
	吊装机械(综合)	台班	619.04	0.082	0.082	0.082
	汽车式起重机 8t	台班	763.67	0.014	0.014	0.014
	试压泵 60MPa	台班	24.08	0.097	0.217	0.257
	载重汽车 8t	台班	501.85	0.014	0.014	0.014

工作内容：准备工作、阀门壳体压力试验和密封试验、阀门安装。　　　　　　　　计量单位：个

定额编号				A8-3-312	A8-3-313	A8-3-314
项目名称				公称直径(mm以内)		
				200	250	300
基价（元）				1132.44	1349.67	1601.47
其中	人工费（元）			1023.82	1228.50	1474.20
	材料费（元）			27.46	30.43	34.67
	机械费（元）			81.16	90.74	92.60
名称		单位	单价(元)	消耗量		
人工	综合工日	工日	140.00	7.313	8.775	10.530
材料	安全阀门	个	—	(1.000)	(1.000)	(1.000)
	低碳钢焊条	kg	6.84	0.165	0.165	0.165
	垫片	个	0.17	2.000	2.000	2.000
	镀锌铁丝 Φ1.6～1.2	kg	3.57	1.000	1.000	1.000
	二硫化钼	kg	87.61	0.080	0.096	0.100
	六角螺栓带螺母 M27×105	套	8.12	—	0.480	—
	六角螺栓带螺母 M27×115	套	9.23	—	—	0.640
	六角螺栓带螺母 M27×95	套	7.95	0.480	—	—
	螺纹截止阀 J11T-16 DN15	个	7.12	0.020	0.020	0.020
	青铅	kg	5.90	0.075	0.075	0.075
	热轧厚钢板 δ20	kg	3.20	0.088	0.105	0.126
	石棉橡胶板	kg	9.40	0.330	0.396	0.475
	输水软管 Φ25	m	8.55	0.020	0.020	0.020
	水	kg	0.01	18.213	32.783	59.010
	无缝钢管 Φ22×2.5	m	3.42	0.010	0.010	0.010
	压力表补芯	个	1.54	0.020	0.020	0.020
	压力表高压	块	188.03	0.020	0.020	0.020
	氧气	m^3	3.63	0.447	0.536	0.644
	乙炔气	kg	10.45	0.149	0.179	0.215
	其他材料费占材料费	%	—	1.000	1.000	1.000
机械	电焊机(综合)	台班	118.28	0.040	0.040	0.040
	电焊条恒温箱	台班	21.41	0.004	0.004	0.004
	电焊条烘干箱 60×50×75cm³	台班	26.46	0.004	0.004	0.004
	吊装机械(综合)	台班	619.04	0.082	0.095	0.095
	汽车式起重机 8t	台班	763.67	0.014	0.014	0.014
	试压泵 60MPa	台班	24.08	0.322	0.386	0.463
	载重汽车 8t	台班	501.85	0.014	0.014	0.014

6.安全阀调试定压

工作内容：准备工作、场内搬运、整定压力测试、打铅封、挂合格证。　　　　计量单位：个

定额编号				A8-3-315	A8-3-316	A8-3-317	A8-3-318
项目名称				公称直径(mm以内)			
				15	20	25	32
基价（元）				**104.97**	**122.02**	**137.80**	**149.96**
其中	人工费（元）			67.20	77.84	88.90	95.62
	材料费（元）			5.39	5.39	5.49	5.59
	机械费（元）			32.38	38.79	43.41	48.75
名称		单位	单价(元)	消耗量			
人工	综合工日	工日	140.00	0.480	0.556	0.635	0.683
材料	二硫化钼	kg	87.61	0.002	0.002	0.003	0.004
	内外环缠绕垫(综合)	个	33.33	0.150	0.150	0.150	0.150
	破布	kg	6.32	0.026	0.026	0.028	0.030
	其他材料费占材料费	%	—	1.000	1.000	1.000	1.000
机械	安全阀试压机 YFC-A	台班	355.94	0.078	0.093	0.105	0.117
	电动空气压缩机 10m³/min	台班	355.21	0.013	0.016	0.017	0.020

工作内容：准备工作、场内搬运、整定压力测试、打铅封、挂合格证。　　　　　　　计量单位：个

定额编号				A8-3-319	A8-3-320	A8-3-321	A8-3-322
项目名称				公称直径(mm以内)			
				40	50	65	80
基价（元）				**164.52**	**175.56**	**199.63**	**215.01**
其中	人工费（元）			105.42	111.44	126.00	135.94
	材料费（元）			5.73	5.76	6.05	6.24
	机械费（元）			53.37	58.36	67.58	72.83
名称		单位	单价(元)	消耗量			
人工	综合工日	工日	140.00	0.753	0.796	0.900	0.971
材料	二硫化钼	kg	87.61	0.005	0.005	0.007	0.008
	内外环缠绕垫(综合)	个	33.33	0.150	0.150	0.150	0.150
	破布	kg	6.32	0.038	0.042	0.059	0.076
	其他材料费占材料费	%	—	1.000	1.000	1.000	1.000
机械	安全阀试压机 YFC-A	台班	355.94	0.128	0.140	0.147	0.156
	叉式起重机 3t	台班	495.91	—	—	0.007	0.007
	电动单梁起重机 5t	台班	223.20	—	—	0.013	0.019
	电动空气压缩机 10m³/min	台班	355.21	0.022	0.024	0.025	0.027

工作内容：准备工作、场内搬运、整定压力测试、打铅封、挂合格证。　　计量单位：个

定额编号				A8-3-323	A8-3-324	A8-3-325
项目名称				公称直径(mm以内)		
				100	125	150
基价（元）				230.17	250.17	266.51
其中	人工费（元）			145.88	160.58	176.54
	材料费（元）			6.65	7.04	7.42
	机械费（元）			77.64	82.55	82.55
名称		单位	单价(元)	消耗量		
人工	综合工日	工日	140.00	1.042	1.147	1.261
材料	二硫化钼	kg	87.61	0.012	0.015	0.017
	内外环缠绕垫(综合)	个	33.33	0.150	0.150	0.150
	破布	kg	6.32	0.085	0.104	0.135
	其他材料费占材料费	%	—	1.000	1.000	1.000
机械	安全阀试压机 YFC-A	台班	355.94	0.164	0.170	0.170
	叉式起重机 3t	台班	495.91	0.008	0.009	0.009
	电动单梁起重机 5t	台班	223.20	0.024	0.031	0.031
	电动空气压缩机 10m³/min	台班	355.21	0.028	0.030	0.030

工作内容：准备工作、场内搬运、整定压力测试、打铅封、挂合格证。　　　　　　　计量单位：个

定额编号				A8-3-326	A8-3-327	A8-3-328
项目名称				公称直径(mm以内)		
				200	250	300
基价（元）				289.03	313.98	340.20
其中	人工费（元）			194.04	213.36	234.78
	材料费（元）			7.99	8.36	8.92
	机械费（元）			87.00	92.26	96.50
名称		单位	单价(元)	消耗量		
人工	综合工日	工日	140.00	1.386	1.524	1.677
材料	二硫化钼	kg	87.61	0.021	0.024	0.029
	内外环缠绕垫(综合)	个	33.33	0.150	0.150	0.150
	破布	kg	6.32	0.169	0.186	0.204
	其他材料费占材料费	%	—	1.000	1.000	1.000
机械	安全阀试压机 YFC-A	台班	355.94	0.179	0.187	0.193
	叉式起重机 3t	台班	495.91	0.009	0.010	0.011
	电动单梁起重机 5t	台班	223.20	0.035	0.042	0.046
	电动空气压缩机 10m³/min	台班	355.21	0.031	0.032	0.034

第四章　法兰安装

说　明

一、本章内容包括低压法兰、中压法兰、高压法兰等各种法兰安装。

二、本章不包括法兰冷紧、热紧。

三、关于下列各项费用的规定：

1. 全加热套管法兰安装，按内套管法兰直径执行相应项目，定额乘以系数 2.0。

2. 单片法兰安装执行法兰安装相应项目，定额乘以系数 0.61，螺栓数量不变。

3. 中压螺纹法兰、平焊法兰安装，执行低压相应项目，定额乘以系数 1.2。

4. 节流装置，执行法兰安装相应项目，定额乘以系数 0.7。

四、有关说明：

1. 焊环活动法兰安装，执行翻边活动法兰安装相应项目，翻边短管更换为焊环。

2. 法兰安装包括一个垫片和一副法兰用的螺栓；透视镜、螺栓本身价格另行计算，其中螺栓用量按施工图设计用量加损耗量计算。

3. 法兰安装使用垫片是按石棉橡胶板考虑的，实际施工与定额不同时，可替换。

4. 焊接盲板（封头）执行管件连接相应项目乘以系数 0.6。

工程量计算规则

各种法兰安装按不同压力、材质、连接形式和种类，以“副”为计量单位。

一、低压法兰

1. 碳钢法兰(螺纹连接)

工作内容：准备工作、管子切口、套丝、法兰连接、螺栓涂二硫化钼。　　　　计量单位：副

定额编号				A8-4-1	A8-4-2	A8-4-3
项目名称				公称直径(mm以内)		
				15	20	25
基价（元）				8.93	10.39	12.51
其中	人工费（元）			7.28	8.54	10.36
	材料费（元）			1.00	1.17	1.44
	机械费（元）			0.65	0.68	0.71
	名称	单位	单价(元)	消耗量		
人工	综合工日	工日	140.00	0.052	0.061	0.074
材料	碳钢螺纹法兰	片	—	(2.000)	(2.000)	(2.000)
	白铅油	kg	6.45	0.040	0.040	0.040
	二硫化钼	kg	87.61	0.001	0.001	0.001
	机油	kg	19.66	0.007	0.009	0.011
	聚四氟乙烯生料带	m	0.13	0.415	0.509	0.641
	棉纱头	kg	6.00	0.010	0.010	0.010
	尼龙砂轮片 φ500×25×4	片	12.82	0.008	0.010	0.012
	清油	kg	9.70	0.020	0.020	0.020
	石棉橡胶板	kg	9.40	0.010	0.020	0.040
	其他材料费占材料费	%	—	1.000	1.000	1.000
机械	管子切断套丝机 159mm	台班	21.31	0.029	0.029	0.029
	砂轮切割机 500mm	台班	29.08	0.001	0.002	0.003

工作内容：准备工作、管子切口、套丝、法兰连接、螺栓涂二硫化钼。　　计量单位：副

定额编号				A8-4-4	A8-4-5	A8-4-6
项目名称				公称直径(mm以内)		
				32	40	50
基价（元）				**14.67**	**17.65**	**20.28**
其中	人工费（元）			12.18	14.84	17.08
	材料费（元）			1.66	1.95	2.31
	机械费（元）			0.83	0.86	0.89
名称		单位	单价(元)	消耗量		
人工	综合工日	工日	140.00	0.087	0.106	0.122
材料	碳钢螺纹法兰	片	—	(2.000)	(2.000)	(2.000)
	白铅油	kg	6.45	0.040	0.040	0.040
	二硫化钼	kg	87.61	0.002	0.002	0.002
	机油	kg	19.66	0.014	0.017	0.021
	聚四氟乙烯生料带	m	0.13	0.791	0.904	1.074
	棉纱头	kg	6.00	0.010	0.010	0.020
	尼龙砂轮片 φ500×25×4	片	12.82	0.016	0.018	0.026
	清油	kg	9.70	0.020	0.020	0.020
	石棉橡胶板	kg	9.40	0.040	0.060	0.070
	其他材料费占材料费	%	—	1.000	1.000	1.000
机械	管子切断套丝机 159mm	台班	21.31	0.032	0.032	0.032
	砂轮切割机 500mm	台班	29.08	0.005	0.006	0.007

工作内容：准备工作、管子切口、套丝、法兰连接、螺栓涂二硫化钼。　　计量单位：副

定额编号				A8-4-7	A8-4-8	A8-4-9
项目名称				公称直径(mm以内)		
				65	80	100
基价（元）				33.26	39.78	62.15
其中	人工费（元）			29.26	35.00	56.00
	材料费（元）			2.99	3.74	4.94
	机械费（元）			1.01	1.04	1.21
名称		单位	单价(元)	消耗量		
人工	综合工日	工日	140.00	0.209	0.250	0.400
材料	碳钢螺纹法兰	片	—	(2.000)	(2.000)	(2.000)
	白铅油	kg	6.45	0.080	0.100	0.130
	二硫化钼	kg	87.61	0.002	0.003	0.003
	机油	kg	19.66	0.025	0.027	0.035
	聚四氟乙烯生料带	m	0.13	1.031	1.201	1.371
	棉纱头	kg	6.00	0.020	0.020	0.030
	尼龙砂轮片 φ500×25×4	片	12.82	0.038	0.045	0.067
	清油	kg	9.70	0.020	0.020	0.030
	石棉橡胶板	kg	9.40	0.090	0.130	0.170
	其他材料费占材料费	%	—	1.000	1.000	1.000
机械	管子切断套丝机 159mm	台班	21.31	0.035	0.035	0.035
	砂轮切割机 500mm	台班	29.08	0.009	0.010	0.016

2. 碳钢平焊法兰(电弧焊)

工作内容：准备工作、管子切口、磨平、管口组对、焊接、法兰连接、螺栓涂二硫化钼。 计量单位：副

定额编号				A8-4-10	A8-4-11	A8-4-12	A8-4-13
项目名称				公称直径(mm以内)			
				15	20	25	32
基价（元）				17.58	20.76	26.17	30.15
其中	人工费（元）			12.60	14.28	17.50	19.74
	材料费（元）			1.23	1.38	1.81	2.21
	机械费（元）			3.75	5.10	6.86	8.20
名称		单位	单价(元)	消耗量			
人工	综合工日	工日	140.00	0.090	0.102	0.125	0.141
材料	碳钢平焊法兰	片	—	(2.000)	(2.000)	(2.000)	(2.000)
	白铅油	kg	6.45	0.035	0.035	0.035	0.035
	低碳钢焊条	kg	6.84	0.048	0.052	0.068	0.080
	电	kW·h	0.68	0.028	0.031	0.039	0.047
	二硫化钼	kg	87.61	0.002	0.002	0.002	0.004
	棉纱头	kg	6.00	0.002	0.004	0.005	0.007
	磨头	个	2.75	0.020	0.026	0.031	0.039
	尼龙砂轮片 φ100×16×3	片	2.56	0.024	0.026	0.033	0.038
	尼龙砂轮片 φ500×25×4	片	12.82	0.008	0.010	0.014	0.018
	破布	kg	6.32	0.012	0.012	0.012	0.012
	石棉橡胶板	kg	9.40	0.017	0.024	0.047	0.047
	氧气	m³	3.63	—	—	—	0.006
	乙炔气	kg	10.45	—	—	—	0.002
	其他材料费占材料费	%	—	1.000	1.000	1.000	1.000
机械	电焊机(综合)	台班	118.28	0.030	0.041	0.055	0.065
	电焊条恒温箱	台班	21.41	0.003	0.004	0.005	0.007
	电焊条烘干箱 60×50×75cm³	台班	26.46	0.003	0.004	0.005	0.007
	砂轮切割机 500mm	台班	29.08	0.002	0.002	0.004	0.006

工作内容：准备工作、管子切口、磨平、管口组对、焊接、法兰连接、螺栓涂二硫化钼。 计量单位：副

定额编号				A8-4-14	A8-4-15	A8-4-16	A8-4-17
项目名称				公称直径(mm以内)			
				40	50	65	80
基价（元）				**34.85**	**40.66**	**48.94**	**56.04**
其中	人工费（元）			22.68	25.76	29.82	33.18
	材料费（元）			2.83	3.24	4.71	6.22
	机械费（元）			9.34	11.66	14.41	16.64
名称		**单位**	**单价(元)**	**消耗量**			
人工	综合工日	工日	140.00	0.162	0.184	0.213	0.237
材料	碳钢平焊法兰	片	—	(2.000)	(2.000)	(2.000)	(2.000)
	白铅油	kg	6.45	0.035	0.047	0.059	0.083
	低碳钢焊条	kg	6.84	0.096	0.114	0.220	0.260
	电	kW·h	0.68	0.070	0.070	0.111	0.132
	二硫化钼	kg	87.61	0.004	0.004	0.004	0.006
	棉纱头	kg	6.00	0.007	0.008	0.012	0.014
	磨头	个	2.75	0.044	0.053	0.070	0.082
	尼龙砂轮片 φ100×16×3	片	2.56	0.056	0.058	0.189	0.302
	尼龙砂轮片 φ500×25×4	片	12.82	0.024	0.029	—	—
	破布	kg	6.32	0.024	0.024	0.024	0.024
	石棉橡胶板	kg	9.40	0.071	0.083	0.106	0.153
	氧气	m³	3.63	0.012	0.012	0.064	0.079
	乙炔气	kg	10.45	0.004	0.004	0.021	0.026
	其他材料费占材料费	%	—	1.000	1.000	1.000	1.000
机械	电焊机(综合)	台班	118.28	0.074	0.093	0.117	0.135
	电焊条恒温箱	台班	21.41	0.008	0.009	0.012	0.014
	电焊条烘干箱 60×50×75cm³	台班	26.46	0.008	0.009	0.012	0.014
	砂轮切割机 500mm	台班	29.08	0.007	0.008	—	—

工作内容：准备工作、管子切口、磨平、管口组对、焊接、法兰连接、螺栓涂二硫化钼。 计量单位：副

定额编号				A8-4-18	A8-4-19	A8-4-20	A8-4-21
项目名称				公称直径(mm以内)			
				100	125	150	200
基价（元）				67.98	73.47	81.71	149.99
其中	人工费（元）			37.24	39.62	42.98	67.20
	材料费（元）			8.08	10.08	11.98	20.31
	机械费（元）			22.66	23.77	26.75	62.48
名称		单位	单价(元)	消耗量			
人工	综合工日	工日	140.00	0.266	0.283	0.307	0.480
材料	碳钢平焊法兰	片	—	(2.000)	(2.000)	(2.000)	(2.000)
	白铅油	kg	6.45	0.118	0.142	0.165	0.201
	低碳钢焊条	kg	6.84	0.360	0.400	0.504	1.260
	电	kW·h	0.68	0.168	0.228	0.239	0.419
	二硫化钼	kg	87.61	0.006	0.013	0.013	0.013
	角钢(综合)	kg	3.61	—	—	—	0.236
	棉纱头	kg	6.00	0.015	0.017	0.019	0.033
	磨头	个	2.75	0.106	—	—	—
	尼龙砂轮片 φ100×16×3	片	2.56	0.342	0.462	0.577	0.898
	破布	kg	6.32	0.035	0.035	0.035	0.035
	石棉橡胶板	kg	9.40	0.201	0.271	0.330	0.389
	氧气	m^3	3.63	0.107	0.138	0.160	0.217
	乙炔气	kg	10.45	0.036	0.046	0.053	0.072
	其他材料费占材料费	%	—	1.000	1.000	1.000	1.000
机械	电焊机(综合)	台班	118.28	0.174	0.183	0.207	0.487
	电焊条恒温箱	台班	21.41	0.017	0.018	0.021	0.049
	电焊条烘干箱 60×50×75cm³	台班	26.46	0.017	0.018	0.021	0.049
	汽车式起重机 8t	台班	763.67	0.001	0.001	0.001	0.002
	载重汽车 8t	台班	501.85	0.001	0.001	0.001	0.002

工作内容：准备工作、管子切口、磨平、管口组对、焊接、法兰连接、螺栓涂二硫化钼。 计量单位：副

定额编号				A8-4-22	A8-4-23	A8-4-24	A8-4-25
项目名称				公称直径(mm以内)			
				250	300	350	400
基价（元）				**208.51**	**261.90**	**293.46**	**339.45**
其中	人工费（元）			90.02	112.56	125.30	142.66
	材料费（元）			32.04	40.31	51.31	64.26
	机械费（元）			86.45	109.03	116.85	132.53
名称		单位	单价(元)	消耗量			
人工	综合工日	工日	140.00	0.643	0.804	0.895	1.019
材料	碳钢平焊法兰	片	—	(2.000)	(2.000)	(2.000)	(2.000)
	白铅油	kg	6.45	0.236	0.295	0.295	0.354
	低碳钢焊条	kg	6.84	2.500	3.200	4.400	5.400
	电	kW·h	0.68	0.581	0.698	0.771	0.904
	二硫化钼	kg	87.61	0.019	0.029	0.029	0.038
	角钢(综合)	kg	3.61	0.236	0.236	0.236	0.236
	棉纱头	kg	6.00	0.040	0.050	0.059	0.064
	尼龙砂轮片 φ100×16×3	片	2.56	1.322	1.840	2.087	2.984
	破布	kg	6.32	0.047	0.059	0.057	0.071
	石棉橡胶板	kg	9.40	0.437	0.472	0.637	0.814
	氧气	m^3	3.63	0.304	0.342	0.400	0.490
	乙炔气	kg	10.45	0.101	0.114	0.133	0.163
	其他材料费占材料费	%	—	1.000	1.000	1.000	1.000
机械	电焊机(综合)	台班	118.28	0.682	0.845	0.898	1.015
	电焊条恒温箱	台班	21.41	0.068	0.084	0.090	0.102
	电焊条烘干箱 60×50×75cm^3	台班	26.46	0.068	0.084	0.090	0.102
	汽车式起重机 8t	台班	763.67	0.002	0.004	0.005	0.006
	载重汽车 8t	台班	501.85	0.002	0.004	0.005	0.006

工作内容：准备工作、管子切口、磨平、管口组对、焊接、法兰连接、螺栓涂二硫化钼。 计量单位：副

定额编号				A8-4-26	A8-4-27	A8-4-28	A8-4-29
项目名称				公称直径(mm以内)			
				450	500	600	700
基价(元)				403.71	442.17	469.58	476.31
其中	人工费(元)			168.70	192.64	200.20	223.02
	材料费(元)			77.36	83.67	98.68	87.91
	机械费(元)			157.65	165.86	170.70	165.38
名称		单位	单价(元)	消耗量			
人工	综合工日	工日	140.00	1.205	1.376	1.430	1.593
材料	碳钢平焊法兰	片	—	(2.000)	(2.000)	(2.000)	(2.000)
	白铅油	kg	6.45	0.354	0.389	—	—
	低碳钢焊条	kg	6.84	6.800	7.300	9.200	8.000
	电	kW·h	0.68	1.066	1.188	1.410	1.176
	二硫化钼	kg	87.61	0.038	0.038	0.038	0.049
	黑铅粉	kg	5.13	—	—	0.071	0.071
	角钢(综合)	kg	3.61	0.236	0.236	0.236	0.260
	六角螺栓(综合)	10套	11.30	—	—	0.057	0.057
	棉纱头	kg	6.00	0.071	0.078	0.094	0.106
	尼龙砂轮片 φ100×16×3	片	2.56	3.480	4.000	4.759	3.609
	破布	kg	6.32	0.071	0.083	0.083	0.094
	石棉橡胶板	kg	9.40	0.956	0.979	0.991	1.215
	氧气	m³	3.63	0.580	0.700	0.850	0.477
	乙炔气	kg	10.45	0.193	0.233	0.283	0.159
	其他材料费占材料费	%	—	1.000	1.000	1.000	1.000
机械	电焊机(综合)	台班	118.28	1.209	1.276	1.305	1.241
	电焊条恒温箱	台班	21.41	0.121	0.127	0.130	0.124
	电焊条烘干箱 60×50×75cm³	台班	26.46	0.121	0.127	0.130	0.124
	汽车式起重机 8t	台班	763.67	0.007	0.007	0.008	0.010
	载重汽车 8t	台班	501.85	0.007	0.007	0.008	0.010

工作内容：准备工作、管子切口、磨平、管口组对、焊接、法兰连接、螺栓涂二硫化钼。 计量单位：副

定额编号				A8-4-30	A8-4-31	A8-4-32	A8-4-33
项目名称				公称直径(mm以内)			
				800	900	1000	1200
基价（元）				597.53	677.65	800.90	938.60
其中	人工费（元）			272.86	311.22	365.96	429.10
	材料费（元）			103.12	118.41	131.99	170.04
	机械费（元）			221.55	248.02	302.95	339.46
	名称	单位	单价(元)	消耗量			
人工	综合工日	工日	140.00	1.949	2.223	2.614	3.065
材料	碳钢平焊法兰	片	—	(2.000)	(2.000)	(2.000)	(2.000)
	低碳钢焊条	kg	6.84	9.600	10.800	12.093	16.508
	电	kW·h	0.68	1.358	1.508	1.715	1.997
	二硫化钼	kg	87.61	0.049	0.064	0.064	0.064
	黑铅粉	kg	5.13	0.083	0.083	0.083	0.094
	角钢(综合)	kg	3.61	0.260	0.260	0.260	0.347
	六角螺栓(综合)	10套	11.30	0.057	0.057	0.057	0.057
	棉纱头	kg	6.00	0.123	0.137	0.151	0.182
	尼龙砂轮片 Φ100×16×3	片	2.56	4.196	4.619	5.742	6.871
	破布	kg	6.32	0.094	0.106	0.106	0.118
	清油	kg	9.70	—	0.236	0.283	0.330
	石棉橡胶板	kg	9.40	1.369	1.534	1.546	1.723
	氧气	m³	3.63	0.600	0.660	0.792	1.022
	乙炔气	kg	10.45	0.200	0.220	0.264	0.341
	其他材料费占材料费	%	—	1.000	1.000	1.000	1.000
机械	电焊机(综合)	台班	118.28	1.687	1.892	2.297	2.573
	电焊条恒温箱	台班	21.41	0.169	0.189	0.230	0.258
	电焊条烘干箱 60×50×75cm³	台班	26.46	0.169	0.189	0.230	0.258
	汽车式起重机 8t	台班	763.67	0.011	0.012	0.016	0.018
	载重汽车 8t	台班	501.85	0.011	0.012	0.016	0.018

工作内容：准备工作、管子切口、磨平、管口组对、焊接、法兰连接、螺栓涂二硫化钼。 计量单位：副

定额编号				A8-4-34	A8-4-35	A8-4-36	A8-4-37
项目名称				公称直径(mm以内)			
				1400	1600	1800	2000
基价（元）				1350.05	1496.33	1742.90	1961.82
其中	人工费（元）			581.42	649.18	791.70	899.08
	材料费（元）			240.07	293.43	326.36	363.16
	机械费（元）			528.56	553.72	624.84	699.58
名称		单位	单价(元)	消耗量			
人工	综合工日	工日	140.00	4.153	4.637	5.655	6.422
材料	碳钢平焊法兰	片	—	(2.000)	(2.000)	(2.000)	(2.000)
	低碳钢焊条	kg	6.84	24.000	30.400	34.000	38.000
	电	kW·h	0.68	2.761	2.880	3.190	3.575
	二硫化钼	kg	87.61	0.083	0.083	0.083	0.083
	黑铅粉	kg	5.13	0.094	0.106	0.118	0.130
	角钢(综合)	kg	3.61	0.347	0.420	0.420	0.420
	六角螺栓(综合)	10套	11.30	0.057	0.111	0.111	0.111
	棉纱头	kg	6.00	0.210	0.241	0.269	0.300
	尼龙砂轮片 φ100×16×3	片	2.56	9.095	10.199	11.780	13.101
	破布	kg	6.32	0.118	0.130	0.142	0.142
	清油	kg	9.70	0.378	0.425	0.472	0.531
	石棉橡胶板	kg	9.40	2.549	2.891	3.068	3.422
	氧气	m³	3.63	1.277	1.458	1.640	1.821
	乙炔气	kg	10.45	0.426	0.486	0.547	0.607
	其他材料费占材料费	%	—	1.000	1.000	1.000	1.000
机械	电焊机(综合)	台班	118.28	4.048	4.160	4.676	5.191
	电焊条恒温箱	台班	21.41	0.405	0.416	0.468	0.519
	电焊条烘干箱 60×50×75cm³	台班	26.46	0.405	0.416	0.468	0.519
	汽车式起重机 8t	台班	763.67	0.024	0.033	0.039	0.048
	载重汽车 8t	台班	501.85	0.024	0.033	0.039	0.048

3.碳钢对焊法兰(电弧焊)

工作内容：准备工作、管子切口、坡口加工、坡口磨平、管口组对、焊接、法兰连接、螺栓涂二硫化钼。

计量单位：副

	定额编号			A8-4-38	A8-4-39	A8-4-40	A8-4-41
	项目名称			公称直径(mm以内)			
				15	20	25	32
	基价(元)			**18.79**	**22.29**	**28.59**	**33.68**
其中	人工费(元)			13.86	16.38	20.58	23.80
	材料费(元)			1.33	1.48	1.98	2.44
	机械费(元)			3.60	4.43	6.03	7.44
	名称	**单位**	**单价(元)**	**消耗量**			
人工	综合工日	工日	140.00	0.099	0.117	0.147	0.170
材料	碳钢对焊法兰	片	—	(2.000)	(2.000)	(2.000)	(2.000)
	白铅油	kg	6.45	0.031	0.031	0.031	0.031
	低碳钢焊条	kg	6.84	0.035	0.044	0.063	0.078
	电	kW·h	0.68	0.080	0.088	0.116	0.127
	二硫化钼	kg	87.61	0.002	0.002	0.002	0.004
	棉纱头	kg	6.00	0.002	0.004	0.005	0.007
	磨头	个	2.75	0.020	0.026	0.031	0.039
	尼龙砂轮片 φ100×16×3	片	2.56	0.043	0.055	0.088	0.100
	尼龙砂轮片 φ500×25×4	片	12.82	0.008	0.010	0.014	0.018
	破布	kg	6.32	0.011	0.011	0.011	0.011
	清油	kg	9.70	0.011	0.011	0.011	0.011
	石棉橡胶板	kg	9.40	0.020	0.020	0.040	0.040
	氧气	m^3	3.63	—	—	—	0.008
	乙炔气	kg	10.45	—	—	—	0.003
	其他材料费占材料费	%	—	1.000	1.000	1.000	1.000
机械	电焊机(综合)	台班	118.28	0.029	0.036	0.048	0.059
	电焊条恒温箱	台班	21.41	0.003	0.003	0.005	0.006
	电焊条烘干箱 60×50×75cm³	台班	26.46	0.003	0.003	0.005	0.006
	砂轮切割机 500mm	台班	29.08	0.001	0.001	0.004	0.006

工作内容：准备工作、管子切口、坡口加工、坡口磨平、管口组对、焊接、法兰连接、螺栓涂二硫化钼。

计量单位：副

定额编号				A8-4-42	A8-4-43	A8-4-44	A8-4-45
项目名称				公称直径(mm以内)			
				40	50	65	80
基价（元）				38.63	44.07	55.22	65.82
其中	人工费（元）			26.88	29.54	31.22	34.30
	材料费（元）			3.17	3.69	6.37	10.72
	机械费（元）			8.58	10.84	17.63	20.80
名称		单位	单价(元)	消耗量			
人工	综合工日	工日	140.00	0.192	0.211	0.223	0.245
材料	碳钢对焊法兰	片	—	(2.000)	(2.000)	(2.000)	(2.000)
	白铅油	kg	6.45	0.031	0.040	0.051	0.071
	低碳钢焊条	kg	6.84	0.120	0.142	0.260	0.520
	电	kW·h	0.68	0.164	0.168	0.163	0.255
	二硫化钼	kg	87.61	0.004	0.004	0.004	0.006
	棉纱头	kg	6.00	0.007	0.008	0.012	0.014
	磨头	个	2.75	0.044	0.053	0.070	0.106
	尼龙砂轮片 φ100×16×3	片	2.56	0.139	0.158	0.321	0.576
	尼龙砂轮片 φ500×25×4	片	12.82	0.024	0.029	—	—
	破布	kg	6.32	0.011	0.020	0.020	0.020
	清油	kg	9.70	0.011	0.011	0.011	0.020
	石棉橡胶板	kg	9.40	0.060	0.071	0.091	0.131
	氧气	m^3	3.63	0.012	0.012	0.220	0.352
	乙炔气	kg	10.45	0.004	0.004	0.073	0.117
	其他材料费占材料费	%	—	1.000	1.000	1.000	1.000
机械	电焊机(综合)	台班	118.28	0.068	0.086	0.143	0.169
	电焊条恒温箱	台班	21.41	0.007	0.009	0.015	0.017
	电焊条烘干箱 60×50×75cm³	台班	26.46	0.007	0.009	0.015	0.017
	砂轮切割机 500mm	台班	29.08	0.007	0.008	—	—

工作内容：准备工作、管子切口、坡口加工、坡口磨平、管口组对、焊接、法兰连接、螺栓涂二硫化钼。

计量单位：副

定额编号				A8-4-46	A8-4-47	A8-4-48	A8-4-49
项目名称				公称直径(mm以内)			
				100	125	150	200
基价（元）				81.60	102.12	124.76	172.19
其中	人工费（元）			42.14	51.66	61.60	81.06
	材料费（元）			10.65	14.38	18.82	27.42
	机械费（元）			28.81	36.08	44.34	63.71
名称		单位	单价(元)	消耗量			
人工	综合工日	工日	140.00	0.301	0.369	0.440	0.579
材料	碳钢对焊法兰	片	—	(2.000)	(2.000)	(2.000)	(2.000)
	白铅油	kg	6.45	0.111	0.120	0.140	0.201
	低碳钢焊条	kg	6.84	0.473	0.628	1.000	1.587
	电	kW·h	0.68	0.214	0.344	0.389	0.562
	二硫化钼	kg	87.61	0.006	0.013	0.013	0.013
	角钢(综合)	kg	3.61	—	—	—	0.179
	棉纱头	kg	6.00	0.017	0.020	0.025	0.033
	磨头	个	2.75	0.125	—	—	—
	尼龙砂轮片 φ100×16×3	片	2.56	0.282	0.782	0.977	1.498
	破布	kg	6.32	0.031	0.031	0.031	0.040
	清油	kg	9.70	0.020	0.020	0.031	0.031
	石棉橡胶板	kg	9.40	0.171	0.231	0.281	0.332
	氧气	m^3	3.63	0.387	0.438	0.520	0.720
	乙炔气	kg	10.45	0.129	0.146	0.173	0.240
	其他材料费占材料费	%	—	1.000	1.000	1.000	1.000
机械	电焊机(综合)	台班	118.28	0.224	0.283	0.350	0.497
	电焊条恒温箱	台班	21.41	0.022	0.028	0.035	0.050
	电焊条烘干箱 60×50×75cm³	台班	26.46	0.022	0.028	0.035	0.050
	汽车式起重机 8t	台班	763.67	0.001	0.001	0.001	0.002
	载重汽车 8t	台班	501.85	0.001	0.001	0.001	0.002

工作内容：准备工作、管子切口、坡口加工、坡口磨平、管口组对、焊接、法兰连接、螺栓涂二硫化钼。

计量单位：副

定额编号				A8-4-50	A8-4-51	A8-4-52	A8-4-53
项目名称				公称直径(mm以内)			
				250	300	350	400
基价（元）				**231.72**	**285.55**	**364.61**	**440.60**
其中	人工费（元）			102.76	130.20	173.32	201.74
	材料费（元）			39.41	49.09	59.66	86.32
	机械费（元）			89.55	106.26	131.63	152.54
名称		单位	单价(元)	消耗量			
人工	综合工日	工日	140.00	0.734	0.930	1.238	1.441
材料	碳钢对焊法兰	片	—	(2.000)	(2.000)	(2.000)	(2.000)
	白铅油	kg	6.45	0.201	0.251	0.251	0.301
	低碳钢焊条	kg	6.84	2.600	3.240	4.200	6.600
	电	kW·h	0.68	0.731	0.897	1.061	1.252
	二硫化钼	kg	87.61	0.019	0.029	0.029	0.038
	角钢(综合)	kg	3.61	0.179	0.236	0.236	0.236
	棉纱头	kg	6.00	0.040	0.047	0.057	0.064
	尼龙砂轮片 φ100×16×3	片	2.56	2.192	3.127	3.461	5.096
	破布	kg	6.32	0.040	0.040	0.040	0.060
	清油	kg	9.70	0.040	0.040	0.040	0.060
	石棉橡胶板	kg	9.40	0.372	0.401	0.542	0.693
	氧气	m³	3.63	1.004	1.142	1.360	1.750
	乙炔气	kg	10.45	0.335	0.381	0.453	0.583
	其他材料费占材料费	%	—	1.000	1.000	1.000	1.000
机械	电焊机(综合)	台班	118.28	0.707	0.843	1.049	1.188
	电焊条恒温箱	台班	21.41	0.071	0.084	0.105	0.119
	电焊条烘干箱 60×50×75cm³	台班	26.46	0.071	0.084	0.105	0.119
	汽车式起重机 8t	台班	763.67	0.002	0.002	0.002	0.005
	载重汽车 8t	台班	501.85	0.002	0.002	0.002	0.005

工作内容：准备工作、管子切口、坡口加工、坡口磨平、管口组对、焊接、法兰连接、螺栓涂二硫化钼。

计量单位：副

定额编号				A8-4-54	A8-4-55	A8-4-56
项目名称				公称直径(mm以内)		
				450	500	600
基价（元）				490.20	601.75	760.76
其中	人工费（元）			225.68	280.98	360.08
	材料费（元）			102.10	121.80	155.34
	机械费（元）			162.42	198.97	245.34
名称		单位	单价(元)	消耗量		
人工	综合工日	工日	140.00	1.612	2.007	2.572
材料	碳钢对焊法兰	片	—	(2.000)	(2.000)	(2.000)
	白铅油	kg	6.45	0.301	0.332	0.363
	低碳钢焊条	kg	6.84	8.049	10.200	13.676
	电	kW·h	0.68	1.451	1.688	2.074
	二硫化钼	kg	87.61	0.038	0.038	0.047
	角钢(综合)	kg	3.61	0.236	0.236	0.236
	棉纱头	kg	6.00	0.071	0.078	0.092
	尼龙砂轮片 Φ100×16×3	片	2.56	6.010	6.900	8.206
	破布	kg	6.32	0.060	0.071	0.082
	清油	kg	9.70	0.060	0.060	0.060
	石棉橡胶板	kg	9.40	0.813	0.833	0.973
	氧气	m^3	3.63	2.040	2.300	2.774
	乙炔气	kg	10.45	0.680	0.767	0.925
	其他材料费占材料费	%	—	1.000	1.000	1.000
机械	电焊机(综合)	台班	118.28	1.258	1.545	1.901
	电焊条恒温箱	台班	21.41	0.126	0.154	0.190
	电焊条烘干箱 60×50×75cm^3	台班	26.46	0.126	0.154	0.190
	汽车式起重机 8t	台班	763.67	0.006	0.007	0.009
	载重汽车 8t	台班	501.85	0.006	0.007	0.009

4. 碳钢对焊法兰(氩电联焊)

工作内容：准备工作、管子切口、坡口加工、坡口磨平、管口组对、焊接、法兰连接、螺栓涂二硫化钼。

计量单位：副

定额编号				A8-4-57	A8-4-58	A8-4-59	A8-4-60
项目名称				公称直径(mm以内)			
				15	20	25	32
基价（元）				**19.90**	**23.65**	**30.25**	**35.97**
其中	人工费（元）			14.84	17.36	21.70	25.62
	材料费（元）			2.25	2.65	3.90	4.53
	机械费（元）			2.81	3.64	4.65	5.82
名称		单位	单价(元)	消耗量			
人工	综合工日	工日	140.00	0.106	0.124	0.155	0.183
材料	碳钢对焊法兰	片	—	(2.000)	(2.000)	(2.000)	(2.000)
	白铅油	kg	6.45	0.031	0.031	0.031	0.031
	电	kW·h	0.68	0.081	0.090	0.119	0.131
	二硫化钼	kg	87.61	0.002	0.002	0.002	0.004
	棉纱头	kg	6.00	0.002	0.004	0.005	0.007
	磨头	个	2.75	0.020	0.026	0.031	0.039
	尼龙砂轮片 φ100×16×3	片	2.56	0.041	0.053	0.085	0.098
	尼龙砂轮片 φ500×25×4	片	12.82	0.008	0.010	0.014	0.018
	破布	kg	6.32	0.011	0.011	0.011	0.011
	清油	kg	9.70	0.011	0.011	0.011	0.011
	石棉橡胶板	kg	9.40	0.020	0.020	0.040	0.040
	铈钨棒	g	0.38	0.099	0.127	0.200	0.240
	碳钢焊丝	kg	7.69	0.018	0.023	0.040	0.044
	氩气	m^3	19.59	0.050	0.063	0.100	0.112
	氧气	m^3	3.63	—	—	—	0.006
	乙炔气	kg	10.45	—	—	—	0.002
	其他材料费占材料费	%	—	1.000	1.000	1.000	1.000
机械	砂轮切割机 500mm	台班	29.08	0.001	0.001	0.004	0.006
	氩弧焊机 500A	台班	92.58	0.030	0.039	0.049	0.061

工作内容：准备工作、管子切口、坡口加工、坡口磨平、管口组对、焊接、法兰连接、螺栓涂二硫化钼。

计量单位：副

定额编号				A8-4-61	A8-4-62	A8-4-63	A8-4-64
项目名称				公称直径(mm以内)			
				40	50	65	80
基价（元）				**41.68**	**50.96**	**64.67**	**74.52**
其中	人工费（元）			28.56	32.90	38.22	42.28
	材料费（元）			6.34	5.27	8.77	11.72
	机械费（元）			6.78	12.79	17.68	20.52
名称		单位	单价(元)	消耗量			
人工	综合工日	工日	140.00	0.204	0.235	0.273	0.302
材料	碳钢对焊法兰	片	—	(2.000)	(2.000)	(2.000)	(2.000)
	白铅油	kg	6.45	0.031	0.040	0.051	0.071
	低碳钢焊条	kg	6.84	—	0.071	0.180	0.260
	电	kW·h	0.68	0.165	0.171	0.173	0.220
	二硫化钼	kg	87.61	0.004	0.004	0.004	0.006
	棉纱头	kg	6.00	0.007	0.008	0.012	0.014
	磨头	个	2.75	0.044	0.053	0.070	0.082
	尼龙砂轮片 φ100×16×3	片	2.56	0.135	0.147	0.319	0.512
	尼龙砂轮片 φ500×25×4	片	12.82	0.024	0.029	0.047	0.065
	破布	kg	6.32	0.011	0.020	0.020	0.020
	清油	kg	9.70	0.011	0.011	0.011	0.020
	石棉橡胶板	kg	9.40	0.060	0.071	0.091	0.131
	铈钨棒	g	0.38	0.343	0.181	0.240	0.280
	碳钢焊丝	kg	7.69	0.061	0.032	0.043	0.050
	氩气	m^3	19.59	0.172	0.090	0.120	0.140
	氧气	m^3	3.63	0.012	0.012	0.156	0.204
	乙炔气	kg	10.45	0.004	0.004	0.052	0.068
	其他材料费占材料费	%	—	1.000	1.000	1.000	1.000
机械	电焊机(综合)	台班	118.28	—	0.063	0.086	0.098
	电焊条恒温箱	台班	21.41	—	0.006	0.009	0.009
	电焊条烘干箱 60×50×75cm³	台班	26.46	—	0.006	0.009	0.009
	砂轮切割机 500mm	台班	29.08	0.007	0.008	0.011	0.012
	氩弧焊机 500A	台班	92.58	0.071	0.052	0.073	0.088

工作内容：准备工作、管子切口、坡口加工、坡口磨平、管口组对、焊接、法兰连接、螺栓涂二硫化钼。

计量单位：副

定额编号				A8-4-65	A8-4-66	A8-4-67	A8-4-68
项目名称				公称直径(mm以内)			
				100	125	150	200
基价（元）				100.53	120.71	152.19	218.38
其中	人工费（元）			53.06	63.56	75.60	104.86
	材料费（元）			15.07	18.81	22.97	33.78
	机械费（元）			32.40	38.34	53.62	79.74
名称		单位	单价(元)	消耗量			
人工	综合工日	工日	140.00	0.379	0.454	0.540	0.749
材料	碳钢对焊法兰	片	—	(2.000)	(2.000)	(2.000)	(2.000)
	白铅油	kg	6.45	0.111	0.120	0.140	0.201
	低碳钢焊条	kg	6.84	0.394	0.500	0.780	1.339
	电	kW·h	0.68	0.282	0.373	0.429	0.628
	二硫化钼	kg	87.61	0.006	0.013	0.013	0.013
	角钢(综合)	kg	3.61	—	—	—	0.179
	棉纱头	kg	6.00	0.017	0.020	0.025	0.033
	磨头	个	2.75	0.106	—	—	—
	尼龙砂轮片 φ100×16×3	片	2.56	0.569	0.772	0.967	1.484
	尼龙砂轮片 φ500×25×4	片	12.82	0.079	0.108	—	—
	破布	kg	6.32	0.031	0.031	0.031	0.040
	清油	kg	9.70	0.020	0.020	0.031	0.031
	石棉橡胶板	kg	9.40	0.171	0.231	0.281	0.332
	铈钨棒	g	0.38	0.363	0.420	0.512	0.712
	碳钢焊丝	kg	7.69	0.065	0.076	0.092	0.127
	氩气	m³	19.59	0.181	0.210	0.256	0.356
	氧气	m³	3.63	0.245	0.300	0.476	0.686
	乙炔气	kg	10.45	0.082	0.100	0.159	0.229
	其他材料费占材料费	%	—	1.000	1.000	1.000	1.000
机械	半自动切割机 100mm	台班	83.55	—	—	0.052	0.073
	电焊机(综合)	台班	118.28	0.170	0.192	0.265	0.405
	电焊条恒温箱	台班	21.41	0.017	0.019	0.027	0.040
	电焊条烘干箱 60×50×75cm³	台班	26.46	0.017	0.019	0.027	0.040
	汽车式起重机 8t	台班	763.67	0.001	0.001	0.001	0.002
	砂轮切割机 500mm	台班	29.08	0.017	0.020	—	—
	氩弧焊机 500A	台班	92.58	0.105	0.139	0.166	0.230
	载重汽车 8t	台班	501.85	0.001	0.001	0.001	0.002

工作内容：准备工作、管子切口、坡口加工、坡口磨平、管口组对、焊接、法兰连接、螺栓涂二硫化钼。

计量单位：副

定额编号				A8-4-69	A8-4-70	A8-4-71	A8-4-72
项目名称				公称直径(mm以内)			
				250	300	350	400
基价(元)				**270.01**	**322.28**	**407.01**	**490.37**
其中	人工费(元)			114.80	136.78	177.80	208.32
	材料费(元)			46.85	57.63	68.27	96.96
	机械费(元)			108.36	127.87	160.94	185.09
名称		单位	单价(元)	消耗量			
人工	综合工日	工日	140.00	0.820	0.977	1.270	1.488
材料	碳钢对焊法兰	片	—	(2.000)	(2.000)	(2.000)	(2.000)
	白铅油	kg	6.45	0.201	0.251	0.251	0.301
	低碳钢焊条	kg	6.84	2.390	2.864	3.600	6.000
	电	kW·h	0.68	0.831	1.006	1.195	1.408
	二硫化钼	kg	87.61	0.019	0.029	0.029	0.038
	棉纱头	kg	6.00	0.032	0.038	0.045	0.053
	尼龙砂轮片 φ100×16×3	片	2.56	2.172	3.104	3.437	5.060
	破布	kg	6.32	0.040	0.040	0.040	0.060
	清油	kg	9.70	0.040	0.040	0.040	0.060
	石棉橡胶板	kg	9.40	0.372	0.401	0.542	0.693
	铈钨棒	g	0.38	0.880	1.064	1.220	1.390
	碳钢焊丝	kg	7.69	0.156	0.190	0.220	0.249
	氩气	m^3	19.59	0.440	0.532	0.620	0.696
	氧气	m^3	3.63	0.910	1.090	1.250	1.675
	乙炔气	kg	10.45	0.303	0.363	0.417	0.558
	其他材料费占材料费	%	—	1.000	1.000	1.000	1.000
机械	半自动切割机 100mm	台班	83.55	0.105	0.115	0.145	0.158
	电焊机(综合)	台班	118.28	0.574	0.684	0.892	1.009
	电焊条恒温箱	台班	21.41	0.058	0.068	0.090	0.101
	电焊条烘干箱 60×50×75cm³	台班	26.46	0.058	0.068	0.090	0.101
	汽车式起重机 8t	台班	763.67	0.002	0.002	0.002	0.005
	氩弧焊机 500A	台班	92.58	0.285	0.341	0.394	0.447
	载重汽车 8t	台班	501.85	0.002	0.002	0.002	0.005

工作内容：准备工作、管子切口、坡口加工、坡口磨平、管口组对、焊接、法兰连接、螺栓涂二硫化钼。

计量单位：副

定额编号				A8-4-73	A8-4-74	A8-4-75
项目名称				公称直径(mm以内)		
				450	500	600
基价（元）				**543.63**	**668.95**	**870.67**
其中	人工费（元）			229.46	295.12	381.78
	材料费（元）			114.20	135.09	171.80
	机械费（元）			199.97	238.74	317.09
名称		单位	单价(元)	消耗量		
人工	综合工日	工日	140.00	1.639	2.108	2.727
材料	碳钢对焊法兰	片	—	(2.000)	(2.000)	(2.000)
	白铅油	kg	6.45	0.301	0.332	0.332
	低碳钢焊条	kg	6.84	7.466	9.400	12.883
	电	kW·h	0.68	1.632	1.888	2.318
	二硫化钼	kg	87.61	0.038	0.038	0.046
	棉纱头	kg	6.00	0.059	0.064	0.069
	尼龙砂轮片 φ100×16×3	片	2.56	5.975	6.866	8.160
	破布	kg	6.32	0.060	0.071	0.071
	清油	kg	9.70	0.060	0.060	0.060
	石棉橡胶板	kg	9.40	0.813	0.833	0.973
	铈钨棒	g	0.38	1.572	1.740	2.076
	碳钢焊丝	kg	7.69	0.281	0.310	0.371
	氩气	m^3	19.59	0.786	0.870	1.038
	氧气	m^3	3.63	1.857	2.220	2.640
	乙炔气	kg	10.45	0.619	0.740	0.880
	其他材料费占材料费	%	—	1.000	1.000	1.000
机械	半自动切割机 100mm	台班	83.55	0.180	0.206	0.254
	电焊机(综合)	台班	118.28	1.101	1.309	1.809
	电焊条恒温箱	台班	21.41	0.110	0.131	0.181
	电焊条烘干箱 60×50×75cm³	台班	26.46	0.110	0.131	0.181
	汽车式起重机 8t	台班	763.67	0.006	0.007	0.009
	氩弧焊机 500A	台班	92.58	0.452	0.557	0.668
	载重汽车 8t	台班	501.85	0.006	0.007	0.009

5. 不锈钢平焊法兰(电弧焊)

工作内容：准备工作、管子切口、磨平、管口组对、焊接、焊缝钝化、法兰连接、螺栓涂二硫化钼。

计量单位：副

定额编号				A8-4-76	A8-4-77	A8-4-78	A8-4-79
项目名称				公称直径(mm以内)			
				15	20	25	32
基价(元)				21.15	23.79	27.74	32.72
其中	人工费(元)			15.96	17.50	19.04	21.98
	材料费(元)			2.40	3.21	4.51	5.48
	机械费(元)			2.79	3.08	4.19	5.26
名称		单位	单价(元)	消耗量			
人工	综合工日	工日	140.00	0.114	0.125	0.136	0.157
材料	不锈钢平焊法兰	片	—	(2.000)	(2.000)	(2.000)	(2.000)
	丙酮	kg	7.51	0.015	0.017	0.024	0.028
	不锈钢焊条	kg	38.46	0.038	0.050	0.063	0.080
	电	kW·h	0.68	0.030	0.039	0.049	0.060
	二硫化钼	kg	87.61	0.002	0.002	0.002	0.004
	棉纱头	kg	6.00	0.001	0.002	0.002	0.004
	耐酸石棉橡胶板	kg	25.64	0.011	0.021	0.043	0.043
	尼龙砂轮片 φ100×16×3	片	2.56	0.033	0.043	0.054	0.064
	尼龙砂轮片 φ500×25×4	片	12.82	0.012	0.014	0.021	0.024
	破布	kg	6.32	0.002	0.002	0.002	0.002
	水	t	7.96	0.002	0.002	0.004	0.004
	酸洗膏	kg	6.56	0.008	0.009	0.013	0.016
	其他材料费占材料费	%	—	1.000	1.000	1.000	1.000
机械	电动空气压缩机 6m³/min	台班	206.73	0.002	0.002	0.002	0.002
	电焊机(综合)	台班	118.28	0.019	0.021	0.029	0.038
	电焊条恒温箱	台班	21.41	0.002	0.002	0.003	0.003
	电焊条烘干箱 60×50×75cm³	台班	26.46	0.002	0.002	0.003	0.003
	砂轮切割机 500mm	台班	29.08	0.001	0.003	0.007	0.007

工作内容：准备工作、管子切口、磨平、管口组对、焊接、焊缝钝化、法兰连接、螺栓涂二硫化钼。

计量单位：副

定额编号				A8-4-80	A8-4-81	A8-4-82	A8-4-83
项目名称				公称直径(mm以内)			
				40	50	65	80
基价（元）				**47.24**	**52.75**	**69.40**	**79.82**
其中	人工费（元）			32.20	35.42	44.38	48.86
	材料费（元）			6.66	8.07	12.62	16.66
	机械费（元）			8.38	9.26	12.40	14.30
名称		单位	单价(元)	消耗量			
人工	综合工日	工日	140.00	0.230	0.253	0.317	0.349
材料	不锈钢平焊法兰	片	—	(2.000)	(2.000)	(2.000)	(2.000)
	丙酮	kg	7.51	0.032	0.039	0.051	0.060
	不锈钢焊条	kg	38.46	0.092	0.116	0.217	0.253
	电	kW·h	0.68	0.072	0.086	0.103	0.175
	二硫化钼	kg	87.61	0.004	0.004	0.004	0.006
	棉纱头	kg	6.00	0.004	0.006	0.011	0.013
	耐酸石棉橡胶板	kg	25.64	0.064	0.075	0.082	0.139
	尼龙砂轮片 φ100×16×3	片	2.56	0.073	0.099	0.118	0.371
	尼龙砂轮片 φ500×25×4	片	12.82	0.030	0.030	0.044	0.054
	破布	kg	6.32	0.002	0.004	0.004	0.006
	水	t	7.96	0.004	0.006	0.009	0.011
	酸洗膏	kg	6.56	0.020	0.024	0.033	0.039
	其他材料费占材料费	%	—	1.000	1.000	1.000	1.000
机械	电动空气压缩机 6m³/min	台班	206.73	0.002	0.002	0.002	0.002
	电焊机(综合)	台班	118.28	0.063	0.070	0.094	0.109
	电焊条恒温箱	台班	21.41	0.006	0.007	0.009	0.011
	电焊条烘干箱 60×50×75cm³	台班	26.46	0.006	0.007	0.009	0.011
	砂轮切割机 500mm	台班	29.08	0.008	0.008	0.015	0.016

工作内容：准备工作、管子切口、磨平、管口组对、焊接、焊缝钝化、法兰连接、螺栓涂二硫化钼。

计量单位：副

定额编号				A8-4-84	A8-4-85	A8-4-86	A8-4-87
项目名称				公称直径(mm以内)			
				100	125	150	200
基价（元）				**103.19**	**130.66**	**148.21**	**255.01**
其中	人工费（元）			62.72	74.34	80.36	123.06
	材料费（元）			21.25	25.98	32.45	62.61
	机械费（元）			19.22	30.34	35.40	69.34
名称		单位	单价(元)	消耗量			
人工	综合工日	工日	140.00	0.448	0.531	0.574	0.879
材料	不锈钢平焊法兰	片	—	(2.000)	(2.000)	(2.000)	(2.000)
	丙酮	kg	7.51	0.077	0.090	0.107	0.148
	不锈钢焊条	kg	38.46	0.320	0.389	0.500	1.180
	电	kW·h	0.68	0.216	0.258	0.316	0.614
	二硫化钼	kg	87.61	0.006	0.013	0.013	0.013
	棉纱头	kg	6.00	0.015	0.018	0.022	0.030
	耐酸石棉橡胶板	kg	25.64	0.182	0.246	0.300	0.353
	尼龙砂轮片 φ100×16×3	片	2.56	0.490	0.655	0.791	1.381
	尼龙砂轮片 φ500×25×4	片	12.82	0.078	—	—	—
	破布	kg	6.32	0.006	0.008	0.010	0.014
	水	t	7.96	0.013	0.015	0.019	0.026
	酸洗膏	kg	6.56	0.050	0.077	0.103	0.134
	其他材料费占材料费	%	—	1.000	1.000	1.000	1.000
机械	等离子切割机 400A	台班	219.59	—	0.025	0.037	0.043
	电动空气压缩机 1m³/min	台班	50.29	—	0.025	0.037	0.043
	电动空气压缩机 6m³/min	台班	206.73	0.002	0.002	0.002	0.002
	电焊机(综合)	台班	118.28	0.136	0.178	0.193	0.445
	电焊条恒温箱	台班	21.41	0.014	0.018	0.019	0.045
	电焊条烘干箱 60×50×75cm³	台班	26.46	0.014	0.018	0.019	0.045
	汽车式起重机 8t	台班	763.67	0.001	0.001	0.001	0.002
	砂轮切割机 500mm	台班	29.08	0.027	—	—	—
	载重汽车 8t	台班	501.85	0.001	0.001	0.001	0.002

工作内容：准备工作、管子切口、磨平、管口组对、焊接、焊缝钝化、法兰连接、螺栓涂二硫化钼。

计量单位：副

定额编号				A8-4-88	A8-4-89	A8-4-90
项目名称				公称直径(mm以内)		
				250	300	350
基价（元）				371.76	448.31	522.68
其中	人工费（元）			157.08	194.60	213.78
	材料费（元）			112.55	139.08	186.23
	机械费（元）			102.13	114.63	122.67
名称		单位	单价(元)	消耗量		
人工	综合工日	工日	140.00	1.122	1.390	1.527
材料	不锈钢平焊法兰	片	—	(2.000)	(2.000)	(2.000)
	丙酮	kg	7.51	0.184	0.218	0.253
	不锈钢焊条	kg	38.46	2.360	2.936	4.000
	电	kW·h	0.68	0.789	0.962	1.031
	二硫化钼	kg	87.61	0.019	0.029	0.029
	棉纱头	kg	6.00	0.036	0.043	0.049
	耐酸石棉橡胶板	kg	25.64	0.396	0.428	0.578
	尼龙砂轮片 φ100×16×3	片	2.56	1.962	2.621	3.144
	破布	kg	6.32	0.019	0.021	0.026
	水	t	7.96	0.030	0.036	0.043
	酸洗膏	kg	6.56	0.203	0.242	0.265
	其他材料费占材料费	%	—	1.000	1.000	1.000
机械	等离子切割机 400A	台班	219.59	0.056	0.068	0.079
	电动空气压缩机 1m³/min	台班	50.29	0.056	0.068	0.079
	电动空气压缩机 6m³/min	台班	206.73	0.002	0.002	0.002
	电焊机(综合)	台班	118.28	0.673	0.748	0.779
	电焊条恒温箱	台班	21.41	0.067	0.075	0.078
	电焊条烘干箱 60×50×75cm³	台班	26.46	0.067	0.075	0.078
	汽车式起重机 8t	台班	763.67	0.003	0.003	0.004
	载重汽车 8t	台班	501.85	0.003	0.003	0.004

工作内容：准备工作、管子切口、磨平、管口组对、焊接、焊缝钝化、法兰连接、螺栓涂二硫化钼。

计量单位：副

定额编号				A8-4-91	A8-4-92	A8-4-93
项目名称				公称直径(mm以内)		
				400	450	500
基价（元）				**596.33**	**687.19**	**810.20**
其中	人工费（元）			240.80	267.96	294.98
	材料费（元）			216.32	263.36	342.64
	机械费（元）			139.21	155.87	172.58
名称		单位	单价(元)	消耗量		
人工	综合工日	工日	140.00	1.720	1.914	2.107
材料	不锈钢平焊法兰	片	—	(2.000)	(2.000)	(2.000)
	丙酮	kg	7.51	0.285	0.317	0.349
	不锈钢焊条	kg	38.46	4.600	5.577	7.359
	电	kW·h	0.68	1.166	1.381	1.719
	二硫化钼	kg	87.61	0.038	0.047	0.056
	棉纱头	kg	6.00	0.056	0.063	0.070
	耐酸石棉橡胶板	kg	25.64	0.738	0.898	1.058
	尼龙砂轮片 φ100×16×3	片	2.56	3.526	4.775	6.371
	破布	kg	6.32	0.028	0.030	0.032
	水	t	7.96	0.049	0.055	0.061
	酸洗膏	kg	6.56	0.328	0.391	0.454
	其他材料费占材料费	%	—	1.000	1.000	1.000
机械	等离子切割机 400A	台班	219.59	0.090	0.101	0.112
	电动空气压缩机 $1m^3/min$	台班	50.29	0.090	0.101	0.112
	电动空气压缩机 $6m^3/min$	台班	206.73	0.002	0.002	0.002
	电焊机(综合)	台班	118.28	0.879	0.980	1.081
	电焊条恒温箱	台班	21.41	0.088	0.098	0.109
	电焊条烘干箱 $60\times50\times75cm^3$	台班	26.46	0.088	0.098	0.109
	汽车式起重机 8t	台班	763.67	0.005	0.006	0.007
	载重汽车 8t	台班	501.85	0.005	0.006	0.007

6. 不锈钢对焊法兰(电弧焊)

工作内容：准备工作、管子切口、坡口加工、坡口磨平、焊接、焊缝钝化、法兰连接、螺栓涂二硫化钼。

计量单位：副

定额编号				A8-4-94	A8-4-95	A8-4-96	A8-4-97
项目名称				公称直径(mm以内)			
				15	20	25	32
基价(元)				22.14	24.78	28.82	33.70
其中	人工费(元)			16.66	18.48	20.02	23.10
	材料费(元)			2.69	2.96	4.31	5.18
	机械费(元)			2.79	3.34	4.49	5.42
名称		单位	单价(元)	消耗量			
人工	综合工日	工日	140.00	0.119	0.132	0.143	0.165
材料	不锈钢对焊法兰	片	—	(2.000)	(2.000)	(2.000)	(2.000)
	丙酮	kg	7.51	0.015	0.017	0.024	0.028
	不锈钢焊条	kg	38.46	0.036	0.040	0.056	0.069
	电	kW·h	0.68	0.135	0.147	0.166	0.184
	二硫化钼	kg	87.61	0.002	0.002	0.002	0.004
	棉纱头	kg	6.00	0.003	0.005	0.005	0.008
	耐酸石棉橡胶板	kg	25.64	0.018	0.018	0.036	0.036
	尼龙砂轮片 φ100×16×3	片	2.56	0.072	0.089	0.113	0.140
	尼龙砂轮片 φ500×25×4	片	12.82	0.012	0.014	0.021	0.024
	破布	kg	6.32	0.002	0.002	0.002	0.002
	水	t	7.96	0.002	0.002	0.004	0.004
	酸洗膏	kg	6.56	0.008	0.009	0.013	0.016
	其他材料费占材料费	%	—	1.000	1.000	1.000	1.000
机械	电动空气压缩机 6m³/min	台班	206.73	0.002	0.002	0.002	0.002
	电焊机(综合)	台班	118.28	0.019	0.023	0.032	0.039
	电焊条恒温箱	台班	21.41	0.002	0.003	0.003	0.004
	电焊条烘干箱 60×50×75cm³	台班	26.46	0.002	0.003	0.003	0.004
	砂轮切割机 500mm	台班	29.08	0.001	0.002	0.005	0.007

工作内容：准备工作、管子切口、坡口加工、坡口磨平、焊接、焊缝钝化、法兰连接、螺栓涂二硫化钼。

计量单位：副

定额编号				A8-4-98	A8-4-99	A8-4-100	A8-4-101
项目名称				公称直径(mm以内)			
				40	50	65	80
基价（元）				**52.57**	**58.91**	**77.67**	**98.23**
其中	人工费（元）			35.42	37.94	46.48	50.40
	材料费（元）			6.26	8.02	10.33	15.49
	机械费（元）			10.89	12.95	20.86	32.34
名称		单位	单价(元)	消耗量			
人工	综合工日	工日	140.00	0.253	0.271	0.332	0.360
材料	不锈钢对焊法兰	片	—	(2.000)	(2.000)	(2.000)	(2.000)
	丙酮	kg	7.51	0.032	0.039	0.051	0.060
	不锈钢焊条	kg	38.46	0.079	0.110	0.141	0.221
	电	kW·h	0.68	0.201	0.244	0.276	0.254
	二硫化钼	kg	87.61	0.004	0.004	0.004	0.006
	棉纱头	kg	6.00	0.008	0.009	0.010	0.011
	耐酸石棉橡胶板	kg	25.64	0.055	0.064	0.082	0.119
	尼龙砂轮片 φ100×16×3	片	2.56	0.163	0.231	0.306	0.584
	尼龙砂轮片 φ500×25×4	片	12.82	0.030	0.030	0.049	0.054
	破布	kg	6.32	0.002	0.004	0.004	0.006
	水	t	7.96	0.004	0.006	0.009	0.011
	酸洗膏	kg	6.56	0.020	0.024	0.033	0.039
	其他材料费占材料费	%	—	1.000	1.000	1.000	1.000
机械	等离子切割机 400A	台班	219.59	—	—	—	0.040
	电动空气压缩机 1m³/min	台班	50.29	—	—	—	0.040
	电动空气压缩机 6m³/min	台班	206.73	0.002	0.002	0.002	0.002
	电焊机(综合)	台班	118.28	0.083	0.100	0.162	0.167
	电焊条恒温箱	台班	21.41	0.009	0.010	0.016	0.016
	电焊条烘干箱 60×50×75cm³	台班	26.46	0.009	0.010	0.016	0.016
	砂轮切割机 500mm	台班	29.08	0.008	0.008	0.018	0.021

工作内容：准备工作、管子切口、坡口加工、坡口磨平、焊接、焊缝钝化、法兰连接、螺栓涂二硫化钼。

计量单位：副

定额编号				A8-4-102	A8-4-103	A8-4-104	A8-4-105
项目名称				公称直径(mm以内)			
				100	125	150	200
基价（元）				136.72	163.23	195.87	280.59
其中	人工费（元）			70.28	72.66	85.96	113.40
	材料费（元）			19.54	30.63	36.70	58.94
	机械费（元）			46.90	59.94	73.21	108.25
名称		单位	单价(元)	消耗量			
人工	综合工日	工日	140.00	0.502	0.519	0.614	0.810
材料	不锈钢对焊法兰	片	—	(2.000)	(2.000)	(2.000)	(2.000)
	丙酮	kg	7.51	0.077	0.090	0.107	0.148
	不锈钢焊条	kg	38.46	0.275	0.504	0.603	1.060
	电	kW·h	0.68	0.316	0.421	0.516	0.818
	二硫化钼	kg	87.61	0.006	0.013	0.013	0.013
	棉纱头	kg	6.00	0.015	0.016	0.025	0.031
	耐酸石棉橡胶板	kg	25.64	0.155	0.210	0.255	0.301
	尼龙砂轮片 φ100×16×3	片	2.56	0.750	1.047	1.278	2.227
	尼龙砂轮片 φ500×25×4	片	12.82	0.078	—	—	—
	破布	kg	6.32	0.006	0.009	0.011	0.015
	水	t	7.96	0.013	0.015	0.019	0.026
	酸洗膏	kg	6.56	0.050	0.077	0.103	0.134
	其他材料费占材料费	%	—	1.000	1.000	1.000	1.000
机械	等离子切割机 400A	台班	219.59	0.053	0.086	0.105	0.145
	电动空气压缩机 $1m^3/min$	台班	50.29	0.053	0.086	0.105	0.145
	电动空气压缩机 $6m^3/min$	台班	206.73	0.002	0.002	0.002	0.002
	电焊机(综合)	台班	118.28	0.245	0.285	0.351	0.538
	电焊条恒温箱	台班	21.41	0.024	0.028	0.035	0.053
	电焊条烘干箱 $60×50×75cm^3$	台班	26.46	0.024	0.028	0.035	0.053
	汽车式起重机 8t	台班	763.67	0.001	0.001	0.001	0.002
	砂轮切割机 500mm	台班	29.08	0.027	—	—	—
	载重汽车 8t	台班	501.85	0.001	0.001	0.001	0.002

工作内容：准备工作、管子切口、坡口加工、坡口磨平、焊接、焊缝钝化、法兰连接、螺栓涂二硫化钼。

计量单位：副

定额编号				A8-4-106	A8-4-107	A8-4-108
项目名称				公称直径(mm以内)		
				250	300	350
基价（元）				398.47	505.63	619.85
其中	人工费（元）			155.40	193.48	256.34
	材料费（元）			89.08	122.45	143.66
	机械费（元）			153.99	189.70	219.85
名称		单位	单价(元)	消耗量		
人工	综合工日	工日	140.00	1.110	1.382	1.831
材料	不锈钢对焊法兰	片	—	(2.000)	(2.000)	(2.000)
	丙酮	kg	7.51	0.184	0.218	0.253
	不锈钢焊条	kg	38.46	1.712	2.435	2.828
	电	kW·h	0.68	1.053	1.289	1.481
	二硫化钼	kg	87.61	0.019	0.029	0.029
	棉纱头	kg	6.00	0.032	0.038	0.045
	耐酸石棉橡胶板	kg	25.64	0.337	0.364	0.491
	尼龙砂轮片 φ100×16×3	片	2.56	3.151	4.282	5.047
	破布	kg	6.32	0.019	0.021	0.026
	水	t	7.96	0.030	0.036	0.043
	酸洗膏	kg	6.56	0.203	0.242	0.265
	其他材料费占材料费	%	—	1.000	1.000	1.000
机械	等离子切割机 400A	台班	219.59	0.189	0.231	0.268
	电动空气压缩机 1m³/min	台班	50.29	0.189	0.231	0.268
	电动空气压缩机 6m³/min	台班	206.73	0.002	0.002	0.002
	电焊机(综合)	台班	118.28	0.813	1.011	1.175
	电焊条恒温箱	台班	21.41	0.081	0.101	0.117
	电焊条烘干箱 60×50×75cm³	台班	26.46	0.081	0.101	0.117
	汽车式起重机 8t	台班	763.67	0.002	0.002	0.002
	载重汽车 8t	台班	501.85	0.002	0.002	0.002

工作内容：准备工作、管子切口、坡口加工、坡口磨平、焊接、焊缝钝化、法兰连接、螺栓涂二硫化钼。

计量单位：副

定额编号				A8-4-109	A8-4-110	A8-4-111
项目名称				公称直径(mm以内)		
				400	450	500
基价（元）				695.47	839.64	1004.30
其中	人工费（元）			279.44	314.72	350.00
	材料费（元）			165.07	243.96	343.37
	机械费（元）			250.96	280.96	310.93
名称		单位	单价(元)	消耗量		
人工	综合工日	工日	140.00	1.996	2.248	2.500
材料	不锈钢对焊法兰	片	—	(2.000)	(2.000)	(2.000)
	丙酮	kg	7.51	0.285	0.317	0.349
	不锈钢焊条	kg	38.46	3.200	4.945	7.189
	电	kW·h	0.68	1.674	2.016	2.436
	二硫化钼	kg	87.61	0.038	0.046	0.055
	棉纱头	kg	6.00	0.053	0.059	0.064
	耐酸石棉橡胶板	kg	25.64	0.628	0.765	0.902
	尼龙砂轮片 φ100×16×3	片	2.56	5.709	7.975	10.627
	破布	kg	6.32	0.028	0.030	0.032
	水	t	7.96	0.049	0.055	0.061
	酸洗膏	kg	6.56	0.328	0.391	0.454
	其他材料费占材料费	%	—	1.000	1.000	1.000
机械	等离子切割机 400A	台班	219.59	0.304	0.340	0.376
	电动空气压缩机 $1m^3/min$	台班	50.29	0.304	0.340	0.376
	电动空气压缩机 $6m^3/min$	台班	206.73	0.002	0.003	0.003
	电焊机(综合)	台班	118.28	1.328	1.481	1.635
	电焊条恒温箱	台班	21.41	0.133	0.148	0.164
	电焊条烘干箱 $60×50×75cm^3$	台班	26.46	0.133	0.148	0.164
	汽车式起重机 8t	台班	763.67	0.004	0.005	0.006
	载重汽车 8t	台班	501.85	0.004	0.005	0.006

7. 不锈钢对焊法兰(氩电联焊)

工作内容：准备工作、管子切口、坡口加工、坡口磨平、管口组对、焊接、焊缝钝化、法兰连接、螺栓涂二硫化钼。

计量单位：副

定额编号				A8-4-112	A8-4-113	A8-4-114	A8-4-115
项目名称				公称直径(mm以内)			
				50	65	80	100
基价(元)				**71.44**	**93.45**	**114.10**	**150.53**
其中	人工费(元)			40.32	49.84	58.24	76.86
	材料费(元)			10.71	15.46	20.85	30.09
	机械费(元)			20.41	28.15	35.01	43.58
名称		单位	单价(元)	消耗量			
人工	综合工日	工日	140.00	0.288	0.356	0.416	0.549
材料	不锈钢对焊法兰	片	—	(2.000)	(2.000)	(2.000)	(2.000)
	丙酮	kg	7.51	0.029	0.038	0.045	0.058
	不锈钢焊条	kg	38.46	0.142	0.239	0.315	0.494
	电	kW·h	0.68	0.083	0.111	0.133	0.179
	二硫化钼	kg	87.61	0.004	0.004	0.006	0.006
	棉纱头	kg	6.00	0.006	0.008	0.010	0.011
	耐酸石棉橡胶板	kg	25.64	0.056	0.072	0.104	0.136
	尼龙砂轮片 φ100×16×3	片	2.56	0.080	0.099	0.155	0.201
	尼龙砂轮片 φ500×25×4	片	12.82	0.030	0.048	0.066	0.090
	破布	kg	6.32	0.003	0.003	0.005	0.005
	铈钨棒	g	0.38	0.147	0.165	0.218	0.253
	水	t	7.96	0.048	0.006	0.008	0.010
	酸洗膏	kg	6.56	0.024	0.033	0.039	0.050
	氩气	m^3	19.59	0.094	0.117	0.162	0.202
	其他材料费占材料费	%	—	1.000	1.000	1.000	1.000
机械	电动空气压缩机 6m^3/min	台班	206.73	0.002	0.002	0.002	0.002
	电焊机(综合)	台班	118.28	0.068	0.101	0.132	0.176
	电焊条恒温箱	台班	21.41	0.007	0.010	0.013	0.017
	电焊条烘干箱 60×50×75cm^3	台班	26.46	0.007	0.010	0.013	0.017
	普通车床 630×2000mm	台班	247.10	0.018	0.029	0.033	0.033
	汽车式起重机 8t	台班	763.67	—	—	—	0.001
	砂轮切割机 500mm	台班	29.08	0.011	0.016	0.023	0.025
	氩弧焊机 500A	台班	92.58	0.074	0.083	0.103	0.123
	载重汽车 8t	台班	501.85	—	—	—	0.001

工作内容：准备工作、管子切口、坡口加工、坡口磨平、管口组对、焊接、焊缝钝化、法兰连接、螺栓涂二硫化钼。

计量单位：副

定额编号				A8-4-116	A8-4-117	A8-4-118
项目名称				公称直径(mm以内)		
				125	150	200
基价（元）				**185.55**	**224.98**	**328.15**
其中	人工费（元）			88.62	101.22	131.60
	材料费（元）			38.73	52.70	93.28
	机械费（元）			58.20	71.06	103.27
名称		单位	单价(元)	消耗量		
人工	综合工日	工日	140.00	0.633	0.723	0.940
材料	不锈钢对焊法兰	片	—	(2.000)	(2.000)	(2.000)
	丙酮	kg	7.51	0.067	0.080	0.110
	不锈钢焊条	kg	38.46	0.648	0.932	1.806
	电	kW·h	0.68	0.225	0.266	0.382
	二硫化钼	kg	87.61	0.013	0.013	0.013
	棉纱头	kg	6.00	0.014	0.017	0.022
	耐酸石棉橡胶板	kg	25.64	0.184	0.224	0.264
	尼龙砂轮片 φ100×16×3	片	2.56	0.268	0.406	0.696
	破布	kg	6.32	0.006	0.008	0.011
	铈钨棒	g	0.38	0.334	0.398	0.551
	水	t	7.96	0.011	0.014	0.019
	酸洗膏	kg	6.56	0.077	0.103	0.134
	氩气	m³	19.59	0.275	0.334	0.545
	其他材料费占材料费	%	—	1.000	1.000	1.000
机械	等离子切割机 400A	台班	219.59	0.020	0.025	0.036
	电动空气压缩机 1m³/min	台班	50.29	0.020	0.025	0.036
	电动空气压缩机 6m³/min	台班	206.73	0.002	0.002	0.002
	电焊机(综合)	台班	118.28	0.229	0.301	0.467
	电焊条恒温箱	台班	21.41	0.023	0.030	0.047
	电焊条烘干箱 60×50×75cm³	台班	26.46	0.023	0.030	0.047
	普通车床 630×2000mm	台班	247.10	0.034	0.035	0.040
	汽车式起重机 8t	台班	763.67	0.001	0.001	0.002
	氩弧焊机 500A	台班	92.58	0.157	0.183	0.251
	载重汽车 8t	台班	501.85	0.001	0.001	0.002

工作内容：准备工作、管子切口、坡口加工、坡口磨平、管口组对、焊接、焊缝钝化、法兰连接、螺栓涂二硫化钼。

计量单位：副

定额编号				A8-4-119	A8-4-120	A8-4-121
项目名称				公称直径(mm以内)		
				250	300	350
基价（元）				447.69	576.87	764.32
其中	人工费（元）			166.18	196.70	239.26
	材料费（元）			146.70	212.50	311.91
	机械费（元）			134.81	167.67	213.15
名称		单位	单价(元)	消耗量		
人工	综合工日	工日	140.00	1.187	1.405	1.709
材料	不锈钢对焊法兰	片	—	(2.000)	(2.000)	(2.000)
	丙酮	kg	7.51	0.138	0.163	0.189
	不锈钢焊条	kg	38.46	2.971	4.522	6.776
	电	kW·h	0.68	0.519	0.630	0.743
	二硫化钼	kg	87.61	0.019	0.029	0.029
	棉纱头	kg	6.00	0.027	0.032	0.037
	耐酸石棉橡胶板	kg	25.64	0.296	0.320	0.432
	尼龙砂轮片 φ100×16×3	片	2.56	1.922	2.000	4.204
	破布	kg	6.32	0.014	0.016	0.019
	铈钨棒	g	0.38	0.688	0.819	0.950
	水	t	7.96	0.022	0.027	0.032
	酸洗膏	kg	6.56	0.203	0.242	0.265
	氩气	m³	19.59	0.684	0.845	0.981
	其他材料费占材料费	%	—	1.000	1.000	1.000
机械	等离子切割机 400A	台班	219.59	0.048	0.060	0.072
	电动空气压缩机 1m³/min	台班	50.29	0.048	0.060	0.072
	电动空气压缩机 6m³/min	台班	206.73	0.002	0.002	0.002
	电焊机(综合)	台班	118.28	0.626	0.804	1.112
	电焊条恒温箱	台班	21.41	0.063	0.080	0.111
	电焊条烘干箱 60×50×75cm³	台班	26.46	0.063	0.080	0.111
	普通车床 630×2000mm	台班	247.10	0.048	0.058	0.074
	汽车式起重机 8t	台班	763.67	0.002	0.002	0.002
	氩弧焊机 500A	台班	92.58	0.324	0.381	0.385
	载重汽车 8t	台班	501.85	0.002	0.002	0.002

工作内容：准备工作、管子切口、坡口加工、坡口磨平、管口组对、焊接、焊缝钝化、法兰连接、螺栓涂二硫化钼。

计量单位：副

定额编号				A8-4-122	A8-4-123	A8-4-124
项目名称				公称直径(mm以内)		
				400	450	500
基价（元）				949.28	1130.93	1311.18
其中	人工费（元）			285.46	331.66	378.00
	材料费（元）			421.51	529.83	638.16
	机械费（元）			242.31	269.44	295.02
名称		单位	单价(元)	消耗量		
人工	综合工日	工日	140.00	2.039	2.369	2.700
材料	不锈钢对焊法兰	片	—	(2.000)	(2.000)	(2.000)
	丙酮	kg	7.51	0.213	0.237	0.261
	不锈钢焊条	kg	38.46	9.249	11.722	14.195
	电	kW·h	0.68	0.932	1.121	1.310
	二硫化钼	kg	87.61	0.038	0.046	0.054
	棉纱头	kg	6.00	0.042	0.047	0.052
	耐酸石棉橡胶板	kg	25.64	0.552	0.672	0.792
	尼龙砂轮片 Φ100×16×3	片	2.56	5.246	6.288	7.330
	破布	kg	6.32	0.021	0.024	0.027
	铈钨棒	g	0.38	1.073	1.196	1.319
	水	t	7.96	0.037	0.042	0.047
	酸洗膏	kg	6.56	0.328	0.391	0.454
	氩气	m^3	19.59	1.288	1.535	1.782
	其他材料费占材料费	%	—	1.000	1.000	1.000
机械	等离子切割机 400A	台班	219.59	0.076	0.081	0.085
	电动空气压缩机 $1m^3/min$	台班	50.29	0.076	0.081	0.085
	电动空气压缩机 $6m^3/min$	台班	206.73	0.002	0.002	0.002
	电焊机(综合)	台班	118.28	1.273	1.432	1.593
	电焊条恒温箱	台班	21.41	0.127	0.143	0.159
	电焊条烘干箱 $60×50×75cm^3$	台班	26.46	0.127	0.143	0.159
	普通车床 630×2000mm	台班	247.10	0.090	0.107	0.123
	汽车式起重机 8t	台班	763.67	0.003	0.004	0.004
	氩弧焊机 500A	台班	92.58	0.418	0.426	0.434
	载重汽车 8t	台班	501.85	0.003	0.004	0.004

8. 不锈钢对焊法兰(氩弧焊)

工作内容：准备工作、管子切口、坡口加工、焊接、焊缝钝化、法兰连接、螺栓涂二硫化钼。

计量单位：副

定额编号				A8-4-125	A8-4-126	A8-4-127	A8-4-128
项目名称				公称直径(mm以内)			
				15	20	25	32
基价（元）				**26.14**	**29.03**	**34.52**	**38.68**
其中	人工费（元）			17.64	19.46	22.12	24.22
	材料费（元）			2.38	2.77	4.16	5.17
	机械费（元）			6.12	6.80	8.24	9.29
名称		单位	单价(元)	消耗量			
人工	综合工日	工日	140.00	0.126	0.139	0.158	0.173
材料	不锈钢对焊法兰	片	—	(2.000)	(2.000)	(2.000)	(2.000)
	丙酮	kg	7.51	0.010	0.010	0.015	0.017
	不锈钢焊条	kg	38.46	0.015	0.018	0.026	0.034
	电	kW·h	0.68	0.012	0.016	0.020	0.024
	二硫化钼	kg	87.61	0.002	0.002	0.002	0.004
	棉纱头	kg	6.00	0.002	0.004	0.004	0.006
	耐酸石棉橡胶板	kg	25.64	0.016	0.016	0.032	0.032
	尼龙砂轮片 φ100×16×3	片	2.56	0.026	0.031	0.040	0.050
	尼龙砂轮片 φ500×25×4	片	12.82	0.008	0.010	0.019	0.022
	破布	kg	6.32	0.002	0.002	0.002	0.002
	铈钨棒	g	0.38	0.080	0.098	0.144	0.179
	水	t	7.96	0.002	0.002	0.003	0.003
	酸洗膏	kg	6.56	0.008	0.009	0.013	0.016
	氩气	m³	19.59	0.042	0.052	0.074	0.094
	其他材料费占材料费	%	—	1.000	1.000	1.000	1.000
机械	电动空气压缩机 6m³/min	台班	206.73	0.002	0.002	0.002	0.002
	普通车床 630×2000mm	台班	247.10	0.011	0.011	0.013	0.013
	砂轮切割机 500mm	台班	29.08	0.001	0.002	0.006	0.007
	氩弧焊机 500A	台班	92.58	0.032	0.039	0.048	0.059

工作内容：准备工作、管子切口、坡口加工、焊接、焊缝钝化、法兰连接、螺栓涂二硫化钼。

计量单位：副

定额编号				A8-4-129	A8-4-130	A8-4-131	A8-4-132
项目名称				公称直径(mm以内)			
				40	50	65	80
基价（元）				48.30	72.20	97.44	119.46
其中	人工费（元）			29.26	43.40	54.18	64.68
	材料费（元）			7.37	11.43	18.03	24.01
	机械费（元）			11.67	17.37	25.23	30.77
	名称	单位	单价(元)	消耗量			
人工	综合工日	工日	140.00	0.209	0.310	0.387	0.462
材料	不锈钢对焊法兰	片	—	(2.000)	(2.000)	(2.000)	(2.000)
	丙酮	kg	7.51	0.024	0.031	0.041	0.048
	不锈钢焊条	kg	38.46	0.050	0.088	0.146	0.192
	电	kW·h	0.68	0.034	0.053	0.077	0.101
	二硫化钼	kg	87.61	0.004	0.003	0.003	0.005
	棉纱头	kg	6.00	0.006	0.006	0.008	0.010
	耐酸石棉橡胶板	kg	25.64	0.048	0.060	0.077	0.111
	尼龙砂轮片 φ100×16×3	片	2.56	0.058	0.078	0.111	0.147
	尼龙砂轮片 φ500×25×4	片	12.82	0.027	0.032	0.051	0.071
	破布	kg	6.32	0.002	0.003	0.003	0.005
	铈钨棒	g	0.38	0.275	0.478	0.802	1.049
	水	t	7.96	0.003	0.005	0.007	0.009
	酸洗膏	kg	6.56	0.020	0.024	0.034	0.040
	氩气	m³	19.59	0.142	0.246	0.411	0.539
	其他材料费占材料费	%	—	1.000	1.000	1.000	1.000
机械	电动空气压缩机 6m³/min	台班	206.73	0.002	0.002	0.002	0.002
	普通车床 630×2000mm	台班	247.10	0.015	0.020	0.032	0.034
	砂轮切割机 500mm	台班	29.08	0.008	0.012	0.018	0.026
	氩弧焊机 500A	台班	92.58	0.079	0.126	0.177	0.229

工作内容：准备工作、管子切口、坡口加工、焊接、焊缝钝化、法兰连接、螺栓涂二硫化钼。

计量单位：副

定额编号				A8-4-133	A8-4-134	A8-4-135	A8-4-136
项目名称				公称直径(mm以内)			
				100	125	150	200
基价（元）				165.60	201.71	258.44	417.74
其中	人工费（元）			88.06	99.82	122.64	181.30
	材料费（元）			35.51	45.27	62.71	114.10
	机械费（元）			42.03	56.62	73.09	122.34
名称		单位	单价(元)	消耗量			
人工	综合工日	工日	140.00	0.629	0.713	0.876	1.295
材料	不锈钢对焊法兰	片	—	(2.000)	(2.000)	(2.000)	(2.000)
	丙酮	kg	7.51	0.061	0.071	0.085	0.117
	不锈钢焊条	kg	38.46	0.296	0.386	0.549	1.058
	电	kW·h	0.68	0.145	0.190	0.261	0.473
	二硫化钼	kg	87.61	0.005	0.011	0.011	0.011
	棉纱头	kg	6.00	0.011	0.014	0.017	0.022
	耐酸石棉橡胶板	kg	25.64	0.145	0.196	0.238	0.281
	尼龙砂轮片 φ100×16×3	片	2.56	0.190	0.248	0.337	0.578
	尼龙砂轮片 φ500×25×4	片	12.82	0.095	—	—	—
	破布	kg	6.32	0.005	0.007	0.009	0.012
	钍钨棒	g	0.38	1.605	2.088	2.980	5.640
	水	t	7.96	0.010	0.012	0.015	0.020
	酸洗膏	kg	6.56	0.051	0.079	0.105	0.137
	氩气	m^3	19.59	0.829	1.080	1.538	2.962
	其他材料费占材料费	%	—	1.000	1.000	1.000	1.000
机械	等离子切割机 400A	台班	219.59	—	0.023	0.029	0.041
	电动空气压缩机 $1m^3/min$	台班	50.29	—	0.023	0.029	0.041
	电动空气压缩机 $6m^3/min$	台班	206.73	0.002	0.002	0.002	0.002
	普通车床 630×2000mm	台班	247.10	0.037	0.038	0.040	0.045
	汽车式起重机 8t	台班	763.67	0.001	0.001	0.001	0.002
	砂轮切割机 500mm	台班	29.08	0.029	—	—	—
	氩弧焊机 500A	台班	92.58	0.328	0.425	0.580	1.050
	载重汽车 8t	台班	501.85	0.001	0.001	0.001	0.002

9. 不锈钢翻边活动法兰(电弧焊)

工作内容：准备工作、管子切口、坡口加工、坡口磨平、管口组对、焊接、焊缝钝化、法兰连接、螺栓涂二硫化钼。

计量单位：副

定额编号				A8-4-137	A8-4-138	A8-4-139	A8-4-140
项目名称				公称直径(mm以内)			
				15	20	25	32
基价(元)				**24.22**	**27.83**	**43.93**	**50.24**
其中	人工费(元)			18.62	21.14	33.60	36.68
	材料费(元)			2.81	3.35	4.91	5.91
	机械费(元)			2.79	3.34	5.42	7.65
名称		单位	单价(元)	消耗量			
人工	综合工日	工日	140.00	0.133	0.151	0.240	0.262
材料	低压不锈钢翻边短管	个	—	(2.000)	(2.000)	(2.000)	(2.000)
	活动法兰	片	—	(2.000)	(2.000)	(2.000)	(2.000)
	丙酮	kg	7.51	0.015	0.017	0.024	0.028
	不锈钢焊条	kg	38.46	0.036	0.040	0.056	0.069
	电	kW·h	0.68	0.135	0.147	0.166	0.184
	二硫化钼	kg	87.61	0.002	0.002	0.002	0.004
	棉纱头	kg	6.00	0.002	0.004	0.004	0.006
	耐酸石棉橡胶板	kg	25.64	0.011	0.021	0.043	0.043
	尼龙砂轮片 φ100×16×3	片	2.56	0.072	0.089	0.113	0.140
	尼龙砂轮片 φ500×25×4	片	12.82	0.007	0.010	0.022	0.026
	破布	kg	6.32	0.045	0.045	0.045	0.056
	氢氧化钠(烧碱)	kg	2.19	0.043	0.043	0.064	0.086
	水	t	7.96	0.002	0.002	0.004	0.004
	酸洗膏	kg	6.56	0.008	0.009	0.013	0.016
	其他材料费占材料费	%	—	1.000	1.000	1.000	1.000
机械	电动空气压缩机 6m³/min	台班	206.73	0.002	0.002	0.002	0.002
	电焊机(综合)	台班	118.28	0.019	0.023	0.039	0.057
	电焊条恒温箱	台班	21.41	0.002	0.003	0.004	0.006
	电焊条烘干箱 60×50×75cm³	台班	26.46	0.002	0.003	0.004	0.006
	砂轮切割机 500mm	台班	29.08	0.001	0.002	0.007	0.007

工作内容：准备工作、管子切口、坡口加工、坡口磨平、管口组对、焊接、焊缝钝化、法兰连接、螺栓涂二硫化钼。

计量单位：副

定额编号				A8-4-141	A8-4-142	A8-4-143	A8-4-144
项目名称				公称直径(mm以内)			
				40	50	65	80
基价（元）				58.76	66.32	92.15	119.34
其中	人工费（元）			40.74	44.38	62.30	70.28
	材料费（元）			7.13	8.99	11.49	16.87
	机械费（元）			10.89	12.95	18.36	32.19
名称		单位	单价(元)	消耗量			
人工	综合工日	工日	140.00	0.291	0.317	0.445	0.502
材料	低压不锈钢翻边短管	个	—	(2.000)	(2.000)	(2.000)	(2.000)
	活动法兰	片	—	(2.000)	(2.000)	(2.000)	(2.000)
	丙酮	kg	7.51	0.032	0.039	0.051	0.060
	不锈钢焊条	kg	38.46	0.079	0.110	0.141	0.221
	电	kW·h	0.68	0.201	0.244	0.276	0.254
	二硫化钼	kg	87.61	0.004	0.004	0.004	0.006
	棉纱头	kg	6.00	0.006	0.007	0.011	0.013
	耐酸石棉橡胶板	kg	25.64	0.064	0.075	0.096	0.139
	尼龙砂轮片 φ100×16×3	片	2.56	0.163	0.231	0.306	0.584
	尼龙砂轮片 φ500×25×4	片	12.82	0.030	0.030	0.044	0.054
	破布	kg	6.32	0.066	0.068	0.079	0.081
	氢氧化钠(烧碱)	kg	2.19	0.107	0.128	0.171	0.171
	水	t	7.96	0.004	0.006	0.009	0.011
	酸洗膏	kg	6.56	0.020	0.024	0.033	0.039
	其他材料费占材料费	%	—	1.000	1.000	1.000	1.000
机械	等离子切割机 400A	台班	219.59	—	—	—	0.040
	电动空气压缩机 1m³/min	台班	50.29	—	—	—	0.040
	电动空气压缩机 6m³/min	台班	206.73	0.002	0.002	0.002	0.002
	电焊机(综合)	台班	118.28	0.083	0.100	0.142	0.167
	电焊条恒温箱	台班	21.41	0.009	0.010	0.015	0.016
	电焊条烘干箱 60×50×75cm³	台班	26.46	0.009	0.010	0.015	0.016
	砂轮切割机 500mm	台班	29.08	0.008	0.008	0.015	0.016

工作内容：准备工作、管子切口、坡口加工、坡口磨平、管口组对、焊接、焊缝钝化、法兰连接、螺栓涂二硫化钼。
计量单位：副

定额编号				A8-4-145	A8-4-146	A8-4-147	A8-4-148
项目名称				公称直径(mm以内)			
				100	125	150	200
基价（元）				**152.19**	**183.43**	**207.79**	**285.51**
其中	人工费（元）			90.02	101.08	112.14	143.36
	材料费（元）			21.26	32.85	39.27	61.80
	机械费（元）			40.91	49.50	56.38	80.35
名称		单位	单价(元)	消耗量			
人工	综合工日	工日	140.00	0.643	0.722	0.801	1.024
材料	低压不锈钢翻边短管	个	—	(2.000)	(2.000)	(2.000)	(2.000)
	活动法兰	片	—	(2.000)	(2.000)	(2.000)	(2.000)
	丙酮	kg	7.51	0.077	0.090	0.107	0.148
	不锈钢焊条	kg	38.46	0.275	0.504	0.603	1.060
	电	kW·h	0.68	0.316	0.421	0.516	0.818
	二硫化钼	kg	87.61	0.006	0.013	0.013	0.013
	棉纱头	kg	6.00	0.015	0.018	0.022	0.030
	耐酸石棉橡胶板	kg	25.64	0.182	0.246	0.300	0.353
	尼龙砂轮片 φ100×16×3	片	2.56	0.750	1.047	1.278	2.227
	尼龙砂轮片 φ500×25×4	片	12.82	0.078	—	—	—
	破布	kg	6.32	0.092	0.105	0.107	0.111
	氢氧化钠(烧碱)	kg	2.19	0.214	0.300	0.364	0.407
	水	t	7.96	0.013	0.015	0.019	0.026
	酸洗膏	kg	6.56	0.050	0.077	0.103	0.134
	其他材料费占材料费	%	—	1.000	1.000	1.000	1.000
机械	等离子切割机 400A	台班	219.59	0.053	0.086	0.105	0.145
	电动空气压缩机 1m³/min	台班	50.29	0.053	0.086	0.105	0.145
	电动空气压缩机 6m³/min	台班	206.73	0.002	0.002	0.002	0.002
	电焊机(综合)	台班	118.28	0.196	0.200	0.214	0.311
	电焊条恒温箱	台班	21.41	0.020	0.020	0.022	0.031
	电焊条烘干箱 60×50×75cm³	台班	26.46	0.020	0.020	0.022	0.031
	汽车式起重机 8t	台班	763.67	0.001	0.001	0.001	0.002
	砂轮切割机 500mm	台班	29.08	0.027	—	—	—
	载重汽车 8t	台班	501.85	0.001	0.001	0.001	0.002

工作内容：准备工作、管子切口、坡口加工、坡口磨平、管口组对、焊接、焊缝钝化、法兰连接、螺栓涂二硫化钼。

计量单位：副

定额编号				A8-4-149	A8-4-150	A8-4-151	A8-4-152
项目名称				公称直径(mm以内)			
				250	300	350	400
基价（元）				**380.74**	**518.40**	**596.23**	**674.53**
其中	人工费（元）			177.38	250.04	282.52	315.98
	材料费（元）			92.39	126.26	148.29	170.55
	机械费（元）			110.97	142.10	165.42	188.00
名称		单位	单价(元)	消耗量			
人工	综合工日	工日	140.00	1.267	1.786	2.018	2.257
材料	低压不锈钢翻边短管	个	—	(2.000)	(2.000)	(2.000)	(2.000)
	活动法兰	片	—	(2.000)	(2.000)	(2.000)	(2.000)
	丙酮	kg	7.51	0.184	0.218	0.253	0.285
	不锈钢焊条	kg	38.46	1.712	2.435	2.828	3.200
	电	kW·h	0.68	1.053	1.289	1.481	1.674
	二硫化钼	kg	87.61	0.019	0.029	0.029	0.038
	棉纱头	kg	6.00	0.036	0.043	0.049	0.056
	耐酸石棉橡胶板	kg	25.64	0.396	0.428	0.578	0.738
	尼龙砂轮片 φ100×16×3	片	2.56	3.151	4.282	5.047	5.709
	破布	kg	6.32	0.116	0.139	0.143	0.156
	氢氧化钠(烧碱)	kg	2.19	0.514	0.621	0.728	0.813
	水	t	7.96	0.030	0.036	0.043	0.049
	酸洗膏	kg	6.56	0.203	0.242	0.265	0.328
	其他材料费占材料费	%	—	1.000	1.000	1.000	1.000
机械	等离子切割机 400A	台班	219.59	0.189	0.231	0.268	0.304
	电动空气压缩机 1m³/min	台班	50.29	0.189	0.231	0.268	0.304
	电动空气压缩机 6m³/min	台班	206.73	0.002	0.002	0.002	0.002
	电焊机(综合)	台班	118.28	0.463	0.614	0.712	0.806
	电焊条恒温箱	台班	21.41	0.047	0.061	0.071	0.081
	电焊条烘干箱 60×50×75cm³	台班	26.46	0.047	0.061	0.071	0.081
	汽车式起重机 8t	台班	763.67	0.002	0.003	0.004	0.005
	载重汽车 8t	台班	501.85	0.002	0.003	0.004	0.005

工作内容：准备工作、管子切口、坡口加工、坡口磨平、管口组对、焊接、焊缝钝化、法兰连接、螺栓涂二硫化钼。

计量单位：副

定额编号				A8-4-153	A8-4-154	A8-4-155
项目名称				公称直径(mm以内)		
				450	500	600
基价（元）				**779.52**	**945.16**	**963.74**
其中	人工费（元）			322.84	358.12	443.94
	材料费（元）			249.47	345.52	229.50
	机械费（元）			207.21	241.52	290.30
名称		单位	单价(元)	消耗量		
人工	综合工日	工日	140.00	2.306	2.558	3.171
材料	低压不锈钢翻边短管	个	—	(2.000)	(2.000)	(2.000)
	活动法兰	片	—	(2.000)	(2.000)	(2.000)
	丙酮	kg	7.51	0.321	0.375	0.424
	不锈钢焊条	kg	38.46	4.945	7.189	4.298
	电	kW·h	0.68	2.016	2.436	2.131
	二硫化钼	kg	87.61	0.038	0.038	0.049
	角钢(综合)	kg	3.61	0.214	0.214	0.214
	棉纱头	kg	6.00	0.064	0.075	0.086
	耐酸石棉橡胶板	kg	25.64	0.867	0.888	0.899
	尼龙砂轮片 φ100×16×3	片	2.56	7.975	10.627	8.110
	破布	kg	6.32	0.161	0.218	0.225
	氢氧化钠(烧碱)	kg	2.19	0.920	0.920	1.177
	水	t	7.96	0.056	0.060	0.073
	酸洗膏	kg	6.56	0.369	0.418	0.506
	其他材料费占材料费	%	—	1.000	1.000	1.000
机械	等离子切割机 400A	台班	219.59	0.318	0.352	0.428
	电动空气压缩机 $1m^3/min$	台班	50.29	0.318	0.352	0.428
	电动空气压缩机 $6m^3/min$	台班	206.73	0.004	0.004	0.004
	电焊机(综合)	台班	118.28	0.908	1.112	1.331
	电焊条恒温箱	台班	21.41	0.090	0.111	0.134
	电焊条烘干箱 $60\times50\times75cm^3$	台班	26.46	0.090	0.111	0.134
	汽车式起重机 8t	台班	763.67	0.007	0.007	0.008
	载重汽车 8t	台班	501.85	0.007	0.007	0.008

工作内容：准备工作、管子切口、坡口加工、坡口磨平、管口组对、焊接、焊缝钝化、法兰连接、螺栓涂二硫化钼。

计量单位：副

定额编号				A8-4-156	A8-4-157	A8-4-158
项目名称				公称直径(mm以内)		
				700	800	900
基价（元）				**1070.74**	**1284.02**	**1524.52**
其中	人工费（元）			504.14	568.96	654.92
	材料费（元）			235.15	340.43	418.67
	机械费（元）			331.45	374.63	450.93
名称		单位	单价(元)	消耗量		
人工	综合工日	工日	140.00	3.601	4.064	4.678
材料	低压不锈钢翻边短管	个	—	(2.000)	(2.000)	(2.000)
	活动法兰	片	—	(2.000)	(2.000)	(2.000)
	丙酮	kg	7.51	0.484	0.552	0.618
	不锈钢焊条	kg	38.46	4.324	6.656	8.352
	电	kW·h	0.68	2.250	2.643	3.195
	二硫化钼	kg	87.61	0.049	0.049	0.064
	角钢(综合)	kg	3.61	0.235	0.235	0.235
	棉纱头	kg	6.00	0.096	0.111	0.124
	耐酸石棉橡胶板	kg	25.64	1.102	1.241	1.391
	尼龙砂轮片 φ100×16×3	片	2.56	7.239	10.493	12.153
	破布	kg	6.32	0.231	0.248	0.255
	氢氧化钠(烧碱)	kg	2.19	1.177	1.370	1.562
	水	t	7.96	0.081	0.094	0.105
	酸洗膏	kg	6.56	0.636	0.811	1.014
	其他材料费占材料费	%	—	1.000	1.000	1.000
机械	等离子切割机 400A	台班	219.59	0.488	0.567	0.655
	电动空气压缩机 $1m^3/min$	台班	50.29	0.488	0.567	0.655
	电动空气压缩机 $6m^3/min$	台班	206.73	0.004	0.007	0.007
	电焊机(综合)	台班	118.28	1.524	1.686	2.103
	电焊条恒温箱	台班	21.41	0.152	0.169	0.210
	电焊条烘干箱 $60×50×75cm^3$	台班	26.46	0.152	0.169	0.210
	汽车式起重机 8t	台班	763.67	0.009	0.010	0.011
	载重汽车 8t	台班	501.85	0.009	0.010	0.011

工作内容：准备工作、管子切口、坡口加工、坡口磨平、管口组对、焊接、焊缝钝化、法兰连接、螺栓涂二硫化钼。

计量单位：副

定额编号				A8-4-159	A8-4-160	A8-4-161
项目名称				公称直径(mm以内)		
				1000	1200	1400
基价（元）				1690.45	2015.96	2579.01
其中	人工费（元）			726.32	864.36	1015.56
	材料费（元）			461.54	551.07	827.71
	机械费（元）			502.59	600.53	735.74
	名称	单位	单价(元)	消耗量		
人工	综合工日	工日	140.00	5.188	6.174	7.254
材料	低压不锈钢翻边短管	个	—	(2.000)	(2.000)	(2.000)
	活动法兰	片	—	(2.000)	(2.000)	(2.000)
	丙酮	kg	7.51	0.685	0.779	0.873
	不锈钢焊条	kg	38.46	9.266	11.093	16.915
	电	kW·h	0.68	3.541	4.285	5.348
	二硫化钼	kg	87.61	0.064	0.064	0.083
	角钢(综合)	kg	3.61	0.235	0.315	0.315
	棉纱头	kg	6.00	0.137	0.163	0.188
	耐酸石棉橡胶板	kg	25.64	1.402	1.562	2.311
	尼龙砂轮片 φ100×16×3	片	2.56	13.481	16.139	23.573
	破布	kg	6.32	0.272	0.286	0.310
	氢氧化钠(烧碱)	kg	2.19	1.990	2.386	2.782
	水	t	7.96	0.116	0.139	0.162
	酸洗膏	kg	6.56	1.267	1.980	3.094
	其他材料费占材料费	%	—	1.000	1.000	1.000
机械	等离子切割机 400A	台班	219.59	0.727	0.870	1.062
	电动空气压缩机 1m³/min	台班	50.29	0.727	0.870	1.062
	电动空气压缩机 6m³/min	台班	206.73	0.007	0.008	0.009
	电焊机(综合)	台班	118.28	2.334	2.794	3.408
	电焊条恒温箱	台班	21.41	0.233	0.279	0.341
	电焊条烘干箱 60×50×75cm³	台班	26.46	0.233	0.279	0.341
	汽车式起重机 8t	台班	763.67	0.014	0.016	0.022
	载重汽车 8t	台班	501.85	0.014	0.016	0.022

10. 不锈钢翻边活动法兰(氩弧焊)

工作内容：准备工作、管子切口、坡口加工、管口组对、焊接、焊缝钝化、法兰连接、螺栓涂二硫化钼。

计量单位：副

	定额编号			A8-4-162	A8-4-163	A8-4-164	A8-4-165
	项目名称			公称直径(mm以内)			
				15	20	25	32
	基价（元）			**36.20**	**41.98**	**56.68**	**64.85**
其中	人工费（元）			23.80	27.02	36.26	39.90
	材料费（元）			3.25	4.40	6.47	7.95
	机械费（元）			9.15	10.56	13.95	17.00
	名称	**单位**	**单价(元)**	**消耗量**			
人工	综合工日	工日	140.00	0.170	0.193	0.259	0.285
材料	低压不锈钢翻边短管	个	—	(2.000)	(2.000)	(2.000)	(2.000)
	活动法兰	片	—	(2.000)	(2.000)	(2.000)	(2.000)
	丙酮	kg	7.51	0.015	0.017	0.024	0.028
	不锈钢焊条	kg	38.46	0.032	0.045	0.064	0.080
	电	kW·h	0.68	0.035	0.046	0.057	0.070
	二硫化钼	kg	87.61	0.002	0.002	0.002	0.004
	棉纱头	kg	6.00	0.002	0.004	0.004	0.006
	耐酸石棉橡胶板	kg	25.64	0.011	0.021	0.043	0.043
	尼龙砂轮片 φ100×16×3	片	2.56	0.037	0.045	0.061	0.075
	尼龙砂轮片 φ500×25×4	片	12.82	0.007	0.010	0.022	0.026
	破布	kg	6.32	0.045	0.045	0.045	0.056
	氢氧化钠(烧碱)	kg	2.19	0.043	0.043	0.064	0.086
	铈钨棒	g	0.38	0.067	0.091	0.127	0.157
	水	t	7.96	0.002	0.002	0.004	0.004
	酸洗膏	kg	6.56	0.008	0.009	0.013	0.016
	氩气	m³	19.59	0.037	0.051	0.071	0.091
	其他材料费占材料费	%	—	1.000	1.000	1.000	1.000
机械	电动空气压缩机 6m³/min	台班	206.73	0.002	0.002	0.002	0.002
	砂轮切割机 500mm	台班	29.08	0.001	0.002	0.007	0.007
	氩弧焊机 500A	台班	92.58	0.094	0.109	0.144	0.177

工作内容：准备工作、管子切口、坡口加工、管口组对、焊接、焊缝钝化、法兰连接、螺栓涂二硫化钼。

计量单位：副

定额编号				A8-4-166	A8-4-167	A8-4-168	A8-4-169
项目名称				公称直径(mm以内)			
				40	50	65	80
基价（元）				81.23	92.35	120.21	138.73
其中	人工费（元）			46.90	54.74	75.04	85.96
	材料费（元）			10.94	12.43	16.78	20.64
	机械费（元）			23.39	25.18	28.39	32.13
	名称	单位	单价(元)	消耗量			
人工	综合工日	工日	140.00	0.335	0.391	0.536	0.614
材料	低压不锈钢翻边短管	个	—	(2.000)	(2.000)	(2.000)	(2.000)
	活动法兰	片	—	(2.000)	(2.000)	(2.000)	(2.000)
	丙酮	kg	7.51	0.032	0.039	0.051	0.060
	不锈钢焊条	kg	38.46	0.115	0.134	0.209	0.245
	电	kW·h	0.68	0.081	0.081	0.102	0.132
	二硫化钼	kg	87.61	0.004	0.004	0.004	0.006
	棉纱头	kg	6.00	0.006	0.007	0.011	0.013
	耐酸石棉橡胶板	kg	25.64	0.064	0.075	0.096	0.139
	尼龙砂轮片 φ100×16×3	片	2.56	0.089	0.122	0.157	0.212
	尼龙砂轮片 φ500×25×4	片	12.82	0.030	0.030	0.044	0.054
	破布	kg	6.32	0.066	0.068	0.079	0.081
	氢氧化钠(烧碱)	kg	2.19	0.107	0.128	0.171	0.171
	铈钨棒	g	0.38	0.236	0.249	0.260	0.307
	水	t	7.96	0.004	0.006	0.009	0.011
	酸洗膏	kg	6.56	0.020	0.024	0.033	0.039
	氩气	m^3	19.59	0.131	0.142	0.154	0.190
	其他材料费占材料费	%	—	1.000	1.000	1.000	1.000
机械	单速电动葫芦 3t	台班	32.95	—	—	0.021	0.022
	电动空气压缩机 $6m^3$/min	台班	206.73	0.002	0.002	0.002	0.002
	普通车床 630×2000mm	台班	247.10	0.016	0.018	0.021	0.022
	砂轮切割机 500mm	台班	29.08	0.008	0.008	0.015	0.016
	氩弧焊机 500A	台班	92.58	0.203	0.217	0.234	0.271

工作内容：准备工作、管子切口、坡口加工、管口组对、焊接、焊缝钝化、法兰连接、螺栓涂二硫化钼。

计量单位：副

定额编号				A8-4-170	A8-4-171	A8-4-172	A8-4-173
项目名称				公称直径(mm以内)			
				100	125	150	200
基价（元）				**171.80**	**214.39**	**258.61**	**360.00**
其中	人工费（元）			101.64	127.96	151.90	196.14
	材料费（元）			27.64	31.27	40.09	76.81
	机械费（元）			42.52	55.16	66.62	87.05
名称		单位	单价(元)	消耗量			
人工	综合工日	工日	140.00	0.726	0.914	1.085	1.401
材料	低压不锈钢翻边短管	个	—	(2.000)	(2.000)	(2.000)	(2.000)
	活动法兰	片	—	(2.000)	(2.000)	(2.000)	(2.000)
	丙酮	kg	7.51	0.077	0.090	0.107	0.148
	不锈钢焊条	kg	38.46	0.335	0.343	0.473	1.255
	电	kW·h	0.68	0.156	0.188	0.242	0.350
	二硫化钼	kg	87.61	0.006	0.013	0.013	0.013
	棉纱头	kg	6.00	0.015	0.018	0.022	0.030
	耐酸石棉橡胶板	kg	25.64	0.182	0.246	0.300	0.353
	尼龙砂轮片 φ100×16×3	片	2.56	0.272	0.384	0.494	0.775
	尼龙砂轮片 φ500×25×4	片	12.82	0.078	—	—	—
	破布	kg	6.32	0.092	0.105	0.107	0.111
	氢氧化钠(烧碱)	kg	2.19	0.214	0.300	0.364	0.407
	钸钨棒	g	0.38	0.398	0.468	0.559	0.773
	水	t	7.96	0.013	0.015	0.019	0.026
	酸洗膏	kg	6.56	0.050	0.077	0.103	0.134
	氩气	m³	19.59	0.265	0.322	0.398	0.567
	其他材料费占材料费	%	—	1.000	1.000	1.000	1.000
机械	单速电动葫芦 3t	台班	32.95	0.028	0.031	0.043	0.044
	等离子切割机 400A	台班	219.59	—	0.025	0.031	0.043
	电动空气压缩机 1m³/min	台班	50.29	—	0.025	0.031	0.043
	电动空气压缩机 6m³/min	台班	206.73	0.002	0.002	0.002	0.002
	普通车床 630×2000mm	台班	247.10	0.028	0.031	0.043	0.044
	汽车式起重机 8t	台班	763.67	0.001	0.001	0.001	0.002
	砂轮切割机 500mm	台班	29.08	0.027	—	—	—
	氩弧焊机 500A	台班	92.58	0.348	0.411	0.481	0.650
	载重汽车 8t	台班	501.85	0.001	0.001	0.001	0.002

工作内容：准备工作、管子切口、坡口加工、管口组对、焊接、焊缝钝化、法兰连接、螺栓涂二硫化钼。

计量单位：副

定额编号				A8-4-174	A8-4-175	A8-4-176
项目名称				公称直径(mm以内)		
				250	300	350
基价（元）				**490.53**	**589.55**	**673.51**
其中	人工费（元）			245.70	286.02	323.40
	材料费（元）			135.93	176.14	207.56
	机械费（元）			108.90	127.39	142.55
名称		**单位**	**单价(元)**	**消耗量**		
人工	综合工日	工日	140.00	1.755	2.043	2.310
材料	低压不锈钢翻边短管	个	—	(2.000)	(2.000)	(2.000)
	活动法兰	片	—	(2.000)	(2.000)	(2.000)
	丙酮	kg	7.51	0.184	0.218	0.253
	不锈钢焊条	kg	38.46	2.611	3.461	4.020
	电	kW·h	0.68	0.530	0.651	0.676
	二硫化钼	kg	87.61	0.019	0.029	0.029
	棉纱头	kg	6.00	0.036	0.043	0.049
	耐酸石棉橡胶板	kg	25.64	0.396	0.428	0.578
	尼龙砂轮片 φ100×16×3	片	2.56	0.890	1.058	1.199
	破布	kg	6.32	0.116	0.139	0.143
	氢氧化钠(烧碱)	kg	2.19	0.514	0.621	0.728
	铈钨棒	g	0.38	0.957	1.138	1.329
	水	t	7.96	0.030	0.036	0.043
	酸洗膏	kg	6.56	0.203	0.242	0.265
	氩气	m^3	19.59	0.731	0.928	1.160
	其他材料费占材料费	%	—	1.000	1.000	1.000
机械	单速电动葫芦 3t	台班	32.95	0.048	0.051	0.054
	等离子切割机 400A	台班	219.59	0.056	0.068	0.079
	电动空气压缩机 $1m^3/min$	台班	50.29	0.056	0.068	0.079
	电动空气压缩机 $6m^3/min$	台班	206.73	0.002	0.002	0.002
	普通车床 630×2000mm	台班	247.10	0.048	0.051	0.054
	汽车式起重机 8t	台班	763.67	0.002	0.003	0.004
	氩弧焊机 500A	台班	92.58	0.836	0.978	1.087
	载重汽车 8t	台班	501.85	0.002	0.003	0.004

工作内容：准备工作、管子切口、坡口加工、管口组对、焊接、焊缝钝化、法兰连接、螺栓涂二硫化钼。

计量单位：副

定额编号				A8-4-177	A8-4-178	A8-4-179
项目名称				公称直径(mm以内)		
				400	450	500
基价（元）				761.80	861.29	975.78
其中	人工费（元）			361.06	402.92	449.82
	材料费（元）			239.88	276.61	320.46
	机械费（元）			160.86	181.76	205.50
名称		单位	单价(元)	消耗量		
人工	综合工日	工日	140.00	2.579	2.878	3.213
材料	低压不锈钢翻边短管	个	—	(2.000)	(2.000)	(2.000)
	活动法兰	片	—	(2.000)	(2.000)	(2.000)
	丙酮	kg	7.51	0.285	0.321	0.362
	不锈钢焊条	kg	38.46	4.548	5.144	5.820
	电	kW·h	0.68	0.765	0.866	0.980
	二硫化钼	kg	87.61	0.038	0.038	0.047
	棉纱头	kg	6.00	0.056	0.063	0.070
	耐酸石棉橡胶板	kg	25.64	0.738	0.942	1.203
	尼龙砂轮片 φ100×16×3	片	2.56	1.491	1.854	2.306
	破布	kg	6.32	0.156	0.169	0.182
	氢氧化钠(烧碱)	kg	2.19	0.813	0.908	1.014
	铈钨棒	g	0.38	1.508	1.711	1.942
	水	t	7.96	0.049	0.055	0.061
	酸洗膏	kg	6.56	0.328	0.406	0.503
	氩气	m³	19.59	1.411	1.716	2.087
	其他材料费占材料费	%	—	1.000	1.000	1.000
机械	单速电动葫芦 3t	台班	32.95	0.055	0.057	0.059
	等离子切割机 400A	台班	219.59	0.090	0.102	0.117
	电动空气压缩机 1m³/min	台班	50.29	0.090	0.102	0.117
	电动空气压缩机 6m³/min	台班	206.73	0.002	0.002	0.002
	普通车床 630×2000mm	台班	247.10	0.055	0.057	0.059
	汽车式起重机 8t	台班	763.67	0.005	0.006	0.007
	氩弧焊机 500A	台班	92.58	1.236	1.407	1.600
	载重汽车 8t	台班	501.85	0.005	0.006	0.007

11. 合金钢平焊法兰(电弧焊)

工作内容：准备工作、管子切口、磨平、管口组对、焊接、法兰连接、螺栓涂二硫化钼。 计量单位：副

定额编号				A8-4-180	A8-4-181	A8-4-182	A8-4-183
项目名称				公称直径(mm以内)			
				15	20	25	32
基价(元)				24.71	28.93	34.54	38.65
其中	人工费(元)			18.06	21.00	24.64	27.16
	材料费(元)			1.86	2.15	2.75	3.29
	机械费(元)			4.79	5.78	7.15	8.20
名称		单位	单价(元)	消耗量			
人工	综合工日	工日	140.00	0.129	0.150	0.176	0.194
材料	合金钢平焊法兰	片	—	(2.000)	(2.000)	(2.000)	(2.000)
	白铅油	kg	6.45	0.035	0.035	0.035	0.035
	丙酮	kg	7.51	0.017	0.019	0.026	0.031
	电	kW·h	0.68	0.036	0.045	0.053	0.059
	二硫化钼	kg	87.61	0.002	0.002	0.002	0.004
	合金钢焊条	kg	11.11	0.060	0.066	0.085	0.097
	棉纱头	kg	6.00	0.002	0.005	0.005	0.007
	磨头	个	2.75	0.027	0.031	0.037	0.044
	尼龙砂轮片 φ100×16×3	片	2.56	0.042	0.050	0.059	0.066
	尼龙砂轮片 φ500×25×4	片	12.82	0.007	0.009	0.014	0.019
	破布	kg	6.32	0.012	0.012	0.012	0.024
	清油	kg	9.70	0.012	0.012	0.012	0.012
	石棉橡胶板	kg	9.40	0.012	0.024	0.047	0.047
	氧气	m^3	3.63	0.005	0.006	0.007	0.008
	乙炔气	kg	10.45	0.001	0.002	0.002	0.002
	其他材料费占材料费	%	—	1.000	1.000	1.000	1.000
机械	电焊机(综合)	台班	118.28	0.039	0.047	0.057	0.065
	电焊条恒温箱	台班	21.41	0.003	0.004	0.006	0.007
	电焊条烘干箱 60×50×75cm^3	台班	26.46	0.003	0.004	0.006	0.007
	砂轮切割机 500mm	台班	29.08	0.001	0.001	0.004	0.006

工作内容：准备工作、管子切口、磨平、管口组对、焊接、法兰连接、螺栓涂二硫化钼。 计量单位：副

定额编号				A8-4-184	A8-4-185	A8-4-186	A8-4-187
项目名称				公称直径(mm以内)			
				40	50	65	80
基价（元）				**43.07**	**49.11**	**63.61**	**73.44**
其中	人工费（元）			30.24	34.16	41.30	46.76
	材料费（元）			3.78	4.75	7.10	8.82
	机械费（元）			9.05	10.20	15.21	17.86
名称		单位	单价(元)	消耗量			
人工	综合工日	工日	140.00	0.216	0.244	0.295	0.334
材料	合金钢平焊法兰	片	—	(2.000)	(2.000)	(2.000)	(2.000)
	白铅油	kg	6.45	0.035	0.047	0.059	0.083
	丙酮	kg	7.51	0.035	0.042	0.059	0.071
	电	kW·h	0.68	0.068	0.070	0.107	0.125
	二硫化钼	kg	87.61	0.004	0.004	0.004	0.006
	合金钢焊条	kg	11.11	0.109	0.150	0.280	0.317
	棉纱头	kg	6.00	0.007	0.009	0.012	0.014
	磨头	个	2.75	0.052	0.063	0.083	0.097
	尼龙砂轮片 φ100×16×3	片	2.56	0.081	0.103	0.157	0.185
	尼龙砂轮片 φ500×25×4	片	12.82	0.021	0.031	0.045	0.053
	破布	kg	6.32	0.024	0.024	0.024	0.035
	清油	kg	9.70	0.012	0.012	0.012	0.024
	石棉橡胶板	kg	9.40	0.071	0.083	0.106	0.153
	氧气	m^3	3.63	0.008	0.012	0.017	0.019
	乙炔气	kg	10.45	0.002	0.004	0.006	0.006
	其他材料费占材料费	%	—	1.000	1.000	1.000	1.000
机械	电焊机(综合)	台班	118.28	0.072	0.081	0.121	0.142
	电焊条恒温箱	台班	21.41	0.007	0.008	0.012	0.015
	电焊条烘干箱 60×50×75cm^3	台班	26.46	0.007	0.008	0.012	0.015
	砂轮切割机 500mm	台班	29.08	0.007	0.008	0.011	0.012

工作内容：准备工作、管子切口、磨平、管口组对、焊接、法兰连接、螺栓涂二硫化钼。 计量单位：副

定额编号				A8-4-188	A8-4-189	A8-4-190	A8-4-191
项目名称				公称直径(mm以内)			
				100	125	150	200
基价（元）				**96.89**	**104.62**	**116.19**	**204.19**
其中	人工费（元）			62.16	66.08	70.70	110.04
	材料费（元）			11.17	13.43	15.58	27.49
	机械费（元）			23.56	25.11	29.91	66.66
名称		单位	单价(元)	消耗量			
人工	综合工日	工日	140.00	0.444	0.472	0.505	0.786
材料	合金钢平焊法兰	片	—	(2.000)	(2.000)	(2.000)	(2.000)
	白铅油	kg	6.45	0.118	0.142	0.165	0.201
	丙酮	kg	7.51	0.085	0.099	0.118	0.163
	电	kW·h	0.68	0.172	0.181	0.249	0.442
	二硫化钼	kg	87.61	0.006	0.013	0.013	0.013
	合金钢焊条	kg	11.11	0.391	0.457	0.562	1.407
	棉纱头	kg	6.00	0.017	0.019	0.026	0.033
	磨头	个	2.75	0.118	—	—	—
	尼龙砂轮片 φ100×16×3	片	2.56	0.280	0.340	0.347	0.506
	尼龙砂轮片 φ500×25×4	片	12.82	0.077	0.084	—	—
	破布	kg	6.32	0.035	0.035	0.035	0.047
	清油	kg	9.70	0.024	0.024	0.035	0.035
	石棉橡胶板	kg	9.40	0.201	0.271	0.330	0.389
	氧气	m^3	3.63	0.028	0.032	0.170	0.260
	乙炔气	kg	10.45	0.009	0.011	0.057	0.086
	其他材料费占材料费	%	—	1.000	1.000	1.000	1.000
机械	半自动切割机 100mm	台班	83.55	—	—	0.016	0.022
	电焊机(综合)	台班	118.28	0.177	0.189	0.222	0.506
	电焊条恒温箱	台班	21.41	0.018	0.019	0.022	0.051
	电焊条烘干箱 60×50×75cm^3	台班	26.46	0.018	0.019	0.022	0.051
	汽车式起重机 8t	台班	763.67	0.001	0.001	0.001	0.002
	砂轮切割机 500mm	台班	29.08	0.017	0.020	—	—
	载重汽车 8t	台班	501.85	0.001	0.001	0.001	0.002

工作内容：准备工作、管子切口、磨平、管口组对、焊接、法兰连接、螺栓涂二硫化钼。 计量单位：副

定额编号				A8-4-192	A8-4-193	A8-4-194	A8-4-195
项目名称				公称直径(mm以内)			
				250	300	350	400
基价（元）				**283.66**	**346.07**	**388.79**	**436.84**
其中	人工费（元）			143.36	172.76	184.38	203.42
	材料费（元）			47.45	58.07	81.40	93.96
	机械费（元）			92.85	115.24	123.01	139.46
名称		单位	单价(元)	消耗量			
人工	综合工日	工日	140.00	1.024	1.234	1.317	1.453
材料	合金钢平焊法兰	片	—	(2.000)	(2.000)	(2.000)	(2.000)
	白铅油	kg	6.45	0.236	0.295	0.354	0.354
	丙酮	kg	7.51	0.203	0.241	0.278	0.316
	电	kW·h	0.68	0.609	0.730	0.766	0.867
	二硫化钼	kg	87.61	0.019	0.029	0.029	0.038
	合金钢焊条	kg	11.11	2.859	3.539	5.289	5.977
	棉纱头	kg	6.00	0.040	0.047	0.057	0.064
	尼龙砂轮片 Φ100×16×3	片	2.56	0.866	1.035	1.155	1.643
	破布	kg	6.32	0.047	0.059	0.071	0.083
	清油	kg	9.70	0.047	0.059	0.071	0.083
	石棉橡胶板	kg	9.40	0.437	0.472	0.637	0.814
	氧气	m^3	3.63	0.389	0.438	0.561	0.630
	乙炔气	kg	10.45	0.130	0.146	0.186	0.210
	其他材料费占材料费	%	—	1.000	1.000	1.000	1.000
机械	半自动切割机 100mm	台班	83.55	0.031	0.033	0.040	0.045
	电焊机(综合)	台班	118.28	0.713	0.873	0.921	1.041
	电焊条恒温箱	台班	21.41	0.071	0.087	0.092	0.104
	电焊条烘干箱 60×50×75cm³	台班	26.46	0.071	0.087	0.092	0.104
	汽车式起重机 8t	台班	763.67	0.002	0.004	0.005	0.006
	载重汽车 8t	台班	501.85	0.002	0.004	0.005	0.006

工作内容：准备工作、管子切口、磨平、管口组对、焊接、法兰连接、螺栓涂二硫化钼。 计量单位：副

定额编号				A8-4-196	A8-4-197	A8-4-198
项目名称				公称直径(mm以内)		
				450	500	600
基价（元）				**524.77**	**617.40**	**798.97**
其中	人工费（元）			239.68	282.24	361.06
	材料费（元）			114.56	133.64	174.07
	机械费（元）			170.53	201.52	263.84
名称		单位	单价(元)	消耗量		
人工	综合工日	工日	140.00	1.712	2.016	2.579
材料	合金钢平焊法兰	片	—	(2.000)	(2.000)	(2.000)
	白铅油	kg	6.45	0.413	0.413	0.472
	丙酮	kg	7.51	0.356	0.394	0.472
	电	kW·h	0.68	0.941	1.220	1.573
	二硫化钼	kg	87.61	0.038	0.038	0.047
	合金钢焊条	kg	11.11	7.433	8.914	11.851
	棉纱头	kg	6.00	0.071	0.078	0.085
	尼龙砂轮片 φ100×16×3	片	2.56	2.182	2.503	3.363
	破布	kg	6.32	0.094	0.094	0.105
	清油	kg	9.70	0.094	0.094	0.105
	石棉橡胶板	kg	9.40	0.956	0.979	1.144
	氧气	m³	3.63	0.708	0.832	1.034
	乙炔气	kg	10.45	0.236	0.277	0.344
	其他材料费占材料费	%	—	1.000	1.000	1.000
机械	半自动切割机 100mm	台班	83.55	0.051	0.060	0.076
	电焊机(综合)	台班	118.28	1.279	1.525	2.010
	电焊条恒温箱	台班	21.41	0.128	0.152	0.201
	电焊条烘干箱 60×50×75cm³	台班	26.46	0.128	0.152	0.201
	汽车式起重机 8t	台班	763.67	0.007	0.007	0.008
	载重汽车 8t	台班	501.85	0.007	0.007	0.008

12. 合金钢对焊法兰(氩电联焊)

工作内容：准备工作、管子切口、坡口加工、管口组对、焊接、法兰连接、螺栓涂二硫化钼。

计量单位：副

定额编号				A8-4-199	A8-4-200	A8-4-201	A8-4-202
项目名称				公称直径(mm以内)			
				15	20	25	32
基价(元)				38.18	45.34	50.01	57.38
其中	人工费(元)			29.68	33.88	35.84	40.46
	材料费(元)			2.57	3.93	5.23	6.47
	机械费(元)			5.93	7.53	8.94	10.45
	名称	单位	单价(元)	消耗量			
人工	综合工日	工日	140.00	0.212	0.242	0.256	0.289
材料	合金钢对焊法兰	片	—	(2.000)	(2.000)	(2.000)	(2.000)
	白铅油	kg	6.45	0.035	0.035	0.035	0.035
	丙酮	kg	7.51	0.017	0.019	0.026	0.031
	电	kW·h	0.68	0.045	0.062	0.074	0.086
	二硫化钼	kg	87.61	0.002	0.002	0.002	0.004
	合金钢焊丝	kg	7.69	0.021	0.038	0.052	0.064
	棉纱头	kg	6.00	0.002	0.005	0.005	0.007
	磨头	个	2.75	0.027	0.031	0.037	0.044
	尼龙砂轮片 φ100×16×3	片	2.56	0.027	0.032	0.037	0.055
	尼龙砂轮片 φ500×25×4	片	12.82	0.009	0.015	0.019	0.024
	破布	kg	6.32	0.012	0.012	0.012	0.024
	清油	kg	9.70	0.012	0.012	0.012	0.012
	石棉橡胶板	kg	9.40	0.012	0.024	0.047	0.047
	铈钨棒	g	0.38	0.119	0.212	0.289	0.359
	氩气	m³	19.59	0.059	0.106	0.145	0.179
	氧气	m³	3.63	0.007	0.008	0.009	0.011
	乙炔气	kg	10.45	0.002	0.002	0.004	0.004
	其他材料费占材料费	%	—	1.000	1.000	1.000	1.000
机械	普通车床 630×2000mm	台班	247.10	0.013	0.015	0.015	0.016
	砂轮切割机 500mm	台班	29.08	0.001	0.004	0.005	0.007
	氩弧焊机 500A	台班	92.58	0.029	0.040	0.055	0.068

工作内容：准备工作、管子切口、坡口加工、管口组对、焊接、法兰连接、螺栓涂二硫化钼。

计量单位：副

定额编号				A8-4-203	A8-4-204	A8-4-205	A8-4-206
项目名称				公称直径(mm以内)			
				40	50	65	80
基价(元)				62.45	72.22	95.52	111.51
其中	人工费(元)			43.26	46.06	53.90	60.06
	材料费(元)			7.56	5.76	11.01	14.96
	机械费(元)			11.63	20.40	30.61	36.49
名称		单位	单价(元)	消耗量			
人工	综合工日	工日	140.00	0.309	0.329	0.385	0.429
材料	合金钢对焊法兰	片	—	(2.000)	(2.000)	(2.000)	(2.000)
	白铅油	kg	6.45	0.035	0.038	0.038	0.066
	丙酮	kg	7.51	0.047	0.004	0.047	0.059
	电	kW·h	0.68	0.101	0.083	0.135	0.162
	二硫化钼	kg	87.61	0.004	0.003	0.004	0.006
	合金钢焊丝	kg	7.69	0.073	0.027	0.039	0.045
	合金钢焊条	kg	11.11	—	0.132	0.256	0.424
	棉纱头	kg	6.00	0.007	0.008	0.009	0.011
	磨头	个	2.75	0.052	0.050	0.066	0.066
	尼龙砂轮片 φ100×16×3	片	2.56	0.066	0.123	0.526	0.540
	尼龙砂轮片 φ500×25×4	片	12.82	0.028	0.034	0.052	0.065
	破布	kg	6.32	0.024	0.019	0.019	0.019
	清油	kg	9.70	0.012	0.009	0.009	0.019
	石棉橡胶板	kg	9.40	0.071	0.066	0.085	0.123
	铈钨棒	g	0.38	0.411	0.155	0.218	0.255
	氩气	m³	19.59	0.205	0.077	0.129	0.153
	氧气	m³	3.63	0.015	0.015	0.126	0.143
	乙炔气	kg	10.45	0.005	0.005	0.038	0.068
	其他材料费占材料费	%	—	1.000	1.000	1.000	1.000
机械	单速电动葫芦 3t	台班	32.95	—	—	0.036	0.036
	电焊机(综合)	台班	118.28	—	0.087	0.118	0.158
	电焊条恒温箱	台班	21.41	—	0.009	0.012	0.016
	电焊条烘干箱 60×50×75cm³	台班	26.46	—	0.009	0.012	0.016
	普通车床 630×2000mm	台班	247.10	0.017	0.022	0.036	0.036
	砂轮切割机 500mm	台班	29.08	0.007	0.009	0.012	0.013
	氩弧焊机 500A	台班	92.58	0.078	0.043	0.061	0.071

工作内容：准备工作、管子切口、坡口加工、管口组对、焊接、法兰连接、螺栓涂二硫化钼。

计量单位：副

定额编号				A8-4-207	A8-4-208	A8-4-209	A8-4-210
项目名称				公称直径(mm以内)			
				100	125	150	200
基价（元）				141.69	160.90	210.66	280.41
其中	人工费（元）			78.40	89.18	115.22	133.42
	材料费（元）			19.17	22.24	29.17	48.86
	机械费（元）			44.12	49.48	66.27	98.13
名称		单位	单价(元)	消耗量			
人工	综合工日	工日	140.00	0.560	0.637	0.823	0.953
材料	合金钢对焊法兰	片	—	(2.000)	(2.000)	(2.000)	(2.000)
	白铅油	kg	6.45	0.113	0.113	0.132	0.160
	丙酮	kg	7.51	0.081	0.082	0.098	0.098
	电	kW·h	0.68	0.244	0.272	0.312	0.448
	二硫化钼	kg	87.61	0.006	0.013	0.013	0.013
	合金钢焊丝	kg	7.69	0.059	0.076	0.091	0.117
	合金钢焊条	kg	11.11	0.519	0.555	1.029	1.940
	棉纱头	kg	6.00	0.015	0.016	0.025	0.031
	磨头	个	2.75	0.118	—	—	—
	尼龙砂轮片 φ100×16×3	片	2.56	0.551	0.567	0.615	0.654
	尼龙砂轮片 φ500×25×4	片	12.82	0.086	0.102	—	—
	破布	kg	6.32	0.033	0.033	0.033	0.033
	清油	kg	9.70	0.019	0.022	0.028	0.028
	石棉橡胶板	kg	9.40	0.160	0.217	0.264	0.312
	铈钨棒	g	0.38	0.330	0.407	0.493	0.645
	氩气	m^3	19.59	0.198	0.235	0.282	0.389
	氧气	m^3	3.63	0.222	0.295	0.399	1.119
	乙炔气	kg	10.45	0.105	0.139	0.188	0.527
	其他材料费占材料费	%	—	1.000	1.000	1.000	1.000
机械	单速电动葫芦 3t	台班	32.95	0.037	0.041	0.041	0.068
	电焊机(综合)	台班	118.28	0.188	0.204	0.328	0.483
	电焊条恒温箱	台班	21.41	0.019	0.021	0.033	0.048
	电焊条烘干箱 60×50×75cm^3	台班	26.46	0.019	0.021	0.033	0.048
	普通车床 630×2000mm	台班	247.10	0.037	0.041	0.041	0.068
	汽车式起重机 8t	台班	763.67	0.001	0.001	0.001	0.002
	砂轮切割机 500mm	台班	29.08	0.019	0.020	—	—
	氩弧焊机 500A	台班	92.58	0.095	0.119	0.142	0.185
	载重汽车 8t	台班	501.85	0.001	0.001	0.001	0.002

工作内容：准备工作、管子切口、坡口加工、管口组对、焊接、法兰连接、螺栓涂二硫化钼。

计量单位：副

定额编号				A8-4-211	A8-4-212	A8-4-213	A8-4-214
项目名称				公称直径(mm以内)			
				250	300	350	400
基价（元）				375.10	481.85	622.91	800.74
其中	人工费（元）			172.76	216.44	274.12	344.96
	材料费（元）			78.51	109.68	146.73	197.23
	机械费（元）			123.83	155.73	202.06	258.55
	名称	单位	单价(元)	消耗量			
人工	综合工日	工日	140.00	1.234	1.546	1.958	2.464
材料	合金钢对焊法兰	片	—	(2.000)	(2.000)	(2.000)	(2.000)
	白铅油	kg	6.45	0.189	0.236	0.236	0.283
	丙酮	kg	7.51	0.168	0.198	0.230	0.261
	电	kW·h	0.68	0.597	0.723	0.902	1.099
	二硫化钼	kg	87.61	0.019	0.029	0.029	0.038
	合金钢焊丝	kg	7.69	0.146	0.175	0.190	0.228
	合金钢焊条	kg	11.11	3.242	4.975	7.530	10.378
	棉纱头	kg	6.00	0.032	0.038	0.045	0.053
	尼龙砂轮片 φ100×16×3	片	2.56	0.669	0.757	0.805	0.849
	破布	kg	6.32	0.038	0.047	0.047	0.057
	清油	kg	9.70	0.038	0.047	0.047	0.057
	石棉橡胶板	kg	9.40	0.349	0.378	0.510	0.651
	铈钨棒	g	0.38	0.810	0.965	1.067	1.206
	氩气	m³	19.59	0.484	0.578	0.669	0.756
	氧气	m³	3.63	2.394	3.249	3.786	5.331
	乙炔气	kg	10.45	1.126	1.529	1.782	2.509
	其他材料费占材料费	%	—	1.000	1.000	1.000	1.000
机械	电焊机(综合)	台班	118.28	0.645	0.827	1.137	1.468
	电焊条恒温箱	台班	21.41	0.065	0.083	0.114	0.146
	电焊条烘干箱 60×50×75cm³	台班	26.46	0.065	0.083	0.114	0.146
	普通车床 630×2000mm	台班	247.10	0.083	0.105	0.122	0.160
	汽车式起重机 8t	台班	763.67	0.002	0.002	0.002	0.004
	氩弧焊机 500A	台班	92.58	0.231	0.275	0.318	0.360
	载重汽车 8t	台班	501.85	0.002	0.002	0.002	0.004

工作内容：准备工作、管子切口、坡口加工、管口组对、焊接、法兰连接、螺栓涂二硫化钼。

计量单位：副

定额编号				A8-4-215	A8-4-216	A8-4-217
项目名称				公称直径(mm以内)		
				450	500	600
基价（元）				1012.25	1199.20	1595.81
其中	人工费（元）			445.06	547.54	749.98
	材料费（元）			248.39	286.86	377.39
	机械费（元）			318.80	364.80	468.44
名称		单位	单价(元)	消耗量		
人工	综合工日	工日	140.00	3.179	3.911	5.357
材料	合金钢对焊法兰	片	—	(2.000)	(2.000)	(2.000)
	白铅油	kg	6.45	0.283	0.312	0.341
	丙酮	kg	7.51	0.295	0.325	0.389
	电	kW·h	0.68	1.359	1.502	1.905
	二硫化钼	kg	87.61	0.038	0.038	0.047
	合金钢焊丝	kg	7.69	0.258	0.274	0.320
	合金钢焊条	kg	11.11	14.015	14.860	19.342
	棉纱头	kg	6.00	0.059	0.064	0.075
	尼龙砂轮片 φ100×16×3	片	2.56	0.954	1.144	1.439
	破布	kg	6.32	0.057	0.066	0.075
	清油	kg	9.70	0.057	0.057	0.067
	石棉橡胶板	kg	9.40	0.765	0.784	0.917
	铈钨棒	g	0.38	1.367	1.653	2.100
	氩气	m³	19.59	0.853	0.949	1.142
	氧气	m³	3.63	6.062	9.026	12.721
	乙炔气	kg	10.45	2.853	4.247	5.985
	其他材料费占材料费	%	—	1.000	1.000	1.000
机械	电焊机(综合)	台班	118.28	1.848	1.963	2.457
	电焊条恒温箱	台班	21.41	0.185	0.196	0.245
	电焊条烘干箱 60×50×75cm³	台班	26.46	0.185	0.196	0.245
	普通车床 630×2000mm	台班	247.10	0.192	0.299	0.438
	汽车式起重机 8t	台班	763.67	0.005	0.006	0.006
	氩弧焊机 500A	台班	92.58	0.406	0.451	0.543
	载重汽车 8t	台班	501.85	0.005	0.006	0.006

13. 合金钢对焊法兰(氩弧焊)

工作内容：准备工作、管子切口、坡口加工、管口组对、焊接、法兰连接、螺栓涂二硫化钼。

计量单位：副

	定额编号			A8-4-218	A8-4-219	A8-4-220	A8-4-221
	项目名称			公称直径(mm以内)			
				15	20	25	32
	基价(元)			**38.18**	**45.34**	**50.01**	**57.32**
其中	人工费(元)			29.68	33.88	35.84	40.46
	材料费(元)			2.57	3.93	5.23	6.41
	机械费(元)			5.93	7.53	8.94	10.45
	名称	单位	单价(元)	消耗量			
人工	综合工日	工日	140.00	0.212	0.242	0.256	0.289
材料	合金钢对焊法兰	片	—	(2.000)	(2.000)	(2.000)	(2.000)
	白铅油	kg	6.45	0.035	0.035	0.035	0.035
	丙酮	kg	7.51	0.017	0.019	0.026	0.031
	电	kW·h	0.68	0.045	0.062	0.074	0.086
	二硫化钼	kg	87.61	0.002	0.002	0.002	0.004
	合金钢焊丝	kg	7.69	0.021	0.038	0.052	0.064
	棉纱头	kg	6.00	0.002	0.005	0.005	0.007
	磨头	个	2.75	0.027	0.031	0.037	0.044
	尼龙砂轮片 φ100×16×3	片	2.56	0.027	0.032	0.037	0.055
	尼龙砂轮片 φ500×25×4	片	12.82	0.009	0.015	0.019	0.024
	破布	kg	6.32	0.012	0.012	0.012	0.014
	清油	kg	9.70	0.012	0.012	0.012	0.012
	石棉橡胶板	kg	9.40	0.012	0.024	0.047	0.047
	铈钨棒	g	0.38	0.119	0.212	0.289	0.359
	氩气	m³	19.59	0.059	0.106	0.145	0.179
	氧气	m³	3.63	0.007	0.008	0.009	0.011
	乙炔气	kg	10.45	0.002	0.002	0.004	0.004
	其他材料费占材料费	%	—	1.000	1.000	1.000	1.000
机械	普通车床 630×2000mm	台班	247.10	0.013	0.015	0.015	0.016
	砂轮切割机 500mm	台班	29.08	0.001	0.004	0.005	0.007
	氩弧焊机 500A	台班	92.58	0.029	0.040	0.055	0.068

工作内容：准备工作、管子切口、坡口加工、管口组对、焊接、法兰连接、螺栓涂二硫化钼。

计量单位：副

定额编号				A8-4-222	A8-4-223	A8-4-224	A8-4-225
项目名称				公称直径(mm以内)			
				40	50	65	80
基价（元）				62.20	77.03	105.52	119.30
其中	人工费（元）			43.26	50.68	63.70	70.56
	材料费（元）			7.31	9.17	15.19	19.30
	机械费（元）			11.63	17.18	26.63	29.44
名称		单位	单价(元)	消耗量			
人工	综合工日	工日	140.00	0.309	0.362	0.455	0.504
材料	合金钢对焊法兰	片	—	(2.000)	(2.000)	(2.000)	(2.000)
	白铅油	kg	6.45	0.035	0.038	0.038	0.069
	丙酮	kg	7.51	0.047	0.047	0.047	0.061
	电	kW·h	0.68	0.101	0.120	0.147	0.187
	二硫化钼	kg	87.61	0.004	0.004	0.004	0.005
	合金钢焊丝	kg	7.69	0.073	0.097	0.179	0.221
	棉纱头	kg	6.00	0.007	0.008	0.009	0.012
	磨头	个	2.75	0.052	0.055	0.066	0.081
	尼龙砂轮片 φ100×16×3	片	2.56	0.066	0.074	0.123	0.187
	尼龙砂轮片 φ500×25×4	片	12.82	0.028	0.034	0.052	0.065
	破布	kg	6.32	0.014	0.019	0.019	0.020
	清油	kg	9.70	0.012	0.012	0.012	0.019
	石棉橡胶板	kg	9.40	0.051	0.066	0.085	0.129
	铈钨棒	g	0.38	0.411	0.543	1.003	1.239
	氩气	m³	19.59	0.205	0.271	0.501	0.620
	氧气	m³	3.63	0.015	0.015	0.023	0.027
	乙炔气	kg	10.45	0.005	0.005	0.008	0.009
	其他材料费占材料费	%	—	1.000	1.000	1.000	1.000
机械	单速电动葫芦 3t	台班	32.95	—	—	0.036	0.036
	普通车床 630×2000mm	台班	247.10	0.017	0.022	0.036	0.036
	砂轮切割机 500mm	台班	29.08	0.007	0.009	0.012	0.013
	氩弧焊机 500A	台班	92.58	0.078	0.124	0.175	0.205

工作内容：准备工作、管子切口、坡口加工、管口组对、焊接、法兰连接、螺栓涂二硫化钼。

计量单位：副

定额编号				A8-4-226	A8-4-227	A8-4-228	A8-4-229
项目名称				公称直径(mm以内)			
				100	125	150	200
基价（元）				167.96	178.03	242.05	331.77
其中	人工费（元）			95.06	102.76	132.02	169.26
	材料费（元）			29.80	31.02	47.16	79.47
	机械费（元）			43.10	44.25	62.87	83.04
名称		单位	单价(元)	消耗量			
人工	综合工日	工日	140.00	0.679	0.734	0.943	1.209
材料	合金钢对焊法兰	片	—	(2.000)	(2.000)	(2.000)	(2.000)
	白铅油	kg	6.45	0.113	0.113	0.132	0.171
	丙酮	kg	7.51	0.070	0.081	0.098	0.104
	电	kW·h	0.68	0.278	0.285	0.380	0.404
	二硫化钼	kg	87.61	0.005	0.010	0.010	0.016
	合金钢焊丝	kg	7.69	0.361	0.361	0.593	1.035
	棉纱头	kg	6.00	0.013	0.015	0.021	0.028
	磨头	个	2.75	0.100	—	—	—
	尼龙砂轮片 φ100×16×3	片	2.56	0.277	0.338	0.405	1.113
	尼龙砂轮片 φ500×25×4	片	12.82	0.086	0.102	—	—
	破布	kg	6.32	0.028	0.028	0.028	0.030
	清油	kg	9.70	0.019	0.020	0.028	0.030
	石棉橡胶板	kg	9.40	0.160	0.217	0.264	0.331
	铈钨棒	g	0.38	2.022	2.022	3.319	3.527
	氩气	m³	19.59	1.011	1.011	1.660	2.893
	氧气	m³	3.63	0.035	0.039	0.215	0.357
	乙炔气	kg	10.45	0.011	0.013	0.072	0.119
	其他材料费占材料费	%	—	1.000	1.000	1.000	1.000
机械	半自动切割机 100mm	台班	83.55	—	—	0.017	0.032
	单速电动葫芦 3t	台班	32.95	0.037	0.041	0.041	0.068
	普通车床 630×2000mm	台班	247.10	0.037	0.041	0.041	0.068
	汽车式起重机 8t	台班	763.67	0.001	0.001	0.001	0.002
	砂轮切割机 500mm	台班	29.08	0.019	0.020	—	—
	氩弧焊机 500A	台班	92.58	0.334	0.334	0.526	0.635
	载重汽车 8t	台班	501.85	0.001	0.001	0.001	0.002

14. 铝及铝合金翻边活动法兰(氩弧焊)

工作内容：准备工作、管子切口、坡口加工、坡口磨平、管口组对、焊前预热、焊接、焊缝酸洗、法兰连接、螺栓涂二硫化钼。

计量单位：副

定额编号				A8-4-230	A8-4-231	A8-4-232	A8-4-233
项目名称				管外径(mm以内)			
				18	25	30	40
基价(元)				19.15	21.63	25.10	31.00
其中	人工费(元)			14.56	15.96	17.92	20.58
	材料费(元)			1.83	2.36	3.28	4.80
	机械费(元)			2.76	3.31	3.90	5.62
名称		单位	单价(元)	消耗量			
人工	综合工日	工日	140.00	0.104	0.114	0.128	0.147
材料	低压铝翻边短管	个	—	(2.000)	(2.000)	(2.000)	(2.000)
	活动法兰	片	—	(2.000)	(2.000)	(2.000)	(2.000)
	电	kW·h	0.68	—	—	0.010	0.013
	二硫化钼	kg	87.61	0.002	0.002	0.002	0.004
	铝锰合金焊丝 HS321 φ1～6	kg	51.28	0.013	0.015	0.018	0.033
	耐酸石棉橡胶板	kg	25.64	0.010	0.020	0.040	0.040
	尼龙砂轮片 φ100×16×3	片	2.56	—	—	0.012	0.017
	尼龙砂轮片 φ500×25×4	片	12.82	0.003	0.003	0.005	0.009
	破布	kg	6.32	0.022	0.022	0.022	0.024
	氢氧化钠(烧碱)	kg	2.19	0.066	0.086	0.118	0.160
	铈钨棒	g	0.38	0.020	0.027	0.035	0.068
	水	t	7.96	0.002	0.003	0.004	0.004
	硝酸	kg	2.19	0.020	0.024	0.026	0.034
	氩气	m^3	19.59	0.013	0.016	0.020	0.037
	氧气	m^3	3.63	0.001	0.001	0.001	0.002
	乙炔气	kg	10.45	0.001	0.001	0.001	0.001
	重铬酸钾 98%	kg	14.03	0.004	0.007	0.008	0.010
	其他材料费占材料费	%	—	1.000	1.000	1.000	1.000
机械	电动空气压缩机 $6m^3/min$	台班	206.73	0.002	0.002	0.002	0.002
	砂轮切割机 500mm	台班	29.08	0.001	0.001	0.002	0.004
	氩弧焊机 500A	台班	92.58	0.025	0.031	0.037	0.055

工作内容：准备工作、管子切口、坡口加工、坡口磨平、管口组对、焊前预热、焊接、焊缝酸洗、法兰连接、螺栓涂二硫化钼。

计量单位：副

定额编号				A8-4-234	A8-4-235	A8-4-236	A8-4-237
项目名称				管外径(mm以内)			
				50	60	70	80
基价（元）				36.84	49.17	59.21	80.49
其中	人工费（元）			23.66	31.78	38.78	49.98
	材料费（元）			6.14	9.55	11.48	13.71
	机械费（元）			7.04	7.84	8.95	16.80
名称		单位	单价(元)	消耗量			
人工	综合工日	工日	140.00	0.169	0.227	0.277	0.357
材料	低压铝翻边短管	个	—	(2.000)	(2.000)	(2.000)	(2.000)
	活动法兰	片	—	(2.000)	(2.000)	(2.000)	(2.000)
	电	kW·h	0.68	0.015	0.086	0.093	0.128
	二硫化钼	kg	87.61	0.004	0.004	0.004	0.006
	铝锰合金焊丝 HS321 φ1～6	kg	51.28	0.040	0.075	0.090	0.103
	耐酸石棉橡胶板	kg	25.64	0.060	0.070	0.090	0.130
	尼龙砂轮片 φ100×16×3	片	2.56	0.022	0.026	0.031	0.035
	尼龙砂轮片 φ500×25×4	片	12.82	0.009	0.011	0.013	—
	破布	kg	6.32	0.044	0.044	0.044	0.056
	氢氧化钠(烧碱)	kg	2.19	0.194	0.232	0.290	0.310
	铈钨棒	g	0.38	0.085	0.161	0.189	0.216
	水	t	7.96	0.006	0.006	0.008	0.008
	硝酸	kg	2.19	0.038	0.044	0.060	0.064
	氩气	m^3	19.59	0.046	0.083	0.098	0.111
	氧气	m^3	3.63	0.002	0.045	0.055	0.061
	乙炔气	kg	10.45	0.001	0.021	0.025	0.028
	重铬酸钾 98%	kg	14.03	0.012	0.014	0.016	0.018
	其他材料费占材料费	%	—	1.000	1.000	1.000	1.000
机械	等离子切割机 400A	台班	219.59	—	—	—	0.024
	电动空气压缩机 $1m^3/min$	台班	50.29	—	—	—	0.024
	电动空气压缩机 $6m^3/min$	台班	206.73	0.002	0.002	0.002	0.002
	砂轮切割机 500mm	台班	29.08	0.005	0.007	0.007	—
	氩弧焊机 500A	台班	92.58	0.070	0.078	0.090	0.107

工作内容：准备工作、管子切口、坡口加工、坡口磨平、管口组对、焊前预热、焊接、焊缝酸洗、法兰连接、螺栓涂二硫化钼。

计量单位：副

定额编号				A8-4-238	A8-4-239	A8-4-240
项目名称				管外径(mm以内)		
				100	125	150
基价（元）				97.62	127.83	165.23
其中	人工费（元）			59.08	78.40	95.34
	材料费（元）			16.10	21.13	28.93
	机械费（元）			22.44	28.30	40.96
名称		单位	单价(元)	消耗量		
人工	综合工日	工日	140.00	0.422	0.560	0.681
材料	低压铝翻边短管	个	—	(2.000)	(2.000)	(2.000)
	活动法兰	片	—	(2.000)	(2.000)	(2.000)
	电	kW·h	0.68	0.156	0.199	0.257
	二硫化钼	kg	87.61	0.006	0.013	0.013
	铝锰合金焊丝 HS321 φ1～6	kg	51.28	0.113	0.143	0.204
	耐酸石棉橡胶板	kg	25.64	0.170	0.230	0.280
	尼龙砂轮片 φ100×16×3	片	2.56	0.045	0.056	0.068
	破布	kg	6.32	0.068	0.068	0.070
	氢氧化钠(烧碱)	kg	2.19	0.388	0.500	0.644
	铈钨棒	g	0.38	0.234	0.294	0.526
	水	t	7.96	0.010	0.014	0.016
	硝酸	kg	2.19	0.076	0.100	0.118
	氩气	m^3	19.59	0.123	0.155	0.277
	氧气	m^3	3.63	0.084	0.103	0.137
	乙炔气	kg	10.45	0.039	0.048	0.062
	重铬酸钾 98%	kg	14.03	0.022	0.028	0.036
	其他材料费占材料费	%	—	1.000	1.000	1.000
机械	等离子切割机 400A	台班	219.59	0.036	0.045	0.059
	电动空气压缩机 $1m^3/min$	台班	50.29	0.036	0.045	0.059
	电动空气压缩机 $6m^3/min$	台班	206.73	0.002	0.002	0.002
	氩弧焊机 500A	台班	92.58	0.133	0.170	0.266

工作内容：准备工作、管子切口、坡口加工、坡口磨平、管口组对、焊前预热、焊接、焊缝酸洗、法兰连接、螺栓涂二硫化钼。　计量单位：副

定额编号				A8-4-241	A8-4-242	A8-4-243
项目名称				管外径(mm以内)		
				180	200	250
基价（元）				**196.79**	**223.91**	**289.30**
其中	人工费（元）			114.24	129.92	161.70
	材料费（元）			37.14	40.15	61.36
	机械费（元）			45.41	53.84	66.24
名称		单位	单价(元)	消耗量		
人工	综合工日	工日	140.00	0.816	0.928	1.155
材料	低压铝翻边短管	个	—	(2.000)	(2.000)	(2.000)
	活动法兰	片	—	(2.000)	(2.000)	(2.000)
	电	kW·h	0.68	0.302	0.357	0.443
	二硫化钼	kg	87.61	0.013	0.019	0.019
	铝锰合金焊丝 HS321 φ1～6	kg	51.28	0.310	0.325	0.518
	耐酸石棉橡胶板	kg	25.64	0.305	0.330	0.370
	尼龙砂轮片 φ100×16×3	片	2.56	0.117	0.130	0.220
	破布	kg	6.32	0.077	0.084	0.090
	氢氧化钠(烧碱)	kg	2.19	0.754	0.800	0.970
	铈钨棒	g	0.38	0.633	0.664	1.058
	水	t	7.96	0.020	0.020	0.024
	硝酸	kg	2.19	0.144	0.172	0.200
	氩气	m^3	19.59	0.332	0.349	0.554
	氧气	m^3	3.63	0.173	0.211	0.800
	乙炔气	kg	10.45	0.080	0.097	0.374
	重铬酸钾 98%	kg	14.03	0.042	0.050	0.056
	其他材料费占材料费	%	—	1.000	1.000	1.000
机械	等离子切割机 400A	台班	219.59	0.059	0.074	0.075
	电动空气压缩机 $1m^3/min$	台班	50.29	0.059	0.074	0.075
	电动空气压缩机 $6m^3/min$	台班	206.73	0.002	0.002	0.002
	汽车式起重机 8t	台班	763.67	—	0.002	0.002
	氩弧焊机 500A	台班	92.58	0.314	0.334	0.465
	载重汽车 8t	台班	501.85	—	0.002	0.002

工作内容：准备工作、管子切口、坡口加工、坡口磨平、管口组对、焊前预热、焊接、焊缝酸洗、法兰连接、螺栓涂二硫化钼。
计量单位：副

定额编号				A8-4-244	A8-4-245	A8-4-246
项目名称				管外径(mm以内)		
				300	350	410
基价（元）				380.81	590.01	818.86
其中	人工费（元）			206.78	302.26	390.04
	材料费（元）			81.55	143.74	221.21
	机械费（元）			92.48	144.01	207.61
名称		单位	单价(元)	消耗量		
人工	综合工日	工日	140.00	1.477	2.159	2.786
材料	低压铝翻边短管	个	—	(2.000)	(2.000)	(2.000)
	活动法兰	片	—	(2.000)	(2.000)	(2.000)
	电	kW·h	0.68	0.611	0.954	1.306
	二硫化钼	kg	87.61	0.029	0.029	0.038
	铝锰合金焊丝 HS321 ϕ1～6	kg	51.28	0.723	1.428	2.298
	耐酸石棉橡胶板	kg	25.64	0.400	0.540	0.690
	尼龙砂轮片 ϕ100×16×3	片	2.56	0.270	0.310	0.470
	破布	kg	6.32	0.094	0.102	0.126
	氢氧化钠(烧碱)	kg	2.19	1.142	1.308	1.494
	铈钨棒	g	0.38	1.495	3.027	4.935
	水	t	7.96	0.034	0.038	0.044
	硝酸	kg	2.19	0.252	0.276	0.320
	氩气	m^3	19.59	0.779	1.556	2.520
	氧气	m^3	3.63	1.055	1.654	2.397
	乙炔气	kg	10.45	0.493	0.774	1.121
	重铬酸钾 98%	kg	14.03	0.074	0.080	0.092
	其他材料费占材料费	%	—	1.000	1.000	1.000
机械	等离子切割机 400A	台班	219.59	0.112	0.137	0.169
	电动空气压缩机 $1m^3/min$	台班	50.29	0.112	0.137	0.169
	电动空气压缩机 $6m^3/min$	台班	206.73	0.002	0.002	0.002
	汽车式起重机 8t	台班	763.67	0.003	0.004	0.005
	氩弧焊机 500A	台班	92.58	0.627	1.097	1.677
	载重汽车 8t	台班	501.85	0.003	0.004	0.005

15. 铝及铝合金法兰(氩弧焊)

工作内容：准备工作、管子切口、磨平、管口组对、焊前预热、焊接、焊缝酸洗、法兰连接、螺栓涂二硫化钼。

计量单位：副

定额编号				A8-4-247	A8-4-248	A8-4-249	A8-4-250
项目名称				管外径(mm以内)			
				18	25	30	40
基价(元)				16.36	18.57	21.33	26.85
其中	人工费(元)			13.02	14.84	16.52	20.02
	材料费(元)			1.69	1.81	2.58	3.52
	机械费(元)			1.65	1.92	2.23	3.31
名称		单位	单价(元)	消耗量			
人工	综合工日	工日	140.00	0.093	0.106	0.118	0.143
材料	铝及铝合金法兰	副	—	(2.000)	(2.000)	(2.000)	(2.000)
	电	kW·h	0.68	—	—	0.010	0.013
	二硫化钼	kg	87.61	0.002	0.002	0.002	0.002
	铝锰合金焊丝 HS321 Φ1～6	kg	51.28	0.008	0.009	0.010	0.018
	耐酸石棉橡胶板	kg	25.64	0.020	0.020	0.040	0.040
	尼龙砂轮片 Φ100×16×3	片	2.56	—	—	0.012	0.017
	尼龙砂轮片 Φ500×25×4	片	12.82	0.003	0.003	0.005	0.009
	破布	kg	6.32	0.012	0.012	0.012	0.014
	氢氧化钠(烧碱)	kg	2.19	0.040	0.046	0.058	0.080
	铈钨棒	g	0.38	0.023	0.027	0.035	0.068
	水	t	7.96	0.003	0.003	0.004	0.004
	硝酸	kg	2.19	0.012	0.014	0.016	0.024
	氩气	m³	19.59	0.011	0.013	0.017	0.034
	氧气	m³	3.63	0.001	0.001	0.001	0.002
	乙炔气	kg	10.45	0.001	0.001	0.001	0.001
	重铬酸钾 98%	kg	14.03	0.006	0.007	0.008	0.010
	其他材料费占材料费	%	—	1.000	1.000	1.000	1.000
机械	电动空气压缩机 6m³/min	台班	206.73	0.002	0.002	0.002	0.002
	砂轮切割机 500mm	台班	29.08	0.001	0.001	0.002	0.004
	氩弧焊机 500A	台班	92.58	0.013	0.016	0.019	0.030

工作内容：准备工作、管子切口、磨平、管口组对、焊前预热、焊接、焊缝酸洗、法兰连接、螺栓涂二硫化钼。

计量单位：副

定额编号				A8-4-251	A8-4-252	A8-4-253
项目名称				管外径(mm以内)		
				50	60	70
基价（元）				33.16	43.91	49.32
其中	人工费（元）			24.64	32.48	36.12
	材料费（元）			4.72	7.11	8.42
	机械费（元）			3.80	4.32	4.78
名称		单位	单价(元)	消耗量		
人工	综合工日	工日	140.00	0.176	0.232	0.258
材料	铝及铝合金法兰	副	—	(2.000)	(2.000)	(2.000)
	电	kW·h	0.68	0.015	0.023	0.025
	二硫化钼	kg	87.61	0.004	0.004	0.004
	铝锰合金焊丝 HS321 Φ1～6	kg	51.28	0.021	0.038	0.043
	耐酸石棉橡胶板	kg	25.64	0.060	0.070	0.090
	尼龙砂轮片 Φ100×16×3	片	2.56	0.022	0.026	0.031
	尼龙砂轮片 Φ500×25×4	片	12.82	0.009	0.011	0.013
	破布	kg	6.32	0.024	0.024	0.024
	氢氧化钠(烧碱)	kg	2.19	0.094	0.112	0.130
	铈钨棒	g	0.38	0.085	0.161	0.189
	水	t	7.96	0.006	0.006	0.008
	硝酸	kg	2.19	0.028	0.034	0.040
	氩气	m^3	19.59	0.043	0.080	0.095
	氧气	m^3	3.63	0.002	0.045	0.055
	乙炔气	kg	10.45	0.001	0.021	0.025
	重铬酸钾 98%	kg	14.03	0.012	0.014	0.016
	其他材料费占材料费	%	—	1.000	1.000	1.000
机械	电动空气压缩机 6m^3/min	台班	206.73	0.002	0.002	0.002
	砂轮切割机 500mm	台班	29.08	0.005	0.007	0.007
	氩弧焊机 500A	台班	92.58	0.035	0.040	0.045

工作内容：准备工作、管子切口、磨平、管口组对、焊前预热、焊接、焊缝酸洗、法兰连接、螺栓涂二硫化钼。

计量单位：副

定额编号				A8-4-254	A8-4-255	A8-4-256
项目名称				管外径(mm以内)		
				80	100	125
基价（元）				64.68	77.71	101.79
其中	人工费（元）			42.98	49.56	66.36
	材料费（元）			10.09	12.19	15.56
	机械费（元）			11.61	15.96	19.87
	名称	单位	单价(元)	消耗量		
人工	综合工日	工日	140.00	0.307	0.354	0.474
材料	铝及铝合金法兰	副	—	(2.000)	(2.000)	(2.000)
	电	kW·h	0.68	0.048	0.058	0.083
	二硫化钼	kg	87.61	0.004	0.006	0.006
	铝锰合金焊丝 HS321 Φ1～6	kg	51.28	0.050	0.054	0.069
	耐酸石棉橡胶板	kg	25.64	0.130	0.170	0.230
	尼龙砂轮片 Φ100×16×3	片	2.56	0.035	0.045	0.056
	破布	kg	6.32	0.026	0.038	0.038
	氢氧化钠(烧碱)	kg	2.19	0.150	0.188	0.220
	铈钨棒	g	0.38	0.216	0.234	0.294
	水	t	7.96	0.008	0.010	0.014
	硝酸	kg	2.19	0.044	0.056	0.070
	氩气	m^3	19.59	0.108	0.117	0.147
	氧气	m^3	3.63	0.061	0.084	0.103
	乙炔气	kg	10.45	0.028	0.039	0.048
	重铬酸钾 98%	kg	14.03	0.018	0.022	0.028
	其他材料费占材料费	%	—	1.000	1.000	1.000
机械	等离子切割机 400A	台班	219.59	0.024	0.036	0.045
	电动空气压缩机 $1m^3/min$	台班	50.29	0.024	0.036	0.045
	电动空气压缩机 $6m^3/min$	台班	206.73	0.002	0.002	0.002
	氩弧焊机 500A	台班	92.58	0.051	0.063	0.079

工作内容：准备工作、管子切口、磨平、管口组对、焊前预热、焊接、焊缝酸洗、法兰连接、螺栓涂二硫化钼。

计量单位：副

定额编号				A8-4-257	A8-4-258	A8-4-259
项目名称				管外径(mm以内)		
				150	180	200
基价（元）				132.69	156.89	179.62
其中	人工费（元）			82.46	99.82	114.38
	材料费（元）			22.88	26.94	29.58
	机械费（元）			27.35	30.13	35.66
名称		单位	单价(元)	消耗量		
人工	综合工日	工日	140.00	0.589	0.713	0.817
材料	铝及铝合金法兰	副	—	(2.000)	(2.000)	(2.000)
	电	kW·h	0.68	0.101	0.126	0.143
	二硫化钼	kg	87.61	0.013	0.013	0.013
	铝锰合金焊丝 HS321 φ1～6	kg	51.28	0.117	0.147	0.163
	耐酸石棉橡胶板	kg	25.64	0.280	0.297	0.330
	尼龙砂轮片 φ100×16×3	片	2.56	0.068	0.117	0.130
	破布	kg	6.32	0.040	0.042	0.044
	氢氧化钠(烧碱)	kg	2.19	0.304	0.394	0.420
	铈钨棒	g	0.38	0.526	0.633	0.664
	水	t	7.96	0.016	0.020	0.024
	硝酸	kg	2.19	0.088	0.104	0.122
	氩气	m^3	19.59	0.263	0.316	0.332
	氧气	m^3	3.63	0.118	0.173	0.211
	乙炔气	kg	10.45	0.054	0.080	0.097
	重铬酸钾 98%	kg	14.03	0.036	0.042	0.050
	其他材料费占材料费	%	—	1.000	1.000	1.000
机械	等离子切割机 400A	台班	219.59	0.059	0.059	0.074
	电动空气压缩机 $1m^3/min$	台班	50.29	0.059	0.059	0.074
	电动空气压缩机 $6m^3/min$	台班	206.73	0.002	0.002	0.002
	氩弧焊机 500A	台班	92.58	0.119	0.149	0.165

16. 铜及铜合金翻边活动法兰(氧乙炔焊)

工作内容：准备工作、管子切口、坡口加工、坡口磨平、焊前预热、焊接、法兰连接、螺栓涂二硫化钼。

计量单位：副

定额编号				A8-4-260	A8-4-261	A8-4-262	A8-4-263
项目名称				管外径(mm以内)			
				20	30	40	50
基价(元)				13.65	17.42	21.61	23.98
其中	人工费(元)			11.62	14.28	17.50	18.62
	材料费(元)			1.94	3.02	3.96	5.13
	机械费(元)			0.09	0.12	0.15	0.23
名称		单位	单价(元)	消耗量			
人工	综合工日	工日	140.00	0.083	0.102	0.125	0.133
材料	低压铜翻边短管	个	—	(2.000)	(2.000)	(2.000)	(2.000)
	活动法兰	片	—	(2.000)	(2.000)	(2.000)	(2.000)
	白铅油	kg	6.45	0.030	0.030	0.030	0.030
	电	kW·h	0.68	0.010	0.010	0.010	0.015
	二硫化钼	kg	87.61	0.002	0.002	0.002	0.004
	棉纱头	kg	6.00	0.001	0.001	0.002	0.002
	尼龙砂轮片 φ100×16×3	片	2.56	0.013	0.018	0.023	0.027
	尼龙砂轮片 φ500×25×4	片	12.82	0.005	0.011	0.017	0.025
	硼砂	kg	2.68	0.004	0.007	0.010	0.013
	破布	kg	6.32	0.010	0.010	0.010	0.020
	清油	kg	9.70	0.001	0.001	0.001	0.001
	石棉橡胶板	kg	9.40	0.010	0.040	0.040	0.060
	铁砂布	张	0.85	0.014	0.018	0.030	0.038
	铜气焊丝	kg	37.61	0.015	0.024	0.034	0.040
	氧气	m^3	3.63	0.090	0.136	0.193	0.242
	乙炔气	kg	10.45	0.035	0.052	0.074	0.093
	其他材料费占材料费	%	—	1.000	1.000	1.000	1.000
机械	砂轮切割机 500mm	台班	29.08	0.003	0.004	0.005	0.008

工作内容：准备工作、管子切口、坡口加工、坡口磨平、焊前预热、焊接、法兰连接、螺栓涂二硫化钼。

计量单位：副

定额编号				A8-4-264	A8-4-265	A8-4-266	A8-4-267
项目名称				管外径(mm以内)			
				65	75	85	100
基价（元）				33.54	38.19	49.13	84.42
其中	人工费（元）			24.64	27.86	30.38	32.62
	材料费（元）			8.58	9.98	11.46	15.72
	机械费（元）			0.32	0.35	7.29	36.08
名称		单位	单价（元）	消耗量			
人工	综合工日	工日	140.00	0.176	0.199	0.217	0.233
材料	低压铜翻边短管	个	—	(2.000)	(2.000)	(2.000)	(2.000)
	活动法兰	片	—	(2.000)	(2.000)	(2.000)	(2.000)
	白铅油	kg	6.45	0.040	0.050	0.070	0.100
	电	kW·h	0.68	0.015	0.018	0.020	0.028
	二硫化钼	kg	87.61	0.004	0.004	0.004	0.006
	棉纱头	kg	6.00	0.004	0.004	0.006	0.006
	尼龙砂轮片 φ100×16×3	片	2.56	0.032	0.036	0.046	0.058
	尼龙砂轮片 φ500×25×4	片	12.82	0.028	0.032	—	—
	硼砂	kg	2.68	0.020	0.028	0.038	0.038
	破布	kg	6.32	0.020	0.020	0.020	0.030
	清油	kg	9.70	0.001	0.001	0.002	0.020
	石棉橡胶板	kg	9.40	0.070	0.090	0.130	0.170
	铁砂布	张	0.85	0.056	0.066	0.066	0.084
	铜气焊丝	kg	37.61	0.094	0.110	0.128	0.207
	氧气	m³	3.63	0.390	0.448	0.529	0.555
	乙炔气	kg	10.45	0.150	0.172	0.203	0.214
	其他材料费占材料费	%	—	1.000	1.000	1.000	1.000
机械	等离子切割机 400A	台班	219.59	—	—	0.027	0.129
	电动空气压缩机 1m³/min	台班	50.29	—	—	0.027	0.129
	汽车式起重机 8t	台班	763.67	—	—	—	0.001
	砂轮切割机 500mm	台班	29.08	0.011	0.012	—	—
	载重汽车 8t	台班	501.85	—	—	—	0.001

工作内容：准备工作、管子切口、坡口加工、坡口磨平、焊前预热、焊接、法兰连接、螺栓涂二硫化钼。

计量单位：副

定额编号				A8-4-268	A8-4-269	A8-4-270
项目名称				管外径(mm以内)		
				120	150	185
基价（元）				100.78	126.03	158.18
其中	人工费（元）			39.48	50.54	65.52
	材料费（元）			18.47	22.95	27.16
	机械费（元）			42.83	52.54	65.50
名称		单位	单价(元)	消耗量		
人工	综合工日	工日	140.00	0.282	0.361	0.468
材料	低压铜翻边短管	个	—	(2.000)	(2.000)	(2.000)
	活动法兰	片	—	(2.000)	(2.000)	(2.000)
	白铅油	kg	6.45	0.120	0.140	0.153
	电	kW·h	0.68	0.033	0.040	0.050
	二硫化钼	kg	87.61	0.006	0.013	0.013
	棉纱头	kg	6.00	0.008	0.008	0.009
	尼龙砂轮片 φ100×16×3	片	2.56	0.069	0.119	0.133
	硼砂	kg	2.68	0.040	0.048	0.050
	破布	kg	6.32	0.030	0.030	0.036
	清油	kg	9.70	0.020	0.030	0.030
	石棉橡胶板	kg	9.40	0.230	0.280	0.298
	铁砂布	张	0.85	0.096	0.128	0.170
	铜气焊丝	kg	37.61	0.248	0.309	0.377
	氧气	m³	3.63	0.612	0.696	0.857
	乙炔气	kg	10.45	0.235	0.268	0.330
	其他材料费占材料费	%	—	1.000	1.000	1.000
机械	等离子切割机 400A	台班	219.59	0.154	0.190	0.238
	电动空气压缩机 1m³/min	台班	50.29	0.154	0.190	0.238
	汽车式起重机 8t	台班	763.67	0.001	0.001	0.001
	载重汽车 8t	台班	501.85	0.001	0.001	0.001

工作内容：准备工作、管子切口、坡口加工、坡口磨平、焊前预热、焊接、法兰连接、螺栓涂二硫化钼。

计量单位：副

定额编号				A8-4-271	A8-4-272	A8-4-273
项目名称				管外径(mm以内)		
				200	250	300
基价（元）				192.23	250.98	314.71
其中	人工费（元）			90.58	124.46	162.12
	材料费（元）			29.76	37.09	44.62
	机械费（元）			71.89	89.43	107.97
名称		单位	单价(元)	消耗量		
人工	综合工日	工日	140.00	0.647	0.889	1.158
材料	低压铜翻边短管	个	—	(2.000)	(2.000)	(2.000)
	活动法兰	片	—	(2.000)	(2.000)	(2.000)
	白铅油	kg	6.45	0.170	0.200	0.250
	电	kW·h	0.68	0.055	0.068	0.083
	二硫化钼	kg	87.61	0.013	0.019	0.029
	棉纱头	kg	6.00	0.009	0.010	0.010
	尼龙砂轮片 φ100×16×3	片	2.56	0.225	0.274	0.313
	硼砂	kg	2.68	0.060	0.080	0.100
	破布	kg	6.32	0.040	0.050	0.050
	清油	kg	9.70	0.030	0.040	0.050
	石棉橡胶板	kg	9.40	0.330	0.370	0.400
	铁砂布	张	0.85	0.188	0.266	0.344
	铜气焊丝	kg	37.61	0.412	0.517	0.620
	氧气	m^3	3.63	0.929	1.163	1.395
	乙炔气	kg	10.45	0.357	0.447	0.536
	其他材料费占材料费	%	—	1.000	1.000	1.000
机械	等离子切割机 400A	台班	219.59	0.257	0.322	0.386
	电动空气压缩机 $1m^3/min$	台班	50.29	0.257	0.322	0.386
	汽车式起重机 8t	台班	763.67	0.002	0.002	0.003
	载重汽车 8t	台班	501.85	0.002	0.002	0.003

17.铜及铜合金法兰(氧乙炔焊)

工作内容：准备工作、管子切口、磨平、管口组对、焊前预热、焊接、法兰连接、螺栓涂二硫化钼。

计量单位：副

定额编号				A8-4-274	A8-4-275	A8-4-276	A8-4-277
项目名称				管外径(mm以内)			
				20	30	40	50
基价(元)				15.91	23.39	27.89	34.92
其中	人工费(元)			13.72	20.02	23.66	28.56
	材料费(元)			2.10	3.25	4.08	6.13
	机械费(元)			0.09	0.12	0.15	0.23
名称		单位	单价(元)	消耗量			
人工	综合工日	工日	140.00	0.098	0.143	0.169	0.204
材料	铜法兰	片	—	(2.000)	(2.000)	(2.000)	(2.000)
	白铅油	kg	6.45	0.030	0.030	0.030	0.030
	电	kW·h	0.68	0.010	0.015	0.020	0.025
	二硫化钼	kg	87.61	0.002	0.002	0.002	0.004
	棉纱头	kg	6.00	0.002	0.004	0.006	0.006
	尼龙砂轮片 φ100×16×3	片	2.56	0.012	0.017	0.022	0.026
	尼龙砂轮片 φ500×25×4	片	12.82	0.005	0.011	0.017	0.025
	硼砂	kg	2.68	0.004	0.005	0.006	0.007
	破布	kg	6.32	0.010	0.010	0.010	0.020
	清油	kg	9.70	0.001	0.001	0.001	0.001
	石棉橡胶板	kg	9.40	0.010	0.040	0.040	0.060
	铁砂布	张	0.85	0.014	0.018	0.030	0.038
	铜气焊丝	kg	37.61	0.020	0.031	0.040	0.070
	氧气	m^3	3.63	0.086	0.129	0.177	0.222
	乙炔气	kg	10.45	0.033	0.050	0.068	0.086
	其他材料费占材料费	%	—	1.000	1.000	1.000	1.000
机械	砂轮切割机 500mm	台班	29.08	0.003	0.004	0.005	0.008

工作内容：准备工作、管子切口、磨平、管口组对、焊前预热、焊接、法兰连接、螺栓涂二硫化钼。

计量单位：副

定额编号				A8-4-278	A8-4-279	A8-4-280	A8-4-281
项目名称				管外径(mm以内)			
				65	75	85	100
基价（元）				39.78	47.30	60.64	75.56
其中	人工费（元）			31.36	35.70	40.32	48.16
	材料费（元）			8.10	11.25	13.03	15.88
	机械费（元）			0.32	0.35	7.29	11.52
名称		单位	单价(元)	消耗量			
人工	综合工日	工日	140.00	0.224	0.255	0.288	0.344
材料	铜法兰	片	—	(2.000)	(2.000)	(2.000)	(2.000)
	白铅油	kg	6.45	0.040	0.050	0.070	0.100
	电	kW·h	0.68	0.030	0.033	0.065	0.073
	二硫化钼	kg	87.61	0.004	0.004	0.004	0.006
	棉纱头	kg	6.00	0.008	0.010	0.010	0.012
	尼龙砂轮片 φ100×16×3	片	2.56	0.031	0.035	0.045	0.057
	尼龙砂轮片 φ500×25×4	片	12.82	0.028	0.032	—	—
	硼砂	kg	2.68	0.014	0.018	0.019	0.028
	破布	kg	6.32	0.020	0.020	0.020	0.030
	清油	kg	9.70	0.001	0.001	0.002	0.020
	石棉橡胶板	kg	9.40	0.070	0.090	0.130	0.170
	铁砂布	张	0.85	0.056	0.066	0.066	0.084
	铜气焊丝	kg	37.61	0.099	0.157	0.182	0.212
	氧气	m^3	3.63	0.231	0.378	0.443	0.547
	乙炔气	kg	10.45	0.140	0.145	0.187	0.210
	其他材料费占材料费	%	—	1.000	1.000	1.000	1.000
机械	等离子切割机 400A	台班	219.59	—	—	0.027	0.038
	电动空气压缩机 $1m^3/min$	台班	50.29	—	—	0.027	0.038
	汽车式起重机 8t	台班	763.67	—	—	—	0.001
	砂轮切割机 500mm	台班	29.08	0.011	0.012	—	—
	载重汽车 8t	台班	501.85	—	—	—	0.001

工作内容：准备工作、管子切口、磨平、管口组对、焊前预热、焊接、法兰连接、螺栓涂二硫化钼。

计量单位：副

定额编号				A8-4-282	A8-4-283	A8-4-284
项目名称				管外径(mm以内)		
				120	150	185
基价（元）				88.43	120.91	153.39
其中	人工费（元）			56.00	79.80	103.60
	材料费（元）			19.02	24.73	29.63
	机械费（元）			13.41	16.38	20.16
名称		单位	单价(元)	消耗量		
人工	综合工日	工日	140.00	0.400	0.570	0.740
材料	铜法兰	片	—	(2.000)	(2.000)	(2.000)
	白铅油	kg	6.45	0.120	0.140	0.153
	电	kW·h	0.68	0.081	0.098	0.116
	二硫化钼	kg	87.61	0.006	0.013	0.013
	棉纱头	kg	6.00	0.016	0.018	0.024
	尼龙砂轮片 Φ100×16×3	片	2.56	0.068	0.118	0.132
	硼砂	kg	2.68	0.034	0.042	0.050
	破布	kg	6.32	0.030	0.030	0.036
	清油	kg	9.70	0.020	0.030	0.030
	石棉橡胶板	kg	9.40	0.230	0.280	0.297
	铁砂布	张	0.85	0.096	0.128	0.170
	铜气焊丝	kg	37.61	0.251	0.313	0.380
	氧气	m^3	3.63	0.660	0.897	1.146
	乙炔气	kg	10.45	0.254	0.345	0.441
	其他材料费占材料费	%	—	1.000	1.000	1.000
机械	等离子切割机 400A	台班	219.59	0.045	0.056	0.070
	电动空气压缩机 1m^3/min	台班	50.29	0.045	0.056	0.070
	汽车式起重机 8t	台班	763.67	0.001	0.001	0.001
	载重汽车 8t	台班	501.85	0.001	0.001	0.001

工作内容：准备工作、管子切口、磨平、管口组对、焊前预热、焊接、法兰连接、螺栓涂二硫化钼。

计量单位：副

定额编号				A8-4-285	A8-4-286	A8-4-287
项目名称				管外径(mm以内)		
				200	250	300
基价（元）				182.35	219.21	280.26
其中	人工费（元）			127.26	151.06	184.24
	材料费（元）			32.05	40.25	61.46
	机械费（元）			23.04	27.90	34.56
名称		单位	单价(元)	消耗量		
人工	综合工日	工日	140.00	0.909	1.079	1.316
材料	铜法兰	片	—	(2.000)	(2.000)	(2.000)
	白铅油	kg	6.45	0.170	0.200	0.250
	电	kW·h	0.68	0.128	0.153	0.196
	二硫化钼	kg	87.61	0.013	0.019	0.029
	棉纱头	kg	6.00	0.026	0.032	0.038
	尼龙砂轮片 φ100×16×3	片	2.56	0.224	0.273	0.312
	硼砂	kg	2.68	0.080	0.100	0.130
	破布	kg	6.32	0.040	0.050	0.050
	清油	kg	9.70	0.030	0.040	0.050
	石棉橡胶板	kg	9.40	0.330	0.370	0.400
	铁砂布	张	0.85	0.188	0.266	0.344
	铜气焊丝	kg	37.61	0.414	0.541	0.974
	氧气	m^3	3.63	1.189	1.423	1.793
	乙炔气	kg	10.45	0.457	0.547	0.689
	其他材料费占材料费	%	—	1.000	1.000	1.000
机械	等离子切割机 400A	台班	219.59	0.076	0.094	0.114
	电动空气压缩机 1m³/min	台班	50.29	0.076	0.094	0.114
	汽车式起重机 8t	台班	763.67	0.002	0.002	0.003
	载重汽车 8t	台班	501.85	0.002	0.002	0.003

二、中压法兰

1.碳钢对焊法兰(电弧焊)

工作内容：准备工作、管子切口、坡口加工、坡口磨平、焊接、法兰连接、螺栓涂二硫化钼。

计量单位：副

定额编号				A8-4-288	A8-4-289	A8-4-290	A8-4-291
项目名称				公称直径(mm以内)			
				15	20	25	32
基价(元)				22.45	28.52	34.00	38.68
其中	人工费(元)			16.94	20.58	23.24	25.20
	材料费(元)			1.62	1.84	2.49	3.25
	机械费(元)			3.89	6.10	8.27	10.23
名称		单位	单价(元)	消耗量			
人工	综合工日	工日	140.00	0.121	0.147	0.166	0.180
材料	碳钢对焊法兰	片	—	(2.000)	(2.000)	(2.000)	(2.000)
	白铅油	kg	6.45	0.035	0.035	0.035	0.035
	低碳钢焊条	kg	6.84	0.054	0.069	0.100	0.150
	电	kW·h	0.68	0.100	0.113	0.145	0.164
	二硫化钼	kg	87.61	0.002	0.002	0.002	0.004
	棉纱头	kg	6.00	0.002	0.004	0.005	0.007
	磨头	个	2.75	0.020	0.026	0.031	0.039
	尼龙砂轮片 φ100×16×3	片	2.56	0.060	0.076	0.119	0.155
	尼龙砂轮片 φ500×25×4	片	12.82	0.010	0.013	0.018	0.025
	破布	kg	6.32	0.012	0.012	0.012	0.012
	清油	kg	9.70	0.012	0.012	0.012	0.012
	石棉橡胶板	kg	9.40	0.024	0.024	0.047	0.047
	其他材料费占材料费	%	—	1.000	1.000	1.000	1.000
机械	电焊机(综合)	台班	118.28	0.031	0.049	0.066	0.081
	电焊条恒温箱	台班	21.41	0.004	0.004	0.006	0.008
	电焊条烘干箱 60×50×75cm^3	台班	26.46	0.004	0.004	0.006	0.008
	砂轮切割机 500mm	台班	29.08	0.001	0.004	0.006	0.009

工作内容：准备工作、管子切口、坡口加工、坡口磨平、焊接、法兰连接、螺栓涂二硫化钼。

计量单位：副

定额编号				A8-4-292	A8-4-293	A8-4-294	A8-4-295
项目名称				公称直径(mm以内)			
				40	50	65	80
基价(元)				44.07	50.16	67.26	77.91
其中	人工费(元)			28.56	31.36	36.96	40.74
	材料费(元)			3.77	4.57	8.86	11.85
	机械费(元)			11.74	14.23	21.44	25.32
名称		单位	单价(元)	消耗量			
人工	综合工日	工日	140.00	0.204	0.224	0.264	0.291
材料	碳钢对焊法兰	片	—	(2.000)	(2.000)	(2.000)	(2.000)
	白铅油	kg	6.45	0.035	0.047	0.059	0.083
	低碳钢焊条	kg	6.84	0.160	0.200	0.440	0.628
	电	kW·h	0.68	0.197	0.206	0.193	0.234
	二硫化钼	kg	87.61	0.004	0.004	0.004	0.006
	棉纱头	kg	6.00	0.007	0.008	0.012	0.014
	磨头	个	2.75	0.044	0.053	0.070	0.082
	尼龙砂轮片 Φ100×16×3	片	2.56	0.210	0.223	0.436	0.572
	尼龙砂轮片 Φ500×25×4	片	12.82	0.029	0.043	—	—
	破布	kg	6.32	0.012	0.024	0.024	0.024
	清油	kg	9.70	0.012	0.012	0.012	0.024
	石棉橡胶板	kg	9.40	0.071	0.083	0.106	0.153
	氧气	m³	3.63	—	—	0.317	0.369
	乙炔气	kg	10.45	—	—	0.106	0.123
	其他材料费占材料费	%	—	1.000	1.000	1.000	1.000
机械	电焊机(综合)	台班	118.28	0.093	0.113	0.174	0.206
	电焊条恒温箱	台班	21.41	0.010	0.012	0.018	0.020
	电焊条烘干箱 60×50×75cm³	台班	26.46	0.010	0.012	0.018	0.020
	砂轮切割机 500mm	台班	29.08	0.009	0.010	—	—

工作内容：准备工作、管子切口、坡口加工、坡口磨平、焊接、法兰连接、螺栓涂二硫化钼。

计量单位：副

定额编号				A8-4-296	A8-4-297	A8-4-298	A8-4-299
项目名称				公称直径(mm以内)			
				100	125	150	200
基价（元）				**100.11**	**123.48**	**154.37**	**208.84**
其中	人工费（元）			48.44	59.50	72.94	84.70
	材料费（元）			15.47	21.75	28.36	44.83
	机械费（元）			36.20	42.23	53.07	79.31
名称		单位	单价(元)	消耗量			
人工	综合工日	工日	140.00	0.346	0.425	0.521	0.605
材料	碳钢对焊法兰	片	—	(2.000)	(2.000)	(2.000)	(2.000)
	白铅油	kg	6.45	0.130	0.142	0.165	0.236
	低碳钢焊条	kg	6.84	0.834	1.296	1.800	3.400
	电	kW·h	0.68	0.306	0.384	0.467	0.668
	二硫化钼	kg	87.61	0.006	0.013	0.013	0.013
	棉纱头	kg	6.00	0.017	0.020	0.025	0.033
	磨头	个	2.75	0.106	—	—	—
	尼龙砂轮片 φ100×16×3	片	2.56	0.766	1.100	1.534	2.365
	破布	kg	6.32	0.035	0.035	0.035	0.047
	清油	kg	9.70	0.024	0.024	0.035	0.035
	石棉橡胶板	kg	9.40	0.201	0.271	0.330	0.389
	氧气	m^3	3.63	0.470	0.620	0.775	1.050
	乙炔气	kg	10.45	0.157	0.207	0.258	0.350
	其他材料费占材料费	%	—	1.000	1.000	1.000	1.000
机械	电焊机(综合)	台班	118.28	0.284	0.333	0.421	0.624
	电焊条恒温箱	台班	21.41	0.028	0.033	0.042	0.062
	电焊条烘干箱 60×50×75cm³	台班	26.46	0.028	0.033	0.042	0.062
	汽车式起重机 8t	台班	763.67	0.001	0.001	0.001	0.002
	载重汽车 8t	台班	501.85	0.001	0.001	0.001	0.002

工作内容：准备工作、管子切口、坡口加工、坡口磨平、焊接、法兰连接、螺栓涂二硫化钼。

计量单位：副

定额编号				A8-4-300	A8-4-301	A8-4-302	A8-4-303
项目名称				公称直径(mm以内)			
				250	300	350	400
基价（元）				283.04	354.64	496.09	633.24
其中	人工费（元）			114.94	137.48	204.40	256.48
	材料费（元）			65.65	88.75	117.57	149.38
	机械费（元）			102.45	128.41	174.12	227.38
名称		单位	单价(元)	消耗量			
人工	综合工日	工日	140.00	0.821	0.982	1.460	1.832
材料	碳钢对焊法兰	片	—	(2.000)	(2.000)	(2.000)	(2.000)
	白铅油	kg	6.45	0.236	0.295	0.295	0.354
	低碳钢焊条	kg	6.84	5.400	7.600	10.800	14.000
	电	kW·h	0.68	0.897	1.112	1.405	1.752
	二硫化钼	kg	87.61	0.019	0.029	0.029	0.038
	棉纱头	kg	6.00	0.040	0.047	0.057	0.064
	尼龙砂轮片 φ100×16×3	片	2.56	3.402	4.598	5.848	7.280
	破布	kg	6.32	0.047	0.047	0.047	0.071
	清油	kg	9.70	0.047	0.047	0.047	0.071
	石棉橡胶板	kg	9.40	0.437	0.472	0.637	0.814
	氧气	m^3	3.63	1.470	1.890	2.120	2.464
	乙炔气	kg	10.45	0.490	0.630	0.707	0.821
	其他材料费占材料费	%	—	1.000	1.000	1.000	1.000
机械	电焊机(综合)	台班	118.28	0.812	1.023	1.394	1.796
	电焊条恒温箱	台班	21.41	0.081	0.102	0.140	0.180
	电焊条烘干箱 60×50×75cm³	台班	26.46	0.081	0.102	0.140	0.180
	汽车式起重机 8t	台班	763.67	0.002	0.002	0.002	0.005
	载重汽车 8t	台班	501.85	0.002	0.002	0.002	0.005

工作内容：准备工作、管子切口、坡口加工、坡口磨平、焊接、法兰连接、螺栓涂二硫化钼。

计量单位：副

定额编号				A8-4-304	A8-4-305	A8-4-306
项目名称				公称直径(mm以内)		
				450	500	600
基价（元）				761.81	900.89	1165.41
其中	人工费（元）			308.00	370.58	484.54
	材料费（元）			169.32	215.01	278.87
	机械费（元）			284.49	315.30	402.00
名称		单位	单价(元)	消耗量		
人工	综合工日	工日	140.00	2.200	2.647	3.461
材料	碳钢对焊法兰	片	—	(2.000)	(2.000)	(2.000)
	白铅油	kg	6.45	0.354	0.389	0.424
	低碳钢焊条	kg	6.84	15.600	21.257	27.267
	电	kW·h	0.68	1.931	2.399	3.248
	二硫化钼	kg	87.61	0.038	0.038	0.047
	棉纱头	kg	6.00	0.071	0.078	0.092
	尼龙砂轮片 φ100×16×3	片	2.56	8.198	9.313	13.697
	破布	kg	6.32	0.071	0.083	0.095
	清油	kg	9.70	0.071	0.071	0.071
	石棉橡胶板	kg	9.40	0.956	0.979	1.144
	氧气	m^3	3.63	3.160	3.556	4.623
	乙炔气	kg	10.45	1.053	1.185	1.541
	其他材料费占材料费	%	—	1.000	1.000	1.000
机械	电焊机(综合)	台班	118.28	2.250	2.490	3.184
	电焊条恒温箱	台班	21.41	0.225	0.249	0.319
	电焊条烘干箱 60×50×75cm³	台班	26.46	0.225	0.249	0.319
	汽车式起重机 8t	台班	763.67	0.006	0.007	0.008
	载重汽车 8t	台班	501.85	0.006	0.007	0.008

2.碳钢对焊法兰(氩电联焊)

工作内容：准备工作、管子切口、坡口加工、坡口磨平、管口组对、焊接、法兰连接、螺栓涂二硫化钼。

计量单位：副

定额编号				A8-4-307	A8-4-308	A8-4-309	A8-4-310
项目名称				公称直径(mm以内)			
				15	20	25	32
基价(元)				**26.47**	**32.98**	**40.36**	**48.67**
其中	人工费(元)			20.44	24.92	28.70	33.74
	材料费(元)			3.04	3.66	5.56	7.45
	机械费(元)			2.99	4.40	6.10	7.48
名称		单位	单价(元)	消耗量			
人工	综合工日	工日	140.00	0.146	0.178	0.205	0.241
材料	碳钢对焊法兰	片	—	(2.000)	(2.000)	(2.000)	(2.000)
	白铅油	kg	6.45	0.035	0.035	0.035	0.035
	电	kW·h	0.68	0.100	0.113	0.147	0.168
	二硫化钼	kg	87.61	0.002	0.002	0.002	0.004
	棉纱头	kg	6.00	0.002	0.004	0.005	0.007
	磨头	个	2.75	0.020	0.026	0.031	0.039
	尼龙砂轮片 φ100×16×3	片	2.56	0.058	0.073	0.119	0.155
	尼龙砂轮片 φ500×25×4	片	12.82	0.010	0.013	0.018	0.025
	破布	kg	6.32	0.012	0.012	0.012	0.012
	清油	kg	9.70	0.012	0.012	0.012	0.012
	石棉橡胶板	kg	9.40	0.024	0.024	0.047	0.047
	铈钨棒	g	0.38	0.154	0.197	0.320	0.430
	碳钢焊丝	kg	7.69	0.028	0.035	0.060	0.080
	氩气	m^3	19.59	0.077	0.099	0.160	0.220
	氧气	m^3	3.63	—	—	—	0.013
	乙炔气	kg	10.45	—	—	—	0.005
	其他材料费占材料费	%	—	1.000	1.000	1.000	1.000
机械	砂轮切割机 500mm	台班	29.08	0.001	0.005	0.006	0.009
	氩弧焊机 500A	台班	92.58	0.032	0.046	0.064	0.078

工作内容：准备工作、管子切口、坡口加工、坡口磨平、管口组对、焊接、法兰连接、螺栓涂二硫化钼。

计量单位：副

定额编号				A8-4-311	A8-4-312	A8-4-313	A8-4-314
项目名称				公称直径(mm以内)			
				40	50	65	80
基价（元）				56.82	65.69	86.40	99.70
其中	人工费（元）			39.34	43.40	51.80	57.54
	材料费（元）			8.89	7.04	11.56	14.53
	机械费（元）			8.59	15.25	23.04	27.63
名称		单位	单价(元)	消耗量			
人工	综合工日	工日	140.00	0.281	0.310	0.370	0.411
材料	碳钢对焊法兰	片	—	(2.000)	(2.000)	(2.000)	(2.000)
	白铅油	kg	6.45	0.035	0.085	0.090	0.083
	低碳钢焊条	kg	6.84	—	0.095	0.360	0.530
	电	kW·h	0.68	0.206	0.220	0.211	0.256
	二硫化钼	kg	87.61	0.004	0.004	0.004	0.006
	棉纱头	kg	6.00	0.007	0.008	0.012	0.014
	磨头	个	2.75	0.044	0.053	0.070	0.082
	尼龙砂轮片 φ100×16×3	片	2.56	0.208	0.217	0.430	0.568
	尼龙砂轮片 φ500×25×4	片	12.82	0.029	0.043	0.064	0.086
	破布	kg	6.32	0.012	0.024	0.024	0.024
	清油	kg	9.70	0.012	0.012	0.012	0.024
	石棉橡胶板	kg	9.40	0.071	0.083	0.106	0.153
	铈钨棒	g	0.38	0.500	0.242	0.242	0.260
	碳钢焊丝	kg	7.69	0.100	0.043	0.044	0.046
	氩气	m^3	19.59	0.260	0.121	0.122	0.130
	氧气	m^3	3.63	0.014	0.019	0.230	0.258
	乙炔气	kg	10.45	0.005	0.006	0.077	0.086
	其他材料费占材料费	%	—	1.000	1.000	1.000	1.000
机械	电焊机(综合)	台班	118.28	—	0.081	0.127	0.150
	电焊条恒温箱	台班	21.41	—	0.008	0.012	0.015
	电焊条烘干箱 60×50×75cm³	台班	26.46	—	0.008	0.012	0.015
	砂轮切割机 500mm	台班	29.08	0.009	0.010	0.014	0.016
	氩弧焊机 500A	台班	92.58	0.090	0.054	0.076	0.094

工作内容：准备工作、管子切口、坡口加工、坡口磨平、管口组对、焊接、法兰连接、螺栓涂二硫化钼。

计量单位：副

定额编号				A8-4-315	A8-4-316	A8-4-317	A8-4-318
项目名称				公称直径(mm以内)			
				100	125	150	200
基价（元）				130.30	164.63	197.65	287.66
其中	人工费（元）			71.12	91.98	99.96	140.42
	材料费（元）			19.02	25.85	32.38	48.90
	机械费（元）			40.16	46.80	65.31	98.34
名称		单位	单价(元)	消耗量			
人工	综合工日	工日	140.00	0.508	0.657	0.714	1.003
材料	碳钢对焊法兰	片	—	(2.000)	(2.000)	(2.000)	(2.000)
	白铅油	kg	6.45	0.130	0.142	0.165	0.236
	低碳钢焊条	kg	6.84	0.700	1.146	1.600	2.800
	电	kW·h	0.68	0.338	0.424	0.521	0.758
	二硫化钼	kg	87.61	0.006	0.013	0.013	0.013
	角钢(综合)	kg	3.61	—	—	—	0.179
	棉纱头	kg	6.00	0.017	0.020	0.025	0.033
	磨头	个	2.75	0.106	—	—	—
	尼龙砂轮片 φ100×16×3	片	2.56	0.758	1.090	1.521	2.345
	尼龙砂轮片 φ500×25×4	片	12.82	0.115	0.150	—	—
	破布	kg	6.32	0.035	0.035	0.035	0.047
	清油	kg	9.70	0.024	0.024	0.035	0.035
	石棉橡胶板	kg	9.40	0.201	0.271	0.330	0.389
	铈钨棒	g	0.38	0.348	0.400	0.480	0.680
	碳钢焊丝	kg	7.69	0.062	0.070	0.086	0.120
	氩气	m³	19.59	0.174	0.200	0.240	0.340
	氧气	m³	3.63	0.320	0.418	0.746	1.000
	乙炔气	kg	10.45	0.107	0.139	0.249	0.333
	其他材料费占材料费	%	—	1.000	1.000	1.000	1.000
机械	半自动切割机 100mm	台班	83.55	—	—	0.077	0.112
	电焊机(综合)	台班	118.28	0.223	0.260	0.343	0.531
	电焊条恒温箱	台班	21.41	0.022	0.026	0.035	0.053
	电焊条烘干箱 60×50×75cm³	台班	26.46	0.022	0.026	0.035	0.053
	汽车式起重机 8t	台班	763.67	0.001	0.001	0.001	0.002
	砂轮切割机 500mm	台班	29.08	0.025	0.026	—	—
	氩弧焊机 500A	台班	92.58	0.116	0.138	0.166	0.228
	载重汽车 8t	台班	501.85	0.001	0.001	0.001	0.002

工作内容：准备工作、管子切口、坡口加工、坡口磨平、管口组对、焊接、法兰连接、螺栓涂二硫化钼。

计量单位：副

定额编号				A8-4-319	A8-4-320	A8-4-321	A8-4-322
项目名称				公称直径(mm以内)			
				250	300	350	400
基价（元）				**379.47**	**493.98**	**614.00**	**766.11**
其中	人工费（元）			182.56	232.26	272.86	333.34
	材料费（元）			68.80	101.29	130.25	164.16
	机械费（元）			128.11	160.43	210.89	268.61
名称		单位	单价(元)	消耗量			
人工	综合工日	工日	140.00	1.304	1.659	1.949	2.381
材料	碳钢对焊法兰	片	—	(2.000)	(2.000)	(2.000)	(2.000)
	白铅油	kg	6.45	0.236	0.295	0.295	0.354
	低碳钢焊条	kg	6.84	4.400	7.800	10.600	13.800
	电	kW·h	0.68	1.005	1.252	1.565	1.840
	二硫化钼	kg	87.61	0.019	0.029	0.029	0.038
	角钢(综合)	kg	3.61	0.179	0.236	0.236	0.236
	棉纱头	kg	6.00	0.040	0.047	0.057	0.064
	尼龙砂轮片 φ100×16×3	片	2.56	3.382	4.564	5.812	7.172
	破布	kg	6.32	0.047	0.047	0.047	0.071
	清油	kg	9.70	0.047	0.047	0.047	0.071
	石棉橡胶板	kg	9.40	0.437	0.472	0.637	0.814
	铈钨棒	g	0.38	0.840	1.020	1.180	1.390
	碳钢焊丝	kg	7.69	0.152	0.180	0.212	0.260
	氩气	m^3	19.59	0.420	0.506	0.600	0.696
	氧气	m^3	3.63	1.410	1.680	2.010	2.351
	乙炔气	kg	10.45	0.470	0.560	0.670	0.784
	其他材料费占材料费	%	—	1.000	1.000	1.000	1.000
机械	半自动切割机 100mm	台班	83.55	0.140	0.169	0.197	0.227
	电焊机(综合)	台班	118.28	0.711	0.913	1.263	1.642
	电焊条恒温箱	台班	21.41	0.071	0.092	0.126	0.165
	电焊条烘干箱 60×50×75cm^3	台班	26.46	0.071	0.092	0.126	0.165
	汽车式起重机 8t	台班	763.67	0.002	0.002	0.002	0.005
	氩弧焊机 500A	台班	92.58	0.285	0.339	0.394	0.445
	载重汽车 8t	台班	501.85	0.002	0.002	0.002	0.005

工作内容：准备工作、管子切口、坡口加工、坡口磨平、管口组对、焊接、法兰连接、螺栓涂二硫化钼。

计量单位：副

定额编号				A8-4-323	A8-4-324	A8-4-325
项目名称				公称直径(mm以内)		
				450	500	600
基价（元）				**911.06**	**1069.98**	**1369.61**
其中	人工费（元）			396.48	468.72	604.38
	材料费（元）			183.23	234.55	303.14
	机械费（元）			331.35	366.71	462.09
名称		单位	单价(元)	消耗量		
人工	综合工日	工日	140.00	2.832	3.348	4.317
材料	碳钢对焊法兰	片	—	(2.000)	(2.000)	(2.000)
	白铅油	kg	6.45	0.354	0.389	0.424
	低碳钢焊条	kg	6.84	15.200	20.348	26.101
	电	kW·h	0.68	2.111	2.659	3.585
	二硫化钼	kg	87.61	0.038	0.038	0.047
	角钢(综合)	kg	3.61	0.236	0.236	0.236
	棉纱头	kg	6.00	0.071	0.078	0.092
	尼龙砂轮片 φ100×16×3	片	2.56	8.158	9.260	13.630
	破布	kg	6.32	0.071	0.083	0.095
	清油	kg	9.70	0.071	0.071	0.071
	石棉橡胶板	kg	9.40	0.956	0.979	1.144
	铈钨棒	g	0.38	1.520	2.189	2.830
	碳钢焊丝	kg	7.69	0.300	0.391	0.505
	氩气	m^3	19.59	0.760	1.094	1.415
	氧气	m^3	3.63	2.860	3.470	4.400
	乙炔气	kg	10.45	0.953	1.157	1.467
	其他材料费占材料费	%	—	1.000	1.000	1.000
机械	半自动切割机 100mm	台班	83.55	0.268	0.288	0.348
	电焊机(综合)	台班	118.28	2.072	2.293	2.943
	电焊条恒温箱	台班	21.41	0.207	0.230	0.295
	电焊条烘干箱 60×50×75cm³	台班	26.46	0.207	0.230	0.295
	汽车式起重机 8t	台班	763.67	0.006	0.007	0.007
	氩弧焊机 500A	台班	92.58	0.501	0.557	0.669
	载重汽车 8t	台班	501.85	0.006	0.007	0.007

3. 不锈钢对焊法兰(电弧焊)

工作内容：准备工作、管子切口、坡口加工、坡口磨平、焊接、焊缝钝化、法兰连接、螺栓涂二硫化钼。

计量单位：副

定额编号				A8-4-326	A8-4-327	A8-4-328	A8-4-329
项目名称				公称直径(mm以内)			
				15	20	25	32
基价(元)				29.77	33.31	41.45	47.21
其中	人工费(元)			22.12	24.22	28.56	31.50
	材料费(元)			2.76	3.19	4.89	5.86
	机械费(元)			4.89	5.90	8.00	9.85
名称		单位	单价(元)	消耗量			
人工	综合工日	工日	140.00	0.158	0.173	0.204	0.225
材料	不锈钢对焊法兰	片	—	(2.000)	(2.000)	(2.000)	(2.000)
	丙酮	kg	7.51	0.015	0.017	0.024	0.028
	不锈钢焊条	kg	38.46	0.036	0.044	0.065	0.080
	电	kW·h	0.68	0.138	0.150	0.186	0.206
	二硫化钼	kg	87.61	0.002	0.002	0.002	0.004
	棉纱头	kg	6.00	0.003	0.005	0.005	0.008
	耐酸石棉橡胶板	kg	25.64	0.020	0.020	0.040	0.040
	尼龙砂轮片 φ100×16×3	片	2.56	0.073	0.090	0.135	0.167
	尼龙砂轮片 φ500×25×4	片	12.82	0.012	0.015	0.024	0.028
	破布	kg	6.32	0.002	0.002	0.002	0.002
	水	t	7.96	0.002	0.002	0.004	0.004
	酸洗膏	kg	6.56	0.010	0.011	0.016	0.019
	其他材料费占材料费	%	—	1.000	1.000	1.000	1.000
机械	电动空气压缩机 6m³/min	台班	206.73	0.002	0.002	0.002	0.002
	电焊机(综合)	台班	118.28	0.036	0.044	0.060	0.075
	电焊条恒温箱	台班	21.41	0.004	0.004	0.006	0.007
	电焊条烘干箱 60×50×75cm³	台班	26.46	0.004	0.004	0.006	0.007
	砂轮切割机 500mm	台班	29.08	0.001	0.003	0.007	0.008

工作内容：准备工作、管子切口、坡口加工、坡口磨平、焊接、焊缝钝化、法兰连接、螺栓涂二硫化钼。

计量单位：副

定额编号				A8-4-330	A8-4-331	A8-4-332	A8-4-333
项目名称				公称直径(mm以内)			
				40	50	65	80
基价（元）				60.96	69.31	94.07	120.94
其中	人工费（元）			39.76	41.86	53.76	56.56
	材料费（元）			8.40	11.86	18.51	24.72
	机械费（元）			12.80	15.59	21.80	39.66
名称		单位	单价(元)	消耗量			
人工	综合工日	工日	140.00	0.284	0.299	0.384	0.404
材料	不锈钢对焊法兰	片	—	(2.000)	(2.000)	(2.000)	(2.000)
	丙酮	kg	7.51	0.032	0.039	0.051	0.060
	不锈钢焊条	kg	38.46	0.123	0.180	0.320	0.414
	电	kW·h	0.68	0.250	0.306	0.397	0.310
	二硫化钼	kg	87.61	0.004	0.004	0.004	0.006
	棉纱头	kg	6.00	0.008	0.094	0.010	0.011
	耐酸石棉橡胶板	kg	25.64	0.060	0.070	0.090	0.130
	尼龙砂轮片 φ100×16×3	片	2.56	0.234	0.336	0.596	0.969
	尼龙砂轮片 φ500×25×4	片	12.82	0.034	0.038	0.060	0.083
	破布	kg	6.32	0.002	0.004	0.004	0.006
	水	t	7.96	0.004	0.006	0.008	0.010
	酸洗膏	kg	6.56	0.024	0.029	0.040	0.047
	其他材料费占材料费	%	—	1.000	1.000	1.000	1.000
机械	等离子切割机 400A	台班	219.59	—	—	—	0.041
	电动空气压缩机 1m³/min	台班	50.29	—	—	—	0.041
	电动空气压缩机 6m³/min	台班	206.73	0.002	0.002	0.002	0.002
	电焊机(综合)	台班	118.28	0.098	0.120	0.169	0.222
	电焊条恒温箱	台班	21.41	0.010	0.012	0.017	0.022
	电焊条烘干箱 60×50×75cm³	台班	26.46	0.010	0.012	0.017	0.022
	砂轮切割机 500mm	台班	29.08	0.011	0.014	0.020	0.030

工作内容：准备工作、管子切口、坡口加工、坡口磨平、焊接、焊缝钝化、法兰连接、螺栓涂二硫化钼。

计量单位：副

定额编号				A8-4-334	A8-4-335	A8-4-336	A8-4-337
项目名称				公称直径(mm以内)			
				100	125	150	200
基价（元）				167.62	204.18	254.48	375.06
其中	人工费（元）			80.08	87.08	102.34	134.12
	材料费（元）			35.06	44.48	62.58	108.70
	机械费（元）			52.48	72.62	89.56	132.24
名称		单位	单价(元)	消耗量			
人工	综合工日	工日	140.00	0.572	0.622	0.731	0.958
材料	不锈钢对焊法兰	片	—	(2.000)	(2.000)	(2.000)	(2.000)
	丙酮	kg	7.51	0.077	0.090	0.107	0.148
	不锈钢焊条	kg	38.46	0.620	0.820	1.178	2.229
	电	kW·h	0.68	0.434	0.486	0.651	0.968
	二硫化钼	kg	87.61	0.006	0.013	0.013	0.013
	棉纱头	kg	6.00	0.015	0.016	0.025	0.031
	耐酸石棉橡胶板	kg	25.64	0.170	0.230	0.280	0.330
	尼龙砂轮片 φ100×16×3	片	2.56	1.195	1.407	2.312	3.517
	尼龙砂轮片 φ500×25×4	片	12.82	0.112	—	—	—
	破布	kg	6.32	0.006	0.008	0.010	0.014
	水	t	7.96	0.012	0.014	0.018	0.024
	酸洗膏	kg	6.56	0.060	0.092	0.124	0.161
	其他材料费占材料费	%	—	1.000	1.000	1.000	1.000
机械	等离子切割机 400A	台班	219.59	0.052	0.090	0.110	0.159
	电动空气压缩机 1m³/min	台班	50.29	0.052	0.090	0.110	0.159
	电动空气压缩机 6m³/min	台班	206.73	0.002	0.002	0.002	0.002
	电焊机(综合)	台班	118.28	0.291	0.379	0.473	0.702
	电焊条恒温箱	台班	21.41	0.029	0.038	0.047	0.070
	电焊条烘干箱 60×50×75cm³	台班	26.46	0.029	0.038	0.047	0.070
	汽车式起重机 8t	台班	763.67	0.001	0.001	0.001	0.002
	砂轮切割机 500mm	台班	29.08	0.033	—	—	—
	载重汽车 8t	台班	501.85	0.001	0.001	0.001	0.002

工作内容：准备工作、管子切口、坡口加工、坡口磨平、焊接、焊缝钝化、法兰连接、螺栓涂二硫化钼。

计量单位：副

定额编号				A8-4-338	A8-4-339	A8-4-340
项目名称				公称直径(mm以内)		
				250	300	350
基价（元）				542.19	715.09	940.59
其中	人工费（元）			192.50	231.56	267.68
	材料费（元）			171.87	252.71	370.43
	机械费（元）			177.82	230.82	302.48
名称		单位	单价(元)	消耗量		
人工	综合工日	工日	140.00	1.375	1.654	1.912
材料	不锈钢对焊法兰	片	—	(2.000)	(2.000)	(2.000)
	丙酮	kg	7.51	0.184	0.218	0.253
	不锈钢焊条	kg	38.46	3.662	5.562	8.340
	电	kW·h	0.68	1.313	1.641	2.056
	二硫化钼	kg	87.61	0.019	0.029	0.029
	棉纱头	kg	6.00	0.032	0.038	0.045
	耐酸石棉橡胶板	kg	25.64	0.370	0.400	0.540
	尼龙砂轮片 φ100×16×3	片	2.56	5.381	7.115	9.178
	破布	kg	6.32	0.018	0.020	0.024
	水	t	7.96	0.028	0.034	0.040
	酸洗膏	kg	6.56	0.244	0.290	0.318
	其他材料费占材料费	%	—	1.000	1.000	1.000
机械	等离子切割机 400A	台班	219.59	0.208	0.262	0.316
	电动空气压缩机 1m³/min	台班	50.29	0.208	0.262	0.316
	电动空气压缩机 6m³/min	台班	206.73	0.002	0.002	0.002
	电焊机(综合)	台班	118.28	0.965	1.277	1.741
	电焊条恒温箱	台班	21.41	0.096	0.128	0.174
	电焊条烘干箱 60×50×75cm³	台班	26.46	0.096	0.128	0.174
	汽车式起重机 8t	台班	763.67	0.002	0.002	0.002
	载重汽车 8t	台班	501.85	0.002	0.002	0.002

工作内容：准备工作、管子切口、坡口加工、坡口磨平、焊接、焊缝钝化、法兰连接、螺栓涂二硫化钼。

计量单位：副

定额编号				A8-4-341	A8-4-342	A8-4-343
项目名称				公称直径(mm以内)		
				400	450	500
基价（元）				1210.59	1481.30	1675.81
其中	人工费（元）			325.08	373.80	429.80
	材料费（元）			502.65	666.89	738.80
	机械费（元）			382.86	440.61	507.21
名称		单位	单价(元)	消耗量		
人工	综合工日	工日	140.00	2.322	2.670	3.070
材料	不锈钢对焊法兰	片	—	(2.000)	(2.000)	(2.000)
	丙酮	kg	7.51	0.285	0.317	0.349
	不锈钢焊条	kg	38.46	11.434	15.376	17.016
	电	kW·h	0.68	2.490	3.007	3.330
	二硫化钼	kg	87.61	0.038	0.038	0.038
	棉纱头	kg	6.00	0.053	0.059	0.064
	耐酸石棉橡胶板	kg	25.64	0.690	0.794	0.913
	尼龙砂轮片 φ100×16×3	片	2.56	11.577	14.431	16.036
	破布	kg	6.32	0.026	0.030	0.034
	水	t	7.96	0.046	0.053	0.061
	酸洗膏	kg	6.56	0.394	0.443	0.502
	其他材料费占材料费	%	—	1.000	1.000	1.000
机械	等离子切割机 400A	台班	219.59	0.376	0.432	0.497
	电动空气压缩机 $1m^3/min$	台班	50.29	0.376	0.432	0.497
	电动空气压缩机 $6m^3/min$	台班	206.73	0.002	0.002	0.003
	电焊机(综合)	台班	118.28	2.242	2.578	2.965
	电焊条恒温箱	台班	21.41	0.224	0.258	0.296
	电焊条烘干箱 $60×50×75cm^3$	台班	26.46	0.224	0.258	0.296
	汽车式起重机 8t	台班	763.67	0.004	0.005	0.006
	载重汽车 8t	台班	501.85	0.004	0.005	0.006

4.不锈钢对焊法兰(氩电联焊)

工作内容：准备工作、管子切口、坡口加工、管口组对、焊接、焊缝钝化、法兰连接、螺栓涂二硫化钼。

计量单位：副

定额编号				A8-4-344	A8-4-345	A8-4-346	A8-4-347
项目名称				公称直径(mm以内)			
				50	65	80	100
基价（元）				**94.28**	**122.86**	**150.00**	**197.57**
其中	人工费（元）			54.88	67.62	79.10	104.30
	材料费（元）			13.26	19.20	25.88	37.46
	机械费（元）			26.14	36.04	45.02	55.81
名称		**单位**	**单价(元)**	**消耗量**			
人工	综合工日	工日	140.00	0.392	0.483	0.565	0.745
材料	不锈钢对焊法兰	片	—	(2.000)	(2.000)	(2.000)	(2.000)
	丙酮	kg	7.51	0.036	0.048	0.056	0.072
	不锈钢焊条	kg	38.46	0.177	0.298	0.393	0.618
	电	kW·h	0.68	0.103	0.138	0.166	0.224
	二硫化钼	kg	87.61	0.004	0.004	0.006	0.006
	棉纱头	kg	6.00	0.007	0.010	0.012	0.014
	耐酸石棉橡胶板	kg	25.64	0.070	0.090	0.130	0.170
	尼龙砂轮片 φ100×16×3	片	2.56	0.100	0.124	0.194	0.251
	尼龙砂轮片 φ500×25×4	片	12.82	0.038	0.060	0.083	0.112
	破布	kg	6.32	0.004	0.004	0.006	0.006
	钸钨棒	g	0.38	0.184	0.206	0.272	0.316
	水	t	7.96	0.060	0.008	0.010	0.012
	酸洗膏	kg	6.56	0.029	0.040	0.047	0.060
	氩气	m³	19.59	0.117	0.146	0.202	0.252
	其他材料费占材料费	%	—	1.000	1.000	1.000	1.000
机械	电动空气压缩机 6m³/min	台班	206.73	0.002	0.002	0.002	0.002
	电焊机(综合)	台班	118.28	0.088	0.130	0.171	0.228
	电焊条恒温箱	台班	21.41	0.009	0.013	0.017	0.023
	电焊条烘干箱 60×50×75cm³	台班	26.46	0.009	0.013	0.017	0.023
	普通车床 630×2000mm	台班	247.10	0.023	0.037	0.042	0.042
	汽车式起重机 8t	台班	763.67	—	—	—	0.001
	砂轮切割机 500mm	台班	29.08	0.014	0.020	0.030	0.033
	氩弧焊机 500A	台班	92.58	0.095	0.107	0.133	0.159
	载重汽车 8t	台班	501.85	—	—	—	0.001

工作内容：准备工作、管子切口、坡口加工、管口组对、焊接、焊缝钝化、法兰连接、螺栓涂二硫化钼。

计量单位：副

定额编号				A8-4-348	A8-4-349	A8-4-350
项目名称				公称直径(mm以内)		
				125	150	200
基价（元）				243.09	294.87	427.79
其中	人工费（元）			120.54	137.62	178.78
	材料费（元）			48.15	65.57	116.29
	机械费（元）			74.40	91.68	132.72
名称		单位	单价(元)	消耗量		
人工	综合工日	工日	140.00	0.861	0.983	1.277
材料	不锈钢对焊法兰	片	—	(2.000)	(2.000)	(2.000)
	丙酮	kg	7.51	0.084	0.100	0.138
	不锈钢焊条	kg	38.46	0.811	1.165	2.258
	电	kW·h	0.68	0.282	0.332	0.478
	二硫化钼	kg	87.61	0.013	0.013	0.013
	棉纱头	kg	6.00	0.017	0.021	0.028
	耐酸石棉橡胶板	kg	25.64	0.230	0.280	0.330
	尼龙砂轮片 φ100×16×3	片	2.56	0.335	0.508	0.870
	破布	kg	6.32	0.008	0.010	0.014
	铈钨棒	g	0.38	0.417	0.498	0.689
	水	t	7.96	0.014	0.018	0.024
	酸洗膏	kg	6.56	0.092	0.124	0.161
	氩气	m^3	19.59	0.344	0.418	0.681
	其他材料费占材料费	%	—	1.000	1.000	1.000
机械	等离子切割机 400A	台班	219.59	0.026	0.033	0.047
	电动空气压缩机 $1m^3/min$	台班	50.29	0.026	0.033	0.047
	电动空气压缩机 $6m^3/min$	台班	206.73	0.002	0.002	0.002
	电焊机(综合)	台班	118.28	0.295	0.389	0.603
	电焊条恒温箱	台班	21.41	0.029	0.039	0.061
	电焊条烘干箱 60×50×75cm^3	台班	26.46	0.029	0.039	0.061
	普通车床 630×2000mm	台班	247.10	0.043	0.046	0.052
	汽车式起重机 8t	台班	763.67	0.001	0.001	0.002
	氩弧焊机 500A	台班	92.58	0.203	0.236	0.324
	载重汽车 8t	台班	501.85	0.001	0.001	0.002

工作内容：准备工作、管子切口、坡口加工、管口组对、焊接、焊缝钝化、法兰连接、螺栓涂二硫化钼。

计量单位：副

定额编号				A8-4-351	A8-4-352	A8-4-353
项目名称				公称直径(mm以内)		
				250	300	350
基价（元）				581.42	747.70	992.48
其中	人工费（元）			225.82	267.26	325.08
	材料费（元）			182.86	264.88	389.19
	机械费（元）			172.74	215.56	278.21
名称		单位	单价(元)	消耗量		
人工	综合工日	工日	140.00	1.613	1.909	2.322
材料	不锈钢对焊法兰	片	—	(2.000)	(2.000)	(2.000)
	丙酮	kg	7.51	0.172	0.204	0.236
	不锈钢焊条	kg	38.46	3.713	5.652	8.471
	电	kW·h	0.68	0.649	0.788	0.928
	二硫化钼	kg	87.61	0.019	0.029	0.029
	棉纱头	kg	6.00	0.034	0.040	0.046
	耐酸石棉橡胶板	kg	25.64	0.370	0.400	0.540
	尼龙砂轮片 φ100×16×3	片	2.56	2.402	2.500	5.255
	破布	kg	6.32	0.018	0.020	0.024
	铈钨棒	g	0.38	0.860	1.024	1.187
	水	t	7.96	0.028	0.034	0.040
	酸洗膏	kg	6.56	0.244	0.290	0.318
	氩气	m³	19.59	0.855	1.056	1.226
	其他材料费占材料费	%	—	1.000	1.000	1.000
机械	等离子切割机 400A	台班	219.59	0.061	0.077	0.093
	电动空气压缩机 1m³/min	台班	50.29	0.061	0.077	0.093
	电动空气压缩机 6m³/min	台班	206.73	0.002	0.002	0.002
	电焊机(综合)	台班	118.28	0.809	1.038	1.436
	电焊条恒温箱	台班	21.41	0.081	0.104	0.143
	电焊条烘干箱 60×50×75cm³	台班	26.46	0.081	0.104	0.143
	普通车床 630×2000mm	台班	247.10	0.061	0.075	0.095
	汽车式起重机 8t	台班	763.67	0.002	0.002	0.002
	氩弧焊机 500A	台班	92.58	0.418	0.492	0.540
	载重汽车 8t	台班	501.85	0.002	0.002	0.002

工作内容：准备工作、管子切口、坡口加工、管口组对、焊接、焊缝钝化、法兰连接、螺栓涂二硫化钼。

计量单位：副

定额编号				A8-4-354	A8-4-355	A8-4-356
项目名称				公称直径(mm以内)		
				400	450	500
基价（元）				1269.73	1460.28	1678.90
其中	人工费（元）			387.80	446.04	512.82
	材料费（元）			530.89	609.97	700.88
	机械费（元）			351.04	404.27	465.20
名称		单位	单价(元)	消耗量		
人工	综合工日	工日	140.00	2.770	3.186	3.663
材料	不锈钢对焊法兰	片	—	(2.000)	(2.000)	(2.000)
	丙酮	kg	7.51	0.266	0.306	0.352
	不锈钢焊条	kg	38.46	11.689	13.442	15.458
	电	kW·h	0.68	1.165	1.340	1.541
	二硫化钼	kg	87.61	0.038	0.038	0.038
	棉纱头	kg	6.00	0.052	0.060	0.069
	耐酸石棉橡胶板	kg	25.64	0.690	0.794	0.913
	尼龙砂轮片 φ100×16×3	片	2.56	6.558	7.542	8.673
	破布	kg	6.32	0.026	0.030	0.034
	铈钨棒	g	0.38	1.341	1.542	1.773
	水	t	7.96	0.046	0.053	0.061
	酸洗膏	kg	6.56	0.394	0.443	0.502
	氩气	m^3	19.59	1.610	1.852	2.129
	其他材料费占材料费	%	—	1.000	1.000	1.000
机械	等离子切割机 400A	台班	219.59	0.110	0.127	0.146
	电动空气压缩机 $1m^3/min$	台班	50.29	0.110	0.127	0.146
	电动空气压缩机 $6m^3/min$	台班	206.73	0.002	0.002	0.003
	电焊机(综合)	台班	118.28	1.866	2.146	2.468
	电焊条恒温箱	台班	21.41	0.187	0.214	0.247
	电焊条烘干箱 $60×50×75cm^3$	台班	26.46	0.187	0.214	0.247
	普通车床 630×2000mm	台班	247.10	0.120	0.138	0.158
	汽车式起重机 8t	台班	763.67	0.004	0.005	0.006
	氩弧焊机 500A	台班	92.58	0.611	0.703	0.808
	载重汽车 8t	台班	501.85	0.004	0.005	0.006

5. 不锈钢对焊法兰(氩弧焊)

工作内容：准备工作、管子切口、坡口加工、焊接、焊缝钝化、法兰连接、螺栓涂二硫化钼。

计量单位：副

定额编号				A8-4-357	A8-4-358	A8-4-359	A8-4-360
项目名称				公称直径(mm以内)			
				15	20	25	32
基价(元)				**33.41**	**37.15**	**44.18**	**49.98**
其中	人工费(元)			22.54	24.92	28.56	31.78
	材料费(元)			2.93	3.39	5.15	6.32
	机械费(元)			7.94	8.84	10.47	11.88
名称		**单位**	**单价(元)**	**消耗量**			
人工	综合工日	工日	140.00	0.161	0.178	0.204	0.227
材料	不锈钢对焊法兰	片	—	(2.000)	(2.000)	(2.000)	(2.000)
	丙酮	kg	7.51	0.010	0.010	0.015	0.017
	不锈钢焊条	kg	38.46	0.019	0.023	0.033	0.042
	电	kW·h	0.68	0.015	0.020	0.025	0.030
	二硫化钼	kg	87.61	0.002	0.002	0.002	0.004
	棉纱头	kg	6.00	0.002	0.004	0.004	0.006
	耐酸石棉橡胶板	kg	25.64	0.020	0.020	0.040	0.040
	尼龙砂轮片 φ100×16×3	片	2.56	0.032	0.039	0.050	0.062
	尼龙砂轮片 φ500×25×4	片	12.82	0.010	0.012	0.024	0.028
	破布	kg	6.32	0.002	0.002	0.002	0.002
	铈钨棒	g	0.38	0.100	0.123	0.180	0.224
	水	t	7.96	0.002	0.002	0.004	0.004
	酸洗膏	kg	6.56	0.010	0.011	0.016	0.019
	氩气	m^3	19.59	0.053	0.065	0.093	0.118
	其他材料费占材料费	%	—	1.000	1.000	1.000	1.000
机械	电动空气压缩机 6m^3/min	台班	206.73	0.002	0.002	0.002	0.002
	普通车床 630×2000mm	台班	247.10	0.015	0.015	0.017	0.017
	砂轮切割机 500mm	台班	29.08	0.001	0.003	0.007	0.008
	氩弧焊机 500A	台班	92.58	0.041	0.050	0.061	0.076

工作内容：准备工作、管子切口、坡口加工、焊接、焊缝钝化、法兰连接、螺栓涂二硫化钼。

计量单位：副

定额编号				A8-4-361	A8-4-362	A8-4-363	A8-4-364
项目名称				公称直径(mm以内)			
				40	50	65	80
基价（元）				63.86	91.35	121.14	147.81
其中	人工费（元）			39.90	55.58	69.44	82.60
	材料费（元）			9.09	13.68	21.23	28.21
	机械费（元）			14.87	22.09	30.47	37.00
名称		单位	单价(元)	消耗量			
人工	综合工日	工日	140.00	0.285	0.397	0.496	0.590
材料	不锈钢对焊法兰	片	—	(2.000)	(2.000)	(2.000)	(2.000)
	丙酮	kg	7.51	0.024	0.036	0.048	0.056
	不锈钢焊条	kg	38.46	0.063	0.109	0.172	0.226
	电	kW·h	0.68	0.043	0.063	0.091	0.118
	二硫化钼	kg	87.61	0.004	0.004	0.004	0.006
	棉纱头	kg	6.00	0.006	0.006	0.008	0.010
	耐酸石棉橡胶板	kg	25.64	0.060	0.070	0.090	0.130
	尼龙砂轮片 φ100×16×3	片	2.56	0.073	0.092	0.131	0.173
	尼龙砂轮片 φ500×25×4	片	12.82	0.034	0.038	0.060	0.083
	破布	kg	6.32	0.002	0.004	0.004	0.006
	铈钨棒	g	0.38	0.344	0.562	0.944	1.234
	水	t	7.96	0.004	0.006	0.008	0.010
	酸洗膏	kg	6.56	0.024	0.029	0.040	0.047
	氩气	m³	19.59	0.178	0.289	0.483	0.634
	其他材料费占材料费	%	—	1.000	1.000	1.000	1.000
机械	电动空气压缩机 6m³/min	台班	206.73	0.002	0.002	0.002	0.002
	普通车床 630×2000mm	台班	247.10	0.019	0.026	0.039	0.041
	砂轮切割机 500mm	台班	29.08	0.011	0.015	0.021	0.031
	氩弧焊机 500A	台班	92.58	0.102	0.160	0.214	0.276

工作内容：准备工作、管子切口、坡口加工、焊接、焊缝钝化、法兰连接、螺栓涂二硫化钼。

计量单位：副

定额编号				A8-4-365	A8-4-366	A8-4-367	A8-4-368
项目名称				公称直径(mm以内)			
				100	125	150	200
基价（元）				**202.24**	**245.40**	**314.17**	**505.97**
其中	人工费（元）			112.56	127.68	156.80	231.70
	材料费（元）			41.76	53.22	73.76	134.23
	机械费（元）			47.92	64.50	83.61	140.04
名称		单位	单价(元)	消耗量			
人工	综合工日	工日	140.00	0.804	0.912	1.120	1.655
材料	不锈钢对焊法兰	片	—	(2.000)	(2.000)	(2.000)	(2.000)
	丙酮	kg	7.51	0.072	0.084	0.100	0.138
	不锈钢焊条	kg	38.46	0.348	0.454	0.646	1.245
	电	kW·h	0.68	0.171	0.224	0.307	0.556
	二硫化钼	kg	87.61	0.006	0.013	0.013	0.013
	棉纱头	kg	6.00	0.011	0.014	0.017	0.022
	耐酸石棉橡胶板	kg	25.64	0.170	0.230	0.280	0.330
	尼龙砂轮片 φ100×16×3	片	2.56	0.223	0.292	0.396	0.680
	尼龙砂轮片 φ500×25×4	片	12.82	0.112	—	—	—
	破布	kg	6.32	0.006	0.008	0.010	0.014
	铈钨棒	g	0.38	1.888	2.456	3.506	6.635
	水	t	7.96	0.012	0.014	0.018	0.024
	酸洗膏	kg	6.56	0.060	0.092	0.124	0.161
	氩气	m^3	19.59	0.975	1.270	1.809	3.485
	其他材料费占材料费	%	—	1.000	1.000	1.000	1.000
机械	等离子切割机 400A	台班	219.59	—	0.026	0.033	0.047
	电动空气压缩机 $1m^3/min$	台班	50.29	—	0.026	0.033	0.047
	电动空气压缩机 $6m^3/min$	台班	206.73	0.002	0.002	0.002	0.002
	普通车床 630×2000mm	台班	247.10	0.042	0.043	0.046	0.052
	汽车式起重机 8t	台班	763.67	0.001	0.001	0.001	0.002
	砂轮切割机 500mm	台班	29.08	0.033	—	—	—
	氩弧焊机 500A	台班	92.58	0.377	0.488	0.666	1.205
	载重汽车 8t	台班	501.85	0.001	0.001	0.001	0.002

6. 合金钢对焊法兰(电弧焊)

工作内容：准备工作、管子切口、坡口加工、管口组对、焊接、法兰连接、螺栓涂二硫化钼。

计量单位：副

定额编号				A8-4-369	A8-4-370	A8-4-371	A8-4-372
项目名称				公称直径(mm以内)			
				15	20	25	32
基价(元)				**46.74**	**55.53**	**61.17**	**70.11**
其中	人工费(元)			34.72	39.20	41.44	46.62
	材料费(元)			1.77	2.43	3.15	3.87
	机械费(元)			10.25	13.90	16.58	19.62
名称		单位	单价(元)	消耗量			
人工	综合工日	工日	140.00	0.248	0.280	0.296	0.333
材料	合金钢对焊法兰	片	—	(2.000)	(2.000)	(2.000)	(2.000)
	白铅油	kg	6.45	0.035	0.035	0.035	0.035
	丙酮	kg	7.51	0.017	0.019	0.026	0.031
	电	kW·h	0.68	0.045	0.062	0.077	0.089
	二硫化钼	kg	87.61	0.002	0.002	0.002	0.004
	合金钢焊条	kg	11.11	0.044	0.078	0.105	0.131
	棉纱头	kg	6.00	0.002	0.005	0.005	0.007
	磨头	个	2.75	0.027	0.031	0.037	0.044
	尼龙砂轮片 φ100×16×3	片	2.56	0.061	0.076	0.085	0.096
	尼龙砂轮片 φ500×25×4	片	12.82	0.009	0.014	0.019	0.024
	破布	kg	6.32	0.012	0.012	0.012	0.024
	清油	kg	9.70	0.012	0.012	0.012	0.012
	石棉橡胶板	kg	9.40	0.012	0.024	0.047	0.047
	氧气	m^3	3.63	0.007	0.008	0.009	0.011
	乙炔气	kg	10.45	0.002	0.002	0.004	0.004
	其他材料费占材料费	%	—	1.000	1.000	1.000	1.000
机械	电焊机(综合)	台班	118.28	0.051	0.074	0.095	0.117
	电焊条恒温箱	台班	21.41	0.005	0.007	0.010	0.012
	电焊条烘干箱 60×50×75cm^3	台班	26.46	0.005	0.007	0.010	0.012
	普通车床 630×2000mm	台班	247.10	0.016	0.019	0.019	0.020
	砂轮切割机 500mm	台班	29.08	0.001	0.004	0.006	0.009

工作内容：准备工作、管子切口、坡口加工、管口组对、焊接、法兰连接、螺栓涂二硫化钼。

计量单位：副

定额编号				A8-4-373	A8-4-374	A8-4-375	A8-4-376
项目名称				公称直径(mm以内)			
				40	50	65	80
基价（元）				76.22	88.35	117.02	131.74
其中	人工费（元）			49.84	55.30	67.76	74.90
	材料费（元）			4.58	6.02	9.31	11.62
	机械费（元）			21.80	27.03	39.95	45.22
名称		单位	单价(元)	消耗量			
人工	综合工日	工日	140.00	0.356	0.395	0.484	0.535
材料	合金钢对焊法兰	片	—	(2.000)	(2.000)	(2.000)	(2.000)
	白铅油	kg	6.45	0.035	0.047	0.047	0.083
	丙酮	kg	7.51	0.047	0.047	0.059	0.073
	电	kW·h	0.68	0.104	0.122	0.169	0.202
	二硫化钼	kg	87.61	0.004	0.004	0.004	0.006
	合金钢焊条	kg	11.11	0.150	0.232	0.430	0.505
	棉纱头	kg	6.00	0.007	0.009	0.012	0.014
	磨头	个	2.75	0.052	0.063	0.083	0.097
	尼龙砂轮片 φ100×16×3	片	2.56	0.111	0.158	0.247	0.289
	尼龙砂轮片 φ500×25×4	片	12.82	0.028	0.038	0.065	0.078
	破布	kg	6.32	0.024	0.024	0.024	0.024
	清油	kg	9.70	0.012	0.012	0.012	0.024
	石棉橡胶板	kg	9.40	0.071	0.083	0.106	0.153
	氧气	m³	3.63	0.015	0.018	0.028	0.032
	乙炔气	kg	10.45	0.005	0.006	0.009	0.011
	其他材料费占材料费	%	—	1.000	1.000	1.000	1.000
机械	电焊机(综合)	台班	118.28	0.133	0.159	0.231	0.273
	电焊条恒温箱	台班	21.41	0.013	0.016	0.023	0.028
	电焊条烘干箱 60×50×75cm³	台班	26.46	0.013	0.016	0.023	0.028
	普通车床 630×2000mm	台班	247.10	0.021	0.029	0.045	0.045
	砂轮切割机 500mm	台班	29.08	0.009	0.010	0.014	0.016

工作内容：准备工作、管子切口、坡口加工、管口组对、焊接、法兰连接、螺栓涂二硫化钼。

计量单位：副

定额编号				A8-4-377	A8-4-378	A8-4-379	A8-4-380
项目名称				公称直径(mm以内)			
				100	125	150	200
基价（元）				173.78	197.31	223.69	320.66
其中	人工费（元）			96.32	108.78	114.80	158.20
	材料费（元）			17.62	20.86	27.22	45.47
	机械费（元）			59.84	67.67	81.67	116.99
名称		单位	单价(元)	消耗量			
人工	综合工日	工日	140.00	0.688	0.777	0.820	1.130
材料	合金钢对焊法兰	片	—	(2.000)	(2.000)	(2.000)	(2.000)
	白铅油	kg	6.45	0.142	0.142	0.165	0.201
	丙酮	kg	7.51	0.087	0.101	0.123	0.168
	电	kW·h	0.68	0.291	0.327	0.371	0.523
	二硫化钼	kg	87.61	0.006	0.013	0.013	0.013
	合金钢焊条	kg	11.11	0.859	1.007	1.436	2.718
	棉纱头	kg	6.00	0.017	0.019	0.026	0.033
	磨头	个	2.75	0.125	—	—	—
	尼龙砂轮片 φ100×16×3	片	2.56	0.446	0.523	0.734	1.315
	尼龙砂轮片 φ500×25×4	片	12.82	0.107	0.127	—	—
	破布	kg	6.32	0.035	0.035	0.035	0.035
	清油	kg	9.70	0.024	0.024	0.035	0.035
	石棉橡胶板	kg	9.40	0.201	0.271	0.330	0.389
	氧气	m³	3.63	0.044	0.048	0.269	0.420
	乙炔气	kg	10.45	0.014	0.017	0.090	0.140
	其他材料费占材料费	%	—	1.000	1.000	1.000	1.000
机械	半自动切割机 100mm	台班	83.55	—	—	0.022	0.035
	电焊机(综合)	台班	118.28	0.378	0.439	0.540	0.794
	电焊条恒温箱	台班	21.41	0.037	0.044	0.054	0.079
	电焊条烘干箱 60×50×75cm³	台班	26.46	0.037	0.044	0.054	0.079
	普通车床 630×2000mm	台班	247.10	0.046	0.047	0.049	0.056
	汽车式起重机 8t	台班	763.67	0.001	0.001	0.001	0.002
	砂轮切割机 500mm	台班	29.08	0.025	0.026	—	—
	载重汽车 8t	台班	501.85	0.001	0.001	0.001	0.002

工作内容：准备工作、管子切口、坡口加工、管口组对、焊接、法兰连接、螺栓涂二硫化钼。

计量单位：副

定额编号				A8-4-381	A8-4-382	A8-4-383	A8-4-384
项目名称				公称直径(mm以内)			
				250	300	350	400
基价（元）				423.03	540.34	704.95	914.03
其中	人工费（元）			203.28	253.82	320.32	408.10
	材料费（元）			69.98	101.61	145.22	195.54
	机械费（元）			149.77	184.91	239.41	310.39
名称		单位	单价(元)	消耗量			
人工	综合工日	工日	140.00	1.452	1.813	2.288	2.915
材料	合金钢对焊法兰	片	—	(2.000)	(2.000)	(2.000)	(2.000)
	白铅油	kg	6.45	0.236	0.295	0.295	0.354
	丙酮	kg	7.51	0.210	0.248	0.288	0.326
	电	kW·h	0.68	0.686	0.825	1.024	1.244
	二硫化钼	kg	87.61	0.019	0.029	0.029	0.038
	合金钢焊条	kg	11.11	4.465	6.783	10.170	13.943
	棉纱头	kg	6.00	0.040	0.047	0.057	0.066
	尼龙砂轮片 Φ100×16×3	片	2.56	2.018	2.856	3.839	4.931
	破布	kg	6.32	0.047	0.059	0.059	0.071
	清油	kg	9.70	0.047	0.059	0.059	0.071
	石棉橡胶板	kg	9.40	0.437	0.472	0.637	0.814
	氧气	m^3	3.63	0.586	0.759	0.897	1.121
	乙炔气	kg	10.45	0.197	0.253	0.300	0.374
	其他材料费占材料费	%	—	1.000	1.000	1.000	1.000
机械	半自动切割机 100mm	台班	83.55	0.040	0.046	0.050	0.057
	电焊机(综合)	台班	118.28	1.037	1.288	1.716	2.171
	电焊条恒温箱	台班	21.41	0.103	0.129	0.172	0.217
	电焊条烘干箱 60×50×75cm³	台班	26.46	0.103	0.129	0.172	0.217
	普通车床 630×2000mm	台班	247.10	0.066	0.081	0.087	0.130
	汽车式起重机 8t	台班	763.67	0.002	0.002	0.002	0.005
	载重汽车 8t	台班	501.85	0.002	0.002	0.002	0.005

工作内容：准备工作、管子切口、坡口加工、管口组对、焊接、法兰连接、螺栓涂二硫化钼。

计量单位：副

定额编号				A8-4-385	A8-4-386	A8-4-387
项目名称				公称直径(mm以内)		
				450	500	600
基价（元）				1171.98	1363.04	1812.03
其中	人工费（元）			529.48	653.38	898.66
	材料费（元）			255.77	281.86	369.29
	机械费（元）			386.73	427.80	544.08
名称		单位	单价(元)	消耗量		
人工	综合工日	工日	140.00	3.782	4.667	6.419
材料	合金钢对焊法兰	片	—	(2.000)	(2.000)	(2.000)
	白铅油	kg	6.45	0.354	0.389	0.424
	丙酮	kg	7.51	0.368	0.406	0.486
	电	kW·h	0.68	1.532	1.695	2.146
	二硫化钼	kg	87.61	0.038	0.038	0.047
	合金钢焊条	kg	11.11	18.750	20.749	27.555
	棉纱头	kg	6.00	0.073	0.080	0.094
	尼龙砂轮片 φ100×16×3	片	2.56	6.227	6.901	8.871
	破布	kg	6.32	0.071	0.083	0.095
	清油	kg	9.70	0.071	0.071	0.071
	石棉橡胶板	kg	9.40	0.956	0.979	1.144
	氧气	m^3	3.63	1.267	1.397	1.673
	乙炔气	kg	10.45	0.422	0.466	0.588
	其他材料费占材料费	%	—	1.000	1.000	1.000
机械	半自动切割机 100mm	台班	83.55	0.071	0.078	0.100
	电焊机(综合)	台班	118.28	2.703	2.994	3.817
	电焊条恒温箱	台班	21.41	0.271	0.299	0.382
	电焊条烘干箱 60×50×75cm^3	台班	26.46	0.271	0.299	0.382
	普通车床 630×2000mm	台班	247.10	0.164	0.178	0.226
	汽车式起重机 8t	台班	763.67	0.006	0.007	0.008
	载重汽车 8t	台班	501.85	0.006	0.007	0.008

7. 合金钢对焊法兰(氩电联焊)

工作内容：准备工作、管子切口、坡口加工、管口组对、焊接、法兰连接、螺栓涂二硫化钼。

计量单位：副

定额编号				A8-4-388	A8-4-389	A8-4-390	A8-4-391
项目名称				公称直径(mm以内)			
				50	65	80	100
基价(元)				90.71	121.66	137.73	183.44
其中	人工费(元)			56.98	69.86	77.42	100.24
	材料费(元)			7.24	11.14	13.85	20.40
	机械费(元)			26.49	40.66	46.46	62.80
名称		单位	单价(元)	消耗量			
人工	综合工日	工日	140.00	0.407	0.499	0.553	0.716
材料	合金钢对焊法兰	片	—	(2.000)	(2.000)	(2.000)	(2.000)
	白铅油	kg	6.45	0.047	0.047	0.083	0.142
	丙酮	kg	7.51	0.005	0.059	0.073	0.087
	电	kW·h	0.68	0.104	0.143	0.172	0.258
	二硫化钼	kg	87.61	0.004	0.004	0.006	0.006
	合金钢焊丝	kg	7.69	0.034	0.048	0.058	0.074
	合金钢焊条	kg	11.11	0.165	0.314	0.368	0.674
	棉纱头	kg	6.00	0.009	0.012	0.014	0.017
	磨头	个	2.75	0.063	0.083	0.097	0.125
	尼龙砂轮片 φ100×16×3	片	2.56	0.153	0.242	0.284	0.441
	尼龙砂轮片 φ500×25×4	片	12.82	0.042	0.065	0.078	0.107
	破布	kg	6.32	0.024	0.024	0.024	0.035
	清油	kg	9.70	0.012	0.012	0.024	0.024
	石棉橡胶板	kg	9.40	0.083	0.106	0.153	0.201
	铈钨棒	g	0.38	0.194	0.273	0.327	0.419
	氩气	m^3	19.59	0.097	0.136	0.163	0.210
	氧气	m^3	3.63	0.018	0.028	0.032	0.044
	乙炔气	kg	10.45	0.006	0.009	0.011	0.014
	其他材料费占材料费	%	—	1.000	1.000	1.000	1.000
机械	电焊机(综合)	台班	118.28	0.112	0.178	0.212	0.310
	电焊条恒温箱	台班	21.41	0.012	0.018	0.021	0.031
	电焊条烘干箱 60×50×75cm³	台班	26.46	0.012	0.018	0.021	0.031
	普通车床 630×2000mm	台班	247.10	0.029	0.045	0.045	0.046
	汽车式起重机 8t	台班	763.67	—	—	—	0.001
	砂轮切割机 500mm	台班	29.08	0.011	0.014	0.016	0.025
	氩弧焊机 500A	台班	92.58	0.056	0.078	0.095	0.122
	载重汽车 8t	台班	501.85	—	—	—	0.001

工作内容：准备工作、管子切口、坡口加工、管口组对、焊接、法兰连接、螺栓涂二硫化钼。

计量单位：副

定额编号				A8-4-392	A8-4-393	A8-4-394	A8-4-395
项目名称				公称直径(mm以内)			
				125	150	200	250
基价（元）				**209.09**	**263.69**	**345.15**	**457.00**
其中	人工费（元）			113.54	145.74	168.14	216.86
	材料费（元）			24.19	31.11	50.67	76.51
	机械费（元）			71.36	86.84	126.34	163.63
名称		单位	单价(元)	消耗量			
人工	综合工日	工日	140.00	0.811	1.041	1.201	1.549
材料	合金钢对焊法兰	片	—	(2.000)	(2.000)	(2.000)	(2.000)
	白铅油	kg	6.45	0.142	0.165	0.201	0.236
	丙酮	kg	7.51	0.101	0.123	0.123	0.210
	电	kW·h	0.68	0.288	0.330	0.475	0.632
	二硫化钼	kg	87.61	0.013	0.013	0.019	0.029
	合金钢焊丝	kg	7.69	0.089	0.106	0.148	0.183
	合金钢焊条	kg	11.11	0.789	1.166	2.312	3.909
	棉纱头	kg	6.00	0.019	0.026	0.033	0.040
	尼龙砂轮片 φ100×16×3	片	2.56	0.518	0.729	1.310	2.001
	尼龙砂轮片 φ500×25×4	片	12.82	0.127	—	—	—
	破布	kg	6.32	0.035	0.035	0.035	0.047
	清油	kg	9.70	0.024	0.035	0.035	0.047
	石棉橡胶板	kg	9.40	0.271	0.330	0.389	0.437
	铈钨棒	g	0.38	0.497	0.596	0.824	1.027
	氩气	m^3	19.59	0.249	0.299	0.412	0.513
	氧气	m^3	3.63	0.048	0.269	0.420	0.586
	乙炔气	kg	10.45	0.017	0.090	0.140	0.197
	其他材料费占材料费	%	—	1.000	1.000	1.000	1.000
机械	半自动切割机 100mm	台班	83.55	—	0.022	0.035	0.040
	电焊机(综合)	台班	118.28	0.360	0.452	0.690	0.925
	电焊条恒温箱	台班	21.41	0.036	0.045	0.069	0.093
	电焊条烘干箱 60×50×75cm³	台班	26.46	0.036	0.045	0.069	0.093
	普通车床 630×2000mm	台班	247.10	0.047	0.049	0.056	0.066
	汽车式起重机 8t	台班	763.67	0.001	0.001	0.002	0.002
	砂轮切割机 500mm	台班	29.08	0.026	—	—	—
	氩弧焊机 500A	台班	92.58	0.145	0.173	0.239	0.298
	载重汽车 8t	台班	501.85	0.001	0.001	0.002	0.002

工作内容：准备工作、管子切口、坡口加工、管口组对、焊接、法兰连接、螺栓涂二硫化钼。

计量单位：副

定额编号				A8-4-396	A8-4-397	A8-4-398
项目名称				公称直径(mm以内)		
				300	350	400
基价（元）				561.37	734.97	939.26
其中	人工费（元）			270.90	342.02	429.80
	材料费（元）			107.63	151.81	200.80
	机械费（元）			182.84	241.14	308.66
名称		单位	单价(元)	消耗量		
人工	综合工日	工日	140.00	1.935	2.443	3.070
材料	合金钢对焊法兰	片	—	(2.000)	(2.000)	(2.000)
	白铅油	kg	6.45	0.295	0.295	0.354
	丙酮	kg	7.51	0.248	0.288	0.326
	电	kW·h	0.68	0.766	0.956	1.164
	二硫化钼	kg	87.61	0.029	0.038	0.038
	合金钢焊丝	kg	7.69	0.218	0.254	0.287
	合金钢焊条	kg	11.11	6.053	9.217	12.752
	棉纱头	kg	6.00	0.047	0.057	0.066
	尼龙砂轮片 φ100×16×3	片	2.56	2.851	3.834	4.927
	破布	kg	6.32	0.059	0.059	0.071
	清油	kg	9.70	0.059	0.059	0.071
	石棉橡胶板	kg	9.40	0.472	0.637	0.814
	铈钨棒	g	0.38	1.224	1.420	1.602
	氩气	m^3	19.59	0.612	0.709	0.801
	氧气	m^3	3.63	0.759	0.897	1.121
	乙炔气	kg	10.45	0.253	0.300	0.374
	其他材料费占材料费	%	—	1.000	1.000	1.000
机械	半自动切割机 100mm	台班	83.55	0.046	0.050	0.057
	电焊机(综合)	台班	118.28	1.004	1.391	1.807
	电焊条恒温箱	台班	21.41	0.101	0.139	0.181
	电焊条烘干箱 60×50×75cm^3	台班	26.46	0.101	0.139	0.181
	普通车床 630×2000mm	台班	247.10	0.081	0.102	0.130
	汽车式起重机 8t	台班	763.67	0.002	0.002	0.005
	氩弧焊机 500A	台班	92.58	0.355	0.411	0.465
	载重汽车 8t	台班	501.85	0.002	0.002	0.005

工作内容：准备工作、管子切口、坡口加工、管口组对、焊接、法兰连接、螺栓涂二硫化钼。

计量单位：副

定额编号				A8-4-399	A8-4-400	A8-4-401
项目名称				公称直径(mm以内)		
				450	500	600
基价（元）				1197.82	1391.62	1843.10
其中	人工费（元）			553.56	680.12	930.58
	材料费（元）			261.13	287.80	374.80
	机械费（元）			383.13	423.70	537.72
名称		单位	单价(元)	消耗量		
人工	综合工日	工日	140.00	3.954	4.858	6.647
材料	合金钢对焊法兰	片	—	(2.000)	(2.000)	(2.000)
	白铅油	kg	6.45	0.354	0.389	0.424
	丙酮	kg	7.51	0.368	0.406	0.486
	电	kW·h	0.68	1.440	1.591	2.018
	二硫化钼	kg	87.61	0.049	0.049	0.060
	合金钢焊丝	kg	7.69	0.322	0.359	0.431
	合金钢焊条	kg	11.11	17.269	19.110	25.468
	棉纱头	kg	6.00	0.073	0.080	0.094
	尼龙砂轮片 φ100×16×3	片	2.56	6.222	6.896	8.865
	破布	kg	6.32	0.071	0.083	0.095
	清油	kg	9.70	0.071	0.071	0.071
	石棉橡胶板	kg	9.40	0.956	0.979	1.144
	铈钨棒	g	0.38	1.807	2.011	2.420
	氩气	m³	19.59	0.904	1.005	1.209
	氧气	m³	3.63	1.267	1.397	1.673
	乙炔气	kg	10.45	0.422	0.466	0.558
	其他材料费占材料费	%	—	1.000	1.000	1.000
机械	半自动切割机 100mm	台班	83.55	0.071	0.078	0.100
	电焊机(综合)	台班	118.28	2.279	2.522	3.238
	电焊条恒温箱	台班	21.41	0.228	0.252	0.324
	电焊条烘干箱 60×50×75cm³	台班	26.46	0.228	0.252	0.324
	普通车床 630×2000mm	台班	247.10	0.164	0.178	0.226
	汽车式起重机 8t	台班	763.67	0.006	0.007	0.008
	氩弧焊机 500A	台班	92.58	0.525	0.583	0.701
	载重汽车 8t	台班	501.85	0.006	0.007	0.008

8. 合金钢对焊法兰(氩弧焊)

工作内容：准备工作、管子切口、坡口加工、管口组对、焊接、法兰连接、螺栓涂二硫化钼。

计量单位：副

定额编号				A8-4-402	A8-4-403	A8-4-404	A8-4-405
项目名称				公称直径(mm以内)			
				15	20	25	32
基价（元）				44.61	52.98	58.40	66.74
其中	人工费（元）			34.72	39.48	41.86	47.18
	材料费（元）			2.67	4.12	5.47	6.76
	机械费（元）			7.22	9.38	11.07	12.80
名称		单位	单价(元)	消耗量			
人工	综合工日	工日	140.00	0.248	0.282	0.299	0.337
材料	合金钢对焊法兰	片	—	(2.000)	(2.000)	(2.000)	(2.000)
	白铅油	kg	6.45	0.037	0.037	0.037	0.037
	丙酮	kg	7.51	0.017	0.020	0.027	0.032
	电	kW·h	0.68	0.047	0.065	0.078	0.090
	二硫化钼	kg	87.61	0.002	0.002	0.002	0.004
	合金钢焊丝	kg	7.69	0.022	0.040	0.055	0.067
	棉纱头	kg	6.00	0.002	0.005	0.005	0.007
	磨头	个	2.75	0.028	0.032	0.038	0.046
	尼龙砂轮片 φ100×16×3	片	2.56	0.028	0.033	0.038	0.058
	尼龙砂轮片 φ500×25×4	片	12.82	0.010	0.016	0.020	0.025
	破布	kg	6.32	0.012	0.012	0.012	0.025
	清油	kg	9.70	0.012	0.012	0.012	0.012
	石棉橡胶板	kg	9.40	0.012	0.025	0.050	0.050
	铈钨棒	g	0.38	0.125	0.223	0.304	0.377
	氩气	m^3	19.59	0.062	0.112	0.152	0.188
	氧气	m^3	3.63	0.007	0.009	0.010	0.011
	乙炔气	kg	10.45	0.002	0.002	0.004	0.004
	其他材料费占材料费	%	—	1.000	1.000	1.000	1.000
机械	普通车床 630×2000mm	台班	247.10	0.016	0.019	0.019	0.020
	砂轮切割机 500mm	台班	29.08	0.001	0.005	0.006	0.009
	氩弧焊机 500A	台班	92.58	0.035	0.049	0.067	0.082

工作内容：准备工作、管子切口、坡口加工、管口组对、焊接、法兰连接、螺栓涂二硫化钼。

计量单位：副

定额编号				A8-4-406	A8-4-407	A8-4-408	A8-4-409
项目名称				公称直径(mm以内)			
				40	50	65	80
基价（元）				72.59	96.13	129.87	146.48
其中	人工费（元）			50.40	62.58	78.54	87.36
	材料费（元）			7.94	11.25	18.88	23.00
	机械费（元）			14.25	22.30	32.45	36.12
名称		单位	单价(元)	消耗量			
人工	综合工日	工日	140.00	0.360	0.447	0.561	0.624
材料	合金钢对焊法兰	片	—	(2.000)	(2.000)	(2.000)	(2.000)
	白铅油	kg	6.45	0.037	0.047	0.047	0.083
	丙酮	kg	7.51	0.050	0.050	0.059	0.073
	电	kW·h	0.68	0.106	0.125	0.184	0.223
	二硫化钼	kg	87.61	0.004	0.004	0.004	0.006
	合金钢焊丝	kg	7.69	0.077	0.122	0.224	0.263
	棉纱头	kg	6.00	0.007	0.009	0.012	0.014
	磨头	个	2.75	0.055	0.063	0.083	0.097
	尼龙砂轮片 φ100×16×3	片	2.56	0.069	0.092	0.153	0.223
	尼龙砂轮片 φ500×25×4	片	12.82	0.030	0.042	0.065	0.078
	破布	kg	6.32	0.025	0.025	0.024	0.024
	清油	kg	9.70	0.012	0.012	0.012	0.024
	石棉橡胶板	kg	9.40	0.074	0.083	0.106	0.153
	铈钨棒	g	0.38	0.431	0.679	1.253	1.475
	氩气	m³	19.59	0.216	0.339	0.627	0.738
	氧气	m³	3.63	0.016	0.018	0.028	0.032
	乙炔气	kg	10.45	0.005	0.006	0.009	0.011
	其他材料费占材料费	%	—	1.000	1.000	1.000	1.000
机械	普通车床 630×2000mm	台班	247.10	0.021	0.029	0.045	0.045
	砂轮切割机 500mm	台班	29.08	0.009	0.011	0.014	0.016
	氩弧焊机 500A	台班	92.58	0.095	0.160	0.226	0.265

工作内容：准备工作、管子切口、坡口加工、管口组对、焊接、法兰连接、螺栓涂二硫化钼。

计量单位：副

定额编号				A8-4-410	A8-4-411	A8-4-412	A8-4-413
项目名称				公称直径(mm以内)			
				100	125	150	200
基价（元）				208.10	219.47	267.52	317.37
其中	人工费（元）			117.60	127.12	130.48	140.70
	材料费（元）			37.24	38.81	58.97	93.50
	机械费（元）			53.26	53.54	78.07	83.17
名称		单位	单价(元)	消耗量			
人工	综合工日	工日	140.00	0.840	0.908	0.932	1.005
材料	合金钢对焊法兰	片	—	(2.000)	(2.000)	(2.000)	(2.000)
	白铅油	kg	6.45	0.142	0.142	0.165	0.201
	丙酮	kg	7.51	0.087	0.101	0.123	0.123
	电	kW·h	0.68	0.347	0.356	0.475	0.475
	二硫化钼	kg	87.61	0.006	0.013	0.013	0.019
	合金钢焊丝	kg	7.69	0.451	0.451	0.741	1.218
	棉纱头	kg	6.00	0.017	0.019	0.026	0.033
	磨头	个	2.75	0.125	—	—	—
	尼龙砂轮片 Φ100×16×3	片	2.56	0.346	0.422	0.506	1.310
	尼龙砂轮片 Φ500×25×4	片	12.82	0.107	0.127	—	—
	破布	kg	6.32	0.035	0.035	0.035	0.035
	清油	kg	9.70	0.024	0.024	0.035	0.035
	石棉橡胶板	kg	9.40	0.201	0.271	0.330	0.389
	铈钨棒	g	0.38	2.528	2.528	4.149	4.149
	氩气	m³	19.59	1.264	1.264	2.074	3.403
	氧气	m³	3.63	0.044	0.048	0.269	0.420
	乙炔气	kg	10.45	0.014	0.017	0.090	0.140
	其他材料费占材料费	%	—	1.000	1.000	1.000	1.000
机械	半自动切割机 100mm	台班	83.55	—	—	0.022	0.035
	普通车床 630×2000mm	台班	247.10	0.046	0.047	0.049	0.056
	汽车式起重机 8t	台班	763.67	0.001	0.001	0.001	0.002
	砂轮切割机 500mm	台班	29.08	0.025	0.026	—	—
	氩弧焊机 500A	台班	92.58	0.431	0.431	0.679	0.690
	载重汽车 8t	台班	501.85	0.001	0.001	0.001	0.002

9.铜及铜合金对焊法兰(氧乙炔焊)

工作内容：准备工作、管子切口、坡口加工、坡口磨平、焊前预热、焊接、法兰连接、螺栓涂二硫化钼。

计量单位：副

定额编号				A8-4-414	A8-4-415	A8-4-416	A8-4-417
项目名称				管外径(mm以内)			
				20	30	40	50
基价(元)				**23.99**	**33.95**	**36.67**	**47.76**
其中	人工费(元)			21.70	29.54	30.66	38.64
	材料费(元)			2.20	4.29	5.81	8.77
	机械费(元)			0.09	0.12	0.20	0.35
名称		单位	单价(元)	消耗量			
人工	综合工日	工日	140.00	0.155	0.211	0.219	0.276
材料	铜对焊法兰	片	—	(2.000)	(2.000)	(2.000)	(2.000)
	白铅油	kg	6.45	0.030	0.030	0.030	0.030
	电	kW·h	0.68	0.010	0.015	0.020	0.022
	二硫化钼	kg	87.61	0.002	0.002	0.002	0.004
	棉纱头	kg	6.00	0.002	0.002	0.002	0.002
	尼龙砂轮片 φ100×16×3	片	2.56	0.012	0.017	0.022	0.070
	尼龙砂轮片 φ500×25×4	片	12.82	0.007	0.014	0.022	0.031
	硼砂	kg	2.68	0.005	0.008	0.011	0.013
	破布	kg	6.32	0.010	0.010	0.010	0.020
	清油	kg	9.70	0.001	0.001	0.001	0.001
	石棉橡胶板	kg	9.40	0.010	0.040	0.040	0.060
	铁砂布	张	0.85	0.014	0.018	0.030	0.038
	铜气焊丝	kg	37.61	0.020	0.042	0.058	0.098
	氧气	m^3	3.63	0.095	0.204	0.336	0.387
	乙炔气	kg	10.45	0.036	0.079	0.107	0.161
	其他材料费占材料费	%	—	1.000	1.000	1.000	1.000
机械	砂轮切割机 500mm	台班	29.08	0.003	0.004	0.007	0.012

工作内容：准备工作、管子切口、坡口加工、坡口磨平、焊前预热、焊接、法兰连接、螺栓涂二硫化钼。

计量单位：副

定额编号				A8-4-418	A8-4-419	A8-4-420	A8-4-421
项目名称				管外径(mm以内)			
				65	75	85	100
基价（元）				52.63	57.41	93.86	103.08
其中	人工费（元）			41.30	43.82	47.18	51.38
	材料费（元）			10.92	13.12	18.07	21.02
	机械费（元）			0.41	0.47	28.61	30.68
名称		单位	单价(元)	消耗量			
人工	综合工日	工日	140.00	0.295	0.313	0.337	0.367
材料	铜对焊法兰	片	—	(2.000)	(2.000)	(2.000)	(2.000)
	白铅油	kg	6.45	0.040	0.050	0.070	0.100
	电	kW·h	0.68	0.025	0.025	0.025	0.030
	二硫化钼	kg	87.61	0.004	0.004	0.004	0.006
	棉纱头	kg	6.00	0.002	0.002	0.002	0.003
	尼龙砂轮片 φ100×16×3	片	2.56	0.092	0.108	0.200	0.281
	尼龙砂轮片 φ500×25×4	片	12.82	0.037	0.041	—	—
	硼砂	kg	2.68	0.026	0.030	0.044	0.049
	破布	kg	6.32	0.020	0.020	0.020	0.012
	清油	kg	9.70	0.001	0.001	0.002	0.002
	石棉橡胶板	kg	9.40	0.070	0.090	0.130	0.170
	铁砂布	张	0.85	0.056	0.066	0.066	0.084
	铜气焊丝	kg	37.61	0.128	0.150	0.216	0.245
	氧气	m^3	3.63	0.490	0.593	0.865	0.978
	乙炔气	kg	10.45	0.188	0.246	0.358	0.404
	其他材料费占材料费	%	—	1.000	1.000	1.000	1.000
机械	等离子切割机 400A	台班	219.59	—	—	0.106	0.109
	电动空气压缩机 1m³/min	台班	50.29	—	—	0.106	0.109
	汽车式起重机 8t	台班	763.67	—	—	—	0.001
	砂轮切割机 500mm	台班	29.08	0.014	0.016	—	—
	载重汽车 8t	台班	501.85	—	—	—	0.001

工作内容：准备工作、管子切口、坡口加工、坡口磨平、焊前预热、焊接、法兰连接、螺栓涂二硫化钼。

计量单位：副

定额编号				A8-4-422	A8-4-423	A8-4-424
项目名称				管外径(mm以内)		
				120	150	185
基价（元）				137.90	169.09	202.10
其中	人工费（元）			65.10	77.98	90.44
	材料费（元）			29.43	37.22	45.35
	机械费（元）			43.37	53.89	66.31
名称		单位	单价(元)	消耗量		
人工	综合工日	工日	140.00	0.465	0.557	0.646
材料	铜对焊法兰	片	—	(2.000)	(2.000)	(2.000)
	白铅油	kg	6.45	0.120	0.140	0.153
	电	kW·h	0.68	0.043	0.053	0.065
	二硫化钼	kg	87.61	0.006	0.013	0.013
	棉纱头	kg	6.00	0.003	0.005	0.005
	尼龙砂轮片 φ100×16×3	片	2.56	0.402	0.507	0.630
	硼砂	kg	2.68	0.070	0.088	0.108
	破布	kg	6.32	0.016	0.018	0.024
	清油	kg	9.70	0.002	0.003	0.003
	石棉橡胶板	kg	9.40	0.230	0.280	0.314
	铁砂布	张	0.85	0.096	0.128	0.170
	铜气焊丝	kg	37.61	0.350	0.438	0.542
	氧气	m^3	3.63	1.387	1.740	2.154
	乙炔气	kg	10.45	0.575	0.721	0.892
	其他材料费占材料费	%	—	1.000	1.000	1.000
机械	等离子切割机 400A	台班	219.59	0.156	0.195	0.241
	电动空气压缩机 1m³/min	台班	50.29	0.156	0.195	0.241
	汽车式起重机 8t	台班	763.67	0.001	0.001	0.001
	载重汽车 8t	台班	501.85	0.001	0.001	0.001

工作内容：准备工作、管子切口、坡口加工、坡口磨平、焊前预热、焊接、法兰连接、螺栓涂二硫化钼。

计量单位：副

定额编号				A8-4-425	A8-4-426	A8-4-427
项目名称				管外径(mm以内)		
				200	250	300
基价（元）				266.89	333.19	404.27
其中	人工费（元）			119.42	149.52	183.82
	材料费（元）			70.99	88.84	107.00
	机械费（元）			76.48	94.83	113.45
名称		单位	单价(元)	消耗量		
人工	综合工日	工日	140.00	0.853	1.068	1.313
材料	铜对焊法兰	片	—	(2.000)	(2.000)	(2.000)
	白铅油	kg	6.45	0.170	0.200	0.250
	电	kW·h	0.68	0.083	0.103	0.123
	二硫化钼	kg	87.61	0.013	0.019	0.029
	棉纱头	kg	6.00	0.006	0.008	0.008
	尼龙砂轮片 φ100×16×3	片	2.56	0.902	1.136	1.371
	硼砂	kg	2.68	0.184	0.230	0.276
	破布	kg	6.32	0.026	0.032	0.038
	清油	kg	9.70	0.003	0.004	0.005
	石棉橡胶板	kg	9.40	0.330	0.370	0.400
	铁砂布	张	0.85	0.188	0.266	0.344
	铜气焊丝	kg	37.61	0.916	1.150	1.382
	氧气	m^3	3.63	3.436	4.311	5.182
	乙炔气	kg	10.45	1.414	1.772	2.132
	其他材料费占材料费	%	—	1.000	1.000	1.000
机械	等离子切割机 400A	台班	219.59	0.274	0.342	0.411
	电动空气压缩机 $1m^3/min$	台班	50.29	0.274	0.342	0.411
	汽车式起重机 8t	台班	763.67	0.002	0.002	0.002
	载重汽车 8t	台班	501.85	0.002	0.002	0.002

三、高压法兰

1.碳钢法兰(螺纹连接)

工作内容：准备工作、管子切口、套丝、法兰连接、螺栓涂二硫化钼。　　计量单位：副

定额编号				A8-4-428	A8-4-429	A8-4-430	A8-4-431
项目名称				公称直径(mm以内)			
				15	20	25	32
基价（元）				29.47	37.21	44.31	53.58
其中	人工费（元）			12.04	15.12	17.22	19.60
	材料费（元）			2.30	2.65	3.14	3.89
	机械费（元）			15.13	19.44	23.95	30.09
名称		单位	单价(元)	消耗量			
人工	综合工日	工日	140.00	0.086	0.108	0.123	0.140
材料	碳钢螺纹法兰	片	—	(2.000)	(2.000)	(2.000)	(2.000)
	碳钢透镜垫	个	—	(1.000)	(1.000)	(1.000)	(1.000)
	二硫化钼	kg	87.61	0.001	0.001	0.001	0.002
	黑铅粉	kg	5.13	0.040	0.040	0.050	0.050
	聚四氟乙烯生料带	m	0.13	0.415	0.509	0.641	0.791
	煤油	kg	3.73	0.360	0.400	0.440	0.540
	棉纱头	kg	6.00	0.034	0.034	0.044	0.044
	尼龙砂轮片 φ500×25×4	片	12.82	0.012	0.020	0.030	0.043
	砂纸	张	0.47	0.004	0.004	0.004	0.004
	铁砂布	张	0.85	0.038	0.052	0.065	0.080
	皂化液	kg	7.69	0.026	0.034	0.043	0.054
	其他材料费占材料费	%	—	1.000	1.000	1.000	1.000
机械	管子切断套丝机 159mm	台班	21.31	0.068	0.068	0.068	0.075
	普通车床 630×2000mm	台班	247.10	0.055	0.072	0.090	0.114
	砂轮切割机 500mm	台班	29.08	0.003	0.007	0.009	0.011

工作内容：准备工作、管子切口、套丝、法兰连接、螺栓涂二硫化钼。　　计量单位：副

定额编号				A8-4-432	A8-4-433	A8-4-434	A8-4-435
项目名称				公称直径(mm以内)			
				40	50	65	80
基价（元）				64.78	94.39	127.69	144.03
其中	人工费（元）			23.10	31.64	42.84	47.46
	材料费（元）			4.67	5.64	6.81	8.35
	机械费（元）			37.01	57.11	78.04	88.22
名称		单位	单价(元)	消耗量			
人工	综合工日	工日	140.00	0.165	0.226	0.306	0.339
材料	碳钢螺纹法兰	片	—	(2.000)	(2.000)	(2.000)	(2.000)
	碳钢透镜垫	个	—	(1.000)	(1.000)	(1.000)	(1.000)
	二硫化钼	kg	87.61	0.002	0.002	0.002	0.003
	黑铅粉	kg	5.13	0.060	0.070	0.080	0.100
	聚四氟乙烯生料带	m	0.13	0.904	1.074	—	—
	煤油	kg	3.73	0.640	0.740	0.900	1.100
	棉纱头	kg	6.00	0.064	0.074	0.074	0.074
	尼龙砂轮片 φ500×25×4	片	12.82	0.051	0.075	0.103	0.139
	砂纸	张	0.47	0.004	0.004	0.004	0.004
	铁砂布	张	0.85	0.100	0.125	0.172	0.195
	皂化液	kg	7.69	0.067	0.083	0.115	0.130
	其他材料费占材料费	%	—	1.000	1.000	1.000	1.000
机械	管子切断套丝机 159mm	台班	21.31	0.075	0.075	0.083	0.083
	普通车床 630×2000mm	台班	247.10	0.142	0.223	0.307	0.348
	砂轮切割机 500mm	台班	29.08	0.011	0.014	0.014	0.016

工作内容：准备工作、管子切口、套丝、法兰连接、螺栓涂二硫化钼。 计量单位：副

定额编号				A8-4-436	A8-4-437	A8-4-438	A8-4-439
项目名称				公称直径(mm以内)			
				100	125	150	200
基价（元）				172.62	211.31	244.60	311.87
其中	人工费（元）			55.58	67.76	73.50	93.24
	材料费（元）			9.51	10.67	12.74	14.71
	机械费（元）			107.53	132.88	158.36	203.92
名称		单位	单价(元)	消耗量			
人工	综合工日	工日	140.00	0.397	0.484	0.525	0.666
材料	碳钢螺纹法兰	片	—	(2.000)	(2.000)	(2.000)	(2.000)
	碳钢透镜垫	个	—	(1.000)	(1.000)	(1.000)	(1.000)
	二硫化钼	kg	87.61	0.003	0.003	0.003	0.003
	黑铅粉	kg	5.13	0.112	0.120	0.128	0.139
	煤油	kg	3.73	1.200	1.260	1.392	1.440
	棉纱头	kg	6.00	0.084	0.101	0.102	0.116
	砂纸	张	0.47	0.004	0.004	0.004	0.004
	铁砂布	张	0.85	0.241	0.296	0.349	0.455
	氧气	m³	3.63	0.302	0.365	0.534	0.676
	乙炔气	kg	10.45	0.101	0.122	0.178	0.225
	皂化液	kg	7.69	0.161	0.198	0.233	0.303
	其他材料费占材料费	%	—	1.000	1.000	1.000	1.000
机械	半自动切割机 100mm	台班	83.55	—	—	0.027	0.037
	管子切断套丝机 159mm	台班	21.31	0.083	0.090	0.090	0.090
	普通车床 630×2000mm	台班	247.10	0.428	0.530	0.624	0.805

2. 碳钢对焊法兰(电弧焊)

工作内容：准备工作、管子切口、坡口加工、管口组对、焊接、法兰连接、螺栓涂二硫化钼。

计量单位：副

定额编号				A8-4-440	A8-4-441	A8-4-442	A8-4-443
项目名称				公称直径(mm以内)			
				15	20	25	32
基价(元)				51.20	62.27	76.88	91.85
其中	人工费(元)			36.82	43.96	51.94	61.88
	材料费(元)			2.47	3.09	4.20	5.71
	机械费(元)			11.91	15.22	20.74	24.26
名称		单位	单价(元)	消耗量			
人工	综合工日	工日	140.00	0.263	0.314	0.371	0.442
材料	碳钢对焊法兰	片	—	(2.000)	(2.000)	(2.000)	(2.000)
	碳钢透镜垫	个	—	(1.000)	(1.000)	(1.000)	(1.000)
	丙酮	kg	7.51	0.022	0.023	0.024	0.026
	低碳钢焊条	kg	6.84	0.123	0.176	0.290	0.418
	电	kW·h	0.68	0.040	0.050	0.065	0.083
	二硫化钼	kg	87.61	0.002	0.002	0.002	0.004
	煤油	kg	3.73	0.180	0.200	0.220	0.270
	棉纱头	kg	6.00	0.002	0.003	0.004	0.006
	磨头	个	2.75	0.020	0.026	0.031	0.039
	尼龙砂轮片 φ100×16×3	片	2.56	0.062	0.074	0.082	0.091
	尼龙砂轮片 φ500×25×4	片	12.82	0.012	0.020	0.030	0.043
	破布	kg	6.32	0.030	0.030	0.040	0.040
	其他材料费占材料费	%	—	1.000	1.000	1.000	1.000
机械	电焊机(综合)	台班	118.28	0.062	0.074	0.096	0.124
	电焊条恒温箱	台班	21.41	0.006	0.007	0.010	0.013
	电焊条烘干箱 60×50×75cm³	台班	26.46	0.006	0.007	0.010	0.013
	普通车床 630×2000mm	台班	247.10	0.017	0.024	0.035	0.035
	砂轮切割机 500mm	台班	29.08	0.003	0.007	0.009	0.011

工作内容：准备工作、管子切口、坡口加工、管口组对、焊接、法兰连接、螺栓涂二硫化钼。

计量单位：副

定额编号				A8-4-444	A8-4-445	A8-4-446	A8-4-447
项目名称				公称直径(mm以内)			
				40	50	65	80
基价（元）				107.85	127.01	169.65	204.75
其中	人工费（元）			73.78	84.42	112.84	134.82
	材料费（元）			6.80	9.43	14.36	18.93
	机械费（元）			27.27	33.16	42.45	51.00
	名称	单位	单价(元)	消耗量			
人工	综合工日	工日	140.00	0.527	0.603	0.806	0.963
材料	碳钢对焊法兰	片	—	(2.000)	(2.000)	(2.000)	(2.000)
	碳钢透镜垫	个	—	(1.000)	(1.000)	(1.000)	(1.000)
	丙酮	kg	7.51	0.029	0.035	0.047	0.056
	低碳钢焊条	kg	6.84	0.504	0.775	1.317	1.791
	电	kW·h	0.68	0.101	0.121	0.148	0.171
	二硫化钼	kg	87.61	0.004	0.004	0.004	0.006
	煤油	kg	3.73	0.320	0.370	0.450	0.550
	棉纱头	kg	6.00	0.006	0.007	0.010	0.012
	磨头	个	2.75	0.044	0.053	0.070	0.082
	尼龙砂轮片 φ100×16×3	片	2.56	0.104	0.144	0.219	0.255
	尼龙砂轮片 φ500×25×4	片	12.82	0.051	0.075	0.115	0.155
	破布	kg	6.32	0.060	0.070	0.070	0.070
	其他材料费占材料费	%	—	1.000	1.000	1.000	1.000
机械	单速电动葫芦 3t	台班	32.95	—	0.037	0.041	0.044
	电焊机(综合)	台班	118.28	0.147	0.182	0.248	0.310
	电焊条恒温箱	台班	21.41	0.014	0.018	0.025	0.031
	电焊条烘干箱 60×50×75cm³	台班	26.46	0.014	0.018	0.025	0.031
	普通车床 630×2000mm	台班	247.10	0.036	0.037	0.041	0.044
	砂轮切割机 500mm	台班	29.08	0.011	0.014	0.015	0.018

工作内容：准备工作、管子切口、坡口加工、管口组对、焊接、法兰连接、螺栓涂二硫化钼。

计量单位：副

定额编号				A8-4-448	A8-4-449	A8-4-450	A8-4-451
项目名称				公称直径(mm以内)			
				100	125	150	200
基价（元）				**280.26**	**426.48**	**583.00**	**768.66**
其中	人工费（元）			181.86	267.40	363.44	428.54
	材料费（元）			26.83	43.45	65.25	99.50
	机械费（元）			71.57	115.63	154.31	240.62
名称		单位	单价(元)	消耗量			
人工	综合工日	工日	140.00	1.299	1.910	2.596	3.061
材料	碳钢对焊法兰	片	—	(2.000)	(2.000)	(2.000)	(2.000)
	碳钢透镜垫	个	—	(1.000)	(1.000)	(1.000)	(1.000)
	丙酮	kg	7.51	0.072	0.084	0.100	0.138
	低碳钢焊条	kg	6.84	2.783	4.999	7.819	12.137
	电	kW·h	0.68	0.297	0.405	0.559	0.858
	二硫化钼	kg	87.61	0.006	0.013	0.013	0.013
	角钢(综合)	kg	3.61	—	—	—	0.152
	煤油	kg	3.73	0.600	0.630	0.700	0.800
	棉纱头	kg	6.00	0.014	0.017	0.021	0.028
	磨头	个	2.75	0.106	—	—	—
	尼龙砂轮片 Φ100×16×3	片	2.56	0.388	0.453	0.632	1.124
	破布	kg	6.32	0.080	0.090	0.110	0.130
	氧气	m³	3.63	0.302	0.365	0.534	0.751
	乙炔气	kg	10.45	0.101	0.122	0.178	0.250
	其他材料费占材料费	%	—	1.000	1.000	1.000	1.000
机械	半自动切割机 100mm	台班	83.55	—	—	0.027	0.042
	单速电动葫芦 3t	台班	32.95	0.051	0.107	0.117	0.165
	电焊机(综合)	台班	118.28	0.455	0.686	0.959	1.438
	电焊条恒温箱	台班	21.41	0.046	0.068	0.096	0.144
	电焊条烘干箱 60×50×75cm³	台班	26.46	0.046	0.068	0.096	0.144
	普通车床 630×2000mm	台班	247.10	0.051	0.107	0.117	0.165
	汽车式起重机 8t	台班	763.67	0.001	0.001	0.001	0.011
	载重汽车 8t	台班	501.85	0.001	0.001	0.001	0.011

工作内容：准备工作、管子切口、坡口加工、管口组对、焊接、法兰连接、螺栓涂二硫化钼。

计量单位：副

定额编号				A8-4-452	A8-4-453	A8-4-454	A8-4-455
项目名称				公称直径(mm以内)			
				250	300	350	400
基价（元）				**1097.34**	**1516.65**	**1921.59**	**2315.46**
其中	人工费（元）			567.70	751.80	960.26	1166.76
	材料费（元）			145.02	222.33	299.14	361.60
	机械费（元）			384.62	542.52	662.19	787.10
名称		**单位**	**单价(元)**	**消耗量**			
人工	综合工日	工日	140.00	4.055	5.370	6.859	8.334
材料	碳钢对焊法兰	片	—	(2.000)	(2.000)	(2.000)	(2.000)
	碳钢透镜垫	个	—	(1.000)	(1.000)	(1.000)	(1.000)
	丙酮	kg	7.51	0.172	0.204	0.236	0.266
	低碳钢焊条	kg	6.84	17.996	28.364	38.720	46.946
	电	kW·h	0.68	1.235	1.801	2.405	2.954
	二硫化钼	kg	87.61	0.019	0.029	0.029	0.038
	角钢(综合)	kg	3.61	0.152	0.200	0.200	0.200
	煤油	kg	3.73	0.900	1.000	1.100	1.200
	棉纱头	kg	6.00	0.034	0.040	0.048	0.054
	尼龙砂轮片 φ100×16×3	片	2.56	1.720	2.430	3.263	4.189
	破布	kg	6.32	0.140	0.150	0.160	0.170
	氧气	m^3	3.63	1.025	1.260	1.534	1.723
	乙炔气	kg	10.45	0.342	0.420	0.511	0.574
	其他材料费占材料费	%	—	1.000	1.000	1.000	1.000
机械	半自动切割机 100mm	台班	83.55	0.089	0.121	0.146	0.166
	电动单梁起重机 5t	台班	223.20	0.211	0.260	0.345	0.380
	电焊机(综合)	台班	118.28	2.053	3.014	3.603	4.368
	电焊条恒温箱	台班	21.41	0.205	0.301	0.361	0.437
	电焊条烘干箱 60×50×75cm^3	台班	26.46	0.205	0.301	0.361	0.437
	普通车床 630×2000mm	台班	247.10	0.211	0.260	0.345	0.380
	汽车式起重机 8t	台班	763.67	0.020	0.031	0.035	0.045
	载重汽车 8t	台班	501.85	0.020	0.031	0.035	0.045

工作内容：准备工作、管子切口、坡口加工、管口组对、焊接、法兰连接、螺栓涂二硫化钼。

计量单位：副

定额编号				A8-4-456	A8-4-457	A8-4-458
项目名称				公称直径(mm以内)		
				450	500	600
基价（元）				3071.65	3712.75	5112.98
其中	人工费（元）			1478.12	1787.80	2408.98
	材料费（元）			510.09	618.34	875.43
	机械费（元）			1083.44	1306.61	1828.57
名称		单位	单价(元)	消耗量		
人工	综合工日	工日	140.00	10.558	12.770	17.207
材料	碳钢对焊法兰	片	—	(2.000)	(2.000)	(2.000)
	碳钢透镜垫	个	—	(1.000)	(1.000)	(1.000)
	丙酮	kg	7.51	0.300	0.330	0.394
	低碳钢焊条	kg	6.84	67.154	82.348	117.750
	电	kW·h	0.68	3.975	4.863	6.772
	二硫化钼	kg	87.61	0.038	0.038	0.047
	角钢(综合)	kg	3.61	0.200	0.200	0.200
	煤油	kg	3.73	1.300	1.400	1.500
	棉纱头	kg	6.00	0.060	0.066	0.078
	尼龙砂轮片 φ100×16×3	片	2.56	5.287	5.858	7.527
	破布	kg	6.32	0.180	0.190	0.200
	氧气	m^3	3.63	2.365	2.432	3.141
	乙炔气	kg	10.45	0.788	0.811	1.048
	其他材料费占材料费	%	—	1.000	1.000	1.000
机械	半自动切割机 100mm	台班	83.55	0.199	0.240	0.315
	电动单梁起重机 5t	台班	223.20	0.469	0.510	0.642
	电焊机(综合)	台班	118.28	6.249	7.662	10.957
	电焊条恒温箱	台班	21.41	0.625	0.766	1.096
	电焊条烘干箱 60×50×75cm³	台班	26.46	0.625	0.766	1.096
	普通车床 630×2000mm	台班	247.10	0.469	0.510	0.642
	汽车式起重机 8t	台班	763.67	0.061	0.082	0.120
	载重汽车 8t	台班	501.85	0.061	0.082	0.120

3. 碳钢对焊法兰(氩电联焊)

工作内容：准备工作、管子切口、坡口加工、管口组对、焊接、法兰连接、螺栓涂二硫化钼。

计量单位：副

定额编号				A8-4-459	A8-4-460	A8-4-461	A8-4-462
项目名称				公称直径(mm以内)			
				15	20	25	32
基价(元)				50.99	66.86	89.26	110.33
其中	人工费(元)			37.10	45.92	57.12	69.58
	材料费(元)			4.88	7.49	11.56	15.67
	机械费(元)			9.01	13.45	20.58	25.08
名称		单位	单价(元)	消耗量			
人工	综合工日	工日	140.00	0.265	0.328	0.408	0.497
材料	碳钢对焊法兰	片	—	(2.000)	(2.000)	(2.000)	(2.000)
	碳钢透镜垫	个	—	(1.000)	(1.000)	(1.000)	(1.000)
	丙酮	kg	7.51	0.022	0.023	0.024	0.026
	电	kW·h	0.68	0.043	0.063	0.093	0.123
	二硫化钼	kg	87.61	0.002	0.002	0.002	0.004
	煤油	kg	3.73	0.180	0.200	0.220	0.270
	棉纱头	kg	6.00	0.002	0.003	0.004	0.006
	磨头	个	2.75	0.020	0.026	0.031	0.039
	尼龙砂轮片 φ100×16×3	片	2.56	0.058	0.070	0.078	0.087
	尼龙砂轮片 φ500×25×4	片	12.82	0.012	0.020	0.030	0.043
	破布	kg	6.32	0.030	0.030	0.040	0.040
	铈钨棒	g	0.38	0.279	0.483	0.802	1.101
	碳钢焊丝	kg	7.69	0.050	0.086	0.143	0.197
	氩气	m³	19.59	0.140	0.241	0.401	0.550
	其他材料费占材料费	%	—	1.000	1.000	1.000	1.000
机械	普通车床 630×2000mm	台班	247.10	0.017	0.024	0.035	0.035
	砂轮切割机 500mm	台班	29.08	0.003	0.007	0.009	0.011
	氩弧焊机 500A	台班	92.58	0.051	0.079	0.126	0.174

工作内容：准备工作、管子切口、坡口加工、管口组对、焊接、法兰连接、螺栓涂二硫化钼。

计量单位：副

定额编号				A8-4-463	A8-4-464	A8-4-465	A8-4-466
项目名称				公称直径(mm以内)			
				40	50	65	80
基价（元）				128.45	132.93	172.31	214.24
其中	人工费（元）			82.46	86.94	114.24	138.74
	材料费（元）			18.17	10.64	14.87	20.49
	机械费（元）			27.82	35.35	43.20	55.01
名称		单位	单价(元)	消耗量			
人工	综合工日	工日	140.00	0.589	0.621	0.816	0.991
材料	碳钢对焊法兰	片	—	(2.000)	(2.000)	(2.000)	(2.000)
	碳钢透镜垫	个	—	(1.000)	(1.000)	(1.000)	(1.000)
	丙酮	kg	7.51	0.029	0.035	0.047	0.056
	低碳钢焊条	kg	6.84	—	0.722	1.129	1.717
	电	kW·h	0.68	0.146	0.151	0.161	0.166
	二硫化钼	kg	87.61	0.004	0.004	0.004	0.006
	煤油	kg	3.73	0.320	0.370	0.450	0.550
	棉纱头	kg	6.00	0.006	0.007	0.010	0.012
	磨头	个	2.75	0.044	0.053	0.070	0.082
	尼龙砂轮片 φ100×16×3	片	2.56	0.100	0.140	0.215	0.251
	尼龙砂轮片 φ500×25×4	片	12.82	0.051	0.075	0.103	0.139
	破布	kg	6.32	0.060	0.070	0.070	0.070
	铈钨棒	g	0.38	1.271	0.134	0.168	0.197
	碳钢焊丝	kg	7.69	0.227	0.024	0.030	0.035
	氩气	m³	19.59	0.636	0.067	0.084	0.098
	其他材料费占材料费	%	—	1.000	1.000	1.000	1.000
机械	单速电动葫芦 3t	台班	32.95	—	0.037	0.041	0.044
	电焊机(综合)	台班	118.28	—	0.172	0.219	0.301
	电焊条恒温箱	台班	21.41	—	0.017	0.022	0.030
	电焊条烘干箱 60×50×75cm³	台班	26.46	—	0.017	0.022	0.030
	普通车床 630×2000mm	台班	247.10	0.036	0.037	0.041	0.044
	砂轮切割机 500mm	台班	29.08	0.011	0.014	0.014	0.016
	氩弧焊机 500A	台班	92.58	0.201	0.037	0.047	0.056

工作内容：准备工作、管子切口、坡口加工、管口组对、焊接、法兰连接、螺栓涂二硫化钼。

计量单位：副

定额编号				A8-4-467	A8-4-468	A8-4-469	A8-4-470
项目名称				公称直径(mm以内)			
				100	125	150	200
基价（元）				293.68	437.51	593.83	780.17
其中	人工费（元）			187.60	272.72	369.04	434.84
	材料费（元）			29.08	44.81	66.46	100.85
	机械费（元）			77.00	119.98	158.33	244.48
	名称	单位	单价(元)	消耗量			
人工	综合工日	工日	140.00	1.340	1.948	2.636	3.106
材料	碳钢对焊法兰	片	—	(2.000)	(2.000)	(2.000)	(2.000)
	碳钢透镜垫	个	—	(1.000)	(1.000)	(1.000)	(1.000)
	丙酮	kg	7.51	0.072	0.084	0.100	0.138
	低碳钢焊条	kg	6.84	2.691	4.630	7.296	11.343
	电	kW·h	0.68	0.292	0.387	0.536	0.820
	二硫化钼	kg	87.61	0.006	0.013	0.013	0.013
	角钢(综合)	kg	3.61	—	—	—	0.152
	煤油	kg	3.73	0.600	0.630	0.700	0.800
	棉纱头	kg	6.00	0.014	0.017	0.021	0.028
	磨头	个	2.75	0.106	—	—	—
	尼龙砂轮片 φ100×16×3	片	2.56	0.384	0.449	0.628	1.120
	破布	kg	6.32	0.080	0.090	0.110	0.130
	铈钨棒	g	0.38	0.266	0.360	0.416	0.635
	碳钢焊丝	kg	7.69	0.048	0.064	0.074	0.113
	氩气	m^3	19.59	0.133	0.180	0.208	0.318
	氧气	m^3	3.63	0.272	0.329	0.534	0.676
	乙炔气	kg	10.45	0.091	0.110	0.178	0.225
	其他材料费占材料费	%	—	1.000	1.000	1.000	1.000
机械	半自动切割机 100mm	台班	83.55	—	—	0.027	0.037
	单速电动葫芦 3t	台班	32.95	0.051	0.107	0.117	0.157
	电焊机(综合)	台班	118.28	0.443	0.645	0.903	1.357
	电焊条恒温箱	台班	21.41	0.044	0.065	0.090	0.136
	电焊条烘干箱 60×50×75cm³	台班	26.46	0.044	0.065	0.090	0.136
	普通车床 630×2000mm	台班	247.10	0.051	0.107	0.117	0.157
	汽车式起重机 8t	台班	763.67	0.001	0.001	0.001	0.011
	氩弧焊机 500A	台班	92.58	0.075	0.101	0.118	0.178
	载重汽车 8t	台班	501.85	0.001	0.001	0.001	0.011

工作内容：准备工作、管子切口、坡口加工、管口组对、焊接、法兰连接、螺栓涂二硫化钼。

计量单位：副

定额编号				A8-4-471	A8-4-472	A8-4-473	A8-4-474
项目名称				公称直径(mm以内)			
				250	300	350	400
基价（元）				1113.21	1523.89	1969.22	2388.87
其中	人工费（元）			576.38	758.52	964.88	1176.42
	材料费（元）			146.14	220.26	298.49	360.95
	机械费（元）			390.69	545.11	705.85	851.50
名称		单位	单价(元)	消耗量			
人工	综合工日	工日	140.00	4.117	5.418	6.892	8.403
材料	碳钢对焊法兰	片	—	(2.000)	(2.000)	(2.000)	(2.000)
	碳钢透镜垫	个	—	(1.000)	(1.000)	(1.000)	(1.000)
	丙酮	kg	7.51	0.172	0.204	0.236	0.266
	低碳钢焊条	kg	6.84	16.888	26.727	36.884	44.691
	电	kW·h	0.68	1.185	1.726	2.310	2.838
	二硫化钼	kg	87.61	0.019	0.029	0.029	0.038
	角钢(综合)	kg	3.61	0.152	0.200	0.200	0.200
	煤油	kg	3.73	0.900	1.000	1.100	1.200
	棉纱头	kg	6.00	0.034	0.040	0.048	0.054
	尼龙砂轮片 φ100×16×3	片	2.56	1.716	2.426	3.259	4.185
	破布	kg	6.32	0.140	0.150	0.160	0.170
	铈钨棒	g	0.38	0.757	0.883	1.039	1.288
	碳钢焊丝	kg	7.69	0.136	0.157	0.186	0.230
	氩气	m^3	19.59	0.378	0.442	0.519	0.644
	氧气	m^3	3.63	1.025	1.120	1.534	1.723
	乙炔气	kg	10.45	0.342	0.373	0.511	0.574
	其他材料费占材料费	%	—	1.000	1.000	1.000	1.000
机械	半自动切割机 100mm	台班	83.55	0.089	0.108	0.146	0.166
	电动单梁起重机 5t	台班	223.20	0.211	0.260	0.326	0.380
	电焊机(综合)	台班	118.28	1.942	2.857	3.811	4.619
	电焊条恒温箱	台班	21.41	0.194	0.286	0.381	0.462
	电焊条烘干箱 60×50×75cm³	台班	26.46	0.194	0.286	0.381	0.462
	普通车床 630×2000mm	台班	247.10	0.211	0.260	0.326	0.380
	汽车式起重机 8t	台班	763.67	0.020	0.031	0.035	0.045
	氩弧焊机 500A	台班	92.58	0.213	0.248	0.292	0.362
	载重汽车 8t	台班	501.85	0.020	0.031	0.035	0.045

工作内容：准备工作、管子切口、坡口加工、管口组对、焊接、法兰连接、螺栓涂二硫化钼。

计量单位：副

定额编号				A8-4-475	A8-4-476	A8-4-477
项目名称				公称直径(mm以内)		
				450	500	600
基价(元)				3135.67	3613.01	4839.73
其中	人工费(元)			1483.30	1740.76	2305.10
	材料费(元)			504.44	561.04	761.43
	机械费(元)			1147.93	1311.21	1773.20
名称		单位	单价(元)	消耗量		
人工	综合工日	工日	140.00	10.595	12.434	16.465
材料	碳钢对焊法兰	片	—	(2.000)	(2.000)	(2.000)
	碳钢透镜垫	个	—	(1.000)	(1.000)	(1.000)
	丙酮	kg	7.51	0.300	0.330	0.394
	低碳钢焊条	kg	6.84	63.953	71.374	98.057
	电	kW·h	0.68	3.814	4.360	5.882
	二硫化钼	kg	87.61	0.038	0.038	0.047
	角钢(综合)	kg	3.61	0.200	0.200	0.200
	煤油	kg	3.73	1.300	1.400	1.500
	棉纱头	kg	6.00	0.060	0.066	0.078
	尼龙砂轮片 Φ100×16×3	片	2.56	5.283	5.854	7.523
	破布	kg	6.32	0.180	0.190	0.200
	铈钨棒	g	0.38	1.423	1.619	1.815
	碳钢焊丝	kg	7.69	0.254	0.289	0.348
	氩气	m^3	19.59	0.711	0.809	0.974
	氧气	m^3	3.63	2.365	2.432	3.141
	乙炔气	kg	10.45	0.788	0.811	1.048
	其他材料费占材料费	%	—	1.000	1.000	1.000
机械	半自动切割机 100mm	台班	83.55	0.199	0.240	0.315
	电动单梁起重机 5t	台班	223.20	0.469	0.538	0.698
	电焊机(综合)	台班	118.28	6.473	7.250	9.881
	电焊条恒温箱	台班	21.41	0.647	0.725	0.988
	电焊条烘干箱 60×50×75cm^3	台班	26.46	0.647	0.725	0.988
	普通车床 630×2000mm	台班	247.10	0.469	0.538	0.698
	汽车式起重机 8t	台班	763.67	0.061	0.082	0.120
	氩弧焊机 500A	台班	92.58	0.399	0.455	0.548
	载重汽车 8t	台班	501.85	0.061	0.082	0.120

4. 不锈钢对焊法兰(电弧焊)

工作内容：准备工作、管子切口、坡口加工、管口组对、焊接、焊缝钝化、法兰连接、螺栓涂二硫化钼。

计量单位：副

定额编号				A8-4-478	A8-4-479	A8-4-480	A8-4-481
项目名称				公称直径(mm以内)			
				15	20	25	32
基价(元)				**47.87**	**59.23**	**81.08**	**100.30**
其中	人工费(元)			32.20	38.64	51.10	63.70
	材料费(元)			4.43	6.25	10.00	12.59
	机械费(元)			11.24	14.34	19.98	24.01
名称		单位	单价(元)	消耗量			
人工	综合工日	工日	140.00	0.230	0.276	0.365	0.455
材料	不锈钢对焊法兰	片	—	(2.000)	(2.000)	(2.000)	(2.000)
	不锈钢透镜垫	个	—	(1.000)	(1.000)	(1.000)	(1.000)
	丙酮	kg	7.51	0.014	0.016	0.022	0.026
	不锈钢焊条	kg	38.46	0.082	0.125	0.210	0.264
	电	kW·h	0.68	0.023	0.030	0.043	0.055
	二硫化钼	kg	87.61	0.002	0.002	0.002	0.004
	棉纱头	kg	6.00	0.002	0.004	0.004	0.006
	尼龙砂轮片 φ100×16×3	片	2.56	0.073	0.085	0.093	0.102
	尼龙砂轮片 φ500×25×4	片	12.82	0.016	0.022	0.042	0.050
	破布	kg	6.32	0.052	0.052	0.052	0.062
	氢氧化钠(烧碱)	kg	2.19	0.050	0.050	0.072	0.096
	水	t	7.96	0.002	0.002	0.004	0.004
	酸洗膏	kg	6.56	0.012	0.014	0.020	0.024
	其他材料费占材料费	%	—	1.000	1.000	1.000	1.000
机械	电动空气压缩机 6m³/min	台班	206.73	0.002	0.002	0.002	0.002
	电焊机(综合)	台班	118.28	0.049	0.063	0.092	0.116
	电焊条恒温箱	台班	21.41	0.004	0.006	0.009	0.012
	电焊条烘干箱 60×50×75cm³	台班	26.46	0.004	0.006	0.009	0.012
	普通车床 630×2000mm	台班	247.10	0.019	0.024	0.032	0.036
	砂轮切割机 500mm	台班	29.08	0.005	0.009	0.012	0.014

工作内容：准备工作、管子切口、坡口加工、管口组对、焊接、焊缝钝化、法兰连接、螺栓涂二硫化钼。

计量单位：副

定额编号				A8-4-482	A8-4-483	A8-4-484	A8-4-485
项目名称				公称直径(mm以内)			
				40	50	65	80
基价（元）				**121.20**	**142.21**	**206.12**	**240.50**
其中	人工费（元）			76.16	85.96	112.70	124.60
	材料费（元）			16.62	22.59	40.34	61.52
	机械费（元）			28.42	33.66	53.08	54.38
名称		单位	单价(元)	消耗量			
人工	综合工日	工日	140.00	0.544	0.614	0.805	0.890
材料	不锈钢对焊法兰	片	—	(2.000)	(2.000)	(2.000)	(2.000)
	不锈钢透镜垫	个	—	(1.000)	(1.000)	(1.000)	(1.000)
	丙酮	kg	7.51	0.030	0.036	0.048	0.056
	不锈钢焊条	kg	38.46	0.358	0.502	0.921	1.441
	电	kW·h	0.68	0.065	0.078	0.143	0.148
	二硫化钼	kg	87.61	0.004	0.004	0.004	0.006
	棉纱头	kg	6.00	0.006	0.007	0.010	0.012
	尼龙砂轮片 φ100×16×3	片	2.56	0.115	0.155	0.274	0.276
	尼龙砂轮片 φ500×25×4	片	12.82	0.062	0.069	0.125	0.174
	破布	kg	6.32	0.072	0.074	0.084	0.086
	氢氧化钠(烧碱)	kg	2.19	0.120	0.144	0.192	0.192
	水	t	7.96	0.004	0.006	0.008	0.010
	酸洗膏	kg	6.56	0.030	0.036	0.050	0.059
	其他材料费占材料费	%	—	1.000	1.000	1.000	1.000
机械	单速电动葫芦 3t	台班	32.95	—	0.043	0.050	0.050
	电动空气压缩机 6m³/min	台班	206.73	0.002	0.002	0.002	0.002
	电焊机(综合)	台班	118.28	0.137	0.167	0.306	0.315
	电焊条恒温箱	台班	21.41	0.013	0.017	0.031	0.031
	电焊条烘干箱 60×50×75cm³	台班	26.46	0.013	0.017	0.031	0.031
	普通车床 630×2000mm	台班	247.10	0.043	0.043	0.050	0.050
	砂轮切割机 500mm	台班	29.08	0.019	0.022	0.034	0.042

工作内容：准备工作、管子切口、坡口加工、管口组对、焊接、焊缝钝化、法兰连接、螺栓涂二硫化钼。

计量单位：副

定额编号				A8-4-486	A8-4-487	A8-4-488	A8-4-489
项目名称				公称直径(mm以内)			
				100	125	150	200
基价（元）				341.47	493.96	650.79	1156.08
其中	人工费（元）			183.68	236.60	298.06	416.64
	材料费（元）			81.11	145.74	207.33	440.16
	机械费（元）			76.68	111.62	145.40	299.28
名称		单位	单价(元)	消耗量			
人工	综合工日	工日	140.00	1.312	1.690	2.129	2.976
材料	不锈钢对焊法兰	片	—	(2.000)	(2.000)	(2.000)	(2.000)
	不锈钢透镜垫	个	—	(1.000)	(1.000)	(1.000)	(1.000)
	丙酮	kg	7.51	0.072	0.084	0.100	0.138
	不锈钢焊条	kg	38.46	1.982	3.597	5.153	11.065
	电	kW·h	0.68	0.204	0.315	0.420	0.820
	二硫化钼	kg	87.61	0.006	0.013	0.013	0.013
	棉纱头	kg	6.00	0.014	0.017	0.021	0.028
	尼龙砂轮片 φ100×16×3	片	2.56	0.395	0.590	0.771	1.580
	破布	kg	6.32	0.106	0.118	0.120	0.124
	氢氧化钠(烧碱)	kg	2.19	0.240	0.340	0.410	0.460
	水	t	7.96	0.012	0.014	0.018	0.024
	酸洗膏	kg	6.56	0.075	0.116	0.155	0.201
	其他材料费占材料费	%	—	1.000	1.000	1.000	1.000
机械	单速电动葫芦 3t	台班	32.95	0.052	0.064	0.077	0.184
	等离子切割机 400A	台班	219.59	0.027	0.035	0.044	0.071
	电动空气压缩机 $1m^3/min$	台班	50.29	0.027	0.035	0.044	0.071
	电动空气压缩机 $6m^3/min$	台班	206.73	0.002	0.002	0.002	0.002
	电焊机(综合)	台班	118.28	0.432	0.671	0.896	1.741
	电焊条恒温箱	台班	21.41	0.043	0.067	0.090	0.174
	电焊条烘干箱 $60\times50\times75cm^3$	台班	26.46	0.043	0.067	0.090	0.174
	普通车床 630×2000mm	台班	247.10	0.052	0.064	0.077	0.184
	汽车式起重机 8t	台班	763.67	0.001	0.001	0.001	0.011
	载重汽车 8t	台班	501.85	0.001	0.001	0.001	0.011

工作内容：准备工作、管子切口、坡口加工、管口组对、焊接、焊缝钝化、法兰连接、螺栓涂二硫化钼。

计量单位：副

定额编号				A8-4-490	A8-4-491	A8-4-492
项目名称				公称直径(mm以内)		
				250	300	350
基价（元）				1642.58	2350.85	2958.95
其中	人工费（元）			548.10	740.74	864.36
	材料费（元）			664.05	936.62	1259.15
	机械费（元）			430.43	673.49	835.44
名称		单位	单价(元)	消耗量		
人工	综合工日	工日	140.00	3.915	5.291	6.174
材料	不锈钢对焊法兰	片	—	(2.000)	(2.000)	(2.000)
	不锈钢透镜垫	个	—	(1.000)	(1.000)	(1.000)
	丙酮	kg	7.51	0.172	0.204	0.236
	不锈钢焊条	kg	38.46	16.728	23.618	31.837
	电	kW·h	0.68	1.185	1.673	2.159
	二硫化钼	kg	87.61	0.019	0.029	0.029
	棉纱头	kg	6.00	0.034	0.040	0.046
	尼龙砂轮片 φ100×16×3	片	2.56	2.286	3.288	4.010
	破布	kg	6.32	0.128	0.150	0.180
	氢氧化钠(烧碱)	kg	2.19	0.580	0.700	0.840
	水	t	7.96	0.028	0.034	0.040
	酸洗膏	kg	6.56	0.305	0.363	0.398
	其他材料费占材料费	%	—	1.000	1.000	1.000
机械	单速电动葫芦 3t	台班	32.95	0.247	—	—
	等离子切割机 400A	台班	219.59	0.095	0.146	0.169
	电动单梁起重机 5t	台班	223.20	—	0.334	0.383
	电动空气压缩机 1m³/min	台班	50.29	0.095	0.146	0.169
	电动空气压缩机 6m³/min	台班	206.73	0.002	0.002	0.002
	电焊机(综合)	台班	118.28	2.518	3.554	4.591
	电焊条恒温箱	台班	21.41	0.252	0.355	0.459
	电焊条烘干箱 60×50×75cm³	台班	26.46	0.252	0.355	0.459
	普通车床 630×2000mm	台班	247.10	0.247	0.334	0.383
	汽车式起重机 8t	台班	763.67	0.020	0.031	0.035
	载重汽车 8t	台班	501.85	0.020	0.031	0.035

工作内容：准备工作、管子切口、坡口加工、管口组对、焊接、焊缝钝化、法兰连接、螺栓涂二硫化钼。

计量单位：副

定额编号				A8-4-493	A8-4-494	A8-4-495
项目名称				公称直径(mm以内)		
				400	450	500
基价（元）				3881.27	4462.95	5130.58
其中	人工费（元）			1103.90	1269.38	1459.78
	材料费（元）			1679.23	1930.52	2219.53
	机械费（元）			1098.14	1263.05	1451.27
名称		单位	单价(元)	消耗量		
人工	综合工日	工日	140.00	7.885	9.067	10.427
材料	不锈钢对焊法兰	片	—	(2.000)	(2.000)	(2.000)
	不锈钢透镜垫	个	—	(1.000)	(1.000)	(1.000)
	丙酮	kg	7.51	0.266	0.306	0.352
	不锈钢焊条	kg	38.46	42.488	48.861	56.190
	电	kW·h	0.68	2.881	3.313	3.810
	二硫化钼	kg	87.61	0.038	0.038	0.038
	棉纱头	kg	6.00	0.052	0.060	0.069
	尼龙砂轮片 φ100×16×3	片	2.56	5.415	6.227	7.161
	破布	kg	6.32	0.208	0.239	0.275
	氢氧化钠(烧碱)	kg	2.19	0.980	1.127	1.296
	水	t	7.96	0.046	0.053	0.061
	酸洗膏	kg	6.56	0.492	0.554	0.627
	其他材料费占材料费	%	—	1.000	1.000	1.000
机械	等离子切割机 400A	台班	219.59	0.207	0.237	0.273
	电动单梁起重机 5t	台班	223.20	0.491	0.565	0.649
	电动空气压缩机 1m³/min	台班	50.29	0.207	0.237	0.273
	电动空气压缩机 6m³/min	台班	206.73	0.002	0.002	0.003
	电焊机(综合)	台班	118.28	6.127	7.046	8.102
	电焊条恒温箱	台班	21.41	0.612	0.705	0.810
	电焊条烘干箱 60×50×75cm³	台班	26.46	0.612	0.705	0.810
	普通车床 630×2000mm	台班	247.10	0.491	0.565	0.649
	汽车式起重机 8t	台班	763.67	0.045	0.052	0.059
	载重汽车 8t	台班	501.85	0.045	0.052	0.059

5. 不锈钢对焊法兰(氩电联焊)

工作内容：准备工作、管子切口、坡口加工、管口组对、焊接、焊缝钝化、法兰连接、螺栓涂二硫化钼。

计量单位：副

定额编号				A8-4-496	A8-4-497	A8-4-498	A8-4-499
项目名称				公称直径(mm以内)			
				15	20	25	32
基价(元)				**49.52**	**62.71**	**87.65**	**110.53**
其中	人工费(元)			32.20	39.34	52.92	66.22
	材料费(元)			5.59	7.97	12.73	16.19
	机械费(元)			11.73	15.40	22.00	28.12
名称		单位	单价(元)	消耗量			
人工	综合工日	工日	140.00	0.230	0.281	0.378	0.473
材料	不锈钢对焊法兰	片	—	(2.000)	(2.000)	(2.000)	(2.000)
	不锈钢透镜垫	个	—	(1.000)	(1.000)	(1.000)	(1.000)
	丙酮	kg	7.51	0.014	0.016	0.022	0.026
	不锈钢焊条	kg	38.46	0.045	0.068	0.113	0.144
	电	kW·h	0.68	0.023	0.033	0.053	0.068
	二硫化钼	kg	87.61	0.002	0.002	0.002	0.004
	棉纱头	kg	6.00	0.002	0.004	0.004	0.006
	尼龙砂轮片 φ100×16×3	片	2.56	0.071	0.083	0.091	0.100
	尼龙砂轮片 φ500×25×4	片	12.82	0.016	0.022	0.042	0.050
	破布	kg	6.32	0.052	0.052	0.052	0.062
	氢氧化钠(烧碱)	kg	2.19	0.050	0.050	0.072	0.096
	铈钨棒	g	0.38	0.231	0.350	0.589	0.740
	水	t	7.96	0.002	0.002	0.004	0.004
	酸洗膏	kg	6.56	0.012	0.014	0.020	0.024
	氩气	m³	19.59	0.127	0.192	0.317	0.403
	其他材料费占材料费	%	—	1.000	1.000	1.000	1.000
机械	单速电动葫芦 3t	台班	32.95	—	—	—	0.036
	电动空气压缩机 6m³/min	台班	206.73	0.002	0.002	0.002	0.002
	普通车床 630×2000mm	台班	247.10	0.019	0.024	0.032	0.036
	砂轮切割机 500mm	台班	29.08	0.005	0.009	0.012	0.014
	氩弧焊机 500A	台班	92.58	0.070	0.095	0.144	0.186

工作内容：准备工作、管子切口、坡口加工、管口组对、焊接、焊缝钝化、法兰连接、螺栓涂二硫化钼。

计量单位：副

定额编号				A8-4-500	A8-4-501	A8-4-502	A8-4-503
项目名称				公称直径(mm以内)			
				40	50	65	80
基价（元）				**137.02**	**155.53**	**221.50**	**259.99**
其中	人工费（元）			80.36	88.62	116.62	133.28
	材料费（元）			21.53	25.08	42.76	55.49
	机械费（元）			35.13	41.83	62.12	71.22
名称		单位	单价(元)	消耗量			
人工	综合工日	工日	140.00	0.574	0.633	0.833	0.952
材料	不锈钢对焊法兰	片	—	(2.000)	(2.000)	(2.000)	(2.000)
	不锈钢透镜垫	个	—	(1.000)	(1.000)	(1.000)	(1.000)
	丙酮	kg	7.51	0.030	0.036	0.048	0.056
	不锈钢焊条	kg	38.46	0.195	0.492	0.856	1.134
	电	kW·h	0.68	0.088	0.096	0.123	0.146
	二硫化钼	kg	87.61	0.004	0.004	0.004	0.006
	棉纱头	kg	6.00	0.006	0.007	0.010	0.012
	尼龙砂轮片 Φ100×16×3	片	2.56	0.113	0.153	0.270	0.272
	尼龙砂轮片 Φ500×25×4	片	12.82	0.062	0.069	0.125	0.174
	破布	kg	6.32	0.072	0.074	0.084	0.086
	氢氧化钠(烧碱)	kg	2.19	0.120	0.144	0.192	0.192
	铈钨棒	g	0.38	1.005	0.154	0.280	0.298
	水	t	7.96	0.004	0.006	0.008	0.010
	酸洗膏	kg	6.56	0.030	0.036	0.050	0.059
	氩气	m^3	19.59	0.548	0.142	0.246	0.293
	其他材料费占材料费	%	—	1.000	1.000	1.000	1.000
机械	单速电动葫芦 3t	台班	32.95	0.043	0.043	0.048	0.050
	电动空气压缩机 $6m^3/min$	台班	206.73	0.002	0.002	0.002	0.002
	电焊机(综合)	台班	118.28	—	0.150	0.260	0.311
	电焊条恒温箱	台班	21.41	—	0.015	0.026	0.031
	电焊条烘干箱 $60×50×75cm^3$	台班	26.46	—	0.015	0.026	0.031
	普通车床 630×2000mm	台班	247.10	0.043	0.043	0.048	0.050
	砂轮切割机 500mm	台班	29.08	0.019	0.022	0.034	0.042
	氩弧焊机 500A	台班	92.58	0.239	0.111	0.165	0.187

工作内容：准备工作、管子切口、坡口加工、管口组对、焊接、焊缝钝化、法兰连接、螺栓涂二硫化钼。

计量单位：副

定额编号				A8-4-504	A8-4-505	A8-4-506	A8-4-507
项目名称				公称直径(mm以内)			
				100	125	150	200
基价（元）				362.66	513.00	669.58	1197.40
其中	人工费（元）			185.36	236.60	297.50	438.62
	材料费（元）			87.81	151.33	212.54	440.79
	机械费（元）			89.49	125.07	159.54	317.99
名称		单位	单价(元)	消耗量			
人工	综合工日	工日	140.00	1.324	1.690	2.125	3.133
材料	不锈钢对焊法兰	片	—	(2.000)	(2.000)	(2.000)	(2.000)
	不锈钢透镜垫	个	—	(1.000)	(1.000)	(1.000)	(1.000)
	丙酮	kg	7.51	0.072	0.084	0.100	0.138
	不锈钢焊条	kg	38.46	1.927	3.475	4.968	10.596
	电	kW·h	0.68	0.166	0.262	0.352	0.692
	二硫化钼	kg	87.61	0.006	0.013	0.013	0.013
	棉纱头	kg	6.00	0.014	0.017	0.021	0.028
	尼龙砂轮片 φ100×16×3	片	2.56	0.387	0.577	0.755	1.546
	破布	kg	6.32	0.106	0.118	0.120	0.124
	氢氧化钠(烧碱)	kg	2.19	0.240	0.340	0.410	0.460
	铈钨棒	g	0.38	0.304	0.342	0.417	0.775
	水	t	7.96	0.012	0.014	0.018	0.024
	酸洗膏	kg	6.56	0.075	0.116	0.155	0.201
	氩气	m³	19.59	0.443	0.519	0.623	0.946
	其他材料费占材料费	%	—	1.000	1.000	1.000	1.000
机械	单速电动葫芦 3t	台班	32.95	0.052	0.064	0.077	0.184
	等离子切割机 400A	台班	219.59	0.027	0.035	0.044	0.071
	电动空气压缩机 1m³/min	台班	50.29	0.027	0.035	0.044	0.071
	电动空气压缩机 6m³/min	台班	206.73	0.002	0.002	0.002	0.002
	电焊机(综合)	台班	118.28	0.351	0.559	0.750	1.471
	电焊条恒温箱	台班	21.41	0.035	0.056	0.075	0.147
	电焊条烘干箱 60×50×75cm³	台班	26.46	0.035	0.056	0.075	0.147
	普通车床 630×2000mm	台班	247.10	0.052	0.064	0.077	0.184
	汽车式起重机 8t	台班	763.67	0.001	0.001	0.001	0.011
	氩弧焊机 500A	台班	92.58	0.246	0.294	0.347	0.561
	载重汽车 8t	台班	501.85	0.001	0.001	0.001	0.011

工作内容：准备工作、管子切口、坡口加工、管口组对、焊接、焊缝钝化、法兰连接、螺栓涂二硫化钼。

计量单位：副

定额编号				A8-4-508	A8-4-509	A8-4-510
项目名称				公称直径(mm以内)		
				250	300	350
基价（元）				1680.58	2396.42	2974.19
其中	人工费（元）			573.86	776.16	894.46
	材料费（元）			659.60	925.81	1238.16
	机械费（元）			447.12	694.45	841.57
名称		单位	单价(元)	消耗量		
人工	综合工日	工日	140.00	4.099	5.544	6.389
材料	不锈钢对焊法兰	片	—	(2.000)	(2.000)	(2.000)
	不锈钢透镜垫	个	—	(1.000)	(1.000)	(1.000)
	丙酮	kg	7.51	0.172	0.204	0.236
	不锈钢焊条	kg	38.46	16.007	22.552	30.444
	电	kW·h	0.68	1.006	1.419	1.842
	二硫化钼	kg	87.61	0.019	0.029	0.029
	棉纱头	kg	6.00	0.034	0.040	0.046
	尼龙砂轮片 φ100×16×3	片	2.56	2.236	3.217	3.923
	破布	kg	6.32	0.128	0.150	0.180
	氢氧化钠(烧碱)	kg	2.19	0.580	0.700	0.840
	铈钨棒	g	0.38	0.980	1.420	1.673
	水	t	7.96	0.028	0.034	0.040
	酸洗膏	kg	6.56	0.305	0.363	0.398
	氩气	m^3	19.59	1.184	1.537	1.664
	其他材料费占材料费	%	—	1.000	1.000	1.000
机械	单速电动葫芦 3t	台班	32.95	0.247	—	—
	等离子切割机 400A	台班	219.59	0.095	0.146	0.169
	电动单梁起重机 5t	台班	223.20	—	0.334	0.383
	电动空气压缩机 $1m^3/min$	台班	50.29	0.095	0.146	0.169
	电动空气压缩机 $6m^3/min$	台班	206.73	0.002	0.002	0.002
	电焊机(综合)	台班	118.28	2.136	3.015	3.917
	电焊条恒温箱	台班	21.41	0.214	0.301	0.392
	电焊条烘干箱 $60×50×75cm^3$	台班	26.46	0.214	0.301	0.392
	普通车床 630×2000mm	台班	247.10	0.247	0.334	0.383
	汽车式起重机 8t	台班	763.67	0.020	0.031	0.035
	氩弧焊机 500A	台班	92.58	0.688	0.943	0.962
	载重汽车 8t	台班	501.85	0.020	0.031	0.035

工作内容：准备工作、管子切口、坡口加工、管口组对、焊接、焊缝钝化、法兰连接、螺栓涂二硫化钼。

计量单位：副

定额编号				A8-4-511	A8-4-512	A8-4-513
项目名称				公称直径(mm以内)		
				400	450	500
基价（元）				**3897.89**	**4482.45**	**5154.50**
其中	人工费（元）			1143.10	1314.60	1511.72
	材料费（元）			1645.51	1891.77	2174.94
	机械费（元）			1109.28	1276.08	1467.84
名称		单位	单价(元)	消耗量		
人工	综合工日	工日	140.00	8.165	9.390	10.798
材料	不锈钢对焊法兰	片	—	(2.000)	(2.000)	(2.000)
	不锈钢透镜垫	个	—	(1.000)	(1.000)	(1.000)
	丙酮	kg	7.51	0.266	0.306	0.352
	不锈钢焊条	kg	38.46	40.571	46.657	53.655
	电	kW·h	0.68	2.458	2.827	3.251
	二硫化钼	kg	87.61	0.038	0.038	0.038
	棉纱头	kg	6.00	0.052	0.060	0.069
	尼龙砂轮片 φ100×16×3	片	2.56	5.298	6.093	7.007
	破布	kg	6.32	0.208	0.239	0.275
	氢氧化钠(烧碱)	kg	2.19	0.980	1.127	1.296
	铈钨棒	g	0.38	1.863	2.142	2.464
	水	t	7.96	0.046	0.053	0.061
	酸洗膏	kg	6.56	0.492	0.554	0.627
	氩气	m³	19.59	2.053	2.361	2.715
	其他材料费占材料费	%	—	1.000	1.000	1.000
机械	等离子切割机 400A	台班	219.59	0.207	0.237	0.273
	电动单梁起重机 5t	台班	223.20	0.491	0.565	0.649
	电动空气压缩机 1m³/min	台班	50.29	0.207	0.237	0.273
	电动空气压缩机 6m³/min	台班	206.73	0.002	0.002	0.003
	电焊机(综合)	台班	118.28	5.228	6.012	6.914
	电焊条恒温箱	台班	21.41	0.522	0.602	0.691
	电焊条烘干箱 60×50×75cm³	台班	26.46	0.522	0.602	0.691
	普通车床 630×2000mm	台班	247.10	0.491	0.565	0.649
	汽车式起重机 8t	台班	763.67	0.050	0.058	0.067
	氩弧焊机 500A	台班	92.58	1.247	1.433	1.649
	载重汽车 8t	台班	501.85	0.050	0.058	0.067

6. 合金钢对焊法兰(电弧焊)

工作内容：准备工作、管子切口、坡口加工、管口组对、焊接、法兰连接、螺栓涂二硫化钼。

计量单位：副

定额编号				A8-4-514	A8-4-515	A8-4-516	A8-4-517
项目名称				公称直径(mm以内)			
				15	20	25	32
基价(元)				49.20	64.02	80.35	97.87
其中	人工费(元)			35.14	45.92	56.00	67.06
	材料费(元)			2.51	3.25	4.50	5.63
	机械费(元)			11.55	14.85	19.85	25.18
名称		单位	单价(元)	消耗量			
人工	综合工日	工日	140.00	0.251	0.328	0.400	0.479
材料	合金钢对焊法兰	片	—	(2.000)	(2.000)	(2.000)	(2.000)
	合金钢透镜垫	个	—	(1.000)	(1.000)	(1.000)	(1.000)
	丙酮	kg	7.51	0.018	0.018	0.030	0.030
	电	kW·h	0.68	0.045	0.068	0.075	0.098
	二硫化钼	kg	87.61	0.002	0.002	0.002	0.004
	合金钢焊条	kg	11.11	0.080	0.126	0.205	0.257
	煤油	kg	3.73	0.180	0.200	0.220	0.270
	棉纱头	kg	6.00	0.002	0.004	0.004	0.006
	磨头	个	2.75	0.023	0.026	0.031	0.037
	尼龙砂轮片 φ100×16×3	片	2.56	0.068	0.079	0.088	0.099
	尼龙砂轮片 φ500×25×4	片	12.82	0.011	0.018	0.025	0.033
	破布	kg	6.32	0.030	0.030	0.040	0.040
	其他材料费占材料费	%	—	1.000	1.000	1.000	1.000
机械	单速电动葫芦 3t	台班	32.95	—	—	—	0.033
	电焊机(综合)	台班	118.28	0.059	0.077	0.101	0.127
	电焊条恒温箱	台班	21.41	0.006	0.008	0.010	0.013
	电焊条烘干箱 60×50×75cm³	台班	26.46	0.006	0.008	0.010	0.013
	普通车床 630×2000mm	台班	247.10	0.017	0.021	0.029	0.033
	砂轮切割机 500mm	台班	29.08	0.003	0.006	0.009	0.010

工作内容：准备工作、管子切口、坡口加工、管口组对、焊接、法兰连接、螺栓涂二硫化钼。

计量单位：副

定额编号				A8-4-518	A8-4-519	A8-4-520	A8-4-521
项目名称				公称直径(mm以内)			
				40	50	65	80
基价（元）				115.06	134.63	172.30	217.18
其中	人工费（元）			77.70	89.88	111.30	141.54
	材料费（元）			7.18	9.49	16.41	23.14
	机械费（元）			30.18	35.26	44.59	52.50
名称		单位	单价(元)	消耗量			
人工	综合工日	工日	140.00	0.555	0.642	0.795	1.011
材料	合金钢对焊法兰	片	—	(2.000)	(2.000)	(2.000)	(2.000)
	合金钢透镜垫	个	—	(1.000)	(1.000)	(1.000)	(1.000)
	丙酮	kg	7.51	0.034	0.048	0.064	0.080
	电	kW·h	0.68	0.113	0.136	0.186	0.219
	二硫化钼	kg	87.61	0.004	0.004	0.004	0.006
	合金钢焊条	kg	11.11	0.348	0.488	0.990	1.475
	煤油	kg	3.73	0.320	0.370	0.450	0.550
	棉纱头	kg	6.00	0.006	0.008	0.010	0.012
	磨头	个	2.75	0.044	0.053	0.070	0.082
	尼龙砂轮片 φ100×16×3	片	2.56	0.110	0.149	0.243	0.263
	尼龙砂轮片 φ500×25×4	片	12.82	0.043	0.060	0.101	0.139
	破布	kg	6.32	0.060	0.070	0.070	0.070
	其他材料费占材料费	%	—	1.000	1.000	1.000	1.000
机械	单速电动葫芦 3t	台班	32.95	0.039	0.040	0.043	0.046
	电焊机(综合)	台班	118.28	0.154	0.193	0.261	0.318
	电焊条恒温箱	台班	21.41	0.015	0.019	0.026	0.031
	电焊条烘干箱 60×50×75cm³	台班	26.46	0.015	0.019	0.026	0.031
	普通车床 630×2000mm	台班	247.10	0.039	0.040	0.043	0.046
	砂轮切割机 500mm	台班	29.08	0.011	0.011	0.015	0.018

工作内容：准备工作、管子切口、坡口加工、管口组对、焊接、法兰连接、螺栓涂二硫化钼。

计量单位：副

定额编号				A8-4-522	A8-4-523	A8-4-524	A8-4-525
项目名称				公称直径(mm以内)			
				100	125	150	200
基价（元）				305.69	400.80	520.19	897.18
其中	人工费（元）			204.68	257.46	325.92	505.54
	材料费（元）			30.84	48.41	66.70	138.73
	机械费（元）			70.17	94.93	127.57	252.91
名称		单位	单价(元)	消耗量			
人工	综合工日	工日	140.00	1.462	1.839	2.328	3.611
材料	合金钢对焊法兰	片	—	(2.000)	(2.000)	(2.000)	(2.000)
	合金钢透镜垫	个	—	(1.000)	(1.000)	(1.000)	(1.000)
	丙酮	kg	7.51	0.094	0.112	0.132	0.182
	电	kW·h	0.68	0.350	0.453	0.596	1.022
	二硫化钼	kg	87.61	0.006	0.013	0.013	0.013
	合金钢焊条	kg	11.11	1.927	3.323	5.011	11.050
	煤油	kg	3.73	0.600	0.630	0.655	0.680
	棉纱头	kg	6.00	0.014	0.016	0.022	0.030
	磨头	个	2.75	0.106	—	—	—
	尼龙砂轮片 φ100×16×3	片	2.56	0.390	0.522	0.711	1.382
	尼龙砂轮片 φ500×25×4	片	12.82	0.140	0.145	—	—
	破布	kg	6.32	0.080	0.090	0.094	0.111
	氧气	m^3	3.63	0.245	0.354	0.400	0.624
	乙炔气	kg	10.45	0.082	0.118	0.133	0.208
	其他材料费占材料费	%	—	1.000	1.000	1.000	1.000
机械	半自动切割机 100mm	台班	83.55	—	—	0.026	0.041
	单速电动葫芦 3t	台班	32.95	0.048	0.057	0.071	0.160
	电焊机(综合)	台班	118.28	0.446	0.626	0.847	1.550
	电焊条恒温箱	台班	21.41	0.045	0.063	0.085	0.155
	电焊条烘干箱 60×50×75cm^3	台班	26.46	0.045	0.063	0.085	0.155
	普通车床 630×2000mm	台班	247.10	0.048	0.057	0.071	0.160
	汽车式起重机 8t	台班	763.67	0.001	0.001	0.001	0.011
	砂轮切割机 500mm	台班	29.08	0.019	0.022	—	—
	载重汽车 8t	台班	501.85	0.001	0.001	0.001	0.011

工作内容：准备工作、管子切口、坡口加工、管口组对、焊接、法兰连接、螺栓涂二硫化钼。

计量单位：副

定额编号				A8-4-526	A8-4-527	A8-4-528	A8-4-529
项目名称				公称直径(mm以内)			
				250	300	400	350
基价（元）				1226.23	1688.01	2531.94	2008.99
其中	人工费（元）			658.98	829.36	1181.32	964.60
	材料费（元）			204.34	299.77	536.30	402.93
	机械费（元）			362.91	558.88	814.32	641.46
名称		单位	单价(元)	消耗量			
人工	综合工日	工日	140.00	4.707	5.924	8.438	6.890
材料	合金钢对焊法兰	片	—	(2.000)	(2.000)	(2.000)	(2.000)
	合金钢透镜垫	个	—	(1.000)	(1.000)	(1.000)	(1.000)
	丙酮	kg	7.51	0.228	0.270	0.312	0.286
	电	kW·h	0.68	1.432	1.960	3.077	2.385
	二硫化钼	kg	87.61	0.019	0.029	0.038	0.029
	合金钢焊条	kg	11.11	16.412	24.397	44.377	33.169
	煤油	kg	3.73	0.765	0.850	1.020	0.935
	棉纱头	kg	6.00	0.036	0.042	0.058	0.050
	尼龙砂轮片 φ100×16×3	片	2.56	1.975	2.854	4.913	3.712
	破布	kg	6.32	0.119	0.128	0.145	0.136
	氧气	m^3	3.63	0.949	1.170	1.764	1.402
	乙炔气	kg	10.45	0.316	0.389	0.588	0.467
	其他材料费占材料费	%	—	1.000	1.000	1.000	1.000
机械	半自动切割机 100mm	台班	83.55	0.081	0.118	0.164	0.138
	单速电动葫芦 3t	台班	32.95	0.216	—	—	—
	电动单梁起重机 5t	台班	223.20	—	0.277	0.393	0.333
	电焊机(综合)	台班	118.28	2.197	3.084	4.541	3.486
	电焊条恒温箱	台班	21.41	0.219	0.308	0.454	0.349
	电焊条烘干箱 60×50×75cm³	台班	26.46	0.219	0.308	0.454	0.349
	普通车床 630×2000mm	台班	247.10	0.216	0.277	0.393	0.333
	汽车式起重机 8t	台班	763.67	0.020	0.031	0.045	0.035
	载重汽车 8t	台班	501.85	0.020	0.031	0.045	0.035

工作内容：准备工作、管子切口、坡口加工、管口组对、焊接、法兰连接、螺栓涂二硫化钼。

计量单位：副

定额编号				A8-4-530	A8-4-531	A8-4-532
项目名称				公称直径(mm以内)		
				450	500	600
基价（元）				3114.78	3760.09	4992.28
其中	人工费（元）			1409.94	1680.98	2180.50
	材料费（元）			676.64	823.52	1111.54
	机械费（元）			1028.20	1255.59	1700.24
名称		单位	单价(元)	消耗量		
人工	综合工日	工日	140.00	10.071	12.007	15.575
材料	合金钢对焊法兰	片	—	(2.000)	(2.000)	(2.000)
	合金钢透镜垫	个	—	(1.000)	(1.000)	(1.000)
	丙酮	kg	7.51	0.312	0.358	0.404
	电	kW·h	0.68	3.802	4.622	6.167
	二硫化钼	kg	87.61	0.038	0.038	0.047
	合金钢焊条	kg	11.11	56.466	68.729	93.081
	煤油	kg	3.73	1.105	1.190	1.360
	棉纱头	kg	6.00	0.062	0.070	0.082
	尼龙砂轮片 φ100×16×3	片	2.56	5.673	6.842	8.771
	破布	kg	6.32	0.153	0.162	0.179
	氧气	m³	3.63	2.018	2.703	3.642
	乙炔气	kg	10.45	0.673	0.901	1.214
	其他材料费占材料费	%	—	1.000	1.000	1.000
机械	半自动切割机 100mm	台班	83.55	0.185	0.266	0.369
	电动单梁起重机 5t	台班	223.20	0.477	0.561	0.729
	电焊机(综合)	台班	118.28	5.779	7.035	9.545
	电焊条恒温箱	台班	21.41	0.578	0.703	0.955
	电焊条烘干箱 60×50×75cm³	台班	26.46	0.578	0.703	0.955
	普通车床 630×2000mm	台班	247.10	0.477	0.561	0.729
	汽车式起重机 8t	台班	763.67	0.061	0.082	0.120
	载重汽车 8t	台班	501.85	0.061	0.082	0.120

7. 合金钢对焊法兰(氩电联焊)

工作内容：准备工作、管子切口、坡口加工、管口组对、焊接、法兰连接、螺栓涂二硫化钼。

计量单位：副

定额编号				A8-4-533	A8-4-534	A8-4-535	A8-4-536
项目名称				公称直径(mm以内)			
				15	20	25	32
基价（元）				51.96	69.36	90.66	110.39
其中	人工费（元）			39.20	51.66	64.54	77.42
	材料费（元）			4.31	6.13	9.16	11.49
	机械费（元）			8.45	11.57	16.96	21.48
名称		单位	单价(元)	消耗量			
人工	综合工日	工日	140.00	0.280	0.369	0.461	0.553
材料	合金钢对焊法兰	片	—	(2.000)	(2.000)	(2.000)	(2.000)
	合金钢透镜垫	个	—	(1.000)	(1.000)	(1.000)	(1.000)
	丙酮	kg	7.51	0.018	0.018	0.030	0.030
	电	kW·h	0.68	0.045	0.073	0.088	0.113
	二硫化钼	kg	87.61	0.002	0.002	0.002	0.004
	合金钢焊丝	kg	7.69	0.042	0.066	0.107	0.134
	煤油	kg	3.73	0.180	0.200	0.220	0.270
	棉纱头	kg	6.00	0.002	0.004	0.004	0.006
	磨头	个	2.75	0.023	0.026	0.031	0.037
	尼龙砂轮片 φ100×16×3	片	2.56	0.064	0.075	0.084	0.095
	尼龙砂轮片 φ500×25×4	片	12.82	0.011	0.018	0.025	0.033
	破布	kg	6.32	0.030	0.030	0.040	0.040
	铈钨棒	g	0.38	0.233	0.368	0.597	0.750
	氩气	m³	19.59	0.116	0.184	0.298	0.375
	其他材料费占材料费	%	—	1.000	1.000	1.000	1.000
机械	单速电动葫芦 3t	台班	32.95	—	—	—	0.033
	普通车床 630×2000mm	台班	247.10	0.017	0.021	0.029	0.033
	砂轮切割机 500mm	台班	29.08	0.003	0.006	0.009	0.010
	氩弧焊机 500A	台班	92.58	0.045	0.067	0.103	0.129

工作内容：准备工作、管子切口、坡口加工、管口组对、焊接、法兰连接、螺栓涂二硫化钼。

计量单位：副

定额编号				A8-4-537	A8-4-538	A8-4-539	A8-4-540
项目名称				公称直径(mm以内)			
				40	50	65	80
基价（元）				133.03	150.49	189.97	239.07
其中	人工费（元）			91.00	101.92	125.44	159.60
	材料费（元）			15.14	11.23	17.97	24.24
	机械费（元）			26.89	37.34	46.56	55.23
名称		单位	单价(元)	消耗量			
人工	综合工日	工日	140.00	0.650	0.728	0.896	1.140
材料	合金钢对焊法兰	片	—	(2.000)	(2.000)	(2.000)	(2.000)
	合金钢透镜垫	个	—	(1.000)	(1.000)	(1.000)	(1.000)
	丙酮	kg	7.51	0.034	0.048	0.064	0.080
	电	kW·h	0.68	0.141	0.153	0.174	0.206
	二硫化钼	kg	87.61	0.004	0.004	0.004	—
	合金钢焊丝	kg	7.69	0.182	0.028	0.034	0.039
	合金钢焊条	kg	11.11	—	0.481	0.933	1.394
	煤油	kg	3.73	0.320	0.370	0.450	0.550
	棉纱头	kg	6.00	0.006	0.008	0.010	0.012
	磨头	个	2.75	0.044	0.053	0.070	0.082
	尼龙砂轮片 Φ100×16×3	片	2.56	0.106	0.145	0.239	0.259
	尼龙砂轮片 Φ500×25×4	片	12.82	0.043	0.060	0.101	0.139
	破布	kg	6.32	0.060	0.070	0.070	0.070
	铈钨棒	g	0.38	1.017	0.156	0.189	0.221
	氩气	m³	19.59	0.508	0.078	0.095	0.110
	其他材料费占材料费	%	—	1.000	1.000	1.000	1.000
机械	单速电动葫芦 3t	台班	32.95	0.039	0.040	0.043	0.046
	电焊机(综合)	台班	118.28	—	0.175	0.235	0.291
	电焊条恒温箱	台班	21.41	—	0.018	0.023	0.029
	电焊条烘干箱 60×50×75cm³	台班	26.46	—	0.018	0.023	0.029
	普通车床 630×2000mm	台班	247.10	0.039	0.040	0.043	0.046
	砂轮切割机 500mm	台班	29.08	0.011	0.011	0.015	0.018
	氩弧焊机 500A	台班	92.58	0.169	0.046	0.056	0.065

工作内容：准备工作、管子切口、坡口加工、管口组对、焊接、法兰连接、螺栓涂二硫化钼。

计量单位：副

定额编号				A8-4-541	A8-4-542	A8-4-543	A8-4-544
项目名称				公称直径(mm以内)			
				100	125	150	200
基价（元）				**337.89**	**410.59**	**532.97**	**914.41**
其中	人工费（元）			230.44	262.22	331.80	514.50
	材料费（元）			33.19	49.64	68.55	139.78
	机械费（元）			74.26	98.73	132.62	260.13
名称		单位	单价(元)	消耗量			
人工	综合工日	工日	140.00	1.646	1.873	2.370	3.675
材料	合金钢对焊法兰	片	—	(2.000)	(2.000)	(2.000)	(2.000)
	合金钢透镜垫	个	—	(1.000)	(1.000)	(1.000)	(1.000)
	丙酮	kg	7.51	0.094	0.112	0.132	0.182
	电	kW·h	0.68	0.332	0.435	0.571	0.979
	二硫化钼	kg	87.61	0.006	0.006	0.013	0.013
	合金钢焊丝	kg	7.69	0.055	0.059	0.075	0.116
	合金钢焊条	kg	11.11	1.820	3.158	4.748	10.471
	煤油	kg	3.73	0.595	0.600	0.630	0.680
	棉纱头	kg	6.00	0.014	0.016	0.022	0.030
	磨头	个	2.75	0.106	—	—	—
	尼龙砂轮片 φ100×16×3	片	2.56	0.386	0.518	0.707	1.378
	尼龙砂轮片 φ500×25×4	片	12.82	0.140	0.145	—	—
	破布	kg	6.32	0.080	0.090	0.094	0.111
	铈钨棒	g	0.38	0.308	0.328	0.421	0.651
	氩气	m^3	19.59	0.154	0.164	0.211	0.325
	氧气	m^3	3.63	0.245	0.354	0.400	0.624
	乙炔气	kg	10.45	0.082	0.118	0.133	0.208
	其他材料费占材料费	%	—	1.000	1.000	1.000	1.000
机械	半自动切割机 100mm	台班	83.55	—	—	0.026	0.041
	单速电动葫芦 3t	台班	32.95	0.048	0.057	0.071	0.160
	电焊机(综合)	台班	118.28	0.411	0.585	0.795	1.464
	电焊条恒温箱	台班	21.41	0.041	0.058	0.079	0.147
	电焊条烘干箱 60×50×75cm³	台班	26.46	0.041	0.058	0.079	0.147
	普通车床 630×2000mm	台班	247.10	0.048	0.057	0.071	0.160
	汽车式起重机 8t	台班	763.67	0.001	0.001	0.001	0.011
	砂轮切割机 500mm	台班	29.08	0.019	0.022	—	—
	氩弧焊机 500A	台班	92.58	0.091	0.096	0.124	0.192
	载重汽车 8t	台班	501.85	0.001	0.001	0.001	0.011

工作内容：准备工作、管子切口、坡口加工、管口组对、焊接、法兰连接、螺栓涂二硫化钼。

计量单位：副

定额编号				A8-4-545	A8-4-546	A8-4-547	A8-4-548
项目名称				公称直径(mm以内)			
				250	300	350	400
基价(元)				1244.20	1765.68	2106.90	2638.36
其中	人工费(元)			669.48	905.52	1051.54	1284.64
	材料费(元)			203.96	296.00	397.14	526.18
	机械费(元)			370.76	564.16	658.22	827.54
名称		单位	单价(元)	消耗量			
人工	综合工日	工日	140.00	4.782	6.468	7.511	9.176
材料	合金钢对焊法兰	片	—	(2.000)	(2.000)	(2.000)	(2.000)
	合金钢透镜垫	个	—	(1.000)	(1.000)	(1.000)	(1.000)
	丙酮	kg	7.51	0.228	0.270	0.286	0.312
	电	kW·h	0.68	1.376	1.884	2.290	2.959
	二硫化钼	kg	87.61	0.013	0.019	0.029	0.038
	合金钢焊丝	kg	7.69	0.149	0.165	0.192	0.218
	合金钢焊条	kg	11.11	15.567	23.189	31.542	42.215
	煤油	kg	3.73	0.765	0.850	0.935	1.020
	棉纱头	kg	6.00	0.036	0.042	0.050	0.058
	尼龙砂轮片 φ100×16×3	片	2.56	1.971	2.850	3.708	4.909
	破布	kg	6.32	0.119	0.128	0.136	0.145
	铈钨棒	g	0.38	0.831	0.920	1.076	1.220
	氩气	m³	19.59	0.415	0.460	0.538	0.610
	氧气	m³	3.63	0.949	1.170	1.402	1.764
	乙炔气	kg	10.45	0.316	0.389	0.467	0.588
	其他材料费占材料费	%	—	1.000	1.000	1.000	1.000
机械	半自动切割机 100mm	台班	83.55	0.081	0.118	0.138	0.164
	单速电动葫芦 3t	台班	32.95	0.216	—	—	—
	电动单梁起重机 5t	台班	223.20	—	0.277	0.333	0.393
	电焊机(综合)	台班	118.28	2.076	2.923	3.384	4.379
	电焊条恒温箱	台班	21.41	0.208	0.292	0.338	0.438
	电焊条烘干箱 60×50×75cm³	台班	26.46	0.208	0.292	0.338	0.438
	普通车床 630×2000mm	台班	247.10	0.216	0.277	0.333	0.393
	汽车式起重机 8t	台班	763.67	0.020	0.031	0.035	0.045
	氩弧焊机 500A	台班	92.58	0.245	0.271	0.317	0.358
	载重汽车 8t	台班	501.85	0.020	0.031	0.035	0.045

工作内容：准备工作、管子切口、坡口加工、管口组对、焊接、法兰连接、螺栓涂二硫化钼。

计量单位：副

定额编号				A8-4-549	A8-4-550	A8-4-551
项目名称				公称直径(mm以内)		
				450	500	600
基价（元）				3236.78	3903.79	5171.09
其中	人工费（元）			1534.96	1831.06	2377.34
	材料费（元）			663.54	807.34	1089.29
	机械费（元）			1038.28	1265.39	1704.46
名称		单位	单价(元)	消耗量		
人工	综合工日	工日	140.00	10.964	13.079	16.981
材料	合金钢对焊法兰	片	—	(2.000)	(2.000)	(2.000)
	合金钢透镜垫	个	—	(1.000)	(1.000)	(1.000)
	丙酮	kg	7.51	0.312	0.358	0.404
	电	kW·h	0.68	3.648	4.436	5.913
	二硫化钼	kg	87.61	0.038	0.038	0.047
	合金钢焊丝	kg	7.69	0.282	0.349	0.480
	合金钢焊条	kg	11.11	53.665	65.268	88.321
	煤油	kg	3.73	1.105	1.190	1.360
	棉纱头	kg	6.00	0.062	0.070	0.082
	尼龙砂轮片 φ100×16×3	片	2.56	5.669	6.838	8.767
	破布	kg	6.32	0.153	0.162	0.179
	铈钨棒	g	0.38	1.581	1.953	2.686
	氩气	m³	19.59	0.791	0.977	1.344
	氧气	m³	3.63	2.018	2.703	3.642
	乙炔气	kg	10.45	0.673	0.901	1.214
	其他材料费占材料费	%	—	1.000	1.000	1.000
机械	半自动切割机 100mm	台班	83.55	0.185	0.266	0.369
	电动单梁起重机 5t	台班	223.20	0.477	0.561	0.729
	电焊机(综合)	台班	118.28	5.512	6.682	8.985
	电焊条恒温箱	台班	21.41	0.551	0.668	0.899
	电焊条烘干箱 60×50×75cm³	台班	26.46	0.551	0.668	0.899
	普通车床 630×2000mm	台班	247.10	0.477	0.561	0.729
	汽车式起重机 8t	台班	763.67	0.061	0.082	0.120
	氩弧焊机 500A	台班	92.58	0.464	0.575	0.790
	载重汽车 8t	台班	501.85	0.061	0.082	0.120

第五章 管道压力试验、吹扫与清洗

说　明

一、本章内容包括管道压力试验、管道系统吹扫、管道系统清洗、管道脱脂、管道油清洗，管道消毒、冲洗。

二、本章包括临时用空压机和泵作动力进行试压、吹扫及清洗，管道连接的管线、盲板、阀门、螺栓等所用的材料摊销量，不包括管道之间的临时串通管和临时排放管线。

三、管道系统清洗项目按系统循环清洗考虑。

四、管道油清洗项目适用于传动设备，按系统循环法考虑，包括油冲洗、系统连接和滤油机用橡胶管的摊销，但不包括管内除锈，需要时另行计算。

五、管道液压试验是按普通水编制的，如设计要求其他介质，可按实计算。

工程量计算规则

本章管道压力试验、泄漏性试验、吹扫与清洗按不同压力、规格，以“m”为计量单位。

一、管道压力试验

1.低中压管道液压试验

工作内容：准备工作、制堵盲板、装设临时泵、管线、灌水加压、停压检查、强度试验、严密性试验、拆除临时性管线、盲板、现场清理。

计量单位：100m

定额编号				A8-5-1	A8-5-2	A8-5-3	A8-5-4
项目名称				公称直径(mm以内)			
				50	100	200	300
基价（元）				**310.48**	**386.08**	**538.11**	**768.52**
其中	人工费（元）			261.10	314.58	384.58	521.08
	材料费（元）			34.66	56.65	136.21	230.05
	机械费（元）			14.72	14.85	17.32	17.39
名称		单位	单价(元)	消耗量			
人工	综合工日	工日	140.00	1.865	2.247	2.747	3.722
材料	低碳钢焊条	kg	6.84	0.200	0.200	0.200	0.200
	截止阀 PN10 DN20	个	8.55	0.200	0.200	0.200	0.200
	六角螺栓(综合)	10套	11.30	0.161	0.310	0.700	1.880
	热轧厚钢板 δ12～20	kg	3.20	3.822	7.350	22.140	34.860
	石棉橡胶板	kg	9.40	0.312	0.600	0.900	0.900
	水	t	7.96	0.348	0.984	3.888	8.772
	无缝钢管 φ20	m	2.85	0.800	0.800	0.800	0.800
	橡胶软管 DN20	m	7.26	0.600	0.600	0.600	0.600
	压力表 0～16MPa	块	32.31	0.100	0.100	0.100	0.100
	压力表表弯(管)	个	5.13	0.100	0.100	0.100	0.100
	氧气	m^3	3.63	0.156	0.300	0.460	0.460
	乙炔气	kg	10.45	0.052	0.100	0.150	0.150
	其他材料费占材料费	%	—	1.000	1.000	1.000	1.000
机械	电焊机(综合)	台班	118.28	0.100	0.100	0.100	0.100
	电焊条恒温箱	台班	21.41	0.010	0.010	0.010	0.010
	电焊条烘干箱 60×50×75cm^3	台班	26.46	0.010	0.010	0.010	0.010
	立式钻床 25mm	台班	6.58	0.019	0.020	0.030	0.040
	试压泵 60MPa	台班	24.08	0.095	0.100	0.200	0.200

工作内容：准备工作、制堵盲板、装设临时泵、管线、灌水加压、停压检查、强度试验、严密性试验、拆除临时性管线、盲板、现场清理。

计量单位：100m

定额编号				A8-5-5	A8-5-6	A8-5-7
项目名称				公称直径(mm以内)		
				400	500	600
基价（元）				**965.40**	**1198.38**	**1488.39**
其中	人工费（元）			618.94	740.04	796.32
	材料费（元）			326.60	438.41	665.99
	机械费（元）			19.86	19.93	26.08
名称		单位	单价(元)	消耗量		
人工	综合工日	工日	140.00	4.421	5.286	5.688
材料	低碳钢焊条	kg	6.84	0.200	0.200	0.300
	截止阀 PN10 DN20	个	8.55	0.200	0.200	—
	截止阀 PN10 DN50	个	38.46	—	—	0.200
	六角螺栓(综合)	10套	11.30	2.710	2.920	4.450
	热轧厚钢板 δ12～20	kg	3.20	42.630	54.180	62.340
	石棉橡胶板	kg	9.40	2.100	2.100	2.100
	水	t	7.96	14.928	23.760	42.648
	无缝钢管 φ20	m	2.85	0.800	0.800	—
	无缝钢管 φ50	m	23.68	—	—	0.800
	橡胶软管 DN20	m	7.26	0.600	0.600	—
	橡胶软管 DN50	m	19.23	—	—	0.600
	压力表 0～16MPa	块	32.31	0.100	0.100	0.100
	压力表表弯(管)	个	5.13	0.100	0.100	0.100
	氧气	m^3	3.63	0.610	0.760	0.910
	乙炔气	kg	10.45	0.200	0.250	0.300
	其他材料费占材料费	%	—	1.000	1.000	1.000
机械	电焊机(综合)	台班	118.28	0.100	0.100	0.150
	电焊条恒温箱	台班	21.41	0.010	0.010	0.015
	电焊条烘干箱 60×50×75cm³	台班	26.46	0.010	0.010	0.015
	立式钻床 25mm	台班	6.58	0.050	0.060	0.060
	试压泵 60MPa	台班	24.08	0.300	0.300	0.300

工作内容：准备工作、制堵盲板、装设临时泵、管线、灌水加压、停压检查、强度试验、严密性试验、拆除临时性管线、盲板、现场清理。

计量单位：100m

定额编号				A8-5-8	A8-5-9	A8-5-10
项目名称				公称直径(mm以内)		
				800	1000	1200
基价（元）				1914.10	2438.38	3027.33
其中	人工费（元）			882.42	971.60	1039.92
	材料费（元）			1005.60	1434.25	1954.88
	机械费（元）			26.08	32.53	32.53
名称		单位	单价(元)	消耗量		
人工	综合工日	工日	140.00	6.303	6.940	7.428
材料	低碳钢焊条	kg	6.84	0.300	0.400	0.400
	截止阀 PN10 DN50	个	38.46	0.200	0.200	0.200
	六角螺栓(综合)	10套	11.30	6.942	10.146	14.450
	热轧厚钢板 δ12～20	kg	3.20	79.140	94.200	113.040
	石棉橡胶板	kg	9.40	3.276	4.788	5.800
	水	t	7.96	72.757	113.017	162.864
	无缝钢管 φ50	m	23.68	0.800	0.800	0.800
	橡胶软管 DN50	m	19.23	0.600	0.600	0.600
	压力表 0～16MPa	块	32.31	0.100	0.100	0.100
	压力表表弯(管)	个	5.13	0.100	0.100	0.100
	氧气	m^3	3.63	1.420	2.075	2.100
	乙炔气	kg	10.45	0.468	0.684	0.700
	其他材料费占材料费	%	—	1.000	1.000	1.000
机械	电焊机(综合)	台班	118.28	0.150	0.175	0.175
	电焊条恒温箱	台班	21.41	0.015	0.018	0.018
	电焊条烘干箱 60×50×75cm³	台班	26.46	0.015	0.018	0.018
	立式钻床 25mm	台班	6.58	0.060	0.060	0.060
	试压泵 60MPa	台班	24.08	0.300	0.439	0.439

2. 高压管道液压试验

工作内容：准备工作、制堵盲板、装设临时泵、管线、灌水加压、停压检查、强度试验、严密性试验、拆除临时性管线、盲板、现场清理。

计量单位：100m

定额编号				A8-5-11	A8-5-12	A8-5-13	A8-5-14
项目名称				公称直径(mm以内)			
				50	100	200	300
基价（元）				**459.66**	**581.42**	**839.62**	**1202.38**
其中	人工费（元）			347.76	413.00	504.56	683.48
	材料费（元）			43.91	74.52	212.84	345.36
	机械费（元）			67.99	93.90	122.22	173.54
名称		单位	单价(元)	消耗量			
人工	综合工日	工日	140.00	2.484	2.950	3.604	4.882
材料	低碳钢焊条	kg	6.84	0.200	0.200	0.200	0.200
	截止阀 PN10 DN20	个	8.55	0.200	0.200	0.200	0.200
	六角螺栓(综合)	10套	11.30	0.160	0.310	0.700	1.880
	热轧厚钢板 δ20～40	kg	3.20	5.800	12.240	45.210	69.720
	石棉橡胶板	kg	9.40	0.400	0.600	0.900	0.900
	水	t	7.96	0.348	0.984	3.888	8.772
	无缝钢管 φ20	m	2.85	0.800	0.800	0.800	0.800
	橡胶软管 DN20	m	7.26	1.000	1.000	1.000	1.000
	压力表 0～64MPa	块	23.76	0.100	0.100	0.100	0.100
	压力表表弯(管)	个	5.13	0.100	0.100	0.100	0.100
	氧气	m³	3.63	0.150	0.300	0.460	0.530
	乙炔气	kg	10.45	0.050	0.100	0.150	0.180
	其他材料费占材料费	%	—	1.000	1.000	1.000	1.000
机械	电焊机(综合)	台班	118.28	0.100	0.100	0.100	0.100
	电焊条恒温箱	台班	21.41	0.010	0.010	0.010	0.010
	电焊条烘干箱 60×50×75cm³	台班	26.46	0.010	0.010	0.010	0.010
	普通车床 630×2000mm	台班	247.10	0.200	0.300	0.400	0.599
	试压泵 60MPa	台班	24.08	0.260	0.310	0.460	0.549

工作内容：准备工作、制堵盲板、装设临时泵、管线、灌水加压、停压检查、强度试验、严密性试验、拆除临时性管线、盲板、现场清理。

计量单位：100m

定额编号				A8-5-15	A8-5-16	A8-5-17
项目名称				公称直径(mm以内)		
				400	500	600
基价（元）				1480.69	1840.32	2205.90
其中	人工费（元）			812.14	971.04	1165.22
	材料费（元）			466.45	615.59	736.20
	机械费（元）			202.10	253.69	304.48
名称		单位	单价(元)	消耗量		
人工	综合工日	工日	140.00	5.801	6.936	8.323
材料	低碳钢焊条	kg	6.84	0.200	0.200	0.240
	截止阀 PN10 DN20	个	8.55	0.200	0.200	0.240
	六角螺栓(综合)	10套	11.30	2.710	2.920	3.504
	热轧厚钢板 δ20～40	kg	3.20	85.260	108.360	130.032
	石棉橡胶板	kg	9.40	2.100	2.100	2.520
	水	t	7.96	14.928	23.760	28.512
	无缝钢管 φ20	m	2.85	0.800	0.800	0.800
	橡胶软管 DN20	m	7.26	1.000	1.000	1.000
	压力表 0～64MPa	块	23.76	0.100	0.100	0.100
	压力表表弯(管)	个	5.13	0.100	0.100	0.100
	氧气	m^3	3.63	0.610	0.760	0.912
	乙炔气	kg	10.45	0.200	0.250	0.300
	其他材料费占材料费	%	—	1.000	1.000	1.000
机械	电焊机(综合)	台班	118.28	0.100	0.100	0.120
	电焊条恒温箱	台班	21.41	0.010	0.010	0.012
	电焊条烘干箱 60×50×75cm³	台班	26.46	0.010	0.010	0.012
	普通车床 630×2000mm	台班	247.10	0.699	0.899	1.079
	试压泵 60MPa	台班	24.08	0.709	0.799	0.959

3.低中压管道气压试验

工作内容：准备工作、制堵盲板、装设临时泵、管线、充气加压、停压检查、强度试验、严密性试验、拆除临时性管线、盲板、现场清理。 计量单位：100m

定额编号				A8-5-18	A8-5-19	A8-5-20	A8-5-21
项目名称				公称直径(mm以内)			
				50	100	200	300
基价（元）				**235.99**	**291.71**	**396.63**	**501.33**
其中	人工费（元）			163.80	194.32	239.82	286.72
	材料费（元）			41.21	64.28	121.57	177.23
	机械费（元）			30.98	33.11	35.24	37.38
名称		单位	单价(元)	消耗量			
人工	综合工日	工日	140.00	1.170	1.388	1.713	2.048
材料	低碳钢焊条	kg	6.84	0.200	0.200	0.200	0.200
	肥皂	块	3.56	0.150	0.300	0.600	0.900
	截止阀 PN10 DN20	个	8.55	0.200	0.200	0.200	0.200
	六角螺栓(综合)	10套	11.30	0.160	0.310	0.700	1.880
	热轧厚钢板 δ12～20	kg	3.20	1.830	7.350	22.140	34.860
	石棉橡胶板	kg	9.40	0.400	0.600	0.900	0.900
	温度计 0～120℃	支	52.14	0.200	0.200	0.200	0.200
	无缝钢管 Φ20	m	2.85	1.000	1.000	1.000	1.000
	压力表 0～16MPa	块	32.31	0.200	0.200	0.200	0.200
	氧气	m^3	3.63	0.150	0.300	0.460	0.460
	乙炔气	kg	10.45	0.050	0.100	0.150	0.150
	针型阀	个	49.57	0.100	0.100	0.100	0.100
	其他材料费占材料费	%	—	1.000	1.000	1.000	1.000
机械	电动空气压缩机 $6m^3/min$	台班	206.73	0.090	0.100	0.110	0.120
	电焊机(综合)	台班	118.28	0.100	0.100	0.100	0.100
	电焊条恒温箱	台班	21.41	0.010	0.010	0.010	0.010
	电焊条烘干箱 $60\times50\times75cm^3$	台班	26.46	0.010	0.010	0.010	0.010
	立式钻床 25mm	台班	6.58	0.010	0.020	0.030	0.040

工作内容：准备工作、制堵盲板、装设临时泵、管线、充气加压、停压检查、强度试验、严密性试验、拆除临时性管线、盲板、现场清理。

计量单位：100m

定额编号				A8-5-22	A8-5-23	A8-5-24	A8-5-25
项目名称				公称直径(mm以内)			
				400	500	600	800
基价（元）				**645.16**	**755.13**	**856.13**	**1081.35**
其中	人工费（元）			378.42	424.06	475.72	551.74
	材料费（元）			227.23	289.43	330.55	475.55
	机械费（元）			39.51	41.64	49.86	54.06
名称		**单位**	**单价(元)**	**消耗量**			
人工	综合工日	工日	140.00	2.703	3.029	3.398	3.941
材料	低碳钢焊条	kg	6.84	0.200	0.200	0.300	0.300
	肥皂	块	3.56	1.000	1.100	1.200	1.700
	截止阀 PN10 DN32	个	21.37	0.200	0.200	0.200	—
	截止阀 PN10 DN50	个	38.46	—	—	—	0.200
	六角螺栓(综合)	10套	11.30	2.710	2.920	4.450	9.980
	热轧厚钢板 δ12～20	kg	3.20	42.630	54.180	60.840	79.140
	石棉橡胶板	kg	9.40	2.100	2.100	2.100	3.700
	温度计 0～120℃	支	52.14	0.200	0.200	0.200	0.200
	无缝钢管 φ20	m	2.85	1.000	—	—	—
	无缝钢管 φ50	m	23.68	—	1.000	1.000	1.000
	压力表 0～16MPa	块	32.31	0.200	0.200	0.200	0.200
	氧气	m^3	3.63	0.610	0.760	0.910	1.220
	乙炔气	kg	10.45	0.200	0.250	0.300	0.410
	针型阀	个	49.57	0.100	0.100	0.100	0.100
	其他材料费占材料费	%	—	1.000	1.000	1.000	1.000
机械	电动空气压缩机 $6m^3/min$	台班	206.73	0.130	0.140	0.150	0.170
	电焊机(综合)	台班	118.28	0.100	0.100	0.150	0.150
	电焊条恒温箱	台班	21.41	0.010	0.010	0.015	0.015
	电焊条烘干箱 $60\times50\times75cm^3$	台班	26.46	0.010	0.010	0.015	0.015
	立式钻床 25mm	台班	6.58	0.050	0.060	0.060	0.070

工作内容：准备工作、制堵盲板、装设临时泵、管线、充气加压、停压检查、强度试验、严密性试验、拆除临时性管线、盲板、现场清理。

计量单位：100m

定额编号				A8-5-26	A8-5-27	A8-5-28	A8-5-29
项目名称				公称直径(mm以内)			
				1000	1200	1400	1600
基价（元）				1254.81	1544.83	1779.96	1948.15
其中	人工费（元）			658.42	863.66	1015.14	1091.86
	材料费（元）			537.99	623.93	700.48	777.61
	机械费（元）			58.40	57.24	64.34	78.68
名称		单位	单价(元)	消耗量			
人工	综合工日	工日	140.00	4.703	6.169	7.251	7.799
材料	低碳钢焊条	kg	6.84	0.300	0.400	0.400	0.400
	肥皂	块	3.56	2.200	2.500	3.000	3.500
	截止阀 PN10 DN50	个	38.46	0.200	0.200	0.200	0.200
	六角螺栓(综合)	10套	11.30	10.840	11.690	12.000	12.500
	热轧厚钢板 δ12～20	kg	3.20	94.200	113.040	131.880	150.720
	石棉橡胶板	kg	9.40	3.700	4.900	5.760	6.540
	温度计 0～120℃	支	52.14	0.200	0.200	0.200	0.200
	无缝钢管 φ50	m	23.68	1.000	1.000	1.000	1.000
	压力表 0～16MPa	块	32.31	0.200	0.200	0.200	0.200
	氧气	m³	3.63	1.520	1.830	2.130	2.320
	乙炔气	kg	10.45	0.510	0.610	0.710	0.770
	针型阀	个	49.57	0.100	0.100	0.100	0.100
	其他材料费占材料费	%	—	1.000	1.000	1.000	1.000
机械	电动空气压缩机 10m³/min	台班	355.21	—	0.090	0.110	0.150
	电动空气压缩机 6m³/min	台班	206.73	0.190	—	—	—
	电焊机(综合)	台班	118.28	0.150	0.200	0.200	0.200
	电焊条恒温箱	台班	21.41	0.015	0.020	0.020	0.020
	电焊条烘干箱 60×50×75cm³	台班	26.46	0.015	0.020	0.020	0.020
	立式钻床 25mm	台班	6.58	0.100	0.100	0.100	0.120

工作内容：准备工作、制堵盲板、装设临时泵、管线、充气加压、停压检查、强度试验、严密性试验、拆除临时性管线、盲板、现场清理。

计量单位：100m

定额编号				A8-5-30	A8-5-31	A8-5-32	A8-5-33
项目名称				公称直径(mm以内)			
				1800	2000	2200	2400
基价（元）				2215.85	2403.08	2680.23	2938.01
其中	人工费（元）			1251.60	1327.76	1488.06	1638.98
	材料费（元）			861.65	947.86	1047.70	1136.80
	机械费（元）			102.60	127.46	144.47	162.23
名称		单位	单价(元)	消耗量			
人工	综合工日	工日	140.00	8.940	9.484	10.629	11.707
材料	低碳钢焊条	kg	6.84	0.500	0.500	0.500	0.500
	肥皂	块	3.56	4.000	4.500	5.000	5.500
	截止阀 PN10 DN50	个	38.46	0.200	0.200	0.200	0.200
	六角螺栓(综合)	10套	11.30	13.400	14.620	17.000	18.310
	热轧厚钢板 δ12～20	kg	3.20	169.560	188.400	207.240	226.080
	石棉橡胶板	kg	9.40	7.320	8.100	8.910	9.890
	温度计 0～120℃	支	52.14	0.200	0.200	0.200	0.200
	无缝钢管 φ50	m	23.68	1.000	1.000	1.000	1.000
	压力表 0～16MPa	块	32.31	0.200	0.200	0.200	0.200
	氧气	m^3	3.63	2.730	3.040	3.350	3.650
	乙炔气	kg	10.45	0.910	1.010	1.120	1.220
	针型阀	个	49.57	0.100	0.100	0.100	0.100
	其他材料费占材料费	%	—	1.000	1.000	1.000	1.000
机械	电动空气压缩机 $10m^3/min$	台班	355.21	0.200	0.270	0.300	0.350
	电焊机(综合)	台班	118.28	0.250	0.250	0.300	0.300
	电焊条恒温箱	台班	21.41	0.025	0.025	0.030	0.030
	电焊条烘干箱 $60×50×75cm^3$	台班	26.46	0.025	0.025	0.030	0.030
	立式钻床 25mm	台班	6.58	0.120	0.120	0.150	0.150

工作内容：准备工作、制堵盲板、装设临时泵、管线、充气加压、停压检查、强度试验、严密性试验、拆除临时性管线、盲板、现场清理。 计量单位：100m

定额编号				A8-5-34	A8-5-35	A8-5-36
项目名称				公称直径(mm以内)		
				2600	2800	3000
基价（元）				3216.54	3494.58	3779.07
其中	人工费（元）			1792.56	1952.16	2104.34
	材料费（元）			1243.99	1338.52	1453.42
	机械费（元）			179.99	203.90	221.31
名称		单位	单价(元)	消耗量		
人工	综合工日	工日	140.00	12.804	13.944	15.031
材料	低碳钢焊条	kg	6.84	0.600	0.600	0.600
	肥皂	块	3.56	6.000	6.500	7.000
	截止阀 PN10 DN50	个	38.46	0.200	0.200	0.200
	六角螺栓(综合)	10套	11.30	20.970	22.370	25.300
	热轧厚钢板 δ12～20	kg	3.20	244.920	263.760	282.600
	石棉橡胶板	kg	9.40	11.080	12.520	14.270
	温度计 0～120℃	支	52.14	0.200	0.200	0.200
	无缝钢管 φ50	m	23.68	1.000	1.000	1.000
	压力表 0～16MPa	块	32.31	0.200	0.200	0.200
	氧气	m^3	3.63	3.950	4.260	4.560
	乙炔气	kg	10.45	1.320	1.420	1.520
	针型阀	个	49.57	0.100	0.100	0.100
	其他材料费占材料费	%	—	1.000	1.000	1.000
机械	电动空气压缩机 $10m^3/min$	台班	355.21	0.400	0.450	0.499
	电焊机(综合)	台班	118.28	0.300	0.350	0.350
	电焊条恒温箱	台班	21.41	0.030	0.035	0.035
	电焊条烘干箱 $60×50×75cm^3$	台班	26.46	0.030	0.035	0.035
	立式钻床 25mm	台班	6.58	0.150	0.150	0.150

4. 低中压管道泄漏性试验

工作内容：准备工作、配临时管道、设备管道封闭、系统充压、涂刷检查液、检查泄漏、放压、紧固螺栓、更换垫片或盘根、阀门处理、充压、稳压、检查、放压、拆除临时管道、现场清理。

计量单位：100m

定额编号				A8-5-37	A8-5-38	A8-5-39	A8-5-40
项目名称				公称直径(mm以内)			
				50	100	200	300
基价（元）				**276.03**	**339.87**	**457.81**	**574.69**
其中	人工费（元）			203.84	242.48	301.00	360.08
	材料费（元）			41.21	64.28	121.57	177.23
	机械费（元）			30.98	33.11	35.24	37.38
名称		单位	单价(元)	消耗量			
人工	综合工日	工日	140.00	1.456	1.732	2.150	2.572
材料	低碳钢焊条	kg	6.84	0.200	0.200	0.200	0.200
	肥皂	块	3.56	0.150	0.300	0.600	0.900
	截止阀 PN10 DN20	个	8.55	0.200	0.200	0.200	0.200
	六角螺栓(综合)	10套	11.30	0.160	0.310	0.700	1.880
	热轧厚钢板 δ12～20	kg	3.20	1.830	7.350	22.140	34.860
	石棉橡胶板	kg	9.40	0.400	0.600	0.900	0.900
	温度计 0～120℃	支	52.14	0.200	0.200	0.200	0.200
	无缝钢管 φ20	m	2.85	1.000	1.000	1.000	1.000
	压力表 0～16MPa	块	32.31	0.200	0.200	0.200	0.200
	氧气	m^3	3.63	0.150	0.300	0.460	0.460
	乙炔气	kg	10.45	0.050	0.100	0.150	0.150
	针型阀	个	49.57	0.100	0.100	0.100	0.100
	其他材料费占材料费	%	—	1.000	1.000	1.000	1.000
机械	电动空气压缩机 6m^3/min	台班	206.73	0.090	0.100	0.110	0.120
	电焊机(综合)	台班	118.28	0.100	0.100	0.100	0.100
	电焊条恒温箱	台班	21.41	0.010	0.010	0.010	0.010
	电焊条烘干箱 60×50×75cm^3	台班	26.46	0.010	0.010	0.010	0.010
	立式钻床 25mm	台班	6.58	0.010	0.020	0.030	0.040

工作内容：准备工作、配临时管道、设备管道封闭、系统充压、涂刷检查液、检查泄漏、放压、紧固螺栓、更换垫片或盘根、阀门处理、充压、稳压、检查、放压、拆除临时管道、现场清理。

计量单位：100m

定额编号				A8-5-41	A8-5-42	A8-5-43
项目名称				公称直径(mm以内)		
				400	500	600
基价（元）				740.43	842.25	1010.56
其中	人工费（元）			476.28	534.80	641.62
	材料费（元）			224.64	265.81	318.97
	机械费（元）			39.51	41.64	49.97
名称		单位	单价(元)	消耗量		
人工	综合工日	工日	140.00	3.402	3.820	4.583
材料	低碳钢焊条	kg	6.84	0.200	0.200	0.240
	肥皂	块	3.56	1.000	1.100	1.320
	截止阀 PN10 DN20	个	8.55	0.200	0.200	0.240
	六角螺栓(综合)	10套	11.30	2.710	2.920	3.504
	热轧厚钢板 δ12～20	kg	3.20	42.630	54.180	65.016
	石棉橡胶板	kg	9.40	2.100	2.100	2.520
	温度计 0～120℃	支	52.14	0.200	0.200	0.240
	无缝钢管 Φ20	m	2.85	1.000	1.000	1.200
	压力表 0～16MPa	块	32.31	0.200	0.200	0.240
	氧气	m^3	3.63	0.610	0.760	0.912
	乙炔气	kg	10.45	0.200	0.250	0.300
	针型阀	个	49.57	0.100	0.100	0.120
	其他材料费占材料费	%	—	1.000	1.000	1.000
机械	电动空气压缩机 6m^3/min	台班	206.73	0.130	0.140	0.168
	电焊机(综合)	台班	118.28	0.100	0.100	0.120
	电焊条恒温箱	台班	21.41	0.010	0.010	0.012
	电焊条烘干箱 60×50×75cm^3	台班	26.46	0.010	0.010	0.012
	立式钻床 25mm	台班	6.58	0.050	0.060	0.072

5. 低中压管道真空试验

工作内容：准备工作、制堵盲板、装设临时管线、试验、检查、拆除临时管线、盲板、现场清理。

计量单位：100m

定额编号				A8-5-44	A8-5-45	A8-5-46	A8-5-47
项目名称				公称直径(mm以内)			
				50	100	200	300
基价（元）				348.68	423.12	554.20	685.04
其中	人工费（元）			239.82	285.46	354.06	424.06
	材料费（元）			40.67	63.20	119.41	173.99
	机械费（元）			68.19	74.46	80.73	86.99
名称		单位	单价(元)	消耗量			
人工	综合工日	工日	140.00	1.713	2.039	2.529	3.029
材料	低碳钢焊条	kg	6.84	0.200	0.200	0.200	0.200
	截止阀 PN10 DN20	个	8.55	0.200	0.200	0.200	0.200
	六角螺栓(综合)	10套	11.30	0.160	0.310	0.700	1.880
	热轧厚钢板 δ12～20	kg	3.20	1.830	7.350	22.140	34.860
	石棉橡胶板	kg	9.40	0.400	0.600	0.900	0.900
	温度计 0～120℃	支	52.14	0.200	0.200	0.200	0.200
	无缝钢管 φ20	m	2.85	1.000	1.000	1.000	1.000
	压力表 0～16MPa	块	32.31	0.200	0.200	0.200	0.200
	氧气	m^3	3.63	0.150	0.300	0.460	0.460
	乙炔气	kg	10.45	0.050	0.100	0.150	0.150
	针型阀	个	49.57	0.100	0.100	0.100	0.100
	其他材料费占材料费	%	—	1.000	1.000	1.000	1.000
机械	电动空气压缩机 $6m^3/min$	台班	206.73	0.270	0.300	0.330	0.360
	电焊机(综合)	台班	118.28	0.100	0.100	0.100	0.100
	电焊条恒温箱	台班	21.41	0.010	0.010	0.010	0.010
	电焊条烘干箱 $60×50×75cm^3$	台班	26.46	0.010	0.010	0.010	0.010
	立式钻床 25mm	台班	6.58	0.010	0.020	0.030	0.040

工作内容：准备工作、制堵盲板、装设临时管线、试验、检查、拆除临时管线、盲板、现场清理。

计量单位：100m

定额编号				A8-5-48	A8-5-49	A8-5-50
项目名称				公称直径(mm以内)		
				400	500	600
基价（元）				874.87	990.54	1188.47
其中	人工费（元）			560.56	629.16	755.02
	材料费（元）			221.05	261.85	314.22
	机械费（元）			93.26	99.53	119.23
名称		单位	单价(元)	消耗量		
人工	综合工日	工日	140.00	4.004	4.494	5.393
材料	低碳钢焊条	kg	6.84	0.200	0.200	0.240
	截止阀 PN10 DN20	个	8.55	0.200	0.200	0.240
	六角螺栓(综合)	10套	11.30	2.710	2.920	3.504
	热轧厚钢板 δ12～20	kg	3.20	42.630	54.180	65.016
	石棉橡胶板	kg	9.40	2.100	2.100	2.520
	温度计 0～120℃	支	52.14	0.200	0.200	0.240
	无缝钢管 φ20	m	2.85	1.000	1.000	1.200
	压力表 0～16MPa	块	32.31	0.200	0.200	0.240
	氧气	m^3	3.63	0.610	0.760	0.912
	乙炔气	kg	10.45	0.200	0.250	0.300
	针型阀	个	49.57	0.100	0.100	0.120
	其他材料费占材料费	%	—	1.000	1.000	1.000
机械	电动空气压缩机 $6m^3/min$	台班	206.73	0.390	0.420	0.503
	电焊机(综合)	台班	118.28	0.100	0.100	0.120
	电焊条恒温箱	台班	21.41	0.010	0.010	0.012
	电焊条烘干箱 60×50×75cm^3	台班	26.46	0.010	0.010	0.012
	立式钻床 25mm	台班	6.58	0.050	0.060	0.072

二、管道系统吹扫

1. 水冲洗

工作内容：准备工作、制堵盲板、装设临时管线、通水冲洗检查、系统管线复位、临时管线拆除、现场清理。

计量单位：100m

定额编号				A8-5-51	A8-5-52	A8-5-53	A8-5-54
项目名称				公称直径(mm以内)			
				50	100	200	300
基价（元）				238.29	340.71	679.02	1245.25
其中	人工费（元）			171.92	189.00	231.14	312.62
	材料费（元）			53.33	137.60	429.71	906.72
	机械费（元）			13.04	14.11	18.17	25.91
名称		单位	单价(元)	消耗量			
人工	综合工日	工日	140.00	1.228	1.350	1.651	2.233
材料	低碳钢焊条	kg	6.84	0.200	0.200	0.200	0.200
	法兰 DN50	片	9.35	0.100	0.100	0.100	0.100
	截止阀 PN10 DN50	个	38.46	0.100	0.100	0.100	0.100
	六角螺栓(综合)	10套	11.30	0.320	0.470	1.050	2.820
	热轧厚钢板 δ12～20	kg	3.20	0.610	2.450	7.380	11.620
	石棉橡胶板	kg	9.40	0.540	0.950	1.560	1.700
	水	t	7.96	2.160	11.070	43.740	98.690
	无缝钢管 φ50	m	23.68	0.100	0.100	0.100	0.100
	橡胶软管 DN50	m	19.23	0.800	0.800	0.800	0.800
	氧气	m³	3.63	0.150	0.300	0.460	0.460
	乙炔气	kg	10.45	0.050	0.100	0.150	0.150
	其他材料费占材料费	%	—	1.000	1.000	1.000	1.000
机械	电动单级离心清水泵 100mm	台班	33.35	0.020	0.050	0.170	0.400
	电焊机(综合)	台班	118.28	0.100	0.100	0.100	0.100
	电焊条恒温箱	台班	21.41	0.010	0.010	0.010	0.010
	电焊条烘干箱 60×50×75cm³	台班	26.46	0.010	0.010	0.010	0.010
	立式钻床 25mm	台班	6.58	0.010	0.020	0.030	0.040

工作内容：准备工作、制堵盲板、装设临时管线、通水冲洗检查、系统管线复位、临时管线拆除、现场清理。

计量单位：100m

定额编号				A8-5-55	A8-5-56	A8-5-57
项目名称				公称直径(mm以内)		
				400	500	600
基价（元）				1938.21	2841.27	3982.28
其中	人工费（元）			371.70	443.80	477.82
	材料费（元）			1527.90	2345.39	3428.71
	机械费（元）			38.61	52.08	75.75
名称		单位	单价(元)	消耗量		
人工	综合工日	工日	140.00	2.655	3.170	3.413
材料	低碳钢焊条	kg	6.84	0.200	0.200	0.300
	法兰 DN100	片	15.13	0.100	0.100	0.100
	截止阀 PN10 DN100	个	212.82	0.100	0.100	0.100
	六角螺栓(综合)	10套	11.30	4.070	4.380	6.680
	热轧厚钢板 δ12～20	kg	3.20	14.210	18.060	20.280
	石棉橡胶板	kg	9.40	3.480	3.760	6.360
	水	t	7.96	167.940	267.170	394.470
	无缝钢管 Φ100	m	55.56	0.100	0.100	0.100
	橡胶软管 DN100	m	22.22	0.800	0.800	0.800
	氧气	m^3	3.63	0.610	0.760	0.910
	乙炔气	kg	10.45	0.200	0.250	0.300
	其他材料费占材料费	%	—	1.000	1.000	1.000
机械	电动单级离心清水泵 200mm	台班	83.79	0.310	0.470	0.679
	电焊机(综合)	台班	118.28	0.100	0.100	0.150
	电焊条恒温箱	台班	21.41	0.010	0.010	0.015
	电焊条烘干箱 60×50×75cm^3	台班	26.46	0.010	0.010	0.015
	立式钻床 25mm	台班	6.58	0.050	0.060	0.060

2. 空气吹扫

工作内容：准备工作、制堵盲板、装设临时管线、充气加压、敲打管道检查、系统管线复位、临时管线拆除、现场清理。

计量单位：100m

定额编号				A8-5-58	A8-5-59	A8-5-60	A8-5-61
项目名称				公称直径(mm以内)			
				50	100	200	300
基价（元）				151.14	184.25	253.97	317.14
其中	人工费（元）			98.56	116.90	144.06	171.92
	材料费（元）			25.74	38.37	78.80	114.04
	机械费（元）			26.84	28.98	31.11	31.18
名称		单位	单价(元)	消耗量			
人工	综合工日	工日	140.00	0.704	0.835	1.029	1.228
材料	低碳钢焊条	kg	6.84	0.200	0.200	0.200	0.200
	法兰 DN32	片	6.87	0.400	0.400	—	—
	法兰 DN50	片	9.35	—	—	0.400	0.400
	截止阀 PN10 DN32	个	21.37	0.200	0.200	—	—
	截止阀 PN10 DN50	个	38.46	—	—	0.200	0.200
	六角螺栓(综合)	10套	11.30	0.320	0.470	1.050	2.820
	热轧厚钢板 δ12～20	kg	3.20	0.610	2.450	7.380	11.620
	石棉橡胶板	kg	9.40	0.540	0.950	1.560	1.700
	无缝钢管 φ32	m	10.77	0.500	0.500	—	—
	无缝钢管 φ50	m	23.68	—	—	0.500	0.500
	氧气	m³	3.63	0.150	0.300	0.460	0.460
	乙炔气	kg	10.45	0.050	0.100	0.150	0.150
	其他材料费占材料费	%	—	1.000	1.000	1.000	1.000
机械	电动空气压缩机 6m³/min	台班	206.73	0.070	0.080	0.090	0.090
	电焊机(综合)	台班	118.28	0.100	0.100	0.100	0.100
	电焊条恒温箱	台班	21.41	0.010	0.010	0.010	0.010
	电焊条烘干箱 60×50×75cm³	台班	26.46	0.010	0.010	0.010	0.010
	立式钻床 25mm	台班	6.58	0.010	0.020	0.030	0.040

工作内容：准备工作、制堵盲板、装设临时管线、充气加压、敲打管道检查、系统管线复位、临时管线拆除、现场清理。

计量单位：100m

定额编号				A8-5-62	A8-5-63	A8-5-64
项目名称				公称直径(mm以内)		
				400	500	600
基价（元）				**415.04**	**463.91**	**564.98**
其中	人工费（元）			227.08	254.10	285.46
	材料费（元）			154.65	174.37	235.86
	机械费（元）			33.31	35.44	43.66
	名称	单位	单价(元)	消耗量		
人工	综合工日	工日	140.00	1.622	1.815	2.039
材料	低碳钢焊条	kg	6.84	0.200	0.200	0.300
	法兰 DN50	片	9.35	0.400	0.400	0.400
	截止阀 PN10 DN50	个	38.46	0.200	0.200	0.200
	六角螺栓(综合)	10套	11.30	4.070	4.380	6.680
	热轧厚钢板 δ12～20	kg	3.20	14.210	18.060	20.780
	石棉橡胶板	kg	9.40	3.480	3.760	6.360
	无缝钢管 φ50	m	23.68	0.500	0.500	0.500
	氧气	m^3	3.63	0.610	0.760	0.910
	乙炔气	kg	10.45	0.200	0.250	0.300
	其他材料费占材料费	%	—	1.000	1.000	1.000
机械	电动空气压缩机 $6m^3/min$	台班	206.73	0.100	0.110	0.120
	电焊机(综合)	台班	118.28	0.100	0.100	0.150
	电焊条恒温箱	台班	21.41	0.010	0.010	0.015
	电焊条烘干箱 $60\times50\times75cm^3$	台班	26.46	0.010	0.010	0.015
	立式钻床 25mm	台班	6.58	0.050	0.060	0.060

3. 蒸汽吹扫

工作内容：准备工作、制堵盲板、装设临时管线、通气暖管、加压升压恒温、降温检查、反复多次吹洗，检查、系统管线复位、临时管线拆除、现场清理。 计量单位：100m

定额编号				A8-5-65	A8-5-66	A8-5-67	A8-5-68
项目名称				公称直径(mm以内)			
				50	100	200	300
基价（元）				**679.46**	**2238.53**	**8131.72**	**18183.59**
其中	人工费（元）			142.66	189.00	234.50	280.70
	材料费（元）			524.43	2037.09	7884.72	17890.32
	机械费（元）			12.37	12.44	12.50	12.57
	名称	**单位**	**单价(元)**	**消耗量**			
人工	综合工日	工日	140.00	1.019	1.350	1.675	2.005
材料	低碳钢焊条	kg	6.84	0.200	0.200	0.200	0.200
	法兰 DN32	片	6.87	0.400	0.400	—	—
	法兰 DN50	片	9.35	—	—	0.400	0.400
	截止阀 PN10 DN32	个	21.37	0.200	0.200	—	—
	截止阀 PN10 DN50	个	38.46	—	—	0.200	0.200
	六角螺栓(综合)	10套	11.30	0.320	0.470	1.050	2.820
	热轧厚钢板 δ12～20	kg	3.20	0.610	2.450	7.380	11.620
	石棉橡胶板	kg	9.40	0.140	0.350	0.660	0.800
	无缝钢管 φ32	m	10.77	0.500	0.500	—	—
	无缝钢管 φ50	m	23.68	—	—	0.500	0.500
	氧气	m^3	3.63	0.150	0.300	0.460	0.460
	乙炔气	kg	10.45	0.050	0.100	0.150	0.150
	蒸汽	t	182.91	2.720	10.850	42.300	96.270
	其他材料费占材料费	%	—	1.000	1.000	1.000	1.000
机械	电焊机(综合)	台班	118.28	0.100	0.100	0.100	0.100
	电焊条恒温箱	台班	21.41	0.010	0.010	0.010	0.010
	电焊条烘干箱 60×50×75cm^3	台班	26.46	0.010	0.010	0.010	0.010
	立式钻床 25mm	台班	6.58	0.010	0.020	0.030	0.040

工作内容：准备工作、制堵盲板、装设临时管线、通气暖管、加压升压恒温、降温检查、反复多次吹洗，检查、系统管线复位、临时管线拆除、现场清理。 计量单位：100m

定额编号				A8-5-69	A8-5-70	A8-5-71
项目名称				公称直径(mm以内)		
				400	500	600
基价（元）				**32049.81**	**49673.06**	**71663.36**
其中	人工费（元）			339.78	407.82	553.84
	材料费（元）			31697.39	49252.54	71090.67
	机械费（元）			12.64	12.70	18.85
名称		单位	单价(元)	消耗量		
人工	综合工日	工日	140.00	2.427	2.913	3.956
材料	低碳钢焊条	kg	6.84	0.200	0.200	0.300
	法兰 DN50	片	9.35	0.400	0.400	0.400
	截止阀 PN10 DN50	个	38.46	0.200	0.200	0.200
	六角螺栓(综合)	10套	11.30	4.070	4.380	6.680
	热轧厚钢板 δ12～20	kg	3.20	14.210	18.060	20.780
	石棉橡胶板	kg	9.40	1.380	1.660	2.660
	无缝钢管 φ50	m	23.68	0.500	0.500	0.500
	氧气	m^3	3.63	0.610	0.760	0.910
	乙炔气	kg	10.45	0.200	0.250	0.300
	蒸汽	t	182.91	170.850	265.770	383.730
	其他材料费占材料费	%	—	1.000	1.000	1.000
机械	电焊机(综合)	台班	118.28	0.100	0.100	0.150
	电焊条恒温箱	台班	21.41	0.010	0.010	0.015
	电焊条烘干箱 60×50×75cm³	台班	26.46	0.010	0.010	0.015
	立式钻床 25mm	台班	6.58	0.050	0.060	0.060

三、管道系统清洗

1. 碱洗

工作内容：准备工作、临时管线安装及拆除、配制清洗剂、清洗、检查、剂料回收、现场清理。

计量单位：100m

定额编号				A8-5-72	A8-5-73	A8-5-74	A8-5-75
项目名称				公称直径(mm以内)			
				50	100	200	300
基价（元）				**256.65**	**366.79**	**590.37**	**1004.43**
其中	人工费（元）			197.82	251.44	373.80	545.72
	材料费（元）			29.02	81.98	179.64	312.23
	机械费（元）			29.81	33.37	36.93	146.48
名称		单位	单价(元)	消耗量			
人工	综合工日	工日	140.00	1.413	1.796	2.670	3.898
材料	碱洗药剂	kg	—	(19.670)	(39.330)	(65.040)	(97.090)
	低碳钢焊条	kg	6.84	0.200	0.200	0.200	0.200
	截止阀 PN10 DN25	个	15.81	0.200	—	—	—
	截止阀 PN10 DN50	个	38.46	—	0.200	0.200	0.200
	六角螺栓(综合)	10套	11.30	0.160	0.310	0.700	1.880
	耐碱塑料管 DN25	m	7.69	1.000	—	—	—
	耐碱塑料管 DN50	m	17.95	—	1.000	1.000	1.000
	耐酸石棉橡胶板	kg	25.64	0.280	0.680	1.320	1.600
	热轧厚钢板 δ12～20	kg	3.20	0.610	2.450	7.380	11.620
	水	t	7.96	0.480	2.460	9.720	21.930
	无缝钢管 φ25	m	3.42	0.200	—	—	—
	无缝钢管 φ50	m	23.68	—	0.200	0.200	0.200
	氧气	m^3	3.63	0.150	0.150	0.470	0.470
	乙炔气	kg	10.45	0.050	0.050	0.160	0.160
	其他材料费占材料费	%	—	1.000	1.000	1.000	1.000
机械	电焊机(综合)	台班	118.28	0.100	0.100	0.100	0.100
	电焊条恒温箱	台班	21.41	0.010	0.010	0.010	0.010
	电焊条烘干箱 60×50×75cm^3	台班	26.46	0.010	0.010	0.010	0.010
	立式钻床 25mm	台班	6.58	0.010	0.020	0.030	0.040
	耐腐蚀泵 100mm	台班	167.60	—	—	—	0.799
	耐腐蚀泵 40mm	台班	34.94	0.499	0.599	0.699	—

工作内容：准备工作、临时管线安装及拆除、配制清洗剂、清洗、检查、剂料回收、现场清理。

计量单位：100m

定额编号				A8-5-76	A8-5-77	A8-5-78
项目名称				公称直径(mm以内)		
				400	500	600
基价（元）				1445.26	1951.16	2335.04
其中	人工费（元）			795.06	1078.56	1294.30
	材料费（元）			486.89	692.47	824.55
	机械费（元）			163.31	180.13	216.19
名称		单位	单价(元)	消耗量		
人工	综合工日	工日	140.00	5.679	7.704	9.245
材料	碱洗药剂	kg	—	(127.570)	(157.600)	(189.120)
	低碳钢焊条	kg	6.84	0.200	0.200	0.200
	截止阀 PN10 DN50	个	38.46	0.200	0.200	0.200
	六角螺栓(综合)	10套	11.30	2.710	2.920	3.504
	耐碱塑料管 DN50	m	17.95	1.000	1.000	1.000
	耐酸石棉橡胶板	kg	25.64	2.800	3.320	3.984
	热轧厚钢板 δ12～20	kg	3.20	14.210	18.060	21.672
	水	t	7.96	37.320	59.370	71.244
	无缝钢管 φ50	m	23.68	0.200	0.200	0.200
	氧气	m^3	3.63	0.760	0.760	0.912
	乙炔气	kg	10.45	0.250	0.250	0.300
	其他材料费占材料费	%	—	1.000	1.000	1.000
机械	电焊机(综合)	台班	118.28	0.100	0.100	0.120
	电焊条恒温箱	台班	21.41	0.010	0.010	0.012
	电焊条烘干箱 60×50×75cm³	台班	26.46	0.010	0.010	0.012
	立式钻床 25mm	台班	6.58	0.050	0.060	0.072
	耐腐蚀泵 100mm	台班	167.60	0.899	0.999	1.199

2. 酸洗

工作内容：准备工作、临时管线安装及拆除、配制清洗剂、清洗、中和处理、检查、剂料回收、现场清理。

计量单位：100m

定额编号				A8-5-79	A8-5-80	A8-5-81	A8-5-82
项目名称				公称直径(mm以内)			
				50	100	200	300
基价（元）				**338.01**	**476.01**	**771.40**	**1291.54**
其中	人工费（元）			277.90	354.06	528.78	774.06
	材料费（元）			30.30	88.58	205.69	371.00
	机械费（元）			29.81	33.37	36.93	146.48
名称		单位	单价（元）	消耗量			
人工	综合工日	工日	140.00	1.985	2.529	3.777	5.529
材料	碱洗药剂	kg	—	(3.930)	(7.850)	(15.750)	(23.500)
	酸洗药剂	kg	—	(23.400)	(47.100)	(58.780)	(72.820)
	低碳钢焊条	kg	6.84	0.200	0.200	0.200	0.200
	截止阀 PN10 DN25	个	15.81	0.200	—	—	—
	截止阀 PN10 DN50	个	38.46	—	0.200	0.200	0.200
	六角螺栓(综合)	10套	11.30	0.160	0.310	0.700	1.880
	耐碱塑料管 DN50	m	17.95	—	1.000	1.000	1.000
	耐酸石棉橡胶板	kg	25.64	0.280	0.680	1.320	1.600
	耐酸塑料管 DN25	m	7.69	1.000	—	—	—
	热轧厚钢板 δ12～20	kg	3.20	0.610	2.450	7.380	11.620
	水	t	7.96	0.640	3.280	12.960	29.240
	无缝钢管 φ25	m	3.42	0.200	—	—	—
	无缝钢管 φ50	m	23.68	—	0.200	0.200	0.200
	氧气	m^3	3.63	0.150	0.150	0.470	0.470
	乙炔气	kg	10.45	0.050	0.050	0.160	0.160
	其他材料费占材料费	%	—	1.000	1.000	1.000	1.000
机械	电焊机(综合)	台班	118.28	0.100	0.100	0.100	0.100
	电焊条恒温箱	台班	21.41	0.010	0.010	0.010	0.010
	电焊条烘干箱 60×50×75cm³	台班	26.46	0.010	0.010	0.010	0.010
	立式钻床 25mm	台班	6.58	0.010	0.020	0.030	0.040
	耐腐蚀泵 100mm	台班	167.60	—	—	—	0.799
	耐腐蚀泵 40mm	台班	34.94	0.499	0.599	0.699	—

工作内容：准备工作、临时管线安装及拆除、配制清洗剂、清洗、中和处理、检查、剂料回收、现场清理。

计量单位：100m

定额编号				A8-5-83	A8-5-84	A8-5-85
项目名称				公称直径(mm以内)		
				400	500	600
基价（元）				**1828.77**	**2566.95**	**3074.07**
其中	人工费（元）			1078.56	1535.24	1842.40
	材料费（元）			586.90	851.58	1015.48
	机械费（元）			163.31	180.13	216.19
名称		**单位**	**单价(元)**	**消耗量**		
人工	综合工日	工日	140.00	7.704	10.966	13.160
材料	碱洗药剂	kg	—	(31.400)	(39.400)	(47.280)
	酸洗药剂	kg	—	(95.680)	(118.000)	(141.600)
	低碳钢焊条	kg	6.84	0.200	0.200	0.200
	截止阀 PN10 DN50	个	38.46	0.200	0.200	0.200
	六角螺栓(综合)	10套	11.30	2.710	2.920	3.504
	耐碱塑料管 DN50	m	17.95	1.000	1.000	1.000
	耐酸石棉橡胶板	kg	25.64	2.800	3.320	3.984
	热轧厚钢板 δ12～20	kg	3.20	14.210	18.060	21.672
	水	t	7.96	49.760	79.160	94.992
	无缝钢管 φ50	m	23.68	0.200	0.200	0.200
	氧气	m³	3.63	0.760	0.760	0.912
	乙炔气	kg	10.45	0.250	0.250	0.300
	其他材料费占材料费	%	—	1.000	1.000	1.000
机械	电焊机(综合)	台班	118.28	0.100	0.100	0.120
	电焊条恒温箱	台班	21.41	0.010	0.010	0.012
	电焊条烘干箱 60×50×75cm³	台班	26.46	0.010	0.010	0.012
	立式钻床 25mm	台班	6.58	0.050	0.060	0.072
	耐腐蚀泵 100mm	台班	167.60	0.899	0.999	1.199

3. 化学清洗

工作内容：准备工作、临时管线安装及拆除、配制清洗剂、碱煮、水冲洗、酸洗、水冲洗、中和钝化、水冲洗、检查、充氮保护、剂料回收、现场清理。　计量单位：100m

定额编号				A8-5-86	A8-5-87	A8-5-88	A8-5-89
项目名称				公称直径(mm以内)			
				50	100	200	300
基价（元）				3127.54	4997.75	13143.16	27495.41
其中	人工费（元）			1094.80	1300.04	1739.08	2478.70
	材料费（元）			1933.58	3585.19	11278.10	24612.12
	机械费（元）			99.16	112.52	125.98	404.59
名称		单位	单价(元)	消耗量			
人工	综合工日	工日	140.00	7.820	9.286	12.422	17.705
材料	化学清洗介质	kg	—	(50.080)	(157.905)	(556.875)	(1235.850)
	氮气	m^3	4.72	0.832	2.853	10.911	24.458
	低碳钢焊条	kg	6.84	0.400	0.400	0.400	0.400
	截止阀 PN10 DN25	个	15.81	0.400	—	—	—
	截止阀 PN10 DN50	个	38.46	—	0.400	0.400	0.400
	六角螺栓(综合)	10套	11.30	0.320	0.620	1.400	3.760
	耐碱塑料管 DN50	m	17.95	—	2.000	2.000	2.000
	耐酸塑料管 DN25	m	7.69	2.000	—	—	—
	平焊法兰 1.6MPa DN25	片	14.55	0.400	—	—	—
	平焊法兰 1.6MPa DN50	片	17.09	—	0.400	0.400	0.400
	热轧厚钢板 δ12～20	kg	3.20	4.296	8.139	16.504	24.492
	石棉橡胶板	kg	9.40	0.560	1.360	2.640	3.200
	水	t	7.96	30.808	81.582	314.814	720.149
	温度计 0～120℃	支	52.14	0.200	0.200	0.200	0.200
	无缝钢管 φ32	m	10.77	0.500	—	—	—

续表

定额编号				A8-5-86	A8-5-87	A8-5-88	A8-5-89
项目名称				公称直径(mm以内)			
				50	100	200	300
名称		单位	单价(元)	消耗量			
材料	无缝钢管 φ50	m	23.68	—	0.500	0.500	0.500
	压力表 0～64MPa	块	23.76	0.200	0.200	0.200	0.200
	氧气	m³	3.63	0.300	0.300	0.940	0.940
	乙炔气	kg	10.45	0.100	0.100	0.313	0.313
	蒸汽	t	182.91	4.494	10.843	41.842	95.716
	转子流量计 TZB-25 1000t/min	支	1659.83	0.200	0.200	0.200	0.200
	浊度计	套	2178.63	0.200	0.200	0.200	0.200
	其他材料费占材料费	%	—	1.000	1.000	1.000	1.000
机械	电动空气压缩机 6m³/min	台班	206.73	0.140	0.160	0.180	0.200
	电焊机(综合)	台班	118.28	0.200	0.200	0.200	0.200
	电焊条恒温箱	台班	21.41	0.020	0.020	0.020	0.020
	电焊条烘干箱 60×50×75cm³	台班	26.46	0.020	0.020	0.020	0.020
	立式钻床 25mm	台班	6.58	0.025	0.050	0.075	0.100
	耐腐蚀泵 100mm	台班	167.60	—	—	—	1.998
	耐腐蚀泵 40mm	台班	34.94	1.249	1.498	1.748	—
	药剂泵	台班	11.41	0.158	0.189	0.227	0.272

工作内容：准备工作、临时管线安装及拆除、配制清洗剂、碱煮、水冲洗、酸洗、水冲洗、中和钝化、水冲洗、检查、充氮保护、剂料回收、现场清理。 计量单位：100m

定额编号				A8-5-90	A8-5-91	A8-5-92
项目名称				公称直径(mm以内)		
				400	500	600
基价（元）				46546.74	70595.07	84518.06
其中	人工费（元）			3266.90	4072.88	4887.54
	材料费（元）			42828.59	66024.37	79037.96
	机械费（元）			451.25	497.82	592.56
名称		单位	单价(元)	消耗量		
人工	综合工日	工日	140.00	23.335	29.092	34.911
材料	化学清洗介质	kg	—	(1932.975)	(3032.205)	(3638.646)
	氮气	m^3	4.72	41.859	65.489	78.587
	低碳钢焊条	kg	6.84	0.400	0.400	0.400
	截止阀 PN10 DN100	个	212.82	0.400	0.400	0.400
	六角螺栓(综合)	10套	11.30	5.240	5.840	7.008
	耐碱塑料管 DN50	m	17.95	2.000	2.000	2.000
	平焊法兰 1.6MPa DN100	片	30.77	0.400	0.400	0.400
	热轧厚钢板 δ12～20	kg	3.20	32.103	39.865	47.838
	石棉橡胶板	kg	9.40	5.600	6.640	7.968
	水	t	7.96	1271.580	1978.508	2374.210
	温度计 0～120℃	支	52.14	0.200	0.200	0.200
	无缝钢管 φ100	m	55.56	0.500	0.500	0.500
	压力表 0～64MPa	块	23.76	0.200	0.200	0.200
	氧气	m^3	3.63	1.520	1.520	1.824
	乙炔气	kg	10.45	0.507	0.507	0.608
	蒸汽	t	182.91	169.007	262.966	315.559
	转子流量计 TZB-25 1000t/min	支	1659.83	0.200	0.200	0.200
	浊度计	套	2178.63	0.200	0.200	0.200
	其他材料费占材料费	%	—	1.000	1.000	1.000
机械	电动空气压缩机 $6m^3/min$	台班	206.73	0.220	0.240	0.288
	电焊机(综合)	台班	118.28	0.200	0.200	0.200
	电焊条恒温箱	台班	21.41	0.020	0.020	0.020
	电焊条烘干箱 $60\times50\times75cm^3$	台班	26.46	0.020	0.020	0.020
	立式钻床 25mm	台班	6.58	0.125	0.150	0.180
	耐腐蚀泵 100mm	台班	167.60	2.248	2.497	2.997
	药剂泵	台班	11.41	0.313	0.360	0.432

四、管道脱脂

工作内容：准备工作、临时管线安装及拆除、配制脱脂剂、脱脂、检查、剂料回收、现场清理。

计量单位：100m

定额编号				A8-5-93	A8-5-94	A8-5-95	A8-5-96
项目名称				公称直径(mm以内)			
				50	100	200	300
基价(元)				216.75	318.00	485.66	831.80
其中	人工费(元)			133.14	186.20	277.90	469.56
	材料费(元)			39.33	81.89	152.23	195.08
	机械费(元)			44.28	49.91	55.53	167.16
名称		单位	单价(元)	消耗量			
人工	综合工日	工日	140.00	0.951	1.330	1.985	3.354
材料	脱脂介质	kg	—	(18.840)	(37.700)	(78.050)	(116.510)
	白布	m	6.14	4.000	7.200	13.900	16.000
	低碳钢焊条	kg	6.84	0.200	0.200	0.200	0.200
	截止阀 PN10 DN25	个	15.81	0.200	—	—	—
	截止阀 PN10 DN50	个	38.46	—	0.200	0.200	0.200
	六角螺栓(综合)	10套	11.30	0.160	0.310	0.700	1.880
	热轧厚钢板 δ12～20	kg	3.20	0.610	2.450	7.380	11.620
	蛇皮塑料管 DN25	m	1.71	1.000	—	—	—
	蛇皮塑料管 DN50	m	4.27	—	1.000	1.000	1.000
	石棉橡胶板	kg	9.40	0.280	0.680	1.320	1.600
	无缝钢管 φ25	m	3.42	0.200	—	—	—
	无缝钢管 φ50	m	23.68	—	0.200	0.200	0.200
	氧气	m³	3.63	0.150	0.150	0.470	0.470
	乙炔气	kg	10.45	0.050	0.050	0.160	0.160
	其他材料费占材料费	%	—	1.000	1.000	1.000	1.000
机械	电动空气压缩机 6m³/min	台班	206.73	0.070	0.080	0.090	0.100
	电焊机(综合)	台班	118.28	0.100	0.100	0.100	0.100
	电焊条恒温箱	台班	21.41	0.010	0.010	0.010	0.010
	电焊条烘干箱 60×50×75cm³	台班	26.46	0.010	0.010	0.010	0.010
	立式钻床 25mm	台班	6.58	0.010	0.020	0.030	0.040
	耐腐蚀泵 100mm	台班	167.60	—	—	—	0.799
	耐腐蚀泵 40mm	台班	34.94	0.499	0.599	0.699	—

工作内容：准备工作、临时管线安装及拆除、配制脱脂剂、脱脂、检查、剂料回收、现场清理。

计量单位：100m

定额编号				A8-5-97	A8-5-98	A8-5-99
项目名称				公称直径(mm以内)		
				400	500	600
基价（元）				1127.65	1272.24	1460.49
其中	人工费（元）			697.90	774.06	890.26
	材料费（元）			243.70	293.24	334.50
	机械费（元）			186.05	204.94	235.73
名称		单位	单价(元)	消耗量		
人工	综合工日	工日	140.00	4.985	5.529	6.359
材料	脱脂介质	kg	—	(153.080)	(188.520)	(216.798)
	白布	m	6.14	18.800	23.600	27.140
	低碳钢焊条	kg	6.84	0.200	0.200	0.200
	截止阀 PN10 DN50	个	38.46	0.200	0.200	0.200
	六角螺栓(综合)	10套	11.30	2.710	2.920	3.358
	热轧厚钢板 δ12～20	kg	3.20	14.210	18.060	20.769
	蛇皮塑料管 DN50	m	4.27	1.000	1.000	1.000
	石棉橡胶板	kg	9.40	2.800	3.320	3.818
	无缝钢管 φ50	m	23.68	0.200	0.200	0.200
	氧气	m^3	3.63	0.760	0.760	0.874
	乙炔气	kg	10.45	0.250	0.250	0.288
	其他材料费占材料费	%	—	1.000	1.000	1.000
机械	电动空气压缩机 $6m^3/min$	台班	206.73	0.110	0.120	0.138
	电焊机(综合)	台班	118.28	0.100	0.100	0.115
	电焊条恒温箱	台班	21.41	0.010	0.010	0.012
	电焊条烘干箱 $60\times50\times75cm^3$	台班	26.46	0.010	0.010	0.012
	立式钻床 25mm	台班	6.58	0.050	0.060	0.069
	耐腐蚀泵 100mm	台班	167.60	0.899	0.999	1.149

五、管道油清洗

工作内容：准备工作、临时管线安装及拆除、清洗、敲打管道、检查、反复清洗、检查、油回收、现场清理。

计量单位：100m

定额编号				A8-5-100	A8-5-101	A8-5-102	A8-5-103
项目名称				公称直径(mm以内)			
				15	20	25	32
基价（元）				686.23	911.46	1147.28	1464.80
其中	人工费（元）			572.18	766.64	963.06	1234.10
	材料费（元）			35.55	37.20	39.75	42.58
	机械费（元）			78.50	107.62	144.47	188.12
名称		单位	单价(元)	消耗量			
人工	综合工日	工日	140.00	4.087	5.476	6.879	8.815
材料	油	kg	—	(27.000)	(54.000)	(94.500)	(135.000)
	镀锌铁丝 φ4.0	kg	3.57	0.290	0.310	0.340	0.370
	滤油纸 300×300	张	0.46	2.550	4.090	7.650	10.870
	棉纱头	kg	6.00	0.340	0.460	0.570	0.730
	耐油胶管(综合)	m	20.34	1.500	1.500	1.500	1.500
	破布	kg	6.32	0.070	0.090	0.110	0.150
	其他材料费占材料费	%	—	1.000	1.000	1.000	1.000
机械	高压油泵 50MPa	台班	104.24	0.679	0.909	1.139	1.459
	真空滤油机 6000L/h	台班	257.40	0.030	0.050	0.100	0.140

工作内容：准备工作、临时管线安装及拆除、清洗、敲打管道、检查、反复清洗、检查、油回收、现场清理。

计量单位：100m

定额编号				A8-5-104	A8-5-105	A8-5-106	A8-5-107
项目名称				公称直径(mm以内)			
				40	50	65	80
基价（元）				1828.93	2116.39	2358.35	2694.63
其中	人工费（元）			1541.40	1737.12	1844.50	2025.94
	材料费（元）			46.54	52.76	64.63	75.55
	机械费（元）			240.99	326.51	449.22	593.14
名称		单位	单价(元)	消耗量			
人工	综合工日	工日	140.00	11.010	12.408	13.175	14.471
材料	油	kg	—	(189.000)	(216.000)	(486.000)	(702.000)
	镀锌铁丝 φ4.0	kg	3.57	0.410	0.460	0.520	0.590
	滤油纸 300×300	张	0.46	16.330	28.270	52.300	74.200
	棉纱头	kg	6.00	0.910	0.980	1.040	1.110
	耐油胶管(综合)	m	20.34	1.500	1.500	1.500	1.500
	破布	kg	6.32	0.180	0.190	0.210	0.220
	其他材料费占材料费	%	—	1.000	1.000	1.000	1.000
机械	高压油泵 50MPa	台班	104.24	1.818	2.268	—	—
	高压油泵 80MPa	台班	163.29	—	—	1.728	2.168
	真空滤油机 6000L/h	台班	257.40	0.200	0.350	0.649	0.929

工作内容：准备工作、临时管线安装及拆除、清洗、敲打管道、检查、反复清洗、检查、油回收、现场清理。

计量单位：100m

定额编号				A8-5-108	A8-5-109	A8-5-110	A8-5-111
项目名称				公称直径(mm以内)			
				100	125	150	200
基价(元)				2916.39	4459.33	6514.08	9103.86
其中	人工费(元)			2077.60	3188.22	4670.26	5632.76
	材料费(元)			94.34	127.51	167.97	278.27
	机械费(元)			744.45	1143.60	1675.85	3192.83
名称		单位	单价(元)	消耗量			
人工	综合工日	工日	140.00	14.840	22.773	33.359	40.234
材料	油	kg	—	(1107.000)	(1634.000)	(2295.000)	(4374.000)
	镀锌铁丝 Φ4.0	kg	3.57	0.670	0.750	0.860	1.080
	滤油纸 300×300	张	0.46	113.100	173.890	254.460	484.620
	棉纱头	kg	6.00	1.170	1.800	2.160	2.510
	耐油胶管(综合)	m	20.34	1.500	1.500	1.500	1.500
	破布	kg	6.32	0.230	0.360	0.430	0.500
	其他材料费占材料费	%	—	1.000	1.000	1.000	1.000
机械	高压油泵 80MPa	台班	163.29	2.338	3.586	5.255	10.010
	真空滤油机 6000L/h	台班	257.40	1.409	2.168	3.177	6.054

六、管道消毒、冲洗

工作内容：溶解漂白粉、灌水、消毒清洗。　　　　计量单位：100m

定额编号				A8-5-112	A8-5-113	A8-5-114	A8-5-115
项目名称				公称直径(mm以内)			
				15	20	25	32
基价（元）				27.29	30.06	33.20	37.25
其中	人工费（元）			26.46	28.56	30.80	33.04
	材料费（元）			0.83	1.50	2.40	4.21
	机械费（元）			—	—	—	—
名称		单位	单价(元)	消耗量			
人工	综合工日	工日	140.00	0.189	0.204	0.220	0.236
材料	漂白粉	kg	2.14	0.014	0.023	0.035	0.059
	水	m^3	7.96	0.098	0.178	0.286	0.503
	其他材料费占材料费	%	—	2.000	2.000	2.000	2.000

工作内容：溶解漂白粉、灌水、消毒清洗。　　　　计量单位：100m

定额编号				A8-5-116	A8-5-117	A8-5-118	A8-5-119
项目名称				公称直径(mm以内)			
				40	50	65	80
基价（元）				**40.82**	**46.53**	**58.97**	**67.45**
其中	人工费（元）			35.28	37.38	43.96	46.48
	材料费（元）			5.54	9.15	15.01	20.97
	机械费（元）			—	—	—	—
名称		单位	单价(元)	消耗量			
人工	综合工日	工日	140.00	0.252	0.267	0.314	0.332
材料	漂白粉	kg	2.14	0.081	0.090	0.127	0.132
	水	m^3	7.96	0.660	1.103	1.815	2.547
	其他材料费占材料费	%	—	2.000	2.000	2.000	2.000

工作内容：溶解漂白粉、灌水、消毒清洗。　　计量单位：100m

定额编号				A8-5-120	A8-5-121	A8-5-122	A8-5-123
项目名称				公称直径(mm以内)			
				100	125	150	200
基价（元）				84.97	106.45	133.67	192.96
其中	人工费（元）			48.86	50.54	55.58	55.58
	材料费（元）			36.11	55.91	78.09	137.38
	机械费（元）			—	—	—	—
名称		单位	单价(元)	消耗量			
人工	综合工日	工日	140.00	0.349	0.361	0.397	0.397
材料	漂白粉	kg	2.14	0.140	0.176	0.243	0.380
	水	m^3	7.96	4.410	6.839	9.552	16.818
	其他材料费占材料费	%	—	2.000	2.000	2.000	2.000

工作内容：溶解漂白粉、灌水、消毒清洗。　　　　计量单位：100m

定额编号				A8-5-124	A8-5-125	A8-5-126
项目名称				公称直径(mm以内)		
				250	300	350
基价（元）				**273.91**	**365.40**	**468.78**
其中	人工费（元）			55.58	55.58	55.58
	材料费（元）			218.33	309.82	413.20
	机械费（元）			—	—	—
名称		单位	单价(元)	消耗量		
人工	综合工日	工日	140.00	0.397	0.397	0.397
材料	漂白粉	kg	2.14	0.573	0.730	1.138
	水	m^3	7.96	26.737	37.963	50.586
	其他材料费占材料费	%	—	2.000	2.000	2.000

工作内容：溶解漂白粉、灌水、消毒清洗。　　　　计量单位：100m

定　额　编　号				A8-5-127	A8-5-128	A8-5-129
项　目　名　称				公称直径(mm以内)		
				400	450	500
基　　价（元）				**588.90**	**749.63**	**904.06**
其中	人　工　费（元）			55.58	55.58	86.94
	材　料　费（元）			533.32	694.05	817.12
	机　械　费（元）			—	—	—
名　　称		单位	单价(元)	消　　耗　　量		
人工	综合工日	工日	140.00	0.397	0.397	0.621
材料	漂白粉	kg	2.14	1.300	1.597	2.020
	水	m^3	7.96	65.337	85.053	100.097
	其他材料费占材料费	%	—	2.000	2.000	2.000

第六章 无损检测与焊口热处理

说　　明

一、本章内容包括管材表面无损检测、焊缝无损检测、焊口预热及后热、焊口热处理、硬度测定、光谱分析、超声波测厚。

二、本章不包括以下工作内容：

1. 固定射线检测仪器使用的各种支架制作。

2. 超声波检测对比试块的制作。

三、预热及热处理：

1. 电加热片、电阻丝、电感应预热及后热项目，如设计要求焊后立即进行热处理，预热及后热项目定额乘以系数 0.87。

2. 用电加热片或电感应法加热进行焊前预热或焊后局部处理的项目中，除石棉布和高硅（氧）布为一次性消耗材料外，其他各种材料均按摊销量计入项目。

3. 电加热片加热进行焊前预热或焊后局部热处理中，如要求增加一层石棉布保温，石棉布的消耗量与高硅（氧）布相同，人工不再增加。

4. 电加热片是按履带式考虑的，实际与定额不同时可替换。

5. 热处理的有效时间是依据《工业管道工程施工及验收规范》GB 50235 2010 所规定的加热速率、温度下的恒温时间及冷却速率公式计算的，并考虑了必要的辅助时间、拆除和回收用料等工作内容。

四、有关说明：

1. 无损探伤定额已综合考虑了高空作业降效因素。

工程量计算规则

一、管材表面磁粉探伤和超声波探伤，不分材质、壁厚以“m”为计量单位。

二、焊缝X光线射线、γ射线探伤，按管壁厚不分规格、材质以“张”为计量单位。

三、焊缝超声波、磁粉及渗透探伤，按规格不分材质、壁厚以“口”为计量单位。

四、管道焊缝应按照设计要求的检验方法和数量进行无损探伤。当设计无规定时，管道焊缝的射线照相检验比例应复核规范规定，管口射线片子数量按现场实际拍片张数计算。

五、焊前预热和焊后热处理，按不同材质、规格及施工方法以“口”为计量单位。

一、管材表面无损检测

1.磁粉检测

工作内容：准备工作、搬运机器、接电、检测部位除锈清理、配制磁悬液、磁电、磁粉反应、缺陷处理技术报告。

计量单位：10m

定额编号				A8-6-1	A8-6-2	A8-6-3	A8-6-4
项目名称				公称直径(mm以内)			
				50	100	200	350
基价（元）				24.68	45.41	82.67	122.15
其中	人工费（元）			13.02	23.52	39.20	58.66
	材料费（元）			10.09	19.08	38.82	56.49
	机械费（元）			1.57	2.81	4.65	7.00
名称		单位	单价(元)	消耗量			
人工	综合工日	工日	140.00	0.093	0.168	0.280	0.419
材料	变压器油	kg	9.81	0.240	0.464	0.960	1.440
	磁粉	g	0.32	16.000	30.400	66.400	99.200
	电	kW·h	0.68	0.018	0.020	0.024	0.032
	煤油	kg	3.73	0.240	0.464	0.960	1.440
	尼龙砂轮片 φ100×16×3	片	2.56	0.240	0.320	0.360	0.400
	破布	kg	6.32	0.128	0.280	0.456	0.504
	压敏胶粘带	m	1.15	0.160	0.240	0.320	0.400
	其他材料费占材料费	%	—	1.000	1.000	1.000	1.000
机械	磁粉探伤仪	台班	14.36	0.093	0.168	0.280	0.421
	单速电动葫芦 3t	台班	32.95	0.007	0.012	0.019	0.029

2. 超声波检测

工作内容：准备工作、搬运仪器、校验仪器及探头、检验部位清理除污、涂抹耦合剂、检测、检验结果、记录鉴定、技术报告。

计量单位：10m

定额编号				A8-6-5	A8-6-6	A8-6-7	A8-6-8
项目名称				公称直径(mm以内)			
				150	250	350	350以上
基价（元）				**199.69**	**314.30**	**404.97**	**465.48**
其中	人工费（元）			52.36	74.90	88.48	93.52
	材料费（元）			140.14	229.12	304.35	359.14
	机械费（元）			7.19	10.28	12.14	12.82
名称		单位	单价(元)	消耗量			
人工	综合工日	工日	140.00	0.374	0.535	0.632	0.668
材料	机油	kg	19.66	0.240	0.320	0.440	0.536
	毛刷	把	1.35	0.800	1.200	1.440	1.600
	棉纱头	kg	6.00	1.200	1.440	2.000	2.400
	耦合剂	kg	76.00	1.400	2.400	3.200	3.744
	探头线	根	64.10	0.160	0.200	0.240	0.320
	铁砂布	张	0.85	6.400	10.400	13.600	16.000
	斜探头	个	64.10	0.025	0.043	0.059	0.067
	直探头	个	102.56	0.020	0.034	0.047	0.054
	其他材料费占材料费	%	—	1.000	1.000	1.000	1.000
机械	超声波探伤仪	台班	23.26	0.309	0.442	0.522	0.551

二、焊缝无损检测

1. X光射线检测

(1)80mm×300mm

工作内容：准备工作、射线机的搬运及固定、焊缝清刷、透照位置标记编号、底片号码编排、底片固定、开机拍片、暗室处理、底片鉴定、技术报告。

计量单位：10张

定额编号				A8-6-9	A8-6-10	A8-6-11	A8-6-12
项目名称				管双壁厚(mm以内)			
				16	30	42	42以上
基价(元)				**335.48**	**385.97**	**450.64**	**529.22**
其中	人工费(元)			146.02	181.30	226.52	281.96
	材料费(元)			127.36	127.36	127.36	127.36
	机械费(元)			62.10	77.31	96.76	119.90
名称		**单位**	**单价(元)**	**消耗量**			
人工	综合工日	工日	140.00	1.043	1.295	1.618	2.014
材料	X射线胶片 80×300	张	4.96	12.000	12.000	12.000	12.000
	阿拉伯铅号码	套	20.51	0.304	0.304	0.304	0.304
	白油漆	kg	11.21	0.096	0.096	0.096	0.096
	电	kW·h	0.68	0.600	0.600	0.600	0.600
	定影剂	瓶	4.96	0.260	0.260	0.260	0.260
	铅板 80×300×3	块	20.13	0.304	0.304	0.304	0.304
	水	t	7.96	0.120	0.120	0.120	0.120
	塑料暗袋 80×300	副	7.01	0.464	0.464	0.464	0.464
	贴片磁铁	副	1.56	0.184	0.184	0.184	0.184
	显影剂	L	1.71	0.260	0.260	0.260	0.260
	像质计	个	26.50	0.464	0.464	0.464	0.464
	压敏胶粘带	m	1.15	5.520	5.520	5.520	5.520
	医用白胶布	m²	19.26	0.096	0.096	0.096	0.096
	医用输血胶管 φ8	m	2.74	0.464	0.464	0.464	0.464
	英文铅号码	套	34.19	0.304	0.304	0.304	0.304
	增感屏 80×300	副	29.91	0.480	0.480	0.480	0.480
	其他材料费占材料费	%	—	1.000	1.000	1.000	1.000
机械	X射线胶片脱水烘干机 ZTH-340	台班	71.58	0.045	0.056	0.070	0.086
	X射线探伤机	台班	91.29	0.645	0.803	1.005	1.246

(2)80mm×150mm

工作内容：准备工作、射线机的搬运及固定、焊缝清刷、透照位置标记编号、底片号码编排、底片固定、开机拍片、暗室处理、底片鉴定、技术报告。

计量单位：10张

定额编号				A8-6-13	A8-6-14	A8-6-15
项目名称				管双壁厚(mm以内)		
				16	30	42
基价（元）				**316.62**	**367.11**	**431.78**
其中	人工费（元）			146.02	181.30	226.52
	材料费（元）			108.50	108.50	108.50
	机械费（元）			62.10	77.31	96.76
名称		单位	单价(元)	消耗量		
人工	综合工日	工日	140.00	1.043	1.295	1.618
材料	X射线胶片 80×150	张	3.85	12.000	12.000	12.000
	阿拉伯铅号码	套	20.51	0.304	0.304	0.304
	白油漆	kg	11.21	0.096	0.096	0.096
	电	kW·h	0.68	0.600	0.600	0.600
	定影剂	瓶	4.96	0.130	0.130	0.130
	铅板 80×150×3	块	10.06	0.304	0.304	0.304
	水	t	7.96	0.120	0.120	0.120
	塑料暗袋 80×300	副	7.01	0.464	0.464	0.464
	贴片磁铁	副	1.56	0.184	0.184	0.184
	显影剂	L	1.71	0.130	0.130	0.130
	像质计	个	26.50	0.464	0.464	0.464
	压敏胶粘带	m	1.15	5.520	5.520	5.520
	医用白胶布	m²	19.26	0.048	0.048	0.048
	医用输血胶管 φ8	m	2.74	0.280	0.280	0.280
	英文铅号码	套	34.19	0.304	0.304	0.304
	增感屏 80×300	副	29.91	0.480	0.480	0.480
	其他材料费占材料费	%	—	1.000	1.000	1.000
机械	X射线胶片脱水烘干机 ZTH-340	台班	71.58	0.045	0.056	0.070
	X射线探伤机	台班	91.29	0.645	0.803	1.005

2. γ射线检测(外透法)

工作内容：准备工作、射线机的搬运及固定、焊缝清刷、透照位置标记编号、底片号码编排、底片固定、开机拍片、暗室处理、底片鉴定、技术报告。

计量单位：10张

定额编号				A8-6-16	A8-6-17	A8-6-18
项目名称				管双壁厚(mm以内)		
				30	40	50
基价（元）				373.66	457.97	626.80
其中	人工费（元）			237.86	317.10	475.86
	材料费（元）			120.66	120.66	120.66
	机械费（元）			15.14	20.21	30.28
名称		单位	单价(元)	消耗量		
人工	综合工日	工日	140.00	1.699	2.265	3.399
材料	X射线胶片 80×300	张	4.96	12.000	12.000	12.000
	阿拉伯铅号码	套	20.51	0.304	0.304	0.304
	白油漆	kg	11.21	0.096	0.096	0.096
	电	kW·h	0.68	0.600	0.600	0.600
	定影剂	瓶	4.96	0.260	0.260	0.260
	铅板 80×300×3	块	20.13	0.304	0.304	0.304
	水	t	7.96	0.120	0.120	0.120
	塑料暗袋 80×300	副	7.01	0.464	0.464	0.464
	显影剂	L	1.71	0.260	0.260	0.260
	像质计	个	26.50	0.464	0.464	0.464
	医用白胶布	m²	19.26	0.096	0.096	0.096
	医用输血胶管 φ8	m	2.74	0.464	0.464	0.464
	英文铅号码	套	34.19	0.304	0.304	0.304
	增感屏 80×300	副	29.91	0.480	0.480	0.480
	其他材料费占材料费	%	—	1.000	1.000	1.000
机械	X射线胶片脱水烘干机 ZTH-340	台班	71.58	0.098	0.131	0.196
	γ射线探伤仪 (Ir192)	台班	5.79	1.403	1.871	2.806

工作内容：准备工作、射线机的搬运及固定、焊缝清刷、透照位置标记编号、底片号码编排、底片固定、开机拍片、暗室处理、底片鉴定、技术报告。
计量单位：10张

定额编号				A8-6-19
项目名称				管双壁厚(mm以内)
				50以上
基价（元）				899.47
其中	人工费（元）			732.20
	材料费（元）			120.66
	机械费（元）			46.61
名称		单位	单价(元)	消耗量
人工	综合工日	工日	140.00	5.230
材料	X射线胶片 80×300	张	4.96	12.000
	阿拉伯铅号码	套	20.51	0.304
	白油漆	kg	11.21	0.096
	电	kW·h	0.68	0.600
	定影剂	瓶	4.96	0.260
	铅板 80×300×3	块	20.13	0.304
	水	t	7.96	0.120
	塑料暗袋 80×300	副	7.01	0.464
	显影剂	L	1.71	0.260
	像质计	个	26.50	0.464
	医用白胶布	m²	19.26	0.096
	医用输血胶管 φ8	m	2.74	0.464
	英文铅号码	套	34.19	0.304
	增感屏 80×300	副	29.91	0.480
	其他材料费占材料费	%	—	1.000
机械	X射线胶片脱水烘干机 ZTH-340	台班	71.58	0.302
	γ射线探伤仪（Ir192）	台班	5.79	4.316

3. 超声波检测

工作内容：准备工作、搬运仪器、校验仪器及探头、检验部位清理除污、涂抹耦合剂、检测、检验结果、记录鉴定、技术报告。

计量单位：10口

定额编号				A8-6-20	A8-6-21	A8-6-22	A8-6-23
项目名称				公称直径(mm以内)			
				150	250	350	350以上
基价（元）				**104.26**	**203.41**	**338.91**	**486.11**
其中	人工费（元）			26.18	50.26	77.42	100.10
	材料费（元）			74.50	146.27	250.86	372.29
	机械费（元）			3.58	6.88	10.63	13.72
名称		**单位**	**单价(元)**	**消耗量**			
人工	综合工日	工日	140.00	0.187	0.359	0.553	0.715
材料	机油	kg	19.66	0.120	0.261	0.521	0.803
	毛刷	把	1.35	0.800	1.200	1.600	1.600
	棉纱头	kg	6.00	0.800	1.200	1.600	2.000
	耦合剂	kg	76.00	0.800	1.628	2.842	4.282
	探头线	根	64.10	0.004	0.006	0.010	0.010
	铁砂布	张	0.85	4.800	7.200	10.400	13.600
	斜探头	个	64.10	0.006	0.010	0.014	0.016
	其他材料费占材料费	%	—	1.000	1.000	1.000	1.000
机械	超声波探伤仪	台班	23.26	0.154	0.296	0.457	0.590

4. 磁粉检测

工作内容：准备工作、搬运机器、接电、检测部位除锈清理、配制磁悬液、磁电、磁粉反应、缺陷处理、技术报告。

计量单位：10口

定额编号				A8-6-24	A8-6-25	A8-6-26	A8-6-27
项目名称				普通磁粉检测公称直径(mm以内)			
				150	250	350	350以上
基价（元）				**69.90**	**85.34**	**99.43**	**106.16**
其中	人工费（元）			19.60	33.60	46.34	52.36
	材料费（元）			48.25	48.28	48.32	48.41
	机械费（元）			2.05	3.46	4.77	5.39
名称		单位	单价(元)	消耗量			
人工	综合工日	工日	140.00	0.140	0.240	0.331	0.374
材料	表面活性剂 0π-20	mL	0.02	46.000	46.000	46.000	46.000
	磁粉	g	0.32	138.000	138.000	138.000	138.000
	电	kW·h	0.68	0.155	0.193	0.258	0.388
	棉纱头	kg	6.00	0.184	0.184	0.184	0.184
	尼龙砂轮片 φ100×16×3	片	2.56	0.184	0.184	0.184	0.184
	消泡剂	g	0.03	18.400	18.400	18.400	18.400
	亚硝酸钠	g	0.01	46.000	46.000	46.000	46.000
	其他材料费占材料费	%	—	1.000	1.000	1.000	1.000
机械	磁粉探伤仪	台班	14.36	0.143	0.241	0.332	0.375

工作内容：准备工作、搬运机器、接电、检测部位除锈清理、配制磁悬液、磁电、磁粉反应、缺陷处理、技术报告。

计量单位：10口

定额编号				A8-6-28	A8-6-29	A8-6-30	A8-6-31
项目名称				荧光磁粉检测公称直径(mm以内)			
				150	250	350	350以上
基价（元）				48.31	76.09	102.24	113.50
其中	人工费（元）			35.28	60.48	83.44	94.22
	材料费（元）			9.34	9.39	9.48	9.57
	机械费（元）			3.69	6.22	9.32	9.71
名称		单位	单价(元)	消耗量			
人工	综合工日	工日	140.00	0.252	0.432	0.596	0.673
材料	表面活性剂 0π-20	mL	0.02	46.000	46.000	46.000	46.000
	电	kW·h	0.68	0.193	0.258	0.388	0.517
	棉纱头	kg	6.00	0.184	0.184	0.184	0.184
	尼龙砂轮片 φ100×16×3	片	2.56	0.184	0.184	0.184	0.184
	消泡剂	g	0.03	9.200	9.200	9.200	9.200
	亚硝酸钠	g	0.01	46.000	46.000	46.000	46.000
	荧光磁粉	g	0.32	18.400	18.400	18.400	18.400
	其他材料费占材料费	%	—	1.000	1.000	1.000	1.000
机械	磁粉探伤仪	台班	14.36	0.257	0.433	0.649	0.676

5. 渗透检测

工作内容：准备工作、领取材料、检测部位除锈清理、配制及喷涂渗透液、喷涂显像剂、干燥处理、观察结果、缺陷部位处理记录、清洗药渍、技术报告。　　计量单位：10口

定额编号				A8-6-32	A8-6-33	A8-6-34	A8-6-35
项目名称				普通渗透检测公称直径(mm以内)			
				100	200	350	500
基价（元）				112.02	226.82	389.75	547.03
其中	人工费（元）			13.30	27.02	46.34	65.10
	材料费（元）			97.92	198.19	340.60	478.00
	机械费（元）			0.80	1.61	2.81	3.93
名称		单位	单价(元)	消耗量			
人工	综合工日	工日	140.00	0.095	0.193	0.331	0.465
材料	电	kW·h	0.68	0.194	0.258	0.389	0.518
	棉纱头	kg	6.00	0.272	0.552	0.944	1.328
	尼龙砂轮片 φ100×16×3	片	2.56	0.184	0.184	0.184	0.184
	清洁剂 500mL	瓶	8.66	1.627	3.302	5.683	7.978
	渗透剂 500mL	瓶	51.90	0.542	1.101	1.894	2.659
	显像剂 500mL	瓶	48.38	1.085	2.202	3.789	5.320
	其他材料费占材料费	%	—	1.000	1.000	1.000	1.000
机械	轴流通风机 7.5kW	台班	40.15	0.020	0.040	0.070	0.098

工作内容：准备工作、领取材料、检测部位除锈清理、配制及喷涂渗透液、喷涂显像剂、干燥处理、观察结果、缺陷部位处理记录、清洗药渍、技术报告。 计量单位：10口

定额编号				A8-6-36	A8-6-37	A8-6-38	A8-6-39
项目名称				荧光渗透检测公称直径(mm以内)			
				100	200	350	500
基价（元）				**134.15**	**271.73**	**467.04**	**655.60**
其中	人工费（元）			15.96	32.34	55.58	78.12
	材料费（元）			117.23	237.42	408.09	572.74
	机械费（元）			0.96	1.97	3.37	4.74
名称		单位	单价(元)	消耗量			
人工	综合工日	工日	140.00	0.114	0.231	0.397	0.558
材料	电	kW·h	0.68	0.194	0.258	0.389	0.518
	棉纱头	kg	6.00	0.272	0.552	0.944	1.328
	尼龙砂轮片 φ100×16×3	片	2.56	0.184	0.184	0.184	0.184
	清洁剂 500mL	瓶	8.66	1.627	3.302	5.683	7.978
	显像剂 500mL	瓶	48.38	1.085	2.202	3.789	5.320
	荧光渗透探伤剂 500mL	瓶	87.18	0.542	1.101	1.894	2.659
	其他材料费占材料费	%	—	1.000	1.000	1.000	1.000
机械	轴流通风机 7.5kW	台班	40.15	0.024	0.049	0.084	0.118

6. 涡流探伤

工作内容：搬运安装仪器、仪器的调试准备、标准试样的制作、试验操作、试验过程登记。

计量单位：10m

定额编号				A8-6-40
项目名称				涡流探伤
基价（元）				21.67
其中	人工费（元）			3.92
	材料费（元）			9.21
	机械费（元）			8.54
名称		单位	单价(元)	消耗量
人工	综合工日	工日	140.00	0.028
材料	标准试样	件	1000.00	0.001
	记号笔	支	30.00	0.020
	斜探头	个	64.10	0.100
	支架	个	200.00	0.001
	其他材料费	元	1.00	1.000
机械	涡流探伤仪	台班	170.83	0.050

三、焊口预热及后热

1. 低中压碳钢管电加热片

工作内容：准备工作、热电偶固定、包扎、连线、通电升温、拆除、回收材料、清理现场。

计量单位：10口

定额编号				A8-6-41	A8-6-42	A8-6-43	A8-6-44
项目名称				公称直径(mm以内)			
				50	100	200	300
基价（元）				**561.54**	**644.02**	**805.60**	**983.61**
其中	人工费（元）			129.22	147.84	184.80	198.80
	材料费（元）			114.08	132.40	166.50	269.40
	机械费（元）			318.24	363.78	454.30	515.41
名称		单位	单价(元)	消耗量			
人工	综合工日	工日	140.00	0.923	1.056	1.320	1.420
材料	电加热片	m²	2512.00	0.016	0.019	0.024	0.036
	热电偶 1000℃ 1m	个	113.68	0.140	0.160	0.200	0.400
	岩棉板	m³	490.00	0.116	0.133	0.167	0.267
	其他材料费占材料费	%	—	1.000	1.000	1.000	1.000
机械	自控热处理机	台班	576.52	0.552	0.631	0.788	0.894

工作内容：准备工作、热电偶固定、包扎、连线、通电升温、拆除、回收材料、清理现场。

计量单位：10口

定额编号				A8-6-45	A8-6-46	A8-6-47
项目名称				公称直径(mm以内)		
				400	500	600
基价（元）				1434.91	1796.43	2063.91
其中	人工费（元）			283.08	355.60	408.94
	材料费（元）			419.65	521.86	597.63
	机械费（元）			732.18	918.97	1057.34
名称		单位	单价(元)	消耗量		
人工	综合工日	工日	140.00	2.022	2.540	2.921
材料	电加热片	m²	2512.00	0.054	0.066	0.075
	热电偶 1000℃ 1m	个	113.68	0.660	0.660	0.759
	岩棉板	m³	490.00	0.418	0.563	0.647
	其他材料费占材料费	%	—	1.000	1.000	1.000
机械	自控热处理机	台班	576.52	1.270	1.594	1.834

2. 高压碳钢管电加热片

工作内容：准备工作、热电偶固定、包扎、连线、通电升温、拆除、回收材料、清理现场。

计量单位：10口

定额编号				A8-6-48	A8-6-49	A8-6-50	A8-6-51
项目名称				公称直径(mm以内)			
				50	100	200	300
基价（元）				842.38	967.12	1209.08	1475.37
其中	人工费（元）			193.90	221.62	277.06	298.48
	材料费（元）			171.12	200.11	250.00	404.35
	机械费（元）			477.36	545.39	682.02	772.54
名称		单位	单价(元)	消耗量			
人工	综合工日	工日	140.00	1.385	1.583	1.979	2.132
材料	电加热片	m²	2512.00	0.024	0.029	0.036	0.054
	热电偶 1000℃ 1m	个	113.68	0.210	0.240	0.300	0.600
	岩棉板	m³	490.00	0.174	0.200	0.251	0.401
	其他材料费占材料费	%	—	1.000	1.000	1.000	1.000
机械	自控热处理机	台班	576.52	0.828	0.946	1.183	1.340

工作内容：准备工作、热电偶固定、包扎、连线、通电升温、拆除、回收材料、清理现场。

计量单位：10口

定额编号				A8-6-52	A8-6-53	A8-6-54
项目名称				公称直径(mm以内)		
				400	500	600
基价（元）				**2152.51**	**2695.61**	**3096.93**
其中	人工费（元）			424.76	533.54	613.48
	材料费（元）			629.48	783.03	898.02
	机械费（元）			1098.27	1379.04	1585.43
名称		单位	单价(元)	消耗量		
人工	综合工日	工日	140.00	3.034	3.811	4.382
材料	电加热片	m²	2512.00	0.081	0.099	0.113
	热电偶 1000℃ 1m	个	113.68	0.990	0.990	1.139
	岩棉板	m³	490.00	0.627	0.845	0.971
	其他材料费占材料费	%	—	1.000	1.000	1.000
机械	自控热处理机	台班	576.52	1.905	2.392	2.750

3. 低中压碳钢管电阻丝

工作内容：准备工作、热电偶固定、电阻丝固定、包扎、连线、通电升温、拆除、回收材料、清理现场。

计量单位：10口

定额编号				A8-6-55	A8-6-56	A8-6-57	A8-6-58
项目名称				公称直径(mm以内)			
				50	100	200	300
基价（元）				**625.79**	**726.10**	**999.84**	**1148.38**
其中	人工费（元）			135.66	155.12	193.90	208.88
	材料费（元）			171.89	207.20	351.64	424.09
	机械费（元）			318.24	363.78	454.30	515.41
名称		单位	单价(元)	消耗量			
人工	综合工日	工日	140.00	0.969	1.108	1.385	1.492
材料	耐热电瓷环 Φ20	个	0.51	24.000	30.000	60.000	60.000
	镍铬电阻丝 Φ3.2	kg	304.27	0.280	0.350	0.700	0.700
	热电偶 1000℃ 1m	个	113.68	0.140	0.160	0.200	0.400
	岩棉板	m³	490.00	0.116	0.133	0.167	0.267
	其他材料费占材料费	%	—	1.000	1.000	1.000	1.000
机械	自控热处理机	台班	576.52	0.552	0.631	0.788	0.894

工作内容：准备工作、热电偶固定、电阻丝固定、包扎、连线、通电升温、拆除、回收材料、清理现场。

计量单位：10口

定额编号				A8-6-59	A8-6-60	A8-6-61
项目名称				公称直径(mm以内)		
				400	500	600
基价（元）				1681.22	2051.68	2386.26
其中	人工费（元）			297.36	373.38	429.52
	材料费（元）			651.68	759.33	899.40
	机械费（元）			732.18	918.97	1057.34
名称		单位	单价(元)	消耗量		
人工	综合工日	工日	140.00	2.124	2.667	3.068
材料	耐热电瓷环 ф20	个	0.51	90.000	100.000	120.000
	镍铬电阻丝 ф3.2	kg	304.27	1.050	1.150	1.400
	热电偶 1000℃ 1m	个	113.68	0.660	0.660	0.759
	岩棉板	m³	490.00	0.418	0.563	0.647
	其他材料费占材料费	%	—	1.000	1.000	1.000
机械	自控热处理机	台班	576.52	1.270	1.594	1.834

4. 高压碳钢管电阻丝

工作内容：准备工作、热电偶固定、电阻丝固定、包扎、连线、通电升温、拆除、回收材料、清理现场。

计量单位：10口

定额编号				A8-6-62	A8-6-63	A8-6-64	A8-6-65
项目名称				公称直径(mm以内)			
				50	100	200	300
基价（元）				**938.76**	**1089.12**	**1500.64**	**1722.24**
其中	人工费（元）			203.56	232.68	290.92	313.32
	材料费（元）			257.84	311.05	527.70	636.38
	机械费（元）			477.36	545.39	682.02	772.54
名称		单位	单价(元)	消耗量			
人工	综合工日	工日	140.00	1.454	1.662	2.078	2.238
材料	耐热电瓷环 Φ20	个	0.51	36.000	45.000	90.000	90.000
	镍铬电阻丝 Φ3.2	kg	304.27	0.420	0.525	1.050	1.050
	热电偶 1000℃ 1m	个	113.68	0.210	0.240	0.300	0.600
	岩棉板	m^3	490.00	0.174	0.200	0.251	0.401
	其他材料费占材料费	%	—	1.000	1.000	1.000	1.000
机械	自控热处理机	台班	576.52	0.828	0.946	1.183	1.340

工作内容：准备工作、热电偶固定、电阻丝固定、包扎、连线、通电升温、拆除、回收材料、清理现场。

计量单位：10口

定额编号				A8-6-66	A8-6-67	A8-6-68
项目名称				公称直径(mm以内)		
				400	500	600
基价（元）				**2521.84**	**3078.42**	**3579.11**
其中	人工费（元）			446.04	560.14	644.28
	材料费（元）			977.53	1139.24	1349.40
	机械费（元）			1098.27	1379.04	1585.43
名称		单位	单价(元)	消耗量		
人工	综合工日	工日	140.00	3.186	4.001	4.602
材料	耐热电瓷环 φ20	个	0.51	135.000	150.000	180.000
	镍铬电阻丝 φ3.2	kg	304.27	1.575	1.725	2.100
	热电偶 1000℃ 1m	个	113.68	0.990	0.990	1.139
	岩棉板	m³	490.00	0.627	0.845	0.971
	其他材料费占材料费	%	—	1.000	1.000	1.000
机械	自控热处理机	台班	576.52	1.905	2.392	2.750

5. 低中压合金钢管电加热片

工作内容：准备工作、热电偶固定、包扎、连线、通电升温、拆除、回收材料、清理现场。

计量单位：10口

定额编号				A8-6-69	A8-6-70	A8-6-71	A8-6-72
项目名称				公称直径(mm以内)			
				50	100	200	300
基价(元)				891.18	992.83	1099.25	1265.33
其中	人工费(元)			215.60	239.54	261.10	278.74
	材料费(元)			120.97	136.99	166.50	269.40
	机械费(元)			554.61	616.30	671.65	717.19
名称		单位	单价(元)	消耗量			
人工	综合工日	工日	140.00	1.540	1.711	1.865	1.991
材料	电加热片	m²	2512.00	0.016	0.019	0.024	0.036
	热电偶 1000℃ 1m	个	113.68	0.200	0.200	0.200	0.400
	岩棉板	m³	490.00	0.116	0.133	0.167	0.267
	其他材料费占材料费	%	—	1.000	1.000	1.000	1.000
机械	自控热处理机	台班	576.52	0.962	1.069	1.165	1.244

工作内容：准备工作、热电偶固定、包扎、连线、通电升温、拆除、回收材料、清理现场。

计量单位：10口

定额编号				A8-6-73	A8-6-74	A8-6-75
项目名称				公称直径(mm以内)		
				400	500	600
基价（元）				1715.67	2210.69	2538.17
其中	人工费（元）			361.48	471.80	542.36
	材料费（元）			419.65	521.86	596.60
	机械费（元）			934.54	1217.03	1399.21
名称		单位	单价(元)	消耗量		
人工	综合工日	工日	140.00	2.582	3.370	3.874
材料	电加热片	m²	2512.00	0.054	0.066	0.075
	热电偶 1000℃ 1m	个	113.68	0.660	0.660	0.750
	岩棉板	m³	490.00	0.418	0.563	0.647
	其他材料费占材料费	%	—	1.000	1.000	1.000
机械	自控热处理机	台班	576.52	1.621	2.111	2.427

6. 高压合金钢管电加热片

工作内容：准备工作、热电偶固定、包扎、连线、通电升温、拆除、回收材料、清理现场。

计量单位：10口

定额编号				A8-6-76	A8-6-77	A8-6-78	A8-6-79
项目名称				公称直径(mm以内)			
				50	100	200	300
基价（元）				1426.98	1587.44	1757.68	2025.27
其中	人工费（元）			344.96	383.32	417.76	446.04
	材料费（元）			194.76	218.27	265.29	431.96
	机械费（元）			887.26	985.85	1074.63	1147.27
名称		单位	单价(元)	消耗量			
人工	综合工日	工日	140.00	2.464	2.738	2.984	3.186
材料	电加热片	m²	2512.00	0.026	0.030	0.038	0.058
	热电偶 1000℃ 1m	个	113.68	0.320	0.320	0.320	0.640
	岩棉板	m³	490.00	0.186	0.213	0.267	0.427
	其他材料费占材料费	%	—	1.000	1.000	1.000	1.000
机械	自控热处理机	台班	576.52	1.539	1.710	1.864	1.990

工作内容：准备工作、热电偶固定、包扎、连线、通电升温、拆除、回收材料、清理现场。

计量单位：10口

定额编号				A8-6-80	A8-6-81	A8-6-82
项目名称				公称直径(mm以内)		
				400	500	600
基价（元）				2743.93	3538.31	4060.81
其中	人工费（元）			578.48	754.74	867.72
	材料费（元）			670.53	836.09	954.46
	机械费（元）			1494.92	1947.48	2238.63
名称		单位	单价(元)	消耗量		
人工	综合工日	工日	140.00	4.132	5.391	6.198
材料	电加热片	m²	2512.00	0.086	0.106	0.120
	热电偶 1000℃ 1m	个	113.68	1.056	1.056	1.200
	岩棉板	m³	490.00	0.669	0.901	1.035
	其他材料费占材料费	%	—	1.000	1.000	1.000
机械	自控热处理机	台班	576.52	2.593	3.378	3.883

7. 低中压合金钢管电阻丝

工作内容：准备工作、热电偶固定、电阻丝固定、包扎、连线、通电升温、拆除、回收材料、清理现场。

计量单位：10口

定额编号				A8-6-83	A8-6-84	A8-6-85	A8-6-86
项目名称				公称直径(mm以内)			
				50	100	200	300
基价（元）				1034.62	1079.54	1297.41	1433.88
其中	人工费（元）			239.54	251.44	274.12	292.60
	材料费（元）			178.78	211.80	351.64	424.09
	机械费（元）			616.30	616.30	671.65	717.19
	名称	单位	单价(元)	消耗量			
人工	综合工日	工日	140.00	1.711	1.796	1.958	2.090
材料	耐热电瓷环 φ20	个	0.51	24.000	30.000	60.000	60.000
	镍铬电阻丝 φ3.2	kg	304.27	0.280	0.350	0.700	0.700
	热电偶 1000℃ 1m	个	113.68	0.200	0.200	0.200	0.400
	岩棉板	m^3	490.00	0.116	0.133	0.167	0.267
	其他材料费占材料费	%	—	1.000	1.000	1.000	1.000
机械	自控热处理机	台班	576.52	1.069	1.069	1.165	1.244

工作内容：准备工作、热电偶固定、电阻丝固定、包扎、连线、通电升温、拆除、回收材料、清理现场。

计量单位：10口

定 额 编 号				A8-6-87	A8-6-88	A8-6-89
项 目 名 称				公称直径(mm以内)		
				400	500	600
基 价（元）				**1965.48**	**2457.82**	**2866.81**
其中	人 工 费（元）			379.26	481.46	569.24
	材 料 费（元）			651.68	759.33	898.36
	机 械 费（元）			934.54	1217.03	1399.21
名 称		单位	单价(元)	消 耗 量		
人工	综合工日	工日	140.00	2.709	3.439	4.066
材料	耐热电瓷环 φ20	个	0.51	90.000	100.000	120.000
	镍铬电阻丝 φ3.2	kg	304.27	1.050	1.150	1.400
	热电偶 1000℃ 1m	个	113.68	0.660	0.660	0.750
	岩棉板	m^3	490.00	0.418	0.563	0.647
	其他材料费占材料费	%	—	1.000	1.000	1.000
机械	自控热处理机	台班	576.52	1.621	2.111	2.427

8. 高压合金钢管电阻丝

工作内容：准备工作、热电偶固定、电阻丝固定、包扎、连线、通电升温、拆除、回收材料、清理现场。

计量单位：10口

定额编号				A8-6-90	A8-6-91	A8-6-92	A8-6-93
项目名称				公称直径(mm以内)			
				50	100	200	300
基价（元）				**1655.42**	**1727.18**	**2075.77**	**2293.87**
其中	人工费（元）			383.32	402.36	438.62	468.16
	材料费（元）			286.25	338.97	562.52	678.44
	机械费（元）			985.85	985.85	1074.63	1147.27
名称		单位	单价(元)	消耗量			
人工	综合工日	工日	140.00	2.738	2.874	3.133	3.344
材料	耐热电瓷环 φ20	个	0.51	38.400	48.000	96.000	96.000
	镍铬电阻丝 φ3.2	kg	304.27	0.448	0.560	1.120	1.120
	热电偶 1000℃ 1m	个	113.68	0.320	0.320	0.320	0.640
	岩棉板	m³	490.00	0.186	0.213	0.267	0.427
	其他材料费占材料费	%	—	1.000	1.000	1.000	1.000
机械	自控热处理机	台班	576.52	1.710	1.710	1.864	1.990

工作内容：准备工作、热电偶固定、电阻丝固定、包扎、连线、通电升温、拆除、回收材料、清理现场。

计量单位：10口

定额编号				A8-6-94	A8-6-95	A8-6-96
项目名称				公称直径(mm以内)		
				400	500	600
基价（元）				3144.33	3932.78	4586.61
其中	人工费（元）			606.62	770.28	910.70
	材料费（元）			1042.79	1215.02	1437.28
	机械费（元）			1494.92	1947.48	2238.63
名称		单位	单价(元)	消耗量		
人工	综合工日	工日	140.00	4.333	5.502	6.505
材料	耐热电瓷环 Φ20	个	0.51	144.000	160.000	192.000
	镍铬电阻丝 Φ3.2	kg	304.27	1.680	1.840	2.240
	热电偶 1000℃ 1m	个	113.68	1.056	1.056	1.200
	岩棉板	m^3	490.00	0.669	0.901	1.035
	其他材料费占材料费	%	—	1.000	1.000	1.000
机械	自控热处理机	台班	576.52	2.593	3.378	3.883

9. 碳钢管电感应

工作内容：准备工作、热电偶固定、包扎、连线、通电升温、拆除、回收材料、清理现场。

计量单位：10口

定额编号				A8-6-97	A8-6-98	A8-6-99	A8-6-100
项目名称				公称直径(mm以内)			
				50	100	200	300
基价（元）				366.66	419.07	523.78	666.99
其中	人工费（元）			119.70	136.78	170.94	184.80
	材料费（元）			200.39	229.02	286.28	410.25
	机械费（元）			46.57	53.27	66.56	71.94
名称		单位	单价(元)	消耗量			
人工	综合工日	工日	140.00	0.855	0.977	1.221	1.320
材料	保温布	m²	34.19	2.100	2.400	3.000	3.800
	热电偶 1000℃ 1m	个	113.68	0.140	0.160	0.200	0.400
	硬铜绞线 TJ-120mm²	kg	42.74	2.590	2.960	3.700	5.400
	其他材料费占材料费	%	—	1.000	1.000	1.000	1.000
机械	中频加热处理机 100kW	台班	94.28	0.494	0.565	0.706	0.763

工作内容：准备工作、热电偶固定、包扎、连线、通电升温、拆除、回收材料、清理现场。

计量单位：10口

定额编号				A8-6-101	A8-6-102	A8-6-103
项目名称				公称直径(mm以内)		
				400	500	600
基价（元）				931.57	1136.46	1306.87
其中	人工费（元）			248.36	314.02	361.06
	材料费（元）			586.01	699.97	804.96
	机械费（元）			97.20	122.47	140.85
名称		单位	单价(元)	消耗量		
人工	综合工日	工日	140.00	1.774	2.243	2.579
材料	保温布	m²	34.19	5.900	7.200	8.280
	热电偶 1000℃ 1m	个	113.68	0.660	0.660	0.759
	硬铜绞线 TJ-120mm²	kg	42.74	7.100	8.700	10.005
	其他材料费占材料费	%	—	1.000	1.000	1.000
机械	中频加热处理机 100kW	台班	94.28	1.031	1.299	1.494

10.低中压合金钢管电感应

工作内容：准备工作、热电偶固定、包扎、连线、通电升温、拆除、回收材料、清理现场。

计量单位：10口

定额编号				A8-6-104	A8-6-105	A8-6-106	A8-6-107
项目名称				公称直径(mm以内)			
				50	100	200	300
基价（元）				**467.14**	**512.03**	**635.74**	**773.17**
其中	人工费（元）			221.90	221.90	243.04	261.10
	材料费（元）			158.79	203.68	297.76	410.25
	机械费（元）			86.45	86.45	94.94	101.82
名称		单位	单价(元)	消耗量			
人工	综合工日	工日	140.00	1.585	1.585	1.736	1.865
材料	保温布	m²	34.19	2.400	2.700	3.000	3.800
	热电偶 1000℃ 1m	个	113.68	0.210	0.210	0.300	0.400
	硬铜绞线 TJ-120mm²	kg	42.74	1.200	2.000	3.700	5.400
	其他材料费占材料费	%	—	1.000	1.000	1.000	1.000
机械	中频加热处理机 100kW	台班	94.28	0.917	0.917	1.007	1.080

工作内容：准备工作、热电偶固定、包扎、连线、通电升温、拆除、回收材料、清理现场。

计量单位：10口

定额编号				A8-6-108	A8-6-109	A8-6-110
项目名称				公称直径(mm以内)		
				400	500	600
基价（元）				**1032.38**	**1282.05**	**1474.37**
其中	人工费（元）			320.88	418.32	481.04
	材料费（元）			586.01	699.97	804.96
	机械费（元）			125.49	163.76	188.37
名称		单位	单价(元)	消耗量		
人工	综合工日	工日	140.00	2.292	2.988	3.436
材料	保温布	m²	34.19	5.900	7.200	8.280
	热电偶 1000℃ 1m	个	113.68	0.660	0.660	0.759
	硬铜绞线 TJ-120mm²	kg	42.74	7.100	8.700	10.005
	其他材料费占材料费	%	—	1.000	1.000	1.000
机械	中频加热处理机 100kW	台班	94.28	1.331	1.737	1.998

11. 高压合金钢管电感应

工作内容：准备工作、热电偶固定、包扎、连线、通电升温、拆除、回收材料、清理现场。

计量单位：10口

定额编号				A8-6-111	A8-6-112	A8-6-113	A8-6-114
项目名称				公称直径(mm以内)			
				50	100	200	300
基价（元）				**503.78**	**552.47**	**974.21**	**1179.55**
其中	人工费（元）			236.18	236.18	396.76	416.36
	材料费（元）			175.02	223.71	422.08	600.18
	机械费（元）			92.58	92.58	155.37	163.01
名称		单位	单价(元)	消耗量			
人工	综合工日	工日	140.00	1.687	1.687	2.834	2.974
材料	保温布	m^2	34.19	2.870	3.280	4.100	5.800
	热电偶 1000℃ 1m	个	113.68	0.210	0.210	0.300	0.400
	硬铜绞线 TJ-120mm^2	kg	42.74	1.200	2.000	5.700	8.200
	其他材料费占材料费	%	—	1.000	1.000	1.000	1.000
机械	中频加热处理机 100kW	台班	94.28	0.982	0.982	1.648	1.729

工作内容：准备工作、热电偶固定、包扎、连线、通电升温、拆除、回收材料、清理现场。

计量单位：10口

定额编号				A8-6-115	A8-6-116	A8-6-117
项目名称				公称直径(mm以内)		
				400	500	600
基价（元）				1629.56	1881.38	2163.59
其中	人工费（元）			579.18	614.18	706.30
	材料费（元）			824.30	1027.16	1181.24
	机械费（元）			226.08	240.04	276.05
名称		单位	单价(元)	消耗量		
人工	综合工日	工日	140.00	4.137	4.387	5.045
材料	保温布	m²	34.19	8.500	11.800	13.570
	热电偶 1000℃ 1m	个	113.68	0.600	0.660	0.759
	硬铜绞线 TJ-120mm²	kg	42.74	10.700	12.600	14.490
	其他材料费占材料费	%	—	1.000	1.000	1.000
机械	中频加热处理机 100kW	台班	94.28	2.398	2.546	2.928

12. 碳钢管氧乙炔

工作内容：准备工作、加热。

计量单位：10口

定额编号				A8-6-118	A8-6-119	A8-6-120	A8-6-121
项目名称				公称直径(mm以内)			
				50	100	200	300
基价（元）				**6.72**	**24.59**	**89.23**	**203.25**
其中	人工费（元）			4.48	16.10	51.66	117.18
	材料费（元）			2.24	8.49	37.57	86.07
	机械费（元）			—	—	—	—
名称		单位	单价(元)	消耗量			
人工	综合工日	工日	140.00	0.032	0.115	0.369	0.837
材料	氧气	m^3	3.63	0.259	0.984	4.351	9.970
	乙炔气	kg	10.45	0.122	0.463	2.048	4.692
	其他材料费占材料费	%	—	1.000	1.000	1.000	1.000

工作内容：准备工作、加热。　　　　　　　　　　　　　　　　　　　　计量单位：10口

定额编号				A8-6-122	A8-6-123	A8-6-124
项目名称				公称直径(mm以内)		
				400	500	600
基价（元）				**317.59**	**504.50**	**580.20**
其中	人工费（元）			182.00	290.08	333.62
	材料费（元）			135.59	214.42	246.58
	机械费（元）			—	—	—
名称		单位	单价(元)	消耗量		
人工	综合工日	工日	140.00	1.300	2.072	2.383
材料	氧气	m³	3.63	15.705	24.836	28.561
	乙炔气	kg	10.45	7.391	11.688	13.441
	其他材料费占材料费	%	—	1.000	1.000	1.000

13. 合金钢管氧乙炔

工作内容：准备工作、加热。 计量单位：10口

定额编号				A8-6-125	A8-6-126	A8-6-127	A8-6-128
项目名称				公称直径(mm以内)			
				50	100	200	300
基价（元）				**7.36**	**29.47**	**98.03**	**211.97**
其中	人工费（元）			4.90	21.70	56.70	122.22
	材料费（元）			2.46	7.77	41.33	89.75
	机械费（元）			—	—	—	—
名称		单位	单价(元)	消耗量			
人工	综合工日	工日	140.00	0.035	0.155	0.405	0.873
材料	氧气	m^3	3.63	0.286	0.900	4.786	10.396
	乙炔气	kg	10.45	0.134	0.424	2.253	4.892
	其他材料费占材料费	%	—	1.000	1.000	1.000	1.000

工作内容：准备工作、加热。　　　　　　　　　　　　　　　　　　　　　计量单位：10口

定　额　编　号				A8-6-129	A8-6-130	A8-6-131
项　目　名　称				公称直径(mm以内)		
				400	500	600
基　　价（元）				**349.35**	**555.06**	**638.32**
其中	人　工　费（元）			200.20	319.20	367.08
	材　料　费（元）			149.15	235.86	271.24
	机　械　费（元）			—	—	—
名　　称		单位	单价(元)	消　　耗　　量		
人工	综合工日	工日	140.00	1.430	2.280	2.622
材料	氧气	m^3	3.63	17.276	27.320	31.418
	乙炔气	kg	10.45	8.130	12.857	14.785
	其他材料费占材料费	%	—	1.000	1.000	1.000

四、焊口热处理

1. 低中压碳钢电加热片

工作内容：准备工作、热电偶固定、包扎、连线、通电升温、恒温、降温、拆除、回收材料、清理现场。

计量单位：10口

定额编号				A8-6-132	A8-6-133	A8-6-134	A8-6-135
项目名称				公称直径(mm以内)			
				50	100	200	300
基价（元）				**1175.51**	**1335.47**	**1655.59**	**2617.10**
其中	人工费（元）			369.18	421.82	527.38	824.04
	材料费（元）			243.65	270.25	323.96	532.21
	机械费（元）			562.68	643.40	804.25	1260.85
名称		单位	单价(元)	消耗量			
人工	综合工日	工日	140.00	2.637	3.013	3.767	5.886
材料	电加热片	m²	2512.00	0.042	0.048	0.060	0.090
	热电偶 1000℃ 1m	个	113.68	0.500	0.500	0.500	1.000
	岩棉板	m³	490.00	0.161	0.184	0.231	0.382
	其他材料费占材料费	%	—	1.000	1.000	1.000	1.000
机械	自控热处理机	台班	576.52	0.976	1.116	1.395	2.187

工作内容：准备工作、热电偶固定、包扎、连线、通电升温、恒温、降温、拆除、回收材料、清理现场。

计量单位：10口

定额编号				A8-6-136	A8-6-137	A8-6-138
项目名称				公称直径(mm以内)		
				400	500	600
基价（元）				2990.60	3397.58	3646.51
其中	人工费（元）			890.26	979.16	1023.54
	材料费（元）			738.60	920.62	1057.14
	机械费（元）			1361.74	1497.80	1565.83
名称		单位	单价(元)	消耗量		
人工	综合工日	工日	140.00	6.359	6.994	7.311
材料	电加热片	m^2	2512.00	0.114	0.144	0.165
	热电偶 1000℃ 1m	个	113.68	1.500	1.500	1.725
	岩棉板	m^3	490.00	0.560	0.774	0.890
	其他材料费占材料费	%	—	1.000	1.000	1.000
机械	自控热处理机	台班	576.52	2.362	2.598	2.716

2. 高压碳钢电加热片

工作内容：准备工作、热电偶固定、包扎、连线、通电升温、恒温、降温、拆除、回收材料、清理现场。

计量单位：10口

定额编号				A8-6-139	A8-6-140	A8-6-141	A8-6-142
项目名称				公称直径(mm以内)			
				50	100	200	300
基价（元）				1352.89	1537.91	2520.63	4650.53
其中	人工费（元）			439.32	502.04	870.10	1606.92
	材料费（元）			243.65	270.25	323.96	585.33
	机械费（元）			669.92	765.62	1326.57	2458.28
名称		单位	单价(元)	消耗量			
人工	综合工日	工日	140.00	3.138	3.586	6.215	11.478
材料	电加热片	m²	2512.00	0.042	0.048	0.060	0.099
	热电偶 1000℃ 1m	个	113.68	0.500	0.500	0.500	1.100
	岩棉板	m³	490.00	0.161	0.184	0.231	0.420
	其他材料费占材料费	%	—	1.000	1.000	1.000	1.000
机械	自控热处理机	台班	576.52	1.162	1.328	2.301	4.264

工作内容：准备工作、热电偶固定、包扎、连线、通电升温、恒温、降温、拆除、回收材料、清理现场。

计量单位：10口

定额编号				A8-6-143	A8-6-144	A8-6-145
项目名称				公称直径(mm以内)		
				400	500	600
基价（元）				4819.66	7355.41	8452.05
其中	人工费（元）			1584.52	2467.36	2835.42
	材料费（元）			811.45	1113.57	1280.05
	机械费（元）			2423.69	3774.48	4336.58
名称		单位	单价(元)	消耗量		
人工	综合工日	工日	140.00	11.318	17.624	20.253
材料	电加热片	m²	2512.00	0.125	0.174	0.200
	热电偶 1000℃ 1m	个	113.68	1.650	1.815	2.087
	岩棉板	m³	490.00	0.616	0.937	1.077
	其他材料费占材料费	%	—	1.000	1.000	1.000
机械	自控热处理机	台班	576.52	4.204	6.547	7.522

3. 低中压碳钢管电阻丝

工作内容：准备工作、热电偶固定、包扎、连线、通电升温、恒温、降温、拆除、回收材料、清理现场。

计量单位：10口

定额编号				A8-6-146	A8-6-147	A8-6-148	A8-6-149
项目名称				公称直径(mm以内)			
				50	100	200	300
基价（元）				1446.18	1767.83	2357.44	2768.94
其中	人工费（元）			424.48	486.08	606.34	839.58
	材料费（元）			333.91	394.49	663.78	795.92
	机械费（元）			687.79	887.26	1087.32	1133.44
	名称	单位	单价(元)	消耗量			
人工	综合工日	工日	140.00	3.032	3.472	4.331	5.997
材料	耐热电瓷环 φ20	个	0.51	48.000	60.000	120.000	120.000
	镍铬电阻丝 φ3.2	kg	304.27	0.560	0.700	1.400	1.400
	热电偶 1000℃ 1m	个	113.68	0.500	0.500	0.500	1.000
	岩棉板	m³	490.00	0.161	0.184	0.231	0.382
	其他材料费占材料费	%	—	1.000	1.000	1.000	1.000
机械	自控热处理机	台班	576.52	1.193	1.539	1.886	1.966

工作内容：准备工作、热电偶固定、包扎、连线、通电升温、恒温、降温、拆除、回收材料、清理现场。

计量单位：10口

定额编号				A8-6-150	A8-6-151	A8-6-152
项目名称				公称直径(mm以内)		
				400	500	600
基价（元）				4060.46	4542.32	4925.95
其中	人工费（元）			1023.54	1126.02	1177.12
	材料费（元）			1187.44	1382.34	1622.62
	机械费（元）			1849.48	2033.96	2126.21
名称		单位	单价(元)	消耗量		
人工	综合工日	工日	140.00	7.311	8.043	8.408
材料	耐热电瓷环 φ20	个	0.51	180.000	200.000	240.000
	镍铬电阻丝 φ3.2	kg	304.27	2.100	2.300	2.800
	热电偶 1000℃ 1m	个	113.68	1.500	1.650	1.725
	岩棉板	m³	490.00	0.560	0.774	0.890
	其他材料费占材料费	%	—	1.000	1.000	1.000
机械	自控热处理机	台班	576.52	3.208	3.528	3.688

4. 高压碳钢管电阻丝

工作内容：准备工作、热电偶固定、包扎、连线、通电升温、恒温、降温、拆除、回收材料、清理现场。

计量单位：10口

定额编号				A8-6-153	A8-6-154	A8-6-155	A8-6-156
项目名称				公称直径(mm以内)			
				50	100	200	300
基价(元)				1657.11	2028.44	3458.49	4723.52
其中	人工费(元)			505.12	578.34	1000.58	1637.16
	材料费(元)			333.91	394.49	663.78	875.41
	机械费(元)			818.08	1055.61	1794.13	2210.95
名称		单位	单价(元)	消耗量			
人工	综合工日	工日	140.00	3.608	4.131	7.147	11.694
材料	耐热电瓷环 φ20	个	0.51	48.000	60.000	120.000	132.000
	镍铬电阻丝 φ3.2	kg	304.27	0.560	0.700	1.400	1.540
	热电偶 1000℃ 1m	个	113.68	0.500	0.500	0.500	1.100
	岩棉板	m³	490.00	0.161	0.184	0.231	0.420
	其他材料费占材料费	%	—	1.000	1.000	1.000	1.000
机械	自控热处理机	台班	576.52	1.419	1.831	3.112	3.835

工作内容：准备工作、热电偶固定、包扎、连线、通电升温、恒温、降温、拆除、回收材料、清理现场。

计量单位：10口

定额编号				A8-6-157	A8-6-158	A8-6-159
项目名称				公称直径(mm以内)		
				400	500	600
基价（元）				6420.22	9635.84	11114.29
其中	人工费（元）			1822.10	2837.66	3260.60
	材料费（元）			1306.19	1672.92	1963.39
	机械费（元）			3291.93	5125.26	5890.30
名称		单位	单价(元)	消耗量		
人工	综合工日	工日	140.00	13.015	20.269	23.290
材料	耐热电瓷环 φ20	个	0.51	198.000	242.000	290.400
	镍铬电阻丝 φ3.2	kg	304.27	2.310	2.783	3.388
	热电偶 1000℃ 1m	个	113.68	1.650	1.997	2.087
	岩棉板	m³	490.00	0.616	0.937	1.077
	其他材料费占材料费	%	—	1.000	1.000	1.000
机械	自控热处理机	台班	576.52	5.710	8.890	10.217

5. 低中压合金钢管电加热片

工作内容：准备工作、热电偶固定、包扎、连线、通电升温、恒温、降温、拆除、回收材料、清理现场。

计量单位：10口

定额编号				A8-6-160	A8-6-161	A8-6-162	A8-6-163
项目名称				公称直径(mm以内)			
				50	100	200	300
基价（元）				1431.26	1738.67	1887.97	2832.62
其中	人工费（元）			469.84	580.58	618.52	910.42
	材料费（元）			243.65	270.25	323.96	532.21
	机械费（元）			717.77	887.84	945.49	1389.99
名称		单位	单价(元)	消耗量			
人工	综合工日	工日	140.00	3.356	4.147	4.418	6.503
材料	电加热片	m²	2512.00	0.042	0.048	0.060	0.090
	热电偶 1000℃ 1m	个	113.68	0.500	0.500	0.500	1.000
	岩棉板	m³	490.00	0.161	0.184	0.231	0.382
	其他材料费占材料费	%	—	1.000	1.000	1.000	1.000
机械	自控热处理机	台班	576.52	1.245	1.540	1.640	2.411

工作内容：准备工作、热电偶固定、包扎、连线、通电升温、恒温、降温、拆除、回收材料、清理现场。

计量单位：10口

定额编号				A8-6-164	A8-6-165	A8-6-166
项目名称				公称直径(mm以内)		
				400	500	600
基价（元）				3397.91	3769.95	4115.80
其中	人工费（元）			1051.40	1156.68	1209.18
	材料费（元）			738.60	844.51	1057.14
	机械费（元）			1607.91	1768.76	1849.48
名称		单位	单价(元)	消耗量		
人工	综合工日	工日	140.00	7.510	8.262	8.637
材料	电加热片	m²	2512.00	0.114	0.114	0.165
	热电偶 1000℃ 1m	个	113.68	1.500	1.500	1.725
	岩棉板	m³	490.00	0.560	0.774	0.890
	其他材料费占材料费	%	—	1.000	1.000	1.000
机械	自控热处理机	台班	576.52	2.789	3.068	3.208

6. 高压合金钢管电加热片

工作内容：准备工作、热电偶固定、包扎、连线、通电升温、恒温、降温、拆除、回收材料、清理现场。

计量单位：10口

定额编号				A8-6-167	A8-6-168	A8-6-169	A8-6-170
项目名称				公称直径(mm以内)			
				50	100	200	300
基价（元）				1654.52	2024.01	2897.35	5112.86
其中	人工费（元）			557.62	694.12	1017.94	1781.64
	材料费（元）			243.65	270.25	323.96	608.32
	机械费（元）			853.25	1059.64	1555.45	2722.90
名称		单位	单价(元)	消耗量			
人工	综合工日	工日	140.00	3.983	4.958	7.271	12.726
材料	电加热片	m²	2512.00	0.042	0.048	0.060	0.120
	热电偶 1000℃ 1m	个	113.68	0.500	0.500	0.500	1.000
	岩棉板	m³	490.00	0.161	0.184	0.231	0.382
	其他材料费占材料费	%	—	1.000	1.000	1.000	1.000
机械	自控热处理机	台班	576.52	1.480	1.838	2.698	4.723

工作内容：准备工作、热电偶固定、包扎、连线、通电升温、恒温、降温、拆除、回收材料、清理现场。

计量单位：10口

定额编号				A8-6-171	A8-6-172	A8-6-173
项目名称				公称直径(mm以内)		
				400	500	600
基价（元）				5586.31	8571.68	9855.31
其中	人工费（元）			1876.42	2913.40	3350.34
	材料费（元）			845.16	1209.85	1389.51
	机械费（元）			2864.73	4448.43	5115.46
名称		单位	单价(元)	消耗量		
人工	综合工日	工日	140.00	13.403	20.810	23.931
材料	电加热片	m²	2512.00	0.156	0.258	0.296
	热电偶 1000℃ 1m	个	113.68	1.500	1.500	1.725
	岩棉板	m³	490.00	0.560	0.774	0.890
	其他材料费占材料费	%	—	1.000	1.000	1.000
机械	自控热处理机	台班	576.52	4.969	7.716	8.873

7. 低中压合金钢管电阻丝

工作内容：准备工作、热电偶固定、包扎、连线、通电升温、恒温、降温、拆除、回收材料、清理现场。

计量单位：10口

定额编号				A8-6-174	A8-6-175	A8-6-176	A8-6-177
项目名称				公称直径(mm以内)			
				50	100	200	300
基价（元）				1707.82	2082.59	2462.44	2672.06
其中	人工费（元）			540.26	667.66	711.34	742.70
	材料费（元）			333.91	394.49	663.78	795.92
	机械费（元）			833.65	1020.44	1087.32	1133.44
名称		单位	单价(元)	消耗量			
人工	综合工日	工日	140.00	3.859	4.769	5.081	5.305
材料	耐热电瓷环 φ20	个	0.51	48.000	60.000	120.000	120.000
	镍铬电阻丝 φ3.2	kg	304.27	0.560	0.700	1.400	1.400
	热电偶 1000℃ 1m	个	113.68	0.500	0.500	0.500	1.000
	岩棉板	m³	490.00	0.161	0.184	0.231	0.382
	其他材料费占材料费	%	—	1.000	1.000	1.000	1.000
机械	自控热处理机	台班	576.52	1.446	1.770	1.886	1.966

工作内容：准备工作、热电偶固定、包扎、连线、通电升温、恒温、降温、拆除、回收材料、清理现场。

计量单位：10口

定额编号				A8-6-178	A8-6-179	A8-6-180
项目名称				公称直径(mm以内)		
				400	500	600
基价（元）				4246.10	4685.96	5049.15
其中	人工费（元）			1209.18	1269.66	1300.32
	材料费（元）			1187.44	1382.34	1622.62
	机械费（元）			1849.48	2033.96	2126.21
名称		单位	单价(元)	消耗量		
人工	综合工日	工日	140.00	8.637	9.069	9.288
材料	耐热电瓷环 φ20	个	0.51	180.000	200.000	240.000
	镍铬电阻丝 φ3.2	kg	304.27	2.100	2.300	2.800
	热电偶 1000℃ 1m	个	113.68	1.500	1.650	1.725
	岩棉板	m^3	490.00	0.560	0.774	0.890
	其他材料费占材料费	%	—	1.000	1.000	1.000
机械	自控热处理机	台班	576.52	3.208	3.528	3.688

8.高压合金钢管电阻丝

工作内容：准备工作、热电偶固定、包扎、连线、通电升温、恒温、降温、拆除、回收材料、清理现场。

计量单位：10口

定额编号				A8-6-181	A8-6-182	A8-6-183	A8-6-184
项目名称				公称直径(mm以内)			
				50	100	200	300
基价（元）				**1956.35**	**2410.96**	**3623.40**	**5975.92**
其中	人工费（元）			641.20	798.28	1170.68	2048.34
	材料费（元）			333.91	394.49	663.78	795.92
	机械费（元）			981.24	1218.19	1788.94	3131.66
名称		单位	单价(元)	消耗量			
人工	综合工日	工日	140.00	4.580	5.702	8.362	14.631
材料	耐热电瓷环 φ20	个	0.51	48.000	60.000	120.000	120.000
	镍铬电阻丝 φ3.2	kg	304.27	0.560	0.700	1.400	1.400
	热电偶 1000℃ 1m	个	113.68	0.500	0.500	0.500	1.000
	岩棉板	m³	490.00	0.161	0.184	0.231	0.382
	其他材料费占材料费	%	—	1.000	1.000	1.000	1.000
机械	自控热处理机	台班	576.52	1.702	2.113	3.103	5.432

工作内容：准备工作、热电偶固定、包扎、连线、通电升温、恒温、降温、拆除、回收材料、清理现场。

计量单位：10口

定额编号				A8-6-185	A8-6-186	A8-6-187
项目名称				公称直径(mm以内)		
				400	500	600
基价（元）				6639.50	9847.60	11358.23
其中	人工费（元）			2157.82	3349.22	3852.80
	材料费（元）			1187.44	1382.34	1622.62
	机械费（元）			3294.24	5116.04	5882.81
名称		单位	单价(元)	消耗量		
人工	综合工日	工日	140.00	15.413	23.923	27.520
材料	耐热电瓷环 φ20	个	0.51	180.000	200.000	240.000
	镍铬电阻丝 φ3.2	kg	304.27	2.100	2.300	2.800
	热电偶 1000℃ 1m	个	113.68	1.500	1.650	1.725
	岩棉板	m^3	490.00	0.560	0.774	0.890
	其他材料费占材料费	%	—	1.000	1.000	1.000
机械	自控热处理机	台班	576.52	5.714	8.874	10.204

9. 碳钢管电感应

工作内容：准备工作、热电偶固定、包扎、连线、通电升温、恒温、降温、拆除、回收材料、清理现场。

计量单位：10口

定额编号				A8-6-188	A8-6-189	A8-6-190	A8-6-191
项目名称				公称直径(mm以内)			
				50	100	200	300
基价（元）				**873.61**	**1122.75**	**1598.75**	**2394.69**
其中	人工费（元）			503.16	574.84	718.62	1078.00
	材料费（元）			253.83	414.69	713.54	1066.85
	机械费（元）			116.62	133.22	166.59	249.84
名称		单位	单价(元)	消耗量			
人工	综合工日	工日	140.00	3.594	4.106	5.133	7.700
材料	保温布	m²	34.19	0.904	1.521	2.826	3.982
	热电偶 1000℃ 1m	个	113.68	0.500	0.500	0.500	1.000
	硬铜绞线 TJ-120mm²	kg	42.74	3.827	7.060	12.939	18.869
	其他材料费占材料费	%	—	1.000	1.000	1.000	1.000
机械	中频加热处理机 100kW	台班	94.28	1.237	1.413	1.767	2.650

工作内容：准备工作、热电偶固定、包扎、连线、通电升温、恒温、降温、拆除、回收材料、清理现场。

计量单位：10口

定额编号				A8-6-192	A8-6-193	A8-6-194
项目名称				公称直径(mm以内)		
				400	500	600
基价（元）				2774.99	3165.82	3640.59
其中	人工费（元）			1111.04	1111.04	1277.64
	材料费（元）			1406.75	1797.58	2067.19
	机械费（元）			257.20	257.20	295.76
名称		单位	单价(元)	消耗量		
人工	综合工日	工日	140.00	7.936	7.936	9.126
材料	保温布	m^2	34.19	5.086	9.121	10.489
	热电偶 1000℃ 1m	个	113.68	1.500	1.500	1.725
	硬铜绞线 TJ-120mm^2	kg	42.74	24.530	30.356	34.909
	其他材料费占材料费	%	—	1.000	1.000	1.000
机械	中频加热处理机 100kW	台班	94.28	2.728	2.728	3.137

10.低压合金钢管电感应

工作内容：准备工作、热电偶固定、包扎、连线、通电升温、恒温、降温、拆除、回收材料、清理现场。

计量单位：10口

定额编号				A8-6-195	A8-6-196	A8-6-197	A8-6-198
项目名称				公称直径(mm以内)			
				50	100	200	300
基价（元）				840.80	1153.88	1538.45	2298.58
其中	人工费（元）			452.34	556.64	589.96	884.38
	材料费（元）			283.34	468.36	811.97	1209.71
	机械费（元）			105.12	128.88	136.52	204.49
名称		单位	单价(元)	消耗量			
人工	综合工日	工日	140.00	3.231	3.976	4.214	6.317
材料	保温布	m²	34.19	1.040	1.750	3.250	4.580
	热电偶 1000℃ 1m	个	113.68	0.500	0.500	0.500	1.000
	硬铜绞线 TJ-120mm²	kg	42.74	4.402	8.120	14.880	21.700
	其他材料费占材料费	%	—	1.000	1.000	1.000	1.000
机械	中频加热处理机 100kW	台班	94.28	1.115	1.367	1.448	2.169

工作内容：准备工作、热电偶固定、包扎、连线、通电升温、恒温、降温、拆除、回收材料、清理现场。

计量单位：10口

定额编号				A8-6-199	A8-6-200	A8-6-201
项目名称				公称直径(mm以内)		
				400	500	600
基价（元）				2732.11	4147.10	4769.13
其中	人工费（元）			925.82	1403.64	1614.20
	材料费（元）			1591.99	2418.29	2781.02
	机械费（元）			214.30	325.17	373.91
名称		单位	单价(元)	消耗量		
人工	综合工日	工日	140.00	6.613	10.026	11.530
材料	保温布	m^2	34.19	5.850	10.490	12.063
	热电偶 1000℃ 1m	个	113.68	1.500	1.500	1.725
	硬铜绞线 TJ-120mm^2	kg	42.74	28.210	43.640	50.186
	其他材料费占材料费	%	—	1.000	1.000	1.000
机械	中频加热处理机 100kW	台班	94.28	2.273	3.449	3.966

11. 中高压合金钢管电感应

工作内容：准备工作、热电偶固定、包扎、连线、通电升温、恒温、降温、拆除、回收材料、清理现场。

计量单位：10口

定额编号				A8-6-202	A8-6-203	A8-6-204	A8-6-205
项目名称				公称直径(mm以内)			
				50	100	200	300
基价（元）				**946.34**	**1317.70**	**2004.73**	**3241.17**
其中	人工费（元）			538.16	695.10	968.66	1649.34
	材料费（元）			283.26	468.36	811.97	1209.71
	机械费（元）			124.92	154.24	224.10	382.12
名称		单位	单价(元)	消耗量			
人工	综合工日	工日	140.00	3.844	4.965	6.919	11.781
材料	保温布	m²	34.19	1.040	1.750	3.250	4.580
	热电偶 1000℃ 1m	个	113.68	0.500	0.500	0.500	1.000
	硬铜绞线 TJ-120mm²	kg	42.74	4.400	8.120	14.880	21.700
	其他材料费占材料费	%	—	1.000	1.000	1.000	1.000
机械	中频加热处理机 100kW	台班	94.28	1.325	1.636	2.377	4.053

工作内容：准备工作、热电偶固定、包扎、连线、通电升温、恒温、降温、拆除、回收材料、清理现场。

计量单位：10口

定额编号				A8-6-206	A8-6-207	A8-6-208
项目名称				公称直径(mm以内)		
				400	500	600
基价（元）				3682.08	5706.05	6891.11
其中	人工费（元）			1696.94	2669.94	3380.02
	材料费（元）			1591.99	2418.29	2800.60
	机械费（元）			393.15	617.82	710.49
名称		单位	单价(元)	消耗量		
人工	综合工日	工日	140.00	12.121	19.071	24.143
材料	保温布	m²	34.19	5.850	10.490	12.630
	热电偶 1000℃ 1m	个	113.68	1.500	1.500	1.725
	硬铜绞线 TJ-120mm²	kg	42.74	28.210	43.640	50.186
	其他材料费占材料费	%	—	1.000	1.000	1.000
机械	中频加热处理机 100kW	台班	94.28	4.170	6.553	7.536

五、硬度测定

工作内容：准备工作、测定硬度值、技术报告。　　　　　　计量单位：10个点

定额编号				A8-6-209
项目名称				管材
基价（元）				53.23
其中	人工费（元）			24.50
	材料费（元）			16.95
	机械费（元）			11.78
名称		单位	单价（元）	消耗量
人工	综合工日	工日	140.00	0.175
材料	打印纸	箱	130.00	0.100
	电	kW·h	0.68	0.070
	尼龙砂轮片 φ100×16×3	片	2.56	0.500
	色带	根	3.25	0.100
	铁砂布	张	0.85	2.500
	其他材料费占材料费	%	—	1.000
机械	里氏硬度计	台班	23.79	0.495

六、光谱分析

工作内容：准备工作、调试机器、工件检测表面清理、测试分析、对比标准、数据记录、评定、技术报告。

计量单位：点

定额编号				A8-6-210	A8-6-211	A8-6-212
项目名称				定性	半定量	全组分
基价（元）				**18.05**	**32.06**	**76.90**
其中	人工费（元）			3.22	6.16	11.76
	材料费（元）			0.17	0.17	0.17
	机械费（元）			14.66	25.73	64.97
名称		单位	单价（元）	消耗量		
人工	综合工日	工日	140.00	0.023	0.044	0.084
材料	电	kW·h	0.68	0.070	0.070	0.070
	尼龙砂轮片 Φ100×16×3	片	2.56	0.010	0.010	0.010
	破布	kg	6.32	0.001	0.001	0.001
	铁砂布	张	0.85	0.100	0.100	0.100
	其他材料费占材料费	%	—	1.000	1.000	1.000
机械	光谱分析仪	台班	436.03	—	0.059	0.149
	红外光谱仪	台班	148.08	0.099	—	—

七、超声波测厚

工作内容：搬运仪器、校验仪器及探头、检验仪器及探头、检验部位清理除污、涂抹耦合剂、探伤、检验结果、记录签定、技术报告。

计量单位：点

定额编号				A8-6-213
项目名称				超声波测厚
基价（元）				**4.23**
其中	人工费（元）			1.40
	材料费（元）			1.03
	机械费（元）			1.80
名称		**单位**	**单价(元)**	**消耗量**
人工	综合工日	工日	140.00	0.010
材料	其他材料费	元	1.00	1.030
机械	超声波测厚仪	台班	30.00	0.060

第七章　其他

说　明

一、本章内容包括：焊口充氩保护（管道内部），冷排管制作与安装，钢带退火、加氨，蒸汽分汽缸安装、集气罐制作、集气罐安装、空气分气筒制作与安装等。

二、冷排管制作与安装定额已包括钢带的轧绞、绕片工作内容。

三、本章不包括以下工作内容：

1. 分气缸、集气罐和空气分气筒的附件安装。

2. 冷排管制作与安装定额中的钢带退火和冲、套翅片。

四、煨弯项目是按煨弯角度小于或等于 90° 考虑的，煨 180° 时，项目乘以系数 1.5。

五、中频煨弯项目不包括煨制时胎具更换内容，发生时另计。

六、用管材制作管件项目，其焊缝均不包括试漏和无损探伤工作内容，应按相应管道类别要求另行计算探伤费用。

七、调节阀等临时短管制作装拆项目，使用管道系统试压、吹扫时需要拆除的阀件以临时短管代替连通管道，其工作内容包括完工后短管拆除和原阀件复位等。

八、定额中场外运输子目是指材料及半成品在施工现场范围以外的水平运输，包括发包方供应仓库到场外防腐厂、场外预制厂、场外防腐厂到场外预制厂、场外预制厂到安装现场等。

九、管道支架制作、安装和管道套管的制作安装内容套用第十册相关子目。

工程量计算规则

一、焊口充氩保护按管道不同规格，以“口”为计量单位。

二、冷排管制作与安装以“m”为计量单位。

三、新旧管道连接按管道不同规格以“处”为计量单位。

四、钢塑过渡接头按管道连接方式、规格不同以“个”为计量单位。

五、虾体弯制作及煨弯按管道连接方式、材质、规格不同以“个”为计量单位。

一、焊口充氩保护(管道内部)

工作内容：准备工作、装堵板、管口封闭、焊口贴胶布、接通气源、充氩、调整流量、拆除堵板。

计量单位：10口

定额编号				A8-7-1	A8-7-2	A8-7-3	A8-7-4
项目名称				公称直径(mm以内)			
				50	100	200	300
基价(元)				232.45	247.14	284.02	335.49
其中	人工费(元)			43.12	57.54	93.52	143.78
	材料费(元)			189.33	189.60	190.50	191.71
	机械费(元)			—	—	—	—
名称		单位	单价(元)	消耗量			
人工	综合工日	工日	140.00	0.308	0.411	0.668	1.027
材料	热轧薄钢板 δ2.0	kg	—	(0.080)	(0.310)	(1.260)	(2.830)
	氩气	m^3	—	(0.800)	(1.200)	(2.200)	(3.500)
	六角螺栓 M10	套	0.17	2.000	2.000	3.000	3.000
	铜管	m	187.06	1.000	1.000	1.000	1.000
	橡胶板	kg	2.91	0.020	0.110	0.360	0.770
	其他材料费占材料费	%	—	1.000	1.000	1.000	1.000

工作内容：准备工作、装堵板、管口封闭、焊口贴胶布、接通气源、充氩、调整流量、拆除堵板。

计量单位：10口

定额编号				A8-7-5	A8-7-6	A8-7-7
项目名称				公称直径(mm以内)		
				400	500	600
基价（元）				**373.09**	**432.71**	**505.62**
其中	人工费（元）			179.76	237.16	308.28
	材料费（元）			193.33	195.55	197.34
	机械费（元）			—	—	—
名称		单位	单价(元)	消耗量		
人工	综合工日	工日	140.00	1.284	1.694	2.202
材料	热轧薄钢板 δ2.0	kg	—	(5.020)	(7.850)	(10.205)
	氩气	m^3	—	(4.800)	(5.900)	(7.670)
	六角螺栓 M10	套	0.17	3.000	4.000	4.000
	铜管	m	187.06	1.000	1.000	1.000
	橡胶板	kg	2.91	1.320	2.020	2.626
	其他材料费占材料费	%	—	1.000	1.000	1.000

二、冷排管制作与安装

工作内容：准备工作、管材清理机外观检查、调直、煨弯、切管、挖眼、组对、焊接、绕翅片、水压试验、安装。

计量单位：100m

定额编号				A8-7-8	A8-7-9	A8-7-10	A8-7-11
项目名称				翅片墙排管长度（12根以内）			
				7m	10m	16m	22m
基价（元）				1348.91	1147.80	960.22	893.16
其中	人工费（元）			966.98	831.74	710.08	664.58
	材料费（元）			100.31	78.95	60.29	51.75
	机械费（元）			281.62	237.11	189.85	176.83
名称		单位	单价(元)	消耗量			
人工	综合工日	工日	140.00	6.907	5.941	5.072	4.747
材料	钢带	kg	—	(414.000)	(414.000)	(414.000)	(414.000)
	无缝钢管(综合)	m	—	(103.050)	(102.730)	(102.460)	(102.340)
	低碳钢焊条	kg	6.84	3.740	3.170	2.660	2.430
	电	kW·h	0.68	0.428	0.352	0.252	0.226
	焦炭	kg	1.42	26.400	18.380	11.500	8.380
	木柴	kg	0.18	15.900	11.700	7.800	6.050
	尼龙砂轮片 φ100×16×3	片	2.56	1.500	1.270	1.060	0.970
	氧气	m^3	3.63	4.114	3.490	2.930	2.670
	乙炔气	kg	10.45	1.370	1.160	0.980	0.890
	其他材料费占材料费	%	—	1.000	1.000	1.000	1.000
机械	电焊机(综合)	台班	118.28	1.627	1.302	0.928	0.842
	电焊条恒温箱	台班	21.41	0.163	0.130	0.093	0.084
	电焊条烘干箱 60×50×75cm^3	台班	26.46	0.163	0.130	0.093	0.084
	鼓风机 18m^3/min	台班	40.40	0.258	0.172	0.144	0.086
	立式钻床 25mm	台班	6.58	0.057	0.048	0.029	0.019
	绕带机	台班	23.12	1.407	1.388	1.388	1.388
	轧纹机	台班	27.04	1.407	1.388	1.388	1.388

工作内容：准备工作、管材清理机外观检查、调直、煨弯、切管、挖眼、组对、焊接、绕翘片、水压试验、安装。

计量单位：100m

定额编号				A8-7-12	A8-7-13	A8-7-14	A8-7-15
项目名称				翅片顶排管长度（12根以内）			
				7m	10m	16m	22m
基价（元）				1343.57	1145.33	984.03	896.17
其中	人工费（元）			931.42	811.16	707.28	653.94
	材料费（元）			96.53	76.34	60.69	52.23
	机械费（元）			315.62	257.83	216.06	190.00
名称		单位	单价(元)	消耗量			
人工	综合工日	工日	140.00	6.653	5.794	5.052	4.671
材料	钢带	kg	—	(414.000)	(414.000)	(414.000)	(414.000)
	无缝钢管(综合)	m	—	(105.250)	(104.290)	(103.440)	(103.030)
	低碳钢焊条	kg	6.84	4.210	3.470	2.980	2.670
	电	kW·h	0.68	1.006	0.755	0.604	0.503
	焦炭	kg	1.42	19.040	13.600	8.510	6.200
	木柴	kg	0.18	10.300	7.400	4.800	3.630
	尼龙砂轮片 φ100×16×3	片	2.56	1.680	1.390	1.190	1.070
	氧气	m^3	3.63	4.630	3.820	3.280	2.940
	乙炔气	kg	10.45	1.540	1.270	1.090	0.980
	其他材料费占材料费	%	—	1.000	1.000	1.000	1.000
机械	电焊机(综合)	台班	118.28	1.904	1.455	1.139	0.938
	电焊条恒温箱	台班	21.41	0.190	0.145	0.114	0.094
	电焊条烘干箱 60×50×75cm^3	台班	26.46	0.190	0.145	0.114	0.094
	鼓风机 18m^3/min	台班	40.40	0.191	0.144	0.086	0.067
	立式钻床 25mm	台班	6.58	0.316	0.220	0.134	0.048
	绕带机	台班	23.12	1.426	1.426	1.426	1.426
	轧纹机	台班	27.04	1.426	1.426	1.426	1.426

工作内容：准备工作、管材清理机外观检查、调直、煨弯、切管、挖眼、组对、焊接、绕翘片、水压试验、安装。

计量单位：100m

定额编号				A8-7-16	A8-7-17	A8-7-18	A8-7-19
项目名称				光滑顶排管长度			
				(60根以内)			
				7m	10m	16m	22m
基价（元）				727.34	583.61	472.69	422.23
其中	人工费（元）			631.82	511.56	421.96	381.36
	材料费（元）			72.49	53.25	39.71	32.02
	机械费（元）			23.03	18.80	11.02	8.85
名称		单位	单价(元)	消耗量			
人工	综合工日	工日	140.00	4.513	3.654	3.014	2.724
材料	无缝钢管(综合)	m	—	(103.840)	(103.280)	(102.800)	(102.580)
	低碳钢焊条	kg	6.84	2.900	2.160	1.750	1.470
	电	kW·h	0.68	0.050	0.050	0.025	0.025
	焦炭	kg	1.42	17.380	12.430	7.820	5.670
	木柴	kg	0.18	8.860	6.470	4.120	3.030
	尼龙砂轮片 φ100×16×3	片	2.56	1.160	0.860	0.700	0.590
	氧气	m^3	3.63	3.190	2.380	1.930	1.620
	乙炔气	kg	10.45	1.060	0.790	0.640	0.540
	其他材料费占材料费	%	—	1.000	1.000	1.000	1.000
机械	电焊机(综合)	台班	118.28	0.115	0.096	0.057	0.048
	电焊条恒温箱	台班	21.41	0.011	0.010	0.006	0.005
	电焊条烘干箱 60×50×75cm³	台班	26.46	0.011	0.010	0.006	0.005
	鼓风机 18m³/min	台班	40.40	0.172	0.124	0.077	0.057
	立式钻床 25mm	台班	6.58	0.297	0.297	0.134	0.096

工作内容：准备工作、管材清理机外观检查、调直、煨弯、切管、挖眼、组对、焊接、绕翘片、水压试验、安装。

计量单位：100m

定额编号				A8-7-20	A8-7-21	A8-7-22
项目名称				光滑顶排管长度		
				(60根以内)		
				28m	34m	37m
基价（元）				**382.43**	**364.04**	**360.86**
其中	人工费（元）			347.20	332.22	330.12
	材料费（元）			28.10	26.27	25.26
	机械费（元）			7.13	5.55	5.48
名称		**单位**	**单价(元)**	**消耗量**		
人工	综合工日	工日	140.00	2.480	2.373	2.358
材料	无缝钢管(综合)	m	—	(102.510)	(102.420)	(102.390)
	低碳钢焊条	kg	6.84	1.360	1.320	1.280
	电	kW·h	0.68	0.025	0.025	0.025
	焦炭	kg	1.42	4.290	3.520	3.240
	木柴	kg	0.18	2.210	1.810	1.670
	尼龙砂轮片 φ100×16×3	片	2.56	0.540	0.530	0.510
	氧气	m^3	3.63	1.490	1.450	1.410
	乙炔气	kg	10.45	0.500	0.480	0.470
	其他材料费占材料费	%	—	1.000	1.000	1.000
机械	电焊机(综合)	台班	118.28	0.038	0.029	0.029
	电焊条恒温箱	台班	21.41	0.004	0.003	0.003
	电焊条烘干箱 60×50×75cm^3	台班	26.46	0.004	0.003	0.003
	鼓风机 18m^3/min	台班	40.40	0.048	0.038	0.038
	立式钻床 25mm	台班	6.58	0.077	0.067	0.057

工作内容：准备工作、管材清理机外观检查、调直、煨弯、切管、挖眼、组对、焊接、绕翘片、水压试验、安装。

计量单位：100m

定额编号				A8-7-23	A8-7-24	A8-7-25	A8-7-26
项目名称				光滑蛇形墙排管长度			
				(20根以内)			
				7m	10m	16m	22m
基价（元）				726.63	575.85	466.06	412.67
其中	人工费（元）			647.50	520.10	426.16	379.96
	材料费（元）			68.27	48.15	35.13	29.11
	机械费（元）			10.86	7.60	4.77	3.60
名称		单位	单价(元)	消耗量			
人工	综合工日	工日	140.00	4.625	3.715	3.044	2.714
材料	无缝钢管(综合)	m	—	(103.050)	(102.740)	(102.460)	(102.340)
	焦炭	kg	1.42	26.670	18.760	11.770	8.580
	木柴	kg	0.18	15.220	11.000	7.220	5.520
	碳钢气焊条	kg	9.06	0.830	0.590	0.530	0.500
	氧气	m^3	3.63	2.540	1.790	1.570	1.450
	乙炔气	kg	10.45	0.980	0.690	0.600	0.560
	其他材料费占材料费	%	—	1.000	1.000	1.000	1.000
机械	鼓风机 18m^3/min	台班	40.40	0.258	0.182	0.115	0.086
	立式钻床 25mm	台班	6.58	0.067	0.038	0.019	0.019

工作内容：准备工作、管材清理机外观检查、调直、煨弯、切管、挖眼、组对、焊接、绕翘片、水压试验、安装。

计量单位：100m

定额编号				A8-7-27	A8-7-28	A8-7-29
项目名称				立式墙排管长度		
				(40根以内)		
				2.5m	3m	3.5m
基价（元）				**1493.47**	**1277.36**	**1131.58**
其中	人工费（元）			1369.62	1175.44	1043.00
	材料费（元）			88.73	73.58	63.45
	机械费（元）			35.12	28.34	25.13
名称		**单位**	**单价(元)**	**消耗量**		
人工	综合工日	工日	140.00	9.783	8.396	7.450
材料	无缝钢管(综合)	m	—	(111.180)	(109.400)	(108.560)
	低碳钢焊条	kg	6.84	5.600	4.640	4.000
	电	kW·h	0.68	0.050	0.050	0.050
	尼龙砂轮片 φ100×16×3	片	2.56	2.240	1.860	1.600
	氧气	m^3	3.63	6.160	5.110	4.400
	乙炔气	kg	10.45	2.050	1.700	1.470
	其他材料费占材料费	%	—	1.000	1.000	1.000
机械	电焊机(综合)	台班	118.28	0.201	0.172	0.144
	电焊条恒温箱	台班	21.41	0.020	0.017	0.014
	电焊条烘干箱 60×50×75cm^3	台班	26.46	0.020	0.017	0.014
	立式钻床 25mm	台班	6.58	1.579	1.091	1.129

工作内容：准备工作、管材清理机外观检查、调直、煨弯、切管、挖眼、组对、焊接、绕翘片、水压试验、安装。 计量单位：100m

定额编号				A8-7-30	A8-7-31	A8-7-32
项目名称				搁架式排管长度（10排以内）		
				4.5m	8m	10m
基价（元）				879.74	603.51	526.93
其中	人工费（元）			751.24	519.40	458.92
	材料费（元）			105.24	71.21	57.11
	机械费（元）			23.26	12.90	10.90
名称		单位	单价(元)	消耗量		
人工	综合工日	工日	140.00	5.366	3.710	3.278
材料	无缝钢管(综合)	m	—	(102.600)	(102.350)	(102.280)
	低碳钢焊条	kg	6.84	3.020	2.420	1.940
	电	kW·h	0.68	0.025	0.025	0.025
	焦炭	kg	1.42	37.600	21.500	17.300
	木柴	kg	0.18	18.800	10.730	8.600
	尼龙砂轮片 φ100×16×3	片	2.56	1.210	0.970	0.780
	氧气	m^3	3.63	3.320	2.670	2.130
	乙炔气	kg	10.45	1.110	0.890	0.710
	其他材料费占材料费	%	—	1.000	1.000	1.000
机械	电焊机(综合)	台班	118.28	0.057	0.029	0.029
	电焊条恒温箱	台班	21.41	0.006	0.003	0.003
	电焊条烘干箱 60×50×75cm³	台班	26.46	0.006	0.003	0.003
	鼓风机 18m³/min	台班	40.40	0.383	0.220	0.172
	立式钻床 25mm	台班	6.58	0.115	0.067	0.057

三、钢带退火、加氨

工作内容：1.钢带退火准备工作、保温、冷却；2.加氨准备工作、搬运氨瓶、连接阀口、过秤记录。

计量单位：t

定额编号				A8-7-33
项目名称				钢带退火
				30～50
基价（元）				**798.64**
其中	人工费（元）			426.86
	材料费（元）			323.46
	机械费（元）			48.32
名称		单位	单价(元)	消耗量
人工	综合工日	工日	140.00	3.049
材料	热轧厚钢板 δ12～20	kg	—	(4.000)
	焦炭	kg	1.42	169.000
	木柴	kg	0.18	6.000
	破布	kg	6.32	10.000
	生石灰	t	320.00	0.050
	其他材料费占材料费	%	—	1.000
机械	鼓风机 18m³/min	台班	40.40	1.196

工作内容：1.钢带退火准备工作、保温、冷却；2.加氨准备工作、搬运氨瓶、连接阀口、过秤记录。

计量单位：t

定额编号				A8-7-34	A8-7-35
项目名称				加氨	
				10(以内)	20(以内)
基价（元）				**456.38**	**398.89**
其中	人工费（元）			394.94	337.96
	材料费（元）			5.82	5.31
	机械费（元）			55.62	55.62
名称		**单位**	**单价(元)**	**消耗量**	
人工	综合工日	工日	140.00	2.821	2.414
材料	甘油	kg	10.56	0.020	0.020
	黄色氧化铅(综合)	kg	10.47	0.020	0.020
	破布	kg	6.32	0.830	0.750
	石棉橡胶板	kg	9.40	0.010	0.010
	其他材料费占材料费	%	—	1.000	1.000
机械	电动单筒慢速卷扬机 50kN	台班	215.57	0.258	0.258

四、蒸汽分汽缸安装

工作内容：准备工作、分汽缸安装。　　　　计量单位：个

定额编号				A8-7-36	A8-7-37	A8-7-38
项目名称				单重(kg)		
				50以内	100以内	150以内
基价（元）				**274.52**	**361.02**	**424.67**
其中	人工费（元）			268.38	348.88	412.30
	材料费（元）			1.93	3.76	3.99
	机械费（元）			4.21	8.38	8.38
名称		单位	单价(元)	消耗量		
人工	综合工日	工日	140.00	1.917	2.492	2.945
材料	分汽缸	个	—	(1.000)	(1.000)	(1.000)
	低碳钢焊条	kg	6.84	0.240	0.470	0.500
	电	kW·h	0.68	0.025	0.025	0.025
	尼龙砂轮片 φ100×16×3	片	2.56	0.100	0.190	0.200
	其他材料费占材料费	%	—	1.000	1.000	1.000
机械	电焊机(综合)	台班	118.28	0.034	0.068	0.068
	电焊条恒温箱	台班	21.41	0.004	0.007	0.007
	电焊条烘干箱 60×50×75cm³	台班	26.46	0.004	0.007	0.007

工作内容：准备工作、分汽缸安装。　　　　　　　　　　　　　　　　　　计量单位：个

定额编号				A8-7-39	A8-7-40
项目名称				单重(kg)	
				200以内	200以上
基价（元）				453.13	602.72
其中	人工费（元）			440.30	469.14
	材料费（元）			4.45	7.46
	机械费（元）			8.38	126.12
名称		单位	单价(元)	消耗量	
人工	综合工日	工日	140.00	3.145	3.351
材料	分汽缸	个	—	(1.000)	(1.000)
	低碳钢焊条	kg	6.84	0.560	0.900
	电	kW·h	0.68	0.025	0.453
	尼龙砂轮片 Φ100×16×3	片	2.56	0.220	0.360
	其他材料费占材料费	%	—	1.000	1.000
机械	电焊机(综合)	台班	118.28	0.068	1.025
	电焊条恒温箱	台班	21.41	0.007	0.102
	电焊条烘干箱 60×50×75cm³	台班	26.46	0.007	0.102

五、集气罐制作

工作内容：准备工作、下料、切割、坡口、焊接、水压试验。　　　　计量单位：个

定额编号				A8-7-41	A8-7-42	A8-7-43
项目名称				公称直径(mm以内)		
				150	200	250
基价（元）				**72.17**	**96.80**	**125.44**
其中	人工费（元）			47.60	64.12	81.90
	材料费（元）			15.08	20.85	29.41
	机械费（元）			9.49	11.83	14.13
名称		单位	单价(元)	消耗量		
人工	综合工日	工日	140.00	0.340	0.458	0.585
材料	热轧厚钢板 δ12～20	kg	—	(2.000)	(3.500)	—
	热轧厚钢板 δ8.0～20	kg	—	—	—	(9.000)
	无缝钢管(综合)	m	—	(0.300)	(0.320)	(0.430)
	低碳钢焊条	kg	6.84	0.520	1.030	1.800
	电	kW·h	0.68	0.050	0.050	0.050
	尼龙砂轮片 φ100×16×3	片	2.56	0.210	0.410	0.720
	熟铁管箍	个	3.50	2.000	2.000	2.000
	氧气	m^3	3.63	0.530	0.770	1.120
	乙炔气	kg	10.45	0.180	0.260	0.370
	其他材料费占材料费	%	—	1.000	1.000	1.000
机械	电焊机(综合)	台班	118.28	0.077	0.096	0.115
	电焊条恒温箱	台班	21.41	0.008	0.010	0.011
	电焊条烘干箱 60×50×75cm³	台班	26.46	0.008	0.010	0.011

工作内容：准备工作、下料、切割、坡口、焊接、水压试验。　　　　计量单位：个

定额编号				A8-7-44	A8-7-45
项目名称				公称直径(mm以内)	
				300	400
基价（元）				157.61	210.49
其中	人工费（元）			108.92	143.78
	材料费（元）			33.45	43.21
	机械费（元）			15.24	23.50
名称		单位	单价(元)	消耗量	
人工	综合工日	工日	140.00	0.778	1.027
材料	热轧厚钢板 δ8.0～20	kg	—	(12.000)	(22.000)
	无缝钢管(综合)	m	—	(0.430)	(0.450)
	低碳钢焊条	kg	6.84	2.120	2.860
	电	kW·h	0.68	0.075	0.101
	尼龙砂轮片 φ100×16×3	片	2.56	0.850	1.140
	熟铁管箍	个	3.50	2.000	2.000
	氧气	m^3	3.63	1.320	1.860
	乙炔气	kg	10.45	0.440	0.620
	其他材料费占材料费	%	—	1.000	1.000
机械	电焊机(综合)	台班	118.28	0.124	0.191
	电焊条恒温箱	台班	21.41	0.012	0.019
	电焊条烘干箱 60×50×75cm³	台班	26.46	0.012	0.019

六、集气罐安装

工作内容：准备工作、集气罐安装。 计量单位：个

定额编号				A8-7-46	A8-7-47	A8-7-48
项目名称				公称直径(mm以内)		
				150	200	250
基价（元）				19.18	27.02	34.16
其中	人工费（元）			19.18	27.02	34.16
	材料费（元）			—	—	—
	机械费（元）			—	—	—
名称		单位	单价(元)	消耗量		
人工	综合工日	工日	140.00	0.137	0.193	0.244
材料	集气罐	个	—	(1.000)	(1.000)	(1.000)
	其他材料费占材料费	%	—	1.000	1.000	1.000

工作内容：准备工作、集气罐安装。　　计量单位：个

定额编号				A8-7-49	A8-7-50
项目名称				公称直径(mm以内)	
				300	400
基价（元）				41.30	54.74
其中	人工费（元）			41.30	54.74
	材料费（元）			—	—
	机械费（元）			—	—
名称		单位	单价(元)	消耗量	
人工	综合工日	工日	140.00	0.295	0.391
材料	集气罐	个	—	(1.000)	(1.000)
	其他材料费占材料费	%	—	1.000	1.000

七、空气分气筒制作与安装

工作内容：准备工作、下料、切割、焊接、安装、水压试验。　　　　计量单位：个

定额编号				A8-7-51	A8-7-52	A8-7-53
项目名称				公称直径×长度		
				100×400	150×400	200×400
基价（元）				**92.24**	**119.31**	**148.32**
其中	人工费（元）			46.34	63.28	80.36
	材料费（元）			19.94	21.81	26.76
	机械费（元）			25.96	34.22	41.20
名称		单位	单价(元)	消耗量		
人工	综合工日	工日	140.00	0.331	0.452	0.574
材料	热轧厚钢板 δ12～20	kg	—	(1.500)	(1.800)	(2.200)
	无缝钢管(综合)	m	—	(0.400)	(0.400)	(0.400)
	低碳钢焊条	kg	6.84	0.500	0.650	1.270
	电	kW·h	0.68	0.101	0.151	0.176
	尼龙砂轮片 φ100×16×3	片	2.56	0.200	0.260	0.510
	熟铁管箍	个	3.50	4.000	4.000	4.000
	氧气	m^3	3.63	0.250	0.340	0.340
	乙炔气	kg	10.45	0.080	0.110	0.110
	其他材料费占材料费	%	—	1.000	1.000	1.000
机械	电焊机(综合)	台班	118.28	0.211	0.278	0.335
	电焊条恒温箱	台班	21.41	0.021	0.028	0.033
	电焊条烘干箱 60×50×75cm³	台班	26.46	0.021	0.028	0.033

八、空气调节器喷雾管安装

工作内容：准备工作、检查、管材清理、切管、套丝、上零件、喷雾管焊接组成、支架制作、喷雾管喷嘴安装、支架安装、水压试验。

计量单位：组

定额编号				A8-7-54	A8-7-55	A8-7-56
项目名称				型号Ⅰ	型号Ⅱ	型号Ⅲ
基价（元）				689.39	886.52	1082.83
其中	人工费（元）			578.48	757.82	936.32
	材料费（元）			87.41	105.20	123.01
	机械费（元）			23.50	23.50	23.50
名称		单位	单价（元）	消耗量		
人工	综合工日	工日	140.00	4.132	5.413	6.688
材料	焊接钢管(综合)	m	—	(11.410)	(15.270)	(19.110)
	黑玛钢活接头	个	—	(3.000)	(4.000)	(5.000)
	黑玛钢丝堵(堵头)	个	—	(1.000)	(1.000)	(1.000)
	喷嘴	个	—	(42.000)	(56.000)	(70.000)
	扁钢	kg	3.40	0.510	0.510	0.510
	低碳钢焊条	kg	6.84	2.550	3.260	3.970
	电	kW·h	0.68	0.101	0.101	0.101
	角钢 63以外	kg	3.61	3.680	3.680	3.680
	六角螺母 M10	个	0.09	8.000	8.000	8.000
	尼龙砂轮片 φ100×16×3	片	2.56	1.420	1.500	1.590
	热轧厚钢板 δ12～20	kg	3.20	1.160	1.160	1.160
	熟铁管箍	个	3.50	7.000	9.000	11.000
	氧气	m^3	3.63	2.810	3.590	4.370
	乙炔气	kg	10.45	0.940	1.200	1.460
	圆钢 φ10～14	kg	3.40	0.420	0.420	0.420
	其他材料费占材料费	%	—	1.000	1.000	1.000
机械	电焊机(综合)	台班	118.28	0.191	0.191	0.191
	电焊条恒温箱	台班	21.41	0.019	0.019	0.019
	电焊条烘干箱 60×50×75cm³	台班	26.46	0.019	0.019	0.019

工作内容：准备工作、检查、管材清理、切管、套丝、上零件、喷雾管焊接组成、支架制作、喷雾管喷嘴安装、支架安装、水压试验。

计量单位：组

定额编号				A8-7-57	A8-7-58	A8-7-59
项目名称				型号Ⅳ	型号Ⅴ	型号Ⅵ
基价（元）				1301.12	1541.81	1803.84
其中	人工费（元）			1143.38	1363.18	1611.54
	材料费（元）			134.24	155.13	168.80
	机械费（元）			23.50	23.50	23.50
名称		单位	单价(元)	消耗量		
人工	综合工日	工日	140.00	8.167	9.737	11.511
材料	焊接钢管(综合)	m	—	(23.060)	(27.800)	(32.650)
	黑玛钢活接头	个	—	(5.000)	(6.000)	(6.000)
	黑玛钢丝堵(堵头)	个	—	(1.000)	(1.000)	(1.000)
	喷嘴	个	—	(90.000)	(108.000)	(132.000)
	扁钢	kg	3.40	0.510	0.510	0.510
	低碳钢焊条	kg	6.84	4.680	5.550	6.420
	电	kW·h	0.68	0.101	0.101	0.101
	角钢 63以外	kg	3.61	3.680	3.680	3.680
	六角螺母 M10	个	0.09	8.000	8.000	8.000
	尼龙砂轮片 φ100×16×3	片	2.56	1.870	2.220	2.570
	热轧厚钢板 δ12～20	kg	3.20	1.160	1.160	1.160
	熟铁管箍	个	3.50	11.000	13.000	13.000
	氧气	m^3	3.63	5.150	6.110	7.060
	乙炔气	kg	10.45	1.720	2.040	2.350
	圆钢 φ10～14	kg	3.40	0.420	0.420	0.420
	其他材料费占材料费	%	—	1.000	1.000	1.000
机械	电焊机(综合)	台班	118.28	0.191	0.191	0.191
	电焊条恒温箱	台班	21.41	0.019	0.019	0.019
	电焊条烘干箱 60×50×75cm^3	台班	26.46	0.019	0.019	0.019

九、钢制排水漏斗制作与安装

工作内容：准备工作、下料、切断、切割、焊接、安装。　　　　计量单位：个

定额编号				A8-7-60	A8-7-61	A8-7-62	A8-7-63
项目名称				公称直径(mm以内)			
				50	100	150	200
基价(元)				52.08	77.43	103.60	161.79
其中	人工费(元)			30.66	47.60	66.22	98.14
	材料费(元)			3.72	6.33	10.31	18.87
	机械费(元)			17.70	23.50	27.07	44.78
名称		单位	单价(元)	消耗量			
人工	综合工日	工日	140.00	0.219	0.340	0.473	0.701
材料	热轧薄钢板 δ3.5～4.0	kg	—	(1.700)	(7.050)	—	—
	热轧厚钢板 δ4.5～7.0	kg	—	—	—	(13.000)	(15.800)
	无缝钢管(综合)	m	—	(0.100)	(0.150)	(0.200)	(0.250)
	低碳钢焊条	kg	6.84	0.250	0.350	0.550	1.300
	电	kW·h	0.68	0.075	0.101	0.126	0.201
	尼龙砂轮片 φ100×16×3	片	2.56	0.100	0.140	0.220	0.520
	氧气	m^3	3.63	0.230	0.490	0.820	1.170
	乙炔气	kg	10.45	0.080	0.160	0.270	0.390
	其他材料费占材料费	%	—	1.000	1.000	1.000	1.000
机械	电焊机(综合)	台班	118.28	0.144	0.191	0.220	0.364
	电焊条恒温箱	台班	21.41	0.014	0.019	0.022	0.036
	电焊条烘干箱 60×50×75cm^3	台班	26.46	0.014	0.019	0.022	0.036

十、水位计安装

工作内容：准备工作、清洗检查、水位计安装。　　　　计量单位：组

定额编号				A8-7-64	A8-7-65
项目名称				管式(φ20mm以下)	板式(δ20mm以下)
基价(元)				15.68	79.80
其中	人工费(元)			15.68	79.80
	材料费(元)			—	—
	机械费(元)			—	—
名称		单位	单价(元)	消耗量	
人工	综合工日	工日	140.00	0.112	0.570
材料	水位计	套	—	(1.000)	(1.000)
	其他材料费占材料费	%	—	1.000	1.000

十一、手摇泵安装

工作内容：准备工作、清洗检查、制垫、加垫、找平、找正、安装。　　　　计量单位：个

定额编号				A8-7-66	A8-7-67	A8-7-68	A8-7-69
项目名称				公称直径(mm以内)			
				25	32	40	50
基价（元）				**26.98**	**27.08**	**27.36**	**27.65**
其中	人工费（元）			26.32	26.32	26.32	26.32
	材料费（元）			0.66	0.76	1.04	1.33
	机械费（元）			—	—	—	—
名称		单位	单价(元)	消耗量			
人工	综合工日	工日	140.00	0.188	0.188	0.188	0.188
材料	手摇泵	个	—	(1.000)	(1.000)	(1.000)	(1.000)
	石棉橡胶板	kg	9.40	0.070	0.080	0.110	0.140
	其他材料费占材料费	%	—	1.000	1.000	1.000	1.000

十二、阀门操纵装置安装

工作内容：准备工作、部件检查、组合装配、安装、固定、试动调正。　　计量单位：100kg

定额编号				A8-7-70
项目名称				阀门操纵装置
基价（元）				668.48
其中	人工费（元）			615.44
	材料费（元）			14.13
	机械费（元）			38.91
名称		单位	单价（元）	消耗量
人工	综合工日	工日	140.00	4.396
材料	阀门操纵装置	kg	—	(100.000)
	低碳钢焊条	kg	6.84	0.800
	电	kW·h	0.68	0.025
	尼龙砂轮片 φ100×16×3	片	2.56	0.320
	氧气	m^3	3.63	1.080
	乙炔气	kg	10.45	0.360
	其他材料费占材料费	%	—	1.000
机械	电焊机(综合)	台班	118.28	0.316
	电焊条恒温箱	台班	21.41	0.032
	电焊条烘干箱 60×50×75cm³	台班	26.46	0.032

十三、新旧管连接

1. 钢管(焊接)

工作内容：定位、断管、安装管件、临时加固。　　　　计量单位：处

定额编号				A8-7-71	A8-7-72	A8-7-73	A8-7-74
项目名称				公称直径(mm以内)			
				500	600	700	800
基价（元）				**1097.45**	**1517.40**	**1876.42**	**2192.55**
其中	人工费（元）			659.82	860.02	1095.08	1255.24
	材料费（元）			246.62	429.00	528.86	668.58
	机械费（元）			191.01	228.38	252.48	268.73
名称		单位	单价(元)	消耗量			
人工	综合工日	工日	140.00	4.713	6.143	7.822	8.966
材料	法兰	片	—	(2.000)	(2.000)	(2.000)	(2.000)
	法兰阀门	个	—	(1.000)	(1.000)	(1.000)	(1.000)
	钢板卷管	m	—	(0.574)	(0.625)	(0.676)	(0.727)
	板方材	m^3	1800.00	0.017	0.037	0.040	0.044
	低碳钢焊条	kg	6.84	7.364	9.563	10.577	12.991
	镀锌铁丝 φ3.5	kg	3.57	0.515	0.618	0.618	0.721
	六角螺栓带螺母、垫圈(综合)	kg	7.14	18.136	35.894	47.206	62.628
	砂轮片 φ200	片	4.00	0.044	0.059	0.068	0.079
	石棉橡胶板	kg	9.40	1.659	1.680	2.060	2.320
	氧气	m^3	3.63	2.435	2.860	3.232	3.562
	乙炔气	kg	10.45	0.812	0.953	1.077	1.187
	其他材料费占材料费	%	—	0.500	0.500	0.500	0.500
机械	电焊条烘干箱 60×50×75cm^3	台班	26.46	0.109	0.141	0.156	0.153
	汽车式起重机 8t	台班	763.67	0.115	0.133	0.150	0.168
	载重汽车 8t	台班	501.85	0.045	0.045	0.045	0.054
	直流弧焊机 20kV·A	台班	71.43	1.088	1.407	1.557	1.530

工作内容：定位、断管、安装管件、临时加固。　　计量单位：处

定额编号				A8-7-75	A8-7-76	A8-7-77	A8-7-78
项目名称				公称直径(mm以内)			
				900	1000	1200	1400
基价（元）				2536.38	2777.96	3820.47	5185.74
其中	人工费（元）			1401.12	1589.56	2003.40	2276.40
	材料费（元）			839.66	889.27	1462.36	2461.71
	机械费（元）			295.60	299.13	354.71	447.63
名称		单位	单价(元)	消耗量			
人工	综合工日	工日	140.00	10.008	11.354	14.310	16.260
材料	法兰	片	—	(2.000)	(2.000)	(2.000)	(2.000)
	法兰阀门	个	—	(1.000)	(1.000)	(1.000)	(1.000)
	钢板卷管	m	—	(0.779)	(0.830)	(0.932)	(1.045)
	板方材	m^3	1800.00	0.079	0.084	0.095	0.159
	低碳钢焊条	kg	6.84	14.492	16.283	22.157	31.770
	镀锌铁丝 φ3.5	kg	3.57	0.824	0.927	1.030	1.236
	六角螺栓带螺母、垫圈(综合)	kg	7.14	75.378	78.540	148.206	258.550
	砂轮片 φ200	片	4.00	0.088	0.105	0.139	0.178
	石棉橡胶板	kg	9.40	2.600	2.620	2.920	4.320
	氧气	m^3	3.63	3.968	4.658	5.996	7.616
	乙炔气	kg	10.45	1.323	1.553	1.999	2.539
	其他材料费占材料费	%	—	0.500	0.500	0.500	0.500
机械	电焊条烘干箱 60×50×75cm^3	台班	26.46	0.171	0.160	0.218	0.312
	汽车式起重机 8t	台班	763.67	0.186	0.195	0.212	0.230
	载重汽车 8t	台班	501.85	0.054	0.063	0.063	0.081
	直流弧焊机 20kV·A	台班	71.43	1.707	1.601	2.176	3.123

工作内容：定位、断管、安装管件、临时加固。　　计量单位：处

定额编号				A8-7-79	A8-7-80	A8-7-81
项目名称				公称直径(mm以内)		
				1600	1800	2000
基价（元）				6990.75	7998.17	8838.61
其中	人工费（元）			2596.58	2943.78	3287.34
	材料费（元）			3805.98	4422.33	4857.50
	机械费（元）			588.19	632.06	693.77
名称		单位	单价(元)	消耗量		
人工	综合工日	工日	140.00	18.547	21.027	23.481
材料	法兰	片	—	(2.000)	(2.000)	(2.000)
	法兰阀门	个	—	(1.000)	(1.000)	(1.000)
	钢板卷管	m	—	(1.148)	(1.250)	(1.353)
	板方材	m^3	1800.00	0.174	0.268	0.288
	低碳钢焊条	kg	6.84	41.278	46.383	51.488
	镀锌铁丝 φ3.5	kg	3.57	1.442	1.442	1.545
	六角螺栓带螺母、垫圈(综合)	kg	7.14	430.542	486.336	535.092
	砂轮片 φ200	片	4.00	0.204	0.229	0.255
	石棉橡胶板	kg	9.40	4.900	5.200	5.799
	氧气	m^3	3.63	9.196	10.302	11.408
	乙炔气	kg	10.45	3.065	3.434	3.803
	其他材料费占材料费	%	—	0.500	0.500	0.500
机械	电焊条烘干箱 60×50×75cm³	台班	26.46	0.406	0.432	0.480
	汽车式起重机 16t	台班	958.70	0.248	0.265	0.283
	载重汽车 8t	台班	501.85	0.099	0.116	0.134
	直流弧焊机 20kV·A	台班	71.43	4.060	4.317	4.795

2. 铸铁管(膨胀水泥接口)

工作内容：定位、断管、安装管件、接口、临时加固。　　　　计量单位：处

定额编号				A8-7-82	A8-7-83	A8-7-84
项目名称				公称直径(mm以内)		
				500	600	700
基价(元)				2164.59	2681.08	3270.61
其中	人工费(元)			1844.50	2174.76	2651.74
	材料费(元)			209.68	382.17	481.74
	机械费(元)			110.41	124.15	137.13
名称		单位	单价(元)	消耗量		
人工	综合工日	工日	140.00	13.175	15.534	18.941
材料	法兰阀门	个	—	(1.000)	(1.000)	(1.000)
	铸铁插盘短管	个	—	(2.000)	(2.000)	(2.000)
	铸铁三通	个	—	(1.000)	(1.000)	(1.000)
	铸铁套管	个	—	(1.000)	(1.000)	(1.000)
	板方材	m³	1800.00	0.017	0.037	0.040
	镀锌铁丝 φ3.5	kg	3.57	0.515	0.515	0.618
	钢锯条	条	0.34	5.040	5.880	6.720
	六角螺栓带螺母、垫圈(综合)	kg	7.14	18.136	35.894	47.206
	膨胀水泥	kg	0.68	17.996	23.144	28.710
	石棉橡胶板	kg	9.40	1.660	1.680	2.060
	氧气	m³	3.63	1.056	1.353	1.617
	乙炔气	kg	10.45	0.352	0.451	0.539
	油麻丝	kg	4.10	2.352	3.024	3.759
	其他材料费占材料费	%	—	0.500	0.500	0.500
机械	汽车式起重机 8t	台班	763.67	0.115	0.133	0.150
	载重汽车 8t	台班	501.85	0.045	0.045	0.045

工作内容：定位、断管、安装管件、接口、临时加固。　　　　　　　　　　　　计量单位：处

定额编号				A8-7-85	A8-7-86	A8-7-87
项目名称				公称直径(mm以内)		
				800	900	1000
基价（元）				3880.43	4565.06	5141.26
其中	人工费（元）			3113.74	3617.60	4099.20
	材料费（元）			611.29	778.32	823.50
	机械费（元）			155.40	169.14	218.56
名称		单位	单价(元)	消耗量		
人工	综合工日	工日	140.00	22.241	25.840	29.280
材料	法兰阀门	个	—	(1.000)	(1.000)	(1.000)
	铸铁插盘短管	个	—	(2.000)	(2.000)	(2.000)
	铸铁三通	个	—	(1.000)	(1.000)	(1.000)
	铸铁套管	个	—	(1.000)	(1.000)	(1.000)
	板方材	m^3	1800.00	0.044	0.079	0.084
	镀锌铁丝 Φ3.5	kg	3.57	0.721	0.824	0.927
	钢锯条	条	0.34	7.560	8.400	9.240
	六角螺栓带螺母、垫圈(综合)	kg	7.14	62.628	75.378	78.540
	膨胀水泥	kg	0.68	34.353	40.359	49.236
	石棉橡胶板	kg	9.40	2.320	2.600	2.620
	氧气	m^3	3.63	1.848	2.068	2.310
	乙炔气	kg	10.45	0.616	0.689	0.770
	油麻丝	kg	4.10	4.494	5.282	6.447
	其他材料费占材料费	%	—	0.500	0.500	0.500
机械	汽车式起重机 16t	台班	958.70	—	—	0.195
	汽车式起重机 8t	台班	763.67	0.168	0.186	—
	载重汽车 8t	台班	501.85	0.054	0.054	0.063

工作内容：定位、断管、安装管件、接口、临时加固。　　　　计量单位：处

定额编号				A8-7-88	A8-7-89	A8-7-90
项目名称				公称直径(mm以内)		
				1200	1400	1600
基价（元）				6740.08	8587.69	10776.54
其中	人工费（元）			5141.08	5998.72	6866.44
	材料费（元）			1364.14	2311.35	3604.90
	机械费（元）			234.86	277.62	305.20
名称		单位	单价(元)	消耗量		
人工	综合工日	工日	140.00	36.722	42.848	49.046
材料	法兰阀门	个	—	(1.000)	(1.000)	(1.000)
	铸铁插盘短管	个	—	(2.000)	(2.000)	(2.000)
	铸铁三通	个	—	(1.000)	(1.000)	(1.000)
	铸铁套管	个	—	(1.000)	(1.000)	(1.000)
	板方材	m^3	1800.00	0.095	0.159	0.174
	镀锌铁丝 φ3.5	kg	3.57	1.030	1.236	1.442
	钢锯条	条	0.34	10.920	12.600	14.280
	六角螺栓带螺母、垫圈(综合)	kg	7.14	148.206	258.550	430.542
	膨胀水泥	kg	0.68	61.842	81.037	100.430
	石棉橡胶板	kg	9.40	2.920	4.320	4.900
	氧气	m^3	3.63	2.541	2.772	3.014
	乙炔气	kg	10.45	0.847	0.924	1.005
	油麻丝	kg	4.10	8.096	10.605	13.146
	其他材料费占材料费	%	—	0.500	0.500	0.500
机械	汽车式起重机 16t	台班	958.70	0.212	—	—
	汽车式起重机 20t	台班	1030.31	—	0.230	0.248
	载重汽车 8t	台班	501.85	0.063	0.081	0.099

十四、钢塑过渡接头安装

1. 钢塑过渡接头安装(焊接)

工作内容：钢管接头焊接、塑料管接头熔接等操作过程。　　　　计量单位：个

定额编号				A8-7-91	A8-7-92	A8-7-93
项目名称				管外径(mm以内)		
				57×50	108×75	108×90
基价(元)				21.55	37.70	42.06
其中	人工费(元)			15.82	26.74	30.24
	材料费(元)			1.59	2.98	3.05
	机械费(元)			4.14	7.98	8.77
名称		单位	单价(元)	消耗量		
人工	综合工日	工日	140.00	0.113	0.191	0.216
材料	钢塑过渡接头	个	—	(1.000)	(1.000)	(1.000)
	低碳钢焊条	kg	6.84	0.060	0.140	0.140
	尼龙砂轮片 φ100	片	2.05	0.005	0.013	0.013
	破布	kg	6.32	0.030	0.030	0.040
	三氯乙烯	kg	7.11	0.010	0.010	0.010
	氧气	m^3	3.63	0.130	0.240	0.240
	乙炔气	kg	10.45	0.040	0.080	0.080
	其他材料费占材料费	%	—	1.000	1.000	1.000
机械	电焊条烘干箱 60×50×75cm^3	台班	26.46	0.004	0.007	0.007
	热熔对接焊机 630mm	台班	43.95	0.035	0.062	0.080
	直流弧焊机 20kV·A	台班	71.43	0.035	0.071	0.071

工作内容：钢管接头焊接、塑料管接头熔接等操作过程。 计量单位：个

定额编号				A8-7-94	A8-7-95	A8-7-96
项目名称				管外径(mm以内)		
				108×110	159×125	159×150
基价（元）				**46.66**	**56.76**	**61.05**
其中	人工费（元）			32.90	35.14	37.10
	材料费（元）			3.05	5.06	5.06
	机械费（元）			10.71	16.56	18.89
名称		单位	单价(元)	消耗量		
人工	综合工日	工日	140.00	0.235	0.251	0.265
材料	钢塑过渡接头	个	—	(1.000)	(1.000)	(1.000)
	低碳钢焊条	kg	6.84	0.140	0.290	0.290
	尼龙砂轮片 φ100	片	2.05	0.013	0.020	0.020
	破布	kg	6.32	0.040	0.050	0.050
	三氯乙烯	kg	7.11	0.010	0.010	0.010
	氧气	m³	3.63	0.240	0.370	0.370
	乙炔气	kg	10.45	0.080	0.120	0.120
	其他材料费占材料费	%	—	1.000	1.000	1.000
机械	电焊条烘干箱 60×50×75cm³	台班	26.46	0.007	0.012	0.012
	热熔对接焊机 630mm	台班	43.95	0.124	0.168	0.221
	直流弧焊机 20kV·A	台班	71.43	0.071	0.124	0.124

2. 钢塑过渡接头安装(法兰连接)

工作内容：钢管接头焊接、塑料管接头熔接等操作过程。　　　　计量单位：个

定额编号				A8-7-97	A8-7-98	A8-7-99	A8-7-100
项目名称				管外径(mm以内)			
				200	250	315	400
基价（元）				83.66	115.01	152.75	229.67
其中	人工费（元）			48.72	65.80	89.74	137.06
	材料费（元）			10.75	16.82	20.04	32.11
	机械费（元）			24.19	32.39	42.97	60.50
名称		单位	单价(元)	消耗量			
人工	综合工日	工日	140.00	0.348	0.470	0.641	0.979
材料	钢塑过渡接头	个	—	(1.000)	(1.000)	(1.000)	(1.000)
	白铅油	kg	6.45	0.170	0.200	0.250	0.300
	低碳钢焊条	kg	6.84	0.590	1.223	1.517	2.559
	尼龙砂轮片 φ100	片	2.05	0.156	0.226	0.269	0.407
	破布	kg	6.32	0.077	0.101	0.129	0.183
	清油	kg	9.70	0.030	0.040	0.050	0.060
	三氯乙烯	kg	7.11	0.020	0.040	0.040	0.060
	石棉橡胶板	kg	9.40	0.330	0.370	0.400	0.690
	氧气	m³	3.63	0.164	0.245	0.275	0.403
	乙炔气	kg	10.45	0.055	0.082	0.092	0.134
	其他材料费占材料费	%	—	1.000	1.000	1.000	1.000
机械	电焊条烘干箱 60×50×75cm³	台班	26.46	0.017	0.024	0.029	0.035
	热熔对接焊机 630mm	台班	43.95	0.272	0.339	0.484	0.790
	直流弧焊机 20kV·A	台班	71.43	0.165	0.236	0.293	0.348

十五、调节阀临时短管制作与装拆

工作内容：准备工作、切管、焊法兰、拆除调节阀、装临时短管、试压、吹洗后短管拆除、调节阀复位。

计量单位：个

定额编号				A8-7-101	A8-7-102	A8-7-103	A8-7-104
项目名称				公称直径(mm以内)			
				50	100	150	200
基价（元）				148.49	189.04	272.76	309.15
其中	人工费（元）			92.82	110.60	191.66	221.34
	材料费（元）			18.09	3.17	5.83	9.25
	机械费（元）			37.58	75.27	75.27	78.56
名称		单位	单价(元)	消耗量			
人工	综合工日	工日	140.00	0.663	0.790	1.369	1.581
材料	法兰 PN1.6MPa DN100	副	—	—	(0.400)	—	—
	法兰 PN1.6MPa DN150	副	—	—	—	(0.400)	—
	法兰 PN1.6MPa DN200	副	—	—	—	—	(0.400)
	低碳钢焊条	kg	6.84	0.030	0.070	0.120	0.230
	电	kW·h	0.68	0.025	0.025	0.025	0.025
	法兰 PN1.6MPa DN50	副	41.00	0.400	—	—	—
	尼龙砂轮片 φ100×16×3	片	2.56	0.010	0.030	0.050	0.090
	石棉橡胶板	kg	9.40	0.070	0.170	0.280	0.330
	氧气	m^3	3.63	0.080	0.180	0.310	0.590
	乙炔气	kg	10.45	0.030	0.030	0.100	0.200
	其他材料费占材料费	%	—	1.000	1.000	1.000	1.000
机械	电焊机(综合)	台班	118.28	0.027	0.055	0.055	0.082
	电焊条恒温箱	台班	21.41	0.003	0.006	0.006	0.008
	电焊条烘干箱 60×50×75cm³	台班	26.46	0.003	0.006	0.006	0.008
	吊装机械(综合)	台班	619.04	0.041	0.082	0.082	0.082
	汽车式起重机 8t	台班	763.67	0.007	0.014	0.014	0.014
	载重汽车 8t	台班	501.85	0.007	0.014	0.014	0.014

工作内容：准备工作、切管、焊法兰、拆除调节阀、装临时短管、试压、吹洗后短管拆除、调节阀复位。

计量单位：个

定额编号				A8-7-105	A8-7-106	A8-7-107	A8-7-108
项目名称				公称直径(mm以内)			
				300	400	500	600
基价（元）				537.74	641.87	730.95	832.92
其中	人工费（元）			359.52	456.40	499.80	574.84
	材料费（元）			84.20	21.71	32.69	55.57
	机械费（元）			94.02	163.76	198.46	202.51
名称		单位	单价(元)	消耗量			
人工	综合工日	工日	140.00	2.568	3.260	3.570	4.106
材料	法兰 PN1.6MPa DN400	副	—	—	(0.400)	—	—
	法兰 PN1.6MPa DN500	副	—	—	—	(0.400)	—
	法兰 PN1.6MPa DN600	副	—	—	—	—	(0.400)
	低碳钢焊条	kg	6.84	0.540	0.880	1.440	2.448
	电	kW·h	0.68	0.025	0.025	0.050	0.086
	法兰 PN1.6MPa DN300	副	176.07	0.400	—	—	—
	尼龙砂轮片 φ100×16×3	片	2.56	0.220	0.350	0.580	0.986
	石棉橡胶板	kg	9.40	0.400	0.690	0.830	1.411
	氧气	m^3	3.63	0.690	1.130	1.850	3.145
	乙炔气	kg	10.45	0.230	0.380	0.620	1.054
	其他材料费占材料费	%	—	1.000	1.000	1.000	1.000
机械	电焊机(综合)	台班	118.28	0.137	0.165	0.220	0.253
	电焊条恒温箱	台班	21.41	0.014	0.016	0.022	0.025
	电焊条烘干箱 60×50×75cm³	台班	26.46	0.014	0.016	0.022	0.025
	吊装机械(综合)	台班	619.04	0.096	0.150	0.191	0.191
	汽车式起重机 8t	台班	763.67	0.014	0.040	0.042	0.042
	载重汽车 8t	台班	501.85	0.014	0.040	0.042	0.042

十六、虾体弯制作及煨弯

1.碳钢管虾体弯制作(电弧焊)

工作内容：准备工作、管子切口、坡口加工、坡口磨平、管口组对、焊接、堆放。　　计量单位：10个

定额编号				A8-7-109	A8-7-110	A8-7-111	A8-7-112
项目名称				公称直径(mm以内)			
				200	250	300	350
基价(元)				2421.60	3496.88	4048.68	5071.77
其中	人工费(元)			1246.42	1748.18	1980.86	2369.78
	材料费(元)			337.80	559.28	648.98	935.22
	机械费(元)			837.38	1189.42	1418.84	1766.77
名称		单位	单价(元)	消耗量			
人工	综合工日	工日	140.00	8.903	12.487	14.149	16.927
材料	角钢(综合)	kg	—	(2.508)	(2.508)	(3.300)	(3.300)
	碳钢管	m	—	(4.860)	(5.860)	(6.670)	(7.420)
	低碳钢焊条	kg	6.84	17.695	34.799	41.514	66.043
	电	kW·h	0.68	10.605	15.075	18.132	21.662
	棉纱头	kg	6.00	0.462	0.561	0.660	0.792
	尼龙砂轮片 φ100×16×3	片	2.56	4.995	6.489	7.760	11.589
	氧气	m^3	3.63	26.797	40.130	45.326	59.758
	乙炔气	kg	10.45	8.936	13.380	15.111	19.919
	其他材料费占材料费	%	—	1.000	1.000	1.000	1.000
机械	电焊机(综合)	台班	118.28	6.804	9.665	11.529	14.356
	电焊条恒温箱	台班	21.41	0.681	0.966	1.153	1.436
	电焊条烘干箱 60×50×75cm^3	台班	26.46	0.681	0.966	1.153	1.436

工作内容：准备工作、管子切口、坡口加工、坡口磨平、管口组对、焊接、堆放。　　计量单位：10个

定额编号				A8-7-113	A8-7-114	A8-7-115	A8-7-116
项目名称				公称直径(mm以内)			
				400	450	500	600
基价（元）				5706.98	6856.19	7610.47	8625.18
其中	人工费（元）			2661.82	3116.96	3446.10	3962.98
	材料费（元）			1046.08	1386.78	1563.85	1671.67
	机械费（元）			1999.08	2352.45	2600.52	2990.53
名称		单位	单价(元)	消耗量			
人工	综合工日	工日	140.00	19.013	22.264	24.615	28.307
材料	角钢(综合)	kg	—	(3.300)	(3.300)	(3.300)	(3.795)
	碳钢管	m	—	(8.230)	(9.070)	(9.120)	(9.120)
	低碳钢焊条	kg	6.84	74.735	110.870	122.569	122.569
	电	kW·h	0.68	24.506	29.249	31.204	35.885
	棉纱头	kg	6.00	0.891	0.990	1.089	1.252
	尼龙砂轮片 φ100×16×3	片	2.56	13.137	17.817	19.722	22.680
	氧气	m^3	3.63	65.917	76.370	88.807	102.200
	乙炔气	kg	10.45	21.973	25.458	29.606	34.047
	其他材料费占材料费	%	—	1.000	1.000	1.000	1.000
机械	电焊机(综合)	台班	118.28	16.244	19.115	21.131	24.300
	电焊条恒温箱	台班	21.41	1.624	1.912	2.113	2.430
	电焊条烘干箱 60×50×75cm^3	台班	26.46	1.624	1.912	2.113	2.430

2. 不锈钢管虾体弯制作(电弧焊)

工作内容：准备工作、管子切口、坡口加工、坡口磨平、管口组对、焊接、焊缝钝化。 计量单位：10个

定额编号				A8-7-117	A8-7-118	A8-7-119	A8-7-120
项目名称				公称直径(mm以内)			
				200	250	300	350
基价(元)				**4513.55**	**5534.85**	**6537.41**	**7539.77**
其中	人工费(元)			1704.36	2036.16	2366.00	2702.42
	材料费(元)			425.40	527.16	633.14	733.68
	机械费(元)			2383.79	2971.53	3538.27	4103.67
名称		单位	单价(元)	消耗量			
人工	综合工日	工日	140.00	12.174	14.544	16.900	19.303
材料	不锈钢管	m	—	(4.860)	(5.760)	(6.750)	(7.430)
	丙酮	kg	7.51	2.277	2.838	3.366	3.894
	不锈钢焊条	kg	38.46	9.362	11.685	13.916	16.147
	电	kW·h	0.68	13.898	17.650	20.677	22.584
	棉纱头	kg	6.00	0.462	0.561	0.660	0.759
	尼龙砂轮片 φ100×16×3	片	2.56	10.107	11.055	15.401	17.922
	破布	kg	6.32	0.231	0.297	0.330	0.396
	水	t	7.96	0.396	0.462	0.561	0.660
	酸洗膏	kg	6.56	0.201	0.305	0.363	0.398
	其他材料费占材料费	%	—	1.000	1.000	1.000	1.000
机械	等离子切割机 400A	台班	219.59	5.759	7.180	8.553	9.921
	电动空气压缩机 1m³/min	台班	50.29	5.759	7.180	8.553	9.921
	电动空气压缩机 6m³/min	台班	206.73	0.033	0.033	0.033	0.033
	电焊机(综合)	台班	118.28	6.685	8.345	9.939	11.533
	电焊条恒温箱	台班	21.41	0.669	0.834	0.994	1.154
	电焊条烘干箱 60×50×75cm³	台班	26.46	0.669	0.834	0.994	1.154

工作内容：准备工作、管子切口、坡口加工、坡口磨平、管口组对、焊接、焊缝钝化。 计量单位：10个

定额编号				A8-7-121	A8-7-122	A8-7-123
项目名称				公称直径(mm以内)		
				400	450	500
基价（元）				8495.86	10119.37	11623.37
其中	人工费（元）			3030.72	3485.30	4008.06
	材料费（元）			829.60	1303.53	1485.07
	机械费（元）			4635.54	5330.54	6130.24
名称		单位	单价(元)	消耗量		
人工	综合工日	工日	140.00	21.648	24.895	28.629
材料	不锈钢管	m	—	(8.230)	(8.230)	(8.230)
	丙酮	kg	7.51	4.389	5.047	5.805
	不锈钢焊条	kg	38.46	18.252	29.989	34.129
	电	kW·h	0.68	25.575	29.411	33.823
	棉纱头	kg	6.00	0.851	0.979	1.125
	尼龙砂轮片 φ100×16×3	片	2.56	20.303	23.348	26.851
	破布	kg	6.32	0.429	0.493	0.567
	水	t	7.96	0.759	0.873	1.003
	酸洗膏	kg	6.56	0.492	0.554	0.627
	其他材料费占材料费	%	—	1.000	1.000	1.000
机械	等离子切割机 400A	台班	219.59	11.206	12.886	14.819
	电动空气压缩机 1m³/min	台班	50.29	11.206	12.886	14.819
	电动空气压缩机 6m³/min	台班	206.73	0.033	0.038	0.044
	电焊机(综合)	台班	118.28	13.037	14.992	17.241
	电焊条恒温箱	台班	21.41	1.304	1.499	1.724
	电焊条烘干箱 60×50×75cm³	台班	26.46	1.304	1.499	1.724

3. 不锈钢管虾体弯制作(氩电联焊)

工作内容：准备工作、管子切口、坡口加工、坡口磨平、管口组对、焊接、焊缝钝化、堆放。

计量单位：10个

定额编号				A8-7-124	A8-7-125	A8-7-126	A8-7-127
项目名称				公称直径(mm以内)			
				200	250	300	350
基价（元）				**4681.93**	**5777.14**	**6823.68**	**7860.78**
其中	人工费（元）			1755.60	2101.26	2443.28	2793.70
	材料费（元）			493.64	626.30	764.46	908.09
	机械费（元）			2432.69	3049.58	3615.94	4158.99
名称		单位	单价(元)	消耗量			
人工	综合工日	工日	140.00	12.540	15.009	17.452	19.955
材料	不锈钢管	m	—	(4.860)	(5.760)	(6.750)	(7.430)
	丙酮	kg	7.51	2.277	2.838	3.366	3.894
	不锈钢焊条	kg	38.46	7.475	9.402	11.358	13.415
	电	kW·h	0.68	12.054	15.407	18.009	19.482
	棉纱头	kg	6.00	0.462	0.561	0.660	0.759
	尼龙砂轮片 φ100×16×3	片	2.56	6.753	9.429	12.735	14.838
	破布	kg	6.32	0.231	0.297	0.330	0.396
	铈钨棒	g	0.38	12.052	15.101	17.998	20.935
	水	t	7.96	0.396	0.462	0.561	0.660
	酸洗膏	kg	6.56	0.201	0.305	0.363	0.398
	氩气	m^3	19.59	7.422	9.490	11.751	14.283
	其他材料费占材料费	%	—	1.000	1.000	1.000	1.000
机械	等离子切割机 400A	台班	219.59	5.759	7.180	8.553	9.921
	电动空气压缩机 $1m^3/min$	台班	50.29	5.759	7.180	8.553	9.921
	电动空气压缩机 $6m^3/min$	台班	206.73	0.033	0.033	0.033	0.033
	电焊机(综合)	台班	118.28	3.689	4.600	5.474	6.358
	电焊条恒温箱	台班	21.41	0.369	0.460	0.548	0.636
	电焊条烘干箱 $60×50×75cm^3$	台班	26.46	0.369	0.460	0.548	0.636
	氩弧焊机 500A	台班	92.58	4.511	5.821	6.774	7.477

工作内容：准备工作、管子切口、坡口加工、坡口磨平、管口组对、焊接、焊缝钝化、堆放。

计量单位：10个

定额编号				A8-7-128	A8-7-129	A8-7-130
项目名称				公称直径(mm以内)		
				400	450	500
基价（元）				9316.52	10713.62	12320.57
其中	人工费（元）			3267.18	3757.18	4320.82
	材料费（元）			1151.81	1324.51	1523.06
	机械费（元）			4897.53	5631.93	6476.69
名称		单位	单价(元)	消耗量		
人工	综合工日	工日	140.00	23.337	26.837	30.863
材料	不锈钢管	m	—	(8.230)	(8.230)	(8.230)
	丙酮	kg	7.51	4.389	5.047	5.805
	不锈钢焊条	kg	38.46	17.173	19.749	22.710
	电	kW·h	0.68	22.566	25.951	29.844
	棉纱头	kg	6.00	0.851	0.978	1.125
	尼龙砂轮片 φ100×16×3	片	2.56	16.821	19.344	22.246
	破布	kg	6.32	0.429	0.493	0.567
	铈钨棒	g	0.38	26.743	30.755	35.368
	水	t	7.96	0.759	0.873	1.003
	酸洗膏	kg	6.56	0.492	0.554	0.627
	氩气	m^3	19.59	18.444	21.211	24.392
	其他材料费占材料费	%	—	1.000	1.000	1.000
机械	等离子切割机 400A	台班	219.59	11.206	12.886	14.819
	电动空气压缩机 $1m^3/min$	台班	50.29	11.206	12.886	14.819
	电动空气压缩机 $6m^3/min$	台班	206.73	0.033	0.038	0.044
	电焊机(综合)	台班	118.28	8.094	9.308	10.704
	电焊条恒温箱	台班	21.41	0.809	0.931	1.070
	电焊条烘干箱 $60\times50\times75cm^3$	台班	26.46	0.809	0.931	1.070
	氩弧焊机 500A	台班	92.58	9.401	10.811	12.432

4. 铝管虾体弯制作(氩弧焊)

工作内容：准备工作、管子切口、坡口加工、坡口磨平、管口组对、焊口处理、焊前预热、焊接、焊缝酸洗。

计量单位：10个

定额编号				A8-7-131	A8-7-132	A8-7-133	A8-7-134
项目名称				管外径(mm以内)			
				150	180	200	250
基价(元)				**3816.21**	**4499.39**	**5352.31**	**6593.16**
其中	人工费(元)			1127.42	1357.72	1617.98	2157.54
	材料费(元)			222.86	258.81	305.85	428.49
	机械费(元)			2465.93	2882.86	3428.48	4007.13
名称		单位	单价(元)	消耗量			
人工	综合工日	工日	140.00	8.053	9.698	11.557	15.411
材料	铝管	m	—	(4.080)	(4.550)	(4.880)	(5.860)
	电	kW·h	0.68	3.778	4.530	5.314	8.063
	铝焊 丝301	kg	29.91	1.840	2.130	2.530	3.670
	尼龙砂轮片 φ100×16×3	片	2.56	1.928	2.294	2.739	4.540
	破布	kg	6.32	0.660	0.693	0.726	0.891
	氢氧化钠(烧碱)	kg	2.19	5.610	6.600	7.399	9.266
	铈钨棒	g	0.38	10.296	11.920	14.190	20.533
	水	t	7.96	0.264	0.330	0.396	0.495
	硝酸	kg	2.19	1.452	1.716	2.013	2.607
	氩气	m^3	19.59	5.148	5.960	7.095	10.266
	氧气	m^3	3.63	2.755	3.234	3.811	4.500
	乙炔气	kg	10.45	1.271	1.495	1.759	2.080
	重铬酸钾 98%	kg	14.03	0.594	0.693	0.825	1.056
	其他材料费占材料费	%	—	1.000	1.000	1.000	1.000
机械	等离子切割机 400A	台班	219.59	8.469	9.912	11.791	13.625
	电动空气压缩机 $1m^3/min$	台班	50.29	8.469	9.912	11.791	13.625
	电动空气压缩机 $6m^3/min$	台班	206.73	0.033	0.033	0.033	0.033
	氩弧焊机 500A	台班	92.58	1.874	2.171	2.587	3.491

工作内容：准备工作、管子切口、坡口加工、坡口磨平、管口组对、焊口处理、焊前预热、焊接、焊缝酸洗。

计量单位：10个

定额编号				A8-7-135	A8-7-136	A8-7-137
项目名称				管外径(mm以内)		
				300	350	410
基价（元）				8596.47	10618.96	13864.50
其中	人工费（元）			2934.96	3532.62	4598.86
	材料费（元）			533.68	925.63	1443.63
	机械费（元）			5127.83	6160.71	7822.01
名称		单位	单价(元)	消耗量		
人工	综合工日	工日	140.00	20.964	25.233	32.849
材料	铝管	m	—	(6.670)	(7.430)	(8.660)
	电	kW·h	0.68	10.356	11.937	14.949
	铝焊 丝301	kg	29.91	4.700	8.920	14.540
	尼龙砂轮片 φ100×16×3	片	2.56	4.888	6.888	10.100
	破布	kg	6.32	0.990	1.023	1.089
	氢氧化钠(烧碱)	kg	2.19	10.362	10.362	12.111
	铈钨棒	g	0.38	26.334	49.949	81.424
	水	t	7.96	0.561	0.627	0.726
	硝酸	kg	2.19	3.003	3.234	3.795
	氩气	m^3	19.59	13.167	24.974	40.712
	氧气	m^3	3.63	5.100	6.600	7.244
	乙炔气	kg	10.45	2.362	3.061	3.335
	重铬酸钾 98%	kg	14.03	1.221	1.320	1.518
	其他材料费占材料费	%	—	1.000	1.000	1.000
机械	等离子切割机 400A	台班	219.59	17.439	20.071	24.659
	电动空气压缩机 $1m^3/min$	台班	50.29	17.439	20.071	24.659
	电动空气压缩机 $6m^3/min$	台班	206.73	0.033	0.033	0.033
	氩弧焊机 500A	台班	92.58	4.478	7.962	12.532

5.铜管虾体弯制作(氧乙炔焊)

工作内容：准备工作、管子切口、坡口加工、坡口磨平、管口组对、焊口处理、焊前预热、焊接、堆放。

计量单位：10个

定额编号				A8-7-138	A8-7-139	A8-7-140
项目名称				管外径(mm以内)		
				150	185	200
基价(元)				3763.05	4750.96	5212.08
其中	人工费(元)			1246.14	1561.56	1713.32
	材料费(元)			279.87	364.57	405.67
	机械费(元)			2237.04	2824.83	3093.09
名称		单位	单价(元)	消耗量		
人工	综合工日	工日	140.00	8.901	11.154	12.238
材料	铜管	m	—	(4.200)	(4.670)	(5.050)
	电	kW·h	0.68	3.252	3.940	4.258
	棉纱头	kg	6.00	0.297	0.396	0.429
	尼龙砂轮片 φ100×16×3	片	2.56	2.647	3.281	3.553
	硼砂	kg	2.68	0.990	1.320	1.485
	铁砂布	张	0.85	2.112	2.805	3.102
	铜气焊丝	kg	37.61	4.950	6.600	7.430
	氧气	m^3	3.63	9.897	12.205	13.210
	乙炔气	kg	10.45	3.807	4.694	5.079
	其他材料费占材料费	%	—	1.000	1.000	1.000
机械	等离子切割机 400A	台班	219.59	8.289	10.467	11.461
	电动空气压缩机 $1m^3/min$	台班	50.29	8.289	10.467	11.461

工作内容：准备工作、管子切口、坡口加工、坡口磨平、管口组对、焊口处理、焊前预热、焊接、堆放。

计量单位：10个

定额编号				A8-7-141	A8-7-142
项目名称				管外径(mm以内)	
				250	300
基价（元）				**6433.62**	**7681.01**
其中	人工费（元）			2123.52	2587.48
	材料费（元）			494.27	619.73
	机械费（元）			3815.83	4473.80
名称		单位	单价(元)	消耗量	
人工	综合工日	工日	140.00	15.168	18.482
材料	铜管	m	—	(6.050)	(8.330)
	电	kW·h	0.68	5.228	6.497
	棉纱头	kg	6.00	0.528	0.627
	尼龙砂轮片 φ100×16×3	片	2.56	4.459	5.364
	硼砂	kg	2.68	1.782	1.980
	铁砂布	张	0.85	4.389	5.676
	铜气焊丝	kg	37.61	8.940	9.930
	氧气	m³	3.63	16.538	27.203
	乙炔气	kg	10.45	6.360	10.463
	其他材料费占材料费	%	—	1.000	1.000
机械	等离子切割机 400A	台班	219.59	14.139	16.577
	电动空气压缩机 1m³/min	台班	50.29	14.139	16.577

6. 中压螺旋管虾体弯制作(电弧焊)

工作内容：准备工作、管子切口、坡口加工、坡口磨平、管口组对、焊接、堆放。　　计量单位：10个

定额编号				A8-7-143	A8-7-144	A8-7-145	A8-7-146
项目名称				公称直径(mm以内)			
				200	250	300	350
基价(元)				1930.42	2518.38	2969.01	3669.92
其中	人工费(元)			988.96	1262.94	1496.04	1826.16
	材料费(元)			399.26	541.65	621.46	801.03
	机械费(元)			542.20	713.79	851.51	1042.73
名称		单位	单价(元)	消耗量			
人工	综合工日	工日	140.00	7.064	9.021	10.686	13.044
材料	角钢(综合)	kg	—	(3.300)	(3.300)	(3.300)	(3.300)
	螺旋卷管	m	—	(4.890)	(5.860)	(6.670)	(6.780)
	低碳钢焊条	kg	6.84	23.357	34.799	41.514	56.773
	电	kW·h	0.68	9.054	11.788	13.048	17.171
	棉纱头	kg	6.00	0.462	0.561	0.693	0.792
	尼龙砂轮片 φ100×16×3	片	2.56	4.446	6.489	7.760	10.398
	氧气	m^3	3.63	30.252	37.995	41.955	50.858
	乙炔气	kg	10.45	10.088	12.665	13.986	16.948
	其他材料费占材料费	%	—	1.000	1.000	1.000	1.000
机械	电焊机(综合)	台班	118.28	4.406	5.800	6.919	8.473
	电焊条恒温箱	台班	21.41	0.440	0.580	0.692	0.847
	电焊条烘干箱 60×50×75cm^3	台班	26.46	0.440	0.580	0.692	0.847

工作内容：准备工作、管子切口、坡口加工、坡口磨平、管口组对、焊接、堆放。　　计量单位：10个

定额编号				A8-7-147	A8-7-148	A8-7-149	A8-7-150
项目名称				公称直径(mm以内)			
				400	450	500	600
基价（元）				**4114.29**	**4638.75**	**5932.74**	**7352.75**
其中	人工费（元）			2044.00	2326.10	3336.48	4453.68
	材料费（元）			890.55	987.62	1204.49	1458.71
	机械费（元）			1179.74	1325.03	1391.77	1440.36
名称		单位	单价(元)	消耗量			
人工	综合工日	工日	140.00	14.600	16.615	23.832	31.812
材料	角钢(综合)	kg	—	(3.300)	(3.300)	(4.400)	(4.400)
	螺旋卷管	m	—	(9.050)	(9.810)	(9.880)	(10.430)
	低碳钢焊条	kg	6.84	64.231	72.145	78.555	86.612
	电	kW·h	0.68	19.419	21.955	31.794	42.830
	六角螺栓(综合)	10套	11.30	—	—	1.056	1.056
	棉纱头	kg	6.00	0.891	0.990	1.452	1.760
	尼龙砂轮片 φ100×16×3	片	2.56	11.781	13.250	14.690	21.050
	氧气	m^3	3.63	55.339	60.388	80.880	104.926
	乙炔气	kg	10.45	18.450	20.131	26.965	34.972
	其他材料费占材料费	%	—	1.000	1.000	1.000	1.000
机械	电焊机(综合)	台班	118.28	9.586	10.767	11.309	11.704
	电焊条恒温箱	台班	21.41	0.959	1.076	1.131	1.170
	电焊条烘干箱 60×50×75cm³	台班	26.46	0.959	1.076	1.131	1.170

工作内容：准备工作、管子切口、坡口加工、坡口磨平、管口组对、焊接、堆放。　　计量单位：10个

定　额　编　号				A8-7-151	A8-7-152	A8-7-153	A8-7-154
项　目　名　称				公称直径(mm以内)			
				700	800	900	1000
基　　价（元）				8378.78	9482.75	10581.41	11702.03
其中	人　工　费（元）			5080.18	5734.54	6383.72	7044.80
	材　料　费（元）			1649.79	1867.51	2085.22	2312.69
	机　械　费（元）			1648.81	1880.70	2112.47	2344.54
名　　称		单位	单价(元)	消　耗　量			
人工	综合工日	工日	140.00	36.287	40.961	45.598	50.320
材料	角钢(综合)	kg	—	(4.840)	(4.840)	(4.840)	(4.840)
	螺旋卷管	m	—	(11.610)	(13.940)	(16.510)	(17.930)
	低碳钢焊条	kg	6.84	99.159	113.102	127.044	140.989
	电	kW·h	0.68	49.141	53.021	54.884	69.677
	六角螺栓(综合)	10套	11.30	1.056	1.056	1.056	1.056
	棉纱头	kg	6.00	1.980	2.288	2.552	2.816
	尼龙砂轮片 φ100×16×3	片	2.56	24.107	27.501	30.897	34.293
	氧气	m³	3.63	117.563	132.609	147.879	162.758
	乙炔气	kg	10.45	39.188	44.202	49.295	54.604
	其他材料费占材料费	%	—	1.000	1.000	1.000	1.000
机械	电焊机(综合)	台班	118.28	13.398	15.282	17.165	19.051
	电焊条恒温箱	台班	21.41	1.339	1.528	1.717	1.905
	电焊条烘干箱 60×50×75cm³	台班	26.46	1.339	1.528	1.717	1.905

7.低中压碳钢、合金钢管机械煨弯

工作内容：准备工作、管材检查、选料、号料、更换胎具、弯管成型。　　　　计量单位：10个

定额编号				A8-7-155	A8-7-156	A8-7-157
项目名称				公称直径(mm以内)		
				20	32	50
基价（元）				**18.32**	**26.71**	**80.60**
其中	人工费（元）			15.12	22.26	66.78
	材料费（元）			0.08	0.08	0.10
	机械费（元）			3.12	4.37	13.72
名称		单位	单价(元)	消耗量		
人工	综合工日	工日	140.00	0.108	0.159	0.477
材料	碳钢管(合金钢管)	m	—	(1.890)	(2.660)	(3.820)
	破布	kg	6.32	0.012	0.012	0.015
	其他材料费占材料费	%	—	1.000	1.000	1.000
机械	电动弯管机 100mm	台班	31.20	0.100	0.140	0.190
	坡口机 2.8kW	台班	32.47	—	—	0.240

工作内容：准备工作、管材检查、选料、号料、更换胎具、弯管成型。　　　　　　计量单位：10个

定额编号				A8-7-158	A8-7-159	A8-7-160
项目名称				公称直径(mm以内)		
				65	80	100
基价（元）				**112.07**	**151.81**	**189.25**
其中	人工费（元）			93.52	126.56	158.06
	材料费（元）			0.11	0.14	0.16
	机械费（元）			18.44	25.11	31.03
名称		单位	单价(元)	消耗量		
人工	综合工日	工日	140.00	0.668	0.904	1.129
材料	碳钢管(合金钢管)	m	—	(4.780)	(5.750)	(7.030)
	破布	kg	6.32	0.018	0.022	0.025
	其他材料费占材料费	%	—	1.000	1.000	1.000
机械	电动弯管机 100mm	台班	31.20	0.310	0.430	0.620
	坡口机 2.8kW	台班	32.47	0.270	0.360	0.360

8. 低中压不锈钢管机械煨弯

工作内容：准备工作、管材检查、选料、号料、更换胎具、弯管成型。 计量单位：10个

定额编号				A8-7-161	A8-7-162	A8-7-163
项目名称				公称直径(mm以内)		
				20	32	50
基价（元）				38.52	52.40	137.95
其中	人工费（元）			31.64	42.42	112.14
	材料费（元）			0.81	1.73	2.06
	机械费（元）			6.07	8.25	23.75
名称		单位	单价(元)	消耗量		
人工	综合工日	工日	140.00	0.226	0.303	0.801
材料	不锈钢管	m	—	(1.890)	(2.660)	(3.820)
	薄砂轮片	片	6.08	0.120	0.270	0.320
	破布	kg	6.32	0.012	0.012	0.015
	其他材料费占材料费	%	—	1.000	1.000	1.000
机械	电动弯管机 100mm	台班	31.20	0.120	0.190	0.300
	坡口机 2.8kW	台班	32.47	—	—	0.300
	砂轮切割机 500mm	台班	29.08	0.080	0.080	0.160

工作内容：准备工作、管材检查、选料、号料、更换胎具、弯管成型。　　计量单位：10个

定额编号				A8-7-164	A8-7-165	A8-7-166
项目名称				公称直径(mm以内)		
				65	80	100
基价（元）				177.24	231.03	301.91
其中	人工费（元）			145.18	189.00	251.58
	材料费（元）			2.94	3.46	4.40
	机械费（元）			29.12	38.57	45.93
名称		单位	单价(元)	消耗量		
人工	综合工日	工日	140.00	1.037	1.350	1.797
材料	不锈钢管	m	—	(4.780)	(5.750)	(7.030)
	薄砂轮片	片	6.08	0.460	0.540	0.690
	破布	kg	6.32	0.018	0.022	0.025
	其他材料费占材料费	%	—	1.000	1.000	1.000
机械	电动弯管机 100mm	台班	31.20	0.420	0.600	0.780
	坡口机 2.8kW	台班	32.47	0.350	0.450	0.450
	砂轮切割机 500mm	台班	29.08	0.160	0.180	0.240

9. 铝管机械煨弯

工作内容：准备工作、管材检查、选料、号料、更换胎具、弯管成型。　　　　计量单位：10个

定额编号				A8-7-167	A8-7-168	A8-7-169
项目名称				管外径(mm以内)		
				20	32	50
基价（元）				**17.62**	**26.01**	**66.20**
其中	人工费（元）			14.42	21.56	60.48
	材料费（元）			0.08	0.08	0.10
	机械费（元）			3.12	4.37	5.62
名称		单位	单价(元)	消耗量		
人工	综合工日	工日	140.00	0.103	0.154	0.432
材料	铝管	m	—	(1.730)	(2.400)	(3.410)
	破布	kg	6.32	0.012	0.012	0.015
	其他材料费占材料费	%	—	1.000	1.000	1.000
机械	电动弯管机 100mm	台班	31.20	0.100	0.140	0.180

工作内容：准备工作、管材检查、选料、号料、更换胎具、弯管成型。 计量单位：10个

定额编号				A8-7-170	A8-7-171	A8-7-172
项目名称				管外径(mm以内)		
				70	80	100
基价（元）				**92.07**	**125.77**	**172.06**
其中	人工费（元）			82.60	112.84	151.62
	材料费（元）			0.11	0.14	0.16
	机械费（元）			9.36	12.79	20.28
名称		**单位**	**单价(元)**	**消耗量**		
人工	综合工日	工日	140.00	0.590	0.806	1.083
材料	铝管	m	—	(4.260)	(5.100)	(6.230)
	破布	kg	6.32	0.018	0.022	0.025
	其他材料费占材料费	%	—	1.000	1.000	1.000
机械	电动弯管机 100mm	台班	31.20	0.300	0.410	0.650

10. 铜管机械煨弯

工作内容：准备工作、管材检查、选料、号料、更换胎具、弯管成型。 计量单位：10个

定额编号				A8-7-173	A8-7-174	A8-7-175
项目名称				管外径(mm以内)		
				20	32	55
基价（元）				**19.02**	**29.26**	**69.62**
其中	人工费（元）			15.82	24.50	63.28
	材料费（元）			0.08	0.08	0.10
	机械费（元）			3.12	4.68	6.24
名称		单位	单价(元)	消耗量		
人工	综合工日	工日	140.00	0.113	0.175	0.452
材料	铜管	m	—	(1.730)	(2.400)	(3.690)
	破布	kg	6.32	0.012	0.012	0.015
	其他材料费占材料费	%	—	1.000	1.000	1.000
机械	电动弯管机 100mm	台班	31.20	0.100	0.150	0.200

工作内容：准备工作、管材检查、选料、号料、更换胎具、弯管成型。　　计量单位：10个

定额编号				A8-7-176	A8-7-177	A8-7-178
项目名称				管外径(mm以内)		
				65	85	100
基价（元）				**98.89**	**134.16**	**194.44**
其中	人工费（元）			88.48	119.98	162.40
	材料费（元）			0.11	0.14	0.16
	机械费（元）			10.30	14.04	31.88
名称		单位	单价(元)	消耗量		
人工	综合工日	工日	140.00	0.632	0.857	1.160
材料	铜管	m	—	(4.260)	(5.380)	(6.230)
	破布	kg	6.32	0.018	0.022	0.025
	其他材料费占材料费	%	—	1.000	1.000	1.000
机械	电动弯管机 100mm	台班	31.20	0.330	0.450	0.720
	坡口机 2.8kW	台班	32.47	—	—	0.290

11.塑料管煨弯

工作内容：准备工作、管材检查、选料、号料、更换胎具、弯管成型。　　计量单位：10个

定额编号				A8-7-179	A8-7-180	A8-7-181
项目名称				管外径(mm以内)		
				20	25	32
基价（元）				**102.00**	**104.29**	**107.60**
其中	人工费（元）			76.16	78.40	79.80
	材料费（元）			25.84	25.89	27.80
	机械费（元）			—	—	—
名称		**单位**	**单价(元)**	**消耗量**		
人工	综合工日	工日	140.00	0.544	0.560	0.570
材料	塑料管	m	—	(1.730)	(2.010)	(2.400)
	电	kW·h	0.68	33.600	33.600	33.600
	电阻丝	根	0.20	0.060	0.060	0.060
	破布	kg	6.32	0.160	0.168	0.214
	碎石	t	106.80	0.016	0.016	0.031
	其他材料费占材料费	%	—	1.000	1.000	1.000

工作内容：准备工作、管材检查、选料、号料、更换胎具、弯管成型。　　计量单位：10个

定额编号				A8-7-182	A8-7-183	A8-7-184
项目名称				管外径(mm以内)		
				40	51	65
基价（元）				**133.59**	**138.52**	**184.12**
其中	人工费（元）			99.82	101.36	133.00
	材料费（元）			33.77	37.16	50.44
	机械费（元）			—	—	0.68
名称		单位	单价(元)	消耗量		
人工	综合工日	工日	140.00	0.713	0.724	0.950
材料	塑料管	m	—	(2.850)	(3.410)	(4.260)
	电	kW·h	0.68	42.000	42.000	58.800
	电阻丝	根	0.20	0.080	0.080	0.110
	破布	kg	6.32	0.245	0.253	—
	碎石	t	106.80	0.031	0.062	0.093
	其他材料费占材料费	%	—	1.000	1.000	1.000
机械	木工圆锯机 600mm	台班	33.80	—	—	0.020

工作内容：准备工作、管材检查、选料、号料、更换胎具、弯管成型。　　　　　　计量单位：10个

定额编号				A8-7-185	A8-7-186	A8-7-187
项目名称				管外径(mm以内)		
				76	90	114
基价（元）				188.16	224.61	239.98
其中	人工费（元）			133.70	155.96	166.04
	材料费（元）			53.78	67.97	72.93
	机械费（元）			0.68	0.68	1.01
名称		单位	单价(元)	消耗量		
人工	综合工日	工日	140.00	0.955	1.114	1.186
材料	塑料管	m	—	(4.880)	(5.660)	(7.010)
	电	kW·h	0.68	58.800	67.200	67.200
	电阻丝	根	0.20	0.110	0.120	0.120
	碎石	t	106.80	0.124	0.202	0.248
	其他材料费占材料费	%	—	1.000	1.000	1.000
机械	木工圆锯机 600mm	台班	33.80	0.020	0.020	0.030

12. 低中压碳钢管中频煨弯

工作内容：准备工作、管子切口、坡口加工、管子上胎具、加热、煨弯、成型检查、堆放。

计量单位：10个

定额编号				A8-7-188	A8-7-189	A8-7-190
项目名称				公称直径(mm以内)		
				100	150	200
基价（元）				**657.12**	**705.77**	**851.67**
其中	人工费（元）			221.48	248.92	327.74
	材料费（元）			253.64	262.82	272.00
	机械费（元）			182.00	194.03	251.93
名称		单位	单价(元)	消耗量		
人工	综合工日	工日	140.00	1.582	1.778	2.341
材料	碳钢管	m	—	(3.010)	(4.220)	(5.420)
	电	kW·h	0.68	373.000	386.500	400.000
	其他材料费	元	1.00	0.001	0.001	0.001
机械	单速电动葫芦 3t	台班	32.95	0.470	0.483	1.530
	普通车床 630×2000mm	台班	247.10	0.470	0.483	0.530
	中频煨弯机 160kW	台班	70.55	0.714	0.833	1.000

工作内容：准备工作、管子切口、坡口加工、管子上胎具、加热、煨弯、成型检查、堆放。

计量单位：10个

定额编号				A8-7-191	A8-7-192	A8-7-193
项目名称				公称直径(mm以内)		
				250	300	350
基价（元）				994.98	1296.20	1720.38
其中	人工费（元）			397.46	571.20	828.94
	材料费（元）			306.00	340.00	368.33
	机械费（元）			291.52	385.00	523.11
名称		单位	单价(元)	消耗量		
人工	综合工日	工日	140.00	2.839	4.080	5.921
材料	碳钢管	m	—	(6.630)	(7.830)	(9.040)
	电	kW·h	0.68	450.000	500.000	541.665
	其他材料费	元	1.00	0.001	0.002	0.002
机械	单速电动葫芦 3t	台班	32.95	1.829	2.309	3.269
	普通车床 630×2000mm	台班	247.10	0.579	0.642	0.769
	中频煨弯机 160kW	台班	70.55	1.250	—	—
	中频煨弯机 250kW	台班	90.15	—	1.667	2.500

工作内容：准备工作、管子切口、坡口加工、管子上胎具、加热、煨弯、成型检查、堆放。

计量单位：10个

定额编号				A8-7-194	A8-7-195	A8-7-196
项目名称				公称直径(mm以内)		
				400	450	500
基价（元）				**1982.66**	**2354.89**	**3396.75**
其中	人工费（元）			961.24	1227.52	1955.24
	材料费（元）			396.67	424.99	453.29
	机械费（元）			624.75	702.38	988.22
名称		单位	单价(元)	消耗量		
人工	综合工日	工日	140.00	6.866	8.768	13.966
材料	碳钢管	m	—	(10.250)	(11.450)	(12.660)
	电	kW·h	0.68	583.333	624.980	666.600
	其他材料费	元	1.00	0.002	0.002	0.002
机械	单速电动葫芦 3t	台班	32.95	3.832	4.376	5.770
	电动单梁起重机 5t	台班	223.20	—	—	0.334
	普通车床 630×2000mm	台班	247.10	0.975	1.043	1.104
	中频煨弯机 250kW	台班	90.15	2.857	3.333	5.000

13.高压碳钢管中频煨弯

工作内容：准备工作、管子切口、坡口加工、管子上胎具、加热、煨弯、成型检查、堆放。

计量单位：10个

定额编号				A8-7-197	A8-7-198	A8-7-199
项目名称				公称直径(mm以内)		
				100	150	200
基价（元）				993.09	1542.19	1719.10
其中	人工费（元）			315.56	515.20	606.20
	材料费（元）			380.46	394.23	408.00
	机械费（元）			297.07	632.76	704.90
名称		单位	单价(元)	消耗量		
人工	综合工日	工日	140.00	2.254	3.680	4.330
材料	碳钢管	m	—	(3.010)	(4.220)	(5.420)
	电	kW·h	0.68	559.500	579.750	600.000
	其他材料费	元	1.00	0.001	0.001	0.002
机械	单速电动葫芦 3t	台班	32.95	1.661	2.960	3.093
	普通车床 630×2000mm	台班	247.10	0.590	1.710	1.893
	中频煨弯机 250kW	台班	90.15	1.071	1.250	1.500

工作内容：准备工作、管子切口、坡口加工、管子上胎具、加热、煨弯、成型检查、堆放。

计量单位：10个

定额编号				A8-7-200	A8-7-201	A8-7-202
项目名称				公称直径(mm以内)		
				250	300	350
基价（元）				**1978.96**	**3467.60**	**4088.92**
其中	人工费（元）			748.72	1159.34	1541.96
	材料费（元）			459.00	510.00	552.50
	机械费（元）			771.24	1798.26	1994.46
名称		单位	单价(元)	消耗量		
人工	综合工日	工日	140.00	5.348	8.281	11.014
材料	碳钢管	m	—	(6.630)	(7.830)	(9.040)
	电	kW·h	0.68	675.000	750.000	812.500
	其他材料费	元	1.00	0.002	0.002	0.002
机械	单速电动葫芦 3t	台班	32.95	3.818	4.000	4.182
	电动单梁起重机 5t	台班	223.20	—	3.064	3.229
	普通车床 630×2000mm	台班	247.10	1.928	3.064	3.229
	中频煨弯机 250kW	台班	90.15	1.875	2.501	3.750

工作内容：准备工作、管子切口、坡口加工、管子上胎具、加热、煨弯、成型检查、堆放。

计量单位：10个

定额编号				A8-7-203	A8-7-204	A8-7-205
项目名称				公称直径(mm以内)		
				400	450	500
基价（元）				5159.26	6032.54	8648.82
其中	人工费（元）			1888.32	2357.04	3713.08
	材料费（元）			595.00	637.48	679.94
	机械费（元）			2675.94	3038.02	4255.80
名称		单位	单价(元)	消耗量		
人工	综合工日	工日	140.00	13.488	16.836	26.522
材料	碳钢管	m	—	(10.250)	(11.450)	(12.660)
	电	kW·h	0.68	875.000	937.470	999.900
	其他材料费	元	1.00	0.003	0.003	0.003
机械	单速电动葫芦 3t	台班	32.95	4.286	5.000	7.500
	电动单梁起重机 5t	台班	223.20	4.568	5.151	7.086
	普通车床 630×2000mm	台班	247.10	4.568	5.151	7.086
	中频煨弯机 250kW	台班	90.15	4.286	5.000	7.500

14. 低中压不锈钢管中频煨弯

工作内容：准备工作、管子切口、坡口加工、管子上胎具、加热、煨弯、成型检查、堆放。

计量单位：10个

定额编号				A8-7-206	A8-7-207	A8-7-208	A8-7-209
项目名称				公称直径(mm以内)			
				100	150	200	250
基价（元）				**763.72**	**847.69**	**1016.51**	**1193.78**
其中	人工费（元）			257.18	299.04	391.44	476.98
	材料费（元）			304.37	315.39	326.40	367.20
	机械费（元）			202.17	233.26	298.67	349.60
名称		单位	单价(元)	消耗量			
人工	综合工日	工日	140.00	1.837	2.136	2.796	3.407
材料	不锈钢管	m	—	(3.010)	(4.220)	(5.420)	(6.630)
	电	kW·h	0.68	447.600	463.800	480.000	540.000
	其他材料费	元	1.00	0.001	0.001	0.001	0.002
机械	单速电动葫芦 3t	台班	32.95	0.506	0.581	1.823	2.194
	普通车床 630×2000mm	台班	247.10	0.506	0.581	0.623	0.694
	中频煨弯机 160kW	台班	70.55	0.857	1.000	1.200	1.500

工作内容：准备工作、管子切口、坡口加工、管子上胎具、加热、煨弯、成型检查、堆放。

计量单位：10个

定额编号				A8-7-210	A8-7-211	A8-7-212
项目名称				公称直径(mm以内)		
				300	350	400
基价（元）				**1563.05**	**2031.72**	**2379.11**
其中	人工费（元）			696.36	983.78	1153.46
	材料费（元）			408.00	442.00	476.00
	机械费（元）			458.69	605.94	749.65
名称		**单位**	**单价(元)**	**消耗量**		
人工	综合工日	工日	140.00	4.974	7.027	8.239
材料	不锈钢管	m	—	(7.830)	(9.040)	(10.250)
	电	kW·h	0.68	600.000	649.998	700.000
	其他材料费	元	1.00	0.002	0.002	0.002
机械	单速电动葫芦 3t	台班	32.95	2.847	3.845	4.598
	普通车床 630×2000mm	台班	247.10	0.747	0.845	1.170
	中频煨弯机 250kW	台班	90.15	2.000	3.000	3.428

15. 高压不锈钢管中频煨弯

工作内容：准备工作、管子切口、坡口加工、管子上胎具、加热、煨弯、成型检查、堆放。

计量单位：10个

定额编号				A8-7-213	A8-7-214	A8-7-215
项目名称				公称直径(mm以内)		
				100	150	200
基价（元）				1115.88	1434.48	1745.04
其中	人工费（元）			378.84	503.86	677.46
	材料费（元）			380.46	394.23	408.00
	机械费（元）			356.58	536.39	659.58
名称		单位	单价(元)	消耗量		
人工	综合工日	工日	140.00	2.706	3.599	4.839
材料	不锈钢管	m	—	(3.010)	(4.220)	(5.420)
	电	kW·h	0.68	559.500	579.750	600.000
	其他材料费	元	1.00	0.001	0.001	0.002
机械	单速电动葫芦 3t	台班	32.95	1.994	2.756	3.364
	普通车床 630×2000mm	台班	247.10	0.708	1.256	1.564
	中频煨弯机 250kW	台班	90.15	1.286	1.500	1.800

工作内容：准备工作、管子切口、坡口加工、管子上胎具、加热、煨弯、成型检查、堆放。

计量单位：10个

定额编号				A8-7-216	A8-7-217	A8-7-218
项目名称				公称直径(mm以内)		
				250	300	350
基价（元）				**2232.82**	**3642.73**	**4902.75**
其中	人工费（元）			881.58	1296.12	1879.36
	材料费（元）			459.00	510.00	552.50
	机械费（元）			892.24	1836.61	2470.89
名称		**单位**	**单价(元)**	**消耗量**		
人工	综合工日	工日	140.00	6.297	9.258	13.424
材料	不锈钢管	m	—	(6.630)	(7.830)	(9.040)
	电	kW·h	0.68	675.000	750.000	812.500
	其他材料费	元	1.00	0.002	0.002	0.002
机械	单速电动葫芦 3t	台班	32.95	4.447	4.455	4.500
	电动单梁起重机 5t	台班	223.20	—	3.018	4.076
	普通车床 630×2000mm	台班	247.10	2.197	3.018	4.076
	中频煨弯机 250kW	台班	90.15	2.250	3.000	4.500

工作内容：准备工作、管子切口、坡口加工、管子上胎具、加热、煨弯、成型检查、堆放。

计量单位：10个

定额编号				A8-7-219	A8-7-220	A8-7-221
项目名称				公称直径(mm以内)		
				400	450	500
基价（元）				**5502.35**	**6922.47**	**8838.98**
其中	人工费（元）			2132.62	2784.32	3760.96
	材料费（元）			595.00	637.48	679.94
	机械费（元）			2774.73	3500.67	4398.08
名称		单位	单价(元)	消耗量		
人工	综合工日	工日	140.00	15.233	19.888	26.864
材料	不锈钢管	m	—	(10.250)	(11.450)	(12.660)
	电	kW·h	0.68	875.000	937.470	999.900
	其他材料费	元	1.00	0.003	0.003	0.003
机械	单速电动葫芦 3t	台班	32.95	5.142	6.000	7.000
	电动单梁起重机 5t	台班	223.20	4.554	5.873	6.546
	普通车床 630×2000mm	台班	247.10	4.554	5.873	7.669
	中频煨弯机 250kW	台班	90.15	5.142	6.000	9.000

16.低中压合金钢管中频煨弯

工作内容：准备工作、管子切口、坡口加工、管子上胎具、加热、煨弯、成型检查、堆放。

计量单位：10个

定额编号				A8-7-222	A8-7-223	A8-7-224
项目名称				公称直径(mm以内)		
				100	150	200
基价（元）				**836.90**	**911.05**	**1093.83**
其中	人工费（元）			281.96	322.00	423.36
	材料费（元）			342.42	354.81	367.20
	机械费（元）			212.52	234.24	303.27
名称		单位	单价(元)	消耗量		
人工	综合工日	工日	140.00	2.014	2.300	3.024
材料	合金钢管	m	—	(3.010)	(4.220)	(5.420)
	电	kW·h	0.68	503.550	521.775	540.000
	其他材料费	元	1.00	0.001	0.001	0.001
机械	单速电动葫芦 3t	台班	32.95	0.516	0.553	1.934
	普通车床 630×2000mm	台班	247.10	0.516	0.553	0.584
	中频煨弯机 160kW	台班	70.55	0.964	1.125	1.350

工作内容：准备工作、管子切口、坡口加工、管子上胎具、加热、煨弯、成型检查、堆放。

计量单位：10个

定额编号				A8-7-225	A8-7-226	A8-7-227
项目名称				公称直径(mm以内)		
				250	300	350
基价（元）				1281.82	1681.57	2247.24
其中	人工费（元）			515.90	748.16	1093.68
	材料费（元）			413.10	459.00	497.25
	机械费（元）			352.82	474.41	656.31
名称		单位	单价(元)	消耗量		
人工	综合工日	工日	140.00	3.685	5.344	7.812
材料	合金钢管	m	—	(6.630)	(7.830)	(9.040)
	电	kW·h	0.68	607.500	675.000	731.248
	其他材料费	元	1.00	0.002	0.002	0.002
机械	单速电动葫芦 3t	台班	32.95	2.324	2.955	4.235
	普通车床 630×2000mm	台班	247.10	0.636	0.705	0.860
	中频煨弯机 160kW	台班	70.55	1.688	—	—
	中频煨弯机 250kW	台班	90.15	—	2.250	3.375

工作内容：准备工作、管子切口、坡口加工、管子上胎具、加热、煨弯、成型检查、堆放。

计量单位：10个

定额编号				A8-7-228	A8-7-229	A8-7-230
项目名称				公称直径(mm以内)		
				400	450	500
基价（元）				**2573.31**	**3068.56**	**4452.75**
其中	人工费（元）			1262.80	1619.94	2599.80
	材料费（元）			535.50	573.73	611.94
	机械费（元）			775.01	874.89	1241.01
	名称	**单位**	**单价(元)**	**消耗量**		
人工	综合工日	工日	140.00	9.020	11.571	18.570
材料	合金钢管	m	—	(10.250)	(11.450)	(12.660)
	电	kW·h	0.68	787.500	843.723	899.910
	其他材料费	元	1.00	0.002	0.002	0.003
机械	单速电动葫芦 3t	台班	32.95	4.929	5.646	7.598
	电动单梁起重机 5t	台班	223.20	—	—	0.367
	普通车床 630×2000mm	台班	247.10	1.072	1.146	1.215
	中频煨弯机 250kW	台班	90.15	3.857	4.500	6.750

17. 高压合金钢管中频煨弯

工作内容：准备工作、管子切口、坡口加工、管子上胎具、加热、煨弯、成型检查、堆放。

计量单位：10个

定额编号				A8-7-231	A8-7-232	A8-7-233
项目名称				公称直径(mm以内)		
				100	150	200
基价（元）				**1122.83**	**1523.15**	**1848.90**
其中	人工费（元）			397.46	552.86	740.74
	材料费（元）			380.46	394.23	408.00
	机械费（元）			344.91	576.06	700.16
名称		**单位**	**单价(元)**	**消耗量**		
人工	综合工日	工日	140.00	2.839	3.949	5.291
材料	合金钢管	m	—	(3.010)	(4.220)	(5.420)
	电	kW·h	0.68	559.500	579.750	600.000
	其他材料费	元	1.00	0.001	0.001	0.002
机械	单速电动葫芦 3t	台班	32.95	2.042	3.003	3.635
	普通车床 630×2000mm	台班	247.10	0.596	1.315	1.610
	中频煨弯机 250kW	台班	90.15	1.446	1.688	2.025

工作内容：准备工作、管子切口、坡口加工、管子上胎具、加热、煨弯、成型检查、堆放。

计量单位：10个

定额编号				A8-7-234	A8-7-235	A8-7-236
项目名称				公称直径(mm以内)		
				250	300	350
基价（元）				2315.86	3741.44	5128.88
其中	人工费（元）			955.22	1395.24	2039.94
	材料费（元）			459.00	510.00	552.50
	机械费（元）			901.64	1836.20	2536.44
名称		单位	单价(元)	消耗量		
人工	综合工日	工日	140.00	6.823	9.966	14.571
材料	合金钢管	m	—	(6.630)	(7.830)	(9.040)
	电	kW·h	0.68	675.000	750.000	812.500
	其他材料费	元	1.00	0.002	0.002	0.002
机械	单速电动葫芦 3t	台班	32.95	3.818	4.273	5.063
	电动单梁起重机 5t	台班	223.20	—	2.958	4.068
	普通车床 630×2000mm	台班	247.10	2.216	2.958	4.068
	中频煨弯机 250kW	台班	90.15	2.532	3.375	5.063

工作内容：准备工作、管子切口、坡口加工、管子上胎具、加热、煨弯、成型检查、堆放。

计量单位：10个

定额编号				A8-7-237	A8-7-238	A8-7-239
项目名称				公称直径(mm以内)		
				400	450	500
基价（元）				**5887.63**	**7305.30**	**10095.82**
其中	人工费（元）			2345.98	3038.14	4698.68
	材料费（元）			595.00	637.48	679.94
	机械费（元）			2946.65	3629.68	4717.20
名称		**单位**	**单价(元)**	**消耗量**		
人工	综合工日	工日	140.00	16.757	21.701	33.562
材料	合金钢管	m	—	(10.250)	(11.450)	(12.660)
	电	kW·h	0.68	875.000	937.470	999.900
	其他材料费	元	1.00	0.003	0.003	0.003
机械	单速电动葫芦 3t	台班	32.95	5.786	6.750	10.125
	电动单梁起重机 5t	台班	223.20	4.751	5.951	7.380
	普通车床 630×2000mm	台班	247.10	4.751	5.951	7.380
	中频煨弯机 250kW	台班	90.15	5.786	6.750	10.125

十七、三通补强圈制作与安装

1.低压碳钢管挖眼三通补强圈制作与安装(电弧焊)

工作内容：准备工作、画线、号料、切割、坡口加工、板弧滚压、钻孔、锥丝、组对、焊接。

计量单位：10个

定额编号				A8-7-240	A8-7-241	A8-7-242	A8-7-243
项目名称				公称直径(mm以内)			
				100	125	150	200
基价(元)				663.92	788.55	897.38	1331.65
其中	人工费(元)			309.82	359.52	405.16	600.74
	材料费(元)			35.98	50.30	59.34	111.46
	机械费(元)			318.12	378.73	432.88	619.45
名称		单位	单价(元)	消耗量			
人工	综合工日	工日	140.00	2.213	2.568	2.894	4.291
材料	钢板(综合)	kg	—	(13.360)	(23.430)	(33.710)	(79.920)
	低碳钢焊条	kg	6.84	2.570	3.760	4.480	9.629
	电	kW·h	0.68	1.970	2.149	2.806	4.149
	机油	kg	19.66	0.003	0.003	0.003	0.003
	螺钉(综合)	个	0.03	1.000	1.000	1.000	1.000
	棉纱头	kg	6.00	0.001	0.001	0.001	0.001
	尼龙砂轮片 φ100×16×3	片	2.56	1.000	1.253	1.500	2.064
	铅油(厚漆)	kg	6.45	0.004	0.004	0.004	0.004
	石油沥青油毡 350号	m²	2.70	0.200	0.270	0.400	0.630
	氧气	m³	3.63	1.900	2.610	2.980	4.860
	乙炔气	kg	10.45	0.630	0.870	0.990	1.620
	其他材料费占材料费	%	—	1.000	1.000	1.000	1.000
机械	单速电动葫芦 3t	台班	32.95	—	—	—	0.200
	电焊机(综合)	台班	118.28	2.360	2.740	3.180	4.530
	电焊条恒温箱	台班	21.41	0.236	0.274	0.318	0.453
	电焊条烘干箱 60×50×75cm³	台班	26.46	0.236	0.274	0.318	0.453
	卷板机 20×2500mm	台班	276.83	0.100	0.150	0.150	0.200

工作内容：准备工作、画线、号料、切割、坡口加工、板弧滚压、钻孔、锥丝、组对、焊接。

计量单位：10个

定额编号				A8-7-244	A8-7-245	A8-7-246
项目名称				公称直径(mm以内)		
				250	300	350
基价（元）				**1564.63**	**1853.38**	**2097.44**
其中	人工费（元）			667.24	787.50	855.40
	材料费（元）			186.87	219.27	342.51
	机械费（元）			710.52	846.61	899.53
名称		单位	单价(元)	消耗量		
人工	综合工日	工日	140.00	4.766	5.625	6.110
材料	钢板(综合)	kg	—	(153.380)	(201.400)	(319.910)
	低碳钢焊条	kg	6.84	17.749	20.759	34.948
	电	kW·h	0.68	5.164	6.089	6.955
	机油	kg	19.66	0.003	0.003	0.003
	螺钉(综合)	个	0.03	1.000	1.000	1.000
	棉纱头	kg	6.00	0.001	0.001	0.001
	尼龙砂轮片 φ100×16×3	片	2.56	2.573	3.063	3.553
	铅油(厚漆)	kg	6.45	0.004	0.004	0.004
	石油沥青油毡 350号	m^2	2.70	0.900	1.270	1.470
	氧气	m^3	3.63	7.160	8.379	11.549
	乙炔气	kg	10.45	2.390	2.790	3.850
	其他材料费占材料费	%	—	1.000	1.000	1.000
机械	单速电动葫芦 3t	台班	32.95	0.200	0.250	0.250
	电焊机(综合)	台班	118.28	5.270	6.250	6.680
	电焊条恒温箱	台班	21.41	0.527	0.625	0.668
	电焊条烘干箱 60×50×75cm^3	台班	26.46	0.527	0.625	0.668
	卷板机 20×2500mm	台班	276.83	0.200	0.250	0.250

工作内容：准备工作、画线、号料、切割、坡口加工、板弧滚压、钻孔、锥丝、组对、焊接。

计量单位：10个

定额编号				A8-7-247	A8-7-248	A8-7-249
项目名称				公称直径(mm以内)		
				400	450	500
基价（元）				**2394.02**	**2735.05**	**2984.45**
其中	人工费（元）			972.44	1085.28	1166.62
	材料费（元）			382.30	484.96	602.52
	机械费（元）			1039.28	1164.81	1215.31
名称		单位	单价(元)	消耗量		
人工	综合工日	工日	140.00	6.946	7.752	8.333
材料	钢板(综合)	kg	—	(384.780)	(528.730)	(704.580)
	低碳钢焊条	kg	6.84	38.957	50.517	64.086
	电	kW·h	0.68	7.940	8.925	9.850
	机油	kg	19.66	0.003	0.003	0.003
	螺钉(综合)	个	0.03	1.000	1.000	1.000
	棉纱头	kg	6.00	0.001	0.001	0.001
	尼龙砂轮片 φ100×16×3	片	2.56	4.015	4.730	5.245
	铅油(厚漆)	kg	6.45	0.004	0.004	0.004
	石油沥青油毡 350号	m²	2.70	1.730	2.130	2.570
	氧气	m³	3.63	12.879	15.549	18.419
	乙炔气	kg	10.45	4.290	5.180	6.140
	其他材料费占材料费	%	—	1.000	1.000	1.000
机械	单速电动葫芦 3t	台班	32.95	0.280	0.280	0.300
	电焊机(综合)	台班	118.28	7.740	8.760	9.120
	电焊条恒温箱	台班	21.41	0.774	0.876	0.912
	电焊条烘干箱 60×50×75cm³	台班	26.46	0.774	0.876	0.912
	卷板机 20×2500mm	台班	276.83	0.280	0.280	0.300

2. 中压碳钢管挖眼三通补强圈制作与安装(电弧焊)

工作内容：准备工作、画线、号料、切割、坡口加工、板弧滚压、钻孔、锥丝、组对、焊接。

计量单位：10个

定额编号				A8-7-250	A8-7-251	A8-7-252	A8-7-253
项目名称				公称直径(mm以内)			
				100	125	150	200
基价(元)				795.81	954.72	1087.46	1619.61
其中	人工费(元)			363.58	422.10	473.76	678.72
	材料费(元)			56.27	81.26	97.12	209.45
	机械费(元)			375.96	451.36	516.58	731.44
名称		单位	单价(元)	消耗量			
人工	综合工日	工日	140.00	2.597	3.015	3.384	4.848
材料	钢板(综合)	kg	—	(19.930)	(36.360)	(52.470)	(133.150)
	低碳钢焊条	kg	6.84	4.840	7.380	8.809	21.329
	电	kW·h	0.68	2.388	2.865	3.343	4.985
	机油	kg	19.66	0.003	0.003	0.003	0.003
	螺钉(综合)	个	0.03	1.000	1.000	1.000	1.000
	棉纱头	kg	6.00	0.001	0.001	0.001	0.001
	尼龙砂轮片 φ100×16×3	片	2.56	1.188	1.462	1.748	2.408
	铅油(厚漆)	kg	6.45	0.004	0.004	0.004	0.004
	石油沥青油毡 350号	m²	2.70	0.200	0.270	0.400	0.630
	氧气	m³	3.63	2.430	3.290	3.930	7.040
	乙炔气	kg	10.45	0.810	1.100	1.310	2.350
	其他材料费占材料费	%	—	1.000	1.000	1.000	1.000
机械	单速电动葫芦 3t	台班	32.95	—	0.150	0.150	0.200
	电焊机(综合)	台班	118.28	2.830	3.290	3.820	5.440
	电焊条恒温箱	台班	21.41	0.283	0.329	0.382	0.544
	电焊条烘干箱 60×50×75cm³	台班	26.46	0.283	0.329	0.382	0.544
	卷板机 20×2500mm	台班	276.83	0.100	0.150	0.150	0.200

工作内容：准备工作、画线、号料、切割、坡口加工、板弧滚压、钻孔、锥丝、组对、焊接。

计量单位：10个

定额编号				A8-7-254	A8-7-255	A8-7-256	A8-7-257
项目名称				公称直径(mm以内)			
				250	300	350	400
基价（元）				1953.32	2406.49	2739.21	3250.02
其中	人工费（元）			787.50	931.28	1012.76	1153.18
	材料费（元）			326.08	474.76	662.01	866.81
	机械费（元）			839.74	1000.45	1064.44	1230.03
名称		单位	单价(元)	消耗量			
人工	综合工日	工日	140.00	5.625	6.652	7.234	8.237
材料	钢板(综合)	kg	—	(230.020)	(352.340)	(511.770)	(692.600)
	低碳钢焊条	kg	6.84	34.758	52.186	74.595	98.923
	电	kW·h	0.68	5.970	7.313	8.328	9.522
	机油	kg	19.66	0.003	0.003	0.003	0.003
	螺钉(综合)	个	0.03	1.000	1.000	1.000	1.000
	棉纱头	kg	6.00	0.001	0.001	0.001	0.001
	尼龙砂轮片 φ100×16×3	片	2.56	3.002	3.880	4.501	5.086
	铅油(厚漆)	kg	6.45	0.004	0.004	0.004	0.004
	石油沥青油毡 350号	m²	2.70	0.900	1.170	1.470	1.730
	氧气	m³	3.63	9.949	13.339	17.419	22.119
	乙炔气	kg	10.45	3.320	4.450	5.810	7.370
	其他材料费占材料费	%	—	1.000	1.000	1.000	1.000
机械	单速电动葫芦 3t	台班	32.95	0.200	0.250	0.250	0.280
	电焊机(综合)	台班	118.28	6.320	7.500	8.020	9.290
	电焊条恒温箱	台班	21.41	0.632	0.750	0.802	0.929
	电焊条烘干箱 60×50×75cm³	台班	26.46	0.632	0.750	0.802	0.929
	卷板机 20×2500mm	台班	276.83	0.200	0.250	0.250	0.280

工作内容：准备工作、画线、号料、切割、坡口加工、板弧滚压、钻孔、锥丝、组对、焊接。

计量单位：10个

定额编号				A8-7-258	A8-7-259
项目名称				公称直径(mm以内)	
				450	500
基价（元）				**3752.57**	**4206.45**
其中	人工费（元）			1289.54	1369.48
	材料费（元）			1082.86	1397.68
	机械费（元）			1380.17	1439.29
名称		单位	单价(元)	消耗量	
人工	综合工日	工日	140.00	9.211	9.782
材料	钢板(综合)	kg	—	(913.190)	(1232.990)
	低碳钢焊条	kg	6.84	124.752	164.439
	电	kW·h	0.68	10.716	11.850
	机油	kg	19.66	0.003	0.003
	螺钉(综合)	个	0.03	1.000	1.000
	棉纱头	kg	6.00	0.001	0.001
	尼龙砂轮片 φ100×16×3	片	2.56	5.994	6.610
	铅油(厚漆)	kg	6.45	0.004	0.004
	石油沥青油毡 350号	m²	2.70	2.130	2.570
	氧气	m³	3.63	26.758	31.918
	乙炔气	kg	10.45	8.919	10.639
	其他材料费占材料费	%	—	1.000	1.000
机械	单速电动葫芦 3t	台班	32.95	0.280	0.300
	电焊机(综合)	台班	118.28	10.510	10.940
	电焊条恒温箱	台班	21.41	1.051	1.094
	电焊条烘干箱 60×50×75cm³	台班	26.46	1.051	1.094
	卷板机 20×2500mm	台班	276.83	0.280	0.300

3.碳钢板卷管挖眼三通补强圈制作与安装(电弧焊)

工作内容：准备工作、画线、号料、切割、坡口加工、板弧滚压、钻孔、锥丝、组对、焊接。

计量单位：10个

定额编号				A8-7-260	A8-7-261	A8-7-262	A8-7-263
项目名称				公称直径(mm以内)			
				200	250	300	350
基价(元)				1341.82	1623.97	1854.43	2068.21
其中	人工费(元)			621.60	746.76	854.56	924.98
	材料费(元)			110.62	135.92	159.41	249.85
	机械费(元)			609.60	741.29	840.46	893.38
名称		单位	单价(元)	消耗量			
人工	综合工日	工日	140.00	4.440	5.334	6.104	6.607
材料	钢板(综合)	kg	—	(79.920)	(115.010)	(151.050)	(255.880)
	低碳钢焊条	kg	6.84	9.629	11.809	13.839	23.788
	电	kW·h	0.68	4.089	5.044	5.731	6.656
	机油	kg	19.66	0.003	0.003	0.003	0.003
	螺钉(综合)	个	0.03	1.000	1.000	1.000	1.000
	棉纱头	kg	6.00	0.001	0.001	0.001	0.001
	尼龙砂轮片 φ100×16×3	片	2.56	1.754	2.187	2.604	3.020
	铅油(厚漆)	kg	6.45	0.004	0.004	0.004	0.004
	石油沥青油毡 350号	m²	2.70	0.630	0.900	1.170	1.470
	氧气	m³	3.63	4.860	5.930	6.940	9.609
	乙炔气	kg	10.45	1.620	1.980	2.310	3.200
	其他材料费占材料费	%	—	1.000	1.000	1.000	1.000
机械	单速电动葫芦 3t	台班	32.95	0.200	0.200	0.250	0.250
	电焊机(综合)	台班	118.28	4.450	5.520	6.200	6.630
	电焊条恒温箱	台班	21.41	0.445	0.552	0.620	0.663
	电焊条烘干箱 60×50×75cm³	台班	26.46	0.445	0.552	0.620	0.663
	卷板机 20×2500mm	台班	276.83	0.200	0.200	0.250	0.250

工作内容：准备工作、画线、号料、切割、坡口加工、板弧滚压、钻孔、锥丝、组对、焊接。

计量单位：10个

定额编号				A8-7-264	A8-7-265	A8-7-266	A8-7-267
项目名称				公称直径(mm以内)			
				400	450	500	600
基价(元)				**2363.42**	**2644.06**	**2926.94**	**3349.67**
其中	人工费(元)			1051.40	1172.22	1297.94	1443.12
	材料费(元)			278.90	314.42	347.24	487.46
	机械费(元)			1033.12	1157.42	1281.76	1419.09
名称		单位	单价(元)	消耗量			
人工	综合工日	工日	140.00	7.510	8.373	9.271	10.308
材料	钢板(综合)	kg	—	(307.820)	(384.460)	(469.690)	(719.210)
	低碳钢焊条	kg	6.84	26.528	29.828	32.858	48.617
	电	kW·h	0.68	7.582	8.477	9.462	10.865
	机油	kg	19.66	0.003	0.003	0.003	0.003
	螺钉(综合)	个	0.03	1.000	1.000	1.000	1.000
	棉纱头	kg	6.00	0.001	0.001	0.001	0.001
	尼龙砂轮片 φ100×16×3	片	2.56	3.413	4.021	4.458	5.344
	铅油(厚漆)	kg	6.45	0.004	0.004	0.004	0.004
	石油沥青油毡 350号	m^2	2.70	1.730	2.130	2.570	3.470
	氧气	m^3	3.63	10.689	11.999	13.239	16.809
	乙炔气	kg	10.45	3.560	4.000	4.410	5.600
	其他材料费占材料费	%	—	1.000	1.000	1.000	1.000
机械	单速电动葫芦 3t	台班	32.95	0.280	0.280	0.300	0.350
	电焊机(综合)	台班	118.28	7.690	8.700	9.660	10.650
	电焊条恒温箱	台班	21.41	0.769	0.870	0.966	1.065
	电焊条烘干箱 60×50×75cm³	台班	26.46	0.769	0.870	0.966	1.065
	卷板机 20×2500mm	台班	276.83	0.280	0.280	0.300	0.350

工作内容：准备工作、画线、号料、切割、坡口加工、板弧滚压、钻孔、锥丝、组对、焊接。

计量单位：10个

定额编号				A8-7-268	A8-7-269	A8-7-270	A8-7-271
项目名称				公称直径(mm以内)			
				700	800	900	1000
基价（元）				4079.31	4673.24	5258.92	5641.70
其中	人工费（元）			1752.94	1992.20	2251.76	2380.98
	材料费（元）			566.78	645.57	726.78	867.95
	机械费（元）			1759.59	2035.47	2280.38	2392.77
	名称	单位	单价(元)	消耗量			
人工	综合工日	工日	140.00	12.521	14.230	16.084	17.007
材料	钢板(综合)	kg	—	(973.290)	(1246.240)	(1574.520)	(2156.890)
	低碳钢焊条	kg	6.84	55.946	63.536	71.325	85.104
	电	kW·h	0.68	13.253	15.163	17.044	18.566
	机油	kg	19.66	0.003	0.003	0.003	0.003
	螺钉(综合)	个	0.03	1.000	1.000	1.000	1.000
	棉纱头	kg	6.00	0.001	0.001	0.001	0.001
	尼龙砂轮片 φ100×16×3	片	2.56	6.107	6.955	7.803	8.651
	铅油(厚漆)	kg	6.45	0.004	0.004	0.004	0.004
	石油沥青油毡 350号	m²	2.70	4.630	5.900	7.400	9.069
	氧气	m³	3.63	19.849	22.548	25.308	30.628
	乙炔气	kg	10.45	6.620	7.519	8.439	10.209
	其他材料费占材料费	%	—	1.000	1.000	1.000	1.000
机械	单速电动葫芦 3t	台班	32.95	0.400	0.500	0.500	0.601
	电焊机(综合)	台班	118.28	13.291	15.281	17.271	17.930
	电焊条恒温箱	台班	21.41	1.329	1.528	1.727	1.793
	电焊条烘干箱 60×50×75cm³	台班	26.46	1.329	1.528	1.727	1.793
	卷板机 20×2500mm	台班	276.83	0.400	0.500	0.500	0.601

4.不锈钢板卷管挖眼三通补强圈制作与安装(电弧焊)

工作内容：准备工作、画线、号料、切割、坡口加工、板弧滚压、钻孔、锥丝、组对、焊接、焊缝钝化。

计量单位：10个

定额编号				A8-7-272	A8-7-273	A8-7-274	A8-7-275
项目名称				公称直径(mm以内)			
				200	250	300	350
基价(元)				**1864.55**	**2380.58**	**2787.78**	**3063.41**
其中	人工费(元)			738.78	930.58	1115.38	1210.16
	材料费(元)			230.91	287.29	339.47	388.47
	机械费(元)			894.86	1162.71	1332.93	1464.78
名称		单位	单价(元)	消耗量			
人工	综合工日	工日	140.00	5.277	6.647	7.967	8.644
材料	不锈钢板(综合)	kg	—	(52.580)	(75.680)	(99.430)	(126.350)
	白垩	kg	0.35	0.970	1.190	1.390	1.580
	丙酮	kg	7.51	0.163	0.203	0.240	0.240
	不锈钢焊条	kg	38.46	5.340	6.560	7.740	8.880
	电	kW·h	0.68	3.882	5.137	5.883	6.391
	机油	kg	19.66	0.003	0.003	0.003	0.003
	螺钉(综合)	个	0.03	1.000	1.000	1.000	1.000
	棉纱头	kg	6.00	0.001	0.001	0.001	0.001
	尼龙砂轮片 φ100×16×3	片	2.56	2.752	3.431	4.084	4.738
	铅油(厚漆)	kg	6.45	0.004	0.004	0.004	0.004
	石油沥青油毡 350号	m²	2.70	0.600	0.900	1.200	1.500
	水	t	7.96	0.029	0.033	0.040	0.047
	酸洗膏	kg	6.56	1.528	2.305	2.744	3.007
	其他材料费占材料费	%	—	1.000	1.000	1.000	1.000
机械	单速电动葫芦 3t	台班	32.95	0.200	0.200	0.250	0.250
	等离子切割机 400A	台班	219.59	2.100	2.580	3.010	3.560
	电焊机(综合)	台班	118.28	2.750	4.070	4.560	4.650
	电焊条恒温箱	台班	21.41	0.275	0.407	0.456	0.465
	电焊条烘干箱 60×50×75cm³	台班	26.46	0.275	0.407	0.456	0.465
	剪板机 20×2500mm	台班	333.30	0.100	0.100	0.100	0.100
	卷板机 20×2500mm	台班	276.83	0.200	0.200	0.250	0.250

工作内容：准备工作、画线、号料、切割、坡口加工、板弧滚压、钻孔、锥丝、组对、焊接、焊缝钝化。

计量单位：10个

定额编号				A8-7-276	A8-7-277	A8-7-278	A8-7-279
项目名称				公称直径(mm以内)			
				400	450	500	600
基价(元)				**3578.01**	**4491.57**	**5346.35**	**6344.19**
其中	人工费(元)			1406.30	1778.00	2012.08	2359.98
	材料费(元)			437.28	456.34	763.98	905.29
	机械费(元)			1734.43	2257.23	2570.29	3078.92
名称		单位	单价(元)	消耗量			
人工	综合工日	工日	140.00	10.045	12.700	14.372	16.857
材料	不锈钢板(综合)	kg	—	(151.900)	(237.230)	(289.800)	(394.530)
	白垩	kg	0.35	1.750	1.950	2.160	2.540
	丙酮	kg	7.51	0.317	0.354	0.414	0.468
	不锈钢焊条	kg	38.46	9.920	10.200	17.910	21.170
	电	kW·h	0.68	7.555	10.363	11.796	14.066
	机油	kg	19.66	0.003	0.003	0.003	0.003
	螺钉(综合)	个	0.03	1.000	1.000	1.000	1.000
	棉纱头	kg	6.00	0.001	0.001	0.001	0.001
	尼龙砂轮片 Φ100×16×3	片	2.56	5.353	5.994	6.610	7.904
	铅油(厚漆)	kg	6.45	0.004	0.004	0.004	0.004
	石油沥青油毡 350号	m²	2.70	1.700	2.100	2.600	3.500
	水	t	7.96	0.054	0.062	0.066	0.081
	酸洗膏	kg	6.56	3.727	4.194	4.745	5.749
	其他材料费占材料费	%	—	1.000	1.000	1.000	1.000
机械	单速电动葫芦 3t	台班	32.95	0.280	0.280	0.300	0.350
	等离子切割机 400A	台班	219.59	3.930	4.820	5.360	6.440
	电焊机(综合)	台班	118.28	5.970	8.630	10.160	12.240
	电焊条恒温箱	台班	21.41	0.597	0.863	1.016	1.224
	电焊条烘干箱 60×50×75cm³	台班	26.46	0.597	0.863	1.016	1.224
	剪板机 20×2500mm	台班	333.30	0.150	0.150	0.150	0.150
	卷板机 20×2500mm	台班	276.83	0.280	0.280	0.300	0.350

工作内容：准备工作、画线、号料、切割、坡口加工、板弧滚压、钻孔、锥丝、组对、焊接、焊缝钝化。

计量单位：10个

定额编号				A8-7-280	A8-7-281	A8-7-282	A8-7-283
项目名称				公称直径(mm以内)			
				700	800	900	1000
基价（元）				**7513.66**	**9071.63**	**11231.87**	**12393.04**
其中	人工费（元）			2663.92	3199.42	3818.78	4186.70
	材料费（元）			1292.79	1795.24	2414.80	2679.82
	机械费（元）			3556.95	4076.97	4998.29	5526.52
名称		单位	单价(元)	消耗量			
人工	综合工日	工日	140.00	19.028	22.853	27.277	29.905
材料	不锈钢板(综合)	kg	—	(640.560)	(956.970)	(1381.820)	(1703.530)
	白垩	kg	0.35	2.930	3.320	3.730	4.140
	丙酮	kg	7.51	0.534	0.609	0.682	0.755
	不锈钢焊条	kg	38.46	30.671	43.001	58.501	64.881
	电	kW·h	0.68	17.022	20.875	25.533	28.101
	机油	kg	19.66	0.003	0.003	0.003	0.003
	螺钉(综合)	个	0.03	1.000	1.000	1.000	1.000
	棉纱头	kg	6.00	0.001	0.001	0.001	0.001
	尼龙砂轮片 φ100×16×3	片	2.56	9.048	10.304	11.561	12.818
	铅油(厚漆)	kg	6.45	0.004	0.004	0.004	0.004
	石油沥青油毡 350号	m²	2.70	4.600	5.900	7.400	9.100
	水	t	7.96	0.089	0.104	0.116	0.128
	酸洗膏	kg	6.56	7.220	9.216	10.142	11.161
	其他材料费占材料费	%	—	1.000	1.000	1.000	1.000
机械	单速电动葫芦 3t	台班	32.95	0.400	0.500	0.500	0.500
	等离子切割机 400A	台班	219.59	7.560	8.680	9.810	11.030
	电焊机(综合)	台班	118.28	14.000	15.840	21.310	23.290
	电焊条恒温箱	台班	21.41	1.400	1.584	2.131	2.329
	电焊条烘干箱 60×50×75cm³	台班	26.46	1.400	1.584	2.131	2.329
	剪板机 20×2500mm	台班	333.30	0.150	0.200	0.200	0.250
	卷板机 20×2500mm	台班	276.83	0.400	0.500	0.500	0.500

5. 低压合金钢管挖眼三通补强圈制作与安装(电弧焊)

工作内容：准备工作、画线、号料、切割、坡口加工、板弧滚压、钻孔、锥丝、组对、焊接。

计量单位：10个

定额编号				A8-7-284	A8-7-285	A8-7-286	A8-7-287
项目名称				公称直径(mm以内)			
				100	125	150	200
基价(元)				**1040.42**	**1315.32**	**1547.12**	**2387.85**
其中	人工费(元)			487.34	605.08	708.68	1065.12
	材料费(元)			114.35	165.49	197.70	369.89
	机械费(元)			438.73	544.75	640.74	952.84
名称		单位	单价(元)	消耗量			
人工	综合工日	工日	140.00	3.481	4.322	5.062	7.608
材料	合金钢板	kg	—	(13.360)	(29.950)	(41.490)	(79.920)
	电	kW·h	0.68	2.836	3.582	4.239	6.508
	合金钢焊条	kg	11.11	2.570	3.760	4.480	9.630
	机油	kg	19.66	0.003	0.003	0.003	0.003
	螺钉(综合)	个	0.03	1.000	1.000	1.000	1.000
	棉纱头	kg	6.00	0.001	0.001	0.001	0.001
	尼龙砂轮片 φ100×16×3	片	2.56	1.188	1.462	1.748	2.408
	铅油(厚漆)	kg	6.45	0.004	0.004	0.004	0.004
	石棉绳	10m	6.85	5.250	6.520	7.780	13.171
	石油沥青油毡 350号	m²	2.70	0.200	0.270	0.400	0.630
	氧气	m³	3.63	6.050	9.890	11.831	22.011
	乙炔气	kg	10.45	2.020	3.300	3.940	7.340
	其他材料费占材料费	%	—	1.000	1.000	1.000	1.000
机械	单速电动葫芦 3t	台班	32.95	—	—	—	0.200
	电焊机(综合)	台班	118.28	3.340	4.089	4.869	7.239
	电焊条恒温箱	台班	21.41	0.334	0.409	0.487	0.724
	电焊条烘干箱 60×50×75cm³	台班	26.46	0.334	0.409	0.487	0.724
	卷板机 20×2500mm	台班	276.83	0.100	0.150	0.150	0.200

工作内容：准备工作、画线、号料、切割、坡口加工、板弧滚压、钻孔、锥丝、组对、焊接。

计量单位：10个

定额编号				A8-7-288	A8-7-289	A8-7-290
项目名称				公称直径(mm以内)		
				250	300	350
基价（元）				**2924.54**	**3426.11**	**4193.40**
其中	人工费（元）			1153.46	1456.14	1805.44
	材料费（元）			538.88	628.75	874.44
	机械费（元）			1232.20	1341.22	1513.52
名称		**单位**	**单价(元)**	**消耗量**		
人工	综合工日	工日	140.00	8.239	10.401	12.896
材料	合金钢板	kg	—	(153.380)	(201.400)	(319.910)
	电	kW·h	0.68	8.717	9.672	11.433
	合金钢焊条	kg	11.11	17.751	20.761	34.952
	机油	kg	19.66	0.003	0.003	0.003
	螺钉(综合)	个	0.03	1.000	1.000	1.000
	棉纱头	kg	6.00	0.001	0.001	0.001
	尼龙砂轮片 φ100×16×3	片	2.56	3.002	3.880	4.501
	铅油(厚漆)	kg	6.45	0.004	0.004	0.004
	石棉绳	10m	6.85	15.371	17.871	20.361
	石油沥青油毡 350号	m²	2.70	0.900	1.170	1.470
	氧气	m³	3.63	30.202	35.092	44.232
	乙炔气	kg	10.45	10.071	11.701	14.741
	其他材料费占材料费	%	—	1.000	1.000	1.000
机械	单速电动葫芦 3t	台班	32.95	0.200	0.250	0.250
	电焊机(综合)	台班	118.28	9.509	10.269	11.669
	电焊条恒温箱	台班	21.41	0.951	1.027	1.167
	电焊条烘干箱 60×50×75cm³	台班	26.46	0.951	1.027	1.167
	卷板机 20×2500mm	台班	276.83	0.200	0.250	0.250

工作内容：准备工作、画线、号料、切割、坡口加工、板弧滚压、钻孔、锥丝、组对、焊接。

计量单位：10个

定额编号				A8-7-291	A8-7-292	A8-7-293
项目名称				公称直径(mm以内)		
				400	450	500
基价（元）				4659.02	5402.95	6220.52
其中	人工费（元）			1995.84	2282.56	2603.86
	材料费（元）			973.12	1187.88	1428.13
	机械费（元）			1690.06	1932.51	2188.53
名称		单位	单价(元)	消耗量		
人工	综合工日	工日	140.00	14.256	16.304	18.599
材料	合金钢板	kg	—	(384.780)	(528.730)	(704.580)
	电	kW·h	0.68	12.747	14.658	16.807
	合金钢焊条	kg	11.11	38.962	50.523	64.093
	机油	kg	19.66	0.003	0.003	0.003
	螺钉(综合)	个	0.03	1.000	1.000	1.000
	棉纱头	kg	6.00	0.001	0.001	0.001
	尼龙砂轮片 φ100×16×3	片	2.56	5.086	5.994	6.610
	铅油(厚漆)	kg	6.45	0.004	0.004	0.004
	石棉绳	10m	6.85	22.591	25.321	27.971
	石油沥青油毡 350号	m²	2.70	1.730	2.130	3.070
	氧气	m³	3.63	49.122	57.663	66.573
	乙炔气	kg	10.45	16.371	19.221	22.191
	其他材料费占材料费	%	—	1.000	1.000	1.000
机械	单速电动葫芦 3t	台班	32.95	0.280	0.280	0.300
	电焊机(综合)	台班	118.28	13.028	14.998	17.028
	电焊条恒温箱	台班	21.41	1.303	1.500	1.703
	电焊条烘干箱 60×50×75cm³	台班	26.46	1.303	1.500	1.703
	卷板机 20×2500mm	台班	276.83	0.280	0.280	0.300

6. 中压合金钢管挖眼三通补强圈制作与安装(电弧焊)

工作内容：准备工作、画线、号料、切割、坡口加工、板弧滚压、钻孔、锥丝、组对、焊接。

计量单位：10个

定额编号				A8-7-294	A8-7-295	A8-7-296	A8-7-297
项目名称				公称直径(mm以内)			
				100	125	150	200
基价(元)				**1273.11**	**1613.93**	**1882.01**	**2971.38**
其中	人工费(元)			562.66	695.66	826.42	1225.42
	材料费(元)			189.39	267.66	334.83	614.67
	机械费(元)			521.06	650.61	720.76	1131.29
名称		单位	单价(元)	消耗量			
人工	综合工日	工日	140.00	4.019	4.969	5.903	8.753
材料	合金钢板	kg	—	(19.930)	(36.360)	(52.470)	(133.140)
	电	kW·h	0.68	3.463	4.388	5.254	7.971
	合金钢焊条	kg	11.11	4.840	7.380	8.810	21.331
	机油	kg	19.66	0.003	0.003	0.003	0.003
	螺钉(综合)	个	0.03	1.000	1.000	1.000	1.000
	棉纱头	kg	6.00	0.001	0.001	0.001	0.001
	尼龙砂轮片 φ100×16×3	片	2.56	1.426	1.754	2.098	2.890
	铅油(厚漆)	kg	6.45	0.004	0.004	0.004	0.004
	石棉绳	10m	6.85	6.800	8.430	10.071	13.171
	石油沥青油毡 350号	m²	2.70	0.200	0.270	0.400	0.630
	氧气	m³	3.63	11.321	16.441	21.721	37.492
	乙炔气	kg	10.45	3.770	5.480	7.240	12.501
	其他材料费占材料费	%	—	1.000	1.000	1.000	1.000
机械	单速电动葫芦 3t	台班	32.95	—	0.150	0.150	0.200
	电焊机(综合)	台班	118.28	4.009	4.909	5.479	8.689
	电焊条恒温箱	台班	21.41	0.401	0.491	0.548	0.869
	电焊条烘干箱 60×50×75cm³	台班	26.46	0.401	0.491	0.548	0.869
	卷板机 20×2500mm	台班	276.83	0.100	0.150	0.150	0.200

工作内容：准备工作、画线、号料、切割、坡口加工、板弧滚压、钻孔、锥丝、组对、焊接。

计量单位：10个

定额编号				A8-7-298	A8-7-299	A8-7-300
项目名称				公称直径(mm以内)		
				250	300	350
基价（元）				3898.96	4476.08	5392.18
其中	人工费（元）			1563.80	1719.90	2065.56
	材料费（元）			869.13	1162.79	1526.47
	机械费（元）			1466.03	1593.39	1800.15
名称		单位	单价(元)	消耗量		
人工	综合工日	工日	140.00	11.170	12.285	14.754
材料	合金钢板	kg	—	(230.020)	(352.340)	(511.770)
	电	kW·h	0.68	10.448	11.822	13.732
	合金钢焊条	kg	11.11	34.762	52.193	74.604
	机油	kg	19.66	0.003	0.003	0.003
	螺钉(综合)	个	0.03	1.000	1.000	1.000
	棉纱头	kg	6.00	0.001	0.001	0.001
	尼龙砂轮片 φ100×16×3	片	2.56	3.602	4.656	5.401
	铅油(厚漆)	kg	6.45	0.004	0.004	0.004
	石棉绳	10m	6.85	16.391	17.871	20.361
	石油沥青油毡 350号	m²	2.70	0.900	1.170	1.470
	氧气	m³	3.63	48.242	59.853	72.504
	乙炔气	kg	10.45	16.081	19.951	24.171
	其他材料费占材料费	%	—	1.000	1.000	1.000
机械	单速电动葫芦 3t	台班	32.95	0.200	0.250	0.250
	电焊机(综合)	台班	118.28	11.409	12.318	13.998
	电焊条恒温箱	台班	21.41	1.141	1.232	1.400
	电焊条烘干箱 60×50×75cm³	台班	26.46	1.141	1.232	1.400
	卷板机 20×2500mm	台班	276.83	0.200	0.250	0.250

工作内容：准备工作、画线、号料、切割、坡口加工、板弧滚压、钻孔、锥丝、组对、焊接。

计量单位：10个

定额编号				A8-7-301	A8-7-302	A8-7-303
项目名称				公称直径(mm以内)		
				400	450	500
基价（元）				6232.54	7270.92	8508.05
其中	人工费（元）			2307.06	2641.24	2988.44
	材料费（元）			1914.21	2327.97	2911.54
	机械费（元）			2011.27	2301.71	2608.07
名称		单位	单价(元)	消耗量		
人工	综合工日	工日	140.00	16.479	18.866	21.346
材料	合金钢板	kg	—	(692.600)	(913.190)	(1232.990)
	电	kW·h	0.68	15.553	17.852	20.150
	合金钢焊条	kg	11.11	98.935	124.796	164.458
	机油	kg	19.66	0.003	0.003	0.003
	螺钉(综合)	个	0.03	1.000	1.000	1.000
	棉纱头	kg	6.00	0.001	0.001	0.001
	尼龙砂轮片 φ100×16×3	片	2.56	6.103	7.193	7.932
	铅油(厚漆)	kg	6.45	0.004	0.004	0.004
	石棉绳	10m	6.85	22.591	25.321	27.971
	石油沥青油毡 350号	m²	2.70	1.730	2.130	2.570
	氧气	m³	3.63	85.804	99.615	115.686
	乙炔气	kg	10.45	28.601	33.202	38.562
	其他材料费占材料费	%	—	1.000	1.000	1.000
机械	单速电动葫芦 3t	台班	32.95	0.280	0.280	0.300
	电焊机(综合)	台班	118.28	15.638	17.998	20.437
	电焊条恒温箱	台班	21.41	1.564	1.800	2.044
	电焊条烘干箱 60×50×75cm³	台班	26.46	1.564	1.800	2.044
	卷板机 20×2500mm	台班	276.83	0.280	0.280	0.300

7.铝板卷管挖眼三通补强圈制作与安装(氩弧焊)

工作内容：准备工作、画线、号料、切割、坡口加工、板弧滚压、钻孔、锥丝、组对、焊接。

计量单位：10个

定额编号				A8-7-304	A8-7-305	A8-7-306
项目名称				公称直径(mm以内)		
				600	700	800
基价(元)				6051.29	7013.16	8887.90
其中	人工费(元)			1893.64	2174.06	2748.90
	材料费(元)			844.90	989.20	1416.47
	机械费(元)			3312.75	3849.90	4722.53
名称		单位	单价(元)	消耗量		
人工	综合工日	工日	140.00	13.526	15.529	19.635
材料	铝板(各种规格)	kg	—	(165.570)	(223.980)	(382.450)
	铝锰合金焊丝 HS321 φ1～6	kg	51.28	4.970	5.830	8.910
	尼龙砂轮片 φ100×16×3	片	2.56	3.115	3.559	4.053
	铈钨棒	g	0.38	27.820	29.050	49.910
	氩气	m^3	19.59	13.910	16.340	24.960
	氧气	m^3	3.63	11.270	12.860	19.540
	乙炔气	kg	10.45	5.300	6.050	9.200
	其他材料费	元	1.00	202.703	240.082	274.187
机械	单速电动葫芦 3t	台班	32.95	0.350	0.400	0.500
	等离子切割机 400A	台班	219.59	12.830	14.940	17.820
	剪板机 20×2500mm	台班	333.30	0.150	0.150	0.200
	卷板机 20×2500mm	台班	276.83	0.350	0.400	0.500
	氩弧焊机 500A	台班	92.58	3.640	4.270	6.350

工作内容：准备工作、画线、号料、切割、坡口加工、板弧滚压、钻孔、锥丝、组对、焊接。

计量单位：10个

定额编号				A8-7-307	A8-7-308
项目名称				公称直径(mm以内)	
				900	1000
基价(元)				10528.53	11656.37
其中	人工费(元)			3189.48	3501.40
	材料费(元)			1905.44	2130.87
	机械费(元)			5433.61	6024.10
名称		单位	单价(元)	消耗量	
人工	综合工日	工日	140.00	22.782	25.010
材料	铝板(各种规格)	kg	—	(483.150)	(595.720)
	铝锰合金焊丝 HS321 φ1～6	kg	51.28	12.900	14.320
	尼龙砂轮片 φ100×16×3	片	2.56	4.548	5.043
	铈钨棒	g	0.38	72.260	80.200
	氩气	m^3	19.59	36.130	40.100
	氧气	m^3	3.63	21.900	24.310
	乙炔气	kg	10.45	10.310	11.440
	其他材料费	元	1.00	309.802	359.802
机械	单速电动葫芦 3t	台班	32.95	0.500	0.500
	等离子切割机 400A	台班	219.59	20.000	22.200
	剪板机 20×2500mm	台班	333.30	0.200	0.250
	卷板机 20×2500mm	台班	276.83	0.500	0.500
	氩弧焊机 500A	台班	92.58	8.860	9.840

十八、场外运输

工作内容：准备工作、管段装车、运输、管段卸车。 计量单位：10t

定额编号				A8-7-309	A8-7-310
项目名称				2km以内	每增加1km
基价（元）				1619.26	53.33
其中	人工费（元）			271.74	20.30
	材料费（元）			17.60	—
	机械费（元）			1329.92	33.03
名称		单位	单价(元)	消耗量	
人工	综合工日	工日	140.00	1.941	0.145
材料	钢丝绳 Φ19～21.5	kg	7.26	2.400	—
	其他材料费占材料费	%	—	1.000	1.000
机械	汽车式起重机 16t	台班	958.70	0.765	0.019
	载重汽车 15t	台班	779.76	0.765	0.019